EINFÜHRUNG
IN DIE ATOMPHYSIK

EINFÜHRUNG IN DIE ATOMPHYSIK

VON

DR. WOLFGANG FINKELNBURG

HONORARPROFESSOR AN DER
FRIEDRICH-ALEXANDER-UNIVERSITÄT
ERLANGEN-NÜRNBERG

ELFTE UND ZWÖLFTE
VÖLLIG NEU BEARBEITETE UND ERGÄNZTE AUFLAGE

KORRIGIERTER NACHDRUCK

MIT 281 ABBILDUNGEN

Springer-Verlag Berlin Heidelberg GmbH

ISBN 978-3-540-03791-0   ISBN 978-3-642-64980-6 (eBook)
DOI 10.1007/978-3-642-64980-6

Vorwort zum Nachdruck

Seit nahezu 30 Jahren hat die „Einführung in die Atomphysik" von Wolfgang Finkelnburg unter Lehrenden, Lernenden und physikalischen Laien viele Freunde gewonnen. Das liegt an dem unnachahmlichen Stil und der Eleganz, mit der es der Verfasser verstand, auch schwierigere Zusammenhänge lebendig darzustellen. Man spürt aus dem ganzen Buch die Freude an der Physik, an dem physikalischen Verstehen der Natur um uns.

Nun ist die 11. und 12. Auflage vergriffen, und unser lieber Kollege Finkelnburg ist nicht mehr bei uns, um sein Buch nochmals in seinem Stil zu überarbeiten und zu ergänzen. Deshalb wird ein Nachdruck der 12. Auflage erscheinen, und das ist gut so. Es kommt nicht so sehr darauf an, ob nun der Supraleiter mit der höchsten Übergangstemperatur oder das neueste Elementarteilchen erfaßt sind. Der Leser dieses Buches wird in die Prinzipien der Atomphysik und damit in die Prinzipien vom Aufbau der Materie eingeführt. Diese Prinzipien, das ist das Faszinierende der Physik, haben dauernde Gültigkeit. Natürlich ändern sich die Aspekte, unter denen man dieses oder jenes Gebiet der Physik sieht. Diese Veränderungen gehen aber nur langsam vor sich.

So wird dieses Buch auch weiterhin viele Freunde finden. Es wird wie bisher viele Studenten in den höheren Semestern durch ihr Studium begleiten, es wird dem Lehrer an Gymnasien eine erwünschte Hilfe sein bei der Beantwortung von grundsätzlichen Fragen, die über den Lehrplan hinausgehen, und es wird nach wie vor dem interessierten Laien die Denkweise der Physik und damit den Einfluß der Physik auf das moderne Weltbild vermitteln.

Karlsruhe, im Juni 1976 WERNER BUCKEL

Vorwort zur elften und zwölften Auflage

Nach der freundlichen Aufnahme, die die vergangenen Auflagen dieses Buches, von dem seit 1948 rund 60000 Exemplare in drei Sprachen gedruckt werden konnten, fast ausnahmslos gefunden haben, scheint es den im Vorwort der ersten Auflage angedeuteten Zweck zu erfüllen, den gesamten Erscheinungskomplex der Atomphysik in anschaulicher und verständlicher, dabei aber wissenschaftlich möglichst einwandfreier Darstellung den Studenten wie den schon in der Praxis tätigen Physikern, Chemikern, Ingenieuren und sonstigen Interessenten nahezubringen. Auch für die neue Auflage wurde deshalb, trotz vieler Anregungen zur Erweiterung und Vertiefung, am alten Aufbau festgehalten. Auch der so gut eingeführte Titel des Buches wurde beibehalten, obwohl sein Inhalt besser entsprechend dem Titel der neuen englischen Auflage durch „Struktur der Materie" gekennzeichnet wäre.

Der gesamte Text wurde wiederum kritisch durchgesehen, und durch Straffung auf fast jeder Seite sowie Kürzung an heute weniger wichtig erscheinenden Stellen wurde Raum für die vielen neuen Ergebnisse geschaffen, deren Berücksichtigung zwingend erschien und so trotz Kürzung des Gesamtumfangs um 30 Seiten möglich wurde.

Im einzelnen wurde eine größere Anzahl von Abbildungen ersetzt und ihre Gesamtzahl um zwei vergrößert. Die Edelgasverbindungen wurden eingeführt und aus der Bindungstheorie erklärt, die Darstellung des Lasers wie des MÖSSBAUER-Effekts verbessert, die universelle schwache Wechselwirkung wenigstens kurz erwähnt und insbesondere die Elementarteilchenphysik in Anlehnung an WEISSKOPF völlig umgeschrieben. Im Kapitel Festkörperphysik wurde der auch der zusammenhängenden Materie zuzurechnende Plasmazustand kurz behandelt, die Darstellung der immer wichtiger werdenden Gitterversetzungen verbessert und durch zwei Abbildungen illustriert, die Quantelung des magnetischen Flusses bei der Supraleitung eingeführt und die Behandlung der elektronischen Halbleiter um die der magnetischen Halbleitereffekte erweitert sowie die Darstellung der Anreicherungsrandschicht und des Sperrschichtphotoelements neu gefaßt.

Der Verfasser ist wiederum seinen Mitarbeitern sowie einer Reihe Kollegen und Studenten für Hinweise auf Verbesserungsmöglichkeiten dankbar, auch für solche, die aus den angeführten Gründen nicht berücksichtigt werden konnten. Er bittet den Leser, ihn auch weiter durch solche Hinweise zu unterstützen.

Erlangen, im Januar 1967   WOLFGANG FINKELNBURG

Aus dem Vorwort zur ersten Auflage

Die Atomphysik oder die Lehre von der Struktur und den auf ihr beruhenden Erscheinungen und Eigenschaften der Materie hat für die gesamte Physik sowie für zahlreiche Zweige der Chemie und Astronomie, der übrigen Naturwissenschaften und neuerdings besonders der Technik, nicht zuletzt aber auch für die Philosophie eine so entscheidende Bedeutung erlangt, daß das Bedürfnis nach einer geschlossenen, alle Gebiete der Mikrophysik einheitlich behandelnden Darstellung immer dringender wurde. Der heute noch an vielen Hochschulen geübte Brauch, die Atomphysik geschlossen höchstens für höhere Semester in mathematischer Form durch den theoretischen Physiker, vom experimentellen Standpunkt aber nur nach Einzelgebieten aufgespalten in Spezialvorlesungen zu behandeln, wird der allgemeinen Bedeutung dieses Gebietes ebensowenig gerecht wie die zahlreichen vorliegenden ausgezeichneten Werke über Atom- und Molekülspektren, Atombau, Molekülphysik, Kernphysik und Quantentheorie, weil alle Einzeldarstellungen die inneren Zusammenhänge zwischen diesen Gebieten zu wenig deutlich werden lassen und damit vor allem dem Nicht-Physiker den Zugang zur Atomphysik in unnötiger Weise erschweren. Im Gegensatz dazu ist das vorliegende Buch aus einer dreisemestrig-zweistündigen Einführungsvorlesung in die gesamte Atomphysik hervorgewachsen, die der Verfasser während mehr als zehn Jahren in Karlsruhe, Darmstadt und Straßburg vor einem immer wachsenden Kreis von Physikern und Chemikern, aber auch von Elektrotechnikern und Vertretern der übrigen technischen sowie der biologisch-medizinischen Fächer gehalten hat. An diesen weiten Interessentenkreis richtet sich das Buch. Es will in möglichst einfacher Form, aber unter Wahrung der physikalischen Exaktheit, ein anschauliches Verständnis der Grundprobleme und Ergebnisse aller Gebiete der Atomphysik vermitteln und dabei Experiment und theoretische Deutung in gleicher Weise zu ihrem Recht kommen lassen.

Dieses Buch ist aus Freude an der Atomphysik geschrieben. Sein vornehmstes Ziel ist es daher, auch Interesse und Freude an der Atomphysik zu wecken. Das Buch will dem Leser daher in erster Linie nicht handbuchmäßiges Wissen vermitteln, sondern ihm die inneren Entwicklungslinien der Forschung aufzeigen, ihn damit bis an die Grenzen unserer heutigen Kenntnis heranführen und ihn dabei etwas vom Reiz und Zauber physikalischer Forschungsarbeit spüren lassen.

Inhaltsverzeichnis

I. Einleitung

II. Allgemeines über Atome, Ionen, Elektronen, Atomkerne und Photonen

III. Atomspektren und Atombau

IV. Die quantenmechanische Atomtheorie

Inhaltsverzeichnis IX

V. Die Physik der Atomkerne und Elementarteilchen

VI. Physik der Moleküle

VII. Festkörper-Atomphysik

I. Einleitung

Die Atomphysik in dem weitgefaßten Sinne, in dem sie in diesem Buch dargestellt wird, ist die Lehre vom Aufbau der Materie aus den Elementarteilchen sowie von deren Eigenschaften und Wirkungen; sie sucht die gesamte ungeheure Mannigfaltigkeit der stofflichen Erscheinungen unserer Welt mittels möglichst weniger Elementarteilchen, allgemeiner Grundgesetze und Naturkonstanten einheitlich zu verstehen. Diese Lehre von der „atomistischen" Struktur der Atomkerne, Atome, Moleküle und Kristalle, d. h. der gesamten Materie, ist, obwohl ihre Anfänge in das vorige Jahrhundert zurückreichen, doch eindeutig das Ergebnis der Physik des 20. Jahrhunderts, an dessen Schwelle PLANCKS Entdeckung des elementaren Wirkungsquantums h und seiner universellen Bedeutung den Beginn der Quantentheorie markiert, die den Schlüssel zum Verständnis aller Erscheinungen der Atomphysik lieferte und unter deren Zeichen der überwiegende Teil der physikalischen Forschungsarbeit unseres Jahrhunderts steht.

1. Die Bedeutung der Atomphysik für Wissenschaft und Technik

Die neue Auffassung von der Materie und damit von den letzten Grundlagen der Physik und Chemie, die sich aus der Atomphysik entwickelte, hat auch unsere Kenntnis von zahlreichen, seit langem wohlbekannten Gebieten der Physik in solchem Maße umgestaltet, daß man heute vielfach das um die Jahrhundertwende weitgehend vollendete Gebäude der Physik *ohne* Berücksichtigung der quantenhaften atomaren Erscheinungen als „klassische Physik" bezeichnet und ihm als „moderne Physik" eine vom atomphysikalischen Standpunkt aus aufgefaßte Physik gegenüberstellt.

Wie stark ein Zurückgehen auf die atomphysikalischen Grundlagen die ganze Betrachtung eines Zweiges der Physik verändern und vertiefen kann, zeigte schon im vorigen Jahrhundert der Fortschritt, den die Ergänzung der formal so vollendeten thermodynamischen Wärmelehre durch die kinetische Wärmetheorie darstellte, durch die überhaupt erst ein wirkliches tieferes Verständnis der der Wärmelehre zugrunde liegenden Vorgänge erschlossen wurde. In ähnlicher Weise hat die neuere eigentliche Atomphysik mit der Erklärung der metallischen Leitfähigkeit eine der wichtigsten Grundlagen der Elektrizitätslehre aufgeklärt, hat den Weg zum grundsätzlichen Verständnis von Elastizität, Plastizität, Härte und ähnlichen Werkstofferscheinungen gebahnt, die Erscheinungen in der Nähe des absoluten Nullpunkts der Temperatur verstehen gelehrt und ein ganz neues Verständnis der Strahlung ermöglicht – um nur ein paar Beispiele aus den verschiedenen Gebieten der älteren Physik anzuführen. Dazu kommen als Ergänzung dieser nur erweiterten und z. T. neu und tiefer gefaßten älteren Physik die in diesem Buch zu behandelnden neuen Gebiete der Physik der Elementarteilchen, Atomkerne, Atome und Moleküle, durch die eigentlich erst die Gesamtheit der Naturwissenschaften eine einheitliche Grundlage erhielt und in den verstandenen Zusammenhang unserer stofflichen Welt, das naturwissenschaftliche Weltbild, eingegliedert wurde.

Die Bedeutung der Atomphysik beschränkt sich also nicht auf die Physik; sie ist vielmehr entscheidend für die Entwicklung zahlreicher anderer Gebiete der Wissenschaft und Technik, ja für unsere gesamte Weltauffassung geworden. Der Schwesterwissenschaft Chemie hat die Atomphysik mit der Erklärung des Periodensystems der Elemente und mit der Theorie der chemischen Bindung entscheidende Beiträge zur Klärung ihrer Grundlagen, und mit der Molekülphysik wichtige neue Methoden der Molekülforschung geliefert. Die Astrophysik kann man heute zum größten Teil als angewandte Atomphysik bezeichnen, seit zu der mit spektroskopischen Methoden ermöglichten Untersuchung der Sternatmosphären, -temperaturen und -entfernungen die Erklärung der Energieerzeugung in den Sternen durch Kernfusionsreaktionen gekommen ist, die auch den Weg zum Verständnis der Sternentwicklung wie des Aufbaues der Elemente in den Fixsternen geöffnet hat. Kristallographie und Mineralogie benutzen in weitem Umfang experimentelle wie theoretische Methoden der Atomphysik, wenn sie spektroskopisch die Zusammensetzung und mittels der Röntgen- und Neutronenbeugung die Struktur ihrer Kristalle und Mineralien studieren und diese Strukturen aus den Atomeigenschaften abzuleiten verstehen. Die Biologie hat mit dem Elektronenmikroskop ein Beobachtungsinstrument von ungeahnter Leistungsfähigkeit erhalten; sie benutzt die Beeinflussung von Organismen durch ultraviolettes Licht, Röntgen- und Kernstrahlung in weitem Umfang zur Untersuchung organischer Schädigungen und Mutationen und hat in der Quantenbiologie interessante Anregungen aus dem Gebiet der reinen Quantenphysik verarbeitet. Insbesondere macht das neue Gebiet der Molekularbiologie deutlich, welch entscheidende Rolle die Physik vielatomiger Moleküle bei der Aufklärung der Struktur der Gene und beim Verständnis ihrer Funktion als Träger der Erbeigenschaften wie beim Mechanismus der Zellteilung spielt. Selbst die Mathematik schließlich hat durch die neue Entwicklung der Quantenmechanik ganz neuartige Impulse erhalten und ist auf die Möglichkeiten einer den diskontinuierlichen Quantenerscheinungen speziell angepaßten, mit endlichen kleinsten Größen operierenden Mathematik aufmerksam geworden.

Nicht anders steht es mit der Wechselwirkung von Atomphysik und Technik, für die wir nur einige Beispiele herausgreifen wollen. Die Nutzbarmachung der gewaltigen bei der Spaltung schwerer wie bei der Fusion leichter Atomkerne frei werdenden Energie steht so stark im Mittelpunkt der allgemeinen Erörterung, daß durch sie die Atomphysik oft fälschlich nur noch als Kernenergietechnik für den Ingenieur von Interesse zu sein scheint. Tatsächlich reichen die Auswirkungen der Atomphysik jedoch bis in alle Zweige der gesamten Technik, und werden in immer wachsendem Umfang typisch atomare Effekte zur Lösung technischer, früher oft überhaupt unlösbarer Probleme ausgenutzt. Die moderne Lichttechnik ist praktisch angewandte Atomphysik; und das gleiche gilt für die Fernmeldetechnik und Elektronik, konnte doch die Unzahl von technischen Elektronengeräten wie Oszillographen, Bildwandler, Fernsehröhren, Bildtaster, Thyratrons und Radioröhren aller Art bis hin zu der Vielzahl der Transistoren und ähnlicher Halbleiterelemente erst auf Grund atomphysikalischer Kenntnisse entwickelt werden, nicht zuletzt damit auch die heutigen Rechenautomaten. Zahlreiche weitere Gebiete der Elektrotechnik (wir erwähnen nur Verstärkertechnik, Schalt- und Kontakttechnik) profitieren von atomphysikalischen Ergebnissen, z. B. die Meßtechnik von der Entwicklung immer besserer ferro- und ferrimagnetischer Werkstoffe. Wenn man ferner bei der Berechnung von Dampfkesselfeuerungen die Molekülstrahlung der Flammengase mitberücksichtigt oder diese zur Temperaturmessung in Raketenstrahlen benutzt, so ist die Kenntnis der Molekülspektren und ihrer Deutung dafür Voraussetzung. Denken wir noch daran, daß alle Werkstoffeigenschaften fester

Körper durch zwischenatomare Kräfte bedingt sind und daher jeder Fortschritt der Festkörper-Atomphysik sich auf diesem wichtigen Gebiet der Technik auswirkt, und erwähnen wir schließlich die Methoden der zerstörungsfreien Werkstoffprüfung auf spektroskopischem und röntgenoskopischem Wege, so genügen diese Andeutungen, um die Wichtigkeit der Atomphysik auch für die Technik zu unterstreichen. Daß gerade die Zahl der *Anwendungen* der Atomphysik noch gewaltig zunehmen wird und damit vom modernen Ingenieur der Zukunft eine immer gründlichere Kenntnis der Atomphysik erwartet werden wird, darf mit absoluter Sicherheit vorausgesagt werden.

Vom allgemeinen, d. h. philosophischen Standpunkt aber muß es wohl als die bedeutungsvollste Leistung der Atomphysik angesehen werden, daß durch sie unsere alten, allzu starr mechanischen Auffassungen von den physikalischen Grundbegriffen Materie (Elementarteilchen) und Energie, von der Bedeutung der Kräfte und nicht zuletzt vom Begriff und der Bedeutung der Kategorien Substanz und Kausalität grundlegende Veränderungen erfahren haben, die unser ganzes physikalisches Weltbild und damit die auf ihm aufbauende Naturphilosophie sowie die Erkenntnistheorie weitgehend umgestaltet haben. Der Leser sei in diesem Zusammenhang auf BAVINKS immer noch großartiges Werk „Ergebnisse und Probleme der Naturwissenschaften" sowie besonders auf die Bücher von C. F. v. WEIZSÄCKER hingewiesen. So groß ohne jeden Zweifel die gedanklichen Schwierigkeiten dieser Folgerungen aus der Quantenphysik, auf die wir an verschiedenen Stellen zurückkommen werden, besonders für experimentell eingestellte Naturwissenschaftler sind, so unumgänglich ist eine Auseinandersetzung mit diesen Fragen für jeden, der ernsthaft den Anspruch erhebt, Natur*wissenschaftler* zu sein, so notwendig ist andererseits auch ein ernsthaftes Studium der Atomphysik für jeden, der heute zur Naturphilosophie das Wort ergreifen will.

2. Die Methodik der atomphysikalischen Forschung

Obwohl die Atomphysik als die Lehre von der Struktur der Materie eigentlich an den Anfang der übrigen Physik gehörte, die die Materie ja als gegeben hinnimmt und ihr Verhalten studiert, ist sie bekanntlich erst nach der fast vollständigen Aufklärung der klassischen Makrophysik entstanden. Damit hängt zusammen, daß auch die Methodik der Forschung und Beweisführung in der Atomphysik in verschiedener Beziehung abweicht von der in den Einzelgebieten der Makrophysik üblichen. Insbesondere werden zwar in weitem Umfang experimentelle wie theoretische Methoden und Ergebnisse aus eigentlich *allen* Gebieten der Makrophysik ebenso wie deren Gesetze zur Erforschung atomarer Vorgänge herangezogen; doch wird das mit ihrer Hilfe ermittelte „klassische" Bild der atomaren Vorgänge dann in steter Zusammenarbeit von Experiment und Theorie so weiterentwickelt, daß die größtmögliche Annäherung an die „Wirklichkeit" erreicht wird, die dann meist mit dem ersten klassisch-physikalischen Bild nicht mehr viel gemein hat. Anders als in den meisten Gebieten der Makrophysik ist ja das zu untersuchende Objekt (Elektron, Atomkern, Atom, Ion oder Molekül) nicht *direkt* beobachtbar; man muß sich vielmehr aus seinen beobachtbaren Wirkungen ein Bild von ihm zu machen suchen.

Dabei geht man so vor, daß man zur Deutung der ersten Ergebnisse von zufälligen oder bewußt tastenden Versuchen sich ein Gedankenmodell macht, wie das fragliche Teilchen (z. B. ein Atom) beschaffen sein müßte, damit die beobachteten Wirkungen verständlich werden. Aus diesem ersten, gröbsten Modell sucht man Folgerungen über das Verhalten des Teilchens bei andersartigen Versuchen zu ziehen, führt die entsprechenden Versuche (wenn möglich) aus und gelangt damit je nach deren Ergebnis zu einer Bestätigung, Abänderung oder Verfeinerung des ersten Modells. Sobald auf diese Weise eine gewisse Klarheit über das Teilchenmodell und seine Eigenschaften erreicht ist, greift der theoretische Physiker ein und sucht eine Theorie dieses Modells zu entwickeln, die aber (und das ist wichtig) keineswegs den Anspruch erhebt, das Verhalten des Teilchens *selbst* richtig zu beschreiben, sondern zunächst nur das des *Modells*, das in einigen wesentlichen Punkten mit dem wirklichen Teilchen übereinstimmen soll. Aus einer solchen quantitativen Theorie läßt sich dann meist eine große Anzahl qualitativer und quantitativer Folgerungen ziehen, deren experimentelle Nachprüfung festzustellen gestattet, in welchen Punkten das Modell mit der Wirklichkeit übereinstimmt, in welchen es dagegen nochmals abzuändern ist. In steter sich ergänzender Zusammenarbeit von Experiment und Theorie wird so schrittweise das Modell verbessert und eine immer bessere Annäherung an die Wirklichkeit erzielt. Jede neue oder verbesserte Theorie regt dabei zu neuen Experimenten an (wobei schon deren Ausdenken oft eine nicht zu unterschätzende geistige Leistung darstellt); jedes die Theorie nicht voll bestätigende exakte Experiment umgekehrt fordert auf zu neuer Abänderung oder Verbesserung der Theorie.

Wir werden sehen, daß an mehreren kritischen Punkten der atomphysikalischen Forschung neue Experimente die Theoretiker sogar zu der Einsicht zwangen, daß die bisherige Theorie einer sehr radikalen und grundsätzlichen Abänderung bedurfte, die darin gipfelte, daß für selbstverständlich anwendbar gehaltene Gesetze der Makrophysik in atomaren Bereichen ihre Gültigkeit und Anwendbarkeit verloren, so daß aus dieser Wechselwirkung von Experiment und Theorie ganz neue, unser physikalisches Denken umgestaltende Theorien resultierten. Stets kann dabei erst die exakte experimentelle Bestätigung der neuen Theorie zur Anerkennung verhelfen, ebenso wie das Experiment gegebenenfalls die Grenzen ihrer Gültigkeit aufzeigen muß. Diese für die Atomphysik besonders charakteristische enge Zusammenarbeit von Experiment und Theorie werden wir an zahlreichen eindrucksvollen Beispielen kennenlernen. Sie bedingt, daß auch der Atomphysiker selbst im allgemeinen nicht *nur* Experimentator oder Theoretiker ist, da er als Experimentator genügend Theorie verstehen muß, um selbst Folgerungen aus ihr ziehen und seine Experimente richtig deuten zu können, während der Theoretiker wenigstens Experimente und experimentelle Möglichkeiten so weit überblicken muß, daß er einerseits an der Diskussion experimenteller Ergebnisse mitwirken und andererseits selbst die experimentellen Prüfungsmöglichkeiten seiner Theorien beurteilen kann.

Aus der geschilderten Methodik der atomphysikalischen Forschung folgt schließlich auch die oben angedeutete besondere Art der Beweisführung. Die Richtigkeit einer Behauptung auf dem Gebiet der Atomphysik läßt sich im allgemeinen wegen der Unbeobachtbarkeit der atomaren Objekte viel weniger als in der Makrophysik direkt und eindeutig zwingend *beweisen*. Der Schluß auf die Richtigkeit einer Behauptung, wie etwa der Existenz und universellen Bedeutung des PLANCKschen Wirkungsquantums h, gründet sich vielmehr auf den Befund, daß in allen entscheidenden Formeln der gesamten Atomphysik *immer* wieder eine kleinste Wirkungsgröße h auftritt und daß alle *noch so verschiedenartigen* Experimente mechanischer, optischer, lichtelektrischer oder röntgenspektroskopischer Art *immer* wieder auf das *gleiche* kleinste Quantum der Wirkung (h) führen. Ebenso wird die „Richtigkeit" einer atomphysikalischen Theorie, wie etwa der Quantenmechanik, weniger direkt bewiesen als vielmehr aus der Feststellung gefolgert, daß sie im Bereich ihrer behaupteten Gültigkeit (d.h. hier der gesamten Atomphysik mit Ausnahme gewisser Bereiche der extremsten Kernphysik) alle noch so verschiedenartigen experimentellen Befunde quantitativ zu erklären vermag und daß alle aus ihr gezogenen prüfbaren neuen Folgerungen durch das Experiment ihre exakte Bestätigung finden. Diese restlose innere Übereinstimmung und Folgerichtigkeit aber stellt doch eben das innerste Wesen der Behauptung von der „Richtigkeit" eines Tatbestandes oder einer Theorie dar, so daß die skizzierte atomphysikalische Beweisführung aus der inneren Übereinstimmung und durchgehenden Bewährung nicht weniger gut begründet erscheint als die in der Makrophysik vielfach übliche und mögliche logisch zwingende Beweisführung.

3. Schwierigkeit, Gliederung und Darstellung der Atomphysik

Die angedeutete Sonderstellung der Atomphysik erschwert dem Anfänger erfahrungsgemäß das Eindringen in dieses Gebiet. Der mit der klassischen Physik vertraute Leser, und ganz besonders der Ingenieur, ist bewußt oder unbewußt geneigt, nur direkt „einleuchtende", d.h. anschauliche Erklärungen beobachteter Phänomene als befriedigend anzuerkennen. Die grundlegendste Schwierigkeit beim Eindringen in die Atomphysik besteht daher in der Notwendigkeit, in diesem Punkte umzulernen. Die Unsichtbarkeit der Objekte der Atomphysik und die in Kap. IV im einzelnen zu behandelnde Tatsache, daß die Erscheinungen der Atomphysik richtig nur mit den unanschaulichen Methoden der Quantenmechanik beschrieben, d.h. erklärt werden können, macht nicht selten anschauliche Erklärungen schwer oder gar unmöglich. Wir bemühen uns in diesem Buch ganz besonders um eine möglichst anschauliche Darstellung. Es gibt aber eben Erscheinungen, deren Natur eine solche nicht erlaubt. Auch in diesen Fällen jedoch stehen die Erklärungen der Atomphysik denen der klassischen Physik an Exaktheit und Sicherheit in nichts nach, und der sorgfältige Leser wird das Zwingende der gegebenen Erklärungen fast stets einsehen können. Er wird aber dabei merken, daß ein wirklich tieferes Verständnis der Atomphysik ein wiederholtes Durchdenken gerade dieser Unanschaulichkeiten und eine Art von Gewöhnung an indirektere Schlußfolgen voraussetzt, als sie in der klassischen Naturwissenschaft erforderlich sind. Wir kommen auf die philosophische Analyse dieses Problems in IV,15 noch zurück[1], bemerken aber schon hier, daß dieses Umlernen sich lohnt, da die Einbeziehung des Unanschaulicheren in den beherrschten Bereich der Natur offenbar eine gewaltige Erweiterung unseres geistigen Gesichtskreises darstellt.

Neben dieser grundlegendsten Schwierigkeit seien noch einige solche mehr äußerlicher Art erwähnt. Wir bemerkten schon, daß die Atomphysik laufend Anleihen bei fast allen Einzelgebieten der Makrophysik macht, deren Kenntnis daher eigentlich Voraussetzung des Studiums der Atomphysik ist. Die kinetische Gastheorie, die Erscheinungen der Elektrolyse und die Grundlagen der Chemie bilden die Ausgangspunkte der Atomphysik. Die Vorstellung der Elektronenbahnen im Atom ging aus von den Planetenbahnen; die Erkenntnis, daß das ganze Atom ein System gekoppelter Kreisel darstellt, zeigt die Notwendigkeit von Kenntnissen aus der Mechanik. Die umlaufenden Elektronen stellen elektrische Konvektionsströme dar, die Magnetfelder erzeugen, und das Verständnis der Wirkungen dieser Felder macht ein Zurückgehen auf den Elektromagnetismus nötig, während das Verständnis der Lichtemission durch Atome und Moleküle Kenntnisse aus der Theorie der elektrischen Wellen erfordert. Experimente wie theoretische Vorstellungen der Atomphysik stammen also aus allen Gebieten der Makrophysik; Experiment und Theorie sind zudem stärker ineinander verwoben als in fast allen anderen Einzelgebieten der Physik. Die hierdurch erzwungene Vielseitig-

---

[1] Hinweise werden im folgenden meist durch Angabe von Kapitel und Abschnitt (z.B. IV,15 = Abschnitt 15 in Kap. IV) gekennzeichnet.

keit macht aber den besonderen Reiz gerade der Atomphysik aus, die wir darum ruhig als die Krönung der gesamten Physik bezeichnen dürfen.

Aus dem Gesagten geht hervor, daß die Atomphysik kein abgeschlossenes Gebiet ist, die Grenzziehung vielmehr stets eine willkürliche bleibt, weil man sich je nach Einstellung auf die das atomare Geschehen regelnden Grundgesetze oder auf den Bau der Atome im engeren Sinn beschränken, im Grenzfall aber auch die gesamte Physik vom Atomaren her entwickeln und damit in die Atomphysik einbeziehen kann. Daran liegt es auch, daß die Unterschiede in den Darstellungen der Atomphysik durch die verschiedenen Autoren in Vorlesungen wie im Schrifttum größer sind als bei wohl jedem anderen Gebiet der Physik. Vielfach hat man es deshalb vorgezogen, von einer einheitlichen Darstellung des Gebiets überhaupt abzusehen und es in Einzelgebiete aufzulösen, über die dementsprechend eine große Zahl ausgezeichneter Darstellungen vorliegt. Dabei müssen aber die inneren Beziehungen und Verbindungen zwischen den Einzelgebieten unberücksichtigt bleiben und mit ihnen die Einsicht in die innere Harmonie, die heute trotz aller noch offenen Probleme doch die gesamte Physik der Elementarteilchen, Atomkerne, Atome, Moleküle und Kristalle beherrscht.

Die vorliegende Darstellung der Atomphysik will besonders diese Einheit und Harmonie aller Teilgebiete herausarbeiten. Sie setzt voraus die Kenntnis der Experimentalphysik einschließlich der Grundzüge der kinetischen Gastheorie und Statistik, ferner (falls der Leser die unentbehrlichen mathematischen Begründungen nicht einfach glauben will) einige Grundlagen der theoretischen Physik.

Die Einteilung unseres Buches erfolgte nach didaktischen Gesichtspunkten, deckt sich aber in den großen Zügen mit der historischen Entwicklung. Dem Kapitel II, das außer den Beweisen für die Atomistik der Materie und der Elektrizität sowie für die Existenz der Elektronen, Atome, Atomkerne, Ionen und Photonen (Lichtquanten) einen knappen Überblick über alles für die weitere Behandlung dieser Teilchen Wissenswerte einschließlich der Isotopie enthält, folgt das Hauptkapitel III, in dem der für die gesamte Atomphysik wie auch für die Molekülphysik (Kap. VI) grundlegende Zusammenhang von Atombau und Spektren auf Grund der Bohrschen Atomtheorie dargelegt wird. Daß hierbei von der erst im folgenden Kapitel IV dargestellten Quantenmechanik noch kein Gebrauch gemacht wird, entspricht nicht nur der historischen Entwicklung, sondern erleichtert den Nachweis der zwingenden Notwendigkeit der Einführung der Wellen- und Quantenmechanik, wobei gleichzeitig besonders deutlich wird, wie jede neue Theorie die alte nicht „umstürzt", sondern erweitert, verfeinert und schließlich als Spezialfall einschließt. Auch daß die Kernphysik, mit der man beim systematischen Aufbau der Atomphysik beginnen müßte, erst im Kapitel V nach der Quantenmechanik behandelt wird, entspricht der historischen Entwicklung wie der didaktischen Absicht: Jede Darstellung der Kernphysik setzt quantenmechanische Kenntnisse zu ihrem Verständnis voraus, während die Quantenmechanik selbst eben als notwendige Folge aus der Atomphysikforschung herauswachsen soll, genauso wie es in Wirklichkeit geschehen ist. Bei dieser Reihenfolge sind dann Energieniveauschemata, Quantenzahlen und Auswahlregeln der Kerne und ihr Zusammenhang mit der γ-Strahlung und den Kernprozessen aus der Analogie zu den schon bekannten Erscheinungen in der Atomhülle ohne weiteres verständlich, und das gleiche gilt für die Bremsstrahlung schneller Elektronen und manche andere Vorgänge. Das folgende Kapitel VI enthält die Molekülphysik und scheint zwar ungebührlich weit von der entsprechenden Behandlung der engeren Atomphysik (Kap. III) getrennt; doch sprechen wieder historische wie didaktische Gründe für diese Behandlung der Moleküle nach der Quantenmechanik, auf die notwendig immer wieder zurückgegriffen werden muß. Kapitel VII schließlich, die Behandlung des festen Zustands vom atomphysikalischen Standpunkt aus, will einen Überblick über dieses riesige Gebiet mit seiner fast unübersehbaren Mannigfaltigkeit der Probleme, aber auch der Fruchtbarkeit der atomtheoretischen Erklärungsversuche geben.

Wie schon im Vorwort betont, wird jedes Eingehen auf Einzelheiten experimenteller wie mathematischer Art vermieden und überhaupt auf die Herausarbeitung der großen Zusammenhänge mehr Wert gelegt als auf Vollständigkeit im kleinen. Auf die *Anwendungen* der Atomphysik wird an den fraglichen Stellen hingewiesen, aber zwecks Raumersparnis nicht genauer eingegangen. Bewußt wurde die Darstellung dagegen bis an den gegenwärtigen Stand der Forschung herangeführt und auf die zahlreichen noch offenen Probleme deutlich hingewiesen, weil gerade dieser Einblick in die lebendige Forschung für den Studenten besonders anregend sein sollte.

Literatur

Gesamte Atomphysik

Theorie:

SOMMERFELD, A.: Atombau und Spektrallinien. 2 Bde. 7./3. Aufl. Braunschweig: Vieweg 1949.
WEIZEL, W.: Struktur der Materie. Bd. II des Lehrbuchs der Theoretischen Physik. 2. Aufl. Berlin/Göttingen/Heidelberg: Springer 1959.

Allgemein:

LEIGHTON, R. B.: Principles of Modern Physics. New York: McGraw-Hill 1959.
RICHTMYER, K. F., E. H. KENNARD u. T. LAURITSEN: Introduction to Modern Physics. 5. Aufl. New York: McGraw-Hill 1955.
SLATER, J. C.: Quantum Theory of Matter. New York: McGraw-Hill 1951.

Anwendungen auf die Astrophysik:

CHANDRASEKHAR, S.: Principles of Stellar Dynamics. Chicago: University Press 1943.
UNSÖLD, A.: Physik der Sternatmosphären. 2. Aufl. Berlin/Göttingen/Heidelberg: Springer 1956.

Anwendungen auf die Biologie:

DESSAUER, F.: Quantenbiologie. Berlin/Göttingen/Heidelberg: Springer 1954.
SELTOW, R. B., u. E. C. POLLARD: Molecular Biophysics. Reading: Addison-Wesley 1962.

Philosophische Folgerungen:

BAVINK, B.: Ergebnisse und Probleme der Naturwissenschaften. 8. Aufl. Stuttgart: Hirzel 1948.
EDDINGTON, A. S.: Philosophie der Naturwissenschaften. Bern: Franke 1949.
HEISENBERG, W.: Wandlungen in den Grundlagen der Naturwissenschaft. 8. Aufl. Stuttgart: Hirzel 1948.
JEANS, J. H.: Physik und Philosophie. Zürich: Rascher 1944.
JORDAN, P.: Die Physik des 20. Jahrhunderts. 8. Aufl. Braunschweig: Vieweg 1949.
MARCH, A.: Natur und Naturerkenntnis. Wien: Springer 1948.
MARGENAU, H.: The Nature of Physical Reality. New York: McGraw-Hill 1950.
PLANCK, M.: Wege zur Physikalischen Erkenntnis. 5. Aufl. Stuttgart: Hirzel 1948.
WEIZSÄCKER, C. F. v.: Zum Weltbild der Physik. 10. Aufl. Stuttgart: Hirzel 1963.
WEYL, H.: Philosophy of Mathematics and Natural Philosophy. Princeton: University Press 1949.

II. Allgemeines über Atome, Ionen, Elektronen, Atomkerne und Photonen

In diesem Kapitel geben wir einen kurzen und notwendigerweise vielfach nur andeutenden Überblick über die historische Entwicklung der Atomistik der Materie und Elektrizität sowie die allgemeinen Eigenschaften der Atome, Ionen, Elektronen, Atomkerne und Photonen in dem Umfang, wie wir sie als Voraussetzung für die mit Kap. III beginnende systematische Diskussion der Atomphysik benötigen.

1. Belege für die Atomistik der Materie und der Elektrizität

Wir fragen zunächst nach den Beweisen für die Existenz der Atome und ihrer Teile, der Elektronen, Ionen und Atomkerne, von deren Eigenschaften und Verhaltensmöglichkeiten die Atomphysik handelt. Wenn wir dabei vom Atom als dem kleinsten Baustein der Materie, etwa dem Eisenatom als dem kleinsten Baustein eines Eisenstückes, sprechen, so meinen wir damit, nachdem die Atomphysik die Teilbarkeit der Atome festgestellt hat, daß *die Teile eines Eisenatoms sich grundsätzlich von den Atomen selbst unterscheiden, so daß man z. B. durch Aneinanderlagerung von Teilen eines Eisenatoms nicht mehr zum Element Eisen gelangt.* Der letzte Beweis für die Existenz der Atome als kleinster Einheiten der Materie in dem angedeuteten Sinne ist erst in unserem Jahrhundert durch die in diesem Buch zu behandelnden Untersuchungen erbracht worden, nachdem noch Ende des vorigen Jahrhunderts ein scharfer wissenschaftlicher Kampf um die Frage tobte, ob die Atome als wirkliche physikalische Gebilde existieren, oder ob die Atomhypothese nur eine zur Darstellung vieler Beobachtungen sehr bequeme Arbeitshypothese darstelle. Wir werden im folgenden mit den Belegen für die Atomistik der Materie gleichzeitig die für die atomistische Struktur der elektrischen Ladung, also der Elektrizität selbst, besprechen, da nach unserer heutigen Kenntnis Materie und Elektrizität in untrennbar enger Beziehung stehen.

Die Frage nach einer homogenen oder atomistischen Struktur der Materie war schon im Altertum gestellt und philosophisch diskutiert worden. Aber erst DALTONS Untersuchungen aus den Jahren 1809/1810 über die Zusammensetzung chemischer Verbindungen erbrachten die ersten eindeutigen Hinweise auf den atomistischen Aufbau unserer materiellen Welt. DALTON fand, daß in einer chemischen Verbindung die relativen Gewichte der sie bildenden Stoffe, der Elemente, stets konstant sind (Gesetz von der Konstanz der Verbindungsgewichte) und daß, wenn zwei Elemente sich in verschiedenen Gewichtsmengen vereinigen können, diese Verbindungsgewichte stets ganzzahlige Vielfache des geringsten Verbindungsgewichts sind, z. B. die Sauerstoffgewichte in N_2O, NO, N_2O_3, NO_2 und N_2O_5 sich bei Bezug auf ein Gramm Stickstoff wie $1 : 2 : 3 : 4 : 5$ verhalten (Gesetz der multiplen Proportionen). Diese DALTONschen Gesetze sind vom Standpunkt einer homogenen, beliebig unterteilbaren Materie aus höchst überraschend und kaum verständlich, vom atomistischen Standpunkt aus aber Selbstverständlichkeiten, da sie dann eine einfache Folge der Tatsache sind, daß stets die gleiche Anzahl von Atomen verschiedener Elemente zu einer bestimmten Verbindung zusammentreten bzw. daß zwar ein, zwei, drei, vier oder fünf Atome Sauerstoff sich mit zwei Stickstoffatomen verbinden können, nicht dagegen Bruchteile eines Atoms.

Einen völlig unabhängigen, ebenfalls sehr deutlichen Hinweis auf die Existenz von einzelnen Atomen und den aus ihnen bestehenden Molekülen erbrachte in der zweiten Hälfte des 19. Jahrhunderts die Aufstellung der kinetischen Wärmetheorie

durch KRÖNIG und CLAUSIUS und ihre Weiterentwicklung besonders durch MAX
WELL und BOLTZMANN. Die Erklärung des Gasdrucks und seiner Zunahme mit der
Temperatur durch die Stöße der Gasatome bzw. -moleküle und deren Geschwindigkeitszunahme mit der Temperatur, wie die Erklärung der Wärmeleitung und
der inneren Reibung der Gase durch die Übertragung von Energie und Impuls
durch die stoßenden Atome bzw. Moleküle, stellten so auffallende Leistungen der
kinetischen Theorie der Gase und damit Hinweise auf die Existenz einzelner
Atome und Moleküle dar, daß der Glaube an den atomistischen Aufbau der Materie immer mehr zunahm. Die Überzeugungskraft dieser kinetischen Gastheorie
war um so größer, als schon Jahrzehnte vorher in der BROWNschen Molekularbewegung eine der wichtigsten Behauptungen der Theorie, die der temperaturabhängigen ungeordneten Wärmebewegung der Atome und Moleküle, eine eindrucksvolle experimentelle Bestätigung erfahren hatte.

Die endgültige Sicherheit über die atomistische Struktur der Materie aber
haben erst die eigentlichen atomphysikalischen Untersuchungen unseres Jahrhunderts erbracht, insbesondere WIENS Versuche mit Kanalstrahlen, die sich eindeutig als aus elektrisch geladenen einzelnen Atomen bestehend erwiesen. Die
Untersuchung der Spuren einzelner Atome bzw. Ionen in der WILSONschen Nebelkammer (V,2), die Entdeckung der Beugung der Röntgenstrahlen an den aus
geometrisch angeordneten Atomen bestehenden Gitterebenen der Kristalle (VII,4),
und nicht zuletzt die Fülle der spektroskopischen Untersuchungen, über die wir im
nächsten Kapitel berichten werden, haben auch den letzten Zweifel an der Existenz
der Atome behoben. *Die Atome sind also wirklich die kleinsten, mit chemischen
Mitteln nicht mehr teilbaren Bausteine der Materie. Mit physikalischen Mitteln sind
die Atome zwar noch weiter teilbar, doch besitzen die Bruchstücke dann völlig andere
Eigenschaften als die Atome selbst.*

Nehmen wir damit die Existenz der Atome als erwiesen an, so können wir die
schon 1833 gefundenen FARADAYschen Gesetze der Elektrolyse als Belege für die
Existenz eines elektrischen Elementarquantums, also gleichsam eines Atoms der
Elektrizität, ansehen. Wenn nämlich die elektrolytisch abgeschiedene Menge eines
bestimmten Stoffes (Elements) nur von der dabei transportierten Ladungsmenge
abhängt, so bedeutet das, daß jedes im Elektrolyten wandernde Atom dieses
Elements als Ion die gleiche Ladungsmenge trägt. Wenn weiter bei einwertigen
Stoffen die je Einheit der Elektrizitätsmenge abgeschiedenen Stoffmengen sich wie
die (im nächsten Abschnitt zu besprechenden) Atomgewichte dieser Stoffe verhalten, so können wir daraus nur den einen Schluß ziehen, daß *jedes einwertige
Atom, gleich welcher Masse, stets die gleiche Ladung trägt.* Wenn ferner von zweiwertigen Stoffen beim Transport der gleichen Ladungsmenge nur die halbe Stoffmenge abgeschieden wird, so schließen wir daraus, daß zweiwertige Atome im
Elektrolyten stets zwei Einheitsladungen tragen. Die Existenz einer elektrischen
Elementarladung, die man mit e bezeichnet und deren Größe wir in II,4b noch
kennenlernen werden, ist durch die FARADAYschen Gesetze also äußerst wahrscheinlich gemacht, wenn auch noch nicht endgültig erwiesen. Diesen Beweis hat
erst die Atomphysik durch die Untersuchung freier elektrischer Elementarladungen,
die wir Elektronen nennen, erbracht. Auf sie gehen wir in II,4a im einzelnen ein.

2. Masse, Größe und Zahl der Atome.
Das Periodensystem der Elemente

a) Atomgewicht und Periodensystem

Nachdem wir die empirischen Belege für die Existenz der Atome kennengelernt
haben, fragen wir nun nach ihrer Masse und Größe, wobei zur Bestimmung der

absoluten Masse noch die Kenntnis der Zahl der Atome je Mol, der AVOGADRO-Konstante, erforderlich ist.

Wenn man in der Physik und Chemie von der Masse der Atome spricht, so meint man nur in seltenen Fällen deren Absolutwert, im allgemeinen vielmehr die auf Kohlenstoff = 12,0000 bezogenen *relativen Massen*, die man in bedauerlicher Verwechslung der Begriffe Masse und Gewicht von alters her als *Atomgewichte* bezeichnet. Bei dieser Festlegung erhält der Wasserstoff das Atomgewicht 1,008 und das bis auf die erst kürzlich entdeckten „Transurane" massereichste Atom, das Uranatom, das mittlere Atomgewicht 238,03. Warum wir vom mittleren Atomgewicht sprechen, werden wir gleich erfahren.

Die Bestimmung der Atomgewichte gasförmiger Stoffe ist auf Grund des AVOGADROschen Gesetzes möglich, nach dem in gleichen Volumina bei gleichem Druck und gleicher Temperatur auch die gleiche Zahl von Gasteilchen (Atome oder Moleküle) enthalten ist. Da man nun aus chemischen Untersuchungen weiß, daß z.B. die Edelgase einatomig, Wasserstoff, Stickstoff und Sauerstoff aber zweiatomig sind, kann man durch Wägung der in gleichen Volumina unter gleichen Bedingungen vorhandenen Mengen verschiedener Gase deren relative Atomgewichte bestimmen. Zur Bestimmung des Atomgewichts nichtgasförmiger Elemente benutzt man deren Verbindungen mit einem Gas von bekanntem Atomgewicht. Ist die chemische Formel dieser Verbindung bekannt, z.B. CO_2, so kann man aus dieser Formel und der Masse des je Gramm CO_2 bei vollständiger Zersetzung der Verbindung frei werdenden Sauerstoffs das relative Atomgewicht des festen Elements berechnen. Die heute mit noch größerer Genauigkeit physikalisch (massenspektroskopisch oder mittels Kernreaktionen nach V,9a) bestimmten relativen Atomgewichte aller stabilen Atome sind in der letzten Spalte von Tab. 3, S. 33 f. angegeben.

Die Bestimmung der relativen Atomgewichte gab den Anlaß zur Aufstellung des alle Elemente enthaltenden und gleichzeitig ihr chemisches Verhalten angebenden Periodensystems der Elemente durch MENDELEJEFF und LOTHAR MAYER (1869). In diesem System sind (vgl. Tab. 1) die Elemente so nach steigendem Atomgewicht in Perioden nebeneinander und Gruppen untereinander angeordnet, daß chemisch ähnlich sich verhaltende Elemente wie die Alkalimetalle, die Halogene oder die Edelgase untereinander stehen, eine *Gruppe* bilden. Dabei stehen die einwertigen Elemente in der ersten Gruppe, die zweiwertigen in der zweiten Gruppe, die chemisch inaktiven Edelgase schließlich in der achten und letzten Gruppe des Systems. Ferner sind die links im Periodensystem stehenden Elemente elektropositiv, d.h., sie treten in Elektrolyten positiv geladen auf, während die rechts in der vorletzten Gruppe stehenden Halogene am stärksten elektronegativ sind. Mit dem Uran als dem schwersten in der Natur vorkommenden Element brach das Periodensystem scheinbar ohne ersichtlichen Grund mitten in einer Periode plötzlich ab. Es ist eine der wichtigsten Aufgaben der Atomphysik gewesen, die hier nur kurz angedeuteten chemischen und physikalischen Eigenschaften des Periodensystems sowie dessen ganzen Aufbau aus dem Bau der Atome zu erklären. Wir kommen auf diese Theorie des Periodensystems in III,19 ausführlich zurück.

Obwohl die Reihenfolge der Elemente im Periodensystem im allgemeinen der wachsender Atomgewichte entspricht, machten in einzelnen Fällen die chemischen Eigenschaften eine Abweichung von dieser Ordnung erforderlich. So gehört beispielsweise das Tellur mit dem Atomgewicht 127,60 seinem ganzen chemischen Verhalten nach eindeutig unter das Selen und damit in der Reihenfolge der Elemente *vor* das Jod mit dem Atomgewicht 126,90, das ebenso eindeutig zu den übrigen Halogenen und damit unter das Brom gehört. Weiter zeigte sich bei der

Tabelle 1. *Das Periodensystem der Elemente*

	I	II	III	IV	V	VI	VII	VIII		
1	**1** H 1,008									**2** He 4,003
2	**3** Li 6,939	**4** Be 9,012	**5** B 10,81	**6** C 12,011	**7** N 14,007	**8** O 15,999	**9** F 18,998			**10** Ne 20,183
3	**11** Na 22,990	**12** Mg 24,31	**13** Al 26,98	**14** Si 28,09	**15** P 30,97	**16** S 32,06	**17** Cl 35,45			**18** Ar 39,95
4	**19** K 39,10	**20** Ca 40,08	**21** Sc 44,96	**22** Ti 47,90	**23** V 50,94	**24** Cr 52,00	**25** Mn 54,94	**26** Fe 55,85	**27** Co 58,93	**28** Ni 58,71
4	**29** Cu 63,54	**30** Zn 65,37	**31** Ga 69,72	**32** Ge 72,59	**33** As 74,92	**34** Se 78,96	**35** Br 79,91			**36** Kr 83,80
5	**37** Rb 85,47	**38** Sr 87,62	**39** Y 88,91	**40** Zr 91,22	**41** Nb 92,91	**42** Mo 95,94	**43** Tc 99	**44** Ru 101,1	**45** Rh 102,91	**46** Pd 106,4
5	**47** Ag 107,87	**48** Cd 112,40	**49** In 114,82	**50** Sn 118,69	**51** Sb 121,75	**52** Te 127,60	**53** J 126,90			**54** Xe 131,30
6	**55** Cs 132,91	**56** Ba 137,34	**57** La 138,91 [58-71]	**72** Hf 178,49	**73** Ta 180,95	**74** W 183,85	**75** Re 186,2	**76** Os 190,2	**77** Ir 192,2	**78** Pt 195,09
6	**79** Au 197,0	**80** Hg 200,59	**81** Tl 204,37	**82** Pb 207,19	**83** Bi 208,98	**84** Po 210	**85** At 210			**86** Rn 222
7	**87** Fr 223	**88** Ra 226,03	**89** Ac 227 [90-103]							

6	**58** Ce 140,12	**59** Pr 140,91	**60** Nd 144,24	**61** Pm 149	**62** Sm 150,35	**63** Eu 152,0	**64** Gd 157,25	**65** Tb 158,92	**66** Dy 162,50	**67** Ho 164,93	**68** Er 167,26	**69** Tm 168,94	**70** Yb 173,04	**71** Lu 174,97
7	**90** Th 232,04	**91** Pa 231	**92** U 238,03	**93** Np 237	**94** Pu 239	**95** Am 243	**96** Cm 245	**97** Bk 245	**98** Cf 248	**99** Es 255	**100** Fm 252	**101** Mv 256	**102** No 253	**103** Lw 257

Aufstellung des Systems, daß gewisse Elemente offenbar noch nicht bekannt waren. Zwischen dem mit Sicherheit zu den Edelgasen gehörenden Radon mit dem Atomgewicht 222 und dem ebenso sicher als Erdalkalimetall zu identifizierenden Radium mit dem Atomgewicht 226 z.B. fehlte in der ersten Gruppe ein Element der Alkalimetallreihe. Das Periodensystem gab also nicht nur über die bekannten, sondern auch über die noch unbekannten Elemente Aufschluß, und zwar über ihre Zahl wie über ihre Art und Eigenschaften, die aus der Stellung der Lücke im System zu erschließen waren. Sämtliche fehlenden Elemente sind nach diesen erwarteten Eigenschaften später tatsächlich identifiziert worden. Da das Atomgewicht also offenbar die Stellung eines Elements im Periodensystem nicht eindeutig bestimmt, hat man die Elemente einschließlich der Lücken in der nach dem chemischen Verhalten richtigen Reihenfolge, mit H beginnend und zunächst mit U endend, einfach durchnumeriert und bezeichnet diese Nummer des Elements im Periodensystem als seine *Ordnungszahl*. Wir werden bald sehen, daß diese eine wichtige physikalische Bedeutung besitzt.

Bei der Durchsicht der relativen Atomgewichte der Elemente fällt auf, daß sie in überraschend vielen Fällen nahezu ganze Zahlen sind, daß es aber auch eine Anzahl ausgesprochener Ausnahmen von dieser Regel gibt. Nun hatte bereits bald nach 1800 PROUT die später lange in Vergessenheit geratene Hypothese aufgestellt, daß alle Elemente letzten Endes aus Wasserstoff aufgebaut seien. Diese Vorstellung des Aufbaues der Elemente aus *einer* Grundsubstanz erhielt neue Nahrung, als man Anfang dieses Jahrhunderts zunächst bei den radioaktiven Elementen (vgl. V,6) fand, daß chemisch gleichartige, also zur gleichen Ordnungszahl gehörende Atome verschiedene Atomgewichte, d.h. Massen besitzen können. Solche Atome gleicher Ordnungszahl, aber verschiedener Masse nennt man *Isotope*, und die Atomgewichte dieser inzwischen bei den meisten Atomen festgestellten Isotope sind tatsächlich nahezu ganzzahlig. Die ausgesprochen unganzzahligen Atomgewichte, wie das des Chlors mit 35,453, entstehen durch entsprechende Mischung der Massen mehrerer Isotope, im Fall des Chlors der Isotope mit den Atomgewichten 35 und 37.

Betrachten wir statt der Atome Moleküle, so tritt an die Stelle des Atomgewichts das *Molekulargewicht*, das sich bei bekannter chemischer Formel des Moleküls aus den Atomgewichten der das Molekül bildenden Elemente berechnen läßt, z.B. das des Methans CH_4 in runden Zahlen zu $12 + 4 \times 1 = 16$. Man bezeichnet nun die Anzahl Gramme eines Stoffes, die seinem Atom- bzw. Molekulargewicht entsprechen, als ein *Mol* des Stoffes. Ein Mol molekularer Wasserstoff H_2 sind also 2 g Wasserstoff, 1 Mol Wasser (H_2O) 18 g Wasser, 1 Mol Hg 200,6 g Quecksilber. Überträgt man den Molbegriff auf die AVOGADROsche Regel, nach der alle Gase in gleichen Volumina unter gleichen äußeren Bedingungen gleiche Zahlen von Atomen bzw. Molekülen enthalten, so folgt, *daß auch ein Mol eines Stoffes stets die gleiche Anzahl Atome bzw. Moleküle enthält, und dieser zunächst nur für gasförmige Stoffe richtige Schluß läßt sich auch für alle übrigen Stoffe beweisen. Wir können daher aus den relativen Atomgewichten die absoluten Massen der Atome ermitteln, wenn wir die Zahl der Atome je Mol, die* AVOGADRO-*Konstante* N_A *kennen,* die zuerst 1865 von LOSCHMIDT zu rund 10^{23} ermittelt wurde und deshalb früher meist als LOSCHMIDT-Konstante bezeichnet wurde.

b) Die Bestimmung der Avogadro-Konstante und der absoluten Atommassen

Zur Bestimmung der AVOGADRO-Konstante gibt es eine große Zahl verschiedener, voneinander unabhängiger Methoden, deren Ergebnisse bestens übereinstimmen.

Die meisten dieser Methoden sind, wie die ursprüngliche von LOSCHMIDT, wenig durchsichtig, weshalb wir sie hier übergehen. Eine anschauliche optische

Methode geht von der Streuung des Lichts an kleinsten Teilchen, der sog. RAYLEIGH-Streuung aus, bei der die Intensitätsabnahme des das streuende Medium durchsetzenden Lichts von der Zahl N der streuenden Teilchen je cm³, z.B. der Luftmoleküle in der vom Sonnenlicht durchstrahlten Atmosphäre, abhängt. Die Messung der Intensitätsschwächung von Licht durch RAYLEIGH-Streuung gestattet also die Zahl N der streuenden Moleküle je cm³ und damit aus der meßbaren Dichte ϱ [g/cm³] und dem bekannten Molekulargewicht M [g/mol] des Gases die AVOGADRO-Konstante

$$N_A = \frac{NM}{\varrho} \tag{1}$$

zu bestimmen.

Von den beiden exaktesten Methoden geht die eine vom Molekulargewicht M und der Dichte ϱ möglichst ideal gebauter Kristalle aus. Nachdem durch Messungen an geritzten Gittern (III,1) Präzisionsmessungen von Röntgenwellenlängen ausgeführt werden können, kann man mit deren Hilfe nach der in VII,4 behandelten Methode der Röntgenstrahlbeugung die Atomabstände im Kristallgitter mit großer Präzision bestimmen. Aus diesen berechnet man dann das einem einzelnen Baustein im Kristall zur Verfügung stehende Volumen V und erhält daraus und aus der Dichte ϱ des Kristalls die AVOGADRO-Konstante N_A zu

$$N_A = \frac{M}{\varrho V} . \tag{2}$$

Die zweite derzeitige Präzisionsmethode geht vom FARADAYschen Gesetz der Elektrolyse aus, nach dem zur Abscheidung von einem Mol eines chemisch einwertigen Stoffes die Elektrizitätsmenge

$$F = (96487 \pm 1) \quad \text{Coulomb/mol} \tag{3}$$

erforderlich ist. Kennen wir außerdem die Größe des elektrischen Elementarquantums e, deren Bestimmung wir in II,4b behandeln werden, so ergibt sich

$$N_A = \frac{F}{e} . \tag{4}$$

Die beiden letzten Methoden ergeben als zur Zeit besten Wert

$$N_A = (6{,}02295 \pm 0{,}00005) \cdot 10^{23} \text{ Moleküle/mol.} \tag{5}$$

Aus den die Masse eines Mols der betreffenden Atome angebenden Atomgewichten A ergibt sich ersichtlich die Masse m_a des einzelnen Atoms mittels der AVOGADRO-Konstante zu

$$m_a = \frac{A}{N_A} . \tag{6}$$

Für die absolute Masse des Wasserstoffatoms m_H folgt aus (6)

$$m_H = (1{,}67329 \pm 0{,}00004) \cdot 10^{-24} \text{ g.} \tag{7}$$

c) Die Größe der Atome

Fragen wir nun nach der Größe der Atome, so stoßen wir auf die grundsätzliche Schwierigkeit der Definition des Atomradius, die in gleicher Weise auch beim Radius des Elektrons und der Atomkerne wiederkehren wird. Wenn wir z.B. den Radius einer Billardkugel sehr genau angeben können, so bedeutet das, daß bei einem Abstand der Kugelmittelpunkte größer als $2r$ die Kugeln keine Kräfte aufeinander ausüben, bei nur wenig kleinerem aber bereits zusammenstoßen, d.h. sehr starke Kräfte wirksam werden. Betrachten wir demgegenüber als anderen Extremfall elektrisch geladene Teilchen wie Elektronen und Ionen, so wirken ablenkende Kräfte infolge der COULOMBschen Anziehung oder Abstoßung theoretisch noch auf beliebig große Entfernungen, so daß man von einem definierten Stoßradius überhaupt nicht sprechen kann. Die Atome nehmen, wie wir im nächsten Abschnitt sehen werden, eine Mittelstellung ein; sie können nicht als starre Kugeln mit exakt definiertem Radius aufgefaßt werden, doch klingen die nach außen wirkenden Kräfte ziemlich schnell mit wachsendem Radius ab. Messen wir daher Atomradien oder Atomvolumina $4\pi r^3/3$ nach verschiedenen Methoden, so erhalten wir stets etwas verschiedene Werte, je nach der Größe der während der Messung zwischen den Atomen wirksamen Kräfte.

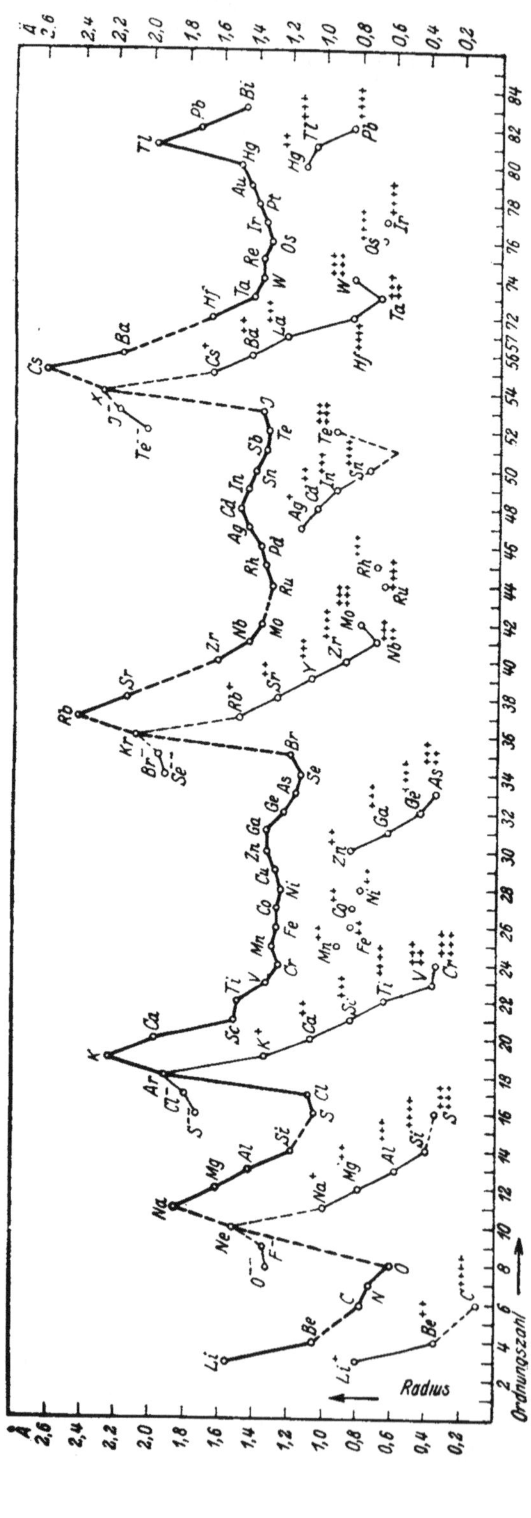

Am einfachsten bestimmt man Atomradien aus der leicht meßbaren Dichte von Flüssigkeiten (z.B. verflüssigter Edelgase) oder Kristallen, aus der bei bekannten Atommassen die Atomvolumina (Volumina je Mol, bezogen auf den absoluten Nullpunkt der Temperatur) und daraus die Atomradien ermittelt werden können. Um zu zuverlässigen Werten zu gelangen, muß dabei aber die in jedem Einzelfall vorliegende räumliche Anordnung und die daraus folgende prozentuale Raum-

Abb. 1. Radien der Atome und ihrer positiven Ionen, bestimmt aus den Abständen der Atommittelpunkte in Kristallgittern.

erfüllung mit Atomen bekannt sein. Bei dichtester Kugelpackung beträgt diese 74%; doch werden wir in VII,1 erfahren, daß keineswegs alle Flüssigkeiten in dichtester Kugelpackung vorliegen, und bei den Kristallen und allgemein den Festkörpern ist die Lage wegen der großen Zahl der räumlichen Anordnungsmöglichkeiten der Atome noch viel komplizierter. Abb. 1 zeigt die aus solchen Daten ermittelten Radien der Atome sowie ihrer in II,4d noch zu besprechenden positiven und negativen Ionen.

Die grundsätzliche Richtigkeit der so ermittelten Werte, die nach Abb. 1 zwischen etwa 0,5 und 2,5 · 10^{-8} cm liegen, läßt sich durch eine ganze Anzahl völlig unabhängiger weiterer Meßmethoden erweisen. So soll nach der Theorie der VAN DER WAALSschen Zustandsgleichung realer Gase

$$\left(p + \frac{a}{v^z}\right)(v - b) = RT \tag{8}$$

die Konstante b gleich dem vierfachen Molekularvolumen sein, sie erlaubt also eine unabhängige Bestimmung von Atomradien. Da (8) aber nur eine Näherungsgleichung ist, beträgt die Genauigkeit der so ermittelten Atomradien nur etwa ±30%.

Man kann ferner Atomradien aus Messungen der inneren Reibung von Gasen bestimmen, weil diese verständlicherweise von der Größe der miteinander zusammenstoßenden Atome bzw. Moleküle abhängt. Wegen der schlechten Definition des Atomradius, mit anderen Worten wegen der „Weichheit" der leicht deformierbaren Atomoberfläche, hängen die so bestimmten Werte aber nicht unbeträchtlich von der relativen Geschwindigkeit der Stoßpartner ab. Von den indirekten Möglichkeiten zur Bestimmung von Atomradien erwähnen wir ohne näheres Eingehen noch die sog. Atomformfaktor-Methode. Sie beruht auf einer Auswertung der Streuung von Röntgenstrahlen oder Elektronen an Atomen, da diese Streuung natürlich ebenfalls von der Größe der streuenden Atome abhängen muß.

Das für uns wichtige Ergebnis aller dieser völlig unabhängigen Messungen ist, daß sie ausnahmslos Werte der gleichen Größenordnung von wenigen 10^{-8} cm ergeben haben, und zwar einschließlich der aus Abb. 1 zu entnehmenden Abhängigkeit der Atomradien von der Ordnungszahl im Periodensystem, der kleineren Radien positiver Ionen und der vergleichsweise größeren der negativen Ionen, deren Deutung sich zwangsläufig aus der Atomtheorie ergeben wird.

3. Belege für den Aufbau der Atome aus Kern und Elektronenhülle. Allgemeines über Atommodelle

Man hat die Atome, wie schon ihr Name sagt, anfangs für die letzten unteilbaren Bausteine der Materie gehalten und sich demgemäß unsere gesamte stoffliche Welt aus den heute 103 verschiedenen letzten Bausteinen, den Atomen, aufgebaut gedacht. Wir wissen demgegenüber heute, daß auch die Atome teilbar sind, wenn auch nicht mit chemischen, so doch mit physikalischen Mitteln, und mit der Erkenntnis von der Teilbarkeit der Atome beginnt eigentlich erst die Atomphysik. Der erste deutliche Hinweis auf eine Struktur der Atome stammt aus der Physik der Gasentladungen, in denen offenbar neutrale Atome und Moleküle in elektrisch geladene Teile, die Elektronen und Ionen, zerlegt werden.

Die eigentliche physikalische Untersuchung der Atome beginnt mit LENARDS Versuchen über den Durchgang von Kathodenstrahlen, also schnellen Elektronen, durch dünne Materieschichten, z. B. Metallfolien. LENARD stellte zunächst fest, daß schnelle Elektronen eine große Anzahl von Atomen durchdringen können, ohne wesentlich aus ihrer ursprünglichen Richtung abgelenkt zu werden, und zog daraus die richtige Folgerung, *daß die Atome nicht als massive Kugeln aufgefaßt werden dürfen, sondern daß in ihnen viel freier Raum vorhanden sein muß.* Er untersuchte dann die Abhängigkeit des für die Streuung maßgebenden Atomradius von der Geschwindigkeit der stoßenden Elektronen. Während für langsame Elektronen der wirksame Atomradius sich wie der gaskinetische zu etwa 10^{-8} cm ergab, nahm der wirksame Radius mit zunehmender Elektronengeschwindigkeit bis auf etwa 10^{-12} cm, d. h. bis auf ein Zehntausendstel des Anfangswerts, ab. LENARD zog aus diesen Untersuchungen den Schluß, daß das Atom einen äußerst kleinen massiven Kern besitzt, während er den übrigen Raum von etwa 10^{-8} cm Radius als im wesentlichen von Kraftfeldern erfüllt ansah, die zwar den Durchgang eines langsamen Elektrons durch seitliche Ablenkung (Streuung) behindern, für ein sehr schnelles Elektron aber kein merkliches Hindernis darstellen sollten.

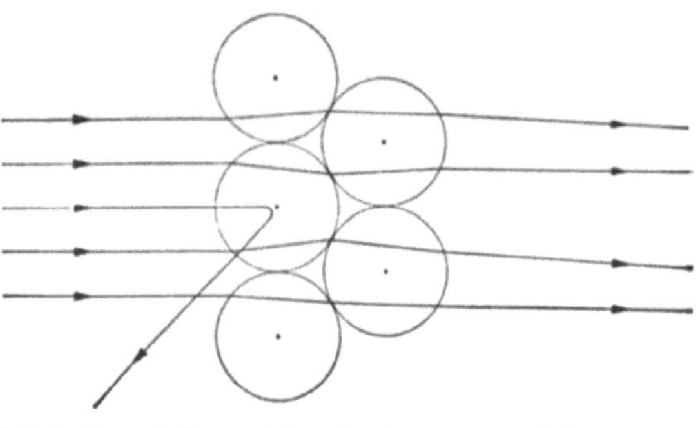

Abb. 2. Schematische Darstellung der Streuung von α-Teilchen durch die Atome einer dünnen Metallfolie. Geringe Winkelablenkungen durch die Elektronenhüllen der Atome, größere Winkelablenkungen nur bei „Kernstößen".

Die Kraftfelder sollten nach LENARDS Vorstellung von positiven und negativen Ladungen herrühren, die in gleicher Zahl (so daß das gesamte Atom elektrisch neutral ist) im Atom angeordnet sein sollten.

Diese weitgehend richtigen und eine ganz neue Vorstellung vom Atom vorbereitenden Schlüsse LENARDS (1903) wurden in den Jahren 1906 bis 1913 bestätigt und quantitativ ausgebaut von RUTHERFORD, der ebenfalls Streuversuche an dünnen Materieschichten anstellte, als Geschosse aber statt der Elektronen die rund 7000mal schwereren, doppelt positiv geladenen α-Teilchen der radioaktiven Strahlung verwendete. Er fand, daß diese α-Teilchen Tausende von Atomen ohne merkliche Ablenkung durchdringen, um dann sehr selten einmal gleich um einen sehr großen Winkel abgelenkt (gestreut) zu werden (Abb. 2). Wenige Jahre später konnte WILSON mit seiner in V,2 zu besprechenden Nebelkammer diese Ablenkung einzelner α-Teilchen direkt sichtbar machen (vgl. Abb. 3). RUTHERFORD schloß aus der Seltenheit dieser großen Ablenkwinkel, daß der Radius des ablenkenden Zentrums im Atom in Übereinstimmung mit LENARDS Annahme 10^{-12} bis 10^{-13} cm betragen müsse und daß in diesem äußerst kleinen „Kern" des Atoms praktisch dessen gesamte Masse vereinigt sei, da sonst eine so starke Ablenkung des schweren α-Teilchens nicht möglich wäre. Um diesen kleinen Kern mit positiver Ladung sollen fast masselose negative Ladungen (Elektronen) mit solcher Geschwindigkeit kreisen, daß die Zentrifugalkraft der COULOMBschen Anziehungskraft das Gleichgewicht hält. Die Streuung der α-Teilchen soll nach dieser Vorstellung nur am Kern erfolgen, weil die fast masselosen Elektronen das schwere α-Teilchen nicht merklich ablenken können.

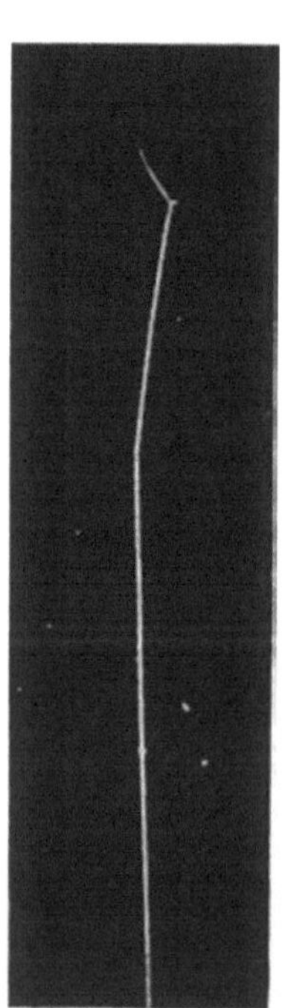

Abb. 3. Nebelkammeraufnahme von WILSON: Zweimalige Ablenkung eines α-Teilchens durch Stoß mit Atomkernen von Luftmolekülen. Bei der zweiten Ablenkung kurze, nach rechts gerichtete Spur des getroffenen und beschleunigten Kerns.

Zur Prüfung dieses Atommodells behandelte RUTHERFORD den Streuvorgang theoretisch und verglich die Ergebnisse mit denen der Messung. Erfolgt nach Abb. 4 die Streuung des α-Teilchens der Ladung $+2e$ an einem vergleichsweise sehr schweren Kern der Ladung $+Ze$, so zeigt die zwischen den beiden Teilchen wirkende COULOMB-Kraft

$$K = \frac{2Ze^2}{r^2} \tag{9}$$

die gleiche Abhängigkeit von r wie die für die Planetenbewegung verantwortliche Gravitationskraft mM/r^2. Auch die Bahn des α-Teilchens muß daher ein Kegelschnitt sein, in dessen einem Brennpunkt der streuende Kern sich befindet, und zwar kommt wegen der Abstoßungskraft zwischen den beiden gleichnamig geladenen Teilchen als Bahn nur eine Hyperbel in Frage, die bei dem in Abb. 4 ebenfalls angedeuteten zentralen Stoß in eine doppelt durchlaufene Gerade entartet. Wir bezeichnen nun mit p den geringsten Abstand, in dem ein α-Teilchen der Anfangsgeschwindigkeit v_0 ohne Ablenkung am Kern vorbeilaufen würde ($p = 0$ bedeutet dann den zentralen Stoß), und mit ϑ den zu p gehörenden Ablenkungswinkel, der beim zentralen Stoß gleich $180°$ wird. Bezeichnet man weiter mit d_p den im Stoß tatsächlich erreichten kleinsten

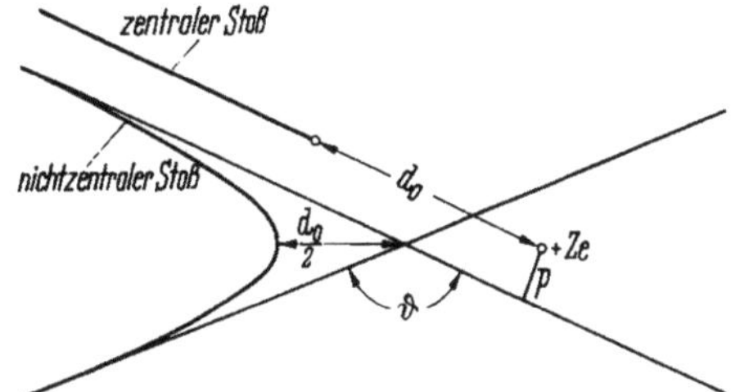

Abb. 4. Zur Ableitung der RUTHERFORDschen Streuformel für den zentralen und den nichtzentralen Stoß eines α-Teilchens mit einem Atomkern der Ladung $+Ze$.

Abstand des α-Teilchens vom Kern, so nimmt d_p mit p ab und erreicht beim zentralen Stoß ($p = 0$) den kleinstmöglichen Wert d_0. Der Wert von d_0 folgt nun aus der Bedingung, daß in diesem Abstand beim zentralen Stoß die gesamte ursprüngliche kinetische Energie des α-Teilchens sich in potentielle Energie verwandelt hat,

$$\frac{m}{2} v_0^2 = \frac{2Ze^2}{d_0}, \tag{10}$$

zu

$$d_0 = \frac{4Ze^2}{m v_0^2}. \tag{11}$$

Dieser nur im zentralen Stoß erreichbare Mindestabstand d_0 ist, wie aus den Erhaltungssätzen für Energie und Impuls in Zusammenhang mit der Kegelschnittgeometrie folgt, gleich dem Scheitelabstand der beiden Hyperbeläste. Für den Ablenkungswinkel ϑ als Funktion des „Stoßparameters" p folgt damit

$$\cot(\vartheta/2) = \frac{2p}{d_0} = \frac{p\, m\, v_0^2}{2\, Z\, e^2}. \tag{12}$$

Da man nun experimentell nur die Zahl der um einen bestimmten Winkel gestreuten α-Teilchen messen kann, berechnet man den Bruchteil dn/n der α-Teilchen, die bei Streuung an einer Folie der Dicke d, die in einem cm³ N Atome der positiven Ladung $+Ze$ besitzt, unter dem Winkel ϑ in den Raumwinkel $d\Omega$ gestreut werden. Unter der Voraussetzung, daß in der dünnen Folie jedes α-Teilchen nur einmal gestreut wird, erhält man durch Ausführung der statistischen Rechnung RUTHERFORDS berühmte Streuformel

$$\frac{dn}{n} = \frac{2\, d\, N\, Z^2\, e^4}{m^2\, v^4} \frac{1}{\sin^4(\vartheta/2)}\, d\Omega. \tag{13}$$

Die experimentellen Ergebnisse bestätigten RUTHERFORDS Streuformel und damit sein Atommodell, aus dem die Formel abgeleitet wurde.

Über die absolute Größe Z der positiven Ladung der streuenden Kerne konnte BARKLA zunächst nur feststellen, daß sie annähernd gleich dem halben Atomgewicht A der streuenden Atome war. Erst 1920 gelang CHADWICK durch gleichzeitige Messungen von dn und n eine Absolutbestimmung der Ladungszahl Z der streuenden Atome mit dem Ergebnis, daß die Kernladungszahl Z eines Atoms gleich seiner Ordnungszahl N im Periodensystem ist. Da wegen der elektrischen Neutralität der Atome die Zahl der den Kern umkreisenden negativen Elementarladungen (Elektronen) der positiven Kernladungszahl gleich sein muß, lautet dieses wichtige Gesetz also

Ordnungszahl N
= Kernladungszahl Z
= Elektronenzahl des Atoms.

Die zunächst rein formal zur Numerierung der Elemente im Periodensystem eingeführte Ordnungszahl hat damit eine ganz entscheidende physikalische Bedeutung für die Lehre vom Bau der Atome bekommen.

Auf ganz anderem Wege war bereits 1913 MOSELEY zu einem im wesentlichen gleichen Ergebnis gelangt. Er fand, daß in den Röntgenspektren, mit deren Ursprung und Bedeutung wir uns in III,10 noch eingehender befassen werden, die Wellenlänge der kurzwelligsten Hauptlinie (K_α) jedes Elements in gesetzmäßiger Weise immer kleiner wird, wenn man von den leichten zu den schweren Elementen fortschreitet (vgl. Abb. 5). Quantitativ ließen sich die Frequenzen $\nu = c/\lambda$ der K_α-Linien aller Elemente (Atome) durch die Formel

$$\nu = \frac{3R}{4}(N-1)^2 \tag{14}$$

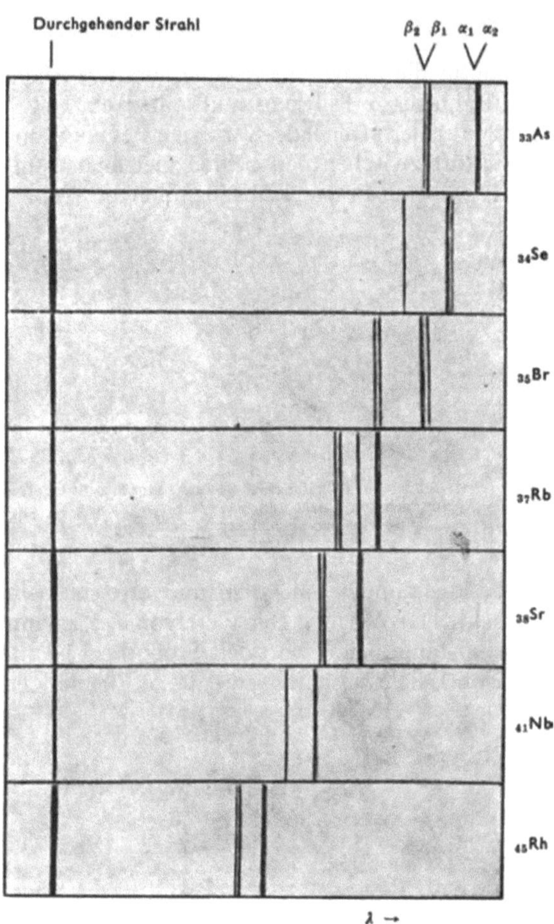

Abb. 5. Aufnahme der kurzwelligen Röntgenspektren der Elemente As, Se, Br, Rb, Sr, Nb, Rh, von oben nach unten nach steigendem Atomgewicht bzw. steigender Ordnungszahl geordnet, zur Illustration der Zunahme der Frequenz mit der Ordnungszahl (MOSELEYsches Gesetz) (nach SIEGBAHN).

darstellen, worin N eine beim Fortschreiten von einem Element zum nächstbenachbarten im Periodensystem stets um eine Einheit zunehmende Konstante ist, die sich als identisch mit der Ordnungszahl N des Elements im Periodensystem herausstellte, und R die in III,5 abzuleitende RYDBERG-Konstante ist. Aus MOSELEYS Gesetz folgt auch die Richtigkeit der S. 10/12 besprochenen, der Atomgewichtsreihenfolge widersprechenden Einordnung von Te und J. Wenig später behauptete VAN DEN BROEK die Identität von MOSELEYS Ordnungszahlen N mit den Kernladungszahlen Z der Atome, ein Schluß, der durch die schon besprochenen Streuversuche von CHADWICK bestätigt wurde.

Mit den in diesem Abschnitt geschilderten Untersuchungen war Klarheit darüber erzielt worden, daß ein Atom im Gegensatz zur naiven Vorstellung kein homogenes Materieklümpchen ist, sondern als ein sehr „luftiges", aus einem sehr kleinen, massereichen, positiv geladenen Kern und einer Hülle ebenfalls sehr kleiner, aber fast masseloser, negativer Elektronen bestehendes, durch elektrische Kraftfelder zusammengehaltenes Gebilde angesehen werden muß, daß es also *„undurchdringliche Materie" im Sinne der naiven Vorstellung nicht gibt:* Es war weiter klargeworden, daß *das Periodensystem der Elemente weit mehr als nur eine für chemische Zwecke praktische Tabelle der jetzt 103 Elemente darstellt, daß es vielmehr in engem Zusammenhang mit dem Bau der Atome stehen muß, weil die Ordnungszahl des Atoms im Periodensystem als Zahl der positiven Ladungen des Kerns und damit auch der Elektronen der Atomhülle die entscheidende Größe für den Bau der Atome ist.*

Die Bilder, die man sich im Lauf dieser und der im folgenden zu behandelnden Untersuchungen vom Atom und seiner Struktur machte und die unserer Überzeugung nach in immer besserer Annäherung die Eigenschaften der wirklichen Atome beschreiben, bezeichnet man als *Atommodelle.* Aus dem alten, chemisch-gaskinetischen Atommodell der kleinen homogenen Kugel schuf LENARD auf Grund seiner Streuversuche das Modell des durch Kraftfelder zusammengehaltenen, aus positiven und negativen Ladungen bestehenden Atoms mit dem nur ein Zehntausendstel des Atomdurchmessers messenden Kern. RUTHERFORD erweiterte dieses LENARDsche Atommodell durch die Feststellung, daß praktisch die gesamte Masse des Atoms im Kern vereinigt ist, und durch die Vorstellung, daß die auf die umlaufenden Elektronen wirkenden Zentrifugalkräfte den COULOMBschen Anziehungskräften das Gleichgewicht halten, daß wir es beim Atom also mit einer *dynamischen Stabilität* zu tun haben. Die Weiterentwicklung dieses Atommodells durch BOHR, SOMMERFELD, HEISENBERG und SCHRÖDINGER wird uns in den folgenden Kapiteln beschäftigen.

4. Freie Elektronen und Ionen

Im letzten Abschnitt haben wir die Belege für den Aufbau der Atome aus positiven und negativen elektrischen Ladungen kennengelernt und dabei festgestellt, daß die 1891 von STONEY mit dem Namen Elektronen belegten negativen Elementarladungen im Atom nur eine äußerst geringe Masse besitzen können, während fast die gesamte Atommasse im positiv geladenen Kern vereinigt sein muß. In diesem Abschnitt befassen wir uns nun mit der Erzeugung und den Eigenschaften freier Elektronen und Ionen (wie wir Atome oder Moleküle mit positiven oder negativen Überschußladungen nennen).

Elektrisch geladene Atome, also Ionen, sind zuerst bei der Elektrolyse beobachtet worden, wo etwa in einer Kochsalzlösung in einem angelegten elektrischen Feld die Natriumatome zum negativen Pol, die Chloratome zum positiven Pol wandern, also positiv bzw. negativ geladen sein müssen. Wir sprechen deshalb von Na^+- und Cl^--Ionen und wissen heute, daß diese Ionenbildung dadurch zustande kommt, daß das in der ersten Gruppe des Periodensystems stehende elektropositive Natriumatom ein Elektron an das in der siebten Spalte stehende elektronegative Chloratom abgibt. Wir haben es hier also mit einem Ladungsaustausch zu tun, bei dem Elektronen von einem zum anderen Atom herüberwechseln, aber nicht frei auftreten. Allgemein ist zur Untersuchung der Eigenschaften einzelner freier Ionen wie Elektronen der flüssige Aggregatzustand wegen der gegenseitigen Störung der dicht gepackten Atome oder Ionen wenig geeignet, weshalb wir uns im folgenden auf die Betrachtung des Gaszustandes beschränken.

a) Die Erzeugung freier Elektronen

Wir kennen drei wichtige Möglichkeiten zur Erzeugung freier Elektronen. Es sind dies *die Elektronenbefreiung durch Stoßionisation von Gasatomen, die „Elektronenverdampfung" aus glühenden Metalloberflächen und die Elektronenloslösung aus Atomen oder festen Oberflächen durch Einstrahlung kurzwelligen Lichts, d. h. durch den lichtelektrischen Effekt.*

Unter Ionisierung versteht man allgemein die Abtrennung eines Elektrons von einem neutralen Atom oder Molekül, das dann als positives Ion zurückbleibt, unter Umständen auch von einem Ion, das dadurch zum zweifach ionisierten Ion wird. *Stoßionisierung* nennt man die Abtrennung eines Elektrons durch ein stoßendes, schnelles Teilchen, sei es durch ein α-, β- oder γ-Teilchen, ein im elektrischen Feld einer Entladung beschleunigtes Elektron oder Ion, oder bei genügend hoher Temperatur durch ein Elektron, Ion oder auch neutrales Atom infolge seiner ungeordneten Temperaturbewegung. Die Stoßionisierung durch α- und β-Teilchen ermöglicht deren Nachweis in der Nebelkammer, der Ionisationskammer oder dem Zählrohr und wird uns bei der Behandlung der experimentellen Methoden der Kernforschung in V,2 noch beschäftigen. Die Stoßionisierung in einem Gas hoher Temperatur bezeichnet man (zusammen mit der durch die vorhandene Strahlung bewirkten, in III,6c zu besprechenden Ionisation) als *thermische Ionisierung*. Sie ergibt mit der ihr entgegenwirkenden Rekombination von Ionen und Elektronen zu neutralen Atomen, daß ein mit der absoluten Temperatur T nach der EGGERT-SAHA-Gleichung

$$\frac{\alpha^2}{1 - \alpha^2} p = \frac{(2\pi m)^{3/2}}{h^3} (kT)^{5/2} e^{-\frac{E_i}{kT}} \tag{15}$$

(p = Gasdruck, E_i = Ionisierungsarbeit) exponentiell zunehmender Anteil α aller Gasatome bzw. -moleküle ionisiert ist. Diese thermische Ionisierung spielt erst bei Temperaturen oberhalb einiger tausend Grad eine Rolle, d.h. in elektrischen Bogenentladungen, in heißen Flammen sowie in den Atmosphären und in dem (uns unzugänglichen) Innern der Fixsterne. Die Stoßionisierung durch im elektrischen Feld beschleunigte Elektronen, der gegenüber die der schwereren und ausgedehnteren Ionen eine geringere Rolle spielt, ist wichtig für den Mechanismus der elektrischen Glimmentladung und des Funkendurchbruchs. In einer mit hoher Spannung betriebenen Entladung in stark verdünntem Gas erhalten die von der negativen Kathode ausgehenden Elektronen sehr große Geschwindigkeit und werden dann als *Kathodenstrahlen* bezeichnet (GOLDSTEIN 1876). Die Anwendung dieser Kathodenstrahlen bei den LENARDschen Streuversuchen haben wir in II,3 bereits behandelt. Mit der Stoßionisation von Gasatomen oder -molekülen verwandt ist die Elektronenloslösung aus Metallen durch aufprallende positive Ionen an der Kathode von Glimmentladungen oder durch schnelle Elektronen, die sog. Sekundärelektronenauslösung (vgl. VII,21c und VII,24).

Zur Ionisierung eines Atoms muß stets eine Arbeit, die Ionisierungsarbeit, geleistet werden, deren Größe von der Stärke der Bindung des äußersten abzutrennenden Elektrons an das Restatom abhängt. Tab. 2 gibt die Ionisierungsenergien einer Anzahl wichtiger Atome und Moleküle. Bei der Stoßionisierung wird diese aufzuwendende Energie der kinetischen Energie der stoßenden Elektronen entnommen. Sie kann wie jede Energie in erg gemessen werden; meist gibt man aber statt dessen die Spannung in Volt an, die ein Elektron der Ladung e durchlaufen muß, um nach der Beziehung $eV_i = mv^2/2$ die zur Ionisierung erforderliche kinetische Energie zu erhalten. Man spricht in diesem übertragenen Sinn dann von der Ionisierungsspannung in Volt oder (da Ladung mal Spannung die Dimension der Energie besitzt) von der Ionisierungsenergie in eV = Elektronenvolt. Für die Umrechnung in erg und andere Energieeinheiten vgl. III,3, Gl.(10/11).

Tabelle 2. *Ionisierungsenergien einiger wichtiger Atome und Moleküle in eV*

H	13,6	O	13,6	Hg	10,4
H_2	15,4	O_2	11,2	Na	5,1
C	11,2	He	24,6	Cs	3,9
N	14,5	Ne	21,5		
N_2	15,8	Ar	15,7		

Bei der zweiten zu behandelnden Methode zur Erzeugung freier Elektronen, dem lichtelektrischen oder Photoeffekt, stammt die zur Abtrennung erforderliche Energie aus der auffallenden Strahlung. Die dabei von LENARD gemachte Feststellung, daß die kinetische Energie der abgelösten Elektronen unabhängig von der Intensität des auslösenden Lichts ist, hat mit ihrer Deutung durch EINSTEIN wesentlich zur Aufstellung der Quantentheorie beigetragen. Während zur Elektronenbefreiung je nach der Stärke der Bindung der abzulösenden Elektronen (an ihre Ionen oder Metalloberflächen) Licht mehr oder weniger kurzer Wellenlänge erforderlich ist, hängt die *Zahl* der je Sekunde und cm² losgelösten Elektronen von der Strahlungs*intensität* ab. Die photoelektrische Elektronenablösung kann also sowohl von isolierten Atomen oder Molekülen erfolgen wie von größeren Atomkomplexen, insbesondere Metalloberflächen. Im ersten Fall, auf den wir in III,6c zurückkommen, sprechen wir von *Photoionisierung* der Atome bzw. Moleküle und nur beim zweiten vom *Photoeffekt* im engeren Sinn. Auf die mit diesem „äußeren Photoeffekt" eng verwandte Erscheinung der Elektronenloslösung durch Strahlungsabsorption im Innern von Kristallen, den „inneren" oder Kristall-Photoeffekt, gehen wir im Zusammenhang der Festkörper-Atomphysik in VII,22 näher ein. Die auf dem Photoeffekt beruhenden lichtelektrischen oder Photozellen besitzen als Strahlungsempfänger große wissenschaftliche wie technische Bedeutung.

Die für die Technik wichtigste Methode der Erzeugung freier Elektronen ist ihre Verdampfung aus einem glühenden Metall oder Metalloxyd, auf deren atomphysikalische Erklärung wir in VII,14 und VII,21 zurückkommen. Die durch elektrisches Absaugen der Elektronen von der emittierenden Fläche erreichbare Sättigungsstromdichte j (A/cm²) hängt nach der RICHARDSON-Gleichung

$$j = A T^2 e^{-\frac{W}{kT}} \tag{16}$$

exponentiell von der absoluten Temperatur T und der sog. Elektronenaustrittsarbeit W ab. Letztere ist die für jedes Metall charakteristische, mit der Ionisierungsenergie der betreffenden Metallatome zusammenhängende Arbeit, die zur Ablösung eines Elektrons aus dem Metall gegen die bindenden Kräfte geleistet werden muß, während A eine Materialkonstante ist.

b) Die Bestimmung von Ladung und Masse des Elektrons

Wir fragen nun nach den Eigenschaften des Elektrons, insbesondere nach seiner Masse und seiner Ladung, die ja nach der Definition das elektrische Elementarquantum ist.

Zur Bestimmung der Ladung des Elektrons gibt es zahlreiche Methoden. Nachdem wir in II,2b die AVOGADRO-Konstante N_A der Atome je Mol und die zum elektrolytischen Transport von einem Mol eines einwertigen Stoffes erforderliche Ladungsmenge, die FARADAYsche Konstante F, kennengelernt haben, folgt aus anderweitig gemessenen Werten von F und N_A die Ladung des Elektrons zu

$$e = \frac{F}{N_A} = (1{,}60206 \pm 0{,}00003) \cdot 10^{-19}\ \text{A sec (Coulomb)}. \tag{17}$$

Historisch hat man zunächst in ganz ähnlicher Weise e aus der eine bestimmte Gesamtladung transportierenden Zahl von Ladungsträgern bestimmt, z.B. durch Zählung einer großen Anzahl von α-Teilchen und gleichzeitige elektrometrische Messung der von ihnen beim Auftreffen abgegebenen Ladung. Am übersichtlichsten und schönsten aber ist die auf EHRENHAFT (1909) zurückgehende, von MILLIKAN 1911 benutzte Methode zur Messung der Ladung eines einzelnen Elektrons. Bei dieser berühmten *Öltröpfchenmethode* wird mit einem Meßmikroskop in einem Kondensator mit horizontalen Platten die Bewegung von Öltröpfchen verfolgt, die infolge Anlagerung photoelektrisch erzeugter Elektronen eine elektrische Ladung tragen. Ist die obere Platte positiv geladen und herrscht im Kondensator (Spannung U, Plattenabstand d) die Feldstärke $E = U/d$, so wird das Öltröpfchen der Masse m durch die Schwerkraft mg nach unten und durch die elektrische Kraft eE nach oben gezogen. Könnte man nun durch Regulierung der Kondensatorfeldstärke E das Tröpfchen im schwebenden Gleichgewichtszustand halten, so könnten wir aus der Gleichgewichtsbedingung

$$e\,E = m\,g \tag{18}$$

direkt die Ladung e berechnen, da sich das Tröpfchengewicht mg in Luft aus dem etwa mikrometrisch gemessenen Tröpfchenradius r und den bekannten Dichten des Öls ϱ und der Luft ϱ_L (wegen des Tröpfchenauftriebs in der Luft) zu

$$m\,g = \frac{4\,\pi\,r^3\,(\varrho - \varrho_L)\,g}{3} \tag{19}$$

ergäbe. Tatsächlich aber ist der Gleichgewichtszustand nicht genügend genau einstellbar und die mikrometrische Messung des Tröpfchenradius viel zu unexakt. Man mißt deshalb die vertikale Fall- bzw. Steiggeschwindigkeit des Tröpfchens im Kondensator mit bzw. ohne elektrisches Feld. Bei abgeschaltetem Feld fällt das Tröpfchen nach dem STOKESschen Gesetz mit solcher Geschwindigkeit (v_0), daß die Reibungskraft $6\,\pi\eta r v_0$ zwischen dem fallenden Teilchen und der Luft der Zähigkeit η der Schwerkraft (19) das Gleichgewicht hält:

$$6\,\pi\,\eta\,r\,v_0 = \frac{4\,\pi\,r^3\,g\,(\varrho - \varrho_l)}{3}. \tag{20}$$

Da in (20) alle Größen außer dem Tröpfchenradius r bekannt sind, läßt sich dieser durch Messung der Fallgeschwindigkeit v_0 im feldlosen Kondensator bestimmen. Legt man dann an den Kondensator Spannung an und erzeugt ein Feld der Stärke E, so kommt zur Schwerkraft, je nach der Polung positiv oder negativ, die an der Ladung e des Tröpfchens angreifende Kraft eE hinzu, so daß wir nun eine andere Fallgeschwindigkeit v_1 erhalten, für die

$$6\,\pi\eta\,r\,v_1 = \frac{4\,\pi}{3}\,r^3\,(\varrho - \varrho_L)\,g \pm e\,E \tag{21}$$

gilt. Durch Messung von v_0 und v_1 lassen sich also aus (20) und (21) die beiden Unbekannten r und die gesuchte Tröpfchenladung e bestimmen. Bei Messung an

zahlreichen Tröpfchen fand MILLIKAN dabei überwiegend einen innerhalb seiner
Meßgenauigkeit mit (17) übereinstimmenden Wert der Elektronenladung e, in
selteneren Fällen wegen der Anlagerung von zwei oder drei Elektronen an das
gleiche Öltröpfchen auch den doppelten oder dreifachen Wert von e. Damit war
durch Messung der Elektronenladung am Einzelobjekt der Nachweis des elektrischen Elementarquantums erbracht.

Die Bestimmung der Elektronenmasse m_e erfolgt nicht direkt, sondern man
mißt nach den verschiedensten Methoden, von denen wir hier nur eine andeuten,
die spezifische Ladung e/m_e des Elektrons (d. h. also die Ladung pro Masseneinheit),

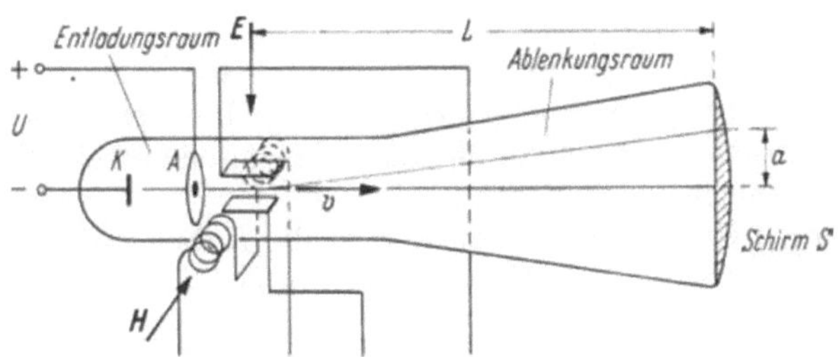

Abb. 6. BRAUNsches Kathodenstrahlrohr mit elektrischer und magnetischer Strahlablenkung
zur Messung der spezifischen Ladung e/m_e der Elektronen.

aus der sich mit (17) m_e berechnen läßt. Die Bestimmung von e/m_e ist bereits
Ende des vorigen Jahrhunderts von THOMSON nach vorbereitenden Messungen von
WIECHERT und KAUFMANN durch gleichzeitige elektrische und magnetische Ablenkung von schnellen Elektronen (Kathodenstrahlen) im gekreuzten elektrischen
und magnetischen Feld durchgeführt worden. Abb. 6 zeigt schematisch ein von
BRAUN gebautes Kathodenstrahlrohr, in dem die von K herkommenden Elektronen in einem Kondensator ein elektrisches Feld und gleichzeitig ein durch
äußere Spulen erzeugtes, mit seiner Richtung senkrecht zu der des elektrischen
Feldes stehenden magnetisches Feld durchlaufen. Im elektrischen Feld wirkt auf
die Elektronen eine Beschleunigung

$$b = \frac{e\,E}{m_e}.$$ (22)

Zum Durchlaufen des Kondensators der Länge l mit der Geschwindigkeit v benötigen sie die Zeit $t = l/v$ und werden dabei um die Strecke

$$Y = \frac{1}{2}\,b\,t^2 = \frac{e\,E\,l^2}{2\,m_e\,v^2}$$ (23)

senkrecht zu ihrer Anfangsrichtung abgelenkt.

Auf dem vom Kondensator um die Strecke L entfernten Leuchtschirm erscheint diese Ablenkung, in Abb. 6 als a bezeichnet, um das L/l-fache vergrößert.
In (23) ist nun außer der gesuchten spezifischen Ladung e/m_e noch die Elektronengeschwindigkeit v unbekannt. Zu ihrer Bestimmung beachten wir, daß auf
die Elektronen außer der elektrischen Kraft eE im Magnetfeld H noch die bei
geeigneter Polung ihr entgegengerichtete magnetische Kraft

$$K_m = e\,H\,v$$ (24)

wirkt. Bezeichnen wir nun mit H_k die Magnetfeldstärke, bei der die magnetische
Kraft der elektrischen gerade das Gleichgewicht hält, der auf dem Leuchtschirm S

beobachtete Auftreffpunkt des Elektronenstrahls also unabgelenkt bleibt, so folgt für die Elektronengeschwindigkeit sofort

$$v = E/H_k .\tag{25}$$

Einsetzen dieses Wertes in die Formel (23) für die rein elektrische Ablenkung ergibt den gesuchten e/m_e-Wert, nach neuesten Messungen

$$e/m_e = (1{,}75890 \pm 0{,}00002) \cdot 10^8 \text{ A sec}/g .\tag{26}$$

Aus (26) und (17) folgt für die Elektronenmasse der Wert

$$m_e = (9{,}1083 \pm 0{,}0003) \cdot 10^{-28}\, g .\tag{27}$$

Die Masse des Elektrons ist also nach (7) nur 1/1836 der Masse des leichtesten Atoms, des Wasserstoffatoms. Die seiner geringen Masse entsprechende geringe Trägheit des Elektrons spielt bei der Mehrzahl der unten zu besprechenden Elektronengeräte eine entscheidende Rolle.

Die in (27) angegebene Elektronenmasse ist die *Ruhemasse* des Elektrons, da nach der Relativitätstheorie jede Masse in der Form

$$m_e = \frac{m_{e0}}{\sqrt{1 - v^2/c^2}}\tag{28}$$

von ihrer Geschwindigkeit v relativ zum Meßinstrument abhängt. Diese relativistische Massenzunahme mit der Geschwindigkeit wurde bereits in den ersten Jahren dieses Jahrhunderts von KAUFMANN und BUCHERER bei e/m-Messungen an β-Strahl-Elektronen festgestellt. Diese beim radioaktiven Zerfall nach V,6 emittierten Elektronen können 90% der Lichtgeschwindigkeit erreichen und damit nach (28) eine ihre Ruhemasse um mehr als 100% übersteigende Masse besitzen. Wir werden in V,3 erfahren, daß man heute im Elektronensynchrotron Elektronen auf so hohe Geschwindigkeiten beschleunigen kann, daß ihre Masse das Vieltausendfache (!) ihrer Ruhemasse beträgt.

Außer Ladung und Masse besitzt das Elektron, wie GOUDSMIT und UHLENBECK 1925 fanden, auch einen konstanten mechanischen Eigendrehimpuls (Spin) vom Betrage

$$s = \frac{h}{4\,\pi} = (5{,}2721 \pm 0{,}0002) \cdot 10^{-28} \text{ gcm}^2/\text{sec}\tag{29}$$

sowie ein mit ihm zusammenhängendes magnetisches Moment

$$\mu_B = \frac{e\,h}{4\,\pi\,m_e\,c} = (9{,}2731 \pm 0{,}0002) \cdot 10^{-21} \text{ Gauß} \cdot \text{cm}^3,\tag{30}$$

das man als das BOHRsche *Magneton* bezeichnet und das klassisch als Folge der Eigenrotation der Elektronenladung aufzufassen ist. Das gemessene magnetische Moment des Elektrons ist aber noch um 0,11596% größer als das BOHRsche Magneton (30). Man spricht deshalb von einem zusätzlichen „Eigenmoment", das SCHWINGER quantenelektrodynamisch begründet und in erster Näherung zum e^2/hc-fachen von (30) berechnet hat.

Es liegt nahe, ebenso wie beim Atom auch beim Elektron nach seiner Größe zu fragen. Hier zeigt sich aber die in II,2c beim Atomradius schon besprochene Schwierigkeit in ihrem vollen Umfang. Bei Stößen wirkt das Elektron nur durch sein COULOMBsches Feld, so daß irgendeine vernünftige Definition des Stoßradius nicht möglich ist. Andere physikalische Hinweise auf eine Struktur und damit einen Radius des Elektrons besitzen wir aber nicht. Man kann daher nur in etwas gezwungener Weise einen sog. *klassischen Elektronenradius* definieren. Berechnen wir nämlich nach dem Masse-Energie-Äquivalenzgesetz

$$E = m_e c^2 \qquad (31)$$

die der Ruhemasse m_e des Elektrons entsprechende Ruheenergie und setzen diese gleich der potentiellen elektrostatischen Energie der auf eine Kugel vom Radius r gebrachten Elektronenladungen e:

$$E_{\text{pot}} = \frac{e^2}{r}, \qquad (32)$$

so erhalten wir den „klassischen Elektronenradius"

$$r_e = \frac{e^2}{m_e c^2} = (2,81785 \pm 0,00004) \cdot 10^{-13} \text{ cm}. \qquad (33)$$

Denkt man sich allerdings die Elektronenladung schrittweise in infinitesimalen Mengen auf die Kugel vom Radius r gebracht (rein klassische Rechnung!), so erscheint im Nenner von (33) noch ein Faktor 2, so daß man auf $1,41 \cdot 10^{-13}$ cm kommt, während eine von Thomson stammende Berechnung aus der Energie des elektrischen und magnetischen Feldes des rotierenden Elektrons auf $^2/_3$ des Werts (33) und damit den Radius $1,88 \cdot 10^{-13}$ cm führt. Hier herrscht also eine gewisse Willkür.

c) Anwendungen des freien Elektrons. Elektronengeräte

Nachdem wir über die Eigenschaften des Elektrons alles erfahren haben, was man außer dessen erst in V,21/22 zu besprechendem Verhalten bei Stößen höchster Energie aussagen kann, wollen wir wenigstens einen kurzen Überblick auch über die wichtigsten *Anwendungen* des freien Elektrons geben. In erster Linie ist hier die Verwendung von Elektronenstrahlen als praktisch trägheitslose Schalter zu nennen. Allgemein bekannt ist die Hochvakuum-Elektronenröhre, die außer der Elektronen emittierenden Glühkathode und der sie aufnehmenden Anode ein oder mehrere Gitter als Steuerelektrode besitzt. Hohe negative Gitterspannung hält die Elektronen an der Kathode zurück und verhindert damit den Stromfluß zur Anode, unterbricht also den Strom, während eine einer geringen negativen Vorspannung überlagerte Wechselspannung am Gitter den Elektronenstrom im gleichen Rhythmus verstärkt und schwächt und damit die Verwendung der Elektronenröhre als Verstärker, Empfänger oder Sender ermöglicht.

Ebenfalls auf der Trägheitslosigkeit der Elektronen beruht der heute aus der elektrischen Meßtechnik nicht mehr fortzudenkende Elektronenstrahl-Oszillograph, eine Fortentwicklung der Braunschen Röhre (Abb. 6), bei der der Elektronenstrahl nacheinander zwei senkrecht zueinander stehende elektrische Felder durchläuft und seine Ablenkung bzw. die von seinem Fußpunkt beschriebene Kurve auf dem Leuchtschirm beobachtet oder photographiert wird. Auch die Fernsehröhre ist ein Braunsches Rohr, bei dem der Elektronenstrahl Zeile für Zeile den gesamten Leuchtschirm überstreicht und dabei in seiner Intensität so gesteuert wird, daß auf dem Leuchtschirm das elektrisch übertragene Bild entsteht.

Da man Elektronen durch geeignete elektrische oder magnetische Felder (z. B. wie Abb. 7) in gleicher Weise beeinflussen kann wie Lichtstrahlen durch Linsen, ist in der *Elektronenoptik* ein weites Feld der angewandten Elektronik entstanden. Sein bekanntester Vertreter ist das *Elektronenmikroskop*, bei dem in der meist benutzten Ausführung an Stelle des Lichtstrahls ein von einer Glühkathode (vgl.

Abb. 8) ausgehender Elektronenstrahl das Objekt durchsetzt und dabei je nach dem Absorptionsvermögen der Objektsubstanz in wechselndem Maß geschwächt wird. Die das Objekt verlassenden Elektronenstrahlen werden dann durch elektrische (Abb. 7) oder magnetische Felder (elektrische oder magnetische Linsen genannt) zu einem Bild des Objekts vereinigt und mit einem zweiten Linsensatz ein nochmals vergrößertes Elektronenbild auf dem Leuchtschirm bzw. der photographischen Platte erzeugt. Da das Auflösungsvermögen eines Mikroskops etwa gleich der halben Wellenlänge der benutzten Strahlung ist, können mit dem Lichtmikroskop Objekte unter 0,2 μ nicht mehr aufgelöst, d. h. getrennt, werden. Wie wir in

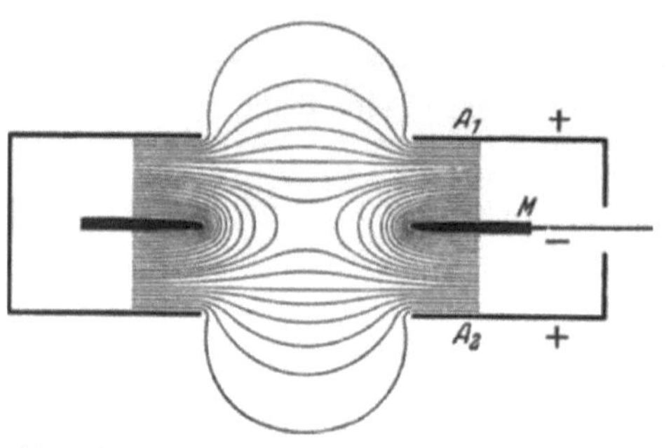

Abb. 7. Schematische Darstellung des Potentialfeldes einer elektrostatischen Elektronenlinse. A_1 und A_2 äußere Elektroden, M Innenelektrode.

IV,2 noch erfahren werden, kann man auch bewegten Elektronen eine Wellenlänge zuordnen, die von der Elektronengeschwindigkeit abhängt und bei den im Elektronenmikroskop benutzten Spannungen (d. h. Elektronengeschwindigkeiten) um fast den Faktor 10^{-4} kleiner ist als die des sichtbaren Lichts. Das Elektronenmikroskop gestattet also sehr viel feinere Einzelheiten, darunter heute bereits

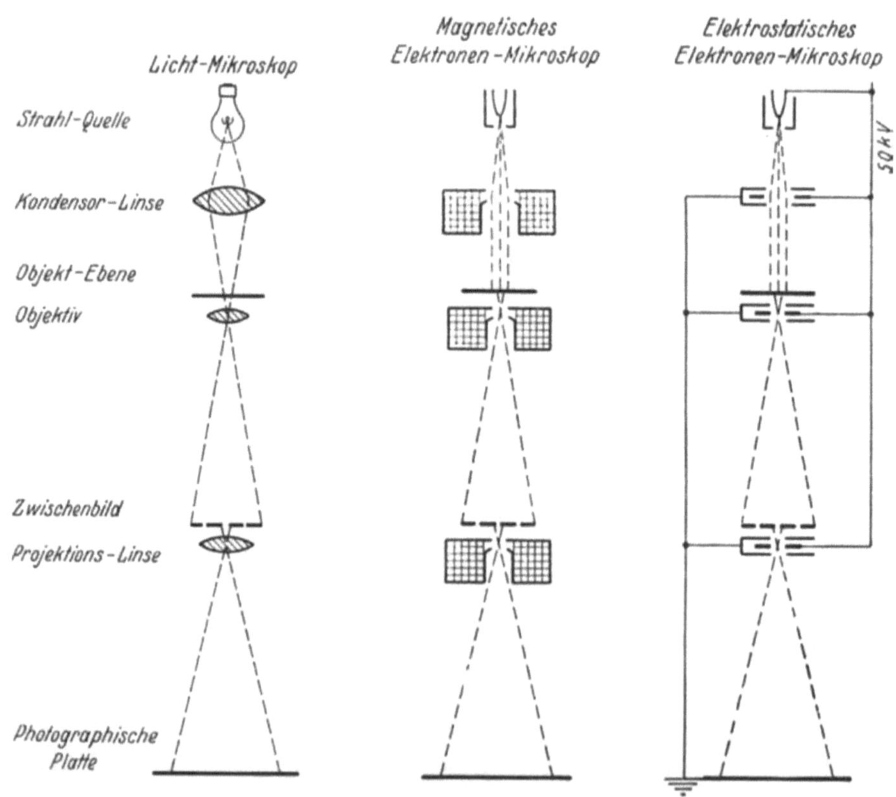

Abb. 8. Schematische Darstellung des Lichtmikroskops sowie des magnetischen und des elektrostatischen Elektronenmikroskops.

große Moleküle, aufzulösen bzw. viel stärkere Vergrößerungen anzuwenden als das Lichtmikroskop.

Ein diesem Elektronenmikroskop verwandtes und doch ganz neuartiges Gerät ist von E. W. MÜLLER unter dem Namen *Feldelektronenmikroskop* entwickelt worden. Es beruht auf der in VII,14 zu besprechenden Erscheinung der Feldemission und besteht im wesentlichen aus einer äußerst feinen, hoch negativ geladenen Metallspitze, aus der im Hochvakuum Elektronen durch das an ihr sich ausbildende starke elektrische Feld herausgerissen werden, die beim Aufprallen einen die Spitze in relativ großem Abstand umgebenden Leuchtschirm zum Leuchten anregen. Da die Elektronenemission stark von der atomaren Struktur der Oberfläche abhängt, läßt sich diese damit studieren. Dampft man ferner auf die Spitze geeignete Moleküle auf, so wird die Elektronenemission in deren Umgebung in solcher Weise verändert, daß auf dem Leuchtschirm richtige Bilder dieser Moleküle erscheinen. Eine besonders interessante Ergänzung des Feldelektronenmikroskops ist das in III,21 zu besprechende Feldionenmikroskop, mit dem schon einzelne Atome sichtbar gemacht werden können.

Zu den besonders interessanten elektronenoptischen Anwendungen gehört auch der *Bildwandler*. Auf einer z.B. für ultrarotes Licht empfindlichen Schicht (Photokathode) wird ein nur ultrarot strahlender bzw. mit ultrarotem Licht beleuchteter Gegenstand abgebildet, wodurch entsprechend der von Punkt zu Punkt variierenden Beleuchtungsstärke eine wechselnde Zahl von Photoelektronen emittiert wird. Diese werden elektrisch beschleunigt und elektronenoptisch auf einem Fluoreszenzschirm vereinigt, der durch das so entstehende Elektronenbild zum Leuchten erregt wird, so daß ein sichtbares Bild des nur ultrarot leuchtenden Objekts entsteht. Auch die Verstärkung schwacher optischer wie Röntgenbilder ist mit dem Bildwandler möglich.

Die in II,4a erwähnte Photozelle wird heute oft in Verbindung mit dem *Sekundärelektronenvervielfacher* benutzt. Dieser besteht nach Abb. 9 aus einem

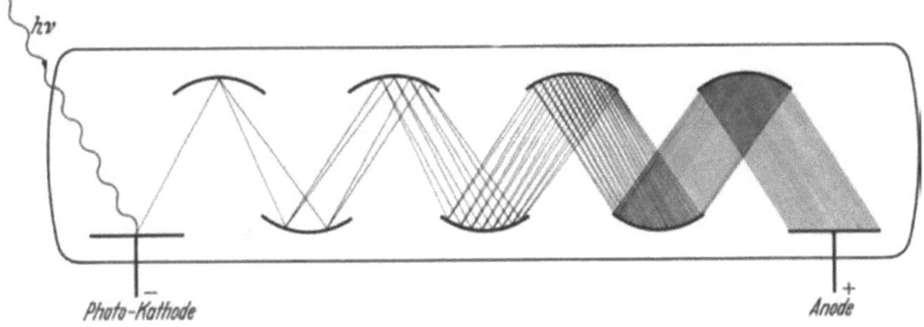

Abb. 9. Photo-Sekundärelektronenvervielfacher (schematisch; die Spannungszuleitungen zu den Reflektorelektroden sind nicht mitgezeichnet).

Hochvakuumrohr mit einer großen Zahl von Elektroden (sog. Dynoden), deren Oberflächen so behandelt sind (für die Theorie vgl. VII,21), daß jedes mit genügend großer Energie auf sie auftreffende Elektron eine ganze Anzahl von Sekundärelektronen aus ihr auslöst. Ist deren Zahl, der sog. Multiplikationsfaktor, z.B. sechs, so multipliziert sich die Zahl der an der Photokathode lichtelektrisch ausgelösten Primärelektronen in jeder Stufe mit sechs. Verstärkungen bis zu 10^{10} können mit diesem Strahlungsempfänger in einem einzigen Rohr erreicht werden, bei ausgezeichneter Zeitauflösung (bis 10^{-10} sec) und geringem Störuntergrund (Rauschen). Immer neuartige Anwendungsmöglichkeiten erobert sich die *Festkörperelektronik* mit dem *Transistor* und ähnlichen Halbleiter-Bauelementen. Da deren Wirkungsweise aber erst aus der Festkörper-Atomphysik verstanden werden kann, verschieben wir ihre Behandlung auf VII,22.

Erwähnen wir schließlich noch, daß bei der Wechselwirkung schneller Elektronen (Kathodenstrahlen) mit den Atomen eines Festkörpers, z.B. einer in ihren Weg gestellten Antikathode, Röntgenstrahlen entstehen (III,10) und damit auch die Röntgenröhren zu den Elektronengeräten gehören, so erkennen wir, welche Bedeutung die freien Elektronen in der gesamten Physik und Technik heute bereits gewonnen haben. Daß diese Bedeutung in der Zukunft noch größer werden wird, kann mit Sicherheit vorausgesagt werden.

d) Freie Ionen

Wir wenden uns nun den freien Ionen zu. Positive Ionen sind, wie schon erwähnt, Atome oder Moleküle, die ein, in selteneren Fällen auch zwei oder mehr Elektronen ihrer Hülle verloren haben. Negative Ionen entstehen durch Anlagerung von Elektronen an neutrale Atome. Leider ist die Bindungsenergie der Elektronen an neutrale Atome oder Moleküle, die sog. Elektronenaffinität, bisher nur für wenige Atome einigermaßen genau bekannt. Da sie für die Mehrheit der Atome Null oder sehr klein ist und nur für die Atome der 6. und 7. Spalte des Periodensystems Werte von 2 bis 4 eV erreicht, ist sie meist um einen Faktor kleiner als die Ionisierungsenergien der Atome, weshalb negative Ionen im allgemeinen im Gasraum eine viel geringere Rolle spielen als positive Ionen. Wir bezeichnen Ionen durch Anhängen der entsprechenden Anzahl von $^+$- oder $^-$-Zeichen oben rechts an das Atomsymbol, z.B. Ca^{++}.

Für die Erzeugung positiver Ionen stehen uns fast die gleichen Methoden wie zur Erzeugung von Elektronen zur Verfügung. Bei der Stoßionisation durch schnelle atomare Teilchen in der Nebelkammer, der Ionisationskammer oder dem Zählrohr (vgl. V,2) entstehen ebenso wie in allen Gasentladungen neben den Elektronen natürlich auch positive Ionen, und das gleiche gilt für die thermische Ionisation in hoch erhitzten Gasen und Dämpfen (Plasmen), aus denen die Ionen dann durch geeignete Anordnung von Feldern herausgesaugt werden können. Besondere Bedeutung hat die Erzeugung schneller gerichteter Ionenstrahlen in der Niederdruck-Gasentladung. Bei genügend niedrigem Gasdruck laufen die durch Stoß-

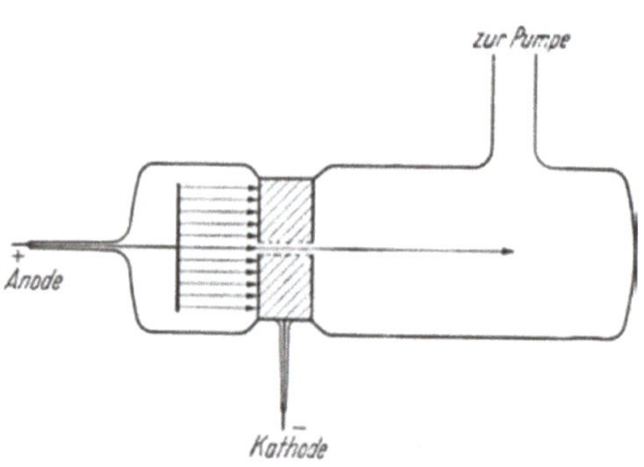

Abb. 10. Kanalstrahlrohr (schematisch).

ionisation im Gasraum gebildeten positiven Ionen ohne Störung durch Stöße mit Gasatomen senkrecht auf die Kathode zu. Durchbohrt man diese nun gemäß Abb. 10, so treten die im Kathodenfall noch beschleunigten Ionen durch den Kanal in den feldfreien, möglichst evakuierten Raum als sog. *Kanalstrahlen* ein und können hier ungestört durch Elektronen oder andere Plasmateilchen untersucht werden. Durch Kondensatorentladungen in weitgehend evakuierten Kapillaren kann man auch sehr hoch geladene positive Ionen erzeugen, d.h. den Atomen 2, 3, 4, 5, ja bis 23 Elektronen ihrer Hülle durch Stoßionisation entreißen; man spricht dann von „stripped atoms" (vgl. III,7). Daneben gibt es zwei thermische Methoden zur Erzeugung positiver Ionen. Gewisse Gemische von Erdalkali- oder Alkalisalzen mit anderen Salzen emittieren beim Erhitzen positive Ionen. Man kann ferner nach VII,24 positive Ionen der Alkali- und schweren Erdalkaliatome dadurch erzeugen, daß man diese Atome auf ein glühendes Platinblech auftreffen läßt, an dem sie ionisiert werden.

Einen Sonderfall der positiven Ionen stellen die von den radioaktiven Substanzen ausgesandten α-Teilchen dar, die als doppelt positiv geladene Helium-Atome nackte Atomkerne sind. Sie und die ebenfalls reine Kerne darstellenden Wasserstoffatomionen haben bei entsprechender Beschleunigung als Geschosse eine viel größere Wirkung als die übrigen positiven Ionen, die noch eine Elektronenhülle besitzen und daher mit ihrer den Atomen vergleichbaren Größe eine viel geringere „Durchschlagskraft" besitzen als die Atomkerne.

Wir sind bei unserer Darstellung der Ionen ausgegangen von der Kenntnis der Elektronen und von der Erzeugung eines Elektrons und eines positiven Ions durch Ionisation eines Atoms, so daß über die Natur der positiven Ionen kein Zweifel möglich war. Historisch dagegen fand man in Entladungen positive Teilchen unbekannter Natur, isolierte sie als Kanalstrahlen und mußte ihre Natur erst durch experimentelle Bestimmung ihrer Masse und Ladung festzustellen suchen. Da die Ladung nur ein oder ein kleines ganzzahliges Vielfaches des elektrischen Elementarquantums sein kann, genügt zur Massenbestimmung die Messung der spezifischen Ladung e/M, wobei wir mit M jetzt die Ionenmasse bezeichnen. Diese e/M-Bestimmung geschieht wie bei den Elektronen (vgl. II,4b) durch gleichzeitige elektrische und magnetische Ablenkung, in diesem Fall eines Kanalstrahls. Durch solche Messungen wurde von W. WIEN nachgewiesen, daß es sich bei den freien Ionen aus Gasentladungen oder beliebigen anderen Ionenquellen tatsächlich um geladene Atome oder Moleküle handelt, und dieser Nachweis war gleichzeitig ein Beweis für die Existenz einzelner Atome.

5. Überblick über den Aufbau der Atomkerne

Über den Aufbau der Atomkerne soll an dieser Stelle, den Erörterungen des Kap. V vorgreifend, nur ein ganz kurzer Überblick in dem Umfang gegeben werden, wie er zum Verständnis der folgenden Kapitel, insbesondere der Erscheinungen der Isotopie, erforderlich ist.

Aus den in II,3 besprochenen Streuversuchen wissen wir bereits, daß der Durchmesser der Atomkerne mit rund 10^{-12} cm nur etwa ein Zehntausendstel von dem der Atome beträgt, daß in diesem Kern aber fast die gesamte Masse des Atoms vereinigt ist. Aus dem Kernvolumen und der absoluten Masse der Atome (vgl. II,2b) berechnet man leicht, daß die Dichte der Kerne den unvorstellbar großen Wert von rund 10^{14} g/cm^3 besitzt, 1 cm^3 Kernmaterie also rund 100 Millionen Tonnen wiegen würde!

Jeder Atomkern ist durch die Angabe seines Atomgewichts, mit $^1/_{12}$ der Masse des Kohlenstoffatoms C^{12} als Einheit, und durch seine Ordnungszahl, die die Zahl der positiven Elementarladungen angibt, gekennzeichnet. Das auf volle Einheiten abgerundete Atomgewicht bezeichnet man aus gleich verständlich werdenden Gründen als *Massenzahl A*. Entsprechend der schon erwähnten PROUTschen Hypothese vom Aufbau aller Elemente aus Wasserstoff hatte man bis 1932 geglaubt, daß ein Kern der Massenzahl A aus A Wasserstoffkernen, also Protonen, bestände. Da aber die Zahl der positiven Kernladungen Z nur etwa halb so groß ist wie die Massenzahl A, mußte man sich dazu $A-Z$ Elektronen, sog. Kernelektronen, mit in den Kern eingebaut denken, um auf die richtige Kernladung Z zu kommen. Wir werden in V,4a die Gründe anführen, die gegen die Existenz von Elektronen im Kern sprechen. Seit der in V,13 im einzelnen behandelten Entdeckung des Neutrons, d. h. eines ungeladenen Kernteilchens von der ungefähren Masse und Größe des Protons, ist die Hypothese der Kernelektronen vermeidbar, und man weiß heute, daß die Kerne aus Z Protonen und $A-Z$ Neutronen aufgebaut sind, die durch Wechselwirkungskräfte besonderer Art, die erst die Quantenmechanik erklärt hat, zusammengehalten werden (vgl. V,25). Alle weiteren Einzelheiten über den Aufbau der Atomkerne werden wir in Kap. V kennenlernen.

6. Die Isotopie

a) Entdeckung der Isotopie und Bedeutung für die Atomgewichte

Wir haben in II,2a bei der Besprechung der Atomgewichte darauf hingewiesen, daß mit der PROUTschen Hypothese vom Aufbau aller Atome aus H-Atomen und ebenso mit der neuen Vorstellung vom Aufbau der Kerne aus Protonen und Neutronen ausgesprochen unganzzahlige Atomgewichte nicht verträglich sind, obwohl solche (z.B. Chlor mit 35,453) sichergestellt sind. Die Lösung dieser Schwierigkeit wurde in der Erscheinung der Isotopie gefunden, d.h. in der Beobachtung, daß es Atome gleicher Kernladungszahl (und damit des gleichen Elements!) von verschiedenem Atomgewicht gibt. Jedes solche, durch die Zahl seiner Protonen und Neutronen eindeutig bestimmte Atom nennt man ein *Nuklid*.

Zunächst fand man in den Jahren nach 1907 unter den radioaktiven Elementen solche, die sich bezüglich Lebensdauer und Zerfallsprodukten durchaus verschieden verhielten, chemisch aber nicht zu trennen waren. Thorium, Radiothorium und Ionium waren die ersten drei physikalisch verschiedenartigen, chemisch aber offenbar identischen, alle zur Ordnungszahl 90 gehörigen Atomarten, denen SODDY den Namen Isotope gab. Den Beweis dafür, daß auch nichtradioaktive Elemente Isotope besitzen können, erbrachte 1912 THOMSON mit dem Massenspektrographen am Neon, sowie HÖNIGSCHMID durch die Feststellung, daß das aus Uranerzen gewonnene Blei mit dem Atomgewicht 206,05 ein merklich geringeres Atomgewicht besitzt als das aus Thoriumerzen gewonnene mit 207,90. Wir werden in V,6 (vgl. auch Abb. 129) sehen, daß tatsächlich das Endprodukt der mit Uran beginnenden Zerfallsreihe das Bleiisotop 206, das Endprodukt der Thoriumreihe dagegen das Bleiisotop 208 ist. In den folgenden Jahren zeigte dann ASTON mit seinem gleich noch zu behandelnden Massenspektrographen, daß die Isotopie keine Ausnahmeerscheinung ist, sondern daß die meisten Elemente Isotopengemische darstellen.

Mit dieser Feststellung erhielt die Atomgewichtsfrage ein ganz neues Gesicht, da die chemisch bestimmten Atomgewichte ja nun nicht mehr als Atomkonstanten angesehen werden können, sondern Mittelwerte darstellen, die sich aus den Massenzahlen und relativen Häufigkeiten der Isotope eines Elements ergeben. Da das auch bei dem Bezugselement, dem Kohlenstoff, der Fall ist, hat man sich international geeinigt, alle Atomgewichte auf das Kohlenstoffisotop $C^{12} = 12,0000000$ zu beziehen.

Im allgemeinen hat sich auf der Erde die Häufigkeitsverteilung der Isotope eines Elements als konstant erwiesen, so daß das chemische Atomgewicht zwar keine Atomkonstante mehr darstellt, aber doch als *mittleres Atomgewicht des Isotopengemisches* eine charakteristische Größe des betreffenden Elements ist. Eine Ausnahme hiervon stellen die durch spontane Kernumwandlung aus den radioaktiven Elementen entstehenden Stoffe dar, in erster Linie das Blei, dessen mittleres Atomgewicht eben wegen seines verschiedenen Ursprungs aus den drei radioaktiven Zerfallsreihen (s. Abb. 129) vom Fundort abhängt.

b) Deutung und Eigenschaften der Isotope

Über die Deutung der Isotopie kann nach den im letzten Abschnitt mitgeteilten Erkenntnissen über den Aufbau der Atomkerne kein Zweifel bestehen.

Da die Protonenzahl im Kern die Ordnungszahl und damit das Element bestimmt, haben die Isotope eines Elements die gleiche Zahl Protonen im Kern, aber verschiedene Neutronenzahl. Bei dem schweren stabilen Isotop des Wasserstoffs z.B. besteht der Kern aus einem Proton und einem Neutron, besitzt also die Massenzahl 2, während der gewöhnliche Wasserstoffkern mit der Ladung und Masse 1 das Proton allein ist. Wir werden in V,11 bei der Besprechung der Systematik der Atomkerne erkennen, welche Elemente viele und welche wenige oder gar keine stabilen Isotope besitzen, und in V,6f bei der Behandlung der künstlichen Radioaktivität erfahren, daß Kerne mit zu großem Neutronenüberschuß oder Defizit sich spontan unter Aussendung eines Elektrons oder Positrons (vgl. V,7a) sowie je eines der ebendort zu behandelnden Neutrinos in stabile Kerne verwandeln können. Solche instabilen Isotope können auch bei den erzwungenen Kernumwandlungen entstehen, so daß es allgemein neben den stabilen Isotopen eines Elements (beim Sauerstoff z.B. O^{16}, O^{17} und O^{18}) noch eine ganze Anzahl instabiler Isotope gibt, beim Sauerstoff z.B. die Isotope O^{14}, O^{15} und O^{19}.

Zur vollständigen Kennzeichnung eines Elements genügt also nicht mehr das mittlere chemische Atomgewicht, sondern wir benötigen zusätzlich die genauen Massen (Atomgewichte) und relativen Häufigkeiten aller seiner stabilen Isotope. Auf die Methoden zur Bestimmung der Massen und Häufigkeiten von Isotopen gehen wir unten näher ein. Wir stellen hier als wichtigstes Ergebnis nur fest, daß *die Atomgewichte bezogen auf* $C^{12} = 12{,}0000$ *bis auf Abweichungen von weniger als* 1% *ganzzahlig sind*. Dieser Befund ist, wie in V,5 gezeigt werden wird, mit der Theorie vom Aufbau der Atomkerne aus Protonen und Neutronen in bester Übereinstimmung.

Aus der Erkenntnis, daß die Isotope eines Elements sich nur durch die Zahl der Neutronen im Kern unterscheiden, läßt sich nun sofort eine Anzahl wichtiger Schlüsse auf ihre allgemeinen Eigenschaften ziehen. Zunächst leuchtet es ein, daß eine Veränderung der Zahl der elektrisch neutralen Neutronen im Kern die Bindungsverhältnisse zwischen positivem Kern und negativer Elektronenhülle nicht wesentlich beeinflußt, so daß die Elektronenhülle der Atome und die von ihr *allein* abhängenden chemischen und physikalischen Eigenschaften von Isotopen weitgehend gleich sein müssen. Wir erwarten dagegen ein physikalisch verschiedenes Verhalten und damit eine Unterscheidungsmöglichkeit von Isotopen des gleichen Elements in allen den Eigenschaften, in denen die Atommasse eine merkliche Rolle spielt. Diese Unterschiede müssen um so auffallender sein, je größer der relative Massenunterschied zwischen den Isotopen des betreffenden Elements ist; sie sind daher bei den leichten Kernen auch am leichtesten nachzuweisen. Damit wird auch die besondere Bedeutung der Wasserstoff-Isotope H^2 und H^3 (der Index rechts oben ist die Massenzahl) verständlich, denen man deshalb die besonderen Namen Deuterium und Tritium mit den Symbolen D bzw. T gegeben hat. Ihre Kerne bezeichnet man als Deuteron und Triton; ihre Massen betragen das Doppelte bzw. Dreifache von der des normalen H^1-Atoms. Demgegenüber beträgt beim Sauerstoff der Massenunterschied O^{18}–O^{16} nur 12%, beim Uran U^{238}–U^{235} nur etwas über 1%. Um die entsprechenden Beträge unterscheiden sich also auch die spezifischen Ladungen e/M der positiven Ionen von Isotopen, und auf diese e/M-Messung zur Massenbestimmung von Isotopen gehen wir gleich ein. Von weiteren massenabhängigen Eigenschaften der Atome, die zur Unterscheidung und Trennung von Isotopen dienen können, seien die Verdampfungsgeschwindigkeit und die Diffusionsgeschwindigkeit genannt. Auf die geringen, aber bedeutsamen Unterschiede, die durch die Massendifferenzen von Isotopen in den Atom- und Molekülspektren entstehen, werden wir in III,20 und VI,12 bei der Behandlung der Spektren eingehen. Beim Wasserstoff dagegen bewirkt der große Massenunterschied von H und D, daß Trägheitsmomente wie Nullpunktsenergien der Moleküle H_2, HD und D_2 sowie der Wasserstoffverbindungen wie NH_3 und ND_3 sowie CH_4 und CD_4 sehr wesentlich verschieden sind und zu Unterschieden auch im Betrag der Verdampfungswärme, der Molwärme, des Molvolumens, der chemischen Konstanten, der Dissoziationsenergie und der Schwingung der Moleküle führen.

Wir haben uns hier im wesentlichen auf die Behandlung der stabilen Nuklide beschränkt, deren Zahl und Massen Tab. 3 zeigt. Einzelheiten über die instabilen β-aktiven Nuklide, die bei Kernumwandlungen auftreten, werden wir im Kap. V im Rahmen der Kernphysik erfahren.

c) Die Bestimmung der Massen und relativen Häufigkeiten von Nukliden. Die Massenspektroskopie

Zur Bestimmung der Massen und relativen Häufigkeiten der Isotope der Elemente haben wir einmal die Methoden der optischen Spektroskopie, bei denen wir aus der Differenz der Wellenlängen der zu den verschiedenen Isotopen gehörenden Spektrallinien den Massenunterschied, und aus den Intensitätsverhältnissen dieser Linien die relativen Häufigkeiten der Isotope ermitteln können (vgl. III,20 und VI,12). Die klassische Methode der Isotopenuntersuchung aber ist die von Thomson und Aston stammende und besonders von Mattauch zur Vollkommenheit entwickelte Methode der e/M-Bestimmung, die *Massenspektroskopie*.

Das älteste, schon 1913 zum Isotopennachweis benutzte e/M-Verfahren ist Thomsons sog. Parabelmethode. An Stelle der in II,4b besprochenen, bei der e/m-Bestimmung üblichen gekreuzten Felder benutzte Thomson nach Abb. 11 ein am gleichen Ort wirkendes elektrisches und ein ihm gleichgerichtetes magnetisches Feld, indem vor den plattenförmig ausgebildeten Polschuhen des Elektromagneten die Kondensatorplatten angebracht waren. Bezeichnet man die Kanalstrahlrichtung als z-Achse, die Feldrichtung als y-Achse, so ist nach (23) die elektrische Ablenkung bei einem über die Länge l wirkenden Feld

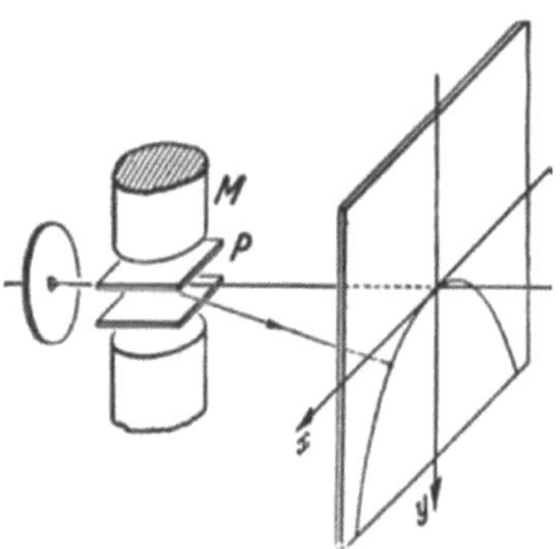

Abb. 11. Schematische Darstellung der Thomsonschen Parabelmethode zur Messung von Ionenmassen. *P* Kondensatorplatten, *M* Magnetpole.

$$Y = \frac{e\,E\,l^2}{2\,M\,v^2}.\tag{34}$$

Da die magnetische Kraft (24) stets senkrecht zum Geschwindigkeitsvektor steht, beschreiben die Ionen im Magnetfeld Kreise in der xz-Ebene, deren Radien sich aus der Gleichsetzung von magnetischer Kraft (24) und Zentrifugalkraft $M v^2/R$ zu

$$R = \frac{M\,v}{e\,H}\tag{35}$$

ergeben. Durchlaufen die Ionen also im Magnetfeld die Strecke l, so erfahren sie eine Ablenkung in der x-Richtung vom Betrage

$$X = \frac{1}{2}\,b\,t^2 = \frac{1}{2}\,\frac{v^2}{R}\left(\frac{l}{v}\right)^2 = \frac{l^2}{2R} = \frac{e\,H\,l^2}{2\,M\,v}.\tag{36}$$

Tabelle 3. *Die stabilen und natürlich radioaktiven Nuklide sowie die wichtigsten Isotope der Elemente, die stabile Isotope nicht besitzen*

Instabile Kerne durch $\langle\,\rangle$ gekennzeichnet, alle Massen auf C^{12} bezogen
(nach MATTAUCH, 1961)

Z	Elementnamen		Massen-zahl A	Neutronen-zahl $A-Z$	Relative Häufigkeit %	Isotopen-Masse C^{12} = 12,00000000	Atomgewicht (1962)
0	**n**	Neutron	1	1	—	1,0086654	—
1	**H**	Wasserstoff	1	0	99,986	1,00782522	
	(D)	(Deuterium)	2	1	0,014	2,0141022	1,00797
2	**He**	Helium	3	1	$1,3\cdot10^{-4}$	3,0160299	
			4	2	100	4,0026036	4,0026
3	**Li**	Lithium	6	3	7,30	6,015126	
			7	4	92,70	7,016005	6,939
4	**Be**	Beryllium	9	5	100	9,0121858	9,0122
5	**B**	Bor	10	5	18,83	10,0129389	
			11	6	81,17	11,0093051	10,811
6	**C**	Kohlenstoff	12	6	98,892	12,0000000	
			13	7	1,108	13,0033543	12,01115
7	**N**	Stickstoff	14	7	99,635	14,0030744	
			15	8	0,365	15,0001081	14,0067
8	**O**	Sauerstoff	16	8	99,759	15,9949149	
			17	9	0,0374	16,9991334	15,9994
			18	10	0,2036	17,9991598	
9	**F**	Fluor	19	10	100	18,9984046	18,9984
10	**Ne**	Neon	20	10	90,92	19,9924404	
			21	11	0,257	20,993849	20,183
			22	12	9,823	21,9913845	
11	**Na**	Natrium	23	12	100	22,989773	22,9898
12	**Mg**	Magnesium	24	12	78,98	23,985045	
			25	13	10,05	24,985840	24,312
			26	14	10,97	25,982591	
13	**Al**	Aluminium	27	14	100	26,981535	26,9815
14	**Si**	Silizium	28	14	92,18	27,976927	
			29	15	4,71	28,976491	28,086
			30	16	3,12	29,973761	
15	**P**	Phosphor	31	16	100	30,973763	30,9738
16	**S**	Schwefel	32	16	95,018	31,972074	
			33	17	0,750	32,971460	32,064
			34	18	4,215	33,967864	
			36	20	0,017	35,967091	
17	**Cl**	Chlor	35	18	75,40	34,968854	
			37	20	24,60	36,965896	35,453
18	**Ar**	Argon	36	18	0,337	35,967548	
			38	20	0,063	37,962724	39,948
			40	22	99,600	39,9623838	
19	**K**	Kalium	39	20	93,0800	38,963714	
			40	21	0,0119	39,964008	39,102
			41	22	6,9081	40,961835	
20	**Ca**	Kalzium	40	20	96,92	39,962589	
			42	22	0,64	41,958627	
			43	23	0,129	42,958780	
			44	24	2,13	43,955490	40,08
			46	26	0,003	45,95369	
			48	28	0,178	47,95236	
21	**Sc**	Scandium	45	24	100	44,955919	44,956
22	**Ti**	Titan	46	24	7,95	45,952633	
			47	25	7,75	46,951758	
			48	26	73,45	47,947948	47,90
			49	27	5,51	48,947867	
			50	28	5,34	49,944789	
23	**V**	Vanadin	50	27	0,23	49,947165	
			51	28	99,77	50,943978	50,942

Tabelle 3 (Fortsetzung)

Z	Elementnamen		Massen-zahl A	Neutronen-zahl $A-Z$	Relative Häufigkeit %	Isotopen-Masse $C^{12} = 12{,}00000000$	Atomgewicht (1962)
24	Cr	Chrom	50	26	4,31	49,946051	
			52	28	83,76	51,940514	
			53	29	9,55	52,940651	51,996
			54	30	2,38	53,938879	
25	Mn	Mangan	55	30	100	54,938054	54,9381
26	Fe	Eisen	54	28	5,81	53,939621	
			56	30	91,64	55,934932	
			57	31	2,21	56,935394	55,847
			58	32	0,34	57,933272	
27	Co	Kobalt	59	32	100	58,933189	58,9332
28	Ni	Nickel	58	30	67,77	57,935342	
			60	32	26,16	59,930783	
			61	33	1,25	60,931049	58,71
			62	34	3,66	61,928345	
			64	36	1,16	63,927959	
29	Cu	Kupfer	63	34	68,94	62,929594	
			65	36	31,06	64,927786	63,54
30	Zn	Zink	64	34	48,89	63,929145	
			66	36	27,81	65,926048	
			67	37	4,07	66,92715	65,37
			68	38	18,61	67,924865	
			70	40	0,62	69,92535	
31	Ga	Gallium	69	38	60,16	68,92568	
			71	40	39,84	70,92484	69,72
32	Ge	Germanium	70	38	20,52	69,92428	
			72	40	27,43	71,92174	
			73	41	7,76	72,92336	72,59
			74	42	36,54	73,92115	
			76	44	7,76	75,92136	
33	As	Arsen	75	42	100	74,92158	74,9216
34	Se	Selen	74	40	0,87	73,92245	
			76	42	9,02	75,91923	
			77	43	7,58	76,91993	
			78	44	23,52	77,91735	78,96
			80	46	49,82	79,91651	
			82	48	9,19	81,91666	
35	Br	Brom	79	44	50,53	78,91835	
			81	46	49,47	80,91634	79,909
36	Kr	Krypton	78	42	0,354	77,920368	
			80	44	2,266	79,91639	
			82	46	11,56	81,913483	
			83	47	11,55	82,914131	83,80
			84	48	56,90	83,911504	
			86	50	17,37	85,910617	
37	Rb	Rubidium	85	48	72,20	84,91171	
			87	50	27,80	86,90918	85,47
38	Sr	Strontium	84	46	0,55	83,91337	
			86	48	9,75	85,90926	
			87	49	6,96	86,90889	87,62
			88	50	82,74	87,90561	
39	Y	Yttrium	89	50	100	88,90543	88,905
40	Zr	Zirkonium	90	50	51,46	89,90432	
			91	51	11,23	90,9052	
			92	52	17,11	91,9046	91,22
			94	54	17,40	93,9061	
			96	56	2,80	95,9082	
41	Nb	Niob	93	52	100	92,9060	92,906

Tabelle 3 (Fortsetzung)

Z		Elementnamen	Massen-zahl A	Neutronen-zahl $A-Z$	Relative Häufigkeit %	Isotopen-Masse $C^{12} = 12{,}00000000$	Atomgewicht (1962)
42	**Mo**	Molybdän	92	50	15,84	91,9063	
			94	52	9,04	93,9047	
			95	53	15,72	94,9057	
			96	54	16,53	95,9045	95,94
			97	55	9,46	96,9057	
			98	56	23,78	97,9055	
			100	58	9,63	99,9076	
43	⟨Tc⟩	Technetium	99	56		98,9064	
44	**Ru**	Ruthenium	96	52	5,68	95,9076	
			98	54	2,22	97,9055	
			99	55	12,81	98,9061	
			100	56	12,70	99,9030	101,07
			101	57	16,98	100,9041	
			102	58	31,34	101,9037	
			104	60	18,27	103,9055	
45	**Rh**	Rhodium	103	58	100	102,9048	102,905
46	**Pd**	Palladium	102	56	0,80	101,9049	
			104	58	9,30	103,9036	
			105	59	22,60	104,9046	106,4
			106	60	27,10	105,9032	
			108	62	26,70	107,9039	
			110	64	13,50	109,9045	
47	**Ag**	Silber	107	60	51,92	106,9050	107,870
			109	62	48,08	108,9047	
48	**Cd**	Cadmium	106	58	1,215	105,9059	
			108	60	0,875	107,9040	
			110	62	12,39	109,9030	
			111	63	12,75	110,9041	112,40
			112	64	24,07	111,9028	
			113	65	12,26	112,9046	
			114	66	28,86	113,9036	
			116	68	7,78	115,9050	
49	**In**	Indium	113	64	4,23	112,9043	114,82
			115	66	95,77	114,9041	
50	**Sn**	Zinn	112	62	0,94	111,9049	
			114	64	0,65	113,9030	
			115	65	0,33	114,9035	
			116	66	14,36	115,9021	
			117	67	7,51	116,9031	
			118	68	24,21	117,9018	118,69
			119	69	8,45	118,9034	
			120	70	33,11	119,9021	
			122	72	4,61	121,9034	
			124	74	5,83	123,9052	
51	**Sb**	Antimon	121	70	57,25	120,9037	121,75
			123	72	42,75	122,9041	
52	**Te**	Tellur	120	68	0,09	119,9045	
			122	70	2,43	121,9030	
			123	71	0,85	122,9042	
			124	72	4,59	123,9028	
			125	73	6,98	124,9044	127,60
			126	74	18,70	125,9032	
			128	76	31,85	127,9047	
			130	78	34,51	129,9067	
53	**J**	Jod	127	74	100	126,90435	126,9044

3*

Tabelle 3 (Fortsetzung)

Z	Elementnamen		Massen-zahl A	Neutronen-zahl $A-Z$	Relative Häufigkeit %	Isotopen-Masse $C^{12} = 12,00000000$	Atomgewicht (1962)
54	**Xe**	Xenon	124	70	0,096	123,90612	
			126	72	0,020 (90)	125,90417	
			128	74	1,919	127,90354	
			129	75	26,44	128,90478	
			130	76	4,075	129,903510	131,30
			131	77	21,18	130,90508	
			132	78	26,89	131,904162	
			134	80	10,44	133,905398	
			136	82	8,87	135,90722	
55	**Cs**	Caesium	133	78	100	132,9051	132,905
56	**Ba**	Barium	130	74	0,102	129,90625	
			132	76	0,098	131,9051	
			134	78	2,42	133,9043	
			135	79	6,59	134,9056	137,34
			136	80	7,81	135,9044	
			137	81	11,32	136,9056	
			138	82	71,66	137,90501	
57	**La**	Lanthan	138	81	0,89	137,90681	138,91
			139	82	99,19	138,90606	
58	**Ce**	Zer	136	78	0,19	135,9071	
			138	80	0,25	137,90572	140,12
			140	82	88,49	139,90528	
			142	84	11,07	141,90904	
59	**Pr**	Praseodym	141	82	100	140,90739	140,907
60	**Nd**	Neodym	142	82	26,80	141,90748	
			143	83	12,12	142,90962	
			144	84	23,91	143,90990	
			145	85	8,35	144,9122	144,24
			146	86	17,35	145,9127	
			148	88	5,78	147,9165	
			150	90	5,69	149,9207	
61	⟨**Pm**⟩	Promethium	149	88		148,9181	
62	**Sm**	Samarium	144	82	2,95	143,9116	
			147	85	14,62	146,9146	
			148	86	10,97	147,9146	
			149	87	13,56	148,9169	150,35
			150	88	7,27	149,9170	
			152	90	27,34	151,9195	
			154	92	23,29	153,9220	
63	**Eu**	Europium	151	88	47,77	150,9196	151,96
			153	90	52,23	152,9209	
64	**Gd**	Gadolinium	152	88	0,2	151,9195	
			154	90	2,16	153,9207	
			155	91	14,68	154,9226	
			156	92	20,36	155,9221	157,25
			157	93	15,64	156,9239	
			158	94	24,95	157,9241	
			160	96	22,01	159,9271	
65	**Tb**	Terbium	159	94	100	158,9250	158,924
66	**Dy**	Dysprosium	156	90	0,0525	155,9238	
			158	92	0,0905	157,9240	
			160	94	2,297	159,9248	
			161	95	18,88	160,9266	162,50
			162	96	25,53	161,9265	
			163	97	24,97	162,9284	
			164	98	28,18	163,9288	
67	**Ho**	Holmium	165	98	100	164,9303	164,930

Tabelle 3 (Fortsetzung)

Z	Elementnamen		Massen-zahl A	Neutronen-zahl $A-Z$	Relative Häufigkeit %	Isotopen-Masse $C^{12} = 12,00000000$	Atomgewicht (1962)
68	**Er**	Erbium	162	94	0,154	161,9288	
			164	96	1,606	163,9283	
			166	98	33,36	165,9304	
			167	99	22,82	166,9321	167,26
			168	100	27,02	167,9324	
			170	102	15,04	169,9355	
69	**Tm**	Thulium	169	100	100	168,9343	168,934
70	**Yb**	Ytterbium	168	98	0,13	167,9339	
			170	100	3,03	169,9349	
			171	101	14,27	170,9365	
			172	102	21,77	171,9366	173,04
			173	103	16,08	172,9383	
			174	104	31,92	173,9390	
			176	106	12,80	175,9427	
71	**Lu**	Lutetium	175	104	97,40	174,9409	174,97
			176	105	2,60	175,94274	
72	**Hf**	Hafnium	174	102	0,199	173,9403	
			176	104	5,23	175,94165	
			177	105	18,55	176,94348	
			178	106	27,23	177,94387	178,49
			179	107	13,73	178,9460	
			180	108	35,07	179,9468	
73	**Ta**	Tantal	180	107	0,0123	179,94752	180,948
			181	108	100	180,94798	
74	**W**	Wolfram	180	106	0,16	179,94698	
			182	108	26,35	181,94827	
			183	109	14,32	182,95029	183,85
			184	110	30,68	183,95099	
			186	112	28,49	185,95434	
75	**Re**	Rhenium	185	110	37,07	184,95302	186,2
			187	112	62,93	186,95596	
76	**Os**	Osmium	184	108	0,018	183,9526	
			186	110	1,582	185,95394	
			187	111	1,64	186,95596	
			188	112	13,27	187,95597	190,2
			189	113	16,14	188,9582	
			190	114	26,38	189,95860	
			192	116	40,97	191,96141	
77	**Ir**	Iridium	191	114	38,5	190,96085	192,2
			193	116	61,5	192,96328	
78	**Pt**	Platin	190	112	0,012	189,95995	
			192	114	0,8	191,96143	
			194	116	30,2	193,96281	
			195	117	35,2	194,96482	195,09
			196	118	26,6	195,96498	
			198	120	7,2	197,9675	
79	**Au**	Gold	197	118	100	196,96655	196,967
80	**Hg**	Quecksilber	196	116	0,15	195,96582	
			198	118	10,12	197,96677	
			199	119	17,04	198,96826	
			200	120	23,25	199,96834	200,59
			201	121	13,18	200,97031	
			202	122	29,54	201,97063	
			204	124	6,72	203,97348	
81	**Tl**	Thallium	203	122	29,46	202,97233	204,37
			205	124	70,54	204,97446	

Tabelle 3 (Fortsetzung)

Z	Elementnamen		Massen-zahl A	Neutronen-zahl $A-Z$	Relative Häufigkeit %	Isotopen-Masse $C^{12} = 12{,}00000000$	Atomgewicht (1962)
82	**Pb**	Blei	204	122	1,54	203,97307	
			206	124	22,62	205,97446	
			207	125	22,62	207,97590	207,19
			208	126	53,22	207,97664	
83	**Bi**	Wismut	209	126	100	208,98042	208,980
84	⟨**Po**⟩	Polonium	210	126		209,98287	
85	⟨**At**⟩	Astatin	210	125		209,9870	
86	⟨**Rn**⟩	Radon	222	136		222,01753	
87	⟨**Fr**⟩	Francium	223	136		223,01980	
88	⟨**Ra**⟩	Radium	226	138		226,02536	
89	⟨**Ac**⟩	Aktinium	227	138		227,02781	
90	**Th**	Thorium	232	142	100	232,03821	232,038
91	**Pa**	Protaktinium	231	140	100	231,03594	
92	**U**	Uran	234	142	0,006	234,04090	
			235	143	0,720	235,04393	238,03
			238	146	99,274	238,05076	
93	⟨**Np**⟩	Neptunium	237	144		237,04803	
94	⟨**Pu**⟩	Plutonium	239	145		239,05216	
95	⟨**Am**⟩	Americium	243	148		243,06138	
96	⟨**Cm**⟩	Curium	247	151			
97	⟨**Bk**⟩	Berkelium	247	150		247,07018	
98	⟨**Cf**⟩	Californium	251	153			
99	⟨**Es**⟩	Einsteinium	254	155		254,0881	
100	⟨**Fm**⟩	Fermium	252	153		252,08265	
101	⟨**Mv**⟩	Mendelevium	256	155			
102	⟨**No**⟩	Nobelium	254	152			
103	⟨**Lw**⟩	Lawrencium	257	154			
104	⟨**?**⟩		260	156			

Abb. 12. Zerlegung eines Kohlenwasserstoffionen-Gemisches mit der THOMSONschen Parabelmethode (vervollkommnete Aufnahme nach CONRAD).

Elimination der unbekannten und für die Ionen verschieden großen Geschwindigkeit v aus (34) und (36) ergibt die Parabelgleichung:

$$Y = \frac{2\,E}{l^2 H^2}\,\frac{M}{e}\,X^2. \qquad (37)$$

Ionen gleicher Masse und Ladung, aber variabler Geschwindigkeit v, zeichnen also auf dem Leuchtschirm Parabeln (Abb. 12), deren Neigung ihren e/M-Wert und damit ihre Masse M zu bestimmen gestattet. Zur Eichung der Anordnung benutzt man Ionen bekannter Massen. Die Intensität der einzelnen Parabeln entspricht der relativen Häufigkeit der betreffenden Nuklide des Gemischs.

Das zweite Verfahren zur e/M-Bestimmung und damit Massenbestimmung, das heute zu einer wirklichen Präzisionsmethode entwickelt worden ist, beruht auf der in II,4b schon behandelten Methode der gekreuzten Felder. Abb. 13 zeigt den auf dieser Grundlage von ASTON 1919 gebauten ersten Massenspektro-

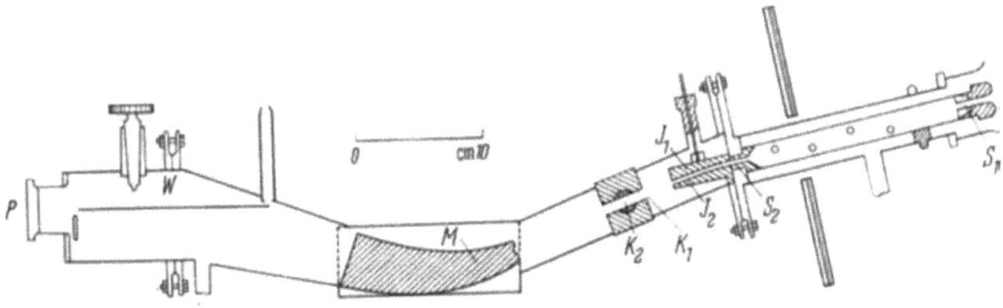

Abb. 13. Schema eines Massenspektrographen von ASTON. S_1, S_2, K_1 und K_2 Blenden; J_1, J_2 Ablenkkondensator; M Magnetpolschuhe; W Photoplatte.

graphen, der mit Eintrittsspalt, Dispersion im elektrischen und magnetischen Feld sowie nachfolgender scharfer Abbildung der Ionen verschiedener Masse in seinem Bau weitgehend den optischen Spektrographen entspricht. Der von rechts aus einer Entladung durch das Loch S_1 eintretende Ka-nalstrahl wird durch einen zweiten Spalt S_2 noch schärfer begrenzt und durchsetzt dann das elektri-sche Feld im Plattenkondensator $J_1 J_2$, in dem er nach unten abgelenkt wird, um nach Durchgang durch einen weiteren Spalt K_2 das senkrecht zur Papierebene stehende Magnetfeld H zu durchqueren, in dem er in entgegengesetzter Richtung wie im elektrischen Feld abgelenkt wird, um schließlich auf die photographische Platte W aufzutreffen. ASTON erkannte nun, daß man eine zur Aufnahme ausrei-chende Intensität nur bei nicht zu engem Spalt K_2 erhält, dann aber eine scharfe Abbildung und damit saubere Trennung nahe benachbarter Massen nur möglich ist, wenn durch die fokussierende Wirkung des Magnetfelds alle Ionen gleicher Masse, trotz ver-schiedener Geschwindigkeit, den gleichen Ort der Platte erreichen. Zu dieser *Geschwindigkeitsfokussie-rung* muß eine bestimmte Beziehung zwischen den Ablenkungswinkeln im elektrischen und magneti-schen Feld sowie den Abständen zwischen dem Mittelpunkt des elektrischen und des magnetischen Feldes bzw. zwischen letzterem und einem Bild-punkt auf der Platte eingehalten werden. Abb. 14 zeigt einige Aufnahmen von ASTON mit angeschrie-benen Massenzahlen, die die Trennschärfe zu beur-teilen gestatten und zur Auffindung des größten Teils der bekannten stabilen Isotope geführt haben.

Der ASTONsche Massenspektrograph ist in der Folgezeit verschiedentlich verbessert worden. Den entscheidenden Fortschritt erzielte dabei 1934 MAT-TAUCH, dem es durch genau berechnete Abmessungen und Ablenkwinkel gelang, bei ebener photographi-scher Platte eine Fokussierung der Ionen bezüglich

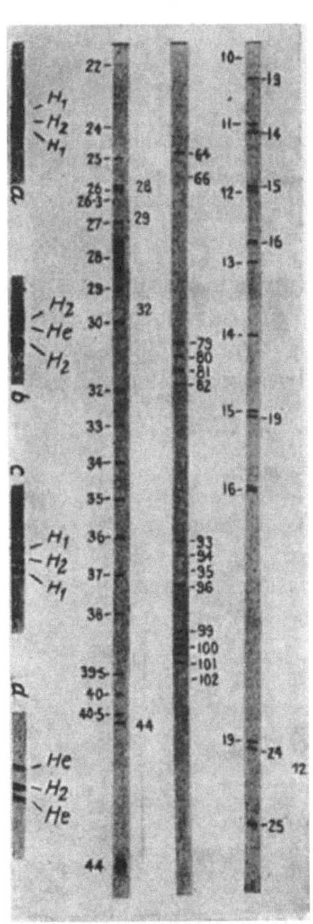

Abb. 14. Massenspektrogramme von ASTON zur Bestimmung der Massen und relativen Häufigkeiten von Isotopen.

Geschwindigkeit *und* Richtung gleichzeitig für alle Massen durchzuführen (Prinzip der *Doppelfokussierung*). Abb. 15 zeigt ein besonders schönes Beispiel für das hohe Auflösungsvermögen dieses Massenspektrographen, mit dem sich Ionenmassen und damit Atomgewichte auf 10^{-7} Masseneinheiten genau bestimmen lassen. Die Bedeutung dieser Messungen werden wir erst in V,5 bei der Besprechung der Massendefekte verstehen.

Bei dem heute in großem Umfang wissenschaftlich-technisch für chemische Analysen und zahlreiche andere Anwendungen der Massenanalyse benutzten einfachfokussierenden Massenspektrometer (Abb. 16) verzichtet man auf die elektrische Ablenkung der Ionen und benutzt zur Trennung des auf eine einheitliche Energie von einigen tausend eV beschleunigten Ionenstrahles lediglich ein die Ionen um 60° ablenkendes Magnetfeld. Durch Variation dieses Magnetfeldes läßt man die Ionen verschiedener Masse nacheinander durch einen Spalt

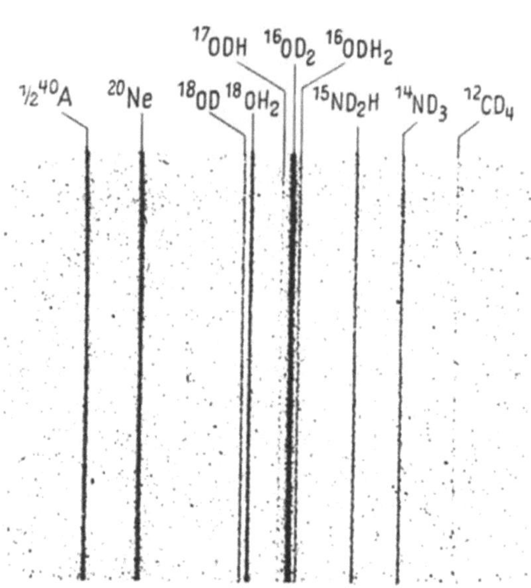

Abb. 15. Feinstruktur-Massenspektrogramm von Bieri, Everling und Mauttauch zum Nachweis der ausgezeichneten Auflösung kleinster Massendifferenzen (Trennung von 10 verschiedenen Ionen der Massenzahl 20, deren Atom- bzw. Molekulargewichte zwischen 19,9878 und 20,0628 liegen).

in einen Auffänger eintreten und registriert elektrisch ihre Intensität (Zahl) als Funktion der Massenzahl.

Den Nachteil, daß die absolute Meßgenauigkeit der besprochenen Massenpektrographen mit zunehmender Ionenmasse stark abnimmt, vermeidet das *Flug-*

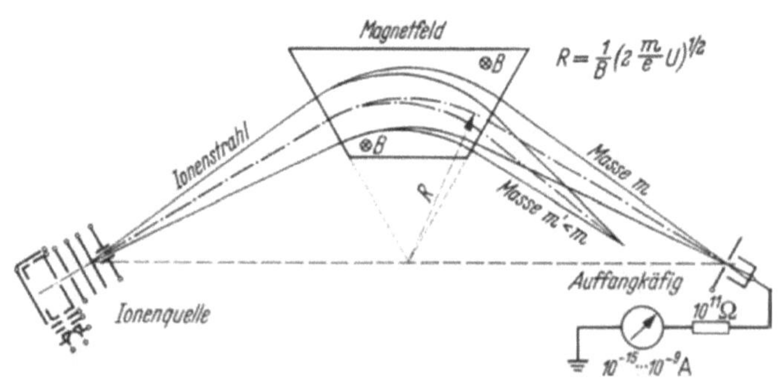

Abb. 16. Magnetisches Massenspektrometer mit Magnetfluß senkrecht zur Zeichenebene.

zeit-Massenspektrometer (Chronotron). In einem homogenen Magnetfeld beschreiben Ionen ja nach (35) Kreisbahnen bzw. wegen ihrer Geschwindigkeitskomponente in Richtung des Magnetfeldes mehr oder weniger enge Schraubenbahnen. Für die zum Durchlaufen eines vollen Kreises vom Radius R von einfach positiv geladenen Ionen erforderliche Zeit τ ergibt sich aus (35)

$$\tau = \frac{2\pi R}{v} = \frac{2\pi M}{eH} \, . \tag{38}$$

Mißt man nun mit einer Kurzzeit-Meßmethode die von scharf definierten Ionengruppen in einem Felde H zum Durchlaufen mehrerer voller Kreisbahnen benötigte Zeit, so lassen sich aus dieser mit (38) die Ionenmassen auf 10^{-3} Masseneinheiten genau, unabhängig von ihrer Absolutmasse, berechnen. Abb. 17 zeigt ein Oszillogramm der nach 8 Umläufen nacheinander eintreffenden Xenon-Isotope.

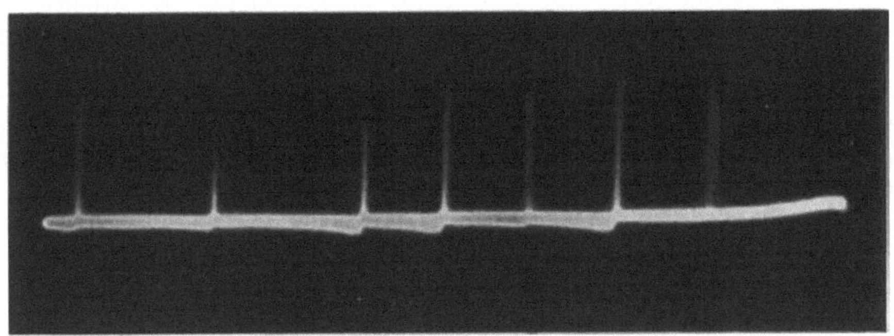

Abb. 17. Aufnahme der Xenon-Isotope 136, 134, 132, 131, 130, 129 und 128 mit dem Laufzeit-Massenspektrographen von S. Goudsmit. Der Abstand aufeinanderfolgender Isotope beträgt 8 µsec.

Das noch einfachere *Hochfrequenz-Massenspektrometer* besteht aus einem Hochvakuumrohr, das zwischen Kathode und Auffangelektrode vier oder mehr Gitter besitzt, die mit berechneten Vorspannungen in solcher Weise an Hochfrequenz gelegt werden, daß nur Ionen mit bestimmter spezifischer Ladung e/M und damit Masse M so im richtigen Takt laufen, daß sie alle Gitter passieren und die Auffangelektrode erreichen können.

Ebenfalls auf einem Resonanzeffekt beruht das unter dem Namen *Omegatron* bekannte Massenspektrometer. Es ist ein winziges Cyclotron (vgl. V,3) von etwa 1 cm Bahnradius. Unter der kombinierten Wirkung eines axialen Magnetfeldes von einigen tausend Gauß und eines transversalen Hochfrequenzfeldes (z.B. 0,1 V/cm; einige MHz) werden in ihm die axial eingeschossenen Ionen „richtiger" spezifischer Ladung e/M bzw. Masse M spiralförmig beschleunigt, bis sie einen Auffänger erreichen und damit gemessen werden, während die Ionen „falscher" Masse diesen nicht erreichen.

Auf einem ähnlichen Resonanzeffekt beruht schließlich das von PAUL entwickelte „*Massenfilter*". Bei ihm läuft der Ionenstrahl in der Mitte zwischen und parallel zu vier langen Stabelektroden, die, im Querschnitt gesehen, an den Ecken eines Quadrats angeordnet und so an Hochfrequenz gelegt sind, daß jeweils zwei diametral gegenüberstehende Stäbe die gleiche Polarität besitzen. Es läßt sich dann zeigen, daß bei vorgegebener Wechselfrequenz und -spannung nur Ionen eines schmalen Massenbereiches dieses Massenfilter passieren können, während Ionen kleinerer oder größerer Masse zu Schwingungen wachsender Amplitude angeregt und damit schließlich von den Stabelektroden abgefangen werden.

d) Die Verfahren der Isotopentrennung

Die Isotopie war ursprünglich nur eine für unsere Kenntnis vom Atombau wesentliche Eigenschaft der Atome; heute sind die Isotope darüber hinaus zu einem wichtigen Hilfsmittel des Molekülphysikers, des Chemikers und des Biologen geworden, weil die Verwendung eines bestimmten Isotops die Heraushebung und Kennzeichnung eines unter mehreren chemisch gleichartigen Atomen gestattet. Das sich hieraus erklärende Interesse an der Reindarstellung (oder zum mindesten sehr erheblichen Anreicherung) von Isotopen hat einen starken Auftrieb erfahren durch die mit der technischen Ausnutzung der Kernenergie zusammenhängenden Entwicklungen (vgl. V,16), da verschiedene Isotope des gleichen Elements sich oft sehr verschieden gegenüber Neutronen verhalten.

Die beste, aber nur für relativ kleine Stoffmengen anwendbare Trennmethode verwendet Massenspektrographen mit großflächigen, intensiven Ionenquellen und getrennten Auffängern für die verschiedenen Isotope. Mit dieser Methode kann man heute je Stunde bis zu einigen zehntel Gramm reiner Isotope gewinnen.

Besonders für technische Zwecke benötigt man heute ziemlich reine Isotope aber tonnenweise und verwendet dann die verschiedenen Methoden der *Anreicherung* des gewünschten Isotops in zahlreichen hintereinandergeschalteten Stufen, deren jede zwar nur eine relativ geringe Verschiebung des Isotopenverhältnisses ergibt, die bei genügender Stufenzahl aber zu fast reinen Isotopen führen, z. B. dem technisch so wichtigen 99,8%igen Schweren Wasser D_2O.

Verwendet werden im wesentlichen vier physikalisch verschiedene Methoden:

1. In der Zentrifuge sehr hoher Tourenzahl reichert sich das schwere Isotop am Rand, das leichtere in Achsennähe an.

2. Durch feinporige Filter diffundieren leichte Isotope besser als schwere [Porendiffusion (2a)], während in einem Gebiet mit Temperaturgefälle leichtere Isotope bevorzugt zur Seite höherer Temperatur, schwerere bevorzugt zur Seite tieferer Temperatur diffundieren [Thermodiffusion (2b)].

3. Bei der Verdampfung eines Isotopengemisches erfolgt eine Anreicherung der leichteren Komponente im Dampf, der schwereren in der Flüssigkeit.

4. Bei chemischen Austauschreaktionen findet, besonders zwischen flüssiger und dampfförmiger Phase, fast stets eine Verschiebung des Isotopenverhältnisses statt. So findet sich beim Austausch von NO mit wäßriger Salpetersäure HNO_3 das leichtere N-Isotop bevorzugt im gasförmigen NO, während z. B. H_2S-Gas aus Wasser höherer Temperatur Deuterium aufnimmt, um es im Austausch an Wasser niedriger Temperatur wieder abzugeben (Schwefelwasserstoff-Verfahren).

Zur Trennung des leicht spaltbaren Urans 235 von dem mit thermischen Neutronen nichtspaltbaren Uran 238 (vgl. V,14) verwendet man in riesigen Anlagen das Porendiffusionsverfahren (2a) nach G. HERTZ, versuchsweise auch das Zentrifugierverfahren (1), und zwar mit gasförmigem Uranhexafluorid UF_6.

Die Reindarstellung von Schwerem Wasser D_2O geschah ursprünglich nur mittels fortgesetzter Elektrolyse von Wasser, wobei infolge einer Vielzahl ineinandergreifender massenabhängiger Vorgänge (Unterschiede der Ionenbeweglichkeit, der Entladegeschwindigkeit an den Elektroden u. a.) bevorzugt die H_2O-Moleküle zersetzt werden, die schwereren HDO- und D_2O-Moleküle aber im Wasser zurückbleiben. Neuerdings werden sowohl Austauschreaktionen (4) verwendet, und zwar das Schwefelwasserstoff-Verfahren oder katalysierte Austauschreaktionen zwischen flüssigem Wasser, Wasserdampf und Wasserstoffgas, als auch die fraktionierte Destillation besonders von flüssigem Wasserstoff nach dem Verfahren (3).

Die Methode der Thermodiffusion (2b) haben CLUSIUS und DICKEL mit ihrem Trennrohr zu einer wirksamen Trennmethode entwickelt. Es besteht aus einem bis 20 m langen, senkrechten Glasrohr von einigen Zentimetern Durchmesser, in dessen Achse ein elektrisch auf einige hundert °C geheizter Draht hängt. Am heißen Draht steigt die leichtere Komponente des Isotopengemisches auf, während

die schwerere an der kühlen Rohrwand
absinkt. Am oberen Rohrende zapft man
daher die leichten, am unteren die
schweren Isotope ab. Neuerdings wird
die Thermodiffusionsmethode auch mit
der Zentrifugiermethode (1) gekoppelt,
um eine möglichst große Anreicherung
je Stufe zu erreichen.

7. Photonen

Wir haben bisher von den atomaren
Bausteinen der Materie und ihren wichtigsten Eigenschaften gesprochen. Ein
ganz entscheidender Teil der Atomphysik aber betrifft die Wechselwirkung
zwischen Materie und elektromagnetischer Strahlung, z. B. deren Emission
oder Absorption durch Atome, Moleküle usw. Unter Strahlung ist dabei
der Gesamtbereich der nur durch ihre
verschiedenen Wellenlängen sich unterscheidenden Erscheinungen von den
kurzwelligsten γ-Strahlen über die
Röntgenstrahlen, das ultraviolette,
sichtbare und ultrarote Licht sowie die
Wärmestrahlen bis hin zu den elektrischen Wellen zu verstehen. Abb. 18 gibt
eine grobe Übersicht über die Zuordnung dieser verschiedenen elektromagnetischen Wellen zu den Skalen der
Wellenlängen und Frequenzen und
der gleich zu besprechenden Energie
der entsprechenden Strahlungsquanten
(Photonen).

Der Übergang von der klassischen
Physik zur Atomphysik ist nämlich
auch bei der Strahlung mit einem Übergang von kontinuierlichen zu diskontinuierlich atomistischen Erscheinungen
und Erklärungen verknüpft. Während
die klassische Physik stets von kontinuierlichen, räumlich ausgedehnten
Lichtwellen handelt, z. B. den von einer
Lichtquelle ausgesandten Kugelwellen,
werden wir im nächsten Kapitel erfahren, daß zahlreiche Erscheinungen der
Atomphysik nur verstanden werden
können, wenn man der Strahlung bei
der Betrachtung ihrer Wechselwirkung
mit Materie einen atomistischen Charakter zuschreibt und annimmt, daß

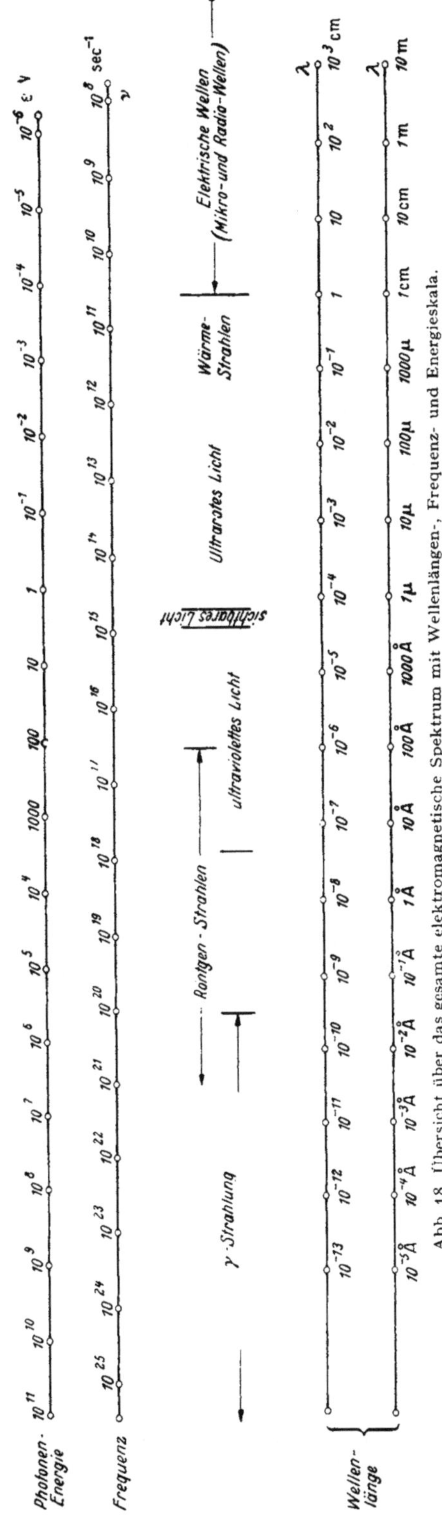

Abb. 18. Übersicht über das gesamte elektromagnetische Spektrum mit Wellenlängen-, Frequenz- und Energieskala.

sie in Form einzelner *Lichtquanten oder Photonen* emittiert und absorbiert wird. Die Energie dieser Photonen ist nach PLANCKS grundlegender Entdeckung der Frequenz ν (und damit der Größe c/λ) der entsprechenden Wellen proportional:

$$E = h\nu,\tag{39}$$

worin h eine universelle Naturkonstante von der Dimension einer Wirkung = Energie mal Zeit, das berühmte PLANCKsche *Wirkungsquantum*

$$h = (6{,}6256 \pm 0{,}0005) \cdot 10^{-27} \text{ erg sec}\tag{40}$$

ist. Aus (39) folgt, daß die Energie der Quanten elektromagnetischer Strahlung um so größer ist, je kürzer die Wellenlänge der Strahlung ist. Formel (39) erklärt somit, warum gewöhnliche (unsensibilisierte) photographische Platten durch blaues und violettes Licht geschwärzt werden, nicht aber durch das langwelligere rote, warum ultraviolettes Licht, Röntgen- und γ-Strahlen so viel „energischere" Wirkungen ausüben als das viel langwelligere und darum energieärmere gewöhnliche Licht, und eine Fülle ähnlicher Erscheinungen. Wir werden sehen, daß Gl. (39) sich geradezu als *die* grundlegendste Beziehung der Atomphysik erwiesen hat.

Nächst der Energie der Photonen interessieren wir uns mit Rücksicht auf die Wechselwirkung (Emission, Absorption, Stoßprozesse) zwischen Photonen und atomaren Teilchen noch für die träge Masse und den Impuls der Lichtquanten. Photonen besitzen keine Ruhemasse, da sie nur „existieren", wenn sie sich mit Lichtgeschwindigkeit c fortbewegen. Da aber nach der grundlegenden Äquivalenzgleichung (31) jeder Energie E eine ihr äquivalente Masse E/c^2 zugeordnet werden kann, besitzt ein Photon der Energie $h\nu$ eine Trägheit entsprechend der Masse

$$m_\gamma = h\nu/c^2\tag{41}$$

und einen Impuls (Masse mal Geschwindigkeit c)

$$p_\gamma = h\nu/c.\tag{42}$$

Dieser stellt übrigens als Strahlungsdruck eine schon der klassischen Physik bekannte Erscheinung dar. Die grundlegende Beziehung (39) wurde 1900 von M. PLANCK bei dem Versuch gefunden, seine berühmte Formel der spektralen Energieverteilung der Strahlung eines schwarzen Strahlers theoretisch abzuleiten. Unter einem schwarzen Strahler versteht man bekanntlich einen Körper, der sämtliche auf ihn auffallende Strahlung, gleich welcher Wellenlänge, vollständig absorbiert. Ein solcher schwarzer Strahler emittiert kontinuierliche Strahlung mit einer spektralen Energieverteilung, die nicht von der speziellen Natur des Strahlers, sondern nur von seiner absoluten Temperatur T abhängt und durch die Formel

$$E_\nu(T) = \frac{2h\nu^3}{c^2(e^{h\nu/kT} - 1)}\tag{43}$$

und Abb. 19 dargestellt wird. PLANCK hatte seine mit den Meßergebnissen in bester Übereinstimmung stehende Formel zunächst durch Abänderung einer weniger gut stimmenden Formel von W. WIEN erhalten. Bei dem Versuch ihrer thermodynamischen Ableitung stellte er dann fest, daß eine solche Ableitung nicht möglich war unter der der klassischen Physik selbstverständlichen Annahme, daß die für die Strahlung verantwortlich gedachten „Dipole" (auch Resonatoren genannt) mit jeder beliebigen Amplitude (durch deren Quadrat klassisch ja die Strahlungs*energie* bestimmt ist!) schwingen können. Zu der richtigen Formel (43) gelangte er vielmehr nur mit der revolutionären Annahme, daß die Schwingungsenergie der Resonatoren gemäß Gl. (39) ihrer Frequenz v proportional sei und jeweils nur ganze Vielfache von hv betragen könne. Diese Annahme *gequantelter Energiezustände* der für die Strahlung verantwortlichen Oszillatoren bildete den Ausgangspunkt der gesamten Quantenphysik. Wenig später (1905) übertrug EINSTEIN PLANCKS Quantenformel (39) auf die emittierte Strahlung selbst und schuf dabei den Begriff der Lichtquanten oder Photonen. Von den die korpuskulare Wirkung der Photonen beweisenden Erscheinungen haben wir den lichtelektrischen Effekt in II,4a bereits kurz erwähnt, während der COMPTON-Effekt ebenso wie das Verhältnis von Wellen- zu Korpuskeleigenschaften der Strahlung uns in IV,2 noch eingehend beschäftigen werden.

Für den Bereich der Atomphysik tritt also an Stelle der von einer Lichtquelle ausgehenden Kugelwelle die regellos statistische Emission von Photonen, bei der nur im Zeitmittel auf jedes Flächenelement einer die Lichtquelle umgebenden Kugel die gleiche Anzahl von Photonen entfällt. Als eindrucksvoller Beleg für diese Emission einzelner Photonen sei ein von JOFFÉ 1925 angestellter Versuch angeführt. Als Strahlenquelle diente die Antikathode einer Röntgenröhre, als Strahlungsempfänger eine kleine Metallkugel, von

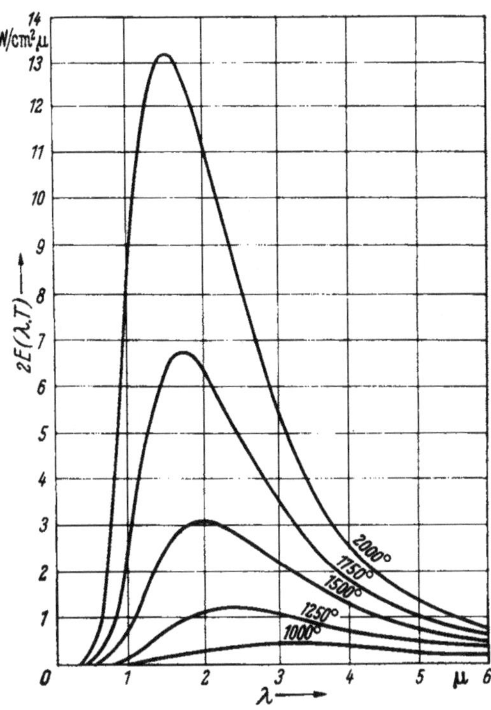

Abb. 19. Die spektrale Energieverteilung der Emission eines schwarzen Strahlers bei Temperaturen zwischen 1000 und 2000 °K. Die Ordinate gibt die unpolarisierte Strahlungsleistung in den Raumwinkel 1, und zwar jeweils bezogen auf ein Wellenlängengebiet von 1 µ Breite.

deren Oberfläche die auffallenden Photonen Photoelektronen ablösten. Diese kleine Empfängerkugel wurde der Strahlenquelle in solchem Abstand gegenübergestellt, daß ihr Querschnitt nur ein Millionstel der Oberfläche der in diesem Abstand um die Strahlenquelle gelegt zu denkenden Kugel betrug. Wurde nun die Röntgenröhre zur Emission ganz kurz dauernder Röntgenimpulse angeregt, so führte nur etwa einer unter 10^6 Impulsen zur photoelektrischen Ablösung von Elektronen an der kleinen Auffangkugel: *In den weitaus meisten Fällen flogen die emittierten Photonen an der kleinen Auffangkugel vorbei.*

Noch eindrucksvoller ist ein Versuch von BRUMBERG und VAVILOW. Die Anordnung besteht aus einem Schirm mit sehr kleiner, von hinten intermittierend beleuchteter Öffnung. Wird die Beleuchtungsstärke der kleinen Öffnung so gering gewählt, daß in der Beobachtungszeit von je einer zehntel Sekunde ein „Lichtblitz" von nur 50 Photonen das beobachtende Auge erreicht, so wird die beobachtete Öffnung nicht bei jedem Umlauf des rotierenden Sektors gesehen, sondern infolge der statistischen Schwankungen der Zahl der das Auge erreichenden Photonen in völlig unregelmäßiger Folge gesehen bzw. nicht gesehen. Steigert man die Beleuchtungsstärke, d.h. die Zahl der das Auge erreichenden Lichtquanten, so nimmt der Prozentsatz „sichtbarer" Lichtblitze z u, bei Verminderung der Beleuchtungsstärke umgekehrt ab. Könnte man bei dieser Versuchsanordnung noch an einen physiologischen Effekt der Reizschwelle des Auges denken, so entfällt diese Möglichkeit, wenn man zwischen rotierenden Sektor und Auge ein Doppelprisma einschaltet, durch das man den von der kleinen Öffnung herkommenden Lichtstrahl so in zwei gleich intensive Strahlen spaltet, daß nach der Wellentheorie gleichzeitig zwei gleich hell erscheinende Bilder der kleinen Öffnung gesehen werden sollten. Tatsächlich aber beobachtet man in statistisch-unregelmäßiger Folge einmal nur das eine, einmal nur das andere, gelegentlich auch beide oder keines der beiden Bilder der beleuchteten Öffnung, weil eben im statistischen Spiel einmal durch den einen Teil des Doppelprismas, einmal durch den anderen, gelegentlich auch durch beide Teile oder durch keinen von ihnen die zur Erregung des Auges erforderliche Anzahl von Photonen hindurchgeht. Dieses Ergebnis steht offenbar in flagrantem Widerspruch zur Wellentheorie des Lichts, nach der das Doppelprisma zwei kohärente Strahlen gleicher Intensität erzeugen muß. *Die Wellentheorie gibt also nur im statistischen Mittel das richtige Ergebnis.* Wir erwähnen noch des grundsätzlichen Interesses dieser Versuche wegen, daß von den das Auge erreichenden rund 50 Photonen im Durchschnitt nur *eines* vom Sehpurpur eines der lichtempfindlichen Stäbchen der Netzhaut absorbiert werden soll, daß also die Absorption eines einzigen (nach anderen Autoren zweier) Lichtquanten den verwickelten Mechanismus in unserem Gehirn auszulösen vermag, der zu der Empfindung „Licht" führt. Auf weitere die Quantennatur des Lichts belegende Versuche kommen wir in IV,2 noch zurück.

Literatur

Zu Abschnitt 4:

GLASER, W.: Grundlagen der Elektronenoptik. Wien: Springer 1952.
MASSEY, H. S. W.: Negative Ions. 2. Aufl. Cambridge: University Press 1950.
SIMON, H., R. SUHRMANN u. a.: Der lichtelektrische Effekt und seine Anwendungen. 2. Aufl. Berlin/Göttingen/Heidelberg: Springer 1959.
ZWORYKIN, V. K., u. E. G. RAMBERG: Photoelectricity and its Application. New York: Wiley 1949.

Zu Abschnitt 6:

ASTON, F. W.: Isotope. Leipzig: Hirzel 1923. Moderne 2. englische Auflage. New York: Longmans 1942.
BARNARD, G. B.: Modern Mass Spectrometry. London: Institute of Physics 1953.
EWALD, H., u. H. HINTENBERGER: Methoden und Anwendungen der Massenspektroskopie. Weinheim: Verlag Chemie 1953.
RIECK, G. R.: Einführung in die Massenspektroskopie. Berlin: Deutscher Verlag der Wiss. 1956.

III. Atomspektren und Atombau

„Seit der Entdeckung der Spektralanalyse konnte kein Kundiger zweifeln, daß das Problem des Atoms gelöst sein würde, wenn man gelernt hätte, die Sprache der Spektren zu verstehen. Das ungeheure Material, welches 60 Jahre spektroskopischer Praxis angehäuft haben, schien allerdings in seiner Mannigfaltigkeit zunächst unentwirrbar. Fast mehr haben die sieben Jahre Röntgenspektroskopie zur Klärung beigetragen, indem hier das Problem des Atoms an seiner Wurzel erfaßt und das Innere des Atoms beleuchtet wird. Was wir heutzutage aus der Sprache der Spektren heraushören, ist eine wirkliche Sphärenmusik des Atoms, ein Zusammenklingen ganzzahliger Verhältnisse, eine bei aller Mannigfaltigkeit zunehmende Ordnung und Harmonie. Für alle Zeiten wird die Theorie der Spek-

trallinien den Namen BOHRS tragen. Aber noch ein anderer Name wird dauernd
mit ihr verknüpft sein, der Name PLANCKS. Alle ganzzahligen Gesetze der Spektrallinien und der Atomistik fließen letzten Endes aus der Quantentheorie. Sie ist
das geheimnisvolle Organon, auf dem die Natur die Spektralmusik spielt und nach
dessen Rhythmus sie den Bau der Atome und der Kerne regelt." Diese Worte
SOMMERFELDS aus dem 1919 geschriebenen Vorwort zur ersten Auflage seines
berühmten Werkes „Atombau und Spektrallinien" haben auch heute nichts von
ihrer Bedeutung und Schönheit verloren und sollen deshalb am Anfang des
Kapitels über die Atomspektren und den Atombau stehen. Sie kennzeichnen
gleichzeitig in unübertrefflicher Weise die grundlegende Bedeutung der Spektroskopie für die Atomphysik.

1. Aufnahme, Auswertung und Einteilung von Spektren

a) Methoden der Spektroskopie in den verschiedenen Spektralgebieten

Den Spektroskopiker interessiert der gesamte Wellenlängenbereich, dessen
Strahlung von Atomen (oder Molekülen) absorbiert oder emittiert werden kann,
d. h. der Bereich der Wellenlängen von 10^{-10} cm bis zu vielen Metern. Diesen
Wellenlängenbereich teilen wir nach Abb. 18, nach wachsenden Wellenlängen
geordnet, in das Gebiet der γ- und Röntgenstrahlen, des Ultraviolett, des sichtbaren Spektrums, des Ultrarot und der Mikro- und Radiowellen ein, weil Aufnahme
und Untersuchung der Spektren in diesen Gebieten eine sehr verschiedene Ex-
perimentiertechnik erfordern. Die Wellenlängen messen wir im allgemeinen in
Einheiten von 10^{-8} cm, die wir Å = ÅNGSTRÖM-Einheit nennen; nur im Ultrarot
benutzt man meist als Einheit $1\,\mu = 10^{-4}$ cm, im Röntgengebiet gelegentlich auch
die X-Einheit = X E = 10^{-3} Å = 10^{-11} cm[1]. Tab. 4 gibt eine kurze Übersicht über
die Einteilung in verschiedene Spektralgebiete, die für sie brauchbaren Spektralapparate und ihre Strahlungsempfänger.

Tabelle 4

λ	Bezeichnung	Spektralapparate	Strahlungsempfänger	
< 100 Å	γ- und Röntgen-strahlung	Kristallgitter-Spektrograph	Ionisations-kammer, Photoplatte, Zählrohr	ferner Photo-sekundär-elektro-nenver-vielfacher oder GEIGER-Zählrohr
100–1 800 Å	Vakuum-Ultraviolett	Vakuum-Konkav-gitter ($\lambda > 1050$Å Flußspat-Spektrograph)	SCHUMANN-Photoplatte	
1800–4 000 Å	Quarz-Ultraviolett	Quarzspektrograph oder Gitter	Photoplatte	
4000–7 000 Å	Sichtbares Gebiet	Glasspektrograph oder Gitter	Photoplatte	
7000–10 000 Å	Photogr. Ultrarot	Glasspektrograph oder Gitter	UR-sensibili-siertePhoto-platte	
1–5 μ	Kurzwell. Ultrarot	Gitter	Photowiderstandszellen	
5–40 μ	Mittleres Ultrarot	Kristall-Spektro-graph oder Gitter	Thermosäule, Thermo-element, Bolometer, GOLAY-Zelle	
40–400 μ	Langwell. Ultrarot	ECHELETTE-Gitter		
> 400 μ	Mikro-u.Radiowellen	Spezielle Hoch- und Höchstfrequenztechnik		

[1] Genaugenommen ist die noch vielfach verwendete historische X-Einheit gleich
$1{,}00203 \cdot 10^{-3}$Å, weil sie auf einen veralteten, zu niedrigen Wert der Elektronenladung e bezogen worden war.

Am leichtesten zugänglich ist das sichtbare und ultraviolette Spektralgebiet zwischen 7000 und 2000 Å, in dem man mit den bekannten Spektrographen und photographischen Platten arbeiten kann. Für das sichtbare Gebiet 7000–4000 Å benutzt man Glasoptik, für das ultraviolette wegen der Glasabsorption in diesem Gebiet Quarzprismen und -linsen. Für Übersichtsaufnahmen dienen Einprismen-apparate (Abb. 20), für Einzeluntersuchungen bei größerer Dispersion und Auf-lösung Geräte mit drei und mehr hintereinandergeschalteten Prismen und großer

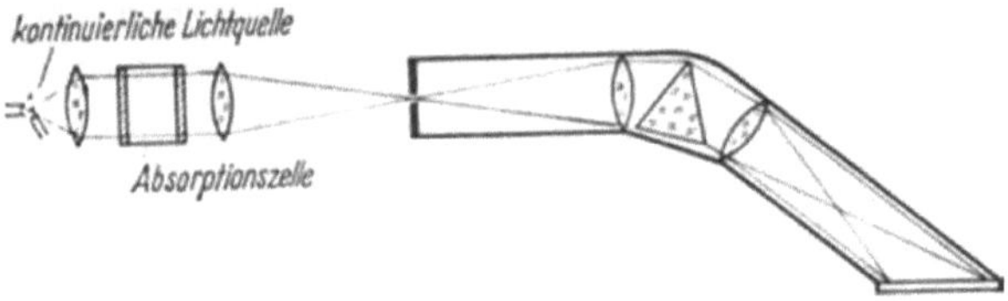

Abb. 20. Einprismen-Spektrograph mit Anordnung zur Aufnahme von Absorptionsspektren.

Brennweite. Für Präzisionsuntersuchungen, besonders im langwelligen Gebiet, in dem die Dispersion der optischen Medien nur gering ist, dienen große Gitterspektro-graphen, entweder in der Form der keine Abbildungsoptik erfordernden Konkav-gitter oder in Form von Plangittern mit Hohlspiegeln für Kollimation und Abbildung.

Im Spektralgebiet unterhalb 1800 Å beginnt die Luft selbst zu absorbieren, weshalb man die gesamte Apparatur einschließlich Lichtquelle und Photoplatte in einem auf Hochvakuum auspumpbaren Kessel anordnet und deshalb vom Vakuum-Ultraviolett spricht. Zur Aufnahme benutzt man gelatinefreie Platten oder ersetzt die photographische Aufnahme des Spektrums durch dessen Regi-strierung mittels Photo-Sekundärelektronenvervielfacher (Abb. 9), wobei letz-terer dann in definierter Weise das ganze Spektrum abtastet. Im kurzwelligeren Gebiet bis zur Grenze der Röntgenstrahlen sowie allgemein für größere Dispersion im Vakuumgebiet benutzt man auf Spiegelmetall geritzte Konkavgitter ohne jede Abbildungsoptik, die ebenfalls mit Lichtquelle, Spalt und Platte in einem Va-kuumkessel eingebaut sind (Abb. 21). Für das kurzwelligste Vakuum-Ultraviolett

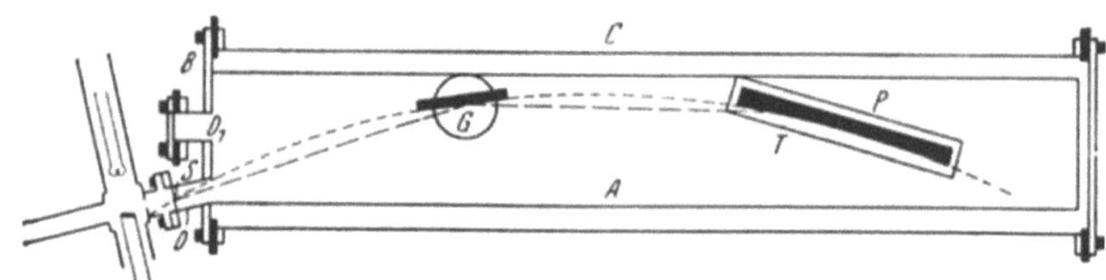

Abb. 21. Vakuum-Gitterspektrograph (nach SIEGBAHN) für Spektrographie im äußersten Ultraviolett oder im lang-welligsten Röntgengebiet. S Spalt, G Gitter, P Platte.

ist die Gitterkonstante der optischen Gitter von meist etwa 10^{-4} cm $= 1\,\mu$ zu groß gegenüber der Wellenlänge; ferner nimmt hier das Reflexionsvermögen der Me-talle beträchtlich ab. Man arbeitet deshalb mit streifendem Einfall des Lichts auf das Gitter, wobei als wirksame Gitterkonstante die Projektion der Gitterkonstante auf die Senkrechte zur Einfallsrichtung der Strahlung dient. Für Arbeiten bei größter Dispersion und Auflösung, wie sie für die Untersuchung der Feinstruktur von Spektrallinien erforderlich sind, hat man schließlich die Interferenzapparate nach FABRY-PEROT oder LUMMER-GEHRKE usw., auf die wir hier nur hinweisen.

Das sog. kurzwellige Ultrarot zwischen 1 und 6 μ ist durch die Entwicklung empfindlicher UR-Empfänger (Bleisulfid- und Indiumantimonid-Photowiderstandszellen) der Präzisionsuntersuchung mit optischen Gittern erschlossen worden. Auch für das längerwellige Ultrarot bis etwa 40 μ besitzt man heute optisch einwandfreie Materialien für Prismen, Linsen und Fenster. Zur Abbildung benutzt man allerdings meist nicht Linsen, sondern Hohlspiegel, und vermeidet dadurch gleichzeitig Absorption und chromatische Fehler (Abb. 22). Im langwelligen Ultrarot benutzt man Gitter mit gegenüber dem Sichtbaren entsprechend größerer

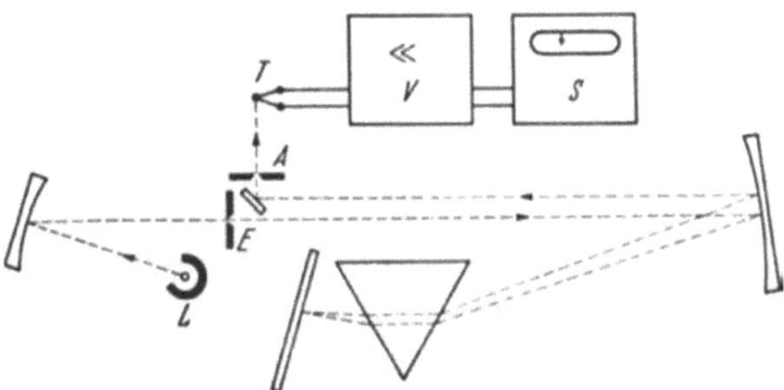

Abb. 22. Schematische Darstellung eines Ultrarotspektrographen mit Prisma und Hohlspiegeln. *L* Lichtquelle, *E* Eintrittsspalt, *A* Austrittsspalt, *T* Thermoelement, *V* Verstärker, *S* Schreibgerät.

Gitterkonstante, bei denen man, wie heute ganz allgemein bei optischen Gittern, durch geeignete Formgebung der geritzten Gitterfurchen erreicht, daß fast die gesamte Intensität in *eine* Ordnung des Beugungsspektrums gelenkt wird. Dadurch wird nicht nur die sonst störende Überlagerung der Spektren verschiedener Ordnung vermieden, sondern gleichzeitig Energie gewonnen.

Im eigentlichen Ultrarot konnten Spektren früher nicht photographisch aufgenommen werden, doch ist von CZERNY eine Methode entwickelt worden, bei der infolge Verdampfung dünner Fettschichten durch die auffallende spektral zerlegte Strahlung eine Art von Spektralrelief entsteht, das bei geeigneter Beleuchtung photographiert werden kann (*Evaporographie*). Meist jedoch wird im Ultrarot das Spektrum durch Registrierung festgelegt. Dazu dienen im kurzwelligen Ultrarot die oben bereits erwähnten Halbleiterempfänger (vgl. VII,22), im ganzen übrigen Gebiet Thermoelemente und Bolometer verschiedenster Konstruktion sowie die GOLAY-Zelle (Membranstrahlungsmesser), bei der die zu messende Strahlung indirekt ein kleines Gasvolumen aufheizt, dessen Volumenvergrößerung dann mittels einer die Zelle abschließenden, sich durchbiegenden feinen Membran gemessen wird.

Im Spektralgebiet der Millimeter- bis Meterwellen schließlich wird ausschließlich in Absorption gearbeitet, und zwar mit einer Monochromatormethode. Ein Höchstfrequenzgenerator, in dem besonders wichtigen Mikrowellengebiet von 1 mm bis einigen Zentimetern Wellenlänge meist ein Reflexklystron, liefert monochromatische „Strahlung" bekannter und in gewissen Grenzen einstellbarer Frequenz. Um ein größeres Frequenz- bzw. Wellenlängengebiet durchzumessen, benötigt man eine ganze Anzahl frequenzmäßig aneinander anschließender Klystrons. Das Prinzip des einfachsten Mikrowellenspektrometers ist in Abb. 23 angedeutet. Die Kurzwellenstrahlung des Klystrons *Kl* wird in dem meist einige Meter langen, als Wellenleiter ausgebildeten Absorptionsrohr *A* teilweise absorbiert, dann mit einem als Strahlungsempfänger dienenden Kristalldetektor *D* gemessen, mit einem niederfrequenten Breitbandverstärker *V* verstärkt und an die Vertikalplatten eines Oszillographen *O* gelegt. Legt man nun an dessen Horizontalplatten eine niederfrequente Kippspannung *Ki*, mit der man gleichzeitig die Strahlungsfrequenz des Klystrons moduliert, so wird die Abszisse des Oszillographen zu einer Frequenzskala, und der Elektronenstrahl schreibt auf dem Schirm die von der Absorptionszelle durchgelassene Klystronstrahlung als Funktion der Frequenz bzw. Wellenlänge. Liegt im Modulationsbereich des Klystrons also eine Absorptionslinie des absorbierenden Gases, so erscheint diese direkt auf dem Oszillographenschirm. Da man die Klystronfrequenz durch Vergleich mit einer Normalfrequenz auf 10^{-7} genau messen kann und die hohe Frequenzkonstanz des Klystrons ein ebenso hohes Auflösungsvermögen erlaubt, ist die Mikrowellenspektroskopie in dieser Beziehung der Ultrarotspektroskopie weit überlegen. Dieses hohe Auflösungsvermögen kann aber nur bei scharfen Absorptionslinien ausgenutzt werden, und so muß zur Vermeidung störender Linienverbreiterungen (vgl. III,21) der Gasdruck im Absorptionsrohr unter 0,1 Torr gehalten werden.

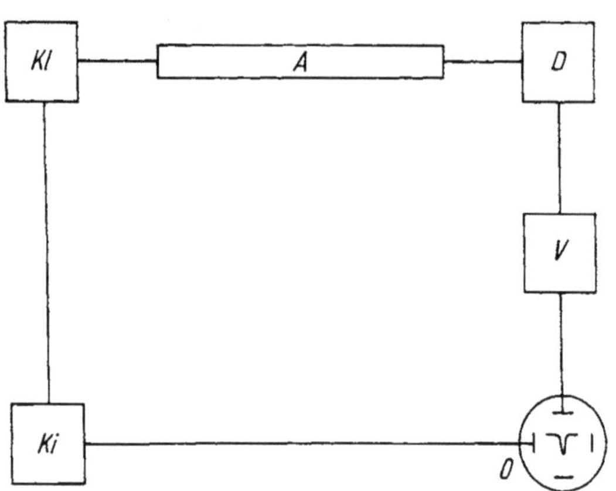

Abb. 23. Anordnung zur Aufnahme von Höchstfrequenzspektren (schematisch). *Kl* Klystron, *A* Absorptionsrohr, *D* Detektor, *V* Verstärker, *Ki* Kippfrequenzgenerator, *O* Oszillograph.

Da bei diesem geringen Druck und einigermaßen handlicher Absorptionslänge die Absorptionsintensität sehr gering ist und ihre Messung durch das unvermeidliche niederfrequente Rauschen von Detektor und Verstärkerröhren erschwert wird, verwendet man statt der einfachen Anordnung Abb. 23 zunehmend die sog. STARK-Effekt-Methode: Da nach III,16d die Lage einer Absorptionslinie durch Anlegen eines elektrischen Feldes an das Absorptionsrohr verändert wird, bildet man dieses als Plattenkondensator aus, erzeugt in ihm ein hochfrequentes Feld (z.B. 1000 V je cm, 100 kHz) und moduliert dadurch bei festgehaltener Klystronfrequenz die vom Detektor gemessene Absorption. Diese wird nun einfach mit einem auf die Modulationsfrequenz (z.B. 100 kHz) eingestellten Resonanzverstärker verstärkt und nach Gleichrichtung an die Vertikalplatten des Oszillographen gelegt. Der Elektronenstrahl schreibt dann die Absorptionslinie mit ihren in III,16d besprochenen STARK-Effekt-Komponenten. Mit dieser Methode kann noch eine Absorption von $10^{-9}\,\mathrm{cm^{-1}}$ gemessen werden, bei der also zur Schwächung auf $1/e$ ein Absorptionsrohr von 10000 km Länge erforderlich wäre!

Ein Sonderfall der Hochfrequenzspektroskopie ist die sog. *Elektronenresonanz* bzw. *Kernresonanz*. Mit grundsätzlich der gleichen Methodik wie in der Hochfrequenzspektroskopie werden hier die Frequenzen bestimmt, bei denen infolge Resonanz mit der auffallenden Hochfrequenzstrahlung ein bestimmter atomarer Vorgang, z.B. die Änderung der Drehrichtung eines Elektronen- oder Kerndrehimpulses ausgelöst wird. Wir kommen auf diese auch *Spinresonanz* genannten Vorgänge später zurück.

Aus dem Besprochenen geht hervor, daß für die Hochfrequenzspektroskopie ein dispergierendes Element (Prisma oder Gitter) nicht erforderlich ist, weil der als Strahlungsquelle dienende Hochfrequenzgenerator direkt monochromatische Strahlung liefert.

Für das kurzwelligste Spektralgebiet der Röntgen- und γ-Strahlen ($\lambda = 0,01$ bis 100 Å) gibt es keine brechenden, für Prismen oder Linsen geeigneten Materialien. Im langwelligen Röntgengebiet verwendet man wie im kurzwelligsten Ultraviolett optische Konkavgitter mit streifendem Einfall der Strahlung (Abb. 21).

Im übrigen Röntgengebiet benutzt man seit v. Laues Entdeckung (1912) im Kristallgitterspektrometer die Beugung der Röntgenstrahlen an den mit Atomen besetzten Gitterebenen von Kristallen (s. VII,4). Da wir es beim Kristall im Gegensatz zum optischen *Strichgitter* mit einem *räumlichen Punktgitter* zu tun haben, kann bei relativ zur Einfallsrichtung der Strahlung gegebener Kristallstellung nicht unter jedem Beugungswinkel Strahlung austreten, sondern zu jeder Wellenlänge λ gehört ein bestimmter Winkel der Netzebenen des Kristalls mit der einfallenden Strahlung. Um das gesamte Spektrum aufnehmen zu können, muß man deshalb den beugenden Kristall bei der Aufnahme langsam rotieren lassen (Abb.24) und erhält dann Photographien oder Registrierkurven des Röntgenspektrums des Antikathodenmaterials (Linien und Kontinuum) wie Abb. 25. Gute Linienschärfe

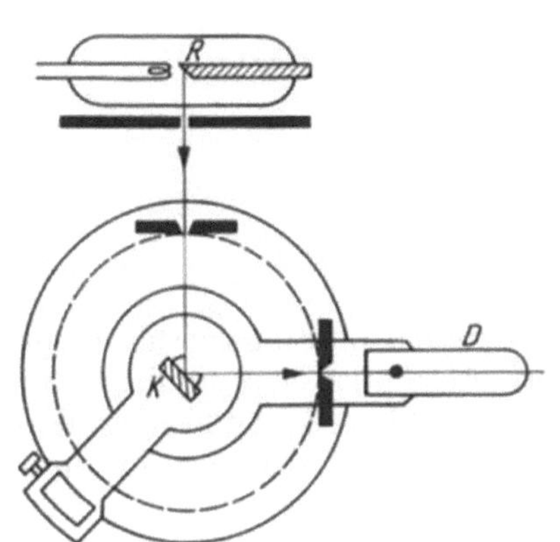

Abb. 24. Röntgenspektrometer mit Röntgenröhre R, Analysatorkristall K und Detektor D.

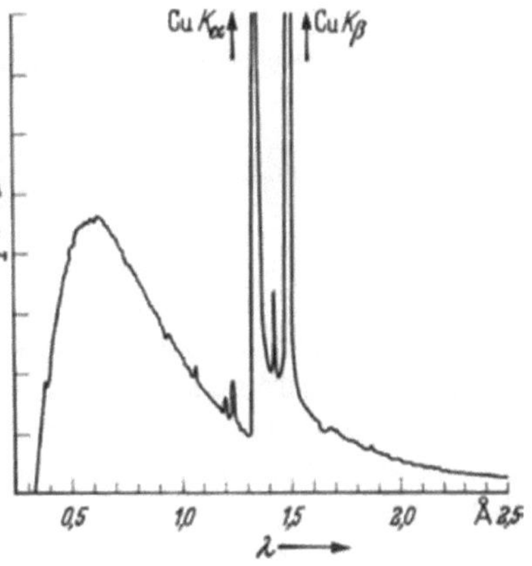

Abb. 25. Registrierung des Röntgenspektrums einer Kupfer-Antikathode mit kontinuierlichem Bremsspektrum und überlagerten Linien K_α und K_β des Kupfers.

und besonders große Intensität erzielt man durch Ausnutzung der fokussierenden Wirkung gebogener Kristalle ähnlich wie bei den Konkavgittern. Mit dieser Methode ist sogar das Gebiet der γ-Strahlen bis 0,01 Å der spektroskopischen Präzisionsmessung erschlossen worden.

b) Emissions- und Absorptionsspektren

Wir unterscheiden Emissions- und Absorptionsspektren, je nachdem ob die zu untersuchenden Atome (die uns als „Träger" von Spektren in diesem Kapitel allein interessieren) die fraglichen Wellenlängen selbst aussenden oder aus auffallendem Licht aller Wellenlängen (kontinuierlicher Strahlung) absorbieren. Im ersten Fall erscheint das Spektrum bei direkter Beobachtung hell auf dunklem Grund, im zweiten Fall dunkel auf hellem Grund. Beispiele für Emissionsspektren sind die Spektren aller leuchtenden Gase (vgl. Abb. 26), während das bekannteste Absorptionsspektrum die Fraunhoferschen Absorptionslinien im Sonnenspektrum sind, die sich infolge Absorption durch die Gasatome der Sonnenatmosphäre dunkel von dem kontinuierlichen Emissionsspektrum des Sonnenhintergrundes, der Photosphäre, abheben (vgl. auch Abb. 27). Einen Sonderfall der Absorptionsspektren stellt die sog. Selbstabsorption von Spektrallinien dar, die darauf beruht, daß ein Atom zahlreiche von ihm emittierte Linien auch absorbieren kann. Da nun nach III,21 die Breite der Spektrallinien von der Störung der emittierenden oder absorbierenden Atome durch die Umgebung abhängt, besitzen die z.B. in einem

Kupferfunken emittierten Cu-Linien eine größere Breite als die von dem kühleren Cu-Dampf in der äußeren Funkenhülle absorbierten Cu-Linien. Die Cu-Atome der

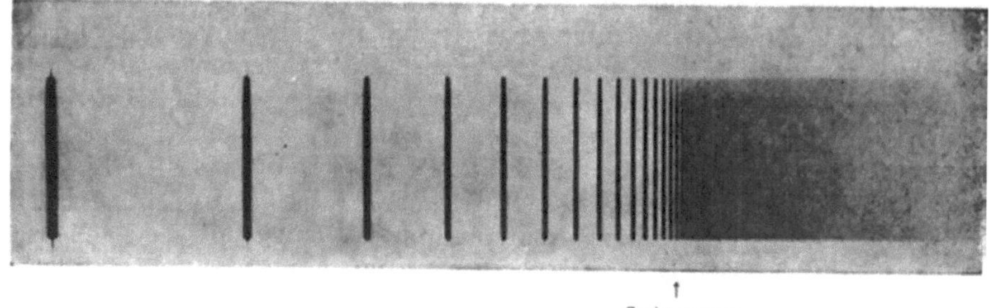

↑
Seriengrenze

Abb. 26. Das BALMER-Linienspektrum des Wasserstoffatoms in Emission (nach SCHLÜTER und VIDAL).

Abb. 27. Natrium-Atomlinienserie in Absorption (nach KUHN).

Funkenhülle absorbieren daher aus den verbreiterten Cu-Emissionslinien sozusagen die Mitte heraus, so daß man eine scharfe Absorptionslinie auf dem Untergrund einer verbreiterten Emissionslinie beobachtet. Abb. 28 zeigt als Beispiel die Schwärzungskurven der reinen Emissionslinien des Cu und derselben Linien mit Selbstumkehr.

Zur Aufnahme eines Emissionsspektrums müssen die zu untersuchenden Atome zur Emission „angeregt" werden. Auf die physikalische Bedeutung dieser Anregung kommen wir in III;4 zurück. Sie erfolgt im Röntgengebiet meist durch den

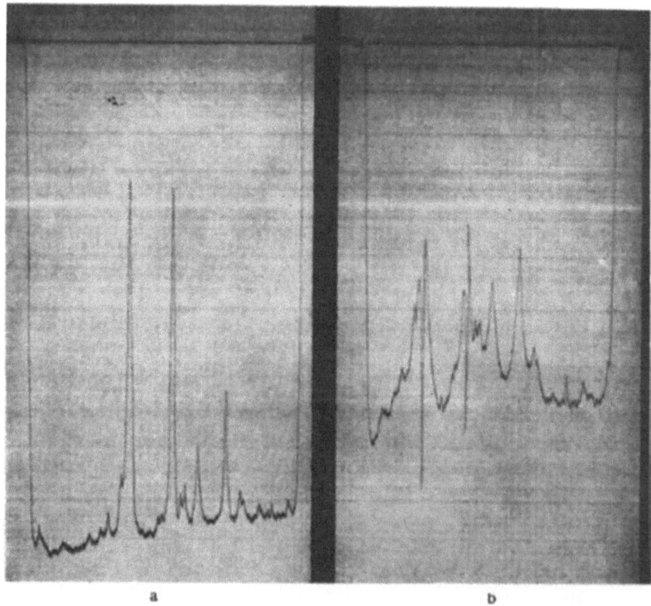

a   b

Abb. 28. Registrierkurven als Beispiel für die Auswertung eines Spektrums mit dem registrierenden Mikrophotometer. Von den vier intensivsten Linien (alle Cu-Atomlinien) sind die beiden linken Resonanzlinien und erscheinen in a) ohne, in b) mit Selbstabsorption.

Stoß schneller Elektronen (Kathodenstrahlen) auf die Atome des Antikathodenmaterials. Die Emission *optischer* Spektren erfolgt durch leuchtende Gase oder Dämpfe, deren Anregung auf Stößen zwischen Gasatomen und Elektronen beruht. Die Glimmentladung, die verschiedenen Formen der Hochfrequenzentladung, Bogen- und Funkenentladungen sowie Flammen können somit zur Anregung optischer Spektren benutzt werden. Lichtbögen und Funken haben wegen der in ihnen auftretenden hohen Temperaturen den zusätzlichen Vorteil, die in den Elektroden unter Umständen nur spurenweise enthaltenen festen Stoffe zu verdampfen und damit deren Atome anregen zu können. Als Beispiel thermischer, auf hoher Temperatur beruhender Anregung nennen wir ferner die Atomsphären der Sonne und der Fixsterne. Man kann Atome schließlich auch durch Bestrahlung mit genügend kurzwelligem Licht zur Emission ihrer Spektren anregen, die man dann als *Fluoreszenzspektren* bezeichnet.

Zur Aufnahme von *Absorptionsspektren* benötigt man ein kontinuierliches, d.h. Strahlung aller Wellenlängen enthaltendes Emissionsspektrum, aus dem dann die zwischen Lichtquelle und Spektrographen eingeschaltete absorbierende Substanz (bei Atomen ein Gas, Abb. 27) die ihr eigenen Linien absorbiert. Als kontinuierliche Lichtquellen dienen im sichtbaren Gebiet und im Ultrarot Wolframbandlampen oder der positive Krater eines Kohlebogens, im Ultraviolett die noch zu besprechenden kontinuierlichen Spektren verschiedener Entladungen, insbesondere das eines Xenon-Hochdruckbogens sowie das Wasserstoffmolekülkontinuum (s. VI,8), und im kurzwelligsten Ultraviolett der Hochvakuum-Kapillarfunke oder das Heliummolekülkontinuum. Auf die Röntgenabsorptionsspektren kommen wir erst in III,10d zu sprechen, weil bei ihnen die Verhältnisse etwas verwickelter liegen.

c) Wellenlängen und Intensitäten

Grundlage der theoretischen Auswertung von Atomspektren sind die gemessenen Wellenlängen und Intensitäten der Spektrallinien sowie bei kontinuierlichen Spektren die spektrale Intensitätsverteilung, d.h. die Abhängigkeit der Intensität von der Wellenlänge.

Wellenlängen werden, wie schon erwähnt, im allgemeinen in $\text{Å} = 10^{-8}$ cm angegeben, im Ultrarot dagegen meist in μ. Da die Wellenlänge wegen der Beziehung $\lambda = c/v$ von der Lichtgeschwindigkeit c des Mediums, in dem die Lichtwelle sich fortpflanzt, und damit vom Brechungsindex abhängt, müssen die Wellenlängen auf das Vakuum reduziert werden. Da nun in den Gesetzen der Linienspektren nicht die Wellenlängen, sondern die Frequenzen $v = c/\lambda$ bzw. die *Wellenzahlen* $\bar{v} = 1/\lambda$ (d.h. die Zahl der Wellen je cm Strecke) die entscheidende Rolle spielen, verbindet man die Umrechnung auf das Vakuum meist mit der Berechnung der Wellenzahlen $\bar{v} = 1/\lambda$. In der Mikro- und Radiowellenspektroskopie mißt man direkt die Frequenzen der Spektrallinien, die dann in Hertz (Hz) bzw. Megahertz (MHz) angegeben werden.

d) Linien-, Banden- und kontinuierliche Spektren

Man hat die Spektren schon früh nach ihrer äußeren Erscheinung in Linienspektren, Bandenspektren und kontinuierliche Spektren eingeteilt; Abb. 29 bringt Beispiele dieser drei Typen. Erst später hat man erkannt, daß die beiden ersten Gruppen sich auch bezüglich ihrer Träger unterscheiden: *Linienspektren werden stets von Atomen oder Atomionen emittiert bzw. absorbiert, während der Träger eines Bandenspektrums stets ein Molekül ist.* Näheres über die Bandenspektren erfahren wir daher in Kap. VI. Bei den Linienspektren unterscheidet man noch Bogen- und Funkenspektren je nach der Strahlungsquelle, in der die eine oder andere Art von

Linien bevorzugt angeregt wird und stellte später fest, daß Bogenlinien zum neutralen Atom, Funkenlinien dagegen zu ionisierten Atomen, also zu Ionen gehören. Unter dem Bogenspektrum versteht man deshalb heute das Spektrum des neutralen Atoms und bezeichnet das Bogenspektrum z.B. des Fe mit Fe I. Man ordnet weiter das erste, zweite usw. Funkenspektrum des Eisens den Ionen Fe^+, Fe^{++} usw. zu und bezeichnet sie mit Fe II, Fe III usw.

Abb. 29. Beispiele für ein kontinuierliches Spektrum (a), ein Molekül-Bandenspektrum (b) und ein Atomlinienspektrum (c).

Bei der dritten Gruppe von Spektren, den kontinuierlichen Spektren, ist eine eindeutige Zuordnung ohne nähere Untersuchung nicht möglich. Es gibt, wie wir noch sehen werden, kontinuierliche Spektren sowohl bei den Atomen als auch bei den Molekülen, doch unterscheiden sich diese in ihren Anregungsbedingungen recht deutlich. Kontinuierliche Spektren senden vor allem aber auch alle glühenden festen Körper aus, und für den Prototyp dieser kontinuierlichen Wärmestrahler, den schwarzen Körper, der alles auffallende Licht total absorbiert, hängen nach II,7 emittierte Intensität und Intensitätsverteilung allein von der Temperatur ab.

2. Serienformeln und Termdarstellung von Linienspektren

Bei dem besonders einfachen Linienspektrum des Wasserstoffs (Abb. 26) zeigt schon ein Blick, daß zwischen den Wellenlängen der Atomlinien gesetzmäßige Zusammenhänge bestehen müssen. Man bezeichnet eine solche gesetzmäßige Folge von Linien eines Atoms als *Serie* und die für ihre Wellenlängen geltende Gesetzmäßigkeit folglich als *Seriengesetz*. Das erste Seriengesetz wurde 1885 von BALMER für die ersten vier Linien H_α, H_β, H_γ und H_δ der heute nach ihm benannten, im sichtbaren und nahen ultravioletten Spektralbereich gelegenen Serie des Wasserstoffatoms Abb. 26 gefunden. In den folgenden Jahren haben besonders KAYSER und RUNGE an Hand der von ihnen und ihren Schülern mit höchster Präzision gemessenen Wellenlängen der Linien fast aller zugänglichen Atome eine große Zahl neuer Seriengesetze aufgefunden und gezeigt, daß alle Spektren außer dem des Wasserstoffs bereits im Sichtbaren und nahen Ultraviolett, d.h. den beiden einzigen damals zugänglichen Spektralgebieten, mehrere Serien besitzen. Sie erkannten auch, daß man zweckmäßig nicht die *Wellenlängen* der Linien als Funktion irgendwelcher Parameter darstellt, wie das BALMER getan hatte, sondern die *Wellenzahlen* $\bar\nu = 1/\lambda$ [cm^{-1}], d.h. die Zahl der im Vakuum auf 1 cm Lichtweg fallenden Lichtschwingungen. RYDBERG schließlich stellte die Wellenzahlen der Spektrallinien als Differenzen zweier Größen, denen er den seiner physikalischen Bedeutung nach zunächst unbestimmten Namen „Term" gab und deren Dimension damit gleich der der Wellenzahlen, also cm^{-1} ist. In dieser RYDBERGschen

Schreibweise lautet die BALMER-Formel für die sichtbare Wasserstoffserie

$$\bar{\nu} = \frac{R}{2^2} - \frac{R}{n^2} \quad \text{mit } n = 3,\ 4,\ 5,\ \ldots,\tag{1}$$

worin R eine Konstante von der Dimension cm^{-1}, die sog. RYDBERG-Konstante, und n die sog. Laufzahl des zweiten Terms ist. Wir werden im nächsten Abschnitt sehen, daß diese Darstellung der Spektrallinien theoretisch sinnvoll ist, und werden dabei auch die physikalische Bedeutung der Terme kennenlernen. Wie genau durch die einfache BALMER-Formel (1) die Wellenzahlen und damit auch Wellenlängen der Wasserstofflinien wiedergegeben werden, zeigt der Vergleich der nach ihr berechneten und der gemessenen ersten 13 Glieder der BALMER-Serie, Tab. 5.

Allgemein wird nach RYDBERG eine Linienserie dargestellt durch die Formel

$$\bar{\nu} = \frac{R}{(m+a)^2} - \frac{R}{(n+b)^2} \quad \text{mit } n > m.\tag{2}$$

Hier sind a und b zwei die betreffende Serie kennzeichnende Konstanten, m eine für die verschiedenen Serien eines Spektrums verschiedene kleine Zahl und n wieder die Laufzahl. Die physikalische Bedeutung aller dieser Konstanten hat erst die Quantentheorie aufgeklärt; sie wird uns in den nächsten Abschnitten noch beschäftigen.

Einen weiteren bedeutenden Schritt vorwärts stellte das von RITZ 1908 aufgestellte *Kombinationsprinzip* dar, nach dem man durch additive oder subtraktive Kombination der Frequenzen von Spektrallinien oder der ihnen entsprechenden Terme stets wieder zu neuen Spektrallinien bzw. Termen des betreffenden Atoms gelangt. Dieses RITZsche Kombinationsprinzip hat wesentlich zur Vervollkommnung unserer spektroskopischen Kenntnis beigetragen, obwohl in Wirklichkeit nicht *jeder* Kombination zweier beobachteter Spektrallinien wieder eine beobachtbare Linie entspricht (vgl. III,8). Wir werden alle diese zunächst etwas geheimnisvoll anmutenden Zusammenhänge in den nächsten Abschnitten an Hand der BOHRschen Theorie aufklären und erst dann ihre Bedeutung richtig ermessen. Schon jetzt aber erkennen wir, daß z.B. das H-Atom als Träger des BALMER-Spektrums nach Formel (1) durch die Folge der Termwerte

Tabelle 5. *Vergleich der berechneten und der beobachteten Wellenlängen einiger Glieder des* BALMER-*Spektrums des H-Atoms*

Bezeichnung der Linie	n	λ beobachtet [Å]	λ berechnet [Å]
H_α	3	6562,793	6562,78
H_β	4	4861,327	4861,32
H_γ	5	4340,466	4340,45
H_δ	6	4101,738	4101,735
H_ε	7	3970,075	3970,074
H_ζ	8	3888,052	3889,057
H_η	9	3835,387	3835,387
H_ϑ	10	3797,900	3797,910
H_ι	11	3770,633	3770,634
$H_\varkappa$	12	3750,154	3750,152
H_λ	13	3734,371	3734,372
H_μ	14	3721,948	3721,984
H_ν	15	3711,973	3711,980

$$T_n = -\frac{R}{n^2}\ [\text{cm}^{-1}] \quad \text{mit } n = 1,\ 2,\ 3,\ \ldots\tag{3}$$

charakterisiert wird, aus denen durch subtraktive Kombination nach dem Kombinationsprinzip gemäß (1) die Wellenzahlen der Spektrallinien des H-Atoms folgen.

Für die atomtheoretische Behandlung der Spektren hat sich eine das betreffende Atom kennzeichnende Darstellung seiner Terme sehr bewährt, die wir als sein *Termschema* bezeichnen. In dieser Darstellung kennzeichnet man jeden Term durch eine horizontale Linie und ordnet diese Linien nach wachsenden Laufzahlen n gemäß Abb. 30 an. Da die Termwerte T_n nach (3) umgekehrt proportional zu den Quadraten der Laufzahlen n sind, nehmen die Termwerte T_n von oben nach unten zu, im Gegensatz zur üblichen Ordinatenzählung, weshalb man von *negativen Termwerten* spricht. Zu $n = \infty$ gehört der Termwert $T_\infty = 0$, zu $n = 1$ der größte Termwert $T_1 = -R$. Auf diese Weise entsteht aus den Termen (3) das Termschema des H-Atoms. Die Folge der Termwerte konvergiert also mit wachsender Laufzahl n gegen eine Grenze, deren physikalische Bedeutung in III,3 klar werden wird. Nach der Rydberg-Formel kann nun die Wellenzahl jeder Spektrallinie als Differenz zweier Terme des Atoms aufgefaßt werden, in Abb. 30 also durch einen senkrechten, die Termdifferenz bezeichnenden Pfeil dargestellt werden, z. B.

$$\bar{\nu}_{23} = T_2 - T_3 = \frac{R}{4} - \frac{R}{9}. \quad (4)$$

Die Aufgabe des Spektroskopikers war es, aus den gemessenen Wellenlängen eines Spektrums bzw. den aus ihnen berechneten Wellenzahlen $\bar{\nu}$ das Termschema des Atoms zu „isolieren". Auf die nur den praktischen Spektroskopiker interessierenden Einzelheiten der empirischen Termanalyse gehen wir nicht ein.

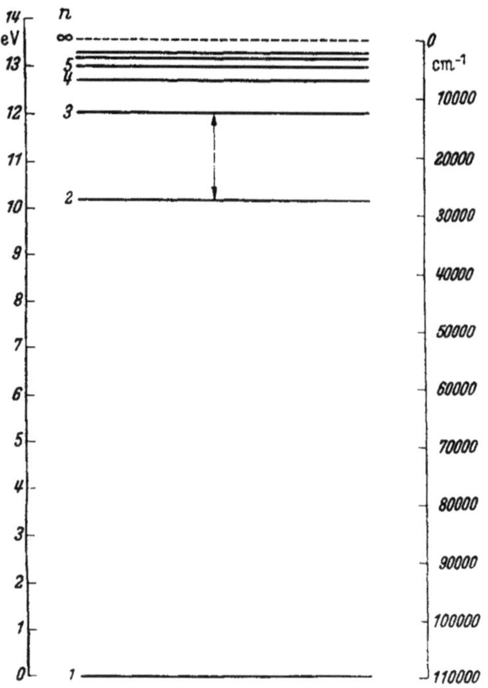

Abb. 30. Termschema bzw. Energieniveauschema des H-Atoms mit Hauptquantenzahlen n, Termskala in cm⁻¹ (rechts) und Anregungsspannungsskala in eV (links).

3. Die Grundvorstellungen der Bohrschen Atomtheorie

Obwohl man sich mindestens seit den Arbeiten von Kayser, Runge und Rydberg klar darüber war, daß die Spektren in einem übertragenen Sinne Abbilder des Atoms bzw. seiner Verhaltensmöglichkeiten darstellen, und obwohl auch kein Zweifel darüber bestand, daß die Spektren mit Elektronenbewegungen im Atom zusammenhängen müßten und daß das in II,3 behandelte Rutherfordsche Atommodell im wesentlichen richtig sein mußte, dauerte es doch noch Jahre, bis 1913 Niels Bohr den Schlüssel zum Verständnis der ganzen Zusammenhänge fand.

Bohr ging vom Rutherfordschen Atommodell aus, nach dem die Zentrifugalkraft der um den Kern umlaufenden Elektronen der Coulombschen Anziehungskraft zwischen Kern und Elektronen das Gleichgewicht hält. Die älteren Deutungsversuche gingen nun stets von der Vorstellung aus, daß das den Kern umkreisende Elektron zusammen mit diesem ja einen elektrischen Dipol darstellt und daher dauernd Energie abstrahlen müßte, so daß die Existenz stabiler Atome ebenso unverständlich war wie die Tatsache einzelner diskreter Wellenlängen der Strahlung ohne jeden Zusammenhang mit der Umlauffrequenz der Elektronen.

Bohr beseitigte diese Schwierigkeit durch seine berühmten Postulate, die darauf hinauslaufen, die Gültigkeit der klassischen Physik im Bereich der Atome stark zu beschränken. Diese mit ebensoviel Kühnheit wie bewundernswertem physikalischem Ahnungsvermögen ad hoc aufgestellten Postulate fanden, wie wir im Kap. IV zeigen werden, ihre physikalische Begründung zwölf Jahre später durch die Quantenmechanik von Heisenberg und Schrödinger, nachdem Bohr bereits in seiner ersten Arbeit die Fruchtbarkeit seiner Ansätze für das Verständnis der Spektren gezeigt hatte und die folgenden Jahre immer neue, durch die Erklärung des Periodensystems gekrönte Erfolge der Bohrschen Theorie gebracht hatten.

Welches sind nun die Grundvorstellungen dieser neuen Theorie? Bohr folgerte aus der Existenz stabiler Atome, daß es mindestens *gewisse* Elektronenbahnen geben *müsse*, auf denen die Elektronen im Gegensatz zu den Forderungen der klassischen Elektrodynamik strahlungslos umlaufen können. Jeder dieser ausgezeichneten „Quantenbahnen" entspricht ein bestimmter Energiezustand E.

Die durch den kleinsten Radius ausgezeichnete innerste Quantenbahn ist die des normalen Atoms. Um das Elektron auf eine weiter außen gelegene Bahn zu bringen, muß ihm ein bestimmter Energiebetrag, die „Anregungsenergie" der betrachteten Bahn, zugeführt werden. Nach einer mittleren Zeit von 10^{-8} sec „springt" das Elektron von der energetisch höheren Quantenbahn *spontan* wieder auf eine energetisch tiefere Bahn und schließlich die Grundbahn zurück, wobei die Differenz der Energien der Anfangsbahn E_a höherer Energie und der Endbahn E_e geringerer Energie als Spektrallinien der Frequenz v nach der Bohrschen Frequenzbedingung

$$E_a - E_e = hv \tag{5}$$

ausgestrahlt, emittiert wird, wobei $h = 6{,}6252 \cdot 10^{-27}$ ergsec wieder das berühmte Plancksche Wirkungsquantum ist (vgl. II,7).

Die „erlaubten" Quantenbahnen des Elektrons sind nach Bohr durch die in III,5 abzuleitende Bedingung ausgezeichnet, daß für sie das Produkt aus Impuls des Elektrons mv und Bahnlänge $2\pi r$, das die Dimension der Wirkung (ergsec) besitzt, gleich einem ganzzahligen Vielfachen des Planckschen Wirkungsquantums h ist:

$$2\pi r m v = n h \qquad n = 1, 2, 3, \ldots \tag{6}$$

Wir begegnen hier zum erstenmal dem die gesamte Atomphysik durchziehenden, zunächst so geheimnisvoll erscheinenden Begriff *Quantelung*. Im quantenmechanischen Kapitel IV kommen wir eingehend auf seine physikalische Bedeutung zurück. Schon hier aber können wir uns die Idee der Quantelung wenigstens einigermaßen verständlich machen. Nach der in II,7 behandelten Entdeckung Plancks *kommt in der Natur die Wirkung mit der Dimension* ergsec = g cm² sec⁻¹ *nicht in beliebig kleinen Beträgen, sondern „atomistisch" in Wirkungsquanten h vor.* Das legte den Gedanken nahe, daß *alle* physikalischen Größen, die die Dimension einer Wirkung besitzen, auch nur in diskreten Beträgen in der Natur vorkommen können. Eine dieser Größen aber ist die linke Seite von Gl. (6) und allgemein jeder Drehimpuls. Die Gln. (5) und (6) zeigen, daß das Plancksche Wirkungsquantum in den *beiden* Grundgleichungen der Bohrschen Theorie vorkommt und damit alle atomaren Vorgänge bestimmt. Einzelheiten folgen bei der Behandlung des H-Atoms in III,5.

Mit den Bohrschen Postulaten lassen sich nun die Atomspektren ohne Schwierigkeiten verstehen. Durch Einführen der Wellenzahl $\bar{v} = v/c$ in die Bohrsche Frequenzbedingung (5) erhalten wir

$$\bar{v} = \frac{E_a}{h\,c} - \frac{E_e}{h\,c} \tag{7}$$

und erkennen durch Vergleich mit der RYDBERGschen Serienformel (2)

$$\bar{\nu} = T_2 - T_1 \tag{8}$$

die Bedeutung der in den empirischen Serienformeln vorkommenden „Terme" T. *Die Terme sind die durch hc dividierten Energiezustände des Atoms, die zu den betreffenden Elektronenbahnen gehören.* Das in Abb. 30 dargestellte Termschema des Atoms können wir daher auch als sein *Energieniveauschema* bezeichnen und zu jedem Termwert direkt den entsprechenden, durch Multiplikation mit hc entstehenden Energiewert anschreiben. Als Energieniveauschema (Abb. 30) eines Atoms gibt es die nach der BOHRschen Theorie für das Atom möglichen Energiezustände der Quantenbahnen an, und wir werden beim H-Atom noch beweisen, daß die in der Quantenbedingung (6) vorkommenden Quantenzahlen n mit den Laufzahlen n der Terme in Gl. (3) identisch sind.

Wir können einen bestimmten Atomzustand mit der Quantenzahl n also entweder kennzeichnen durch die Angabe seines Termwerts in cm^{-1}, der Einheit von E/hc, wobei die Zählung gemäß Abb. 30 vom obersten Termwert T_∞ aus nach unten erfolgt, oder durch die Angabe des entsprechenden Energiewerts $E_n = hcT_n$, gemessen in erg. Als Energieeinheit verwendet man in der Atomphysik meist das Elektronenvolt (eV), d. h. die kinetische Energie, die ein Elektron der Ladung $-e$ nach Beschleunigung durch die Spannung 1 V wegen

$$E = e \cdot V \tag{9}$$

besitzt. Für die Umrechnung der drei nebeneinander benutzten Energie- bzw. Term-Einheiten gilt die Beziehung

$$1\,\text{eV} = 1{,}602 \cdot 10^{-12}\,\text{erg} \mathrel{\hat=} 8065{,}7\,\text{cm}^{-1}. \tag{10}$$

Man kann schließlich atomare Energien statt auf das einzelne Atom auch auf 1 mol $= 6{,}023 \cdot 10^{23}$ Atome beziehen und die Energie in kcal messen. Wir erhalten damit das vom Chemiker bevorzugte Energiemaß kcal/mol und haben in Ergänzung zu (10) die weitere Beziehung

$$1\,\text{eV} \mathrel{\hat=} 23{,}04\,\text{kcal/mol}. \tag{11}$$

Wir kehren nun von den für die gesamte Atomphysik wichtigen atomaren Energieeinheiten zum Energieniveauschema des Atoms Abb. 30 zurück und fragen etwas eingehender nach dessen physikalischer Bedeutung.

Das normale Atom hat im Grundzustand die von oben nach unten negativ gezählte Energie $-E_1$. Wollen wir nun das Elektron (wir reden vom H-Atom mit nur einem Elektron) auf eine weiter außen gelegene Bahn bringen, so müssen wir gegen die anziehende COULOMB-Kraft Arbeit leisten, d. h. Energie aufwenden. Durch Zufuhr äußerer Anregungsenergie verkleinert sich also die negative Bindungsenergie $-E_1$ des Atoms. Dabei kann das Atom nicht beliebige Energiebeträge aufnehmen, sondern nach der BOHRschen Quantenbedingung (6) nur die Differenzen zwischen je zwei gequantelten Energiezuständen des Atoms. Regen wir nun unter Zufuhr äußerer Energie das Elektron auf immer kernfernere, energetisch höhere Bahnen an, so nimmt die hierfür zu leistende Arbeit, d. h. die aufzuwendende Anregungsenergie, mit wachsendem Abstand des Elektrons vom Kern immer mehr ab: *die Abstände der Energieniveaus nehmen ab und konvergieren schließlich gegen eine Grenze.* Diese wird offenbar erreicht, wenn das Elektron überhaupt nicht mehr an seinen Kern gebunden ist, sich also strenggenommen im Unendlichen befindet. *Dem Term- bzw. Energiewert Null entspricht also der Zustand des ionisierten, von seinem Kern abgetrennten Elektrons, und die negativen Term-*

bzw. Energiewerte sind physikalisch nichts anderes als die Bindungsenergien des Elektrons an den Kern. Im Grundzustand des Atoms, d.h auf der innersten Quantenbahn, ist das Elektron am festesten an den Kern gebunden; ihm entspricht der größte negative Energiewert des Atoms. Man muß sich diese Zusammenhänge einmal gründlich klarmachen, um nicht über die negativen Term- und Energiewerte zu stolpern. Man kann nämlich auch umgekehrt zählen und tut das sogar sehr oft, wenn man den Energiewert des normalen Atoms als Nullpunkt der Energieskala wählt (linke Skala der Abb. 30) und die zur Anregung aufzuwendenden Energiebeträge positiv nach oben zählt. Zur deutlichen Unterscheidung von den negativ gezählten Bindungsenergien sprechen wir dann von den positiv gezählten *Anregungsenergien*. Den Zustand E_2 können wir also durch die zu seiner Anregung aus dem Grundzustand aufzuwendende Anregungsenergie von $+10{,}19$ eV kennzeichnen oder durch seine Bindungsenergie von $-3{,}40$ eV bzw. seinen Termwert -27420 cm^{-1}. Diese Rechnung mit Anregungsenergien hat eine klare physikalische Bedeutung: *erst wenn wir dem normalen Atom diese Anregungsenergie zugeführt haben, kann durch spontanen Übergang des Elektrons vom angeregten zu einem tieferen Energiezustand eine Spektrallinie der Frequenz*

$$\nu = \frac{E_a - E_e}{h} \qquad (12)$$

emittiert werden.

Da nach dem Ritzschen Kombinationsprinzip grundsätzlich (Ausnahmen werden wir später besprechen) jeder Differenz zweier Energieniveaus im Energieniveauschema eine Spektrallinie entspricht, sieht man aus Abb. 30, daß bei Anregung des ersten angeregten Zustands eines Atoms nur *eine* Spektrallinie emittiert werden kann und daß mit zunehmender Anregungsenergie allmählich das ganze Spektrum erscheinen muß. Es besteht also nach der Bohrschen Theorie *ein direkter Zusammenhang zwischen Anregungsenergie und Lichtemission*, dessen Prüfung zur Bestätigung der Bohrschen Theorie wir im folgenden Abschnitt kennenlernen werden.

Wir sehen ferner, daß die immer höhere Anregung eines Atomelektrons schließlich zu dessen völliger Abtrennung vom Atom führen muß, daß die *Anregungsenergie der Termgrenze E_∞ also gleich der Ionisierungsenergie des Atoms sein muß.* Auch die Prüfung dieser Behauptung der Bohrschen Theorie werden wir im nächsten Abschnitt besprechen.

Kehren wir zusammenfassend noch einmal zu den Bohrschen Postulaten zurück! Bohr setzte die klassische Elektrodynamik für atomare Vorgänge insofern außer Kraft, als das Elektron auf den durch die Quantenbedingung (6) bestimmten „stationären" Bahnen strahlungslos umlaufen soll. Er verknüpfte ferner Energiezustandsänderungen des Atoms, die durch „Sprünge" des Elektrons von einer Bahn zur anderen zustande kommen, durch die Frequenzbedingung (5) mit der Emission oder Absorption von Strahlung und brach dadurch mit der klassischen Vorstellung, daß die emittierte bzw. absorbierte Frequenz gleich der Umlaufsfrequenz des Elektrons sein müsse. Ein direkter Zusammenhang zwischen Umlaufsfrequenz des Elektrons um den Kern und ausgestrahlter oder absorbierter Frequenz einer Spektrallinie existiert in der Bohrschen Theorie nicht allgemein, wohl aber, wie wir in III,22 zeigen werden, für den Grenzfall großer Quantenzahlen und kleiner Quantensprünge, für den klassische und Quantentheorie ineinander übergehen. Über den *Mechanismus* der Strahlungsemission oder -absorption bei einem Elektronensprung macht die Bohrsche Theorie keine Aussage, sondern nur über die Verknüpfung der Energiezustandsänderungen der Atome mit den Frequenzen der dabei emittierten oder absorbierten Spektrallinien.

Bevor wir die BOHRsche Theorie am Beispiel des Wasserstoffatoms im einzelnen kennenlernen, besprechen wir zunächst ihre direkte experimentelle Bestätigung durch die Stoßversuche von FRANCK und HERTZ.

4. Die Anregung von Quantensprüngen durch Stöße

Durch die BOHRsche Frequenzbedingung

$$E_a - E_e = h\nu = hc\bar{\nu} = \frac{hc}{\lambda} \tag{5}$$

ist ein Zusammenhang zwischen der Anregungsenergie E_a eines Atoms und der Emission einer Spektrallinie der Wellenlänge λ gegeben, der experimentell geprüft werden kann. Nach einem ersten Versuch von RAU gelang FRANCK und G. HERTZ 1914 die experimentelle Bestätigung der obigen Grundbehauptung der BOHRschen Theorie mit der folgenden Versuchsanordnung (Abb. 31). Die von einer Glühkathode K ausgehenden Elektronen werden durch eine variable, zwischen K und dem Gitter G angelegte Spannung U beschleunigt und erleiden zwischen K und G Zusammenstöße mit den dort befindlichen Quecksilberatomen. Die bei G ankommenden Elektronen treten durch das Gitter hindurch und treffen auf die gegen das Gitter G etwa 0,5 V negativ geladene Auffangelektrode A auf,

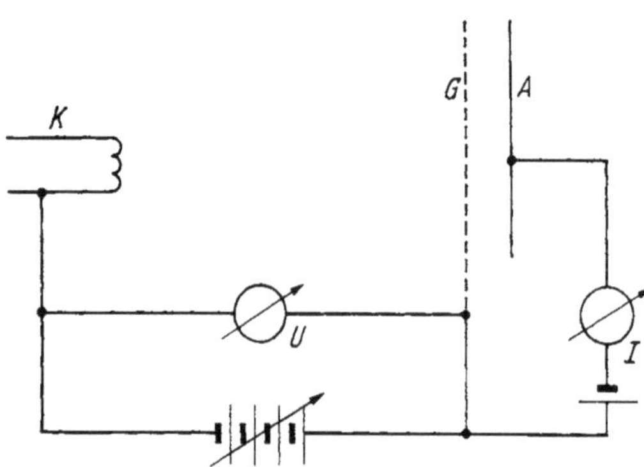

Abb. 31. Schema der einfachsten Anordnung von FRANCK und HERTZ zum Nachweis der diskreten Energieniveaus von Atomen. K Glühkathode, G Beschleunigungsgitter, A Auffangelektrode, I Amperemeter, U Voltmeter.

falls ihre Energie größer ist als 0,5 eV; ihre Stromstärke I wird gemessen. Elektronen jedoch, die bei Stößen ihre kinetische Energie ganz oder zum größten Teil eingebüßt haben, können gegen die Gegenspannung von 0,5 V nicht mehr anlaufen, erreichen A nicht und werden somit auch nicht mit gemessen.

Sehen wir von gewissen, nicht grundsätzlich interessierenden Korrekturen der Spannung für Kontaktspannungen und Anfangsgeschwindigkeit der Elektronen ab, so erhält man bei der Messung in Hg-Dampf folgendes Bild. Bei langsamer Steigerung der Spannung zwischen K und G bis etwa 4,5 V steigt die Stromstärke I steil an: die Elektronen erleiden mit den Hg-Atomen nur sog. elastische Stöße, bei denen sie nach dem Energie- und Impulssatz wegen ihrer sehr geringen Masse nur unmerkliche Energiebeträge an die Hg-Atome abgeben können; eine Übertragung von kinetischer Energie an ein anzuregendes, d.h. auf eine höhere BOHRsche Bahn zu hebendes Elektron in einem sog. *unelastischen Stoß* ist offenbar nicht möglich. Bei 4,9 V Spannung zwischen K und G dagegen sinkt nach Abb. 32 der Elektronenstrom plötzlich stark ab. Es erreichen also plötzlich viel weniger Elektronen die Auffangelektrode A, und diesen Befund kann man nur so deuten, daß diese Elektronen ihre kinetische Energie in anregenden Stößen an Hg-Atome abgegeben haben und nun nicht mehr genügend Energie besitzen, um gegen die Gegenspannung von 0,5 V die Auffangelektrode A zu erreichen. Steigert man die Spannung weiter, so steigt die Stromstärke wieder an, bis bei 9,8 V erneut ein scharfer Abfall erfolgt. Bei dieser Spannung können die Elektronen auf ihrem Weg von K bis G zweimal anregen. Der erste unelastische Stoß wird etwa in der Mitte zwischen K und G erfolgen, der zweite dicht bei G. Abb. 32 zeigt, daß bei der dreifachen Anregungsenergie ein erneuter Abfall einsetzt. Die erste Anregungsenergie des Hg-Atoms beträgt also 4,9 eV.

Nach der BOHRschen Frequenzbedingung (5) soll das angeregte Hg-Atom nach sehr kurzer Zeit diesen selben Energiebetrag in Form eines Lichtquants der durch (5) festgelegten Frequenz bzw. Wellenlänge wieder ausstrahlen, wobei das Atom sich in den Grundzustand zurückbegibt. Nach unserer Energiebeziehung (10) entspricht der Anregungsenergie von 4,9 eV der Wellenzahlwert $\bar{\nu} = 4,9 \cdot 8067,5 = 39530\ \mathrm{cm}^{-1}$ bzw. die Wellenlänge $\lambda = 1/\bar{\nu} \approx 2530\ \text{Å}$, also eine im Ultraviolett gelegene Linie. FRANCK und HERTZ richteten nun einen Quarzspektrographen auf den Stoßraum zwischen K und G und fanden tatsächlich im Ultraviolett eine einzige Spektrallinie mit der innerhalb der Rechengenauigkeit richtigen Wellenlänge $\lambda = 2537\ \text{Å}$. Die Exi-

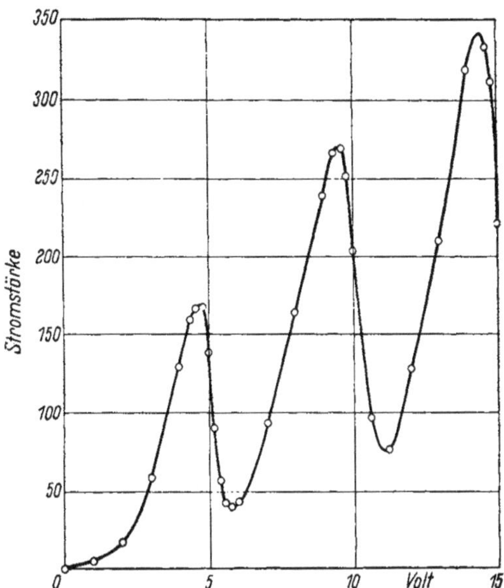

Abb. 32. Beispiel einer von FRANCK und HERTZ mit einer Anordnung gemäß Abb. 31 aufgenommenen Kurve in Hg-Dampf zum Nachweis der ersten Anregungsspannung des Hg-Atoms bei 4,9 eV.

stenz der von BOHR behaupteten diskreten Anregungsenergien und deren Zusammenhang mit der BOHRschen Frequenzbedingung als Grundlage der BOHRschen Atomtheorie war damit in schönster Weise bestätigt. *Durch Elektronenstoß war auf das Hg-Atom die Anregungsenergie 4,9 eV übertragen worden, und bei dem Rücksprung des Elektrons in die Grundbahn war diese Anregungsenergie . in Form eines Lichtquants der richtigen Wellenlänge 2537 Å ausgestrahlt worden.* Diesem ersten Nachweis folgten in Kürze zahlreiche weitere an einer großen Zahl von Elementen.

Durch eine leichte Änderung der Apparatur gelang FRANCK, KNIPPING und EINSPORN auch der Nachweis der höheren Anregungsstufen der Atome. Sie verlegten nämlich gemäß Abb. 33 die Elektronenbeschleunigung auf die kurze Wegstrecke K–G_1 und

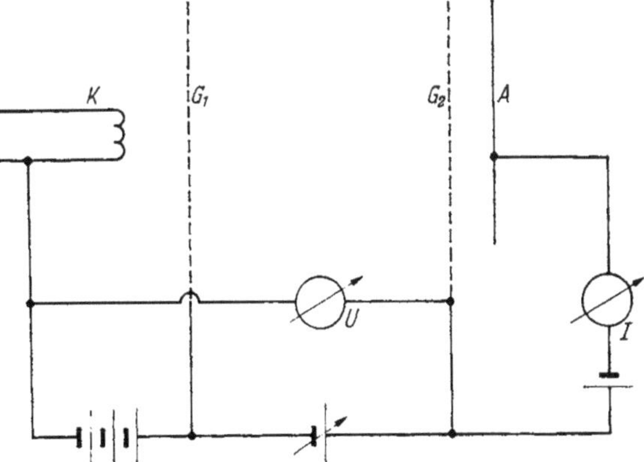

Abb. 33. Schematische Darstellung der verbesserten Stoßanordnung von FRANCK und KNIPPING zum Nachweis der höheren Anregungsstufen. K Glühkathode, G_1 und G_2 Beschleunigungsgitter, A Auffangelektrode, I Amperemeter, U Voltmeter.

unterdrückten hier durch Arbeiten bei sehr niedrigem Gasdruck weitgehend alle anregenden Stöße. Während bei der Anordnung Abb. 31 die Elektronen im Stoßraum noch stark beschleunigt werden, arbeitet man nach Abb. 33 also im Stoßraum G_1G_2 mit Elektronen nur sehr langsam zunehmender Energie. Mit dieser Anordnung gelang es, mit Hg-Dampf die in Abb. 34 gezeigte Kurve aufzunehmen und damit die angegebenen „kritischen Potentiale" des Quecksilberatoms neu zu bestimmen. Unter den so gefundenen Hg-Energieniveaus befinden sich bei 4,68 und bei 5,29 eV solche, deren Übergänge zum Grundzustand als Spektrallinien nicht beobachtet und deshalb als „verboten" bezeichnet werden. Solche Energiezustände nennt man auch metastabil (vgl. III,14), weil sie nicht sofort durch Strahlung in tiefere Zustände übergehen, sondern eine größere Lebensdauer besitzen. Sie wurden auf diesem elektrischen Wege zuerst gefunden.

Mit der Anregung höherer Energieniveaus ist die Emission einer wachsenden Zahl von Spektrallinien verbunden. Rein optisch und nur qualitativ ist die stufenweise Anregung der verschiedenen Linien eines Atomspektrums bereits vor der Veröffentlichung der Bohrschen Theorie von Gehrcke und Seeliger beobachtet worden. Sie schossen gemäß Abb. 35 einen Kathodenstrahl mit leichter Neigung in ein verdünntes Gas hinein und bremsten ihn durch ein Gegenfeld in der aus der

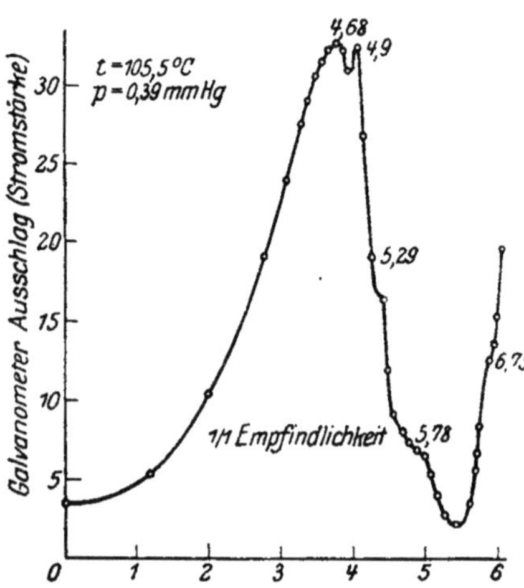

Abb. 34. Beispiel einer von Franck und Einsporn mit einer Anordnung nach Abb. 33 in Hg-Dampf aufgenommenen Kurve mit dem Nachweis höherer (auch metastabiler) Energieniveaus des Hg-Atoms. Abszisse: unkorrigierte Voltzahlen.

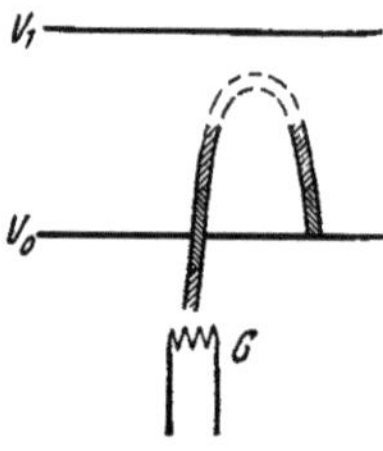

Abb. 35. Anordnung zur stufenweisen Anregung von Spektrallinien durch Abbremsen eines Kathodenstrahls durch ein Gegenfeld (nach Gehrcke und Seeliger).

Abbildung ersichtlichen Weise ab. In der Nähe des Scheitels der entstehenden Parabel war die Elektronenenergie kleiner als die geringste Anregungsenergie der Atome, so daß keine Anregung stattfand und der Strahl unsichtbar blieb. Zu beiden Seiten schloß sich dann ein verschiedenfarbiges Gebiet des Kathodenstrahls an, in dem von oben nach unten der Reihe nach die Linien steigender Anregungsspannung erschienen. Quantitativ hat zuerst Hertz die stufenweise Anregung gemessen. Abb. 36 zeigt als Beispiel die Zunahme der Linienzahl im Neonspektrum bei Steigerung der (unkorrigierten) Anregungsspannung von 23,6 auf 24,4 V.

Die Emission nach dem hier behandelten Mechanismus bezeichnet man als *Anregungsleuchten.* Von ihm grundsätzlich zu unterscheiden ist das sog. *Wiedervereinigungsleuchten,* das entsteht, wenn ein Elektron von einem Ion „eingefangen" wird und dann unter Strahlungsemission in tiefere Zustände springt. Einzelheiten über diesen Prozeß werden wir in III,6d kennenlernen.

Wir haben bisher nur vom Nachweis und der Messung der diskreten Anregungsenergien der Atome gesprochen, aber noch nicht von der Messung der *Ionisierungsenergie.* Natürlich führt auch das Erreichen der Ionisierungsenergie zu einem plötzlichen Abfall der Stromstärke ähnlich Abb. 32, doch sind hierbei Anregung und Ionisierung nicht zu unterscheiden. Zum Nachweis einsetzender Ionisation dient deshalb die Raumladungswirkung der bei der Elektronenstoßionisierung entstehenden positiven Ionen. Sie äußert sich dadurch, daß sie die negative Raumladung der Elektronen verdünnt und damit bei gleicher angelegter Spannung einen kräftigen Anstieg der Stromstärke bewirkt.

Abb. 37 zeigt die von G. HERTZ angegebene Schaltung. Durch die von der großen Hilfsglühkathode G emittierten Elektronen wird im Beschleunigungsraum

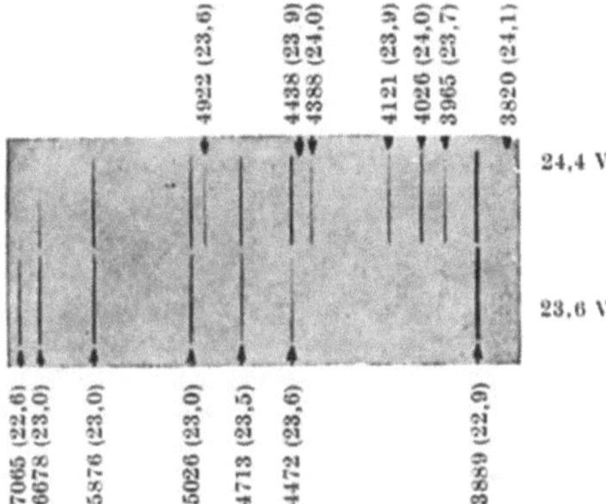

Abb. 36. Stufenweise Anregung der Atomlinien des Neons (nach HERTZ).

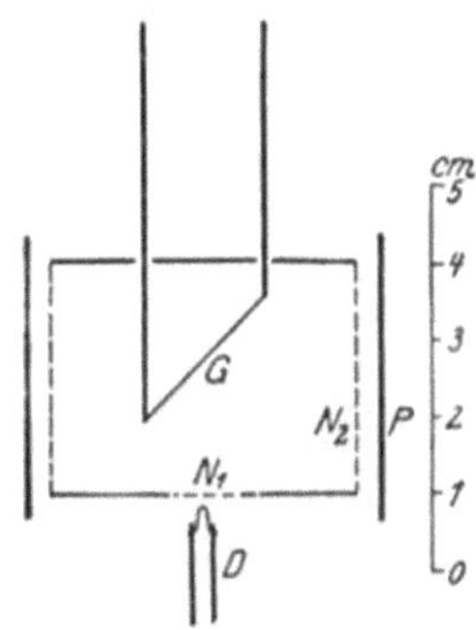

Abb. 37. Anordnung von HERTZ zur Messung der Anregungs- und Ionisierungsspannung von Atomen.

eine hohe negative Raumladung aufgebaut, die nur einen geringen von der Saugspannung unabhängigen Elektronenstrom zur Wand gelangen läßt. Nun werden die von der Glühkathode D ausgehenden Elektronen zwischen dieser und dem Gitter N_1 so weit beschleunigt, bis sie im Stoßraum ionisieren können. Beim Überschreiten der Ionisierungsspannung zwischen D und N_1 entstehen also im Stoßraum positive Ionen, die wegen ihrer geringen Beweglichkeit einen erheblichen Teil der den Stromfluß von G zur Wand behindernden Elektronenraumladung kompensieren, so daß der Elektronenstrom plötzlich ansteigt.

Durch Elektronenstoßversuche der geschilderten Art, die in den verschiedensten Variationen durchgeführt worden sind, ist der von BOHR *behauptete Zusammenhang zwischen den Anregungszuständen, den aus den Spektren ermittelten Termwerten und der Ionisierungsenergie völlig sichergestellt, so daß man diese Stoßversuche als experimentelle Bestätigung der Grundannahmen der* BOHR*schen Atomtheorie bezeichnen darf.*

Wegen der großen Bedeutung der Elektronenstoßanregung und der Elektronenstoßionisierung für die gesamte Atomphysik und ihre Anwendungen, besonders die Gasentladungen und die Lichttechnik, wollen wir uns ganz kurz auch noch mit der Stoß*ausbeute* befassen. Wir haben bisher ja nur gefragt, bei welchen Elektro-

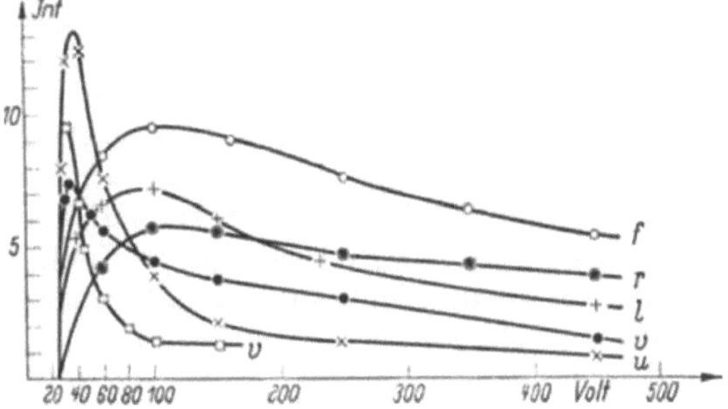

Abb. 38. Optische Anregungsfunktionen: Abhängigkeit der Anregungswahrscheinlichkeit einiger He-Linien von der Energie des stoßenden Elektrons (nach HANLE). f, r, l Singulettlinien; u, v Triplettlinien.

nenenergien Anregung bzw. Ionisation erfolgt, nicht aber, mit welcher Wahrscheinlichkeit ein Elektronenstoß bestimmter Energie tatsächlich zu einer Anregung oder Ionisierung führt. Die Abhängigkeit der Anregungswahrscheinlichkeit bzw. Ionisierungswahrscheinlichkeit von der Energie der stoßenden Elektronen bezeichnet man als Anregungs- bzw. Ionisierungs*funktion*. Abb. 38 und

Abb. 39 zeigen Beispiele. Anregungswahrscheinlichkeiten kann man grundsätzlich elektrisch mit den zur Messung der Anregungsspannung beschriebenen Methoden messen, wenn man die Zahl der Stöße und die Zahl der als Folge der unelastischen Stöße entstehenden langsamen Elektronen mißt, doch sind die erhaltenen Werte nicht sehr genau. Sie liegen für die am leichtesten anregbaren Zustände verschiedener Atome zwischen 0,1 % (Ne) und fast 100 % (K). Sicherer bekannt ist der

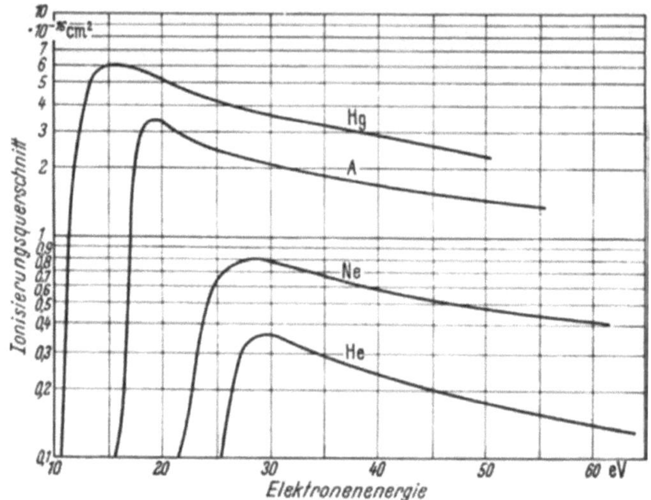

Abb. 39. Ionisierungsfunktionen verschiedener Edelgase und des Hg-Dampfes. Aufgetragen ist der Logarithmus des Ionisierungsquerschnitts als Funktion der Elektronenenergie.

relative Verlauf der Anregungsfunktionen, den man nach HANLE dadurch ermittelt, daß man die Intensität der von dem angeregten Zustand ausgehenden Spektrallinien als Funktion der Energie der stoßenden Elektronen mißt. Ein Beispiel für verschiedene derartige optische Anregungsfunktionen zeigt Abb. 38. Die Anregungswahrscheinlichkeit steigt allgemein nach Überschreiten der kritischen Anregungsspannung steil an, um nach Durchlaufen eines Maximums mehr oder weniger schnell abzusinken. Die Lage dieses Maximums der Anregung und die Schnelligkeit des nachfolgenden Abfalls ist für verschiedene Linienarten recht verschieden. Insbesondere zeigen die bei Zweielektronensystemen wie dem Helium- oder Quecksilberatom zu unterscheidenden Singulett- und Triplettlinien (näheres über diese vgl. III,11) die aus Abb. 38 ersichtlichen charakteristischen Unterschiede der Anregungsfunktion, deren Deutung wir erst in III,13 bringen können.

Zur Bestimmung der *Ionisierungsfunktionen* mißt man die von einem Elektron je cm Wegstrecke erzeugte Ionenzahl als Funktion der Elektronenenergie. Abb. 39 zeigt die Ionisierungsfunktionen verschiedener Atome und Moleküle, deren Verlauf also sehr ähnlich ist.

5. Das Wasserstoffatom und seine Spektren nach der Bohrschen Theorie

Nachdem wir im letzten Abschnitt die experimentellen Belege für die Richtigkeit der BOHRschen Annahmen über die Existenz diskreter, gegen die Ionisierungsenergie konvergierender stationärer Zustände der Atome und über den Zusammenhang der Anregung dieser Zustände mit der Emission der bei Übergängen von diesen Zuständen aus emittierten Spektrallinien, d. h. für die Richtigkeit der BOHRschen Frequenzbedingung (5) kennengelernt haben, behandeln wir nun die BOHRsche Theorie des einfachsten Atoms, des H-Atoms und seiner Spektren.

Das im Sichtbaren und nahen Ultraviolett gelegene Linienspektrum des H-Atoms Abb. 26 wird nach III,2 durch die BALMER-Formel

$$\bar{\nu} = R\left(\frac{1}{2^2} - \frac{1}{n^2}\right) \qquad n = 3, 4, 5, \ldots \tag{1}$$

dargestellt. Was kann hierzu die BOHRsche Theorie aussagen?

Das H-Atom besitzt als erstes Atom im Periodensystem die Ordnungszahl 1; es besteht folglich lediglich aus einem Proton als Kern und einem diesen umkreisenden Elektron. Bezeichnen wir den Radius der kreisförmig angenommenen Elektronenbahn mit r, die Masse des Elektrons mit m und seine Winkelgeschwindigkeit mit ω, so herrscht Gleichgewicht, wenn die COULOMBsche Anziehungskraft e^2/r^2 gleich der Zentrifugalkraft ist, d.h. für

$$\frac{e^2}{r^2} = m\,r\,\omega^2. \tag{13}$$

Zur Berechnung der beiden Unbekannten r und ω benötigen wir noch eine zweite Gleichung. Diese liefert uns die BOHRsche Quantenbedingung, nach der das über einen vollen Umlauf des Elektrons erstreckte „Wirkungsintegral", das wir in III,3 bereits in der vereinfachten Form des Produkts aus Elektronenimpuls und Bahnlänge eingeführt hatten, gleich einem ganzzahligen Vielfachen des PLANCKschen Wirkungsquantums h sein soll:

$$\oint p\,dq = n\,h \qquad n = 1, 2, 3, \ldots \tag{14}$$

Setzen wir hier für den Impuls p und die Ortsänderung dq des auf seiner Kreisbahn umlaufenden Elektrons

$$p = m\,v = m\,r\,\omega, \tag{15}$$

$$dq = r\,d\varphi, \tag{16}$$

so erhalten wir aus (14) die Quantenbedingung

$$\oint p\,dq = m\,r^2\,\omega \int_0^{2\pi} d\varphi = 2\pi\,m\,r^2\,\omega = n\,h \qquad n = 1, 2, 3, \ldots \tag{17}$$

in Übereinstimmung mit unserer früheren Angabe (6). Wir weisen nochmals darauf hin, daß erst die Wellenmechanik (Kap. IV) ein physikalisches Verständnis dieser Quantenbedingung ermöglicht, daß wir die Quantenbedingung (17) aber als Beschreibung der empirischen Tatsache ansehen können, daß *Drehimpulse $m\,r^2\omega$ in der Natur „atomistisch" nur in ganzzahligen Vielfachen von $h/2\pi$ bzw. gelegentlich von $h/4\pi$ vorkommen, sich jedenfalls immer nur um ganze Vielfache von $h/2\pi$ ändern können.* Aus der Gleichgewichtsbedingung (13) und der Quantenbedingung (17) berechnen sich die beiden Unbekannten r und ω zu:

$$r_n = \frac{h^2\,n^2}{4\,\pi^2\,m\,e^2} \tag{18}$$

und

$$\omega_n = \frac{8\,\pi^3\,m\,e^4}{h^3\,n^3}, \tag{19}$$

wobei wir den zur Quantenzahl n gehörigen Radius der n-ten Quantenbahn mit r_n bezeichnen. Setzen wir in (18) für $n = 1$ die Zahlenwerte für m_e, e und h ein, so erhalten wir für den Radius der ersten BOHRschen Bahn des normalen Wasserstoffatoms

$$r_1 = 0{,}529167 \cdot 10^{-8}\,[\text{cm}]. \tag{20}$$

Dieser auf rein theoretischem Wege aus den BOHRschen Grundannahmen errechnete Radius des normalen H-Atoms stimmt so befriedigend mit unserer allgemeinen Kenntnis von den Atomradien überein, daß wir dieses Ergebnis als ersten schönen Erfolg der Theorie ansehen dürfen.

Wir fragen nun nach den zu den verschiedenen Quantenbahnen gehörenden Energiewerten des H-Atoms. Da sich die Gesamtenergie aus der kinetischen und der potentiellen Energie zusammensetzt, gilt allgemein[1]

$$E_n = \frac{1}{2} I_n \omega_n^2 - \frac{e^2}{r_n}, \tag{21}$$

worin I_n das Trägheitsmoment des Atoms im Zustand n ist. Setzen wir hierin (18) und (19) ein und beachten, daß $I = mr^2$ ist, so erhalten wir die gequantelten Energiewerte, deren das H-Atom fähig ist, zu

$$E_n = - \frac{2\pi^2 m e^4}{h^2 n^2} \qquad n = 1, 2, 3, \ldots \tag{22}$$

Betrachten wir nun die bei Übergängen zwischen diesen stationären Energiezuständen emittierten Spektrallinien und bezeichnen wir die Quantenzahlen des Anfangs- und des Endzustandes mit n_a bzw. n_e, so folgt aus (22) für die Wellenzahlen der Atomlinien des H-Atoms

$$\bar{v} = \frac{1}{hc}(E_a - E_e) = \frac{2\pi^2 m e^4}{h^3 c}\left(\frac{1}{n_e^2} - \frac{1}{n_a^2}\right) \tag{23}$$

mit der Nebenbedingung

$$n_a > n_e. \tag{24}$$

Durch Vergleich von (23) mit der empirischen BALMER-Formel (1) ersehen wir, daß erstens die Laufzahl n der BALMER-Formel mit der Quantenzahl n der BOHRschen Theorie identisch ist, und daß zweitens die BALMER-Formel (1) aus der allgemeinen theoretischen Formel (23) hervorgeht, wenn wir speziell setzen

$$n_e = 2 \quad \text{und} \quad n_a = 3, 4, 5, \ldots \tag{25}$$

Für die nach III,2 als RYDBERG-Konstante bezeichnete Konstante R ergibt sich damit aus der BOHRschen Theorie der Wert

$$R_\infty = \frac{2\pi^2 m e^4}{h^3 c} = 109\,737{,}312 \pm 0{,}008\ \text{cm}^{-1}. \tag{26}$$

Unsere bisherige Rechnung ist aber insofern noch nicht exakt, als sie nur für den Grenzfall unendlich großer Kernmasse gilt, in dem das Elektron sich um den ruhenden Kern bewegt, was durch das Anfügen des ∞-Zeichens an R in (26) angedeutet ist. In Wirklichkeit bewegen sich Kern und Elektron um den gemeinsamen Schwerpunkt, auf den auch das in Gl. (17) und (21) vorkommende Trägheitsmoment des Atoms zu beziehen ist. Die Abweichung ist wegen des großen Massenverhältnisses $1:1836$ von Elektron zu Proton nicht groß, bewirkt aber,

---

[1] Die potentielle Energie ist negativ, weil sie eine Bindungsenergie darstellt, d.h. der Energie-Nullpunkt bei der Energie der getrennten Bausteine Kern und Elektron liegt.

daß an Stelle der für unendlich große Masse gültigen RYDBERG-Konstanten R_∞

$$R = \frac{2\pi^2 m e^4}{ch^3(1 + m/M)} = \frac{R_\infty}{1 + m/M} \tag{27}$$

zu setzen ist, wobei m die Masse des Elektrons und M die des betreffenden Kerns ist. Die für das H-Atom hieraus folgende RYDBERG-Konstante R_H steht in guter Übereinstimmung mit dem empirischen spektroskopischen Wert

$$R_H = 109\,677{,}576 \pm 0{,}012 \text{ cm}^{-1}. \tag{28}$$

Diese Zurückführung der aus dem Wasserstoffspektrum berechneten RYDBERG-Konstanten auf die allgemeinen Naturkonstanten m_e, e, h und c ist ein besonders augenfälliger Erfolg der BOHRschen Theorie. Die außerordentliche Genauigkeit, mit der die RYDBERG-Konstante des Wasserstoffs (28) bekannt ist, zeigt erneut die hohe Meßgenauigkeit der Spektroskopie, die für den quantitativen Vergleich von Theorie und Erfahrung von besonderer Bedeutung ist.

Stellen wir nun das Energieniveauschema des H-Atoms, d. h. die aus (22) folgenden Energiewerte, graphisch dar, so erhalten wir wegen der Identität von (22) mit der empirischen Formel (3) bis auf den Faktor hc wieder Abb. 30. Aus der empirischen BALMER-Formel folgt dann unter Berücksichtigung von (23), daß die Linien der BALMER-Serie des Wasserstoffs Abb. 26 als gemeinsamen Endzustand den 2quantigen Zustand haben, also bei Übergängen des Atoms bzw. seines Elektrons aus den höheren Quantenzuständen mit $n = 3, 4, 5, \ldots$ in den 2-quantigen Zustand emittiert werden. Wir zeichnen diese Übergänge in das Energieniveauschema Abb. 40 durch Pfeile ein, wobei die Pfeilrichtung die Richtung des Übergangs angibt. Je größer die Pfeillänge, desto größer ist also die Energie und damit auch die Wellenzahl der emittierten Spektrallinie, desto kleiner ist wegen $\bar{\nu} = 1/\lambda$ umgekehrt ihre Wellenlänge.

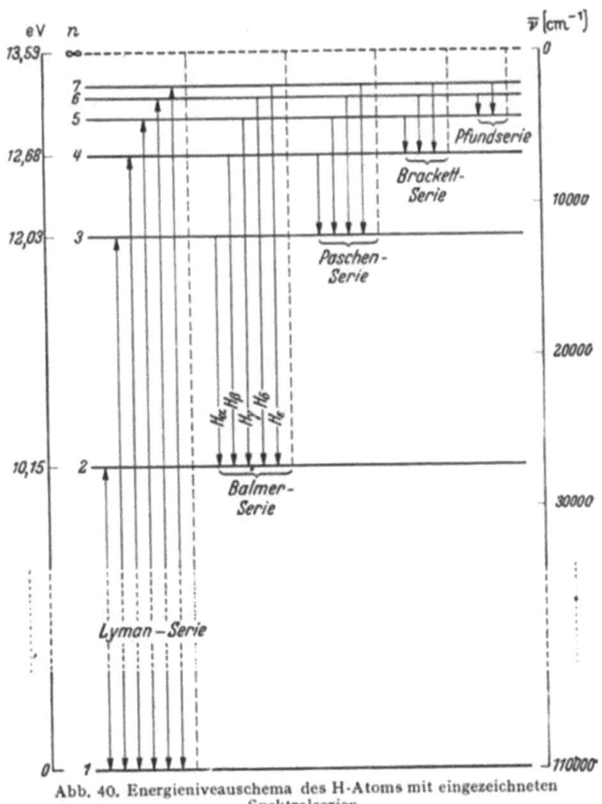

Abb. 40. Energieniveauschema des H-Atoms mit eingezeichneten Spektralserien.

Die Wellenlängen der BALMER-Linien des Wasserstoffs konvergieren nach Abb. 40 gegen eine Grenze, die gleich der Bindungsenergie des Elektrons im 2quantigen Zustand ist. Die Energiewerte des H-Atoms werden ja in der BOHRschen Theorie gemäß Gl. (22) als Bindungsenergien negativ von der in Abb. 40 gestrichelt eingezeichneten Ionisierungsgrenze aus nach unten gezählt (vgl. III,2). Die der Grenze der BALMER-Serie entsprechende Energie ist also nach (22) gleich $- hc\, R_\mathrm{H}/4$, woraus sich mit dem Zahlenwert (28) von R_H für die Wellenlänge der kurzwelligen Grenze der BALMER-Serie

$$\lambda_G = \frac{1}{R_\mathrm{H}/4} = 3646\,\text{Å} \qquad (29)$$

in Übereinstimmung mit der Beobachtung ergibt. *$hc\, R_\mathrm{H}/4$ ist also die Bindungsenergie des 2quantigen Elektrons, oder umgekehrt die zur Ablösung des Elektrons aus dem 2quantigen Zustand des H-Atoms erforderliche Energie, die Ionisierungsenergie des im 2quantigen Zustand angeregten H-Atoms.* In gleicher Weise können wir uns nun die physikalische Bedeutung von R_H selbst klarmachen.

Es liegt nämlich nahe, nun nach den Spektrallinien des H-Atoms zu fragen, die man nach der theoretischen Formel (23) erhält, wenn man

$$n_e = 1 \qquad n_a = 2, 3, 4, \ldots \qquad (30)$$

setzt. Dieser Spektralserie

$$\bar{\nu} = R_\mathrm{H}\left(1 - \frac{1}{n^2}\right) \qquad n = 2, 3, 4, \ldots \qquad (31)$$

entsprechen die in Abb. 40 links eingezeichneten Übergänge von den verschiedenen angeregten Zuständen zum *einquantigen Grund*zustand des H-Atoms. Die Wellenlänge der längsten Linie dieser Serie, nämlich des Übergangs $2 \to 1$ ergibt sich aus (31) für $n = 2$ zu

$$\bar{\nu} = \frac{3}{4}\,R_\mathrm{H} \qquad \lambda = \frac{1}{\bar{\nu}} = 1215\,\text{Å} . \qquad (32)$$

Die durch die Serienformel (31) dargestellte Wasserstoffserie muß also im Vakuum-ultraviolett liegen und ist dort auch wirklich von LYMAN gefunden worden. Die Wellenzahl $\bar{\nu}_G$ der Seriengrenze dieser LYMAN-Serie ist nach Abb. 40 gleich der RYDBERG-Konstanten R_H; ihre Wellenlänge liegt folglich bei

$$\lambda_G = \frac{1}{R_\mathrm{H}} = 911\,\text{Å} . \qquad (33)$$

Damit ist die physikalische Bedeutung der RYDBERG-Konstanten geklärt. *$hc\, R_\mathrm{H}$ ist nach Abb. 40 der Abstand des einquantigen Grundzustands von der Ionisierungsgrenze und damit die Bindungsenergie des H-Elektrons im normalen einquantigen Zustand, oder umgekehrt die zur Abtrennung des Elektrons aus dem Grundzustand des H-Atoms erforderliche Energie, die Ionisierungsenergie des Atoms.* Diese wichtige Atomkonstante, deren experimentelle Bestimmung durch Elektronenstoßversuche wir im letzten Abschnitt besprochen haben, läßt sich also, und zwar viel genauer, spektroskopisch bestimmen. *Die Ionisierungsenergie ist allgemein gleich der Energie der Seriengrenze der kurzwelligsten Spektralserie eines Atoms.* Mittels der Energiebeziehung (10) folgt aus dem R_H-Wert (28) für die Ionisierungsenergie des H-Atoms in Übereinstimmung mit dem Ergebnis der weniger genauen Elektronenstoßversuche der Wert 13,595 eV.

Auch die höheren Spektralserien des Wasserstoffatoms, die den 3quantigen, den 4quantigen und den 5quantigen Zustand als Endzustand besitzen und die in Abb. 40 rechts eingezeichnet sind, sind nach der Berechnung aus Formel (23) im Ultrarot gefunden worden und heißen nach ihren Entdeckern die PASCHEN-, BRACKETT- und PFUND-Serie.

Wir haben damit die folgenden Spektralserien des H-Atoms:

$$1.\ \bar{\nu} = R_\text{H}\left(1 - \frac{1}{n^2}\right) \quad n = 2, 3, 4, \ldots \quad \text{(LYMAN-Serie)}$$

$$2.\ \bar{\nu} = R_\text{H}\left(\frac{1}{2^2} - \frac{1}{n^2}\right) \quad n = 3, 4, 5, \ldots \quad \text{(BALMER-Serie)}$$

$$3.\ \bar{\nu} = R_\text{H}\left(\frac{1}{3^2} - \frac{1}{n^2}\right) \quad n = 4, 5, 6, \ldots \quad \text{(PASCHEN-Serie)}$$

$$4.\ \bar{\nu} = R_\text{H}\left(\frac{1}{4^2} - \frac{1}{n^2}\right) \quad n = 5, 6, 7, \ldots \quad \text{(BRACKETT-Serie)}$$

$$5.\ \bar{\nu} = R_\text{H}\left(\frac{1}{5^2} - \frac{1}{n^2}\right) \quad n = 6, 7, 8, \ldots \quad \text{(PFUND-Serie)}$$

$$(34)$$

Alle diese Serien werden z. B. von einer Glimmentladung in Wasserstoff emittiert, in der nach der Zerschlagung der H_2-Moleküle zu H-Atomen diese durch Elektronenstoß in die verschiedenen höheren Zustände angeregt werden.

Nach der BOHRschen Theorie muß grundsätzlich das H-Atom die von ihm emittierten Spektrallinien auch *absorbieren* können, wodurch dem Atom die der Linie entsprechende Energie zugeführt wird und es dadurch in den entsprechenden höheren Zustand gelangt. In Abb. 40 würden die der Absorption entsprechenden Übergänge durch Pfeile nach oben darzustellen sein. Können wir nun tatsächlich alle Linien der obigen Serien des Wasserstoffs auch in Absorption beobachten? Wir sehen im Augenblick von der Komplikation ab, daß der Wasserstoff im Normalzustand molekular vorliegt, und denken uns atomaren Wasserstoff. Dann haben wir es bei normaler Temperatur ausschließlich mit normalen Atomen im einquantigen Grundzustand zu tun. Normale Atome können nach Abb. 40 aber nur *die* Spektrallinien absorbieren, deren unterer Zustand der Grundzustand selbst ist, d. h. beim H-Atom lediglich die LYMAN-Serie. Diese auf dem Grundzustand des Atoms endenden Linien nennt man aus nur historisch verständlichen Gründen Resonanzlinien. *Nur Resonanzlinien bzw. -serien der Atome treten also bei normaler Temperatur auch in Absorption auf.* Ihre Pfeile können daher doppelseitig gezeichnet werden; *alle höheren Serien treten normalerweise nur in Emission auf.*

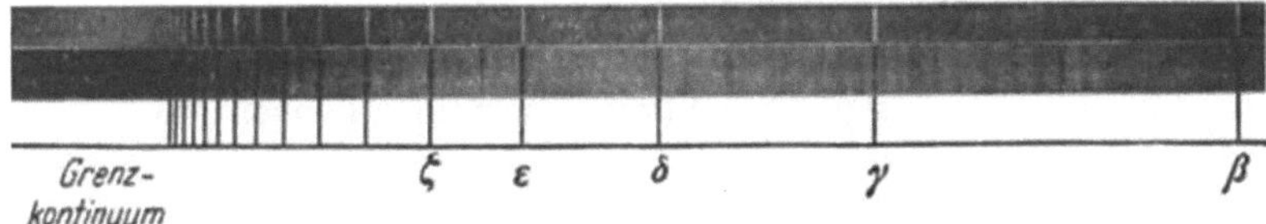

Abb. 41. Aufnahme der BALMER-Serie (ohne H_α) in Emission und Absorption in den Spektren der Fixsterne γ Cassiopeiae und α Cygni. Darunter Zeichnungen der BALMER-Serie des Wasserstoffatoms (nach POHL).

Dieser Überlegung scheint nun der Befund zu widersprechen, daß in den Spektren vieler Fixsterne die nicht auf dem Grundzustand endenden BALMER-Linien des Wasserstoffs in Absorption beobachtet werden (vgl. Abb. 41). Die Lösung dieses scheinbaren Widerspruchs liegt darin, daß der absorbierende Wasserstoff der Sternatmosphäre keineswegs normale niedrige Temperatur besitzt, sondern sich, wie schon die Tatsache der weitgehenden Dissoziation der H_2-Moleküle in H-Atome zeigt, auf einer Temperatur von mehreren tausend Grad befindet. Bei dieser hohen Temperatur ist infolge der MAXWELLschen Geschwindigkeitsverteilung ein ausrechenbarer Prozentsatz der H-Atome infolge thermischer Stöße dauernd angeregt, d. h. befindet sich z. B. im ersten angeregten Zustand, und kann damit natürlich auch die BALMER-Serie absorbieren. *Bei normaler Tem-*

peratur werden also nur Resonanzlinien absorbiert, bei genügend hoher Temperatur auch höhere Serien bzw. Linien.

Zusammenfassend stellen wir fest: Aus der BOHRschen Theorie des H-Atoms folgen nicht nur in bester quantitativer Übereinstimmung mit dem Experiment die Wellenlängen der schon lange bekannten BALMER-Linien und der Wert der Ionisierungsenergie des H-Atoms, sondern auch die Existenz einer ganzen Anzahl weiterer Spektralserien, die inzwischen ebenfalls gefunden worden sind. Auch das Verhalten der verschiedenen Serien bezüglich ihres Auftretens in Emission und Absorption ist theoretisch voll verständlich.

6. Atomvorgänge und ihre Umkehrung. Ionisierung und Wiedervereinigung. Kontinuierliche Atomspektren und ihre Deutung

Wir haben in den letzten Abschnitten eine Anzahl wichtiger Atomvorgänge, wie die Elektronenstoßanregung und die nachfolgende Strahlungsemission sowie die Elektronenstoßionisierung, kennengelernt. Wir wollen nun diese Atomvorgänge in etwas veränderter Form als Reaktionsgleichungen schreiben und gleichzeitig unsere Kenntnis der Atomvorgänge und der ihnen entsprechenden spektroskopischen Erscheinungen wesentlich verfeinern und vertiefen.

a) Stöße erster und zweiter Art und ihre Folgeprozesse. Emission und Absorption

Wir beginnen mit der Anregung eines Atoms A durch Elektronenstoß und dem auf die Anregung folgenden Rücksprung des Elektrons unter Emission eines Lichtquants, dessen Energie gleich der Anregungsenergie ist, wobei wir der Einfachheit halber nur von *einem* Anregungszustand sprechen. In der Form einer chemischen Reaktionsgleichung schreibt sich der Vorgang der Elektronenstoßanregung eines Atoms A

$$A + e_s \rightarrow A^* + e_l, \tag{35}$$

wenn man mit A^* das angeregte Atom bezeichnet. Ein schnelles Elektron e_s gibt also in einem unelastischen Stoß kinetische Energie an das normale Atom A ab; nach dem Stoß haben wir ein angeregtes Atom A^* und ein Elektron entsprechend geringerer kinetischer Energie (e_l). Als Folge der Anregung emittiert das angeregte Atom A^* spontan ein Lichtquant der Energie $h\nu$ und geht dabei wieder in den Grundzustand über, so daß wir den Vorgang schreiben können:

$$A^* \rightarrow A + h\nu. \tag{36}$$

Wir fragen nun, ob wir die Prozesse (35) und (36) unter Umkehrung der Pfeilrichtung auch von rechts nach links lesen können und was sie dann bedeuten. Am einleuchtendsten ist der Umkehrvorgang von (36). Ein normales Atom A im Grundzustand „stößt“ mit einem Lichtquant der gerade passenden Energie $h\nu$ zusammen, absorbiert es und verwandelt sich dadurch in ein angeregtes Atom A^*. *Von links nach rechts gelesen bedeutet (36) also den Vorgang der Strahlungsemission, von rechts nach links gelesen den Umkehrvorgang, die Strahlungsabsorption.*

Der Umkehrvorgang der Elektronenstoßanregung (35) bedeutet, daß ein angeregtes Atom A^* mit einem Elektron zusammenstößt und im Stoß auf dieses seine Anregungsenergie überträgt, so daß wir nach dem Stoß ein Atom im Grundzustand und ein Elektron entsprechend größerer kinetischer Energie haben. Diesen Vorgang bezeichnet man als *Stoß zweiter Art*, im Gegensatz zur Atomanregung durch Elektronenstoß, die wir Stoß erster Art nennen. Stöße zweiter Art, bei denen angeregte Atome (oder Moleküle) ihre Anregungsenergie strahlungslos abgeben, brauchen aber nicht nur mit Elektronen zu erfolgen, sondern können auch mit anderen Partnern stattfinden. Stößt beispielsweise ein angeregtes Atom A^* mit einem anderen normalen Atom oder Molekül B zusammen, das selbst einen möglichen Anregungszustand in der Höhe der Anregungsenergie von A^* besitzt, so kann im Stoß zweiter Art die Anregungsenergie vom Atom A^* zum Atom oder Molekül B übertragen werden, so daß wir den Prozeß

$$A^* + B \rightarrow A + B^* \tag{37}$$

hätten. Voraussetzung für diesen Stoß zweiter Art ist im Gegensatz zum Umkehrprozeß von (35)

$$A^* + e_l \rightarrow A + e_s \tag{38}$$

aber natürlich, daß A und B ungefähr gleiche Anregungsenergien besitzen, d.h. daß Energieresonanz zwischen A^* und B^* besteht, wobei aber nur irgendeiner der vielen Anregungszustände von B mit A^* übereinzustimmen braucht.

Die Ausstrahlung von Atomen oder Molekülen B als Folge von Stößen zweiter Art mit angeregten Atomen A^* nach (37) bezeichnet man nach FRANCK als *sensibilisierte Fluoreszenz*; sie kann in Metalldampfgemischen mit Quecksilber besonders gut beobachtet werden. Die von KLEIN und ROSSELAND eingeführten Stöße zweiter Art mit Elektronen nach (38) erfolgen, falls überhaupt Zusammenstöße angeregter Atome (oder Moleküle) mit Elektronen stattfinden, *stets* mit großer Wahrscheinlichkeit (Ausbeute). Voraussetzung für beide Arten von Stößen zweiter Art ist aber, daß Stöße des angeregten Teilchens A^* erfolgen, bevor A^* nach (36) seine Energie in Form von Strahlung abgibt. Da diese Strahlungsemission im allgemeinen bereits nach einer „Lebensdauer" des angeregten Zustandes von etwa 10^{-8} sec erfolgt, kann man gaskinetisch leicht ausrechnen, wie die Häufigkeit der miteinander konkurrierenden Prozesse der Strahlung und der Stöße zweiter Art vom Gasdruck abhängt. Wir haben aber in III,4 bereits erwähnt und werden in III,14 noch eingehender besprechen, daß es gewisse angeregte Atom- und Molekülzustände gibt, von denen aus eine Strahlungsemission nicht möglich ist. Solche Zustände bezeichnet man als *metastabil*, und Stöße zweiter Art erfolgen daher ganz überwiegend bei Anwesenheit von Atomen oder Molekülen mit metastabilen Zuständen, wie z.B. dem Quecksilberatom.

b) Stoßionisierung und Dreierstoß-Rekombination

Von den *anregenden* Stößen und ihren Umkehrprozessen gehen wir nun zu den *ionisierenden* Stößen über: ein Elektron genügend großer kinetischer Energie stößt mit einem normalen Atom A zusammen und ionisiert es, so daß wir nach dem Stoß ein positives Ion A^+, ein durch Ionisation entstandenes Elektron und das stoßende Elektron mit entsprechend geringerer Energie haben. Die Stoßionisierung durch ein Elektron läßt sich daher schreiben:

$$A + e_s \rightarrow A^+ + e + e_l. \tag{39}$$

Auch dieser Vorgang läßt sich umkehren, d.h. von rechts nach links lesen. Ein positives Ion stößt mit zwei Elektronen im sog. Dreierstoß zusammen und vereinigt sich mit dem einen von ihnen zu einem neutralen Atom, während das zweite Elektron die dabei frei werdende Bindungsenergie des Atoms als kinetische Energie mitnimmt. Diese frei werdende Energie ist gleich der Ionisierungsenergie des Atoms, wenn die Rekombination in den Grundzustand erfolgt. Entsteht bei der Rekombination aber primär ein angeregtes Atom A^*, das dann unter Linienemission in den Grundzustand übergeht, so ist die frei werdende Bindungsenergie gleich der Differenz zwischen der Ionisierungsenergie und der Anregungsenergie

des entstandenen angeregten Atoms $A*$. Diese *Dreierstoßrekombination* von Ion
und Elektron zu einem (u. U. angeregten) neutralen Atom ist einer der wichtigsten Vorgänge in allen elektrischen Entladungen, in denen die Ladungsträger-
vernichtung bei nicht zu geringer Elektronendichte vorzugsweise durch diesen
Vorgang erfolgt.

Da bei diesem Umkehrvorgang zu (39)

$$A^+ + e + e \rightarrow A + e_s \qquad (40)$$

das eine Elektron lediglich die Aufgabe hat, die bei der Vereinigung des Ions mit
dem anderen Elektron zum Atom frei werdende Bindungsenergie (und den entsprechenden Impuls) abzuführen, kann seine Rolle auch von einem beliebigen
anderen Teilchen (Atom, Molekül, Ion) B übernommen werden, so daß die Dreierstoßrekombination statt nach (40) auch nach dem Vorgang

$$A^+ + e + B \rightarrow A + B_s \qquad (41)$$

erfolgen kann. An die Stelle des dritten Partners B kann schließlich auch ein
beliebiger fester Körper, z. B. die Gefäßwand, treten, der die Bindungsenergie
aufnimmt und sich dadurch erhitzt. Dieser Vorgang der Rekombination von
Ionen und Elektronen findet an der Wand fast sämtlicher Entladungsröhren statt
und ist wesentlich mit für deren starke Erwärmung maßgebend.

Bei den bisher behandelten Rekombinationsprozessen (40) und (41) erfolgt die
Rekombination im Dreierstoß, weil das dritte Teilchen die frei werdende Bindungsenergie übernimmt. Eine Zweierstoßrekombination wäre also nur möglich, wenn
diese Bindungsenergie ohne Vermittlung eines dritten Teilchens abgeführt, d. h.
ausgestrahlt werden könnte. Auch dieser Vorgang ist möglich und führt zu einer
erheblichen Erweiterung unseres bisherigen Bildes vom Zusammenhang der Spektren mit den Atomprozessen.

c) Photoionisierung und Seriengrenzkontinuum in Absorption

Wir haben oben bereits den Vorgang der Photoanregung, d.h. der Elektronenanregung unter Absorption der entsprechenden Energie, gemäß

$$A + h\nu \rightarrow A* \qquad (42)$$

besprochen. Wir wissen ferner aus III,2, daß die Folge der Anregungszustände
eines Atoms gegen die Ionisierungsgrenze konvergiert, und so ist es verständlich,
daß auch eine Ionisierung unter Absorption der Ionisierungsenergie in Form eines
Lichtquants, d.h. eine *Photoionisierung*, beobachtet wird. Wir erklären diesen
Prozeß mittels einer Erweiterung der Energieniveauschemata der Atome (vgl.
Abb. 42). Wir haben bisher nur von den stationären Energiezuständen des Atoms
gesprochen. Je höher der betreffende stationäre Zustand liegt, desto schwächer
ist das Elektron an den Kern gebunden, und der gestrichelt eingezeichneten Kon-
vergenzgrenze der Energiezustände entspricht ein eben von seinem Restatom losgelöstes freies Elektron. Führt man aber dem im Grundzustand gebundenen Elektron eine Energie zu, die größer ist als die Ionisierungsenergie, so wird das Elektron abgetrennt und nimmt die überschüssige Energie als kinetische Energie $mv^2/2$
mit. Wir können in Erweiterung unserer bisherigen Atomvorstellung auch diesen
Systemzustand, Ion + Elektron mit kinetischer Energie, als einen Zustand des
Atoms auffassen und sprechen dann im Gegensatz zu den *stationären Zuständen
des gebundenen Elektrons* von den *nichtstationären Zuständen des freien Elektrons*.
Diese müssen, da ihre Energie vom Grundzustand des Atoms aus gerechnet größer
ist als die Ionisierungsenergie, oberhalb der Ionisierungsgrenze liegen; sie sind

natürlich *nicht* gequantelt, da das freie Elektron jeden beliebigen Betrag kinetischer Energie mitnehmen kann. Im Bild unseres Energieniveauschemas Abb. 42 bedeutet das, daß sich an die Ionisierungsgrenze nach oben ein kontinuierlicher Energiebereich von nichtstationären Zuständen des freien Elektrons anschließt.

Was folgt aus dieser Überlegung für das Absorptionsspektrum des Atoms? Dem Absorptionsvorgang (42) entsprechen die in Abb. 42 eingezeichneten Übergänge vom Grundzustand zu den verschiedenen angeregten Zuständen des Atoms. Sie ergeben eine Linienserie (beim H-Atom nach S. 68 die LYMAN-Serie), die gegen die Ionisierungsgrenze konvergiert. Hier endet nun aber das Spektrum nicht, sondern nach kurzen Wellen schließt sich ein kontinuierliches Absorptionsspektrum, das sog. *Seriengrenzkontinuum*, an, das durch Übergänge des Elektrons aus dem stationären Grundzustand in die freien Zustände verschiedener kinetischer Energie oberhalb der Ionisierungsgrenze zustande kommt. Daß die Absorptionsintensität dieses Kontinuums im allgemeinen von der Seriengrenze nach kurzen Wellen hin abfällt, folgt aus den später zu besprechenden Intensitätsregeln und bedeutet, daß die Wahrscheinlichkeit der Absorption einer großen Energie kleiner ist als die eines Energiebetrages, bei der das Elektron nur wenig kinetische Energie mitbekommt.

Diesen Vorgang der Ionisierung des Atoms unter Absorption der dem Seriengrenzkontinuum entsprechenden Wellenzahlen bezeichnen wir als *Photoionisierung* und schreiben ihn

$$A + h\nu_k \rightarrow A^+ + e + mv^2/2. \tag{43}$$

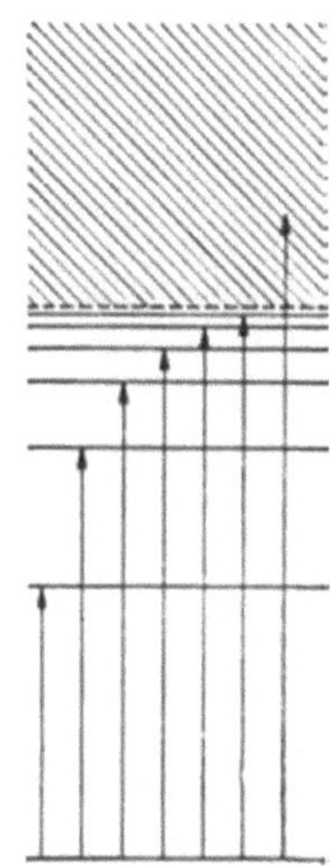

Abb. 42. Darstellung des Zusammenhangs von Anregung und Ionisierung im Energieniveauschema eines Atoms mit den dem Linienspektrum und dem Seriengrenzkontinuum entsprechenden Übergängen.

Aus der Beobachtung des Seriengrenzkontinuums in Absorption schließen wir also auf die Existenz eines wichtigen Atomprozesses, der Photoionisierung. Quantitativ gibt uns das Intensitätsverhältnis der Atomlinien zum Seriengrenzkontinuum die Wahrscheinlichkeit der Photoanregung relativ zur Photoionisierung an, und die Intensitätsverteilung im Seriengrenzkontinuum die Wahrscheinlichkeit der Photoionisierung mit Übertragung von mehr oder weniger kinetischer Energie an das frei werdende Elektron.

d) Strahlungsrekombination und Seriengrenzkontinua in Emission

Auch den Vorgang der Photoionisierung (43) können wir umkehren und erhalten

$$A^+ + e + mv^2/2 \rightarrow A + h\nu_k. \tag{44}$$

Ein positives Atomion A^+ stößt mit einem Elektron zusammen und vereinigt sich mit ihm zu einem (u. U. angeregten und dann unter Linienemission in den Grundzustand übergehenden) Atom A, wobei die Summe der Atombindungsenergie (= Ionisierungsenergie des einfangenden Atomzustands) und der relativen kinetischen Energie von Ion und Elektron als Wellenzahl des Seriengrenzkontinuums ausgestrahlt wird. In der Sprache des Energieniveauschemas ausgedrückt heißt das, daß es außer Emissionsübergängen von den höheren stationären Zuständen zum Grundzustand auch Übergänge aus dem kontinuierlichen Energiebereich oberhalb der Ionisierungsgrenze zum Grundzustand gibt, bei denen das Seriengrenzkontinuum emittiert wird.

Aus der durch Elektronenstoß gemessenen Ionisierungsenergie des He-Atoms von 24,6 eV z. B. errechnet sich nach der Energiebeziehung (10) eine Wellenzahl der Resonanzseriengrenze von rund 200000 cm^{-1} und damit eine Wellenlänge von rund 500 Å. Von dieser Wellenlänge an nach kurzen Wellen zu sollte sich also das bei der Zweierstoß-Strahlungsrekombination des He$^+$-Ions mit einem Elektron zu einem normalen Atom im Grundzustand gemäß (44) emittierte Seriengrenzkontinuum erstrecken. Tatsächlich ist dieses in Abb. 43 dargestellte Kontinuum von LYMAN in einer Heliumentladung mit dem Vakuumspektrographen gefunden

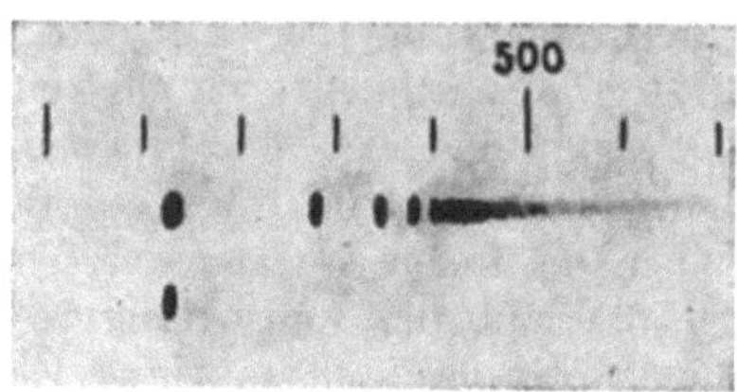

Abb. 43. Linien und Grenzkontinuum der im äußersten Ultraviolett bei 500 Å gelegenen Hauptserie des He-Atoms in Emission (nach LYMAN).

worden. Seine langwellige Grenze liegt in Übereinstimmung mit unserer Abschätzung bei 509 Å. *Aus der Beobachtung von Serienkontinua in Emission schließen wir also auf den Prozeß der Zweierstoßrekombination von Atomion und Elektron unter Emission der Bindungsenergie gemäß (44), und aus der Intensitätsverteilung im Seriengrenzkontinuum auf die Häufigkeit der Wiedervereinigung von Ionen mit Elektronen verschiedener kinetischer Energie.* Der Abfall der Intensität nach kurzen Wellen zeigt, daß die Strahlungsrekombination bevorzugt mit langsamen und viel seltener mit schnellen Elektronen erfolgt.

Für den Astrophysiker ist die Beobachtung der Seriengrenzkontinua in Emission wie in Absorption und die Ausmessung ihrer Intensitätsverteilung wegen der aus ihnen möglichen Schlüsse auf die Atomvorgänge und den Zustand der lichtaussendenden oder absorbierenden Schichten der Sterne bzw. Gasnebel von besonderer Bedeutung, zumal hier bei geringer Gasdichte die Zweierstoßrekombination nach (44) viel häufiger ist als die Dreierstoßrekombination nach (40) oder (41), die umgekehrt in Gasentladungen meist überwiegt.

Die Strahlungsrekombination braucht nicht sofort zum Grundzustand des Atoms zu führen, sondern die Einfangung des Elektrons kann in einen angeregten Zustand erfolgen mit darauffolgender Emission der zum Grundzustand führenden Spektrallinien. Diesen Vorgang der Linienemission hatten wir in III,4 unter dem Namen *Wiedervereinigungsleuchten* bereits kurz erwähnt. Da die Übergänge von den höheren angeregten Zuständen des Wasserstoffatoms in den 2quantigen Zustand nach Abb. 40 den BALMER-Linien entsprechen, erhalten wir als Ergebnis von Übergängen *freier* Elektronen in den 2quantigen Zustand die Emission des an die Seriengrenze der BALMER-Serie nach kurzen Wellen sich anschließenden BALMER-Grenzkontinuums (Abb. 26). Auch das an die PASCHEN-Serie nach kurzen Wellen sich anschließende Grenzkontinuum, das beim Einfangen von Elektronen verschiedener kinetischer Energie in den 3quantigen Zustand des H-Atoms emittiert wird, ist in Wasserstoffentladungen beobachtet worden. Günstig für solche Beobachtungen sind Entladungen nicht zu geringer Stromdichte, da ein hoher Ionisierungsgrad Voraussetzung für hinreichend häufige Stöße zwischen Elektronen und Ionen ist. Abb. 48 zeigt das Spektrum einer solchen Entladung in Kaliumdampf; man erkennt deutlich die Emissionsgrenzkontinua verschiedener Serien.

Es sei der Vollständigkeit halber schon hier erwähnt, daß die Zweierstoßrekombination von Elektronen in Entladungen nicht nur nach (44) mit *Atom*ionen, sondern auch mit *Molekül*ionen erfolgen kann. Dabei entstehen meist angeregte Moleküle, die dann entweder unter Emission des ihnen charakteristischen Bandenspektrums in den Grundzustand übergehen oder nach VI,7 in ein normales und ein angeregtes Atom zerfallen, so daß man diese beiden Möglichkeiten in der Form

$$(A\,B)^+ + e \rightarrow (A\,B)^* \begin{cases} \nearrow A\,B + h\nu \text{ (Bande)} \\ \searrow A + B^* \rightarrow A + B + h\nu \text{ (Linie)} \end{cases} \tag{45}$$

schreiben kann.

e) Elektronenbremsstrahlung

Die Seriengrenzkontinua, die wir im letzten Abschnitt behandelt haben, kommen durch Übergänge zwischen den stationären Zuständen und dem kontinuierlichen Energiebereich von Atomen zustande. Der Vollständigkeit halber sollte man nun auch Übergänge zwischen je zwei freien Elektronenzuständen des kontinuierlichen Energiebereichs unter Emission oder Absorption von Strahlung erwarten. Das entstehende Spektrum muß ebenfalls kontinuierlich sein und sollte offenbar keine direkte Beziehung zu den Linienspektren besitzen. Welchem Vorgang entsprechen nun Übergänge der in Abb. 44 eingezeichneten Art?

Betrachten wir den Übergang von oben nach unten, so haben wir als Anfangszustand ein freies Elektron großer kinetischer Energie, als Endzustand ein solches geringerer kinetischer Energie; die Energiedifferenz wird als Lichtquant mit einer Wellenzahl des kontinuierlichen Spektrums ausgestrahlt. Es handelt sich also um den Vorgang der *Abbremsung eines schnellen Elektrons im Feld eines positiven Ions*, wobei das Elektron nicht in einem stationären Zustand eingefangen wird, sondern nach dem Stoß mit dem Ion mit verminderter Energie weiterfliegt. Diesen Vorgang können wir daher schreiben als

$$A^+ + e_s \rightarrow A^+ + e_l + h\nu. \tag{46}$$

Das durch diesen Prozeß entstehende kontinuierliche Spektrum bezeichnet man als *Elektronenbremskontinuum*. Seine kurzwellige Grenze hängt ab von der kinetischen Energie der schnellsten stoßenden Elektronen. Ist diese $mv^2/2$, so kann bei dem Bremsvorgang nach (46) höchstens die gesamte kinetische Energie ausgestrahlt werden, so daß die Wellenzahl $\bar{\nu}_G$ der kurzwelligen Grenze gegeben ist durch

$$h\nu_G = mv^2/2. \tag{47}$$

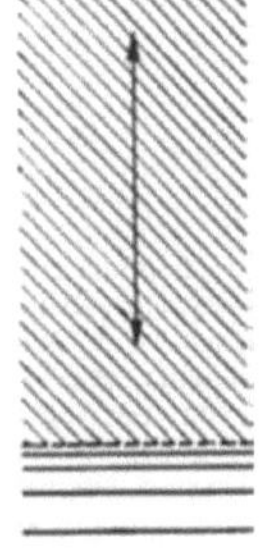

Von dieser Grenze aus erstreckt sich das Kontinuum beliebig weit nach langen Wellen, da natürlich beim Bremsvorgang beliebig kleine Energieänderungen vorkommen können.

Wie bei allen bisher behandelten Atomprozessen ist auch beim Bremsstrahlungsvorgang eine Umkehrung möglich. Von rechts nach links gelesen bedeutet die Gl. (46), daß ein Elektron im Stoß mit einem Ion kontinuierliche Strahlung absorbiert und dadurch kinetische Energie gewinnt; in Abb. 44 hat der Übergangspfeil dann die Richtung von unten nach oben. Dieser letzte Prozeß spielt in der Astrophysik eine gewisse Rolle.

Ein Elektronenbremskontinuum nach (46) ist zuerst gefunden worden *bei der Abbremsung schneller Kathodenstrahlelektronen beim Stoß mit Z-fach geladenen Kernen der Antikathodenmetallatome in Röntgenröhren.* Wird beispielsweise ein Elektron von 50000 eV im elektrischen Feld des Kerns eines Antikathodenatoms abgebremst, so errechnet sich nach der Energiebeziehung (10) eine Wellenzahl $\bar{\nu}$ von rund $4 \cdot 10^{-8}$ cm^{-1} und damit eine Grenzwellenlänge $\lambda = 1/\bar{\nu}$ von $2{,}5 \cdot 10^{-9}$ cm $= 0{,}25$ Å, d. h. Röntgenstrahlung. Die seit langem bekannte kontinuierliche Röntgenstrahlung kommt also durch den Prozeß (46) zustande; man bezeichnet dieses Spektrum daher als *Röntgenbremskontinuum.* Bei seiner Darstellung in Abb. 44 würde der obere Anfangszustand des Übergangspfeils, da die Ionisierungsenergie der Atome in der Größenordnung von 10 eV liegt, in unserem Maßstab 250 m (!) über dem unteren zu zeichnen sein. Elektronenbremskontinua im optischen Bereich waren lange unbekannt, doch hat der Verfasser zeigen können, daß eine große Zahl kontinuierlicher Spektren besonders von Bogen- und Funkenentladungen hoher Stromdichte mit Sicherheit als Bremskontinua zu deuten sind. Auch in der Astrophysik spielt die Elektronenbremsstrahlung im sichtbaren Spektralbereich eine nicht unwichtige Rolle.

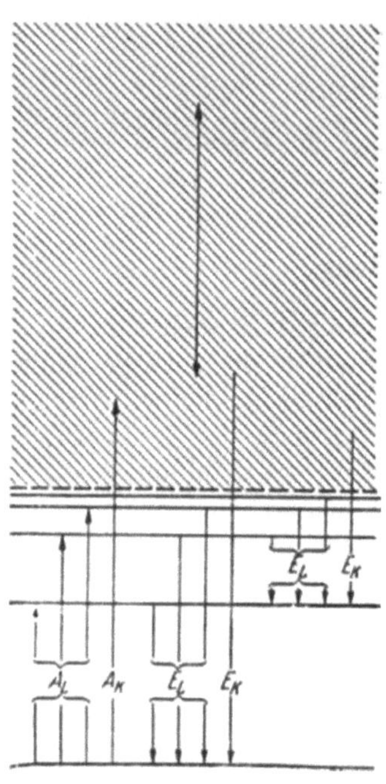

Abb. 45. Schematische Zusammenstellung der zur Emission und Absorption von Linien und Kontinua eines Atoms führenden Übergänge im Atomtermschema. A_L Linienabsorption, A_K Absorption von Seriengrenzkontinuum, E_L Linienemission, E_K Emission von Seriengrenzkontinua; oberster Doppelpfeil: Elektronenbremskontinuum.

Abb. 45 zeigt noch einmal ein Energieniveauschema mit allen bei Atomen möglichen Übergängen, entsprechend der Emission wie Absorption von Linien, Seriengrenzkontinua und Bremskontinuum.

7. Die Spektren der wasserstoffähnlichen Ionen und der spektroskopische Verschiebungssatz

Bis zur Veröffentlichung der BOHRschen Theorie schrieb man dem Wasserstoffatom außer den Spektralserien (34) noch zwei weitere Serien zu, die in ihrem Bau der BALMER-Serie weitgehend gleichen. Die eine dieser Serien wurde von FOWLER bei Funkenentladungen in einem Wasserstoff-Helium-Gemisch, die andere von PICKERING im Spektrum gewisser Fixsterne gefunden. Abb. 46 zeigt nach Messungen von PASCHEN die BALMER-Serie

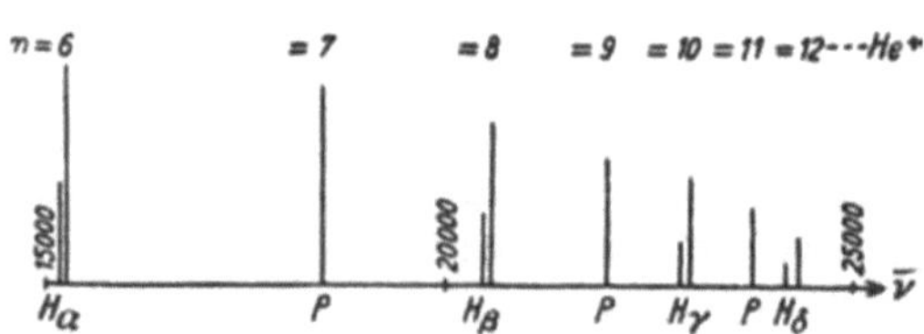

Abb. 46. Vergleich der Wellenzahlen der BALMER-Serie des H-Atoms und der PICKERING-Serie (P) des He⁺-Ions (nach SOMMERFELD).

des Wasserstoffs und die PICKERING-Serie. Jede zweite Linie dieser Serie fällt also nahezu mit einer BALMER-Linie zusammen, während je eine weitere Linie zwischen die BALMER-Linien fällt.

Die beiden fraglichen Serien lassen sich durch die folgenden RYDBERG-Formeln darstellen:

$$\text{FOWLER-Serie} \qquad \bar{\nu} = 4R\left(\frac{1}{3^2} - \frac{1}{n^2}\right) \qquad n = 4, 5, 6, \ldots \tag{48}$$

$$\text{PICKERING-Serie} \qquad \bar{\nu} = 4R\left(\frac{1}{4^2} - \frac{1}{n^2}\right) \qquad n = 5, 6, 7, \ldots \tag{49}$$

Wie sind diese Formeln nun nach der BOHRschen Theorie zu erklären? Das H-Atom scheidet als Träger dieser Spektren aus, da nach III,5 für Serienformeln dieser Art in der Theorie kein Platz ist. Da die Serien nach PASCHEN aber auch in reinem Helium auftreten, lag der Gedanke nahe, sie dem einfach positiv geladenen Helium-Ion He^+ zuzuordnen, und diese Deutung hat sich bestätigt und zu einer Reihe wichtiger Schlüsse geführt.

Wir bezeichnen das He^+-Ion als im strengsten Sinne wasserstoffähnlich, weil es wie das H-Atom aus einem Kern und *einem* ihn umkreisenden Elektron besteht. Wegen der doppelten Ladung des Heliumkerns tritt in der BOHRschen Theorie des He^+-Ions an Stelle der Gleichgewichtsbedingung (13) die Bedingung

$$\frac{2e^2}{r^2} = m r \omega^2 . \tag{50}$$

Der übrige Gang der Rechnung bleibt der gleiche wie in III,5; aus ihr folgen statt der Energiewerte des H-Atoms

$$E_n(\text{H}) = - hc\,\frac{R}{n^2} \qquad n = 1, 2, 3, \ldots \tag{51}$$

wegen der doppelten Kernladung des Heliums die Energiewerte

$$E_n(\text{He}^+) = - hc\,\frac{4R}{n^2} \qquad n = 1, 2, 3, \ldots \tag{52}$$

oder allgemein für einen Z-fach positiv geladenen Kern mit einem ihn umkreisenden Elektron

$$E_n(Z) = - hc\,\frac{Z^2 R}{n^2} \qquad n = 1, 2, 3, \ldots \tag{53}$$

Das Energieniveauschema des He^+-Ions gleicht also völlig dem des H-Atoms, nur sind sämtliche Energiedifferenzen um den Faktor 4 (allgemein Z^2) vergrößert. Die zur Abtrennung des einzigen noch vorhandenen Elektrons erforderliche Ionisierungsenergie ist folglich $4R = 54{,}38$ eV. Für die Wellenzahlen $\bar{\nu}$ der Spektrallinien des He^+ folgt aus (52)

$$\bar{\nu} = 4R\left(\frac{1}{n_e^2} - \frac{1}{n_a^2}\right) \qquad \text{mit} \quad n_a > n_e . \tag{54}$$

Wir erhalten also wieder die BALMER-Formel wie (23), nur mit dem Faktor $4R$ statt R. Sämtliche Linien des He^+ besitzen gegenüber den entsprechenden des H-Atoms nur $^1/_4$ der Wellenlänge, sind mithin in das Ultraviolett verschoben. Der Vergleich von (54) mit (48) und (49) zeigt, daß die FOWLER-Serie und die PICKERING-Serie eindeutig Serien des He^+ sind. Daß jede zweite Linie der PICKE-

RING-Serie mit einer BALMER-Linie zusammenfällt, versteht man, wenn man die Serienformel der PICKERING-Serie (49) umschreibt

$$4\,R\left(\frac{1}{4^2}-\frac{1}{n^2}\right)=R\left(\frac{1}{2^2}-\frac{1}{(n/2)^2}\right)\qquad n=5,6,7,\ldots \tag{55}$$

Für gerade n erhalten wir hieraus die mit den BALMER-Linien zusammenfallenden Linien der PICKERING-Serie, für ungerade n die Zwischenlinien.

In Abb. 46 ist aber bereits angedeutet, daß in Wirklichkeit auch die Linien mit geradem n, im Gegensatz zu unserer Rechnung, mit den BALMER-Linien nur annähernd zusammenfallen. Dies beruht auf dem Unterschied der RYDBERG-Konstanten R für Wasserstoff und Helium, d. h. auf der wegen der verschiedenen Massen von H und He verschieden starken Mitbewegung des Kerns. Nach III,5 wird die für unendlich große Kernmasse M abgeleitete RYDBERG-Konstante R_∞ Gl. (26) durch die wirkliche Bewegung von Kern und Elektron um den gemeinsamen Schwerpunkt verkleinert. Daher gilt für He$^+$, dessen Kernmasse rund viermal so groß ist wie die des Wasserstoffkerns,

$$R_{\mathrm{He}}=\frac{R_\infty}{1+\dfrac{m_e}{M_{\mathrm{He}}}}\approx\frac{R_\infty}{1+\dfrac{m_e}{4\,M_{\mathrm{H}}}}. \tag{56}$$

Aus den Spektren des He$^+$, d. h. aus den RYDBERG-Formeln (48) und (49), findet man in Übereinstimmung mit (56) statt des R_{H}-Wertes (28) den Wert

$$R_{\mathrm{He}}=109\,722{,}267\pm0{,}012\;\mathrm{cm^{-1}}. \tag{57}$$

Aus dieser Übereinstimmung zwischen Rechnung und spektroskopischem Befund kann man den wichtigen Schluß ziehen, daß der Schwerpunktsatz der Mechanik, der bei der Berechnung der Kernmitbewegung benutzt wurde, auch in atomaren Systemen seine Gültigkeit behält.

Die Spektren des nächsten streng wasserstoffähnlichen Ions nach dem He$^+$, die des Li^{++}-Ions, werden wegen (53) beschrieben durch die RYDBERG-Formel

$$\bar{\nu}=9\,R_{\mathrm{Li}}\left(\frac{1}{n_e^2}-\frac{1}{n_a^2}\right)\quad\text{mit}\quad n_a>n_e. \tag{58}$$

Aus der allgemeinen Formel (53) für die Energiewerte eines wasserstoffähnlichen Ions der Kernladungszahl Z kann man eine interessante Folgerung ziehen. Könnte man nämlich z. B. einem Calciumatom mit $Z=20$ alle Elektronen bis auf eines entreißen, so wäre die Ionisierungsenergie dieses Ions $400\,R=4{,}4\cdot10^7\;\mathrm{cm^{-1}}\hat{=}5400\;\mathrm{eV}$, und für die Wellenlänge der Seriengrenze erhielte man $\lambda_G=1/400\,R=2{,}3\;\text{Å}$. Diese Wellenlänge liegt nicht mehr im Bereich der optischen Spektren, sondern im Röntgengebiet. *Bei Sprüngen des letzten, innersten Ca-Elektrons im starken* COULOMB-*Feld des 20fach geladenen Ca-Kerns werden also Röntgenstrahlen emittiert,* und wir erkennen, daß *ein stetiger Übergang von den optischen zu den Röntgenspektren* führt. Näheres hierüber werden wir in III,10 erfahren.

Wir haben bisher nur von den im strengsten Sinn wasserstoffähnlichen Ionen und ihren Spektren gesprochen. Die Spektren aller übrigen Atome und Ionen mit mehr als einem Elektron sind komplizierter gebaut, doch sind bei ihnen die Elektronen, wie wir im einzelnen besprechen werden, in Schalen angeordnet, und man spricht von Wasserstoffähnlichkeit im weiteren Sinne auch bei den Alkaliatomen und denjenigen Ionen, die in ihrer äußersten Schale ein einziges Elektron besitzen, das bei Anregung für die Spektren verantwortlich ist. Die Energiezustände dieser im weiteren Sinne wasserstoffähnlichen Atome und Ionen können nicht mehr einfach nach Gl. (53) berechnet werden, weil die elektrostatische Bindung zwischen dem äußersten „Leuchtelektron" und dem Kern durch die Anwesenheit der übrigen Elektronen, des sog. *Rumpfes*, gestört ist. Einzelheiten werden wir unten bei der Behandlung der Spektren der Alkalien erfahren.

So wie die Spektren der Reihe H, He$^+$, Li^{++} bis auf die durch die wachsende Kernladung bedingte Ultraviolettverschiebung einander gleich sind, erwarten wir dasselbe für die noch näherungsweise wasserstoffähnlichen Reihen

$$\text{Li, Be}^+, \text{B}^{++}, \text{C}^{+++}, \text{N}^{++++}, \text{O}^{+++++}, \text{F}^{(6+)}, \text{Ne}^{(7+)}$$

$$\text{Na, Mg}^+, \text{Al}^{++}, \text{Si}^{+++}, \text{P}^{++++}, \text{S}^{+++++}, \text{Cl}^{(6+)}.$$

Alle Ionen dieser beiden Reihen sollten wie die Alkaliatome Lithium und Natrium ein Elektron in der äußersten Schale haben und einander in ihren Spektren und Energieniveauschemata, abgesehen von der aus (53) unter Berücksichtigung von (27) genau berechenbaren Ultraviolettverschiebung, gleichen. Diese Erwartung wird durch die Beobachtung voll bestätigt. Durch Kondensatorentladungen in hochverdünnten Gasen und Dämpfen haben zuerst MILLIKAN und BOWEN derartig hoch ionisierte Atome, die sog. „stripped atoms", erzeugt und mit dem Vakuumgitterspektrographen (Abb. 21) ihre Spektren untersucht. Man ist mit der Zahl der abgespaltenen Elektronen sogar bis auf 23 gekommen (Sn^{23+}). Durch diese Untersuchungen ist der von SOMMERFELD und KOSSEL aufgestellte *spektroskopische Verschiebungssatz* in schönster Weise bestätigt worden, der besagt, daß, von einigen atomtheoretisch verständlichen und in III,19 noch zu erklärenden Ausnahmen abgesehen, *das Spektrum eines beliebigen Atoms stets dem des einfach positiv geladenen Ions des im Periodensystem ihm folgenden Elements und dem des zweifach positiven Ions des zwei Stellen weiter rechts stehenden Elements ähnlich ist usf.*

Die weitgehende Bestätigung dieses spektroskopischen Verschiebungssatzes ist von besonderer Bedeutung, weil aus ihm die Richtigkeit des sog. *Aufbauprinzips* der Elektronenhüllen der Atome folgt. Dieses besagt, daß man sich jedes Atom des Periodensystems aus dem vorhergehenden, also links von ihm stehenden, entstanden denken kann durch Vergrößerung der Kernladung um eine Einheit und durch Anbau eines weiteren Elektrons zu den schon vorhandenen. Ist dieses Aufbauprinzip richtig, so muß durch Abspaltung des äußersten Elektrons eines Atoms ein positives Ion entstehen, das in seiner Elektronenanordnung und damit seinem Termschema und Spektrum dem des vorhergehenden Atoms ähnlich ist, und gerade das ist ja der Inhalt des experimentell bestätigten spektroskopischen Verschiebungssatzes.

8. Die Spektren der Alkaliatome und ihre Deutung.
Die *S-*, *P-*, *D-*, *F*-Termfolgen

Wir haben uns bisher eingehend nur mit den Spektren echter Einelektronensysteme befaßt. Wir gehen nun zur nächst komplizierteren Gruppe von Atomen, den Alkalien Li, Na, K, Rb, Cs und Fr über. Von diesen weiß man aus ihrem chemischen und sonstigen Verhalten, daß sie über einer oder mehreren abgeschlossenen Elektronenschalen je *ein* äußeres Elektron besitzen, das allein für Anregung und erste Ionisation in Frage kommt, so daß in dieser Beziehung noch eine deutliche Ähnlichkeit mit dem H-Atom besteht. Dieses äußerste Elektron, das man auch das *Leuchtelektron* oder wegen seiner Bedeutung für die chemische Bindung (vgl. VI,14) das *Valenzelektron* nennt, befindet sich aber nicht einfach im COULOMB-Feld des Kerns. Dessen Z-fach positive Ladung ist vielmehr bis auf eine noch zu berechnende effektive Kernladung in der Größenordnung von eins durch die inneren, abgeschlossenen Elektronenschalen abgeschirmt, kompensiert. Den Kern mit den inneren, abgeschlossenen Elektronenschalen bezeichnet man auch als *Atomrumpf* und spricht von Rumpf und Leuchtelektron. Elektrostatisch kann der Rumpf nun nicht einfach durch eine am Ort des Kerns gedachte positive effektive Ladung Z_{eff} ersetzt werden, sondern es kommt zu dieser Ersatzpunktladung noch ein von der Stellung des *Leuchtelektrons zum Atomrumpf abhängiges Störpotential hinzu, durch das die Energiezustände und damit die Spektren der Alkaliatome in charakteristischer und entscheidender Weise beeinflußt werden.*

Wir beginnen wieder mit dem empirischen Material. Schon KAYSER und RUNGE hatten gefunden, daß man die Spektren der Alkaliatome in drei Serien auflösen kann, zu denen später noch eine vierte, weiter im langwelligen Gebiet

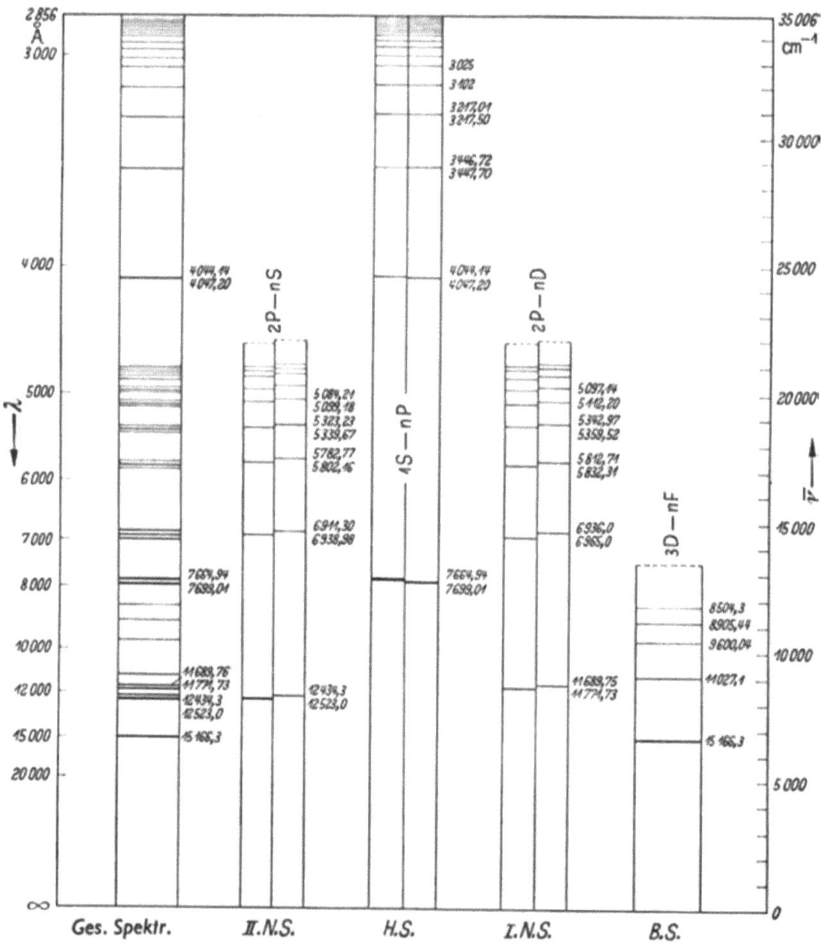

Abb. 47. Schematische Darstellung des Kaliumatomspektrums mit Auflösung in die im Spektrum überlagerten 4 Serien (nach GROTRIAN). Die Bedeutung der Tatsache, daß die drei mittleren Linienserien doppelt mit geringen Wellenlängenunterschieden auftreten, wird in III,9 erklärt.

liegende Serie hinzukam. Die Serien sind unter den Namen Hauptserie, I. und II. Nebenserie und BERGMANN-Serie bekannt. In Absorption tritt bei niedriger Temperatur nur die Hauptserie auf; ihr unterer Term ist nach S. 69 der Grundzustand. Die Wellenzahlen $\bar{\nu}$ der 4 Serien lassen sich durch RYDBERG-Formeln darstellen, und zwar in der Form:

$$
\begin{aligned}
\text{Hauptserie:} \quad & \bar{\nu} = \frac{R}{(1+s)^2} - \frac{R}{(n+p)^2} & n &= 2, 3, 4, \ldots \\[2mm]
\text{II. Nebenserie:} \quad & \bar{\nu} = \frac{R}{(2+p)^2} - \frac{R}{(n+s)^2} & n &= 2, 3, 4, \ldots \\[2mm]
\text{I. Nebenserie:} \quad & \bar{\nu} = \frac{R}{(2+p)^2} - \frac{R}{(n+d)^2} & n &= 3, 4, 5, \ldots \\[2mm]
\text{BERGMANN-Serie:} \quad & \bar{\nu} = \frac{R}{(3+d)^2} - \frac{R}{(n+f)^2} & n &= 4, 5, 6, \ldots
\end{aligned}
\tag{59}
$$

Hierin bezeichnet R wieder die RYDBERG-Konstante, während s, p, d, f gewisse für die verschiedenen Alkaliatome charakteristische Konstanten sind. Die s-Werte z. B. nehmen von 0,4 für Na bis 0,87 für Cs zu, die p-Werte liegen zwischen 0 und 0,3, und die d- und f-Werte sind nur für die schwersten Alkalien merklich von Null verschieden. Vergleichen wir die Formeln (59) mit den RYDBERG-Formeln (34) der Wasserstoffserien, so sehen wir, daß *beim Wasserstoffatom sämtliche Größen s, p, d und f gleich Null sind*. Wir schließen daraus, daß diese charakteristischen Konstanten mit der Störung des Leuchtelektrons durch den beim Wasserstoffatom ja fehlenden Atomrumpf zusammenhängen und ihre Beträge anzeigen, wie stark die verschiedenen Energiezustände der Alkaliatome von denen des Wasserstoffatoms abweichen, d. h. durch die Elektronen des Atomrumpfes gestört sind. Daß diese Störung beim Lithium mit nur zwei Rumpfelektronen am geringsten, beim Caesium mit 54 Rumpfelektronen dagegen am größten ist, leuchtet ein. Setzt man in (59) die Konstanten s, p, d, f gleich Null, so stimmt die Hauptserie mit der LYMAN-Serie des Wasserstoffs überein, die beiden dann zusammenfallenden Nebenserien mit der BALMER-Serie, und die BERGMANN-Serie mit der PASCHEN-Serie. Abb. 47 zeigt eine Darstellung der einzelnen Serien des Kaliums und links das gesamte, durch ihre Überlagerung entstehende, schon etwas unübersichtliche Spektrum. Abb. 48 zeigt ferner einen Teil des Linienspektrums des Kaliums in Emission. Auf der Aufnahme erkennt man unten die letzten Linien der beiden Nebenserien, die gegen ihre gemeinsame Grenze $2P$ konvergieren, mit ihrem gemeinsamen Serienkontinuum, oben (d. h. bei kürzeren Wellen) die gegen die Grenze $1S$ konvergierende Hauptserie.

Aus den Serienformeln (59) folgt, daß wir bei den Alkaliatomen nicht mehr wie beim H-Atom nur eine einzige Termfolge haben, sondern wegen der Störung des Leuchtelektrons durch den Atomrumpf vier verschiedene, die man wegen der sie kennzeichnenden Konstanten s, p, d und f durch die großen Buchstaben S, P, D, F kennzeichnet und wie in Abb. 49 nebeneinander aufträgt.

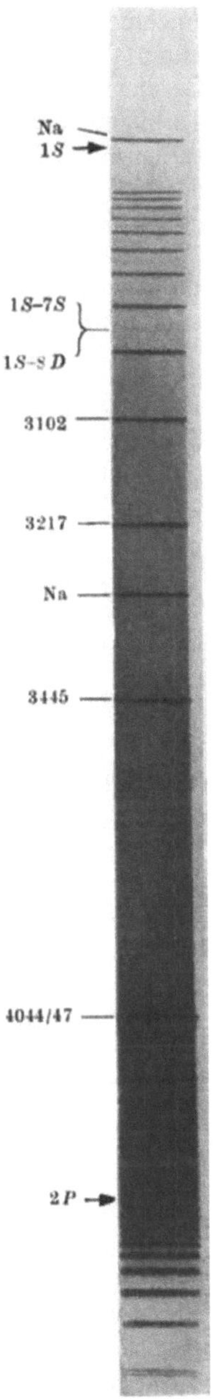

Abb. 48. Aufnahme des Kaliumatomspektrums in Emission mit den Grenzen der Hauptserie ($1\,S$) und der Nebenserien ($2\,P$) (nach KREFFT). Zwischen den Linien der Hauptserie das intensive Grenzkontinuum der Nebenserien sowie zwei „verbotene" Linien ($S \to S$ und $D \to S$).

Im Wasserstoffspektrum hatten wir für den Zusammenhang der Hauptquantenzahl n mit den in Wellenzahlen [cm^{-1}] gemessenen Termwerten T_n die Beziehung

$$|T_n| = R/n^2; \qquad n = \sqrt{R/T_n}. \tag{3}$$

Für ein beliebiges, nicht wasserstoffähnliches Atom kann man durch die analoge Formel

$$n_{\text{eff}} = \sqrt{R/T_n} \tag{60}$$

eine *effektive Hauptquantenzahl* n_{eff} definieren und berechnen, deren Werte für einzelne Energiezustände des Na-Atoms in Abb. 49 links angegeben sind, und die nun um die oben angegebenen Beträge s, p, d, f von der Ganzzahligkeit abweichen. Bezeichnet man nun den Grundzustand jedes Alkaliatoms mit 1 S und die höheren Terme mit den in Abb. 49 angegebenen Zahlen, so stimmen diese Hauptquantenzahlen mit zunehmender Annäherung an die Seriengrenze immer besser mit den nach Gl. (60) bestimmten effektiven Hauptquantenzahlen überein. Man schreibt daher die obigen RYDBERG-Formeln (59) symbolisch abgekürzt:

$$\left.\begin{array}{llll}
\text{Hauptserie:} & \bar{\nu} = 1S - nP, & n = 2, 3, 4, \ldots \\
\text{II. Nebenserie:} & \bar{\nu} = 2P - nS, & n = 2, 3, 4, \ldots \\
\text{I. Nebenserie:} & \bar{\nu} = 2P - nD, & n = 3, 4, 5, \ldots \\
\text{BERGMANN-Serie:} & \bar{\nu} = 3D - nF, & n = 4, 5, 6, \ldots
\end{array}\right\} \tag{61}$$

Der energetisch niedrigste S-Zustand hat also die Hauptquantenzahl $n = 1$, der niedrigste existierende P-Zustand $n = 2$, der niedrigste D-Zustand $n = 3$ und der niedrigste F-Zustand $n = 4$. Unter Berücksichtigung der aus der Termanalyse der Spektren folgenden Abstände der Energiezustände erhält man für Natrium das in Abb. 49 gezeigte Energieniveauschema. Die Bezeichnungen S, P, D, F sind historisch bedingt. P kommt von **P**rinzipalserie = Hauptserie, S und D bezeichnen die **s**charfe und **d**iffuse Nebenserie nach dem heute auch atomtheoretisch erklärbaren Schärfenunterschied ihrer Linien und F kommt von **f**undamental, da man irrtümlich die BERGMANN-Serie, die man im Angelsächsischen „fundamental series" nennt, für eine Art Grundschwingungs-Serie des Atoms gehalten hatte.

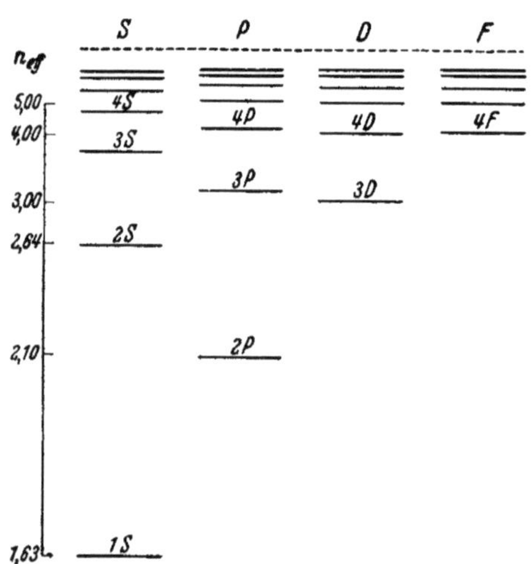

Abb. 49. Termschema des Natriumatoms mit den verschiedenen Termfolgen und den effektiven Hauptquantenzahlen der Terme.

Unsere Verwendung der Hauptquantenzahl n in (59), (61) und Abb. 49 steht nun leider mit der Einführung von n in III,5 insofern in Widerspruch, als hier der Grundzustand des äußersten Elektrons *sämtlicher* Alkaliatome mit 1 S bezeichnet wird, während das Valenzelektron tatsächlich, wie wir in III,19 noch erfahren werden, beim Lithium in der 2. Schale, beim Natriumatom in der 3. Schale usw. sitzt, der Grundzustand des Lithiumatoms also folgerichtig mit 2 S, der des Caesiumatoms mit 6 S bezeichnet werden müßte. In diesem Sinne haben wir in Abb. 200 den Grundzustand des Hg-Atoms mit 6 S bezeichnet. Die Spektroskopiker benutzen tatsächlich unglücklicherweise beide Bezeichnungsweisen nebeneinander. Die *effektive* Hauptquantenzahl n_{eff} dagegen ist durch (60) eindeutig definiert und aus den Spektren zu bestimmen. Bezeichnen wir gemäß Abb. 49 den Grundzustand sämtlicher Alkaliatome mit 1 S, so ist n_{eff} gleich $(n + s)$, 2 P gleich $(n + p)$ usw. mit den auf S. 81 angegebenen Werten der Konstanten $s, p, d \ldots$

Aus Abb. 49 folgt, daß die höheren P-, D- und F-Terme der Alkalien weitgehend wasserstoffähnlich sind, während bei den S-Termen und dem tiefsten P-Term erhebliche Abweichungen vorhanden sind. Genau das ist auch zu erwarten. Die beim H-Atom zusammenfallenden, zur gleichen Hauptquantenzahl n gehörenden Energiezustände spalten ja bei den Alkalien infolge der elektrostatischen Wirkung des Atomrumpfes in mehrere, durch die Bezeichnung S, P, D, F, ... unterschiedene Zustände auf. Dabei ist anschaulich verständlich, daß für ein sehr hoch angeregtes Leuchtelektron die Störung durch den Atomrumpf im allgemeinen vernachlässigbar klein ist. Eine gewisse Ausnahme bilden die S-Zustände, weil ihnen nach der Bohrschen Theorie die Ellipsenbahnen größter Exzentrizität entsprechen, die bis in den Atomrumpf hineinreichen und dort einer erheblichen Störung unterliegen.

Rechnet man das für die Aufspaltung der S-, P-, D-Terme erforderliche Störpotential des Rumpfes aus, so erhält man als entscheidendes Glied ein solches mit $1/r^4$, das zu dem Coulombschen Glied e^2/r hinzukommt. Dieses Glied findet eine sehr anschauliche Erklärung. Durch das Leuchtelektron wird nämlich der Atomrumpf polarisiert, d.h. der positive Kern etwas angezogen, die negative Elektronenhülle etwas abgestoßen, so daß ein elektrischer Dipol entsteht mit dem Dipolmoment

$$\mu = \frac{\alpha e}{r^2}, \tag{62}$$

worin α die Polarisierbarkeit des Atomrumpfes ist. Das Potential dieses Dipols ist

$$U(r) = \frac{\mu}{r^2} = \frac{\alpha e}{r^4}. \tag{63}$$

Das zur Darstellung der Alkalispektren erforderliche Störpotential des Atomrumpfes, das mit $1/r^4$ gehen muß, ist also wirklich durch die Polarisation des Rumpfes im Feld des Leuchtelektrons bedingt. Auch quantitativ stimmen die auf diesem Wege aus den Spektren ermittelten Polarisierbarkeiten der Alkaliionen mit den auf anderem Wege gefundenen (vgl. VI,2d) gut überein.

Tragen wir nun in das Energieniveauschema eines Alkaliatoms die als Spektrallinien beobachteten Übergänge ein, so erhält man Abb. 50. Das Entscheidende ist, daß hiernach bei den Alkalien im Gegensatz zum H-Atom und zu dem ursprünglichen Ritzschen Kombinationsprinzip (vgl. III,2) nicht mehr Übergänge zwischen *allen* Energiezuständen vorkommen, son-

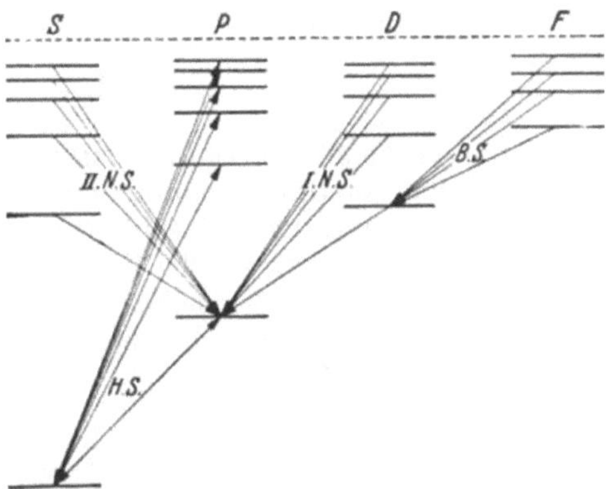

Abb. 50. Termschema des Kaliumatoms mit den den verschiedenen Spektralserien entsprechenden Übergängen.

dern daß eine „Auswahlregel" besteht, nach der nur Übergänge zwischen *benachbarten* Termfolgen beobachtbare Spektrallinien ergeben. Übergänge zwischen Zuständen der gleichen Termfolge ($S \rightarrow S$, $P \rightarrow P$, $D \rightarrow D$) sind offenbar ebenso

„verboten" wie Übergänge unter Überspringen einer benachbarten Termfolge $(S \to D, F \to P)$. Wir weisen aber schon hier darauf hin, daß diese *Auswahlverbote nicht absolut streng gelten*, sondern durch Störungen, wie starke elektrische Felder, teilweise außer Kraft gesetzt werden können. In Entladungen hoher Stromdichte z.B., in denen die Linienemission der Atome in den Störfeldern benachbarter Elektronen und Ionen stattfindet, beobachtet man daher, wenn auch mit wesentlich geringerer Intensität, auch verbotene Linien, wie in Abb. 48 z.B. eine $S \to S$- und eine $D \to S$-Linie.

Während beim H-Atom ein Elektronenzustand also durch die Angabe *einer* Zahl, der Hauptquantenzahl n, eindeutig gekennzeichnet ist, reicht diese Kennzeichnung bei den Alkalien nicht mehr aus; außer der Hauptquantenzahl ist noch die Angabe der Termfolge erforderlich, der der Atomzustand angehört. Hierzu dient die *Bahndrehimpulsquantenzahl l*. Wir definieren l so, daß bei Atomen mit einem einzigen äußersten Elektron zu einem S-Term $l = 0$, zu einem P-Term $l = 1$, zu einem D-Term $l = 2$ gehört usw., so daß jeder Elektronenzustand (im Bohrschen Modell jede Elektronenbahn) jetzt durch die Angabe der beiden Quantenzahlen n und l eindeutig festgelegt ist, wobei stets

$$l \leqq n - 1 \tag{64}$$

Tabelle 6. *Zusammenhang zwischen Elektronensymbolen, Elektronenquantenzahlen und Termfolgen bei Einelektronenatomen*

n	S $l = 0$	P 1	D 2	F 3
1	1 s			
2	2 s	2 p		
3	3 s	3 p	3 d	
4	4 s	4 p	4 d	4 f
5	.	.	.	.

ist. Daß auch der Bahndrehimpuls Null möglich ist, d.h. Pendelbahnen durch den Kern, folgt erst aus der Quantenmechanik (Kap. IV). Zur kurzen Kennzeichnung der Elektronen verwendet man die kleinen Buchstaben s, p, d, f zusammen mit der vorgesetzten Hauptquantenzahl weiter und spricht von einem 1 s-Elektron, einem 3 p-Elektron usw. Tab. 6 zeigt den Zusammenhang dieser Elektronensymbole mit den Quantenzahlen n und l sowie den Symbolen der entsprechenden Termfolgen, wobei sich die eingetragenen, allein möglichen n, l-Paare aus der Zusatzbedingung (64) ergeben. Die Auswahlregel für optische Übergänge besagt dann einfach, daß nur Übergänge erlaubt sind, bei denen sich die Bahnimpulsquantenzahl l um ± 1 ändert, für die also

$$\Delta l = \pm 1. \tag{65}$$

In der ursprünglichen Bohr-Sommerfeldschen modellmäßigen Atomtheorie war durch die Hauptquantenzahl n der größte Durchmesser der betreffenden Elektronenbahn und damit nach (22) ihre Gesamtenergie gegeben, durch die Nebenquantenzahl $k = l + 1$ die Exzentrizität der Bahn. Auch der Name Bahnimpulsquantenzahl für l erinnert noch an diese Bahnen, behält aber seine Gültigkeit, da auch nach der Quantenmechanik dem Leuchtelektron der Alkaliatome ein mechanischer Bahndrehimpuls zugeschrieben werden kann, dessen Größe $\sqrt{l\,(l+1)} \cdot h/2\pi$ ist. Beim H-Atom konnte nun Sommerfeld zeigen, daß wegen des rein Coulombschen Zentralfeldes die Energien der zur gleichen Hauptquantenzahl gehörenden Bahnen fast genau zusammenfallen, so daß wir mit *einer* Quantenzahl n auskommen. Der durch n gekennzeichnete Energiezustand des H-Atoms besteht also in dieser Näherung aus n zusammenfallenden Energiezuständen verschiedener Bahnimpulsquantenzahl; er ist, wie man das nennt, $(n - 1)$-fach entartet. Infolge der Störung des Leuchtelektrons durch den Atomrumpf fallen bei den Alkalien und allgemein bei allen mehr als ein Elektron besitzenden Atomen die Energiewerte der zum gleichen n gehörenden Bahnen aber nicht mehr zusammen, und der n-quantige Zustand spaltet daher in die n verschiedenen Energiezustände ns, np, nd, nf usf. auf. Diese Aufspaltung ist um so größer, je größer die Störung des Leuchtelektrons durch den Atomrumpf ist, d. h. je elektronenreicher der Atomrumpf selbst ist. Die Wasserstoffähnlichkeit ist daher am größten beim Lithium, die Abweichung und die Aufspaltung der zum gleichen n gehörenden Zustände am größten beim Caesium, dem elektronenreichsten stabilen Alkaliatom.

Wir erwähnten eben, daß beim Wasserstoffatom die zu den verschiedenen Bahnimpulsquantenzahlen l gehörenden Bahnen verschiedener Exzentrizität *fast* genau die gleiche Energie besitzen, die entsprechenden Terme daher in erster Näherung zusammenfallen. Ein *exaktes* Zusammenfallen der zur gleichen Hauptquantenzahl gehörenden Terme erwartet man theoretisch nur bei Vernachlässigung relativistischer Effekte, wie SOMMERFELD in seiner berühmten Theorie der Feinstruktur der Wasserstofflinien gezeigt hat. Wir können uns den Sachverhalt anschaulich klarmachen, wenn wir beachten, daß bei Bahnen großer Exzentrizität das Elektron im Perihel dem Kern so nahe kommt, daß seine Bahngeschwindigkeit nicht mehr klein ist im Vergleich zur Lichtgeschwindigkeit. Für diesen Fall ergibt die relativistische Rechnung, ebenso wie für den Fall des im Perihel der Sonne genügend nahe kommenden Planeten Merkur, daß die große Ellipsenachse sich langsam dreht, d. h. die Ellipsenbahn in eine Rosettenbahn entartet. Die Größe dieser relativistischen Bahnänderung und der entsprechenden Änderung der Bahnenergie hängt ersichtlich von der Bahnexzentrizität ab, ist also für Elektronen verschiedener Bahnimpulsquantenzahl verschieden groß. Die relativistische Korrektur bedingt folglich eine geringe Energieaufspaltung der zur gleichen Hauptquantenzahl gehörenden Terme verschiedener Bahnimpulsquantenzahl.

Quantitativ wird dieses Ergebnis durch SOMMERFELDS berühmte Feinstrukturformel für die Terme wasserstoffähnlicher Atome und Ionen

$$T_{n,l} = - \left[\frac{Z^2 R}{n^2} + \frac{Z^4 R \alpha^2}{n^4} \left(\frac{n}{l+1} - \frac{3}{4} \right) + \text{Glieder in } \alpha^4, \alpha^3 \ldots \right] \qquad (66)$$

beschrieben, die an Stelle der einfachen RYDBERG-Formel (3) tritt. Hierin ist R wieder die RYDBERG-Konstante, die mit der SOMMERFELDschen Feinstrukturkonstanten

$$\alpha = \frac{2\pi e^2}{hc}, \qquad (67)$$

die uns im folgenden noch wiederholt begegnen wird, durch die Beziehung (26) verknüpft ist.

Gl. (66) geht offenbar in die nichtrelativistische RYDBERG-Termformel (3) über, wenn man die kleine Größe $\alpha^2 = 5{,}3 \cdot 10^{-5}$ gegenüber 1 vernachlässigt. Das erklärt, weshalb beim Wasserstoff die s-, p-, d-, f-Terme gleicher Hauptquantenzahl tatsächlich in erster Näherung zusammenfallen und die der Aufspaltung entsprechende Feinstruktur der BALMER-Linien nur mit Mühe meßbar ist. Daß tatsächlich die Situation noch komplizierter ist, werden wir in III,9c erfahren.

Wir verzichten hier auf die quantitative Durchführung der Berechnung der Elektronenbahnen, die alle geschilderten Einzelheiten der Alkaliterme einschließlich der besonderen Wasserstoffunähnlichkeit der S-Terme befriedigend beschreibt, weil die in Kap. IV zu schildernde weitere Entwicklung der Quantenphysik gezeigt hat, daß den modellmäßigen Bahnvorstellungen der Elektronen nicht die Bedeutung zukommt, die man ihnen anfangs zugeschrieben hatte. Zum Beispiel führte schon der Versuch einer Bahnbeschreibung der beiden Elektronen des Heliumatoms, also des nächst dem Wasserstoff einfachsten Atoms, auf unüberwindliche Schwierigkeiten, da keines der mechanisch vernünftigen Modelle den Diamagnetismus des Heliums (III,15) zu erklären vermag.

Das durch die Einführung der Bahnimpulsquantenzahl l verständlich gemachte Auftreten von S-, P-, D-, ...-Termfolgen und der entsprechenden Linienserien ist natürlich nicht auf die Spektren der Alkaliatome beschränkt. Die gleiche Struktur wie die Alkalispektren zeigen auch die Spektren der übrigen Atome und Ionen mit *einem* Leuchtelektron wie Cu, Ag, Au sowie nach dem spektroskopischen Verschiebungssatz die einfach positiven Ionen der Erdalkalien Mg, Ca, Sr usw., die durch Ionisation eines ihrer beiden äußersten Elektronen verloren haben, die doppelt positiven Ionen der dritten Spalte des Periodensystems usw.

Es könnte zunächst überraschen, daß auch die Spektren der Atome mit zwei äußeren Elektronen, wie Helium, die Erdalkalien der 2. Gruppe des Periodensystems, sowie die Metalle Hg, Cd und Zn große Ähnlichkeit mit den Spektren der Alkalien zeigen insofern, als auch sie aus Haupt-, Neben- und BERGMANN-Serien bestehen, wenn auch noch Erscheinungen (doppelte Termschemata) vorliegen, die die Zweielektronenspektren von denen der Alkalien typisch unterscheiden und auf deren Deutung wir erst in III,11 zurückkommen. Die vorhandene Ähnlichkeit können wir nur durch die Annahme erklären, *daß im allgemeinen von zwei äußeren, an sich gleichberechtigten Elektronen nur eines angeregt wird und als Leuchtelektron wirkt, während im Sinn unseres Rumpf-Leuchtelektron-Modells das zweite äußere Elektron dem Atomrumpf hinzugerechnet werden muß.*

9. Der Dublettcharakter der Spektren von Einelektronenatomen und der Einfluß des Elektronenspins

In unserer bisherigen Betrachtung der Alkalispektren und ihrer Deutung ist unberücksichtigt geblieben, daß die in Abb. 50 als Einzellinien gezeichneten Linien in Wirklichkeit stets enge Doppellinien sind. Das ist z. B. allgemein bekannt von der berühmten gelben D-Linie des Natriums, die dem Übergang $2P \to 1S$ entspricht und in Wirklichkeit aus zwei Linien D_1 und D_2 mit einem Abstand von 6 Å besteht. Tatsächlich sind nach der spektroskopischen Analyse alle Energiezustände der Alkaliatome (Abb. 49) sowie aller übrigen Atome mit *einem* Valenzelektron mit Ausnahme der S-Zustände doppelt, und die Deutung dieser Duplizität der Einelektronenterme erfordert eine wichtige Erweiterung des bisherigen Atommodells.

a) Bahndrehimpuls, Eigendrehimpuls (Spin) und Gesamtdrehimpuls der Einelektronenatome

Daß ein Atom in einem durch die Quantenzahlen n und l gekennzeichneten Zustand noch in zwei Zuständen von etwas verschiedener Energie existieren kann, bedeutet offenbar, daß die beiden bisher eingeführten Quantenzahlen zur vollständigen und eindeutigen Beschreibung eines Atomzustandes nicht ausreichen, sondern daß wir noch mindestens eine weitere Quantenzahl benötigen. Diese wurde 1920 von SOMMERFELD unter der Bezeichnung „innere Quantenzahl" j eingeführt, und man erhielt Übereinstimmung mit dem gesamten spektroskopischen Befund, wenn man annahm, daß für alle Einelektronenatome j stets gleich $l + 1/2$ oder $l - 1/2$ ist. Wir können das gleiche auch durch die Einführung einer neuen Quantenzahl s ausdrücken, die in einem Einelektronenatom nur der Werte $+ 1/2$ oder $- 1/2$ fähig ist. Die Differenz dieser beiden möglichen Werte der Quantenzahl s ist also, in Übereinstimmung mit unserer allgemeinen Regel nur ganzzahliger Änderungen von Quantenzahlen, gleich eins. Um uns die physikalische Bedeutung dieses Befundes, wie der Quantenzahlen ganz allgemein, etwas klarer zu machen, gehen wir auf die ursprüngliche BOHRsche Quantenbedingung für die Hauptquantenzahl n zurück, die nach Gl. (17) lautete

$$2\pi r\,p = 2\pi m r^2 \omega = n h \quad \text{mit } n = 1, 2, 3, \ldots \tag{68}$$

Schreiben wir diese Gleichung

$$p r = m r^2 \omega = I \omega = n h / 2\pi, \tag{69}$$

so erkennen wir, daß man statt von der Quantelung des Elektronenimpulses p auch von der des Drehimpulses $I\omega$ des Atoms sprechen kann, der ja die Dimension einer Wirkung besitzt. Atomare Drehimpulse werden daher ganz allgemein gemäß (69) in Einheiten von $h/2\pi$ gemessen, für welche Größe man in der Quantentheorie gern $\hbar$ („h quer") schreibt. Bisher haben wir bei der Rechnung stets Kreisbahnen vorausgesetzt. Fassen wir nunmehr auch Ellipsenbahnen ins Auge, so ändern sich r und φ gleichzeitig. Von den beiden Komponenten p_r und p_φ des Elektronenimpulses, für den die Hauptquantenzahl n nach (69) gültig bleibt, bezeichnet man p_φ als Bahndrehimpuls l; für ihn gilt die Quantenbedingung

$$\oint l\,d\varphi = 2\pi l = l \cdot h; \quad l = 0, 1, 2, 3, \ldots \tag{70}$$

Daß (70) mit der Quantenbedingung (17) für die Hauptquantenzahl des Wasserstoffelektrons identisch ist, liegt ersichtlich daran, daß wir in III,5 ja nur von Kreisbahnen gesprochen haben. Für diese vereinfacht sich die allgemeine Formel für die Änderung der Ortskoordinate dq des Elektrons

$$dq^2 = dr^2 + r^2 d\varphi^2 \tag{71}$$

wegen des konstant bleibenden Bahnradius r zu

$$dq = \text{const} \cdot d\varphi. \tag{72}$$

Nach (70) gilt also für den die Änderung von r nicht enthaltenden Bahndrehimpuls l des Leuchtelektrons ganz allgemein

$$|l| = l \frac{h}{2\pi} = l\hbar, \tag{73}$$

wo l die Bahndrehimpulsquantenzahl ist, die wir in III,8 zur Erklärung der Alkalispektren einführen mußten. Dieser Bahndrehimpuls des gemäß Abb. 51 um den Kern umlaufenden Elektrons kann durch einen im Mittelpunkt der Bahnebene senkrecht stehenden Vektor dargestellt werden, dessen Größe gleich dem Betrag des Drehimpulses und dessen Richtung so bestimmt ist, daß in Richtung des Vektors gesehen der Umlauf des Elektrons im Uhrzeigersinn erfolgt.

Wie bei der Behandlung der quantenmechanischen Atomtheorie in IV,8 gezeigt werden wird, fordert die Quantenmechanik in Übereinstimmung mit der spektroskopischen Erfahrung statt (73):

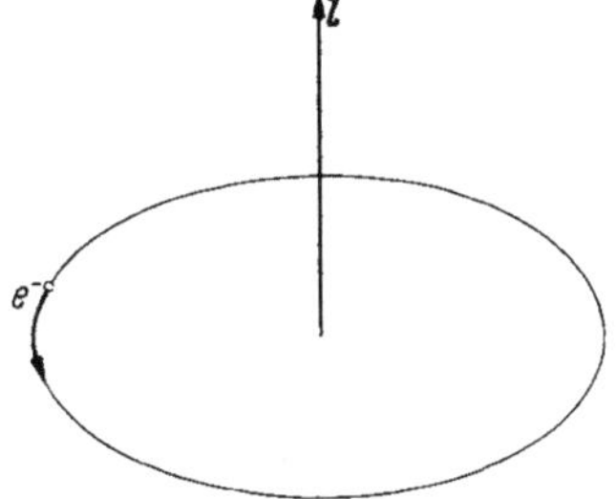

Abb. 51. Zum Verständnis des Bahndrehimpulses eines um den Kern umlaufenden Atomelektrons.

$$|l| = \sqrt{l(l+1)}\, \frac{h}{2\pi}. \tag{74}$$

Diese Formel gilt ganz allgemein für den Zusammenhang *aller* Drehimpulsbeträge mit den zugehörigen Quantenzahlen. Die Bedeutung dieser Abweichung von der klassischen Formel (73) wird allerdings dadurch gemindert, daß die maximale Komponente jedes Drehimpulses in Richtung eines äußeren ausrichtenden Feldes stets ein ganzzahliges Vielfaches von $h/2\pi$ ist, genau wie man es nach der alten Formel (73) erwarten sollte.

Die Notwendigkeit der Einführung der neuen Quantenzahl j bzw. s deutet darauf hin, daß im Atom außer dem Bahndrehimpuls des umlaufenden Elektrons noch ein weiterer Drehimpuls eine Rolle spielen muß. Dieser wurde 1925 von GOUDSMIT und UHLENBECK entdeckt, die aus spektroskopischen und magnetischen Gründen auf eine Rotation des Elektrons um seine eigene Achse schlossen, der ein Eigendrehimpuls oder Spin s vom Betrag $1/2 \cdot h/2\pi$ entspricht.

Der Bahndrehimpuls l und der Eigendrehimpuls s des Leuchtelektrons sind nun durch die ihnen entsprechenden magnetischen Felder (vgl. III,15) gekoppelt und setzen sich daher vektoriell zu einem Gesamtdrehimpuls $j = l + s$ zusammen. Dieser hängt mit der inneren Quantenzahl j, die wir von jetzt an Gesamtdrehimpulsquantenzahl nennen werden, nach (73/74)

$$|j| = j\,\frac{h}{2\pi} \qquad j = {}^1\!/_2,\, {}^3\!/_2,\, {}^5\!/_2,\, \ldots \tag{75}$$

bzw. quantenmechanisch exakt

$$|j| = \sqrt{j\,(j+1)}\,\frac{h}{2\pi} \tag{76}$$

zusammen. Ebenso wie l können auch j und s sich nur um ganzzahlige Vielfache von $h/2\pi$ ändern.

b) Die Dublettstruktur der Alkaliatomterme

Aus dem Vorstehenden folgt zwangsläufig die Dublettstruktur der Alkaliatomterme und ihrer Spektren. Betrachten wir zunächst die S-Terme. Ihnen entspricht nach Tab. 6 der Bahndrehimpuls $l = 0$ des Leuchtelektrons, das daher nach III,15 auch kein magnetisches Moment besitzt, relativ zu dem der Spin s sich einstellen könnte: Alle Orientierungen von s haben die gleiche Energie; *S-Terme sind deshalb stets einfach.* Zu den P-Termen gehört der Bahndrehimpuls $l = 1\ \hbar$, der sich mit dem Spin $s = {}^1\!/_2\ \hbar$ des Leuchtelektrons vektoriell so zusammensetzen soll, daß die Werte des Gesamtdrehimpulses sich um eine ganze Zahl unterscheiden. Es gibt nun offenbar nur zwei Einstellmöglichkeiten, die dieser Bedingung genügen, nämlich (in Einheiten $\hbar$):

$$\left.\begin{aligned} j_1 &= l + s = 1 + {}^1\!/_2 = {}^3\!/_2 \\ j_2 &= l - s = 1 - {}^1\!/_2 = {}^1\!/_2. \end{aligned}\right\} \tag{77}$$

Bei den D-Termen mit $l = 2$ haben wir ersichtlich die beiden Einstellmöglichkeiten

$$\left.\begin{aligned} j_1 &= l + s = 2 + {}^1\!/_2 = {}^5\!/_2 \\ j_2 &= l - s = 2 - {}^1\!/_2 = {}^3\!/_2. \end{aligned}\right\} \tag{78}$$

Außer den S-Termen sind also alle Terme der Alkalien wegen der beiden Einstellmöglichkeiten des Spins Dublettterme. Auch die S-Terme wären „an sich" Dublettterme, doch fehlt wegen $l = 0$ die Einstellmöglichkeit des Spins, so daß die S-Terme einfach erscheinen. Man bezeichnet sie trotzdem als Dublett-S-Terme, weil sie Terme eines Dublettsystems sind.

Durch die Existenz des Eigendrehimpulses der Elektronen vom konstanten Betrage $\hbar/2$ erhalten die Termschemata der Alkaliatome also in Übereinstimmung

mit der Erfahrung Dublettcharakter. Diese Tatsache drückt man in der spektrosko-
pischen Symbolik dadurch aus, daß man dem die Bahnimpulsquantenzahl l kenn-
zeichnenden Termsymbol (S, P, D, F, … für l = 0, 1, 2, 3, …) links oben eine kleine
2 anfügt und das Symbol ^2P dann „Dublett-P" ausspricht. Die die beiden Dublett-
termkomponenten unterscheidende Quantenzahl j des gesamten Elektronendrehimpul-
ses schreibt man unten rechts an das Termsymbol an. Die beiden zu $n = 3$ und $l = 1$
gehörenden Dublettermkomponenten eines Alkaliatoms schreibt man also. 3 $^2P_{3/2}$
und 3 $^2P_{1/2}$, den Grundzustand der Alkalien entsprechend 1 $^2S_{1/2}$.

Die Größe der Dublettermaufspaltung nimmt, wie die Analyse der Spektren
ergibt, innerhalb jeder Gruppe des Periodensystems mit wachsender Ordnungszahl sehr stark zu. Sie beträgt beispielsweise für das tiefste $^2P_{3/2-1/2}$-Dublett des

Lithiums nur 0,34 cm^{-1},
während sie beim Caesi-
um den mehr als tausend-
fachen Betrag von 554 cm^{-1}
erreicht. Die Dublettauf-
spaltung nimmt ferner
mit zunehmender Haupt-
und Bahnimpulsquanten-
zahl stark ab. Ihre Theorie
kann erst in III,17 nach
der Behandlung der magne-
tischen Eigenschaften der
Elektronen und Atome ge-
geben werden.

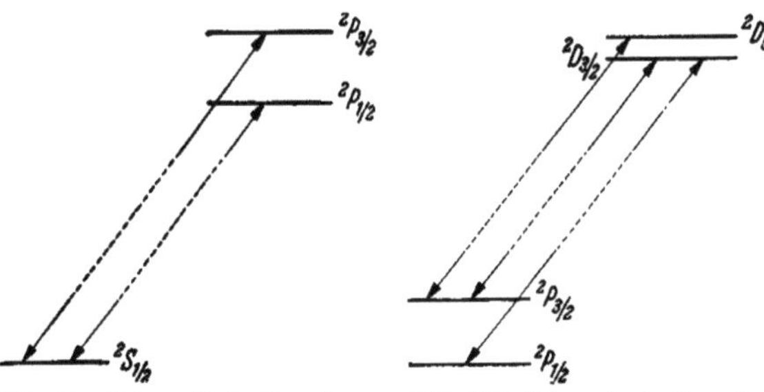

Abb. 52a. Schematische Termdar-
stellung der zu einem $^2P \rightarrow {}^2S$-Du-
blett eines Alkaliatoms führenden
Übergänge.

Abb. 52b. Schematische Termdar-
stellung der zu einem $^2D \rightarrow {}^2P$-Du-
blett eines Alkaliatoms führenden
Übergänge.

Aus den Spektren entnimmt man, daß die Gesamtdrehimpulsquantenzahl j
bei optischen Übergängen konstant bleibt oder sich um eins ändert:

$$\Delta j = 0 \quad \text{oder} \quad \pm 1. \tag{79}$$

Betrachten wir an dem unter Berücksichtigung der Dublettaufspaltung gezeichneten Ausschnitt des Alkalitermschemas Abb. 52 die nach (79) erlaubten Übergänge, so sehen wir, daß alle $P \rightarrow S$-Übergänge doppelt werden, also Dublett-
linien ergeben wie die berühmten Natrium-D-Linien bei 5890/5896 Å. Bei den
Übergängen zwischen P-, D- und F-Termen sollte man nach Abb. 52b theoretisch
drei Linien erwarten, da z.B. bei einem $D \rightarrow P$-Übergang die Sprünge $^5/_2 \rightarrow {}^3/_2$,
$^3/_2 \rightarrow {}^3/_2$ und $^3/_2 \rightarrow {}^1/_2$ nach (79) erlaubt sind. Ein aus den Spektren zu entnehmen-
des und theoretisch begründbares Intensitätsgesetz besagt aber, daß Übergänge,
bei denen l und j sich in der gleichen Richtung ändern (in Abb. 52b: $P_{1/2} \rightarrow D_{3/2}$
und $P_{3/2} \rightarrow D_{5/2}$), mit viel größerer Intensität auftreten als solche, bei denen j konstant bleibt, l und s sich also gegenläufig ändern. Eine der bei allen Übergängen
zwischen Dublettermen mit $l \neq 0$ auftretenden Spektrallinien (in Abb. 52b:
$D_{3/2} \rightarrow P_{3/2}$) erscheint daher als sog. *Satellit* mit nur so geringer Intensität, daß man
in Vereinfachung der tatsächlichen Verhältnisse bei den Einelektronenatomen
allgemein von Dublettspektren spricht.

c) Dublettcharakter und Feinstruktur der Balmer-Terme des Wasserstoffatoms

Nach unserer Darstellung müssen wegen des Elektronenspins $\hbar/2$ alle Einelektronenatome ein Dublettermsystem besitzen, und das wichtigste dieser Atome
ist das H-Atom. Tatsächlich hat man ja nun bei größter Auflösung der Spektren
eine Feinstruktur der Wasserstofflinien gefunden, die SOMMERFELD nach S. 85
auf eine geringe Aufspaltung der in erster Näherung zusammenfallenden S-, P-

und D-Terme gleicher Hauptquantenzahl infolge relativistischer Effekte zurückgeführt hatte. Nach der Spintheorie müssen aber alle diese Energiezustände des H-Atoms noch in Dubletts mit den inneren Quantenzahlen $j = l \pm {}^1/_2$ aufspalten, und die Größe dieser Aufspaltung muß, wie bei allen Dubletts, vom Betrage der Wechselwirkung zwischen Bahndrehimpuls und Spin des Elektrons abhängen. Die von HEISENBERG und JORDAN durchgeführte Rechnung erbrachte nun das höchst überraschende Ergebnis, *daß beim Wasserstoffatom die Terme gleicher Quantenzahl j trotz verschiedener Bahndrehimpulsquantenzahl l zusammenfallen, die Terme ²P₁/₂ und ²S₁/₂ also die gleiche Energie besitzen und ebenso die beiden* Terme ²D₃/₂ und ²P₃/₂. *Trotz der Dublettaufspaltung bleibt also die Zahl der Feinstrukturkomponenten jedes Wasserstoffterms gleich seiner Hauptquantenzahl n, genau wie in der alten* SOMMERFELD*schen Darstellung.* Quantitativ erhält man die richtige Feinstrukturformel, wenn man in (66) die Größe $(l + 1)$ durch $(j + {}^1/_2)$ ersetzt. *Ein* wesentlicher Unterschied zwischen der älteren und der neueren Deutung der Wasserstoff-Feinstruktur aber sei an Abb. 53 erklärt. Hier ist halbschematisch die Feinstruktur der Wasserstoffterme $n = 2$ und $n = 3$ angegeben, durch deren Kombination die BALMER-Linie H$_\alpha$ entsteht, und zwar links nach der SOMMERFELD-schen Theorie, rechts (Abb. 53 b) nach der vollständigen Dubletttheorie. Nach ersterer folgt die Zahl der Komponenten der H$_\alpha$ aus der l-Auswahlregel (65) und beträgt gemäß Abb. 53 a drei, während nach der Dubletttheorie die j-Auswahlregel (79) zu benutzen ist und gemäß Abb. 53 b eine Aufspaltung der H$_\alpha$

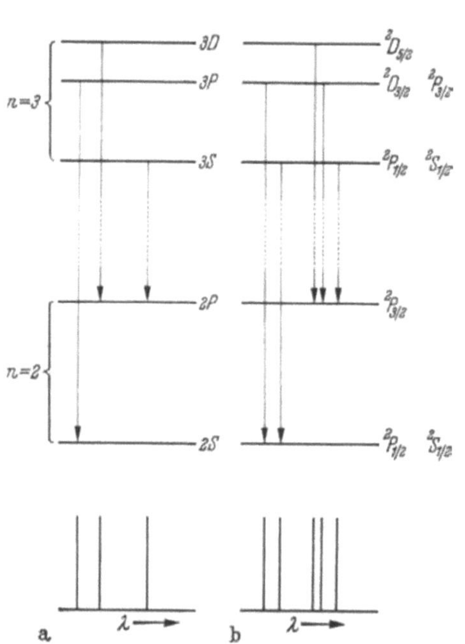

Abb. 53. Halbschematische Darstellung der Term- und Linienaufspaltung der Wasserstofflinien H$_\alpha$ nach der älteren Theorie von SOMMERFELD (a) und der neueren Theorie unter Berücksichtigung des Spins (b).

in *fünf* Komponenten erwarten läßt. Sorgfältigste Messungen von HANSEN an der BALMER-Linie H$_\alpha$ und von PASCHEN an der entsprechenden He$^+$-Linie 4686 haben die nach Abb. 53 b zu erwartende Feinstruktur der Linien bestätigt und damit den Einfluß des Elektronenspins auch auf die Feinstruktur des H-Atoms und des He$^+$-Ions sichergestellt.

Hochfrequenzspektroskopische Untersuchungen von LAMB und RETHERFORD haben allerdings ergeben, daß die in Abb. 53 b zusammenfallend gezeichneten Terme $2\,{}^2S_{1/2}$ und $2\,{}^2P_{1/2}$ in Wirklichkeit nicht genau zusammenfallen, sondern daß der erstere um etwa 0,03 cm^{-1}, d. h. um ${}^1/_{11}$ des Abstandes der beiden Komponenten des $(n = 2)$-Terms in Abb. 53 b, höher liegt. Dieser Befund hat zur Entdeckung der S. 24 erwähnten Abweichung des magnetischen Moments des Elektrons vom Betrage des BOHRschen Magnetons (II–30) geführt, die ihrerseits erst von der Quantenelektrodynamik (vgl. IV,14) erklärt werden konnte. So ist der Effekt ein schönes Beispiel dafür, wie unscheinbare zahlenmäßige Abweichungen zwischen Experiment und Theorie zur Entdeckung grundsätzlich wichtiger Effekte führen können.

10. Die Röntgenspektren, ihre atomtheoretische Deutung und ihr Zusammenhang mit den optischen Spektren

Wir haben in III,7 gezeigt, daß die Spektren wasserstoffähnlicher, aus einem Kern mit nur einem Elektron bestehender Ionen für Elemente mit Ordnungszahlen über etwa 20 im Gebiet um und kleiner als 1 Å liegen, d. h in das Röntgengebiet fallen. Derartig hoch ionisierte Atome können wir aber im Laboratorium noch nicht erzeugen; sie kommen nur im Innern der Sterne wegen der dort herrschenden sehr hohen Temperaturen, d. h. infolge thermischer Ionisierung vor. Die uns experimentell bekannte Röntgenstrahlung dagegen muß von Atomen stammen, die zunächst ihre volle Elektronenzahl besitzen. Um die Emission dieser normalen, für die einzelnen Atome charakteristischen Röntgenstrahlung zu verstehen, müssen wir vorgreifend einige Tatsachen über den Aufbau der Elektronenschalen der Atome höherer Ordnungszahl kennenlernen, die tatsächlich von Kossel erst aus den Röntgenspektren erschlossen worden sind.

a) Elektronenschalenaufbau und Röntgenspektren

Wie wir in III,19 zeigen werden, sind die Elektronen der Atome höherer Ordnungszahl um die Kerne in einzelnen Schalen angeordnet, die man der Reihe nach mit K, L, M, N, O und P bezeichnet. Dabei haben in der K-Schale höchstens 2 Elektronen Platz, in der L-Schale höchstens 8, in der M-Schale 18 und in der N-Schale höchstens 32 Elektronen. Da den äußeren Elektronenschalen die äußeren

Bohrschen Bahnen und damit die höheren Energiezustände entsprechen, können wir das vollständige Energieniveauschema, z. B. des Cu-Atoms mit der Ordnungszahl 29, gemäß Abb. 54 darstellen. Die K-, L- und M-Schale mit den Hauptquantenzahlen $n = 1$, 2 und 3 sind mit Elektronen voll besetzt, während in der 4quantigen N-Schale nur noch ein einziges, das Leuchtelektron des Cu-Atoms, sitzt. Die optischen Spektren, die man etwa im elektrischen Lichtbogen zwischen Cu-Elektroden anregen kann, entstehen durch Anregung dieses Leuchtelektrons in höhere, normalerweise unbesetzte Energiezustände und Rücksprünge in den 4quantigen Zustand. Diese höheren, nicht oder nicht voll besetzten Energiezustände nennen wir deshalb auch die *optischen Niveaus*. Daß bei Elektronensprüngen zwischen diesen äußeren Niveaus des Cu-Atoms optische

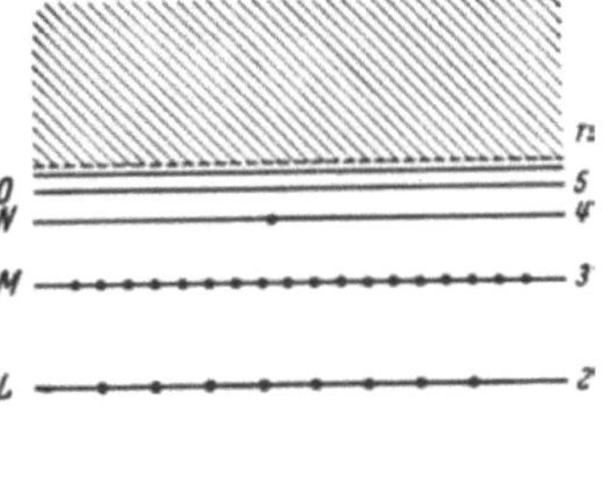

Abb. 54. Energieniveauschema des Cu-Atoms (vereinfacht) einschließlich der normalerweise fortgelassenen Zustände der mit Elektronen voll besetzten inneren Elektronenschalen.

Spektren emittiert und absorbiert werden müssen, sieht man leicht ein. Das Leuchtelektron des Cu ist zwar durch elektrostatische Kräfte an den Kern gebunden, doch ist die hohe Kernladung von 29 positiven Elementarladungen durch die inneren, voll besetzten Elektronenschalen weitgehend abgeschirmt, so daß sich das äußerste, für das optische Cu-Spektrum verantwortliche Elektron in einem Feld der effektiven Kernladung von der Größenordnung eins befindet und daher seine Ionisierungs- und Anregungsenergie von der gleichen Größenordnung wie die des H-Atoms sein muß.

Röntgenstrahlung dagegen müßte emittiert werden bei Übergängen z. B. zwischen der L- und K-Schale, weil sich hier das springende Elektron in dem starken Felde der vollen oder höchstens um eine Einheit abgeschirmten Kernladung befindet. Diese zur Emission von Röntgenstahlung führenden Elektronen-

sprünge zwischen den kernnächsten Energieniveaus sind aber ohne weiteres nicht
möglich, weil diese Niveaus ja mit Elektronen voll besetzt sind. Voraussetzung
für die Emission von Röntgenstrahlung ist daher, daß in einer der innersten
Elektronenschalen ein freier Platz ist, daß also z.B. eines der beiden K-Elektronen
durch Ionisation aus der K-Schale entfernt wird. Die hierzu erforderliche Ionisierungsenergie eines der K-Elektronen ist, wenn wir von der Störung durch die
umgebende Elektronenhülle und die Abschirmung der Kernladung durch das
andere K-Elektron absehen, nach Gl. (53) gleich $Z^2 R$, beträgt also für das innerste Cu-Elektron wegen $Z = 29$ rund 11 400 eV. Die Ionisierung eines K-Elektrons
des Kupfers ist also durch Elektronenstoß eines Kathodenstrahlelektrons möglich,
das in einer Röntgenröhre mit mehr als 12 kV beschleunigt worden ist.

b) Der Mechanismus der Röntgenlinienemission

Der Mechanismus der Emission der Röntgenlinien, z.B. des Kupfers, ist also
nach der zuerst von KOSSEL entwickelten Vorstellung der folgende: Die von der
Glühkathode emittierten und durch die Spannung zwischen Kathode und Antikathode beschleunigten Elektronen treffen auf die Cu-Atome der Antikathode,
durchdringen die äußersten Elektronenschalen ohne Zusammenstoß und ionisieren
eines der beiden (innersten) K-Elektronen der Kupferatome, d.h. stoßen es aus
dem Atomverband heraus. Strenggenommen braucht das K-Elektron nicht ein-

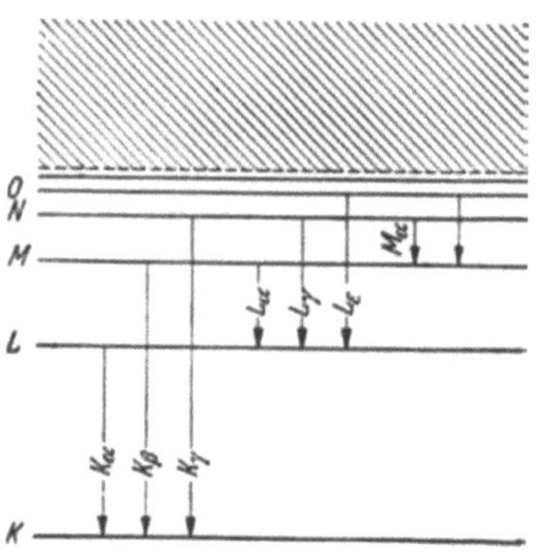

mal völlig abgetrennt zu werden, sondern es
genügt eine Hebung bis auf eines der unbesetzten optischen Niveaus. Da deren Abstand
von der Ionisierungsgrenze aber relativ zum
Abstand zwischen L- und K-Niveau verschwindend klein ist (in Abb. 54 stark verzerrt gezeichnet!), spricht man einfach von Stoßionisation.

Die so in der K-Schale entstandene Lücke
wird nun (vgl. Abb. 55) durch Übergang eines
Elektrons aus der L-, M- oder N-Schale in die
K-Schale unter Emission der Energiedifferenz
in Form einer Röntgenlinie ausgefüllt. Alle
diese Röntgenlinien, deren gemeinsamer End-

Abb. 55. Energieniveauschema eines Atoms
mit Darstellung der zur Emission von Röntgenlinien führenden inneren Elektronenübergänge.

zustand der 1quantige K-Zustand ist, nennt
man die K-Serie. Durch die Emission von K_α
entsteht nun eine Elektronenlücke in der L-
Schale, die wieder durch Übergang eines Elek-
trons aus der M- oder N-Schale unter Emission langwelligerer, „weicherer"
Röntgenlinien L_α, L_γ ausgefüllt werden kann. Durch Übergang der obersten beim
Cu noch besetzten N-Schale in eine Elektronenlücke der M-Schale schließlich entsteht die sehr weiche M_α-Linie.

In Wirklichkeit liegen die Verhältnisse insofern noch komplizierter, als jede
der in Abb. 55 gezeichneten Röntgenlinien aus einer ganzen Anzahl nahe benachbarter Linien verschiedener Intensität besteht. Auf diese Feinstruktur der
Röntgenspektren kommen wir gleich zurück. Abb. 56 zeigt als Beispiel das L-
Spektrum des Wolframs mit allen Linien. Als Wellenlängeneinheit ist hier die
XE $\approx 10^{-3}$ Å $= 10^{-11}$ cm benutzt. Selbstverständlich kann u. U. das L-Spektrum
auch ohne die K-Serie auftreten, wenn nämlich die kinetische Energie der Kathodenstrahlelektronen nur zur Abtrennung von L-Elektronen ausreicht.

*Die Röntgenlinienspektren entsprechen also durchaus den schon behandelten
optischen Spektren, nur ist zu ihrer Emission, da es sich um vollbesetzte Elektronenschalen handelt, die Abtrennung eines inneren Elektrons erforderlich. Die Anregungs-*

energie der Röntgenspektren ist also gleich der Abtrennenergie des Elektrons aus dem betreffenden Endzustand (Ionisierungsenergie des Atoms in dem betreffenden Zustand). Dabei sind die Wellenlängen der Röntgenlinien wie die der optischen Spektren durch die Abstände der (in diesem Fall innersten, besetzten) Energieniveaus bestimmt und damit für die betreffenden Atome charakteristisch. Die

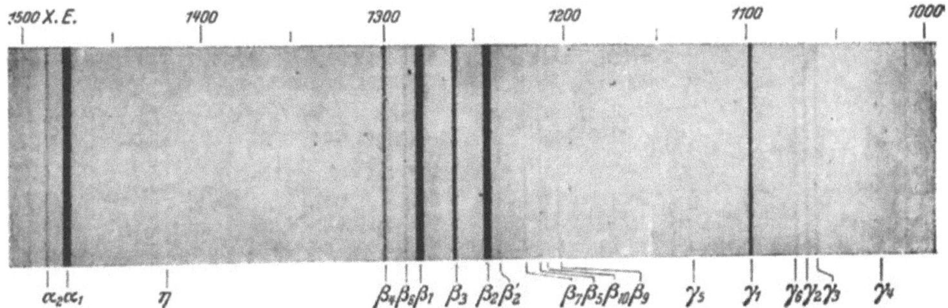

Abb. 56. Beispiel für ein Röntgenlinienspektrum: Das L-Spektrum des Wolframatoms (nach SIEGBAHN).

Röntgenlinienstrahlung wird deshalb auch als *charakteristische Röntgenstrahlung* bezeichnet. Je größer die Ordnungszahl, d.h. die Kernladungszahl des strahlenden Atoms ist, desto kurzwelliger ist seine charakteristische Röntgenstrahlung, wie Abb. 5 zeigt. Dieses von BARKLA und MOSELEY entdeckte Gesetz haben wir in II,3 bereits zur Festlegung der Ordnungszahlen der Elemente benutzt. Den Zusammenhang der Röntgenlinien mit den optischen Linien erkennen wir am deutlichsten, wenn wir uns klarmachen, daß die K_α-Linie des Wasserstoffatoms mit der langwelligsten Linie der LYMAN-Serie (Abb. 40) identisch ist.

Den Gegensatz zur charakteristischen Röntgenstrahlung stellt die von der speziellen Art der Antikathodenatome weitgehend unabhängige kontinuierliche Röntgenbremsstrahlung dar, die bei der Abbremsung der Kathodenstrahlelektronen im Kernfeld der Antikathodenatome emittiert wird. Das Kontinuum erstreckt sich, wie in III,6e bereits erklärt, von längsten Wellen bis zu einer scharfen kurzwelligen Grenze, deren Energie $h\nu_g$ gleich der Maximalenergie der abgebremsten Kathodenstrahlelektronen ist. Die Absolutintensität des Kontinuums ist von der Ordnungszahl der Antikathodenatome abhängig, die die Größe des bremsenden Kernfeldes bestimmt. Die Existenz des Röntgenbremskontinuums bedingt, daß ein Röntgenspektrum stets aus einem kontinuierlichen Untergrund mit den überlagerten Linien des charakteristischen Spektrums besteht, wie Abb. 25 sehr schön zeigt.

c) Die Feinstruktur der Röntgenlinien

Bei unserer Darstellung der Emissionsübergänge haben wir die Verhältnisse vereinfacht so dargestellt, als ob beim Übergang eines Elektrons von der L- in die K-Schale eine einzige Röntgenlinie, die K_α, emittiert würde. In Wirklichkeit entsprechen jedem Übergang, wie Abb. 56 für das Beispiel des L-Spektrums von Wolfram zeigt, eine ganze Anzahl von Linien. Die in Abb. 55 gemachte Vereinfachung entspricht, wie ein Vergleich mit Abb. 40 zeigt, der bei der Behandlung des Wasserstoffatomspektrums gemachten Annahme, daß jeder Energiezustand ausschließlich durch seine Hauptquantenzahl n bestimmt ist. Diese Vereinfachung erwies sich wegen der relativistischen Störung und des Elektronenspins schon beim H-Atom als nicht ganz zulässig, und die Behandlung der übrigen Einelektronen-

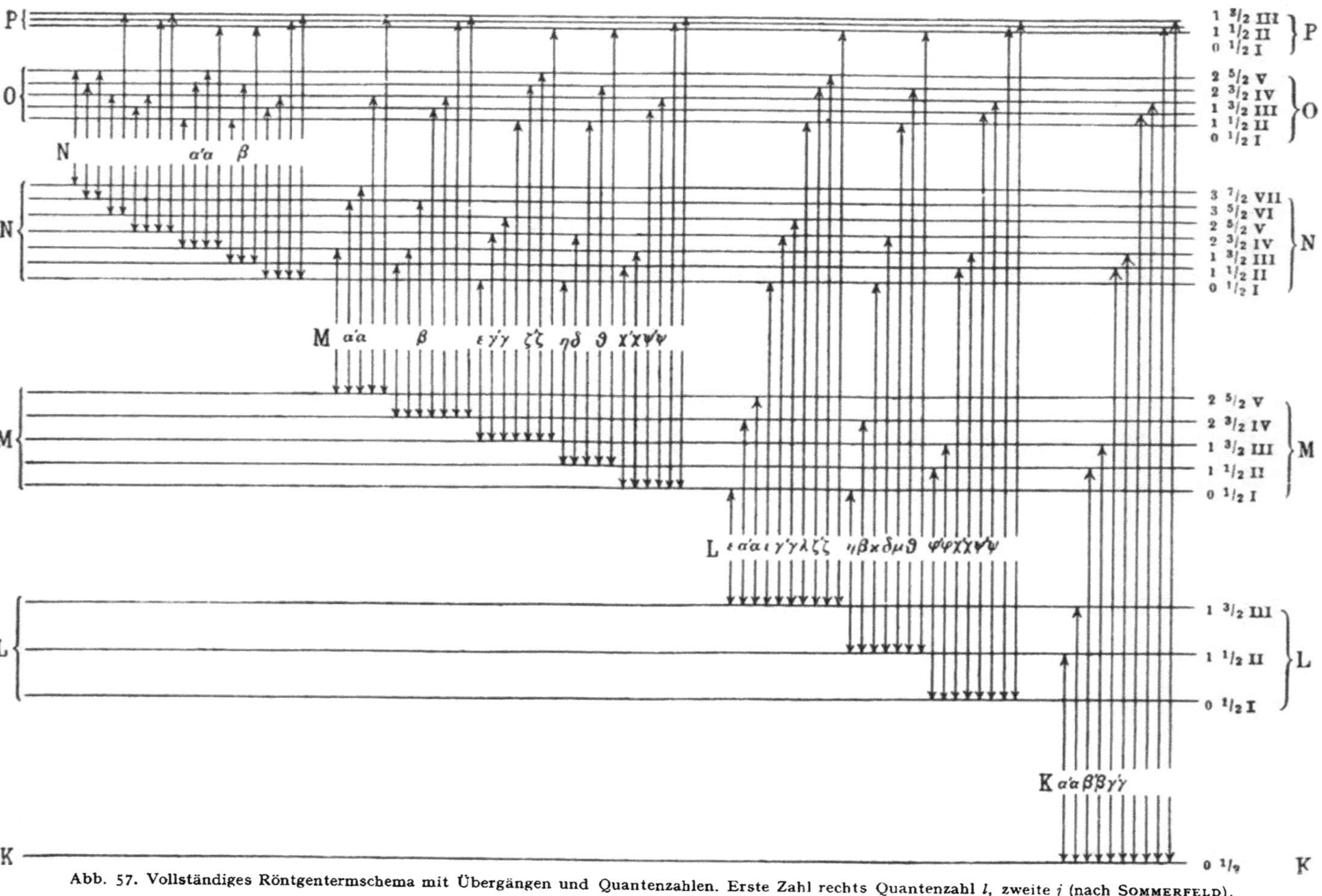

Abb. 57. Vollständiges Röntgentermschema mit Übergängen und Quantenzahlen. Erste Zahl rechts Quantenzahl *l*, zweite *i* (nach SOMMERFELD).

spektren zeigte uns die Notwendigkeit der Einführung von Bahndrehimpuls- und Spinquantenzahl bzw. Gesamtdrehimpulsquantenzahl j zur Beschreibung der Energiezustände.

Wir machen uns nun zunächst klar, daß wir auch die Röntgenspektren als *Eine*lektronenspektren aufzufassen haben, ihre Energieniveauschemata also denen der Alkaliatome analog sein sollten. Der für die Emission einer Röntgenlinie maßgebende Anfangszustand eines Atoms ist ja gekennzeichnet durch *ein* in einer abgeschlossenen inneren Elektronenschale *fehlendes* Elektron. Wie HEISENBERG schon 1931 gezeigt hat, ist ein solcher Zustand mit einem an einer vollen Schale fehlenden Elektron äquivalent einem Zustand mit nur einem Elektron in einer sonst leeren Schale, allerdings einem solchen mit positiver Ladung. Anwendungen dieses Satzes werden uns, besonders bei der Festkörperphysik, noch vielfach begegnen. Zur Begründung sei hier nur angeführt, daß der resultierende Bahndrehimpuls wie Spin aller Elektronen einer voll gefüllten Elektronenschale wie der einer völlig leeren Schale Null ist, so daß ein Zustand mit einem fehlenden Elektron von den resultierenden Drehimpulsen ebenso verschieden sein muß wie ein Zustand mit einem einzigen Elektron in einer sonst leeren Schale.

Ebenso wie bei den Alkaliatomen besteht daher jeder Energiezustand der Hauptquantenzahl n in Wirklichkeit aus einer Gruppe von $2n - 1$ mehr oder weniger eng benachbarten Zuständen. Der durch Ionisation der K-Schale mit $n = 1$ entstehende Energiezustand des Atoms ist ersichtlich (wie der Grundzustand der Alkaliatome) ein $1S_{1/2}$-Zustand. Ein in der L-Schale mit $n = 2$ fehlendes Elektron ergibt die drei möglichen Atomzustände $2S_{1/2}$, $2P_{1/2}$ und $2P_{3/2}$, ein aus der M-Schale ionisiertes Elektron die fünf Zustände $3S_{1/2}$, $3P_{1/2}$, $3P_{3/2}$, $3D_{3/2}$ und $3D_{5/2}$ usf. Dies ist in Abb. 57 schematisch, d.h. ohne Rücksicht auf die tatsächliche Aufspaltung der zu gleichen Schalen gehörenden Zustände, mit den entsprechenden Röntgenübergängen eingetragen. Letztere folgen, wie bei den optischen Einelektronenspektren, aus der j-Auswahlregel (79).

Die Größe der Aufspaltung der zu den verschiedenen l- und j-Werten gleicher Hauptquantenzahl n gehörenden Terme folgt aus der SOMMERFELDschen Feinstrukturformel (66). Daß die ihr zugrunde liegenden relativistischen Effekte bei den Röntgenspektren im Gegensatz zu den BALMER-Linien zu so erheblichen Energieaufspaltungen führen, hat seinen Grund darin, daß die inneren Elektronen von Vielelektronenatomen sich in dem nur wenig abgeschirmten starken elektrischen Kernfeld bewegen und ihre Geschwindigkeit von der der Lichtgeschwindigkeit nur noch wenig abweicht. Sie beschreiben daher um den Kern statt geschlossener Ellipsen rosettenartige Bahnen mit beachtlicher Perihelbewegung, und die Energien von Bahnen verschiedener Exzentrizität unterscheiden sich daher beträchtlich.

Neben diesen aus der relativistischen Theorie der Einelektronenspektren folgenden Röntgenlinien beobachtet man besonders in den Röntgenspektren der leichteren Elemente noch eine Anzahl meist schwacher Linien, die sog. Satelliten, deren Deutung noch nicht völlig gesichert ist, die aber wohl mit der Möglichkeit der gleichzeitigen Anregung zweier Elektronen und der Existenz der obersten, im allgemeinen nicht voll besetzten Elektronenniveaus zusammenhängen. Man bezeichnet sie teilweise als Funkenlinien, weil man zunächst annahm, daß sie wie die optischen Funkenspektren der Elemente (vgl. III,1 d) durch Elektronensprünge in einem bereits einmal ionisierten Atom zustande kämen.

d) Die Röntgenabsorptionsspektren und ihre Kantenstruktur

Die zur Emission der charakteristischen Röntgenlinienstrahlung führenden Vorgänge werden besonders klar, wenn wir nun die Frage nach dem Röntgenabsorptionsspektrum stellen. Bei den optischen Spektren können nach III,5 alle Linien der auf dem Grundzustand endenden Serie, der im Röntgengebiet die K-Serie entspricht, auch absorbiert werden, wodurch das 1quantige Elektron in die entsprechenden höheren Zustände gelangt. Eine Absorption der Röntgenlinien K_α und K_β ist beim Cu aber offenbar nicht möglich, weil die L- und M-Schale vollbesetzt sind. Durch Strahlungsabsorption kann ein K-Elektron also nur in eines der obersten unbesetzten optischen Niveaus oder in den kontinuierlichen Energiebereich oberhalb der Ionisierungsgrenze übergehen. Berücksichtigt man nun, daß die Abstände der optischen Niveaus vernachlässigbar klein sind gegenüber denen der Röntgenniveaus, so erkennt man, daß ein Elektron der K-Schale praktisch nur das Seriengrenzkontinuum der K-Serie absorbieren kann, ein Elektron der L-Serie entsprechend nur das L-Seriengrenzkontinuum. *Es gibt also Röntgenlinien nur in Emission und nicht in Absorption, und die Röntgenabsorptionsspektren bestehen ausschließlich aus den Seriengrenzkontinua der Röntgenserien mit einer noch zu besprechenden Struktur der langwelligen Grenzen.* Man bezeichnet im Röntgenbereich diese Kontinua meist als Absorptions*kanten*; sie erstrecken sich von der Ionisierungsgrenze der betreffenden Niveaus mit abnehmender Absorption nach kurzen Wellen zu.

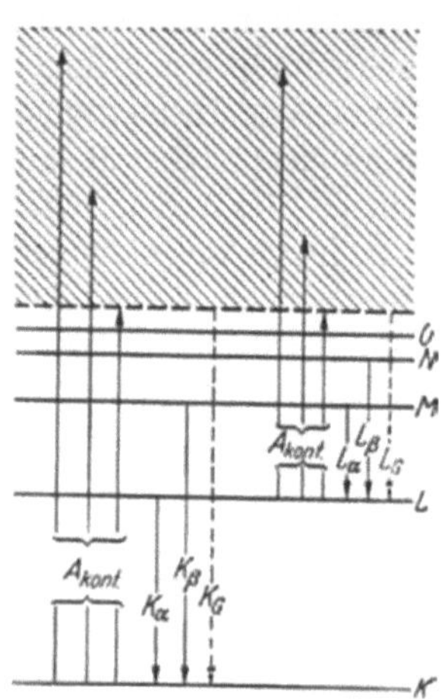

Abb. 58. Energieniveauschema zur Darstellung des Zusammenhangs zwischen Emissions- und Absorptionsröntgenspektren.

Durch die Absorption des Seriengrenzkontinuums der K-Serie entsteht aber wieder eine Lücke in der K-Schale und als deren Folge eine Emission der K-Serie. Der Zusammenhang zwischen Absorption und Emission der charakteristischen Röntgenstrahlung geht aus dem Übergangsschema Abb. 58 hervor. *Die als Folge der Absorption des Röntgenseriengrenzkontinuums emittierten Röntgenlinien liegen auf der langwelligen Seite der betreffenden Absorptionskante.* Beim Ag z. B. liegt die Wellenlänge der K-Absorptionskante bei 0,482 Å, während die kurzwelligste Emissionslinie bei 0,485 Å gemessen wurde. Abb. 59 zeigt schematisch den Verlauf des Absorptionskoeffizienten mit der Wellenlänge in der Gegend der K-Kante und gleichzeitig die Lage der K_α- und K_β-Emissionslinien. Der Absorptionskoeffizient steigt von langen Wellen (rechts) herkommend bei der Wellenlänge der Ionisierungsgrenze steil an, um nach kürzeren Wellen hin langsam abzufallen. Daß der Absorptionskoeffizient auch auf der langwelligen Seite der Absorptionskante nicht Null ist, liegt an dem kurzwelligen Ausläufer der L-Absorptionskante.

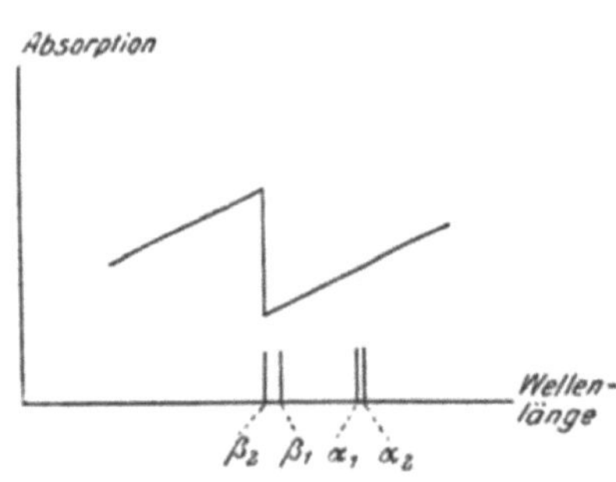

Abb. 59. Zusammenhang zwischen Röntgenabsorptionskante und Röntgenemissionslinien (schematisch).

Abb. 60 zeigt als Beispiel eine Aufnahmeserie von WAGNER, der gleichzeitig mit M. DE BROGLIE diese Röntgenabsorptionskanten erstmalig beobachtet und gedeutet hat. Nimmt man ein kontinuierliches Röntgenspektrum (Bremskontinuum) mit einer photographischen Bromsilberplatte auf, so erhält man Schwärzungsdiskontinuitäten an den Stellen der Absorptionskanten des Ag und des Br, und zwar zeigt sich verstärkte Absorption durch vergrößerte Schwärzung an. Auf den

Aufnahmen *a, c, e* und *g* von Abb. 60 erkennt man deutlich die Ag-Kante: die verstärkte Schwärzung nimmt von der Kante nach kurzen Wellen (links) hin mit der Absorption ab. Bei den Aufnahmen *b, d* und *f* war in den Weg des Röntgenstrahls eine absorbierende Folie aus Cd, Ag bzw. Pd eingeschaltet. Durch diese wurden aus dem Kontinuum die auf der kurzwelligen Seite der Metallabsorptionskanten liegenden Gebiete herausabsorbiert; die Platte erscheint an diesen Stellen also weniger geschwärzt. Die Ag-Kante stimmt erwartungsgemäß mit der einen Kante der AgBr-Schicht überein, während die Cd-Kante kurzwelliger, die Pd-Kante langwelliger liegt als die des Ag.

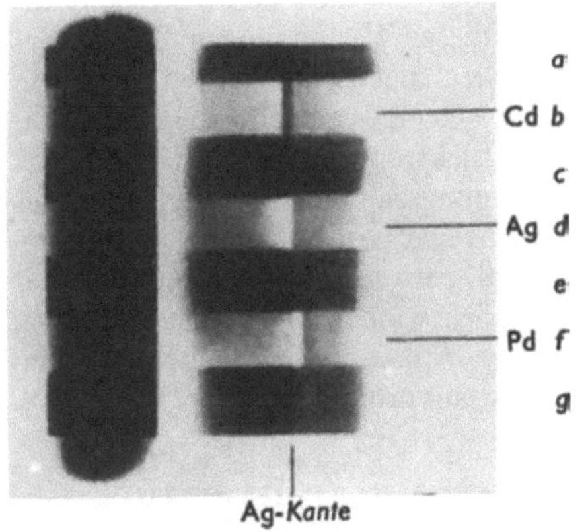

Abb. 60. Röntgenabsorptionskanten (Aufnahme von WAGNER). Beschreibung im Text.

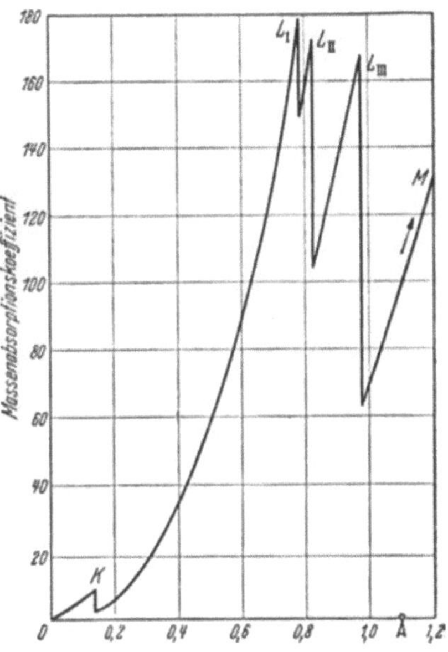

Abb. 61. Verlauf des Absorptionskoeffizienten in der Gegend der *K*- und *L*-Röntgenabsorptionskanten des Bleies.

Wir haben bisher von den *K*-, *L*-, *M*-, ...-Kanten als einzelnen und scharfen Absorptionskanten gesprochen. Tatsächlich findet man aber sehr häufig mehrfache Kanten (vgl. Abb. 61), bei Aufnahmen genügender Dispersion ferner eine teilweise recht komplizierte Feinstruktur der Kanten. Die Multiplizität der Kanten ist eine direkte Folge der eben behandelten, aus Abb. 57 zu entnehmenden Aufspaltung des *L*-, *M*-, *N*-, ...-Niveaus in 3, 5, 7, ...-Unterniveaus verschiedener Bahnimpuls- und innerer Quantenzahl. Daß z.B. der Abstand der drei *L*-Niveaus von der Ionisierungsgrenze des Atoms verschieden ist, zeigt sich in den drei *L*-Absorptionskanten der Abb. 61, deren Wellenlängendifferenzen den Energiedifferenzen der drei *L*-Niveaus entsprechen. Die *K*-Kante ist natürlich, da es nur *ein* *K*-Niveau gibt, stets einfach.

Die bei allen Absorptionskanten je nach dem Aggregatzustand und der chemischen Struktur der absorbierenden Substanz verschieden gut nachweisbare Feinstruktur beruht nach KOSSEL grundsätzlich darauf, daß außer der echten Ionisierung eines inneren Elektrons unter kontinuierlicher Absorption noch dessen Anregung, d.h. Hebung auf eines der unbesetzten optischen Niveaus des Atoms unter Absorption einer diskreten Linie, möglich ist. Wegen der Kleinheit der optischen Termdifferenzen von wenigen Volt gegenüber den Ionisierungsenergien der inneren Elektronen von vielen tausend Volt können diese Absorptionslinien nur als schwer auflösbare Struktur der langwelligen Absorptionskante erscheinen, sind aber bei der Absorption weicher Röntgenstrahlen eindeutig nachgewiesen worden.

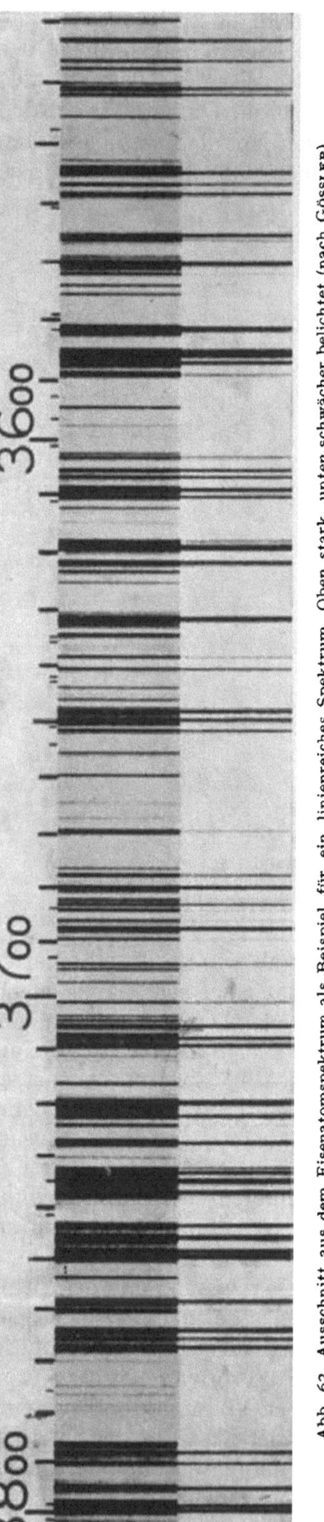

Abb. 62. Ausschnitt aus dem Eisenatomspektrum als Beispiel für ein linienreiches Spektrum. Oben stark, unten schwächer belichtet (nach Gössler).

Bei der Absorption *fester* Stoffe fehlt dieser klare Zusammenhang, weil einmal die optischen Niveaus durch die Umgebung stark gestört und verbreitert sind (vgl. III,21 u. Kap. VII) und außerdem Übergänge in optische Niveaus benachbarter Gitteratome möglich sind, die das Bild komplizieren.

Wir erwähnen schließlich noch, daß die genaue Lage der langwelligen Kanten der Röntgenabsorptionskontinua (wie die der langwelligen Röntgenlinien) vom Bindungszustand des absorbierenden Atoms abhängt, Cl-Kanten und -Linien also z. B. in Cl_2, HCl, NaCl, $NaClO_3$ und $NaClO_4$ wegen der verschiedenen Wertigkeit des Cl-Atoms in diesen Verbindungen etwas verschiedene Wellenlängen besitzen. Während also die Röntgenspektren wegen ihres Ursprungs in den innersten Elektronenschalen *im wesentlichen* durch die Ordnungszahl = Kernladungszahl des betreffenden Atoms bestimmt sind, ist ein gewisser Einfluß peripherer Eigenschaften der Elektronenhülle, wie er sich im chemischen Verhalten der Atome äußert, auch bei den Röntgenspektren vorhanden.

11. Allgemeines über die Spektren der Mehrelektronenatome. Multiplizitätssysteme und Mehrfachanregung

Wir gehen nun zu den Spektren der Atome mit mehreren äußeren Elektronen über. Empirisch stellt man bei ihnen besonders zwei Erscheinungen fest, eine zunehmende Kompliziertheit der Spektren, verbunden mit einem Zurücktreten der Rydberg-Serien, sobald mehr als zwei äußere Elektronen vorhanden sind (vgl. das Fe-Spektrum Abb. 62), sowie das Auftreten mehrerer nicht miteinander kombinierender Termsysteme.

Die empirische Termanalyse des Heliumatomspektrums, dessen Träger das einfachste Zweielektronenatom He ist, hat ergeben, daß gemäß Abb. 63 das Termschema doppelt auftritt mit dem einen Unterschied, daß im Schema rechts der Grundterm 1 S fehlt. Die beiden Termsysteme sind völlig unabhängig voneinander; Linien, die Übergängen von einem Term des einen zu einem Term des anderen Systems entsprechen, sog. *Interkombinationslinien*, werden nicht beobachtet. Man hat deshalb zunächst geglaubt, daß es zwei verschiedene Arten von

Heliumatomen gäbe, zu denen die beiden Termsysteme gehörten, und hat diese
Orthohelium und *Parhelium* genannt. Das ist aber nicht richtig, wie wir bei der
Deutung der beiden Termsysteme und des Interkombinationsverbots in III,13
sehen werden. Eine Untersuchung der Spektren bei hoher Dispersion und Auf-
lösung ergab ferner, daß die Energiezustände des Parheliums einfach sind, die des
Orthoheliums aber außer den S-Zuständen aus drei dicht beieinanderliegenden

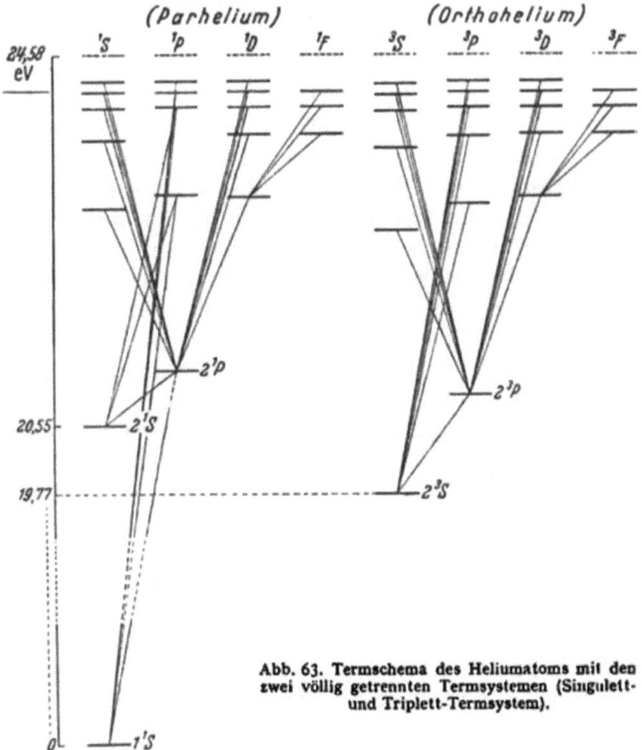

Abb. 63. Termschema des Heliumatoms mit den
zwei völlig getrennten Termsystemen (Singulett-
und Triplett-Termsystem).

Zuständen bestehen. Diese verschiedene Multiplizität der Terme schreibt man
links oben an das betreffende Termsymbol an (z. B. ^1S, ^3P) und unterscheidet heute
unter Aufgabe der älteren Namen Parhelium und Orthohelium ein Singulett- und
ein Triplettsystem des He-Atoms.

Dieses *Zerfallen des Spektrums in Singulett- und Triplettserien* findet sich auch
bei den Erdalkalien, den Metallen Quecksilber, Cadmium und Zink sowie allen
Ionen mit zwei äußeren Elektronen sowie beim H_2-Molekül, ist also *eine für alle
Zweielektronensysteme typische Erscheinung.*

Die Einelektronensysteme besitzen also das in III,9 bereits eingehend diskutierte Dublettermsystem, die Zweielektronenatome dagegen ein Singulett- und
ein Triplettsystem, die nicht interkombinieren. Bei Atomen mit drei äußeren Elektronen, wie denen der 3. Spalte des Periodensystems, finden wir empirisch wieder
zwei nichtinterkombinierende Termsysteme, und zwar ein Dublettsystem und
ein Quartettsystem, deren Terme also zweifach bzw. vierfach sind. Die Vier-
elektronenatome besitzen sogar drei nichtinterkombinierende Termsysteme, und
zwar ein Singulettsystem, ein Triplettsystem und ein Quintettsystem, während
man bei den Fünfelektronenatomen ein Dublettsystem, ein Quartettsystem und
ein Sextettsystem findet. Dabei besitzt jedes Atom nur *einen* einquantigen Grund-

7*

zustand (beim Helium z.B. ^1S), der im allgemeinen die niedrigste vorkommende Multiplizität hat.

Die Multiplizität der Terme und das Auftreten mehrerer nichtinterkombinierender Termsysteme bei den Mehrelektronenatomen hängt also von der Zahl der äußersten Elektronen ab. Das stellt der die Erfahrungen zusammenfassende Multiplizitätenwechselsatz fest: *Beim Fortschreiten im Periodensystem wechseln stets gerade und ungerade Multiplizitäten ab, und zwar derart, daß zu geraden Elektronenzahlen im Atom bzw. Molekül ungerade Multiplizitäten gehören und umgekehrt.*

Man stellt empirisch weiter fest, daß bei Atomen mit gleicher äußerer Elektronenzahl die Kompliziertheit der Spektren mit wachsendem Atomgewicht zunimmt, daß also beispielsweise das Spektrum des leichten Zweielektronenatoms Helium noch deutlich einzelne Serien erkennen läßt, im Gegensatz zu dem des schweren Zweielektronenatoms Quecksilber. Dieser Unterschied beruht darauf, daß die Termaufspaltung der Multipletterme bei den leichten Atomen so gering ist, daß sie sich in den Linien als nur schwer feststellbare Feinstruktur ausprägt, während sie bei den schweren Atomen mit elektronenreichem Rumpf wie Hg so groß wird, daß durch die Übergänge zwischen den aufgespaltenen Termen weit auseinanderliegende Spektrallinien entstehen, die den Seriencharakter der Spektren völlig unkenntlich machen. So beruht z.B. die Kompliziertheit des Eisenspektrums (Abb. 62) auf der Überlagerung zahlreicher Multipletts.

Die Kompliziertheit der Spektren von Atomen mit mehreren äußeren Elektronen beruht aber nicht allein auf der Multiplizität. Hinzu kommt vielmehr die Tatsache, daß bei ihnen nicht mehr ein Leuchtelektron allein angeregt wird und damit für die Energiezustände des Atoms maßgebend ist, sondern u.U. mehrere. Schon bei dem leichten Erdalkaliatom Ca mit seinen zwei äußersten Elektronen findet man nämlich eine Termfolge, die gegen eine oberhalb der Ionisierungsgrenze gelegene Termgrenze konvergiert. Zur Abtrennung des für diese Terme verantwortlichen Elektrons ist also eine die Ionisierungsenergie des Atoms übersteigende Energie erforderlich, und die Analyse hat ergeben, daß bei diesen Energiezuständen des Ca-Atoms das eine Elektron sich im ersten angeregten Zustand befindet, während das zweite die volle Skala der Anregungszustände durchlaufen kann. Bei Übergängen von solchen Zuständen zu normalen müssen dann *beide* Elektronen ihren Energiezustand (in der alten Vorstellung ihre Bahn) ändern. Daß solche Doppelsprünge möglich sind, ist ein Beleg für die relativ starke gegenseitige Kopplung der beiden Elektronen.

Bei den Atomen mit mehreren äußeren Elektronen führt dies dazu, daß Rydberg-*Serien nach Art der beim Wasserstoff, den Alkalien und dem Helium beobachteten mehr und mehr zurücktreten, weil bei Zufuhr eines bestimmten Betrages Anregungsenergie die Anregung mehrerer Elektronen wahrscheinlicher wird als die sehr hohe Anregung eines einzelnen Elektrons. Mehrfachanregung und Multiplizität der Terme sind also für den verwirrenden Linienreichtum und die Unübersichtlichkeit der Spektren der Mehrelektronenatome verantwortlich.*

12. Systematik der Terme und Termsymbole bei Mehrelektronenatomen

Nach diesem Überblick über die spektroskopischen Erscheinungen in Mehrelektronenatomspektren befassen wir uns nun mit dem *Zusammenwirken der Bahndrehimpulse der verschiedenen Elektronen* eines Atoms und dem Charakter der aus dieser Kopplung sich ergebenden Atomterme. Wir beschränken uns dabei auf die Bahndrehimpulse und gehen erst in III,13 auf den Einfluß der Elektroneneigendrehimpulse und die auf ihnen beruhende Multiplettstruktur ein.

Wir haben in III,8 jedes Atomelektron durch die Angabe seiner Hauptquantenzahl n und eines der Symbole s, p, d oder f entsprechend seiner Bahnimpulsquantenzahl $l = 0$, 1, 2 oder 3 gekennzeichnet. Bei Atomen mit *einem* Leuchtelektron ist durch diese Angaben auch der *ganze* Atomzustand charakterisiert, der ja hier durch die Quantenzahlen des *einen* Leuchtelektrons bestimmt ist. Bei Mehrelektronenatomen kann man aus den Spektren, u. U. unter Heranziehung der in III,16c noch zu behandelnden Beeinflussung durch ein magnetisches Feld, ebenfalls die Quantenzahlen der Atomterme bestimmen und damit den Termcharakter festlegen, den man dann wieder durch die großen Buchstaben S, P, D oder F kennzeichnet. Dieser Termcharakter gehört aber nun zu dem *durch Anordnung und Verhalten aller äußeren Elektronen bestimmten Zustand des Mehrelektronenatoms.* Theoretisch ist er bestimmt durch den resultierenden Bahndrehimpuls L aller Elektronen. Den S-, P-, D-, F-Termen entspricht also der resultierende Bahndrehimpuls 0, 1, 2 bzw. 3, stets in Einheiten von $\hbar = h/2\pi$ gemessen. Von den Alkalien als Einelektronenatomen wissen wir, daß man dort die Termquantenzahl L mit der Bahndrehimpulsquantenzahl l des Leuchtelektrons identifizieren kann. Es ist also bei den Einelektronenatomen gleichgültig, ob man die den ganzen Atomzustand charakterisierenden großen Buchstaben S, P, D, F oder die das einzelne Elektron kennzeichnenden kleinen Symbole s, p, d, f benutzt. Bei den Atomen mit mehreren Elektronen in der äußersten Schale muß sich nun nach der Kreiselmechanik der Bahndrehimpuls der Elektronenhülle L aus den Bahndrehimpulsen l_i aller Einzelelektronen vektoriell zusammensetzen. Bei dieser Vektorzusammensetzung der l_i dürfen wir die abgeschlossenen Elektronenschalen unberücksichtigt lassen, da ihr resultierender Bahndrehimpuls stets Null ist. Theoretisch wird dies in III,18 begründet werden; empirisch folgt es aus dem spektroskopischen Befund, daß die Grundzustände aller durch abgeschlossene Elektronenschalen ausgezeichneten Edelgasatome ^1S-Zustände sind, also den resultierenden Bahndrehimpuls $L = 0$ besitzen. Wir haben also nur die Bahndrehimpulse l_i der Valenzelektronen der äußersten Schale zu betrachten, die sich je nach der gegenseitigen Orientierung ihrer Bahnebenen zu einem resultierenden L zusammensetzen. Die Quantentheorie verlangt dabei, daß ebenso wie die Einzelbahndrehimpulse l_i auch der resultierende Bahndrehimpuls L des Atoms gequantelt ist, d. h. nur ein ganzzahliges Vielfaches von $h/2\pi$ sein darf. Es sind also nicht beliebige Orientierungen der einzelnen Elektronenbahnen gegeneinander möglich, sondern nur solche, bei denen der resultierende Drehimpuls ganzzahlig bleibt. Zwei p-Elektronen, deren jedes also den Bahndrehimpuls $l = 1 \cdot h/2\pi$ besitzt, können mithin einen S-, einen P- oder einen D-Term des Atoms entsprechend $L = 0$, 1 oder 2 ergeben, je

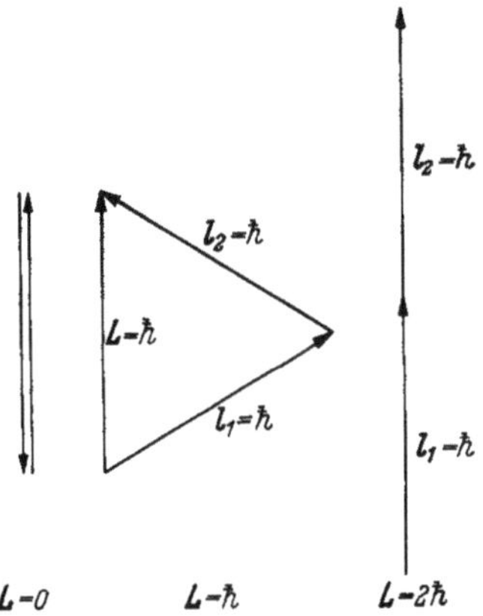

Abb. 64. Die drei Möglichkeiten der vektoriellen Zusammensetzung der Bahndrehimpulse zweier p-Elektronen ($l = \hbar$) zum resultierenden Bahndrehimpuls L des gesamten Atoms, entsprechend dem S-, P- und D-Zustand des Atoms.

nachdem, ob sie sich gemäß Abb. 64 kompensieren, zu $L = \hbar$ zusammensetzen, oder addieren ($L = 2\hbar$). In gleicher Weise kann man durch vektorielle Addition die möglichen Atomterme auch bei einer größeren Zahl von Valenzelektronen bestimmen.

Zur Kennzeichnung eines Atomzustandes setzt man die Symbole für alle Elektronen oder wenigstens für die äußersten Valenzelektronen vor das oben links mit der Multiplizität bezeichnete Symbol des Atomzustandes. Mehrere gleichartige

Elektronen werden dabei durch Anschreiben der entsprechenden Zahl oben rechts bezeichnet, also z. B. drei $2p$-Elektronen durch das Symbol $2p^3$. Der Grundzustand des Heliumatoms wäre demgemäß als $1\,s^2\,{}^1S$, ein bestimmter angeregter Heliumzustand des Triplettsystems z. B. durch $1\,s\,3\,p\,{}^3P$ zu bezeichnen. Zur Abkürzung läßt man vielfach die Symbole der Einzelelektronen fort und schreibt nur die Hauptquantenzahl des höchsten Elektrons vor das Termsymbol, schreibt den letztgenannten Heliumzustand dann also $3\,{}^3P$.

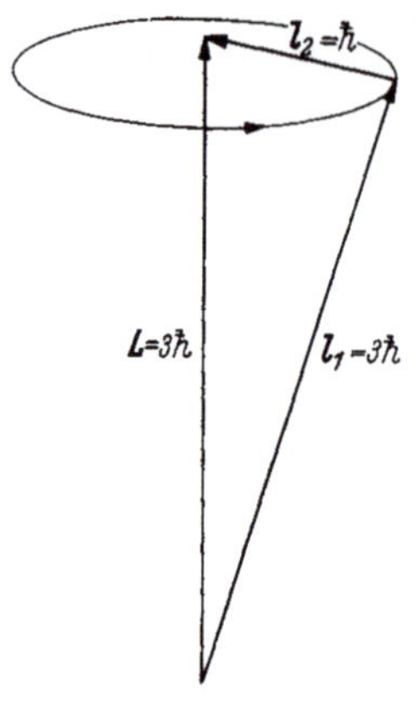

Abb. 65. Die Präzession der Bahndrehimpulse l_i der Einzelelektronen um den resultierenden Bahndrehimpuls L des Atoms.

Die einzelnen Elektronen eines Atoms wirken nun einerseits elektrostatisch aufeinander, andererseits auch mittels der Magnetfelder, die ihrem Bahndrehimpuls wie ihrem Eigendrehimpuls entsprechen. Wegen dieser Kopplung der Elektronen wirkt das ganze Atom wie ein System gekoppelter Kreisel, da ja jedes um seine Achse rotierende bzw. auf seiner Bahn umlaufende Elektron einen kleinen Kreisel darstellt. Für ein solches System gilt nun der Satz von der Erhaltung des Drehimpulses, nach dem ohne äußere Kräfte der resultierende Bahndrehimpuls nach Größe und Richtung im Raum konstant bleibt. Die einzelnen Bahndrehimpulse der Elektronen, aus denen sich L zusammensetzt, müssen deshalb gemäß Abb. 65 um L präzessieren, und zwar mit um so größerer Geschwindigkeit, je größer die Wechselwirkung der Einzelelektronen ist. Bei sehr großer Wechselwirkung der Einzelelektronen kann die Präzessionsgeschwindigkeit von der gleichen Größenordnung werden wie die Umlaufsgeschwindigkeit der Einzelelektronen auf ihren Bahnen. Dann hat es keinen physikalischen Sinn mehr, überhaupt von den Einzeldrehimpulsen l_i zu sprechen, während der den Termcharakter bestimmende Gesamtdrehimpuls L stets seinen Sinn behält, d. h. exakt definiert bleibt. Wir werden dieses Bild in den nächsten Abschnitten durch Einbeziehung der Eigendrehimpulse der Elektronen noch vervollständigen.

Bei den Einelektronenatomen hatten wir als Auswahlregel für Elektronenübergänge des Leuchtelektrons gefunden

$$\Delta l = \pm 1. \tag{65}$$

Nach den obigen Ausführungen über die Bahndrehimpulse der Atomelektronen bedeutet diese Auswahlregel, daß der Bahndrehimpuls des emittierenden oder absorbierenden Elektrons sich bei dem Übergang um eine Einheit $(h/2\pi)$ ändern muß. Aus dem für isolierte Systeme (ohne Wirkung äußerer Kräfte) allgemein geltenden Satz von der Erhaltung des Drehimpulses folgt hieraus, daß *das bei dem Übergang des Elektrons in einen anderen Energiezustand emittierte oder absorbierte Lichtquant $h\nu$ selbst einen Drehimpuls der Größe $h/2\pi$ besitzen muß*. Beim Mehrelektronenatom bleibt diese Auswahlregel für das jeweils springende Elektron gültig. Es kommt aber noch eine für den resultierenden Bahndrehimpuls L des gesamten Atoms gültige Auswahlregel hinzu, und zwar

$$\Delta L = 0 \quad \text{oder} \quad \pm 1. \tag{80}$$

Es sind also auch Übergänge ohne Änderung von L möglich, aber wegen (65) nur in dem Fall, daß zwei Elektronen gleichzeitig Übergänge ausführen und dabei ihre Bahndrehimpulse sich so ändern, daß L konstant bleibt. Die Auswahlregel $\Delta L = 0$ gilt also nur bei schweren Atomen mit so starker Wechselwirkung der Elektronen, daß eine gleichzeitige Zustandsänderung mehrerer Elektronen möglich ist.

13. Der Einfluß des Elektronenspins und die Theorie der Multipletts von Mehrelektronenatomen

Wir haben bereits bei der Behandlung der Einelektronenatome in III,9 erfahren, daß aus der Multiplizität der Termsysteme die Existenz eines konstanten Eigendrehimpulses (Spins) s des Elektrons vom Betrage $h/4\pi$ folgt, der sich mit dem Bahndrehimpuls l des Leuchtelektrons vektoriell zum Gesamtdrehimpuls j zusammensetzt. Diese Kopplung zwischen Bahndrehimpuls und Spin untersuchen wir nun für den Fall der Mehrelektronenatome. Je nach der Größe der Wechselwirkungen der Elektronen unter sich einerseits und zwischen den l_i und s_i jedes Elektrons andererseits, unterscheiden wir zwei Grenzfälle der Kopplung, die bei der Ermittlung des resultierenden Gesamtdrehimpulses J der Elektronenhülle zu beachten sind.

Es folgt aus den Spektren, daß für die Mehrzahl aller Atome und in Strenge für alle nicht zu schweren Atome die sog. RUSSELL-SAUNDERSsche LS-Kopplung gilt. In diesem Fall ist die Wechselwirkung aller Bahndrehimpulse l_i der Elektronen untereinander und die aller Eigendrehimpulse s_i untereinander groß gegenüber der Wechselwirkung zwischen Bahndrehimpuls und Spin des einzelnen Elektrons. Es setzen sich deshalb nach Abb. 65 die Bahndrehimpulse l_i aller äußeren Elektronen zu dem resultierenden ganzzahligen Bahndrehimpuls L zusammen, der den Termcharakter (S, P, D oder F) bestimmt. Es setzen sich ferner alle Eigendrehimpulse $s_i = \pm\, \hbar/2$ der Einzelelektronen vektoriell zu einem resultierenden Eigendrehimpuls S der Elektronenhülle zusammen, der bei gerader Elektronenzahl ganzzahlig, bei ungerader halbzahlig ist. L und S setzen sich schließlich vektoriell zu dem gequantelten Gesamtdrehimpuls J des Atoms zusammen, wobei wegen der Kreiseleigenschaft wieder L und S um die Richtung von J präzessieren.

Im zweiten Kopplungsfall, der sog. jj-Kopplung, die im wesentlichen bei den angeregten Zuständen der schwersten Atome vorkommt, ist die Wechselwirkung zwischen dem Bahndrehimpuls l und dem Spin s jedes einzelnen Elektrons groß gegenüber der Wechselwirkung der l_i untereinander und der s_i untereinander. Es setzen sich daher der Bahndrehimpuls und der Spin jedes Elektrons zum Gesamtdrehimpuls j des Elektrons zusammen, und die verschiedenen j_i der äußeren Elektronen setzen sich vektoriell zum resultierenden gequantelten Gesamtdrehimpuls J zusammen, um den sie präzessieren. Bei jj-Kopplung ist also ein Atomzustand nicht mehr durch den resultierenden Bahndrehimpuls L bestimmt, und damit entfällt auch die Möglichkeit der Kennzeichnung eines Terms durch ein Symbol S, P, D oder F. Die Atomterme sind im Fall der jj-Kopplung also nur durch die Quantenzahl J des Gesamtdrehimpulses gekennzeichnet. Wir gehen im folgenden nur auf die wichtigere LS-Kopplung näher ein und verweisen für die jj-Kopplung und die Übergänge von der LS-Kopplung zur jj-Kopplung auf die speziellen spektroskopischen Lehrbücher.

Bezüglich der optischen Übergänge gilt für die Quantenzahl J des Gesamtdrehimpulses der Elektronenhülle die schon für j angegebene Auswahlregel

$$\Delta J = 0 \quad \text{oder} \quad \pm 1, \tag{81}$$

wieder mit der Einschränkung, daß $0 \to 0$-Übergänge verboten sind. Optische Übergänge *ohne* Änderung des Gesamtdrehimpulses des Atoms sind also nur möglich, wenn dieser selbst von Null verschieden ist.

Aus der LS-Kopplung folgen nun zwangsläufig die spektroskopisch beobachteten Tatsachen der Multiplizität der verschiedenen Mehrelektronenatome. Bei einem Zweielektronenatom wie dem Helium haben wir zwei Einstellmöglichkeiten der beiden Elektroneneigendrehimpulse: gleichgerichtete Einstellung der Spins führt zu $S = \hbar$, entgegengerichtete zu $S = 0$. Wie wir gleich zeigen werden, entspricht dem ersten Fall das Triplettermsystem, dem zweiten Fall das Singuletttermsystem des Heliumatoms. *Daß nach III,11 Interkombinationen zwischen den beiden Termsystemen verboten sind, d.h. bei den leichten Atomen nicht und bei den schweren nur mit geringer Intensität vorkommen, bedeutet anschaulich, daß ein Umklappen eines Elektronenspins, entsprechend einer Änderung der Drehrichtung des Elektrons, auch bei Änderung der übrigen Elektroneneigenschaften (Quantenzahlen) sehr unwahrscheinlich ist.* Mit dieser anschaulich verständlichen Schwierigkeit der Änderung der Termmultiplizität hängt auch der am Ende von III,4 erwähnte Unterschied der Elektronenstoßanregungsfunktionen der Singulett- und Triplettzustände vom Singulettgrundzustand des Atoms aus zusammen. Da ein Umklappen des Spins sehr unwahrscheinlich ist, kann die Anregung eines Triplettzustandes (beide Spinrichtungen parallel) aus dem Singulettgrundzustand (entgegengesetzte Spinrichtungen) nur erfolgen, wenn das stoßende Elektron sich gegen ein Atomelektron entgegengesetzter Spinrichtung austauscht. Dieser Austausch aber erfordert eine gewisse Zeit (stärkere Wechselwirkung als nur bei Energieübertragung!) und ist daher nur bei nicht zu großer kinetischer Energie des stoßenden Elektrons möglich: die Anregungsfunktion für die Anregung von Triplettlinien aus dem Singulettgrundzustand fällt daher gemäß Abb. 38 nach Durchlaufen des Maximums rasch ab.

Wir betrachten nun im einzelnen die zu den Gesamtspinquantenzahlen $S = 0$ bzw. $S = 1$ gehörenden Terme. Bei dieser Diskussion müssen wir zwischen zwei verschiedenen Bedeutungen des Buchstabens S unterscheiden, der entsprechend spektroskopischem Brauch einerseits die Gesamtspinquantenzahl und andererseits auch als S-Zustand den resultierenden Bahndrehimpuls $L = 0$ bezeichnet. Da bei S-Termen der resultierende Bahndrehimpuls des Atoms Null ist, haben wir nach III,15 auch keinen resultierenden Bahnmagnetismus und damit kein magnetisches Feld, relativ zu dem ein resultierendes magnetisches Spinmoment (bei $S = 1$) sich gequantelt einstellen könnte. *S-Terme sind daher stets einfach, gleichgültig ob ein resultierender Spin vorhanden ist oder nicht.* Hat dagegen eines der beiden Elektronen des Zweielektronenatoms den Bahndrehimpuls $l = \hbar$, ist also ein p-Elektron, während das andere ein s-Elektron bleibt, so haben wir $L = 1$ und damit einen P-Term des Atoms. Bei entgegengesetzten Spinrichtungen der beiden Elektronen, d.h. beim resultierenden Spin $S = 0$, fehlt dann ein spinmagnetisches Feld, in dem das bahnmagnetische Moment sich richtungsgequantelt einstellen könnte; *zum Gesamtspin $S = 0$ gehören daher stets Singuletterme.* Bei parallelen Spinmomenten der beiden Elektronen, d.h. beim Gesamtspin $|S| = \hbar$ aber gibt es nun drei Einstellmöglichkeiten von S und L, deren Resultanten J sich um je $\hbar$ unterscheiden, und zwar führen diese nach Abb. 66 zu den Werten 0, 1 und 2 der Gesamtdrehimpulsquantenzahl J. Die ohne Berücksichtigung des Elektronenspins einfachen P-Zustände spalten bei $S = 1$ also in die drei Zustände ${}^3P_0$, ${}^3P_1$ und ${}^3P_2$ auf: beim Gesamtspin $|S| = \hbar$ erhalten wir ein Triplettermsystem. In gleicher Weise

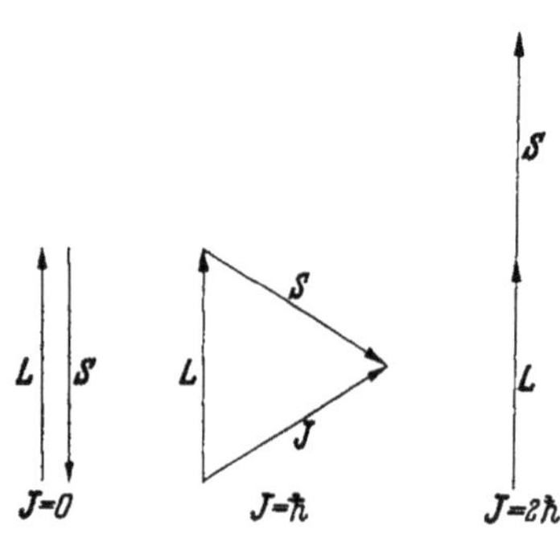

Abb. 66. Vektorielle Zusammensetzung (drei Möglichkeiten) des resultierenden Bahndrehimpulses $L = \hbar$ und des resultierenden Spins $S = \hbar$ zum resultierenden Gesamtdrehimpuls J des Atoms.

erhalten wir bei D-Termen mit $L = 2\,\hbar$ durch vektorielle Zusammensetzung mit $S = \hbar$ die drei Terme $^3D_1$, $^3D_2$ und $^3D_3$.

Der Gesamtspin $S = 0$ ergibt also ein Singulettermsystem mit der Multiplizität 1, der Spin $\hbar/2$ (Alkalien) ein Dublettermsystem mit der Multiplizität 2, der Spin $S = \hbar$ ein Triplettermsystem mit der Multiplizität 3. Aus diesen Beispielen folgt bereits für die Abhängigkeit der Multiplizität der Terme von der Gesamtspin-Quantenzahl S der Elektronenhülle des Atoms das wichtige Gesetz

$$\text{Multiplizität} = 2S + 1 . \tag{82}$$

Bei drei äußeren Elektronen haben wir für den Gesamtspin des Atoms die Möglichkeiten $S = \hbar/2$ und $S = 3\hbar/2$ und damit ein Dublett- und Quartettermsystem, bei vier äußeren Elektronen die S-Werte 0, 1 und 2 und damit ein Singulett-, ein Triplett- und ein Quintettermsystem usf. Beim Vanadin mit seinen fünf äußeren Elektronen z.B. haben wir die möglichen S-Werte $^1/_2$, $^3/_2$ und $^5/_2$ und damit drei Termsysteme mit Dublett-, Quartett- und Sextettermen. Aus Abb. 67 sieht man

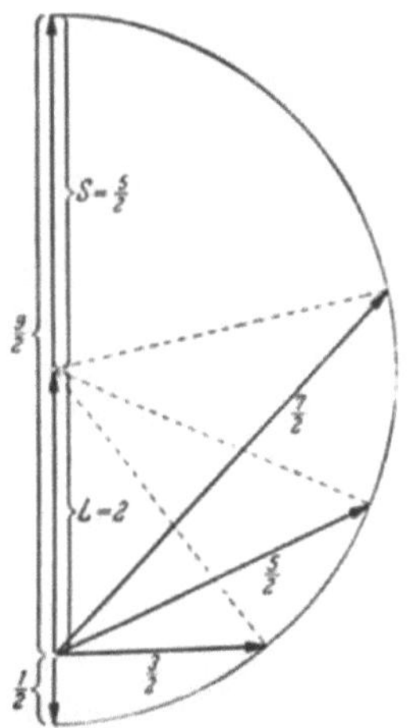

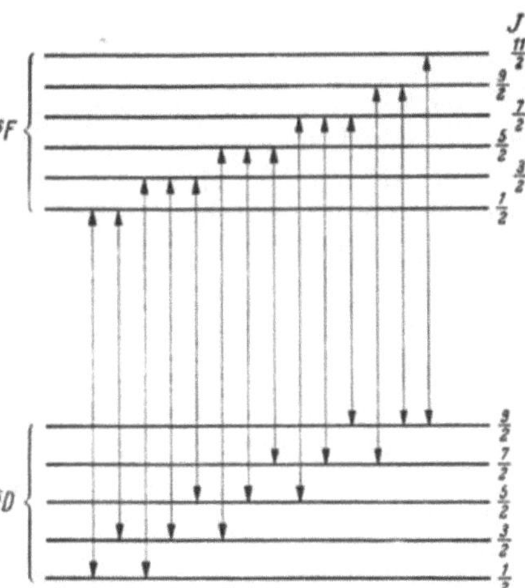

Abb. 67. Die vektorielle Zusammensetzung des Bahndreh-impulses $L = 2\hbar$ und des resultierenden Spins $S = ^5/_2\,\hbar$ (^6D-Term). Die fünf Einstellmöglichkeiten ergeben die Gesamtimpulsquantenzahlen $J = ^1/_2$, $^3/_2$, $^5/_2$, $^7/_2$ und $^9/_2$ des Atoms.

Abb. 68. Termschema mit Übergängen für das Vanadin-sextett-$^6F \to {}^6D$ (schematisch).

aber, daß diese volle Termmultiplizität 6 durch Zusammensetzen von L und S erst bei $L \geqq 3$, d.h. von F-Termen an erreicht werden kann. Aus Abb. 68 geht hervor, daß das aus der Kombination $^6F \to {}^6D$ entstehende Multiplett 14 Linien umfaßt.

Wir wiederholen der größeren Klarheit wegen noch einmal die Bedeutung der Atomtermsymbole, die wir schrittweise in den letzten Abschnitten eingeführt haben und die teilweise sogar auch für die Kernphysik Bedeutung erlangt haben. Die Hauptquantenzahl des Terms wird als Zahl vorangestellt: z.B. $n = 3$ für den als Beispiel gewählten $3\,^2P_{3/2}$-Term. Es folgt das Symbol für den resultierenden Bahndrehimpuls L des Atoms, hier P für den Bahndrehimpuls $\hbar$. An dieses Symbol wird links oben die Multiplizität angeschrieben, die nach (82) das $(2\,S + 1)$-fache des resultierenden Spins der Elektronenhülle des Atoms ist, in unserem Beispiel also die Multiplizität 2 für den resultierenden Spin $|\,S\,| = \hbar/2$ des Alkaliatoms. Unten rechts an das Symbol schließlich wird die Quantenzahl des resultierenden Gesamtdrehimpulses des Atoms angeschrieben, in unserem Beispiel also $^3/_2$ für den Gesamtdrehimpuls $|\,J\,| = 3\,\hbar/2$.

Zusammenfassend stellen wir fest, daß auch die komplizierteren Erscheinungen in den Spektren von Mehrelektronenatomen wie die Aufspaltung in mehrere nichtinterkombinierende Termsysteme und das Auftreten von Multipletts durch die Einführung des halbzahligen Elektronenspins und die vektorielle Zusammensetzung von Elektronenspin und Elektronenbahndrehimpuls zum gequantelten Gesamtdrehimpuls J des Atoms in schönster Weise verständlich werden.

14. Metastabile Zustände und ihre Wirkungen

Nach dem in den letzten Abschnitten gegebenen Überblick über die Spektren der Mehrelektronenatome und ihre Deutung soll nun kurz über eine wichtige Folgerung aus der Existenz der verschiedenen Termfolgen sowie der nichtinterkombinierenden Termsysteme berichtet werden: das Auftreten der metastabilen Zustände und ihre große Bedeutung für die Atomphysik.

An dem in Abb. 63 dargestellten Termschema des Heliumatoms sieht man, daß der tiefste Zustand des Triplettermsystems, der $2\,^3S$-Zustand, um 19,77 eV über dem $1\,^1S$-Grundzustand des Atoms liegt. Ein Übergang $2\,^3S \rightarrow 1\,^1S$ unter Emission dieser Energie als Spektrallinie tritt aber nicht auf; *Interkombinationen sind verboten*. Ein He-Atom im $2\,^3S$-Zustand kann also seine sehr erhebliche Anregungsenergie von fast 20 eV durch Strahlung nicht abgeben, sondern nur im Stoß zweiter Art gemäß III,6a. Derartige angeregte Zustände, die nicht mit dem Grundzustand kombinieren, bezeichnet man im Gegensatz zu den normalen angeregten Zuständen, die nach etwa 10^{-8} sec spontan direkt oder stufenweise in den Grundzustand übergehen, als *metastabil*. Die Anregung metastabiler Zustände vom Grundzustand aus kann natürlich auch nicht durch Strahlungsabsorption erfolgen, da diese als Umkehrvorgang der Emission ebenfalls verboten ist, wohl aber durch Stoßanregung (Elektronenstoß oder Stoß zweiter Art), da für Stöße keine scharfen Auswahlregeln gelten.

Es gibt aber noch andere metastabile Zustände. Beim Helium ist nach Abb. 63 z. B. auch der $2\,^1S$-Zustand mit der Anregungsenergie von 20,55 eV metastabil, da der Übergang $2\,^1S \rightarrow 1\,^1S$ verboten ist und ein tieferer P-Zustand, zu dem ein Übergang möglich wäre, nicht vorhanden ist, im Gegensatz zu den Alkalien, wo nach Abb. 50 der $2\,^2S$-Zustand in den tiefer liegenden $2\,^2P$-Zustand und dieser wieder in den $1\,^2S$-Grundzustand übergehen kann, so daß es bei den Alkalien wirklich keine metastabilen Zustände gibt. *Metastabile Zustände sind also ganz allgemein solche angeregte Zustände von Atomen oder Molekülen, die weder direkt noch indirekt mit dem Grundzustand kombinieren.*

Unser obiger Satz über das Verbot der Ausstrahlung von metastabilen Zuständen aus bedarf aber, wie alle Auswahlverbote, einer Einschränkung. Bei der Behandlung der Elektrodynamik wird im allgemeinen nur die Strahlung elektrischer Dipole nach HERTZ besprochen, und solche elektrische Dipolstrahlung ist von metastabilen Zuständen aus nicht möglich. Es gibt aber noch andere Möglichkeiten der Strahlung, z. B. durch elektrische Quadrupole oder magnetische Dipole. Solche Strahlung ist von gewissen metastabilen Zuständen aus zwar grundsätzlich möglich; ihre Intensität aber ist um viele Größenordnungen geringer als die der Dipolstrahlung. Außerdem kann, wie wir schon erwähnten, ein Auswahlverbot durch äußere Störungen, z. B. elektrische Felder benachbarter Elektronen und Ionen, stark gelockert werden. Eine Störung, die man nun im Gegensatz zu der durch die Umgebung als innere Störung bezeichnen könnte, liegt bei den schwereren Mehrelektronenatomen, wie dem Quecksilberatom, vor, wo die Störung der beiden äußersten Elektronen durch die vielen Elektronen des Atomrumpfes so stark ist, daß Singulett-Triplett-Interkombinationen, die bei leichten und ungestörten Heliumatomen streng verboten sind, mit nicht unbeträchtlicher Intensität auftreten können. Die berühmte ultraviolette Hg-Linie 2537 Å z. B. ist eine Interkombinationslinie $1\ ^1S \leftrightarrow 2\ ^3P$.

Die Lockerung der Auswahlverbote durch innere Störungen und das Auftreten von Quadrupolstrahlung und magnetischer Dipolstrahlung bewirken, daß auch beim Fehlen jeglicher gaskinetischer Stöße, die eine Abgabe der Anregungsenergie im Stoß zweiter Art ermöglichen könnten, die Lebensdauer metastabiler Zustände keineswegs unendlich groß, sondern nur groß gegen die normale Lebensdauer angeregter Zustände von etwa 10^{-8} sec ist.

Im allgemeinen ist in Gasentladungen, wenn man nicht in bestem Hochvakuum arbeitet, die Lebensdauer metastabiler Atome aber durch die Stöße zweiter Art begrenzt. Lediglich unter den extremen Bedingungen der Gasnebel und planetarischen Nebel mit ihren äußerst geringen Dichten sowie in höchstverdünnten Atmosphären (auch in den höchsten Schichten unserer Erdatmosphäre) sind die Möglichkeiten der ungestörten Strahlung auch metastabiler Atome vorhanden, und nach BOWEN sind die früher so rätselhaften sog. Nebuliumlinien durch solche verbotenen Übergänge in den Ionen O^+, O^{++} und N^+ zu erklären. Auch die lange umstrittenen sog. Nordlichtlinien beruhen auf solchen verbotenen Übergängen, diesmal im neutralen O-Atom.

Wir haben bereits verschiedentlich die Bezeichnung *metastabile Atome* für Atome in einem metastabilen Zustand gebraucht. Dieser Ausdruck hat sich eingebürgert, weil Atome in einem metastabilen Zustand wegen der großen Energie, die sie in einem Stoß zweiter Art abzugeben bereit sind, neben den normalen Atomen und den positiven Ionen einen besonders wichtigen Bestandteil jedes Entladungsgases (Plasmas) darstellen, während die gewöhnlichen angeregten Zustände bzw. Atome wegen ihrer geringen Lebensdauer von 10^{-8} sec meist nur in so geringer Konzentration vorhanden sind, daß sie neben den metastabilen vernachlässigt werden können. Eine ganze Anzahl früher unverständlicher Erscheinungen, besonders in Edelgasentladungen, hat ihre Aufklärung in der Wirkung der metastabilen Atome gefunden, die als Energieträger unbemerkt in der Entladung von einem Gebiet zum andern diffundieren und dabei im Gegensatz zu den positiven Ionen durch kein elektrisches Feld behindert werden. Im wesentlichen können wir dabei die folgenden Wirkungen unterscheiden.

Metastabile Atome vermögen erstens ihnen beigemischte Fremdgase zu ionisieren, falls ihre Anregungsenergie größer ist als die Ionisierungsenergie der Fremdatome. Besonders metastabile Heliumatome sind hierzu wegen ihrer großen Energie von rund 20 eV in der Lage, aber auch die übrigen Edelgase, und zwar namentlich gegenüber Metallatomen wegen deren relativ niedrigen Ionisierungsenergien. Diese ionisierende Wirkung liegt z. B. der Zündspannungssenkung einer Neonentladung durch geringen Zusatz von Hg-Dampf zugrunde, weil die Hg-Atome durch die metastabilen Ne-Atome im Stoß zweiter Art ionisiert und damit neue Ladungsträger erzeugt werden. Beim Zusammenstoß *zweier* metastabiler Atome kann ferner nach SCHADE das eine von beiden ionisiert werden, während das andere in den Grundzustand übergeht und die restliche Energie als kinetische Energie erscheint.

Reicht die Energie eines metastabilen Atoms zur Ionisierung von Fremdatomen nicht aus, so genügt sie doch oft zu deren Anregung, und so beobachtet man als zweite Wirkung metastabiler Atome die Anregung von Gasen und Dämpfen, und zwar besonders Anregung solcher Zustände von Atomen oder Molekülen, deren Energie gerade mit der der metastabilen Atome übereinstimmt.

Mit besonders großer Wahrscheinlichkeit vermögen drittens metastabile Atome Moleküle anzuregen und in ihre Atome oder Atomgruppen zu dissoziieren (vgl.

VI,7), weil bei der großen Dichte der Energiezustände der Moleküle (infolge der Beteiligung von Schwingung und Rotation) die Bedingung der Energieresonanz zwischen den metastabilen Atomen und dem Molekül als Stoßpartner im Gegensatz zu anderen Atomen als Stoßpartnern praktisch stets erfüllbar ist.

Als vierte Wirkung metastabiler Atome ist die Auslösung von Sekundärelektronen aus Metallflächen (vgl. VII,21 c) zu nennen, die bei allen Edelgasentladungen in Röhren mit Metallteilen auch außerhalb der eigentlichen Elektroden häufig auftritt und für das Auftreten so mancher rätselhafter Störelektronen bei Messungen in Entladungen verantwortlich ist.

Es wurde schon erwähnt, daß die Erscheinung der Metastabilität nicht auf Atome beschränkt ist, sondern in gleicher Weise bei Molekülen auftritt. Besonders bekannt geworden sind die metastabilen Stickstoffmoleküle wegen ihrer Mitwirkung an dem auffallend langen Nachleuchten von Stickstoffentladungen, dem sog. aktiven Stickstoff.

15. Die atomtheoretische Deutung der magnetischen Eigenschaften der Elektronen und Atome

Zu den nur atomtheoretisch verständlichen Eigenschaften der Materie gehört der Magnetismus, den wir wegen seines Zusammenhangs mit Bahnimpuls und Eigendrehimpuls der Elektronen an dieser Stelle behandeln. Von den drei Arten des Magnetismus, dem *Paramagnetismus*, dem *Diamagnetismus* und dem *Ferromagnetismus*, sind die beiden ersten ausgesprochene Atomeigenschaften, die letzte dagegen ist eine Kristalleigenschaft; wir gehen deshalb erst in VII,15 c auf ihn ein. Daß der Ferromagnetismus wirklich keine Atomeigenschaft ist, geht eindeutig aus der Tatsache hervor, daß Eisen*atome* ebenso wie die Ionen von Eisenverbindungen in Lösung kein ferromagnetisches, sondern ein paramagnetisches Verhalten zeigen, während andererseits etwa gewisse Mischkristalle der unmagnetischen Metalle Kupfer und Mangan ferromagnetisch sind.

In der Experimentalphysik unterscheidet man vielfach magnetische Felder, die durch elektrische Ströme erzeugt werden, und solche, die in den magnetischen Stoffen selbst (u. U. erst nach entsprechender Ausrichtung) ihren Ursprung haben. Die in den letzten Abschnitten geschilderten Ergebnisse der Atomphysik lassen keinen Zweifel daran, daß auch diese letztere Art magnetischer Felder in der modellmäßig anschaulichen Vorstellung durch elektrische Konvektionsströme erzeugt wird, und zwar entweder durch die auf ihren BOHRschen Bahnen umlaufenden Elektronen oder durch deren Eigenrotation (Spin). Die Molekularströme, die AMPÈRE zur Erklärung des atomaren Magnetismus eingeführt hatte, haben damit ihre atomtheoretische Ausdeutung gefunden. Während der Ferromagnetismus auf einer Parallelstellung der magnetischen Eigenmomente aller oder fast aller äußeren Elektronen der Atome eines größeren Kristallbereiches beruht, müssen wir zur Erklärung des Dia- und Paramagnetismus von den Atomen selbst ausgehen.

Die Grundtatsachen sind bekannt: Ein äußeres magnetisches Feld erzeugt in dem zu untersuchenden Stoff eine im allgemeinen der Feldstärke H proportionale *Magnetisierung* M, deren atomare Ursachen wir im folgenden behandeln wollen. Diese Magnetisierung M ist definiert als das je Volumeneinheit induzierte magnetische Moment. Die Proportionalitätskonstante in der Gleichung

$$M = \chi H, \tag{83}$$

d. h. das von der Feldstärke*einheit* erzeugte magnetische Moment der Volumeneinheit, wird die *magnetische Suszeptibilität* χ genannt. Ist χ positiv, so ist das erzeugte magnetische Moment dem erzeugenden Feld gleichgerichtet, und man spricht von *paramagnetischem* (bei $\chi > 1$ ferromagnetischem) Verhalten des Stoffes, während bei negativem χ das induzierte magnetische Moment dem erzeugenden Feld entgegengerichtet ist und man dann von *diamagnetischem* Verhalten spricht.

Ob ein Atom dia- oder paramagnetisch ist, folgt atomtheoretisch aus seiner Elektronenanordnung und kann aus dem Termsymbol des Grundzustandes (Tab. 9, S. 131) sofort abgelesen werden. Für das Heliumatom z.B. folgt aus der Tatsache des Singulettgrundzustandes, daß die beiden Eigendrehimpulse der Elektronen und damit auch ihre magnetischen Momente entgegengerichtet sind und sich daher aufheben, während aus der Tatsache des S-Grundzustandes folgt, daß auch der resultierende Bahndrehimpuls L und das ihm entsprechende magnetische Moment Null sind. *Heliumatome können also ebenso wie alle anderen Atome mit $^1S_0$-Grundzuständen keine magnetischen Eigenmomente besitzen.* Das gleiche gilt für gewisse zweiatomige Moleküle wie H_2, deren Atome einen S-Grundzustand besitzen, während die resultierenden Spinmomente der Atome (beim H-Atom $S = \hbar/2$) zwar von Null verschieden sind, sich aber im Molekül kompensieren, so daß die Moleküle einen Singulettgrundzustand besitzen.

In allen diesen Fällen ist also kein Paramagnetismus möglich. Bei diesen Atomen und Molekülen sollte man daher zunächst ein unmagnetisches Verhalten, d.h. die Suszeptibilität $\chi = 0$ erwarten. Daß ihre Suszeptibilität tatsächlich negativ ist, sie sich also *diamagnetisch* verhalten, beruht auf einer sekundären Wirkung des magnetischen Feldes, in dem das magnetische Verhalten der Atome geprüft wird. In diesem magnetischen Feld wird nämlich von zwei Elektronen, deren Bahnmomente sich wegen entgegengesetzter Umlaufsrichtung normalerweise aufheben, in anschaulicher Darstellung das eine beschleunigt und das andere verzögert, so daß bei erhalten bleibender Quantenbahn nach dem Induktionsgesetz ein magnetisches Moment im Atom induziert wird, das dem erzeugenden Feld entgegengerichtet ist und es zu schwächen sucht. Diese das Feld schwächende Wirkung aber ist bekanntlich kennzeichnend für diamagnetische Stoffe. Diese Induktionswirkung des äußeren magnetischen Feldes auf die Elektronen, die das diamagnetische Verhalten der Stoffe ohne magnetische Eigenmomente bewirkt, ist natürlich auch bei Atomen und Molekülen *mit* magnetischem Eigenmoment vorhanden, tritt hier aber als geringe Schwächung der Eigenmomente kaum in Erscheinung. Das diamagnetische Verhalten von Atomen mit mehreren sich normalerweise kompensierenden Bahndrehimpulsen der Elektronen ist also anschaulich verständlich. Daß auch in Atomen wie dem He-Atom mit seinen beiden 1 s-Elektronen im Feld ein ihm entgegenwirkendes magnetisches Moment induziert wird, erscheint dagegen auf den ersten Blick unverständlich, wenn wir bedenken, daß s-Elektronen ja den Bahndrehimpuls Null besitzen. Die Lösung dieser Schwierigkeit bringt erst die Quantenmechanik (Kap. IV), nach der auch s-Elektronen Bahnumläufe ausführen, ihr Bahndrehimpuls dagegen im Zeitmittel verschwindet. Die Erscheinung des Diamagnetismus beruht also auf der Induktion magnetischer Momente in an sich unmagnetischen Atomen durch das zur Untersuchung verwendete äußere magnetische Feld. Im Gegensatz dazu besitzen paramagnetische Atome und Moleküle bereits ohne äußeres Feld magnetische Momente, die in einem äußeren Magnetfeld nur mehr oder weniger weitgehend ausgerichtet werden, so daß ein resultierendes makroskopisches magnetisches Moment der ganzen Probe entsteht. *Diese magnetischen Momente der paramagnetischen Atome rühren vom Bahnumlauf und bzw. oder der Eigenrotation der Elektronen her.* Für die Unterscheidung dieser beiden Beiträge ist der sog. magnetomechanische Parallelismus von Bedeutung.

Wir berechnen das magnetische Moment μ, das ein mit der Winkelgeschwindigkeit ω bzw. der Geschwindigkeit $v = r \cdot \omega$ auf einer Bahn vom Radius r umlaufendes Elektron nach der klassischen Theorie erzeugt. Diesem Umlauf entspricht bekanntlich ein elektrischer Strom der Stärke

$$I = \frac{e\,\omega}{2\,\pi} = \frac{e\,v}{2\,\pi\,r}. \tag{84}$$

Das magnetische Moment eines negativen Kreisstromes der Stromstärke I hat aber bei einem Stromschleifenradius r den Wert

$$\mu = -\frac{I\,\pi\,r^2}{c}. \tag{85}$$

Da der mechanische Bahndrehimpuls des umlaufenden Elektrons

$$|L| = m_e\,r^2\,\omega \tag{86}$$

ist, folgt mit (84) und (85) die wichtige Beziehung

$$\mu(L) = -\frac{e}{2\,m_e\,c}\,L \tag{87}$$

zwischen dem mechanischen Bahndrehimpuls L und dem magnetischen Moment $\mu(L)$ des umlaufenden Elektrons, der sog. magnetomechanische Parallelismus. Das der quantentheoretischen Drehimpulseinheit $h/2\pi$ entsprechende magnetische Einheitsmoment ist somit

$$\mu\left(\frac{h}{2\,\pi}\right) = \mu_B = \frac{e\,h}{4\,\pi\,m_e\,c}, \tag{88}$$

das in II,4b bereits eingeführte Bohrsche Magneton.

Für eine die Ladung e tragende, um ihre eigene Achse rotierende Kugel vom Radius r_e (klassisches Modell des Elektrons) führt die Rechnung zum gleichen Ergebnis.

Die im folgenden Abschnitt zu behandelnden spektroskopischen Erscheinungen des Zeeman-Effekts und das Ergebnis des ebendort zu besprechenden Stern-Gerlach-Versuchs lassen aber keinen Zweifel darüber zu, daß *das auf die Einheit des mechanischen Eigendrehimpulses S bezogene magnetische Spinmoment $\mu(S)$ des Elektrons doppelt so groß ist wie sein auf die Einheit des Bahndrehimpulses L bezogenes magnetisches Bahnmoment $\mu(L)$.* Mit anderen Worten: Das zur Spinquantenzahl $s = \frac{1}{2}$ gehörende magnetische Eigenmoment des Elektrons ist in erster Näherung ebenso groß wie das zur Bahndrehimpulsquantenzahl $l = 1$ gehörende magnetische Moment, nämlich gleich einem Bohrschen Magneton (88).

Statt (87) gilt also jetzt

$$\mu(S) = -\frac{e}{m_e\,c}\,S. \tag{89}$$

Man bezeichnet diese Tatsache als die *magnetomechanische Anomalie* des rotierenden Elektrons. Sie folgt übrigens richtig aus Diracs relativistisch-wellenmechanischer Theorie des Elektrons.

Den durch (89) behaupteten Zusammenhang zwischen mechanischem und magnetischem Moment der rotierenden Elektronen kann man nun direkt prüfen. Wie wir in VII,15b bei der Behandlung des Magnetismus *fester* Stoffe zeigen werden, ist nämlich der beobachtete Magnetismus fast reiner Spinmagnetismus.

Nun muß aber für ein Stück Eisen wie für jedes mechanische System der Satz von der Erhaltung des gesamten Drehimpulses gelten. Es muß deshalb der mit einer Änderung der Magnetisierung verbundenen Änderung der mechanischen Drehimpulse der Elektronen eine Änderung des resultierenden Drehimpulses des gesamten Systems in der umgekehrten Richtung entsprechen. Man bezeichnet diese Erscheinung nach ihren Entdeckern als den RICHARDSON-EINSTEIN-DE-HAAS-Effekt und seine Umkehrung, nämlich die Magnetisierung durch Rotation des ganzen Systems, als BARNETT-Effekt. Zum Nachweis des ersteren hängt man gemäß Abb. 69 einen bis zur Sättigung magnetisierten Eisenstab an einem dünnen Faden im Innern einer Magnetspule auf. Schickt man nun einen den Eisenstab ummagnetisierenden Stromstoß durch die Spule, so müssen die für den Eisenmagnetismus verantwortlichen Elektronen ihre Rotationsrichtung umkehren, d.h. ihr mechanischer Eigendrehimpuls sich um den Betrag $2\,|\,S\,|$ ändern. Diese Änderung des Drehimpulses der Elektronen wird nach dem Drehimpulssatz kompensiert durch eine entgegengesetzte, mit dem Drehspiegel meßbare Drehung des gesamten Stabes. Man mißt somit gleichzeitig das makroskopische magnetische Moment des Eisenstabes und den gesamten mechanischen Drehimpuls der dieses magnetische Moment erzeugenden Elektronen. Da aus der Festkörperphysik (VII,13)

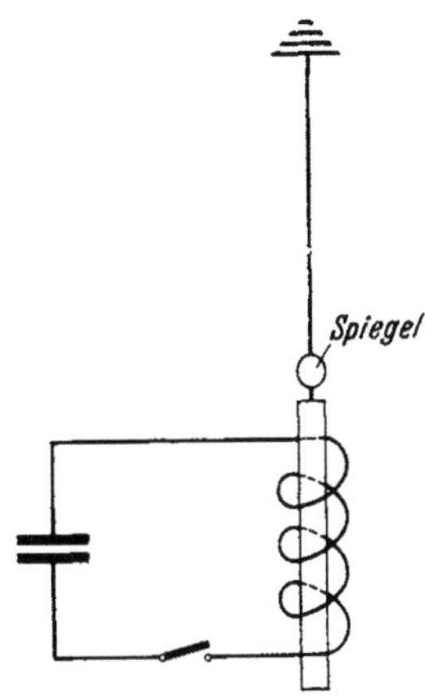

Abb. 69. Schema der Versuchsanordnung für den RICHARDSON-EINSTEIN-DE-HAAS-Effekt.

bekannt ist, wie viele zum Magnetismus beitragende Elektronen in der Volumeneinheit des Eisens enthalten sind, konnte mittels solcher Messungen Gl. (89) bestätigt werden.

Im allgemeinen Fall von Atomen mit Bahndrehimpuls L *und* resultierendem Eigendrehimpuls der Elektronenhülle S, die sich zum Gesamtdrehimpuls J der Elektronenhülle zusammensetzen, besteht das magnetische Moment aus Anteilen von Bahn- *und* Spinmagnetismus der Valenzelektronen. Zur Berechnung des resultierenden magnetischen Moments μ eines solchen paramagnetischen Atoms beachten wir, daß sich der Bahnimpuls L und der Spin S nach Abb. 70 vektoriell zu J zusammensetzen und daß die Richtungen der vom Bahnumlauf bzw. dem Eigendrehimpuls der Elektronen herrührenden magnetischen Teilmomente $\mu(L)$ und $\mu(S)$ mit L bzw. S zusammenfallen. Wählen wir nun die Einheiten in Abb. 70 so, daß $\mu(L)$ seinem Betrage nach mit $|\,L\,|$ übereinstimmt, so ist wegen der magnetomechanischen Anomalie des Spins $\mu(S)$ doppelt so groß wie $|\,S\,|$. *Das sich aus $\mu(L)$ und $\mu(S)$ vektoriell zusammensetzende Gesamtmoment μ des Atoms fällt daher nicht in die Richtung von J.* Da aber nach dem Satz von der Erhaltung des Drehimpulses der resultierende Gesamtdrehimpuls J zeitlich konstant ist und seine Richtung im Raum beibehält, präzessiert das magnetische Moment μ des Atoms um die Richtung von J, so daß *nur seine zu J parallele Komponente μ_J als magnetisches Moment des Atoms in*

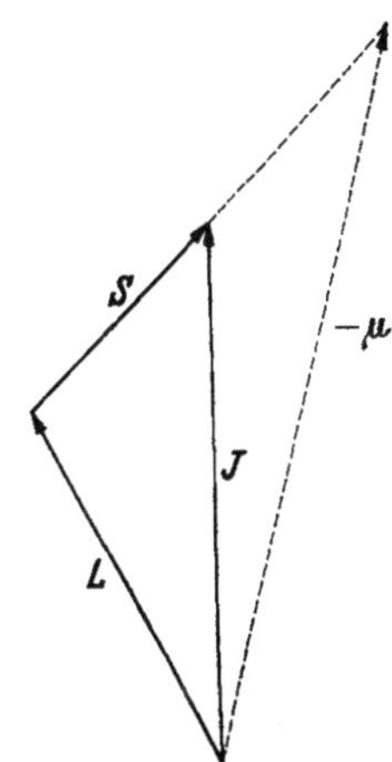

Abb. 70. Magnetisches Moment und mechanische Drehimpulse eines Atoms, mit Bahn- und Spinmagnetismus. Da das auf die Einheit des mechanischen Spins S bezogene magnetische Moment doppelt so groß ist wie das auf die Einheit von L bezogene, fällt das resultierende magnetische Moment μ nicht mit dem resultierenden mechanischen Drehimpuls J zusammen.

Erscheinung tritt. Nun gilt für die magnetischen Teilmomente wegen (76), (87), (88) und (89)

$$|\mu(L)| = \sqrt{L(L+1)}\,\frac{e\,h}{4\,\pi\,m\,c}, \tag{90}$$

$$|\mu(S)| = 2\sqrt{S(S+1)}\,\frac{e\,h}{4\,\pi\,m\,c}, \tag{91}$$

worin L und S die zu den Drehimpulsen $\boldsymbol{L}$ und $\boldsymbol{S}$ gehörenden Quantenzahlen sind. Da die Komponenten dieser Teilmomente in Richtung $\boldsymbol{J}$ gleich diesen Ausdrücken multipliziert mit $\cos(\boldsymbol{L},\boldsymbol{J})$ bzw. $\cos(\boldsymbol{S},\boldsymbol{J})$ sind, können wir für das wirksame Gesamtmoment μ_J schreiben

$$|\mu_J(L,S,J)| = \left[\sqrt{L(L+1)}\cos(\boldsymbol{L},\boldsymbol{J}) + 2\sqrt{S(S+1)}\cos(\boldsymbol{S},\boldsymbol{J})\right]\frac{e\,h}{4\,\pi\,m\,c}. \tag{92}$$

Durch Anwendung des Cosinussatzes auf das von den Vektoren $\boldsymbol{S}$, $\boldsymbol{L}$ und $\boldsymbol{J}$ gebildete Dreieck (Abb. 70) können wir die cos-Ausdrücke eliminieren und erhalten

$$|\mu_J(L,S,J)| = \frac{3J(J+1)+S(S+1)-L(L+1)}{2\sqrt{J(J+1)}}\,\frac{e\,h}{4\,\pi\,m\,c}. \tag{93}$$

Dies können wir nun in der Form schreiben

$$|\mu_J(L,S,J)| = \sqrt{J(J+1)}\,g(L,S,J)\,\mu_B, \tag{94}$$

worin μ_B wieder das BOHRsche Magneton (88) ist und $g(L,S,J)$, der berühmte sog. LANDÉ-Faktor, sich aus dem Vergleich von (93) und (94) zu

$$g(L,S,J) = \frac{3J(J+1)+S(S+1)-L(L+1)}{2J(J+1)} \tag{95}$$

ergibt. Bei dieser Ableitung ist allerdings noch nicht berücksichtigt, daß nach II,4b das magnetische Eigenmoment des Elektrons um 0,116% größer ist als das BOHRsche Magneton.

Das Verhältnis

$$\frac{|\mu_J(L,S,J)|}{\sqrt{J(J+1)}} = g(L,S,J)\cdot\mu_B \tag{96}$$

bezeichnet man auch als das *gyromagnetische Verhältnis* des betreffenden Atoms in dem durch L, S und J gekennzeichneten Zustand. Für den Fall $S = 0$, d.h. für reinen Bahnmagnetismus, ist ersichtlich $J = L$ und damit nach (95) $g = 1$, entsprechend dem normalen gyromagnetischen Verhältnis (87). Für den Fall von reinem Spinmagnetismus ($L = 0$) dagegen ergibt sich aus (95) wegen $J = S$ der LANDÉ-Faktor $g = 2$ entsprechend der magnetomechanischen Anomalie des Spins. Alle übrigen Atomzustände, bei denen Bahn- und Spinmagnetismus zusammenwirken, besitzen von 1 und 2 verschiedene g-Werte, die sich mit den ihnen entsprechenden magnetischen Momenten nach (93) aus den spektroskopisch ermittelbaren Quantenzahlen L, S und J berechnen lassen.

Obwohl die *Größe* des magnetischen Moments eines paramagnetischen Atoms also durch (93) gegeben ist, wird bei der Ausrichtung solcher Atommagnete in einem äußeren Magnetfeld nicht dieses gesamte Moment wirksam. Aus den im nächsten Abschnitt zu behandelnden Beobachtungen zur Richtungsquantelung folgt nämlich in Übereinstimmung mit der Quantenmechanik (WEYL), daß die Komponente jedes mechanischen Drehimpulses in Richtung eines äußeren Feldes stets ein mit J ganz- oder halbzahliges Vielfaches von $h/2\pi$ sein muß, und daraus folgt, daß *die Komponente des magnetischen Moments in Feldrichtung stets ein ganz-*

zahliges Vielfaches des BOHR*schen Magnetons* μ_B ist. Die im allgemeinen unganzzahlige Größe $\sqrt{J(J+1)}\,\hbar$ hat also stets eine mit J ganz- oder halbzahlige Komponente M in Feldrichtung, so daß die Komponente des magnetischen Atommoments (94) in Richtung eines äußeren Magnetfeldes

$$|\mu_H(L, S, J)| = M g(L, S, J)\, \mu_B \qquad (97)$$

ist, wo M, die sog. Magnetquantenzahl, die in Einheiten von $h/2\pi$ gemessene ganzzahlige Komponente von J in Feldrichtung ist. Alles dies wird im nächsten Abschnitt noch klarer werden.

Betrachten wir nun ein paramagnetisches Gas in einem äußeren Magnetfeld H, so wird das resultierende magnetische Moment der Volumeneinheit, die Magnetisierung M, durch den Widerstreit zwischen dem die Ausrichtung fördernden Magnetfeld und der sie störenden Temperaturbewegung bestimmt. Da bei den praktisch erreichbaren Feldstärken die Energieunterschiede zwischen den verschiedenen Einstellungen der Atommagnete zur Feldrichtung im allgemeinen klein sind gegenüber der Temperaturenergie kT, ist meist nur ein kleiner Bruchteil der paramagnetischen Atome ausgerichtet; man ist also noch weit vom Zustand der paramagnetischen Sättigung entfernt. Für das resultierende magnetische Moment der Volumeneinheit, die sog. Magnetisierung M, gilt unter diesen Bedingungen das CURIEsche Gesetz

$$M = \frac{J(J+1)g^2\,\mu_0^2\,N}{3\,kT}\,H, \qquad (98)$$

wo N die Atomzahl je cm³ ist. M ist also proportional der magnetischen Feldstärke H und umgekehrt proportional zur absoluten Temperatur. Para- und Diamagnetismus isolierter Atome sind damit atomtheoretisch erklärt. Auf den Magnetismus der Festkörper kommen wir in VII,15 zurück.

16. Atome im elektrischen und magnetischen Feld. Richtungsquantelung und Orientierungsquantenzahl

Wir haben bisher drei die Eigenschaften eines Atomelektrons kennzeichnende Quantenzahlen kennengelernt: die seine Energie im groben angebende Hauptquantenzahl n, die in der BOHRschen Theorie seine Bahnform angebende Bahnimpulsquantenzahl l, und die die Größe seines Eigendrehimpulses angebende Spinquantenzahl s. Die spektroskopische Erfahrung hat gezeigt, daß zur vollständigen Beschreibung eines Atomelektrons noch eine vierte Quantenzahl erforderlich ist, die die Orientierung eines der Drehimpulse (l oder j) gegen ein elektrisches oder magnetisches (äußeres oder u. U. auch inneres) Feld angibt und deshalb *Orientierungsquantenzahl m* (oder M bei Bezug auf die gesamte Elektronenhülle) genannt wird. Veränderungen in Atomspektren, die später auf verschiedene Bahnorientierungen in äußeren Feldern zurückgeführt werden konnten, wurden an Atomen im magnetischen Feld bereits 1896 von ZEEMAN, für Atome im elektrischen Feld 1913 von STARK entdeckt. Die durch diese Felder bewirkten spektroskopischen Erscheinungen (Linienaufspaltungen und -verschiebungen) bezeichnet man deshalb als ZEEMAN- bzw. STARK-Effekt.

In beiden Fällen bewirkt das Feld eine Präzession des durch seinen resultierenden Drehimpuls J gekennzeichneten atomaren Kreisels um die Feldrichtung, beim STARK-Effekt infolge des vorhandenen oder durch Polarisation entstehenden elektrischen Moments, beim ZEEMAN-Effekt infolge des magnetischen Bahn- und Spinmomentes der Atome. Entscheidend ist dabei, daß nach der Quantentheorie nicht jeder Winkel von J mit der Feldrichtung möglich ist, sondern nur solche

Winkel, bei denen die Komponente von $\boldsymbol{J}$ in der Feldrichtung, die wir $\boldsymbol{M}$ nennen, ein ganz- oder halbzahliges Vielfaches von $h/2\pi$ ist, je nachdem ob J selbst ganz- oder halbzahlig ist. Diese von SOMMERFELD entdeckte Tatsache bezeichnet man als *Richtungsquantelung*. Der Unterschied zwischen STARK- und ZEEMAN-Effekt besteht in der Art und Größe der Beeinflussung der Energiezustände durch das elektrische bzw. magnetische Feld. *Die Bedeutung des ZEEMAN-Effektes beruht in erster Linie auf der Möglichkeit der empirischen Ermittlung der Quantenzahlen L, S und J von Atomtermen aus den Aufspaltungsbildern.* Der STARK-Effekt war eines der ersten Beispiele zur Prüfung der Quantentheorie an einem ziemlich verwickelten Atomvorgang und besitzt außerdem eine besondere Bedeutung für die Molekültheorie (vgl. VI,5).

a) Richtungsquantelung und Stern-Gerlach-Versuch

Wir betrachten zunächst ein Elektron, das nach Abb. 71 so auf seiner Bahn um den Atomkern umlaufen möge, daß sein Bahnimpuls $\boldsymbol{L}$ mit der Magnetfeldrichtung $\boldsymbol{H}$ den Winkel α einschließt. Wir berechnen nun die potentielle Energie $U(\alpha)$, wobei wir als Nullpunkt die Stellung des Drehimpulses $\boldsymbol{L}$ senkrecht zum Felde wählen, also $U(\pi/2) = 0$. Bezeichnen wir mit μ das magnetische Moment des Atoms und mit μ_H seine Komponente in Feldrichtung, so ist

$$U(\alpha) = -\mu H \cos\alpha = -\mu_H H. \tag{99}$$

Das Magnetfeld sucht nun die Drehimpulsachse in die Richtung von $\boldsymbol{H}$ zu drehen. Da das Atom aber ein Kreisel ist, wird seine Drehachse senkrecht zur wirkenden Kraft abgelenkt, so daß das Atom nach Abb. 71 um die Feldrichtung präzessiert, und zwar mit der sog. LARMOR-Frequenz

$$\nu_L = \frac{e}{4\pi m c} H. \tag{100}$$

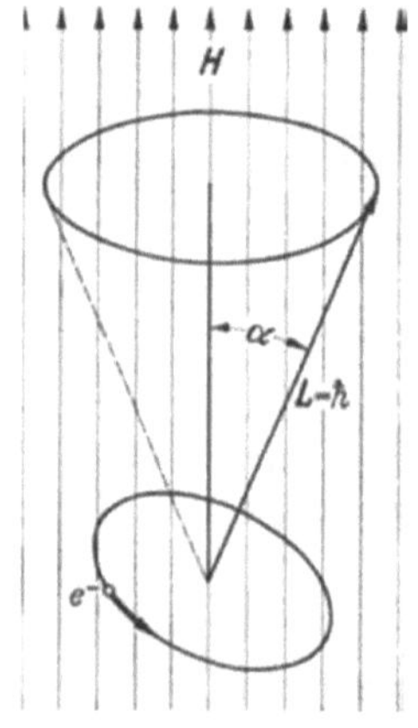

Abb. 71. Präzession des Bahndrehimpulses $\boldsymbol{L}$ eines einen Atomkern umkreisenden Bahnelektrons um die Magnetfeldrichtung.

Diese Überlegungen gelten in gleicher Weise für den Gesamtdrehimpuls $\boldsymbol{J}$ jedes Elektronensystems, auf das nur Zentralkräfte wirken, doch ist in diesem allgemeinen Fall (J statt L) die Präzessionsfrequenz gleich der mit dem LANDÉ-Faktor (95) multiplizierten LARMOR-Frequenz (100).

Entscheidend ist nun, daß nach der Quantentheorie nicht jeder Winkel α zwischen der Richtung des Drehimpulses $\boldsymbol{J}$ und der Feldrichtung möglich ist, sondern nur solche, bei denen die Komponenten von $\boldsymbol{J}$ in der Feldrichtung $\boldsymbol{M}$ sich um ganze Vielfache von $h/2\pi$ unterscheiden und mit J ganz- oder halbzahlig sind. Für die Magnet- oder Orientierungsquantenzahl M gilt also

$$|\boldsymbol{M}| = M \cdot h/2\pi. \tag{101}$$

Die $2J + 1$ verschiedenen möglichen Werte von M sind

$$M = J, J-1, J-2, \ldots, -J. \tag{102}$$

Für diese Richtungsquantelung haben STERN und GERLACH einen äußerst eindrucksvollen experimentellen Beweis erbracht. Sie schossen einen Strahl von Ag-Atomen gemäß Abb. 72 durch ein *inhomogenes* Magnetfeld und beobachteten die Ablenkung der Ag-Atome auf der Photoplatte P. Da das Ag-Atom mit dem Grundzustand $^2S_{1/2}$ den Gesamtdrehimpuls $\boldsymbol{J} = \hbar/2$ besitzt, sind im Magnetfeld nach der Richtungsquantelung nur die Einstellungen $M = +^1/_2$ und $M = -^1/_2$ möglich, dagegen keine Zwischenlagen. Nun bewirkt das Magnetfeld beim STERN-GERLACH-Versuch nicht nur diese gequantelte Einstellung der Atommagnete, sondern wegen des verschiedenen Betrages der Feldstärke an den beiden Polen der Atommagnete infolge der Feldinhomogenität auch eine räumliche Trennung der Atome beider Einstellungen. Während ohne Richtungsquantelung *alle* Einstellungen von J zum Feld möglich wären und man daher als Spur der auf die

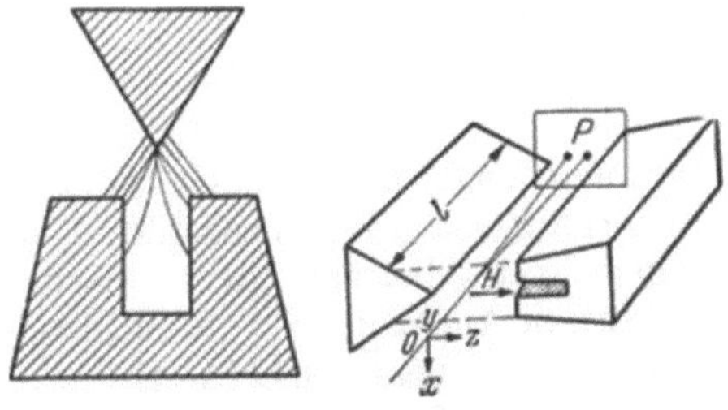

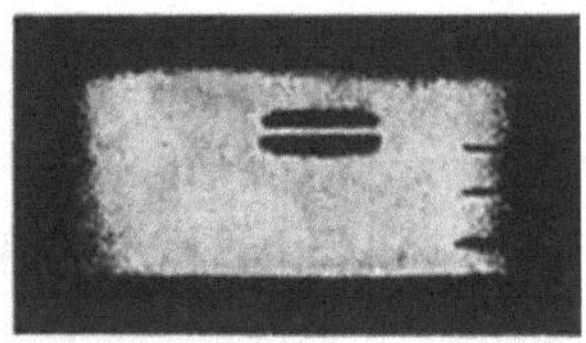

Abb. 72. Schematische Darstellung des STERN-GERLACH-Versuchs. Links Polschuhe und Feldlinien des stark inhomogenen magnetischen Feldes, rechts Schema der Aufspaltung des von vorn eingeschossenen Atomstrahls im inhomogenen Feld. *P* Photoplatte (nach BRIEGLEB).

Abb. 73. Neuere Aufnahme des STERN-GERLACH-Versuchs von Lithiumatomen mit einer Anordnung gemäß Abb. 72. Aufspaltung des Atomstrahls in zwei scharf getrennte, den beiden möglichen Spineinstellungen entsprechende Strahlen (nach TAYLOR).

Platte P auftreffenden Ag-Atome ein breites Band erwarten sollte, findet man tatsächlich zwei getrennte Auftreffstellen, d.h. eine durch die Richtungsquantelung bewirkte Aufspaltung des Atomstrahls in zwei Strahlen, die den beiden möglichen Einstellungen $M = +^1/_2$ und $M = -^1/_2$ entsprechen. Abb. 73 zeigt eine solche Aufnahme des STERN-GERLACH-Versuchs, die die Richtungsquantelung beweist.

b) Der normale Zeeman-Effekt der Singulettatome

Nach Gl. (99) unterscheiden sich die Atome je nach ihrer Einstellung zum magnetischen Feld auch bezüglich ihrer Energie. Ein durch die Gesamtdrehimpulsquantenzahl J gekennzeichneter Atomzustand spaltet folglich im magnetischen Feld in $2J + 1$ verschiedene Energieniveaus auf, und die entsprechende Aufspaltung der Spektrallinien bezeichnet man als ZEEMAN-Effekt. Nun wissen wir bereits, daß es zwei Arten von Atommagnetismus gibt, den Bahnmagnetismus und den Spinmagnetismus. Einfach liegen die Verhältnisse bei Singulettzuständen, bei denen wir es nur mit magnetischen *Bahnmomenten* der Atome zu tun haben (sog. *normaler* ZEEMAN-*Effekt*), während die Kompliziertheit des anomalen ZEEMAN-Effekts der Nichtsingulettzustände auf der oben behandelten magnetomechanischen Anomalie des Spinmagnetismus beruht, auf der Tatsache also, daß das magnetische Spinmoment bezogen auf den mechanischen Eigendrehimpuls doppelt so groß ist wie klassisch zu erwarten, und daß seine Richtung nach Abb. 70 nicht mit der des mechanischen Drehimpulses übereinstimmt.

Wir behandeln zunächst den normalen ZEEMAN-Effekt, betrachten also nur Singulettzustände, bei denen $S = 0$ und $J = L$ ist. Nach (94) ist dann zwar das magnetische Moment des Atoms

$$|\mu(L)| = \sqrt{L(L+1)}\,\mu_B \tag{103}$$

selbst kein ganzzahliges Vielfaches des BOHRschen Magnetons μ_B, wohl aber nach (97) seine maximale Komponente $\mu_H(L)$ in Richtung eines äußeren Magnetfeldes.

8*

Zu jeder der $2L+1$ Einstellmöglichkeiten von $\mu(L)$ im Feld $\boldsymbol{H}$ gehört ein verschiedener Energiewert des richtungsgequantelten Atoms, da nach (99) die potentielle Energie im Magnetfeld

$$U = \mu_{H}\, H = M\, \mu_{B}\, H \qquad (104)$$

beträgt. Nun unterscheidet sich bei benachbarten Einstellungen von μ dessen Komponente μ_{H} um eine Einheit der Magnetquantenzahl M, so daß die Energiedifferenz benachbarter Termkomponenten im Magnetfeld

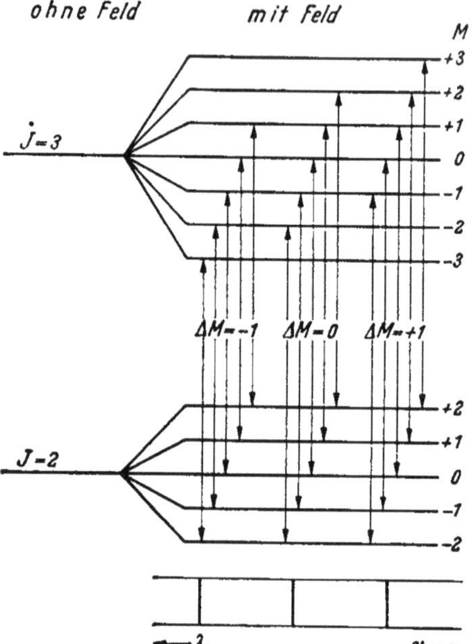

Abb. 74. Termaufspaltungen und Übergänge beim normalen ZEEMAN-Effekt zur Erklärung des normalen, in der Abbildung unten angedeuteten ZEEMAN-Tripletts. Jeder der drei Gruppen zusammenfallender Übergänge entspricht eine der drei Triplettkomponenten.

$$\Delta E = \mu_{B}\, H \qquad (105)$$

proportional zur magnetischen Feldstärke H ist. In Wellenzahlen $\bar{\nu}$ umgerechnet, beträgt diese normale ZEEMAN-Aufspaltung benachbarter Termkomponenten ($\Delta M = 1$)

$$\Delta \bar{\nu}_{\text{norm}} = \frac{\mu_{B}}{h\,c}\, H = 4{,}67 \cdot 10^{-5}\, H\ [\text{cm}^{-1}]. \qquad (106)$$

Sie kann heute mit den Methoden der Hochfrequenzspektroskopie (Abb. 23) direkt gemessen werden.

Abb. 74 zeigt ein entsprechendes Aufspaltungsbild zweier miteinander kombinierender Atomzustände. Da für die Magnetquantenzahl M die gleiche Auswahlregel gilt wie für J:

$$\Delta M = 0 \quad \text{oder} \quad \pm 1, \qquad (107)$$

erhält man unabhängig von der Zahl der Termkomponenten stets drei Linien, das sog. normale ZEEMAN-Triplett, da wegen der gleichen Größe der Aufspaltung im oberen und unteren Zustand alle Übergänge mit gleichem ΔM zusammenfallen. In Abb. 74 sind diese zusammenfallenden Übergänge in Gruppen zusammengefaßt.

c) Der anomale Zeeman-Effekt und der Paschen-Back-Effekt der Nichtsingulettatome

Die Einfachheit des Aufspaltungsbildes beim normalen ZEEMAN-Effekt beruht offenbar auf der Tatsache, daß bei Singulettzuständen nach (106) die Termaufspaltung im Magnetfeld von den Quantenzahlen unabhängig und daher in den beiden kombinierenden Zuständen gleich groß ist. Das liegt ersichtlich daran, daß im Ausdruck der magnetischen Energie der die Quantenzahlen enthaltende LANDÉ-Faktor nicht auftritt. Bei allen magnetische Bahn- *und* Spinmomente besitzenden Nichtsingulettatomen dagegen hängen die magnetischen Momente und mit ihnen die Aufspaltungen in einem Magnetfeld nach (97) vom LANDÉ-Faktor $g(L, S, J)$ ab. Für den nur aus historischen Gründen als „anomal" bezeichneten ZEEMAN-Effekt dieser Nichtsingulettatome wird also das Aufspaltungsbild wegen der in den beiden Zuständen verschiedenen Quantenzahlen L, S und J recht kompliziert. Empirisch zeichnen sich die ZEEMAN-Effekt-Aufspaltungen der Nichtsingulettzustände durch ihre große Komponentenzahl und die wechselnden Abstände der Komponenten aus, doch sind diese stets rationale Vielfache der Normalaufspaltung (106) (RUNGEsche Regel).

Auch beim anomalen ZEEMAN-Effekt findet eine Präzession von J um die Feldrichtung statt, mit einer gequantelten Komponente M von J. Der Gesamtdrehimpuls J setzt sich aber jetzt nach Abb. 66 vektoriell aus L und S zusammen, und diese RUSSELL-SAUNDERS-Kopplung wird durch nicht zu starke Magnetfelder auch nicht gestört. Für die Berechnung und vektorielle Addition der zu L und S gehörenden magnetischen Teilmomente $\mu(L)$ und $\mu(S)$ gilt das zu Abb. 70 Gesagte, so daß dem um die Richtung des äußeren Feldes präzessierenden Gesamtdrehimpuls J jetzt ein magnetisches Moment in Feldrichtung von der Größe (97):

$$\mu_H = M g(L, S, J) \mu_B \qquad (108)$$

entspricht.

Ein Nichtsingulettatomzustand mit der Gesamtdrehimpulsquantenzahl J spaltet also auch in $2J + 1$ sich durch ihre verschiedenen M-Werte unterscheidende Termkomponenten auf; der Abstand der Termkomponenten vom unverschobenen Term und die Energiedifferenzen benachbarter Termkomponenten

$$\Delta E = \mu_B g(L, S, J) H \qquad (109)$$

hängen nun aber im Gegensatz zum normalen ZEEMAN-Effekt von den Quantenzahlen L, S und J ab, sind also im allgemeinen für den oberen und unteren Zustand nicht mehr gleich, so daß sich nach der Auswahlregel (107) recht komponentenreiche Linienaufspaltungen ergeben. Da aber der LANDÉsche g-Faktor stets eine rationale Zahl ist, sind nach (109) auch die Termaufspaltungen beim anomalen ZEEMANN-Effekt rationale Vielfache der normalen Aufspaltung (106), womit die RUNGEsche Regel ihre Aufklärung gefunden hat.

Für den zuerst im Zusammenhang mit dem anomalen ZEEMAN-Effekt abgeleiteten g-Faktor hatte LANDÉ übrigens aus der BOHR-SOMMERFELDschen Quantentheorie den Ausdruck

$$g(L, S, J) = \frac{3 J^2 + S^2 - L^2}{2 J^2} \qquad (110)$$

abgeleitet, während die Quantenmechanik nach IV,8 an Stelle von J den Ausdruck $\sqrt{J(J + 1)}$ verlangt. *Daß nur die neue Form (95) des LANDÉ-Faktors beim anomalen ZEEMAN-Effekt Übereinstimmung mit dem experimentellen Befund ergibt, spricht, wie schon hier erwähnt sei, gegen die bisher behandelte alte und für die neue Quantentheorie.*

Da die aus den Linienaufspaltungen im anomalen ZEEMAN-Effekt zu ermittelnden Termaufspaltungen (109) wegen (95) in eindeutiger Weise von den Quantenzahlen L, S und J abhängen, stellt der anomale ZEEMAN-Effekt eine der wichtigsten Möglichkeiten zur empirischen Bestimmung der Quantenzahlen eines Atomzustandes dar. Abb. 75 zeigt als Beispiel die

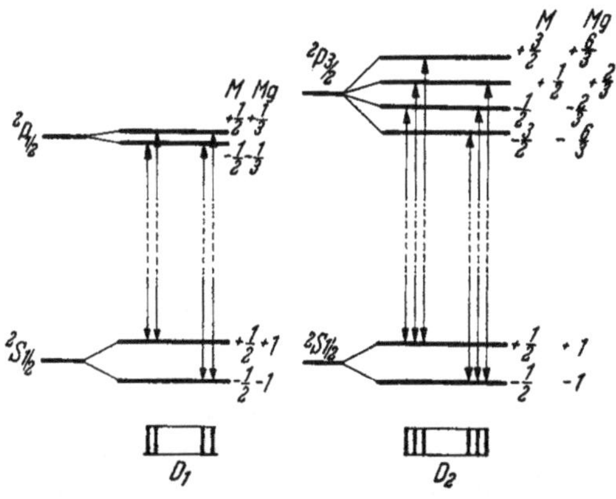

Abb. 75. Termschema und Aufspaltungsbild beim anomalen ZEEMAN-Effekt der beiden Natrium-D-Linien (nach HERZBERG).

Termaufspaltungen und die sich ergebenden Linienaufspaltungen für die beiden Natrium-D-Linien.

Wird das Magnetfeld so stark, daß die nach (109) sich ergebenden ZEEMAN-Aufspaltungen die gleiche Größe erreichen wie die auf der LS-Wechselwirkung beruhenden normalen Multiplettaufspaltungen (vgl. III,17), so beobachtet man einen neuen, von PASCHEN und BACK gefundenen Effekt. Dann wird nämlich durch das Magnetfeld die RUSSELL-SAUNDERS-Kopplung zwischen L und S gelöst, so daß dann nicht mehr L und S gemeinsam um J präzessieren und dieses um die Feldrichtung. L und S werden dann vielmehr entkoppelt und präzessieren nach Abb. 76 jedes für sich mit den gequantelten Komponenten M_L und M_S um die Feldrichtung. Bei vollständig entwickeltem PASCHEN-BACK-Effekt wird nun die Termaufspaltung wieder ein ganzzahliges Vielfaches der Normalaufspaltung (106), weil M_L wie L selbst stets ganzzahlig ist und M_S wie S zwar halbzahlig sein kann, wegen der magnetischen Anomalie des Spins aber einen ganzzahligen Beitrag $\mu(S)$ zum magnetischen Moment und damit zur Aufspaltung ΔE ergibt:

$$\Delta E = (M_L + 2M_S)\mu_B H. \qquad (111)$$

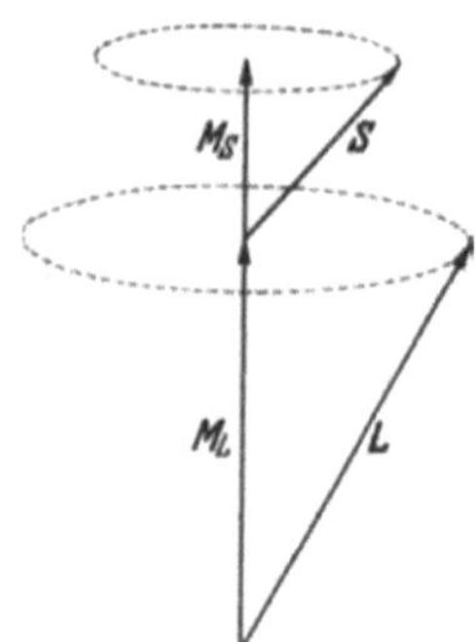

Abb. 76. Vektorzusammensetzung beim PASCHEN-BACK-Effekt.

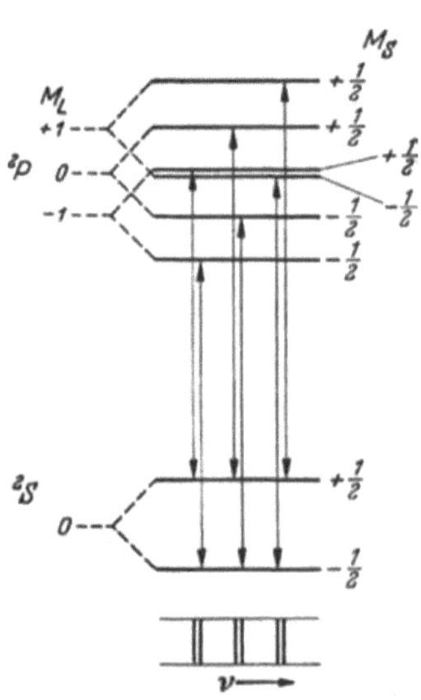

Abb. 77. Termaufspaltungen, Übergänge und Linienstruktur beim PASCHEN-BACK-Effekt ($^2S \to {}^2P$-Übergang) (nach HERZBERG).

Unter Berücksichtigung der Auswahlregel (107) erhält man beim PASCHEN-BACK-Effekt daher wieder das normale ZEEMAN-Triplett, wobei allerdings jede Komponente wegen der immer noch vorhandenen LS-Wechselwirkung noch eine Feinstruktur zeigt. Abb. 77 zeigt Termaufspaltungen und Spektrum im Fall des PASCHEN-BACK-Effekts an einem Beispiel. Im Übergangsstadium zwischen anomalem ZEEMAN-Effekt und PASCHEN-BACK-Effekt werden die Aufspaltungsbilder sehr unübersichtlich und sind theoretisch schwer zu behandeln.

d) Der Stark-Effekt

Beim STARK-Effekt liegen die Verhältnisse in verschiedener Beziehung weniger einfach als beim ZEEMAN-Effekt, insbesondere weil die Atome im allgemeinen keine elektrischen Momente besitzen. Eine Sonderstellung nehmen das H-Atom und allgemein die streng wasserstoffähnlichen Atomzustände ein, insofern als bei ihnen die Terme gleicher Hauptquantenzahl n, aber verschiedener Bahnimpulsquantenzahl l nach S. 84 normalerweise zusammenfallen, ein Atomzustand der Hauptquantenzahl n also zunächst $(n^2 - 1)$-fach entartet ist. Diese Entartung wird durch das elektrische Feld aufgehoben, das durch gequantelte Einstellung der einzelnen l im elektrischen Feld eine symmetrische Aufspaltung jedes Wasser-

stoffterms in insgesamt $2n - 1$ Termkomponenten bewirkt, deren Abstände nach
der von SCHWARZSCHILD und EPSTEIN gegebenen Theorie in ausgezeichneter
Übereinstimmung mit STARKS experimentellen Befunden ganze Vielfache von

$$\varDelta E = \frac{3 h^2 n}{8 \pi^2 m e} F \tag{112}$$

sind, wenn wir die elektrische Feldstärke zur Unterscheidung von der Energie
ausnahmsweise mit F bezeichnen. Anschaulich kann man sich dieses Ergebnis so
deuten, daß das äußere elektrische Feld die Elektronen auf Bahnen verschiedener
Exzentrizität in ähnlicher Weise verschiedenartig stört und damit zu einer Aufspaltung der Terme verschiedener Bahnimpulsquantenzahl l führt, wie das bei
den Alkaliatomen das Rumpffeld tut. Der STARK-Effekt der Wasserstofflinien
ist wegen der Proportionalität zur elektrischen Feldstärke ein *linearer* Effekt im
Gegensatz zu dem gleich zu besprechenden allgemeineren STARK-Effekt; die Aufspaltung wächst ferner nach (112) proportional mit den Hauptquantenzahlen der
beteiligten Atomzustände. Die Erklärung dieses STARK-Effekts der BALMER-
Linien mit allen seinen Einzelheiten war ein besonderer Erfolg der alten Quantentheorie. Da wesentliche Folgerungen für die allgemeine Atomphysik nicht aus
ihm gezogen werden, gehen wir nicht näher auf ihn ein.

Bei allen übrigen Atomen liegt keine solche Entartung der Energiezustände
wie beim H-Atom vor, die durch das elektrische Feld aufgehoben werden könnte,
weil die zu den verschiedenen Bahnimpulsquantenzahlen gehörenden Energiezustände ja bereits durch das Feld des Atomrumpfes (vgl. III,8) aufgespalten sind.

Bei diesen nichtwasserstoffähnlichen Atomen kommt aber ein STARK-Effekt
dadurch zustande, daß die Atome im elektrischen Feld ein der Feldstärke proportionales elektrisches Dipolmoment erhalten. Wie beim ZEEMAN-Effekt präzessiert
dann der Gesamtdrehimpuls J des Atoms um die Achse des elektrischen Feldes
und stellt sich dabei so ein, daß seine Komponenten M in Feldrichtung sich um
ganzzahlige Vielfache von $h/2\pi$ unterscheiden. Da die Energieverschiebung der
Terme gegenüber dem feldlosen Fall ebenso wie die Energieaufspaltung der durch
die verschiedenen M gekennzeichneten Termkomponenten, von dem Produkt
Dipolmoment mal Feldstärke abhängt, ersteres aber selbst der Feldstärke proportional ist, *sind Verschiebung und Aufspaltung in diesem allgemeinen Fall vom
Quadrat der Feldstärke abhängig, weshalb man vom quadratischen* STARK-*Effekt
spricht*. Bei sehr starken Feldern, bei denen die STARK-Effekt-Aufspaltungen groß
werden gegen die normalen Multiplettaufspaltungen (bzw. die Präzessionsgeschwindigkeit von J um die Feldrichtung groß gegen die von L und S um J), findet
ähnlich wie im magnetischen Fall eine Entkopplung von L und S statt, und man
erhält ein elektrisches Analogon zum PASCHEN-BACK-Effekt.

Alle diese Zusammenhänge sind für die Physik der Atome von geringerer Bedeutung, weil im Gegensatz zum ZEEMAN-Effekt ein direkter Schluß vom elektrischen Aufspaltungsbild auf die Quantenzahlen des Atoms nicht möglich ist.
Der STARK-Effekt ist aber einmal von Bedeutung für die Theorie der Elektronenzustände der Moleküle (vgl. VI,5), bei denen durch die Verbindungsachse der
beiden Kerne eine elektrische Vorzugsrichtung gegeben ist, um die die Elektronendrehimpulse präzessieren, und andererseits für die Störung von Atomen durch
benachbarte Elektronen und Ionen (Linienverbreiterung, vgl. III,21), die als
STARK-Effekt infolge räumlich wie zeitlich schnell wechselnder elektrischer Mikrofelder aufgefaßt werden kann und in der Astrophysik wie in der Physik der Hoch-
temperaturplasmen eine große Rolle spielt. So kann man z.B. die räumliche
Dichte der Elektronen in einem Plasma aus der gemessenen STARK-Effekt-Ver-
breiterung gewisser Atomlinien berechnen.

17. Die Multiplettaufspaltung als magnetischer Wechselwirkungseffek t

Mit unserer Kenntnis der magnetischen Eigenschaften der Elektronen und Atome können wir nun auch die Energieaufspaltung der in III,13 behandelten Termmultipletts, d.h. den energetischen Abstand der zu den gleichen Quantenzahlen L und S, aber verschiedenen Quantenzahlen J gehörenden Energiezustände, z.B. der drei Komponenten $2\,{}^3P_0$, $2\,{}^3P_1$ und $2\,{}^3P_2$ des He- oder Hg-Atoms, verständlich machen. Diese Energieaufspaltung beruht nämlich auf der magnetischen Wechselwirkung der Bahn- und Spinmomente der Valenzelektronen. Wir beginnen mit dem Fall eines einzigen Valenzelektrons, wollen also die Größe der Dublettaufspaltung der Alkaliterme (vgl. III,9b) berechnen und fragen dazu, wie sich die Energie eines ohne Berücksichtigung des Spins berechneten Atomzustandes dadurch verändert, daß das Elektron mit seinem Spin sich in dem von seinem Bahnumlauf herrührenden Magnetfeld befindet. Bezeichnen wir das von dem umlaufenden Valenzelektron erzeugte Magnetfeld, dessen Richtung mit der des Bahndrehimpulses $\boldsymbol{l}$ übereinstimmt, mit $\boldsymbol{H}_l$ und das magnetische Spinmoment des Elektrons, dessen Richtung mit der des Spins $\boldsymbol{s}$ übereinstimmt, mit $\boldsymbol{\mu(s)}$, so hängt die magnetische Wechselwirkungsenergie zwischen Bahndrehimpuls und Spin dieses Elektrons ab von dem Winkel zwischen diesen beiden Drehimpulsen, ist also [vgl. Abb. 71 und Gl. (99)]

$$E_m(l,s) = H_l\mu(s)\cos(\boldsymbol{l},\boldsymbol{s})\,. \tag{113}$$

Da nun H_l dem Bahndrehimpuls $\boldsymbol{l}$ und $\mu(s)$ dem Spin $\boldsymbol{s}$ proportional ist, können wir statt (113) auch schreiben

$$E_m(l,s) = a\,|\boldsymbol{l}|\,|\boldsymbol{s}|\cos(\boldsymbol{l},\boldsymbol{s})\,, \tag{114}$$

wo a ein Proportionalitätsfaktor ist, den LANDÉ zu

$$a = \frac{8\,\pi^4\,m\,e^8\,Z^4_{\mathrm{eff}}}{c^2\,h^4\,n^3\,l\left(l+\dfrac{1}{.2}\right)(l+1)} \tag{115}$$

berechnet hat. Hier ist n die Hauptquantenzahl, l die Bahnimpulsquantenzahl und Z_{eff} die nach (120) auf das Valenzelektron wirkende effektive Kernladungszahl. Nun kann man den Cosinusterm in (114) wie bei der Berechnung des LANDÉ-Faktors mittels des Cosinussatzes durch die Quantenzahlen j, l und s ausdrücken und erhält

$$E_m(j,l,s) = \frac{a}{2}\left[j(j+1) - l(l+1) - s(s+1)\right]\,. \tag{116}$$

Die spektroskopisch beobachtbare Energieaufspaltung ΔE der von den beiden möglichen Spineinstellungen herrührenden Dublettermkomponenten mit den Gesamtdrehimpulsquantenzahlen j_1 und j_2 bei gleichen Werten l und s ist folglich

$$\Delta E = \frac{a}{2}\left[j_1(j_1+1) - j_2(j_2+1)\right]\,. \tag{117}$$

Die Dublettaufspaltungen können damit in Übereinstimmung mit dem spektroskopischen Befund berechnet werden. Qualitativ entnimmt man aus (115) sofort einige empirisch bekannte Regeln. Da die Quantenzahlen n und l in dritten Potenzen im Nenner vorkommen, nehmen die Dublettaufspaltungen mit zunehmender Hauptquantenzahl stark ab und sind bei den P-Termen um einen erheblichen Faktor größer als bei den D- oder gar F-Termen. Da ferner Z_{eff} nach Tab. 8 mit zunehmender Ordnungszahl innerhalb jeder Gruppe des Periodensystems wächst, nimmt der mit Z_{eff}^4 gehende Kopplungsfaktor a mit wachsender Ordnungszahl äußerst stark zu. Das erklärt den in III,9b schon erwähnten Befund, daß die Multiplettaufspaltungen allgemein von den leichten zu den schweren Elementen stark zunehmen, z.B. bei Lithium und Helium schwer nachweisbar sind, bei Caesium und Quecksilber aber so groß sind, daß zusammengehörende Multiplettkomponenten wegen Überlagerung verschiedener Multipletts oft schwer als solche zu erkennen sind.

Zum allgemeinen Fall von Atomen mit mehreren Elektronen ist zunächst zu bemerken, daß die Elektronen der abgeschlossenen Schalen zur Wechselwirkungsenergie nichts beitragen, weil ihre Drehimpulse und magnetischen Momente sich gegenseitig kompensieren. Auch die Wechselwirkungen zwischen dem Bahndrehimpuls eines Elektrons und den Spinmomenten der anderen können im allgemeinen vernachlässigt werden. Es ist also Gl. (116) nur über alle Valenzelektronen der äußersten Schale zu summieren. Führt man nun für den Normalfall der RUSSELL-SAUNDERS-Kopplung die resultierenden Bahn-, Spin- und Gesamtdrehimpulse L, S und J aller Außenelektronen ein, so erhält man für die gesamte Wechselwirkungsenergie, d. h. den energetischen Abstand eines durch den Gesamtdrehimpuls J charakterisierten Terms vom Schwerpunkt des gesamten Multipletts, den Ausdruck

$$E(J) = \frac{J(J+1) - L(L+1) - S(S+1)}{2} \sum_i a_i \frac{|l_i|}{|L|} \frac{|s_i|}{|S|} \overline{\cos(l_i, L)} \, \overline{\cos(s_i, S)}. \quad (118)$$

Gl. (118) gestattet beispielsweise, die Aufspaltung eines Multipletts, innerhalb dessen L und S ja konstant sind, durch Einsetzen der verschiedenen möglichen J-Werte direkt zu berechnen. Unsere in III,13 begonnene Behandlung der Theorie der Multipletts, des wohl kompliziertesten Teils der Atomspektroskopie, ist damit abgeschlossen.

18. Pauli-Prinzip und abgeschlossene Elektronenschalen

Aus dem spektroskopischen Material, dessen Deutung in den letzten Abschnitten behandelt wurde, lassen sich einige für den Atombau grundsätzlich bedeutungsvolle Folgerungen ziehen. Die Einordnung der beobachteten Atomspektren in Serien oder Multipletts erlaubt, in Verbindung mit dem ZEEMAN-Effekt der Spektrallinien, die Quantenzahlen aller Energiezustände eines Atoms zu bestimmen. Hierbei fällt auf, daß das Heliumatom (und mit ihm alle Zweielektronenatome) nach Abb. 63 nur *einen* Grundzustand 1 ^1S besitzt, während der 1quantige Grundzustand 1 ^3S des Triplettsystems fehlt. Im Gegensatz dazu treten alle höheren Zustände gleichermaßen im Triplett- wie im Singulettsystem auf.

Die Deutung dieses Befundes wurde 1925 von PAULI gegeben und führt auf das nach ihm benannte Prinzip, das sich als grundlegend für die gesamte Atomphysik erwiesen hat. Daß der Grundzustand des He-Atoms ein 1 S-Zustand ist, bedeutet ja, daß die beiden Elektronen des Atoms die Quantenzahlen $n = 1$ und $l = m = 0$ besitzen. Solche in den drei Quantenzahlen n, l und m übereinstimmende Elektronen nennt man *äquivalente* Elektronen. Daß der tatsächlich auftretende 1 ^1S-Grundzustand ein *Singulett*zustand ist, bedeutet nach III,13, daß die Spinvektoren der beiden Elektronen entgegengesetzt orientiert sind. Im 1 ^1S-Grundzustand des He-Atoms unterscheiden sich die beiden Elektronen also durch ihre Spinquantenzahlen. Für den *nicht*auftretenden 1 ^3S-Zustand dagegen folgt aus der Triplettnatur, daß hier die beiden Elektronen parallel gerichtete Spins besitzen, d.h. in *allen* vier Quantenzahlen n, l, m und s übereinstimmen würden. Aus dem Nichtauftreten dieses Terms schloß PAULI daher, daß *in der Natur nur solche*

Elektronenanordnungen in Atomen und Molekülen vorkommen, in denen sich die beiden Elektronen (und im allgemeinen Fall sämtliche Atomelektronen) hinsichtlich mindestens einer ihrer vier Quantenzahlen unterscheiden. Daß nach Abb. 63 die höheren Triplettzustände neben den entsprechenden Singulettzuständen auftreten können, liegt offenbar daran, daß in diesen angeregten Zuständen ja das eine der beiden He-Elektronen eine höhere Hauptquantenzahl n besitzt als das andere, so daß die übrigen drei Quantenzahlen einschließlich des Spins gleich sein können, ohne identische Elektronen zu ergeben. Eine Übersicht über die gemäß III,12 aus der vektoriellen Zusammensetzung aller Valenzelektroneneinzeldrehimpulse sich ergebenden Terme der Gesamtatome zeigt, daß ganz allgemein *nur solche Energiezustände von Atomen auftreten, die sich durch die Vektorzusammensetzung nichtidentischer Valenzelektronen erklären lassen.* Das gesamte empirische Material der Spektroskopie ist somit in Übereinstimmung mit dem PAULI-Prinzip, nach dem *in keinem atomaren System (Atom, Molekül oder größerer innerlich verbundener Komplex) Elektronen vorhanden sein dürfen, die in allen vier Quantenzahlen n, l, m und s übereinstimmen.* Grob anschaulich könnte man sagen, daß für zwei in allen Eigenschaften (Quantenzahlen) übereinstimmende Elektronen im Atom kein „Platz" vorhanden ist. Wir kommen in IV,10 auf die viel allgemeinere quantenmechanische Fassung des PAULI-Prinzips zurück und werden dort erst die volle Bedeutung dieses für den gesamten Aufbau der Materie aus den Elementarteilchen grundlegenden Prinzips erkennen.

Bevor wir nun im nächsten Abschnitt die atomtheoretische Deutung des Periodensystems der Elemente behandeln, das ebenfalls das PAULI-Prinzip widerspiegelt, gehen wir noch kurz auf die Rolle der „inneren" Elektronen der Atome ein, die wir in III,8 im Atomrumpf zusammengefaßt und bei der Behandlung der Spektren unbeachtet gelassen hatten. Das war berechtigt, weil eine Übersicht über die Spektren zeigte, daß nur die Valenzelektronen mit ihren Drehimpulsen zu dem der gesamten Elektronenhülle des Atoms beitragen. Alle Alkaliatome besitzen nach Ausweis ihrer Spektren resultierende Drehimpulse, die gleich denen ihres *einen* Valenzelektrons sind. Daraus müssen wir schließen, daß beim Lithium die zwei inneren Elektronen, beim Natrium deren zehn, beim Kalium deren 18, beim Rubidium 36 usw. in sog. *abgeschlossenen Schalen* angeordnet sind und daß die Einzeldrehimpulse aller in abgeschlossenen Schalen angeordneten Elektronen sich gegenseitig zu Null kompensieren. Dieser aus dem empirischen spektroskopischen Material gezogene Schluß ist nun in bester Übereinstimmung mit dem PAULI-Prinzip. Um das einzusehen, zeigen wir zunächst, daß die Zahl der nichtidentischen Elektronen, die die Hauptquantenzahlen $n = 1$, 2, 3 bzw. 4 besitzen, 2, 8, 18 bzw. 32 beträgt.

Nach III,8 ist der maximale Bahnimpuls eines Elektrons der Hauptquantenzahl n ja $l_{max} = n - 1$, so daß sich für die verschiedenen n-Werte die in Spalte 3 von Tab. 7 angegebenen Elektronenmöglichkeiten ergeben. Zu jedem l-Wert gehören nach III,16a $2l + 1$ verschiedene m-Werte (Spalte 4), und jedes der durch die Werte von n, l und m gekennzeichneten Elektronen kann noch in den beiden Spineinstellungen $s = \pm{}^1/_2$ vorkommen (Spalte 5), so daß sich für die Zahl der nichtübereinstimmenden Atomelektronen die in Spalte 6 für die einzelnen l-Werte und in der letzten Spalte für die einzelnen n-Werte (Schalen) angegebenen Zahlen ergeben.

Der Elektronenrumpf des Li-Atoms besteht also aus den zwei nach Tab. 7 möglichen Elektronen mit der Hauptquantenzahl $n = 1$, der des Natriums aus den $2 + 8$ Elektronen der beiden abgeschlossenen Schalen mit $n = 1$ und $n = 2$. Daß die nächstschwereren Alkalien die Rumpfelektronenzahlen $2 + 8 + 8$ und $2 + 8 + 8 + 18$ besitzen, deutet in Abweichung vom Schema der Tab. 7 darauf

Tabelle 7.

Zahl der nicht übereinstimmenden Elektronen in den einzelnen Elektronenschalen

n	Schale	Mögliche Elektronen	Zahl der verschiedenen m-Werte	Zahl der Spin-einstellungen	Zahl nicht übereinstimmender Elektronen für gegebenes l	für gegebenes n
1	K	1 s	1	2	2	2
2	L	2 s	1	2	2	8
		2 p	3	2	6	
3	M	3 s	1	2	2	18
		3 p	3	2	6	
		3 d	5	2	10	
4	N	4 s	1	2	2	32
		4 p	3	2	6	
		4 d	5	2	10	
		4 f	7	2	14	

hin, daß bei ihnen nicht die vollen Schalen, sondern nur *Teil*schalen abgeschlossen sind. Wir kommen darauf gleich zurück.

Daß in den abgeschlossenen Teilschalen und damit erst recht in den voll abgeschlossenen Schalen sich wirklich alle Drehimpulse zu resultierenden Drehimpulsen Null kompensieren, sei am Beispiel der Achterschale mit $n = 2$ gezeigt. In ihr haben wir nach Tab. 7 zunächst die Teilschale mit zwei $2s$-Elektronen. Beide haben als s-Elektronen nach Tab. 7 verschwindenden Bahndrehimpuls und damit auch verschwindende Bahndrehimpulskomponente in Richtung eines äußeren Feldes ($l = m = 0$), während ihre beiden Spinrichtungen entgegengesetzt sein müssen und die Spins sich folglich zu Null kompensieren. Die restlichen sechs $2p$-Elektronen, die die zweite Teilschale der Achterschale mit $n = 2$ bilden, besitzen sämtlich den Bahndrehimpuls $l = \hbar$, doch sind diese Bahndrehimpulse so orientiert, daß sie sich zu $L = 0$ zusammensetzen. Je zwei der $2p$-Elektronen (mit entgegengerichteten, sich kompensierenden Spins) nämlich besitzen in einem äußeren Feld die Komponenten $h/2\pi$, 0 und $- h/2\pi$ entsprechend den Orientierungsquantenzahlen $m = 1$, 0 und $- 1$, woraus sich die Kompensation von selbst ergibt. In ähnlicher Weise läßt sich für alle übrigen Teilschalen zeigen, daß ihr resultierender Gesamt-, Bahn- und Eigendrehimpuls stets Null ist.

19. Die atomtheoretische Erklärung des Periodensystems der Elemente

Es muß als einer der schönsten Erfolge der geschilderten Atomtheorie angesehen werden, daß mit ihrer Hilfe eine befriedigende Erklärung des Periodensystems der Elemente gelang und damit die chemischen Eigenschaften der Elemente, die zur Aufstellung dieses Systems geführt hatten, ihre atomtheoretische Erklärung und Begründung fanden.

KOSSEL erkannte bereits 1914, daß das Fehlen von Röntgenabsorptionslinien (vgl. III,10d) nur auf der Existenz abgeschlossener Elektronenschalen mit einer nicht überschreitbaren Maximalzahl von Elektronen beruhen konnte, und es gelang ihm in den folgenden Jahren zu zeigen, daß der aus den Spektren folgende Aufbau der Elektronenschalen der Atome gleichzeitig den Aufbau der Perioden des Periodensystems bestimmt. Grundlage dieser Erklärung des Periodensystems ist das sog. *Aufbauprinzip, nach dem die Elektronenhülle jedes Atoms aus der des vorhergehenden durch Anbau eines weiteren Elektrons entstanden zu denken ist.* Wir haben S. 79 bereits darauf hingewiesen, daß der von SOMMERFELD und KOSSEL entdeckte spektroskopische Verschiebungssatz als direkte Bestätigung des Aufbauprinzips angesehen werden kann. Durch schrittweise Erhöhung der Kernladung um eine Einheit und Anbau eines weiteren Elektrons denkt man sich so aus dem H-Atom das ganze Periodensystem entstehend. Einen starken Hinweis auf den Schalenaufbau der Elektronenhülle bildet auch der Verlauf der Ionisierungsenergien der Atome, den Abb. 78 in Abhängigkeit von der Ordnungszahl

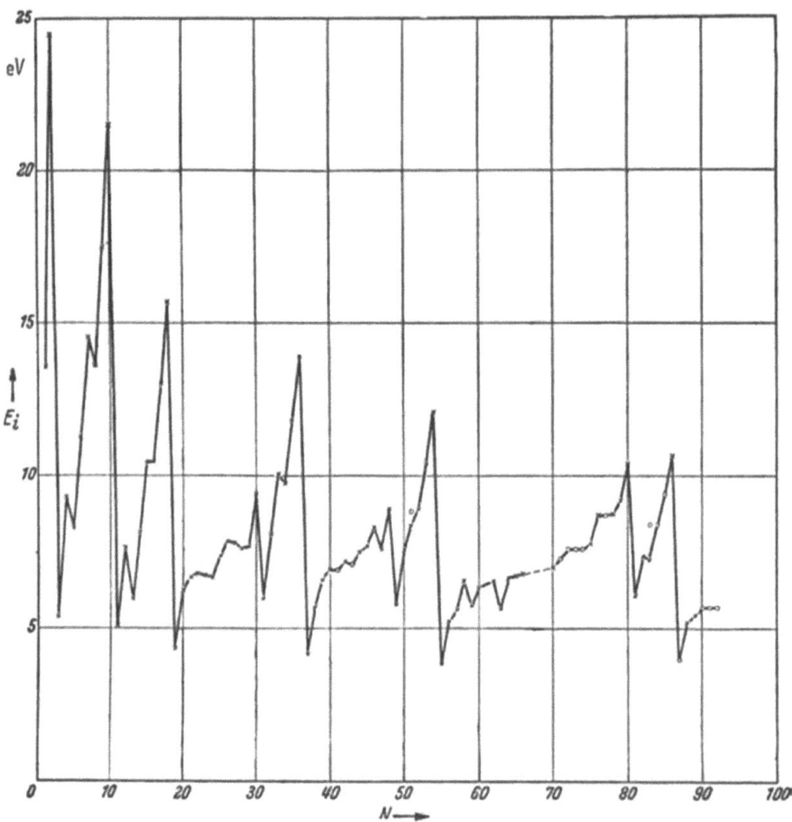

Abb. 78. Verlauf der Ionisierungsenergien der Atome im Periodensystem, gegen die Ordnungszahl aufgetragen.

zeigt. Das beim Helium eingebaute zweite Elektron ist nach seiner Ionisierungsenergie von 24,58 eV noch wesentlich fester gebunden als das des H-Atoms allein. Auch das zweite Elektron muß also in der innersten, 1quantigen K-Schale eingebaut und beide Elektronen durch die doppelt positive Ladung des Kerns noch fester an diesen gebunden sein. Das dritte, beim Lithium eingebaute Elektron dagegen muß seiner geringen Ionisierungsspannung von nur 5,39 V nach viel weiter außen und damit lockerer gebunden sein; mit dem Lithium beginnt also der Aufbau der zweiten Elektronenschale (der L-Schale), die beim Neon mit der zweitgrößten Ionisierungsspannung von 21,56 V vollendet ist. Aus der geringen Ionisierungsspannung des nächsten Elements Natrium (5,14 V) schließt man, daß mit diesem Element der Aufbau der dritten Elektronenschale (M-Schale) beginnt. *Jeder Periode des Periodensystems entspricht also offenbar eine Elektronenschale des Atoms.* Die Sonderstellung der chemisch äußerst aktiven Alkalien einerseits und der chemisch inaktiven Edelgase andererseits hat damit bereits ihre atomphysikalische Erklärung gefunden: Sämtliche Alkaliatome besitzen *ein* äußeres Elektron über abgeschlossenen inneren Schalen, und die von diesem äußersten Elektron, dem Valenzelektron, ausgehenden Kräfte bedingen die chemische Aktivität, während die Edelgase abgeschlossene äußerste Elektronenschalen ohne nach außen wirksame Kräfte besitzen und daher nur in Ausnahmefällen (vgl. VI,14c) in der Lage sind, chemische Bindungen einzugehen.

Dieser aus den Röntgenspektren und den empirischen Ionisierungsspannungen erschlossene Elektronenschalenaufbau ist in voller Übereinstimmung mit dem PAULI-Prinzip, wobei allerdings zu beachten ist, daß dieses ja nicht theoretisch abgeleitet, sondern aus der Gesamtheit des spektroskopischen Materials erschlossen ist. Wie die aus dem PAULI-Prinzip abgeleitete Tab. 7 zeigt, ist die Zahl der zu der Folge der Hauptquantenzahlen $n = 1, 2, 3, 4, \ldots$ gehörenden nichtidentischen Atomelektronen genau gleich der Zahl der Elemente in den abgeschlossenen Perioden des Periodensystems. Aus dem Aufbauprinzip und Tab. 7 folgt sogar zwangsläufig der Aufbau des ganzen Periodensystems, wenn auch die Aufbaureihenfolge, wie wir sehen werden, nicht ganz mit der von Tab. 7 übereinstimmt.

Zunächst sind die beiden Elektronen des normalen He-Atoms beide 1 s-Elektronen, haben also beide $n = 1$ und $l = m = 0$. Sie müssen sich deshalb nach dem PAULI-Prinzip in der Spinrichtung unterscheiden; ihre Spinquantenzahlen sind $+ \frac{1}{2}$ und $- \frac{1}{2}$, wie man aus der Tatsache des Singulettgrundzustandes des He-Atoms weiß. Ein drittes Elektron aber hat in der innersten Elektronenschale, der K-Schale, keinen Platz mehr, da es in ihr ja nur 1s-Elektronen mit $l = m = 0$ gibt und es wegen der nur zwei möglichen Spineinstellungen (Quantenzahlen $+ \frac{1}{2}$ und $- \frac{1}{2}$) kein drittes 1s-Elektron geben kann, das nicht mit einem der beiden anderen in allen vier Quantenzahlen übereinstimmt. Aus dem PAULI-Prinzip folgt also, daß mit dem Lithium eine neue Elektronenschale beginnen *muß*, und in ähnlicher Weise läßt sich der gesamte Aufbau des Periodensystems aus dem PAULI-Prinzip ableiten.

Nach WEIZEL kann man unter Benutzung der empirischen Ionisierungsenergien zu einem noch tieferen Verständnis des Verhaltens der Atomelektronen und des Periodenaufbaues gelangen.

Nach Gl. (53) ist die Ionisierungsenergie der Einelektronenatome und -ionen für die Abtrennung eines Elektrons der n-quantigen Schale gegeben durch

$$E_i = \frac{h\,c\,R\,Z^2}{n^2}. \tag{119}$$

Bei Anwendung von Gl. (119) auf Atome mit mehr als einem Elektron ist zu berücksichtigen, daß bei diesen auf das abzutrennende Elektron nicht mehr die volle Kernladung Z wirkt, ein Teil dieser Kernladung vielmehr durch die übrigen vorhandenen Elektronen abgeschirmt wird. Bezeichnen wir die auf das abzutrennende äußerste Elektron unter Berücksichtigung der Abschirmung noch wirkende effektive Kernladung mit Z_{eff}, so können wir diese aus den empirischen Ionisierungsenergien E_i nach (119) ausrechnen

$$Z_{\text{eff}} = n\,\sqrt{\frac{E_i}{h\,c\,R}}, \tag{120}$$

wenn wir die Hauptquantenzahl n, d.h. die Schalennummer des äußersten Elektrons, kennen. In Tab. 8 sind für die ersten 36 Elemente des Periodensystems die Ionisierungsenergien E_i in eV, die nach (120) berechneten effektiven Kernladungen und die Abschirmungszahlen

$$s = Z - Z_{\text{eff}} \tag{121}$$

angegeben.

Tabelle 8. *Hauptquantenzahl des Leuchtelektrons, Ionisierungsenergie, effektive Kernladungszahl und Abschirmungszahl der ersten 36 Elemente des Periodensystems*

Element	Ordnungszahl Z	Hauptquantenzahl n	Ionisierungsenergie E_i [eV]	Eff. Kernladung $n\sqrt{\dfrac{E_i}{hcR}} = Z_{\text{eff}}$	Abschirmungszahl $s = Z - Z_{\text{eff}}$	Zunahme der Abschirmung Δs
H	1	1	13,595	1,00		
He	2	1	24,580	1,35	0,65	0,65
Li	3	2	5,390	1,25	1,75	1,10
Be	4	2	9,320	1,66	2,34	0,59
B	5	2	8,296	1,56	3,44	1,10
C	6	2	11,264	1,82	4,18	0,74
N	7	2	14,54	2,07	4,93	0,75
O	8	2	13,614	2,00	6,00	1,07
F	9	2	17,42	2,26	6,74	0,74
Ne	10	2	21,559	2,52	7,48	0,74
Na	11	3	5,138	1,84	9,16	1,68
Mg	12	3	7,644	2,25	9,75	0,59
Al	13	3	5,984	1,99	11,01	1,26
Si	14	3	8,149	2,32	11,68	0,67
P	15	3	10,55	2,64	12,36	0,68
S	16	3	10,357	2,62	13,38	1,02
Cl	17	3	13,01	2,93	14,07	0,69
Ar	18	3	15,755	3,23	14,77	0,70
K	19	4	4,339	2,26	16,74	1,97
Ca	20	4	6,111	2,68	17,32	0,58
Sc	21	4	6,56	2,78	18,22	0,90
Ti	22	4	6,83	2,84	19,16	0,94
V	23	4	6,738	2,82	20,18	1,02
Cr	24	4	6,76	2,82	21,18	1,00
Mn	25	4	7,432	2,96	22,04	0,86
Fe	26	4	7,896	3,05	22,95	0,91
Co	27	4	7,86	3,04	23,96	1,01
Ni	28	4	7,633	3,00	25,00	1,04
Cu	29	4	7,723	3,01	25,99	0,99
Zn	30	4	9,391	3,32	26,68	0,69
Ga	31	4	5,97	2,66	28,34	1,66
Ge	32	4	8,13	2,09	28,91	0,57
As	33	4	9,81	3,40	29,60	0,69
Se	34	4	9,750	3,38	30,62	1,02
Br	35	4	11,84	3,73	31,27	0,65
Kr	36	4	13,996	4,06	31,94	0,67

Für das zweite He-Elektron folgt aus der Ionisierungsenergie von 24,58 eV unter Voraussetzung des Einbaues in die innerste Elektronenschale nach (120) die effektive Kernladung 1,35 und damit eine Abschirmung von 0,65 Kernladungen. Da die beiden Elektronen sich in der gleichen Schale, d. h. auch im gleichen Abstand vom Kern der Ladung $+2e$ befinden, würde man anschaulich eine Abschirmung von etwa 0,5 erwarten; das theoretische Ergebnis von 0,65 erscheint also vernünftig. Führen wir auch für das dritte, beim Lithium einzubauende Elektron die Rechnung unter Voraussetzung des Einbaues in die innerste einquantige Schale durch, so erhalten wir wegen der geringen Ionisierungsenergie des Lithiums eine effektive Kernladung von 0,63. Die beiden schon vorhandenen Elektronen müßten also von den drei positiven Kernladungen 2,37 abschirmen, ein sinnloses Ergebnis! Wir schließen daraus, daß ein Einbau des dritten Elektrons in die K-Schale mit dessen Ionisierungsenergie nicht verträglich ist. Berechnen wir dagegen für dieses Lithiumelektron Z_{eff} unter Voraussetzung des Einbaues in der nächsthöheren L-Schale mit $n = 2$, so folgt aus (120) $Z_{\text{eff}} = 1,25$. Die beiden innersten Elektronen der K-Schale schirmen also gegenüber dem weiter außen sitzenden dritten Elektron je 0,87 Kernladungen ab, ein sehr vernünftiges Ergebnis. Beim Beryllium erwarten wir für die beiden innersten K-Elektronen die gleiche Abschirmung von je 0,87, für das dritte (2 s-) Elektron eine Abschirmung von 0,65 gemäß dem Befund beim Helium, zusammen also 2,39 gegenüber der nach (120) und (121) berechneten Abschirmung von 2,34. Die Übereinstimmung ist ausgezeichnet und spricht dafür, daß das vierte Elektron wie das dritte ein 2s-Elektron ist. Beim fünften Atom, dem Bor, vergrößert sich die Abschirmung nach (120) und (121) um 1,10[1]. Das fünfte Elektron kann also kein 2s-Elektron sein, da dieses nur 0,65 Kernladungen abschirmen kann. Es muß vielmehr weiter außen sitzen. Ein 3quantiges Elektron kann es aber auch nicht sein, da für dieses die Abschirmung statt 3,44 etwa 3,7 betragen sollte. Wir schließen also, daß beim Bor als fünftes Elektron ein solches eingebaut ist, das im Mittel weiter vom Kern entfernt ist als ein 2s-Elektron, ihm aber näher ist als ein 3 s-Elektron. Das wäre nach den in IV,7d zu besprechenden quantenmechanischen Ergebnissen ein $2p$-Elektron. Mit diesem Schluß, daß beim Bor ein erstes 2p-Elektron eingebaut wird, stimmt nach Tab. 9 das spektroskopische Ergebnis überein, daß der Grundzustand des Boratoms ein $^2P_{1/2}$-Zustand ist. Die beiden folgenden, beim C- und N-Atom eingebauten Elektronen sind wieder 2p-Elektronen, und zwar in Übereinstimmung mit dem spektroskopischen Befund (zunehmende Multiplizität des Grundzustands) p-Elektronen mit gleichsinnigem Spin, aber verschiedener Orientierungsquantenzahl m. Bei den drei folgenden Atomen O, F und Ne werden drei weitere 2p-Elektronen eingebaut, deren Spin dem der drei vorhergehenden entgegengesetzt ist, wie aus der abnehmenden Multiplizität der Grundterme und dem Sprung in der Abschirmungszahl beim Übergang von N zu O (infolge Einbau des ersten Elektrons mit entgegengesetztem Spin) hervorgeht. Mit dem Neon ist die zweite Elektronenschale (die L-Schale) vollendet; es gibt keine Möglichkeit zum Einbau eines weiteren Elektrons der Hauptquantenzahl 2, das nicht mit einem der übrigen in allen vier Quantenzahlen übereinstimmt. Sämtliche Bahn- und Eigendrehimpulse der Elektronen sind abgesättigt; Neon besitzt den $^1S_0$-Grundzustand der chemisch inaktiven Edelgase.

Daß mit dem ersten Element der dritten Periode des Periodensystems, dem Natrium, der Anbau einer neuen Elektronenschale beginnt, geht wieder aus dem großen Sprung der Abschirmungszahl s hervor, und der Grundzustand $^1S_{1/2}$ sagt aus, daß wieder als erstes ein 3 s-Elektron eingebaut wird. Der weitere Verlauf bis zum nächsten Edelgas Argon entspricht genau dem der vorhergehenden Periode. Es werden noch ein zweites 3 s-Elektron (mit entgegengesetztem Spin) und sechs 3p-Elektronen eingebaut, und mit dem Edelgas Argon ist die dritte Elektronenschale (die M-Schale) vorläufig abgeschlossen. Wir sagen deshalb *vorläufig*, weil wir ja noch nicht von der Tatsache Gebrauch gemacht haben, daß in der 3quantigen Schale auch noch 3d-Elektronen Platz haben, und zwar wegen der fünf verschiedenen Einstellmöglichkeiten (Quantenzahlen m) des Bahnimpulses mit je zwei Spineinstellungen nach Tab. 7 insgesamt zehn 3d-Elektronen. Bevor diese aber eingebaut werden, beginnt mit dem Alkaliatom Kalium nach Ausweis der Abschirmungszahl und des $^2S_{1/2}$-Grundzustandes der Aufbau der 4quantigen Schale mit einem 4s-Elektron, dem beim Kalzium das zweite 4s-Elektron folgt. Beim nächsten Element, dem Scandium, wird nun aber, wie aus dem relativ geringen Zuwachs der Abschirmung zu ersehen ist, nicht wie bei den

---

[1] Wie der Verfasser gezeigt hat, erhält man durch Eintragen dieser Abschirmungsänderungen Δs in eine Tabelle des Periodensystems höchst aufschlußreiche Abschirmungsgesetzmäßigkeiten, die auch die Extrapolation unbekannter Δs-Werte und damit mittels Gl. (120), (121) und (119) die Bestimmung noch unbekannter Ionisierungsspannungen ermöglichen.

beiden vorhergehenden Perioden bzw. Schalen mit dem Einbau der p-Elektronen begonnen, sondern es müssen Elektronen viel weiter innen eingebaut werden. Hierfür kommen nur die $3d$-Elektronen in Frage, und dieser Schluß wird durch den spektroskopischen Befund des $^2D_{3/2}$-Grundzustandes bestätigt. Sieben weitere $3d$-Elektronen werden bis zum Nickel einschließlich eingebaut. Dann erfolgt beim Kupfer ein besonders interessanter Vorgang. Durch den Einbau eines neunten $3d$-Elektrons entsteht ein chemisch zweiwertiges Cu-Atom mit zwei äußersten $4s$-Elektronen, dessen Dreierschale bis auf *ein* fehlendes $3d$-Elektron vollständig ist. Da diese Elektronenanordnung aber wenig stabil ist, verwandelt sich eines der beiden äußersten $4s$-Elektronen in das noch fehlende $3d$-Elektron, wodurch die Zahl der äußersten Valenzelektronen und damit die chemische Wertigkeit des Atoms um eine Einheit zurückgeht. Dieser Zustand ist der Grundzustand $^2S_{1/2}$ des Cu, dessen Dublettcharakter auf das *eine* noch vorhandene äußerste Elektron hinweist, während der S-Term anzeigt, daß kein resultierender Bahndrehimpuls vorhanden ist, die Teilschale der d-Elektronen also voll sein muß. Der zuerst erwähnte Cu-Zustand mit zwei äußersten $4s$-Elektronen und einem fehlenden inneren $3d$-Elektron ist dem Grundzustand aber energetisch noch so benachbart, daß er unter dem Einfluß geringer äußerer Kräfte sich aus dem Grundzustand rückbilden kann. Man erwartet also aus diesen atomtheoretischen Gründen beim Kupfer die Möglichkeit einer Doppelwertigkeit, und tatsächlich ist den Chemikern lange bekannt, daß Kupfer ein- und zweiwertig auftreten kann. Die Atomtheorie des Periodensystems erklärt also selbst feine Züge des chemischen Verhaltens einzelner Atome zwanglos. Unter Bezugnahme auf III,7 weisen wir noch darauf hin, daß bei derartigen inneren Umordnungen der Elektronenhülle der spektroskopische Verschiebungssatz natürlich nicht gültig bleiben kann. Das durch Ionisation des Cu-Atoms entstehende Cu$^+$-Ion kann in seinem Termschema und Spektrum wegen der veränderten Elektronenanordnung keine Ähnlichkeit mit dem vorhergehenden Atom, dem Nickel, haben. *Auch die Ausnahmen des spektroskopischen Verschiebungssatzes sind also atomtheoretisch nicht nur verständlich, sondern geradezu notwendig.*

Beim Zink erfolgt nun der Wiederanbau des beim Kupfer nach innen gezogenen zweiten $4s$-Elektrons und in der Folge bis zum Krypton der Einbau der sechs $4p$-Elektronen, womit auch die Viererschale ihren vorläufigen Abschluß gefunden hat. Zu deren endgültiger Auffüllung fehlen aber nun nicht nur die zehn $4d$-Elektronen, sondern außerdem die vierzehn nach Tab. 7 in der 4quantigen Schale erstmalig möglichen f-Elektronen. Bei den folgenden Elementen Rubidium und Strontium beginnt mit zwei $5s$-Elektronen der Aufbau der 5quantigen O-Schale, worauf, wie in der vorhergehenden Periode, mit dem dritten Element, dem Yttrium, der nachträgliche Einbau der zehn $4d$-Elektronen beginnt. Dieser Einbau verläuft aber insofern etwas anders als in der vierten Periode, als schon nach dem Einbau des dritten $4d$-Elektrons beim Niob eines der äußersten $5s$-Elektronen nach innen gezogen wird und dieses wie die folgenden Elemente daher einwertig ist, während nach dem Einbau des neunten $4d$-Elektrons beim Palladium nach Ausweis des Grundterms $^1S_0$ auch das letzte $5s$-Elektron zur Auffüllung der d-Schale nach innen gezogen wird, wodurch der besonders edle, d.h. chemisch inaktive Charakter des Palladiums seine atomtheoretische Erklärung findet. Bei den folgenden acht Elementen Silber bis Xenon werden die beiden $5s$-Elektronen wieder angebaut und mit dem Anbau von sechs $5p$-Elektronen ein vorläufiger Abschluß der Fünferschale erreicht, der sich durch den Edelgascharakter des Xenons dokumentiert.

Bei der großen sechsten Periode, die mit dem Alkalimetall Caesium beginnt und dem Edelgas Radon endet, liegen die Verhältnisse besonders kompliziert, doch stimmt auch hier die atomtheoretische Erklärung mit der chemischen Erfahrung bestens überein. Bei den ersten Elementen Caesium und Barium beginnt mit dem Anbau der $6s$-Elektronen der Aufbau der Sechserschale, und beim Lanthan beginnt wie an der entsprechenden Stelle der vorhergehenden Periode der nachträgliche Einbau der $5d$-Elektronen. Mit dem nächsten Element Cer aber beginnt eine Reihe von Elementen, die chemisch äußerst ähnlich und daher schwer zu trennen sind, die *Seltenen Erden*. Sie entstehen durch den nachträglichen Einbau der oben bereits erwähnten $4f$-Elektronen. Da diese in der 4quantigen Schale eingebaut werden und außerhalb dieser bereits die 5quantige und die 6quantige Schale teilweise aufgebaut sind, bestimmen letztere das chemische Verhalten der Atome, und der schrittweise Einbau der inneren $4f$-Elektronen beeinflußt das chemische Verhalten nicht merklich. Die chemische Ähnlichkeit und schwere Trennbarkeit der Seltenen Erden, für die die Chemie keine Erklärung hatte, folgt also zwanglos aus dem Elektronenaufbau. Mit dem Ytterbium ist die $4f$-Schale vollendet, und bei den folgenden Elementen bis zum Platin erfolgt der Einbau der $5d$-Elektronen, zum Teil unter Einbezug der äußersten $6s$-Elektronen. Vom Gold bis Radon findet dann wieder der Anbau von zwei $6s$-Elektronen und sechs $6p$-Elektronen statt. Bei den letzten Elementen des Periodensystems wiederholt sich genau der Aufbau der vorhergehenden Schale. Zunächst wird die siebente Schale mit zwei $7s$-Elektronen aufgebaut (Fr und Ra); dann folgt (wie beim Lanthan in der vorhergehenden Schale) beim Actinium der Einbau eines $6d$-Elektrons. Und ebenso wie in der Periode vorher nach dem Lanthan die auch *Lanthaniden* genannten Seltenen Erden mit dem Einbau innerer $4f$-Elektronen sich anschließen, folgen nun auf das Actinium die letzten 15 Elemente des Periodensystems (einschließlich der erst in den Nachkriegsjahren entdeckten „Transurane" Neptunium, Plutonium, Americium, Curium, Berkelium, Californium, Einsteinium, Fermium, Mendelevium, Nobelium und Lawrencium), die entsprechend *Actiniden* genannt werden, und bei denen innere $5f$-Elektronen eingebaut werden. Zum mindesten bei den Elementen Th, Pa und U aber sprechen chemische wie magnetische Untersuchungen für die Annahme, daß im gebundenen Zustand diese Elemente *keine* $5f$-Elektronen, sondern zusätzliche $6d$-Elektronen besitzen. Erst die spektroskopische Untersuchung der freien Atome könnte hier endgültige Klarheit bringen.

Der beschriebene schrittweise Aufbau der Elektronenhüllen der Atome ist an Abb. 79 im einzelnen zu verfolgen, wobei allerdings die nicht dem Aufbauprinzip folgenden Unregelmäßigkeiten nicht berücksichtigt werden konnten. Die wichtigsten Daten der Atome, nämlich die Ordnungszahl, das Termsymbol des Grundzustandes und die Zahl der Elektronen in den verschiedenen Schalen, sind in Tab. 9 zusammengestellt.

Fassen wir zusammen, was hier geleistet ist und was noch zu wünschen bleibt! Aus der Vorstellung, daß der Periodenaufbau des Periodensystems dem Schalenaufbau der Elektronenhüllen der Atome entspricht, und aus dem durch den spektroskopischen Verschiebungssatz nahegelegten Aufbauprinzip, nach dem die Elektronenhülle jedes Atoms aus der des vorhergehenden durch Anbau eines weiteren Elektrons entstanden zu denken ist, läßt sich das Periodensystem mit allen durch die chemische Erfahrung festgelegten Eigenschaften der Atome zwanglos erklären. Aus dieser Erklärung folgen ohne Sonderannahmen nicht nur die allgemeinen Regeln der Chemie über das Verhalten der Elemente, sondern auch feinere Züge, wie die wechselnde Wertigkeit des Kupfers und die Sonderstellung der Edelmetalle Palladium und Platin sowie die der Seltenen Erden. Die gesamte atomtheoretische Erklärung des Periodensystems fußt auf den empirisch festgestellten Ionisierungsenergien und den spektroskopisch ermittelten Eigenschaften der Atomgrundzustände (Multiplizität und L-Wert); sie kann ohne Zuhilfenahme dieser empiri-

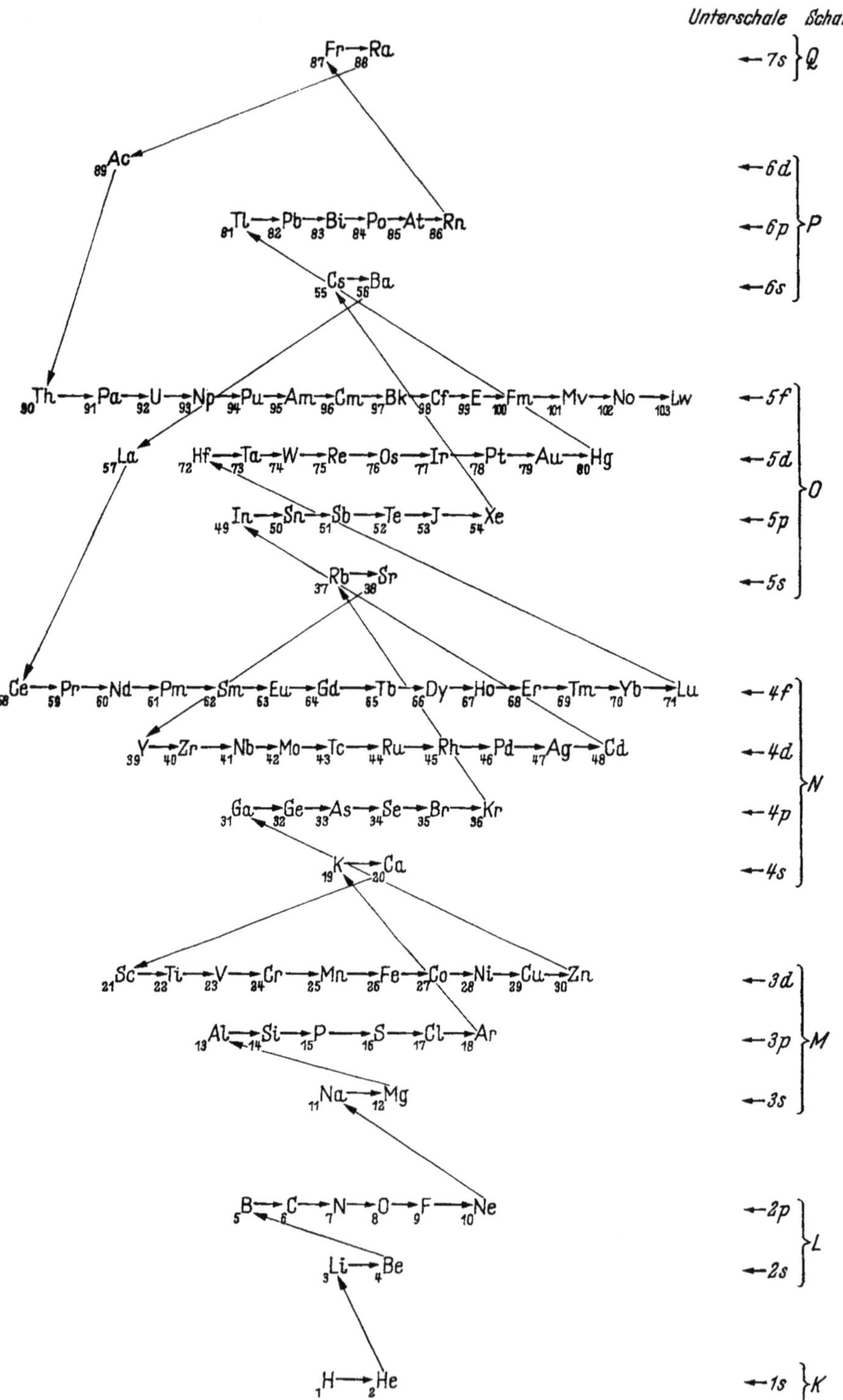

Abb. 79. Elektronenschalenanordnung für die 103 Atome des Periodensystems der Elemente nach dem Aufbauprinzip (nach Schulze, mit geringfügigen Änderungen und Korrekturen des Verfassers).

Tabelle 9. *Grundzustände und Elektronenanordnungen der Elemente*

Z			K	L	M	N	O	P	Q
			$1s$	$2s\ 2p$	$3s\ 3p\ 3d$	$4s\ 4p\ 4d\ 4f$	$5s\ 5p\ 5d\ 5f$	$6s\ 6p\ 6d$	$7s$
1	H	$^2S_{1/2}$	1						
2	He	$^1S_0$	2						
3	Li	$^2S_{1/2}$	2	1					
4	Be	$^1S_0$	2	2					
5	B	$^2P_{1/2}$	2	2 1					
6	C	$^3P_0$	2	2 2					
7	N	$^4S_{3/2}$	2	2 3					
8	O	$^3P_2$	2	2 4					
9	F	$^2P_{3/2}$	2	2 5					
10	Ne	$^1S_0$	2	2 6					
11	Na	$^2S_{1/2}$	2	2 6	1				
12	Mg	$^1S_0$	2	2 6	2				
13	Al	$^2P_{1/2}$	2	2 6	2 1				
14	Si	$^3P_0$	2	2 6	2 2				
15	P	$^4S_{3/2}$	2	2 6	2 3				
16	S	$^3P_2$	2	2 6	2 4				
17	Cl	$^2P_{3/2}$	2	2 6	2 5				
18	Ar	$^1S_0$	2	2 6	2 6				
19	K	$^2S_{1/2}$	2	2 6	2 6	1			
20	Ca	$^1S_0$	2	2 6	2 6	2			
21	Sc	$^2D_{3/2}$	2	2 6	2 6 1	2			
22	Ti	$^3F_2$	2	2 6	2 6 2	2			
23	V	$^4F_{3/2}$	2	2 6	2 6 3	2			
24	Cr	$^7S_3$	2	2 6	2 6 5	1			
25	Mn	$^6S_{5/2}$	2	2 6	2 6 5	2			
26	Fe	$^5D_4$	2	2 6	2 6 6	2			
27	Co	$^4F_{9/2}$	2	2 6	2 6 7	2			
28	Ni	$^3F_4$	2	2 6	2 6 8	2			
29	Cu	$^2S_{1/2}$	2	2 6	2 6 10	1			
30	Zn	$^1S_0$	2	2 6	2 6 10	2			
31	Ga	$^2P_{1/2}$	2	2 6	2 6 10	2 1			
32	Ge	$^3P_0$	2	2 6	2 6 10	2 2			
33	As	$^4S_{3/2}$	2	2 6	2 6 10	2 3			
34	Se	$^3P_2$	2	2 6	2 6 10	2 4			
35	Br	$^2P_{3/2}$	2	2 6	2 6 10	2 5			
36	Kr	$^1S_0$	2	2 6	2 6 10	2 6			
37	Rb	$^2S_{1/2}$	2	2 6	2 6 10	2 6	1		
38	Sr	$^1S_0$	2	2 6	2 6 10	2 6	2		
39	Y	$^2D_{3/2}$	2	2 6	2 6 10	2 6 1	2		
40	Zr	$^3F_2$	2	2 6	2 6 10	2 6 2	2		
41	Nb	$^6D_{1/2}$	2	2 6	2 6 10	2 6 4	1		
42	Mo	$^7S_3$	2	2 6	2 6 10	2 6 5	1		
43	Tc	$^6S_{5/2}$	2	2 6	2 6 10	2 6 6	1		
44	Ru	$^5F_5$	2	2 6	2 6 10	2 6 7	1		
45	Rh	$^4F_{9/2}$	2	2 6	2 6 10	2 6 8	1		
46	Pd	$^1S_0$	2	2 6	2 6 10	2 6 10			
47	Ag	$^2S_{1/2}$	2	2 6	2 6 10	2 6 10	1		
48	Cd	$^1S_0$	2	2 6	2 6 10	2 6 10	2		
49	In	$^2P_{1/2}$	2	2 6	2 6 10	2 6 10	2 1		
50	Sn	$^3P_0$	2	2 6	2 6 10	2 6 10	2 2		
51	Sb	$^4S_{3/2}$	2	2 6	2 6 10	2 6 10	2 3		
52	Te	$^3P_2$	2	2 6	2 6 10	2 6 10	2 4		
53	J	$^2P_{3/2}$	2	2 6	2 6 10	2 6 10	2 5		
54	Xe	$^1S_0$	2	2 6	2 6 10	2 6 10	2 6		

Tabelle 9 (Fortsetzung)

Z			K	L		M			N				O				P			Q
			1s	2s	2p	3s	3p	3d	4s	4p	4d	4f	5s	5p	5d	5f	6s	6p	6d	7s
55	Cs	$^2S_{1/2}$	2	2	6	2	6	10	2	6	10		2	6			1			
56	Ba	$^1S_0$	2	2	6	2	6	10	2	6	10		2	6			2			
57	La	$^2D_{3/2}$	2	2	6	2	6	10	2	6	10		2	6	1		2			
58	Ce	$^3H_4$	2	2	6	2	6	10	2	6	10	2	2	6			2	?		
59	Pr	$^4I_{9/2}$	2	2	6	2	6	10	2	6	10	3	2	6			2			
60	Nd	$^5I_4$	2	2	6	2	6	10	2	6	10	4	2	6			2			
61	Pm	—	2	2	6	2	6	10	2	6	10	5	2	6			2	?		
62	Sm	$^7F_0$	2	2	6	2	6	10	2	6	10	6	2	6			2			
63	Eu	$^8S_{7/2}$	2	2	6	2	6	10	2	6	10	7	2	6			2			
64	Gd	^9D	2	2	6	2	6	10	2	6	10	7	2	6	1		2			
65	Tb	—	2	2	6	2	6	10	2	6	10	8	2	6	1		2			
66	Dy	$^5I_8$	2	2	6	2	6	10	2	6	10	10	2	6			2			
67	Ho	$^4I_{15/2}$	2	2	6	2	6	10	2	6	10	11	2	6			2			
68	Er	$^3H_6$	2	2	6	2	6	10	2	6	10	12	2	6			2			
69	Tm	$^2F_{7/2}$	2	2	6	2	6	10	2	6	10	13	2	6			2			
70	Yb	$^1S_0$	2	2	6	2	6	10	2	6	10	14	2	6			2			
71	Lu	$^2D_{3/2}$	2	2	6	2	6	10	2	6	10	14	2	6	1		2			
72	Hf	$^3F_2$	2	2	6	2	6	10	2	6	10	14	2	6	2		2			
73	Ta	$^4F_{3/2}$	2	2	6	2	6	10	2	6	10	14	2	6	3		2			
74	W	$^5D_0$	2	2	6	2	6	10	2	6	10	14	2	6	4		2			
75	Re	$^6S_{5/2}$	2	2	6	2	6	10	2	6	10	14	2	6	5		2			
76	Os	$^5D_4$	2	2	6	2	6	10	2	6	10	14	2	6	6		2			
77	Ir	$^4F_{9/2}$	2	2	6	2	6	10	2	6	10	14	2	6	7		2	?		
78	Pt	$(^3D_3)$	2	2	6	2	6	10	2	6	10	14	2	6	9		1	?		
79	Au	$^2S_{1/2}$	2	2	6	2	6	10	2	6	10	14	2	6	10		1			
80	Hg	$^1S_0$	2	2	6	2	6	10	2	6	10	14	2	6	10		2			
81	Tl	$^2P_{1/2}$	2	2	6	2	6	10	2	6	10	14	2	6	10		2	1		
82	Pb	$^3P_0$	2	2	6	2	6	10	2	6	10	14	2	6	10		2	2		
83	Bi	$^4S_{3/2}$	2	2	6	2	6	10	2	6	10	14	2	6	10		2	3		
84	Po	$^3P_2$	2	2	6	2	6	10	2	6	10	14	2	6	10		2	4		
85	At	$^2P_{3/2}$	2	2	6	2	6	10	2	6	10	14	2	6	10		2	5		
86	Rn	$^1S_0$	2	2	6	2	6	10	2	6	10	14	2	6	10		2	6		
87	Fr	$^2S_{1/2}$	2	2	6	2	6	10	2	6	10	14	2	6	10		2	6		1
88	Ra	$^1S_0$	2	2	6	2	6	10	2	6	10	14	2	6	10		2	6		2
89	Ac	$(^2D_{3/2})$	2	2	6	2	6	10	2	6	10	14	2	6	10		2	6	1	2 ?
90	Th	$(^3F_2)$	2	2	6	2	6	10	2	6	10	14	2	6	10		2	6	2	2 ?
91	Pa		2	2	6	2	6	10	2	6	10	14	2	6	10		2	6	3	2 ?
92	U		2	2	6	2	6	10	2	6	10	14	2	6	10		2	6	4	2 ?
93	Np	?	2	2	6	2	6	10	2	6	10	14	2	6	10	4	2	6	1	2 ?
94	Pu	?	2	2	6	2	6	10	2	6	10	14	2	6	10	6	2	6		2 ?
95	Am	?	2	2	6	2	6	10	2	6	10	14	2	6	10	7	2	6		2
96	Cm	?	2	2	6	2	6	10	2	6	10	14	2	6	10	7	2	6	1	2 ?
97	Bk	?	2	2	6	2	6	10	2	6	10	14	2	6	10	8	2	6	1	2 ?
98	Cf	?	2	2	6	2	6	10	2	6	10	14	2	6	10	10	2	6		2 ?
99	Es	?	2	2	6	2	6	10	2	6	10	14	2	6	10	11	2	6		2 ?
100	Fm	?	2	2	6	2	6	10	2	6	10	14	2	6	10	12	2	6		2 ?
101	Md	?	2	2	6	2	6	10	2	6	10	14	2	6	10	13	2	6		2 ?
102	No	?	2	2	6	2	6	10	2	6	10	14	2	6	10	14	2	6		2 ?
103	Lw	?	2	2	6	2	6	10	2	6	10	14	2	6	10	14	2	6	1	2 ?

schen Daten weitgehend, aber nicht in allen Einzelheiten aus dem PAULI-Prinzip abgeleitet werden, das jedoch selbst wieder aus der Erfahrung erschlossen wurde und bisher nicht als zwangsläufige Folge der allgemeinen Atomtheorie anzusehen ist.

So groß der Erfolg der BOHRschen Atomtheorie bei der Erklärung des Periodensystems also auch ist, die gleichsam die Krönung dieser älteren Theorie darstellt, so deutlich wird aus dieser Überlegung auch, was noch zu leisten bleibt. Die BOHRsche Atomtheorie gibt eine *Erklärung* des Periodensystems; aus ihr folgt aber noch keine *Theorie* des Systems in dem Sinn, daß aus der allgemeinen Atomtheorie folgen würde, warum jedes Elektron an seinem und *nur* an seinem Platz im Atom eingebaut sein kann. Diese vollständige Theorie des Periodensystems, die auch einen Beweis für das PAULI-Prinzip enthalten müßte, steht also noch aus, obwohl FERMI durch Anwendung seiner in IV,13 zu besprechenden Quantenstatistik auf die Elektronen der Atomhüllen deren in Tab. 9 dargestellte Ordnung als die theoretisch wahrscheinlichste hat berechnen können. Die in unserer bisherigen Darstellung offen gebliebene Frage, warum das Periodensystem mit dem 92. Element Uran bzw. den inzwischen entdeckten Transuranen abbricht, hat durch die Kernphysik ihre Lösung gefunden. Die Ursache des Abbruchs liegt nicht, wie man lange Zeit geglaubt hatte, in einer beim Uran beginnenden Instabilität der Elektronenhülle, sondern in einer an dieser Stelle akut werdenden Instabilität der schwersten Atom*kerne*, die wir in V,14 behandeln werden.

20. Die Hyperfeinstruktur der Atomlinien. Isotopie-Effekte und Einfluß des Kernspins

Die in III,13 behandelte Aufspaltung der Atomterme und damit der Spektrallinien in Multipletts infolge der gequantelten Wechselwirkung von Bahndrehimpuls und Eigendrehimpuls der Elektronen bezeichnet man als die *Feinstruktur der Spektrallinien*, obwohl bei den schweren Atomen diese Aufspaltung so groß wird, daß aus den Feinstrukturlinienkomponenten weit getrennte Linien werden. Im Gegensatz zu dieser ganz auf Vorgängen in der Elektronenhülle der Atome beruhenden Feinstruktur der Spektren bezeichnet man als *Hyperfeinstruktur der Spektrallinien* die im allgemeinen sehr geringen Aufspaltungen der Spektrallinien infolge der Wechselwirkung der Elektronenhülle mit dem *Atomkern*.

Die Hyperfeinstruktur kann zwei grundsätzlich verschiedene Ursachen haben. Besitzt das absorbierende oder emittierende Element mehrere Isotope, so bewirkt der Einfluß der verschiedenen Masse und des verschiedenen Aufbaues der isotopen Kerne auf die Elektronenhülle geringe Wellenlängendifferenzen der zu den verschiedenen Isotopen gehörenden Spektrallinien, so daß eine bei geringer Auflösung einfach erscheinende Linie in Wirklichkeit aus mehreren eng benachbarten, zu den verschiedenen Isotopen gehörenden Linien bestehen kann. Zweitens aber besitzen die meisten Atomkerne einen mechanischen Drehimpuls I und ein wenn auch kleines magnetisches Moment (V,4e), und durch Wechselwirkung dieses Kernspinmomentes mit dem resultierenden magnetischen Moment der Elektronenhülle entstehen wieder Term- und Linienaufspaltungen, sog. *Hyperfeinstrukturmultipletts*.

Wir betrachten zunächst nur die Isotopieeffekte. Bei der Behandlung des H-Atoms haben wir bereits gesehen, daß infolge der Bewegung von Kern und Elektron um ihren gemeinsamen Schwerpunkt die RYDBERG-Konstante R und damit auch die Wellenlängen der Atomlinien von der Masse des Kerns abhängen. Ersetzen wir den Kern des normalen H-Atoms, das Proton, durch den des schweren H-Isotops, das aus einem Proton und einem Neutron bestehende Deuteron, so ergibt sich aus Gl. (27) eine Wellenlängenänderung der BALMER-Linien H_α um 1,79 Å, und durch die Feststellung dieser Wellenlängendifferenz gelang UREY 1932 der Nachweis der Existenz des schweren Wasserstoffisotops. Bei den schwereren Atomen mit geringerem relativem Massenunterschied der Isotope wird diese λ-Differenz so klein, daß sie in den Bereich der Hyperfeinstruktur fällt. Geringe Unterschiede dieser auf der Mitbewegung des Kerns beruhenden Isotopieverschiebung kommen noch durch gleichsinnigen oder gegensinnigen Umlauf der äußeren

Elektronen bei Mehrelektronenatomen zustande, doch wollen wir auf diese Einzelheiten nicht eingehen. Bei den schweren Atomen dagegen macht sich ein zweiter Isotopieeffekt bemerkbar, der bald den *Mitbewegungseffekt* an Bedeutung übertrifft, der sog. *Volumeneffekt*. Durch den zusätzlichen Einbau eines oder mehrerer Neutronen in den Kern bei den Isotopen wird nämlich die Anordnung der Protonen im Kern verändert. In dem Maß, in dem bei diesen großen Kernen die positive Ladung nicht mehr als punktförmig angesehen werden darf, hängt also das die Energie eines Atomzustandes bestimmende elektrostatische Feld zwischen Kern und Elektronenhülle von der Kernanordnung ab und ist von Isotop zu Isotop etwas verschieden, was wieder geringe λ-Unterschiede ergibt. Durch Messung der Zahl, Abstände und Intensitäten der durch die Isotopieeffekte zustande kommenden Hyperfeinstrukturkomponenten kann man also die Zahl, die Massen und die Häufigkeiten der Isotope eines Elements bestimmen. Diese spektroskopische Isotopenuntersuchung besitzt daher Interesse als Ergänzung der in II,6c behandelten Massenspektroskopie. Spektroskopische Isotopieuntersuchungen an Molekülbanden werden wir in VI,12 noch behandeln.

Die eigentliche Hyperfeinstruktur der Terme und Linien eines einzelnen Isotops, d.h. nach Abtrennung eines eventuellen Isotopieeffekts, entspricht völlig der Multiplettstruktur (vgl. III,13). Jedem Atomkern kann wie der Elektronenhülle ein mechanischer Drehimpuls

$$|\boldsymbol{I}| = \sqrt{I(I+1)}\,\frac{h}{2\pi} \qquad (122)$$

zugeordnet werden, der zwischen 0 und $9/2 \cdot h/2\pi$ liegen kann. Mit diesem mechanischen Eigendrehimpuls ist wieder ein magnetisches Moment verbunden, das vielfach in Einheiten des sog. *Kernmagnetons*

$$\mu_K = \frac{e\,h}{4\,\pi\,m_p\,c} \qquad (123)$$

gemessen wird, und das aus dem BOHRschen Magneton (88) hervorgeht, indem man die Elektronenmasse m durch die Protonenmasse m_p ersetzt. Auf Einzelheiten kommen wir in V,4e zurück. Da der Betrag des Kernmagnetons wegen der im Nenner stehenden Protonenmasse nur 1/1836 von dem des Elektrons beträgt, ist auch die magnetische Wechselwirkung von Kern und Elektronenhülle gering und führt zu den nur sehr geringen Hyperfeinstrukturaufspaltungen der Atomterme.

Der Kernspin I stellt sich nämlich im magnetischen Feld der Elektronenhülle gequantelt ein, setzt sich also mit dem resultierenden Drehimpuls J der Elektronenhülle zu einem wieder gequantelten Gesamtdrehimpuls F des ganzen Atoms zusammen, wobei die Zahl der so entstehenden Hyperfeinstrukturterme $2J + 1$ oder $2I + 1$ ist, je nachdem ob $J < I$ oder $I < J$ ist. Die *Anzahl* der Hyperfeinstrukturterme hängt also wie bei der normalen Feinstruktur von der Größe der Drehimpulsquantenzahlen ab, während die *Größe ihrer Aufspaltung* vom Betrag des magnetischen Kernmoments μ_n und der Feldstärke H_n des von der Elektronenhülle am Kernort erzeugten Magnetfeldes abhängt und sich nach den in III,17 gegebenen Formeln der Multiplettaufspaltung berechnen läßt.

Als Beispiel zeigt Abb. 80 ein Hyperfeinstrukturtermmultiplett für $J = {}^5/_2$ und $I = {}^3/_2$, woraus sich für die Gesamtdrehimpulsquantenzahl F des Atoms die Werte 1, 2, 3 und 4 ergeben. Für Übergänge zwischen den Hyperfeinstrukturtermkomponenten gilt die gleiche Auswahlregel wie für die Quantenzahl J

$$\Delta F = 0 \quad \text{oder} \quad \pm 1. \qquad (124)$$

Abb. 81 zeigt die Photometerkurve der Hyperfeinstruktur der Wismutlinie λ 4122 Å, aus der sich Termschema und Übergänge gemäß Abb. 82 ergeben. Die Termdifferenzen der beiden oberen Zustände δ und die der beiden unteren $\varLambda$ kommen in der Aufnahme je zweimal vor und sind sofort zu erkennen.

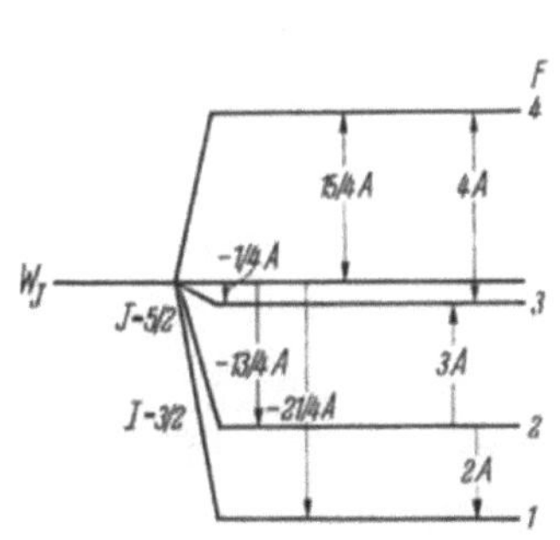
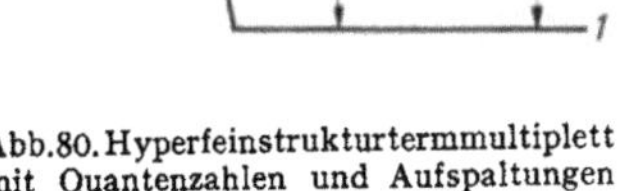

Abb.80. Hyperfeinstrukturtermmultiplett mit Quantenzahlen und Aufspaltungen (nach KOPFERMANN).

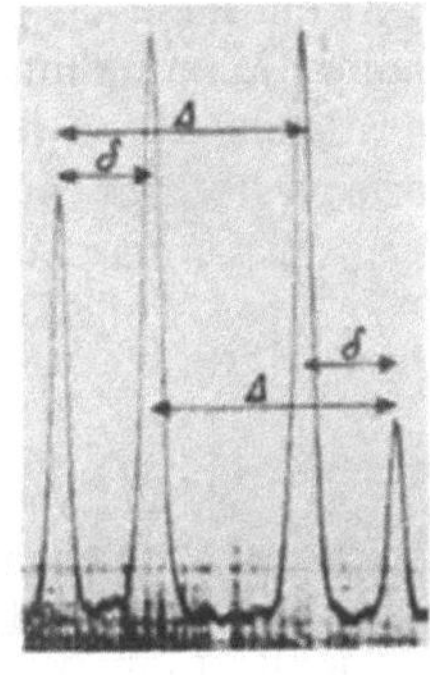

Abb. 81. Photometerkurve der Bi-Linie λ 4122 Å (nach ZEEMAN, BACK und GOUDSMIT).

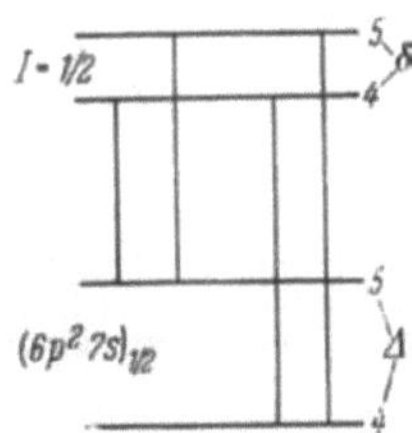

Abb. 82. Hyperfeinstrukturtermschema der Bi-Linie λ 4122 Å.

In einem äußeren Magnetfeld spaltet ein Hyperfeinstrukturterm infolge Richtungsquantelung in $2F + 1$ Komponenten auf. Wie bei der Aufspaltung gewöhnlicher Terme (vgl. III,16) unterscheiden wir dabei den ZEEMAN-Effekt und den PASCHEN-BACK-Effekt, je nachdem ob die durch das äußere Magnetfeld hervorgerufene Termaufspaltung klein oder groß ist gegen die natürliche Hyperfeinstrukturaufspaltung. Die Messung der Hyperfeinstrukturaufspaltung in einem Magnetfeld gestattet also, die Hyperfeinstrukturanalyse zu prüfen und insbesondere den Kerndrehimpuls I zu bestimmen. Aus den Abweichungen der gemessenen Hyperfeinstrukturtermabstände von den unter Voraussetzung kugelsymmetrischer Kernladungsverteilung berechneten kann man schließlich ein eventuelles elektrisches Quadrupolmoment der Kerne (V,4b) berechnen. Hyperfeinstrukturuntersuchungen sind deshalb ein wichtiges Hilfsmittel der Kernphysik geworden.

21. Die natürliche Breite der Spektrallinien und ihre Beeinflussung durch innere und äußere Störungen

Unsere Darstellung des Zusammenhangs der Linienspektren mit dem Atombau bzw. den Atomvorgängen wäre unvollständig, wollten wir nicht kurz auch die interessante Frage der Breite der Spektrallinien behandeln. Denn alle Spektrallinien besitzen eine vom Auflösungsvermögen des Spektralapparates unabhängige „natürliche" Breite. Wird die Spektrallinie nun nicht von isolierten ruhenden Atomen emittiert oder absorbiert, sondern von Atomen in thermischer Bewegung, die mit ihrer Umgebung durch gaskinetische Stöße oder durch elektrische Felder von Elektronen oder Ionen in Wechselwirkung stehen, so machen sich diese Einflüsse durch eine Veränderung der Breite und Intensitätsverteilung der Spektrallinien bemerkbar, und die Untersuchung dieser Veränderungen gestattet umgekehrt Rückschlüsse auf den Bewegungszustand der Atome und ihre Störung durch die Umgebung. Für die Untersuchung von Gasen bei hohen Temperaturen sowie für den Astrophysiker sind diese Zusammenhänge von größter Bedeutung. So beruht z.B. die Untersuchung des physikalischen Zustands (Druck, Temperatur, Teilchendichten) in den verschiedenen Schichten der Sonnenatmosphäre weitgehend auf der Anwendung der Theorie der Linienbreiten.

Daß die Spektrallinien eine gewisse natürliche Breite haben müssen, folgt klassisch aus der Tatsache, daß die Strahlung aus einzelnen Wellenzügen endlicher Länge besteht bzw. daß es sich um Ausstrahlung *gedämpfter* Wellen durch die die Atome im klassischen Bild ersetzenden HERTZschen Oszillatoren handelt. Dann ergibt nämlich die FOURIER-Analyse des Schwingungsvorgangs nicht *eine* Frequenz, sondern gemäß Abb. 83 ein mehr oder weniger breites Frequenz- oder Wellenlängenband. Die bei halber Maximalintensität gemessene „Halbwertsbreite" ist stets gemeint, wenn allgemein von der Breite einer Spektrallinie die Rede ist. Die klassische Theorie ergibt für normale Dipolstrahlung eine von der Wellenlänge unabhängige natürliche Breite

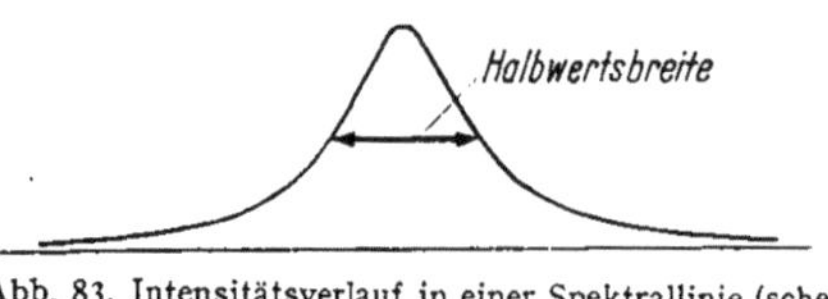

Abb. 83. Intensitätsverlauf in einer Spektrallinie (schematisch) mit eingezeichneter Halbwertsbreite.

$$b_0 = 1{,}19 \cdot 10^{-4}\,\text{Å}. \qquad (125)$$

Ihr Wert ist so gering, daß Spektrallinien ungestörter Atome im allgemeinen sehr scharf erscheinen.

Quantentheoretisch ergibt sich die Linienbreite aus den Breiten der beiden miteinander kombinierenden Energieniveaus. Daß ein nicht stabiler Atomzustand eine endliche Energiebreite besitzen muß, folgt aus der in IV,3 zu behandelnden Unbestimmtheitsrelation, nach der die Energie eines Zustandes um so weniger genau bestimmt ist, je kleiner seine Lebensdauer τ ist:

$$\Delta E \approx \frac{h}{\tau}, \qquad (126)$$

wenn wir mit ΔE die Energieunbestimmtheit, d.h. die Breite des betreffenden Energieniveaus, bezeichnen. Für Resonanzlinien läßt sich die Identität der aus (126) für die normale Lebensdauer von 10^{-8} sec sich ergebenden Halbwertsbreite mit dem klassisch berechneten Wert (125) zeigen. Für verbotene Linien, wie sie u.a. im Mikrowellengebiet (s. S. 50) eine besondere Rolle spielen, ist nach (126) die Halbwertsbreite noch viel kleiner als (125). Aus der quantenmechanischen Formel (126) folgt aber im Gegensatz zur klassischen, daß *es für die Breite der Energieniveaus und damit der Spektrallinien nicht nur auf die Lebensdauer bezüglich Ausstrahlung ankommt, sondern auf die tatsächliche Lebensdauer des Energiezustandes, die auch durch strahlungslose Vorgänge begrenzt sein kann.*

Außer Stößen mit Nachbarteilchen und ähnlichen Störungen gibt es zwei strahlungslose Vorgänge, die die Lebensdauer eines Atomzustandes begrenzen können und die wir wegen ihrer Bedeutung hier kurz besprechen wollen, die *Autoionisierung* und die Ionisierung eines Atoms in einem starken elektrischen Feld *(Feldionisierung)*. Die Autoionisierung ist möglich, wenn bei einem Atom infolge Anregung zweier Elektronen stationäre Atomzustände oberhalb der normalen Ionisierungsgrenze existieren. Wenn gewisse Auswahlregeln erfüllt sind, können dann gemäß Abb. 84 von einem doppelt angeregten Zustand aus entweder Übergänge unter Strahlungsemission zu tieferen stationären Zuständen stattfinden oder strahlungslose Übergänge in den benachbarten kontinuierlichen Energiebereich. Letzteres bedeutet, daß das zweite angeregte Elektron in den Grundzustand übergeht und das erste dafür unter Aufwendung der frei gewordenen Energie völlig vom Atom abgetrennt wird. *Aus dem doppelt angeregten Zustand kann also strahlungslos eine Ionisierung des Atoms erfolgen, weshalb man den Vorgang Autoionisierung nennt.* Die ebenfalls benutzte Bezeichnung *Präionisation* stammt daher, daß die Ionisierung *vor* Erreichen der Ionisierungsgrenze der betreffenden Serie stattfindet. Die Lebensdauer des angeregten stationären Zustands ist in diesem Fall nicht allein durch die Strahlung, sondern auch durch die u.U.

mit großer Wahrscheinlichkeit erfolgenden strahlungslosen Übergänge ins Kontinuum begrenzt. Dieser verkürzten Lebensdauer entspricht eine gemäß (126) vergrößerte Breite des Zustandes und damit der bei Übergängen in tiefere Zustände emittierten Linien. Diese experimentell feststellbare, u. U. sehr große Linienbreite kann daher zum Nachweis der Präionisation und ihrer Wahrscheinlichkeit dienen.

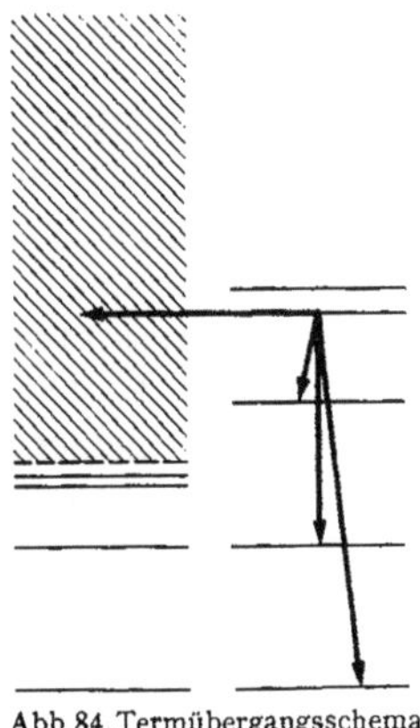

Abb. 84. Termübergangsschema zur Erklärung der Autoionisierung.

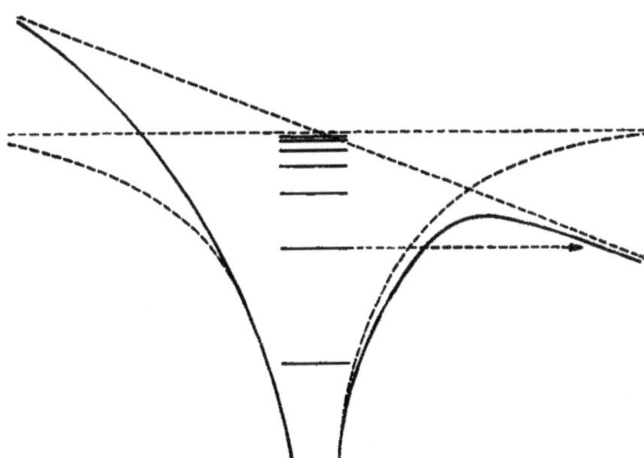

Abb. 85. Potentialverlauf $U(r)$ und Energieniveaus zur Erklärung der Feldionisierung des H-Atoms. Gestrichelte Kurve: ungestörter Potentialverlauf des Systems Proton-Elektron, ausgezogene Kurve: durch überlagertes äußeres elektrisches Feld „verbogener" Potentialverlauf.

Ähnlich liegt der Fall bei der Ionisierung in einem äußeren starken elektrischen Feld. Bringt man etwa ein H-Atom in ein starkes homogenes elektrisches Feld E in der x-Richtung, so überlagert sich dessen Potential $-eEx$ dem des COULOMB-schen Kernfeldes $-e^2/r$, so daß das H-Elektron sich dann in einem Potential

$$U(r) = -\frac{e^2}{r} - eEx \qquad (127)$$

bewegt. Abb. 85 zeigt das COULOMB-Potential und darüber als Gerade das des homogenen äußeren Feldes; durch Zusammensetzen beider ergibt sich der „verbogene" ausgezogene Potentialverlauf. Aus Abb. 85 folgt, daß die oberhalb des Maximums der Potentialkurve liegenden stationären Zustände des H-Atoms nicht mehr stabil sein können, das normalerweise gebundene Elektron vielmehr dem Atom durch das äußere Feld entrissen, das Atom also ionisiert wird. E. W. MÜLLER ist es gelungen, in der Nähe feinster Metallspitzen die Feldstärke so zu steigern ($5 \cdot 10^8$ V/cm), daß selbst der Grundzustand des Wasserstoffatoms nicht mehr stabil war, das normale H-Atom also *feldionisiert* wurde. Nach dem in IV,12 zu behandelnden quantenmechanischen Tunneleffekt kann aber mit einer gewissen Wahrscheinlichkeit das Elektron bereits aus an sich noch stabilen Energiezuständen ionisiert werden, wenn es nämlich den Potentialberg, falls dieser nicht zu hoch und breit ist, auf Grund des Tunneleffekts durchdringt. Für einen stationären Zustand dicht unterhalb des Potentialmaximums besteht also außer der Möglichkeit des Übergangs in tiefere Zustände unter Strahlungsemission noch die Möglichkeit eines zur Ionisation des Atoms führenden strahlungslosen Durchgangs durch den Potentialberg. Durch diesen Vorgang wird wieder die Lebensdauer τ der betreffenden stationären Zustände verkleinert und deren Breite und die der von ihnen ausgehenden Linien damit vergrößert. Man beobachtet dann, daß schon vor Erreichen der Ionisierungsgrenze die letzten Serienlinien im Kontinuum verschwinden und die letzten noch erkennbaren Linien wegen der Möglichkeit der strahlungslosen Ionisierung von ihren oberen Zuständen aus eine merklich vergrößerte Breite zeigen. Abb. 48 zeigt diese oft als „Übergreifen des Grenzkonti-

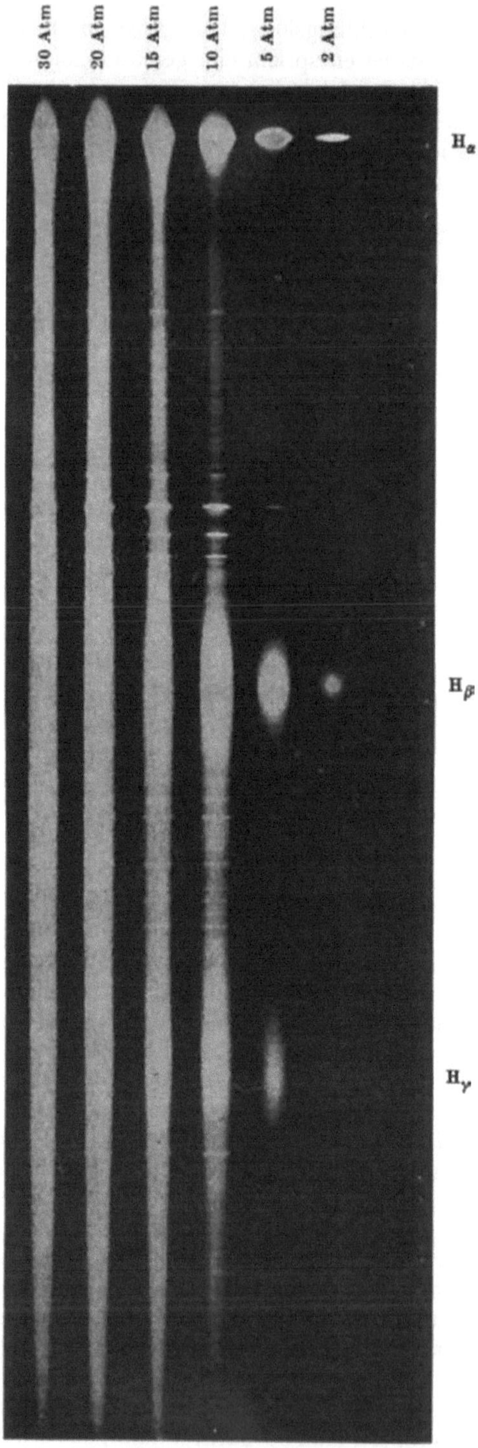

Abb. 86. Übergang der BALMER-Linien des H-Atoms (hier nur der drei langwelligsten Linien H_α, H_β und H_γ) in ein einheitliches Emissionskontinuum als Folge der Wirkung starker interatomarer elektrischer Felder. Spektrum eines Funkens im Wasserstoff von 2 bis 30 Atm Druck (Aufnahme des Verfassers, 1930).

nuums über die Seriengrenze" bezeichnete Erscheinung am Spektrum einer Kaliumentladung. Das zeitlich und räumlich inhomogene elektrische Feld stammt hier von den Elektronen und Ionen der Entladung.

Als dritte Möglichkeit der Begrenzung der Lebensdauer von stationären Atomzuständen sind schließlich Stöße mit Gasteilchen aller Art zu nennen, durch die die Energie im Stoß zweiter Art abgeführt oder allgemein der ungestörte Ausstrahlungsprozeß behindert wird. Die Folge dieser durch Stöße verkleinerten Lebensdauer stationärer Atomzustände ist die sog. *Stoßverbreiterung der Spektrallinien*, deren Untersuchung sich zu einem besonders für die Astrophysik wichtigen Zweig der Spektroskopie entwickelt hat. Wegen der bereits behandelten Schwierigkeit der Definition von Stößen elektrisch geladener Stoßteilchen besteht übrigens kein scharfer Unterschied zwischen der direkten Stoßverbreiterung infolge Verkleinerung der Lebensdauer der angeregten Zustände und der Störung bzw. Verbreiterung von Atomzuständen, die als interatomarer STARK-Effekt (vgl. III,16d) wechselnder Größe Verschiebungen und Aufspaltungen der Terme und damit Verschiebungen und Verbreiterungen der Spektrallinien ergibt. Grundsätzlich gestattet die vorliegende Theorie, aus der gemessenen Linienbreite direkt die Dichte der störenden Elektronen zu bestimmen und, da diese im thermischen Gleichgewicht etwa in Bogenentladungen im wesentlichen von der Temperatur abhängt, letztere zu berechnen. Die Messung von Linienbreiten stellt daher eine Möglichkeit zur Bestimmung hoher Temperaturen dar.

Die Störbarkeit verschiedener Atome ist sehr verschieden, und es leuchtet ein, daß das H-Atom und die Alkalien mit ihrem einen äußeren, vom Rumpf weit entfernten

Leuchtelektron besonders störbar sind und daher die größten Linienverbreiterungen zeigen. Bei diesen Atomen kann die Verbreiterung so groß werden,
daß die verschiedenen Linien zu einem einheitlichen kontinuierlichen Spektrum
zusammenfließen. Abb. 86 zeigt am Beispiel des Spektrums von Funkenentladungen in komprimiertem Wasserstoff den Übergang der verbreiterten Balmer-
Linien in ein einheitliches kontinuierliches Spektrum.

Den Extremfall solcher Störungen eines Atoms durch seine Nachbarn haben
wir bei den Flüssigkeiten und festen Körpern, die wir im Kap. VII vom atomphysikalischen Standpunkt aus behandeln werden. Bei ihnen finden wir daher (von
theoretisch verständlichen Ausnahmen abgesehen) überhaupt keine scharfen
Spektrallinien mehr, sondern nur noch die aus ihnen durch Störung seitens der
Umgebung entstandenen mehr oder weniger breiten Spektralbänder.

22. Bohrs Korrespondenzprinzip und das Verhältnis der Quantentheorie zur klassischen Physik

Unsere bisherigen theoretischen Überlegungen befaßten sich ausschließlich mit
der Frage der Frequenzen bzw. Wellenlängen der Spektren, während die Frage
ihrer *Intensität* unberücksichtigt geblieben ist. Der tiefere Grund hierfür liegt in
einer interessanten Begrenztheit der Aussagen der Bohr-Sommerfeldschen
Quantentheorie. Diese wird uns in ihrer Tragweite klar – und wird gleichzeitig
erst die im folgenden Kapitel zu besprechende Quantenmechanik im richtigen
Licht erscheinen lassen –, wenn wir das Verhältnis der Bohrschen Quantentheorie
zur klassischen Physik etwas eingehender betrachten.

Unsere theoretischen Überlegungen gingen aus von rein klassischen Rechnungen, z.B. dem Gleichgewicht zwischen elektrostatischer Anziehung und Zentrifugalkraft, die dann durch *zwei* die Plancksche Konstante h enthaltende Quantenbedingungen etwas gezwungen dem tatsächlichen Atomgeschehen angepaßt
wurden. Die erste betraf die Quantelung der Elektronendrehimpulse, die zwangsläufig auf die gequantelten Energiezustände der sich periodisch bewegenden Elektronen führte, während das zweite Postulat die durch lichtelektrische Versuche
und Plancks Theorie der Wärmestrahlung (II,7) nahegelegte Proportionalität von
Energie und emittierter bzw. absorbierter Frequenz in der Form $E = h\nu$ behaup-
tet. Die Bohr-Sommerfeldsche Theorie liefert mit diesen Bedingungen exakte
Aussagen über die bei Energiezustandsänderungen der Atome bzw. Elektronen
emittierten oder absorbierten Frequenzen bzw. Wellenlängen, macht aber keinerlei Angaben über ihre Intensitäten.

Bohr selbst hat mit feinem physikalischem Gefühl den Mangel seiner Quantentheorie durch Anschluß an die klassische Physik mittels seines berühmten *Korrespondenzprinzips* behoben und damit auch eine Möglichkeit für die Berechnung
von Intensität und Polarisation der emittierten Strahlung auf vorquantenmecha-
nischer Grundlage geschaffen. Tatsächlich besteht nämlich eine weitgehende Korrespondenz zwischen klassischer und Quantenphysik, indem letztere ganz allgemein für den Grenzfall $h \to 0$ bzw., was auf das gleiche herauskommt, für den
Grenzfall sehr großer Quantenzahlen mit ersterer identisch wird.

Nach III,6c entsprechen den periodischen Umläufen der gebundenen Atomelektronen stationäre Energiezustände und damit diskrete Linienspektren, den
unperiodischen Bewegungen der freien Elektronen dagegen kontinuierliche Energiebereiche und damit kontinuierliche Emissions- wie Absorptionsspektren. Dieser
Zug der Quantentheorie steht in enger Korrespondenz zur klassischen Mechanik.
Die Fourier-Analyse jeder periodischen Bewegung enthüllt diese bekanntlich als
zusammengesetzt aus einer diskreten Anzahl rein harmonischer Bewegungen be-

stimmter Frequenzen, zeigt also, daß zu jeder periodischen Bewegung ein diskretes Frequenzspektrum gehört. Die FOURIER-Analyse *unperiodischer* Bewegungen umgekehrt ergibt stets ein *kontinuierliches* Frequenzspektrum, in voller Analogie zum kontinuierlichen Energiespektrum der freien Elektronen. Ein typisches Beispiel ist das kontinuierliche Röntgenbremsspektrum (III,6e), das bis auf seine scharfe kurzwellige Grenze völlig dem klassischen „Knallspektrum" entspricht. Die kurzwellige Grenze aber ist nach Gl. (47) durch das diskrete Wirkungsquantum h bestimmt und würde mit $h \to 0$ in Übereinstimmung mit dem klassischen Knallspektrum zu unendlich hohen Frequenzen rücken.

Nehmen wir nun im Sinne dieser Korrespondenz an, daß atomare Systeme ganz allgemein bis auf die durch die Existenz von h bedingte Quantelung den Gesetzen der klassischen Physik gehorchen, so können wir mit JORDAN eine grundsätzlich interessante Folgerung ziehen. Bekanntlich können zwei gleiche, gekoppelte Oszillatoren klassisch ihre Energie in beliebigen Beträgen austauschen. Nach dem Korrespondenzprinzip erwartet man dann, daß das auch für atomare Oszillatoren zutrifft, daß wegen der Quantelung der Energieaustausch aber nur in kleinsten Beträgen, die wir E_0 nennen wollen, erfolgen kann. Aus der Tatsache, daß ein Energieaustausch nur zwischen *gleichen* Oszillatoren erfolgt, d.h. an die Bedingung der Frequenzresonanz gebunden ist, schließen wir, daß die Größe der Energiequanten E_0 von der Eigenfrequenz des betreffenden Resonators abhängt und daher $E_0\,(\nu)$ geschrieben werden muß. Ein Austausch beliebig großer Energiebeträge zwischen gleichen Oszillatoren ist aber nur möglich, wenn diese Energiequanten $E_0(\nu)$ unter sich gleich groß sind. Dann können wir den Energieinhalt eines Oszillators darstellen in der Form

$$E = \text{const} + n E_0(\nu); \quad n = 0, 1, 2, 3 \ldots, \tag{128}$$

womit die von PLANCK als notwendig erwiesenen konstanten Energiestufen des Oszillators korrespondenzmäßig verständlich gemacht sind. Wir können aber noch einen Schritt weiter gehen. Für die Abhängigkeit der Energiequanten E_0 von der Eigenfrequenz des Resonators ν_0 ist die einfachste dimensionsrichtige Annahme die der Proportionalität $(E_0 = h\nu_0)$, und diese Form erweist sich als die einzige relativistisch invariante, d.h. mit der Relativitätstheorie verträgliche. *Die Quantelung des Oszillators mit der Gleichheit der Energiestufen wie die hν-Beziehung folgen also aus dem Korrespondenzprinzip unter Berücksichtigung der Relativitätstheorie ohne jede spezielle Annahme.*

Eine eindeutige Korrespondenz besteht zwischen Quantentheorie und klassischer Physik auch bezüglich der emittierten bzw. absorbierten Frequenzen der Spektrallinien in dem Sinn, daß die quantentheoretischen Frequenzen für hohe Quantenzahlen und kleine Quantensprünge in die klassischen Frequenzen übergehen. Dies sei am Beispiel der Spektrallinien des H-Atoms gezeigt. Nach der klassischen Elektrodynamik wäre die Frequenz der von einem H-Atom emittierten Lichtwelle gleich der Umlaufsfrequenz des Elektrons, d.h. nach (19)

$$\nu_{kl} = \frac{\omega}{2\pi} = \frac{4\pi^2 m e^4}{h^3 n^3}. \tag{129}$$

Die nach der BOHRschen Quantentheorie bei einem Quantensprung $n_a \to n_e$ emittierte Frequenz beträgt dagegen nach (23)

$$\nu_{qu} = \frac{2\pi^2 m e^4}{h^3}\left(\frac{1}{n_e^2} - \frac{1}{n_a^2}\right) = \frac{2\pi^2 m e^4}{h^3}\frac{(n_a^2 - n_e^2)}{n_a^2\,n_e^2}. \tag{130}$$

Für hohe Quantenzahlen und kleine Quantensprünge, d.h. für

$$n_a - n_e = \Delta n \ll n_a \tag{131}$$

geht (130) über in

$$\nu_{qu} = \frac{4\,\pi^2\,m\,e^4}{h^3\,n_a^3}\,\Delta n . \tag{132}$$

Für den Übergang zwischen zwei benachbarten Quantenzuständen ($\Delta n = 1$) geben also die klassische Formel (129) und die quantentheoretische (132) die gleiche Frequenz. Dem Übergang $\Delta n = 2$ entspricht klassisch die erste Oberschwingung $2\nu_{kl}$ usw.

Aus dieser Korrespondenz der Frequenzen bzw. Wellenlängen der klassischen und der Quantentheorie zog Bohr den weitergehenden Schluß, daß auch Intensität und eventuelle Polarisation der Spektrallinien für große Quantenzahlen genau und für mäßige annähernd richtig nach der klassischen Wellentheorie berechnet werden können. Die Erfahrung hat dieser kühnen Extrapolation recht gegeben. Insbesondere die 1919 von Kramers durchgeführte Berechnung der Intensitäten und Polarisationsverhältnisse der Stark-Effekt-Komponenten der Balmer-Linien ergab eine so ausgezeichnete Übereinstimmung mit dem Experiment, daß an der Brauchbarkeit des Korrespondenzprinzips kein Zweifel mehr bestehen konnte. Dabei stellt sich das Intensitätsproblem vom klassischen und vom quantentheoretischen Standpunkt aus ja völlig verschieden dar. Während klassisch die Linienintensität durch die Amplitude der elektromagnetischen Welle bestimmt ist und damit Frequenz und Amplitude zwei Merkmale derselben Erscheinung, eben der Welle sind, ist durch die Quantentheorie die Energie und damit die Frequenz des einzelnen Lichtquants gegeben, während die Intensität der entsprechenden Spektrallinie durch die Zahl der in der Zeiteinheit in einem Volumenelement stattfindenden Strahlungsemissionen gegeben ist, also ein vom einzelnen Emissionsakt anscheinend ganz unabhängiges statistisches Problem darstellt. Von diesem Standpunkt aus erscheint das Korrespondenzprinzip also höchst wunderbar, und erst die Quantenmechanik hat mit ihrer grundsätzlichen Klarstellung des Verhältnisses zwischen klassischer und Quantenphysik auch das Korrespondenzprinzip verständlich gemacht.

Das Korrespondenzprinzip ermöglicht auch ein Verständnis der zunächst so willkürlich erscheinenden Auswahlregeln, wie wir uns am Beispiel der in VI,9 einzuführenden Auswahlregel für den Gesamtdrehimpuls *J* eines um seine Hauptträgheitsachse rotierenden polaren Moleküls (z.B. HCl) klarmachen können. Der Vergleich von (129) und (132) hat ja gezeigt, daß dem Quantenübergang $\Delta n = \pm 1$ klassisch die Grundfrequenz, den Übergängen $\Delta n = \pm 2, 3, 4, \ldots$ die höheren Harmonischen der Grundfrequenz entsprechen. *Klassisch können nun solche höhere Harmonische (Oberschwingungen) nur ausgestrahlt werden, wenn sie in der fraglichen Schwingung des elektrischen Dipols schon vorhanden sind, wenn das strahlende oder absorbierende schwingende System also keine rein harmonische Bewegung ausführt.* Unser Molekül rotiert nun aber wegen des konstanten Gesamtdrehimpulses mit konstanter Winkelgeschwindigkeit. Eine solche konstante Rotation läßt sich als Überlagerung zweier um 180° phasenverschobener, rein harmonischer Schwingungen darstellen, und folglich kann klassisch bei dieser Rotation *nur die Grundfrequenz emittiert oder absorbiert werden.* Quantentheoretisch entspricht dem die Auswahlregel, daß nur Übergänge zwischen benachbarten Energiezuständen der Rotation möglich sein sollen, womit in Übereinstimmung mit der Erfahrung die Auswahlregel Gl. (VI–44), $\Delta J = \pm 1$, korrespondenzmäßig erklärt ist. Das Korrespondenzprinzip erlaubt ferner ganz allgemein, Atomprozesse zunächst klassisch zu berechnen und dann durch geeignete Quantelung dem unstetigen Atomgeschehen anzupassen.

23. Übergangswahrscheinlichkeiten und Intensitätsfragen. Lebensdauer und Oszillatorenstärke

Wir betrachten nun die Übergänge zwischen einem nichtangeregten Zustand E_n und einem angeregten E_m und die Intensität der entsprechenden Emissions- und Absorptionslinien etwas genauer.

Wir wissen, daß angeregte Atome spontan mit einer Wahrscheinlichkeit, die wir A_{nm} nennen wollen, unter Emission eines Lichtquants der durch

$$E_m - E_n = h\nu_{nm} \qquad (133)$$

bestimmten Frequenz ν_{nm} in den Grundzustand übergehen können. Werden diese normalen Atome nun mit Strahlung der gleichen Frequenz ν_{nm} und der Strahlungsdichte $u(\nu)$ bestrahlt, so werden nach EINSTEIN mit der Wahrscheinlichkeit $B_{nm}u(\nu)$ normale Atome unter Absorption von Lichtquanten $h\nu_{nm}$ in die angeregten Zustände E_m gehoben, wobei

$$B_{nm} = \frac{c^3}{8\pi h\nu^3}A_{nm}. \qquad (134)$$

EINSTEIN zeigte ferner, daß mit der gleichen Wahrscheinlichkeit B_{nm} auch angeregte Atome zum Übergang in den Grundzustand unter Emission von $h\nu_{nm}$ induziert werden. Man bezeichnet diesen Vorgang als *induzierte Emission*. Die gesamte Übergangswahrscheinlichkeit für Atome aus dem oberen in den unteren Zustand unter Strahlungsemission setzt sich also aus der Wahrscheinlichkeit für spontane Emission A_{nm} und der für induzierte Emission $u(\nu) B_{nm}$ zusammen.

Bei spontaner Emission ist die von einem cm³ je Sekunde emittierte Energie J_ν der Frequenz ν gleich der Zahl N_n der im angeregten Zustand n befindlichen Atome, multipliziert mit der Wahrscheinlichkeit des betreffenden Quantenübergangs und der Energie des einzelnen emittierten Lichtquants, d.h.

$$J_\nu = N_n A_{nm} h\nu. \qquad (135)$$

Die Übergangswahrscheinlichkeit A_{nm} vom Zustand n zum Zustand m läßt sich erst quantenmechanisch berechnen (vgl. IV,9), doch läßt sich nach dem Korrespondenzprinzip die Größe $A_{nm}h\nu$ klassisch ermitteln. Die Besetzungszahl N_n des Ausgangsquantenzustands n hängt von den Anregungsbedingungen ab. Bei thermischer Anregung ist N_n durch die BOLTZMANN-Statistik bestimmt, nach der die Besetzung eines Zustands mit der Anregungsenergie E_n bei der absoluten Temperatur T gegeben ist durch

$$N_n = N_0 e^{-\frac{E_n}{kT}}. \qquad (136)$$

Diese Formel gilt, falls keine Entartung vorliegt, der Energiezustand E_n also einfach und nicht durch Überlagerung mehrerer Zustände gleicher Energie entstanden ist. Nur in diesem Fall sprechen wir vom statistischen Gewicht eins. Dagegen besteht ein Energiezustand der Quantenzahl J in Wirklichkeit aus $2J + 1$ zusammenfallenden Energiezuständen, weil er z.B. im magnetischen Feld (ZEEMAN-Effekt, vgl. III,16) in ebenso viele Termkomponenten aufspalten würde. Das statistische Gewicht dieses Zustandes ist folglich $g_J = 2J + 1$. Bezeichnet man also die statistischen Gewichte des Grundzustands und des angeregten Zustands mit g_0 und g_n, so gilt statt (136) allgemein

$$N_n = N_0 \frac{g_n}{g_0} e^{-\frac{E_n}{kT}}, \qquad (137)$$

und die Formel (135) für die emittierte Intensität wird damit

$$J_\nu = N_0 \frac{g_n}{g_0} e^{-\frac{E_n}{kT}} A_{nm} h\nu. \tag{138}$$

Die verschiedenen in die Intensitätsformel (138) eingehenden Größen spielen nun meist nicht alle gleichzeitig eine Rolle, wodurch die Verhältnisse sich wesentlich vereinfachen. Wir erwähnen nur einige typische Fälle. Bei der Absorption von Atomen bei mäßiger Temperatur ist im allgemeinen nur der Grundzustand besetzt, da der Abstand des ersten angeregten Zustands E_n vom Grundzustand stets groß gegen kT und daher nach (136) seine Besetzung verschwindend klein ist. Da ferner die statistischen Gewichte der an den Absorptionsübergängen beteiligten Zustände aus ihren Quantenzahlen berechenbar und innerhalb einer Serie konstant sind, spiegelt die Intensitätsverteilung in einer Absorptionsserie, d.h. die Intensitätsabnahme mit zunehmender Hauptquantenzahl, direkt die Abhängigkeit der Übergangswahrscheinlichkeit von der Quantenzahl des Laufterms wider und gestattet deren Bestimmung aus Intensitätsmessungen. Kommt bei genügend hoher Temperatur, z.B. in Sternatmosphären, auch eine Absorption von angeregten Zuständen aus vor (z.B. die Absorption der BALMER-Serie, Abb. 41), so ist die Abhängigkeit der Absorptionsintensität solcher Serien von der Temperatur durch (136) gegeben. Dann läßt sich aus Intensitätsmessungen der Anteil N_n der angeregten Atome (z.B. der H-Atome im 2quantigen unteren Zustand der BALMER-Serie) ermitteln und aus dieser Besetzungszahl dann die Temperatur der absorbierenden Schicht berechnen.

Wir behandeln abschließend den Zusammenhang der Linienintensität mit der mittleren Lebensdauer der entsprechenden angeregten Zustände. Wir haben ja bisher die Lebensdauer angeregter Atome meist einfach zu 10^{-8} sec angesetzt, haben aber bei der Besprechung der metastabilen Zustände bereits erfahren, daß auch sehr viel größere Lebensdauern, grundsätzlich sogar beliebig große (bei völlig verbotenen Übergängen) vorkommen. Wie werden nun solche Lebensdauerwerte bestimmt, und was ist ihr Zusammenhang mit der eben behandelten Übergangswahrscheinlichkeit?

Klassisch ist die „Lebensdauer“ eines angeregten Atoms ja die Zeitspanne, die das Atom als strahlender Dipol benötigt, um seine Anregungsenergie auszustrahlen. Daraus folgt, daß die mittlere Lebensdauer um so kleiner sein muß, je größer die Strahlungsamplitude und damit nach (138) die (auf gleiche Atomzahl bezogene) Linienintensität ist. Diese Beziehung bleibt im Sinne des Korrespondenzprinzips auch in der Quantentheorie erhalten. Nach letzterer besteht für ein angeregtes Atom eine bestimmte Wahrscheinlichkeit, innerhalb eines vorgegebenen Zeitelements seine Energie in Form eines Photons zu emittieren. Diese Emission erfolgt, wenn keine andere Übergangsmöglichkeit existiert, im Mittel nach Ablauf der deshalb so bezeichneten „mittleren Lebensdauer τ“. Es ist also die Zahl der sekundlich von einer bestimmten Zahl angeregter Atome emittierten Photonen, und mit ihr die Intensität der entsprechenden Spektrallinie, der mittleren Lebensdauer umgekehrt proportional, wenn letztere nur durch diese *eine* Übergangsmöglichkeit begrenzt ist. Bezeichnen wir mit N die Zahl der zu einem bestimmten Zeitpunkt vorhandenen angeregten Atome, so ist bei solch rein statistischem Zerfall (genau wie beim radioaktiven Zerfall der Atomkerne nach V,6b) die Zahl der je Sekunde zerfallenden Atome (dN/dt) der Zahl der noch nicht zerfallenen proportional:

$$dN/dt = -\gamma N \tag{139}$$

oder

$$N(t) = N_0 e^{-\gamma t}. \tag{140}$$

γ wird als Zerfallskonstante bezeichnet; ihr Zusammenhang mit der oben eingeführten Übergangswahrscheinlichkeit A_{nm} wird gleich erklärt. Die mittlere Lebensdauer τ wird bei nur *einer* Zerfallsmöglichkeit als das Reziproke der Zerfallskonstante definiert

$$\tau = 1/\gamma . \tag{141}$$

Läßt man z.B. in einem Atomstrahl angeregte Atome vom Anregungsort mit großer Geschwindigkeit abströmen, so kann man den nach (140) zu erwartenden exponentiellen Abfall der Strahlungsintensität mit wachsendem Abstand vom Anregungsort direkt messen und so γ, und nach (141) die mittlere Lebensdauer τ, bestimmen.

Man kann ferner aus der gemessenen Absolutintensität einer Spektrallinie bei bekannter Atomzahl nach (138) die Übergangswahrscheinlichkeit A_{nm} berechnen. Diese würde gleich der Zerfallskonstanten γ_n des angeregten Zustandes und damit gleich dem Reziproken der mittleren Lebensdauer τ_n dieses angeregten Zustands sein, wenn vom Zustand n aus *nur* der eine Übergang zum Zustand m möglich wäre. Im allgemeinen Fall gilt

$$\tau_n = \frac{f_{nm}}{A_{nm}} , \tag{142}$$

wo f_{nm}, die sog. Oszillatorstärke des betreffenden Übergangs, bei nur einem einzigen möglichen Übergang gleich 1 ist, im allgemeinen aber durch die Beziehung

$$f_{nm} = \frac{A_{nm}}{\sum\limits_{m} A_{nm}} \tag{143}$$

gegeben ist.

Mittels der Beziehungen (134), (142) und (143) kann man Oszillatorstärken bzw. Lebensdauern auch aus der Frequenzabhängigkeit des Brechungsindex n bestimmen, die nach der Dispersionstheorie mit der durch (134) definierten Absorptionswahrscheinlichkeit B_{nm} in der Form

$$n^2 - 1 = \frac{3\,h\,N}{4\,\pi^3} \sum_{m} \frac{g_m \nu_{nm} B_{nm}}{\nu_{nm}^2 - \nu^2} \tag{144}$$

zusammenhängt. Wir beschließen damit an dieser Stelle unsere Diskussion der Intensitätsprobleme, da wir in IV,9 im Zusammenhang mit der quantenmechanischen Strahlungstheorie noch einmal auf sie zurückkommen werden.

24. Maser und Laser

Eine auch technisch immer bedeutsamer werdende Anwendung der im Anschluß an (134) erwähnten induzierten Emission ist der Atom- oder *Molekularverstärker* in den verschiedenen Formen des von TOWNES erfundenen Maser, genannt nach den Anfangsbuchstaben von „**M**icrowave **A**mplification through **S**timulated **E**mission of **R**adiation". Sein Prinzip ist das folgende: *Läßt man auf ein System, dessen angeregter Zustand* (umgekehrt zum Normalfall) *stärker besetzt ist als sein Grundzustand, intensitätsmodulierte Strahlung der Übergangsfrequenz vom angeregten zum Grundzustand auffallen, so werden durch die auffallende Strahlung solche Übergänge im Rhythmus der Modulation induziert, und die induzierte Strahlung wird damit verstärkt.*

Es gelingt z.B. durch hier nicht interessierende Kunstgriffe, aus einem Strahl teilweise angeregter Atome oder Moleküle die angeregten auszusondern und in einen auf die zu verstärkende Strahlung abgestimmten Hohlraumoszillator eintreten zu lassen. Liegt der Übergang aus dem angeregten in den Grundzustand bei einem solchen Maser im Mikrowellengebiet und ist er zudem, weil es sich um Spinumklappvorgänge handelt, verboten, so sind die von der anregenden modulierten Strahlung unabhängigen spontanen Übergänge vernachlässigbar selten und das entsprechende Rauschen dieses Verstärkers daher sehr gering. Strahlt man nun in den Hohlraum Strahlung der zu verstärkenden, der Energiedifferenz zwischen den beiden Zuständen entsprechenden Frequenz ein, so wird durch die von ihr induzierten Übergänge vom angeregten in den unangeregten Zustand die auffallende amplitudenmodulierte Strahlung verstärkt. Formal kann man solche Systemzustände, bei denen angeregte Zustände stärker besetzt sind als unangeregte, nach Gl. (137) durch *negative Temperaturen* beschreiben.

Praktisch wichtiger als der angedeutete Atomstrahlverstärker ist der *Festkörper-Maser*. In gewissen Kristallen wie dem technisch wichtigen Chromkaliumcyanid $K_2Cr(CN)_6$ spaltet der ohne Magnetfeld einfache Zustand des Cr-Ions infolge des ZEEMAN-Effektes im Magnetfeld in drei Zustände (Abb. 87) auf, deren Abstände durch Variation des Magnetfeldes eingestellt werden können und deren Frequenzen Strahlung des Mikrowellengebiets (bei 2000 Oersted z. B. 2,8–9 GHz) entsprechen.

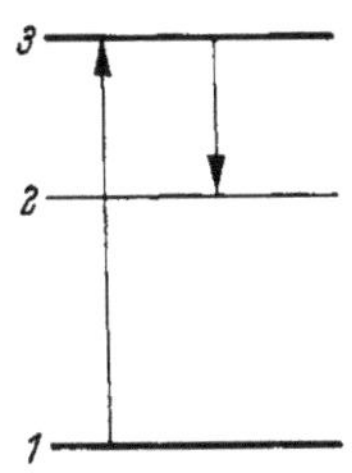

Abb. 87. Schematisches Energieniveauschema zum Verständnis des Masers.

ν_{13}: Pumpfrequenz, ν_{23}: Maser-Frequenz.

Wegen der geringen Energieabstände der Größenordnung 10^{-5} eV sind diese drei Zustände bei Zimmertemperatur praktisch gleich stark besetzt, während bei den Festkörper-Maser-Betriebstemperaturen von etwa 1 °K die höheren Zustände 2 und 3 schon merklich weniger besetzt sind als der Grundzustand 1. Strahlt man nun Strahlung der Frequenz ν_{13} ein, so wird im Sättigungsfall der angeregte Zustand 3 ebenso stark besetzt sein wie der Grundzustand 1, während der von der Einstrahlung nicht betroffene angeregte Zustand 2 merklich geringer besetzt ist. Man bezeichnet diese „Auffüllung" des angeregten Zustandes 3 durch Einstrahlung der Frequenz ν_{13} als *optisches Pumpen*. Bringt man den Kristall nun in einen auf die Pumpfrequenz *und* die zu verstärkende Frequenz ν_{23} abgestimmten Hohlraum und strahlt in diesen ν_{23} ein, so wird ν_{23} durch induzierte Übergänge vom Zustand 3 zu dem schwächer besetzten Zustand 2 verstärkt, während durch Einstrahlung der Pumpfrequenz ν_{13} der Zustand 3 dauernd wieder aufgefüllt wird. Diese Molekularverstärker sind also rauscharme Verstärker für das Mikrowellengebiet, für das es wegen der Kürze der Wellen bisher keine guten elektronischen Verstärker gab. Dabei ist praktisch wichtig, daß wegen der Störung der Energiezustände des Cr-Ions durch das Kristallgitter die Zustände nach III,21 im Gegensatz zu dem oben besprochenen Atomstrahlverstärker eine merkliche Breite besitzen, dieser Molekularverstärker also selbst bei konstant gehaltenem Magnetfeld eine technisch ausreichende Bandbreite der Frequenzen ν_{23} besitzt, die er zu verstärken vermag.

Immer wachsende Beachtung hat in letzter Zeit der optische Maser oder Laser (von **Licht** statt **Mikrowellen**) gefunden, bei dem die induzierte ultrarote oder sichtbare Strahlung meist Übergängen von einem metastabilen Zustand zum Grundzustand eines Atoms entspricht. Beim *Rubin*-Laser z. B. wird ein metastabiler Zustand von in Rubin gelösten Chromatomen durch optisches Pumpen in höher angeregte Cr-Zustände besetzt. Durch halbdurchlässige Verspiegelung der planen Endflächen des Kristalls erreicht man, daß ein Teil der Strahlung von Übergängen zu einem tiefer gelegenen Zustand ins Innere des Kristalls zurück reflektiert wird und weitere Übergänge induziert („Selbstverstärkung"), wodurch ein äußerst intensiver, scharf gebündelter, monochromatischer Lichtstrahl entsteht. Beim *Gas*-Laser verwendet man Helium-Neon-Gemische in Niederdruckgasentladungsröhren mit planparallelen verspiegelten Abschlußfenstern. Die Besetzung des als Ausgangszustand induzierter Übergänge dienenden metastabilen Neonzustandes von knapp 20 eV erfolgt durch Stöße zweiter Art mit metastabilen Heliumatomen, deren tiefster metastabiler Zustand zufällig mit dem angeregten Neonzustand energiegleich ist. Das Pumpen erfolgt beim Gas-Laser also nicht optisch, sondern indirekt elektrisch durch die selbständige Helium-Neon-Glimmentladung.

Der Unterschied zwischen Maser und Laser besteht darin, daß ersterer als Mikrowellenverstärker dient, letzterer aber als infolge der Selbstverstärkung äußerst intensive, scharf gebündelte Lichtquelle, die allerdings unter Umständen durch Variation der Pulsfrequenz in gewisser Weise moduliert und damit zur Informationsübertragung verwendet werden kann. Auf den ganz besonders interessanten und wichtigen *Halbleiter*-Laser, der mit rein elektrischem Pumpen arbeitet, elektrisch moduliert werden kann und mit großer Ausbeute direkt elektrische Leistung in *Licht* umwandelt, können wir erst in VII,22b eingehen.

Literatur

Allgemein:

EL'YASHEVICH, M. A.: Atomic and Molecular Spectroscopy. 1962.
GROTRIAN, W.: Graphische Darstellung der Spektren von Atomen und Ionen. 2 Bde. Berlin: Springer 1928.
HERZBERG, G.: Atomspektren und Atomstruktur. Dresden/Leipzig: Steinkopff 1936.
HUND, F.: Linienspektren und Periodisches System. Berlin: Springer 1927.
KUHN, H. G.: Atomic Spectra. London: Longmans-Green 1962.
PAULING, L., u. S. GOUDSMIT: The Structure of Line Spectra. New York: McGraw-Hill 1930.
SOMMERFELD, A.: Atombau und Spektrallinien. Bd. I. 8. Aufl. Braunschweig: Vieweg 1960.
WHITE, H. E.: Introduction to Atomic Spectra. New York: McGraw-Hill 1934.

Zu Abschnitt 1:

ALTSCHULER, S.: Paramagnetische Elektronenresonanz. Frankfurt: Harry Deutsch 1964.
BAUMAN, R. P.: Absorption Spectroscopy. New York: Wiley 1962.
BOMKE, H.: Vakuumspektroskopie. Leipzig: Barth 1937.
GORDY, W., W. V. SMITH u. R. F. TRAMBARULO: Microwave Spectroscopy. New York: Wiley 1953.
HARRISON, G. R., R. C. LORD u. J. R. LOOFBOUROW: Practical Spectroscopy. New York: Prentice-Hall 1948.
JAFFÉ, H. H., u. M. ORCHIN: Theory and Applications of Ultraviolet Spectroscopy. New York: Wiley 1962.
KAYSER, H., u. H. KONEN: Handbuch der Spektroskopie. 8 Bde. Leipzig: Hirzel 1900–1934.
SAWYER, R. A.: Experimental Spectroscopy. 2. Aufl. New York: Prentice-Hall 1951.
SIEGBAHN, M.: Spektroskopie der Röntgenstrahlen. 2. Aufl. Berlin: Springer 1931.
SLATER, J. C.: Quantum Theory of Atomic Structure. New York: McGraw-Hill 1960.
TOLANSKY, S.: High-Resolution Spectroscopy. New York: Pitman 1949.
TOWNES, C. H., u. A. L. SCHAWLOW: Microwave Spectroscopy. New York: McGraw-Hill 1955.

Zu Abschnitt 2:

BACHER, R. F., u. S. GOUDSMIT: Atomic Energy States. New York: McGraw-Hill 1932. Das ziemlich veraltete, aber noch unentbehrliche Werk ist in Neubearbeitung durch C. E. MOORE.
FOWLER, A.: Report on Series in Line Spectra. Fleetway Press 1922.
MOORE, C. E.: Atomic Energy States. Bd. I, II, III. Washington: National Bureau of Standards 1949/1952/1958.
PASCHEN, F., u. R. GÖTZE: Seriengesetze der Linienspektren. Berlin: Springer 1922.

Zu Abschnitt 4:

FRANCK, J., u. P. JORDAN: Anregung von Quantensprüngen durch Stöße. Berlin: Springer 1926.

Hasted, J. B.: Physics of Atomic Collisions. Washington: Butterworth 1964.
Massey, H. S. W.: Excitation and Ionization of Atoms by Electron Impact. Handbuch der Physik, Bd. 36. Berlin/Göttingen/Heidelberg: Springer 1956.
Massey, H. S. W., u. E. H. S. Burhop: Electronic and Ionic Impact Phenomena. London: Oxford University Press 1952.

Zu Abschnitt 6:
Finkelnburg, W.: Kontinuierliche Spektren. Berlin: Springer 1938.
Mitchell, A. C. G., u. M. Zemansky: Resonance Radiation and Excited Atoms. New York: McMillan 1934.
Mott, N. F., u. H. S. W. Massey: The Theory of Atomic Collisions. 3. Aufl. Oxford: Clarendon Press 1965.

Zu Abschnitt 10:
Siegbahn, M.: Spektroskopie der Röntgenstrahlen. 2. Aufl. Berlin: Springer 1931.

Zu Abschnitt 13·
Candler, C.: Atomic Spectra and the Vector Model. 2. Aufl. Princeton: Van Nostrand 1964.
Moore, C. E.: A Multiplet Table of Astrophysical Interest. Princeton: University Press 1945.
Stevenson, R.: Multiplet Structure of Atoms and Molecules. Philadelphia: W. B. Saunders 1965.

Zu Abschnitt 15:
Bates, L. F.: Modern Magnetism. 2. Aufl. Cambridge: University Press 1948.
Stoner, E. C.: Magnetism and Matter. London: Methuen 1934.
Vleck, J. H. van: The Theory of Electric and Magnetic Susceptibilities. Oxford: Clarendon Press 1932.

Zu Abschnitt 17:
Back, E., u. A. Landé: Zeeman-Effekt und Multiplettstruktur. Berlin: Springer 1925.

Zu Abschnitt 20:
Kopfermann, H.: Kernmomente. 2. Aufl. Frankfurt: Akademische Verlagsgesellschaft 1956.
Tolansky, S.: Hyperfine Structure in Line Spectra and Nuclear Spin. London: Methuen 1948.

Zu Abschnitt 21:
Burhop, E. H. S.: The Auger Effect and other Radiationless Transitions. Cambridge: University Press 1952.
Finkelnburg, W.: Kontinuierliche Spektren. Berlin: Springer 1938.
Traving, G.: Druckverbreiterung von Spektrallinien. Karlsruhe: Braun 1959.

Zu Abschnitt 24:
Birnbaum, G.: Optical Masers. New York: Academic Press 1964.
Heavens, O. S.: Optical Masers. New York: Wiley 1964.
Lengyel, B. A.: Lasers. New York: Wiley 1962.
Röss, D.: Laser. Frankfurt: Akademische Verlagsgesellschaft 1966.

IV. Die quantenmechanische Atomtheorie

1. Der Übergang von der Bohrschen zur quantenmechanischen Atomtheorie

Die bisher behandelte Atomtheorie fußte auf der Einführung anschaulicher Atommodelle, deren Verhalten nach den Gesetzen der klassischen Physik berechnet wurde. Die Ergebnisse wurden dann durch Einführung ad hoc angenommener, im letzten unbegründeter und unverständlicher Quantenbedingungen in Übereinstimmung mit den Ergebnissen der Experimente gebracht.

Die gewaltigen im letzten Kapitel dargestellten Erfolge dieser „naiven" Atomtheorie sind unbestreitbar und zeigen, daß schon dieser den großen Vorteil der Anschaulichkeit besitzenden BOHRschen Theorie ein beträchtlicher Wahrheitswert zukommt. Aber nicht nur die unbegründete Aufpfropfung der Quantenbedingungen auf die klassische Physik ist ein höchst unbefriedigender Zug der BOHRschen Atomtheorie, sondern diese versagt zudem in einer Reihe eklatanter Fälle wie dem Modell des Heliumatoms, der Ableitung des LANDÉ-Faktors beim anomalen ZEEMAN-Effekt (III,16c), und bei der quantitativen Theorie der Molekülspektren (VI,6) und der chemischen Bindung (VI,14) vollständig. Seit etwa 1924 verstärkte sich deshalb bei den Physikern die Überzeugung, daß eine Behebung aller dieser Schwierigkeiten und Unvollständigkeiten nur durch eine grundsätzliche Neufassung der Atomtheorie möglich sei, die zwar in wesentlichen Ergebnissen mit denen der naiven Atomtheorie übereinstimmen müßte, andererseits aber doch sehr entscheidend von jeder auf der klassischen Physik aufbauenden Atomtheorie abweichen müsse. Diese Neuschöpfung der Atomtheorie wurde 1926 unabhängig und gleichzeitig von SCHRÖDINGER (auf Arbeiten von DE BROGLIE aufbauend) und in noch grundlegenderer Weise von HEISENBERG durchgeführt. Sie geht *nicht*, wie die BOHRsche Theorie, von der klassischen Physik aus, sondern sucht von den empirischen Gegebenheiten der Atome, d.h. ihren diskreten Energiezuständen und Übergangswahrscheinlichkeiten her zu einer das Atomgeschehen richtig beschreibenden Theorie zu gelangen. Die beiden gleichzeitig in dieser Richtung unternommenen erfolgreichen Versuche, die Wellenmechanik und die Quantenmechanik, waren, wie man bald erkannte, trotz verschiedener Ausgangspunkte und mathematischer Formalismen im Grunde identisch und stellten einen entscheidenden Bruch mit der früher für selbstverständlich gehaltenen Auffassung dar, daß die atomaren Erscheinungen der Mikrophysik in gleicher Weise und mit gleichartigen Gesetzen anschaulich beschreibbar sein müßten wie die klassische Makrophysik der relativ zu atomaren Dimensionen großen Körper. Auf die Wandlung, die diese neue Auffassung der Mikrophysik in unserem ganzen naturwissenschaftlichen Denken und damit in der Naturphilosophie hervorgebracht hat, werden wir in IV,15 noch eingehen.

Die HEISENBERG-SCHRÖDINGERsche Quantenmechanik besaß zunächst noch drei Mängel. In ihr waren weder der Elektronenspin noch die Relativitätstheorie berücksichtigt, und sie befaßte sich drittens nur mit der Materie und sagte nichts aus über deren Wechselwirkung mit dem Licht, d.h. dem elektromagnetischen Feld und den anderen später noch zu erwähnenden Wellenfeldern. Nachdem der erste Mangel bald von HEISENBERG, JORDAN und PAULI behoben worden war, gelang die Erweiterung der Theorie zur vollständigen Quantenmechanik und Quantenelektrodynamik wenig später DIRAC. Diese Theorie stellt jedoch mathematisch so erhebliche Anforderungen, daß wir uns hier auf die einfachere Fassung beschränken, d.h. die Relativitätstheorie vernachlässigen, den Elektronenspin nachträglich berücksichtigen, und die Quantenelektrodynamik nur in ihren Grundideen skizzieren werden.

Die Quantenmechanik, wie wir die neue Theorie zusammenfassend bezeichnen wollen, hat zu einer zwar weniger anschaulichen und daher begrifflich manche Schwierigkeiten bietenden geschlossenen Atomtheorie geführt, hat dafür aber nicht nur die angedeuteten Schwierigkeiten der alten Atomtheorie restlos beseitigt, sondern darüber hinaus zahlreiche neue Ergebnisse gebracht, die vom Experiment bestätigt wurden und die wir in den folgenden Kapiteln noch kennenlernen werden. Wir haben daher Grund zu der Überzeugung, daß die Quantenmechanik die zur exakten theoretischen Beschreibung atomarer Vorgänge geeignete und daher „richtige" Theorie ist. Erst bei den extremsten Erscheinungen der

Kernphysik, den in V,20 zu behandelnden Stoßprozessen höchster Energie, finden wir Anzeichen dafür, daß hier auch die Quantenmechanik noch zu speziell ist, und erwarten daher, daß die Untersuchung dieser Erscheinungen zur Entwicklung einer noch umfassenderen, die Quantenmechanik wieder als Spezialfall enthaltenden Theorie führen wird.

Wir werden im folgenden die Grundgedanken der Quantenmechanik in der für atomtheoretische Rechnungen besonders geeigneten wellenmechanischen Fassung darstellen. Dabei beschränken wir uns in der mathematischen Durchführung der Theorie auf das zum Verständnis der Folgerungen erforderliche Mindestmaß, legen aber allen Nachdruck darauf, die grundsätzlich neuen Züge der Theorie und ihre Folgerungen für die weitere Atomphysik einschließlich Kernphysik, Molekülphysik und Festkörperphysik so klar wie möglich herauszuarbeiten.

Ihren Ausgang nimmt die Quantenmechanik von dem Welle-Teilchen-Dualismus beim Licht und der Materie, den wir deshalb zunächst besprechen.

2. Der Welle-Teilchen-Dualismus beim Licht und bei der Materie

Noch zu Anfang unseres Jahrhunderts war man allgemein überzeugt, daß das Licht eine elektromagnetische Wellenerscheinung sei, Moleküle, Atome und Elektronen dagegen materielle Teilchen, idealisierbar in erster Näherung durch Massenpunkte. Die Erkenntnis, daß diese lange für selbstverständlich gehaltene Auffassung zu einseitig gesehen ist, und daß beide Erscheinungen, die Strahlung wie die Materie, je nach der Art der mit ihnen angestellten Experimente Wellen- oder Teilcheneigenschaften aufweisen, daß *Welle und Teilchen also nur zwei Erscheinungsformen derselben physikalischen Realität* sind, bildet den Ausgangs- und Kernpunkt der quantenmechanischen Atomtheorie.

Die Wellennatur des Lichts schien durch die Interferenz- und Beugungsversuche so eindeutig bewiesen, daß der Nachweis der Beugung der Röntgenstrahlen durch v. LAUE ja als der entscheidende Beweis für die Wellennatur der Röntgenstrahlen und damit für die Identität von Röntgenstrahlen und Licht angesehen wurde. Die erste Beobachtung, die mit der Wellennatur des Lichts nicht in Übereinstimmung gebracht werden konnte, war der lichtelektrische Effekt. Insbesondere das Versuchsergebnis, daß die Geschwindigkeit der aus dem Metall austretenden Elektronen nur von der Farbe (Wellenlänge bzw. Frequenz) des einfallenden Lichts, dagegen nicht von dessen Intensität abhängt, war vom Standpunkt der Wellentheorie des Lichts aus nicht verständlich, da nach dieser die Energie ja dem Quadrat der Lichtwellenamplitude proportional ist. Für den Zusammenhang zwischen der kinetischen Energie der austretenden Elektronen und der Frequenz v des einfallenden Lichts fand EINSTEIN aus den Experimenten die Beziehung

$$\frac{m}{2}v^2 = hv - \Phi,\tag{1}$$

wo Φ eine für jedes Metall charakteristische Konstante, die Austrittsarbeit (vgl. VII,14), ist und die universelle Konstante h sich zur Überraschung der Experimentatoren als identisch erwies mit dem von PLANCK schon Jahre vorher bei seiner Theorie der Wärmestrahlung eingeführten elementaren Wirkungsquantum. Wie in II,7 erwähnt, zog EINSTEIN hieraus den Schluß, daß das Licht aus einzelnen Lichtquanten oder Photonen der Energie hv bestände, die von der Lichtquelle in die verschiedenen Richtungen des Raums ausgesandt und entsprechend von Atomen auch nur als Quanten absorbiert werden sollten. Denn auch die Absorption des Lichts hatte sich mehr und mehr als eine vom Standpunkt der Wellentheorie kaum verständliche Erscheinung erwiesen. Man brauchte sich ja nur zu fragen, wie z.B.

eine mit Lichtgeschwindigkeit sich in den Raum ausbreitende Kugelwelle der Gesamtenergie $h\nu$ plötzlich als Ganzes von *einem* Atom absorbiert werden kann. Nach der Lichtquantenhypothese dagegen sitzt nun die gesamte Energie $h\nu$ der Kugelwelle in *einem* Photon und wird folglich mit diesem auch als Ganzes absorbiert. Nach der Wellentheorie müßte man ferner erwarten, daß eine Kugelwelle ausreichender Intensität gleichzeitig von zwei oder mehr vom Quellpunkt gleich weit entfernten Absorbern absorbiert werden könnte, während nach der Lichtquantenhypothese die Photonen nacheinander statistisch in die verschiedenen Raumrichtungen emittiert werden und damit Koinzidenzen in der Absorption zweier Lichtquanten durch zwei Absorber über die Zufallsrate hinaus *nicht* zu erwarten sind. BOTHES Meßergebnis von 1926, daß zwei in gleichem Abstand von einer Röntgenstrahlquelle aufgestellte Spitzenzähler (vgl. V,2) *keine* gleichzeitige Photonenabsorption zeigten, die über die statistisch zu erwartende Zufallskoinzidenzrate hinausging, war somit ein Beweis für die Richtigkeit der Lichtquantenhypothese.

Der anschaulich klarste Versuch zur Teilchen- oder Wellennatur der elektromagnetischen Strahlung aber ist wohl der 1922 entdeckte COMPTON-Effekt. Läßt man nämlich kurzwellige Röntgenstrahlung bestimmter Wellenlänge auf einen

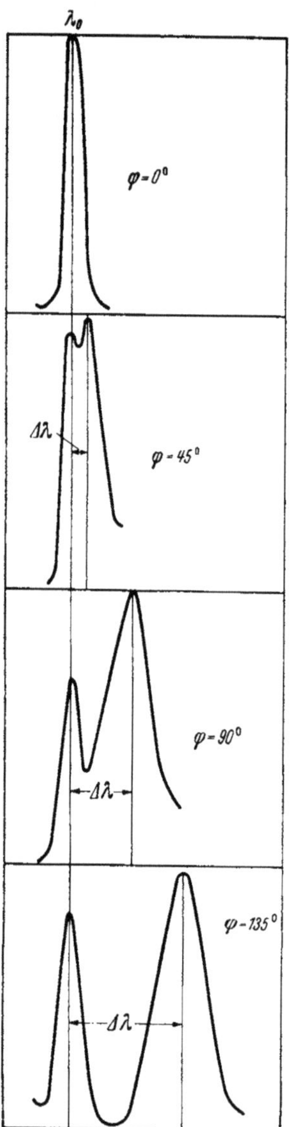

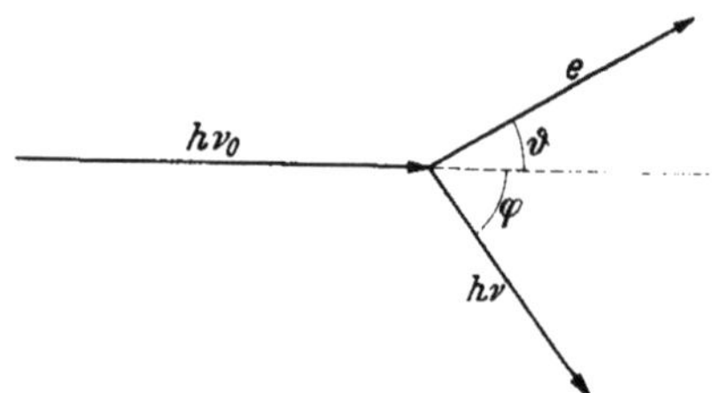

Abb. 89. Zum Verständnis des COMPTON-Effekts als Stoß zwischen einem Photon $h\nu_0$ und einem Elektron.

Abb. 88. Abhängigkeit der Wellenlängenverschiebung $\Delta\lambda$ der COMPTONschen Streulinie gegen die Primärlinie vom Beobachtungswinkel φ gegen den unabgelenkten Strahl (nach Messungen von A. H. COMPTON). Der Abszissenmaßstab beträgt 0,28 Å/mm.

geeigneten festen Streukörper wie Graphit fallen, so beobachtet man eine seitlich austretende Streustrahlung, in der nach Abb. 88 bei spektraler Zerlegung neben der einfach gestreuten primären Wellenlänge λ_0 noch eine nach langen Wellen verschobene Linie erscheint, deren Abstand $\Delta\lambda$ von der Primärlinie mit wachsendem Beobachtungswinkel (gemessen gegen die Richtung des durchgehenden primären Strahls) zunimmt. Die Deutung dieses Effektes im Rahmen der Wellentheorie der elektromagnetischen Strahlung bereitete unüberwindliche Schwierigkeiten. Im Teilchenbild dagegen kann man den Vorgang auffassen als den Zusammenstoß eines Lichtquants mit einem Elektron einer Atomhülle, wobei das Lichtquant Impuls und Energie auf das durch den Stoß aus dem Atomverband gelöste Elektron überträgt und selbst gemäß Abb. 89 nach den Gesetzen des elastischen Stoßes aus seiner Richtung abgelenkt wird. Bezeichnen wir nämlich mit $h\nu_0$ bzw. $h\nu$ die Energie des Lichtquants vor bzw. nach dem Stoß mit dem Elektron der Masse m_e, das nach dem Stoß die Geschwindigkeit v besitzen möge, so erhalten wir für den Energie- und Impulssatz (letzteren in Richtung des Primärstrahls und senkrecht zu ihr geschrieben) unter Benutzung der Ausdrücke (II–41/42) für Masse und Impuls des Lichtquants die Gleichungen

$$h\nu_0 = h\nu + \frac{m_e}{2}\,v^2,\tag{2}$$

$$\frac{h\nu_0}{c} = \frac{h\nu}{c}\cos\varphi + m_e v\cos\vartheta,\tag{3}$$

$$0 = \frac{h\nu}{c}\sin\varphi + m_e v\sin\vartheta.\tag{4}$$

Eliminiert man hieraus den nicht interessierenden Winkel ϑ und die Elektronengeschwindigkeit v, so ergibt sich

$$h\nu_0 = h\nu + \frac{h^2}{2\,m_e c^2}(\nu_0^2 + \nu^2 - 2\nu_0\nu\cos\varphi).\tag{5}$$

Löst man diese Gleichung nach $\nu_0 - \nu = \Delta\nu$ auf und ersetzt, da $\Delta\nu$ klein ist gegen ν und ν_0, in der Klammer ν durch ν_0, so erhält man für die Winkelabhängigkeit der Frequenzdifferenz zwischen der primären und der durch den COMPTON-Effekt gestreuten Linie die Gleichung

$$\Delta\nu = \frac{h\nu_0^2}{m_e c^2}(1 - \cos\varphi) = \frac{2h\nu_0^2}{m_e c^2}\sin^2\varphi/2\tag{6}$$

oder durch Umrechnen auf Wellenlängendifferenzen

$$\Delta\lambda = \frac{2h}{m_e c}\sin^2\varphi/2\tag{7}$$

in vollster Übereinstimmung mit dem Ergebnis der Messungen. Die die Dimension einer Länge besitzende Größe $h/m_e c = \lambda_e$ bezeichnet man als die COMPTON-Wellenlänge des Elektrons. Die Wellenlängendifferenz zwischen der gestreuten COMPTON-Linie und der Primärlinie ist nach (7) unabhängig von der Wellenlänge der Primärlinie und nur vom Ablenkungswinkel φ abhängig. Die hier ohne Berücksichtigung der relativistischen Massenabhängigkeit durchgeführte Rechnung stimmt im Ergebnis mit der strengen Rechnung genau überein. Daß tatsächlich die Streuung des Lichtquants und der Rückstoß des Elektrons *gleichzeitig* erfolgen, haben 1925 BOTHE und GEIGER durch Messung der Koinzidenzen zwischen einem die gestreuten Photonen und einem die Rückstoßelektronen messenden Spitzenzähler nachgewiesen.

Wir haben bisher die Tatsache unberücksichtigt gelassen, daß die streuenden Elektronen vor dem Stoß mit den Photonen nicht in Ruhe sind, sondern als Atomelektronen im BOHRschen Sinne eine Bahnbewegung ausführen. Die entsprechenden, in bezug auf die Einfallrichtung der Photonen statistisch verteilten Anfangsimpulse der streuenden Elektronen bedingen eine in Übereinstimmung mit der Rechnung gefundene Verbreiterung der COMPTON-Linie, so daß auch bezüglich dieser Feinheiten beste Übereinstimmung zwischen Photonentheorie und Experiment besteht. Wir erwähnen schließlich, daß grundsätzlich auch ein umgekehrter COMPTON-Effekt möglich sein muß, bei dem ein energiereiches Elektron im Stoß mit einem energiearmen Photon auf dieses Energie und Impuls überträgt, z. B. es aus dem sichtbaren Spektrum in den γ-Strahlbereich „verschiebt“ und dabei selbst den entsprechenden Energiebetrag verliert. Es ist nicht unwahrscheinlich, daß dieser Effekt in Gebieten hoher Photonendichte des Weltalls eine Rolle spielt und bei theoretischen Überlegungen zur Höhenstrahlung (vgl. V,20) berücksichtigt werden muß.

Für unsere grundsätzliche Diskussion aber ist entscheidend, daß nach dem Comptonschen Streuprozeß *ein Lichtquant wie ein materielles Teilchen Energie und Impuls auf das Elektron zu übertragen vermag.* Alle prüfbaren Folgerungen dieser Photonentheorie sind experimentell bestätigt, nämlich die Gleichzeitigkeit von Streuung und Rückstoß, die dem Impulssatz entsprechende Korrelation der Winkel ϑ und φ, sowie die aus Energie- und Impulssatz berechnete, dem Energieverlust des Photons entsprechende Wellenlängenverschiebung $\varDelta\lambda$ der Streustrahlung.

Wir kennen beim Licht also Erscheinungen wie Interferenz und Beugung, die sich nur mittels der Wellentheorie erklären lassen, und solche wie den lichtelektrischen Effekt, die Lichtabsorption und den Compton-Effekt, die sich zwanglos nur im Teilchenbilde verstehen lassen. *Die frühere Annahme der gegenseitigen Ausschließung dieser Wellen- bzw. Teilchenvorstellung des Lichts ist deshalb heute der Überzeugung gewichen, daß das Licht uns je nach der Art der angestellten Versuche als ausgedehntes Wellenfeld oder als punktförmiges Teilchen erscheint, in dem Sinne aber, daß im Einzelprozeß stets Teilchen auftreten, während Wellenphänomene, wie z. B. eine Interferenzfigur, durch das besondere statistische Verhalten der Teilchen zustande kommen.* Wir werden uns noch eingehend mit der tieferen Bedeutung der besonders von Bohr betonten Komplementarität von Welle und Teilchen auseinandersetzen, die wir zunächst einfach als aus den Experimenten folgende *Tatsache* hinnehmen wollen.

Was hier für das Licht ausgeführt wurde, gilt umgekehrt auch für die Materie. Unsere gesamte Erfahrung mit Molekülen, Atomen und Elektronen hatte diese so eindeutig als durch Masse und Geschwindigkeit gekennzeichnete korpuskulare Teilchen erwiesen, daß es vor 1924 fast absurd erschienen wäre, die ausschließliche Teilchennatur der Materie in Zweifel zu ziehen. Ausgehend von den gleich zu besprechenden theoretischen Überlegungen von de Broglie haben aber 1927 Davisson und Germer sowie G. P. Thompson gezeigt, daß man mit Elektronenstrahlen an Kristallen Beugungserscheinungen beobachten kann, die bis auf kleine durch eine Verschiedenheit des Brechungsindex erklärbare Unterschiede denen der Röntgenstrahlbeugung nach v. Laue oder Debye-Scherrer vollkommen analog sind. Abb. 90 zeigt als Beispiel die Elektronenbeugung an einer dünnen Metallfolie und

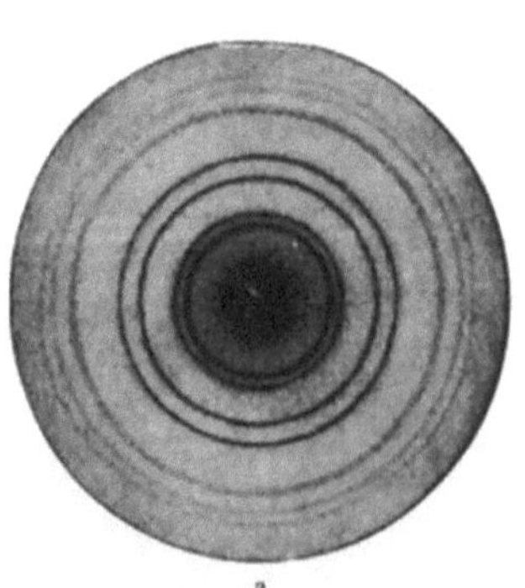
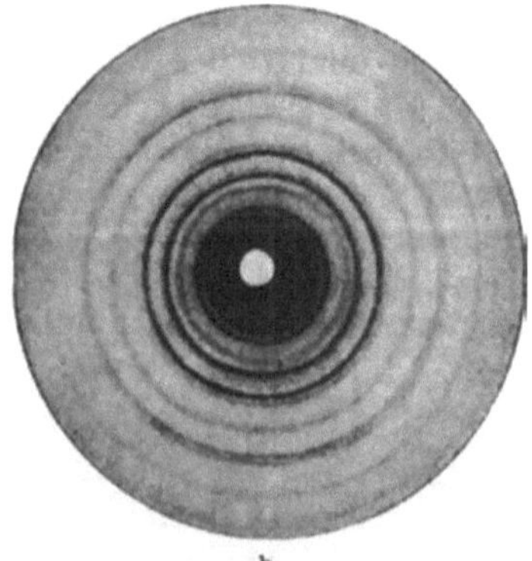

Abb. 90. Vergleich von Elektronenbeugung und Röntgenstrahlbeugung an einer Metallfolie (nach Mark und Wierl). a) Beugung von 36-kV-Elektronen ($\lambda = 0,06$ Å) an einer Silberfolie, b) Beugung von Röntgenstrahlen (Kupfer-K_α-Strahlung $\lambda = 1,54$ Å) an einer Silberfolie.

zum Vergleich eine mit Röntgenstrahlen erhaltene Aufnahme. Diese im Sinne der Deutung der LAUEschen Entdeckung auf eine *Wellennatur der Elektronen* hinweisenden Versuche sind inzwischen Allgemeingut der Physiker und Chemiker geworden, die die Elektronenbeugung wie die Röntgenbeugung als Hilfsmittel zur Aufklärung von Molekül- und Kristallstrukturen (vgl. VI,2a und VII,4) in größtem Umfang anwenden. Durch Elektronenbeugungsversuche an Kristallgittern mit bekannter Gitterkonstante kann man wie bei Röntgenstrahlen die Wellenlängen der den Elektronen entsprechenden „Materiewellen" bestimmen. Derartige Versuche ergaben, daß die Wellenlänge solcher Teilchenwellen umgekehrt proportional zum Impuls p der Teilchen, d.h. bei gegebener Masse m umgekehrt proportional zu ihrer Geschwindigkeit v ist, wobei als Proportionalitätskonstante das PLANCKsche Wirkungsquantum h auftritt:

$$\lambda = \frac{h}{p} = \frac{h}{m\,v}. \tag{8}$$

Diese ebenso einfache wie grundlegend wichtige Formel heißt aus in IV,4 ersichtlich werdenden Gründen DE BROGLIE-Beziehung. Rechnet man für die besonders interessierenden Elektronen die Geschwindigkeit v mittels der Beziehung

$$e \cdot V = \frac{m}{2} v^2 \tag{9}$$

auf die Spannung V [Volt] um, durch die die Elektronen beschleunigt wurden, so erhält man z.B. für 10000-V-Elektronen eine Wellenlänge von 0,12 Å entsprechend der harter Röntgenstrahlen.

Derartige die Wellennatur der Materie belegende Beugungsversuche lassen sich auch mit Atom-, Molekül- und Neutronenstrahlen anstellen, obwohl hier wegen der im Nenner der Gl. (8) stehenden Masse die entsprechende Wellenlänge bei gleicher Geschwindigkeit um etwa den Faktor 10^{-4} kleiner ist. Neuerdings begegnet besonders die seit 1936 bekannte Beugung von Neutronenstrahlen einem wachsenden Interesse in der Molekül- und Kristallforschung.

Durch alle diese Versuche *ist eindeutig der äußerst wichtige Nachweis erbracht, daß auch materielle Teilchenstrahlen von Elektronen, Atomen und Molekülen bei Anstellung geeigneter Experimente Wellenphänomene erzeugen können.* Daß die Welleneigenschaft der Materie so lange verborgen geblieben ist und in der Makrophysik keine Rolle spielt, folgt aus dem Ausdruck (8) für die DE BROGLIE-Wellenlänge. Die Makrophysik hat es durchweg mit so großen Massen zu tun, daß die den bewegten Körpern nach (8) zuzuordnende Wellenlänge weit unter der Nachweismöglichkeit bleibt. *Die Makrophysik und ihre Gesetze werden daher auch durch die neuen Ergebnisse und die in den nächsten Abschnitten aus ihnen zu ziehenden theoretischen Folgerungen praktisch nicht geändert, so groß die durch sie hervorgerufene grundsätzliche Änderung unserer Auffassung der Physik auch ist.* Der krasse Unterschied zwischen den Lichtwellen einerseits und den Materieteilchen andererseits ist weitgehend verschwunden; *Licht (elektromagnetische Strahlung) wie Materie zeigen zueinander komplementäre Wellen- oder Teilchenerscheinungen je nach der Art der Experimente, die man mit ihnen anstellt. Für beide gibt es kein Entweder-Oder, sondern eben die geschilderte Komplementarität der Erscheinungen, von der die neue Atomphysik ihren Ausgang nimmt.*

Es dient aber vielleicht zur Klärung der Zusammenhänge, wenn wir darauf hinweisen, daß im Grenzfall unendlich großer wie unendlich kleiner Wellenlänge (entsprechend unendlich kleiner bzw. unendlich großer Quantenenergie) der Dualismus jedenfalls *praktisch* ein Ende findet und *nur* die Wellen- bzw. Teilchenphänomene nachweisbar bleiben. Das prägt sich schon in der Nähe der beiden

Grenzen aus: Lichtquanten höchster Energie, wie sie uns bei der Höhenstrahlung begegnen werden, erscheinen bei der Messung ausschließlich als *Teilchen* und zeigen keine meßbaren Welleneigenschaften mehr, während uns umgekehrt Radiowellen ausschließlich als Wellen erscheinen und ihre zur Wellennatur komplementäre Quantennatur nicht mehr nachweisbar ist.

3. Die Heisenbergsche Unbestimmtheitsbeziehung

Wir wollen nun, bevor wir an die Behandlung des auf der Welle-Teilchen-Komplementarität basierenden wellenmechanischen Formalismus herangehen, erst eine grundsätzlich bedeutungsvolle Folge dieser Komplementarität kennenlernen. Wir stellen dazu die Frage, wie ein physikalisches System, zu dessen vollständiger Beschreibung nach den Ergebnissen des vorigen Abschnitts Wellen- *und* Teilcheneigenschaften erforderlich sind, mit seinem Verhalten im Raum unserer Anschauung eindeutig und exakt beschrieben werden kann. Wir werden dabei eine von HEISENBERG entdeckte, zunächst sehr merkwürdig erscheinende Unbestimmtheit feststellen, mit der *gleichzeitige* Aussagen über Ort und Impuls sowie über Energie und Zeit behaftet sind.

Betrachten wir, vom Wellenbild ausgehend, etwa einen unendlich langen monochromatischen Wellenzug (Abb. 91a), so ist mit einem Spektralapparat dessen Wellenlänge λ grundsätzlich beliebig genau meßbar. Aus der Wellenlänge λ etwa einer Lichtwelle erhalten wir mit gleicher Genauigkeit die Frequenz

$$\nu = c/\lambda \tag{10}$$

und aus ihr nach II,7 den Impuls

$$p = h\nu/c = h/\lambda \tag{11}$$

der der Welle im Teilchenbild entsprechenden Lichtquanten. Dies ist ersichtlich die experimentell bestätigte DE BROGLIE-Beziehung (IV–8), obwohl die Beziehung (10) nur für Lichtwellen gilt. Bei einem unendlich langen monochromatischen Wellenzug ist also die Wellenlänge und aus ihr mittels (11) der Impuls p der zugeordneten Teilchen exakt bestimmbar. Über den nach BOHR zum Impuls komplementären *Ort*, an dem ein bestimmtes Lichtquant sich gerade befindet, ist in

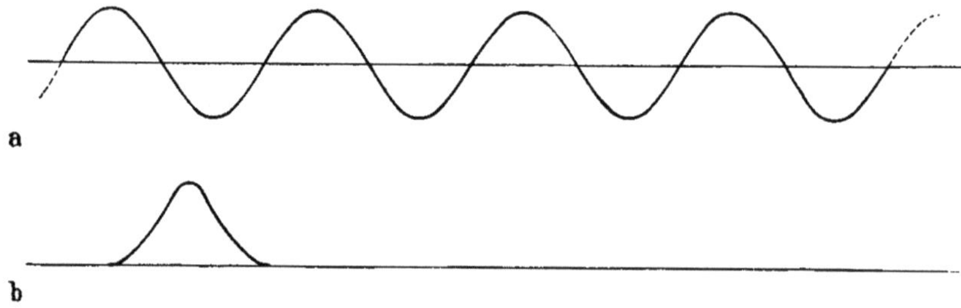

Abb. 91. Fortlaufender, unendlich lang gedachter Wellenzug (a) und einzelner Wellenberg (b).

diesem Fall aber keine Aussage möglich, da der Wellenzug (oder beim Übergang auf drei Koordinaten das räumliche Wellenfeld) ersichtlich keinerlei Zuordnung der ihm entsprechenden Lichtquanten zu einem bestimmten Raumpunkt ermöglicht.

Wollen wir umgekehrt den *Ort* eines Lichtquants feststellen, so müssen wir im Wellenbild von dem unendlich ausgedehnten Wellenzug (Abb. 91a) zu einem immer kürzeren Wellenzug, im Grenzfall zu einem einzigen Maximum gemäß Abb. 91b übergehen. Am Ort dieses Maximums muß dann offenbar das entsprechende Lichtquant zu suchen sein, womit sein Ort bestimmt wäre. Der Versuch der *gleichzeitigen* Bestimmung des Impulses nach (11) durch Messung der Wellenlänge scheitert jetzt aber, da die dazu erforderliche, vom Spektralapparat automatisch ausgeführte Fourier-Analyse des Wellenberges ein kontinuierliches Spektrum mit allen Wellenlängen zwischen 0 und ∞ (natürlich mit verschiedener Intensität!) ergibt. Die Wellenlänge und damit nach (11) der Impuls des dem Wellenberg zugeordneten Lichtquants bleibt in diesem Fall exakter Ortsbestimmung also grundsätzlich unbestimmbar.

Im einzelnen lehrt die Fourier-Analyse, daß zur Darstellung eines einzelnen Wellenberges oder „Wellenpakets" wie Abb. 91b ein um so breiteres Band von Wellenlängen bzw. Frequenzen erforderlich ist, je schärfer räumlich begrenzt das Wellenpaket ist. Für die Unschärfen des Orts und der Wellenlänge gilt nämlich

$$\varDelta x \approx \frac{1}{\varDelta\,(1/\lambda)}\,. \tag{12}$$

Daß wir hier die Breite des Wellen*zahl*bandes $\varDelta\,(1/\lambda)$ einsetzen müssen, folgt aus Dimensionsgründen: Da die Ortsunbestimmtheit $\varDelta x$ die Dimension einer Länge hat, muß das gleiche für die rechts stehende Größe gelten. Ersetzen wir nun mittels der de Broglie-Beziehung (11) die Unbestimmtheit in Wellenzahlen durch die in Impulseinheiten, so ergibt sich

$$\varDelta x\,\varDelta p \approx h\,. \tag{13}$$

Ort und Impuls (Geschwindigkeit) eines Teilchens können also in Übereinstimmung mit unserer obigen anschaulichen Überlegung nicht gleichzeitig beliebig genau bestimmt werden. *Das Produkt des Fehlers der Ortsmessung und des Fehlers der Impulsmessung ist mindestens*[1] *von der Größenordnung des Planckschen Wirkungsquantums h.* Das ist die berühmte Heisenbergsche *Unbestimmtheitsbeziehung*, die allgemein für kanonisch konjugierte Variable gilt, deren Produkt die Dimension einer Wirkung (Energie mal Zeit = g cm² sec⁻¹) besitzt. Da sie, wie an dem eben behandelten Beispiel gezeigt, stets zwei Größen verknüpft, deren eine besser im Wellenbild und deren andere besser im Teilchenbild zu beschreiben ist, verhindert die Unbestimmtheitsbeziehung auch, daß die Existenz des Feld-Teilchen-Dualismus bei der Beschreibung von Experimenten zu Widersprüchen führt, da in jedem der beiden komplementären Bilder nur über solche Größen präzise Aussagen gemacht werden können, über die im anderen Bilde keine oder nur entsprechend unbestimmte gemacht werden können.

Daß in anderen Darstellungen je nach dem Weg der Ableitung der Unbestimmtheitsbeziehung (13) rechts die Größen h, $h/2\pi$ oder $h/4\pi$ auftreten, liegt an der verschiedenen Definitionsmöglichkeit der Unbestimmtheit $\varDelta$. Wählt man, wie wir es in unserem Beispiel getan haben, die maximale Unbestimmtheit, so erscheint rechts h. Wählt man dagegen die kleineren Beträge der mittleren oder wahrscheinlichsten Unbestimmtheit, so erscheinen auch rechts die kleineren Beträge $h/2\pi$ oder $h/4\pi$.

Kanonisch konjugierte Variable sind auch Energie und Zeit, für die wegen der besonderen atomphysikalischen Bedeutung die Gültigkeit der Unbestimmtheitsrelation noch kurz gezeigt sei. In unserem Beispiel mit den verschieden langen Wellenzügen ist die Genauigkeit einer Zeitbestimmung, etwa des Durchgangs eines Lichtquants durch eine bestimmte Ebene, um so größer, der Zeitfehler $\varDelta t$ also um so kleiner, je geringer die Länge des Wellenzuges ist. Je kleiner aber die

---

[1] Dabei sprechen wir von „mindestens", weil zu dieser grundsätzlichen Unbestimmtheit stets noch die durch Meßfehler bedingte hinzukommt.

Länge des Wellenzuges ist, desto größer ist nach der FOURIER-Analyse auch der entsprechende Frequenzbereich $\Delta\nu$ der den Wellenzug bildenden Wellen, und zwar gilt

$$\Delta t \approx 1/\Delta\nu. \tag{14}$$

Hier haben wir mit der Zeitunbestimmtheit die entsprechende *Frequenz*unbestimmtheit in Beziehung gesetzt, weil nur dadurch Gl. (14) dimensionsrichtig wird. Wegen $E = h\nu$ ist nun

$$\Delta E = h\,\Delta\nu \tag{15}$$

und damit

$$\Delta t\,\Delta E \approx h. \tag{16}$$

Auch hier gilt also die Unbestimmtheitsbeziehung, die in diesem Fall besagt: Je genauer der Zeitpunkt eines Ereignisses bestimmt ist, desto weniger exakte Aussagen lassen sich über die Energie des betrachteten atomaren Systems machen.

Ein wichtiges Beispiel für diese Form der Unbestimmtheitsrelation ist die in III,21 schon behandelte natürliche Breite der Spektrallinien. Experimentell kann man nach III,23 nur feststellen, daß ein angeregtes Atom seine Anregungsenergie innerhalb eines Zeitraums ausstrahlt, den man als die Lebensdauer τ des angeregten Zustands bezeichnet; wir haben diese also als die Zeitunbestimmtheit Δt des Emissionsvorgangs anzusetzen. Sie ist bei Atomen im allgemeinen von der Größenordnung 10^{-8} sec, kann aber bei verbotenen Übergängen wesentlich größer und bei anderen wegen der Möglichkeit strahlungsloser Übergänge (vgl. III,21) auch sehr viel kleiner sein. Dieser Zeitunbestimmtheit des Emissionsvorgangs entspricht eine nach (16) berechenbare Unbestimmtheit des emittierten Energiebetrages, die sich in einer endlichen „natürlichen" Breite der emittierten Spektrallinien äußert (III,21). Diese liegt für normale optische Linien entsprechend $\tau \approx 10^{-8}$ sec bei 10^{-4} Å, kann aber bei den erwähnten instabilen Zuständen sowie bei den Kern-γ-Spektren (V,6d) wegen der äußerst geringen Lebensdauer angeregter Kerne (meist $< 10^{-14}$ sec) entsprechend sehr viel größer werden. Die lange Lebensdauer metastabiler Zustände (III,14) umgekehrt führt zu äußerst scharfen Linien, deren Breite jedoch auch, und zwar mit den Mitteln der Höchstfrequenzspektroskopie, genau gemessen werden kann. Durch solche Untersuchungen über den Zusammenhang der Lebensdauer angeregter Atom- und Molekülzustände mit der Breite der von ihnen emittierten Spektrallinien ist die Unbestimmtheitsbeziehung (16) direkt bestätigt worden.

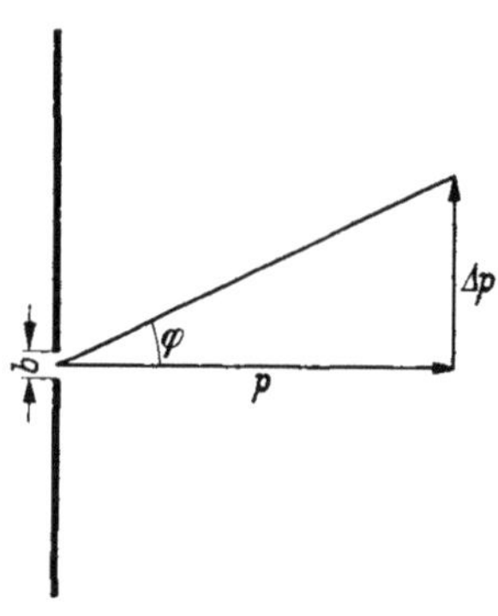

Abb. 92. Beugung am Spalt als Beispiel zur Erklärung der HEISENBERGschen Ungenauigkeitsbeziehung. b Spaltbreite, φ Beugungswinkel, p Anfangsimpuls eines Lichtquants, Δp Impulsänderung des Lichtquants bei der Beugung.

Wegen der grundsätzlichen Wichtigkeit der Unbestimmtheitsbeziehung wollen wir sie noch an dem einfachen Versuch der Beugung beliebiger Wellen der Wellenlänge λ an einem Spalt der Breite b (Abb. 92) studieren. Aus der elementaren Beugungstheorie ist bekannt, daß zwischen dem Winkel φ, um den die Wellen aus ihrer Einfallsrichtung abgelenkt werden, der Spaltbreite b und der Wellenlänge λ die Beziehung

$$\lambda \approx b\sin\varphi \tag{17}$$

besteht. Je geringer also die Spaltbreite b ist, desto größer ist der Beugungswinkel φ. Gehen wir vom Wellenbild der Beugung zum Teilchenbild über, so bedeutet die

Spaltbreite eine Ortsbestimmung (Koordinate q) des ihn durchfliegenden Lichtquants, dessen Ort ja bis auf einen der Spaltbreite gleichen Fehler

$$\Delta q = b \tag{18}$$

bestimmt ist. Der Beugung der Wellen um den Winkel φ entspricht im Teilchenbild eine Änderung des vektoriellen Teilchenimpulses $\boldsymbol{p}$ um den Betrag $\Delta\boldsymbol{p}$. Nun ist unter der Annahme

$$|\Delta\boldsymbol{p}| \ll |\boldsymbol{p}|, \tag{19}$$

d. h. φ klein,

$$\Delta p = p \tan\varphi \approx p \sin\varphi. \tag{20}$$

Durch Einsetzen von $\sin\varphi$ aus (17) erhält man unter Berücksichtigung von (11)

$$\Delta p = \frac{p\lambda}{b} = \frac{h}{b} \tag{21}$$

und mit (18) das Endergebnis

$$\Delta p\,\Delta q = h. \tag{22}$$

Die bisherigen Ableitungen der Unbestimmtheitsbeziehungen aus der FOURIER-*Analyse und aus dem Beugungsexperiment zeigen eindeutig, daß die fragliche Unbestimmtheit eine aus dem Welle-Teilchen-Dualismus stammende ist und nicht etwa durch eine Störung der zu messenden Größe durch die Messung der zu ihr komplementären verursacht wird.* Dieser Eindruck könnte entstehen durch die ausschließliche Diskussion eines von HEISENBERG stammenden Gedankenversuches. Man könnte nämlich gegen die Unbestimmtheitsbeziehung einwenden, daß man doch tatsächlich Ort und Impuls etwa eines Geschosses durch zwei aufeinander folgende Momentaufnahmen bestimmen kann. Die Antwort ist, daß bei *makroskopischen* Körpern die experimentell gegebene Ungenauigkeit der Orts- und Impulsbestimmung stets *weit* über der durch (22) gegebenen Grenze liegt. Versucht man aber die gleiche Methodik auf ein Elektron anzuwenden, so gerät man nach HEISENBERG in *grundsätzliche* Schwierigkeiten. Nach einem einfachen optischen Gesetz ist nämlich die Unsicherheit der Ortsbestimmung Δq, das sog. Auflösungsvermögen etwa eines Mikroskops, von dem Öffnungswinkel $2u$ seines Objektivs (Abb. 93) und der verwendeten Wellenlänge λ in der Form

$$\Delta q = \frac{\lambda}{\sin u} \tag{23}$$

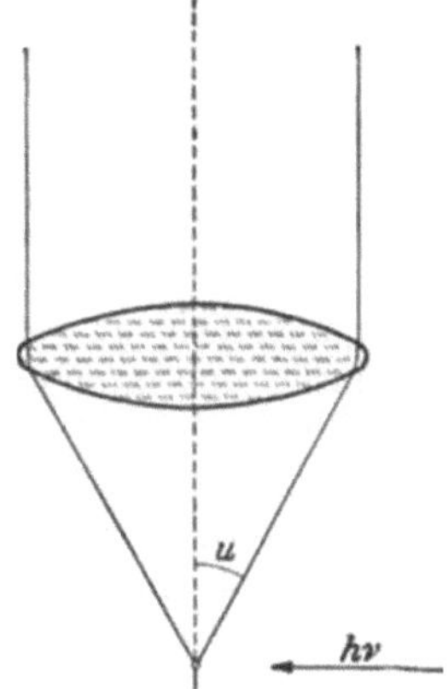

Abb. 93. Gedankenversuch zur Unbestimmtheitsbeziehung (nach HEISENBERG). Mikroskopische Beobachtung eines Elektrons. $h\nu$ Richtung der einfallenden Lichtquanten, u halber Öffnungswinkel des Mikroskopobjektives.

abhängig. Die Ortsbestimmung wird also um so genauer, je kürzer die zur „Beleuchtung" des Elektrons verwendete Wellenlänge ist. Um so größer wird aber andererseits die Unsicherheit der Impulsbestimmung durch eine zweite Beobachtung, weil der ursprüngliche Impuls des Elektrons durch den Stoß des „beleuchtenden" Photons auf das zu messende Elektron in unbestimmbarer Weise verändert wird. Die Ortsbestimmung besteht nämlich darin, daß mindestens ein Lichtquant durch das Elektron aus seiner seitlichen Einfallsrichtung in das Mikroskop abgelenkt, gestreut wird, wobei wegen des COMPTON-Effekts das Elektron einen Rückstoß der Größenordnung $h\nu/c$ erhält. Diese Impulsänderung Δp ist nicht genau bestimmbar, da von dem gestreuten Lichtquant nur bekannt ist, daß

es in den Raumwinkel $2u$ gestreut wird (Abb. 93). Daher ist die Unbestimmtheit
des Impulses

$$\Delta p = \frac{h\nu}{c}\sin u, \tag{24}$$

und aus (23) und (24) folgt wieder (22). Das Entscheidende hierbei ist, daß wegen
des COMPTON-Effekts die Störung eine unvermeidliche, naturgegebene ist, im
Gegensatz etwa zu der Störung der Temperatur eines Flüssigkeitsvolumens durch
das zur Messung verwendete Thermometer, wo die Störung durch Wahl eines
hinreichend kleinen Thermometers verschwindend klein gemacht und im übrigen
rechnerisch berücksichtigt werden kann. Gerade das aber ist, wie gezeigt, hier
nicht möglich.

*Die HEISENBERGsche Unbestimmtheitsbeziehung hat also nichts mit der durch
die Unvollkommenheit unserer Meßinstrumente gegebenen Ungenauigkeit der Meß-
ergebnisse zu tun, sondern stellt als Folge des Welle-Teilchen-Dualismus eine prinzi-
pielle Genauigkeitsgrenze für die Messung zueinander komplementärer Systemgrößen
dar.*

Wir erwähnen abschließend noch eine ebenso überraschende wie wichtige Folge
der Unbestimmtheitsbeziehung. Beobachtungen verschiedenster Art deuten darauf hin, daß es für schwingungsfähige Systeme wie Moleküle oder Kristalle einen
Zustand völliger Ruhe nicht gibt, daß solche Systeme vielmehr auch am absoluten
Nullpunkt der Temperatur noch eine gewisse „Nullpunktsenergie" besitzen. Diese
ist eine direkte Folge der Unbestimmtheitsbeziehung. Betrachten wir z.B. einen
um eine Ruhelage schwingenden Massenpunkt. Nach der klassischen Physik
würde sich dieser bei $T = 0$ am Punkt geringster potentieller Energie ($U = 0$),
d.h. an seinem Ruhepunkt aufhalten und damit auch die kinetische Energie
$E_k = 0$ besitzen. Nach der Unbestimmtheitsbeziehung können aber $U = 0$ und
$E_k = 0$ nicht gleichzeitig erfüllt sein. $U = 0$ nämlich würde ersichtlich eine unendlich scharfe Lokalisation des Massenpunktes im Potentialminimum, d.h $\Delta q
= 0$ bedeuten. Dann aber ist nach (22) der Impuls p und mit ihm die kinetische
Energie $E_k = p^2/2m$ des Teilchens völlig unbestimmt, liegt also zwischen Null
und unendlich. $E_k = 0$ auf der anderen Seite bedeutet $p = 0$ und damit exakte
Kenntnis des Impulses ($\Delta p = 0$); dann aber bleibt der *Ort* des Massenpunktes
völlig unbestimmt, und das Teilchen befindet sich nicht im Potentialminimum.
Tatsächlich werden wir in IV,7c zeigen, daß aus der wellenmechanischen Behandlung des harmonischen Oszillators zwangsläufig als tiefstmöglicher Energiezustand
ein Zustand des Systems folgt, in dem noch ein gewisser Betrag von Schwingungsenergie vorhanden ist (Nullpunktsenergie) und der Teilchenort andererseits eine
gewisse Streuung um das Potentialminimum zeigt. Dieses auch durch molekül-
spektroskopische Untersuchungen (s. VI,6) eindeutig bestätigte wellenmechanische
Ergebnis kann also als weiterer direkter Beweis der Ungenauigkeitsbeziehung
angesehen werden. Eine auf der Nullpunktsenergie beruhende äußerst eindrucksvolle Erscheinung, die Supraflüssigkeit des sog. Helium II, werden wir in
VII,17b behandeln.

4. De Broglies Materiewellen
und ihre Bedeutung für die Bohrsche Atomtheorie

Mit der Darstellung des in IV,2 geschilderten Welle-Teilchen-Dualismus der
Strahlung wie der Materie sind wir der historischen Entwicklung ein gutes Stück
vorausgeeilt. Vor 1924 war von den Welleneigenschaften der Materie noch nichts
bekannt, und man kämpfte noch um eine Entscheidung zwischen der Wellen- und
Teilchennatur des Lichts. In diesem Jahr äußerte L. DE BROGLIE in einer berühmt

gewordenen Arbeit den Gedanken eines durchgängigen Welle-Teilchen-Dualismus und schrieb damit zum erstenmal auch materiellen Teilchen Welleneigenschaften zu. Drei Gedankengänge veranlaßten ihn zu dieser kühnen Annahme, die wenig später durch die Elektronenbeugungsversuche (Abb. 90) so glänzend bestätigt wurde. Es war einmal sein metaphysischer Glaube an eine durchgehende Harmonie in der Natur, der ihn die Frage aufwerfen ließ, ob der ihm so überzeugend erscheinende Welle-Teilchen-Dualismus des Lichts nicht auch für die Materie gelten müsse. Zum zweiten lockte ihn der Gedanke, die durch die Bohrschen Postulate (III,3) doch nur recht unbefriedigend „erklärten" stationären Energiezustände der Atome in Analogie zu den stationären diskreten Schwingungszuständen einer Violinsaite oder Trommel als zeitlich stationäre Zustände stehender Wellen zu erklären. Drittens aber wollte er zeigen, daß eine konsequente Anwendung der quantentheoretischen Grundgleichung $E = h\nu$ auch auf materielle Systeme bei Berücksichtigung der Relativitätstheorie zwangsläufig zu der Annahme von Wellen führt, deren Wellenlänge mit der Masse und Geschwindigkeit der Teilchen durch die berühmte Beziehung

$$\lambda = \frac{h}{m\,v} \tag{8}$$

verknüpft ist.

Beim Licht ist die Zuordnung der Energie E und des Impulses p der Photonen zur Frequenz ν und Wellenlänge λ der entsprechenden Lichtwellen durch eine leichte Variation der schon benutzten Gleichungen in der Form

$$E = h\nu, \tag{25}$$

$$p = m\,c = \frac{h\nu}{c} = \frac{h}{\lambda} \tag{26}$$

gegeben. Durch Anwendung der Relativitätstheorie auf (25), d.h. durch Betrachtung eines gegen das schwingende System bewegten Beobachters, konnte DE BROGLIE zeigen, daß zwar die Aussage $p = h\nu/c$ nur für Photonen richtig ist, daß Gl. (26) in der Form

$$p = m\,v = h/\lambda \tag{27}$$

aber ganz allgemein gelten *muß*, wenn man nur die durchgängige Proportionalität zwischen Energie und Frequenz in der Form (25) annimmt. Damit war die dem Teilchen der Masse m und Geschwindigkeit v zuzuschreibende DE BROGLIE-Wellenlänge (8) abgeleitet, deren ebenso überraschende wie vollständige experimentelle Bestätigung wir in IV,2 bereits besprochen haben.

Für die Fortpflanzungsgeschwindigkeit u der demgemäß einem Teilchenstrom gegebener Geschwindigkeit zuzuschreibenden monochromatischen Materiewelle, die von der zugehörigen Teilchengeschwindigkeit v wohl zu unterscheiden ist, ergibt sich aus (27) mit $\nu = E/h$:

$$u = \lambda\nu = \frac{\lambda E}{h} = \frac{E}{p} = \frac{E}{m\,v} = \frac{m\,c^2}{m\,v} = \frac{c^2}{v}. \tag{28}$$

Die Phasengeschwindigkeit, wie man die Fortpflanzungsgeschwindigkeit u der Materiewellen zur Unterscheidung von der Fortschreitungsgeschwindigkeit v der Teilchen nennt, ist also umgekehrt proportional zur Teilchengeschwindigkeit v. Damit führt (28) zu dem zunächst überraschenden Ergebnis, daß zu den wirklichen Teilchengeschwindigkeiten, die ja stets kleiner sind als die Lichtgeschwindigkeit, Phasengeschwindigkeiten u der Materiewellen gehören, die stets größer als die Lichtgeschwindigkeit c sind. Dieses Ergebnis steht aber nicht im Widerspruch zur Relativitätstheorie, wie man zunächst glauben könnte, weil diese ja nur fordert, daß es keine zur Übertragung von Signalen brauchbare Geschwindigkeit größer als c gibt, weil die Phasengeschwindigkeit von Wellen wegen der völligen Identität aller Wellenberge nicht zu einer Signalübertragung ausgenutzt werden kann. Aus (28) folgt weiter als wichtiges Ergebnis, daß *die Phasengeschwindigkeit der* DE BROGLIE-*Wellen der Wellenlänge proportional ist, die Wellen also Dispersion zeigen.*

Dieses Ergebnis hat eine wichtige Konsequenz, wenn wir den Welle-Teilchen-Dualismus vom Standpunkt der DE BROGLIE-Theorie aus betrachten. Ein monochromatischer Wellenzug entspricht einem Strom von Teilchen gleicher Geschwindigkeit, einem Teilchenstrahl. Die Strahlrichtung ist die Fortpflanzungsrichtung der Materiewellen. Für das Verhältnis der Welleneigenschaften zu den Teilcheneigenschaften gilt das im Abschnitt über die Unbestimmtheitsrelation Gesagte. Ein ausgedehntes Wellenfeld (bzw. eindimensional ein Wellenzug) gestattet die exakte Bestimmung der Wellenlänge der Materiewellen und damit des Impulses (und der Geschwindigkeit) der entsprechenden Teilchen. Eine Ortsangabe der Teilchen ist dabei unmöglich. Einem örtlich bestimmten Teilchen aber entspricht im Wellenbild ein durch Überlagerung von *zahlreichen* Wellen verschiedener Frequenz entstehendes „*Wellenpaket*", das sich nach der allgemeinen Wellentheorie mit einer von der Phasengeschwindigkeit der Wellen verschiedenen Gruppengeschwindigkeit fortpflanzt, die sich als identisch mit der Teilchengeschwindigkeit v ergibt. Je genauer die Ortsbestimmung dieses Wellenpakets möglich ist, desto breiter ist das ihm nach der FOURIER-Analyse entsprechende Frequenzband, desto weniger genau sind also wieder Impuls und Geschwindigkeit der zugeordneten Teilchen zu bestimmen. Bewegt sich nun ein solches Wellenpaket im Raum, so bleibt wegen der durch (28) dargestellten Dispersion der es bildenden Wellen seine Form nicht erhalten; es läuft auseinander, und zwar relativ um so schneller, je konzentrierter es ursprünglich war. Dieses Ergebnis entspricht nun genau der Forderung der Unbestimmtheitsbeziehung, nach der wegen der Impulsbestimmtheit der künftige Ort eines Teilchens um so weniger genau bestimmt ist, je genauer sein Ort zur Zeit $t = 0$ gegeben ist. *Da ein solches „Paket" von* DE BROGLIE-*Wellen folglich der Unbestimmtheitsbeziehung genügt, können wir es zur wellenmechanischen Beschreibung eines „Teilchens" verwenden.*

Machen wir uns diese Zusammenhänge noch einmal von einem etwas anderen Standpunkt aus klar! Denselben physikalischen Vorgang, z. B. einen aus Elektronen bestimmter Geschwindigkeit bestehenden Kathodenstrahl, kann man auf zwei extrem entgegengesetzte Weisen darstellen: als eine Anzahl praktisch ausdehnungsloser Massenpunkte, und als unendlich ausgedehntes, d. h. über den ganzen Raum sich erstreckendes Materiewellenfeld der Wellenlänge $\lambda = h/p$. Nun sagt uns in allen praktischen Fällen bereits das Experiment, daß diese letzte Darstellung viel zu extrem ist. Der Ort eines Elektrons ist ja zum mindesten auf den Raum des Entladungsrohrs bzw. des Kathodenstrahls eindeutig beschränkt. Damit gilt aber nach der Ungenauigkeitsbeziehung für den Elektronenimpuls eine der Ortsbeschränkung umgekehrt proportionale Unschärfe Δp. Dieser Unschärfe entspricht nach der DE BROGLIE-Beziehung (27) eine Streuung der Wellenlänge der Elektronenwelle um einen wahrscheinlichsten Mittelwert. Durch die Überlagerung dieser etwas verschiedenen Wellenlängen entsteht nun das „*Wellenpaket*", das eine von Null wesentlich verschiedene Amplitude nur in einem sehr begrenzten Raumgebiet besitzt und sich mit der der Teilchengeschwindigkeit gleichen Gruppengeschwindigkeit v fortpflanzt. Wir bekommen damit also auch in der Wellendarstellung ein gutes Bild des fliegenden Elektrons im Gegensatz zu der unbefriedigenden unendlich ausgedehnten DE BROGLIE-Welle mit exakt festliegender Wellenlänge, zu der eine oberflächliche Darstellung führen würde. Die Wellenpaketvorstellung steht, wie wir sehen, gewissermaßen zwischen den beiden Extremen des punktförmigen Teilchens und der unendlich ausgedehnten Welle.

Für elektromagnetische Wellen folgt aus (28), daß $u = c$ wird, die Fortpflanzungsgeschwindigkeit der Photonen also gleich der Phasengeschwindigkeit der ihnen entsprechenden elektromagnetischen Wellen ist. Ferner verschwindet hier ersichtlich die Dispersion. Dies ist der Grund dafür, daß Wellenpakete elektromagnetischer Wellen, wie sie beim Radar zur Ortung verwendet werden, im Gegensatz zu Wellenpaketen aus DE BROGLIE-Wellen *nicht* auseinanderlaufen. Aus der Theorie folgt ferner, daß Teilchen, die sich mit der Geschwindigkeit $v = c$ bewegen, die Ruhemasse Null der Photonen besitzen müssen.

Obwohl also die Lichtwellen den Photonen in gleicher Weise zugeordnet sind wie die DE BROGLIE-Wellen den materiellen Teilchen, besteht zwischen den beiden Arten von Wellen doch ein wesentlicher Unterschied. Während die DE BROGLIE-Wellen lediglich das Verhalten der ihnen zugehörigen Teilchen im Raum bestimmen, besitzen die elektromagnetischen Wellen als räumlich und zeitlich periodische Änderungen der elektrischen und magnetischen Feldstärke zusätzliche, etwa durch Probeantennen feststellbare Eigenschaften. Die elektromagnetischen Wellen sind also *mehr* als nur (das räumliche Verhalten der ihnen entsprechenden Photonen beschreibende) DE BROGLIE-Wellen. Sie haben noch Wirkungen, die von der DE BROGLIEschen Theorie nicht beschrieben werden.

Die geschilderten Überlegungen über die Welleneigenschaften der Materie führen nun zu einer wichtigen Umdeutung der Grundvorstellungen der BOHRschen Theorie bezüglich der ausgezeichneten Quantenbahnen der Elektronen. Faßt man nämlich das Elektron als Welle auf, so ist eine *stationäre* Bahn offenbar gemäß Abb. 94 dadurch ausgezeichnet, daß sich auf ihr eine *stehende* Welle ausbildet, d.h. daß ihr Umfang gleich einem ganzen Vielfachen der Wellenlänge des Elektrons ist, da andernfalls die Elektronenwellen sich mit der Zeit durch Interferenz auslöschen müßten, ein stationärer Zustand des Atoms also nicht möglich wäre. Tatsächlich konnte DE BROGLIE zeigen, daß die in III,5 willkürlich eingeführte BOHRsche Quantenbedingung für die Hauptquantenzahl n identisch ist mit der Forderung, daß der Bahnumfang gleich einem ganzzahligen Vielfachen der DE BROGLIE-Wellenlänge des

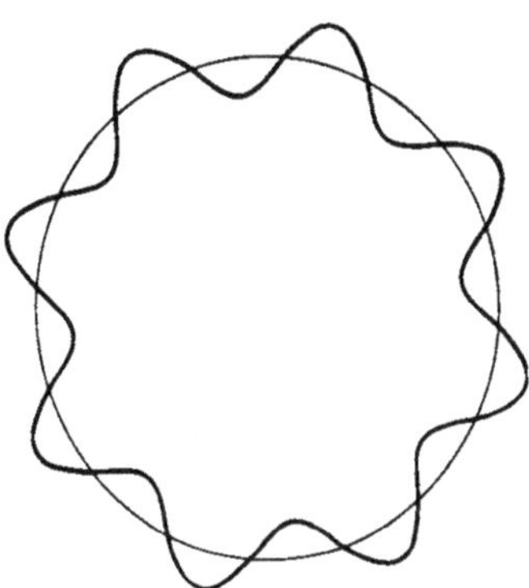

Abb. 94. Schematische Darstellung einer (zweidimensionalen) stehenden Elektronenwelle auf einer BOHRschen Bahn.

umlaufenden Elektrons sein soll. Schreiben wir nämlich die BOHRsche Quantenbedingung für den Spezialfall einer Kreisbahn als

$$2\pi r m v = n h \qquad n = 1, 2, 3, \ldots \qquad (\text{III-6})$$

und ersetzen den Impuls mv des Elektrons gemäß (27) durch die DE BROGLIE-Wellenlänge λ, so erhalten wir

$$2\pi r = n\lambda \qquad n = 1, 2, 3, \ldots, \qquad (29)$$

was zu beweisen war. *Die zunächst ganz willkürliche* BOHRsche *Quantenbedingung* (III–6) *ist damit auf eine physikalisch sinnvolle Stationaritätsbedingung zurückgeführt*, wobei an die Stelle des auf der Bahn umlaufenden Elektrons die geschlossene (stehende) Elektronenwelle tritt. Damit ist, wie schon hier vorweggenommen sei, im Sinn der Wellenmechanik auch die weitere in III,3 betonte Schwierigkeit beseitigt, daß das Elektron auf den stationären Bahnen entgegen der klassischelektrodynamischen Forderung strahlungslos umläuft. Wenn nämlich das Elektron gar nicht im gewöhnlichen Sinne umläuft, d. h. keinen schwingenden Dipol bildet, sondern als stehende Welle ein zeitlich unveränderliches Gebilde darstellt, ist die Strahlungslosigkeit der stationären Bahnen und besonders die Stabilität der Grundbahn ohne Widerspruch zur Elektrodynamik verständlich. Einzelheiten werden in IV,9 behandelt werden.

Bei der bisherigen Darstellung bleibt noch unverständlich, daß das H-Atom trotz seiner flächenhaft behandelten Elektronenbahn den Beobachtungen nach ein dreidimensionales, nämlich kugelförmiges Gebilde ist. Dies, wie überhaupt alle feineren Züge der Wellenmechanik, folgt erst aus der exakten Durchführung der Theorie, der wir uns jetzt zuwenden.

5. Die Grundgleichungen der Wellenmechanik. Eigenwerte und Eigenfunktionen. Die Matrizenmechanik und ihr Verhältnis zur Wellenmechanik

Wir wollen jetzt also den Formalismus der Wellenmechanik entwickeln, die zur klassischen Mechanik in einem ähnlichen Verhältnis steht wie die Wellenoptik zur geometrischen Strahlenoptik. Dabei können wir nicht erwarten, daß die zur Beschreibung atomarer Systeme und Vorgänge geeignete Wellengleichung ohne ad-hoc-Annahmen aus dem Formalismus der klassischen Physik abgeleitet werden kann, weil wir ja in den letzten Abschnitten bereits erfahren haben, wie grundsätzlich die Gesetze der Mikrophysik von denen der klassischen Makrophysik abweichen. Jede der zahlreichen bekannten „Ableitungen" der SCHRÖDINGER-Gleichung enthält daher *notwendigerweise* ad-hoc-Annahmen bzw. empirische Elemente, deren Einführung den uneingeweihten Leser zu der Frage „warum gerade so?" veranlassen muß. *Das Entscheidende ist* eben, wie vielfach in der theoretischen Physik, nicht der zu dem Formelgebäude führende Weg, sondern *die Bewährung eines so oder so gewonnenen Formalismus zur Beschreibung aller Phänomene der Atomphysik in Übereinstimmung mit der Beobachtung.*

Wir schreiben also einem Teilchen, oder allgemeiner einem atomaren System, einen Wellenvorgang Ψ zu und stellen dabei die Frage nach der physikalischen Bedeutung der räumlich und zeitlich periodisch sich ändernden Größe Ψ, deren Zustand sich mit der Phasengeschwindigkeit u fortpflanzen soll, zunächst zurück. Für diese Ψ-Wellen, die SCHRÖDINGER in Fortentwicklung der Vorstellungen von DE BROGLIE eingeführt hat, muß dann die allgemeine Wellengleichung gelten

$$\Delta \Psi = \frac{1}{u^2} \frac{\partial^2 \Psi}{\partial t^2}, \tag{30}$$

wo

$$\Delta = \frac{\partial^2}{\partial x^2} + \frac{\partial^2}{\partial y^2} + \frac{\partial^2}{\partial z^2} \tag{31}$$

der sog. LAPLACE-Operator ist. Für die Ausbreitungsgeschwindigkeit u dieser Ψ-Wellen setzen wir nach (28)

$$u = \lambda v = \frac{h v}{m v} \tag{32}$$

und führen damit das DE BROGLIEsche Postulat der durchgängigen Gültigkeit der Grundgleichung $E = h v$ in der gesamten Physik ein, aus der (32) mit (8) folgt. Berechnen wir hierin den Teilchenimpuls $m v$ aus einem die Gesamtenergie E und die potentielle Energie U des Systems enthaltenden Ausdruck

$$\frac{m}{2} v^2 = E - U, \tag{33}$$

so erhalten wir für die Phasengeschwindigkeit

$$u = \frac{h\nu}{\sqrt{2m(E - U)}} \tag{34}$$

und durch Einsetzen von (34) in die allgemeine Wellengleichung (30) die Gleichung für die Ψ-Wellen

$$\Delta\Psi = \frac{2m(E - U)}{h^2\nu^2}\,\frac{\partial^2\Psi}{\partial t^2}\,. \tag{35}$$

Wir zerlegen nun die Größe Ψ in einen nur ortsabhängigen und einen nur zeitabhängigen mit der Frequenz ν oszillierenden Anteil, indem wir setzen

$$\Psi(x, y, z, t) = \psi(x, y, z) \cdot e^{-2\pi i\nu t}, \tag{36}$$

wobei ψ sich nun mit der Zeit nicht mehr ändern soll. Durch zweimaliges Differenzieren von (36) nach der Zeit erhalten wir

$$\frac{\partial^2\Psi}{\partial t^2} = -4\pi^2\nu^2\Psi \tag{37}$$

und durch Einsetzen von (37) in (35) unter Berücksichtigung von (36) *die die Ortsabhängigkeit von Ψ beschreibende berühmte* SCHRÖDINGER-*Gleichung*

$$\Delta\psi + \frac{8\pi^2 m}{h^2}(E - U)\psi = 0. \tag{38}$$

Dies ist wegen des LAPLACE-Operators (31) eine homogene partielle Differentialgleichung zweiter Ordnung. Sie beschreibt, da die Zeit t in ihr *nicht* enthalten ist, nicht atomare *Vorgänge*, sondern die *Eigenschaften atomarer Systeme in stationären Zuständen.* Ihre Lösung gestattet bei bekannter potentieller Energie $U(x, y, z)$ eines Systems (z. B. Atoms) dessen stationäre Energiezustände E zu bestimmen, aus denen gemäß Kap. III die Spektren folgen, sowie aus den Lösungen $\psi(x, y, z)$ die diese Zustände charakterisierenden Quantenzahlen. Das Lösungsverfahren werden wir in IV,7 an einigen Beispielen kennenlernen.

Differentialgleichungen von der Art der Gl. (38) sind dem Physiker durchaus geläufig. Sie treten z. B. bei der Behandlung der elastischen stehenden Wellen einer Violinsaite, einer gespannten Membran (Trommel) oder einer elastischen Kugel auf. *In allen diesen Fällen ist entscheidend, daß nicht beliebige Schwingungsmöglichkeiten entsprechend beliebigen Lösungen ψ der Gl. (38) existieren, sondern wegen der festgelegten „Randbedingungen", z. B. der beiderseits festgehaltenen Saite oder des an seinem kreisförmigen Rand eingespannten Trommelfells, nur ganz bestimmte Schwingungsformen und Frequenzen, die sog. Eigenschwingungen und Eigenfrequenzen.* Beim eindimensionalen Fall der Saite sind diese leicht zu übersehen. Da die beiden Enden der Saite fest eingespannt sind und sich folglich nicht bewegen können, müssen hier Schwingungsknoten liegen, und ein stationärer Schwingungsvorgang ist nur möglich, wenn die Saitenlänge gleich einem ganzen Vielfachen der halben Wellenlänge ist, d. h. für

$$L = n\,\frac{\lambda}{2} \qquad n = 1, 2, 3, \ldots. \tag{39}$$

Wir erkennen die formale Ähnlichkeit dieser Stationaritätsbedingung für die schwingende Saite mit der in IV,4 behandelten Quantenbedingung (29) für die Elektronenschwingung auf einer BOHRschen Bahn. Bei der schwingenden Membran bewirkt die ringförmige Einspannung z. B. des Trommelfells als Randbedingung, daß ebenfalls nur bestimmte Schwingungsformen und Frequenzen möglich sind. Mathematisch wirkt sich das so aus, daß *die Differentialgleichung unter Berücksichtigung der Randbedingung (z. B. $\psi = 0$ am eingespannten Rand der Membran) nicht für beliebige Frequenzen v Lösungen besitzt, die stationäre Schwingungsformen darstellen, sondern nur für gewisse „Eigenfrequenzen" der schwingenden Membran. Die zu diesen Eigenfrequenzen gehörenden Schwingungsformen bezeichnet man als die Eigenfunktionen der schwingenden Membran.*

An diesem makromechanischen Beispiel erkennen wir, warum man ein durch gewisse Randbedingungen gekennzeichnetes Schwingungsproblem als *Randwertproblem* oder *Eigenwertproblem* bezeichnet. Deren mathematische Eigentümlichkeiten, die wir auch bei der SCHRÖDINGER-Gleichung finden, sind also allen Schwingungsproblemen gemeinsam und stellen keineswegs eine geheimnisvolle Eigentümlichkeit der Wellenmechanik atomarer Systeme dar. Die angedeutete Parallele zwischen den Eigenwerten der schwingenden Saite und den Quantenbedingungen der BOHRschen Theorie hat auch historisch bei der Entwicklung der Wellenmechanik durch SCHRÖDINGER eine Rolle gespielt, dessen entscheidende erste Abhandlung den uns jetzt verständlichen Titel trug „Quantisierung als Eigenwertproblem".

Die SCHRÖDINGER-Gleichung (38) ist also im allgemeinen eine Eigenwertgleichung, da z. B. für alle stationären Zustände atomarer Systeme die Randbedingung gilt, daß das System und damit der ihm entsprechende Schwingungsvorgang ψ räumlich begrenzt ist, im Unendlichen also Null sein muß. In allen diesen Fällen besitzt die SCHRÖDINGER-Gleichung also Lösungen nur für gewisse Eigenfrequenzen v, d. h. wegen $E = hv$ auch nur für bestimmte Eigenwerte der Energie, eben die stationären Energiezustände des Systems. Die zu diesen Eigenwerten der Energie gehörenden Lösungen der SCHRÖDINGER-Gleichung, die Eigenfunktionen ψ, kennzeichnen dann vollständig das Verhalten des Systems in diesem Energiezustand, z. B. das eines Elektrons in einem stationären Zustand eines Atoms. Wir haben also zwischen *Wellenfunktionen* im allgemeinen und den zu gequantelten Eigenwerten der Energie gehörenden *Eigenfunktionen* zu unterscheiden.

Betrachten wir nämlich einen Strom frei im Raum mit der Geschwindigkeit v sich bewegender Elektronen, so ist die potentielle Energie dieses Systems $U = 0$, und die SCHRÖDINGER-Gleichung (38) nimmt (bei Vernachlässigung jeder gegenseitigen Beeinflussung der Elektronen) die eindimensionale Form

$$\frac{\partial^2 \psi}{\partial x^2} + \frac{8\pi^2 m}{h^2} E\,\psi = 0 \tag{40}$$

an, wo E die kinetische Energie der Kathodenstrahlen ist. Dies ist, *da bei freien Elektronen keine Quantelung die Zahl der Lösungen beschränkt, kein* Eigenwertproblem. Es gibt daher für diese Gleichung zu jedem beliebigen E-Wert eine Lösung, und diese Lösungen sind periodische Funktionen der Form

$$\psi(x) = e^{ikx}. \tag{41}$$

Eingehen mit diesem Ansatz in (40) ergibt für die unbestimmte Konstante

$$k = \frac{2\pi}{h}\sqrt{2mE} = \frac{2\pi p}{h} = \frac{2\pi}{\lambda}, \tag{42}$$

wo p der Impuls und λ die DE BROGLIE-Wellenlänge der frei fliegenden Elektronen ist. Die diese beschreibende Wellenfunktion ist folglich

$$\psi(x) = e^{\frac{2\pi i x}{\lambda}}. \tag{43}$$

Die SCHRÖDINGER-Gleichung der im Kathodenstrahl frei fliegenden Elektronen führt also zu dem bereits bekannten Ergebnis: dem frei fliegenden Elektron entspricht als Materiewelle eine Sinuswelle mit der durch (8) gegebenen Wellenlänge, wobei für die Elektronengeschwindigkeit selbstverständlich keine Einschränkungen gelten können, zu allen E-Werten also Lösungen gehören müssen.

Die in der Atomphysik vorzugsweise interessierenden Eigenfunktionen ψ stationärer Systeme sind im allgemeinen komplex, doch erhält man eine reelle Größe, die *Norm* der Eigenfunktion, wenn man ψ mit der zu ihr konjugiert-komplexen Größe ψ^* multipliziert. Die physikalische Bedeutung dieser Norm $\psi\psi^*$ werden wir in IV,6 behandeln. Gehört zu jedem Eigenwert des Systems eine einzige Eigenfunktion, d.h. Schwingungsform, so bezeichnet man das System und diesen Eigenwert als nicht entartet; gehören dagegen n Eigenfunktionen zum gleichen Energieeigenwert, so sprechen wir von $(n - 1)$-facher *Entartung*.

Wir erwähnten bereits, daß die SCHRÖDINGER-Gleichung (38) eine *homogene* Differentialgleichung ist. Ihre Lösung ist daher nur bis auf einen konstanten Faktor gegeben. Um nun verschiedene Eigenfunktionen miteinander vergleichen zu können, legt man diesen Faktor durch die Definition fest, daß das Integral über die Norm der Eigenfunktion über den gesamten Raum τ erstreckt eins sein soll:

$$\int \psi\psi^* \, d\tau = \int |\psi|^2 \, d\tau = 1 . \tag{44}$$

Eine so festgelegte Eigenfunktion bezeichnet man als *normiert*. Auf die sehr anschauliche Bedeutung dieser Normierung können wir erst im Zusammenhang mit der Deutung der Ψ-Funktion in IV,6 eingehen.

Für zwei verschiedene, zu den Eigenwerten E_m und E_n gehörende Eigenfunktionen ψ_m und ψ_n gilt ferner die *Orthogonalitätsbedingung*

$$\int \psi_m \psi_n^* \, d\tau = 0 . \tag{45}$$

Zum Beweis multiplizieren wir von den ψ_m und ψ_n^* bestimmenden SCHRÖDINGER-Gleichungen

$$\Delta \psi_m + \frac{8\pi^2 m}{h^2} (E_m - U)\psi_m = 0 , \tag{46}$$

$$\Delta \psi_n^* - \frac{8\pi^2 m}{h^2} (E_n - U)\psi_n^* = 0 , \tag{47}$$

die zweite mit ψ_m, subtrahieren sie von der mit ψ_n^* multiplizierten ersten und erhalten nach Integration über den gesamten Raum

$$\int (\psi_n^* \Delta \psi_m - \psi_m \Delta \psi_n^*) \, d\tau = \frac{8\pi^2 m}{h^2} (E_m - E_n) \int \psi_m \psi_n^* \, d\tau . \tag{48}$$

Das Raumintegral der linken Seite verwandeln wir nach dem GREENschen Satz in ein Oberflächenintegral über die Kugel mit unendlich großem Radius

$$\int (\psi_n^* \Delta \psi_m - \psi_m \Delta \psi_n^*) \, d\tau = \oint (\psi_n^* \,\mathrm{grad}\, \psi_m - \psi_m \,\mathrm{grad}\, \psi_n^*) \, df . \tag{49}$$

Dieses verschwindet, weil die Eigenfunktionen ψ_m und ψ_n ja im Unendlichen verschwinden. Aus (48) folgt daher

$$(E_m - E_n) \int \psi_m \psi_n^* \, d\tau = 0 \tag{50}$$

und daraus die Orthogonalitätsbedingung (45), da nach Voraussetzung $E_m \neq E_n$ sein sollte. Auf den Fall der Entartung $(E_m = E_n)$ gehen wir hier nicht ein.

Noch eine wichtige Eigenschaft der Wellen- bzw. Eigenfunktionen muß hier erwähnt werden, ihre *Parität*. Wir bezeichnen eine Eigenfunktion als *gerade* bzw. ihre Parität als *positiv*, wenn bei Umkehr der Vorzeichen aller ihrer Koordinaten die Eigenfunktion ihr Vorzeichen beibehält, und die Eigenfunktion als *ungerade* bzw. ihre Parität als *negativ*, wenn die Eigenfunktion bei dieser Operation der *Spiegelung am Koordinatenursprung* ihr Vorzeichen wechselt. Als Beispiel seien die in IV,7c behandelten Eigenfunktionen (86) des harmonischen Oszillators erwähnt, die nach (86) abwechselnd positive und negative Parität besitzen.

Wir haben bisher nur von den in der Atomphysik vorzugsweise interessierenden stationären, zeitlich konstanten Erscheinungen gesprochen, die durch die SCHRÖDINGER-Gleichung (38) beschrieben werden. Zu ihrer Ableitung war durch den Ansatz (36) die Zeitabhängigkeit von Ψ eliminiert worden. Zur Behandlung aller der Atomprobleme aber, bei denen sich der Zustand eines atomaren Systems mit der Zeit ändert, z.B. für die mit Absorption oder Emission von Strahlung verbundenen Zustandsänderungen von Atomen, benötigt man eine zeitabhängige SCHRÖDINGER-Gleichung. Wir erhalten sie, wenn wir aus (38) den den stationären Zustand kennzeichnenden Eigenwert der Energie E eliminieren. Setzen wir in (36) $\nu = E/h$ und differenzieren nach der Zeit, so erhalten wir

$$\frac{\partial \Psi}{\partial t} = -2\pi i \frac{E}{h} \Psi \quad \text{oder} \quad E = -\frac{h}{2\pi i} \frac{1}{\Psi} \frac{\partial \Psi}{\partial t} \tag{51}$$

und durch Eingehen in (38) die *zeitabhängige* SCHRÖDINGER-*Gleichung*

$$\Delta \Psi - \frac{8\pi^2 m}{h^2} U \Psi + \frac{4\pi i m}{h} \frac{\partial \Psi}{\partial t} = 0, \tag{52}$$

die das vollständige raumzeitliche Verhalten des dem atomaren System zugeordneten Wellenphänomens in Übereinstimmung mit der Erfahrung beschreibt. Dabei ist der Vorzug von (52) gegenüber der ja ebenfalls zeitabhängigen Gl. (35), daß (52) die Energie E bzw. die Frequenz ν nicht mehr enthält und daher allgemeiner und speziellen Problemen anpassungsfähiger ist als Gl. (35).

Wir kommen nun nochmals auf das Verhältnis der Wellenmechanik zur klassischen Mechanik zurück. Dazu schreiben wir die vollständige zeitabhängige SCHRÖDINGER-Gleichung (52) in der Form

$$-\frac{h}{2\pi i} \frac{\partial \Psi}{\partial t} = -\frac{h^2}{8\pi^2 m} \operatorname{div} \operatorname{grad} \Psi + U \Psi \tag{53}$$

und vergleichen sie mit der Grundgleichung der klassischen Mechanik, nach der die Gesamtenergie E eines Systems sich aus der kinetischen Energie $E_k = p^2/2m$ und der potentiellen Energie U zusammensetzt:

$$E = \frac{p^2}{2m} + U. \tag{54}$$

Man erkennt, daß man formal von der klassischen Mechanik zur Quantenmechanik übergehen kann, wenn man für die Gesamtenergie E und den Impuls p die auf die Wellenfunktionen Ψ anzuwendenden *Differentialoperatoren*

$$E \triangleq -\frac{h}{2\pi i} \frac{\partial}{\partial t}, \tag{55}$$

$$\boldsymbol{p} \triangleq \frac{h}{2\pi i} \operatorname{grad} \tag{56}$$

einführt. Mittels dieser als Postulate anzusehenden Beziehungen kann man den gesamten Formalismus der Quantenmechanik aus der klassischen Mechanik entwickeln. Die Berechtigung dieser Axiome liegt in der praktischen Bewährung der

SCHRÖDINGER-Gleichung (52). Ganz entsprechende Gleichungen spielen aber in der HAMILTON-JACOBISchen Theorie der klassischen Mechanik eine entscheidende Rolle. Dort erscheint die Gesamtenergie (HAMILTON-Funktion) des Systems als die negative partielle Ableitung der sog. Wirkungsfunktion nach der Zeit, während der Impuls als räumlicher Gradient der Wirkungsfunktion erscheint, in voller Analogie zu (55/56). Die Fragestellung der klassischen und der Quantenphysik aber ist völlig verschieden. Während die erstere nach den Wirkungen einer an einer Masse angreifenden Kraft fragt und durch Integration schließlich auf die Bahn des Massenpunkts führt, hat in der Wellenmechanik diese klassische Bahnbewegung keinen Platz, weil die ihr zugrunde liegende gleichzeitige genaue Kenntnis von Ort und Impuls eines Teilchens der Ungenauigkeitsbeziehung widersprechen würde. Die Quantenmechanik geht von dem als bekannt angenommenen Potentialfeld $U(x, y, z)$ aus, in dem ein Teilchen sich bewegt und fragt nach den für das atomare System (z.B. Elektron im COULOMB-Feld) charakteristischen stationären Energiezuständen, den Eigenwerten E_k der SCHRÖDINGER-Gleichung. Diese Energiezustände sind wegen ihres in Kap. III behandelten Zusammenhangs mit den beobachtbaren Spektren von primärem Interesse. Erst in zweiter Linie wird dann nach den das Verhalten des Systems in den verschiedenen stationären Energiezuständen beschreibenden Zustandsfunktionen gefragt, d.h. nach den Lösungen ψ_k der SCHRÖDINGER-Gleichung, deren Bedeutung und Zusammenhang mit den Quantenzahlen wir in IV,6 behandeln. Die Energiezustandsfolge eines atomaren Systems hängt nun entscheidend von seinem Potentialverlauf $U(x, y, z)$ ab, der im klassischen Bild die auf das System und in ihm wirkenden Kräfte bestimmt. So entspricht dem quadratisch von der Koordinate abhängenden Parabelpotential des harmonischen Oszillators (IV,7c) eine Folge äquidistanter stationärer Energiezustände, während das mit $1/r$ gehende COULOMB-Potential zu einer gegen eine Grenze konvergierenden Energiezustandsfolge wie Abb. 30 führt. Man kann daher grundsätzlich auch umgekehrt aus einer beobachteten Folge von Energiezuständen, z.B. eines Nukleons eines Kerns, auf das Potentialfeld schließen, in dem das betreffende Teilchen sich bewegt. Dabei ist wichtig, daß *Abweichungen der wellenmechanischen von den klassisch erwarteten Ergebnissen dann und nur dann auftreten, wenn das Systempotential U sich über eine Strecke von der Größenordnung der* DE BROGLIE-*Wellenlänge (8) wesentlich ändert.* Das ist z.B. der Fall für die Bewegung langsamer Elektronen in einem aus Ionen bestehenden Kristallgitter, wo man daher die der klassischen Mechanik widersprechende Elektronenbeugung beobachtet. Weitere Beispiele dieser wichtigen Regel werden uns noch begegnen.

Bevor wir uns im nächsten Abschnitt mit der Deutung der Ψ-Wellen befassen, sei kurz noch der von HEISENBERG, BORN und JORDAN begangene Weg zur Lösung der Schwierigkeiten der BOHRschen Theorie skizziert. Während SCHRÖDINGER auf DE BROGLIES Idee der Materiewellen aufbauend zur Wellenmechanik kam, erkannte HEISENBERG, daß die Schwierigkeiten der BOHRschen Theorie auf der bedenkenlosen Anwendung auch solcher klassisch physikalischer Begriffe auf atomare Probleme beruhten, deren Prüfung durch das Experiment grundsätzlich unmöglich war. HEISENBERG lehnte deshalb radikal jede Einführung experimentell nicht prüfbarer Ausdrücke in seine neue Quantenmechanik der Atome ab, z.B. die in der gleichzeitigen Theorie von SCHRÖDINGER noch notwendige Einführung der potentiellen Energie, der die Vorstellung des punktförmigen Kerns und ebensolcher Elektronen (COULOMBsches Gesetz!) innewohnt. Was wir von einem Atom mit Sicherheit kennen, sind die Frequenzen seines Spektrums und die Intensitäten der Spektrallinien. Diese Größen betrachtet HEISENBERG als gegeben und sucht alle übrigen Eigenschaften atomarer Systeme aus ihnen abzuleiten. Die auf dieser Grundlage aufgebaute Theorie arbeitet nicht mit stetig veränderlichen Größen wie Koordinaten, sondern mit den wie die Frequenzen eines Linienspektrums aus diskreten Zahlen bestehenden Matrizen; sie heißt die *Matrizenmechanik*. Mit ihrer Hilfe ließ sich eine an Geschlossenheit der Wellenmechanik gleichwertige, in ihrer Begründung aber klarere und einwandfreiere Atomtheorie aufbauen. Zahlreiche Fragen wie etwa die der Übergangswahrscheinlichkeiten und Auswahlregeln lassen sich mit der Matrizenmechanik direkter beantworten als mit der Wellenmechanik. Für die praktische Durchrechnung von Problemen der Atomphysik dagegen hat sich die Wellenmechanik deshalb besser eingeführt, weil das Rechnen mit Differentialgleichungen bekannter und bequemer ist als das mit Matrizen. Es ist deshalb von Interesse zu bemerken, daß die Ergebnisse beider Theorien nicht nur quantitativ übereinstimmen, sondern daß trotz der sehr verschiedenen Ausgangspunkte Wellen- und Matrizenmechanik auch mathematisch auf das gleiche herauskommen. Wir werden im folgenden, um uns mit der Matrizenrechnung nicht erst auseinandersetzen zu müssen, ausschließlich von der Wellenmechanik Gebrauch machen.

6. Die Bedeutung der wellenmechanischen Ausdrücke, Eigenfunktionen und Quantenzahlen

Nach der Behandlung der Grundlagen des wellenmechanischen Formalismus fragen wir jetzt nach der physikalischen Bedeutung der gewonnenen Ausdrücke. *Die Eigenwerte E der* SCHRÖDINGER-*Gleichung hatten wir bereits als die stationären Energiezustände des durch seine potentielle Energie U bestimmten atomaren Systems kennengelernt, ganz entsprechend den Eigenschwingungen eines durch seine mechanische Spannung bestimmten schwingenden Systems.* Offengeblieben war die Bedeutung der Wellenfunktion Ψ selbst. Während Ψ, wie oben bereits erwähnt, eine komplexe Größe ist, erwarten wir, daß ihre durch Multiplikation mit der konjugiert-komplexen Funktion Ψ^* entstehende Norm $\Psi\Psi^* = |\Psi|^2$ als reelle Funktion auch eine anschauliche Bedeutung besitzt. *Tatsächlich gibt $\Psi\Psi^*$, wie zuerst* BORN *gezeigt hat, bei einem Einelektronensystem wie dem H-Atom die Wahrscheinlichkeit dafür an, das durch $\Psi\,(x, y, z, t)$ beschriebene Teilchen in dem Volumenelement $(x + dx, y + dy, z + dz)$ zur Zeit t durch ein Experiment festzustellen.* Die Normierungsbedingung (44) erhält damit eine sehr anschauliche Bedeutung, nämlich daß die Wahrscheinlichkeit, das Teilchen *irgendwo* im Raum anzutreffen, gleich Eins sein muß.

Man kann nun diese Aufenthaltswahrscheinlichkeit $\Psi\Psi^*$ in irgendeiner Form räumlich auftragen und gelangt so zu Darstellungen des Elektrons, wie sie Abb. 98 zeigt. Man spricht daher in Analogie zu den *Schwingungsformen* einer Saite oder Membran gelegentlich auch von *Elektronenformen* oder auch „verschmierten" Elektronen, muß sich aber darüber klar sein, daß diese von SCHRÖDINGER stammende Auffassung von $\Psi\Psi^*$ als räumliche Elektronendichte nur im Zeitmittel und zudem nur für Einelektronensysteme richtig ist. Das erstere sieht man leicht ein, da die Wahrscheinlichkeit der Anwesenheit eines Elektrons in einem Volumenelement ja wirklich gleich der über eine nicht zu kleine Zeit genommenen mittleren Elektronendichte in diesem Volumenelement ist.

Beim Übergang zu Mehrelektronensystemen und zu Elektronen, die sich *nicht* in einem stationären Zustand befinden, kommen wir mit der SCHRÖDINGERschen Deutung aber in Schwierigkeiten, während die BORNsche Wahrscheinlichkeitsdeutung von $\Psi\Psi^*$ stets richtig bleibt. Bei einem Zweielektronensystem z. B. ist dessen Wellenfunktion $\psi\,(x_1, y_1, z_1, x_2, y_2, z_2)$ eine Funktion der Koordinaten *beider* Elektronen, kann also ersichtlich graphisch gar nicht mehr im 3dimensionalen physikalischen Raum dargestellt werden, sondern nur als Dichte im übertragenen Sinn in einem 6dimensionalen (oder bei N Elektronen allgemein $3N$-dimensionalen) sog. Konfigurationsraum. Die noch zu besprechende Tatsache, daß u. U. ein Teilchen, das sich nicht in einem stationären Zustand befindet, durch eine Kombination zweier Eigenfunktionen beschrieben werden kann, bedeutet in der BORNschen Auffassung einfach, daß das Teilchen mit angebbaren Wahrscheinlichkeiten im einen bzw. anderen Zustand durch ein Experiment nachgewiesen werden kann. Daß schließlich, wie in IV,12 gezeigt werden wird, eine im SCHRÖDINGERschen Sinne *ein* Teilchen darstellende Welle durch Reflexion und Brechung in verschiedene Teilwellen zerlegt werden kann, bedeutet, daß die Wahrscheinlichkeiten, das Teilchen diesseits oder jenseits der Grenzfläche anzutreffen, durch die Normen der betreffenden Teilwellen-Ψ-Funktionen gegeben sind.

Die statistische Deutung der Wellenfunktion läßt schließlich den Zusammenhang mit der Unbestimmtheitsbeziehung (s. IV,3) besonders deutlich werden. Jeder Zustand eines atomaren Systems ist nach der Wellenmechanik ja durch seine Ψ-Funktion eindeutig und vollständig bestimmt, und eine über deren Aussagen hinausgehende Festlegung, etwa durch bestimmte Werte der Koordinaten und Impulse, hat im wellenmechanischen Formalismus keinen Platz und ist damit nicht möglich. Vom wellenmechanischen Standpunkt aus erscheint die Unbestimmtheitsbeziehung einfach als Folge der Tatsache, daß ein Zustand durch eine Ψ-Funktion beschrieben wird, die nur Wahrscheinlichkeitsaussagen über Ort und Impuls des Teilchens bzw. ganz allgemein über sein Verhalten zuläßt. Damit wird ganz klar, daß die Unbestimmtheitsbeziehung nichts mit der Störung durch den Meßakt zu tun hat, sondern eine logische Folge der Beschreibbarkeit eines atomaren Systems durch eine Ψ-Funktion ist.

Die BORNsche Deutung des wellenmechanischen Formalismus ermöglicht auch eine in IV,15 noch näher zu diskutierende Auffassung des Welle-Teilchen-Dualismus, die hier wenigstens kurz angedeutet werden soll. Im Sinne der statistischen Deutung der Eigenfunktionen kann man nämlich die *Teilchen* als das physikalisch Primäre ansehen (manche Physiker würden sagen: als das Reale!), muß dann aber annehmen, daß es in ihrem Verhalten durch die SCHRÖDINGER-Gleichungen (38) bzw. (52) beschriebene „Führungswellen" Ψ gibt, die als Wahrscheinlichkeitswellen das statistische Verhalten der Teilchen beschreiben. Diese Führungswellen, deren physikalische Bedeutung oder „Natur" damit natürlich nach wie vor unerklärt bleibt, können miteinander interferieren, können reflektiert und gebrochen werden, kurz verhalten sich wie physikalisch reale Wellen. Ihr Amplitudenquadrat gibt, bei Mittelung über eine hinreichend große Zahl von Teilchen, deren räumliche und zeitliche Dichteverteilung an. Als Hinweis auf die Richtigkeit dieser Deutung, nach der nahezu punktförmige Elektronen entsprechend $\Psi\Psi^*$ um den Kern verteilt angeordnet sind, kann man den COMPTON-Effekt ansehen, bei dem das stoßende Photon ja auf ein einzelnes Atomelektron trifft und dieses aus dem Atom herauswirft.

Auf einen bedeutungsvollen Punkt muß aber noch eingegangen werden. Es ist nämlich ein großer Unterschied, ob ein Ψ-Wellenfeld ein einzelnes Teilchen oder eine große Zahl von solchen repräsentiert. Im ersteren Fall zeigt sich nämlich als bedeutsamer Unterschied der quantenmechanischen gegenüber der klassischen Beschreibungsweise, daß die Wellenfunktion von unserer subjektiven Kenntnis des physikalischen Systems abhängt, Objekt und Subjekt der Beobachtung also nicht mehr, wie in der klassischen Physik, klar unterschieden werden können. Betrachten wir etwa ein Teilchen in einem Raum, der durch einen Fluoreszenzschirm mit einem Loch in zwei Hälften geteilt sei. Da das Teilchen überall im Raum sein kann, wird es durch eine Wellenfunktion $\psi\,(x,\,y,\,z)$ beschrieben, die überall von Null verschieden ist. In dem Augenblick aber, in dem das Teilchen, etwa durch Nachweis auf dem Fluoreszenzschirm, als in einem Raumteil befindlich nachgewiesen wird, ist die Wahrscheinlichkeit, es im anderen Raumteil zu finden, plötzlich Null geworden, und das gleiche gilt deshalb für die Wellenfunktion in diesem Raumteil. Durch den Beobachtungsakt verändert sich also plötzlich unsere Kenntnis von dem Teilchen und mit ihr die das Teilchen beschreibende Wellenfunktion Ψ. Diese sog. *Reduktion der Wellenfunktion* als Folge einer Beobachtung zeigt, daß die Wellenfunktion nicht einfach eine das Wahrscheinlichkeitsverhalten des Teilchens objektiv beschreibende Funktion ist, sondern von unserer Kenntnis des Teilchens abhängt. Auf die philosophischen Folgerungen dieser Tatsache kommen wir in IV,15 zurück. Die Verbindung von quantenmechanischer und klassischer Beschreibung wird wie in III,22 im Bereich großer Quantenzahlen klar, wenn das Ψ-Wellenfeld einen Strom sehr vieler Teilchen beschreibt. Hier gibt $\psi\,(x, y, z)$ wirklich die objektive Häufigkeitsverteilung der Teilchen im Raum an, ohne Rücksicht darauf, ob wir ein einzelnes Teilchen auf der einen oder anderen Seite des Schirms nachweisen. *Nur im Grenzfall großer Quantenzahlen stimmt also die quantenmechanische mit der klassischen Beschreibung überein.*

Wie verhält sich nun die Beschreibung des Verhaltens eines Atomelektrons durch die Norm seiner Eigenfunktion zu seiner in Kap. III eingeführten Kennzeichnung durch die Angabe von vier Quantenzahlen n, l, m und s bzw. die im übertragenen Sinn ihnen entsprechenden Eigenschaften Größe, Gestalt, Orientierung und Eigendrehimpuls? Vom Elektronenspin erwähnten wir schon, daß er in der nicht-DIRACschen Quantenmechanik noch nicht enthalten ist, ihr vielmehr erst nachträglich hinzugefügt werden muß. Die anderen drei Quantenzahlen aber müssen in der Eigenfunktion ψ enthalten sein, die die Lösung des dem Elektron entsprechenden Schwingungssystems darstellt und deren Norm wir als die Schwingungsform des Elektrons bezeichnen können. Sie ist, wie im mechanischen Fall der Schwingungen einer elastischen Kugel, durch die Anordnung der nichtschwingenden Punkte, Linien oder Flächen, der *Knoten*, gekennzeichnet. Wie bei den Eigenschwingungen einer elastischen Kugel finden wir bei der räumlichen ψ-Schwingung drei Folgen von Knoten*flächen*, und zwar Knotensphären (Kugelschalen), durch den Mittelpunkt gehende Knotenebenen, und Oberflächen von Doppelkegeln mit gleicher Achse, deren gemeinsame Spitzen im Zentrum des *Systems* liegen. *Diesen drei Folgen von Knotenflächen der ψ-Funktion, die die Schwingungsform der stehenden Wellen im Atom kennzeichnen, entsprechen die drei* BOHR-SOMMERFELD*schen Quantenzahlen n, l und m, und zwar ist die Gesamtzahl aller Knotenflächen gleich $n - 1$, die Zahl der Knotenkugelflächen gleich $n - l - 1$, die der Knotenkegelflächen gleich $l - |m|$ und die der Knotenebenen gleich $|m|$,* wie bei der gleich zu behandelnden Theorie des H-Atoms klar werden wird. Damit können wir die uns geläufigen Elektronensymbole in die Sprache der Wellenmechanik übersetzen und z. B. sagen: ein $4p$-Elektron mit $m = 0$ wird wellenmechanisch durch eine Eigenfunktion beschrieben, die zwei Knotensphären und einen Knotenkegel, aber keine Knotenebene besitzt. Die Beziehung der alten BOHR-SOMMERFELDschen Quantensymbole zu den Eigenfunktionen der Quantenmechanik ist damit klargestellt.

7. Beispiele für die wellenmechanische Behandlung atomarer Systeme

Nachdem wir das Grundsätzliche über den Formalismus und die Deutung der Wellenmechanik kennengelernt haben, behandeln wir nun einige Beispiele für die wellenmechanische Behandlung atomarer Systeme, und zwar zwei Beispiele, den Rotator und den Oszillator, die uns in der Molekülphysik noch besonders interessieren werden, sowie erst als drittes Beispiel seiner größeren Kompliziertheit wegen das H-Atom. Wie stets wollen wir uns weniger mit den rein mathematischen Schwierigkeiten der gelegentlich etwas unübersichtlich erscheinenden Rechnung befassen, als mit den grundsätzlichen physikalischen Fragen, insbesondere mit der Begründung des Auftretens von Quantenbedingungen.

a) Der Rotator mit starrer raumfester Achse

Wir beginnen mit der Behandlung des als einfachstes Modell für ein zweiatomiges Molekül dienenden Rotators mit starrer Achse, des sog. *Hantelmodells*. Es besteht aus zwei hier als gleich angenommenen Massen M, die im festen Abstand $2r$ gehalten werden und sich um eine durch den Schwerpunkt gehende Achse, deren Richtung senkrecht auf der Figurenachse steht (Abb. 95), drehen können. Potentielle Energie besitzt dieses Modell nicht; die gesamte Systemenergie ist kinetische Energie. Die SCHRÖDINGER-Gleichung (38) vereinfacht sich daher zu

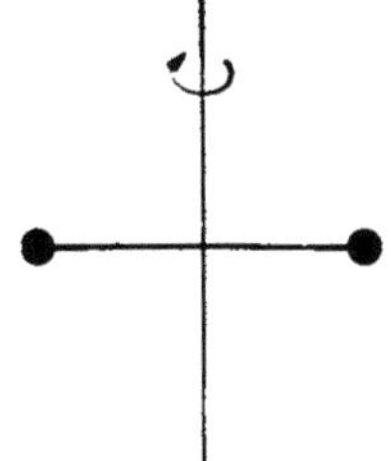

Abb. 95. Das Modell des starren Rotators, zugleich einfachstes Modell zum Verständnis der Rotation eines zweiatomigen Moleküls (vgl. VI,9).

$$\Delta \psi + \frac{8\pi^2(2M)}{h^2} E \psi = 0. \tag{57}$$

Da es sich um eine Rotation handelt, benutzt man Polarkoordinaten und hat wegen der als raumfest angenommenen Rotationsachse als einzige Variable die Winkelkoordinate der Rotation φ, mit der sich (57) schreibt

$$\frac{1}{r^2} \frac{d^2\psi}{d\varphi^2} + \frac{16\pi^2 M}{h^2} E \psi = 0. \tag{58}$$

Setzen wir hierin ($I = 2M r^2 =$ Trägheitsmoment des Molekülmodells)

$$\frac{h}{16\pi^2 c M r^2} = \frac{h}{8\pi^2 c I} = B, \tag{59}$$

so erhalten wir die SCHRÖDINGER-Gleichung des raumfesten Rotators

$$\frac{d^2\psi}{d\varphi^2} + \frac{E}{h c B} \psi = 0. \tag{60}$$

Die Lösungen dieser Differentialgleichung haben die Form

$$\psi(\varphi) = e^{i m \varphi}. \tag{61}$$

Eingehen mit (61) in (60) ergibt für m

$$m^2 = \frac{E}{h c B} = \frac{16\pi^2 M r^2 E}{h^2}. \tag{62}$$

Nun sind physikalisch nur solche Lösungen (61) sinnvoll, die eindeutig sind. $\psi(\varphi)$ muß also nach einer vollen Rotation wieder seinen Anfangswert erreichen:

$$e^{i m \varphi} = e^{i m (\varphi + 2\pi)}. \tag{63}$$

Diese Bedingung ist aber nur erfüllt, wenn m eine ganze Zahl ist. Wegen der Eindeutigkeitsbedingung (63) folgen also aus (62) die gequantelten Energiewerte des raumfesten Rotators

$$E_m = h c B m^2 \qquad m = 0, \pm 1, \pm 2, \pm 3, \ldots \tag{64}$$

Allein aus der Eindeutigkeitsforderung für die Lösungen (61) der SCHRÖDINGER-Gleichung (60) folgt also, daß es Lösungen nicht für alle beliebigen Energiewerte E

gibt, sondern nur die diskreten Energie-Eigenwerte (64), im Gegensatz etwa zur kräfte-freien unperiodischen Bewegung eines Elektrons, für die wir dieselbe SCHRÖDINGER-*Gleichung (40) gelöst haben. Die Quantelung des raumfesten Rotators ist also eine Folge der Eindeutigkeitsforderung für die Eigenfunktionen.*

b) Der Rotator mit raumfreier Achse

Geht man nun vom raumfesten zum Rotator mit raumfreier Achse über, so kommt zum Azimutwinkel φ als zweite Variable die Winkelkoordinate ϑ, die die Stellung der Rotationsachse in einem Koordinatensystem angibt. Dann nimmt die SCHRÖDINGER-Gleichung statt (58) die Form

$$\frac{1}{r^2}\left[\frac{1}{\sin\vartheta}\frac{\partial}{\partial\vartheta}\left(\sin\vartheta\frac{\partial\psi}{\partial\vartheta}\right) + \frac{1}{\sin^2\vartheta}\frac{\partial^2\psi}{\partial\varphi^2}\right] + \frac{8\pi^2(2M)}{h^2}E\,\psi = 0 \tag{65}$$

an. Da r nach Voraussetzung konstant ist (halbe starre Achse in Abb. 95), kann (65) nach Multiplikation mit $\sin^2\vartheta$ durch den Ansatz

$$\psi(\varphi,\vartheta) = \Phi(\varphi)\,\Theta(\vartheta) \tag{66}$$

in zwei nur von ϑ bzw. nur von φ abhängige Teile separiert werden:

$$\frac{\sin\vartheta}{\Theta}\frac{d}{d\vartheta}\left(\sin\vartheta\frac{d\Theta}{d\vartheta}\right) + A\sin^2\vartheta = -\frac{1}{\Phi}\frac{d^2\Phi}{d\varphi^2}. \tag{67}$$

Aus (65) und (59) folgt für die Konstante A der Wert

$$A = \frac{16\pi^2 M r^2 E}{h^2} = \frac{E}{h\,c\,B}. \tag{68}$$

Da die beiden Seiten von (67) voneinander unabhängig sind, können sie beide einer Konstanten C gleichgesetzt werden. Gleichsetzen der rechten Seite mit C führt auf die zu (60) analoge Differentialgleichung

$$\frac{d^2\Phi}{d\varphi^2} + C\,\Phi = 0, \tag{69}$$

deren Lösung mittels des Ansatzes (61) für die Konstante C den Wert

$$C = m^2 \qquad m = 0, \pm 1, \pm 2, \pm 3, \ldots \tag{70}$$

ergibt. Wegen der Verschiedenheit von (58) und (65) ist aber jetzt m^2 *nicht* wie in (62) mit E verknüpft. Gleichsetzen der linken Seite von (67) mit C ergibt unter Berücksichtigung von (70) für den ϑ-abhängigen Anteil von $\psi(\varphi,\vartheta)$ die Differentialgleichung

$$\frac{1}{\sin\vartheta}\frac{d}{d\vartheta}\left(\sin\vartheta\frac{d\Theta}{d\vartheta}\right) + \left(A - \frac{m^2}{\sin^2\vartheta}\right)\Theta = 0. \tag{71}$$

Die Lösungen $\Theta(\vartheta)$ dieser Gleichung müssen nun auf der ganzen Kugeloberfläche eindeutig und stetig sein. Mittels der etwas umständlichen, in jedem Quanten-mechanik-Lehrbuch zu findenden Polynommethode kann man zeigen, daß Gl. (71) eindeutige und stetige Lösungen nur besitzt, wenn A die diskreten Werte

$$A = J(J+1) \qquad J = 0, 1, 2, 3, \ldots \tag{72}$$

besitzt. *Wie im Fall des raumfesten folgt also auch beim raumfreien Rotator die Quantelung aus der Bedingung der Eindeutigkeit und Stetigkeit der Lösungen,* da sich aus (72) mit (68) die gequantelten Energieeigenwerte des freien Rotators zu

$$E_J = h\,c\,B\,J(J+1) = h\,c\,B(J+1/2)^2 - h\,c\,B/4 \qquad J = 0, 1, 2, \ldots \tag{73}$$

ergeben. Die Energiezustände des freien Rotators sind also im Gegensatz zu denen des raumfesten Rotators (64) durch *halbe Quantenzahlen* $(J + 1/2)$ gekennzeichnet. Diese halben Rotationsquantenzahlen folgen aber auch eindeutig aus der Analyse der Rotationsstruktur der Bandenspektren (Kap. VI). Ihre Erklärung stellte die alte Quantentheorie vor unüberwindliche Schwierigkeiten, während sie zwangsläufig aus der wellenmechanischen Behandlung des Rotators mit raumfreier Achse folgt.

Die Lösungen $\Theta(\vartheta)$ der Differentialgleichung (71) unter Berücksichtigung von (72) sind die sog. *zugeordneten Kugelfunktionen* $P_J^{|m|}(\cos\vartheta)$, die jedem mathematischen Tabellenwerk entnommen werden können. Die vollständigen Eigenfunktionen des Rotators mit raumfreier Achse schreiben sich daher bis auf einen hier unwesentlichen Normierungsfaktor

$$\psi(\varphi, \vartheta) = \Phi(\varphi) \cdot \Theta(\vartheta) = e^{im\varphi}\, P_J^{|m|}(\cos\vartheta)\,. \tag{74}$$

Hierin ist J die Quantenzahl des gesamten Drehimpulses, m seine ganzzahlige Komponente in Richtung einer ausgezeichneten Achse, woraus für J und m die Bedingungen

$$J = 0, 1, 2, 3, \ldots \quad \text{und} \quad |m| \le J \tag{75}$$

folgen. Die Eigenfunktionen des Rotators besitzen durch den Schwerpunkt gehende Knotenflächen; und die Zahl dieser Knotenflächen der Eigenfunktion ist gleich der Quantenzahl m bzw. J des entsprechenden Energiezustands des Rotators, die damit ihre wellenmechanische Erklärung gefunden hat.

c) Der lineare harmonische Oszillator

Als nächstes Beispiel behandeln wir den linearen harmonischen Oszillator, der uns als einfachstes Modell für das *schwingende* zweiatomige Molekül in VI,6 wieder begegnen wird. Eine Masse M, deren Bewegungsmöglichkeit auf die x-Achse beschränkt sei, wird bei Auslenkung aus ihrer als Koordinatenursprung gewählten Ruhelage durch eine zur Auslenkung x proportionale Kraft

$$K = -kx \tag{76}$$

zurückgezogen und kann folglich um die Ruhelage mit der Frequenz

$$\nu_0 = \frac{1}{2\pi} \sqrt{\frac{k}{M}} \tag{77}$$

harmonische Schwingungen ausführen. Die potentielle Energie, die von dem mit der Gleichgewichtslage zusammenfallenden Minimum aus gezählt werde, ist wegen $K = -dU/dx$ und (77)

$$U = \frac{1}{2}kx^2 = 2\pi^2 M \nu_0^2 x^2\,, \tag{78}$$

so daß die SCHRÖDINGER-Gleichung des linearen harmonischen Oszillators lautet

$$\frac{d^2\psi}{dx^2} + \frac{8\pi^2 M}{h^2}(E - 2\pi^2 M \nu_0^2 x^2)\,\psi = 0\,. \tag{79}$$

Setzt man hier nach SCHRÖDINGER

$$\xi = 2\pi x \sqrt{\frac{M\nu_0}{h}}\,, \tag{80}$$

so erhält man die Differentialgleichung

$$\frac{d^2\psi}{d\xi^2} + \left(\frac{2E}{h\nu_0} - \xi^2\right)\psi = 0.$$
(81)

Setzt man für die Lösung ψ den Ausdruck

$$\psi(\xi) = e^{-\xi^2/2}H(\xi),$$
(82)

so erhält man für $H(\xi)$ die Differentialgleichung

$$\frac{d^2H}{d\xi^2} - 2\xi\frac{dH}{d\xi} + \left(\frac{2E}{h\nu_0} - 1\right)H = 0.$$
(83)

Nun folgt aus der physikalischen Natur des Problems, daß die schwingende Masse stets in *endlicher* Entfernung vom Ruhepunkt bleibt, ihre Wellenfunktion $\psi(x)$ bzw. $\psi(\xi)$ also im Unendlichen sicher Null sein muß. Das aber ist wegen des negativen Exponentialgliedes in (82) schon dann erfüllt, wenn $H(\xi)$ für sehr große ξ schwächer als $e^{\xi^2/2}$ gegen Unendlich geht. Diese Bedingung für die Lösungen $H(\xi)$ von Gl. (83) aber ist nur erfüllt, wenn

$$\frac{2E}{h\nu_0} = 2v + 1 \qquad v = 0, 1, 2, 3, \ldots$$
(84)

ist, worin man v als die Schwingungsquantenzahl bezeichnet. Bei diesen Werten von E bricht nämlich eine für $H(\xi)$ angesetzte Potenzreihe nach $v + 1$ Gliedern ab. Für alle anderen Energiewerte ergibt sich dagegen eine unendliche Reihe, die stärker als $e^{\xi^2/2}$ gegen Unendlich strebt. Die möglichen Energiewerte des linearen harmonischen Oszillators sind also

$$E = h\nu_0(v + 1/2) \qquad v = 0, 1, 2, 3, \ldots$$
(85)

Beim Oszillator führt also bereits die physikalisch selbstverständliche Randbedingung, daß $\psi(x)$ im Unendlichen Null sein muß, auf die Quantenbedingung (85) für die Energieeigenwerte. Das Ergebnis (85) ist in dreifacher Hinsicht von Interesse. Erstens erkennt man, daß der energetische Abstand aufeinanderfolgender Schwingungszustände $h\nu_0$ der Eigenfrequenz ν_0 des Systems proportional ist, die ihrerseits nach (77) umgekehrt proportional zur Quadratwurzel aus der schwingenden Masse ist. *Nur bei den extrem kleinen schwingenden Massen atomarer Systeme macht sich die Energiequantelung daher bemerkbar,* während bei makroskopischen Schwingern die Energiezustände so dicht liegen, daß sie von dem klassischen Fall, nach dem alle Schwingungsenergien möglich wären, nicht zu unterscheiden sind. Zweitens finden wir nach (85) *in Übereinstimmung mit der bandenspektroskopischen Erfahrung (VI,6) wieder halbzahlige Quantenzahlen. Drittens zeigt (85), daß der Oszillator und damit jedes schwingungsfähige System auch im tiefsten möglichen Energiezustand $v = 0$, und d.h. auch am absoluten Nullpunkt der Temperatur, noch Schwingungsenergie vom Betrage $E = h\nu_0/2$ besitzt. Diese empirisch bekannte sog. Nullpunktsenergie konnte somit erst von der Quantenmechanik erklärt werden.*

Die Lösungen $H(\xi)$ der Gl. (83) sind die aus den mathematischen Tabellenwerken zu entnehmenden HERMITEschen Polynome; sie lauten für die ersten vier v-Werte

$$\left.\begin{aligned}
H_0(\xi) &= 1,\\
H_1(\xi) &= \xi,\\
H_2(\xi) &= 2\xi^2 - 1,\\
H_3(\xi) &= 2\xi^3 - 3\xi.
\end{aligned}\right\}$$
(86)

Die Schwingungseigenfunktionen des linearen harmonischen Oszillators sind damit aus (82) mit (80) direkt berechenbar. Ihre Norm $\psi\psi^*$ gibt die für die Molekülphysik (Kap. VI) sehr wichtige räumliche Wahrscheinlichkeitsdichte der schwingenden Masse an, d.h. die Wahrscheinlichkeit, den Oszillator bei einer Messung in der Auslenkung x zu finden. Klassisch ist diese Wahrscheinlichkeit, den Massenpunkt an einem bestimmten Ort anzutreffen, in den Umkehrpunkten der Schwingung am größten, weil sich die Masse hier am längsten aufhält; sie ist mit den Werten der klassischen Schwingungsamplituden A_0 bis A_5 in Abb. 96 für die ersten sechs Schwingungszustände in den mit „kl" bezeichneten Kurven angegeben. Außerhalb der Schwingungsumkehrpunkte ist klassisch die Aufenthaltswahrscheinlichkeit der Masse natürlich Null, weil dort die potentielle Energie größer wäre als die Gesamtenergie. Quantenmechanisch dagegen ist die Wahrscheinlichkeitsdichte durch die Norm der Schwingungseigenfunktion, $\psi\psi^*$, gegeben, die [gemäß (82) berechnet und mit „qu" bezeichnet] in Abb. 96 ebenfalls eingezeichnet ist. Wir erkennen zunächst, daß die im klassischen Bild vernachlässigte Wellennatur der Erscheinung sich im Auftreten von Maxima und Minima von $\psi\psi^*$ äußert, und daß die Zahl der Maxima gleich der um eins vermehrten Schwingungsquantenzahl v ist. Weiter sehen wir, daß wellenmechanisch die Masse mit geringer Wahrscheinlichkeit auch dort angetroffen werden kann, wo sie klassisch nicht hingelangen sollte, nämlich außerhalb der Schwingungsumkehrpunkte. Das ist eine Folge der Unbestimmtheitsbeziehung (22), die Impuls- und Ortsunbestimmtheit in solcher Weise koppelt, daß letztere beim Oszillator durch die Breite der $\psi\psi^*$-Maxima bestimmt ist. Daß diese Diskrepanz zwischen dem quantenmechanischen Ergebnis und der klassischen Erwartung besonders in der Gegend der Schwingungsumkehrpunkte auftritt, liegt daran, daß hier wegen der geringen Geschwindigkeit der schwingenden Masse deren DE BROGLIE-Wellenlänge (8) besonders groß ist (vgl. S. 167). Wir erkennen schließlich aus Abb. 96, daß im Schwingungsgrundzustand $v = 0$ die Aufenthaltswahrscheinlichkeit der Masse dort am größen ist,

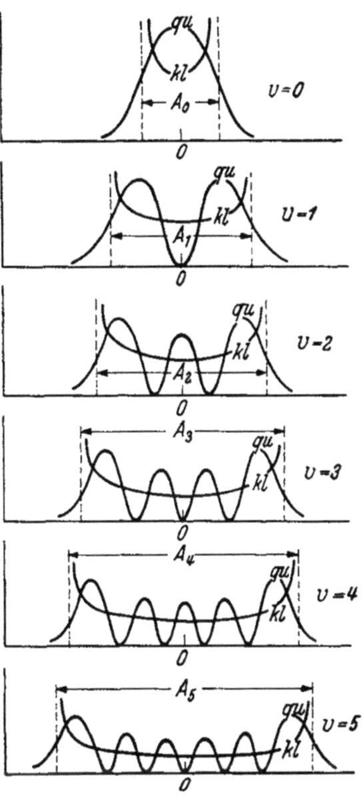

Abb. 96. Zur klassischen und wellenmechanischen Behandlung des harmonischen Oszillators. Aufenthaltswahrscheinlichkeit der schwingenden Masse (kl nach klassischer, qu nach wellenmechanischer Rechnung) für die ersten sechs quantentheoretisch möglichen Schwingungszustände. A_0 bis A_5 sind die klassischen Schwingungsamplituden, die wellenmechanisch also, wenn auch mit geringer Wahrscheinlichkeit, überschritten werden können (nach CL. SCHAEFER).

wo sie klassisch am kleinsten ist, nämlich in der Mitte, während mit wachsender Quantenzahl v die Bedeutung der mittleren Maxima von $\psi\psi^*$ zurücktritt und die intensiven seitlichen Maxima sich den klassischen Schwingungsumkehrpunkten immer mehr nähern. Je höhere Schwingungszustände also angeregt sind, um so geringer werden erwartungsgemäß die Abweichungen zwischen dem quantenmechanischen und dem klassischen Verhalten des Systems. Das ist in Übereinstimmung mit unserem allgemeinen in III,22 besprochenen Gesetz, nach dem bei großen Quantenzahlen die Quantenphysik in die klassische Physik übergeht.

d) Das Wasserstoffatom und seine Eigenfunktionen

Als letztes Beispiel nehmen wir die wellenmechanische Behandlung des Wasserstoffatoms vor, die sich formal eng an die des raumfreien Rotators anlehnt. Es ist nun aber auch der Mittelpunktsabstand r der rotierenden Masse, hier des das Proton umkreisenden Elektrons, variabel.

Die potentielle Energie des Systems Proton-Elektron ist das CoULOMBsche Anziehungspotential

$$U = - e^2/r, \tag{87}$$

so daß die SCHRÖDINGER-Gleichung für das H-Atom lautet

$$\Delta \psi + \frac{8\pi^2 m_e}{h^2}\left(E + \frac{e^2}{r}\right)\psi = 0. \tag{88}$$

In räumlichen Polarkoordinaten r, ϑ, φ geschrieben lautet (88)

$$\frac{\partial^2 \psi}{\partial r^2} + \frac{2}{r}\frac{\partial \psi}{\partial r} + \frac{1}{r^2}\left[\frac{1}{\sin\vartheta}\frac{\partial}{\partial\vartheta}\left(\sin\vartheta\frac{\partial\psi}{\partial\vartheta}\right) + \frac{1}{\sin^2\vartheta}\frac{\partial^2\psi}{\partial\varphi^2}\right] + \frac{8\pi^2 m_e}{h^2}\left(E + \frac{e^2}{r}\right)\psi = 0. \tag{89}$$

Zur Lösung versucht man die gesuchte Funktion ψ als Produkt dreier nur von je einer Koordinate abhängiger Lösungsfunktionen zu schreiben

$$\psi(r, \vartheta, \varphi) = R(r)\,\Theta(\vartheta)\,\Phi(\varphi), \tag{90}$$

wodurch die SCHRÖDINGER-Gleichung (89) in die folgenden drei, jeweils von nur einer Koordinate abhängigen Differentialgleichungen zerfällt.

$$\frac{d^2 R}{dr^2} + \frac{2}{r}\frac{dR}{dr} + \left[\frac{8\pi^2 m_e}{h^2}\left(E + \frac{e^2}{r}\right) - \frac{A}{r_2}\right]R = 0, \tag{91}$$

$$\frac{1}{\sin\vartheta}\frac{d}{d\vartheta}\left(\sin\vartheta\frac{d\Theta}{d\vartheta}\right) + \left(A - \frac{m^2}{\sin^2\vartheta}\right)\Theta = 0, \tag{92}$$

$$\frac{d^2\Phi}{d\varphi^2} + m^2\Phi = 0. \tag{93}$$

Die hier auftretenden sog. Separationskonstanten A und m^2 sind uns von IV,7b her bereits bekannt, doch schreiben wir A hier

$$A = l(l+1) \qquad l = 0, 1, 2, \ldots \tag{94}$$

um anzudeuten, daß es sich bei l um die in III,8 bereits eingeführte Quantenzahl des Bahndrehimpulses des das Proton umkreisenden Elektrons handelt. Die die Winkelabhängigkeit der Eigenfunktionen des H-Atoms angebenden Lösungen $\Phi(\varphi)\,\Theta(\vartheta)$ von (92) und (93) sind bereits in (74) angegeben, wenn man nur J durch l ersetzt. Man bezeichnet sie als die *Kugelflächenfunktionen*.

Wir haben nun noch die wichtigste, weil allein die Energie E enthaltende r-abhängige SCHRÖDINGER-Gleichung (91) zu lösen, die unter Berücksichtigung von (94) lautet

$$\frac{d^2 R}{dr^2} + \frac{2}{r}\frac{dR}{dr} + \left[\frac{8\pi^2 m_e}{h^2}\left(E + \frac{e^2}{r}\right) - \frac{l(l+1)}{r^2}\right]R = 0. \tag{95}$$

Diese Differentialgleichung besitzt endliche, eindeutige und im Unendlichen verschwindende Lösungen R nur für gewisse Eigenwerte der Energie E, die dem H-Atom eigenen Energiezustände, die uns bereits aus der BOHRschen Theorie bekannt sind.

Als Nullpunkt der Energiezählung wählen wir den Zustand des ionisierten Atoms, in dem Proton und abgetrenntes Elektron relativ zueinander in Ruhe sind. Durch diese Festsetzung erhalten die Energiezustände des gebundenen Elektrons negative Energiewerte (Bindungsenergien), während positive Energiewerte E der kinetischen Energie des ionisierten freien Elektrons entsprechen. Bei dieser Energiezählung, die wir in III,5 bereits besprochen haben, gehören in der Bohrschen Vorstellung zu den negativen E-Werten die Ellipsenbahnen des gebundenen Elektrons, zu positiven Energiewerten die Hyperbelbahnen des freien Elektrons.

Wir behandeln zunächst die Lösungen der Gl. (95) für die stationären Atomzustände $E < 0$: Für große r kann man die Glieder mit $1/r$ und $1/r^2$ in (95) vernachlässigen und erhält

$$\frac{d^2 R}{d r^2} + \frac{8\pi^2 m_e}{h^2} E R = 0 . \tag{96}$$

Setzt man nun

$$\frac{h^2}{8\pi^2 m_e E} = -r_0^2 , \tag{97}$$

worin sich r_0 als identisch mit dem Bohrschen Radius der Grundbahn erweist, und führt als neue Variable das Doppelte des Radius r, gemessen in Einheiten von r_0, ein

$$\varrho = \frac{2r}{r_0} , \tag{98}$$

so erhält man die „asymptotische Lösung" der Differentialgleichung (96) für große r

$$R = \text{const } e^{-\varrho/2} . \tag{99}$$

Für endliche r bzw. ϱ ersetzen wir die Konstante in (99) durch eine noch zu bestimmende Funktion von ϱ, schreiben also

$$R = e^{-\varrho/2} w(\varrho) \tag{100}$$

und erhalten durch Eingehen in (95) für $w(\varrho)$ die Differentialgleichung

$$\frac{d^2 w}{d\varrho^2} + \left(\frac{2}{\varrho} - 1\right)\frac{dw}{d\varrho} + \left[\left(\frac{\pi e^2 \sqrt{-2 m_e}}{h\sqrt{E}} - 1\right)\frac{1}{\varrho} - \frac{l(l+1)}{\varrho^2}\right] w = 0 . \tag{101}$$

Wir suchen nun für $w(\varrho)$ eine Polynomdarstellung, um das Verschwinden von R für große ϱ weiterhin zu gewährleisten (jedes Polynom geht bei $\varrho \to \infty$ mit geringerer Ordnung gegen ∞ als $e^{\varrho/2}$). Dazu setzen wir

$$w(\varrho) = \varrho^l u(\varrho) = \varrho^l \sum a_p \varrho^\nu , \tag{102}$$

gehen mit diesem Ausdruck und seinen Differentialquotienten in Gl. (101) ein und erhalten eine Rekursionsformel, die zur Erfüllung der Endlichkeitsbedingung bei einem bestimmten Gliede abbrechen muß. Das geschieht beim p-ten Glied, wenn

$$-(p + l + 1) = -n = \frac{\sqrt{-2 m_e}\,\pi e^2}{h\sqrt{E}} \tag{103}$$

ist, woraus für die Energieeigenwerte des H-Atoms folgt

$$E = -\frac{2\pi^2 m_e e^4}{h^2 n^2} \qquad \begin{array}{l} n = 1, 2, 3, \ldots \\[4pt] n \geq l + 1 . \end{array} \tag{104}$$

Dies ist aber, wie der Vergleich mit Gl. (III-22) zeigt, genau die Gleichung für die Energiewerte der Bohrschen Quantenbahnen des H-Atoms mit n als Hauptquantenzahl. *Die Quantenbedingung folgt hier also einfach aus der Randbedingung des Verschwindens der Lösungsfunktionen im Unendlichen.* Die Lösungen $R(\varrho)$ schreiben sich, wenn wir gemäß (103) den Grad p des Polynoms $u(\varrho)$ von (102) durch n und l ausdrücken,

$$R(\varrho) = e^{-\varrho/2}\varrho^l u_{n-l-1}(\varrho) \tag{105}$$

und damit die vollständigen Eigenfunktionen des H-Atoms bis auf die recht umständlich zu berechnenden Normierungsfaktoren

$$\psi(\varrho,\vartheta,\varphi) = e^{-\varrho/2}\varrho^l u_{n-l-1}(\varrho)\, P_l^{|m|}(\cos\vartheta)\, e^{im\varphi}. \tag{106}$$

Diese Eigenfunktionen beschreiben also das vollständige Verhalten des Elektrons in einem durch die drei Quantenzahlen n, l und m gekennzeichneten stationären Zustand des H-Atoms. Dabei gelten für die Quantenzahlen die uns schon bekannten Bedingungen

$$n \geqq l + 1,$$
$$l \geqq |m| \geqq 0, \tag{107}$$
$$m = 0, \pm 1, \pm 2, \pm 3, \ldots$$

Wir bemerken, daß im Ausdruck (104) für die Energiewerte E die Quantenzahlen l und m nicht vorkommen, sondern *nur* die Hauptquantenzahl n. Zu einem Energieeigenwert E_n gehören daher n^2 verschiedene Eigenfunktionen, da l von Null bis $n-1$ läuft und zu jedem l nach (107) $2l+1$ Einstellungen von l, d.h. $2l+1$ verschiedene m-Werte und somit $2l+1$ Eigenfunktionen gehören:

$$\sum_{l=0}^{l=n-1}(2l+1) = \frac{n}{2}(1+2n-1) = n^2. \tag{108}$$

Die Energieeigenwerte des H-Atoms sind also (n^2-1)fach entartet (vgl. III,8), wenn die Entartung nicht durch Störungen aufgehoben wird.

In Abb. 97 sind die r-abhängigen Anteile der Eigenfunktionen für die ersten drei Zustände des H-Atoms gezeichnet; der kleine senkrechte Strich deutet zum Vergleich jeweils den Radius der entsprechenden Bohrschen Bahn an. Abb. 98

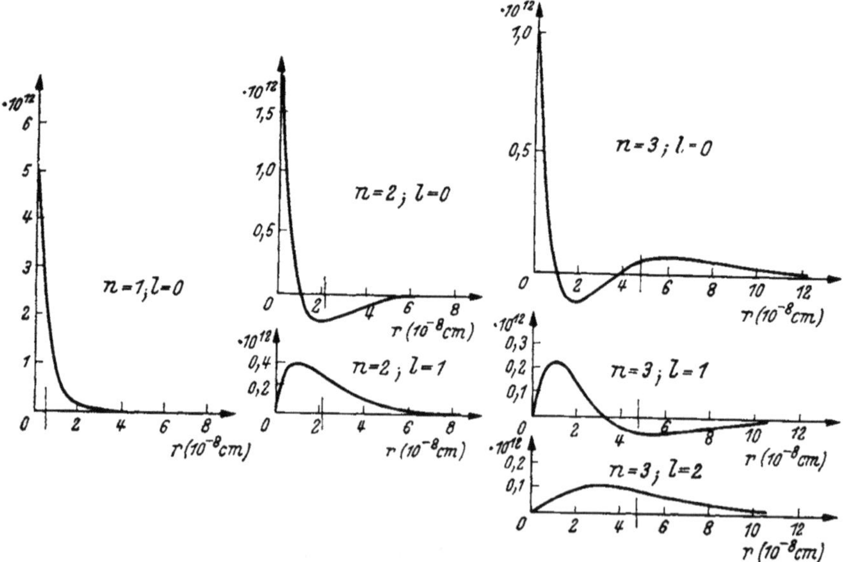

Abb. 97. Die r-abhängigen Anteile der Elektroneneigenfunktionen des H-Atoms für verschiedene Werte der Hauptquantenzahl n und der Bahnimpulsquantenzahl l (nach Herzberg). Ordinatenmaßstab nicht überall der gleiche! Der kleine senkrechte Strich auf der r-Achse gibt den Radius der entsprechenden Bohrschen Bahn nach der alten Theorie an.

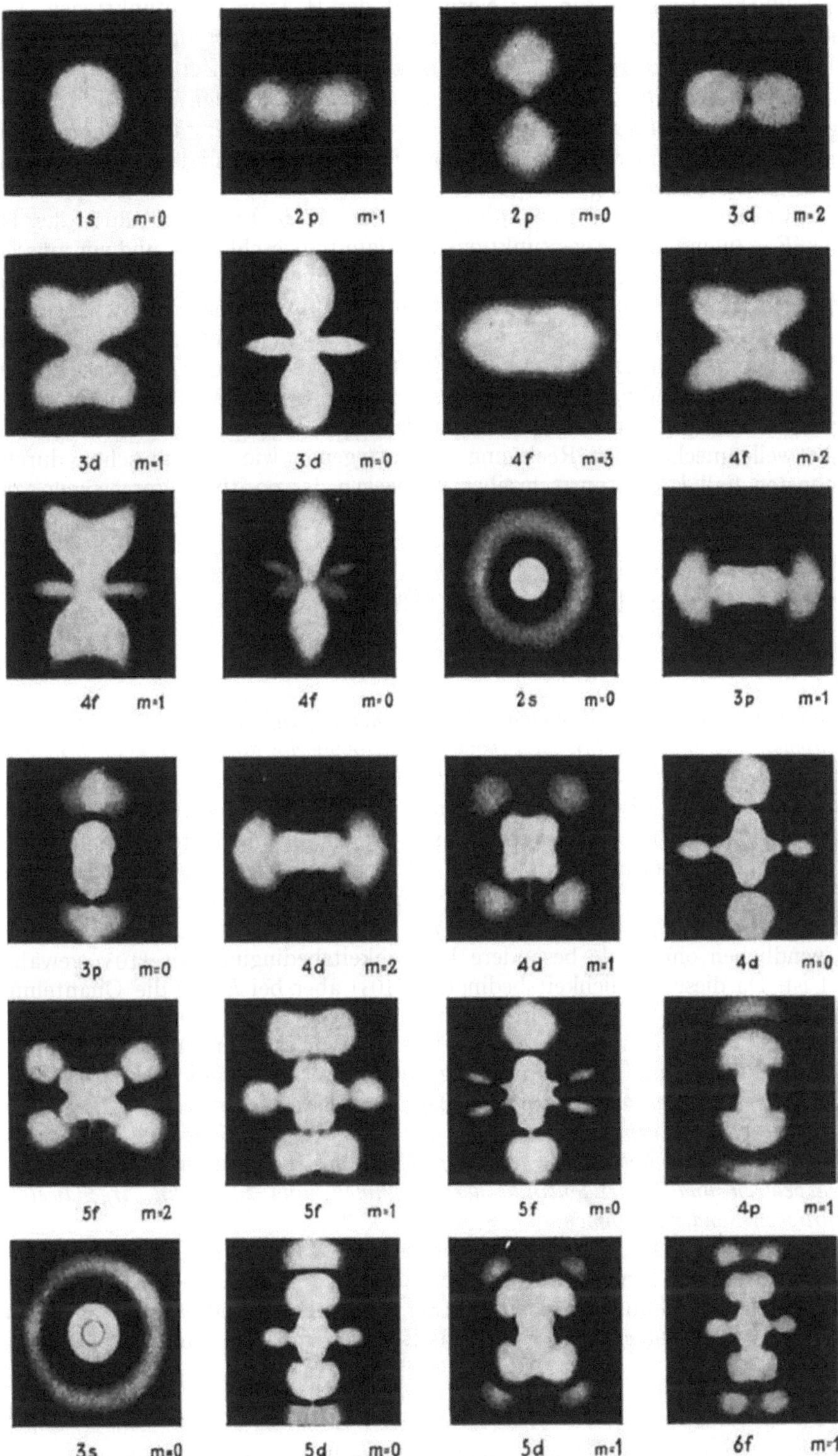

Abb. 98. Wellenmechanische „Bilder" des H-Atomelektrons in seinen verschiedenen Anregungszuständen (Eigenschwingungsformen der „Elektronenwolke") nach WHITE. Die Helligkeit gibt die Größe der Aufenthaltswahrscheinlichkeit des Elektrons an jeder Stelle an.

zeigt bildliche Darstellungen der Norm $\psi\psi^*$ der H-Atom-Eigenfunktionen. Die Bilder geben die Größe der Wahrscheinlichkeit, das Elektron an einem bestimmten Raumpunkt anzutreffen, oder anders ausgedrückt das Zeitmittel der Elektronendichte an jedem Raumpunkt an *und entsprechen genau den Eigenschwingungsformen einer elastischen Kugel.* Für das anschauliche Verständnis der chemischen Bindung besonders in der Stereochemie (vgl. VI,14d) sind diese Darstellungen von großer Bedeutung.

Die wellenmechanische Behandlung der *stationären* Energiezustände des H-Atoms ($E < 0$) und ihrer Eigenfunktionen ist damit abgeschlossen, und wir müssen uns noch kurz mit den Zuständen positiver Energie ($E > 0$) befassen, die den BOHRschen Hyperbelbahnen entsprechen, und die für die kontinuierlichen Spektren (vgl. III,6) verantwortlich sind. Da es sich dabei im Sinne von DE BROGLIE um eine vom Atomkern fortlaufende Elektronenwelle handelt, ist anschaulich klar, daß Quantenbedingungen nicht existieren können. Die Wellenfunktion eines freien Elektrons mit kinetischer Energie ($E > 0$) muß also eine Sinuswelle sein.

Die wellenmechanische Rechnung verläuft genau wie in dem schon durchgerechneten Fall $E < 0$, nur schreiben wir wegen des positiven Vorzeichens von E statt (97) jetzt

$$\frac{h^2}{8\,\pi^2\,m_e\,E} = +\,r_0^2 \tag{109}$$

und erhalten für die radiale Lösung von (95) den Ansatz

$$R = e^{\pm\,i\,\frac{\varrho}{2}}\,w\,(\varrho). \tag{110}$$

Hierin bedeuten die beiden Vorzeichen im Exponenten, daß es sowohl eine vom Kern fortlaufende wie eine auf ihn zulaufende Elektronenwelle gibt[1]. *Der erste Fall entspricht der Ionisation des Atoms, der zweite der Wiedervereinigung von Elektron und Kern zum neutralen Atom.* Geht man nun mit dem Ansatz (110) in die SCHRÖDINGER-Gleichung (95) ein, so erhält man für $w\,(\varrho)$ eine Differentialgleichung ähnlich Gl. (101), aber mit komplexen Koeffizienten, deren Lösung $w\,(\varrho)$ wir wieder durch eine Potenzreihe ähnlich (102) darstellen können. Diese Reihe konvergiert nun aber im Gegensatz zu (102) für $\varrho \to \infty$, so daß die Endlichkeit der Lösung im Unendlichen ohne jede besondere Endlichkeitsbedingung wie (103) gewährleistet ist. Da diese Endlichkeitsbedingung (103) aber bei $E < 0$ die Quantelung der E-Werte ergab, erhalten wir rein mathematisch für $E > 0$ *keine* Quantenbedingung; es gibt vielmehr für *alle* positiven E-Werte Lösungen der SCHRÖDINGER-Gleichung (95) in Übereinstimmung mit unserer anschaulichen Überlegung. *Es muß als eines der befriedigendsten Ergebnisse der Wellenmechanik angesehen werden, daß rein mathematisch aus der einen SCHRÖDINGER-Gleichung (95) sowohl die diskreten wie die kontinuierlichen Energiewerte des H-Atoms entsprechend dessen Linienspektren und Serienkontinua herauskommen, und zwar ohne irgendwelche willkürlichen Sonderannahmen.* Da es sich bei den Lösungsfunktionen des freien Elektrons ($E > 0$) nicht um stationäre Zustände, sondern um an- oder ablaufende Wellen handelt, müssen wir jetzt die volle zeitabhängige Wellenfunktion Ψ betrachten und erhalten als asymptotische Lösung (bei großem r) für das Elektron mit der kinetischen Energie $E > 0$

$$\Psi\,(r) = C\,e^{\,i\left(\pm\,r/r_0 - \frac{2\pi E t}{h}\right)}, \tag{111}$$

d.h. die erwartete fortschreitende, auch im Unendlichen endlich bleibende Sinuswelle der Frequenz $\nu = E/h$.

---

[1] Entsprechend wird wellenmechanisch auch der lichtelektrische Effekt behandelt.

8. Die quantenmechanischen Ausdrücke für beobachtbare Eigenschaften atomarer Systeme

Wie lassen sich nun ganz allgemein beobachtbare Eigenschaften eines Systems quantenmechanisch darstellen? Die Antwort folgt aus der Feststellung, daß $\psi\psi^*$ $d\tau$ die Wahrscheinlichkeit dafür ist, das durch ψ beschriebene Teilchen im Volumenelement $d\tau$ zu finden. Man kann diesen Ausdruck daher auch als *die über eine hinreichend lange Zeit gemittelte räumliche Teilchendichte bezeichnen*. Aus ihr berechnet sich z.B. der mittlere Abstand $\bar{r}$ eines solchen „verschmierten" Teilchens von einem beliebigen Aufpunkt, oder mit anderen Worten der über das Zeitmittel genommene Radiusvektor seines Massenmittelpunktes. Bezeichnen wir mit r den Radiusvektor des Volumenelements $d\tau$, so ist $\psi\,r\,\psi^*\,d\tau$ die Wahrscheinlichkeit für das Vorkommen des Radiusvektors r $(d\tau)$ und damit sein „Erwartungswert"

$$\langle\bar{r}\rangle = \int \psi\,r\,\psi^*\,d\tau, \tag{112}$$

da das Integral $\int\psi\psi^*\,d\tau$, durch das (112) eigentlich zu dividieren wäre, ja wegen (44) gleich eins ist. Bezeichnet man analog den über das Zeitmittel genommenen Beitrag des Volumenelements $d\tau$ zum Impuls mit $\bar{p}$, so gilt für den Impuls des Teilchens ersichtlich der (112) entsprechende Ausdruck

$$\langle\bar{p}\rangle = \int \psi\,p\,\psi^*\,d\tau. \tag{113}$$

Um $\bar{p}$ wirklich berechnen zu können, müssen wir hierin p durch den ihm nach (56) entsprechenden Differentialoperator ersetzen:

$$\langle\bar{p}\rangle \cong \int \psi\,\frac{h}{2\pi i}\,\mathrm{grad}\,\psi^*\,d\tau \tag{114}$$

und haben damit einen quantenmechanischen Ausdruck, der den Impuls $\bar{p}$ bei bekannten Eigenfunktionen ψ zu berechnen erlaubt.

Unter Benutzung der bekannten klassischen Beziehung zwischen Impuls und kinetischer Energie erhalten wir aus (114) mit (56) den Differentialoperator für die letztere

$$E_k = \frac{p^2}{2m} \cong \frac{h^2}{8\pi^2 m}\,\mathrm{grad}^2 = \frac{h^2}{8\pi^2 m}\,\Delta \tag{115}$$

und damit den quantenmechanischen Ausdruck für die kinetische Energie

$$\langle\bar{E}_k\rangle = \int \psi\,\frac{h^2}{8\pi^2 m}\,\Delta\,\psi^*\,d\tau, \tag{116}$$

der ihre Berechnung aus den Eigenfunktionen ψ gestattet und übrigens direkt aus der SCHRÖDINGER-Gleichung (38) folgt, wenn man diese in der konjugierten Form mit $\psi d\tau$ multipliziert und unter Berücksichtigung der Normierungsbedingung (44) über den ganzen Raum integriert.

Wir benutzen dieses Ergebnis zum Beweis des schon in III,16c eingeführten Ausdrucks für den Absolutwert eines atomaren Drehimpulses $|J|$, der als Funktion der ihm entsprechenden Drehimpulsquantenzahl J nach der Quantenmechanik

$$\langle|J|\rangle = \sqrt{J(J+1)}\,h/2\pi \tag{117}$$

sein sollte, während man klassisch den mit der spektroskopischen Erfahrung nicht verträglichen Ausdruck $J\,h/2\pi$ erwartet hatte. Nun ist ja für ein rotierendes System die kinetische Energie einfach die Rotationsenergie

$$E_k = \frac{1}{2}\,I\,\omega^2 = \frac{1}{2}\,m r^2\,\omega^2. \tag{118}$$

Es gilt ferner für den Rotator nach (65), (71) und (72)

$$\Delta \psi = - \frac{J(J+1)}{r^2}\, \psi.$$
(119)

Aus (115), (118) und (119) folgt dann

$$\frac{1}{2}\, m\, r^2\, \omega^2 \,\widehat{=}\, \frac{h^2}{8\pi^2 m}\, \Delta = \frac{h^2}{8\pi^2 m}\, \frac{J(J+1)}{r^2}$$
(120)

oder

$$\omega = \frac{h}{2\pi\, m\, r^2}\, \sqrt{J(J+1)} = \frac{h}{2\pi\, I}\, \sqrt{J(J+1)}.$$
(121)

Da aber der Drehimpuls gleich dem Produkt aus Trägheitsmoment I und Winkelgeschwindigkeit ω ist, folgt aus (121) direkt das behauptete Ergebnis (117).

Es sei noch erwähnt, daß Drehimpuls und Drehwinkel als kanonisch konjugierte Größen der Unbestimmtheitsbeziehung unterliegen. Aus der Quantelung des Drehimpulses (117) folgt deshalb eine Unbestimmtheit seiner Orientierung in bezug auf eine vorgegebene Richtung (etwa die des Magnetfeldes im ZEEMAN-Effekt). Wegen dieser Unbestimmtheit muß die Komponente von $\sqrt{J(J+1)}$ in Feldrichtung kleiner sein als (117); die Rechnung ergibt als Höchstwert gerade $J\, h/2\pi$.

9. Die wellenmechanische Strahlungstheorie. Übergangswahrscheinlichkeit, Auswahlregeln und Polarisationsverhältnisse

Nachdem wir in III,23 bereits die Frage der Intensität von Emissions- und Absorptionsspektren auf der Grundlage des Korrespondenzprinzips untersucht haben, wollen wir nun eine etwas systematischere Quantentheorie der Ausstrahlung von Atomen auf wellenmechanischer Grundlage entwickeln.

Aus den Überlegungen des letzten Abschnitts folgt, daß das Volumenelement $d\tau$ eines Einelektronenatoms im Zeitmittel einen Bruchteil der Elektronenladung

$$d e = e\, \Psi\Psi^*\, d\tau$$
(122)

enthält, der, über den ganzen Raum integriert, wegen der Normierungsbedingung (44) natürlich die Ladung e des ganzen Elektrons ergibt. In (122) wurden die vollständigen zeitabhängigen Wellenfunktionen Ψ verwendet, weil wir es bei der Strahlung ja mit zeitabhängigen, nichtstationären Vorgängen zu tun haben.

Da nun ein elektrisches Dipolmoment allgemein als das Produkt aus Ladung und Abstand der Ladungsschwerpunkte zweier (entgegengesetzt gleicher) Ladungen definiert ist, ist das Dipolmoment, das in der BOHRschen Auffassung das um den Kern umlaufende Elektron mit dessen positiver Ladung bildet, unter Berücksichtigung von (112)

$$\boldsymbol{p} = e\, \boldsymbol{\bar{r}} = e\int \Psi\, \boldsymbol{r}\, \Psi^*\, d\tau,$$
(123)

wo die Ψ durch (36) gegeben sind. Bilden wir nun das elektrische Moment eines Atoms in einem stationären Zustand, so hebt sich das die Zeit enthaltende Glied $e^{-2\pi i \nu t}$ bei der Multiplikation von Ψ mit der konjugiert-komplexen Zustandsfunktion Ψ^* gegen $e^{+2\pi i \nu t}$ heraus, so daß sich die Ladungsverteilung und damit das „stationäre" Dipolmoment als zeitlich konstant erweisen:

$$\boldsymbol{p} = e\int \psi\, \boldsymbol{r}\, \psi^*\, d\tau = \text{const}.$$
(124)

Da aber nur bei der zeitlichen Änderung eines elektrischen Moments Energie ausgestrahlt werden kann, ist die Strahlungslosigkeit der stationären Atomzustände damit wellenmechanisch erklärt.

Ebenso wie aber eine elastische Saite gleichzeitig mit zwei verschiedenen Frequenzen schwingen kann, deren Amplituden sich einfach superponieren, kann auch die Ψ-Funktion eines Atoms aus mehreren Eigenfunktionen zusammengesetzt sein. Berechnen wir nun das Dipolmoment (123) für den Fall, daß Ψ und Ψ^* nicht zur gleichen Eigenfunktion gehören, sondern daß die beiden Eigenfunktionen, durch deren Überlagerung das wirkliche Elektronenverhalten beschrieben wird,

$$\Psi_n = \psi_n e^{-2\pi i \nu_n t} \quad \text{und} \quad \Psi_m^* = \psi_m^* e^{+2\pi i \nu_m t} \tag{125}$$

sind, so ergibt sich das dem Übergang $E_n \to E_m$ zuzuordnende elektrische Moment zu

$$p_{nm} = e \int \Psi_n \mathbf{r} \, \Psi_m^* d\tau = e^{2\pi i (\nu_m - \nu_n)t} e \int \psi_n \mathbf{r} \, \psi_m^* d\tau. \tag{126}$$

„Pendelt" das Elektron also, um in unserem Bilde der Eigenschwingungen zu bleiben, zwischen den beiden Eigenschwingungen Ψ_n und Ψ_m hin und her, so haben wir statt des zeitlich konstanten elektrischen Dipolmoments (124) *eine Schwingung der Ladungsdichte mit der Schwebungsfrequenz $\nu_n - \nu_m$, mit der klassisch eine Strahlungsemission gleicher Frequenz verbunden ist.* Ersetzen wir nun in (126) die Frequenzen durch die dem zugehörigen Quantensprung entsprechende Energiedifferenz

$$\nu_n - \nu_m = \frac{E_n - E_m}{h}, \tag{127}$$

so erkennen wir, daß die *von* BOHR *postulierte Emission eines Lichtquants der Frequenz $\nu_n - \nu_m = \nu_{nm}$ bei der Energiezustandsänderung $E_n - E_m$ des Atoms gemäß (126) und (127) aus der Wellenmechanik zwangsläufig herauskommt, wenn die beiden den Energiezuständen E_n und E_m entsprechenden Eigenfunktionen Ψ_n und Ψ_m angeregt sind.* Die Frequenz der zeitlichen Ladungsdichteänderung ist wie im klassischen Bild gleich der Strahlungsfrequenz.

Nach der Elektrodynamik ist nun die je Zeiteinheit von einer großen Zahl N von Dipolen mit dem elektrischen Moment p ausgestrahlte Energie

$$S = \frac{2N}{3c^3} \left(\frac{d^2 p}{dt^2} \right)^2. \tag{128}$$

Übertragen wir diese Formel wegen der vielfach bewährten Korrespondenz zwischen klassischen und Quantenvorgängen auf unseren Fall, setzen wir also für p den Ausdruck (126) ein, so erhalten wir

$$S = \frac{2N}{3c^3} (2\pi \nu_{nm})^4 \, \overline{4\cos^2(2\pi \nu_{nm} - \delta)} \, t \, e^2 \left(\int \psi_n \mathbf{r} \, \psi_m^* d\tau \right)^2, \tag{129}$$

wo durch Überstreichen die Bildung des zeitlichen Mittelwerts angedeutet ist und δ eine wegen der Mittelbildung nicht interessierende Phasenkonstante ist. Mit $\overline{\cos^2} = 1/2$ gibt das unter Berücksichtigung von (124) für die sekundliche Ausstrahlung der N angeregten Atome die Strahlungsenergie (in erg/sec):

$$S = \frac{64\pi^4 N}{3c^3} \nu_{nm}^4 \, p_{nm}^2 = \frac{64\pi^4 N e^2}{3c^3 h^4} (E_n - E_m)^4 \left(\int \psi_n \mathbf{r} \, \psi_m^* d\tau \right)^2. \tag{130}$$

Definiert man nun gemäß III,23 als Übergangswahrscheinlichkeit A_{nm} die auf die Zeiteinheit bezogene Wahrscheinlichkeit, daß ein Atom im Zustand E_n spontan unter Strahlungsemission in den Zustand E_m übergeht, so ist A_{nm}, mit der Energie $h\nu_{nm}$ des emittierten Lichtquants und der Zahl der angeregten Atome N multipliziert, offenbar gleich der mittleren sekundlichen Ausstrahlung (130) der N angeregten Atome. Damit haben wir den wellenmechanischen Ausdruck für die Übergangswahrscheinlichkeit A_{nm} gefunden:

$$A_{nm} = \frac{S}{N\,h\,\nu_{nm}} = \frac{64\,\pi^4\,\nu_{nm}^3}{3\,h\,c^3}\,\boldsymbol{p}_{nm}^2 = \frac{64\,\pi^4\,e^2}{3\,h^4\,c^3}\,(E_n - E_m)^3 \left(\int \psi_n\,\boldsymbol{r}\,\psi_m^*\,d\tau\right)^2, \qquad (131)$$

aus dem sich mittels der Formeln von III,23 die Strahlung einer gegebenen Gesamtheit von nur teilweise angeregten Atomen ebenso wie die Absorptionswahrscheinlichkeit und damit die Intensität von Emissions- wie Absorptionsspektren berechnen lassen.

Nach (131) ist die Übergangswahrscheinlichkeit offenbar ceteris paribus durch das in der Klammer stehende zeitlich konstante Integral über den räumlichen Anteil der Eigenfunktionen bestimmt. Die Komponenten dieses Integrals

$$\left.\begin{aligned}
X_{ik} &= \int \psi_i\,x\,\psi_k^*\,d\tau, \\
Y_{ik} &= \int \psi_i\,y\,\psi_k^*\,d\tau, \\
Z_{ik} &= \int \psi_i\,z\,\psi_k^*\,d\tau
\end{aligned}\right\} \qquad (132)$$

bezeichnet man als die *Matrixelemente* des betreffenden Übergangs. Sie sind von Bedeutung für die Berechnung der Auswahlregeln und Polarisationsverhältnisse der emittierten Strahlung. Sind nämlich die Eigenfunktionen in ihrer räumlichen Symmetrie (vgl. etwa Abb. 98) so beschaffen, daß alle Matrixelemente (132) Null werden, so ist der betreffende Übergang offenbar „verboten". Ist dagegen z.B. nur X_{ik} von Null verschieden, so ist die emittierte Strahlung in der durch x und die Ausstrahlungsrichtung bestimmten Ebene polarisiert.

Vom wellenmechanischen Standpunkt aus könnte man nun geradezu sagen, daß Übergangs*verbote* die Regel und erlaubte Übergänge die Ausnahme sind. Setzt man nämlich tatsächliche Eigenfunktionen ψ in (132) ein, so werden im allgemeinen alle Matrixelemente und mit ihnen die Übergangswahrscheinlichkeit (131) Null. Nur wenn die Eigenfunktionen ψ_i und ψ_k bestimmte Bedingungen erfüllen, ihre Nullstellen (Quantenzahlen) eben mit den empirischen Auswahlregeln von Kap. III übereinstimmen, werden die Matrixelemente oder wenigstens eines von ihnen von Null verschieden sein.

Betrachten wir als Beispiel etwa die Eigenfunktionen des raumfreien Rotators (IV,7b), die mit den r-unabhängigen Anteilen der Eigenfunktionen des H-Atoms identisch sind, die Kugelflächenfunktionen (74):

$$\psi = P_l^{|m|}(\cos\vartheta)\,e^{i\,m\,\varphi}, \qquad (133)$$

worin l die Bahnimpulsquantenzahl und m die Orientierungs- oder Magnetquantenzahl bezeichnet. Gehen wir mit (133) in (132) ein, so ergibt eine etwas umständliche Rechnung, daß die Matrixelemente nur von Null verschieden sind, wenn die Quantenzahlen l und m der beiden kombinierenden Quantenzustände i und k sich um höchstens eine Einheit unterscheiden. Im einzelnen gilt:

$$\left.\begin{aligned}
X_{ik} &\neq 0 \quad \text{nur für} \quad m_i = m_k \pm 1 \quad \text{und} \quad l_i = l_k \pm 1, \\
Y_{ik} &\neq 0 \quad \text{nur für} \quad m_i = m_k \pm 1 \quad \text{und} \quad l_i = l_k \pm 1, \\
Z_{ik} &\neq 0 \quad \text{nur für} \quad m_i = m_k \quad \text{und} \quad l_i = l_k \pm 1.
\end{aligned}\right\} \qquad (134)$$

Dieses Ergebnis enthält ersichtlich nicht nur die Auswahlregeln (III-65) und (III-107), sondern auch die Polarisationsregeln. Haben wir z. B. ein Magnetfeld parallel zur z-Achse, so sind für $m_i = m_k$ die Matrixelemente X_{ik} und Y_{ik} gleich Null, und die Strahlung ist linear polarisiert mit ihrem elektrischen Feldvektor parallel zur z-Achse. Unterscheiden sich die Magnetquantenzahlen m der beiden kombinierenden Zustände i und k dagegen um ± 1, so ist das Matrixelement $Z_{ik} = 0$, während X_{ik} und Y_{ik}, wie die Rechnung zeigt, um $180°$ gegeneinander phasenverschoben sind, was einer zirkular polarisierten Strahlung entspricht. Polarisationsuntersuchungen am normalen ZEEMAN-Triplett (III,16b) bestätigten die Richtigkeit dieser Schlüsse.

Als erstes Beispiel der wellenmechanischen Berechnung der Intensität und Polarisation von Spektrallinien hat SCHRÖDINGER selbst die der verschiedenen STARK-Effekt-Komponenten der BALMER-Linien des Wasserstoffs in bester Übereinstimmung mit der Erfahrung berechnet. Darüber hinaus läßt sich zeigen, daß *alle in Kap. III besprochenen, dort so willkürlich erscheinenden Auswahlregeln direkt aus (132) mit den entsprechenden Eigenfunktionen folgen.* Auch daß Auswahlverbote z.B. durch elektrische Felder mehr oder weniger weitgehend aufgehoben werden können, wird jetzt anschaulich verständlich; durch das elektrische Feld wird das Verhalten und damit die Eigenfunktion des Elektrons so verändert, man könnte sagen deformiert, daß bei der Bildung des Ausdrucks (126) nun das für die Strahlungsintensität maßgebende Produkt $\psi_n \, r \, \psi_m^*$ bei Integration über den ganzen Raum nicht mehr Null wird, sondern einen, meist allerdings nur kleinen positiven Wert annimmt.

Wir haben hier nur die Strahlung infolge periodischer Änderungen des Dipolmoments (126) und die entsprechenden Auswahlregeln behandelt. Neben dieser elektrischen Dipolstrahlung gibt es aber mit einer um einen Faktor bis zu 10^8 kleineren Intensität auch noch Strahlung elektrischer Multipole und magnetischer Dipole. Für diese gelten unsere Auswahl- und Polarisationsregeln nicht; Rechnungen höherer Ordnung können aber auch diese Effekte erfassen.

Allgemein sehen wir, daß die Wellenmechanik also die Anwendung des in III,22 behandelten Korrespondenzprinzips für Intensitätsberechnungen überflüssig macht. Andererseits zeigt die ausgezeichnete Übereinstimmung der Ergebnisse der wellenmechanischen Strahlungstheorie mit der Erfahrung von neuem die enge Korrespondenz zwischen klassischer und Quantenphysik, indem sich die Übernahme der Strahlungsformel (128) aus der klassischen Elektrodynamik als gerechtfertigt erweist.

Diese ebenso anschauliche wie erfolgreiche Strahlungstheorie kann aber nicht erklären, wie die Ausstrahlung nach Emission der Anregungsenergie des Atoms eigentlich endet, d.h. wie das Atom schließlich wieder in den stationären, nichtstrahlenden Zustand E_m mit der Eigenfunktion ψ_m gelangt. Die Lösung dieses Problems ist DIRAC durch die Berücksichtigung der Wechselwirkung zwischen dem elektrischen Feld des mit der Frequenz ν_{nm} schwingenden Elektrons und dem elektromagnetischen Wechselfeld der dabei emittierten oder absorbierten Lichtwelle (bzw. des Lichtquants) gelungen. Er konnte zeigen, wie eine Energiezustandsänderung des Atoms wegen der Änderung des die Bindung zwischen Kern und Elektronen bewirkenden elektrischen Feldes zur Emission elektromagnetischer Energie, d.h. eines Lichtquants führt, und umgekehrt. Dazu muß allerdings die Quantentheorie durch die Quantelung des elektromagnetischen Wellenfeldes auch in die Elektrodynamik eingeführt und damit die Quantenelektrodynamik begründet werden, auf deren Grundidee wir in IV,14 eingehen.

10. Die wellenmechanische Fassung des Pauli-Prinzips und seine Konsequenzen

Wir haben in III,18 das PAULIsche Ausschließungsprinzip behandelt, das in der dort eingeführten Form aussagt, daß in einem atomaren System keine zwei in allen vier Quantenzahlen übereinstimmenden Elektronen vorkommen können.

In III,19 stellten wir fest, daß dieses empirische Prinzip den Aufbau der Elektronenhüllen aller Atome beschreibt, und werden in V,12 erfahren, daß das gleiche für den Bau der Atomkerne gilt. Da auch das Verhalten der Elektronen in Molekülen und Festkörpern von diesem Prinzip beherrscht wird, kann seine Bedeutung kaum hoch genug eingeschätzt werden. Wir wollen nun zeigen, daß wellenmechanisch das PAULI-Prinzip in einer charakteristischen Einschränkung der das Verhalten verschiedener Elementarteilchen beschreibenden Zustandsfunktionen besteht, und daß diese Einschränkung bedeutsame physikalische Folgen hat.

Wir betrachten dazu zwei Elektronen, die sich in verschiedenen Zuständen i und k desselben atomaren Systems befinden mögen, z.B. die beiden Elektronen des Heliumatoms oder zweier in Wechselwirkung befindlicher H-Atome. Bezeichnen wir mit den Ziffern 1 und 2 die beiden Teilchen mit ihren Koordinaten und vernachlässigen die Wechselwirkung der beiden Elektronen (Fall unabhängiger Teilchen), so ist die Gesamtenergie des aus den beiden Teilchen bestehenden Systems gleich der Summe der Energien der beiden einzelnen Teilchen

$$E(1,2) = E_i(1) + E_k(2), \tag{135}$$

während die Zustandsfunktion des Gesamtsystems gleich dem Produkt der Zustandsfunktionen der beiden Einzelteilchen ist:

$$\Psi(1,2) = \Psi_i(1)\,\Psi_k(2). \tag{136}$$

Daß hier das *Produkt* der Einzelfunktionen erscheint, folgt aus dem Satz der Wahrscheinlichkeitsrechnung, daß die Wahrscheinlichkeit eines ungekoppelten Doppelereignisses (hier Elektron 1 im Zustand i, Elektron 2 im Zustand k) gleich dem Produkt der Einzelwahrscheinlichkeiten ist.

Wenn die durch 1 und 2 gekennzeichneten Teilchen gleicher Art sind, z.B. beide Elektronen (oder im Kern beide Neutronen), so ist $E(1,2)$ offenbar entartet, da durch Austausch der beiden Teilchen ein mit $E(1,2)$ gleicher Energiezustand $E(2,1)$ entsteht. Man bezeichnet das als *Austauschentartung*. Für die Zustandsfunktionen gilt diese Entartung aber nicht. Es sei z.B. $\Psi_i = \sin$ und $\Psi_k = \cos$, während Elektron 1 die Koordinate 0, Elektron 2 aber die Koordinate $\pi/2$ besitzen möge. Dann ist ersichtlich $\Psi(1,2) = 0$, aber $\Psi(2,1) = 1$.

Infolge der Austauschentartung besitzt also die das Verhalten des Gesamtsystems beschreibende SCHRÖDINGER-Gleichung für den Energieeigenwert $E(1,2) = E(2,1)$ offenbar zwei verschiedene Lösungen, nämlich (136) und

$$\Psi(2,1) = \Psi_i(2)\,\Psi_k(1). \tag{137}$$

Nach der Theorie der Differentialgleichung sind nun nicht nur (136) und (137) Lösungen der SCHRÖDINGER-Gleichung, sondern auch alle Linearkombinationen

$$\Psi = \alpha\Psi(1,2) + \beta\Psi(2,1), \tag{138}$$

wo α und β beliebige Konstanten sind. Nun ist es physikalisch einleuchtend, daß durch den Austausch der beiden ununterscheidbaren Teilchen kein anderer Zustand des aus zwei unabhängigen Teilchen bestehenden Gesamtsystems entstehen kann. Da das Wahrscheinlichkeitsverhalten des Gesamtsystems durch das Quadrat des Absolutwertes der es beschreibenden Zustandsfunktion gegeben ist, muß also gelten:

$$|\alpha\Psi(1,2) + \beta\Psi(2,1)|^2 = |\alpha\Psi(2,1) + \beta\Psi(1,2)|^2. \tag{139}$$

Diese Beziehung ist ersichtlich nur erfüllt für

$$\alpha = \pm\,\beta\,. \tag{140}$$

Aus der Gesamtzahl der Lösungen (138) haben also nur die folgenden zwei Lösungen die Qualifikation als physikalisch sinnvolle Zustandsfunktionen

$$\Psi_s = \Psi(1,2) + \Psi(2,1)\,. \tag{141}$$

$$\Psi_a = \Psi(1,2) - \Psi(2,1)\,. \tag{142}$$

Die Funktion (141) bezeichnet man als *symmetrisch*, weil sie sich bei Vertauschung der Teilchen 1 und 2 nicht ändert, die Funktion (142) als *antisymmetrisch*, weil Ψ_a bei Vertauschung der Teilchen ihr Vorzeichen ändert.

Die Eigenfunktionen (141/142) beziehen sich nur auf die *Bahn*bewegung der Elektronen, müssen also, um die fraglichen Quantenzustände vollständig zu beschreiben, noch durch eine Aussage über den Spin der beiden Elektronen ergänzt werden. Dazu geben wir hinter den Bahneigenfunktionen Ψ_s bzw. Ψ_a in Klammern die Spinrichtungen der Elektronen 1 und 2 an. Diese können entweder beide parallel bzw. beide antiparallel zum resultierenden Bahndrehimpuls oder einer ausgezeichneten Richtung stehen [$\Psi(\uparrow\uparrow)$ bzw. $\Psi(\downarrow\downarrow)$], oder sie können einander entgegengerichtet sein. In diesem letzteren Fall haben wir wegen der Ununterscheidbarkeit der Elektronen eine Entartung zwischen den beiden Einstellmöglichkeiten ($\uparrow\downarrow$) und ($\downarrow\uparrow$), und wie oben bei den Bahnfunktionen wird auch dieser Zustand richtig durch die Summe bzw. Differenz der beiden Einstellmöglichkeiten beschrieben, was wir durch die Symbole ($\uparrow\downarrow \pm \downarrow\uparrow$) andeuten. Damit ergeben sich für die Zustände des behandelten Zweielektronensystems die folgenden acht Beschreibungsmöglichkeiten:

$$\left.\begin{array}{l} \Psi_s(\uparrow\uparrow) \\ \Psi_s(\uparrow\downarrow + \downarrow\uparrow) \\ \Psi_s(\downarrow\downarrow) \\ \Psi_a(\uparrow\downarrow - \downarrow\uparrow) \end{array}\right\} \tag{143}$$

$$\left.\begin{array}{l} \Psi_a(\uparrow\uparrow) \\ \Psi_a(\uparrow\downarrow + \downarrow\uparrow) \\ \Psi_a(\downarrow\downarrow) \\ \Psi_s(\uparrow\downarrow - \downarrow\uparrow) \end{array}\right\} \tag{144}$$

Wir haben diese acht Gesamteigenfunktionen in zwei Gruppen (143) und (144) eingeteilt, die sich dadurch unterscheiden, daß die Funktionen der Gruppe (143) bei Vertauschung der beiden Elektronen ungeändert bleiben, die der Gruppe (144) dagegen ihr Vorzeichen ändern; wir bezeichnen sie entsprechend als symmetrisch bzw. antisymmetrisch. Welche dieser beiden Gruppen von Gesamteigenfunktionen das Verhalten eines Zweielektronensystems richtig beschreibt, kann nur die Erfahrung lehren. Nun folgt aus der Spektroskopie, daß die beiden Elektronen des He-Atoms wie die des gleich zu behandelnden H_2-Moleküls im Grundzustand die *gleichen* Quantenzahlen n, l und m besitzen, also durch die gegen Elektronenvertauschung symmetrische Bahnfunktion (141) beschrieben werden, während ihre Spinmomente, da es sich um einen Singulettzustand handelt, einander entgegengerichtet sind. Der Grundzustand der Zweielektronensysteme kann also *nur* durch die letzte Funktion von (144) richtig beschrieben werden. Jedes Zweielektronensystem besitzt aber nach III,11 noch ein Triplettsystem, dessen tiefster

Zustand sich durch Anregung eines der beiden Elektronen auszeichnet, während die Spinmomente der beiden Elektronen in den Triplettzuständen parallel stehen und durch ihre drei Einstellmöglichkeiten die drei Triplettkomponenten dieses 2^3S-Zustandes ergeben, die durch die drei ersten Funktionen der Gruppe (144) richtig beschrieben werden.

Die spektroskopische Erfahrung lehrt also, daß *nur die Gesamteigenfunktionen (144), nicht aber die gegen Vertauschung symmetrischen Funktionen (143) das Verhalten eines Zweielektronensystems richtig beschreiben.* Dieses Ergebnis führt weit über das ursprüngliche PAULI-Prinzip hinaus, das lediglich aussagt, daß keine zwei Elektronen eines Systems in allen vier Quantenzahlen übereinstimmen können. Nach dieser Fassung wäre nämlich auch eine Bahnfunktion wie (137) als Beschreibung zulässig, während wir gesehen haben, daß nur die Linearkombinationen (141/142) die Bahnbewegung richtig beschreiben. Man könnte in nächster Näherung denken, daß ein Verschwinden der Gesamteigenfunktion für den Fall der Übereinstimmung der beiden Elektronen in allen vier Quantenzahlen eine hinreichende Bedingung für die „richtigen" Gesamteigenfunktionen wäre. Auch das ist nicht der Fall, da z.B. die letzte der vier Funktionen (143) diese sicher notwendige, aber eben nicht hinreichende Bedingung erfüllt. *Lediglich die oben festgestellte Bedingung der Antisymmetrie gegenüber Vertauschung wählt unter allen möglichen Funktionen die das Zweielektronensystem richtig beschreibenden Gesamteigenfunktionen aus. Das Antisymmetrieprinzip ist also die strenge wellenmechanische Formulierung für das PAULI-Prinzip.*

Dieses besitzt aber trotz seiner weitreichenden Gültigkeit den Charakter eines *empirischen* Gesetzes: *Wir wissen vorläufig nicht, warum in der Natur die antisymmetrischen Zustandsfunktionen (144) gegenüber den symmetrischen Funktionen (143) bevorzugt erscheinen.* Es ist aber kein Zufall, daß alle dem PAULI-Prinzip folgenden Teilchen auch einen in Einheiten von $\hbar$ halbzahligen Spin besitzen, während der Spin des Photons und der der echten Mesonen, die nicht dem PAULI-Prinzip folgen, ganzzahlig ist (vgl. V,23).

Wir werden in IV,13 noch zeigen, daß auch die statistische Verteilung der Energie über eine große Anzahl atomarer Systeme entscheidend davon abhängt, ob letztere dem PAULI-Prinzip unterliegen oder nicht. Da die Statistik der dem PAULI-Prinzip folgenden Teilchen von FERMI entwickelt worden ist, werden sie auch *Fermionen* genannt, während umgekehrt die dem PAULI-Prinzip nicht folgenden Teilchen einer von BOSE entwickelten Statistik gehorchen und darum als *Bosonen* bezeichnet werden. Ein aus einer geraden Anzahl von Elementarteilchen bestehendes System wird durch eine *symmetrische* Gesamtzustandsfunktion beschrieben und ist damit ein Boson, weil eine Vertauschung von Doppelteilchen ja einem zweimaligen Austausch von Einzelteilchen und damit einem zweimaligen Vorzeichenwechsel der das Gesamtsystem beschreibenden Zustandsfunktion entspricht, die durch diesen doppelten Vorzeichenwechsel also ungeändert bleibt. *Zusammengesetzte Teilchen, die aus einer geraden Anzahl von Elementarteilchen bestehen, sind also Bosonen; ihre Zustandsfunktionen sind symmetrisch und ihre Spinwerte stets ganzzahlig.* Daß z.B. der aus zwei Protonen und zwei Neutronen bestehende Kern des gewöhlichen Heliumisotops $_2\mathrm{He}^4$ ein Boson ist, der des sehr seltenen Isotops $_2\mathrm{He}^3$ dagegen, da aus zwei Protonen und einem Neutron bestehend, ein Fermion ist, führt zu einem in VII,17b noch zu behandelnden äußerst charakteristischen Unterschied im Verhalten dieser beiden Isotope des Heliums.

Wir wollen die Wirksamkeit des Antisymmetrieprinzips an dem einfachen Beispiel zweier Neutronen von gleichgerichtetem Spin diskutieren, die sich kräftefrei und unabhängig voneinander mit den Geschwindigkeiten v_1 bzw. v_2 in der x-Richtung bewegen. Ihre Koordinaten seien x_1 bzw. x_2. Ihre Wellenfunktionen schreiben sich dann bis auf je eine Konstante

$$\left.\begin{aligned} \Psi_1(x_1) &= e^{2\pi i \frac{m}{h} v_1 x_1}, \\[2mm] \Psi_2(x_2) &= e^{2\pi i \frac{m}{h} v_2 x_2}. \end{aligned}\right\} \tag{145}$$

Die Aufenthaltswahrscheinlichkeit jedes einzelnen Neutrons in der durch die Koordinate x bestimmten Volumeneinheit wäre dann ersichtlich

$$\Psi\Psi^* = e^{2\pi i \frac{m}{h} v x} \, e^{-2\pi i \frac{m}{h} v x} = \text{const}. \tag{146}$$

Diese längs der x-Achse konstante Aufenthaltswahrscheinlichkeit ist ein Ausdruck für die Tatsache, daß nach der Unbestimmtheitsbeziehung bei scharf vorgegebener Geschwindigkeit keinerlei Lokalisation des Teilchens möglich ist. Betrachten wir nun aber das aus den beiden Teilchen bestehende Gesamtsystem, so muß dessen Wellenfunktion wegen der Gültigkeit des Pauli-Prinzips antisymmetrisiert werden und lautet daher wegen der Entartung des durch (145) beschriebenen Zustands mit einem solchen, in dem das Teilchen 1 die Geschwindigkeit v_2 besitzt und Teilchen 2 die Geschwindigkeit v_1:

$$\Psi = \Psi_1(x_1)\Psi_2(x_2) - \Psi_1(x_2)\Psi_2(x_1). \tag{147}$$

Die räumliche Verteilung der Aufenthaltswahrscheinlichkeit der beiden Teilchen in dem nach IV,6 durch die beiden Koordinaten x_1 und x_2 bestimmten Konfigurationsraum ist dann durch den Ausdruck $\Psi\Psi^*$ von (147) gegeben und lautet

$$\Psi\Psi^* = 2 - \Psi_1(x_1)\Psi_2(x_2)\Psi_1^*(x_2)\Psi_2^*(x_1) - \Psi_1(x_2)\Psi_2(x_1)\Psi_1^*(x_1)\Psi_2^*(x_2). \tag{148}$$

Daraus folgt mit (145) und der Eulerschen Formel

$$\Psi\Psi^* = 2\left[1 - \cos 2\pi \frac{m}{h}(v_1 - v_2)(x_1 - x_2)\right]. \tag{149}$$

Dieses Ergebnis, das eine logische Folge der Antisymmetrisierung der Wellenfunktion des Zweiteilchensystems darstellt, ist äußerst überraschend. Es besagt, daß die Aufenthaltswahrscheinlichkeit jedes Teilchens bei gegebener Relativgeschwindigkeit $v_1 - v_2$ nicht nur am Ort des anderen Teilchens Null ist, sondern auch im Abstand λ, 2λ, 3λ … von diesem, wo λ die relative DE Broglie-Wellenlänge $h/m\,(v_1 - v_2)$ des zweiten Teilchens ist. Obwohl wir also keinerlei Kräfte zwischen den beiden betrachteten Teilchen angenommen haben, scheinen diese sich, solange ihr Abstand kleiner als $\lambda/2$ ist, wegen der Gültigkeit des Pauli- bzw. Antisymmetrieprinzips abzustoßen. In diesem Abstandsbereich ist ihre Aufenthaltswahrscheinlichkeit um so kleiner, je näher sie einander sind und geht mit abnehmendem Abstand gegen Null. Daß dieses Verhalten aber nicht einfach durch neuartige Kräfte zwischen den Teilchen beschrieben werden kann, zeigt die Tatsache, daß die Aufenthaltswahrscheinlichkeit der beiden Teilchen auch im Abstand λ, 2λ usw. nach (149) Null ist, und daß sie für $(x_1 - x_2) = \lambda/2$, $3\lambda/2$ … Maxima besitzt. Es handelt sich hierbei vielmehr um eine Korrelation; die Aufenthalts-Wahrscheinlichkeitsdichte der beiden Teilchen zeigt Maxima und Minima, deren Abstand von der Relativgeschwindigkeit der beiden Teilchen abhängt. Ist ihre Relativgeschwindigkeit exakt Null, so ist nach (149) auch ihre Aufenthaltswahrscheinlichkeit überall im Raum Null: *zwei Fermionen können also mit exakt gleicher Geschwindigkeit nicht existieren.* Ganz allgemein ist nach (149) die Wahrscheinlichkeitsdichte der beiden Teilchen immer dann Null, wenn das Produkt ihrer Relativgeschwindigkeit mit ihrem Abstand gleich einem ganzzahligen Vielfachen von h/m ist.

Betrachten wir nun den Fall zahlreicher Fermionen mit verschiedenen Geschwindigkeiten (FERMI-Gas) und fragen nach der Dichteverteilung in der Umgebung eines herausgegriffenen Teilchens, so bleibt die Nullstelle am Ort dieses Teilchens selbst natürlich erhalten, weil sie nach (149) für alle Relativgeschwindigkeiten auftritt. Die Nullstellen der Aufenthaltswahrscheinlichkeit bei $x_1 - x_i$ $= \lambda$, 2λ usw. aber treten nun wegen der verschiedenen Relativgeschwindigkeiten und damit DE BROGLIE-Wellenlängen der Teilchen nicht mehr in Erscheinung. In der weiteren Umgebung jedes herausgegriffenen Teilchens ist die Teilchendichte also konstant, *während sein Ort selbst als Folge des Antisymmetrieprinzips von allen anderen Teilchen gemieden wird* (sog. FERMI-Loch).

Das PAULI-Prinzip in seiner quantenmechanischen Form bedingt also eine von der klassisch zu erwartenden abweichende räumliche Verteilung benachbarter Fermionen, z. B. der Elektronen eines Atoms oder Moleküls. Die durch diese von der klassischen Erwartung abweichende Verteilung bedingte Änderung der elektrostatischen Wechselwirkungsenergie bezeichnet man als *Austauschenergie*, die auf ihr beruhenden quantenmechanischen Kräfte als *Austauschkräfte*.

11. Die Wechselwirkung gekoppelter gleichartiger Systeme. Austauschresonanz und Austauschenergie

Die Wirkungen dieser sog. Austauschkräfte zwischen gekoppelten gleichartigen atomaren Systemen spielen bei den Mehrelektronenatomen wegen der Gleichheit der in gleichen Energiezuständen untergebrachten Elektronen (Berechnung der Aufspaltung gleichartiger Terme verschiedener Multiplizität; s. Abb. 63) eine entscheidende Rolle, ferner bei der zur Molekülbildung führenden Wechselwirkung zweier gleichartiger Atome (vgl. VI,14b), bei der Wechselwirkung einer sehr großen Zahl gleichartiger Atome oder Ionen im Kristall (vgl. VII,11) und bei der zum Ferromagnetismus (VII,15e) führenden Wechselwirkung der unkompensierten Elektronen aller das Ferromagneticum bildenden Atome. *Es handelt sich dabei stets um die Frage, was geschieht, wenn man zwei oder mehr gleiche atomare Systeme mit gleicher Gesamtenergie E miteinander koppelt, ihre Wechselwirkung durch selbst erzeugte elektrische und magnetische Felder also nicht vernachlässigt.*

Wir betrachten zunächst an Abb. 99 die mechanische Kopplung zweier gleicher Stangenpendel durch einen beiderseits elastisch gebundenen Faden und haben damit ein gutes Modell für die bei atomaren Systemen stets vorliegende *entfernungsabhängige* Kopplung. Halten wir den Abstand der Pendel konstant und stoßen das eine Pendel an, so wird dessen Schwingungsenergie bekanntlich langsam auf das zweite Pendel übertragen, bis das erste zur Ruhe kommt, worauf ein Rückwandern der Energie erfolgt usw. Jedes der beiden Pendel, die in ungekoppeltem Zustand eine reine Sinusschwingung konstanter Amplitude (von einer Dämpfung sehen wir ab!) ausführten, zeigt in gekoppeltem Zustand also ein Schwingungsbild nach Abb. 100. *Allein durch die Kopplung zweier Pendel von exakt gleicher Frequenz entstehen also Schwebungen, wie sie sonst durch Überlagerung zweier Schwingungen von etwas verschiedener Frequenz, z.B. durch Anschlagen zweier etwas verschiedener Stimmgabeln entstehen. Allgemein spaltet also durch die Kopplung zweier gleicher schwingungsfähiger Systeme deren im ungekoppelten Zustand gleiche Frequenz in zwei verschiedene Frequenzen, eine höhere und eine tiefere, auf, deren Differenz um so größer ist, je stärker die Kopplung* und d.h. auch je größer die Amplitudenaustauschfrequenz *ist*. Letztere ist nach Abb. 100 direkt gleich der

Differenz der beiden Frequenzen, in die die Eigenfrequenz der ungekoppelten
Pendel infolge der Kopplung aufspaltet. Diese Aufspaltung der ungestörten Eigenfrequenz in eine höhere und eine niedrigere Frequenz versteht man auch ganz anschaulich aus dem Pendelmodell Abb. 99. Schwingen nämlich beide Pendel nach

Abb. 99. Modell zweier Pendel mit entfernungsabhängiger Kopplungsstärke zur Veranschaulichung der homöopolaren
chemischen Bindung (nach Kossel). Die Pendel sind an einem an den Pfosten befestigten elastischen Faden angebun-
den und dadurch gekoppelt.

der gleichen Seite aus (symmetrische Konsonanz), so ist die Rückstellkraft und
damit auch die der Wurzel aus der Rückstellkraft proportionale Eigenfrequenz
ersichtlich kleiner, als wenn jedes Pendel allein schwänge.

Schwingen die gekoppelten Pendel dagegen nach entgegengesetzten Seiten
(sog. antisymmetrische Konsonanz), so ist die Rücktreibkraft größer als die auf die
frei schwingenden Pendel wirkende, und die Frequenz dieser antisymmetrischen

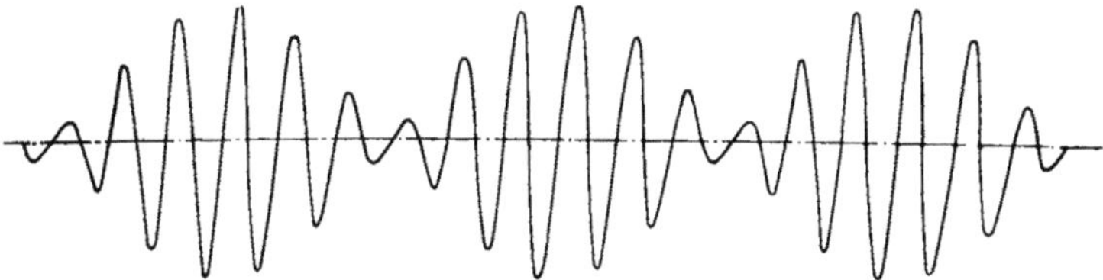

Abb. 100. Schwebungen als Folge der Kopplung zweier gleicher Pendel (schematisch).

Koppelschwingung ist größer als die ungestörte Eigenfrequenz jedes Pendels. Da
nun nach dem Adiabatensatz hierbei die kinetische Energie E sich proportional
zur Frequenz v ändert (klassische Grundlage der Quantenbeziehung $E = hv$!), folgt
aus diesen Überlegungen, daß die einander gleichen Energiezustände zweier
gleicher ungekoppelter atomarer Systeme bei Kopplung in einen höheren und
einen tieferen Energiezustand aufspalten, wobei die Energieaufspaltung mit zunehmender Kopplung zwischen den Teilchen wächst.

Nach Abb. 100 ist nun die Frequenz des Austausches der Schwingungsenergie
zwischen den Pendeln gleich der Differenz Δv der beiden durch die Kopplung

entstehenden Schwingungsfrequenzen. In der Wellenmechanik entspricht dies einem Austausch der Amplitude der Ψ-Schwingung zwischen den gekoppelten Atomen und, da das Quadrat von Ψ nach IV,6 der mittleren Elektronendichte entspricht, einem Elektronenaustausch zwischen den gekoppelten Atomen. Wir haben damit das wichtige Ergebnis, daß die durch *die Kopplung zwischen zwei Atomen bewirkte Aufspaltung ΔE ihrer Energiezustände der Frequenz v_A des Elektronenaustausches zwischen ihnen proportional ist*:

$$\Delta E = h v_A. \tag{150}$$

Wichtige Anwendungen dieses Ergebnisses werden wir in den folgenden Kapiteln noch kennenlernen.

Daß bei Kopplung zweier Atome in Analogie zur Schwingung zweier gekoppelter Pendel ein Energiezustand des gekoppelten Systems entstehen kann, der *tiefer* liegt als der der ungekoppelten Atome, ermöglicht die homöopolare chemische Bindung zwischen gleichartigen Atomen, auf die wir in VI,14b noch ausführlicher eingehen werden. Da jedes physikalische System den Zustand geringster potentieller Energie einzunehmen bestrebt ist, wird ein System zweier Atome den gebundenen Zustand geringerer Energie gegenüber dem höheren Energiezustand der isolierten Atome bevorzugen. Im KOSSELschen Modellversuch, bei dem die beiden entfernungsabhängig gekoppelten Pendel gegeneinander beweglich angeordnet sind (Abb. 99), laufen diese bei symmetrisch-konsonanter Schwingung tatsächlich aufeinander zu, entsprechend dem Fall der gegenseitigen Anziehung der Atome bei der Molekülbildung, während sie bei antisymmetrisch-konsonanter Schwingung sich voneinander entfernen, entsprechend der gegenseitigen Abstoßung zweier Atome im oberen der beiden Energiezustände.

Wir skizzieren die wellenmechanische Behandlung dieses Problems noch kurz an dem zuerst von HEITLER und LONDON studierten Beispiel der Bindung des H_2-Moleküls. Zur Beschreibung der Wechselwirkung zweier identischer H-Atome im Grundzustand setzen wir in die SCHRÖDINGER-Gleichung des nun *zwei* Elektronen enthaltenden Systems

$$\Delta_1 \psi + \Delta_2 \psi + \frac{8 \pi^2 m}{h^2} (E - U)\, \psi = 0 \tag{151}$$

das Potential

$$U = -e^2 \left(\frac{1}{r_{a_1}} + \frac{1}{r_{b_2}} + \frac{1}{r_{b_1}} + \frac{1}{r_{a_2}} - \frac{1}{r_{12}} - \frac{1}{r_{ab}} \right) \tag{152}$$

ein. Hier beziehen sich die LAPLACE-Operatoren Δ_1 und Δ_2 [s. Gl. (31)] auf die Koordinaten x_1, y_1, z_1 bzw. x_2, y_2, z_2 der beiden Elektronen, während nach Abb. 101 r_{a1}, r_{a2}, r_{b1} und r_{b2} die Abstände der Elektronen Nr. 1 und Nr. 2 von den Kernen a und b, und r_{12} bzw. r_{ab} die Abstände der beiden Elektronen bzw. Kerne voneinander sind. Bei ausschließlicher Berücksichtigung der beiden ersten Glieder der Klammer, die das elektrostatische Potential der Elektronen 1 und 2 in bezug auf „ihre" Atomkerne a und b darstellen, zerfällt die SCHRÖDINGER-Gleichung sofort in zwei Gleichungen für die beiden dann ungekoppelten H-Atome. Die übrigen

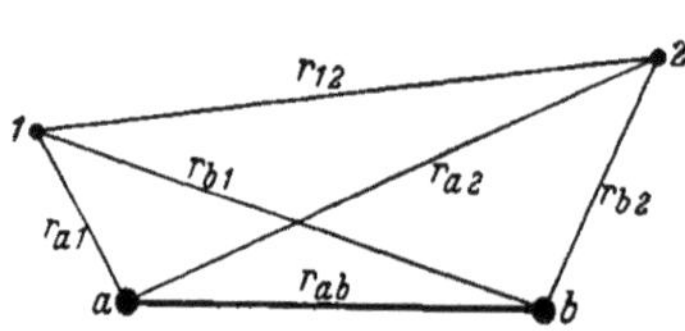

Abb. 101. Zur Wechselwirkung zweier H-Atome im H_2-Molekül. a, b Kerne; 1, 2 Elektronen.

Glieder von (152) sind die Wechselwirkungsglieder und beschreiben das elektrostatische Potential zwischen den Elektronen und den ursprünglich nicht zu ihnen gehörenden Kernen, zwischen den Elektronen untereinander und zwischen den Kernen untereinander. Die Berücksichtigung dieser Wechselwirkungsglieder in der SCHRÖDINGER-Gleichung erfordert eine nicht ganz einfache „Störungsrechnung", die zu dem eben schon klassisch verständlich gemachten Ergebnis führt, daß der im ungekoppelten Zustand für beide Atome gleiche Energieeigenwert durch die Wechselwirkung in zwei Eigenwerte aufspaltet, von denen einer größer und einer kleiner ist als der ursprüngliche. Die Größe der Aufspaltung ist dabei proportional der Größe der Wechselwirkung der Atome.

Betrachten wir zunächst die beiden H-Atome ohne Wechselwirkung, so ist der Energiewert E des Gesamtsystems nach IV,10

$$E = E_0(1) + E_0(2) = 2E_0 \tag{153}$$

gleich der Summe der Energiewerte der beiden im Grundzustand angenommenen Atome, während die Eigenfunktion des Systems gleich dem *Produkt* der Eigenfunktionen der zu den Atomkernen a und b gehörenden Einzelelektronen ist:

$$\psi_{12} = \psi_a(1)\,\psi_b(2). \tag{154}$$

Wegen der Ununterscheidbarkeit der Elektronen haben wir aber nun wieder die in IV,10 besprochene Austauschentartung, so daß es für unser System zwei verschiedene, den Gln. (141/142) entsprechende Bahneigenfunktionen

$$\psi' = \psi_a(1)\,\psi_b(2) + \psi_a(2)\,\psi_b(1), \tag{155}$$

$$\psi'' = \psi_a(1)\,\psi_b(2) - \psi_a(2)\,\psi_b(1) \tag{156}$$

gibt. Nach dem PAULI-Prinzip sind zwar *beide* Lösungen möglich, doch gehören zu (155) antiparallele Spinmomente (Singulettzustand), zu (156) parallele Spinmomente (Triplettzustand). Die den beiden Eigenfunktionen (155/156) entsprechenden Elektronenverteilungen werden nun durch die abstandsabhängige gegenseitige elektrostatische Störung der beiden Atome in *verschiedener* Weise beeinflußt, wodurch die Austauschentartung aufgehoben wird und wir in Analogie zu dem oben besprochenen Fall der gekoppelten Pendel jetzt zwei verschiedene Energiezustände E_s und E_a des Systems erhalten.

Wir müssen diesen schwierigen, aber in seinen Konsequenzen sehr wichtigen Punkt etwas eingehender betrachten. Führen wir in die SCHRÖDINGER-Gleichung nicht nur die volle potentielle Energie U nach (152) einschließlich der Wechselwirkungsglieder ein, sondern ersetzen außerdem die Eigenfunktionen ψ' und ψ'' durch die noch zu bestimmenden gestörten Eigenfunktionen $\psi' + \varphi'$ bzw. $\psi'' + \varphi''$ und den Energieeigenwert $2E_0$ des ungestörten Systems durch die gestörten Energiewerte $2E_0 + \varepsilon'$ bzw. $2E_0 + \varepsilon''$, so erhalten wir zwei *inhomogene* SCHRÖDINGER-Gleichungen, die auf den rechten Seiten statt Null Störungsglieder enthalten. Aus den in IV,5 behandelten Orthogonalitäts- und Normierungsbedingungen folgen dann die Energieeigenwerte des gestörten Systems zu:

$$E_s = 2E_0 + e^2 C + e^2 A\,, \tag{157}$$

$$E_a = 2E_0 + e^2 C - e^2 A\,. \tag{158}$$

Wir sehen, daß zu dem ungestörten Energieeigenwert $2E_0$ erstens ein positives Glied hinzukommt, das der COULOMBschen Wechselwirkungsenergie entspricht und dessen Konstante deshalb mit C bezeichnet wird, sowie zweitens die sog. *Austauschenergie* $e^2 A$, diese aber mit positivem *oder* negativem Vorzeichen. Sie bewirkt damit, daß der zunächst einfache (aber entartete!) Energiewert $2E_0$ nun in zwei Eigenwerte E_s und E_a aufspaltet, deren Energiedifferenz, die Termaufspaltung

$$\varDelta E = 2e^2 A\,, \tag{159}$$

nur vom Wert des Austauschintegrals A abhängt und nach Gl. (150) gleich der mit h multiplizierten Frequenz des Elektronenaustausches zwischen den beiden Kernen ist.

Für die beiden wichtigen Größen C und A folgt aus der Rechnung, wie hier im einzelnen nicht gezeigt werden soll,

$$C = \int \left(\frac{1}{r_{ab}} - \frac{1}{r_{a_2}} - \frac{1}{r_{b_1}} + \frac{1}{r_{12}} \right) \psi_a^2(1)\, \psi_b^2(2)\, d\tau \tag{160}$$

und

$$A = \int \left(\frac{1}{r_{ab}} - \frac{1}{r_{a_2}} - \frac{1}{r_{b_1}} + \frac{1}{r_{12}} \right) \psi_a(1)\, \psi_b(2)\, \psi_a(2)\, \psi_b(1)\, d\tau. \tag{161}$$

Bedenken wir nun, daß in (160) die über den ganzen Raum integrierten Größen $\psi_a^2(1)$ und $\psi_b^2(2)$, die wir die Wahrscheinlichkeitsdichten ϱ_1 und ϱ_2 nennen können, mit e multipliziert die gesamte Ladung der Elektronen 1 bzw. 2 bei den Kernen a bzw. b bedeuten, so können wir (160) auch schreiben

$$e^2 C = \frac{e^2}{r_{ab}} - \int \frac{e^2 \varrho_2}{r_{a_2}}\, d\tau_2 - \int \frac{e^2 \varrho_1}{r_{b_1}}\, d\tau_1 + \int\int \frac{e^2 \varrho_1 \varrho_2}{r_{12}}\, d\tau_1\, d\tau_2 \tag{162}$$

und erkennen nun, daß es sich bei dem Glied C wirklich um den COULOMB-Anteil der Wechselwirkungsenergie handelt, da das erste Glied der COULOMB-Abstoßung zwischen den Kernen a und b, das zweite und dritte die Anziehung zwischen Kern a und Elektron 2 bzw. Kern b und Elektron 1 darstellt, während das letzte Glied die COULOMB-Abstoßung zwischen den beiden Elektronen 1 und 2 bedeutet. Das *Austauschintegral A* ist nach (161) dem COULOMB-Integral (160) äußerst ähnlich, nur daß an die Stelle der wirklichen Elektronendichten $e\,\psi_a^2(1)$ und $e\psi_b^2(2)$ die durch den Elektronenaustausch entstehenden „gemischten Glieder" $e\,\psi_a(1)\,\psi_b(2)$ und $e\,\psi_a(2)\,\psi_b(1)$ treten.

Bei Berücksichtigung der Wechselwirkung spalten also die vorher entarteten Energieeigenwerte gekoppelter atomarer Systeme in eine der Zahl der austauschfähigen Teilchen gleiche Anzahl von Energiezuständen auf, wobei die Größe der Energieaufspaltung, die Austauschenergie, vom Wert des Austauschintegrals (161) abhängt. Daß dieses wirklich ein Maß für die Kopplung der beiden Systeme darstellt, ist leicht einzusehen. Der Wert des Integrals ist ja Null, wenn in jedem Volumenelement nur *eine* der vier

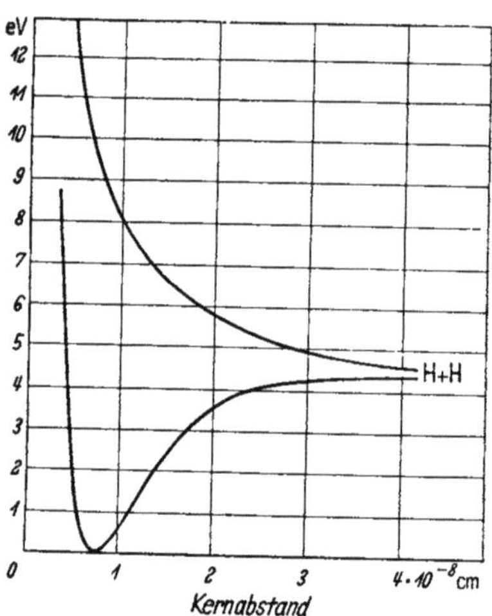

Abb. 102. Potentialkurven der Wechselwirkung zweier H-Atome (nach HEITLER und LONDON). Die Kurve mit Minimum entspricht der Bindung der H-Atome im H_2-Molekül (entgegengesetzte Spinrichtungen der beiden Elektronen), die obere Kurve (gleichgerichtete Spinmomente der Elektronen) ergibt stets Abstoßung (elastische Reflexion der H-Atome aneinander).

Eigenfunktionen Null ist. Der Wert des Integrals ist andererseits um so größer, je größer die Werte aller vier Eigenfunktionen an jedem Ort sind, je mehr sich diese also überlappen. Verschwinden einer Eigenfunktion am Ort der übrigen bedeutet aber anschaulich fehlende Kopplung der durch die Eigenfunktionen dargestellten Teilchen; starkes Überlappen der Eigenfunktionen bedeutet starke Kopplung.

Es muß folglich mit abnehmendem Abstand der beiden betrachteten H-Atome deren Kopplung und damit die Energieaufspaltung zwischen den beiden Energiezuständen (157) und (158) des entstehenden H_2-Moleküls zunehmen, in Übereinstimmung mit dem in Abb. 102 wiedergegebenen Ergebnis der zuerst von HEITLER und LONDON durchgeführten wellenmechanischen Störungsrechnung. Auf die Einzelheiten der „Potentialkurven“ Abb. 102, insbesondere die Tatsache, daß nur der tiefer liegende Singulettgrundzustand ein Potentialminimum besitzt und damit bei einem bestimmten Atomabstand ein stabiles H_2-Molekül ergibt, kommen wir bei der Behandlung der Molekülphysik in Kap. VI zurück.

12. Der Brechungsindex der Ψ-Wellen und der quantenmechanische Tunneleffekt (Durchgang eines Teilchens durch einen Potentialwall)

Es ist in den letzten Abschnitten, z. B. beim harmonischen Oszillator in IV,7c, schon mehrfach das allgemeine Problem der Bewegung eines Teilchens in einem räumlich veränderlichen Potentialfeld vorgekommen, das in zahlreichen Varianten in allen Gebieten der Atomphysik eine große Rolle spielt. Es kann wellenmechanisch am übersichtlichsten durch die Einführung des Brechungsindex der Ψ-Wellen behandelt werden. Aus der Optik ist bekannt, daß der Brechungsindex n gleich dem Verhältnis der Phasengeschwindigkeit der Wellen im Vakuum und in dem fraglichen Medium, u_0/u, ist. Bei den Ψ-Wellen entspricht dem Vakuum der potentiallose Fall $U = 0$, für den aus (34) die Phasengeschwindigkeit

$$u_0 = \frac{h\nu}{\sqrt{2mE}} \tag{163}$$

folgt. Aus (163) und dem allgemeinen Ausdruck (34) folgt für den gesuchten Brechungsindex der Ψ-Wellen

$$n = u_0/u = \sqrt{\frac{E-U}{E}} \, . \tag{164}$$

Dieser Brechungsindex erleichtert die Übersicht über das Verhalten von Teilchen in Potentialfeldern aller Art oft beträchtlich. Zum Beispiel gilt in der Wellenmechanik wie in der Optik der Satz, daß die Wellenlänge bei gegebener Frequenz ν dem Brechungsindex umgekehrt proportional ist. Da der Impuls p mit der kinetischen Energie $E_k = E - U$ durch die Beziehungen

$$E - U = p^2/2m; \qquad p = \sqrt{2m(E-U)} \tag{165}$$

verknüpft ist, gilt für die DE BROGLIE-Wellenlänge im potentiallosen Fall

$$\lambda_0 = \frac{h}{p_0} = \frac{h}{\sqrt{2mE}} \tag{166}$$

und für den allgemeinen Fall

$$\lambda = \frac{h}{\sqrt{2m(E-U)}} = \frac{\lambda_0}{n} \tag{167}$$

Abb. 103. Zustände der Nukleonen (Protonen und Neutronen) in dem durch einen Potentialwall abgeschlossenen Atomkern.

wie in der Optik, wobei allerdings zu beachten ist, daß nach (164) der Brechungsindex in der Wellenmechanik im allgemeinen *kleiner* als 1 ist.

In der Atomphysik tritt nun sehr häufig die Frage auf, ob ein in einem Potentialminimum sitzendes Teilchen (vgl. Abb. 103) unter Überwindung des abschließenden Potentialwalls in den Außenraum gelangen kann oder nicht. In der klassischen Physik kann das Teilchen ersichtlich erst entweichen, wenn seine kinetische Energie größer ist als die Höhe U des Potentialwalls. Beim radioaktiven α-Zerfall gelangen nun nach V,6c offenbar α-Teilchen aus dem Atomkern heraus, deren kinetische Energie bei weitem nicht zur Überwindung des Potentialwalls ausreicht. GAMOW erkannte an diesem Beispiel, daß die quantenmechanische Behandlung zu einem ganz anderen Ergebnis führt als die klassische und mit einer gewissen Wahrscheinlichkeit den Austritt des Teilchens auch *durch* den Potential-

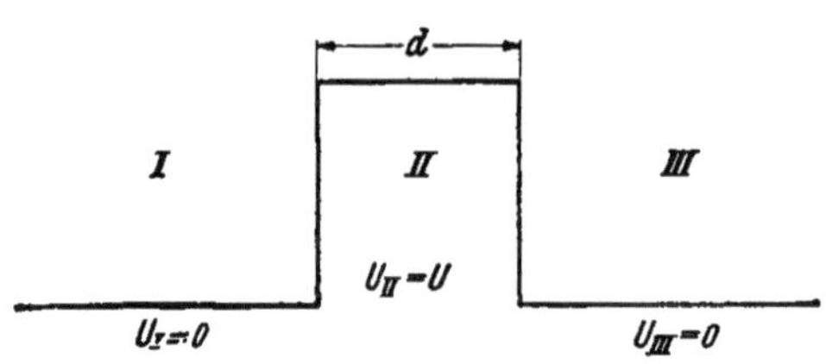

Abb. 104. Zum Durchgang einer Materiewelle (Elektronenwelle) durch einen hier rechteckig angenommenen Potentialwall.

wall gestattet: man spricht deshalb vom quantenmechanischen *Tunneleffekt.*

Wir betrachten den einfachsten Fall, daß Teilchen gemäß Abb. 104 von links gegen eine rechteckige Potentialschwelle der Höhe U und Breite d anlaufen. Ist die Gesamtenergie E größer als die Höhe U der Potentialschwelle, so entspricht das nach Gl. (164) dem Übertritt der Ψ-Wellen in ein Medium mit kleinerem Brechungsindex n, und wir erwarten und finden wellenmechanisch eine teilweise Reflexion der Wellen an der Grenzschicht, wobei das Reflexionsvermögen R sich mittels des Brechungsindex (164) aus der optischen Formel

$$R = \left(\frac{n-1}{n+1}\right)^2 \tag{168}$$

berechnen läßt. *Während wir klassisch also für diesen Fall $E > U$ ein hundertprozentiges „Überrollen" der Potentialschwelle erwarten würden, findet wellenmechanisch eine teilweise Reflexion statt.* Diese ist allerdings nur wesentlich, wenn $E - U$ klein ist gegen U, und beträgt z. B. für $E = 1{,}5\,U$ nur 7%.

Ist nun die Gesamtenergie E, d. h. die kinetische Energie der aus I einfallenden Teilchen, *kleiner* als die Höhe U des Potentialberges, so wird der Brechungsindex

$$n = \sqrt{\frac{E-U}{E}} = i\sqrt{\frac{U-E}{E}} \tag{169}$$

imaginär. Für diesen Fall fehlt ersichtlich die direkte optische Analogie; aber die gleich durchzuführende Rechnung zeigt, daß dieser imaginäre Brechungsindex zur *Totalreflexion* auch senkrecht einfallender Ψ-Wellen an der Potentialschwelle führt oder doch führen würde, wenn der Potentialwall unendlich dick wäre. Denn wir wissen aus der Optik, daß auch bei der Totalreflexion stets ein Teil der Lichtwelle in das Medium mit kleinerem Brechungsindex eintritt, ihre Amplitude hier allerdings so schnell abklingt (starke Dämpfung!), daß die Eindringtiefe nur von der Größenordnung einer Wellenlänge ist. Dieses Verhalten der optischen Wellen bei der Totalreflexion ist eine Folge der allgemeinen Stetigkeitsbedingungen an der Grenzfläche, die in gleicher Weise für unsere Teilchenwelle gelten. Auch unsere von links einfallende Teilchenwelle wird also an der Grenzfläche I/II total reflektiert, wobei aber eine exponentiell abklingende Welle in den Potentialwall II eindringt. Ist dessen Breite d nicht wesentlich größer als die nach Gl. (167) berechnete Teilchenwellenlänge λ, so wird eine Welle entsprechend geringer Amplitude auch in den Raum III austreten können, genau wie im optischen Fall der sog. „Totalreflexion an einer dünnen Lamelle". In die Teilchensprache übersetzt bedeutet unser Ergebnis: *Es besteht für die von links auf den Potentialwall auftreffenden Elektronen im Gegensatz zur klassischen Mechanik eine gewisse Wahrscheinlichkeit, den Potentialwall zu durchdringen und in den Raum III auszutreten.*

Die Durchführung der Rechnung bestätigt dieses Ergebnis. Wenn das Potential beiderseits des Potentialwalles in Abb. 104 $U_I = U_{III} = 0$ ist und in II den

Betrag U besitzt, und wenn wir den stationären Fall eines konstanten, aus der $-x$-Richtung anlaufenden Teilchenstromes der konstanten kinetischen Energie E betrachten, so können wir durch den Ansatz (36) die Zeitabhängigkeit eliminieren und unser Problem in den drei aus Abb. 104 zu ersehenden Bereichen durch die folgenden drei Schrödinger-Gleichungen beschreiben:

$$\frac{d^2\psi_{\mathrm{I}}}{dx^2} + \frac{8\pi^2 m}{h^2} E\,\psi_{\mathrm{I}} = 0, \tag{170}$$

$$\frac{d^2\psi_{\mathrm{II}}}{dx^2} + \frac{8\pi^2 m}{h^2}(E-U)\,\psi_{\mathrm{II}} = 0, \tag{171}$$

$$\frac{d^2\psi_{\mathrm{III}}}{dx^2} + \frac{8\pi^2 m}{h^2} E\,\psi_{\mathrm{III}} = 0. \tag{172}$$

Als Lösungen erwarten wir in den Bereichen I und II je eine anlaufende und eine reflektierte, im Bereich III dagegen lediglich eine nach rechts auslaufende Welle. Damit erhalten wir für die Bereiche I und III, da wir die Zeitabhängigkeit ja bereits eliminiert hatten, die Lösungsansätze

$$\psi_{\mathrm{I}} = a_{\mathrm{I}} e^{\frac{2\pi i x}{\lambda_0}} + b_{\mathrm{I}} e^{-\frac{2\pi i x}{\lambda_0}}, \tag{173}$$

$$\psi_{\mathrm{III}} = a_{\mathrm{III}} e^{\frac{2\pi i x}{\lambda_0}}, \tag{174}$$

wobei die Wellenlänge λ_0 der auffallenden Teilchen als Funktion von deren kinetischer Energie E durch (166) gegeben ist, und die Koeffizienten noch bestimmt werden müssen. Im Bereich II machen wir, da der Teilchenstrom, *wenn* er nach III austritt, ja durch II hindurchgehen muß, den gleichen Ansatz, setzen nun aber für die Wellenlänge nach (167) λ_0/n mit dem für den Bereich II berechneten rein imaginären Brechungsindex (169) an. Dann aber verschwindet das in den Exponenten von (173/174) stehende i, und wir erhalten den Ausdruck

$$\psi_{\mathrm{II}} = a_{\mathrm{II}} e^{-\frac{2\pi n' x}{\lambda_0}} + b_{\mathrm{II}} e^{\frac{2\pi n' x}{\lambda_0}} \tag{175}$$

mit

$$n' = n/i = \sqrt{\frac{U-E}{E}}. \tag{176}$$

Während wir es in den Bereichen I und III also wegen des i im Exponenten mit räumlich *periodischen* Vorgängen, d.h. laufenden Wellen zu tun haben, finden wir im Bereich II wegen des imaginären Brechungskoeffizienten *keine* Welle, sondern eine mit der Dicke d des Potentialwalls zunehmende räumliche *Dämpfung*, genau wie in dem entsprechenden optischen Fall der „Totalreflexion an einer dünnen Lamelle".

Die noch unbestimmten Koeffizienten der Exponentialfunktionen in (173) bis (175) findet man aus den Stetigkeitsbedingungen. Da es sich nämlich in allen drei Gebieten um einen einheitlichen Vorgang handelt, müssen für die Grenzflächen $x = 0$ und $x = d$ die folgenden Stetigkeitsbedingungen erfüllt sein:

$$\psi_{\mathrm{I}}(0) = \psi_{\mathrm{II}}(0); \qquad \psi_{\mathrm{II}}(d) = \psi_{\mathrm{III}}(d); \quad \left.\begin{array}{l}\\\\\end{array}\right\}$$
$$\left(\frac{d\psi_{\mathrm{I}}}{dx}\right)_{x=0} = \left(\frac{d\psi_{\mathrm{II}}}{dx}\right)_{x=0}; \qquad \left(\frac{d\psi_{\mathrm{II}}}{dx}\right)_{x=d} = \left(\frac{d\psi_{\mathrm{III}}}{dx}\right)_{x=d}. \tag{177}$$

Sie erlauben die Berechnung der Koeffizienten von (173) bis (175). Definieren wir nun die „Durchlässigkeit" D des Potentialwalls als das Verhältnis der Aufenthaltswahrscheinlichkeiten für Teilchen in der auslaufenden Welle in III gegenüber der in der gegen II anlaufenden Welle, so ist D ersichtlich gleich dem Verhältnis der Normen von ψ_{III} und dem die einlaufende Welle beschreibenden Glied von ψ_I, wobei sich die Exponentialfunktionen wegen der Multiplikation mit den konjugiert-komplexen Gliedern herausheben. Wir haben also

$$D = \frac{a_{III}\, a_{III}^{*}}{a_I\, a_I^{*}}\,. \tag{178}$$

Die Berechnung von D aus (173) bis (175) mittels (177) ist etwas kompliziert, vereinfacht sich aber wesentlich für den praktisch interessierenden Fall, daß [vgl. (175)] $2\pi n'd$ groß ist gegen λ_0. Man erhält dann für die Durchlässigkeit D des Potentialwalls die einfache Formel

$$D = \frac{16\,E\,(U-E)}{U^2}\, e^{-\frac{4\pi d}{h}\sqrt{2m(U-E)}} \tag{179}$$

oder, mittels des Brechungsindex (176) und der DE BROGLIE-Wellenlänge λ_0 der einfallenden Teilchen, noch einfacher

$$D \approx 16\,\frac{E^2}{U^2}\, n'^2\, e^{-\frac{4\pi n'd}{\lambda_0}}\,. \tag{180}$$

Die Durchdringungswahrscheinlichkeit eines Teilchens durch einen Potentialwall ist also nach (179) um so größer, je kleiner die in Einheiten von λ_0 gemessene Dicke d und die vom Energiezustand E aus gerechnete Höhe, $U - E$, des Potentialwalles ist.

Dieser Tunneleffekt, von dem wir im folgenden vielfach Gebrauch machen werden, gehört zu den wichtigsten Ergebnissen der Quantenmechanik, die in scharfem Gegensatz zur klassischen Physik stehen, aber durch das Experiment quantitativ bestätigt worden sind. Qualitativ läßt sich der Tunneleffekt auch mit Hilfe der HEISENBERGschen Unbestimmtheitsbeziehung verstehen. Nach Gl. (16) in IV,3 ist nämlich bei genügend kurzer, zum Durchlaufen des Potentialberges erforderlicher Zeit Δt die entsprechende Energieunbestimmtheit ΔE so groß, daß mit gewisser Wahrscheinlichkeit auch ein Überschreiten des Potentialberges möglich ist. In dieser Darstellung erkennen wir wieder deutlich den *grundsätzlichen* Charakter und die tiefere Bedeutung der Unbestimmtheitsbeziehung, die mit Meßgenauigkeit gar nichts zu tun hat. Wir erkennen ferner, daß unsere anschaulichen Ausdrucksweisen: „Durchdringen" des Potentialwalls bzw. „Übersteigen" nach der Unbestimmtheitsbeziehung nur zwei Bezeichnungsweisen für den gleichen physikalischen Sachverhalt darstellen. Unsere anschaulichen Begriffe reichen eben zur eindeutigen Beschreibung atomphysikalischer Sachverhalte nicht aus.

13. Die Quantenstatistiken nach Fermi und Bose und ihre physikalische Bedeutung

Der Atomphysiker steht häufig vor der Aufgabe, die Verteilung einer Zustandsgröße, z.B. der Energie, über die Partikeln eines Systems als Funktion der Temperatur zu berechnen. Dies ist die Grundaufgabe der *Statistik*. Klassisch wurde diese Aufgabe für die Geschwindigkeits- und Energieverteilung der Moleküle eines Gases durch MAXWELL und BOLTZMANN gelöst; sie bildet den Ausgangspunkt der kinetischen Gastheorie. Die Grundlage dieser klassischen Statistik ist die früher für selbstverständlich gehaltene Annahme, daß die Wahrscheinlichkeit für ein bestimmtes Molekül A, die Energie E zu besitzen, unabhängig davon ist, ob andere Moleküle $B, C, D, \ldots$ die gleiche oder eine andere Energie besitzen – genau wie beim Würfeln die Wahrscheinlichkeit jedes einzelnen Wurfes unabhängig vom Ausfall der vorhergehenden Würfe ist. Nach der klassischen Statistik ist die Wahrscheinlichkeit, daß in einem System gerade dN Teilchen eine Energie zwischen E und $E + dE$ besitzen, durch die Zahl der Realisierungsmöglichkeiten dieses Zustandes bestimmt. Man denkt sich also alle Teilchen numeriert und stellt fest, wie viele Verteilungsmöglichkeiten aller N_0 Teilchen auf die verschiedenen Energiezellen der Größe dE es gibt, bei denen im thermischen Gleichgewicht bei der absoluten Temperatur T gerade dN Teilchen eine Energie zwischen E und $E + dE$ besitzen. Die Zahl dieser Verteilungsmöglichkeiten gibt dann die Wahrscheinlichkeit der Gesamtverteilung an. Die Rechnung ergibt für diese Zahl der Teilchen mit der Energie zwischen E und $E + dE$ die berühmte MAXWELL-BOLTZMANNsche Energieverteilung

$$\frac{dN}{dE} \sim \sqrt{E} \cdot e^{-E/kT}. \tag{181}$$

Nach dieser Formel der klassischen Statistik würden am absoluten Nullpunkt der Temperatur z.B. sämtliche Elektronen eines Metallblocks die kinetische Energie Null besitzen, während bei höherer Temperatur sich eine aus (181) folgende Energieverteilung einstellen würde, bei der die Zahl der Elektronen höherer Energie mit wachsender Energie exponentiell abnimmt.

Wie sieht nun das Problem vom Standpunkt der Quantentheorie aus? Einmal treten an die Stelle der klassischen kontinuierlichen Energieverteilung diskrete, wenn auch oft äußerst dicht liegende Energiezustände: die Energiezellen dE haben eine endliche Größe. Vor allem aber sind die beiden Grundannahmen der klassischen Statistik falsch: Die Partikeln eines Systems sind grundsätzlich ununterscheidbar, und sie sind ferner nach der Quantenmechanik nicht unabhängig voneinander, sondern durch „Führungswellen" miteinander verknüpft. Das gilt, wie wir wissen, für die Photonen des Lichts ebenso wie für die Teilchen eines Teilchenstrahls. *Klarster Ausdruck dieser Nichtunabhängigkeit der Teilchen eines atomaren Systems ist die Existenz der* SCHRÖDINGER-*Gleichung, die das gesetzmäßig verknüpfte, d.h. nicht rein zufallsbestimmte Verhalten aller Teilchen des Systems durch Eigenfunktionen beschreibt. Aus der Existenz der Interferenzerscheinungen des Lichts wie der Elektronen, Atome und Moleküle folgt also, daß die klassische* BOLTZMANN*sche Statistik für alle diese Teilchen, und d.h. ganz allgemein, nicht gültig sein kann.* Wenn sie trotzdem in der kinetischen Gastheorie mit Erfolg angewendet wird, so liegt das wieder an der Tatsache, daß ihre Ergebnisse von denen der gleich zu besprechenden Quantenstatistiken im Fall der Moleküle eines Gases nur bei tiefsten Temperaturen und in Ausnahmefällen merklich abweichen.

Wir haben in IV,10 bereits gezeigt, daß alle Teilchen mit halbzahligem Spin durch gegen Vertauschung antisymmetrische Wellenfunktionen beschrieben werden und damit dem PAULI-Prinzip gehorchen, während umgekehrt Teilchen mit ganzzahligem Spin durch symmetrische Wellenfunktionen beschrieben werden und dem PAULI-Prinzip nicht unterliegen. Die tiefgreifende Bedeutung dieser Unterscheidung wird klar, wenn wir die Energieverteilung einer großen Anzahl von Teilchen am absoluten Nullpunkt betrachten. Die Elektronen in einem Metall z.B. können sich auch am absoluten Nullpunkt nicht alle im tiefsten Energiezustand des Systems befinden, weil nach dem PAULI-Prinzip ja jeder Energiezustand nur mit zwei Elektronen von entgegengesetztem Spin besetzt sein kann. Für Teilchen mit symmetrischer Eigenfunktion dagegen (z.B. α-Teilchen) fällt diese Einschränkung fort. Der erste Fall ist von FERMI und DIRAC, der letztere von BOSE und EINSTEIN studiert worden, und wir hatten deshalb in IV,10 bereits die dem PAULI-Prinzip unterworfenen und deshalb der FERMI-Statistik folgenden

Teilchen als *Fermionen*, und umgekehrt die dem Pauli-Prinzip nicht unterworfenen Teilchen, die der Bose-Statistik folgen, als *Bosonen* bezeichnet.

Wir besprechen zunächst das Verhalten der Fermionen, d. h. aller Teilchen mit halbzahligem Spin, am Beispiel der Metallelektronen. Wir werden in VII,11 erfahren, daß in einem aus N gleichen Atomen bestehenden Metallkristall jeder Energiezustand des einzelnen Atoms wegen der durch die Wechselwirkung der Atome aufgehobenen Entartung in N Energiezustände aufspaltet. Jeder dieser N Zustände kann nach dem Pauli-Prinzip aber mit höchstens zwei Elektronen besetzt sein, die sich durch ihre Spinrichtung unterscheiden müssen, da sonst völlig identische Elektronen gleicher Energie im System vorhanden wären, was das Pauli-Prinzip gerade verbietet. *Wegen der Existenz der gequantelten Energiezustände und der Gültigkeit des Pauli-Prinzips können also in einem Metall nach der Quantentheorie im Gegensatz zur klassischen Auffassung auch am absoluten Nullpunkt der Temperatur nicht alle Elektronen die Energie Null besitzen, sondern müssen in solcher Weise auf die tiefsten möglichen Energiezustände des Metallkristalls verteilt sein, daß jeder Zustand mit nur zwei Elektronen von entgegengesetztem Spin besetzt ist. Auch am absoluten Nullpunkt besitzen also die in den höchsten Zuständen sitzenden Elektronen eine sehr beträchtliche kinetische Energie, die sog.* Fermi-*Grenzenergie* E_F. Ihr Betrag folgt in ausreichender Näherung aus der hier zu weit führenden Rechnung zu

$$E_F = \frac{h^2}{8\,m}\,n^{2/3},\tag{182}$$

hängt also nur von der Elektronenmasse m und der Dichte n der quasifreien Leitungselektronen je cm³ des Metalls ab, die nach VII,13 aus Messungen des Hall-Effektes ermittelt werden kann. Für die meisten Metalle ergeben sich Grenzenergiewerte zwischen 3 und 7 eV, *wie sie klassisch nur bei Temperaturen von mehreren* 10^4 *Grad möglich wären*. Man bezeichnet diesen Zustand der Metallelektronen als entartet und spricht von der *Entartung des Elektronengases*. Sie ist für die Elektronentheorie der Metalle und deren Leitfähigkeit von größter Bedeutung und erklärt z. B., weshalb die Metallelektronen im Gegensatz zur klassischen Erwartung nur relativ wenig zur spezifischen Wärme des Metalls beitragen, obwohl sie als praktisch freie Teilchen anzusehen sind. Ihre Nullpunktsenergie ist eben schon so hoch, daß geringe Temperaturänderungen keine wesentliche Änderung der Energieverteilung der Elektronen bewirken, obwohl mit zunehmender Temperatur allmählich auch Elektronen in höhere, bei $T = 0$ unbesetzte Energieniveaus des Metalls gelangen.

Es leuchtet ein, daß die Entartung des Elektronengases im Metall verschwinden muß, wenn die mittlere thermische Energie der Elektronen von der Größenordnung der Nullpunktsgrenzenergie der entarteten Elektronen wird, weil bei höherer Temperatur die Verteilung der Elektronen auf die Energiezustände des Metalls, also ihre Energieverteilung, nicht mehr in erster Linie durch die Quantengesetze, sondern durch die Temperatur bestimmt wird. Diese Grenztemperatur, oberhalb der man wieder mit der klassischen Statistik rechnen darf, bezeichnet man als die Entartungstemperatur T_0; sie ergibt sich aus (182) wegen $E = kT$ zu

$$T_0 = \frac{h^2}{8\,m\,k}\,n^{2/3}.\tag{183}$$

Für die meisten Metalle liegt die Entartungstemperatur T_0 zwischen 30000 und 80000 °K, so daß ihre Elektronen stets als entartet anzusehen sind. Aus Gl. (183) folgt andererseits, daß z. B. für Plasmen höchster Elektronendichte mit $n \approx 10^{17}$ je cm³ die Entartungstemperatur nur in der Größenordnung von 10 °K liegt, so daß dessen Elektronen von über 10^4 °K nicht entartet sind und der klassischen Statistik gehorchen.

Aus den entwickelten Vorstellungen folgt, daß man zur Berechnung der Energieverteilung von entarteten Elektronen wegen der Gültigkeit der Quantengesetze eine ganz neue Statistik benötigt, bei der es nicht mehr auf die Verteilungsmöglichkeiten numeriert gedachter, als Individuen unterscheidbarer Elektronen ankommt, sondern auf die Frage, wie die Besetzung der Energiezustände mit nicht unterscheidbaren Elektronen von der Temperatur abhängt. Diese FERMI-*Statistik* führt zu der ganz allgemein für Fermionen gültigen Energieverteilungsformel

$$\frac{dN}{dE} = \frac{4\pi(2m)^{3/2}}{h^3} \cdot \frac{\sqrt{E}}{e^{\frac{E-E_F}{kT}}+1}\,, \tag{184}$$

worin E_F wieder die durch (182) bestimmte FERMI-Grenzenergie ist. Trägt man zur Veranschaulichung dieser Formel dN/dE gegen die Energie E auf, so erhält man für $T=0$ bzw. eine erheblich über dem absoluten Nullpunkt liegende Temperatur $T\gg0$ die beiden in Abb. 105 gezeichneten Kurven. Bei der Temperatur $T=0$ nimmt die Elektronenzahl mit der Energie bis zur Energie des höchsten noch besetzten Zustands (Nullpunktsgrenzenergie) zu und ist für höhere Energien Null. Bei höherer Temperatur gelangt ein Teil der Elektronen aus den obersten bei $T=0$ besetzten Energiezuständen in höhere, bei $T=0$ nicht besetzte Zustände, so daß sich die gestrichelt eingezeichnete Energieverteilung ergibt. Bei

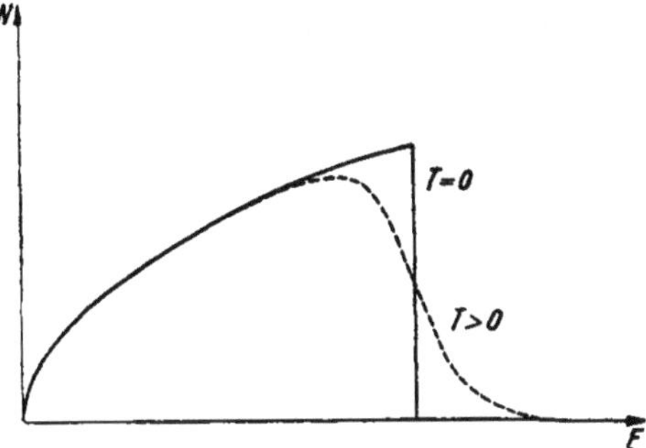

Abb. 105. FERMI-Verteilung der Elektronen in einem Metall. Ordinate: Zahl der Elektronen, Abszisse: Elektronenenergie. Ausgezogene Kurve: absolute Temperatur $T=0$, gestrichelte Kurve: Temperatur $T>0$ (schematisch).

$T>0$ haben wir also einen „Schwanz" energiereicherer Elektronen, der für manche Phänomene, wie die in VII,14 zu behandelnde Glühelektronenemission, von entscheidender Bedeutung ist.

Für *Bosonen* sieht die Energieverteilung wegen der fehlenden Einschränkung durch das PAULI-Prinzip ganz anders aus. Hier *können grundsätzlich sämtliche Teilchen des Systems im tiefsten Energiezustand sitzen, in scharfem Gegensatz zum Verhalten der Fermionen. Die Abweichungen der BOSE-Statistik von der klassischen BOLTZMANN-Statistik beruhen also auf der Ununterscheidbarkeit und Nichtunabhängigkeit der der Quantenmechanik gehorchenden Teilchen und der Diskretheit ihrer Energiezustände.* Die auf dieser Grundlage von BOSE entwickelte Statistik führt auf eine Energieverteilungsformel, die sich von der für Fermionen gültigen Gl. (184) nur dadurch unterscheidet, daß $E_F=0$ ist und im Nenner $+1$ durch -1 ersetzt erscheint. Diese Formel hat, wie der Vergleich mit Gl. (II-43) zeigt, den gleichen Aufbau wie die PLANCKsche Energieverteilungsformel der schwarzen Strahlung, und tatsächlich konnte diese durch Anwendung der BOSE-Statistik auf Photonen von EINSTEIN abgeleitet werden.

Weitere Anwendungen der BOSE-Statistik waren bis vor kurzem nicht bekannt, da für Gase Abweichungen von der klassischen Statistik nur bei tiefsten Temperaturen und hohen Drucken zu erwarten sind und hier meist durch die VAN DER WAALSschen Abweichungen der realen von den idealen Gasen verdeckt werden. Das besondere Verhalten der Bosonen ist aber für die merkwürdige Erscheinung der „Superflüssigkeit" von Helium bei Temperaturen unter 2,186 °K verantwortlich, die wir in VII,17b behandeln werden.

14. Die Grundideen der Quantenelektrodynamik.
Die Quantelung von Wellenfeldern

Die bisher dargestellte Quantenmechanik ist in einem entscheidenden Punkte noch unvollständig. Ausgehend von der Komplementarität der Welle-Teilchen-Erscheinungen gelangten wir zu einer Quantenmechanik, die den Zusammenhang zwischen den beobachtbaren Teilchen (z. B. Elektronen) und dem ihnen entsprechenden Ψ-Wellenfeld in solcher Weise klärte, daß bezüglich der Voraussage und Deutung von Experimenten keine Zweideutigkeit mehr besteht, der Welle-Teilchen-Dualismus damit also faktisch, wenn auch nicht anschaulich, überbrückt ist. Es ist in der bisher dargestellten Quantenmechanik aber *nicht* möglich, in entsprechender Weise den Zusammenhang zwischen dem elektromagnetischen Feld und den ihm im Teilchenbild entsprechenden Photonen zu verstehen.

Betrachten wir als Beispiele zwei abgeschlossene stationäre Systeme, das Wasserstoffatom und einen von Strahlung erfüllten Hohlraum mit ideal spiegelnden Wänden. Für den ersteren Fall zeigte SCHRÖDINGER durch die in IV,5 behandelte Quantelung der Ψ-Wellen, daß nur gewisse diskrete Schwingungsformen der Ψ-Wellen, nämlich die Eigenfunktionen des H-Atoms, mit den naturgegebenen Randbedingungen verträglich sind. Aus den Wellenlängen dieser diskreten Eigenschwingungen folgten nach der DE BROGLIE-Beziehung (IV-8) die diskreten möglichen Impulse der Atomelektronen. *Die Quantelung der Ψ-Wellen führte also zur Bestimmung der Eigenschaften der ihnen im Teilchenbild entsprechenden Elektronen.* Beim zweiten Beispiel, dem strahlungserfüllten Hohlraum, folgt aus der Stationaritätsbedingung, daß nur solche Wellen auftreten können, für die die Hohlraumdimensionen ganzzahlige Vielfache der halben Wellenlänge sind, und mit der Beziehung $E = h\nu$ liefert die Quantentheorie dann aus den Frequenzen der stehenden Wellen die *Energie* der entsprechenden Photonen. Sie vermag aber *keine* Aussage über die *Zahl* der Photonen zu machen, die zu einer Hohlraumeigenschwingung gegebener Frequenz gehören. Ein Vergleich mit dem ersten Beispiel zeigt, daß hier offenbar noch das fehlt, was dort zur Festlegung der Teilcheneigenschaften führte, nämlich eine Quantenbedingung, und zwar hier die Quantelung des elektromagnetischen Feldes. Da wir aber die Wellenlänge bzw. die Frequenz der gequantelten elektromagnetischen Wellen mit der Energie der ihnen entsprechenden Photonen identifiziert haben, bleibt als Analogon zur *Zahl* der Photonen gegebener Energie nur die zweite Eigenschaft der Hohlraumwellen übrig, nämlich ihre *Amplitude.* Wir kommen damit zu dem Schluß, daß auch *die Amplituden der diskreten stehenden Wellen des Hohlraums gequantelt werden müssen (sog. zweite Quantelung), daß also nur gewisse diskrete Amplitudenwerte auftreten können.* Wir benötigen also eine SCHRÖDINGER-Gleichung, deren Lösungen die Wahrscheinlichkeit dafür angeben, daß die Amplitude einer bestimmten Hohlraumschwingung gerade den oder jenen Wert besitzt. Damit ist natürlich implizite angenommen, daß über Feldstärkewerte (nämlich Amplituden der elektromagnetischen Strahlung) nur *Wahrscheinlichkeits*aussagen gemacht werden können, und tatsächlich erweisen sich Feldstärke und Photonenzahl als komplementär im Sinne der Unbestimmtheitsbeziehung, da E und H dem Wellenbild, die Photonenzahl n aber dem Teilchenbild zugehören. Die Durchführung der Rechnung führt interessanterweise auf das gleiche Ergebnis, das PLANCK 1900 nach II,7 zur theoretischen Beschreibung der Hohlraumstrahlung *postulieren* mußte und das die ganze Entwicklung der Quantentheorie einleitete. Die stehenden elektromagnetischen Wellen des Hohlraumes verhalten sich nämlich danach ganz wie lineare Oszillatoren, und ihre Energie kann folglich nur ein diskretes, ganzzahliges Vielfaches von $h\nu_0$ sein, wenn ν_0 die Eigenfrequenz der betreffenden stehenden Welle bzw. ihres sog.

Ersatzoszillators ist. Einer Hohlraumeigenschwingung der Energie $nh\nu_0$ entsprechen dann im Teilchenbild n Photonen der Energie $h\nu_0$.

Wir haben nun in III,22 allgemein festgestellt, daß für große Quantenzahlen die Abweichungen zwischen quantentheoretischer und klassischer Rechnung verschwinden. Wenn also durch die Feldquantelung der Amplitude einer bestimmten Hohlraumschwingung eine *große* Quantenzahl n zugeordnet wird, es also *viele* Photonen der betreffenden Energie $h\nu$ im Hohlraum gibt, erwartet und findet man keine wesentlichen Abweichungen von der klassischen Rechnung. Das gilt z.B. für das langwellige Gebiet der elektrischen Wellen und bis ins Ultrarot hinein, wo die Energie $h\nu$ der einzelnen Photonen klein ist gegenüber den bei Messungen verwendeten Strahlungsenergien, und wo bekanntlich alle Erscheinungen befriedigend ohne Bezugnahme auf die Quantentheorie behandelt werden können. Im Ultraviolett und kurzwelligeren Spektralgebiet dagegen wird die Energie des einzelnen Photons u.U. bereits so groß, daß beachtliche Abweichungen von der klassischen Rechnung zu erwarten sind, da hier schon einzelne Lichtquanten gemessen werden können. Tatsächlich ist bekannt, daß z.B. die ältere Formel für die spektrale Energieverteilung der Hohlraumstrahlung von RAYLEIGH-JEANS zwar im langwelligen Spektralgebiet die Messungen befriedigend darzustellen vermochte, dagegen von letzteren um so größere und grundsätzlichere Abweichungen ergab, je kurzwelliger die betreffende Strahlung war.

Von besonderem Interesse ist nun die Wechselwirkung zwischen dem gequantelten elektromagnetischen Feld und den Atomen, d.h. die Theorie der mit Energiezustandsänderungen der Atome verknüpften Änderungen des elektromagnetischen Feldes, die wir in der Teilchensprache als die Emission oder Absorption von Lichtquanten beschrieben haben. Beide Probleme, die bereits angedeutete Quantelung des elektromagnetischen Feldes und dessen Wechselwirkung mit den Atomen sind bereits 1930 von DIRAC in seiner *Quantenelektrodynamik* behandelt worden.

Zur Erklärung der Strahlungsemission und -absorption von Atomen betrachtet DIRAC ein System aus Atomen, die in ein Strahlungsfeld eingebettet sind. Während die Atome durch die ihre Energiezustände bezeichnenden Quantenzahlen charakterisiert sind, ist jede im Strahlungsfeld vorkommende Frequenz ν_i durch ihre entsprechende Amplitudenquantenzahl n_i gekennzeichnet. Im Teilchenbild haben wir also ein Gemisch von Atomen und Lichtquanten, wobei gerade n_i Photonen der Energie $h\nu_i$ vorhanden sind. Die Wechselwirkung zwischen Atomen und Strahlungsfeld ist die der klassischen Physik: Die elektrische Feldstärke des elektromagnetischen Strahlungsfeldes induziert im Atom ein mit der entsprechenden Frequenz variables elektrisches Moment, durch das Feld und Atom gekoppelt sind. Eine Frequenz ν_k, deren Quantenenergie $h\nu_k$ gerade gleich der Energiedifferenz ΔE_k zweier stationärer Energiezustände des Atoms ist, bewirkt nun mit einer berechenbaren Wahrscheinlichkeit einen Übergang des Atoms von dem einen in den anderen Zustand, während gleichzeitig die Amplitudenquantenzahl n_k der betreffenden elektromagnetischen Schwingung sich um eins vergrößert bzw. verkleinert. Dies ist die quantenelektrodynamische Beschreibung der Energiezustandsänderung eines Atoms unter Emission bzw. Absorption eines Photons der „richtigen" Energie $h\nu_k$.

Die Quantenelektrodynamik macht also die Emission und Absorption der als Quanten des elektromagnetischen Feldes anzusehenden Photonen durch die mit dem Feld elektrisch gekoppelten Atome verständlich. In ähnlicher Weise versucht man auch die in V,23 noch zu besprechenden Mesonen als Quanten der Kernkraftfelder und ihre Emission und Absorption durch Atomkerne aus der Kopplung der Mesonenfelder mit den Kernen zu verstehen (vgl. V,25).

In jüngster Zeit wird besonders von DIRAC der Frage Aufmerksamkeit geschenkt, ob folgerichtig der Quantenelektrodynamik nicht eine *Gravitationsdynamik* an die Seite zu stellen wäre, nach der bewegte Massen in ähnlicher Weise Gravitationswellenfelder erzeugen würden wie bewegte Ladungen elektromagnetische Wellenfelder. So wie die Quantelung des elektromagnetischen Feldes in der Quantenelektrodynamik zu den Lichtquanten führt, müßte die Quantelung der Gravitationswellen dann zu Quanten des Gravitationsfeldes führen, die *Gravitonen* genannt werden. Die größte, noch nicht befriedigend gelöste, weil mit der allgemeinen Relativitätstheorie zusammenhängende Schwierigkeit dieser Theorie liegt darin, daß die Energiedichte des Gravitationsfeldes sich als nicht unabhängig von dem gewählten Koordinatensystem erweist. Der experimentelle Nachweis der sich nach der Theorie mit Lichtgeschwindigkeit fortpflanzenden Gravitonen erscheint schwierig, da ihre Wechselwirkung mit der Materie noch kleiner sein sollte als die der in V,6f zu behandelnden Neutrinos. Trotzdem wird bereits an Methoden zu ihrer Erzeugung und Messung gearbeitet.

15. Leistungen, Grenzen und philosophische Bedeutung der Quantenmechanik

Überblicken wir die in diesem Kapitel behandelte Quantenmechanik und fragen nach ihren Leistungen und Grenzen, so dürfen wir feststellen, daß sie die gesamte Physik der Atome, Moleküle und Festkörper sowie wesentliche Teile der Kernphysik quantitativ in vollster Übereinstimmung mit der Erfahrung zu beschreiben gestattet. Der durch sie dargestellte Fortschritt gegenüber der alten BOHR-SOMMERFELDschen Quantentheorie ist damit ein gewaltiger.

Die Schwierigkeiten der von BOHR zur Erklärung der Spektren aufgestellten Postulate sind behoben. Die Strahlungslosigkeit der Atome in den stationären Zuständen folgt, ohne Verletzung der Elektrodynamik, ebenso wie die Vielzahl der Quantenbedingungen zwangsläufig aus der Wellenmechanik, desgleichen die Emission bzw. Absorption von Strahlung beim Übergang von einem Energiezustand zu einem andern, einschließlich aller Auswahlregeln und -verbote, der Polarisationsverhältnisse der emittierten Spektrallinien und ihrer Intensität. Der anomale ZEEMAN-Effekt konnte ebenso quantitativ erklärt werden wie die feineren, nach der alten Theorie ebenfalls unverständlichen Züge der Rotation und Schwingung der Moleküle und ihrer Wechselwirkung mit der Elektronenbewegung (Kap. VI). Eine große Anzahl für die alte Theorie praktisch unlösbarer Probleme konnte mittels der Erscheinung der quantenmechanischen Austauschresonanz verstanden und quantitativ beschrieben werden. Das Problem des Heliumatoms und der übrigen Atome mit mehreren gleichberechtigten Elektronen gehört ebenso in diese Gruppe wie die homöopolare Bindung (s. VI, 14), die Energiebänder der Kristalle mit sehr vielen gleichartigen atomaren Bausteinen (Kap. VII) sowie die lange so rätselhafte Erscheinung des Ferromagnetismus (VII,15 c). Auch der grundsätzliche Zugang zum Problem der Kernkräfte wurde so gefunden. Der typisch quantenmechanische Effekt des Durchgangs eines Teilchens durch einen Potentialwall (Tunnel-Effekt) ermöglicht das Verständnis des radioaktiven α-Zerfalls, der Elektronenemission der Metalle in hohen elektrischen Feldern (Kap. VII) sowie zahlreicher weiterer Erscheinungen der Molekül- und Festkörperphysik. Die bedeutsamste Leistung der Quantenmechanik schließlich ist wohl, daß sie uns eine den Dualismus der Welle-Teilchen-Eigenschaften beim Licht wie bei der Materie einschließende und in seiner physikalischen Bedeutung klärende Theorie gebracht und mittels der Unbestimmtheitsrelation Art und Genauigkeit der gleichzeitig möglichen Aussagen im Bereich der Mikrophysik eindeutig festgestellt hat.

Im Bereich der Physik der Atomhüllen und aller auf ihr beruhenden Wirkungen und Erscheinungen einschließlich der Wechselwirkung mit der Strahlung darf also die Quantenmechanik mit ihrer von DIRAC *stammenden Erweiterung als die zur quantitativen Beschreibung geeignete Theorie angesehen werden; die auf Grund quantenmechanischer Rechnungen gemachten Voraussagen verdienen in diesem Bereich der Physik unbedingtes Vertrauen.* Dagegen beginnen sich auch die Grenzen der Theorie bereits abzuzeichnen. Sehen wir von den Schwierigkeiten ab, die mit der ungeklärten „Struktur" der ja doch nur in gröbster Näherung als punktförmig anzusehenden Elementarteilchen zusammenhängen, so hat zuerst die im nächsten Kapitel zu behandelnde Kernphysik Erscheinungen gezeigt, die nicht mehr befriedigend durch die bisherige Quantenmechanik beschrieben werden können. Hierzu gehört besonders das Problem der Kernkräfte, die die Protonen und Neutronen im Kern zusammenhalten. Man kann sich, wie wir im nächsten Kapitel zeigen werden, zwar ein allgemeines Bild dieser Kernkräfte in Analogie zu den quantenmechanischen Austauschkräften machen; aber zur quantitativen Beschreibung genügt offenbar die Quantenmechanik in ihrer bisherigen Form nicht mehr. Dieses Versagen der Quantenmechanik wird besonders deutlich bei den extremsten physikalischen Prozessen, die wir kennen, nämlich der Erzeugung und dem Zerfall einer immer noch wachsenden Zahl kurzlebiger „Elementarteilchen". *Anscheinend ist die bisherige Quantenmechanik nur zur Beschreibung solcher atomarer Prozesse geeignet, bei denen sich das Potential der wirkenden Kräfte über eine Strecke von* 10^{-13} *cm (genannt 1 fermi) nicht merklich ändert,* während für die extremsten Prozesse der Elementarteilchenphysik eine Erweiterung der Quantenmechanik notwendig erscheint, um die sich neueste Arbeiten der theoretischen Physiker in aller Welt bemühen. Wir kommen in V,24 auf diese Elementarteilchenphysik zurück.

Zum Abschluß dieses Kapitels müssen wir uns noch mit den grundsätzlichen Schwierigkeiten und Problemen auseinandersetzen, die durch die Quantenmechanik aufgeworfen worden sind und die auch die Philosophie stark berühren. Drei „Vorwürfe" sind es vor allem, die gegen die quantenmechanische Atomtheorie erhoben werden: ihre Unanschaulichkeit, ihre sich in den nur statistischen Aussagen dokumentierende Indeterminiertheit und damit zusammenhängend ihre angebliche Akausalität.

Nun besteht in der Tat kein Zweifel darüber, daß unser neues physikalisches Weltbild von einer viel geringeren Anschaulichkeit ist als etwa das der klassischen Physik des Jahres 1900, das wir ohne näheres Eingehen auf die Problematik dieses Begriffs ruhig als physikalisch anschaulich bezeichnen wollen. Nachdem schon die Relativitätstheorie die Anschauungsformen Raum und Zeit ihrer uns so selbstverständlich erscheinenden Absolutheit entkleidet und Materie und Energie als ineinander umwandelbar erkannt hatte, hat die Quantenmechanik zu einer wirklich nicht mehr anschaulichen Darstellung der Eigenschaften und des Verhaltens atomarer Systeme geführt. Die entscheidende Rolle, die PLANCKS elementares Wirkungsquantum h in der gesamten Atomphysik spielt, scheint ferner eindeutig auf eine zentrale Bedeutung des unanschaulichen Begriffs der Wirkung (Energie mal Zeit) für die gesamte Physik hinzuweisen, und diese zentrale Bedeutung der Wirkung wird auch durch die Relativitätstheorie nahegelegt. Während nämlich Kraft, Masse und Energie vom Bewegungszustand des Bezugssystems abhängen, ist die Wirkung die einzige physikalische Größe, die unabhängig von Bezugssystem, Ort und Zeit „relativistisch invariant" ist. Quantentheorie wie Relativitätstheorie weisen also übereinstimmend auf die zentrale Bedeutung der Wirkung in der Physik hin, so daß man heute geradezu *die Wirkungsquanten h als die letzten Realitäten ansehen könnte, auf denen unsere gesamte Erscheinungswelt beruht.* Mit dieser unserer Anschauung so fremden zentralen Stellung der Wirkung in der heutigen Physik hängen, wie wir in IV,3 gezeigt haben, auch die Unbestimmtheitsbeziehung und die Welle-Teilchen-Komplementarität zusammen, auf denen die grundsätzlichsten Schwierigkeiten des neuen physikalischen Weltbildes beruhen.

Aus der Tatsache, daß alle atomaren Teilchen je nach der Art der mit ihnen angestellten Versuche die völlig entgegengesetzten Erscheinungen räumlich konzentrierter Teilchen oder weit ausgebreiteter Wellenfelder zeigen, kann man folgerichtig nur einen Schluß ziehen: *Das „Atom an sich" ist in den uns gewohnten Begriffen Raum und Zeit nicht beschreibbar*, weil unsere Raumbegriffe einen Punkt im Raum und ein räumlich ausgedehntes Wellenfeld als nicht gleichzeitig vereinbare Gegensätze erscheinen lassen. Die Atomtheoretiker sind sich der Tragweite dieser Behauptung, zu der keiner von ihnen ohne langes inneres Widerstreben gelangt ist, durchaus bewußt, sehen aber keinen anderen Ausweg. Auch die S. 169 erwähnte Deutung der Wellenmechanik, nach der nur die Teilchen als „real" angesehen werden, während dem mit ihnen verknüpften Wellenfeld „nur" die Aufgabe zufallen soll, die Teilchen in geheimnisvoller Weise statistisch an die richtigen Stellen zu leiten, ist kein solcher Ausweg. Denn wenn auch nur die *Teilchen* in Erscheinung treten, z.B. längs ihrer Bahn das Gas einer Nebelkammer ionisieren, so sind die die Steuerung der Teilchen bewirkenden Wahrscheinlichkeitswellen ja als notwendige Eigenschaft in der durch die Wellenmechanik beschriebenen Weise mit den Teilchen verknüpft, so daß wir um den Dualismus Welle-Teilchen und die mit ihm verknüpften logischen Schwierigkeiten auch bei dieser Deutung nicht herumkommen. Wir sind damit zu einem Standpunkt gezwungen, wie er sich vor der Quantenmechanik in der gesamten Naturwissenschaft noch nie als notwendig erwiesen hat: *Alle mit atomaren Systemen anstellbaren Experimente oder an ihnen ausführbaren Beobachtungen ergeben zwar stets im Sinne der klassischen Physik anschauliche Ergebnisse, doch ist der Schluß auf die reale Existenz nicht beobachteter Eigenschaften und damit auf die „Atome an sich" nicht mehr möglich.* Das ist eine logische Folge aus den den Welle-Teilchen-Dualismus belegenden Experimenten. *Über „Atome an sich" lassen sich keine Aussagen machen.* Sollen die Atome raumzeitlich in Erscheinung treten, so müssen wir sie in Wechselwirkung mit anderen Teilchen bringen und erfassen dabei stets nur die eine (in ihrer Auswahl von unserem Willen bzw. unserem Beobachtungsgerät abhängige) Gruppe von Eigenschaften, während die der komplementären Seite dann grundsätzlich unbeobachtbar sind. *Es ist damit die dem Weltbild der klassischen Physik selbstverständliche Objektivierbarkeit sämtlicher Eigenschaften und Vorgänge im Weltbild der Mikrophysik verlorengegangen, als zwangsläufige Folge des Welle-Teilchen-Dualismus.*

Wir wenden uns nun dem Problem der Indeterminiertheit atomistischer Ereignisse zu, um abschließend den Zusammenhang zwischen Indeterminiertheit und Kausalität zu erörtern.

Die Bedeutung dessen, was man mit Indeterminiertheit oder nur statistischer Gesetzmäßigkeit bezeichnet, wird am besten klar am Beispiel des in V,6 noch zu behandelnden radioaktiven Zerfalls. Der Kern des Radiumatoms z.B. besitzt eine Halbwertslebensdauer von 1600 Jahren. Haben wir also z.Z. 100000 Radiumkerne, so wissen wir, daß während der nächsten 1600 Jahre 50000 von ihnen zerfallen werden. Dieser Zerfall ist aber ein rein statistischer, die Kerne „altern" nicht, und es ist grundsätzlich unmöglich zu sagen, wann ein bestimmter herausgegriffener Radiumkern tatsächlich zerfallen wird. Der entscheidende Punkt ist also, daß unsere Unkenntnis über den Zeitpunkt des Zerfalls nicht durch unzureichende Kenntnisse bedingt ist. Es ist vielmehr eine logische Folge aus dem gut bestätigten Formalismus der Wellenmechanik, daß sich über atomare Ereignisse, entsprechend der in IV,6 besprochenen Deutung von $\Psi\Psi^*$, nur *Wahrscheinlichkeitsaussagen* machen lassen, und unsere derzeitige Kenntnis der Physik deutet darauf hin, daß diese Indeterminiertheit jedes atomaren *Einzel*vorgangs eine Grundeigenschaft unserer Welt ist. Im Atomaren gibt es nach unserer gegenwärtigen Auffassung (und wir sehen nicht, wie sich daran in Zukunft etwas ändern sollte!) also grundsätzlich nur statistische Gesetzmäßigkeiten, die sich in der Makrophysik zu scheinbar völliger Determiniertheit verdichten, weil im Bereich genügend großer Zahlen statistische Aussagen mit praktisch beliebiger Sicherheit gleichwertig werden. Obwohl wir also ganz genau wissen, daß ein Gramm Radium in jeder Sekunde $3{,}7 \cdot 10^{10}$ α-Teilchen emittiert, können wir über den Zerfall des *Einzel*kerns nur die Aussage machen, daß er mit 50% Wahrscheinlichkeit innerhalb der nächsten 1600 Jahre erfolgen wird!

Mit dieser Indeterminiertheit, als deren mathematische Formulierung sich wieder die Unbestimmtheitsrelation erweisen läßt, hängt die viel diskutierte Frage der Gültigkeit des Kausalgesetzes im Bereich der Atomphysik zusammen. Zwingen wir ein atomares Teilchen, *durch Wechselwirkung mit einem Beobachtungsgerät mit gewissen Eigenschaften in Erscheinung zu treten, so gilt für diese Eigenschaften und ihre raumzeitliche Veränderung das Gesetz des exakten Zusammenhangs von Ursache und Wirkung wie in der klassischen Physik*, der die Beobachtungsgeräte ja angehören. Es liegt aber in der oben behandelten „Natur" der Atome, daß über die zu den beobachteten komplementären Erscheinungen dann gleichzeitig keine Aussagen gemacht werden können oder, wenn wir auf die ganz exakte Bestimmung der Eigenschaften der einen Seite verzichten, nur in dem durch die Unbestimmtheitsbeziehung festgelegten Rahmen. *Bei einer zusammenhängenden Folge von Beobachtungen erweist sich das Kausalgesetz also auch in der Mikrophysik als gültig; es darf nur nicht auf die Eigenschaften „an sich" des Atoms angewandt werden, die gerade nicht beobachtet werden.*

Daß es sich hier um eine Einschränkung des Kausalgesetzes handelt, unterliegt keinem Zweifel, aber in erster Linie um eine Einschränkung seiner gedankenlosen Anwendung. Definiert man das Kausalgesetz nämlich gemäß dem Gebrauch der klassischen Physik durch den Satz: „Ist der Zustand eines abgeschlossenen Systems zu irgendeinem Zeitpunkt vollständig bekannt, so kann man den Zustand des Systems zu jedem früheren oder späteren Zeitpunkt grundsätzlich exakt berechnen", so ist nach der Quantenmechanik ja schon die Voraussetzung nicht erfüllbar, da eine vollständige Kenntnis des Systemzustandes zu irgendeinem Zeitpunkt nach der Unbestimmtheitsbeziehung nicht möglich ist. Auch in der klassischen Physik aber waren ja stets nur gewisse Bestimmungsstücke eines Systems bekannt, und aus diesen konnten Folgerungen gezogen werden, auf welche die unbekannten Bestimmungsstücke keinen Einfluß hatten. Diese schon stets vorhandene Begrenzung des Kausalgesetzes ist durch die Quantenmechanik nur als eine *grundsätzliche* erkannt worden, so daß man den Kausalsatz mit v. WEIZSÄCKER jetzt formulieren kann: *Sind einige Bestimmungsstücke des Zustands eines Systems zu einem gewissen Zeitpunkt bekannt, so können alle diejenigen Bestimmungsstücke früherer oder späterer Zustände berechnet werden, die mit den bekannten nach der klassischen Physik in einem eindeutigen Zusammenhang stehen.*

Bedingt die Unbestimmtheitsrelation somit in der Makrophysik nur eine grundsätzliche Beschränkung der Anwendbarkeit des Kausalgesetzes, so stoßen wir auf das Problem der sog. Akausalität in voller Schärfe erst bei dem Versuch, atomare *Einzelereignisse* kausal zu verstehen. Wir diskutieren die dabei auftretenden Schwierigkeiten an zwei typischen Beispielen. Der in II,7 besprochene Photonenversuch von JOFFÉ kann mittels der Teilchenvorstellung ohne Schwierigkeiten verstanden werden: Von der Antikathode werden Photonen in alle Richtungen des Raumes emittiert. Trifft eines von ihnen (Wahrscheinlichkeitsfrage!) die kleine

Empfängerkugel, so wird es hier absorbiert und die absorbierte Energie zur Emission eines Elektrons verwendet, dessen kinetische Energie durch Gl. (IV-1) bestimmt ist. Im Photonenbilde ist dieser Versuch also klar verständlich, dagegen stoßen wir bei einer wellentheoretischen Erklärung auf kausale Schwierigkeiten: Nach der Wellentheorie ist die dem Amplitudenquadrat proportionale Energie auf die gesamte Oberfläche der sich ausbreitenden Kugelwelle verteilt, und die Absorption der *gesamten* Welle an *einer* Stelle ist kausal nicht verständlich, da sie ein augenblickliches Zusammenlaufen der auf die Oberfläche der Kugelwelle verteilten Energie zu dem absorbierenden Punkt bedingen würde, für das eine physikalische Ursache nicht gegeben ist.

Umgekehrt liegt der Fall bei der Beugung von Elektronen an einem oder zwei Spalten (Abb. 106). Hier bietet die wellentheoretische Erklärung keine Schwierigkeiten: Wir erhalten auf dem Schirm ein Beugungsbild infolge Interferenz der von den verschiedenen Punkten des einen Spalts herkommenden Wellen, und dieses Beugungsbild ändert sich verständlicherweise, wenn wir durch Öffnen des zweiten Spalts weitere Wellen mit den vom ersten Spalt herkommenden zur Interferenz bringen. Wir geraten nun aber in kausale Schwierigkeiten, wenn wir die (theoretisch gleichberechtigte!) Teilchenvorstellung anwenden wollen. Die Beugung der Elektronen am Spalt muß dann durch Wechselwirkung mit den Atomen des Spaltes zustande kommen, was ohne Diskussion als nicht unmöglich vorausgesetzt sei. Das Beugungsbild von *zwei* Spalten müßte dann aber im Gegensatz zum tatsächlichen Befund eine Überlagerung der durch Beugung an den beiden einzelnen Spalten gewonnenen Beugungsbilder sein. Daß tat-

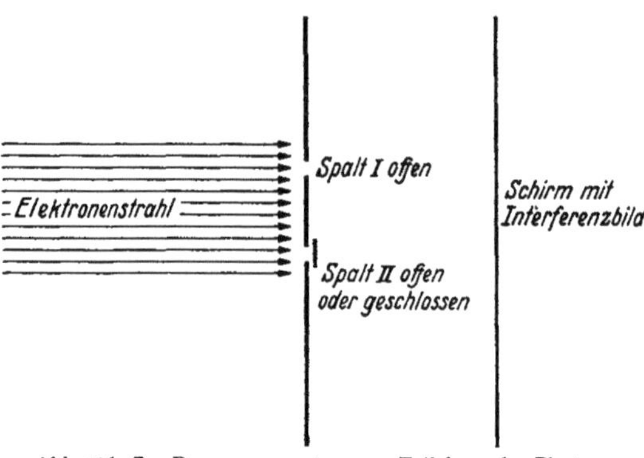

Abb. 106. Zur Beugung von atomaren Teilchen oder Photonen an einem einfachen und einem Doppelspalt.

sächlich das Beugungsbild von zwei Spalten ein ganz anderes ist als das von zwei einzelnen, nacheinander geöffneten Spalten, würde im Teilchenbild bedeuten, daß eine Ursache existierte, die den gerade den Spalt I durchfliegenden Elektronen ohne Zeitverlust mitteilt, ob der Spalt II geöffnet oder geschlossen ist, eine offenbar physikalisch unmögliche Annahme. Hier treten kausale Schwierigkeiten also bei der Deutung im *Teilchen*bilde auf.

REICHENBACH zeigt in seinem unten zitierten Buch in Übereinstimmung mit v. WEIZSÄCKER, daß man bei geschlossenen Folgen tatsächlich angestellter oder anstellbarer *Beobachtungen* (die ja der Makrophysik angehören!) kausalen Schwierigkeiten nicht begegnet. Diese treten vielmehr nur dann auf, wenn man „Zwischenphänomene" betrachtet, d.h. Aussagen machen will über zwischen den tatsächlichen Beobachtungen zu erwartende, aber unbeobachtbare Vorgänge, z. B. über das Geschehen zwischen der Emission einer Kugelwelle und der Absorption der gesamten Energie an einem bestimmten Punkt in unserem obigen ersten Beispiel. REICHENBACH zeigt ferner, daß es auch für diese Zwischenphänomene kausal befriedigende Erklärungen gibt, *wenn* man nur die dem Versuch angepaßte Beschreibungsart, Welle *oder* Teilchen, wählt, daß man aber stets auf kausale Schwierigkeiten stößt, wenn man eine Beschreibung der Zwischenphänomene in der komplementären Beschreibungsart versucht. Unsere Welt ist also nach REICHENBACH so aufgebaut, daß es eine für *alle* atomaren Vorgänge geeignete, kausal befriedigende Beschreibung nicht gibt, daß es aber wohl für jeden atomaren Vorgang eine ihm angepaßte, kausale Schwierigkeiten vermeidende Darstellung (je nach dem speziellen Fall eben Welle *oder* Teilchen) gibt.

Von allgemeiner Bedeutung erscheint uns aber die Beobachtung, daß wir auf vorstellungsmäßige Schwierigkeiten („Unanschaulichkeit" bzw. Unvereinbarkeit mit für selbstverständlich gehaltenen philosophischen Grundbegriffen) zu stoßen scheinen, sobald der Fortschritt der Physik uns über den dem Menschen mehr oder weniger *direkt* zugänglichen Bereich der Natur hinausführt. Das gilt für die uns direkt (d.h. stets ohne raffinierte physikalische Hilfs- und Beobachtungsmittel) unerreichbaren Geschwindigkeiten, die nicht mehr klein sind gegen die Lichtgeschwindigkeit und die zur Einführung der Relativitätstheorie mit ihren Anschauungsschwierigkeiten zwangen, ebenso wie für die jenseits „unseres Bereichs" liegenden Weltraumentfernungen von Millionen von Lichtjahren, in denen die Gültigkeit der uns selbstverständlichen euklidischen Geometrie in Frage gestellt ist („Krümmung des Weltraums"). Das gilt aber auch für die uns Menschen direkt unzugänglichen Dimensionen der Mikrophysik, die nur von der Quantenphysik richtig beschrieben wird und auf die eben behandelten Schwierigkeiten führt. Sollte dieses Auftreten begrifflicher Schwierigkeiten beim Überschreiten des dem Menschen „gegebenen" Bereichs der Natur nicht darauf beruhen, daß unsere gesamte Vorstellungs- und Begriffswelt letztlich doch von diesem uns gegebenen Bereich der Welt abstrahiert ist und wir beim Überschreiten der gegebenen Grenzen unser Denk- und Vorstellungsvermögen dem neuen, erweiterten Weltbereich erst anpassen müssen? *In dieser Einsicht der Möglichkeit und Notwendigkeit der Erschließung neuer Denkformen (z. B. WEIZSÄCKERS Komplementaritätslogik) scheint uns ein wesentlicher Teil der philosophischen Bedeutung der Quantenmechanik zu liegen.* Von hier aus könnte auch auf die von KANT behaupteten a-priori-Voraussetzungen jeder wissenschaftlichen Erkenntnis neues Licht fallen, da nun die besonders von MARGENAU vertretene Annahme durchaus berechtigt erscheint, daß mit dieser Erschließung neuer Denkmöglichkeiten und -bereiche auch Änderungen in den letzten Voraussetzungen der Erkenntnis zu erwarten sind, diese also ihrer von KANT behaupteten Absolutheit entkleidet werden. Jedenfalls sollte ein Durchdenken und Verarbeiten aller in diesem Kapitel geschilderten Zusammenhänge und ihrer Konsequenzen zu einem befriedigenderen naturwissenschaftlichphilosophischen Weltbild führen, als es das mechanistische Weltbild der klassischen Physik für uns heute ist.

Literatur

ACHIESER, A. I., u. V. B. BERESTETZKI: Quantum Electrodynamics. New York: Wiley 1964.

BATES, D. R. (Herausg.): Quantum Theory. 3 Bde. New York: Academic Press 1962.

BETHE, H. A.: Intermediate Quantum Mechanics. New York: Benjamin 1964.

BJORKEN, J. D., u. S. D. DRELL: Relativistic Quantum Mechanics. New York: McGraw-Hill 1964.

BLOCHINZEW, D. I.: Grundlagen der Quantenmechanik. 4. Aufl. Berlin: Deutscher Verlag der Wiss. 1962.

BOGOLIUBOV, N. N., u. D. V. SHIRKOV: Introduction to the Theory of Quantized Fields. New York: Interscience 1959.

BOHM, D.: Quantum Theory. New York: Prentice-Hall 1951.

BORN, M., u. P. JORDAN: Elementare Quantenmechanik. Berlin: Springer 1930.

BRILLOUIN, L.: Quantenstatistik. Berlin: Springer 1936.

BROGLIE, L. DE: Théorie de la Quantification. Paris: Herman 1932.

McCONNEL, J.: Quantum Particle Dynamics. 2. Aufl. Amsterdam: North Holland Publ. Co. 1959.

CORSON, E. M.: Perturbation Methods in the Quantum Mechanics of n-Electron Systems. New York: Hafner 1951.

DAVYDOV, A. S.: Quantum Mechanics. Englewood Cliffs: Addison-Wesley 1965.

DICKE, R. H., u. J. P. WITTKE: Introduction to Quantum Mechanics. Englewood Cliffs: Addison-Wesley 1960.

DIRAC, P. A. M.: The Fundamental Principles of Quantum Mechanics. 4. Aufl. Oxford: University Press 1957.

DÖRING, W.: Einführung in die Quantenmechanik. 3. Aufl. Göttingen: Vandenhoeck und Ruprecht 1962.

DRUKAREV, G. F.: The Theory of Electron-Atom Collisions. New York: Academic Press 1965.

EDMONDS, A. R.: Angular Momentum in Quantum Mechanics. New York: Princeton University Press 1960. Deutsche Übersetzung: Mannheim: Bibliograph. Institut 1964.

FALKENHAGEN, H.: Statistik und Quantentheorie. Stuttgart: Hirzel 1950.

FEYNMAN, R., u. A. R. HIBBS: Quantum Mechanics and Path Integrals. New York: McGraw-Hill 1965.

FLÜGGE, S., u. H. MARSCHALL: Rechenmethoden der Quantentheorie. 2. Aufl. Berlin/Göttingen/Heidelberg: Springer 1952.

FRIEDRICHS, K. O.: Mathematical Aspects of the Quantum Theory of Fields. New York: Interscience 1953.

GOMBAS, P.: Die statistische Theorie des Atoms und ihre Anwendung. Wien: Springer 1949.

GOMBAS, P.: Theorie und Lösungsmethoden des Mehrteilchenproblems der Wellenmechanik. Basel: Birkhäuser 1950.

HEISENBERG, W.: Die Physikalischen Prinzipien der Quantentheorie. 4. Aufl. Leipzig: Hirzel 1944.

HEITLER, W.: Quantum Theory of Radiation. 3. Aufl. Oxford: Clarendon Press 1954.

HENLEY, E. M., u. W. THIRRING: Elementary Quantum Field Theory. New York: McGraw-Hill 1962.

HUND, F.: Materie als Feld. Berlin/Göttingen/Heidelberg: Springer 1954.

JORDAN, P.: Anschauliche Quantentheorie. Berlin: Springer 1936.

KAEMPFFER, F. A.: Concepts of Quantum Mechanics. New York: Academic Press 1965.

KURZUNOGLU, B.: Modern Quantum Theory. San Francisco: Freeman 1962.

LANDAU, L. D., u. E. M. LIFSHITZ: Quantum Mechanics. Reading: Addison-Wesley 1958.

LANDÉ, A.: Quantum Mechanics. New York: Pitman 1950.

LUDWIG, G.: Grundlagen der Quantenmechanik. Berlin/Göttingen/Heidelberg: Springer 1954.

MACKE, W.: Quanten. 2. Aufl. Leipzig: Akademische Verlagsgesellschaft 1962.

MANDL, F.: Introduction to Quantum Field Theory. New York: Interscience 1959.

MARCH, A.: Natur und Naturerkenntnis. Wien: Springer 1948.

MARCH, A.: Quantum Mechanics of Particles and Wave Fields. New York: Wiley 1951.

MARGENAU, H.: The Nature of Physical Reality. New York: McGraw-Hill 1950.

MERZBACHER, E.: Quantum Mechanics. New York: Wiley 1961.

MESSIAH, A.: Quantum Mechanics. Amsterdam: North Holland Publ. Co. 1961.

MOTT, N. F., u. I. N. SNEDDON: Wave Mechanics and its Applications. Oxford: Clarendon Press 1948.

NEUMANN, J. v.: Mathematische Grundlagen der Quantenmechanik. Berlin: Springer 1932.

PARK, D.: Introduction to Quantum Mechanics. New York: McGraw-Hill 1964.

PERSICO, E.: Fundamentals of Quantum Mechanics. New York: Prentice-Hall 1950.

POWELL, J. L., u. B. CRASEMANN: Quantum Mechanics. Reading: Addison-Wesley 1961.

POWER, E. A.: Introductory Quantum Electrodynamics. New York: Elsevier 1965.

REICHENBACH, H. u. M.: Die philosophische Begründung der Quantenmechanik. Basel: Birkhäuser 1949.

RICE, F. O., u. E. TELLER: The Structure of Matter. New York: Wiley 1949.

ROMAN, P.: Advanced Quantum Theory. Englewood Cliffs: Addison-Wesley 1965.

ROSE, M. E.: Elementary Theory of the Angular Momentum. New York: Wiley 1957.

ROSE, M. E.: Relativistic Electron Theory. New York: Wiley 1961.

RUBINOWICZ, A.: Quantentheorie des Atoms. Leipzig: Barth 1959.

SCHAEFER, CL.: Quantentheorie. Bd. III/2 des Lehrbuchs der theoretischen Physik. 2. Aufl. Leipzig: de Gruyter 1951.

SCHIFF, L. I.: Quantum Mechanics. 2. Aufl. New York: McGraw-Hill 1955.

SCHRÖDINGER, E.: Abhandlungen zur Wellenmechanik. Leipzig: Hirzel 1928.
SLATER, J. C.: Quantum Theory of Matter. New York: McGraw-Hill 1951.
SOKOLOW, A. A., J. M. LOSKUTOW u. I. M. TERNOW: Quantenmechanik. Berlin:
    Akademie-Verlag 1964.
SOMMERFELD, A.: Atombau und Spektrallinien. Bd. II. 4. Aufl. Braunschweig: Vieweg
    1960.
THIRRING, W.: Einführung in die Quantenelektrodynamik. Wien: Deuticke 1955.
THOULESS, D. J.: The Quantum Mechanics of Many-body Systems. New York:
    Academic Press 1961.
TINKHAM, M.: Group Theory and Quantum Mechanics. New York: McGraw-Hill 1964.
TRIGG, G. L.: Quantum Mechanics. London: Van Nostrand 1964.
WEIZEL, W.: Lehrbuch der Theoretischen Physik. Bd. II: Struktur der Materie.
    3. Aufl. Berlin/Göttingen/Heidelberg: Springer 1964.
WEIZSÄCKER, C. F. v.: Zum Weltbild der Physik. 10. Aufl. Stuttgart: Hirzel 1963.
WENTZEL, G.: Einführung in die Quantentheorie der Wellenfelder. Wien: Deuticke
    1943.
WEYL, H.: Gruppentheorie und Quantenmechanik. Leipzig: Hirzel 1928.
WIGNER, E.: Gruppentheorie und ihre Anwendung auf die Quantenmechanik der
    Atomspektren. Braunschweig: Vieweg 1931.
WIGNER, E. P.: Group Theory and its Application to the Quantum Mechanics of
    Atomic Spectra. New York: Academic Press 1959.

V. Die Physik der Atomkerne und Elementarteilchen

1. Die Kernphysik im Rahmen der allgemeinen Atomphysik

Die Physik der Elementarteilchen und Atomkerne sollte eigentlich am Anfang der Atomphysik stehen. Die Physik der Atome, Moleküle und Festkörper würde dann folgerichtig auf der Lehre von der Struktur der Atomkerne aufbauen. Wenn in unserer Darstellung die anschauliche BOHRsche Atomphysik an den Anfang gestellt wurde, so sprachen dafür historische Gründe ebenso wie der Grundsatz des Fortschreitens von einfacheren zu schwierigeren Fragen. Historisch wurde zunächst bis etwa 1927 die Physik der Atomhülle aufgeklärt, dann spaltete sich die Entwicklung und führte einerseits folgerichtig zur Physik der aus Atomen zusammengesetzten Moleküle, Flüssigkeiten und Festkörper, andererseits zur Kernphysik. Die Behandlung dieser Gebiete ist ohne Kenntnis der Quantenmechanik nicht möglich. So ist es vom Standpunkt der Verständlichkeit wie von dem der tatsächlichen Entwicklung aus gesehen sinnvoll, wenn wir erst jetzt die Kernphysik behandeln.

Wie in unserer Darstellung allgemein, sollen die experimentellen und meßtechnischen Fragen der Kernphysik nur überblickmäßig behandelt und die Fülle der bekannten Kernreaktionen nicht erörtert werden. Für beides sei auf die unten angeführten Monographien verwiesen. Wir interessieren uns vielmehr für die physikalisch wesentlichen Fragen, die gerade bei der Kernphysik und den Elementarteilchen tiefe und ganz neuartige Einblicke in das Wesen und den Zusammenhang von Stoff (Materie) und Energie sowie deren Wechselwirkung ergeben haben.

Obwohl der Aufbau der Atomkerne sich wie der der Atomhülle durchaus anschaulich verstehen läßt, können quantitative Aussagen über Kernstruktur und Kernvorgänge nur von einer guten Theorie erwartet werden. Das erst langsam der Lösung näherkommende Problem der Kernkräfte zeigt uns aber einerseits die Grenzen der im Bereich der Elektronenhülle alle Vorgänge richtig beschreibenden Quantenmechanik und öffnet andererseits den Blick für deren Erweiterung zu einer umfassenderen Theorie.

2. Methoden zum Nachweis und zur messenden Erfassung von Kernprozessen und Kernstrahlung

Zum Verständnis der Kernphysik ist ein Überblick über die experimentellen Methoden der Kernforschung unentbehrlich. Dabei handelt es sich einerseits um die Methoden zum Nachweis, zur Identifizierung und zur Energiemessung der bei Kernprozessen auftretenden Elementarteilchen, Kerntrümmer und γ-Quanten, sowie andererseits um die Methoden zur Beschleunigung geladener Teilchen auf so hohe Energie, daß sie beim Auftreffen auf bzw. Eindringen in Atomkerne diese zu Umwandlungen anregen können.

Wir beginnen mit der Kernmeßtechnik. Alle geladenen Teilchen ionisieren bei genügend hohen Geschwindigkeiten bzw. Energien die von ihnen durchsetzte Materie, und diese Ionisation dient zum Nachweis und oft auch zur Messung der Energie dieser geladenen Teilchen. Neutronen können als ungeladene Teilchen zwar nicht selbst ionisieren, können aber ionisierende Teilchen *erzeugen*, die zu ihrem Nachweis benutzt werden können. Wir gehen in V,13 auf diesen Nachweis und die Energiemessung von Neutronen ein. Auch die γ-Strahlung wirkt nicht direkt ionisierend, sondern durch die bei ihrer Absorption entstehenden Photoelektronen.

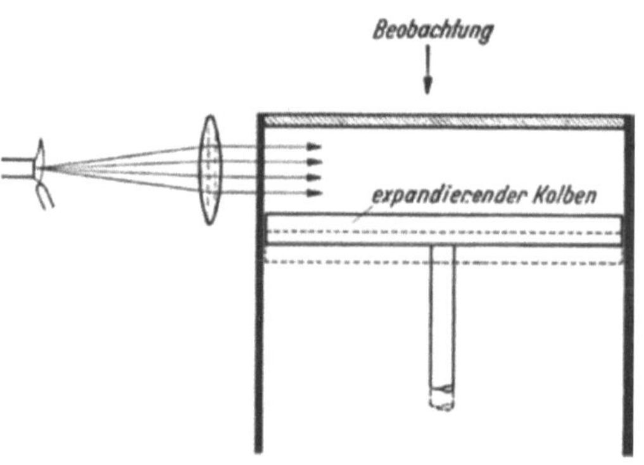

Abb. 107. Nebelkammer von C. T. R. Wilson (schematisch).

Man unterscheidet Untersuchungsmethoden, bei denen die Bahn des Teilchens direkt sichtbar gemacht wird, und solche, bei denen lediglich die vom Teilchen in einem bestimmten Volumen erzeugte Ionisation gemessen wird.

Die klassische Anordnung zur Sichtbarmachung von Teilchenspuren ist die von Wilson stammende Nebelkammer (Abb. 107). Durch plötzliche Expansion einer wasserdampfgesättigten, durch Entstaubung kondensationskeimfrei gemachten Atmosphäre entsteht ein mit übersättigtem Wasserdampf gefüllter Raum. Ein ihn durchfliegendes geladenes Teilchen erzeugt auf seiner Bahn Ionen, die als Kondensationskeime für Wassertröpfchen dienen, so daß die Bahn des Teilchens als Nebelspur sichtbar und bei intensiver Beleuchtung auch photographierbar wird. Aus der Tröpfchendichte entnimmt man durch Auszählen die gleich zu behandelnde spezifische Ionisierung. Zur Energiemessung der ionisierenden Teilchen aus deren Bahnkrümmung bringt man die Nebelkammer in ein Magnetfeld und photographiert die Bahnen stereoskopisch. Während die normale Nebelkammer jeweils nur kurze Zeit nach der Expansion (bis zu einer halben Sekunde) aufnahmebereit ist, verwendet man neuerlich auch kontinuierlich arbeitende Nebelkammern, bei denen auf chemischem oder thermodynamischem Wege dauernd ein Gebiet übersättigten Dampfes erzeugt wird.

Für die Aufnahme der Bahnen energiereicher Teilchen großer Reichweite benötigt man eine wesentlich höhere Materialdichte, als sie in der Nebelkammer möglich ist. Für diesen Zweck benutzt man die Blasenkammer oder die Photoplatte. Die *Blasenkammer* (Abb. 108) besteht aus einem mit flüssigem Wasserstoff oder einer anderen leicht siedenden Flüssigkeit gefüllten Volumen, in dem die Flüssigkeit bis nahe an den kritischen Punkt erhitzt unter so hohem Druck gehalten wird, daß sie eben noch nicht siedet. Durch plötzliche Druckerniedrigung entsteht dann eine überhitzte Flüssigkeit, in der ionisierende Teilchen längs ihrer Bahn Dampfbläschen erzeugen, die photographiert werden können (vgl. Abb. 171 bis 174). Eine der größten Blasenkammern enthält beispielsweise 550 l flüssigen Wasserstoff und wiegt mit ihren Hilfsapparaten über 200 t.

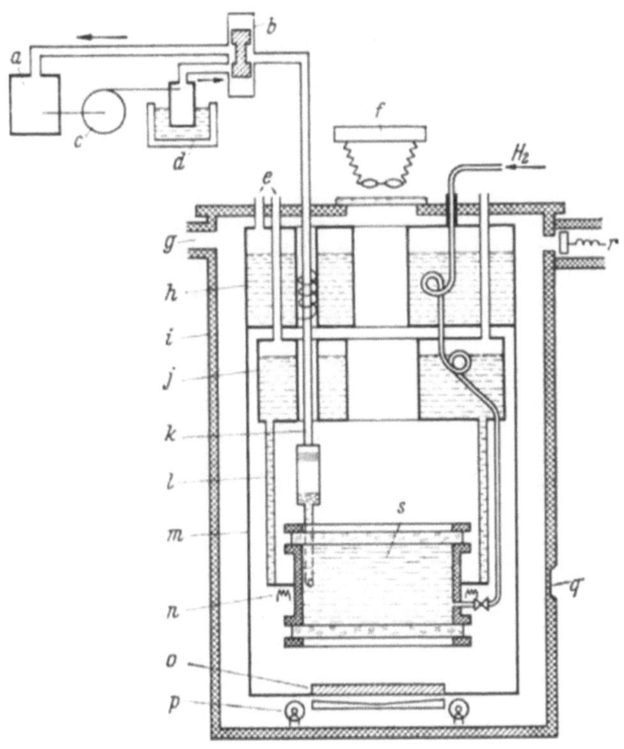

Abb. 108. Schematische Darstellung einer großen Wasserstoff-Blasenkammer. *a* Expansionstank, *b* Expansionsventil, *c* Kompressor, *d* Rekompressionstank in flüssigem N_2, *e* Abzug, *f* Kamera, *g* zur Vakuumpumpe, *h* flüssiges N_2, *i* Vakuumtank, *j* flüssiger Wasserstoff, *k* Expansionsleitung, *l* wärmeleitende Verbindung, *m* Strahlungsschirm auf Temperatur des flüssigen Stickstoffs, *n* Heizung, *o* Blende, *p* Beleuchtung, *q* Teilchen-Fenster, *r* Abzug, *s* flüssiger Wasserstoff.

Zur Sichtbarmachung der Teilchenspuren von seltenen Prozessen, bei denen Räume bis zu vielen Kubikmetern Volumen überwacht werden müssen, verwendet man die *Funkenkammer*. Sie besteht aus einer Anordnung von vielen, den gesamten Beobachtungsraum erfüllenden parallelen Metallplatten, die als in Serie geschaltete Plattenkondensatoren in Luft bis nahe an ihre Durchbruchsspannung aufgeladen sind. Ein diese Kondensatorbatterie durchsetzendes ionisierendes Teilchen erzeugt an den entsprechenden Stellen Funkendurchbrüche, so daß man, aus einigem Abstand die ganze Anordnung in Richtung der Platten photographierend, die Teilchenbahn als Folge der Funken in den aufeinanderfolgenden Zwischenräumen zwischen den Platten erkennt, sie in neueren Anordnungen sogar mit ihren Bahnkoordinaten registrieren kann.

Demgegenüber sehr einfach ist die *Kernemulsionsmethode*, bei der Packen von photographischen Platten oder Filmen, u. U. unter Zwischenschaltung absorbierender Schichten, der zu untersuchenden Strahlung ausgesetzt und nach der Entwicklung unter dem Mikroskop betrachtet werden. Ein die photographische Schicht durchsetzendes geladenes Teilchen ionisiert nämlich die Bromsilbermoleküle der

Schicht, und jedes so erzeugte Ion bildet den Keim eines Silberkorns, so daß durch die Entwicklung die Teilchenspur direkt sichtbar wird. Daß diese Spuren meist nur mikroskopische Ausdehnung besitzen, liegt natürlich daran, daß die Dichte der ionisierbaren Atome in der Schicht ungefähr 1000mal größer ist als die der Gasmoleküle in der Nebelkammer. Abb. 109 zeigt eine stark vergrößerte Aufnahme der Spuren von Elektronen, Mesonen und Kernen mit Kernladungszahlen zwischen 1 und 34 als Beleg für die Unterscheidbarkeit verschiedener Teilchenspuren.

Die an einem ionisierenden Teilchen zu bestimmenden Größen sind seine Ladung, seine Ruhemasse m und seine Energie E bzw. Geschwindigkeit v. Dabei

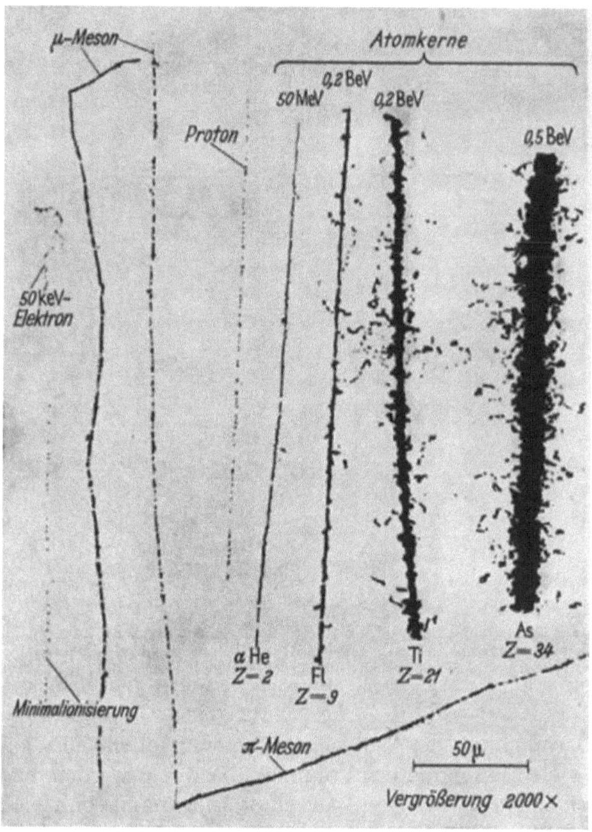

Abb. 109. Spuren einer Anzahl von Teilchen von Elektronenmasse bis 75facher Nukleonenmasse und verschiedener Energie auf einer elektronenempfindlichen Photoplatte (nach LEPRINCE-RINGUET). Die angegebenen Energien sind Energien je Nukleon.

sind E und v im nichtrelativistischen Bereich durch $E = mv^2/2$ verknüpft, im relativistischen Bereich durch $E = mc^2$.

Für den Energieverlust eines Teilchens der Ladung Ze und Geschwindigkeit v je cm Wegstrecke infolge Ionisierung in einem Material der Kernladung Z' hat BETHE den Ausdruck

$$\frac{dE}{dx} = -\frac{4\pi e^4 Z^2 Z' N}{m_e v^2}\left[\ln\frac{2m_e v^2}{\bar{E}_i} - \ln(1 - \beta^2) - \beta^2 - C\right] \tag{1}$$

abgeleitet, der gut mit der Erfahrung übereinstimmt, wenn die Stoßenergie E groß ist gegen die Ionisierungsenergie auch der innersten Atomelektronen. $\overline{E}_i$ ist die mittlere Abtrennarbeit aller Elektronen der gestoßenen Atome oder Moleküle, N deren Dichte, β das Verhältnis von Teilchengeschwindigkeit zu Lichtgeschwindigkeit und C eine praktisch unwesentliche Konstante. Für eine bestimmte Bremssubstanz wird (1) eine Funktion allein von Ladung und Geschwindigkeit des ionisierenden Teilchens und nimmt für Luft die Form

$$\frac{dE}{dx}\,[\text{eV/cm}] = -\frac{182\,Z^2}{\beta^2}\left(\ln\frac{\beta^2}{1-\beta^2} - \beta^2 + 9{,}4\right) \tag{2}$$

an. Da erfahrungsgemäß für jedes in Luft gebildete Ionenpaar die Energie 32 eV aufgewendet werden muß, erhält man bei Division von (2) durch 32 eV die von dem ionisierenden Teilchen je Wegstreckeneinheit gebildete Ionenzahl, die sog. *spezifische Ionisierung*. Für die spezifische Ionisierung in Kristallen oder der photographischen Schicht gilt die gleiche Formel, nur mit anderen Konstanten. Da die Ionisierung meist durch „nackte" Kerne oder Kernbruchstücke erfolgt, läßt sich die *Ladung* und damit die *Ordnungszahl* des ionisierenden Teilchens aus der spezifischen Ionisierung nach (2) direkt entnehmen.

Die Messung der *Energie* eines ionisierenden Teilchens kann nach drei unabhängigen Methoden erfolgen, nämlich aus der Gesamtionisation, aus der Bahnkrümmung in einem Magnetfeld und aus der Bahnablenkung durch Kernstöße, der sog. Vielfachstreuung.

Verausgabt ein Teilchen seine gesamte Energie E in der Nebelkammer oder Photoschicht durch Ionisation, d.h. „läuft es sich in ihr tot", so kann man aus der Gesamtzahl der erzeugten Ionenpaare durch Multiplikation mit 32 eV (für Luft) die Gesamtenergie des Teilchens bestimmen. Ist dagegen nur ein Teil der Bahn beobachtbar, so wird zur Energiemessung die Krümmung der Teilchenbahnen in einem Magnetfeld benutzt. Nach der in II,6e schon benutzten Formel werden geladene Teilchen der Ladung e, Masse m und Geschwindigkeit v in einem zu ihrer Anfangsrichtung senkrechten Magnetfeld der Induktion B zu einem Kreis vom Krümmungsradius

$$R = \frac{m\,v}{e\,B} \tag{3}$$

gebogen. Bei bekannter Masse und Ladung des Teilchens ist also dessen Geschwindigkeit und damit Energie aus der Bahnkrümmung im Magnetfeld zu entnehmen, während das Vorzeichen der aus der spezifischen Ionisierung bekannten Ladung aus der Ablenkungsrichtung im Magnetfeld folgt. Besonders zur Energiemessung mit der photographischen Platte eignet sich die dritte Methode, die Vielfachstreuung. Sie beruht darauf, daß die Teilchenbahn infolge von Kernstößen eine Zickzackbahn ist, wobei die Ablenkwinkel nach Gl. (II-12) um so kleiner sind, je größer die Teilchengeschwindigkeit bzw. -energie ist.

Aus der spezifischen Ionisierung und *einer* der genannten E-Meßmethoden erhält man also Ladung (Ordnungszahl), Masse und Energie von ionisierenden *Kernen* im nichtrelativistischen Energiebereich.

Im relativistischen Bereich sehr großer Teilchenenergie, d.h. für $v \approx c$ bzw. $\beta \approx 1$, wird andererseits nach (2) die spezifische Ionisierung von der Teilchenmasse unabhängig und beträgt etwa 70 Ionenpaare je cm in Luft. Man spricht dann von der *Minimalionisierung*. Die Energieabhängigkeit der spezifischen Ionisierung ist in Abb. 110 für Elektronen, Protonen und die in V,23 noch zu behandelnden Mesonen als Funktion der Energie aufgetragen. Man erkennt, daß die Minimalionisierung beginnt, sobald die kinetische Energie des ionisierenden Teilchens den Betrag seiner Ruheenergie $m_0 c^2$ erreicht. Eine Unterscheidung von Teilchen gleicher Ladung, aber verschiedener Masse, ist hier also *nicht* möglich. Zur Energiemessung stehen im relativistischen Bereich nur rohe Methoden zur Verfügung, nämlich ihre Bestimmung aus der Summe der Massen und Energien der Kerntrümmer von Kernexplosionen oder deren Winkelverteilung, die einen um so engeren Konus erfüllt, je größer die kinetische Energie des den Prozeß auslösenden Primärteilchens ist.

Bei vorweg bekannter Ladung und Masse nicht zu energiereicher Teilchen verzichtet man häufig auf die Sichtbarmachung der Bahn und benutzt zur Energiemessung den dem Massenspektrographen (II,6c) verwandten *magnetischen*

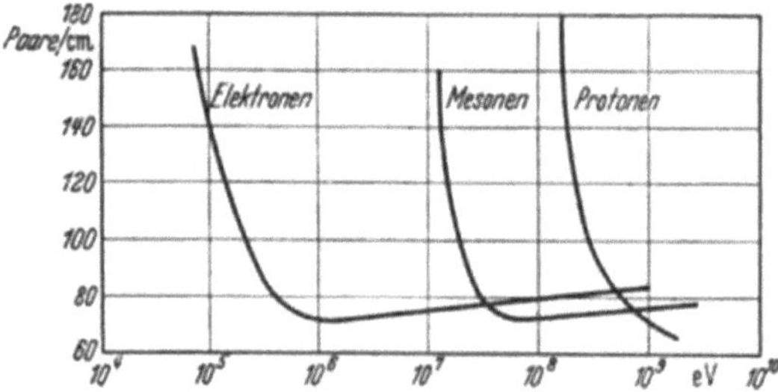

Abb. 110. Spezifische Ionisierung (Zahl der in Luft je cm Wegstrecke gebildeten Ionenpaare) von Elektronen, π-Mesonen und Protonen als Funktion der kinetischen Energie der ionisierenden Teilchen.

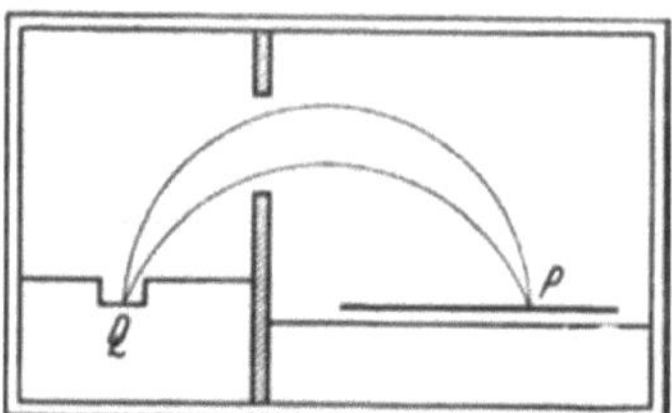

Abb. 111. Schema des einfachsten β-Spektrographen. Die von der Quelle Q kommenden Elektronen werden durch ein zur Papierebene senkrecht stehendes homogenes Magnetfeld auf der Platte P fokussiert, wobei der Abstand der Spur von Q ein Maß für die Geschwindigkeit der Elektronen ist.

Spektrographen (Abb. 111), der viel zur Energiemessung von Elektronen und α-Teilchen verwendet wird. Die von Q kommenden Teilchen werden in einem zur Ebene der Abbildung senkrecht stehenden Magnetfeld zu einem Kreis gebogen, wobei magnetische Linsen einen größeren Öffnungswinkel auszunutzen ermöglichen. Der zur Berechnung der Teilchenenergie erforderliche Bahnradius R folgt bei bekanntem Magnetfeld aus dem Abstand QP. Man kann aber auch die Photoplatte durch einen Spalt mit dahinter angeordnetem Empfänger ersetzen und dann bei konstantem Bahndurchmesser $2R$ das Magnetfeld B variieren, bis der Empfänger den maximalen Ausschlag gibt.

Hierfür wie für zahlreiche andere Zwecke benötigt man Meßinstrumente, die unter Verzicht auf alle Einzelheiten des Bahnverlaufs lediglich zum Nachweis, zur Intensitätsmessung und gegebenenfalls zur Energiemessung von Kerntrümmern und Kernstrahlung dienen. Will man nur wissen, wie oft und mit welcher Energie ein Teilchen einen gewissen Raum durchfliegt, so braucht man das betreffende Volumen nur als Gaskondensator auszubilden und die Zahl der von dem Teilchen erzeugten, seiner Energie proportionalen Ionen durch den entsprechenden Spannungsstoß oszillographisch zu messen oder nach Energiesortierung mit einem Diskriminator zu zählen. Eine solche *Ionisationskammer* erlaubt mehrere hundert genügend stark ionisierende Teilchen je Sekunde zu registrieren.

Eine höhere Nachweisempfindlichkeit besitzen der *Proportionalzähler* und das GEIGER-MÜLLERsche *Zählrohr*. Diese Geräte sind im Grunde auch Ionisationskammern, aber mit einer als Spitze oder dünner Draht ausgebildeten zentralen Elektrode, die gegen das Gehäuse auf einige tausend Volt positiv geladen ist. In dem in der Nähe der dünnen zentralen Elektrode sehr starken elektrischen Feld werden nun die im Zählrohr durch primäre Ionisierung erzeugten Elektronen so stark beschleunigt, daß sie selbst wieder ionisieren, und die so durch sekundäre

Ionisation verstärkte Ladungsmenge wird gemäß Abb. 112 gemessen. Bei nicht zu hoher Zählrohrspannung ist die Ionisationsverstärkung noch proportional der vom Primärteilchen gebildeten Ionenmenge (Proportionalzählbereich), so daß man Teilchen*energien* messen kann. Zum Nachweis sehr schwach ionisierender Teilchen, wie z.B. Elektronen, muß man die Zählrohrspannung so stark erhöhen, daß das primäre Elektron eine sich über den ganzen Draht ausbreitende Entladung auslöst, die bei geeigneter Anordnung nach etwa 10^{-4} sec wieder erlischt (GEIGER-Zählbereich). Die entstehenden Stromstöße gestatten dann keinen Rückschluß mehr auf Art und Energie des auslösenden Teilchens, sondern nur noch auf die Häufigkeit eines Teilchendurchgangs.

Das GEIGER-MÜLLER-Zählrohr hat als Nachweis- und Meßgerät für radioaktive Strahlung eine ungeheure Verbreitung gewonnen, seit mit der Ent-

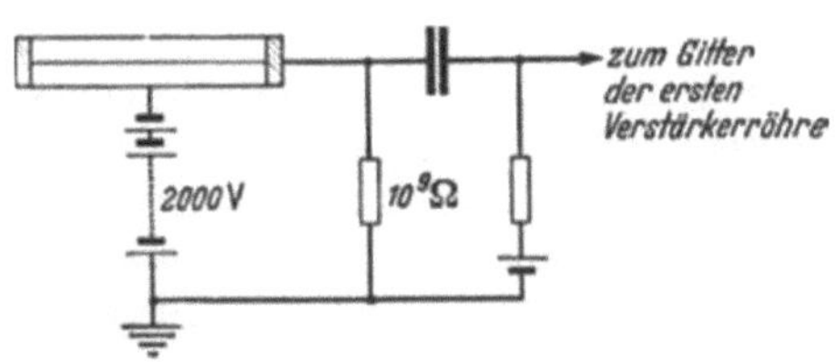

Abb. 112. Schaltung eines GEIGER-MÜLLERschen Zählrohrs.

wicklung der Kerntechnik eine immer wachsende Zahl nicht nur von Forschern, sondern auch von Technikern und Hilfskräften aller Art mit radioaktiver Strahlung in ständige Berührung kommen und einfache, schnell und sicher anzeigende Taschenmeßgeräte daher eine Notwendigkeit geworden sind (vgl. V,16/17).

Neben dem GEIGER-Zähler verwendet man heute zunehmend auch *Kristallzähler*. Das sind kleine, von der zu messenden Strahlung durchsetzte Kristalle, die sich durch robuste Bauart und geringe Größe auszeichnen, und die auf zwei ihrer Begrenzungsflächen aufgedampfte Metallelektroden besitzen. Die durch Ionisation im Kristall ausgelösten Elektronen wandern in einem angelegten elektrischen Feld zur Anode und werden registriert oder gemessen. Die Kristallzähler sind damit also Miniaturionisationskammern, in denen die Luft durch den Kristall ersetzt ist. Entscheidend sind Reinheit und geringe Abmessungen der Kristalle, da es darauf ankommt, daß die in einem einzelnen Ionisationsakt befreiten Elektronen eine zur Messung ausreichende Strecke wandern, bevor sie an Gitterfehlern eingefangen werden (vgl. VII,22c), daß die Wanderung aber auch wieder so schnell abgeschlossen ist, daß der Zähler nach der kürzest möglichen Zeit für einen neuen Ionisationsakt aufnahmebereit ist. Besonders bewähren sich Kristallzähler aus Reinstsilizium mit inneren pn-Grenzflächen. Der Mechanismus dieser Halbleiterdetektoren kann erst in der Festkörperphysik (VII,22) erklärt werden. Gute Kristallzähler haben ein Auflösungsvermögen von besser als 10^{-8} sec und können als Proportionalzähler auch zur Energiemessung verwendet werden, da man weiß, daß z.B in Silizium für je 3,5 eV Energieverlust ein Elektron ausgelöst wird, verglichen mit den 32 eV in Luft.

Zu den auf der Festkörperphysik beruhenden, immer weitere Anwendung findenden Meßgeräten für Kernteilchen gehört auch der *Szintillationszähler*. Er besteht aus einem Festkörper oder Flüssigkeitsvolumen, die durch auffallende energiereiche Teilchen zu lokaler Lichtemission angeregt werden. Man zählt aber nun nicht (wie bei der schon vor 60 Jahren von RUTHERFORD benutzten Szintillationsmethode) die Lichtblitzchen mikroskopisch, sondern mißt ihre Intensität mit dem Sekundärelektronenvervielfacher (Abb. 9). Das Auflösungsvermögen von Szintillationszählern liegt heute bei 10^{-10} sec. Da die Strahlungsintensität der Lichtblitze der auffallenden Energie proportional ist, kann man das Gerät auch zur Energiemessung verwenden. Durch Anpassung der lumineszierenden Substanzen an die zu untersuchende Strahlenart erhält man eine Empfindlichkeit, die die des GEIGER-Zählers noch übertrifft.

Ein Detektor für äußerst schnelle Teilchen, der auch deren Geschwindigkeit zu bestimmen gestattet, beruht auf einem 1934 von ČERENKOV entdeckten Effekt. Bewegt sich ein geladenes Teilchen in einem durchsichtigen Medium vom Brechungsindex n mit einer Geschwindigkeit v, die die Lichtgeschwindigkeit c/n in diesem Medium übersteigt, so emittiert das Teilchen kohärentes Licht unter einem Winkel ϑ gegen seine Fortpflanzungsrichtung, der gegeben ist durch die Beziehung

$$\cos \vartheta = c/n\,v. \tag{4}$$

Dabei genügt die von einem einzigen schnellen Elektron oder Meson in einem mehrere cm langen Plexiglaszylinder erzeugte Strahlungsenergie zum Nachweis mit einem Photozellen-Sekundärelektronenvervielfacher. Zur Geschwindigkeitsmessung der Teilchen braucht man nach (4) nur den Winkel ϑ zu bestimmen, unter dem die ČERENKOV-Strahlung emittiert wird.

Zur Untersuchung der relativ seltenen Höhenstrahlprozesse (vgl. V,20) hat BLACKETT zuerst eine geistreiche Kombination von Nebelkammer und Zählrohren verwendet. Letztere werden dabei so geschaltet, daß der durch ein Höhenstrahlteilchen in ihnen ausgelöste Spannungsstoß die Nebelkammer zur Expansion bringt sowie die Beleuchtungsanlage und den Verschluß der Aufnahmekamera betätigt. Durch geeignete Anordnung der Zähler erreicht man, daß die Nebelkammer nur jeweils beim Durchgang eines Höhenstrahlteilchens betätigt wird und vermeidet so zwecklose Aufnahmen. Durch Verwendung größerer Zahlen entsprechend angeordneter und geschalteter Zählrohre („Höhenstrahlteleskope") kann man es z. B. auch so einrichten, daß nur solche Teilchen registriert werden, die aus einer bestimmten Richtung mit wohl definierter Energie, z. B. nach Durchdringung bekannter Schichtdicken absorbierender Substanzen, gewisse Zählrohre erreichen. Auch die Häufigkeit des *gleichzeitigen* Auftretens bestimmter Teilchen bzw. deren Emission unter bestimmten Winkeln läßt sich so messen. Abb. 113 zeigt als Beispiel eine Anordnung von Zählrohren und Absorbern (hier ohne Nebelkammer) mittels derer die Streuung von Höhenstrahlmesonen durch die im Mittelpunkt der Anordnung angebrachte Eisenplatte untersucht wurde.

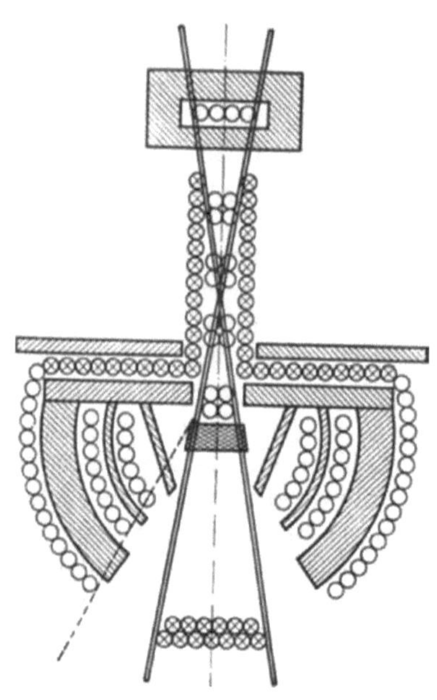

Abb. 113. Beispiel für ein Höhenstrahlteleskop, bestehend aus GEIGER-MÜLLER-Zählrohren und Absorbern.

Durch die Kerntechnik ist schließlich ein Bedarf für *Dosimeter* entstanden, die die gesamte in einer gewissen Zeitspanne auf eine bestimmte Stelle, z. B. eine Bedienungsperson, aufgefallene Strahlung integrierend messen. Neben Streifen photographischer Filme, deren Schwärzung der absorbierten Strahlung proportional ist und nach Entwicklung durch Vergleich mit geeichten Schwärzungen die Strahlungsdosis zu bestimmen gestatten, werden für diesen Zweck kleine Taschenionisationskammern verwendet, bei denen die durch Ionisation erzeugte Ladungsmenge zur Entladung eines Kondensators verwendet wird, dessen direkt ablesbarer Entladungszustand dann ein Maß der aufgefallenen Strahlung ist. Die ionisierende Strahlung (besonders γ-Strahlung) kann schließlich in Alkalihalogenidkristallen absorbierende Zentren erzeugen (vgl. VII,19), deren Dichte der aufgefallenen Strahlung proportional ist und optisch gemessen werden kann.

3. Die Erzeugung energiereicher Kerngeschosse in Beschleunigungsmaschinen

Die Kernphysik befaßt sich heute nur noch zum kleinsten Teil mit der Untersuchung der natürlichen radioaktiven Kernprozesse. Grundlage der modernen Kernforschung ist vielmehr die Untersuchung und Umwandlung von Atomkernen mit künstlich beschleunigten Kernteilchen und Elektronen. Sehen wir von den Kernreaktor-Neutronen (vgl. V,16) ab, so kommen als Kerngeschosse in erster Linie Protonen, Deuteronen (die Kerne des schwereren Wasserstoffisotops $_1H^2$) und α-Teilchen, aber neuerdings auch schwerere Kerne wie $_6C^{12}$ und $_6C^{13}$ in Frage, die, wenn wir von den α-Teilchen der radioaktiven Kerne absehen, als „stripped atoms" (vgl. III,7) in Entladungen erzeugt und dann beschleunigt werden müssen. Diese Beschleunigung auf eine sehr hohe Energie ist erforderlich, damit die selbst positiven Geschosse gegen die elektrostatische Abstoßung in die umzuwandelnden Kerne eindringen können. Auch an Elektronen hoher Energie besteht Interesse, in erster Linie als Mittel zur Erzeugung energiereicher Photonen (γ-Strahlen), die ihrerseits Kernumwandlungen zu bewirken vermögen.

α-Teilchen bis zu 8,7 Millionen eV (MeV) senden die natürlichen radioaktiven Strahler aus, viele von ihnen auch β- und γ-Strahlung. Protonen und Deuteronen erhält man aus radioaktiven Präparaten nicht, wohl aber Neutronen durch Beschießung von Beryllium $_4Be^9$ mit α-Strahlen radioaktiver Präparate (vgl. V,13b).

Zur Erzeugung künstlicher Kerngeschosse saugt man die entsprechenden Ionen aus Entladungen durch ein elektrisches Feld heraus und erteilt ihnen durch Nachbeschleunigung in einem starken elektrischen Feld die erforderliche kinetische Energie bis zu einigen Milliarden eV. Die Beschleunigung auf einige Millionen Volt geschieht meist auf einmal in einem Nachbeschleunigungsrohr (Abb.114), an dem die gesamte Spannung liegt, während man zur Beschleunigung auf höhere Energie die Teilchen sehr oft hintereinander die gleiche relativ geringe Spannungsdifferenz durchlaufen läßt (Vielfachbeschleunigung).

Nachbeschleunigungsspannungen von 1 bis 5 Millionen Volt erzeugt man mit dem elektrostatischen VAN DE GRAAFF-Bandgenerator oder dem von einem Transformator gespeisten Kaskadengenerator. Bei dem ersteren wird nach Abb. 115 auf ein schnell umlaufendes endloses Band aus Isoliermaterial bei C Ladung aufgesprüht, von dem Band nach oben befördert und im feldlosen Innern der großen Metallkugel A bei F vollständig wieder abgenommen. Mit einer Ladespannung von nur 20000 V kann man die große Kugel A aufladen, bis durch Sprühen eine obere Spannungsgrenze erreicht wird. Als technische Höchstentwicklung dieses Beschleunigertyps findet der *Tandem*-VAN-DE-GRAAFF-*Beschleuniger* immer weitere Anwendung. Er besteht aus zwei hintereinander geschalteten VAN DE GRAAFF-

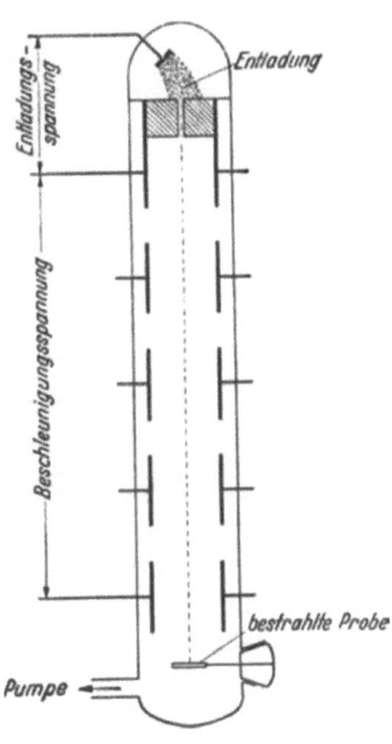

Abb. 114. Kanalstrahlrohr mit Nachbeschleunigung (schematisch).

Beschleunigern, in deren erstem ein Strahl negativer Ionen durch eine Spannung von 10 Millionen Volt beschleunigt wird. Nachdem dann durch „Abstreifen" je zweier Elektronen die Ionen positiv umgeladen worden sind, werden sie durch die gleiche Spannung nochmals beschleunigt, so daß dieser Tandembeschleuniger gut monochromatische 20-MeV-Ionen von zudem noch ausgezeichneter Fokussierung liefert.

Beim Kaskadengenerator wird gemäß Abb. 116 durch Hintereinander- und Parallelschaltung von Gleichrichtern und Kondensatoren eine Vervielfachung der

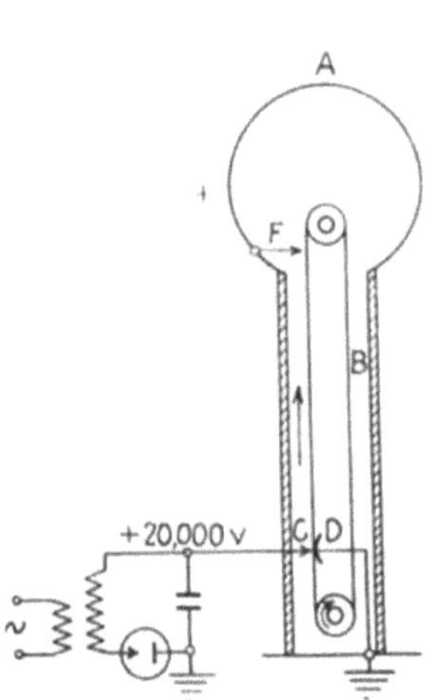

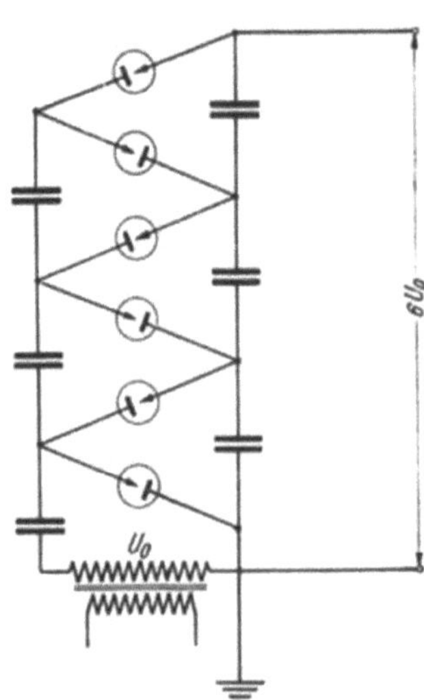

Abb. 115. Elektrostatischer VAN DE GRAAFF-Hochspannungsgenerator (schematisch nach BRÜCHE und RECKNAGEL).

Abb. 116. Schaltschema eines Kaskaden-Hochspannungsgenerators (Spannungsvervielfältigung).

vom Hochspannungstransformator gelieferten Spannung von etwa 100 000 V bewirkt, wobei der erreichbaren Höchstspannung wiederum nur durch die Dimensionierung von Anlage und Raum eine Grenze gesetzt ist. Um die erreichbare Grenzspannung zu erhöhen, baut man heute Band- wie Kaskadengeneratoren vielfach in Druckkessel ein, die mit einem Sprühverluste vermindernden elektronegativen Gas (z.B. CCl_2F_2) oder Stickstoff von mehreren Atmosphären Druck gefüllt sind. Der Kaskadengenerator ist im allgemeinen teurer als der grundsätzlich sehr einfache Bandgenerator, liefert dafür aber auch wesentlich größere Stromstärken und damit Strahlintensitäten.

Unter den Maschinen zur Vielfachbeschleunigung geladener Teilchen unterscheidet man lineare und zirkulare Beschleuniger, je nachdem ob die Teilchen während ihrer Beschleunigung geradeaus laufen oder durch ein Magnetfeld in Kreis- oder Spiralbahnen gezwungen werden.

Die Linearbeschleuniger bestehen aus einer großen Zahl zylinderförmiger Elektroden (Abb. 117), die mit Hochfrequenzspannungsquellen verbunden so in einer Vakuumkammer angeordnet sind, daß die Elektronen bzw. Ionen während ihrer Beschleunigung stets mit dem beschleunigenden Wechselfeld im Takt bleiben. Nachdem der erste Linearbeschleuniger bereits *vor* dem ersten Cyclotron in Berkeley erprobt worden war, verlor diese Beschleunigungsmethode wegen der sehr großen Baulängen und der nicht genügend beherrschten Höchstfrequenzelektronik zunächst an Interesse, bis dieses als Folge der Radar-Entwicklung des letzten Krieges wieder auflebte. Abb. 117 zeigt einen Blick in den mit 111 Driftröhren ausgestatteten 30 m langen 50-MeV-Protonenlinearbeschleuniger von CERN in

Genf. Ein Elektronenlinearbeschleuniger für über 1000 MeV = 1 GeV ist in Stanford University erfolgreich in Betrieb, ein noch wesentlich größerer im Bau.

Der älteste der zirkularen Vielfachbeschleuniger ist das von LAWRENCE entwickelte Cyclotron. Eine flache in der Mitte unterbrochene Metalldose (Abb. 118), deren beide Hälften ihrer Form wegen „D's" genannt werden, befindet sich in

Abb. 117. Blick in den geöffneten 50-MeV-Protonen-Linearbeschleuniger von CERN bei Genf (Photo CERN).

einer Hochvakuum-Kammer gemäß Abb. 119 (Aufsicht auf die schraffiert gezeichneten D's in Richtung der Feldlinien) in dem bis auf genau berechnete Randabweichungen homogenen Feld eines großen Elektromagneten (vgl. die vollständige Anlage Abb. 120). Die beiden D's sind mit den Polen eines leistungsstarken Hochfrequenzsenders verbunden, so daß das elektrische Feld im Spalt zwischen den D's sehr schnell wechselt.

Zwischen den D's befindet sich die Ionenquelle. Die Ionenbahnen werden durch das zur Bahnebene senkrechte Magnetfeld zu einem Kreis gebogen, dessen Durchmesser nach (3) bei gegebener Magnetfeldstärke nur von der Ionengeschwindig-

Abb. 118. D's des Harvard-Cyclotrons nach dem Stande von 1939 (Aufnahme zur Verfügung gestellt von der Harvard University).

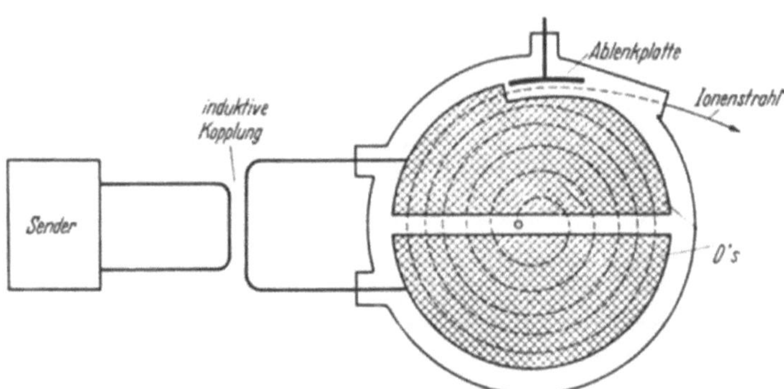

Abb. 119. Schematische Darstellung der elektrischen Beschleunigung und Andeutung der Ionenbahn im konventionellen Cyclotron. In neueren Geräten wird gelegentlich nur mit einem D gearbeitet, dem gegenüber eine an Erde liegende, aus einem Drahtrechteck bestehende Elektrode angebracht ist.

keit v abhängt. Gerät das Ion auf dieser Bahn in den Spalt zwischen den D's, so wird es durch das elektrische Feld beschleunigt. Ist

$$\tau = \frac{2\pi r}{v} \tag{5}$$

die von einem Teilchen der Geschwindigkeit v zum Durchlaufen eines Kreises vom Radius r benötigte Zeit, so beträgt seine Winkelgeschwindigkeit $\omega = 2\pi/\tau$ unter

Berücksichtigung von (3)

$$\omega = \frac{v}{r} = \frac{e}{M} B.$$ (6)

Bei konstanter Ionenmasse M sind also τ bzw. ω nur von der magnetischen Induktion B und nicht von der zunehmenden Bahngeschwindigkeit v abhängig. Jede folgende Teilchenbahn wird also mit größerer Geschwindigkeit, aber auch

Abb. 120. Gesamtansicht des riesigen Berkeley-Synchrocyclotrons von 680 MeV Grenzenergie. Magnetgewicht 4000 t, Polschuhdurchmesser 450 cm, Durchmesser der Öldiffusionspumpen (links, nur eine sichtbar) 80 cm. Die vom Radiation Laboratory der University of California und der Atomic Energy Commission zur Verfügung gestellte Aufnahme wurde vor Errichtung der Bedienungsplattform und des 300 cm dicken Beton-Strahlungsschutzpanzers gemacht.

mit entsprechend größerem Radius durchlaufen: Bahnlänge und Bahngeschwindigkeit nehmen im gleichen Verhältnis zu. Man stimmt nun den das Beschleunigungsfeld liefernden Hochfrequenzsender und das Magnetfeld B so ab, daß das Feld zwischen den D's genau im Rhythmus der Umlaufsfrequenz der Ionen wechselt. Ist ν die Frequenz des beschleunigenden Feldes, so lautet also die Resonanzbedingung

$$\nu = \frac{\omega}{2\pi} = \frac{e \cdot B}{2\pi M}.$$ (7)

Ist (7) erfüllt, so werden die Ionen bei jedem Durchgang durch den Spalt um die zwischen den D's liegende Spannung beschleunigt und beschreiben eine sich langsam öffnende Spiralbahn, bis sie mit der dem Gerät eigenen, durch den Durchmesser $2R$ der D's und die magnetische Feldstärke B bestimmten Grenzenergie

$$E_g = \frac{M}{2} v_g^2 = \frac{e^2 B^2 R^2}{2M}$$ (8)

am äußeren Rand ankommen. Dort treffen sie entweder auf die zu beschießende Probe oder werden mittels eines kleinen Plattenkondensators wie in Abb. 118/119 seitlich abgelenkt, um im Außenraum zu Experimenten benutzt zu werden. Die meisten nach diesem Prinzip arbeitenden Cyclotrons haben D-Durchmesser zwischen 90 und 230 cm. Die Magnete der größeren dieser Geräte wiegen einige hundert Tonnen und erzeugen Magnetfeldstärken zwischen 15 000 und 25 000 Oersted. Zwischen den D's liegt eine Spannung bis zu 200 000 V; die Wechselfrequenz ist von der Größenordnung 10^7 Hz, die Leistung der Hochfrequenzsender etwa 100 kW. Die mit ihnen erreichten Teilchenenergien reichen für Protonen bis etwa 15 MeV, für Deuteronen bis etwa 25 MeV und für schwerere Ionen entsprechend höher. Dabei können Ionenströme bis zu einigen Milliampere erzeugt werden.

Eine Beschleunigung auf höhere Energie nach dem behandelten einfachen Prinzip stößt auf Schwierigkeiten. Die der Konstruktion zugrunde liegende Bedingung, daß die Umlaufzeit der Teilchen im homogenen Magnetfeld von der Teilchenenergie unabhängig ist und daher der Feldrichtungswechsel im Spalt für alle Teilchen stets im richtigen Augenblick erfolgt, setzt nach (7) ja konstante Teilchenmasse voraus. Diese Bedingung ist wegen der relativistischen Massenzunahme für Ionen höherer Energie nicht mehr hinreichend erfüllt. Die größten bisher gebauten Cyclotrons, die Polschuhdurchmesser bis zu 600 cm besitzen und Protonen bis zu 720 MeV beschleunigen, arbeiten daher als sog. *Synchrocyclotrons* mit Frequenzmodulation und werden deshalb auch *FM-Cyclotrons* genannt. In ihnen wird jeweils eine Ionengruppe beschleunigt und während der Beschleunigung bei konstant bleibender Magnetfeldstärke die Beschleunigungsfrequenz in solcher Weise geändert, daß trotz der relativistischen Massenzunahme die Teilchen jeweils im richtigen Augenblick den Spalt zwischen den D's überqueren und beschleunigt werden.

Wegen der Notwendigkeit der Beschleunigung einzelner Ionengruppen sind die mittleren Teilchenströme im FM-Cyclotron um rund einen Faktor tausend kleiner als in Cyclotrons mit fester Beschleunigungsfrequenz. Diese Intensitätsverminderung kann man umgehen mit den verschiedenen Formen des *Isochron-Cyclotrons*, bei denen die Teilchen trotz ihrer relativistischen Massenzunahme stets die gleiche Zeit für einen Umlauf benötigen und daher mit fester Hochfrequenz beschleunigt werden können. Nach (6) nimmt bei $\omega = $ const (isochroner Umlauf) der Bahnradius r proportional der Geschwindigkeit v zu. Das Magnetfeld muß dann in dem Maße nach außen zunehmen, wie sich die Ionenmasse mit wachsender Geschwindigkeit vergrößert. Eine solche Feldanordnung führt aber, wie hier im einzelnen nicht gezeigt werden kann, zu einer axialen Defokussierung der beschleunigten Ionen, die THOMAS durch Überlagerung eines in azimutaler Richtung periodisch zu- und abnehmenden Feldes beseitigen konnte. Eine noch bessere Fokussierung erhält man mit dem sog. Spiral

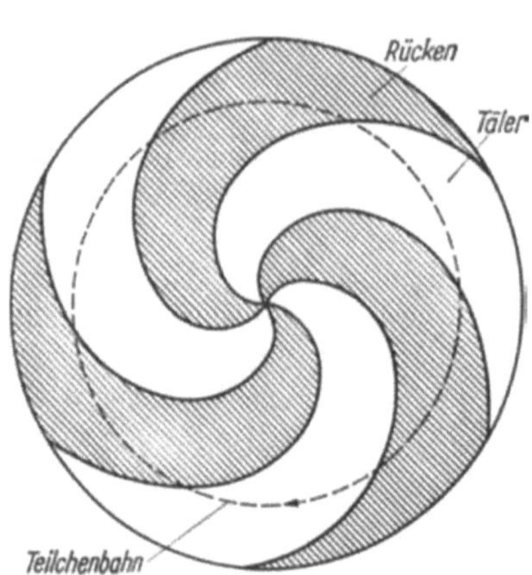

Abb. 121. „Rücken" und „Täler" auf den Polschuhen des Magneten eines Spiralrücken-Isochron-Cyclotrons (schematisch nach NEU).

rückenfeld, bei dem die Polschuhe nach Abb. 121 spiralige Erhöhungen und Vertiefungen aufweisen. Mit diesem Isochron-Cyclotron kann man Protonen bis über 800 MeV beschleunigen.

Das normale Cyclotron kann zur Beschleunigung von *Elektronen* überhaupt nicht verwendet werden, weil deren große relativistische Massenzunahme [Gl. (II-28)] bewirkt, daß sie sofort außer Takt zu laufen beginnen. Zur Elektronen beschleunigung verwendet man drei auf verschiedenen Prinzipien beruhende Geräte, das Betatron, das Elektronensynchrotron und das Elektronencyclotron, das wir wegen seiner Beziehung zu dem eben behandelten Cyclotron zuerst erwähnen wollen. Dieses von VEKSLER vorgeschlagene Gerät stellt eine genial einfache Anwendung des Cyclotronprinzips dar. Wie bei dessen normaler Ausführung werden Magnetfeldstärke und Beschleunigungsfrequenz konstant gehalten. Die Beschleunigungsspannung aber wird zu genau 511 000 V gewählt, weil bei Beschleunigung um diesen Betrag die Masse der Elektronen sich nach der Äquivalenzgleichung (II-31) gerade um die Ruhemasse m_0 des Elektrons vergrößert. Die Masse der beschleunigten Elektronen nimmt also bei jedem Überqueren des Spaltes um m_0 zu, und aus (5/6) folgt dann, daß die zum Durchlaufen der Bahn zwischen den Beschleunigungen erforderliche Zeit jeweils um genau den Betrag τ zunimmt. Durch diesen genialen Kniff wird erreicht, daß trotz des konstanten Hochfrequenzfeldes die Elektronen stets im richtigen Augenblick den Beschleunigungsspalt (tatsächlich einen Hohlraumresonator) erreichen, d.h. im Takt bleiben. Beschleunigt werden wieder einzelne Gruppen von Elektronen.

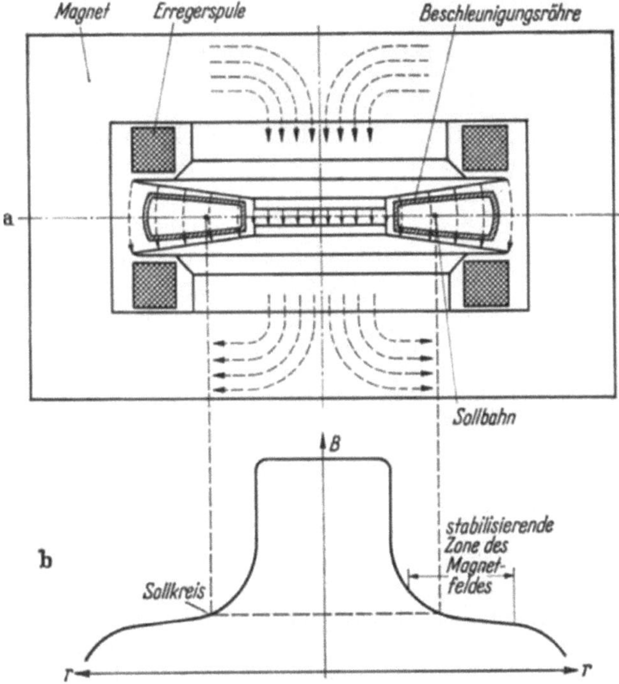

Abb. 122. a) Schematische Darstellung eines Betatrons mit Magnet, Erregerspule, Querschnitt durch Beschleuniger-Ringrohr und Elektronen-Sollbahn. b) Verlauf der magnetischen Flußdichte B längs der in a) strichpunktierten Horizontalen durch den Magnetmittelpunkt zur Darstellung des fokussierenden Radiusbereiches.

Die Idee des weite Anwendung in der Technik und der medizinischen Praxis findenden *Betatrons* stammt von WIDEROE; STEENBECK hat zuerst die Bedingung für das gleich zu besprechende Führungsfeld erkannt und ein Modell des Gerätes entwickelt, während das erste leistungsfähige Gerät 1941 von KERST gebaut wurde. Das Grundprinzip des Betatrons ist das des Transformators (vgl. Abb. 122). Ein zeitlich veränderlicher magnetischer Fluß erzeugt ein ihn umschlingendes kreisförmiges elektrisches Feld, durch das (wie beim Transformator in der Sekundärwicklung) in einem den Magnetkern ringförmig umgebenden Hochvakuumgefäß eingeschossene Elektronengruppen kreisförmig beschleunigt werden. Die Hauptschwierigkeit bei der Verwirklichung dieser einfachen auf dem Induktionsgesetz beruhenden Idee liegt in der Erzwingung einer stabilen kreisförmigen Bahn für die beschleunigten Elektronen, die größenordnungsmäßig 10^6 Umläufe um den Magnetkern ausführen müssen, ohne dabei von den Wänden des Gefäßes abgefangen zu werden. Dazu wird das zeitlich variable Magnetfeld durch einen wechselstromerregten, feinlamellierten Elektromagneten erzeugt, zwischen dessen nach Abb. 122 ringförmig ausgebildeten Polschuhen ein magnetisches „Führungsfeld" entsteht, das in seiner Stärke stets der jeweiligen Elektronengeschwindigkeit proportional ist und so dafür sorgt, daß die Elektronen während ihrer Beschleunigung auf einer Kreisbahn gehalten werden, ja daß sogar die durch falsche Anfangsrichtung oder durch Zusammenstöße mit Restgasmolekülen verursachten Abweichungen von der Sollbahn kompensiert werden. Nach Erreichen der dem jeweiligen Gerät entsprechenden Maximalenergie wird das Führungsfeld kurzzeitig so gestört, daß die schnellsten Elektronen nach außen aus der Bahn laufen und dort zu Untersuchungen oder zur Röntgenstrahlerzeugung ausgenutzt werden können. Da die Beschleunigungsrichtung der Elektronen entsprechend der Frequenz des felderregenden Wechselstroms 50- oder 500mal je Sekunde wechselt, muß die gesamte Beschleunigung jeder gerade um

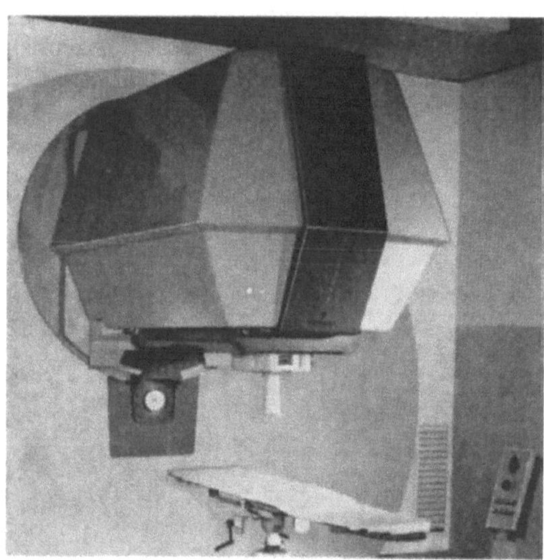

Abb. 123. Technische Ausführung eines 42-MeV-Betatrons für medizinische Bestrahlungen (Werkphoto Siemens AG).

laufenden Elektronengruppe während einer einzigen Wechselstromhalbperiode erfolgen, so daß nur die jeweils im richtigen Augenblick startenden Elektronen voll beschleunigt werden können. Abb. 123 zeigt ein Betatron für 42-MeV-Elektronen. Die größten bisher gebauten Geräte liefern Elektronen bis zu 300 MeV und dienen der Kernforschung, während Betatrons bis zu 42 MeV bei der Materialprüfung wie der medizinischen Therapie weite Anwendung finden.

Eine besonders interessante Variante stellt das eisenlose Hochstrom-*PlasmaBetatron* dar, in dem die Elektronen eines vorionisierten Ringplasmas innerhalb weniger Mikrosekunden soweit beschleunigt werden, daß die Wahrscheinlichkeit von ablenkenden Stößen mit Ionen sehr klein wird. Bei einem Führungsfeld von 1500 Gauß und einem Druck von 10^{-4} Torr hat man Elektronen entsprechend einer Stromstärke von mehreren hundert Ampere (!) beschleunigen können.

Einer wesentlich über 100 MeV hinausgehenden Beschleunigung der Elektronen ist beim Betatron dadurch eine Grenze gesetzt, daß die während ihrer Umläufe beschleunigten Elektronen nach der Elektrodynamik in zunehmendem Maße Energie abstrahlen, und zwar Energie der Umlauffrequenz und ihrer höheren Harmonischen, wobei die abgestrahlte Energie mit der vierten Potenz der in Einheiten der Ruheenergie zu messenden Teilchenenergie zunimmt. Die Beschleunigung im Betatron wird also mit zunehmender Elektronenenergie immer unwirksamer und wird Null bei einer Grenzenergie, die nach der Theorie bei etwa 500 MeV liegt.

Eine weitere und sehr wirkungsvolle Beschleunigung aber ist möglich, wenn man das Prinzip des Betatrons mit dem des Cyclotrons verbindet, die Elektronen also anschließend an die induktive Beschleunigung durch das zeitlich sich ändernde Magnetfeld noch durch ein elektrisches Wechselfeld wie beim Cyclotron beschleunigt. Das auf dieser Idee beruhende *Elektronensynchrotron* vereinigt also in glücklicher Weise Konstruktionsprinzipien des Betatrons und des Cyclotrons: Wie beim Betatron werden einzelne Elektronengruppen durch ein Führungsfeld auf einer Bahn von konstantem Radius R (Gegensatz zum Cyclotron!) gehalten und erfahren ihre anfängliche Beschleunigung bis auf eine der Lichtgeschwindigkeit *praktisch* gleiche Geschwindigkeit v durch den sich ändernden magnetischen Fluß, während die weitere Beschleunigung auf höchste Energien durch eine cyclotronartige Vielfachbeschleunigung im elektrischen Wechselfeld zwischen zwei Elektroden erfolgt. Um die Elektronen trotz zunehmender kinetischer Energie und damit verbundener relativistischer Massenzunahme im jeweils richtigen Augenblick zu beschleunigen, muß man nun nach (7) die Stärke des Magnetfeldes für jede einzelne injizierte Elektronengruppe synchron mit deren Beschleunigung (d. h. der Massenzunahme der Elektronen) modulieren. Die Beschleunigungs*frequenz* dagegen kann dann konstant gehalten werden.

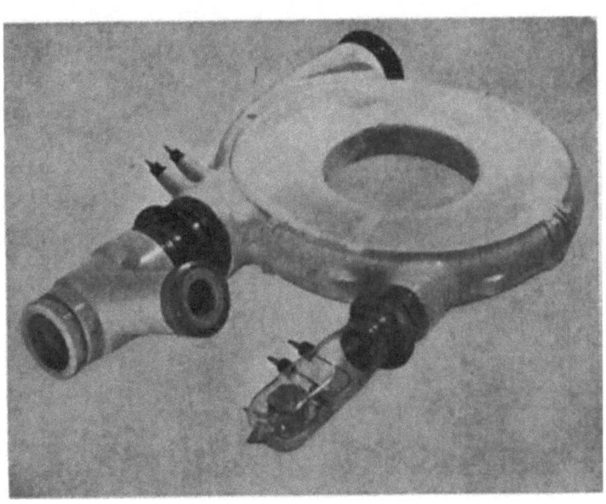

Abb. 124. Keramisches Beschleunigungs-Ringrohr eines Betatrons. Vorn rechts Getter zur Aufnahme frei werdender Restgasmengen, links daneben Elektronen-Injektor, oben Austrittsfenster für die beschleunigten Elektronen (Werkphoto Siemens AG).

Neben einer Fülle kleinerer Geräte sind je ein Elektronensynchrotron für 6000 MeV = 6 GeV in USA und der Bundesrepublik (DESY = Deutsches Elektronen-Synchrotron bei Hamburg) in Betrieb. Ihr Magnet unterscheidet sich grundsätzlich nicht von dem eines Betatrons, während ihr ringförmiges Hochvakuumrohr sich von dem eines Betatrons (Abb. 124) durch die bei letzterem fehlenden Beschleunigungselektroden unterscheidet.

Wir haben bisher zwei Anwendungen des unabhängig und gleichzeitig von McMillan und Veksler vorgeschlagenen Synchrotronprinzips behandelt, das Synchrocyclotron und das Elektronensynchrotron. Bei ersterem wird das Magnetfeld konstant gehalten und die Frequenz moduliert; die Ionen laufen auf einer sich erweiternden Spiralbahn. Beim Elektronensynchrotron umgekehrt wird die Magnetfeldstärke moduliert, um die Elektronen auf einer Kreisbahn zu halten, während eine Frequenzmodulation nicht erforderlich ist, da die Elektronen bereits beim Beginn der Synchrotronbeschleunigung mit praktisch konstanter Geschwindigkeit (Lichtgeschwindigkeit) laufen. Vereinigt man nun beide Prinzipien, die synchrone Frequenz- *und* Magnetfeldstärkemodulation, so kann man auch schwere Teilchen wie Protonen auf einer Bahn von konstantem Radius auf höchste Energien beschleunigen, wenn sie einmal auf andere Weise vorbeschleunigt worden sind. Für sehr große Geräte hat das den Vorteil, daß wegen des konstanten Teilchenbahnradius nur ein ringförmiger statt eines kreisflächenförmigen Magneten erforderlich ist, was den Eisenbedarf dieses Protonensynchrotrons im Vergleich zu einem entsprechend großen Cyclotron um Größenordnungen verringert. Trotzdem handelt es sich bei diesen Protonenrennbahnen um Riesengeräte, die einen gewaltigen Aufwand erfordern. Unter Benutzung der sog. *alternating-gradient-Fokussierung*, bei der der Protonenstrahl Magnetsegmente mit abwechselnd nach

Abb. 125. Einige der 100 auf einem Kreis von 200 Meter Durchmesser angeordneten Magnete des 28-GeV-Protonen-Synchrotrons von CERN bei Genf (Photo CERN).

innen und nach außen inhomogenem Magnetfeld durchläuft, gelingt es aber, den Protonenstrahl auf wenige cm² Strahlquerschnitt zusammenzudrücken und dadurch die Kosten der Magnete wesentlich zu senken. Als erste solche Riesenmaschine ist Ende 1959 das Protonensynchrotron des europäischen Kernforschungsinstituts CERN in Genf in Betrieb gegangen (Abb. 125), das alle 3 sec 10^{11} Protonen auf eine Maximalenergie von 28,3 GeV beschleunigt. In dieser Maschine erhalten die Protonen durch den Linearbeschleuniger Abb. 117 eine Energie von 50 MeV, bevor sie in den aus 100 Segmenten bestehenden Magnetring von 200 m Durchmesser eingeschossen werden, der auf 0,1 mm genau justiert werden mußte. Die Beschleunigung der Protonen dauert etwa 1 sec, während der das Magnetfeld von 147 auf etwa 12000 Gauß und die Hochfrequenz von 2,9 auf 9,56 Megahertz erhöht werden, und die Protonen 380000mal das über 600 m lange Ringrohr durchlaufen. Eine ähnliche Maschine ist inzwischen in USA in Betrieb gegangen, während Maschinen bis zu 1000 GeV (!) sich in Planung befinden.

Die mit diesen Geräten erreichbaren Teilchenenergien kommen bereits in den Bereich der Höhenstrahlung und haben dem experimentierenden Physiker die Elementarteilchenphysik überhaupt erst erschlossen. Die Notwendigkeit dieser

Anlagen für die moderne kernphysikalische Forschung hat andererseits zu einer Entwicklung geführt, die man bedauern mag, die aber unvermeidlich ist, nämlich den Übergang eines entscheidenden Teiles der Forschung aus der Initiative und dem Laboratorium des Einzelforschers in fabrikmäßig organisierte Forschungsgroßbetriebe mit schärfster Aufgabenteilung und Gruppenarbeit.

Wir schließen diesen Abschnitt mit ein paar Worten über die Vor- und Nachteile der linearen und zirkularen Vielfachbeschleunigungsmaschinen. Für Teilchenenergien bis zu einigen hundert MeV haben die zirkularen Maschinen den Vorteil der kompakten Bauweise und der einfacheren Hochfrequenzbeschleunigung gegenüber den sehr langen, schwierig justierbaren und eine sehr große Anzahl von Höchstfrequenzgeneratoren erfordernden linearen Beschleunigern. Die Vorteile der letzteren dagegen sind das Wegfallen des kostspieligen Magneten und die Erzeugung eines wegen der Linsenwirkung der Elektroden automatisch gut gebündelten Teilchenstrahles. Für die Beschleunigung von Protonen und schwereren Ionen bis in den GeV-Bereich bleibt trotzdem der Zirkularbeschleuniger überlegen. Bei der Beschleunigung von Elektronen dagegen werden die beim Betatron bereits erwähnten Strahlungsverluste oberhalb etwa 10 GeV so groß, daß sie auch von den stärksten Hochfrequenzsendern nicht mehr gedeckt werden können. Hier kommt also nur der Linearbeschleuniger in Frage. In Stanford (USA) baut man deshalb jetzt an einer Maschine von 3,2 km Länge, die Elektronen auf etwa 45 GeV beschleunigen soll.

Die Notwendigkeit solcher Riesenbeschleuniger für die Elementarteilchenforschung beruht darauf, daß das Auflösungsvermögen beim „Abtasten" der Struktur etwa von Proton oder Neutron wie beim Mikroskop durch die Wellenlänge begrenzt ist, hier also durch die DE BROGLIE-Wellenlänge h/p des stoßenden Teilchens. Die Rechnung mit $p = E/c$ und Gl. (III-10) zeigt, daß ein Auflösungsvermögen von 10^{-14} cm Teilchen von über 10 GeV erfordert.

4. Allgemeine Eigenschaften der Atomkerne

Wir beginnen die eigentliche Kernphysik mit der Behandlung der Eigenschaften der Atomkerne und der Methoden zu ihrer Ermittlung.

a) Kernladung, Kernmasse und Aufbau der Atomkerne aus Nukleonen

Die Größe der positiven Ladung der Atomkerne kann aus den Röntgenspektren der Atome (MOSELEYsches Gesetz, vgl. II,3) oder aus der Streuung von α-Teilchen an Atomkernen (II,3) bestimmt werden und ist gleich der Ordnungszahl des Elements im Periodensystem. Sie wird in Einheiten der Elementarladung e gemessen und unten links an das Elementsymbol angeschrieben, z.B. $_3$Li.

Die Masse der Atomkerne bestimmt man mittels der in II,6c behandelten Methoden der Massenspektroskopie oder, bei Anschluß an einige massenspektroskopische Standardwerte, aus den Wärmetönungen von Kernreaktionen (vgl. V,9a). Man mißt sie meist nicht absolut in Gramm, sondern als Atomgewicht in Masseneinheiten (ME) von 1/12 der Grammatommmasse des Kohlenstoffatoms C^{12}. Das auf ganze Zahlen abgerundete Atomgewicht bezeichnet man als *Massenzahl* des Kerns und schreibt diese rechts (neuerdings oft auch links) oben an das Elementsymbol an, z.B. $_7N^{14}$. Wir wissen von Tab. 3, daß es von den meisten der durch ihre Kernladungszahl eindeutig bestimmten Elemente mehrere sich durch ihre Massen unterscheidende Atomkerne (Nuklide) gibt, die man als *Isotope* bezeichnet. Die auf $C^{12} = 12,000000$ *bezogenen Massen aller bekannten Nuklide sind bis auf Abweichungen von weniger als 0,06 Masseneinheiten ganzzahlig.* Auf die Erklärung dieser Tatsache und die überragende Bedeutung der geringfügigen

Abweichungen von der Ganzzahligkeit der Kernmassen kommen wir in V,5 zurück.

Die Kenntnis der Ladung und Masse der Atomkerne führt auf die Frage ihres Aufbaues. Man hatte zunächst geglaubt, daß ein Kern der Massenzahl A aus A Protonen und $A-Z$ Elektronen aufgebaut sei. Diese Vorstellung führt aber zu unüberwindlichen theoretischen Schwierigkeiten. Einmal nämlich müßte nach der Unbestimmtheitsbeziehung ein auf das Kernvolumen beschränktes Elektron einen außerordentlich großen Impuls und damit eine mit unseren Erfahrungen nicht verträgliche kinetische Energie von ungefähr 10^9 eV besitzen. Zweitens ist das magnetische Moment der Kerne nach V,4e rund 1000mal kleiner als das eines Elektrons, und drittens führt der mechanische Eigendrehimpuls des Elektrons wie des Protons von je $\hbar/2$ zu Widersprüchen mit der Erfahrung bezüglich des Drehimpulses einiger Kerne von ungerader Ladungs- und gerader Massenzahl wie $_7N^{14}$, weil dieser beim Aufbau aus Protonen und Elektronen aus 21 Elementarteilchen mit Spin $\hbar/2$ bestehen und daher selbst halbzahligen Drehimpuls besitzen müßte, während sein Drehimpuls tatsächlich ganzzahlig, nämlich Null ist. HEISENBERG hat deshalb gleich nach der Entdeckung des Neutrons (V,13) darauf hingewiesen, daß alle diese Schwierigkeiten verschwinden, wenn man als Kernbausteine Z Protonen und $A-Z$ Neutronen annimmt. Da die Protonen sich wegen ihrer positiven Ladung gegenseitig abstoßen, muß man zur Erklärung des Kernzusammenhalts besondere Kernkräfte annehmen, die zwischen Protonen und Neutronen sowie zwischen je zwei Protonen und je zwei Neutronen wirken, und mit deren Natur wir uns in V,25 noch befassen werden.

Da die spezifischen Kernkräfte ladungsunabhängig, d.h. für Protonen und Neutronen praktisch gleich sind, und da diese beiden Kernteilchen sich im Kern auch ineinander umwandeln können, ist es physikalisch sinnvoll, sie als zwei verschiedene „Zustände" desselben Kernbausteins anzusehen, die sich nun allerdings im Gegensatz zu der uns geläufigen Auffassung verschiedener Zustände eines Systems auch durch ihre Ladung unterscheiden. Diesen Kernbaustein, dessen zwei Zustände Proton und Neutron sind, bezeichnet man als *Nukleon* und unterscheidet es damit von den nur vorübergehend bei Kernumwandlungen auftretenden Mesonen und Hyperonen, mit denen wir uns in V,23 noch befassen werden.

Für die Kerntheorie hat es sich als bequem erwiesen, die beiden Zustände des Nukleons formal durch die Komponenten $T_z = 1/2$ (für das Proton) und $T_z = -1/2$ (für das Neutron) einer neuen Quantenzahl T zu unterscheiden, die man den *Isospin* nennt. Der in V,6f zu behandelnde β-Zerfall, bei dem sich ein Neutron in ein Proton verwandelt oder umgekehrt, entspricht dann dem Quantensprung $\Delta T_z = \pm 1$ des Isospins. Daß letzterer eine tiefere physikalische Bedeutung besitzt, geht aus der Beobachtung hervor, daß z.B. der Isospin des Gesamtsystems bei Stoßumwandlungen von Kernen erhalten bleibt, und daß dieser auch die Wahrscheinlichkeit von Kernreaktionen bestimmt. Wir kommen in V,24 auf den Isospin zurück.

b) Durchmesser, Dichte und Form der Atomkerne

Der *Durchmesser der Atomkerne* ist ebensowenig exakt meßbar wie nach II,2c der der Atome. Wir können Kernradien nach der RUTHERFORDschen Streuformel (II-12) durch Messung der Winkelverteilung der an dem Kern gestreuten α-Teilchen bestimmen, *wenn wir als Radius des Kerns diejenige Entfernung vom Kernmittelpunkt definieren, in der sich Abweichungen der Kernkräfte von der allein durch die Kernladung gegebenen* COULOMB*schen Abstoßungskraft bemerkbar machen.* Weitere Methoden der Kernradiusbestimmung beruhen auf der Streuung schneller Neutronen am Kern sowie auf der in V,6f zu besprechenden α-Emission schwerer

Kerne. Bei dieser letzten Methode berechnet man den Abstand der Schwerpunkte von Kern und α-Teilchen, von dem aus das den Kern verlassende doppelt positiv geladene α-Teilchen beschleunigt (abgestoßen) werden müßte, um die tatsächlich beobachtete Endgeschwindigkeit zu erreichen. Nach allen diesen Messungen sind die Kernradien in guter Näherung der Kubikwurzel aus der Massenzahl der Kerne proportional. *Die Kerndichte ist demnach in erster Näherung konstant.* Führt man noch eine Dichtekorrektur für die nur einseitig und damit schwächer gebundenen Oberflächennukleonen ein, so führen die verschiedenen Methoden der Kernradiusbestimmung in bemerkenswerter Übereinstimmung auf den Ausdruck

$$r_K = 1{,}3 \cdot 10^{-13} A^{1/3} \, \text{cm} , \qquad (9)$$

wobei A die Massenzahl des Kerns ist. Interessanterweise ist die Länge $1{,}3 \cdot 10^{-13}$ cm innerhalb der Meßgenauigkeit gleich der sog. COMPTON-Wellenlänge des ruhenden Protons h/Mc, kann also durch die Grundkonstanten h und c und die Masse des Nukleons M ausgedrückt werden. Die Längeneinheit 10^{-13} cm nennt man 1 Fermi, abgekürzt 1 f.

Der Ausdruck (9) bedeutet wegen $A \sim r^3$ offenbar, daß die Dichte der Atomkerne unabhängig von ihrer Massenzahl konstant ist, ähnlich wie die eines Flüssigkeitströpfchens. Diese Parallele wird uns im folgenden noch vielfach begegnen und gute Dienste tun. Die mittlere Dichte der Kernmaterie ergibt sich aus (9) zu $2 \cdot 10^{14}$ g/cm³, d.h. 200 Millionen Tonnen je cm³, und ist damit im Vergleich zu den uns geläufigen Materiedichten unvorstellbar groß.

Die Gestalt der Atomkerne ist für leichte Kerne nach allen unseren Kenntnissen kugelförmig. Beobachtungen über die Abstände der Hyperfeinstrukturkomponenten (vgl. III,20) der Elemente mit höherem Atomgewicht deuten aber auf Abweichungen der Form schwerer Kerne von der Kugelgestalt hin, die jedoch meist in der Größenordnung von 1 % bleiben. Man beschreibt sie, indem man dem Kern ein *elektrisches Quadrupolmoment* zuordnet, das bei Verkürzung in Richtung der Kerndrehimpulsachse negatives und bei Verlängerung positives Vorzeichen erhält und für die untersuchten Kerne zwischen $-0{,}5$ und $+6{,}0 \cdot 10^{-24}$ CGS-Einheiten (cm²) liegt. Die meisten Kerne zeigen also eine wenn auch geringe Verlängerung in Richtung der Achse des Eigendrehimpulses. Bei den allerschwersten Kernen deutet die in V,14 zu behandelnde Spaltung infolge innerer mechanischer Schwingungen auf eine stärker elliptische bzw. birnenförmige Gestalt hin. Es überrascht auch nicht, daß unter den leichten Kernen gerade das Deuteron sich durch ein deutliches Quadrupolmoment auszeichnet, weil die Verbindung eines Protons mit einem Neutron einen länglichen Kern ergibt. Das positive Vorzeichen des Quadrupolmoments zeigt dabei an, daß die Rotation des Deuterons um seine Achse kleinsten Trägheitsmoments erfolgt.

c) Kerndrehimpuls und Kernisomerie

Nach III,20 läßt sich die Hyperfeinstruktur der Spektrallinien in voller Analogie zur Multiplettstruktur durch die naheliegende Annahme so deuten, daß jeder Atomkern einen konstanten mechanischen Drehimpuls I besitzt, der wie alle atomaren Drehimpulse nach III,9a in Einheiten von h gemessen wird. Schreiben wir diesen Drehimpuls

$$|I| = I\,h , \qquad (10)$$

so besitzt die Kerndrehimpulsquantenzahl I für alle bisher bekannten Kerne ganz- oder halbzahlige Werte zwischen 0 und 9/2. I wird häufig mißverständlich als *Kernspin* bezeichnet. Diese Bezeichnung ist aber nur richtig für die Elementarteilchen Proton und Neutron, die wie das Elektron einen Eigendrehimpuls (Spin) vom Betrage $\hbar/2$ besitzen. Bei den aus Protonen und Neutronen zusammengesetzten Kernen aber *bezeichnet I den gesamten Kerndrehimpuls, der sich, wie der Gesamtdrehimpuls J der Elektronenhülle, aus dem Bahndrehimpuls und dem Spin hier der den Kern bildenden Protonen und Neutronen zusammensetzt.* Auf Einzelheiten werden wir in V,12 zurückkommen.

Zur Ermittlung der Kerndrehimpulsquantenzahl I stehen uns zwei Methoden zur Verfügung. Erstens erlaubt die Analyse der auf den verschiedenen Einstellmöglichkeiten des Kerndrehimpulses I zum resultierenden Drehimpuls J der Elektronenhülle beruhenden Hyperfeinstruktur der Atomlinien nach III,20 die Bestimmung von I. Zweitens werden wir in VI,9 erfahren, daß auch das Intensitätsverhältnis aufeinanderfolgender Linien in den Rotationsbanden der aus gleichen Atomen bestehenden Moleküle (H_2, O_2, N_2 usf.) auf der abwechselnd parallelen und antiparallelen Einstellung der Kerndrehimpulse der beiden Atome des Moleküls beruht. Da nach Gl. (VI-49) das Intensitätsverhältnis einer starken zu der ihr folgenden schwachen Rotationslinie gleich $(I + 1)/I$ ist, führt die Intensitätsmessung an solchen Molekülbanden direkt zum Kerndrehimpuls I.

Aus derartigen Untersuchungen der Hyperfeinstruktur und der Bandenintensitäten folgt der für die Kernsystematik (V,12) wichtige Satz, daß *Kerne mit einer geraden Zahl von Nukleonen, d.h. gerader Massenzahl, einen ganzzahligen, in den meisten Fällen sogar den Drehimpuls $I = 0$ besitzen, Kerne mit ungerader Massenzahl dagegen stets einen halbzahligen Kerndrehimpuls.* Diese aus spektroskopischen Untersuchungen erschlossenen Kerndrehimpulse beziehen sich natürlich stets auf Kerne im Grundzustand, während Schlüsse auf den Drehimpuls angeregter Atomkerne aus der Analyse der Kern-γ-Spektren möglich sind (vgl. Abb. 148). Für Übergänge zwischen verschiedenen Kernenergiezuständen (vgl. V,10) sind die Kerndrehimpulse der kombinierenden Zustände in gleicher Weise maßgebend wie die der Elektronenhülle von Atomen und Molekülen für optische Übergänge.

Auf der Tatsache, daß Übergänge zwischen Kernzuständen mit sehr verschiedenem Drehimpuls I wie die entsprechenden Interkombinationsübergänge von Elektronen (vgl. III,11) ziemlich stark verboten sind, beruht die *Isomerie.* Unter isomeren Kernen versteht man solche gleicher Ladung und Masse, aber verschiedener Energie und Stabilität, d.h. Lebensdauer (wir sprechen ja hier nicht nur von den stabilen Atomkernen). Isomere Kerne unterscheiden sich also durch ihre verschiedene Nukleonen-Anordnung; daher die für Moleküle gleicher Zusammensetzung, aber verschiedener Atomanordnung übliche Bezeichnung „isomer". Ein isomerer Kern entspricht nach III,14 einem *metastabilen* Atomzustand, da seine Übergangswahrscheinlichkeit in einen stabileren Zustand, insbesondere in den Grundzustand, unter γ-Strahlung wegen zu verschiedener I-Werte sehr klein ist. Wir kommen in V,7d noch einmal auf die Isomerie zurück.

d) Die Polarisation von Atomkernen bzw. Teilchenstrahlen

Bis vor kurzem hat man in der Kernphysik fast ausschließlich mit Atomkernen bzw. Teilchenstrahlen gearbeitet, deren Drehimpulsrichtungen statistisch verteilt waren. Schon länger aber weiß man, daß für die Streuung von Kernen bzw. Elementarteilchen an Kernen die räumliche Orientierung der Drehimpulse von Bedeutung ist, daß durch geeignete Streuung eine bevorzugte Drehimpulseinstellung erzeugt werden kann, und daß ganz allgemein der Aussagewert von Beobachtungen an ausgerichteten Kernen größer ist als der an statistisch ausgerichteten Kernen. Man bezeichnet nun einen Teilchenstrahl als 100%ig *polarisiert*, wenn alle Kerndrehimpulse der Teilchen parallel stehen, während bei *partieller Polarisation* mehr Drehimpulsvektoren in eine bestimmte Raumrichtung weisen, als der statistischen

Verteilung entspricht. Dabei ist man an der Erzeugung polarisierter Teilchenstrahlen ebenso interessiert wie an einer Ausrichtung der streuenden Kerne. Im Zusammenhang mit den noch zu besprechenden Paritätsuntersuchungen spielt ferner der Zusammenhang zwischen Drehimpulsorientierung und Emissionsrichtung der von Kernen emittierten Elektronen eine entscheidende Rolle; auch hier benötigt man also orientierte, d.h. polarisierte Atomkerne. Eine solche Ausrichtung von Kerndrehimpulsen ist wegen deren Kopplung mit den unten zu besprechenden magnetischen Kernmomenten z.B. durch Ausrichtung in einem starken Magnetfeld bei sehr tiefen Temperaturen möglich, während eine Erzeugung polarisierter Strahlen aller Teilchen mit nicht verschwindendem magnetischem Moment durch Methoden wie den STERN-GERLACH-Versuch, partiell auch durch geeignete Streuung, z.B. von Neutronen an magnetisiertem Eisen, erreicht werden kann.

e) Die magnetischen Momente
von Proton, Neutron und zusammengesetzten Kernen

Wie bei der Elektronenhülle ist auch beim Atomkern mit dem mechanischen Drehimpuls I ein magnetisches Moment μ_I verknüpft. Wir werden in V,12 besprechen, wie sich dieses magnetische Moment aus den Beiträgen der Bahnbewegung und des Spins der Nukleonen zusammensetzt. Die magnetischen Momente von Proton und Neutron aber zeigen eine theoretisch bedeutsame Anomalie. Nach (III-89) besteht ja zwischen dem magnetischen Moment μ_S einer rotierenden, die Ladung $-e$ tragenden Kugel der Masse m und ihrem mechanischen Eigendrehimpuls S die Beziehung

$$\mu_S = - \frac{e}{m\,c}\,S\,. \tag{11}$$

Durch Einsetzen des Spins $\hbar/2$ und der Elektronenmasse m_e erhält man daraus das BOHRsche Magneton μ_B (II-30). Ersatz der Elektronenmasse durch die 1836-mal größere Protonenmasse m_p und Vorzeichenumkehr wegen der positiven Ladung des Protons ergibt das 1836mal kleinere sog. *Kernmagneton*

$$\mu_n = \frac{e\,h}{4\,\pi\,m_p\,c}\,. \tag{12}$$

Unerwarteterweise erwies sich nun der beim Elektron bis auf weniger als 1% bestätigte Zusammenhang (11) zwischen mechanischem Eigendrehimpuls und magnetischem Moment beim Proton als nur größenordnungsmäßig erfüllt. Statt des erwarteten Wertes von *einem* Kernmagneton beträgt das magnetische Moment des Protons nach den gleich zu besprechenden Messungen $+2,79$ Kernmagnetonen. Noch überraschender ist das Ergebnis, daß das Neutron trotz fehlender elektrischer Ladung ein magnetisches Moment vom Betrage $-1,91$ Kernmagnetonen besitzt, wobei das negative Vorzeichen andeutet, daß das magnetische Moment dem einer rotierenden negativen Ladung entspricht. Auf die Deutung dieser beiden theoretisch bedeutsamen Anomalien kommen wir in V,25 zurück.

Zur Messung der magnetischen Momente von Atomkernen gibt es drei verschiedene Methoden. Alle drei beruhen darauf, daß mit großer Genauigkeit die Frequenz eines Hochfrequenzfeldes gemessen wird, das Umklappvorgänge, d.h. Änderungen der nach III,16a gequantelten Orientierung der Kernmomente in einem äußeren konstanten Magnetfeld, bewirkt. Nach Gl. (III-99) und (III-97) ist die potentielle Energie eines magnetischen Dipols vom Moment $\mu(I)$ in einem Feld der Stärke H

$$E = - \mu_H(I)\,H = - M_I\,g_I\,\mu_B\,H\,. \tag{13}$$

wobei $\mu_H(I)$ die gequantelte Komponente des magnetischen Moments $\mu(I)$ in der Feldrichtung, M_I die ebenfalls gequantelte Komponente des mechanischen Drehimpulses I in der Feldrichtung, und g_I ein dem LANDÉ-Faktor (III-95) entsprechender Faktor ist, der wegen der Ungültigkeit von (11) für Kerne im Gegensatz zu den Elektronenhüllen aber *nicht* theoretisch berechnet werden kann. Nun interessiert uns nicht die potentielle Energie (13) selbst, sondern der Energieunterschied ΔE benachbarter gequantelter Einstellmöglichkeiten des Moments $\mu(I)$ im Felde H. Nach (III-107) gilt für diese $\Delta M = 1$, so daß der Energieunterschied

$$\Delta E = g_I \mu_B H \tag{14}$$

ist. Nach (III-97) gilt aber für den Zusammenhang zwischen dem gesuchten magnetischen Moment $\mu(I)$ und dem zugehörigen mechanischen Kerndrehimpuls I die Beziehung

$$|\mu(I)| = I g_I \mu_B, \tag{15}$$

so daß wir (14) erweitern können:

$$\Delta E = g_I \mu_B H = \frac{|\mu(I)|}{I} H. \tag{16}$$

Das Verhältnis von magnetischem Moment zu mechanischem Drehimpuls, $\mu(I)/I$, bezeichnet man als das *gyromagnetische Verhältnis*, das somit bei bekanntem Magnetfeld H durch die Messung von ΔE ermittelt werden kann.

Die für ein Umklappen des Kerndrehimpulses mit dem magnetischen Moment $\mu(I)$ erforderliche Energie (16) kann in Form von Energiequanten

$$\Delta E = h\nu \tag{17}$$

von einem Hochfrequenzfeld der durch (16) und (17) bestimmten Frequenz ν geliefert werden. Schreiben wir (16) mit (17) in der Form

$$\frac{\nu}{H} = \frac{1}{h} \frac{\mu(I)}{I} = \frac{g_I \mu_B}{h}, \tag{18}$$

so erkennen wir, daß die Messung von $\mu(I)/I$ bzw. g_I stets auf die Messung des Verhältnisses ν/H herauskommt.

Bei der zu diesem Zweck von RABI mit höchster Experimentierkunst entwickelten Molekularstrahlmethode handelt es sich um eine Fortentwicklung des STERN-GERLACH-Versuchs (vgl. III,16a). Als Versuchsobjekte verwendet man mangels geeigneter Atome solche Moleküle, die kein resultierendes magnetisches Moment der Elektronenhülle besitzen, z.B. Li^7Cl zur Messung des magnetischen Moments des Li^7-Kerns. Warum das magnetische Moment des Cl-Kerns und das des ganzen rotierenden LiCl-Moleküls nicht stören, sei hier nicht erörtert. RABI läßt nun einen fein ausgeblendeten Strahl von LiCl-Molekülen gemäß Abb. 126 drei verschiedene magnetische Felder durchlaufen. Die Magnete A und B erzeugen starke gleichgerichtete Felder, die durch entsprechende Formgebung der Polschuhe (etwa entsprechend Abb. 72) eine starke, und zwar für die beiden Magnete entgegengerichtete Inhomogenität besitzen. Wie beim STERN-GERLACH-Versuch stellen sich nun die magnetischen Kernmomente in den nach der Richtungsquantelung möglichen Orientierungen zum Feld ein und werden durch dessen Inhomogenität aus ihrer gegen die Achse im allgemeinen geneigten Anfangsrichtung abgelenkt, so daß die mit „richtiger" Anfangsgeschwindigkeit und Neigung startenden LiCl-Moleküle den Spalt S passieren und anschließend das vom Magneten C erzeugte homogene Feld gleicher Richtung durchlaufen. Im Feld des Magneten B wird wegen der ebenfalls gleichen Feldrichtung an der Orientierung der magnetischen Kernmomente nichts geändert; der Molekularstrahl wird aber wegen der entgegengerichteten Inhomogenität des Feldes in B wieder zur Achse zurückgelenkt und erreicht einen Auffänger D, der die Zahl der auftreffenden LiCl-Moleküle mißt. Erzeugt man nun senkrecht zu dem vom Magneten C stammenden

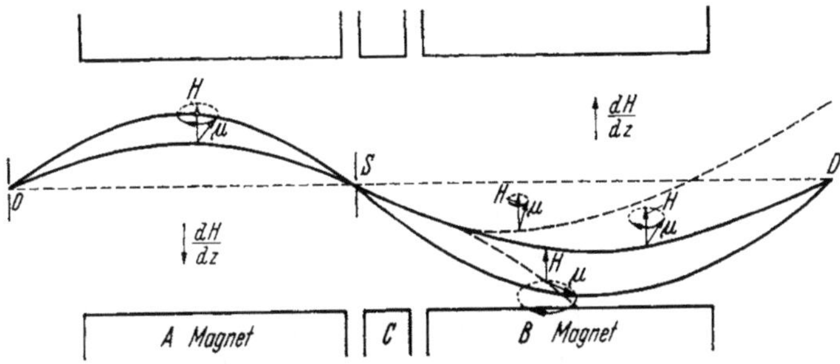

Abb. 126. Magnetanordnung und schematischer Bahnverlauf sowie Präzession der von O kommenden und bei D aufgefangenen und gemessenen Kerne nach der Rabi-Methode zur Messung magnetischer Kernmomente (nach Rabi und Mitarbeitern).

konstanten und homogenen Feld H ein Hochfrequenzfeld, das Umklappvorgänge hervorruft, so wirkt auf die Moleküle mit umorientiertem Kernspin in B eine *andere* Kraft, so daß diese Moleküle den Auffänger D *nicht* mehr erreichen. Hält man also gemäß Abb. 127 die Hochfrequenz ν konstant und variiert die Magnetfeldstärke von C, so zeigt der Auffängerstrom bei einem scharf definierten ν/H-Wert ein Minimum. Durch diesen ν/H-Wert ist nach (18) dann der g_I-Wert und bei bekanntem I auch das magnetische Moment $\mu(I)$ des Li-Kerns gegeben.

Da man Frequenzen sehr viel genauer messen kann als Magnetfeldstärken, ersetzt man heute diese Absolutmethode durch eine Relativmethode, indem man bei konstantem, aber nicht notwendig bekanntem, Feld H das Verhältnis der Umklappfrequenzen des Elektrons und des Protons mißt. Für dieses folgt aus (18)

$$\frac{\nu_e}{\nu_p} = \frac{g_e}{g_p}. \qquad (19)$$

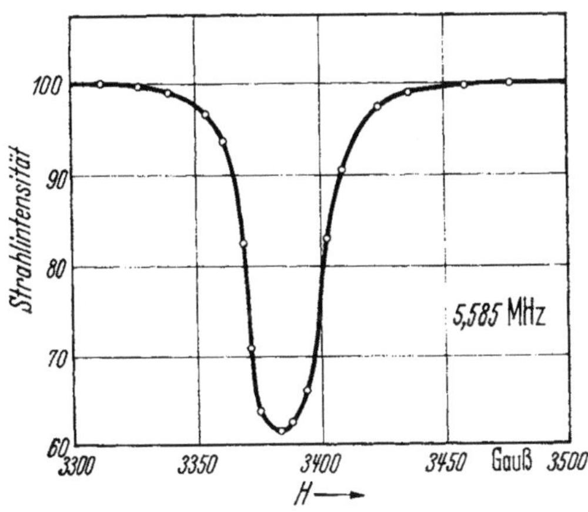

Abb. 127. Beispiel für eine mit der Apparatur Abb. 126 aufgenommene Meßkurve (nach Rabi und Mitarbeitern).

Da der g-Wert des Elektrons aber zu 1,0011596 sehr genau bekannt ist, erhält man aus der Messung der beiden Umklappfrequenzen einen sehr genauen g-Wert des Protons, und mit (15) dessen magnetisches Moment. Da die Umklappfrequenz aber der Feldstärke H nach (18) proportional ist, kann man das bekannte Moment des Protons auch benutzen, um aus der gemessenen Umklappfrequenz in einem unbekannten Magnetfeld dessen Stärke H zu bestimmen, und diese Methode hat sich als die z.Z. genaueste Methode zur Messung magnetischer Feldstärken erwiesen. Mit einer etwas abgewandelten Rabi-Methode hat Bloch auch das magnetische Moment des Neutrons mit großer Genauigkeit gemessen.

Die beiden anderen, von Purcell bzw. Bloch stammenden Methoden zur Messung der Umklappfrequenz von Kernmomenten arbeiten nicht mit einzelnen

Atomen oder Molekülen im Molekularstrahl, sondern mit Materie im flüssigen oder festen Zustand und gestatten dadurch auch wichtige Schlüsse auf die Wechselwirkung zwischen Kerndrehimpuls bzw. Elektronenspin und Gitterstruktur der Festkörper (vgl. Kap. VII) zu ziehen. Bei der von PURCELL stammenden Methode bringt man eine Probe des zu untersuchenden Stoffes (z. B. Wasser für die Messung des Protonenmoments) in ein die Ausrichtung der Kernmomente bewirkendes homogenes, zeitlich konstantes Magnetfeld und erzeugt senkrecht zu diesem das die Umklappvorgänge bewirkende Hochfrequenzfeld. Wenn nun bei kontinuierlicher Variation der Frequenz diese mit der Umklappfrequenz ν von Gl. (18) übereinstimmt, bewirkt die Energieentnahme aus dem Hochfrequenzfeld eine meßbare Rückwirkung auf den Hochfrequenzkreis, die g_I bzw. $\mu(I)/I$ zu bestimmen erlaubt.

Bei der dritten, von BLOCH stammenden sog. *Kerninduktionsmethode* ist senkrecht zu den beiden von PURCELL verwendeten Feldern eine Empfängerspule angeordnet, in der im Fall der Resonanz zwischen Umklappfrequenz und Hochfrequenz durch die umklappenden magnetischen Momente eine EMK induziert wird, die die Resonanzfrequenz und damit das magnetische Moment der Kerne zu bestimmen erlaubt. Auch diese beiden Methoden werden heute vorwiegend bei konstant gehaltenem Magnetfeld zur Messung des Verhältnisses der Umklappfrequenzen des Elektrons bzw. Protons und des zu untersuchenden Kerns verwendet.

f) Die Parität

Zu den Eigenschaften *aller* atomaren Teilchen und damit auch der Kerne gehört schließlich die *Parität*. Bei einem aus mehreren Elementarteilchen bestehenden System spricht man nach IV,5 ja von gerader (positiver) oder ungerader (negativer) Parität, je nachdem ob bei Spiegelung aller Systemkoordinaten am Ursprung das Vorzeichen der es beschreibenden Wellenfunktion ungeändert bleibt oder sich ändert. Ein Beispiel negativer Parität stellt eine Schraube dar, deren Schraubensinn sich durch eine Spiegelung vertauscht: aus einer Rechtsschraube wird eine Linksschraube. Umgekehrt ist die Parität symmetrischer Gebilde wie die eines Zylinders oder eines Würfels positiv, weil ihr Spiegelbild sich mit dem Objekt selbst zur Deckung bringen läßt. Damit erhebt sich nun die Frage, ob man auch den in erster Näherung punktförmigen Elementarteilchen die dann *Eigenparität* genannte Eigenschaft der Parität zuschreiben kann. Das ist in der Tat der Fall. Da bei allen als Folge der sog. starken Wechselwirkungen (vgl. V,24) zwischen Nukleonen und Mesonen erfolgenden Kernreaktionen die Parität des Gesamtsystems erhalten bleibt, kann man aus der Ermittlung der Parität von Anfangs- und Endzustand der Reaktion eines Atomkerns mit einem Elementarteilchen auch letzterem eine Parität zuschreiben. Auf die neueste Entwicklung dieses Problems kommen wir in V,6g/7a und V,23 zurück.

5. Massendefekt und Kernbindungsenergie. Die Ganzzahligkeit der Isotopengewichte

Da die Kerne der unsere materielle Welt bildenden Atome sich als äußerst stabile Gebilde erwiesen haben, müssen die sie bildenden Nukleonen durch sehr starke Kräfte im Kern zusammengehalten werden. Schon ohne nähere Kenntnis von diesen Kernkräften können wir uns ein Bild vom Potentialverlauf in der Kerngegend machen, da wir wissen, daß außerhalb des Kerns das Potential wegen der positiven Ladung Ze wie $1/r$ abfallen muß, während im inneren Kernbereich infolge der den Kern zusammenhaltenden Kräfte eine Potentialmulde existieren muß, die vom äußeren Bereich des COULOMBschen Abstoßungspotentials gemäß Abb. 135 durch einen Potentialwall getrennt ist. Die Potentialmulde entspricht dem stabilen Kern, während jedes ein- oder austretende Teilchen den Potentialwall überwinden oder durchstoßen muß. Die Einzelheiten hierüber werden wir beim radioaktiven Zerfall in V,6e kennenlernen.

Was können wir nun über die Bindungsenergie der Z Protonen und $A-Z$ Neutronen im Kern aussagen? Hier helfen uns in höchst interessanter Weise die *Massendefekte der Kerne.* Vergleicht man nämlich das Atomgewicht eines Kerns mit dem der Summe der Massen der ihn bildenden Protonen und Neutronen, so stellt man fest, daß (in scheinbarem Widerspruch zu dem bekannten Gesetz von der Massenkonstanz in der Chemie!) *die Masse des Kerns stets kleiner ist als die Summe der Massen seiner Bausteine.*

Aus den der vorletzten Spalte von Tab. 3, S. 33 f. zu entnehmenden Atomgewichten A_A der ganzen Atome und dem Atomgewicht des Elektrons

$$A_e = 0,000548597 \tag{20}$$

errechnen sich die Atomgewichte A_K der Kerne zu

$$A_K = A_A - 0,000549\,Z. \tag{21}$$

Die als *Massendefekt ΔM* bezeichnete, in Einheiten von $C^{12}/12$ gemessene Massendifferenz zwischen den Kernbausteinen und dem ganzen Kern errechnet sich aus den Atomgewichten des Protons und Neutrons

$$A_P = 1,0072765 \pm 0,0000002\,, \tag{22}$$

$$A_N = 1,0086654 \pm 0,0000002\,, \tag{23}$$

zu

$$\Delta M = Z\,A_P + (A - Z)\,A_N - A_K. \tag{24}$$

Aus Gl. (21) bis (24) folgt z. B. für den Massendefekt des α-Teilchens ($_2He^4$-Kerns)

$$\Delta M\,(He^4) = 4,031884 - 4,001506 = 0,030378\,ME. \tag{25}$$

Man ist schon sehr bald nach der Entdeckung dieses Sachverhalts auf den Gedanken gekommen, den Massendefekt mit dem Gesetz von der Äquivalenz von Masse und Energie

$$E = m\,c^2 \tag{II-32}$$

in Zusammenhang zu bringen und gelangte damit zu der folgenden Deutung: Beim Zusammenbau eines Atomkerns aus Protonen und Neutronen muß, damit ein stabiler Kern entsteht, dessen Bindungsenergie frei werden, und deren Massenäquivalent ist der Massendefekt. Will man den Kern wieder in die ihn bildenden Nukleonen zerlegen, so muß man umgekehrt die dem Massendefekt entsprechende Energie *aufwenden,* die dann als Massenzuwachs (größere Masse der Nukleonen als des von ihnen gebildeten Kerns!) erscheint. Die dem Massendefekt des He-Kerns nach Gl. (25) entsprechende Bindungsenergie ist also

$$0,0304\,ME \cong 28,3\,MeV\,, \tag{26}$$

wenn man Kernenergien in der Einheit Millionen eV = MeV mißt. Für die Umrechnung von atomaren Masseneinheiten bzw. Elektronenmassen in Energien merkt man sich, daß

$$1\,ME \cong 931,441\,MeV \quad bzw. \quad 1\,m_e \cong 0,511\,MeV \tag{27}$$

ist oder ganz grob einem Massendefekt von $1/1000$ ME eine Bindungsenergie von rund 1 MeV entspricht. Die bei Kernvorgängen umgesetzten Energien liegen also nach (25/26) in der Größenordnung von Millionen eV und sind damit rund 10^6mal größer als die in den Elektronenhüllen der Atome und Moleküle umgesetzten

Energiebeträge. Aus diesem Grunde bleibt die nach Gl. (27) in Masseneinheiten gerechnete Bindungsenergie chemischer Moleküle unbeobachtbar, so daß z. B. die Masse des CO_2-Moleküls innerhalb der Meßgenauigkeit gleich der der es bildenden Atome (1 C + 2 O) ist.

Trägt man nun die nach Gl. (24) aus den empirischen Kernmassen A_K berechneten Massendefekte oder die ihnen nach (27) entsprechenden Bindungsenergien aller bekannten Atomkerne gegen deren Massenzahlen auf (Abb. 128), so erhält

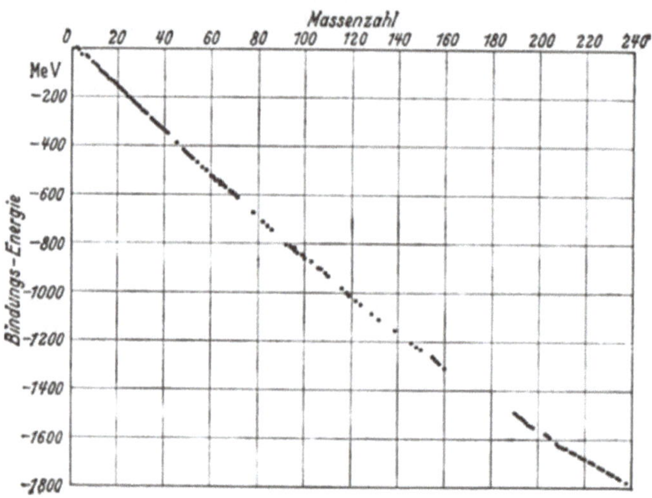

Abb. 128. Bindungsenergien (in MeV) aller bekannten stabilen Kerne gegen ihre Massenzahlen aufgetragen.

man in erster Näherung eine Gerade. Das bedeutet, daß im Mittel die Bindungsenergie je Nukleon (Proton oder Neutron) gleich groß ist und rund 8 MeV beträgt. Auch dieser wichtige Befund stimmt mit dem in V,4b schon erwähnten Tröpfchenmodell des Atomkerns überein, da auch bei einer Vergrößerung eines Flüssigkeitströpfchens die Bindungsenergie je angelagertes Molekül gleich groß ist. Diese mittlere Bindungsenergie von 8 MeV je Nukleon ist auch die Ursache für die oben erwähnte, aus Tab. 3 hervorgehende angenäherte Ganzzahligkeit der Atomgewichte aller bekannten Kerne. Nach (27) entspricht ja der mittleren Bindungsenergie von 8 MeV ein Massendefekt von 0,0085 Masseneinheiten. Da das mittlere Atomgewicht eines freien Nukleons aber nach (22/23) gleich 1,008 ist, ist das eines *gebundenen* Nukleons im Mittel gleich 1,000, womit *die Ganzzahligkeit der Kern-Atomgewichte erklärt ist.*

Daß bei den leichtesten Kernen Abweichungen von der Ganzzahligkeit bis zu 1 % vorkommen, liegt offenbar daran, daß für solche aus nur wenigen Nukleonen bestehenden Systeme das Tröpfchenmodell eine unzureichende Näherung ist und wir daher, wie in V,11 gezeigt werden wird, auch theoretisch eine kleinere und von Kern zu Kern schwankende Bindungsenergie je Nukleon erwarten. Das ist aber gerade der empirische Befund. So ist z. B. das α-Teilchen mit seiner Bindungsenergie von 28 MeV die festest gebundene kleine Einheit von Nukleonen, die es gibt und wird deshalb auch häufig bei Kernreaktionen aus Atomkernen ausgestoßen. Deuteronen $_1H^2$ dagegen sind verhältnismäßig wenig stabil. Ihre Masse ist 2,0136, ihr Massendefekt folglich nur 0,0023 Masseneinheiten und ihre Bindungsenergie damit nur etwa 10 % von der des α-Teilchens.

Auf Einzelheiten dieser Bindungsfragen gehen wir bei der Behandlung der Kerntheorie in V,11 ein, erwähnen aber noch, daß die grundsätzliche Bedeutung des geschilderten Zusammenhangs von Massendefekt und Bindungsenergie darin liegt, daß *hier zum erstenmal die Äquivalenzgleichung $E = mc^2$ quantitativ geprüft und in dieser von der speziellen Relativitätstheorie geforderten Form exakt bestätigt werden konnte.* Weitere Bestätigungen werden wir noch kennenlernen.

6. Die natürliche Radioaktivität und die aus ihr erschlossenen Kernvorgänge

a) Die natürlich radioaktiven Zerfallsreihen

Die erste sichere Kunde von einer Struktur der Atomkerne und von Vorgängen im Innern der Kerne stammt aus der 1896 von BECQUEREL entdeckten und dem

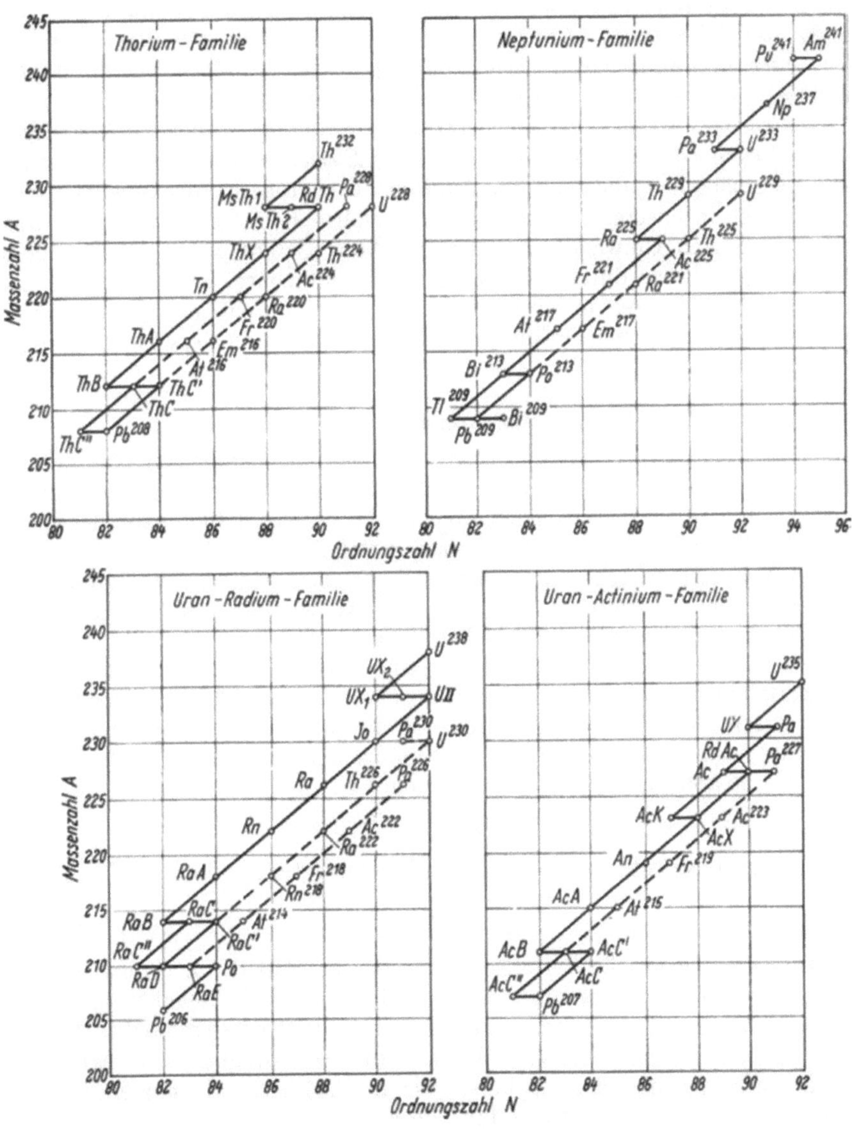

Abb. 129. Die vier radioaktiven Zerfallsfamilien mit ihren Seitenzweigen.

Ehepaar CURIE genauer untersuchten Radioaktivität, da man bald erkannte, daß es sich bei dieser zunächst so rätselhaften Erscheinung um einen spontanen Zerfall der schwersten existierenden Kerne handelt, der ohne äußere Beeinflussungsmöglichkeit abläuft.

Durch den Zerfall eines radioaktiven Kerns entsteht im allgemeinen wieder ein radioaktiver Kern, so daß sich Zerfallsreihen ergeben, an deren Ende aber je ein stabiler Kern steht, und zwar nach Abb. 129 die Blei-Isotope mit den Massen 206, 207 und 208 sowie das Wismut-Isotop der Masse 209. Es gibt drei Arten radioaktiver Umwandlungen: Beim α-Zerfall emittiert der zerfallende Kern doppelt positiv geladene Heliumkerne, d. h. α-Teilchen, beim β-Zerfall schnelle Elektronen, sog. β-Teilchen, bei γ-Umwandlungen schließlich energiereiche Photonen, d. h. γ-Quanten. Hieraus folgt mit unserer Kenntnis des Periodensystems sofort der radioaktive Verschiebungssatz von FAJANS und SODDY: *Durch einen α-Zerfall erniedrigt sich die Kernladung und damit die Ordnungszahl des zerfallenden Atomkerns um zwei Einheiten, und wir erhalten ein Isotop des im Periodensystem zwei Stellen weiter links stehenden Elements; durch β-Zerfall vergrößert sich die positive Kernladung um eine Einheit, und der entstehende Kern ist ein Isotop des rechts neben dem zerfallenden stehenden Elements. Da die γ-Strahlung schließlich ohne Kernladungsänderung erfolgt, ist mit ihr auch keine Elementenumwandlung verbunden.* Diese Gesetzmäßigkeit, die bei ihrem Auffinden eine große Entdeckung darstellte, zeigt sich auch in unserer Darstellung der Zerfallsreihen. Den schräg nach links unten verlaufenden Umwandlungslinien der Abb. 129 entspricht jeweils eine α-Umwandlung, während durch β-Umwandlung die horizontal (weil ohne Änderung der Massenzahl!) nach rechts verlaufenden Kurventeile entstehen. Man ersieht aus Abb. 129 sofort, zu welchen Ordnungs- und Massenzahlen die verschiedenen radioaktiven Umwandlungsprodukte gehören.

b) Zerfallsart, Zerfallskonstante und Halbwertszeit

Abb. 129 zeigt, daß es für die meisten radioaktiven Kerne nur *eine* Zerfallsmöglichkeit (α- *oder* β-Emission) gibt. Beide Zerfallsarten sind aber häufig mit der Emission von γ-Quanten verbunden. In einer Anzahl von Fällen kann der gleiche Kern jedoch auch unter α- *oder* β-Emission zerfallen, wodurch die Verzweigungsstellen in Abb. 129 entstehen. Die relative Wahrscheinlichkeit von α- zu β-Zerfall ist dabei oft sehr verschieden; ihre Ableitung ist, wie die aller Übergangswahrscheinlichkeiten, eines der vordringlichen Ziele der Theorie.

Es wurde bereits als wichtigste empirische Tatsache erwähnt, daß der radioaktive Zerfall nicht beeinflußt werden kann; er erfolgt vielmehr völlig spontan und rein statistisch. Das ersieht man daraus, daß die Zahl der je Sekunde zerfallenden Kerne einer bestimmten Kernart (dN/dt) nur von der Zahl N der noch nicht zerfallenen Kerne abhängt, d. h. ihr proportional ist

$$dN/dt = -\lambda N, \tag{28}$$

woraus als Zerfallsgesetz, wie beim „Zerfall" angeregter Atome nach III,23

$$N_t = N_0 e^{-\lambda t} \tag{29}$$

folgt. Dieses exponentielle Zerfallsgesetz bedeutet, daß die Zerfallswahrscheinlichkeit eines Kerns (im Gegensatz etwa zur Sterbewahrscheinlichkeit jedes Lebewesens!) *nicht* von seinem Alter abhängt. Der Eintritt eines radioaktiven Kernzerfalls scheint vielmehr eine reine Wahrscheinlichkeitsfrage zu sein. Erkenntnistheoretische Folgerungen hieraus haben wir in IV,15 bereits behandelt.

Die Zerfallskonstante λ ist eine für jede Kernart charakteristische Konstante, die aus (28) ermittelt werden kann, indem man die zu N_t proportionale Strahlungsintensität einer radioaktiven Probe als Funktion der Zeit mißt und logarithmisch gegen sie aufträgt. Statt der Zerfallskonstanten λ benutzt man vielfach auch die Halbwertszeit τ, d.h. die Zeitspanne, nach der gerade die Hälfte der anfänglich vorhanden gewesenen Kerne einer bestimmten Art zerfallen ist. Der Zusammenhang zwischen Zerfallskonstante λ und Halbwertszeit τ ergibt sich, wenn man in (29) t durch τ und N_t durch $N_0/2$ ersetzt:

$$e^{\lambda\tau} = 2, \tag{30}$$

$$\tau = \frac{\ln 2}{\lambda} = \frac{0{,}693}{\lambda}. \tag{31}$$

Die Halbwertszeiten der natürlich radioaktiven Kerne liegen zwischen 10^{-7} sec und mehr als 10^{14} Jahren. Die relativ kleine Halbwertszeit des Neptuniums von $2{,}2 \cdot 10^6$ Jahren ist übrigens der Grund dafür, daß das natürliche Neptunium schon zerfallen ist und die Neptunium-Reihe erst nach der künstlichen Herstellung des Neptuniums gefunden wurde.

c) Die Zerfallsenergien und ihr Zusammenhang mit den Halbwertszeiten der radioaktiven Kerne

Genaue Werte der kinetischen Energie der beim radioaktiven Zerfall emittierten α-, β- und γ-Teilchen sind von großem theoretischem Interesse, da wir die radioaktiven Zerfallsprozesse als Übergänge zwischen diskreten Energiezuständen eines Anfangs- und eines Endkerns aufzufassen haben und daher, wie in Kap. III, die Energiedifferenzen dieser Zustände unser wichtigstes empirisches Material für die Theorie darstellen.

Die Energie von α-Teilchen hat man zunächst durch ihre Reichweite in Normalluft gemessen, da nach Geiger in guter Näherung für den Zusammenhang der Reichweite R [cm] mit der Energie E_0 [MeV] der α-Teilchen die Beziehung

$$E_0 = 2{,}12\, R^{2/3} \tag{32}$$

gilt. Zur Präzisionsmessung der Energie von α-Teilchen wie von β-Teilchen benutzt man die verschiedenen Ausführungen des *magnetischen Spektrographen* (vgl. Abb. 111). Zur Messung der Energie von γ-Quanten, d.h. energiereicher Photonen, benutzt man bis etwa 1 MeV die Wellenlängenmessung mit dem Kristallgitterspektrographen (Abb. 24) und berechnet E aus der Beziehung

$$E = h\nu = \frac{h\,c}{\lambda}. \tag{33}$$

Alle übrigen Präzisionsmethoden, die auch für γ-Quanten höherer Energie brauchbar sind, beruhen auf der Umwandlung der γ-Quanten in schnelle Elektronen, deren Energie im magnetischen Spektrographen gemessen wird. Bei Absorption der γ-Quanten in einem Bleischirm z.B. ist die kinetische Energie der erzeugten Photoelektronen gleich der Energie der absorbierten γ-Photonen abzüglich der zur Loslösung der Photoelektronen aufgewendeten Bindungsenergie. Letztere kann aus den Röntgenspektren des absorbierenden Materials nach III,10d ermittelt werden, so daß die Messung der kinetischen Energie der Photoelektronen die Bestimmung der Energie der absorbierten γ-Quanten ermöglicht. Die zu messenden γ-Quanten können ferner nach dem Compton-Effekt im Stoß mit Elektronen einen berechenbaren Anteil ihrer Energie auf die gestoßenen Elektronen übertragen, deren Messung im magnetischen Spektrographen dann wieder die Bestimmung der Energie der γ-Quanten ermöglicht. Sehr häufig führt die zu messende Anregungsenergie des Kerns aber gar nicht zur Emission eines γ-Quants, sondern wird direkt auf die Elektronenhülle übertragen, wo sie die Emission eines Hüllenelektrons bewirkt. Die bei dieser *inneren Umwandlung* (auch *Konversion* genannt) entstehenden und wieder im magnetischen Spektrographen gemessenen Elektronen besitzen Energien, die gleich der Energie der absorbierten γ-Quanten abzüglich der Bindungsenergie des absorbierenden Hüllenelektrons sind. Da die Absorption nach Abb. 58 in der K-, L-, M- usw. Schale erfolgen kann, beobachtet

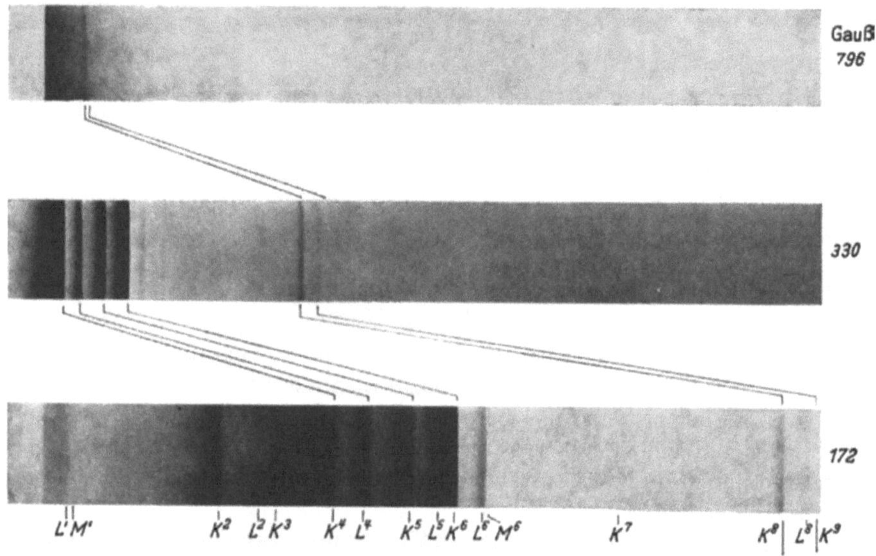

Abb. 130. Beispiel für ein γ-β-Konversionsspektrum (hier das des Se^{75}). Die vom Kern emittierten γ-Quanten werden von den K-, L- oder M-Elektronen der Atomhülle absorbiert und die kinetische Energie der abgelösten Elektronen mit einem β-Spektrographen (Abb. 111) bei verschiedenen Magnetfeldstärken (rechts angegeben) gemessen. Die scharfen Kanten jeder „Linie" entsprechen der jeweiligen maximalen Energie (nach CORK und Mitarbeitern).

man Gruppen scharf definierter Elektronenenergien $hv - E_K$, $hv - E_L$, $hv - E_M$ usw., wobei hv die Energie des nichtemittierten Kern-γ-Quants und E_K, E_L, E_M usw. die Bindungsenergie eines Elektrons in der K-, L-, M- usw. Schale bedeuten. Durch die Messung dieser Elektronengruppen ist also die dem Kernübergang entsprechende Energie hv bestimmbar. Abb. 130 zeigt als Beispiel ein mit dem photographischen β-Spektrographen aufgenommenes γ-β-Umwandlungsspektrum. Bei genügend hohen Energien können die γ-Quanten schließlich nach einem in V,21 zu besprechenden Prozeß Elektronenpaare erzeugen, deren Energie wieder zur Messung der γ-Energie dienen kann.

Das Ergebnis aller solcher Messungen ist, daß die bei einem bestimmten α-Zerfallsprozeß emittierten α-Teilchen im allgemeinen eine Anzahl diskreter Energiewerte besitzen, vergleichbar einem diskreten Linienspektrum. Auch das Spektrum der γ-Quanten besteht aus einer Anzahl scharfer

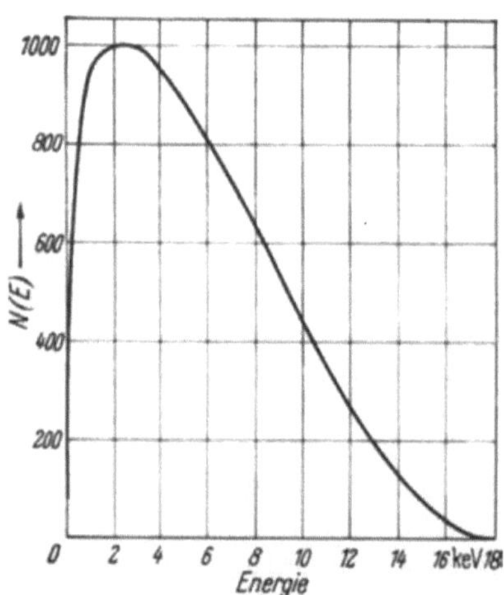

Abb. 131. Das kontinuierliche β-Spektrum des Tritiums $_1$H^3.

Linien. Im Gegensatz dazu zeigen die bei einem bestimmten β-Zerfallsprozeß emittierten energiereichen Elektronen ein *kontinuierliches Energiespektrum*, wie es für einen typischen Fall in Abb. 131 dargestellt ist. Auf seine Deutung kommen wir unten zurück.

Es besteht nun ein theoretisch wichtiger Zusammenhang zwischen der kinetischen Energie der beim radioaktiven Zerfall emittierten α- und β-Teilchen und den Halbwertszeiten der sie emittierenden Kerne. Für α-Teilchen fanden GEIGER und NUTTALL, daß deren Energie mit ihrer nach (31) der Halbwertszeit umgekehrt proportionalen Zerfallskonstanten λ in guter Näherung durch die Beziehung

$$\ln E = A + B \ln \lambda \tag{34}$$

verknüpft ist, die Abb. 132 zeigt. Auf ihre Deutung kommen wir unten zurück. Trägt man in gleicher Weise den Logarithmus der maximalen β-Energien gegen den der Zerfallskonstanten auf, so findet man nach SARGENT gemäß Abb. 133 zwei

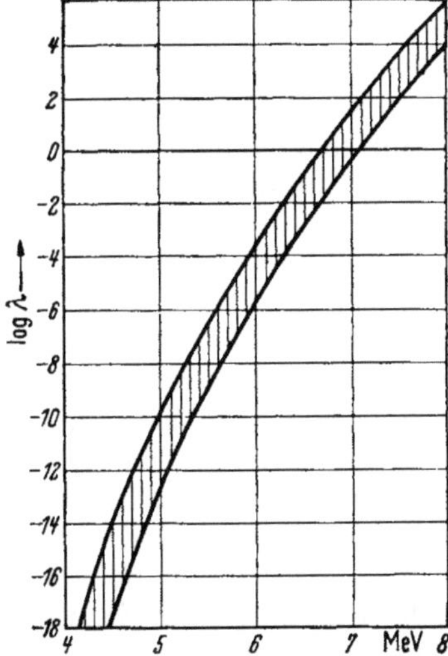

Abb. 132. Schematische Darstellung der GEIGER-NUTTALL-Beziehung. Die gegen die Energie aufgetragenen Logarithmen der Zerfallskonstanten aller bekannten α-aktiven Kerne liegen in dem schraffiert gezeichneten Streifen.

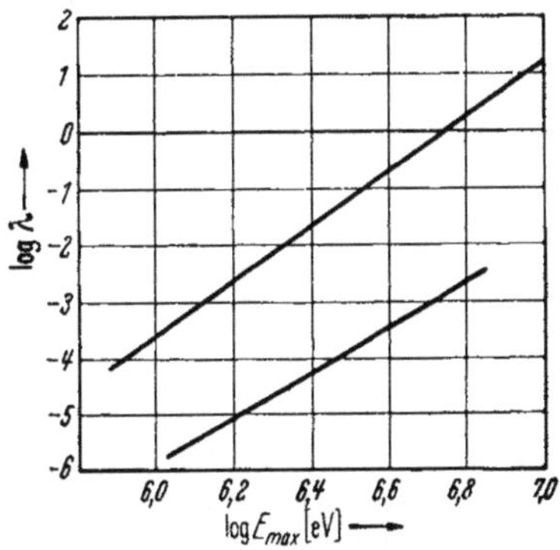

Abb. 133. SARGENT-Diagramm. Im doppelt-logarithmischen Maßstab liegen die gegen die Energie aufgetragenen Zerfallskonstanten der natürlich radioaktiven β-Strahler auf den beiden angedeuteten Kurven.

Geraden (mit beträchtlicher Streuung der Meßpunkte). Für jeden bestimmten Wert der Zerfallsenergie (β-Energie) gibt es hier also zwei verschiedene Werte der Zerfallskonstanten, entsprechend Zerfallswahrscheinlichkeiten, die sich um etwa zwei Größenordnungen unterscheiden. In Analogie zu den entsprechenden spektroskopischen Prozessen können wir von erlaubten und verbotenen β-Übergängen sprechen.

Qualitativ besagen die beiden empirischen Gesetze also, daß die von einem zerfallenden Kern emittierte Energie um so größer ist, je instabiler der betreffende Kern, je kleiner daher seine Halbwertszeit ist.

d) Die Deutung der γ-Strahlung und der Mössbauer-Effekt

Die γ-Strahlung der Atomkerne wird in voller Analogie zur Strahlungsemission der Atome (vgl. Kap. III) bei Energiezustandsänderungen von Kernen, d.h. bei Übergängen angeregter Atomkerne in tiefere Zustände emittiert. Die Lebensdauer angeregter Kerne ist im allgemeinen um so größer, je niedriger die angeregten Energiezustände liegen. Für ein 1-MeV-Niveau z.B. ist die Lebensdauer etwa

10^{-12} sec und für ein 0,1-MeV-Niveau 10^{-9} sec; es gibt aber auch angeregte Kernzustände mit Lebensdauern bis 10^{-4} sec und mehr.

Die im Vergleich zu den optischen Photonen so viel größere Energie der γ-Quanten führt zu einem besonders interessanten, von MÖSSBAUER aufgeklärten Effekt. Da ein γ-Quant der Energie $h\nu$ nach II,7 einen Impuls $p = h\nu/c$ besitzt, muß dieser Impuls und die ihm entsprechende Energie

$$E_R = p^2/2M = \frac{h^2 \nu^2}{2 M c^2} \tag{35}$$

bei der Emission des γ-Quants als Rückstoß auf den emittierenden Kern der Masse M übertragen werden. Die Energie des emittierten Photons ist daher um die Rückstoßenergie E_R kleiner als die Differenz ΔE der Energiezustände des emittierenden Kerns. Da bei der Absorption des γ-Quants die gleiche Rückstoßenergie E_R auf den absorbierenden Kern übertragen wird, sind Emissions- und Absorptionslinie gegeneinander um $2E_R$ verschoben. Diese Verschiebung ist zwar klein gegen die Energie des γ-Quants, aber wesentlich größer als die natürliche Breite (vgl. III,21) der dem Übergang entsprechenden γ-Linie. Emissions- und Absorptionslinie überlappen sich daher nicht, und *Resonanzabsorption ist nicht möglich.* Daß man bei den Atomen im Gegensatz zu den Kernen nach III,5 Resonanzabsorption beobachtet, beruht natürlich darauf, daß wegen der 10^4- bis 10^5-mal kleineren Energie der optischen Photonen der Rückstoßverlust hier gegenüber der natürlichen Breite der Linien keine Rolle spielt.

Baut man nun aber nach MÖSSBAUER die Atomkerne in ein Kristallgitter ein, so wird der Rückstoß bei Emission wie Absorption von dem Kristall als Ganzem aufgenommen, wobei die Rückstoßenergie (35) wegen $M \to \infty$ gegen Null geht. *Baut man also die emittierenden wie die absorbierenden Kerne in ein Kristallgitter ein, so ist Resonanzabsorption wieder möglich.* Die Übertragung des Rückstoßimpulses auf das Kristallgitter kann aber auch zur Anregung von Gitterschwingungen (vgl. VII,8) führen, wobei das γ-Quant dann die dazu aufgewandte Energie verliert. Deshalb wird auch nach dem Einbau der emittierenden Kerne in ein Kristallgitter nur *ein Teil* der γ-Quanten rückstoßfrei, d.h. mit $h\nu = \Delta E$ als „MÖSSBAUER-Linie" emittiert. Bei sehr hoher γ-Energie kann der Rückstoß sogar dazu führen, daß die emittierenden Kerne aus ihren Gitterplätzen herausgestoßen werden und so Gitterleerstellen (vgl. VII,18) entstehen. Dann erleiden allerdings praktisch alle Photonen Rückstoßverluste, so daß kein MÖSSBAUER-Effekt beobachtbar ist.

Der MÖSSBAUER-Effekt ist also um so besser beobachtbar, je kleiner die Wahrscheinlichkeit ist, daß durch Rückstoß Gitterschwingungen angeregt werden, d.h je kleiner die Rückstoßenergie und je größer die Energie der Gitterschwingungsquanten ist. Da die Rückstoßenergie nach (35) dem Quadrat der γ-Energie proportional ist, verwendet man zu MÖSSBAUER-Untersuchungen energiearme γ-Linien wie die 14-keV-Linie des Fe^{57}.

Die Verwendung dieser (oder einer ähnlichen) γ-Linie hat den weiteren Vorteil, daß deren oberer Zustand die hohe Lebensdauer von 10^{-7} sec und nach der Unbestimmtheitsbeziehung (vgl. IV,3) daher eine Halbwertsbreite von nur $5 \cdot 10^{-9}$ eV besitzt. Das bedeutet, daß Resonanzabsorption nur beobachtet wird, wenn die emittierende und die absorbierende γ-Linie bis auf $3 \cdot 10^{-13}$ ihrer Frequenz genau übereinstimmen. Läßt man nun Emitter und Absorber sich gegeneinander bewegen, so kann man durch Variation der Relativgeschwindigkeit und damit der DOPPLER-Verschiebung von emittierter und absorbierter Linie die γ-Linie richtig „abtasten" und so die Frequenz auf $3 \cdot 10^{-13}$ genau bestimmen. Eine solche MÖSSBAUER-Linie ist folglich das weitaus genaueste Frequenznormal, das man heute kennt. Mit ihrer Hilfe kann man noch Frequenz- bzw. Energieverschiebungen, die einer DOPPLER-Geschwindigkeit bis herab zu 10^{-3} mm/sec (!) entsprechen, nachweisen und hat mit diesem mächtigen Hilfsmittel nicht nur die von der Relativitätstheorie vorausgesagten DOPPLER-Effekte geringster Größe, sondern über kleinste Energieverschiebungen auch wichtige Kern- und Festkörpereigenschaften aufklären können, die früher unter der Grenze der Meßgenauigkeit lagen.

e) Termschemata und Zerfallsmöglichkeiten radioaktiver Kerne

Unter Erweiterung unserer Vorstellungen von den Energieniveauschemata können wir nun die Energieverhältnisse beim α-, β- und γ-Zerfall und den Zusammenhang dieser drei radioaktiven Umwandlungsarten sehr übersichtlich darstellen. Das Problem der Energieniveauschemata von Atomkernen geht nämlich über die durch die γ-Strahlung gegebene Verknüpfung der Energieniveaus jedes *einzelnen* Kerns insofern weit hinaus, als von den Energieniveaus jedes Kerns unter *Teilchen*emission auch Übergänge zu den Niveaus *benachbarter* Kerne möglich sind. Wir zeigen das unter Vorgriff auf den in V,10 zu besprechenden allgemeinen Fall an Hand der in Abb. 134 etwas vereinfacht dargestellten Endstufen der radioaktiven Thoriumreihe mit ihrer Verzweigung. In den vier vertikalen Gruppen sind nebeneinander die Energiezustände der Kerne mit den Ordnungszahlen 81 bis 84 dargestellt, während als Ordinate die Energie in MeV aufgetragen ist. Unter der Ordnungszahl 82 sind entsprechend die beiden beteiligten Pb-Isotope der Massenzahlen 208 und 212 eingetragen; der Abstand ihrer beiden Grund-

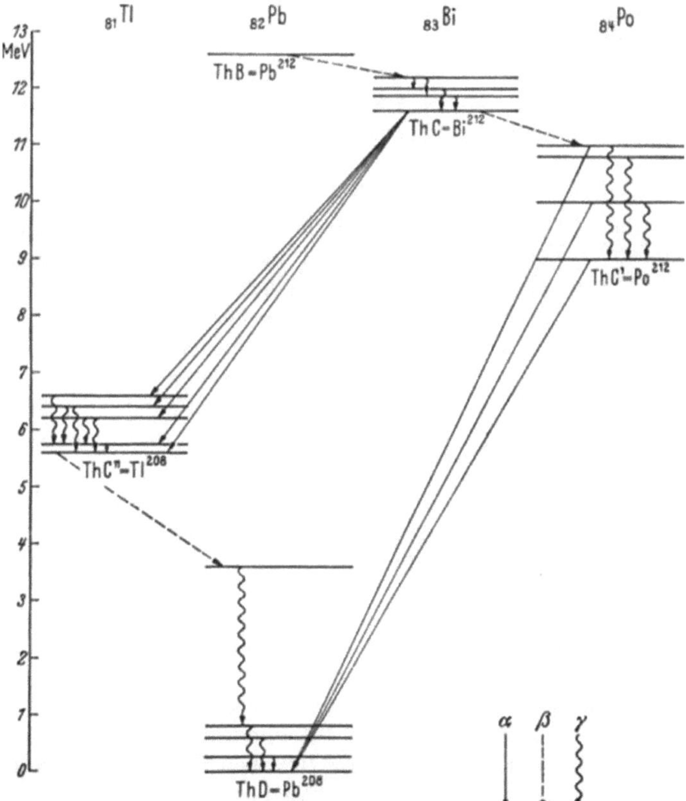

Abb. 134. Die Zusammenhänge von α-, β- und γ-Übergängen zwischen vier instabilen Kernen am Ende der radioaktiven Thoriumreihe und deren stabilem Endkern $_{82}\text{Pb}^{208}$.

zustände (12,7 MeV) entspricht ihrer Massendifferenz unter Berücksichtigung der Tatsache, daß Pb²⁰⁸ vier Neutronen weniger enthält als Pb²¹². Da γ-Strahlung nicht mit der Umwandlung des emittierenden Kerns in einen anderen verbunden sein kann (Ladungs- und Massenzahl bleiben unverändert), sind die entsprechenden Energieänderungen wie bei den entsprechenden Übergängen der Elektronen (Kap. III) durch senkrechte Schlangenpfeile angedeutet. Im Gegensatz dazu sind die zu α- und β-Umwandlungen gehörenden Übergangspfeile schräg von einem Kern zu einem anderen zu zeichnen. Die um *eine* Ordnungszahl nach rechts weisenden Pfeile gehören ersichtlich zu β-Umwandlungen, die um zwei Ladungszahlen nach links weisenden zu α-Zerfallsprozessen. Die senkrechten Abstände der durch die Pfeile verbundenen Niveaus geben bei α- und γ-Emission direkt deren Energie, bei β-Übergängen die *Maximal*energie der emittierten β-Teilchen an.

Abb. 134 zeigt, daß meist mehrere Übergangsmöglichkeiten miteinander in Konkurrenz stehen, wobei die relativen Wahrscheinlichkeiten der Emission von α-, β- und γ-Teilchen den Halbwertszeiten für die entsprechenden Zerfallsprozesse umgekehrt proportional sind.

Aus Abb. 134 entnehmen wir ferner einen äußerst wichtigen Unterschied bezüglich der Stabilität von Atomen und Atom*kernen*. Bei ersteren unterschieden wir in Kap. III den Grundzustand und eine Folge angeregter Zustände, von denen aus das Atom unter Emission von Lichtquanten in den Grundzustand übergehen kann; letzterer ist dort völlig stabil. Auch bei den Atomkernen gibt es nach Abb. 134 angeregte Zustände, aus denen der Kern unter Emission von γ-Strahlung in den Grundzustand des betreffenden Kerns übergehen kann. Im Gegensatz zum Atom (Atomhülle) ist der Grundzustand der Kerne aber nicht immer absolut, sondern nur gegenüber γ-Strahlung stabil. Dagegen können radioaktive Kerne auch aus dem Grundzustand unter Emission eines α- oder β-Teilchens in angeregte Zustände oder den Grundzustand eines *anderen*, stabileren Kerns übergehen. In Abb. 134 z.B. ist *nur* der Grundzustand des Thorium D, d.h. des Kerns Pb²⁰⁸, wirklich stabil.

f) Die Erklärung des α-Zerfalls

Wir haben uns bisher mit der Energie-, Massen- und Ladungsbilanz der natürlichen radioaktiven Zerfallsprozesse befaßt, ohne auf die Frage einzugehen, wie die α- und β-Teilchen eigentlich aus dem Kern herausgelangen. Dieses Versäumnis holen wir nun nach. Da der Mechanismus beider Zerfallsarten aber ein grundsätzlich verschiedener ist, behandeln wir zunächst nur den α-Zerfall.

Die Schwierigkeit einer Erklärung liegt offenbar darin, daß α-aktive Kerne eine oft sehr große Halbwerts-Lebensdauer besitzen, der Ra-Kern z.B. eine solche von 1600 Jahren. Die Nukleonen müssen also für diese lange Zeit im Kern zusammengehalten werden; und doch müssen gelegentlich spontan, d.h. ohne äußeren Anlaß, zwei Protonen und zwei Neutronen als α-Teilchen den Kern verlassen können. Das lange Zusammenhalten der Nukleonen im Kern bedeutet, daß diese in einer tiefen Potentialmulde sitzen müssen, während außerhalb das Potential für das doppelt positiv geladene α-Teilchen gemäß Abb. 135 mindestens vom Radius $3 \cdot 10^{-12}$ cm an wegen der Çoulombschen Abstoßung zwischen Restkern und α-Teilchen wie $Z e^2/r$ abfallen muß. Wenn der untere Zustand der Abb. 135 den Grundzustand des Kerns darstellt, in den unter γ-Strahlung Übergänge vom oberen stattfinden, so könnte klassisch ein α-Teilchen nur aus dem Kern herausgelangen, wenn seine

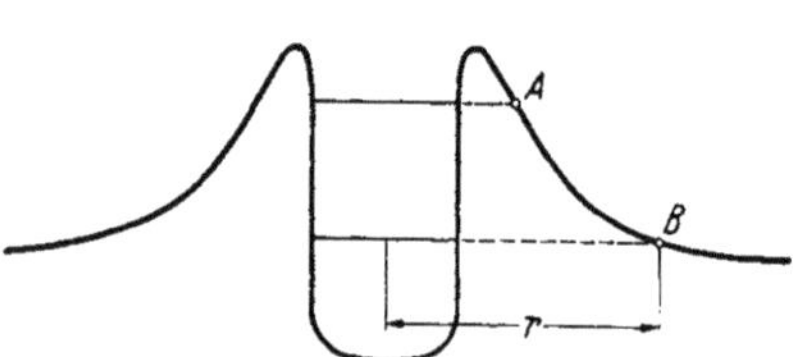

Abb. 135. Zum α-Zerfall aus zwei verschieden energiereichen Zuständen bzw. Kernen, zur Erklärung der Geiger-Nuttallschen Beziehung.

kinetische Energie größer wäre als die Höhe des begrenzenden Potentialwalles.
Daß trotzdem α-Teilchen aus einem mehr als 10 MeV unter dem abschließenden
Potentialwall liegenden Zustand mit einer gewissen Wahrscheinlichkeit den Kern
verlassen können, beruht auf dem Tunnel-Effekt.

Die den α-Teilchen nach der Wellenmechanik entsprechenden Materiewellen
werden nämlich, wie in IV,12 ausgeführt, am Potentialwall nicht vollständig reflektiert, sondern können ihn teilweise durchdringen, und zwar um so leichter, je
niedriger und schmaler er ist. Absolut ist nach Gl. (IV-179) das Durchdringungs-
vermögen eines auf den Potentialwall auftreffenden Teilchens sehr klein. Aus der
mittleren Geschwindigkeit der α-Teilchen im Kern und dessen Durchmesser folgt
aber, daß ein α-Teilchen größenordnungsmäßig 10^{20}mal je Sekunde gegen den abschließenden Potentialwall stößt, so daß nur außerordentlich kleine Durchtritts-
wahrscheinlichkeiten erforderlich sind, um die beobachtete Lebensdauer der α-
aktiven Kerne zu erklären. Nach dem Durchdringen des Potentialwalls wird das
α-Teilchen durch die COULOMBsche Abstoßungskraft beschleunigt; seine kinetische
Endenergie ist also um so größer, in je geringerer Entfernung vom Kernmittelpunkt es aus dem Potentialwall austritt. Bezeichnen wir diese Entfernung mit r,
so beträgt die kinetische Energie eines zweifach positiv geladenen Teilchens nach
dem Austritt aus dem $(Z - 2)$fach geladen zurückbleibenden Kern

$$E = \frac{2(Z - 2)e^2}{r}. \tag{36}$$

Abb. 136. Nebelkammeraufnahme eines einzelnen sehr energiereichen α-Teilchens des RaC′ in einer sehr großen Anzahl
weniger energiereicher (nach PHILIPP). Das energiereiche α-Teilchen wird von einem angeregten Energiezustand des
gleichen Kerns aus emittiert.

Hieraus folgt zwanglos die GEIGER-NUTTALLsche Beziehung (34). Vergleichen wir nämlich zwei α-Teilchen, von denen das eine aus dem Grundzustand des Kerns (Abb. 135), das andere aus dem angeregten Zustand (oder einem Kern mit entsprechend geringerer Höhe des Potentialwalles) durch Tunnel-Effekt austreten möge, so ist für das α-Teilchen im Grundzustand der zu durchdringende Potentialwall wesentlich höher und breiter als für das im angeregten Zustand. Die Zerfallswahrscheinlichkeit des normalen Kerns ist also wesentlich kleiner und damit seine Halbwertszeit wesentlich größer als die des Kerns mit höherem Energiezustand. Umgekehrt beginnt die Beschleunigung des aus dem höheren Zustand austretenden α-Teilchens bereits bei A, die des α-Teilchens aus dem tieferen Zustand erst in größerem Abstand r bei B. Die Energie des aus dem höheren Zustand mit der kleineren Halbwertszeit stammenden α-Teilchens ist also größer als die des α-Teilchens aus dem tieferen Zustand mit der größeren Lebensdauer (Halbwertszeit). Die GEIGER-NUTTALL-Beziehung, die die enorme Spanne der Halbwertszeiten von 10^{10} Jahren (Th^{232}) bis 10^{-7} sec (Po^{212}) richtig mit den Zerfallsenergien verknüpft, ist damit qualitativ verständlich gemacht. Eine schöne Illustration zeigt Abb. 136, auf der ein einzelnes von einem angeregten Zustand des RaC' emittiertes α-Teilchen durch seine große Reichweite (und damit Energie) aus der großen Zahl der vom Grundzustand des gleichen Kerns emittierten α-Teilchen geringerer Energie herausragt. Der radioaktive α-Zerfall ist damit in Übereinstimmung mit der Erfahrung befriedigend erklärt, eine der schönsten Leistungen der Quantenmechanik.

Es wurde in V,4b bereits erwähnt, daß man aus der Reichweite (Energie E) der α-Strahlen mittels Gl. (36) auf die Entfernung r vom Kernmittelpunkt schließen kann, in der die Beschleunigung des α-Teilchens begonnen hat. Diese Entfernung stellt damit eine obere Grenze für den Kernradius dar.

g) Die Erklärung des β-Zerfalls und die Existenz des Neutrino

Vor grundsätzliche Schwierigkeiten stellt uns das Verständnis des radioaktiven β-Zerfalls. Sie sind zweifacher Art. Erstens ist zunächst nicht verständlich, wie Elektronen aus dem Kern kommen können, obwohl dieser ja ausschließlich aus Protonen und Neutronen besteht. Zweitens besitzen die Elektronen der β-Strahlung nicht wie die α-Teilchen wenige diskrete Energiewerte, sondern nach Abb. 131 ein *kontinuierliches Energiespektrum*. Da nun der Ausgangskern, der sich unter β-Emission in einen anderen umwandelt, natürlich eine scharf definierte Energie besitzt und das gleiche für den Endkern gilt, muß auch die bei der Umwandlung frei werdende Energie einen ganz bestimmten Betrag besitzen. Wollte man nun nicht beim β-Zerfall eine Verletzung des Energiesatzes annehmen, der sich bisher auch bei allen Erscheinungen der Atomphysik als voll gültig erwiesen hat, so blieb nur der von PAULI 1931 gezogene Schluß übrig, daß bei der β-Umwandlung außer dem Elektron (β-Teilchen) noch ein zweites, unsichtbar bleibendes Teilchen ausgesandt wird, dessen Energie zusammen mit der des β-Teilchens gerade die konstante, bei der Kernumwandlung frei werdende Energie ergibt. *Dieses Teilchen, das keine elektrische Ladung und keine merkliche Ruhemasse besitzen kann, weil es sich sonst direkt oder indirekt in der Nebelkammer bemerkbar machen müßte, nennt man das Neutrino v_e.* Seine Existenz ist nicht nur aus Energiegründen notwendig, sondern behebt gleichzeitig zwei weitere mit dem β-Zerfall verknüpfte Schwierigkeiten. Nach V,4c besitzen die Kerne mit ungeradem Atomgewicht einen halbzahligen Drehimpuls. Bei einer β-Umwandlung wird die Massenzahl nicht geändert, der Drehimpuls muß also halbzahlig bleiben. Da aber das ausgesandte Elektron selbst den Drehimpuls $\hbar/2$ besitzt, entsteht hier ein weiterer Widerspruch, der sich löst, wenn man dem Neutrino wie dem Elektron den Spin $\hbar/2$ zuschreibt.

Schließlich erfordert auch der Impulserhaltungssatz die Existenz des Neutrinos. Ohne dieses müßten nämlich die Rückstoßrichtung des Kerns und die Emissionsrichtung des Elektrons um genau 180° gegeneinander versetzt sein, was nach Nebelkammer-Beobachtungen nicht der Fall ist. Die Existenz des Neutrinos *muß* also angenommen werden, wenn man nicht die drei fundamentalen Erhaltungssätze für Energie, Impuls und Drehimpuls beim β-Zerfall aufgeben will, von denen Abweichungen bisher auch in der Atomphysik niemals festgestellt worden sind.

Auf einen direkten Beweis der Existenz des Neutrinos sowie auf den Unterschied von Neutrinos und Antineutrinos kommen wir in V,7a zurück.

Die zweite oben erwähnte Schwierigkeit, daß beim β-Zerfall Elektronen aus dem Kern herauskommen, obwohl nach V,4a solche im Kern nicht vorhanden sein können, hat FERMI 1934 mit seiner Theorie des β-Zerfalls behoben. So wie ein angeregtes Atom bei der „Umwandlung" in ein normales Atom ein Lichtquant emittiert, obwohl ein solches vorher im angeregten Atom nicht „vorhanden" war, entsteht auch das beim β-Zerfall emittierte Elektron mit seinem Neutrino erst bei einer Umwandlung des Kerns. Dieser zu einem β-Zerfall führende Prozeß ist die Umwandlung eines Neutrons im Kern in ein Proton unter Emission eines Elektrons und eines Neutrinos (nach V,7a genauer eines Antineutrinos $\bar{\nu}_e$)

$$n \rightarrow p + e^- + \bar{\nu}_e. \tag{37}$$

Bei der Umwandlung ändert sich ersichtlich die Massenzahl des Kerns nicht, während die Protonenzahl und damit die Ordnungszahl sich um eine Einheit erhöht. Nach IV,14 erklärt die DIRACsche Theorie die Absorption und Emission von Lichtquanten durch Atome als Ergebnis der Wechselwirkung des Atomelektrons mit dem elektromagnetischen Feld. In ähnlicher Weise wie diesem das bei seiner Änderung entstehende Lichtquant entspricht, werden in der FERMIschen Theorie dem Kernkraftfeld das Elektron und das Neutrino zugeordnet. Aus der Theorie folgt für den Zusammenhang zwischen der β-Zerfallskonstanten λ und der Maximalenergie der bei dem β-Zerfall emittierten Elektronen die Beziehung

$$\lambda = k E_{\max}^5 \tag{38}$$

die, in logarithmischer Form geschrieben, mit der empirischen SARGENT-Beziehung Abb. 133 identisch ist. Die Konstante k ist ein Maß für die Wahrscheinlichkeit des β-Übergangs und ist damit verschieden für die zwei (oder mehr) Geraden des SARGENT-Diagramms. k enthält aber vor allem alle die sog. *schwache Wechselwirkung* zwischen Kernen, β-Teilchen und Neutrinos kennzeichnenden und bestimmenden Konstanten. Diese schwache Wechselwirkung ist für den mit der Emission von Neutrinos verbundenen β-Zerfall in gleicher Weise verantwortlich, wie die elektromagnetische Wechselwirkung für den mit der Emission von Photonen verbundenen Zerfall angeregter Kerne oder Elementarteilchen, und nach V,24 die starke Wechselwirkung für den Zerfall angeregter Nukleonen unter Emission von π-Mesonen. Dabei ist von grundsätzlicher Bedeutung, daß der dem β-Zerfall analoge Zerfall (83) des in V,23 zu behandelnden μ-Mesons mit Hilfe der *gleichen* Kopplungskonstanten dargestellt werden kann wie der β-Zerfall (37), daß es also offenbar eine *universelle schwache Wechselwirkung für alle mit der Emission von Neutrinos verbundenen Zerfallsarten* gibt.

Diese Theorie vermag also den β-Zerfall in seinen wesentlichen Zügen zu erklären. Zwei ihrer Folgerungen seien erwähnt. Die Energieverteilung des kontinuierlichen β-Spektrums (Abb. 131) ist *unabhängig* von der speziellen Kernstruktur und *nur* von der Größe der Wechselwirkung der Nukleonen im Kern abhängig; sie ist daher eine der empirischen Grundlagen der quantitativen Theorie des Kernbaues. Die Zerfallswahrscheinlichkeit eines β-aktiven Kerns dagegen ist von der individuellen Struktur des zerfallenden Kerns abhängig; sie ist, wie die Übergangswahrscheinlichkeiten in den optischen Spektren, durch die Quantenzahlen, hier die der Nukleonen nach V,12, bestimmt.

Zur Prüfung der Gültigkeit des Paritätserhaltungssatzes beim β-Zerfall hat man nach einer Korrelation zwischen dem Drehimpuls β-aktiver Kerne und der Emissionsrichtung ihrer Elektronen gesucht und eine solche wider alle frühere Erwartung auch gefunden. Die durch diese Entdeckung bestätigte Theorie der Nichterhaltung der Parität von LEE und YANG und ihr Einfluß auf die Theorie des β-Zerfalls wie der Neutrinos selbst ist noch Gegenstand der Forschung.

7. Künstliche Radionuklide und ihre Umwandlungen

Mit den behandelten Zerfallsprozessen der natürlich radioaktiven Kerne eng verwandt sind die Zerfallsprozesse der rund 1000 verschiedenen instabilen Atomkerne, die in der Natur nicht vorkommen, aber bei gewissen durch äußere Eingriffe erzwungenen Kernreaktionen entstehen. Man nennt sie *künstlich radioaktive Kerne, Nuklide* oder auch *Radioisotope*, wobei der letztere Ausdruck andeutet, daß es sich um radioaktive Isotope solcher Elemente handelt, die in ihrer großen Mehrzahl auch stabile Isotope besitzen. Wegen der engen Verwandtschaft der künstlichen mit der natürlichen Radioaktivität besprechen wir erstere schon hier, obwohl die Erzeugung von Radionukliden erst in V,8 behandelt wird.

Im Gegensatz zu den dort zu besprechenden, bei erzwungenen Kernumwandlungen auftretenden äußerst kurzlebigen ,,Zwischenkernen'' *bezeichnen wir als künstlich radioaktiv solche Kerne, die eine meßbare mittlere Lebensdauer besitzen.* Diese ermöglicht die Trennung der Radioisotope von inaktivem Material und ihre chemische Identifizierung als Isotope eines bestimmten Elements. Die künstliche Radioaktivität wurde 1934 von I. CURIE (der Tochter des Ehepaars CURIE, der Entdecker der natürlichen Radioaktivität) und ihrem Gatten JOLIOT entdeckt, die dabei auch feststellten, daß eine ganze Anzahl künstlich radioaktiver Kerne im Gegensatz zu den natürlich radioaktiven sich unter Emission *positiver* Elektronen in stabilere Kerne umwandelt. In Ausnahmefällen erfolgt der Übergang in einen stabileren Kern auch unter Emission eines α-Teilchens oder eines Neutrons.

a) β^+-Aktivität, Positronen, Neutrinos und Antineutrinos

Während der β^--Zerfall künstlich erzeugter Radionuklide sich von dem eben behandelten β-Zerfall der natürlichen in keiner Weise unterscheidet, stellte der β^+-Zerfall eine neue und überraschende Erscheinung dar. Die bei ihm auftretenden positiven Elektronen oder *Positronen* waren schon kurz vor der Entdeckung der künstlichen Radioaktivität von ANDERSON bei Höhenstrahlaufnahmen mit der Nebelkammer gefunden worden. Die naheliegende Frage, weshalb man in der Natur bisher stets nur negative Elektronen gefunden hatte, hat eine überraschende Antwort gefunden. *Das Positron kann in Gegenwart von Materie nicht längere Zeit frei existieren, sondern vereinigt sich bald mit einem negativen Elektron, wobei das Elektronenpaar völlig verschwindet und seine kinetische Energie sowie die der Masse der beiden Elektronen nach (27) entsprechende Energie von $10^6\,eV$ in Form zweier γ-Quanten emittiert wird.* Dieser Prozeß wird, ebenso wie sein Umkehrvorgang, die Erzeugung eines Elektron-Positron-Paares durch ein γ-Quant von mindestens 10^6 eV Energie, von der DIRACschen ,,Löchertheorie'' erklärt, auf die wir in V,21 zurückkommen.

Positronen werden nach V,8 von solchen Radionukliden emittiert, die einen zu großen Protonenüberschuß besitzen und deshalb in Umkehrung des β^--Zerfalls ein Kernproton in ein Neutron umwandeln:

$$p + 1\,\mathrm{MeV} \to n + e^+ + \nu_e. \tag{39}$$

Da sich hierbei die Kernladungszahl um eine Einheit erniedrigt, muß gleichzeitig mit dem Positron auch ein Hüllenelektron von dem sich umwandelnden Atom abgegeben werden, damit wieder ein neutrales Atom resultiert. Da somit *zwei* Elektronen das Atom verlassen, können sich nur solche radioaktiven Atome unter Positronenemission in Atome mit stabilerem Kern umwandeln, die einen Massenüberschuß von mindestens zwei Elektronenmassen bzw. den entsprechenden Energieüberschuß von 1 MeV gegenüber dem stabileren Atom besitzen. Für den nach (37) erfolgenden β^--Zerfall gilt diese Einschränkung ersichtlich nicht.

Man sollte nun erwarten, daß Radionuklide entweder β^+- *oder* β^--aktiv sind. Warum aber tatsächlich einige Radionuklide, wie z.B. $_{29}\mathrm{Cu}^{64}$, sogar β^-- *und* β^+-aktiv sind, d.h. sich nach Wahl unter Emission eines Elektrons oder eines Positrons in stabilere Kerne umwandeln können, wird in V,11 erklärt werden.

Das nach (39) beim β^+-Zerfall emittierte Neutrino ist nicht mit dem beim β^--Zerfall nach (37) auftretenden Antineutrino identisch, wie Versuche über den sog. inversen β-Effekt ergeben haben, durch die rund ein Vierteljahrhundert nach der Aufstellung der Neutrinohypothese dessen Existenz eindeutig sichergestellt werden konnte. Die Kernreaktoren stellen ja nach V,16 mit ihrer großen Zahl β^--zerfallender Spaltprodukte gewaltige Antineutrinoquellen dar. Cowan und Reines fanden nun in einem aufsehenerregenden Experiment, daß diese Antineutrinos von Protonen absorbiert werden·und sie in Neutronen und Positronen umwandeln, wenn auch nur mit dem sehr kleinen Wirkungsquerschnitt (vgl. V,9b) von $10^{-44}\,\mathrm{cm}^2$:

$$p + \bar{\nu}_e \to n + e^+. \tag{40}$$

Durch ähnliche Experimente ließ sich auch feststellen, daß Neutrino und Antineutrino sich physikalisch voneinander unterscheiden. Wären sie nämlich gleich, so müßten energiereiche Reaktor-Antineutrinos nicht nur die Reaktion (40), sondern auch die Umkehrreaktion von (39):

$$n + \nu_e \to \quad p \quad + e^- \tag{41}$$

bzw.

$$_{17}\mathrm{Cl}^{37} + \nu_e \to {}_{18}\mathrm{Ar}^{37} + e^- \tag{42}$$

auslösen können. Da diese Reaktionen mit den aus dem Reaktor kommenden Antineutrinos aber nicht nachgewiesen werden konnten, müssen Neutrinos und Antineutrinos physikalisch verschiedene Teilchen sein.

Diese Verschiedenheit beruht, wie Paritätsuntersuchungen ergeben haben, auf dem verschiedenen Schraubensinn (Helizität) beider Neutrino-Arten, d.h. dem Zusammenhang zwischen Eigendrehimpuls (Spin) und Emissionsrichtung der Neutrinos. *Während das bei β-Zerfall emittierte Antineutrino einer Rechtsschraube entspricht, die Vektoren des Impulses **p** und des Spins **s** also gleichgerichtet sind, sind sie beim Neutrino entgegengerichtet; dieses entspricht also einer Linksschraube.* Eine ganz neue Wendung hat das Neutrino-Problem durch die 1962 gemachte Entdeckung genommen, daß es außer dem zum Elektron gehörenden Neutrino ν_e und seinem Antiteilchen noch ein weiteres, als ν_μ bezeichnetes Neutrino (sowie sein Antiteilchen) gibt, das zu dem in V,23 zu behandelnden μ-Meson gehört. Löst man nämlich eine Reaktion wie (42) durch die aus dem Zerfall von π-Mesonen (vgl.V,23) stammenden μ-Neutrinos ν_μ aus, so erhält man *keine* Elektronen, sondern μ-Mesonen.

b) Die Kernumwandlung durch Bahnelektroneneinfang

Ein wegen zu großer Protonenzahl instabiler Kern kann die Umwandlung eines seiner Protonen in ein Neutron nicht nur durch Emission eines Positrons, sondern auch durch Einfang eines negativen Elektrons vornehmen, das dabei unter dem Einfluß der positiven Ladung des Kerns meistens aus der kernnächsten Elektronenschale, der K-Schale (III,10a) in den Kern hineingezogen wird. Das instabile Vanadinisotop $_{23}V^{48}$ z.B. kann sich entweder unter β^+-Emission oder unter Einfang eines Elektrons aus der K-Elektronenschale in das stabile Titanisotop $_{22}Ti^{48}$ verwandeln. Das Isotop $_{23}V^{49}$ wandelt sich sogar ausschließlich durch Bahnelektroneneinfang in den stabilen $_{22}Ti^{49}$-Kern um. Die dadurch in der K-Schale des Titanatoms entstandene Elektronenlücke wird durch Elektronenübergang aus einer äußeren Elektronenschale, d.h. unter Röntgen-K-Strahlung ausgefüllt, und die mit der Zerfallskonstanten des $_{23}V^{49}$ abklingende Intensität dieser Röntgen-K-Strahlung des Titans diente zum Nachweis des Bahnelektroneneinfangs, der darum auch *K-Einfang* genannt wurde.

Es leuchtet ein, daß der Einfang eines negativen Hüllenelektrons durch den positiven Kern um so leichter möglich wird, je größer die positive Ladung des Kerns ist. Deshalb finden wir bei den Kernen hoher Ordnungszahl nur äußerst wenige Positronenstrahler: *Fast sämtliche schweren instabilen Kerne mit Protonenüberschuß wandeln sich durch Bahnelektroneneinfang in stabile Kerne um.* Bei leichteren Kernen dagegen finden wir beide Umwandlungsarten nebeneinander. Der Grund ist leicht einzusehen. Nach (39) ist ein β^+-Zerfall nur bei solchen Kernen möglich, die einen Energieüberschuß von mindestens 1 MeV gegenüber dem durch die Umwandlung entstehenden stabileren Kern besitzen. Diese einschränkende Bedingung entfällt offenbar für den Bahnelektroneneinfang. *Instabile Kerne mit Protonenüberschuß werden sich daher, wenn ihre Energie die des stabileren Endkerns um weniger als 1 MeV übersteigt, stets durch Elektroneneinfang umwandeln, während Positronenemission erst bei einem Energieüberschuß von mindestens 1 MeV beginnt und um so wahrscheinlicher wird, je größer der Energieüberschuß des instabilen Kerns ist.* Die leichtesten β^+-instabilen Kerne schließlich wandeln sich nur durch Positronenemission um, weil der Bahnelektroneneinfang eine nicht zu große Entfernung der innersten Elektronen vom Kern und damit eine nicht zu geringe Kernladung Z erfordert.

Die die Einführung des Neutrino bzw. Antineutrino erfordernden Schwierigkeiten bezüglich Impuls und Drehimpuls beim β-Zerfall finden wir natürlich in gleicher Weise beim Elektroneneinfang durch den Kern wieder. Deshalb muß auch beim Bahnelektroneneinfang ein Neutrino emittiert werden.

c) Der Zerfall künstlicher Radionuklide unter Emission von Neutronen oder α-Teilchen

Die Frage liegt nahe, ob instabile Kerne mit zu großem Neutronenüberschuß diesen nicht durch Neutronenemission statt durch β^--Zerfall ausgleichen können. Tatsächlich kennen wir einige Beispiele für neutronenemittierende Radionuklide. Unter den Produkten der Uranspaltung (V,14) finden sich einige solche mit Halbwertszeiten bis zu einer Minute, und wir werden in V,16 auf die Bedeutung dieser „verzögerten Neutronenemission" für die Regelung von Kernreaktoren zurückkommen. Ein weiteres Beispiel ist der aus dem instabilen $_7N^{17}$ durch β^--Emission entstehende hochangeregte $_8O^{17}$-Kern, der sich unter Neutronenemission in den stabilen Kern $_8O^{16}$ verwandelt.

Daß die Neutronenemission gegenüber dem β^--Zerfall nicht häufiger vorkommt, läßt sich energetisch verstehen. *Die Emission eines Neutrons setzt ja eine Energie des instabilen Kerns voraus, die um die Bindungsenergie des Neutrons von einigen MeV größer ist als die des stabilen Endkerns,* während der ja in einen anderen Endkern erfolgende β^--Zerfall dadurch bevorzugt ist, daß bei der Umwandlung eines Neutrons in ein Proton mit Elektron und Antineutrino 0,76 MeV frei werden.

Auch der bei einigen Radionukliden der Seltenen Erden, des Goldes und des Quecksilbers gefundene α-Zerfall ist natürlich an die Bedingung geknüpft, daß der instabile Ausgangskern um die Bindungsenergie des α-Teilchens an ihn energiereicher ist als der durch die α-Emission entstehende Endkern.

d) Isomere Kerne und ihre Zerfallsprozesse

Wir haben in V,4c als *isomer* solche Kerne definiert, die über ihrem Grundzustand einen metastabilen Energiezustand besitzen, d.h. für meßbare Zeiten in einer vom Grundzustand verschiedenen Nukleonenkonfiguration existieren können. Sind diese Kerne auch im Grundzustand instabil (Radionuklide), so können stabilisierende Übergänge grundsätzlich von jedem dieser beiden Energiezustände aus erfolgen, so daß *derselbe Kern dann durch zwei verschiedene Lebensdauern bzw. Zerfallskonstanten gekennzeichnet ist.* Allgemein läßt sich über die Zerfallsprozesse isomerer Kerne mit stabilem bzw. instabilem Grundzustand folgendes aussagen:

Ist der Grundzustand eines Kerns mit einem isomeren Zustand gegen β-Zerfall stabil, so sind auch seine angeregten Zustände gegen β-Zerfall stabil, da das Protonen-Neutronen-Verhältnis in allen Zuständen das gleiche ist. Der *metastabile*, isomere Zustand eines *stabilen* Nuklids kann folglich seine Anregungsenergie ausschließlich durch γ-Emission loswerden, und so beobachtet man bei den stabilen Isomeren eine mit Halbwertszeiten zwischen 10^{-6} sec und mehreren Tagen abklingende γ-Strahlung.

Der Zerfall β-aktiver isomerer Kerne läßt sich im einfachsten Fall durch ein Energieniveauschema wie Abb. 137 darstellen. Für

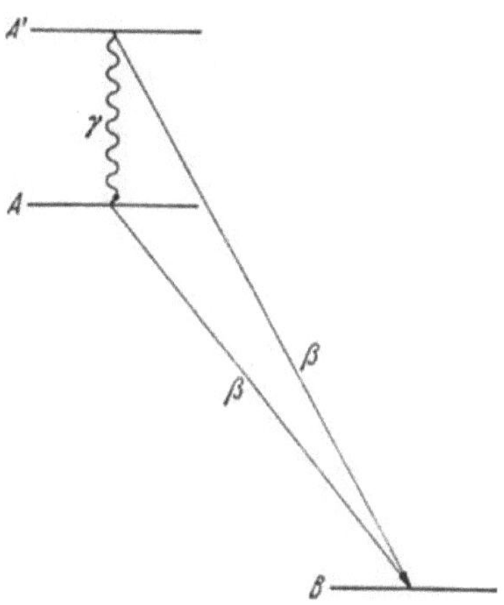

Abb. 137. Energieniveauschema für die möglichen Übergänge von einem isomeren Kernzustand A' zu einem anderen stabilen Endkern B.

den metastabilen Kern A' haben wir hier zu unterscheiden zwischen der Lebensdauer für den Übergang unter γ-Emission in den Grundzustand des β-aktiven Kerns A und der für den direkten β-Zerfall in den stabilen Kern B. Ist die γ-Übergangswahrscheinlichkeit merklich größer als die direkte β-Übergangswahrscheinlichkeit, so beobachtet man eine mit der γ-Lebensdauer abklingende γ-Strahlung und gleichzeitig eine mit der β-Lebensdauer von A abklingende β-Strahlung. Ist umgekehrt die γ-Übergangswahrscheinlichkeit kleiner als die β-Übergangswahrscheinlichkeit von A' (verbotener Übergang von A' nach A), so beobachtet man einen doppelten β-Zerfall mit zwei verschiedenen Lebensdauern, entsprechend den β-Übergängen von A' und A nach B.

8. Allgemeines über erzwungene Kernumwandlungen und ihren Ablauf

Während die natürlich radioaktiven Kernumwandlungen spontan und ohne äußere Beeinflussungsmöglichkeit ablaufen, kann man durch Beschuß stabiler Kerne mit energiereichen Kernteilchen Kernumwandlungen in großer Zahl und

Mannigfaltigkeit *erzwingen*, und der gewaltige Aufschwung der neueren Kernphysik beginnt erst mit der Entdeckung der erzwungenen Kernumwandlungen.
Die erste solche fand RUTHERFORD 1919 beim Beschuß von reinem Stickstoff mit
α-Teilchen. Eine Nebelkammeraufnahme dieser Umwandlung ist in Abb. 138
wiedergegeben.

An der durch Pfeile bezeichneten Stelle hat ein α-Teilchen einen Zusammenstoß mit einem Stickstoffkern erlebt, und vom Ort des Zusammenstoßes geht eine
lange Spur aus, die nach ihrer Ionisationsstärke einem Proton zugeschrieben

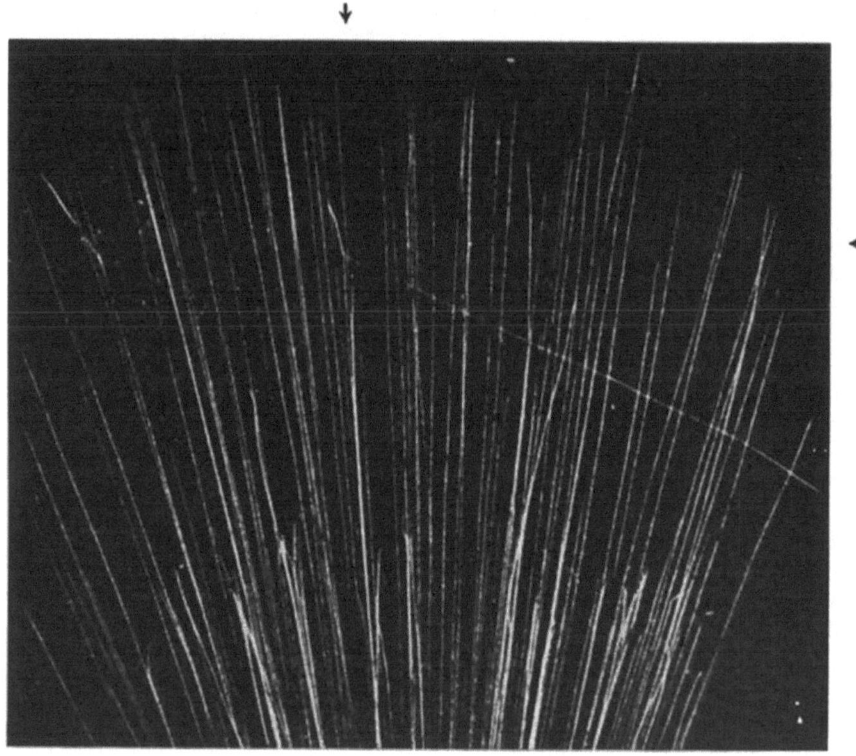

Abb. 138. Nebelkammeraufnahme der ersten von RUTHERFORD entdeckten künstlichen Kernumwandlung: Emission
eines Protons (vom Zerfallsort nach rechts unten laufende Bahn) durch einen Stickstoffkern bei α-Beschuß (nach
BLACKETT und LEES). Der Stickstoffkern verwandelt sich in einen O^{17}-Kern, der im Rückstoß nach links oben läuft.

werden muß. Da es sich um wasserstofffreien Stickstoff handelte, muß das Proton
durch eine Kernumwandlung erzeugt worden sein. Das stoßende α-Teilchen,
dessen Spur am Stoßort endet, ist also in den Stickstoffkern hineingeflogen, und
als Folge dieses Stoßes wurde ein Proton aus dem Kern ausgestoßen. Die Ladung
des Kerns hat sich dabei um eine Einheit erhöht, die Masse um drei Einheiten:
aus dem Stickstoffkern $_7N^{14}$ muß folglich ein Sauerstoffkern $_8O^{17}$, das seltenste
der drei stabilen Isotope des Sauerstoffatoms (vgl. Tab. 3), entstanden sein. Wir
können diese erste erzwungene Kernumwandlung also in Form einer Reaktionsgleichung

$$_7N^{14} + _2He^4 \rightarrow _8O^{17} + _1H^1 \tag{43}$$

schreiben, wobei wegen der Gesetze von der Erhaltung der Ladungs- und Massenzahlen die Summen der Ladungseinheiten (linke untere Zahl) und der Massenzahlen (rechte obere Zahl) auf beiden Seiten von (43) gleich sein müssen, also

$$7 + 2 = 8 + 1 \quad \text{Ladungseinheiten,} \left.\vphantom{\begin{matrix}a\\b\end{matrix}}\right\}$$
$$14 + 4 = 17 + 1 \quad \text{Masseneinheiten.} \tag{44}$$

Der Impuls des stoßenden α-Teilchens wird zum Teil von dem ausgesandten Proton, zum anderen Teil von dem entstehenden $_8\text{O}^{17}$-Kern übernommen, dessen kurze dicke Spur vom Reaktionsort nach links oben weist. Diese erste künstliche Kernreaktion zeigt bereits alle wesentlichen Züge der erzwungenen Umwandlungen, mit deren Mechanismus wir uns jetzt befassen wollen.

Eingeleitet bzw. erzwungen wird jede Umwandlung eines an sich stabilen Atomkerns durch Einschießen bzw. Anlagerung eines Kernteilchens in bzw. an den umzuwandelnden Kern. Als Kerngeschosse kommen dabei Protonen, Neutronen, α-Teilchen und Deuteronen in Betracht, ferner Tritonen (die Kerne des β-aktiven schwersten Wasserstoffisotops $_1\text{H}^3$) und Kerne schwererer Atome, sowie schließlich Elektronen. Eine Sonderrolle spielen energiereiche Photonen, d.h. γ-Quanten, die man heute mit dem Elektronensynchrotron (V,3) bis zu 10 GeV Energie erzeugen kann, weil durch deren Absorption kein *neuer* Kern, sondern nur ein hoch angeregter, d.h. instabiler Zustand des *gleichen* Atomkerns entsteht. Da durch diese Absorption von γ-Quanten Nukleonen aus dem Kern in derselben Weise losgelöst werden können, wie nach III,6c bei der Photoionisierung Elektronen aus der Elektronenhülle von Atomen, bezeichnet man solche Kernprozesse auch als *Kernphotoeffekt*. Von großer Bedeutung sind schließlich die Kernumwandlungen durch Neutronen, weil diese keine Ladung besitzen und daher ungehemmt durch Abstoßungskräfte auch in die schwersten Kerne mit der höchsten positiven Ladung eindringen können. Welche große Energie ein stoßendes *geladenes* Teilchen besitzen muß, um gegen die abstoßenden COULOMBschen Kräfte in einen Kern eindringen zu können, machen wir uns durch eine einfache Rechnung klar. Für die Annäherung eines Protons der positiven Ladung $+e$ an einen Kern der positiven Ladung $+Ze$ auf den Abstand r muß eine Energie

$$E = \frac{Z e^2}{r} \ [\text{erg}] \tag{45}$$

oder nach dem Einsetzen des Wertes für e und Umrechnen auf MeV mittels der Beziehung 1 MeV $\cong 1{,}60 \cdot 10^{-6}$ erg

$$E = 1{,}44 \cdot 10^{-13} \frac{Z}{r} \ [\text{MeV}] \tag{46}$$

aufgewandt werden. Setzen wir etwa $Z = 40$ und für r den aus (9) für einen Kern entsprechender Masse folgenden Wert von $6 \cdot 10^{-13}$ cm ein, so erhalten wir $E = 9{,}6$ MeV.

Um Protonen in den Zirkonkern schießen zu können, muß man sie also bereits mit einer Spannung von 10 Millionen Volt beschleunigen. Die Überlegenheit der nicht durch solche Abstoßungskräfte behinderten Neutronen als Kerngeschosse wird durch diese Abschätzung deutlich.

Mit guter Ausbeute verlaufen auch Kernreaktionen, bei denen Kerne mit Deuteronen oder Tritonen beschossen werden und als Ergebnis ein Proton emittiert wird. Da Deuteronen ja aus einem Proton und einem Neutron, Tritonen aus einem Proton und *zwei* Neutronen bestehen, wird nach OPPENHEIMER und PHILLIPS bei diesen Prozessen das relativ schwach gebundene Deuteron (bzw. Triton) beim Auftreffen auf den Kern in ein Proton und ein Neutron (bzw. ein Proton und ein Doppelneutron) gespalten (sog. „stripping"). Während dann das Proton von dem positiv geladenen Kern reflektiert wird, dringen die Neutronen in diesen ein, so daß der Beschuß mit Deuteronen oder Tritonen dem mit Neutronen bzw. Doppelneutronen gleichkommt.

Als Folge des Beschusses von Kernen mit mehr oder weniger energiereichen Geschossen beobachtet man im allgemeinen die Emission eines Nukleons, eines α-Teilchens oder eines γ-Quants, je nach dem Betrag der aufgenommenen Energie u. U. auch mehrerer Nukleonen oder α-Teilchen. Daß schwerere Kerne als α-Teilchen nur sehr selten emittiert werden, erklärt sich dadurch, daß nach (45) der von diesen Kerntrümmern höherer Ladung zu durchdringende Potentialwall um so höher ist, je größer ihre Ladung ist.

Nach BOTHE und FLEISCHMANN kennzeichnet man Kernumwandlungen, bei denen ein, und in seltenen Fällen auch zwei oder mehr Teilchen vom Kern emittiert werden, kürzer als in (41) durch die Angabe des in den Kern hineingeschossenen und des als Folge davon herausfliegenden Teilchens, spricht also von einem (α, p)-Prozeß oder einem (n, γ)-Prozeß. Setzt man vor und hinter die Klammer noch den Ausgangs- und den durch die Umwandlung entstehenden Endkern, so ist die betreffende Kernumwandlung eindeutig charakterisiert, die Umwandlung (43) z.B. durch

$$_7\mathrm{N}^{14}(\alpha, p)\,_8\mathrm{O}^{17}. \tag{47}$$

Den durch die Absorption des Stoßteilchens entstehenden neuen Kern, der für die Emission der als Folge der Umwandlung auftretenden Teilchen verantwortlich ist, nennt man nach BOHR den *Zwischenkern*. Die Annahme seiner Existenz als eines realen physikalischen Systems macht verständlich, daß das stoßende Teilchen nicht nur ein im Zielkern bereits vorhandenes Nukleon oder α-Teilchen herauswerfen kann, sondern daß u. U. im Zwischenkern erst eine Umbildung unter Einschluß des absorbierten Stoßteilchens stattfindet. Dieser Fall liegt vor beim Beschuß von $_3\mathrm{Li}^7$-Kernen mit Protonen, bei dem Zwischenkerne $_4\mathrm{Be}^8$ entstehen, die in zwei $_2\mathrm{He}^4$-Kerne, d.h. also zwei α-Teilchen zerfallen. Dazu aber muß sich das in den Kern eingeschossene Proton zunächst mit den im $_3\mathrm{Li}^7$-Kern vorhandenen zwei Neutronen und dem einen Proton zu einem zweiten α-Teilchen vereinigen, und die dabei frei werdende Bindungsenergie führt dann zusammen mit der von dem stoßenden Proton mitgebrachten Energie zum Zerfall des Zwischenkerns $_4\mathrm{Be}^8$ in zwei α-Teilchen. Die Kernreaktion verläuft also in diesem wie in zahlreichen ähnlichen Fällen in zwei Stufen, was als Beleg für die Richtigkeit der Zwischenkernvorstellung angesehen werden kann.

Derselbe Zwischenkern kann auf verschiedene Weisen erzeugt werden, und er kann je nach seinem Anregungszustand auf die verschiedensten Arten zerfallen. Wir zeigen das für den Zwischenkern $_{30}\mathrm{Zn}^{65}$ mit zwei verschiedenen Erzeugungsmöglichkeiten und sieben verschiedenen Zerfallsprozessen:

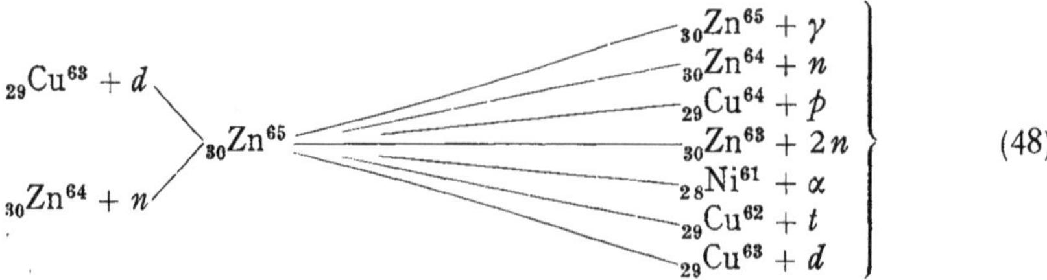

Daß die beiden Ausgangsreaktionen (48) zu den gleichen Endreaktionen der rechten Seite führen, und zwar anscheinend mit den gleichen Wahrscheinlichkeiten, kann als weiterer Beleg für die Richtigkeit der Zwischenkernvorstellung angeführt werden. Die Zwischenkernvorstellung entspricht übrigens durchaus der in der Chemie üblichen Annahme von instabilen Zwischenprodukten zur Erklärung eines komplizierten chemischen Reaktionsmechanismus. Wie in der Chemie kann auch in der Kernphysik die Lebensdauer des Zwischenprodukts (Zwischenkerns) eine meßbare sein; sie kann aber auch einfach gleich der Stoßdauer zwischen stoßendem Teilchen und Kern sein.

Wir haben einen Atomkern oben mit einem durch die Oberflächenspannung (bzw. den ihr entsprechenden Potentialwall) zusammengehaltenen Flüssigkeitströpfchen verglichen. Schießt man in ein solches ein weiteres Molekül hinein, so wird bekanntlich dessen Bindungsenergie (Kondensationswärme) *und* seine mitgebrachte kinetische Energie im Tropfen als Wärme frei. In gleicher Weise erhöht sich die Energie des ein Stoßteilchen absorbierenden Kerns um die kinetische Energie des Stoßteilchens *und* seine Bindungsenergie, die nach Abb. 128 etwa 8 MeV je Nukleon beträgt. Die Zwischenkerntheorie besagt nun, daß wegen der großen Wechselwirkung zwischen den eng gepackten Nukleonen des Kerns die aufgenommene Energie sich im allgemeinen auf eine ganze Anzahl von Nukleonen verteilt, so daß man von einer *Aufheizung* des Zwischenkerns durch die ihm zugeführte Energie sprechen kann. Ebenso wie aus einem Flüssigkeitstropfen als Folge der Aufheizung dann und wann ein Molekül dadurch verdampft, daß im statistischen Spiel eine genügend große Energie sich auf es konzentriert, kann (entsprechend dem analogen Prozeß der Autoionisation III,21) statt der Anregung mehrerer Nukleonen auch die Abtrennung einzelner Nukleonen vom Kern erfolgen, wobei natürlich je abgetrenntes Nukleon eine Energie von rund 8 MeV erforderlich ist. Versuche mit schnellen Nukleonen haben nun ergeben, daß außer der *Verdampfung* von Nukleonen aus dem Zwischenkern auch ein *direkter Ausstoß* vorkommt. Eine Unterscheidung dieser beiden grundsätzlich verschiedenen Reaktionsmechanismen ist durch Messung der Winkelverteilung der emittierten Teilchen möglich, die nur bei Verdampfung isotrop sein kann.

Als Folge aller dieser Kernumwandlungen, d.h. des Zerfalls von künstlich erzeugten Zwischenkernen, entstehen nun häufig Endkerne, die nicht stabil sind, sondern mehr Protonen oder mehr Neutronen enthalten, als einem stabilen Nuklid (vgl. Tab. 3) entspricht, die aber nicht genügend Energie besitzen, um das überschüssige Nukleon einfach auszustoßen. Solche Kerne sind dann trotz ihrer Instabilität relativ langlebig und können sich daher unter Emission von negativen oder positiven Elektronen und Neutrinos bzw. unter Einfang eines Hüllenelektrons in stabile Kerne umwandeln, und diese Vorgänge spontaner Umwandlung, die wir in V,7 bereits behandelt haben, bezeichnet man als künstliche Radioaktivität. *Künstlich radioaktive Kerne sind also solche bei erzwungenen Kernumwandlungen entstehende Atomkerne, die mehr oder weniger Protonen enthalten, als einer stabilen Anordnung entspricht, und die sich nach einer meßbaren Halbwertszeit unter Emission eines Elektrons oder Positrons bzw. durch Einfang eines Hüllenelektrons in stabile Kerne umwandeln.*

Wir haben eben bereits angedeutet, daß die maximale Zahl der bei einer Kernumwandlung ausgestoßenen Nukleonen gleich der durch die mittlere Nukleonenbindungsenergie von 8 MeV dividierten gesamten verfügbaren Energie des Zwischenkerns ist. Mit α-Teilchen von 400 MeV hat man z. B. aus $_{33}As^{75}$ $_{17}Cl^{38}$ erzeugt, was bedeutet, daß der Zwischenkern $_{35}Br^{79}$ insgesamt 41 Nukleonen, darunter 18 Protonen, emittiert haben muß. Extremfälle solcher Zertrümmerungsreaktionen (englisch *spallation* genannt) werden in der Höhenstrahlung beobachtet und können heute mittels der riesigen Teilchenbeschleuniger auch im Laboratorium erzeugt werden. Bei diesen Stößen von 10^9 eV und darüber kann man die oben besprochenen zwei Grenzfälle unterscheiden. Beim zentralen Stoß mit einem schweren, aus sehr vielen Nukleonen bestehenden Kern gibt das stoßende Teilchen seine Energie nacheinander in zahlreichen Stößen mit Nukleonen des Kerns ab, bis es schließlich in diesem steckenbleibt. Der getroffene Kern stößt als Folge dieser starken Aufheizung eine größere Anzahl von Nukleonen aus, ja kann in extremen Fällen geradezu explodieren. Abb. 163 zeigt dafür ein schönes Beispiel, das erkennen läßt, daß die Winkelverteilung der Kerntrümmer symmetrisch ist, wie wir es für eine Explosion des Zwischenkerns nach vorheriger Aufheizung erwarten. Trifft das Stoßteilchen aber den Kern exzentrisch und ist seine Anfangsenergie so groß, daß es nicht im Kern steckenbleibt, so haben wir einen direkten Ausstoß von Nukleonen durch das stoßende Teilchen, wobei die Kerntrümmer die erwartete Bevorzugung in Richtung des stoßenden Teilchens zeigen. Bei höchsten Energien endlich, die die Ruheenergie des Teilchens übersteigen, wird die Zwischenkernvorstellung völlig unanwendbar, da gegenüber so großen Stoßenergien der Kern als zusammenhanglose Anhäufung von Nukleonen erscheint, so daß wir es mit Stößen zwischen dem Stoßteilchen und einzelnen praktisch freien Nukleonen zu tun haben. Der Stoß eines energiereichen α-Teilchens ist dann auch analog dem gleichzeitigen Stoß von vier Nukleonen zu behandeln.

Wir kommen in V,20 auf die Höhenstrahlprozesse zurück und werden unser einfaches Bild dabei noch erweitern. Zunächst aber wenden wir uns wieder den durch Stoßteilchen von wenigen MeV ausgelösten Kernreaktionen zu.

9. Energiebilanz, Reaktionsschwelle und Ausbeute erzwungener Kernreaktionen

Wir haben im letzten Abschnitt die erzwungenen Kernumwandlungen und ihren Mechanismus behandelt, dabei aber weder der Energiebilanz der Reaktionen noch ihrer Ausbeute, d.h. der Wahrscheinlichkeit des Eintretens einer bestimmten Reaktion als Funktion der Energie der Stoßteilchen, Beachtung geschenkt. Dieser Frage wenden wir uns jetzt zu, zumal sie für die anschließend zu behandelnden Energieniveauschemata der Kerne wichtig ist.

a) Energiebilanz und Reaktionsschwelle

Wie bei den Molekülen gibt es auch bei den Atomkernen exotherme und endotherme Reaktionen, je nachdem ob bei der betreffenden Reaktion Energie freigegeben oder aufgenommen wird. Während exotherme Reaktionen nach Bildung des Zwischenkerns spontan ablaufen können, erfordern endotherme Reaktionen einen Mindestwert der kinetischen Energie des Stoßteilchens; sie besitzen eine definierte Reaktionsschwelle. Unter Berücksichtigung der Äquivalenz von Energie und Masse ist es leicht, zwischen exothermen und endothermen Kernreaktionen zu unterscheiden. Ist nämlich die Summe der Massen auf der linken Seite der Reaktionsgleichung (Ausgangskern und Stoßteilchen) *größer* als die Summe der Massen auf der rechten Seite (Endkern und emittierte Teilchen), so ist die Reaktion exotherm, und die Massendifferenz erscheint nach der Umwandlung als kinetische Energie des Endkerns und des oder der ausgestoßenen Teilchen, wobei γ-Quanten hier natürlich zu den Teilchen gerechnet werden. Ist umgekehrt die Massensumme auf der linken Seite der Reaktionsgleichung *kleiner* als die der rechten Seite, so muß das Stoßteilchen mindestens eine der Massendifferenz entsprechende kinetische Energie besitzen, um die Reaktion zu ermöglichen.

Eines der bekanntesten Beispiele für eine exotherme Kernreaktion ist die (p, α)-Reaktion des $_3\mathrm{Li}^7$-Kerns, d.h. das Zerplatzen des durch Protonenbeschuß von Li^7 entstehenden Be^8-Zwischenkerns in zwei energiereiche α-Teilchen:

$$_3Li^7 + {_1}H^1 \rightarrow 2{_2}He^4 + Q, \tag{49}$$

wobei Q die Wärmetönung der Reaktion bezeichnet. Aus Tab. 3, S. 33 folgt, daß die Massensumme auf der linken Seite von (49) gleich 8,023857, die der rechten Seite aber nur 8,005207 beträgt. Die der Massendifferenz von 0,018650 Masseneinheiten nach (27) entsprechende Energie von 17,2 MeV ist die Wärmetönung Q der exothermen Kernreaktion und muß also als kinetische Energie der beiden α-Teilchen auftreten. Beschießt man mit Protonen von 0,4 MeV, so erhöht sich die auf der rechten Seite der Reaktionsgleichung zu erwartende Energie auf 17,6 MeV. Tatsächlich hat man aus Nebelkammermessungen der Reichweite die kinetische Energie jedes der beiden α-Teilchen zu 8,8 MeV ermittelt. Es sei hier eingeschoben, daß man bei Massenberechnungen wie der hier durchgeführten entweder mit den Massen der nackten Kerne ohne alle Elektronen oder konsequent mit den in Tab. 3 angegebenen *Atommassen* auch des Stoßteilchens rechnen muß, so daß man auf beiden Seiten der Reaktionsgleichung die gleiche Elektronenzahl hat.

Zur Anregung einer exothermen Kernreaktion wie (49) ist grundsätzlich kein Mindestwert der kinetischen Energie des Stoßteilchens erforderlich. Exotherme Kernreaktionen können also z.B. durch Neutronen verschwindend kleiner kinetischer Energie angeregt werden, und sogar mit besonders hoher Ausbeute.

Anders ist es natürlich mit *endo*thermen Kernreaktionen. Zahlreiche Reaktionen vom Typ (p, n), $(n, 2n)$, (γ, n), (γ, p) und $(d, 2n)$ z.B. erfordern eine scharf definierte Mindestenergie des Stoßteilchens. In allen diesen Fällen muß auch die Massensumme auf der linken Seite der Reaktionsgleichung *kleiner* sein als die auf der rechten Seite. Aus der Tatsache, daß die Reaktion

$$_3Li^7 + {_1}H^1 + Q \rightarrow {_4}Be^7 + n \tag{50}$$

eine Mindestenergie des stoßenden Protons von 1,88 MeV erfordert, während die Reaktionsprodukte rechts eine kinetische Energie von nur 0,23 MeV besitzen, folgt, daß die Massensumme auf der linken Seite von (50) um den der Energie 1,65 MeV entsprechenden Massenbetrag von 0,0017 Masseneinheiten kleiner ist als die Massensumme auf der rechten Seite. Da die Masse des Neutrons aber genau bekannt ist, ermöglicht diese Reaktion die Berechnung der genauen Masse des instabilen Kerns $_4Be^7$. In ähnlicher Weise *ermittelt man heute ganz allgemein die Massen stabiler wie instabiler Kerne mit hoher Genauigkeit ohne Benutzung von Massenspektrographen aus Kernreaktionen, so daß der Massenspektrograph in erster Linie zur möglichst exakten Bestimmung der Massen relativ weniger Referenzkerne dient.*

Wir werden uns in V,10 mit der Frage beschäftigen, wie man die relative Lage der Energiezustände verschiedener Kerne ermittelt, die dann sofort abzulesen gestattet, ob eine bestimmte Reaktion exotherm oder endotherm ist. Meist geht man allerdings den umgekehrten Weg und ermittelt die relative energetische Lage von Kernen (im Grundzustand wie in den angeregten Zuständen) aus den bei Kernreaktionen frei werdenden oder aufgewandten Energiebeträgen, d.h. in der chemischen Ausdrucksweise aus den Wärmetönungen Q der Kernreaktionen.

b) Ausbeute und Anregungsfunktionen erzwungener Kernreaktionen

Auch bei Kenntnis der Energiebilanz einer Kernreaktion ist die Frage noch offen, ob die Umwandlung mit großer oder kleiner Ausbeute erfolgt. Die Abhängigkeit der Ausbeute von der kinetischen Energie (bzw. bei γ-Quanten von der Energie $h\nu$) des anregenden Teilchens bezeichnet man in Analogie zur Anregungswahrscheinlichkeit von Atomen durch Elektronen verschiedener Energie (Abb. 38 und 39) als *Anregungs- oder Ausbeutefunktion*.

Die Ausbeute einer Kernreaktion kann z. B. durch das Reziproke der Teilchenzahl gekennzeichnet werden, die bei gegebener Geschwindigkeit in eine dicke Substanzschicht geschossen werden müssen, um *eine* Kernumwandlung zu erzielen. Diese Zahl liegt bei den mit größter Ausbeute erfolgenden Kernreaktionen in der Größenordnung von 10^4, bei den meisten Kernreaktionen aber um 2 bis 3 Zehnerpotenzen höher.

Gegenüber dieser Ausbeute zieht man in der Atomphysik bei allen Stoßprozessen die Angabe des energieabhängigen *Wirkungsquerschnitts* des umzuwandelnden Kerns vor. Man versteht darunter diejenige Kreisfläche, die der Kern besitzen müßte, wenn jeder diese Fläche treffende Teilchenstoß zu der betreffenden Kernumwandlung führen würde. Betrachten wir etwa eine dünne Folie (d cm Dicke, N Atome je cm³), von der jeder cm² sekundlich von n Stoßteilchen der Energie E getroffen werde, wodurch $A(E)$ Kernumwandlungen bewirkt werden mögen, so ist der energieabhängige Wirkungsquerschnitt der betreffenden Kernart für diese Reaktion ersichtlich

$$\sigma(E) = \frac{A(E)}{n\,N\,d}\ \lceil\mathrm{cm}^2\rfloor. \tag{51}$$

Der durch (51) definierte Wirkungsquerschnitt σ enthält offenbar erstens die Wahrscheinlichkeit für das Eindringen des Stoßteilchens in den umzuwandelnden Kern, und zweitens die von der inneren Wechselwirkung der Nukleonen abhängende Wahrscheinlichkeit für das Eintreten der gerade betrachteten Kernumwandlung. Der Wirkungsquerschnitt ist daher eine *Hilfsgröße*, die für Ausbeuterechnungen sehr praktisch ist, zum wirklichen, in V,4b behandelten Kernradius aber keine direkte Beziehung hat. Er liegt allerdings für viele Kernreaktionen wenigstens in der Größenordnung der wirklichen Kernquerschnitte (10^{-24} cm²), obwohl auch Wirkungsquerschnitte bis herauf zu 10^{-19} und herab zu 10^{-44} cm² vorkommen. Es hat sich unter den Kernphysikern eingebürgert, Wirkungsquerschnitte in Einheiten von 10^{-24} cm² anzugeben, und man hat dieser Einheit den Namen „barn" gegeben.

Außer diesem Wirkungsquerschnitt für das Eintreten bestimmter Kernumwandlungen interessiert man sich auch für den *Gesamtwirkungsquerschnitt* eines Kerns gegenüber bestimmten Teilchen bestimmter Energie. Er ist von der gleichen

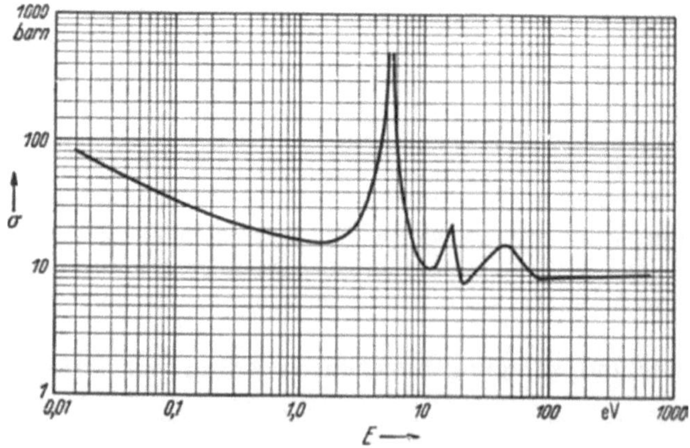

Abb. 139. Abhängigkeit des Neutronen-Absorptionsquerschnitts von der Energie (mit Resonanzmaxima), dargestellt am Beispiel des Silbers (nach Messungen von GOLDSMITH, IBSER und FELD).

Form wie (51); nur muß man jetzt für A alle diejenigen Stöße mit Kernen einsetzen, durch die stoßende Teilchen aus ihrer anfänglichen Bahn abgelenkt werden, sei es durch Kernstreuung, sei es durch Absorption mit *irgendwelchen* nachfolgenden Umwandlungen. Für die Berechnung der zum Schutz gegen Kernstrahlung erforderlichen Abschirmung kommt es ersichtlich auf diesen Gesamtwirkungsquerschnitt der betreffenden Kerne gegenüber der betreffenden Strahlung an.

Abb. 139 und 140 zeigen den Verlauf zweier häufig vorkommender Anregungsfunktionen für Neutronen und für geladene Teilchen. Da das ungeladene Neutron keinen Potentialwall zu durchdringen hat, um in den Kern zu gelangen, hängt der Wirkungsquerschnitt eines Kerns für eine bestimmte neutroneninduzierte Reaktion nur von der Wahrscheinlichkeit der Absorption des Neutrons durch den Kern und die nachfolgende Zerfallswahrscheinlichkeit des Zwischenkerns ab. Die erstere hängt von der Dauer seiner Wechselwirkung mit dem getroffenen Kern ab, und da diese Wechselwirkungszeit umgekehrt proportional zur Neutronengeschwindigkeit ist, erwarten wir, daß auch der Absorptionsquerschnitt für Neutronen umgekehrt proportional zur Geschwindigkeit v, d.h. zur Wurzel aus der Neutronenenergie abnimmt. Bei geladenen Stoßteilchen dagegen nimmt die Absorptionswahrscheinlichkeit wegen der COULOMBschen Abstoßung, d.h. wegen der Notwendigkeit des Eindringens in den Kern, mit wachsender Stoßenergie zunächst exponentiell zu, um bei höheren Energien wegen der abnehmenden Wechselwirkungszeit wieder langsam abzunehmen. Dies ist nun genau der Verlauf der Abb. 140, die den Wirkungsquerschnitt des Cu^{63}-Kerns für die (d, p)-Umwandlung als Funktion der Energie der stoßenden Deuteronen zeigt. Auch Abb. 139, in der in logarithmischem Maßstab der Absorptionsquerschnitt des Ag-Kerns für Neutronen aufgetragen ist, stimmt bei kleinen Neutronenenergien gut mit dem erwarteten Abfall des Absorptionsquerschnitts mit der Neutronenenergie überein, doch bleiben hier noch die auffallenden Maxima bei 5, 15 und 45 eV zu erklären.

Diese Maxima weisen ja auf besonders große Wirkungsquerschnitte bei gewissen diskreten Energiewerten hin, und es liegt nahe, diese mit den Energiezuständen des durch die Absorption des Stoßteilchens gebildeten Zwischenkerns in Verbindung zu bringen. Wird nämlich durch die bei der Absorption des Stoßteilchens im Zielkern frei werdende kinetische und Bindungsenergie gerade ein stationärer Anregungszustand des Zwischenkerns erreicht, so erfolgt diese Resonanzabsorption und die ihr folgende Kernreaktion mit besonders großer Wahrscheinlichkeit, so daß der Wirkungsquerschnitt bei diesen Energiewerten steile Maxima zeigt, die sich der glatten Ausbeutefunktion überlagern. Auf die Bedeutung für die Energieniveauschemata der Kerne kommen wir gleich zurück.

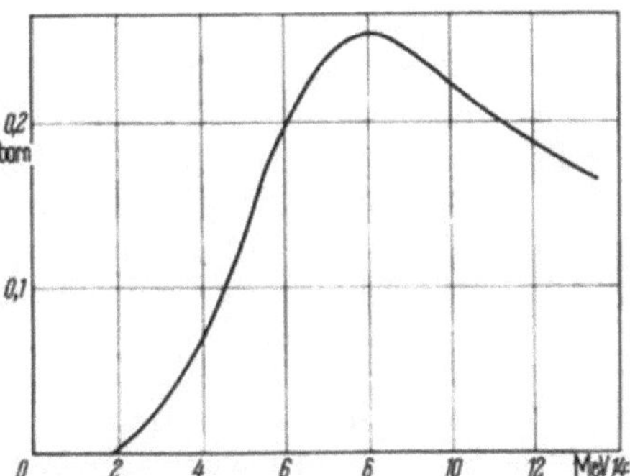

Abb. 140. Abhängigkeit der Ausbeute der (d, p)-Reaktion des Cu^{63} von der Deuteronenenergie als Beispiel der Anregung durch geladene, vom Kern abgestoßene Teilchen (nach Messungen von PEASLEE).

10. Energieniveauschemata von Atomkernen und ihre empirische Ermittlung

Wir haben in den vorhergehenden Abschnitten (vgl. etwa Abb. 134) schon von den angeregten Energiezuständen von Atomkernen und von der relativen energetischen Lage der Grundzustände benachbarter Kerne gesprochen. Das Interesse an den vollständigen Energieniveauschemata der Atomkerne ist dabei klar geworden, zumal die Kenntnis der relativen energetischen Lage mittels der Energie-Masse-Beziehung die Ermittlung genauer Massenwerte auch instabiler Kerne ermöglicht. Das Interesse der Theoretiker an den Energieniveauschemata folgt aus der Tatsache, daß die Energiezustände der Kerne durch die spezielle Anordnung der Protonen und Neutronen in den Kernen bestimmt sind und damit Schlüsse auf sie erlauben. Ihre Kenntnis wird daher in gleicher Weise Voraussetzung einer quantitativen Theorie des Kernbaues sein, wie erst die genaue Kenntnis der Energieniveauschemata der Atome die Elektronenanordnung in den Atomhüllen zu bestimmen gestattete (Kap. III).

Bevor wir auf die Bestimmung der Kernniveaus eingehen, sind aber ein paar allgemeine Bemerkungen über sie und über die Unterschiede zwischen Atom- und Kernniveaus am Platze.

Es ist klar, daß der aus Nukleonen bestehende Atomkern den Quantengesetzen in gleicher Weise unterliegt wie die aus Elektronen bestehende Hülle der Atome und Moleküle. Wir erwarten daher auch für einen Atomkern eine Folge diskreter, den stationären Energiezuständen des Kerns entsprechender Niveaus sowie kontinuierliche Energiebereiche entsprechend Zerfallsprozessen des Kerns, in Analogie zur Ionisation eines Atoms (vgl. III,6c) oder der Dissoziation eines Moleküls (VI,7a). Im Gegensatz zum Atom haben wir beim Kern aber kein zentrales Kraftfeld, sondern jedes der Nukleonen bewegt sich in den Kraftfeldern aller übrigen oder wenigstens seiner Nachbarn. Im Gegensatz zu den ein zentrales Kraftfeld widerspiegelnden RYDBERG-Serien eines Atoms erwarten wir daher beim Atomkern *keine* so einfache gesetzmäßige Anordnung der Energiezustände. Wegen der engen Kopplung zwischen den Nukleonen kann ferner die Anregungsenergie des Kerns sich leicht über viele, im Grenzfall über *alle* Nukleonen des Kerns verteilen (Aufheizung des Kerns), so daß es entsprechend stationäre Zustände des Kerns gibt, deren Energie weit größer ist als die Abtrennenergie eines einzelnen Nukleons oder α-Teilchens. Ein Kernzustand ist daher nur in seltenen Fällen (Grundzustand stabiler Isotope) wirklich stabil, während er im allgemeinen entweder unter Strahlung (γ-Emission) oder strahlungslos (vgl. die Autoionisation III,21), unter Elektronenabgabe (β^- oder β^+), Elektronenaufnahme (V,7b), Emission eines α-Teilchens, Protons oder Neutrons in einen stabileren Zustand, und zwar in allen letztgenannten Fällen den eines *anderen* Kerns, übergehen kann. *Während wir es bei der Ermittlung des Energieniveauschemas eines Atoms oder Moleküls ausschließlich mit diesem selbst zu tun haben, benötigen wir also zur Ermittlung der Energiezustände eines Kerns auch alle Übergänge zu und von den Nachbarkernen.*

Nun folgt aus der Ungenauigkeitsbeziehung Gl. (IV-16), daß die Breite eines Energiezustands der Lebensdauer τ des Systems in diesem Zustand umgekehrt proportional ist, und wir haben in III,21 bei der Behandlung der strahlungslosen Übergänge in den Elektronenhüllen von Atomen erfahren, daß die Lebensdauer eines angeregten Zustandes durch strahlungslose Übergänge sehr wesentlich verkleinert werden kann. Das gleiche gilt natürlich für die Kernzustände. Da nach unserer obigen Überlegung die Wahrscheinlichkeit strahlungsloser Übergänge mit zunehmender Höhe der Anregung eines Atomkerns im allgemeinen stark zunimmt, erwarten wir *scharfe* Energiezustände angeregter Atomkerne nur bei geringer Anregungsenergie, während *im Bereich großer Anregungsenergie ($E \gg 10$ MeV) die Energiezustandsbreite im allgemeinen zunehmen wird, bis sie die Größenordnung des Abstands benachbarter angeregter Zustände erreicht und der Unterschied zwischen diskreten Zuständen und kontinuierlichen Energiebereichen, wie sie Kernen mit ausgestoßenen Teilchen und kinetischer Energie entsprechen, allmählich verschwindet.* Diese Erwartung wird durch die experimentellen Befunde befriedigend bestätigt.

Die Messung von Anregungswahrscheinlichkeiten als Funktion der Stoßenergie hat für die Anregung mit langsamen Neutronen Energiezustandsbreiten unter 0,1 eV ergeben, während im Gebiet großer Anregungsenergien Zustandsbreiten von 1 MeV und darüber keine Seltenheit sind. Mittels der Unbestimmtheitsrelation Gl. (IV-16) lassen sich daraus für die Lebensdauern der Kerne in diesen angeregten Zuständen Werte von 10^{-14} bis 10^{-20} sec, in besonderen Fällen aber auch weit größere Werte errechnen.

Eine hübsche Anwendung dieser Überlegungen betrifft den durch Absorption eines Stoßteilchens entstehenden Zwischenkern, dessen Energie von der kinetischen Energie des eintretenden Stoßteilchens und dessen Bindungsenergie im Kern abhängt. Wenn die Gesamtenergie dieses Zwischenkerns gerade einem seiner quantenmäßig ausgezeichneten stationären Energiezustände entspricht, so hat der Zwischenkern die der Breite dieses Zustands entsprechende Lebensdauer, während er anderenfalls als physikalische Einheit gar nicht existieren kann, sondern wir es mit einem Stoß zwischen Stoßteilchen und Kern A zu tun haben, dessen Dauer sich aus dem mit der Geschwindigkeit von größenordnungsmäßig 10^{10} cm/sec durcheilten Kerndurchmesser von etwa 10^{-12} cm zu 10^{-22} sec errechnet.

Wir haben bisher von diskreten Energiezuständen der Kerne gesprochen, ohne zu berücksichtigen, daß diese, im Gegensatz zu den aus Elementarteilchen *einer* Art aufgebauten Elektronenhüllen der Atome, aus zwei *verschiedenen*, wenn auch eng verwandten Teilchen, den Protonen und Neutronen, aufgebaut sind. Nun wissen wir, daß es ein Aufbauprinzip gibt, nach dem die Kerne, ähnlich dem schrittweisen Aufbau der Elektronenhüllen nach III,19, durch fortschreitenden Einbau von Protonen oder Neutronen in die jeweils tiefsten noch freien Energiezustände aufgebaut gedacht werden können. Für die Zwecke der theoretischen Untersuchung des Kernaufbaues müssen wir dabei Protonen- und Neutronenzustände unterscheiden. Über deren relative Lage kann die Betrachtung der stabilen Nuklide, Tab. 3, gewisse Aufschlüsse geben. Gehen wir etwa aus von dem aus je einem Proton und Neutron bestehenden Deuteron. Wollen wir aus diesem den nächst schwereren, aus drei Nukleonen bestehenden Kern aufbauen, so fragt sich, ob der tiefste noch nicht mit einem Nukleon besetzte Energiezustand ein Proton- oder Neutronzustand ist. Die Besetzung des ersteren würde ersichtlich den Kern $_2\mathrm{He}^3$, die des letzteren den isobaren Kern $_1\mathrm{H}^3$ ergeben. Aus der Tatsache, daß der Kern He^3 stabil ist, der Kern $_1\mathrm{H}^3$, das bekannte Triton, dagegen radioaktiv, schließen wir, daß der Energiezustand des zweiten Protons tiefer liegt als der des zweiten Neutrons. Andererseits zeigt die geringe maximale β-Energie des $_1\mathrm{H}^3$, daß der Zustand des zweiten Neutrons nur wenig (0,006 MeV) über dem des zweiten Protons liegt. Betrachten wir als zweites Beispiel den aus je 16 Protonen und Neutronen bestehenden stabilsten Schwefelkern $_{16}\mathrm{S}^{32}$, so lehrt ein Blick auf Tab. 3, daß die *beiden* tiefsten unbesetzten Zustände jetzt Neutronenzustände sind, deren Besetzung zu den stabilen Schwefelisotopen S^{33} und S^{34} führt. Der 17. Protonenterm liegt dann nur wenig tiefer als der 19. Neutronenterm, was daraus folgt, daß der Kern $_{17}\mathrm{Cl}^{35}$ der stabile Kern der Masse 35 ist, sein instabiles Isobar (Kern gleicher Masse) $_{16}\mathrm{S}^{35}$ bei der Umwandlung in $_{17}\mathrm{Cl}^{35}$ aber β-Strahlung von nur sehr geringer Energie emittiert.

Durch die Heranziehung unserer empirischen Kenntnis von der Stabilität gewisser Kerne und der β-Energie anderer haben wir hier bereits mit der Behandlung der sich gegenseitig gut ergänzenden empirischen Methoden begonnen, die die Ermittlung der Energieniveauschemata von Atomkernen und der relativen energetischen Lage ihrer Grundzustände zum Ziel haben.

Die den FRANCK-HERTZschen Elektronenstoßversuchen (III,4) weitgehend analoge Methode der Stoßanregung höherer Kernzustände wurde 1930 von BOTHE und Becker entdeckt, die das Auftreten von γ-Strahlung als Folge des Beschusses verschiedener Kerne mit α-Teilchen beobachteten und feststellten, daß die für die γ-Strahlung verantwortlichen angeregten Kernzustände auch durch andere Kernreaktionen angeregt werden können. Durch Beschuß mit Elektronen von 1 bis 3 MeV Energie z.B. hat Wiedenbeck Cadmium in radioaktives Silber umgewandelt und gefunden, daß die Ausbeute an β-Strahlung bei gewissen diskreten Energien der anregenden Elektronen Maxima zeigt, die auf Anregungsniveaus des radioaktiven Ag-Kerns bei diesen Energiewerten hinweisen. Auch konnte er diskrete Energiezustände des Silberkerns durch Absorption von kontinuierlicher Röntgenstrahlung von 1–3,5 MeV anregen und durch die infolge der Existenz eines metastabilen Zustandes verzögerte γ-Strahlung nachweisen. Aus den Ausbeute- oder Anregungsfunktionen von (n, γ)-Umwandlungen, von denen Abb. 139 ein Beispiel zeigt, hat man für eine sehr große Zahl von Kernen Anregungszustände besonders im Bereich sehr geringer Energie (d.h. einigen eV) ermitteln können. Abb. 141 zeigt ferner ein äußerst eindrucksvolles Beispiel der Anregung einer großen Zahl diskreter Energieniveaus des Si^{28}-Kerns im Bereich 0,5–1,4 MeV; hier

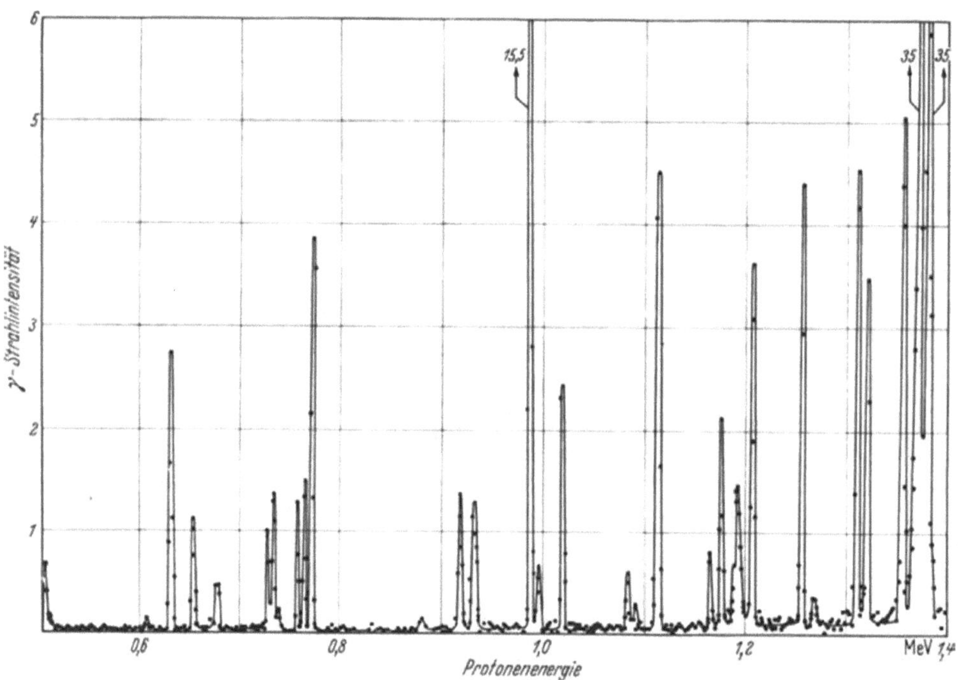

Abb. 141. Anregung des Zwischenkerns Si^{28} durch Beschuß des Al^{27} mit Protonen (nach Brostrom, Huus und Tangen). Die scharfen Maxima der γ-Strahlung des Si^{28}, aufgetragen als Funktion der Energie der die Al^{27}-Kerne beschießenden Protonen, zeigen die scharfbegrenzten Anregungsenergien des Si^{28}-Zwischenkerns.

wurde durch Beschuß von Al^{27} mit monochromatischen Protonen Si^{28} in verschieden hohen Anregungszuständen erzeugt und die Intensität der bei dieser (p, γ)-Umwandlung emittierten γ-Quanten als Funktion der Protonenenergie gemessen. Außer Elektronen, γ-Quanten, Neutronen und Protonen können auch Deuteronen und α-Teilchen, d.h. grundsätzlich alle Stoßteilchen mit meßbar variabler Energie zur Ermittlung der Energiezustände der entsprechenden (stabilen oder radioaktiven) Zwischenkerne verwendet werden. Dabei beobachtet man auch

Kernanregung *ohne* Absorption des Stoßteilchens, das nach der Anregung mit entsprechend geringerer kinetischer Energie den gestoßenen Kern verläßt, d.h. gestreut wird, in voller Analogie zu den FRANCK-HERTZschen unelastischen anregenden Stößen. Dagegen entsprechen $(p, 2p)$-Prozesse, bei denen energiereiche Protonen ein inneres Proton aus dem Kern herausstoßen, offenbar der Stoß*ionisierung* von Atomen, bei der primäre Elektronen Atomelektronen aus der Elektronenhülle herausstoßen.

Außer der Messung von Anregungsenergien kann auch die der Wärmetönung Q von Kernreaktionen (vgl. V,9a) zu Schlüssen auf die angeregten Energiezustände der an der Reaktion beteiligten Kerne und die relative energetische Lage ihrer Grundzustände benutzt werden. Das Prinzip dieser Methode geht aus der in V,6e behandelten Abb. 134 hervor. Die Messung der Energien der bei einer radioaktiven Zerfallsfolge emittierten α- und γ-Teilchen, der maximalen Energie der jeweiligen β-Teilchen und des zeitlichen Zusammenhangs der verschiedenen Strahlungen ermöglicht die Ermittlung der Termschemata der an der Zerfallsfolge beteiligten Kerne in ihrer richtigen energetischen Lage. Ist dann noch die genaue Masse *eines* der Kerne im Grundzustand bekannt, wie in Abb. 134 die des Pb^{208}, so kann man mittels der Äquivalenzgleichung und der bekannten Masse des α-Teilchens offenbar auch die genauen Massen der an der Reaktionsfolge beteiligten instabilen Kerne ermitteln.

Was dort am Beispiel des natürlichen radioaktiven Zerfalls gezeigt wurde, gilt in gleicher Weise für eine Kombination erzwungener Kernreaktionen. Wenn z.B. bei der (α, p)-Umwandlung des Al^{27}-Kerns

$$_{13}Al^{27} + {}_2He^4 \rightarrow {}_{15}P^{31} \rightarrow {}_{14}Si^{30} + {}_1H^1 \tag{52}$$

fünf Protonengruppen verschiedener, aber diskreter Energiewerte beobachtet werden, so bedeutet das offenbar, daß in Analogie zu Abb. 134 der P^{31}-Zwischenkern sich entweder unter Protonenemission in verschieden hoch angeregte Zustände des Si^{30}-Endkerns umwandelt, oder daß Übergänge von verschieden hoch angeregten Zuständen des P^{31} in den Grundzustand des Si^{30} erfolgen. Im ersteren Fall muß die Umwandlung mit einer γ-Emission des Si^{30}-Endkerns, im letzteren mit einer solchen des P^{31}-Zwischenkerns verbunden sein, weil durch den α-Beschuß des Al^{27} ein hoch angeregter P^{31}-Zwischenkern entsteht. Da die Lebensdauer des Zwischenkerns für Teilchenzerfall bei hoher Anregungsenergie im allgemeinen klein gegenüber der für γ-Emission ist, ist es wahrscheinlich, daß die angeregten Zustände zum Endkern gehören. In Zweifelsfällen kann die Entscheidung durch Untersuchung weiterer, die beiden fraglichen Kerne einschließender Umwandlungen getroffen werden.

Abb. 142 zeigt am Beispiel des gegen Zerfall in zwei α-Teilchen instabilen $_4Be^8$-Kerns, wie man durch Kombination der Ergebnisse zahlreicher Kernumwandlungen zu genauen Aufschlüssen über das Energieniveauschema von Kernen gelangt. In diesem Fall wurden zu dessen Ermittlung volle 20 verschiedene Umwandlungen der Kerne He^4, Li^6, Li^7, Li^8, Be^9, B^8, B^{10}, B^{11} und C^{12} ausgewertet, in denen der $_4Be^8$-Kern als Zwischen- oder Endkern auftritt. Man ersieht aus Abb. 142, daß die Mehrzahl der Energieniveaus durch zwei oder drei unabhängige Beobachtungen gesichert ist. In einer Anzahl von Fällen sind, senkrecht zur Energieskala, auch die Ausbeutefunktionen der betreffenden erzwungenen Umwandlungen aufgetragen; sie illustrieren unsere Diskussion von V,9b.

Wie verhalten sich nun die Energieniveauschemata von Protonen und Neutronen zueinander? Die Antwort folgt aus der Untersuchung der sog. *Spiegelkerne*. Das sind solche Paare von benachbarten Isobaren, wie $_1H^3$–$_2He^3$, $_6C^{13}$–$_7N^{13}$, $_7N^{15}$–$_8O^{15}$, $_{14}Si^{29}$–$_{15}P^{29}$ usw., die sich lediglich dadurch unterscheiden, daß das ungepaarte Nukleon im jeweils erstgenannten Partner ein Neutron, im zweitgenannten dagegen ein Proton ist. Die Energieniveauschemata solcher Spiegelkerne, insbesondere die normalerweise nicht mit Nukleonen besetzten angeregten Zustände

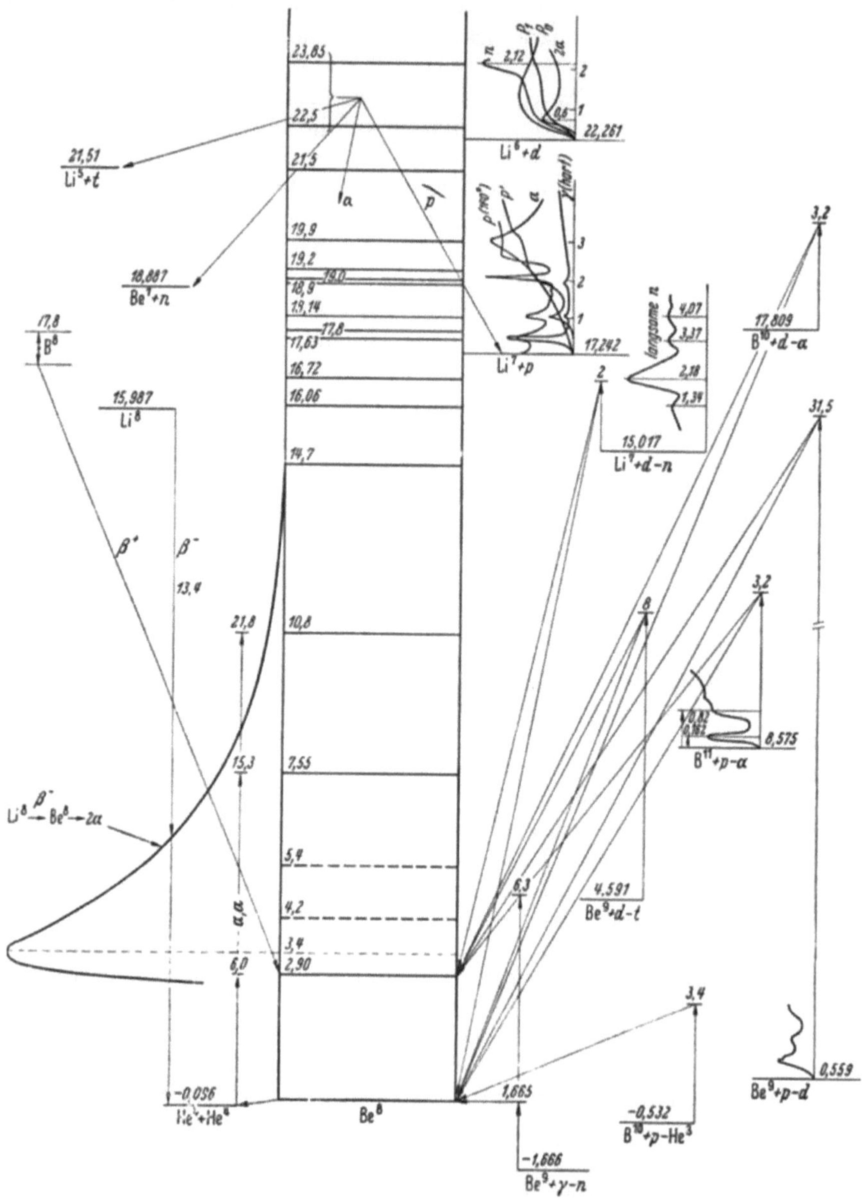

Abb. 142. Energieniveauschema und Anregungsfunktionen des ₄Be⁸-Kerns (nach T. Lauritsen). Die Kurve auf der linken Seite der Zeichnung gibt die Energieverteilung der α-Teilchen an, die beim Zerfall des durch β-Emission aus Li⁸ entstehenden instabilen Be⁸ emittiert werden.

des Leuchtnukleons, zeigen nun eine auffallende Ähnlichkeit, wenn man die vom
elektrostatischen Potential der Protonen herrührende Termverschiebung eliminiert. Da nun die Anregungszustände der ungepaarten Nukleonen (vgl. V,12) bei

jeweils dem einen von zwei Spiegelkernen mögliche Zustände des Neutrons, beim andern dagegen solche des Protons sind, folgt, daß Neutron und Proton sich in ihren Energieniveaus wie ihren Bindungsbeiträgen, wenn man von den beim Proton wirksamen COULOMB-Kräften absieht, nicht wesentlich unterscheiden.

Unsere gegenwärtige Kenntnis der angeregten Zustände der Atomkerne ist noch lückenhaft; doch wird sehr viel Forschungsarbeit auf die möglichst vollständige Ermittlung der Energieniveauschemata, der Niveaubreiten und der Übergangswahrscheinlichkeiten für die verschiedenen Übergangs- bzw. Zerfallsmöglichkeiten konzentriert, da deren Kenntnis die Voraussetzung für eine quantitative Theorie des Kernbaues ist. Da wir in V,12 noch erfahren werden, daß man die Energiezustände der Atomkerne wie die der Elektronenhüllen von Atomen und Molekülen durch Quantenzahlen kennzeichnen kann, daß es ein Aufbauprinzip für Atomkerne gibt, das stark an das für die Elektronenhüllen der Atome erinnert, und daß abgeschlossene Nukleonenschalen das besondere Verhalten der sog. magischen Kerne in ähnlicher Weise erklären wie die abgeschlossenen Elektronenschalen das Verhalten der Edelgase und des Palladiums, scheint die Kernspektroskopie besonders geeignet, die enge innere Verbindung zwischen den verschiedenen Teilgebieten der Atomphysik deutlich zu machen.

11. Tröpfchenmodell und Kernsystematik

Wir haben bereits verschiedentlich davon Gebrauch gemacht, daß man den Atomkern in erster Näherung mit einem Flüssigkeitstropfen vergleichen kann. Dafür spricht die in V,4b erwähnte konstante Dichte aller Atomkerne wie die Tatsache, daß nach Abb. 128, wenn wir von den leichtesten Kernen absehen, die Bindungsenergie je Nukleon einigermaßen konstant ist, und zwar zwischen 8,5 und 7,5 MeV liegt. Aus beiden Befunden schließen wir, daß die bindenden Kernkräfte eine so geringe Reichweite besitzen, daß sie im Gegensatz zu den elektrostatischen Kräften nur zwischen nächsten Nachbarn wirken. Dieser Schluß läßt sich experimentell bestätigen. Schießt man nämlich Neutronen gegen Protonen, oder Protonen und Neutronen jeweils gegen gleiche Teilchen, so kann man aus der Winkelverteilung der Streuung Rückschlüsse auf die zwischen den Nukleonen wirkenden Kräfte ziehen. Das Potential dieser Kräfte kann man als Funktion

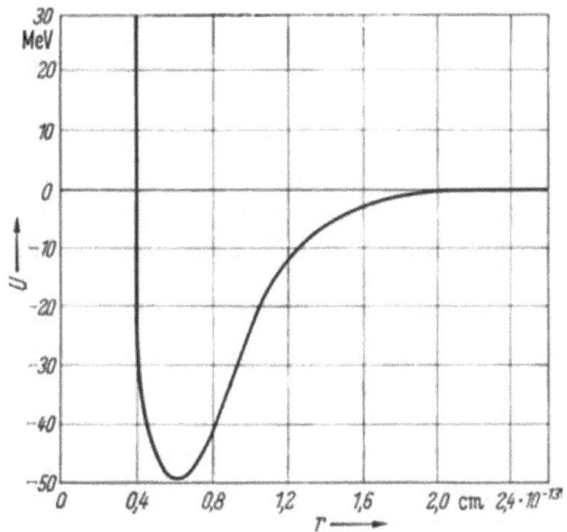

Abb. 143. Ungefährer Verlauf des Wechselwirkungspotentials $U(r)$ zwischen zwei Nukleonen als Funktion des Abstandes ihrer Mittelpunkte.

des Abstandes auftragen und erhält $U(r)$-Kurven wie Abb. 143. Die Nukleonen verhalten sich bei diesen Stoßversuchen also, als besäßen sie einen „harten Kern" von einigen 10^{-14} cm Durchmesser. Die zwischen je zwei Nukleonen wirkenden Kernkräfte, auf deren Natur wir in V,25 näher eingehen, reichen nicht wesentlich über $2,6 \cdot 10^{-13}$ cm hinaus. Dabei spielen die zwischen zwei Protonen zusätzlich wirkenden abstoßenden elektrostatischen Kräfte gegenüber den anziehenden Kernkräften keine merkliche Rolle. Bezüglich Abb. 143 sei noch auf einen wesentlichen Punkt hingewiesen. Man könnte zunächst glauben, daß die dem Minimum der $U(r)$-Kurve entsprechende sehr große Energie bei der Bindung beider Teilchen als Bindungsenergie frei würde, bei der Trennung umgekehrt also auch aufzuwenden wäre. Tatsächlich beträgt die Bindungsenergie des Deuterons aber nur etwa 5% der Energie des Potentialminimums, während die Nukleonen die restlichen 95% auch im gebundenen Zustand noch als kinetische Energie besitzen. Das folgt aus der Unbestimmtheitsbeziehung (IV,3). Da die Nukleonen auf den engen Raum des Kerns beschränkt sind, entspricht dieser großen Ortsbestimmtheit eine große Impulsunbestimmtheit, und aus dieser folgt die maximale kinetische Energie $p^2/2M$ der Nukleonen.

Wir untersuchen nun, wie weit sich die uns bisher bekannten Eigenschaften der Atomkerne, insbesondere ihre gesamte Bindungsenergie (Abb. 128) und der

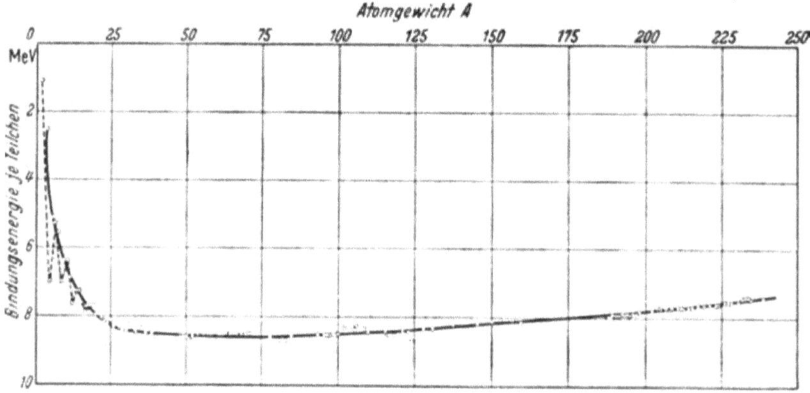

Abb. 144. Abhängigkeit der je Kernteilchen = Nukleon (Proton oder Neutron) berechneten Bindungsenergie in MeV von der Massenzahl des gesamten Kerns.

Verlauf der mittleren Bindungsenergie je Nukleon (Abb. 144), aus dem Tröpfchenmodell des Atomkerns verstehen lassen. Diese 1935 von v. WEIZSÄCKER entwickelte Theorie des Atomkerns geht davon aus, daß wegen der Analogie zum Flüssigkeitströpfchen die *Bindungsenergie je Nukleon* sich aus den folgenden fünf Beiträgen zusammensetzt:

1. einem Beitrag a_1, der die mittlere Bindungsenergie eines allseitig gebundenen Kernnukleons darstellt. Dieser Term überwiegt bei nicht zu leichten Kernen weitaus gegenüber den folgenden vier mehr als Korrekturgrößen anzusehenden Beiträgen;

2. einem Beitrag, der berücksichtigt, daß bei Vernachlässigung der COULOMB-Abstoßung zwischen den Protonen die Bindungsfestigkeit bei gleicher Protonen- und Neutronenzahl am größten sein würde, die Überschußneutronen also weniger fest gebunden sind. Dieser Beitrag sollte proportional zum relativen Neutronenüberschuß sein, aber mit $(N - Z)^2$ gehen, da er bei $N = Z$ ein Minimum besitzt:

$$a_2 \left(\frac{N - Z}{N + Z}\right)^2 ; \tag{53}$$

3. einem lockernd wirkenden Beitrag von der Art einer Oberflächenspannung, der berücksichtigt, daß die an der Kernoberfläche sitzenden Nukleonen nur einseitig (von innen her) gebunden sind. Dieser Beitrag sollte proportional zur Kernoberfläche $4\pi r^2$ sein. Da der Kernradius r nach (9) gleich $r_0 (N + Z)^{1/3}$ ist und der Wert für $4\pi r^2$ bei der Berechnung der Bindungsenergie je Nukleon durch $(N + Z)$ zu dividieren ist, ist der Oberflächenspannungsbeitrag $a_3 (N + Z)^{-1/3}$:

4. einem der elektrostatischen Abstoßung zwischen den Protonen Rechnung tragenden Glied, das quadratisch mit der Protonenzahl Z geht und umgekehrt proportional zum mittleren Abstand der Protonen ist, für den wir in erster Näherung einfach den Kernradius $r_0 \, (N + Z)^{1/3}$ setzen können. Das COULOMB-Glied je Nukleon wird damit unter Berücksichtigung eines aus der quantitativen Theorie folgenden Faktors $3/5$:

$$\frac{3}{5} \frac{Z^2 e^2}{r(Z + N)} = \frac{3}{5} \frac{Z^2 e^2}{r_0 (N + Z)^{4/3}} = a_4 \frac{Z^2}{(N + Z)^{4/3}} ; \tag{54}$$

5. einem auf der Spinabsättigung beruhenden Beitrag, der der Tatsache Rechnung trägt, daß Kerne mit gerader Protonen- und Neutronenzahl, sog. gg-Kerne, eine etwas größere, doppelt-ungerade Kerne (uu-Kerne) aber eine kleinere Bindungsenergie besitzen als Kerne mit gerader Protonen- und ungerader Neutronenzahl oder umgekehrt (sog. gu- bzw. ug-Kerne). Dieser Beitrag wird je Nukleon durch einen Term $a_5 \, (N + Z)^{-2}$ dargestellt; er ist für gg-Kerne positiv und für uu-Kerne negativ, für gu- und ug-Kerne aber Null. Für alle Kerne mit Massenzahlen über 40 macht dieses Glied weniger als 1% aus.

Die noch nicht theoretisch berechenbaren Konstanten a_1, a_2, a_3 und a_5 dieser analytischen Darstellung der Bindungsenergie lassen sich aus den empirischen Massendefekten ermitteln, und man erhält für die Bindungsenergie je Nukleon die WEIZSÄCKER-Formel

$$E\,[\text{MeV}] = 14{,}0 - 19{,}3 \left(\frac{N - Z}{N + Z}\right)^2 - \frac{13{,}1}{(N + Z)^{1/3}} - 0{,}60 \frac{Z^2}{(N + Z)^{4/3}} \pm \frac{130}{(N + Z)^2}. \tag{55}$$

Abb. 144 zeigt die nach (55) berechnete Kurve der Bindungsenergie je Nukleon als Funktion der Massenzahl der Kerne. Sie schmiegt sich, wenn wir von den leichtesten Kernen absehen, den durch die kleinen Kreise angedeuteten empirischen Bindungswerten gut an. Daß manche der leichtesten Kerne Abweichungen zeigen, ist nicht überraschend, weil für diese aus wenigen Nukleonen bestehenden Kerne das Tröpfchenmodell offenbar eine schlechte Näherung ist und hier die Bindungsbeiträge der Nukleonen individuell berücksichtigt werden müssen. Auch im Bereich der leichten Kerne aber gibt unsere theoretische Kurve den allgemeinen Verlauf der Bindungsenergie je Nukleon gut wieder. Rechnet man, um eine Übersicht über die relative Bedeutung der verschiedenen Glieder von (55) zu bekommen, die Bindungsenergie je Nukleon für das Beispiel des $_{80}\text{Hg}^{200}$-Kerns aus, so findet man, daß das vom Neutronenüberschuß herrührende zweite Glied nur 0,77 MeV ausmacht, während die nur einseitige Bindung der Oberflächennukleonen (3. Glied) die Bindung je Nukleon um 2,24 MeV verringert, die Abstoßung zwischen den Protonen aber sogar 3,28 MeV je Nukleon ausmacht, während das letzte Glied nur 0,003 MeV beiträgt.

Die aus dem Tröpfchenmodell abgeleitete Formel (55) erlaubt eine Anzahl ebenso einfacher wie einleuchtender Schlüsse zu ziehen. Für leichte Kerne mit wenigen Protonen z. B. kann in erster Näherung das mit Z^2 gehende vierte Glied vernachlässigt werden. Dann erwarten wir nach (55) größte Stabilität, wenn das zweite Glied verschwindet, d. h. für $N = Z$. Tatsächlich besitzen die stabilsten Isotope aller leichteren Elemente die gleiche Zahl von Protonen und Neutronen. Die geringe Bindungsenergie der leichtesten Kerne (vgl. Abb. 144) rührt ersichtlich von dem der Oberflächenspannung entsprechenden dritten Gliede her. Bei den schweren Kernen macht die mit Z^2 gehende COULOMB-Abstoßung (4. Glied) sich stark bemerkbar und bewirkt eine langsame Abnahme der mittleren Bindungsenergie je Kernteilchen. Sie ist die Ursache der α-Emission der schweren natürlich radioaktiven Kerne, die einsetzt, sobald die zur Loslösung von zwei Protonen

und zwei Neutronen aus dem Kern aufzuwendende Energie kleiner wird als die
bei der Bildung des α-Teilchens frei werdende Bindungsenergie von 28 MeV. Für
die Bindungsenergie der vier Nukleonen haben wir hier aber nicht den vollen
aus Abb. 128 folgenden Wert von 7,5 MeV einzusetzen. Wir haben vielmehr zu
berücksichtigen, daß die bei den schwersten Kernen zuletzt eingebauten Nukleonen wesentlich schwächer gebunden sind als die vorher eingebauten. So zeigt
ein Vergleich der Massendefekte etwa des U^{238}-Kerns und des Pb^{208}-Kerns mittels
der in Tab. 3 angegebenen Massenwerte, daß die mittlere Bindungsenergie der
letzten 30 Nukleonen des U^{238} nur 5,35 MeV beträgt. Zur Befreiung von vier
Nukleonen aus den schwersten radioaktiven Kernen ist folglich nur die Energie
von knapp über 21 MeV erforderlich, während bei ihrer Bindung zu einem α-
Teilchen außerhalb des Kerns rund 28 MeV frei werden. Der Überschußbetrag
von 7 MeV stände dem α-Teilchen nach dieser Überschlagsrechnung als kinetische
Energie zur Verfügung, und dieser Betrag ist tatsächlich von der Größenordnung
der maximalen α-Energie der radioaktiven Kerne. Eine entsprechende Rechnung
mit den Massenwerten der Tab. 3 zeigt andererseits, daß ein α-Zerfall von Kernen
mit Massen unter 210 nicht mehr zu erwarten ist, weil die mittlere Bindungsenergie auch der am schwächsten gebundenen Nukleonen hier schon zu groß wird. Wir
verstehen schließlich aus (55), warum ganz allgemein die nicht zu leichten Kerne
einen Neutronenüberschuß besitzen. Die relative Vergrößerung des zweiten Gliedes von (55) wird dann nämlich überkompensiert durch eine entsprechend stärkere Verkleinerung des vierten Gliedes.

Eine Übersicht über die aus den empirischen Massendefekten ermittelte Stabilität der Atomkerne gibt Abb. 145. Es handelt sich hier eigentlich um eine dreidimensionale Darstellung, bei der nach rechts die Zahl der Protonen im Kern, nach oben die der Neutronen und senkrecht zur Papierebene nach hinten die Bindungsenergie E der Kerne (hier in 1/1000 Masseneinheiten = 0,931 MeV) aufgetragen ist. Die so entstehende Fläche, auf der alle Kerne liegen, entspricht einem Tal, das von der linken unteren Ecke der Abb. 145 zur rechten oberen hin abfällt, so daß der Ursprung des Tals, dessen Sohle durch die die stabilen Kerne repräsentierenden Punkte geht, bei der linken unteren Ecke der Abb. 145 in der Papierebene liegt, während das Talende (obere rechte Ecke) um die Bindungsenergie der schwersten Kerne (1800/1000 Masseneinheiten) unter bzw. hinter der Papierebene liegt. Zur Veranschaulichung der Fläche sind in Abb. 145

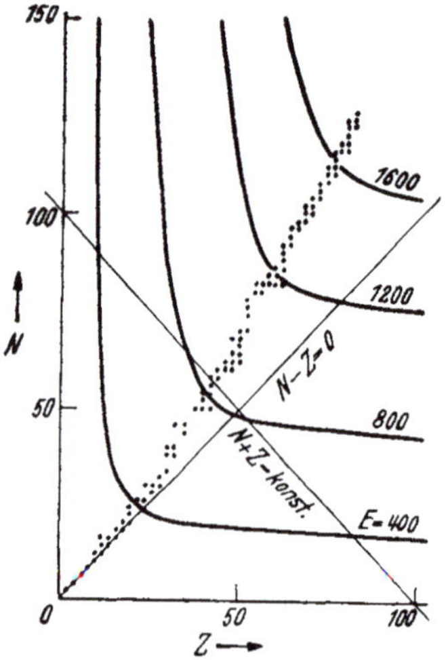

Abb. 145. Abhängigkeit der Kernbindungs-
energie E (in 1/1000 Masseneinheiten = 0,931
MeV) von der Zahl der Protonen Z und
Neutronen N im Kern (sog. Stabilitätstal)
mit eingezeichneten „Höhenlinien" gleicher
Bindungsenergie.

noch für einige Bindungsenergien die entspre-
chenden Höhenlinien eingezeichnet. Die Abb. 128 kann man als einen Schnitt
durch die dreidimensionale Taldarstellung Abb. 145 entlang der Talsohle auffassen; sie stellt somit die Neigung der Talsohle in der Energieebene dar. Isotope
Kerne liegen in Abb. 145 auf zur NE-Ebene parallelen Ebenen, isobare Kerne
(Kerne gleicher Masse), die sich unter Emission von Elektronen oder Positronen
(bzw. Elektroneneinfang) ineinander umwandeln können, auf einer die ZE-Ebene
und die NE-Ebene unter 45° schneidenden Ebene ($N + Z =$ const).

Wir betrachten nun die Stabilität verschiedener Kerne etwas genauer. Nach
dem Pauli-Prinzip (IV,10) können auf einem Kernniveau je zwei Protonen oder

Neutronen mit entgegengesetztem Spin sitzen, und daraus folgt, daß Kerne mit ausschließlich doppelt besetzten Zuständen, d.h. solche mit gerader Protonen- und Neutronenzahl (sog. *gg*-Kerne) besonders stabil sein müssen. Liegen ferner die Energiezustände je zweier Protonen und je zweier Neutronen so nahe beieinander, daß die Wechselwirkung dieser 2 Protonen und 2 Neutronen untereinander merklich größer ist als die zwischen ihnen und den restlichen Kernnukleonen, so erwarten wir eine besondere Stabilität solcher α-Komplexe. Die Erfahrung bestätigt diesen Schluß: *Das aus 2 Protonen und 2 Neutronen bestehende α-Teilchen ist mit seinen 28 MeV Bindungsenergie (s. V,5) der stabilste aller leichten Kerne, und die aus geraden Protonen- und Neutronenzahlen aufgebauten Kerne übertreffen an Stabilität und Häufigkeit alle übrigen.* Das gilt in besonderem Maße von den ausschließlich aus α-Komplexen aufgebauten Kernen He^4, C^{12}, O^{16}, Ne^{20}, Mg^{24}, Si^{28} und S^{32}. So bestehen z.B. 80% der Erdkruste aus den *gg*-Kernen O^{16}, Mg^{24}, Si^{28}, Ca^{40}, Ti^{48} und Fe^{56}. Ferner sind 162 der 276 bekannten stabilen Isotope *gg*-Kerne. 56 bzw. 52 stabile Isotope besitzen gerade Protonen- und ungerade Neutronenzahl bzw. umgekehrt (*gu*- bzw. *ug*-Kerne), während es überhaupt nur sechs stabile *uu*-Kerne gibt. Die Erfahrung steht also auch hier in Übereinstimmung mit der theoretischen Erwartung. *Stabilität und Häufigkeit der gerade-ungeraden Kerne sind wesentlich kleiner als die der doppelt-geraden Kerne, während mit Ausnahme der seltenen Kerne* $_{23}V^{50}$ *und* $_{73}Ta^{180}$ *alle doppelt-ungeraden Kerne mit Ordnungszahlen über 8 instabil, d.h. β-aktiv sind.* Die Ausnahme der leichten doppelt-ungeraden Kerne $_1H^2$, $_3Li^6$, $_5B^{10}$ und $_7N^{14}$ werden wir gleich erklären.

Zu einer anschaulichen Darstellung dieser Verhältnisse gelangen wir, wenn wir durch die Stabilitätsfläche Abb. 145 Isobarenschnitte legen, d.h. Ebenen, die die Z- und N-Achse unter 45° schneiden und zur E-Achse parallel sind. Wir erhalten dann Querschnitte durch das Tal, und auf der Schnittkurve (Abb. 146/147) der

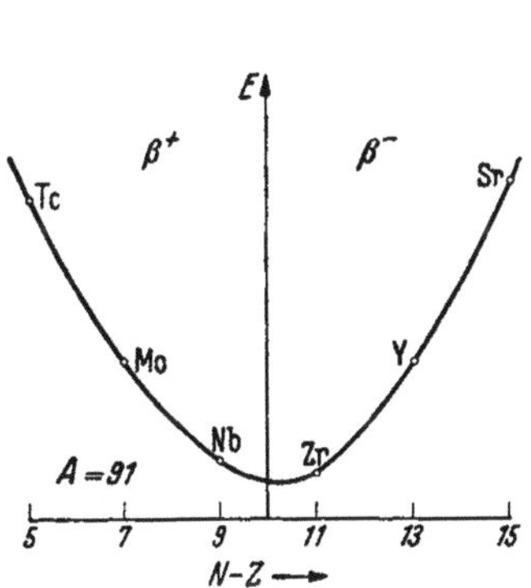

Abb. 146. Isobarenschnitt durch das Stabilitätstal bei ungerader Massenzahl ($A = N + Z = 91$).

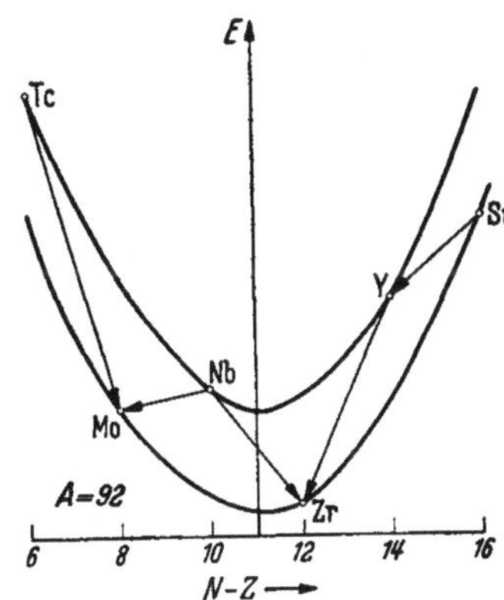

Abb. 147. Isobarenschnitt durch das Stabilitätstal bei gerader Massenzahl ($N + Z = 92$).

Ebenen mit der Talfläche müssen alle zu dem betreffenden $(Z + N)$-Wert gehörenden isobaren Kerne liegen. Größte Stabilität besitzen die Kerne in der Talsohle; links von ihr herrscht Protonenüberschuß, rechts Neutronenüberschuß. Die am Hang links der Talsohle sitzenden isobaren Kerne können sich unter Positronenemission in den stabilen Kern der Talsohle umwandeln, die rechts sitzenden durch Elektronenemission. Tatsächlich finden wir links der Talsohle β⁺-Strahler (und K-Strahler, vgl. V,7b), rechts die β⁻-Strahler.

Wir betrachten nun als Beispiel einen zu dem ungeraden Atomgewicht 91 gehörenden Isobarenschnitt (Abb. 146 in der nach oben *abnehmende* Bindungsenergien, nach rechts der Neutronenüberschuß aufgetragen sind). Hier kann nur der am tiefsten liegende Kern $_{40}Zr^{91}$ stabil sein. Tatsächlich gibt es (1.Mattauch-scher Isobarensatz) *zu jedem ungeraden Atomgewicht nur einen stabilen Kern*, während sich alle links von ihm liegenden unter β^+-Emission bzw. Elektronen-Einfang, alle rechts liegenden unter β^--Strahlung in ihn umwandeln. Komplizierter liegen die Verhältnisse, wenn wir den Schnitt durch einen geraden $A = (Z + N)$-Wert legen, z.B. in Abb. 147 durch $A = 92$. Zu dieser Massenzahl gehören doppelt-gerade und doppelt-ungerade Kerne. Da letztere viel weniger stabil sind als erstere, muß die *uu*-Kurve über der *gg*-Kurve liegen; wir haben hier gleichsam zwei Schichten der Talsohle, auf der die doppelt-geraden und die doppelt-ungeraden Kerne angeordnet sind. Der stabilste Kern ist wieder der tiefstgelegene $_{40}Zr^{92}$; außerdem ist hier aber auch der Kern $_{42}Mo^{92}$ stabil, denn er könnte in den Kern $_{40}Zr^{92}$ nur unter Emission *zweier* Positronen übergehen, was nach der Theorie verboten ist; der Weg über den Kern $_{41}Nb^{92}$ aber ist nicht möglich, weil er einen Energieaufwand erfordern würde. Der instabile *uu*-Kern $_{41}Nb^{92}$ dagegen besitzt, weil er zwischen zwei stabilen *gg*-Isobaren liegt, *zwei* Zerfallsmöglichkeiten. Er kann sich unter Elektronenemission in das stabile Isobar $_{42}Mo^{92}$ oder unter Positronenemission in das stabile Isobar $_{40}Zr^{92}$ verwandeln (vgl. dazu V,7a). Wir sehen also, daß es keine stabilen doppelt-ungeraden Kerne gibt, diese vielmehr alle β-aktiv sind, daß es dagegen (2.Mattauchscher Isobarensatz) *mehrere stabile doppelt-gerade Isobare geben kann, die sich aber stets um zwei Einheiten der Kernladung unterscheiden müssen.* Die Stabilität der vier doppelt-ungeraden Kerne $_1H^2$, $_3Li^6$, $_5B^{10}$ und $_7N^{14}$ beruht nun darauf, daß bei den leichtesten Kernen das Tal der Abb. 147 so tief eingeschnitten ist, die Hänge also so steil sind, daß das Minimum der oberen *uu*-Kurve mit den fraglichen doppelt-ungeraden Kernen tiefer liegt als die etwas seitlich auf der *gg*-Kurve liegenden Kerne.

Fragen wir schließlich nach der Zahl der zu geraden bzw. ungeraden Ordnungszahlen gehörenden Isotope, so folgt aus der Einzeichnung der stabilen Kerne in Abb. 145 *die Astonsche Isotopenregel, nach der Elemente mit ungerader Ordnungszahl höchstens zwei stabile Isotope, Elemente mit gerader Ordnungszahl dagegen oft wesentlich mehr besitzen*, wie das Tab. 3 zeigt. Diese Astonsche Isotopenregel folgt direkt aus der eben behandelten „Struktur" der Energieflächen: Zunächst ist klar, daß stabile Isotope von ungerader Protonenzahl oberhalb 7 stets gerade Neutronenzahlen haben müssen, da *uu*-Kerne oberhalb $_7N^{14}$ ja nicht stabil sind. Solche Isotope, z.B. $_{29}Cu^{63}$ und $_{29}Cu^{65}$, können folglich nie benachbarte Massenzahlen besitzen. Die Kurve geringster potentieller Energie (der Talgrund) geht zwischen ihnen hindurch; die beiden Kerne liegen auf entgegengesetzten Abhängen des Tals. Weitere als stabil in Frage kommende Isotope wie $_{29}Cu^{61}$ und $_{29}Cu^{67}$ liegen dann aber bereits so hoch an den Abhängen, daß sie nach Abb. 147 unter β^-- oder β^+-Emission (bzw. Elektroneneinfang) in stabilere Isobare, d.h. Isotope eines *anderen* Elements, übergehen können, also radioaktiv sind. *Kerne ungerader Ordnungszahl können also nicht mehr als zwei stabile Isotope besitzen.* Bei Kernen mit gerader Ordnungszahl aber ist stets ein Isotop mit ungerader Neutronenzahl stabil (vgl. Abb. 146), ferner im allgemeinen *mindestens* zwei Isotope mit gerader Neutronenzahl, von denen das eine etwas rechts, das andere etwas links vom Minimum der Schnittkurve (Talsohle) liegt.

Durch Überlegungen ähnlicher Art gelangt man auch zu dem Ergebnis, daß die in die früheren Lücken des Periodensystems gehörenden „neuen Elemente" $_{43}Tc$, $_{61}Pm$, $_{85}At$ und $_{87}Fr$ keine stabilen Isotope haben können. Da sie alle ungerade Protonenzahlen besitzen, kann nämlich nach dem ersten Isobarensatz Mattauchs zu jeder Massenzahl nur *ein* stabiles Isobar existieren. Es läßt sich nun zeigen, daß tatsächlich zu allen Massenzahlen, die mit den Protonenzahlen 43, 61, 85 und 87 stabile Kerne bilden könnten, bereits stabile Isobare eines jeweils benachbarten Elements existieren, so daß stabile Isotope der vier neuen Elemente *nicht* zu erwarten sind.

Wir bemerken hier ausdrücklich, daß unsere Kernsystematik *keinen* Aufschluß darüber gibt, warum der Kern $_{42}\mathrm{Mo}^{97}$ und nicht der Kern $_{43}\mathrm{Tc}^{97}$ stabil ist, sondern nur sagt, *daß* Tc^{97} *nicht stabil sein kann, wenn bekannt ist, daß* Mo^{97} *stabil ist.* Dieser Gedankengang ist typisch für den gegenwärtigen Stand der Kernsystematik. Durch Kombination gewisser allgemeiner theoretischer Gesichtspunkte mit empirischen Kenntnissen können wir Aussagen über die Stabilität oder Art der zu erwartenden Instabilität fast jedes beliebigen Kerns machen. Wir haben aber noch keine Kerntheorie, die ohne empirische Hilfe Aussagen darüber gestatten würde, *welches* von einer Anzahl von Isobaren ungerader Massenzahl das stabile sein muß.

12. Einzelnukleonen-Modell und kollektives Kernmodell. Magische Nukleonenzahlen, Nukleonen-Quantenzahlen und Eigenschaften des Kernrumpfes

Die vorstehenden Diskussionen haben gezeigt, daß die empirischen Befunde bezüglich der Bindungsenergie der Kerne, der verschiedenen Stabilität der *gg-*, *gu-* und *uu*-Kerne, der Instabilität künstlich radioaktiver Kerne gegen β^-- bzw. β^+-Zerfall oder Bahnelektroneneinfang, die MATTAUCHschen Isobarensätze und die ASTONsche Isotopenregel mittels einer detaillierten Diskussion des Tröpfchenmodells für den Atomkern befriedigend verstanden werden können.

Im folgenden wollen wir zeigen, daß eine ganze Anzahl weiterer empirischer Befunde der Kernphysik widerspruchsfrei gedeutet werden kann, wenn man gewisse einfache und vernünftige Annahmen über die Wechselwirkung der Nukleonen im Kern macht, Annahmen übrigens, die die enge Verwandtschaft unserer theoretischen Vorstellungen vom Aufbau der Atomkerne aus Nukleonen mit denen vom Aufbau der Atomhülle aus Elektronen deutlich machen werden. Das modellmäßig zu deutende Material besteht aus den empirischen Beziehungen zwischen den Kerndrehimpulsen und den magnetischen Kernmomenten, den elektrischen Kernquadrupolmomenten, und aus gewissen empirischen Auswahlregeln für den β-Zerfall, sowie schließlich den Befunden über die besondere Stabilität der durch gewisse „magische" Zahlen von Neutronen und/oder Protonen ausgezeichneten Kerne.

Wir beginnen mit den empirischen Belegen für die ausgezeichnete Rolle der Kerne mit sog. *magischen Protonen- und Neutronenzahlen* 2, 8, 14, 20, 28 sowie besonders 50, 82 und 126, weil diese direkt auf das Einzelnukleonen-Schalenmodell des Atomkerns hinweisen. Hier ist zunächst die auffallend große kosmische Häufigkeit der Elemente $_2\mathrm{He}^4$, $_8\mathrm{O}^{16}$, $_{14}\mathrm{Si}^{28}$ sowie $_{20}\mathrm{Ca}^{40}$ zu nennen (vgl. Abb. 159), deren Protonen- *und* Neutronenzahlen gleich den ersten vier magischen Zahlen sind, sowie die weiteren Häufigkeitsmaxima bei den Elementen Zr ($N = 50$), Sn ($Z = 50$), Ba ($N = 82$) und Pb ($Z = 82$). Für die ausgezeichnete Rolle der Neutronenzahlen 28, 50 und 82 spricht die ungewöhnlich große Zahl von fünf stabilen Nukliden mit $N = 20$ und 28, von sechs stabilen Nukliden mit $N = 50$ und sogar sieben mit $N = 82$. Von den nur drei Isotopen von *gg*-Kernen, die über 60% Häufigkeit im Isotopengemisch ihrer Elemente besitzen, hat $_{38}\mathrm{Sr}^{88}$ die Neutronenzahl 50, während $_{56}\mathrm{Ba}^{138}$ und $_{58}\mathrm{Ce}^{140}$ beide je 82 Neutronen besitzen. Unter den fünf leichteste Isotope ihrer Elemente darstellenden *gg*-Kernen mit einer Häufigkeit von mehr als 2% des Isotopengemischs befinden sich zwei Kerne mit $N = 50$ und zwei mit $N = 82$. Das Element Sn mit 50 Protonen hält ferner den Rekord mit zehn stabilen Isotopen, ein gutes Anzeichen für die besondere Stabilität der Konfiguration von 50 Protonen. Für die magische Protonenzahl 82 und die magische Neutronenzahl 126 spricht schließlich, daß das Pb mit 82 Protonen das stabile Endprodukt aller drei alten radioaktiven Reihen (vgl. Abb. 129) ist und sein häufigstes Isotop $_{82}Pb^{208}$ 126 Neutronen enthält, während das Endprodukt der neuen Neptuniumreihe nach Abb. 129 das Isotop $_{83}Bi^{209}$ mit ebenfalls 126 Neutronen ist.

Diese auffallende Kernstabilität bei gewissen Protonen- und Neutronenzahlen läßt natürlich sofort den Gedanken an die besondere Stabilität und das ausgezeichnete Verhalten der abgeschlossenen Elektronenschalen der Edelgasatome auftauchen. Tatsächlich besteht kein Zweifel daran, daß diese magischen Nukleonenzahlen durch irgendwie abgeschlossene und darum besonders stabile Protonen- bzw. Neutronenschalen (Schalen hier wohl nur in dem weiteren Sinne energetisch bevorzugter Anordnungen) zu erklären sind. In Analogie zu den geringen Ionisierungsenergien der Alkalien ist das nächste, nach einer abgeschlossenen Schale eingebaute Neutron besonders locker gebunden. Hierfür spricht z. B., daß die einzigen bisher bekannten Neutronenstrahler He^5, O^{17}, Kr^{87} und Xe^{137} je ein Neutron über den abgeschlossenen Neutronenschalen 2 bzw. 8 bzw. 50 bzw. 82 besitzen. Daß ferner Kerne mit fast abgeschlossenen Neutronenschalen in Analogie zu der großen Elektronenaffinität der Halogenatome einen besonders großen, solche mit magischen Neutronenzahlen aber einen besonders kleinen Querschnitt für Neutroneneinfang besitzen, paßt ebenfalls in unser Bild.

Das Kernmodell, das sich zur Deutung der magischen Nukleonenzahlen und anderer gleich zu behandelnder Kerneigenschaften gut bewährt hat, ist das *Schalenmodell*, das man auch *Rumpf-Einzelnukleon-Modell* nennen kann. Es beruht, wie das in III,8 eingeführte *Atom*modell der Vielelektronenatome, auf der Annahme abgeschlossener Schalen und zusätzlicher, für die wesentlichsten Kerneigenschaften verantwortlicher Einzelnukleonen.

Die Energiezustände eines atomaren Systems hängen nun nach S. 167 von der Form des Potentialfeldes ab, in dem die Teilchen sich bewegen. So entspricht dem COULOMB-Potential des Wasserstoffatoms die konvergierende Folge der Energiezustände des H-Elektrons, während dem Parabelpotential des harmonischen Oszillators dessen äquidistante Energiestufen Gl. (IV-85) entsprechen. Über das Potential der Kernkräfte haben wir noch keine genaue Kenntnis; im allgemeinen wird ein mehr oder weniger rechteckiger Potentialtopf gemäß Abb. 135 angenommen, der für leichte Kerne mit sehr wenigen Nukleonen in eine parabolische Mulde entartet. GOEPPERT-MAYER sowie besonders HAXEL, JENSEN und SÜSS haben nun 1950 gezeigt, daß man die magischen Nukleonenzahlen befriedigend mittels eines solchen Modells verstehen kann, wenn man die quantentheoretisch gegebene Folge der Energiezustände betrachtet und zusätzlich die von den Verhältnissen in der Elektronenhülle abweichende, aber empirisch gut belegte Annahme macht, daß Spin und Bahndrehimpuls jedes Nukleons sehr eng gekoppelt sind, man es also bei den Kernen im Sinne von III,13 mit der *jj*-Kopplung zu tun hat. Diese führt zu einer sehr großen Dublettaufspaltung, bei der jeweils der Term mit dem größeren Gesamtdrehimpuls (hier *l* statt *j* genannt) tiefer liegt. Man gelangt dann zu der Termanordnung Abb. 148, bei der die mit den magischen Nukleonenzahlen 2, 8, 20, 28, 50, 82 und 126 besetzten Energiezustände von den jeweils nächsthöheren durch eine relativ große Energielücke getrennt sind. Das würde die besondere Stabilität der entsprechenden Nuklide erklären. Dabei besteht natürlich das Energieniveauschema eines Atomkerns aus je einem solchen für die Protonen und für die Neutronen. Die relative Lage der Energiezustände beider Termschemat bestimmt dann ersichtlich die Zahlen der einen bestimmten stabilen Kern bilden.

den Protonen und Neutronen, da wegen der Möglichkeit der Umwandlung unter β-Strahlung die beiden Schemata bis zur gleichen Höhe mit Protonen bzw. Neutronen gefüllt sein müssen.

Wir können also ein Nukleon in der schon für die Atomelektronen benutzten Terminologie durch drei Quantenzahlen bzw. ihre Symbole kennzeichnen und besprechen das am Beispiel eines $4f_{7/2}$-Nukleons. Die erste Zahl, hier 4, entspricht der Hauptquantenzahl. Das Symbol „f" kennzeichnet den Bahndrehimpuls $l = 3\,\hbar$ des Nukleons (allgemein s, p, d, f, ... für $l = 0, 1, 2, 3, ...$), während, wieder in voller Analogie zu den Atomelektronen in III,13, die rechts unten angeschriebene Zahl, hier 7/2, den aus Bahndrehimpuls l und Spin $s = \hbar/2$ sich vektoriell zusammensetzenden Gesamtdrehimpuls I (beim Elektron j) angibt. Nun kann sich nach III,16 ein Atomhüllenelektron mit der Gesamtdrehimpuls-Quantenzahl j auf $2j + 1$ verschiedene Weisen in einem elektrischen oder magnetischen Feld einstellen, wobei wir diese Einstellungen durch verschiedene Werte der Orientierungsquantenzahl m gekennzeichnet hatten. Es gab daher $2j + 1$ verschiedene Elektronen der Quantenzahl j, und das gleiche gilt für Nukleonen der Quantenzahl I. Beim Aufbau der Elektronenhülle hatte sich ferner das PAULI-Prinzip bewährt, nach dem in einem atomaren System keine zwei in allen vier Quantenzahlen identischen Elektronen beisammen sein können. Wegen der durchgängigen Gültigkeit der Quantengesetze nehmen wir das PAULI-Prinzip nun auch für den Kern als gültig an. Dann kann jeder durch die Drehimpulsquantenzahl I gekennzeichnete Kernzustand mit $2I + 1$ Protonen bzw. Neutronen besetzt sein. Diese Zahl schreiben wir oben rechts an das der besseren Übersicht wegen in Klammern gesetzte Symbol des Nukleons an, bezeichnen also fünf Nukleonen im $4f_{7/2}$-Energiezustand durch das Symbol $(4f_{7/2})^5$. Mit diesen Festsetzungen können wir nun, stets in voller Analogie zum Verfahren bei der Atomhülle, die energetische An-

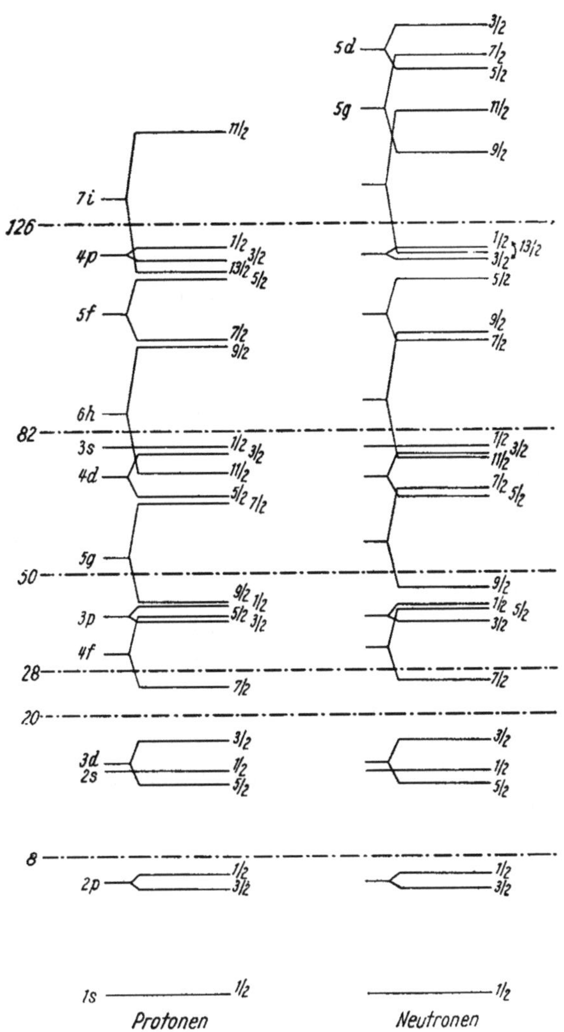

Abb. 148. Termschemata der Protonen und Neutronen. Links jeweils die Symbole für die Haupt- und Bahndrehimpuls-Quantenzahlen, rechts die für den Gesamtdrehimpuls, ganz links die „magischen Nukleonenzahlen".

ordnung der Protonen und Neutronen jedes Kerns durch Hinschreiben der entsprechenden Folge von Nukleonensymbolen angeben und erhalten z.B. für die Protonenanordnung des „magischen" Kerns $_{50}$Sn die Anordnung

$$(1\,s_{1/2})^2\,(2\,p_{3/2})^4\,(2\,p_{1/2})^2\,(3\,d_{5/2})^6\,(2\,s_{1/2})^2\,(3\,d_{3/2})^4\,(4\,f_{7/2})^8$$
$$(3\,p_{3/2})^4\,(4\,f_{5/2})^6\,(3\,p_{1/2})^2\,(5\,g_{9/2})^{10}\,.$$

Wir sehen aus diesem Beispiel bereits, daß das *Aufbauprinzip des Atomkerns* in einem wesentlichen Punkte von dem der Elektronenhülle (vgl. Tab. 9) abweicht. Während bei den Elektronen die Energiezustände kleinster Bahnimpulsquantenzahl am tiefsten liegen, die Aufbaureihenfolge also $1\,s$, $2\,s$, $2\,p$, $3\,s$, $3\,p$, $3\,d$, $4\,s$, $4\,p$, $4\,d$, ... ist, sind bei den Nukleonen umgekehrt die maximalen Bahndrehimpulse $l = n - 1$ bevorzugt, so daß sich die Aufbaureihenfolge $1\,s$, $2\,p$, $3\,d$, ... mit gelegentlichem Zwischeneinbau von Nukleonen geringeren Bahndrehimpulses ($3\,s$, $4\,p$, ...) ergibt. Ein weiterer Unterschied gegenüber der Elektronenhülle ist die Tatsache, daß nach Abb. 148 bei den Kernen die Parallelstellung von Spin und Bahndrehimpuls energetisch tiefere Zustände ergibt als die Antiparallelstellung.

Das Schalenmodell erklärt auch den Zusammenhang von mechanischem Drehimpuls und magnetischem Moment der Atomkerne, die der Wirkung des jeweils einen ungepaarten Einzelnukleons zugeschrieben werden. Die dabei gemachte Annahme, daß je zwei Protonen ebenso wie je zwei Neutronen sich bezüglich ihrer mechanischen Drehimpulse wie magnetischen Momente absättigen (kompensieren), scheint nicht nur sinnvoll aus energetischen Gründen, sondern ist eine notwendige Folgerung aus dem empirischen Befund, daß alle bisher bekannten Kerne mit geraden Protonen- *und* Neutronenzahlen den Kerndrehimpuls und das magnetische Moment Null besitzen. *Wir finden also von Null verschiedene Werte von I und μ nur, wenn ein ungepaartes Neutron oder Proton im Kern vorhanden und damit für sie verantwortlich ist.*

Da der Kerndrehimpuls I sich vektoriell aus dem Eigendrehimpuls $s = \hbar/2$ des Einzelnukleons und seinem Bahndrehimpuls $l = 0$, 1, 2, 3, ... $\hbar$ zusammensetzt, muß sich auch das magnetische Moment μ des ungepaarten Nukleons aus einem vom Spin herrührenden Eigenmoment μ_s und einem Anteil μ_l des Bahndrehimpulses zusammensetzen. Dabei berücksichtigen wir, daß das Neutron nach V,4e zwar ein aus seiner „Struktur" folgendes magnetisches Eigenmoment von $-1{,}91\,\mu_n$ besitzt, seinem Bahnumlauf aber wegen der fehlenden Ladung *kein* magnetisches Moment entsprechen kann. Deshalb erwarten wir in erster Näherung für alle Kerne mit einem ungepaarten Neutron, unabhängig von den Werten des Bahndrehimpulses und des gesamten Kerndrehimpulses I, die magnetischen Momente $-1{,}91\,\mu_n$ oder $+1{,}91\,\mu_n$. Dabei gehört der negative Wert zu parallel

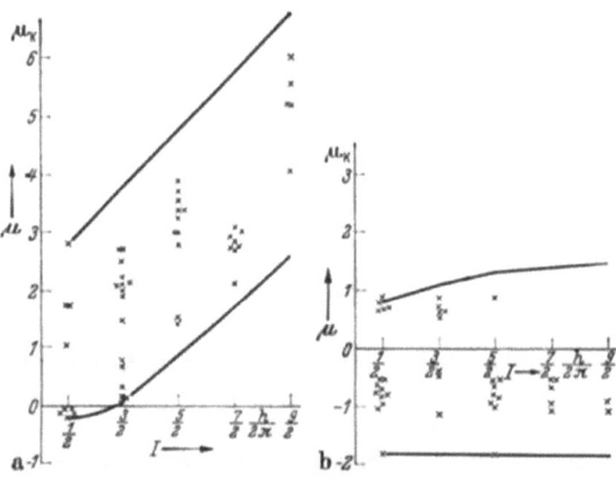

Abb. 149. Abhängigkeit der magnetischen Momente der Atomkerne von ihrem mechanischen Kerndrehimpuls (sog. SCHMIDT-Kurven). a) für Kerne mit überschüssigem, ungepaartem Proton, b) für Kerne mit überschüssigem ungepaartem Neutron. Die gegen die mechanischen Drehimpulswerte I aufgetragenen magnetischen Momente liegen zwischen den SCHMIDT-Kurven.

stehenden Vektoren von mechanischem Spin und Bahndrehimpuls, der positive zu antiparalleler Einstellung der beiden mechanischen Drehimpulse. Tatsächlich liegen nach TH. SCHMIDT gemäß Abb. 149b die μ-Werte aller Kerne mit einem ungepaarten Neutron *zwischen* den beiden parallelen Geraden $\mu = \pm 1{,}91\,\mu_n$ statt *auf* ihnen. Wie steht es nun mit den magnetischen Momenten der Kerne mit einem ungepaarten *Proton*? Da das Spinmoment des Protons $+2{,}79$ Kernmagnetonen beträgt, der Beitrag des Bahndrehimpulses l des Protons aber nach Gl. (III-87/88) l Kernmagnetonen beträgt, gibt es wie bei der Elektronenhülle (III,9b) für den resultierenden Kerndrehimpuls I die beiden Werte $(l \pm s)\,\hbar$. Da wegen $s = {}^1\!/_2$ zu einem bestimmten Wert der Kerndrehimpulsquantenzahl I die beiden l-Werte

$$\left.\begin{aligned} l_1 &= I - {}^1\!/_2 \\ l_2 &= I + {}^1\!/_2 \end{aligned}\right\} \tag{56}$$

gehören, sind für jeden bestimmten I-Wert wegen $\mu = \mu_l \pm 2{,}79$ nur die beiden als gröbste Näherungen anzusehenden Werte des magnetischen Kernmoments

$$\left.\begin{aligned} \mu_1 &= I - {}^1\!/_2 + 2{,}79 \text{ Kernmagnetonen} \\ \mu_2 &= I + {}^1\!/_2 - 2{,}79 \text{ Kernmagnetonen} \end{aligned}\right\} \tag{57}$$

möglich, wobei der erstere Wert paralleler, der zweite antiparalleler Einstellung von Spin und Bahndrehimpuls entspricht. Trägt man nun die magnetischen Momente aller Kerne mit einem ungepaarten Proton gegen ihre Kerndrehimpulse auf, so liegen die Punkte wieder *zwischen* den beiden Kurven Abb. 149a.

Wir verschieben die Deutung dieser Diskrepanz auf den Schluß dieses Abschnitts, um ein paar allgemeine Bemerkungen über Kernmodelle einzuschieben.

In V,11 stellten wir fest, daß eine große Zahl empirischer Befunde über Eigenschaften und Verhalten von Kernen mittels des Tröpfchenmodells des Atomkerns verstanden werden konnte, das eine so dichte Packung der Nukleonen im Kern annimmt, daß eine freie Bewegung einzelner Nukleonen kaum möglich sein sollte. Auf der anderen Seite werden die in diesem Abschnitt behandelten empirischen Ergebnisse nur durch ein Kernmodell (Einzelteilchenmodell) erklärt, in dem die einzelnen Nukleonen durch individuelle Bahn- und Eigendrehimpulse gekennzeichnet sind, das eine weitgehend freie und geordnete Bewegung (Bahnumlauf!) zum mindesten einzelner Nukleonen im mittleren Felde aller übrigen zu gestatten scheint.

Diese freie Beweglichkeit beruht auf einer interessanten Wirkung des PAULI-Prinzips. Wenn sich nämlich Nukleonen im Kern nicht frei bewegen könnten, so müßte das darauf beruhen, daß sie durch Stöße („Reibung") mit Nachbarnukleonen Energie verlieren und dadurch gebremst würden. Gerade dies aber ist nach dem PAULI-Prinzip unmöglich, da alle tiefen Kernzustände mit Nukleonen voll besetzt sind und daher die Kernnukleonen ihre Quantenenergie nicht verlieren und deshalb trotz der dichten Packung im Kern ungestörte „Bahnen" beschreiben können.

Es ist charakteristisch für den gegenwärtigen Zustand der Kerntheorie, daß noch kein Kernmodell alle empirisch bekannten Eigenschaften der Kerne zu beschreiben vermag. So versagt z. B. das Schalenmodell bei der Erklärung der gemessenen Quadrupolmomente, da die empirischen Werte, insbesondere bei Kernen mit nur teilweise gefüllten Unterschalen, wesentlich größer sind als nach dem Schalenmodell für das Außennukleon zu erwarten wäre. Von RAINWATER wurde deshalb in Analogie zum Rumpf-Leuchtelektron-Modell der Alkaliatome (vgl. III,8) die Hypothese eingeführt, daß der Kernrumpf mit den in abgeschlossenen Schalen sitzenden Nukleonen durch das Außennukleon deformiert („polarisiert") wird und damit selbst zum Kern-Quadrupolmoment beiträgt. Dieses *kollektive Modell* scheint tatsächlich den Verhältnissen im Kern sehr nahe zu kommen.

Die Quantentheorie eines Kernmodells mit deformiertem Rumpf ist natürlich komplizierter als die des Schalenmodells. Insbesondere kann der Zustand eines Nukleons, das sich im deformierten Potentialfeld des Rumpfes bewegt, nicht mehr einfach durch die Quantenzahlen n, l und j beschrieben werden. Ähnlich wie ein nichtkugelsymmetrisches, sondern nur noch axialsymmetrisches Molekül nach VI,5 richtig nur durch die Drehimpulskomponente Ω in Richtung der Symmetrieachse beschrieben werden kann, ist diese Quantenzahl, und nicht mehr die des Gesamtdrehimpulses j, eine „gute" Quantenzahl des Außennukleons. Dessen Wellenfunktion ist daher eine Linearkombination von Eigenfunktionen, die verschiedenen j-Werten entsprechen.

Je nach Art und Stärke der Wechselwirkung mit dem Außennukleon ist der Rumpf nur zeitweise oder dauernd deformiert. Im ersteren Fall erwarten wir Schwingungen um eine kugelsymmetrische Form, bei der der Rumpf abwechselnd gestreckt und zusammengedrückt erscheint, während man bei einem dauernd deformierten Rumpf Rotationszustände ähnlich wie bei ellipsoidischen zweiatomigen Molekülen (vgl. VI,9) erwartet.

Bei der Durchführung dieser Theorie behandelten BOHR und MOTTELSON den Kernrumpf als Tröpfchen einer reibungs- und wirbelfreien, inkompressiblen Flüssigkeit und berechneten daraus die zu erwartenden Schwingungszustände, die sich als die äquidistanten des harmonischen Oszillators (vgl. IV,7c) ergaben, während die Rotationszustände des dauernd deformierten Kerns natürlich die des raumfreien Rotators (vgl. IV,7b) sind. Für das Trägheitsmoment des Kerns ergaben sich dabei Werte, die wesentlich unter denen für einen starr rotierenden Rumpf lagen, weil an der Rotation im wesentlichen oberflächennahe Schichten beteiligt sind.

Ein Auftreten der berechneten Schwingungs- und Rotationsspektren des Kernrumpfes wird man aber nur für solche Kerne erwarten können, bei denen die Bewegung des Außennukleons schnell ist im Vergleich zu den Bewegungen des Rumpfes, bei denen also die Rumpf-Außennukleon-Wechselwirkung nur eine relativ kleine Störung der starken Bindung des Außennukleons darstellt, die bei dessen Anregung beansprucht wird. Die Abstände der Anregungszustände des Außennukleons müssen also groß sein gegenüber denen der Schwingungs- und Rotationszustände des Kernrumpfes. Tatsächlich zeigt ein Vergleich der gemessenen Energieniveaus von gg-Kernen mit den erwarteten Rotationsspektren, daß diese nur dort auftreten, wo große Quadrupolmomente auf eine statische Deformation des Kernrumpfes hindeuten. Dabei sind die aus den beobachteten Kernniveaus folgenden Trägheitsmomente größer, als sie für ein rotierendes Flüssigkeitströpfchen zu erwarten wären, hingegen kleiner als bei starrer Rotation des deformierten Kerns zu erwarten.

Auch Schwingungsniveaus lassen sich in den Spektren von gg-Kernen finden; doch gibt das kollektive Modell hier die empirischen Ergebnisse nur in grober Näherung wieder. Dies dürfte daran liegen, daß man das komplizierte Verhalten der Kernmaterie besonders bei stärkerer Schwingung nicht mehr genügend gut durch einen einfachen Oszillatoransatz nach IV,7c darstellen kann. Es zeigt sich aber auch bei den Schwingungsspektren des Kernrumpfes, daß sein Verhalten zwischen dem eines Flüssigkeitströpfchens und dem eines starren Körpers liegt.

Bei der Erklärung der magnetischen Momente der Kerne im Grundzustand bringt das kollektive Modell insofern eine Verbesserung, als es bei starker Rumpf-Außennukleon-Wechselwirkung die tatsächlich beobachtete Verschiebung der Werte in das Gebiet zwischen den SCHMIDT-Linien der Abb. 149 fordert. Eine auf

NILSSON zurückgehende Verfeinerung der Theorie zeigt u. a., daß die aus den gemessenen Quadrupolmomenten abgeleiteten Kerndeformationen für die betreffenden Nukleonenzahlen gerade ein Minimum der Energie ergeben, eben diese Deformationen also zu erwarten sind.

Wir erkennen, wie das in gewisser Weise eine Kombination des Tröpfchenmodells und des Einzelnukleonen-Modells darstellende kollektive Kernmodell doch schon recht feine Züge des empirisch bekannten Verhaltens der Atomkerne zu verstehen gestattet.

13. Entdeckung, Eigenschaften und Wirkungen des Neutrons

Wir haben in den vorhergehenden Abschnitten dieses Kapitels schon dauernd vom Neutron, dem ladungslosen Kernteilchen mit einer der Protonenmasse vergleichbaren Masse gesprochen, ohne auf seine Entdeckung, Eigenschaften, Erzeugungs- und Nachweismöglichkeiten einzugehen. Nach Sammlung der dazu nötigen Kenntnisse holen wir das jetzt nach.

a) Entdeckung, Massenbestimmung und Radioaktivität des Neutrons

Die Existenz des Neutrons wurde 1932 von CHADWICK in kühner, aber physikalisch folgerichtiger Überlegung aus Experimenten von CURIE und JOLIOT sowie eigenen Nebelkammerversuchen mit verschiedenen Gasfüllungen erschlossen. CURIE und JOLIOT wiederholten damals die in V,10 erwähnten Anregungsversuche von BOTHE und BECKER, bedienten sich aber zum Unterschied von letzteren einer Anordnung, die auch auf die noch nicht entdeckten Neutronen ansprach. Dabei stellte sich heraus, daß beim α-Beschuß von Be neben der γ-Strahlung noch eine bis dahin unbekannte Strahlung ausgesandt wurde, da die ionisierende Wirkung zunahm, wenn wasserstoffhaltige Substanzen in die Ionisationskammer gebracht wurden. CURIE und JOLIOT dachten zunächst, daß hier in einem COMPTONschen Streuprozeß (IV,2) durch die BOTHEsche γ-Strahlung Energie auf dann ionisierende Kerne übertragen werden könnte. Erst CHADWICK erkannte, daß die kinetische Energie der ionisierenden Kerne von Stößen mit einem neuen ungeladenen Kernteilchen stammen mußte, das er Neutron nannte, und nach dem RUTHERFORD schon seit 1920 vergeblich gesucht hatte. Durch Anwendung des Impulssatzes auf den zentralen Stoß dieses Neutrons mit einem Proton und mit einem Stickstoffkern erhielt CHADWICK zwei Gleichungen für die Masse und die Geschwindigkeit des Neutrons und konnte daraus berechnen, daß die Masse des Neutrons annähernd der des Protons gleich sein mußte.

Heute bestimmt man die Masse des Neutrons am genauesten aus Reaktionen mit massenspektroskopisch gut bekannten Kernen, z. B. aus der 2,2247 MeV erfordernden Photospaltung des Deuterons in ein Proton und ein Neutron. Das daraus folgende Atomgewicht des Neutrons ist mit 1,0086654 um rund 0,00084 Masseneinheiten (entsprechend 0,78 MeV) größer als die Summe der Massen von Proton und Elektron. *Das Neutron kann daher spontan in ein Proton und ein Elektron (+ Antineutrino) zerfallen:*

$$n \rightarrow p + e^- + \bar{\nu}_e + 0{,}78\,\text{MeV} \tag{58}$$

und muß folglich als radioaktiv, genauer β^--aktiv, bezeichnet werden. Setzen wir die bei seinem Zerfall frei werdende Maximalenergie von 0,78 MeV in das SARGENT-Diagramm Abb. 133 ein, so folgt aus diesem eine Halbwertslebensdauer des Neutrons von etwa 20 min, in guter Übereinstimmung mit dem derzeit besten experimentellen Wert von 12,8 ± 2,5 min. Wegen der starken Wechselwirkung des Neutrons mit fast allen Atomkernen, d. h. wegen seiner großen Absorbierbarkeit, tritt sein spontaner Zerfall bei den meisten Kernexperimenten nicht in Erscheinung, ist aber von grundsätzlicher Bedeutung. Insbesondere kann das Neutron nicht, wie RUTHERFORD ursprünglich angenommen hatte, „aus einem Proton und einem Elektron bestehen", da bei Bindung dieser beiden Teilchen zu einem Neutron die Bindungsenergie abgeführt werden müßte und die Masse des Neutrons deshalb um den entsprechenden Massendefekt kleiner und nicht größer sein müßte als die Summe der Massen von Proton und Elektron. Es ist vielmehr ein neues, im Gegensatz zum Proton aber eben instabiles (β^--aktives) Elementarteilchen.

b) Neutronenquellen

Die zur Entdeckung des Neutrons führende Kernumwandlung

$$_4\text{Be}^9\,(\alpha,\,n)\,_6\text{C}^{12} \tag{59}$$

dient auch heute noch zur Erzeugung von Neutronen konstanter Intensität; wir erwähnten bereits ein Röhrchen mit einem Gemisch von Berylliumpulver und einem α-strahlenden radioaktiven Präparat als Neutronenquelle. Die Energie der schnellsten bei dieser Reaktion frei werdenden Neutronen ist mit 13,7 MeV sehr groß; leider ist aber auch die Streuung der Energiewerte beträchtlich. Neutronen wesentlich geringerer Energie (24 bis 830 keV) können mittels (γ, n)-Prozeß durch die γ-Strahlung künstlich radioaktiver Nuklide aus Deuterium oder Beryllium ausgelöst werden. Solche *Photoneutronenquellen* bestehen folglich aus einer Mischung einer Deuteriumverbindung bzw. von Berylliumpulver mit einem γ-strahlenden Radionuklid. Ihr Nachteil ist, daß die Neutronenausbeute mit dem Zerfall der Radionuklide abnimmt, diese Photoneutronenquellen also eine relativ geringe Lebensdauer haben. Tab. 10 gibt einige dieser Quellen mit ihren Halbwertslebensdauern und Neutronenenergien. Die zuletzt aufgeführte Quelle liefert übrigens gut monochromatische Neutronen.

Tabelle 10. *Photoneutronenquellen mit Halbwertszeiten und Neutronenenergien*

Neutronenquelle	Halbwertszeit	Neutronenenergie MeV
Beryllium mit Sb^{124}	60 Tage	0,024
Deuterium mit Ga^{72}	14 Stunden	0,13
Deuterium mit Na^{24}	15 Stunden	0,22
Beryllium mit La^{140}	40 Stunden	0,62
Beryllium mit Na^{24}	15 Stunden	0,83

Mit künstlich beschleunigten Stoßteilchen kann man ganz erheblich größere Neutronenintensitäten erzeugen. Hier sind besonders die schon bei Deuteronenenergien unter 0,5 MeV sehr ergiebigen Reaktionen

$$_1\text{H}^2\,(d,\,n)\,_2\text{He}^3 \quad \text{und} \quad _1\text{H}^3\,(d,\,n)\,_2\text{He}^4 \tag{60}$$

zu nennen, ferner die aus dem Beschuß von Tritium, Lithium, Beryllium und Kohlenstoff mit schnellen Deuteronen folgenden (d, n)-Umwandlungen, sowie die (p, n)-Reaktionen des Tritiums und Lithiums.

Äußerst energiereiche Neutronen im Bereich um 100 MeV kann man mit Deuteronen aus großen Cyclotrons erzeugen, die sich bei peripheren Stößen mit den Kernen einer Auffängerscheibe im Innern des Cyclotrons wegen ihrer geringen Bindungsenergie von nur 2,2 MeV in Protonen und Neutronen spalten. Da die Protonen durch das Magnetfeld des Cyclotrons sofort in dessen Inneres abgelenkt werden, verläßt nur ein gut kollimierter Neutronenstrahl das Gerät.

Die weitaus mächtigsten Quellen für Neutronen mittlerer und thermischer Geschwindigkeit aber sind die Kernspaltungsreaktoren, die wir in V,16 im einzelnen besprechen werden, und so konzentriert sich heute ein sehr wesentlicher Teil der Neutronenforschung auf die mit solchen Anlagen ausgerüsteten Laboratorien. Die aus diesen Reaktoren durch Fenster austretenden Neutronenstrahlen haben heute Flußdichten bis über 10^{14} Neutronen je cm² und sec.

c) Die Erzeugung thermischer und monochromatischer Neutronen

Da das Neutron wegen der ihm fehlenden elektrischen Ladung von den positiv geladenen Atomkernen nicht abgestoßen wird, können auch langsamste Neutronen in Atomkerne eindringen und diese durch die bei ihrer Absorption frei werdende Bindungsenergie von rund 8 MeV zu Reaktionen anregen. Sie tun das wegen der größeren Wechselwirkungszeit sogar mit um so größerer Ausbeute, je geringer ihre kinetische Energie ist. Es besteht daher an der Erzeugung langsamer und langsamster Neutronen ein besonderes Interesse.

Man bezeichnet speziell als *thermische Neutronen* solche, deren kinetische Energie der wahrscheinlichsten kinetischen Energie kT ihrer Umgebung gleich ist, für die also bei Zimmertemperatur $kT = 0{,}025$ eV und $v_0 = \sqrt{2kT/M} = 2{,}2 \cdot 10^5$ cm/sec ist. Man erzeugt solche thermischen Neutronen, indem man schnelle Neutronen durch genügend dicke Schichten leichter Materie diffundieren läßt, wobei sie ihre überschüssige Energie in elastischen Stößen mit den bremsenden Kernen abgeben. Da diese Energieübertragung um so wirkungsvoller ist, je weniger verschieden die beiden stoßenden Massen sind, benötigt man z. B. für die Abbremsung von 1 MeV-Neutronen in leichtem Wasser im Mittel 18 Stöße, in schwerem Wasser 25, in Beryllium aber bereits 90 und in Kohlenstoff 114. Da der in elastischen Stößen übertragene Energieanteil mit wachsendem Massenunterschied der Stoßpartner abnimmt, werden Neutronen durch Paraffin oder Wasser sehr stark gebremst, während sie das schwere Blei ohne wesentliche Schwächung zu durchdringen vermögen. Bei der Erzeugung thermischer Neutronen ist aber neben der bremsenden Wirkung auch der Absorptionsquerschnitt der bremsenden Kerne für langsame Neutronen zu beachten, da wir die Neutronen zwar abbremsen, aber möglichst wenige von ihnen durch Absorption in der Bremssubstanz verlieren wollen. Einige typische Absorptionsquerschnitte sind, in Einheiten von 10^{-24} cm² — barn gemessen, in Tab. 11 angegeben.

Tabelle 11. *Absorptionsquerschnitte einiger Kerne für thermische Neutronen in barn*

H	D	He	Be	C	O	U^{238}	U^{235}
0,33	0,00046	0	0,01	0,003	< 0,0002	2,75	687

Da Helium als Gas eine zu geringe Dichte besitzt, ist als Bremssubstanz offenbar schweres Wasser besonders geeignet, in nächster Linie dann reiner Kohlenstoff (Graphit) sowie Beryllium und sein Oxyd.

Zur Erzeugung langsamster Neutronen von 0,0018 eV entsprechend einer Temperatur von nur 20 °K läßt man Neutronen durch einen sehr großen Graphitblock diffundieren, so werden sie von den zahllosen Mikrokristallen dieses Materials regellos hin und her gebeugt und schließlich absorbiert, falls ihre DE BROGLIE-Wellenlänge h/Mv kleiner oder gleich der doppelten maximalen Gitterkonstante des Graphits von 3,4 Å ist. Nach der BRAGGschen Beziehung (VII-1) aber können Wellen mit $\lambda > 7$ Å, entsprechend Neutronen mit einer kinetischen Energie kleiner als 0,0018 eV, nicht mehr vom Graphitgitter gebeugt werden, und folglich sind diese und nur diese langsamsten Neutronen imstande, einen Reaktor durch einen sehr großen Graphitblock zu verlassen.

Während die thermischen einschließlich der eben erwähnten „kältesten" Neutronen noch eine statistisch bedingte Geschwindigkeitsverteilung besitzen, benötigt man gelegentlich auch Neutronen genau bestimmter und bekannter Energie, die in Analogie zu Licht genau bestimmter Wellenlänge *monochromatische Neutronen* genannt werden. Die schönste Methode zu ihrer Erzeugung, die allerdings aus Intensitätsgründen eine sehr große Flußdichte des primären Neutronenstrahls verlangt, ist der Neutronenkristallspektrograph, der vollkommen dem in III,1a behandelten Röntgenkristallspektrographen entspricht. Fallen nämlich Neutronen streifend auf einen Kristall der Gitterkonstante a auf, so werden sie so gebeugt, daß unter dem Winkel φ des ersten Beugungsmaximums nur Neutronen der Wellenlänge

$$\lambda = 2\,a \sin \varphi \tag{61}$$

austreten, woraus mit der DE BROGLIE-Wellenlänge (IV-8) für die Geschwindigkeit v der unter dem Winkel φ gebeugten Neutronen die Beziehung

$$v = \frac{h}{2\,M a \sin \varphi} \tag{62}$$

folgt. Die Neutronenbeugung am Kristall kann also für Neutronen des Energiebereichs 0,01–100 eV zur Monochromatisierung verwendet werden.

Bei den anderen verwendeten Methoden zur Herstellung monoenergetischer Neutronen erzeugt man mit mechanischen Mitteln (rotierender Spalt) oder durch Verwendung einer gepulsten Neutronenquelle einzelne räumlich scharf begrenzte Neutronengruppen. Nach einer gewissen Laufzeit ziehen sich diese Gruppen entsprechend den verschiedenen Neutronengeschwindigkeiten auseinander, so daß man nun durch richtig synchronisierte, periodisch arbeitende Verschlüsse („Chopper") Neutronen bestimmter Geschwindigkeit aussieben kann. Leider sind diese Methoden auf relativ langsame Neutronen ($E < 1000$ eV) beschränkt, doch besteht an diesen auch ein besonderes Interesse. Zur Erzeugung annähernd monochromatischer Neutronen hoher Energie muß man Kernprozesse benutzen, in denen solche direkt erzeugt werden.

d) Nachweis und Messung von Neutronen

Zum Nachweis von Neutronen benötigt man indirekte Methoden, weil ungeladene Teilchen beim Durchgang durch Materie ja nicht ionisieren und sich daher in der Nebelkammer, der Photoplatte und den Zählern nicht direkt bemerkbar machen. *Schnelle* Neutronen aber vermögen im zentralen Stoß ihre gesamte kinetische Energie auf die Protonen wasserstoffhaltiger Substanzen zu übertragen (Abb. 150), die dann ihrerseits ionisieren und mit allen in V,2 erwähnten Geräten nachgewiesen werden können. Man füllt dazu entweder Nebelkammer, Ionisationskammer oder Zählrohr mit Wasserstoff oder Kohlenwasserstoffen von genügendem Druck, oder kleidet die Wände dieser Geräte mit Paraffin aus. Auch wasserstoffhaltige Luminophore (vgl. VII,23) in Szintillationszählern werden zur Messung schneller Neutronen benutzt. Für den Nachweis langsamer und im Grenzfall thermischer Neutronen, die keine zur Ionisation ausreichende Energie mehr auf Protonen übertragen können, benutzt man die Wirkung der durch Anlagerung langsamer Neutronen an Kerne ausgelösten (n, γ)-Reaktionen, bei denen Radionuklide entstehen, deren mit dem Zählrohr gemessene β-Strahlung (vgl. V,7) dann ein Maß für die Zahl der langsamen Neutronen ist. Indium und Gold sind Beispiele für derartige *Neutronenindikatoren* großer Empfindlichkeit.

Ein sehr wertvolles Neutronenmeßgerät ist auch ein mit dem Trifluorid BF_3 des Borisotops der Masse 10 gefüllter GEIGER-Zähler. Das $_5B^{10}$ wird nämlich im Stoß mit Neutronen mit großer Ausbeute gemäß der Formel

$$_5B^{10} \cdot n \to {}_5B^{11} \to {}_3Li^7 + {}_2He^4 \tag{63}$$

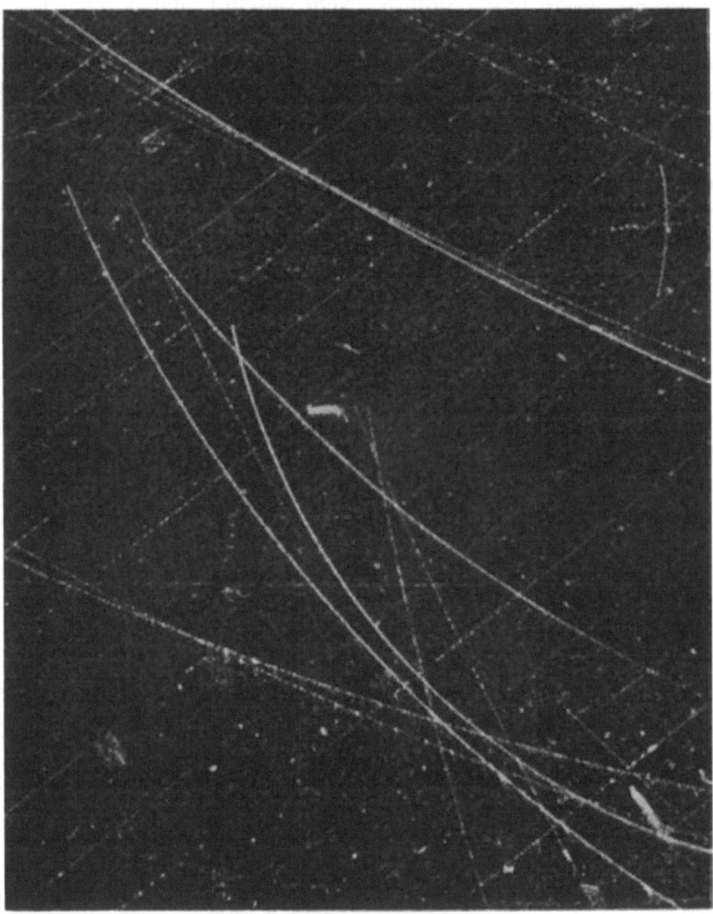

Abb. 150. Nebelkammeraufnahme von Protonen, die aus wasserstoffhaltigem Gas durch Neutronen ausgestoßen werden. Die selbst unsichtbaren Neutronen fallen von oben links in die Nebelkammer ein. Die Protonenspuren sind durch ein Magnetfeld zwecks Energiemessung gekrümmt (Aufnahme zur Verfügung gestellt vom Radiation Laboratory der University of California).

umgewandelt. Die dabei erzeugten α-Teilchen ionisieren im GEIGER-Zähler und können daher indirekt zur Zählung der Neutronen verwendet werden. Eine verwandte Methode der Zählung langsamer Neutronen benutzt B^{10}-haltige Phosphore (vgl. VII,23) oder LiJ-Kristalle. Die durch (n, α)-Reaktionen mit B^{10} bzw. Li^7 erzeugten α-Teilchen regen diese Kristalle zu Szintillationen an und gestatten so indirekt die Neutronen zu zählen.

Eine letzte, vielbenutzte Nachweismethode für Neutronen beruht auf der von ihnen bewirkten Kernspaltung. Nach V,14 regen langsame Neutronen die Kerne des Uranisotops 235 zur Spaltung an, während schnelle Neutronen die gleiche Wirkung, obwohl in geringerem Maße, auf die Urankerne U^{238} haben. Man kleidet deshalb zum Nachweis langsamer Neutronen Ionisationskammern mit Uran 235 und zum Nachweis schneller mit U^{238} aus und benutzt die Ionisierung der bei der Kernspaltung entstehenden energiereichen Kernbruchstücke zum Nachweis der Neutronen (*Spaltkammer*).

e) Spezifische neutronenausgelöste Kernreaktionen

Wir schließen unsere Diskussion des Neutrons mit einer kurzen Besprechung der von Neutronen ausgelösten Kernreaktionen. Stoßwirkungen *schneller* Neutronen sind von denen schneller Protonen nicht grundsätzlich verschieden; erstere können wie letztere die Emission einzelner Neutronen, Protonen und α-Teilchen, bei genügender kinetischer Energie auch den Ausstoß mehrerer Nukleonen aus dem getroffenen Kern bewirken.

Charakteristisch für Neutronen aber ist die Möglichkeit ihres Eindringens in leichte wie schwere Kerne selbst bei geringster Geschwindigkeit. Dabei führt die beim Einfang des Neutrons frei werdende Bindungsenergie von 7–8 MeV stets zur Anregung des entstehenden Zwischenkerns und bei dessen Rückkehr in den Grundzustand dann zur Emission von γ-Quanten. Diese (n, γ)-Reaktionen sind also typisch für langsame Neutronen. Ihre Bedeutung liegt darin, daß die meisten durch Neutronenabsorption entstandenen Nuklide ihren Neutronenüberschuß durch anschließenden β^--Zerfall ausgleichen. *(n, γ)-Reaktionen führen deshalb in der Mehrzahl aller Fälle zu Radionukliden, und die Bestrahlung mit thermischen Neutronen ist das meistbenutzte Mittel zu ihrer Erzeugung.*

Wir haben in V,9b schon erwähnt, daß der Einfangquerschnitt für Neutronen stark von deren Energie abhängt und für gewisse-Energiewerte scharfe Resonanzmaxima besitzt. Ein praktisch wichtiges Beispiel ist der (n, γ)-Prozeß des Uran 238, dessen zahlreiche Resonanzmaxima, darunter das höchste bei 6,7 eV, Wirkungsquerschnitte bis zu mehreren tausend barn besitzen. Das bei diesem Prozeß entstehende U^{239} wandelt sich schließlich in das berühmte Plutonium um. Theoretisch ist das Problem des Resonanzeinfangs von BREIT und WIGNER in Analogie zur optischen Dispersionstheorie behandelt worden, bei der es sich in der Teilchensprache ja um das ganz analoge Problem der Resonanz zwischen einem ankommenden Photon und dem absorbierenden oder streuenden Atom handelt.

Auf die technisch allerwichtigste durch Neutronen ausgelöste Reaktion, nämlich die Spaltung der schwersten Kerne mit ihren weitreichenden Konsequenzen, gehen wir nun genauer ein.

14. Die Kernspaltung

Bei den bisher behandelten natürlichen wie durch mäßig schnelle Stoßteilchen erzwungenen Kernumwandlungen wurden aus dem Zwischenkern außer Elektronen und γ-Quanten stets *einzelne* Nukleonen oder α-Teilchen emittiert. Nur bei sehr hoher Stoßenergie kam man bis zum Zerplatzen des gesamten Kerns (Abb. 163).

Eine grundsätzlich andere, schon 1934 von I. NODDACK als Möglichkeit diskutierte Art von Kernumwandlungen entdeckten HAHN und STRASSMANN 1938, als sie feststellten, daß die bei der Bestrahlung von Uran mit langsamen Neutronen entstehenden radioaktiven Produkte nicht, wie man zuerst geglaubt hatte, sog. Transurane mit Ordnungszahlen über 92, sondern Kerntrümmer mittleren Atomgewichts waren, die von der Spaltung des durch die Neutronenanlagerung entstehenden Uranzwischenkerns herrührten (vgl. die Nebelkammeraufnahme Abb. 151). Weitere Untersuchungen, besonders auch von MEITNER und FRISCH, ergaben bald, daß die Spaltung sehr verschieden verläuft, je nachdem ob sie durch thermische oder durch schnelle Neutronen mit $E_k \geq 1$ MeV angeregt wird. Abb. 152 zeigt den Verlauf des Spaltquerschnittes als Funktion der Energie für das mit thermischen Neutronen spaltbare U²³⁵, sowie für das nur mit schnellen Neutronen,

und auch dann nur mit einem um drei Größenordnungen kleineren Wirkungsquerschnitt spaltbare U²³⁸.

Da die bei der Spaltung entstehenden zwei Kernbruchstücke sich wegen ihrer positiven Ladungen abstoßen, gewinnen sie beim Auseinanderfahren kinetische Energie, die im allgemeinen als Reibungswärme an die Umgebung abgegeben wird; und zwar wird je Spaltung der große Energiebetrag von rund 200 MeV frei. Da ferner der bei Absorption eines thermischen Neutrons durch ein U²³⁵ entstehende Zwischenkern U²³⁶ mit 52 überschüssigen Neutronen einen sehr viel größeren Neutronenüberschuß besitzt als die bei der Spaltung entstehenden Kerne mittleren Atomgewichts im stabilen Zustand, müssen die entstehenden Bruchstücke entweder unter vielfacher β^--Emission Neutronen in Protonen umwandeln, also als radioaktive Kerne sich stufenweise in die entsprechenden stabilen

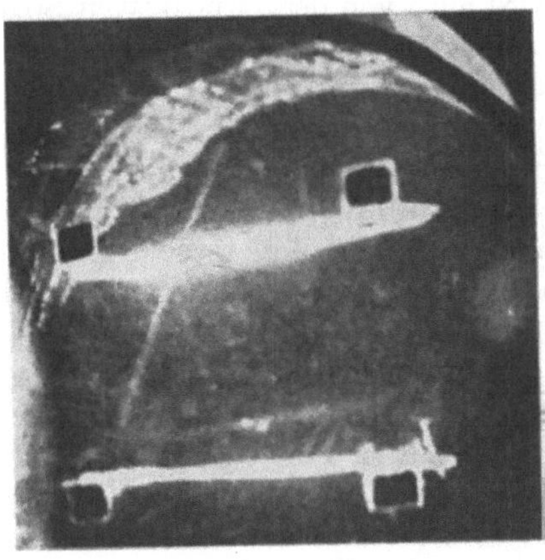

Abb. 151. Nebelkammeraufnahme der HAHN-STRASS-MANNschen Spaltung des Urankerns durch Neutronenanlagerung. Von der oberen horizontalen Uranschicht fliegen die zusammen eine Energie von 160 MeV besitzenden beiden Bruchstücke des gespaltenen Urankerns nach entgegengesetzten Richtungen auseinander (Aufnahme von CORSON und THORNTON).

Kerne verwandeln, oder die überschüssigen Neutronen direkt emittieren. In Wirklichkeit passiert beides gleichzeitig. Die Spaltprodukte gleichen den größten Teil ihres Neutronenüberschusses durch vielfache β^--Emission aus; außerdem aber werden bei jeder Spaltung zwei bis drei Neutronen emittiert. Diese Neutronenemission erfolgt überwiegend direkt bei der Kernspaltung, zu einem geringen Prozentsatz

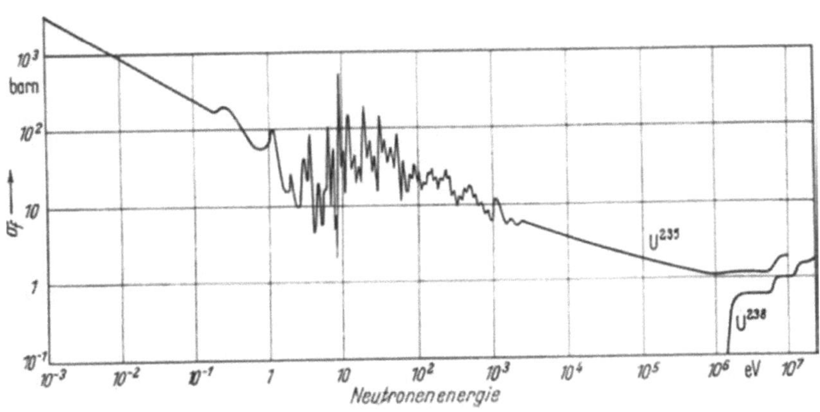

Abb. 152. Abhängigkeit des Spaltquerschnitts von U²³⁵ und U²³⁸ von der Neutronenenergie.

aber auch nachträglich durch hochangeregte Bruchstücke, die ihren Überschuß an Neutronen nicht schnell genug durch β^--Umwandlung loswerden können. Diese spontane wie verzögerte Emission von Neutronen bei der Kernspaltung ist äußerst wichtig, da durch diese Neutronen weitere Urankerne zur Spaltung angeregt werden können und so eine *Kettenreaktion* in Gang kommen kann. Auf die Möglichkeit der praktischen Energieerzeugung auf diesem Wege kommen wir in V,16 zurück.

Da bei der Spaltung wie der folgenden β-Emission angeregte Spaltprodukte entstehen, ist die Kernspaltung stets von starker γ-Strahlung begleitet, und solche wird auch von den radioaktiven Spaltprodukten während ihrer oft recht großen Lebensdauer emittiert. Die gesamte bei der Spaltung von Uran 235 mit langsamen Neutronen frei werdende Energie setzt sich daher aus vier verschiedenen Anteilen zusammen. Es werden im Mittel 162 MeV als kinetische Energie der Bruchstücke abgegeben, 6 MeV als kinetische Energie freier Neutronen, und weitere 6 MeV in Form von γ-Strahlung während der Spaltung. Schließlich werden noch 21 MeV je Spaltprozeß in Form von β- und γ-Strahlung der radioaktiven Spaltprodukte mit einer mehr oder weniger großen Verzögerung abgegeben. Die gesamte Energie je Spaltung beträgt demnach 195 MeV, von denen 174 MeV im Augenblick der Spaltung frei werden.

Neben dem bisher erwähnten Uranisotop der Masse 235 gibt es noch zwei künstlich erzeugbare Nuklide, die sich nach Absorption thermischer Neutronen mit vergleichbar großer Wahrscheinlichkeit spalten, das Uranisotop der Masse 233 und das Isotop 239 des neuen Elements Plutonium, $_{94}\mathrm{Pu}^{239}$. Wir haben bereits erwähnt, daß das in der Natur häufigste, durch langsame Neutronen nicht spaltbare Uranisotop 238 für thermische und etwas schnellere (epithermische) Neutronen einen sehr großen Einfangquerschnitt besitzt [(n, γ)-Prozeß]; und auch der stabile Thoriumkern der Masse 232 absorbiert solche Neutronen mit großem Querschnitt. Die durch diesen Neutroneneinfang entstehenden Zwischenkerne U^{239} und Th^{233} sind nun β^--aktiv und verwandeln sich unter zweimaliger Elektronenemission (nach V,6g natürlich stets verbunden mit Antineutrino-Emission) in leicht spaltbare Kerne gleicher Masse. Wäh-

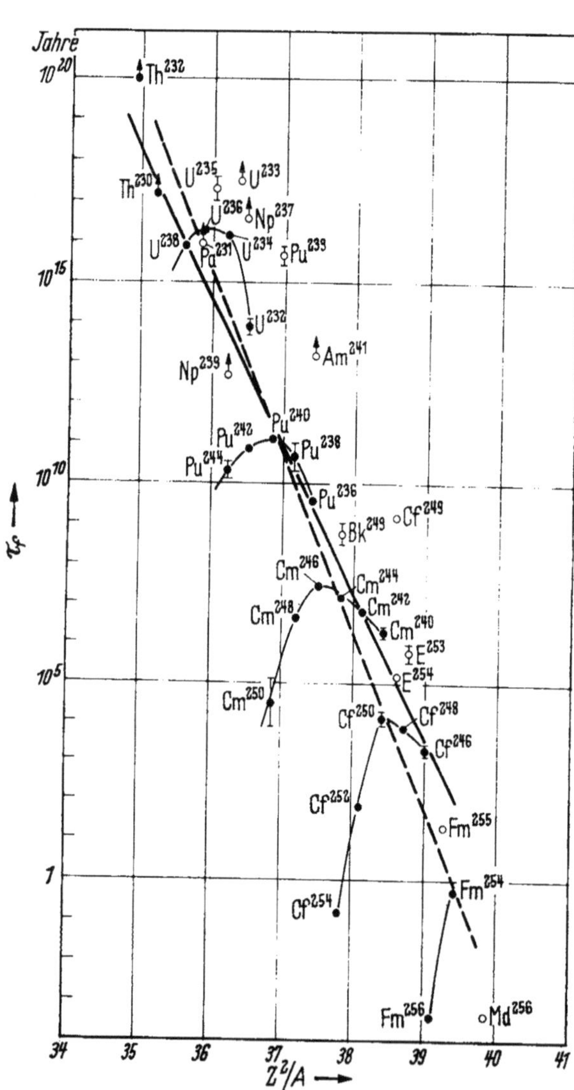

Abb. 153. Halbwertszeiten der schwersten Nuklide für spontane Spaltung, über Z^2/A aufgetragen (nach KRAUT).

rend diese Kerne aber bei der Thoriumreaktionsfolge

$$_{90}\mathrm{Th}^{232}\,(n,\,\gamma)\,_{90}\mathrm{Th}^{233} \to {}_{91}\mathrm{Pa}^{233} + e^- + \bar{\nu}_e \to {}_{92}\mathrm{U}^{233} + e^- + \bar{\nu}_e \qquad (64)$$

bekannten Elementen angehören, entstehen beim β-Zerfall des U^{239} Kerne zweier neuer Elemente, des Neptuniums der Ordnungszahl 93 und des Plutoniums der Ordnungszahl 94:

$$_{92}\mathrm{U}^{238}\,(n,\,\gamma)\,_{92}\mathrm{U}^{239} \to {}_{93}\mathrm{Np}^{239} + e^- + \bar{\nu}_e \to {}_{94}\mathrm{Pu}^{239} + e^- + \bar{\nu}_e. \qquad (65)$$

Auch die neuen Kerne U^{233} und Pu^{239} sind durch thermische Neutronen spaltbar, doch sind die Wirkungsquerschnitte ein wenig von denen des U^{235} verschieden.

Die Kernspaltung kann nicht nur durch Neutronenanlagerung ausgelöst werden. Mit Stoßteilchen genügender Energie können vielmehr praktisch alle Kerne gespalten werden. Die erforderliche Energie aber ist entsprechend der verschiedenen Stabilität der Kerne gegen Spaltung sehr verschieden groß. Zunächst spalten sich mit einer sehr geringen, mit der Massenzahl nach Abb. 153 aber zunehmenden Wahrscheinlichkeit sämtliche schweren Kerne oberhalb des Urans schon spontan, d. h. ohne äußere Energiezufuhr. Durch Neutronenabsorption andererseits entstehen meist angeregte und sich dann spaltende Zwischenkerne sehr verschiedener Stabilität. Während die *gu*-Kerne U^{233}, U^{235} und Pu^{239} gegenüber thermischen Neutronen Spaltquerschnitte von vielen hundert barn besitzen, erfordern benachbarte *gg*-Kerne wie U^{238} und Th^{232} Neutronen von etwa 1 MeV, und die Spaltung der leichteren Elemente ist nur mit Neutronen und α-Teilchen von vielen hundert MeV möglich. Außer durch Teilchenbeschuß läßt sich die Kernspaltung auch durch entsprechend energiereiche γ-Quanten auslösen und wird

dann folgerichtig als *Photospaltung* bezeichnet. Die Kernspaltung erfolgt ferner nicht ausschließlich in zwei Bruchstücke und einige Neutronen, sondern mit der Wahrscheinlichkeit 1 : 400 auch in drei Bruchstücke, wobei das dritte sehr häufig ein α-Teilchen oder anderes leichtes Teilchen, gelegentlich aber auch ein solches vergleichbarer Masse ist.

Zunächst sehr überraschend war der Befund, daß nach Abb. 154 die Spaltung durch thermische Neutronen bevorzugt unsymmetrisch, d. h. in Bruchstücke mit dem ungefähren Massenverhältnis 2 : 3 erfolgt. Die Massen der Spaltprodukte streuen dabei in sehr weiten Grenzen und umfassen alle mittleren Elemente des Periodensystems mit Massen zwischen etwa 70 und 165, jedoch mit ausgeprägten

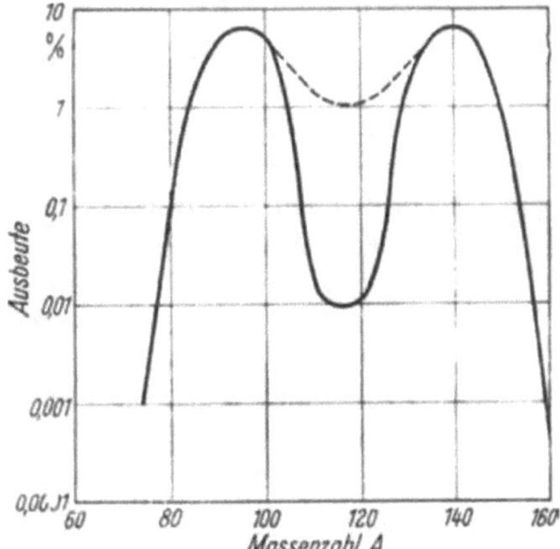

Abb. 154. Ausbeutekurve der Spaltprodukte des U^{236}-Kerns für Spaltung durch thermische und (gestrichelt) durch 14-MeV-Neutronen. Aufgetragen ist die prozentuale Verteilung der Spaltprodukte über deren Massenzahlen.

Häufigkeitsmaxima bei den Massenzahlen 95 und 140. Eine Spaltung im Massenverhältnis 2 : 3 ist also viel wahrscheinlicher als ein Zerfall in zwei gleich große Bruchstücke. Diese Unsymmetrie der Kernspaltung ist aber nur für die Spaltung durch langsame Neutronen charakteristisch und verschwindet nach Abb. 154 für höhere Energien der anregenden Teilchen. Für die Spaltung mit Stoßteilchen von einigen hundert MeV schließlich erhält man Ausbeutekurven mit nur einem Maximum.

Theoretisch ist die Spaltung der schwersten Kerne bei geeigneter Energiezufuhr nicht allzu verwunderlich, da die natürliche Radioaktivität bereits auf eine gewisse Instabilität der Kerne am Ende des Periodensystems hindeutet. Unter Berücksichtigung der Abweichung der Form der schwersten Kerne von der Kugelgestalt (vgl. V,4b) scheint es daher verständlich, daß eine geeignete Energiezufuhr zu inneren Schwingungen zwischen sich abstoßenden Protonengruppen und damit schließlich zum Auseinanderbrechen dieser Kerne führen kann. Auch der empirische Wert der Spaltenergie von etwa 200 MeV ist theoretisch zu erwarten. Das kann auf drei verschiedenen Wegen gezeigt werden. Zunächst folgt aus Abb. 128, daß die mittlere Bindungsenergie je Nukleon für Uran etwa 7,5 MeV beträgt, für die Spaltprodukte mittlerer Massenzahlen dagegen 8,4 MeV. Der Differenzbetrag von 0,9 MeV je Nukleon, multipliziert mit der Zahl 236 der Nukleonen des gespalteten Kerns, gibt tatsächlich die richtige Größenordnung von 200 MeV. Der gleiche Wert folgt aus der plausiblen Annahme, daß die Spaltenergie gleich der kinetischen Energie der sich elektrostatisch abstoßenden Spaltbruchstücke ist:

$$E = \frac{Z_1 Z_2 e^2}{(r_1 + r_2)}, \tag{66}$$

wenn man für die Ladungen Z_1 und Z_2 die den Maxima von Abb. 154 entsprechenden Werte 38 und 54 (deren Summe natürlich die Protonenzahl 92 des Urankerns ergibt) einsetzt, und wenn man die Radien r_1 und r_2 der Bruchstücke nach Gl. (9) berechnet. Wir können die Spaltenergie schließlich aus der Massenbilanz der Reaktion berechnen. Nach Tab. 3 ist die Masse des durch Absorption eines Neutrons entstehenden U^{236}-Zwischenkerns 236,052 Masseneinheiten. Nehmen wir einen Zerfall in die am häufigsten auftretenden Bruchstücke der Massen 95 und 139 an, so sind deren stabile Endprodukte die Kerne Mo^{95} und La^{139}, zu denen, um die Gesamtnukleonenzahl 236 zu ergeben, noch zwei Neutronen hinzukommen müssen. Die Summe der Massen der Spaltprodukte und der zwei Neutronen ist nach Tab. 3 dann 235,829. Durch Subtraktion von der Masse des U^{236}-Zwischenkerns folgt daraus ein Gesamtmassendefekt von 0,223 Masseneinheiten, entsprechend einer theoretischen Spaltungsenergie von 207 MeV.

Aus der eben erwähnten Tatsache, daß die mittlere Bindungsenergie je Nukleon für die Kerne mittlerer Massenzahlen um 0,9 MeV größer ist als die der schwersten Kerne am Ende des Periodensystems, könnte man folgern, daß *alle* schweren Kerne gegen Spaltung instabil wären, und das wirft sofort die Frage auf, weshalb von den in der Natur vorkommenden Kernen nur der U^{235}-Kern so leicht spaltbar ist. Der Grund ist natürlich, daß die Spaltung zwar stets eine stark exotherme Reaktion ist, aber eine für *gu*- und *gg*-Kerne sehr verschiedene Aktivierungsenergie erfordert, genau wie die „Spaltung" verschiedener, unter Normalbedingungen auch durchaus stabiler Sprengstoffmoleküle. Bei den drei durch langsame Neutronen spaltbaren Kernen U^{235}, U^{233} und Pu^{239} reicht die Bindungsenergie eines Neutrons von etwa 7 MeV als Aktivierungsenergie aus, während für stabilere Kerne eine größere Anregungsenergie erforderlich ist, die nur in Form kinetischer Energie der auftreffenden Teilchen geliefert werden kann.

Die Annahme, daß die Kernspaltung auf der abstoßenden Wirkung der 92 Protonen im Urankern beruht, wurde von Bohr und Wheeler unter Benutzung der in V,11 behandelten Theorie des Tröpfchenmodells quantitativ gefaßt und dabei gezeigt, daß tatsächlich der innere „elektrostatische Druck" der sich abstoßenden Protonen oberhalb einer gewissen kritischen Protonenzahl $Z_{kr} = \sqrt{45\,A}$ die von den Kernbindungskräften herrührende Oberflächenspannung übertrifft und der Kern sich dann spontan spalten muß. Die spontane Spaltung kugelförmiger Kerne ist danach erst oberhalb der Ordnungszahl 100 zu erwarten; Abweichungen von der Kugelgestalt vergrößern aber die Spaltwahrscheinlichkeit stark. Daß die Spaltung auch von normalerweise noch stabilen Kernen bei äußerer Energiezufuhr von inneren mechanischen Schwingungen in den Kernen herrührt, hat DÄNZER an Modellversuchen mit Seifenblasen zeigen können, deren Oberflächenspannung er durch elektrische Aufladung nahezu kompensierte. Die Kernspaltung als Folge innerer Schwingungen ist daher eng verwandt der in VI,7a zu behandelnden Dissoziation zweiatomiger Moleküle als Folge übererregter Schwingungen der Atome gegeneinander, und sie kann auch theoretisch ganz analog behandelt werden. Wird so die Kernspaltung selbst durch das Tröpfchenmodell gut verständlich, so benötigen wir das Schalenmodell (V,12) zur Erklärung der unsymmetrischen Spaltung durch thermische Neutronen im Gegensatz zur anscheinend symmetrischen Spaltung durch schnelle Stoßteilchen. Die Ursache dieser unsymmetrischen Spaltung liegt offenbar in der besonderen Stabilität der in V,12 behandelten abgeschlossenen Nukleonenschalen. Schon bei der der eigentlichen Kernspaltung vorausgehenden Gruppierung der gegeneinander schwingenden späteren Bruchstücke sollte sich das Bestreben besonders zur Bildung der abgeschlossenen Neutronenschalen 50 und 82 auszuwirken beginnen. Nimmt man z.B. an, daß sich zunächst abgeschlossene Gruppen von 50 bzw. 82 Neutronen bilden und diesen sich die überschüssigen zwölf Neutronen des $_{92}U^{236}$ nach Abzug der direkt emittierten zu gleichen Teilen zugesellen, und daß schließlich die 92 Protonen sich im Verhältnis 2:3 auf die beiden Bruchstücke verteilen, so erhalten wir für diese die Massenzahlen 92 und 142, die gut mit den aus Abb. 154 zu entnehmenden empirischen Werten 95 und 140 übereinstimmen. Eine Theorie der Spaltung von FONG unter Anwendung von Gl. (55) auf die gegeneinander schwingenden Teilkerne hat die Richtigkeit dieser Vorstellung bestätigt, so daß die Grundzüge der Kernspaltung befriedigend aus der allgemeinen Kernsystematik folgen.

Die spontane Spaltung der schwersten Kerne (vgl. Abb. 153) ist schließlich auch für den Abbruch des Periodensystems in der Gegend der Ordnungszahl 100 verantwortlich, womit eines der lange diskutierten Grundprobleme der Atomphysik seine Lösung gefunden hat. Der Abbruch ist aber kein plötzlicher, da ja die Stabilität verschiedener Isotope schon desselben Elements sehr verschieden sein kann. Es ist daher nicht erstaunlich, daß unter den Produkten der Bestrahlung von Uran mit Neutronen und schwereren Nukliden auch Isotope der elf *Transurane* mit den Ordnungszahlen 93 bis 103 entdeckt worden sind (vgl. Tab. 3). Sie wurden, ebenso wie die vorher noch nicht bekannten Elemente $_{43}Tc$, $_{61}Pm$, $_{85}At$ und $_{87}Fr$ von SEABORG und Mitarbeitern mit mikrochemischen Methoden isoliert und ihre Eigenschaften an Stoffmengen von oft nur wenigen Mikrogramm untersucht, ein bewundernswertes Ergebnis chemischer Experimentierkunst.

15. Die Kernspaltungsbombe und ihre Wirkungen

Wir erwähnten bereits, daß die Emission freier Neutronen bei der Kernspaltung die Freisetzung von Atomkernenergie, sei es in der katastrophalen Form der explodierenden Atombombe oder der kontrollierten Form der Kernreaktoren, möglich gemacht hat. Erst dadurch ist die Kern- und Atomphysik plötzlich in den Mittelpunkt der öffentlichen Erörterung wie der politischen Diskussion gerückt.

Wir beginnen mit der Besprechung der Kernspaltungsbombe, wobei wir diese Bezeichnung wählen, um auf den der Energieerzeugung zugrunde liegenden Prozeß hinzuweisen und den Unterschied zu der später zu besprechenden Wasserstoff- oder Kernfusionsbombe zu betonen. In einer Kugel aus einem der reinen, gegenüber Neutronenanlagerung instabilen Spaltstoffe U^{235}, U^{233} oder Pu^{239}, deren

Durchmesser merklich größer ist als die mittlere freie Weglänge der bei der Kernspaltung frei werdenden Neutronen in diesen Metallen, löst *ein* äußeres Neutron bzw. *eine* spontane Kernspaltung notwendig die Gesamtexplosion aus, weil bei jeder Spaltung eines U^{235}-Kerns im Mittel $v \geqq 2$ Neutronen frei werden, die die entsprechende Zahl weiterer Kerne zur Spaltung anregen, wodurch wieder die v-fache Zahl von Neutronen frei wird usf. Eine solche Reaktionsfolge, bei der die durch Spaltungen erzeugten Neutronen weitere Spaltungen auslösen und diese sich daher durch Multiplikation lawinenartig durch die gesamte spaltbare Masse fortpflanzen, bezeichnet man als *Kettenreaktion*, die dazu erforderliche Masse als *kritische Masse*. In der Uranbombe werden die Spaltungen durch *schnelle* Neutronen ausgelöst, im Gegensatz zu den in V,16 zu behandelnden Reaktoren, bei denen die kontrollierte Kernspaltung überwiegend durch thermische Neutronen erfolgt. Da bei der Spaltung jedes U^{235}-Kerns direkt 180 MeV frei werden, betrüge die bei vollständiger Spaltung (die sich praktisch nicht verwirklichen läßt) in extrem kurzer Zeit auf kleinstem Raum frei werdende Energie je kg Uran 235 etwa 7,5 $\cdot 10^{20}$ erg gleich 20 Millionen kWh gleich $1,8 \cdot 10^{10}$ kcal.

Da die Explosion einer Atombombe ein äußerst schnelles, lawinenartiges Anwachsen der Spaltrate voraussetzt, erfordert sie reines spaltbares Material, das als Uran 235 zu nur 0,7% im natürlichen Uran enthalten ist. Der Aufwand zur Trennung der beiden Isotope 235 und 238 in großtechnischem Maßstab war ungeheuer, und der im Anhang dieses Kapitels angeführte Bericht von SMYTH gibt eine ungefähre Vorstellung von den Problemen und ihrer tatsächlichen Bewältigung in den USA, wo die erste Bombe am 16. Juli 1945 von OPPENHEIMER, BACHER und Mitarbeitern bei Alamogordo in der Wüste von New Mexico zur Explosion gebracht wurde.

Zu diesen Problemen gehörte nicht nur die immer noch geheimgehaltene Berechnung der Abmessungen der Bombe, sondern auch die Verhinderung der Selbstzündung vor dem beabsichtigten Zeitpunkt. Da aus der spontanen Spaltung wie von der Höhenstrahlung her Neutronen zur Auslösung der Kettenreaktion stets vorhanden sind, *muß eine Explosion der gesamten spaltbaren Masse automatisch erfolgen, sobald die zur Explosion erforderliche kritische Masse überhaupt an einem Ort vereinigt ist.* Die Selbstentzündung kann also nur verhindert werden, wenn das spaltbare Material in der Bombe vor deren Zündung in mehreren Teilen unterkritischer Größe vorliegt. Die Zündung wird dann durch die plötzliche mechanische Vereinigung dieser unterkritischen Teile zu einem die kritische Größe übersteigenden Stück ausgelöst. Diese mechanische Vereinigung soll aber so schnell und vollkommen geschehen, daß eine möglichst große Zahl von Kernspaltungen erfolgt, bevor infolge der intensiven inneren Energieerzeugung (Erhitzung) die Bombe mechanisch zerplatzt und damit der Ablauf der Kettenreaktionen abgebrochen wird. Nach Enthüllungen in amerikanischen Zeitungen sollen neuere Bomben aus einer größeren Zahl von unterkritischen Massen bestehen, die durch eine konzentrisch nach innen wirkende Explosion (eigentlich Implosion) geeignet geformter Sprengstoff-,,Linsen" bei der Zündung zusammengebracht werden. Da der sich laufend vervielfachenden Zahl der Spaltungen im Bombenmaterial durch das mechanische Zerplatzen der Bombe ein Ende gesetzt wird, ist deren Wirkungsgrad um so höher, je rascher die zeitliche Aufeinanderfolge der Spaltungen ist. Daher ist es notwendig, durch Verwendung möglichst reinen Materials das Abfangen von Neutronen durch nichtspaltbare Kerne zu vermeiden und die eigentliche Bombe mit einem Panzer aus geeignetem Material hoher Dichte zu umgeben. Dieser soll einerseits möglichst viele der das spaltbare Material nach außen verlassenden Neutronen ohne Abbremsung wieder zurückstreuen, und soll andererseits durch seine große träge Masse das mechanische Zerplatzen der Bombe verzögern.

Welcher Teil des in einer Atomkernbombe verwendeten spaltbaren Materials tatsächlich zum Zerfall kommt und durch seine Energie zur Explosionswirkung beiträgt, ist nicht bekannt, doch dürfte es kaum über 10% sein. Der im Anhang angeführte offizielle amerikanische Bericht über die Wirkung von Kernspaltungsbomben gibt lediglich an, daß die auf Japan abgeworfenen Bomben in ihrer Wirkung der von 20000 Tonnen TNT gleichkamen und dem vollständigen Zerfall von etwa 1 kg Uran 235 entsprachen. Diese Bombe wird im Bericht als *Nominalbombe* bezeichnet, und ihre Wirkung ist der Diskussion zugrunde gelegt. Neuere Verlautbarungen deuten jedoch darauf hin, daß moderne Kernspaltungsbomben ein Vielfaches der Wirkung der Nominalbombe besitzen.

Die Verwendung von Neutronenreflektoren um das spaltbare Material einer Uranbombe herum ermöglicht es auch, „Babybomben" zu bauen. Während ohne Neutronenreflektor der Radius der Uran- bzw. Plutoniummasse größer sein muß als die mittlere freie Weglänge der Neutronen in dem spaltbaren Material, fällt diese Beschränkung fort, wenn man die Neutronen in das spaltbare Material zurücklenken kann. Wie groß dann die Minimalmasse ist, hängt vom Reflexionsbzw. Streuvermögen des Neutronenreflektors ab.

Wir betrachten schließlich mit Rücksicht auf das allgemein-physikalische Interesse noch die nichtmechanischen Wirkungen einer Atombombenexplosion. Nach amtlichen Mitteilungen werden während der eigentlichen Explosion rund 3 % der gesamten frei werdenden Energie in Form von γ-Strahlung emittiert, und weitere 3 % in Form schneller Neutronen. Während diese Kernstrahlung bei der Nominalbombe bis auf über 1 km Entfernung für die große Mehrzahl der von ihr getroffenen Personen tödlich wirken würde, klingt ihre Wirkung mit zunehmender Entfernung vom Ort der Explosion (die in freier Atmosphäre angenommen sei) so schnell ab, daß diese primäre Kernstrahlung in etwas über 2 km keine wesentliche Gefahr mehr darstellen sollte. Weitere 83 % der Gesamtenergie der Bombe werden in kinetische Energie der auseinanderfliegenden Spaltprodukte verwandelt und dienen damit indirekt zur Aufheizung der zentralen Dampfmasse, die ursprünglich die Bombe war. Die dabei erreichte Temperatur soll die Größenordnung von 10^7 °K erreichen, so daß die Atomphysiker damit tatsächlich einen, wenn auch sehr kurzlebigen, richtigen kleinen Stern mit der für das Zentrum von Fixsternen charakteristischen Temperatur erzeugt hätten. Dieser anfänglich sehr kleine „Feuerball" dehnt sich nach Abschluß der eigentlichen Explosion unter Abkühlung sehr schnell aus, wodurch seine strahlende Oberfläche stark wächst. Das Maximum der Wärmestrahlung der Bombe wird daher erst nach einigen Zehntelsekunden erreicht, wenn die Temperatur des dann über 100 m Durchmesser besitzenden Feuerballs nur noch 7000 °K beträgt und somit der Oberflächentemperatur der Sonne vergleichbar ist. Je nach der Durchlässigkeit der Atmosphäre kann diese Strahlung noch auf mehrere Kilometer Entfernung, d.h. weit über die Reichweite der direkten Kernstrahlung hinaus, gefährlichste Verbrennungen hervorrufen. Es versteht sich von selbst, daß die Absorption der γ- und Neutronenstrahlung sowie des kurzwelligen Teils der Wärmestrahlung in der den Feuerball umgebenden Atmosphäre in gewaltigem Umfang ionisierende und photochemische Wirkungen aller Art zur Folge hat.

Die oben noch nicht erwähnten restlichen 11 % der bei der Explosion einer Nominalkernspaltungsbombe frei werdenden Energie werden erst mehr oder weniger lange nach der eigentlichen Explosion in Form von β- und γ-Strahlung der radioaktiven Spaltprodukte frei. Sie geben, zusammen mit dem radioaktiven Zerfall der durch Neutronenbeschuß mittels (n, γ)-Prozeß in der Umgebung des Explosionsorts erzeugten Radionuklide, Anlaß zu den in der Öffentlichkeit mit Recht so beachteten gefährlichen Folgeerscheinungen einer Kernbombenexplosion.

Diese letzteren finden wir natürlich auch bei der Wasserstoffbombe. Bei dieser wird die bei der Explosion einer Kernspaltungsbombe kurzzeitig entstehende hohe Temperatur dazu benutzt, thermische Kernverschmelzungsreaktionen zu erreichen. Allerdings kann es sich dabei nicht darum handeln, die im Innern der Fixsterne nach V,18 ablaufenden Prozesse einfach „nachzumachen", da die fraglichen Reaktionsfolgen viel zu langsam ablaufen. Man geht vielmehr anscheinend von neutronenreichen Nukliden wie Deuteronen $_1H^2$ und Tritonen $_1H^3$ aus, die viel leichter zu α-Teilchen verschmelzen. Aller Wahrscheinlichkeit nach besteht daher die Wasserstoffbombe aus einer Uran- oder Plutoniumbombe mit einem starken Panzer aus Verbindungen des schweren Wasserstoffs und gewisser mit Neutronen Tritium liefernder Elemente wie Li^6. Noch mehr als bei Verwendung eines Berylliumpanzers hat natürlich die Umhüllung einer Kernspaltungsbombe mit einer neutronenliefernden Substanz die Folge, daß die Energieabgabe der Bombe selbst vergrößert wird. Eine nicht unbeträchtliche Zahl spaltbarer Kerne wird nämlich durch diese zusätzlichen Neutronen noch während des Auseinanderfliegens der Bombe zur Spaltung angeregt, zu einem Zeitpunkt also, zu dem ohne neutronenliefernde Hülle die Wahrscheinlichkeit des Zusammentreffens mit einem Neutron bereits gering sein würde.

Mit ein paar Worten sei zum Schluß noch auf die wissenschaftlichen Ergebnisse der Atombombenversuche eingegangen. Zunächst hat man bei den sog GODIVA-Experimenten mit einer fast kritischen Atombombe experimentiert, die man für sehr kurze Zeiten eben kritisch machen konnte, ohne daß die Energieerzeugung zur wirklichen Explosion ausreichte. Aus dem Verhalten dieser bombenähnlichen Reaktoranordnung hat man wichtige Schlüsse auf den Spaltmechanismus und insbesondere dessen Temperaturabhängigkeit ziehen können und hat die bei diesen Versuchen entstehenden äußerst kurzen Impulse von 10^{16} Neutronen zu neutronenphysikalischen Versuchen verwendet.

Aus den eigentlichen Atombombenversuchen hat man nicht nur neuartige Aufschlüsse über die hohe und höchste Atmosphäre und ihre Strömungsverhältnisse sowie über geophysikalische Probleme (aus der Registrierung der Stoßwellen) gewonnen, sondern aus ihren Rückständen z.B. auch die Elemente Einsteinium und Fermium isoliert und den Mechanismus des Aufbaues der schwersten Elemente durch schnell aufeinander folgende Neutronenanlagerungen (vgl. V,18) verstehen gelernt. Welch unerhörte physikalische Wirkungen man *ohne* Gefährdung der Umgebung mit Atombombenexplosionen erzielen kann, zeigte schon die erste unterirdische Explosion von 1957, bei der keinerlei Radioaktivität an die Oberfläche gelangte. Der hohe Energiebetrag von $7 \cdot 10^{19}$ erg $= 2$ Millionen kWh wurde hier 240 m unter der Erde in einer Mikrosekunde freigesetzt und erzeugte in einem Raum von 9 m³ Volumen einen Druck von 7 Millionen Atmosphären bei einer Temperatur von einer Million Grad, wobei in weniger als einer Sekunde 800 t Gestein zu einer glasartigen, fast die gesamte Radioaktivität enthaltenden Masse geschmolzen wurde. Kein Wunder, daß Wissenschaftler und Ingenieure sich heute immer ernsthaftere Gedanken darüber machen, wie man diese enormen Wirkungen und die dabei in einer Mikrosekunde frei werdenden 10^{24} Neutronen wissenschaftlich-technisch-friedlich ausnutzen kann.

16. Die Freimachung nutzbarer Atomkernenergie in Kernreaktoren

Der Kernspaltungsreaktor, der in einer ersten Versuchsausführung am 2. Dezember 1942 in Chicago von FERMI verwirklicht worden ist, soll im Gegensatz zur Bombe eine einstellbare Leistung abgeben; die Zahl der Kernspaltungen je Sekunde muß bei ihm also im stationären Betrieb konstant gehalten werden können. Als Spaltmaterial verwendet man ein mehr oder weniger hoch konzentriertes, u.U. heterogenes, Gemisch eines leicht spaltbaren Materials (U^{235}, U^{233} oder Pu^{239}) mit dem durch langsame Neutronen nichtspaltbaren U^{238} bzw. Th^{232} und steuert durch gleich zu besprechende Mittel den Ablauf der Spaltvorgänge so, daß je Zeiteinheit jeweils die gewünschte Anzahl Neutronen neue Spaltvorgänge anregt, während die restlichen Neutronen sich teilweise an U^{238} bzw. Th^{232} (das auch im Reaktormantel angeordnet sein kann) anlagern und aus ihnen mittels der Reaktionen (64) bzw. (65) leicht spaltbares Plutonium bzw. Uran 233 erzeugen, teils von absorbierenden Materialien im Reaktor abgefangen werden bzw. nach außen entweichen.

Bezeichnen wir nun als *Multiplikationsfaktor k* das Verhältnis der Neutronendichten am Ende und Anfang einer „Generation", so kann sich ein Reaktor offenbar nur selbst unterhalten, wenn sein Multiplikationsfaktor mindestens eins ist. k soll aber auch während der Einstellung auf die gewünschte Leistung nur ganz knapp über eins sein und dann genau auf eins gehalten werden, im Gegensatz zur Bombe, bei der ersichtlich ein möglichst großer Multiplikationsfaktor angestrebt wird. Da im Mittel bei jeder Spaltung 2,5 Neutronen frei werden, hängt die Größe des Multiplikationsfaktors k offenbar davon ab, welcher Bruchteil dieser Neutronen durch Absorption im Uran und den übrigen Reaktormaterialien verlorengeht, bzw. aus dem Reaktor heraus diffundiert, ohne neue Spaltungen zu bewirken. Selbst in einer beliebig großen Menge *natürlichen* Urans z.B. bleibt k stets unter eins, so daß eine Kettenreaktion nicht möglich ist, weil die große Mehrzahl der primären Neutronen im U^{238} unter Bildung von Pu absorbiert wird, bevor sie U^{235}-Kerne zur Spaltung und Freisetzung neuer Neutronen anzuregen vermag.

Um trotzdem zu einem „kritischen" Reaktor mit $k \geqq 1$ zu gelangen, gibt es zwei Wege. Man kann erstens einen Reaktor mit so hoch angereichertem Uran betreiben, daß trotz der Neutronenabsorption im U^{238} und dem Strukturmaterial noch genügend Spaltungen zur Fortführung der Kettenreaktion erfolgen. Man kann zweitens $k \geqq 1$ bei Verwendung von Natururan erreichen, wenn man den Reaktor aus Uranstäben baut, die in eine Bremssubstanz, einen „*Moderator*", eingebettet sind. In diesem werden die bei den Kernspaltungen entstehenden schnellen Neutronen durch elastische Stöße unter die S. 284 erwähnte Energie von 6,7 eV abgebremst, bei der sie vom U^{238} besonders stark absorbiert werden würden, und zwar soll diese Abbremsung möglichst erfolgen, bevor die Neutronen eine merkliche Aussicht haben, wieder U^{238}-Kerne zu treffen. Bei einem solchen „*heterogenen thermischen Reaktor*" erfolgen die Spaltungen also durch langsame, thermische Neutronen mit deren großem Spaltquerschnitt. Als Bremssubstanz benötigt man bei ihm nach V,13c ein Streumaterial von geringem Atomgewicht (damit bei jedem Stoß ein möglichst großer Prozentsatz der Neutronenenergie übertragen wird), von großem Streuvermögen, und von möglichst verschwindendem Absorptionsvermögen für Neutronen, damit bei der Streuung nicht wertvolle Neutronen unnötig verlorengehen. Deuterium in der Form von schwerem Wasser (D_2O), reinster Kohlenstoff in der Form von Graphit, sowie reinstes Beryllium oder sein Oxyd kommen daher als Bremsmaterial in erster Linie in Frage. Die größten heute in Betrieb befindlichen Kraftwerksreaktoren arbeiten mit Graphit oder (trotz dessen hoher Neutronenabsorption) gewöhnlichem Wasser als Bremssubstanz.

Betrachten wir, wie bei einem solchen Reaktor im stationären Betrieb der Multiplikationsfaktor $k = 1$ erreicht wird. Dieser ist nach der einfachsten Theorie gegeben durch die berühmte Formel

$$k = \varepsilon\, p\, f\, \eta\, L. \tag{67}$$

Hier ist ε der sog. *Schnellspaltfaktor*, der angibt, wie sich die als Anfangszustand (1. Generation) betrachtete Zahl primärer Spaltneutronen dadurch erhöht, daß diese noch als schnelle Neutronen in geringem Umfang U^{235}- und U^{238}-Kerne zur Spaltung anzuregen vermögen. Für Natururanreaktoren liegt ε bei etwa 1,03. Der Faktor p, die sog. *Resonanzdurchgangswahrscheinlichkeit*, gibt den Bruchteil der primären schnellen Neutronen an, der auf thermische Energie abgebremst wird, ohne vorher durch Resonanzabsorption im Uran verlorenzugehen; er ist bei gut gebauten Natururanreaktoren von der Größenordnung 0,9. Der Faktor f gibt an, welcher Prozentsatz der auf thermische Energie abgebremsten Neutronen im Uran, d.h. nicht im Moderator und den anderen Materialien des Reaktors absorbiert wird; auch er ist meist etwa 0,9. Jedes der $\varepsilon p f$ im Uran absorbierten thermischen Neutronen erzeugt nun im Mittel durch thermische Spaltungen η neue schnelle Neutronen, wobei η für Natururan 1,32, für reines U^{235} aber 2,08 ist. Daß je Spaltung primär $\nu = 2,5$ Neutronen entstehen und η trotzdem so viel niedriger ist, liegt daran, daß im Natururan auch noch thermische Neutronen von U^{238} abgefangen werden und schließlich die von U^{235}-Kernen absorbierten thermischen Neutronen nicht alle Spaltungen, sondern zu etwa 20 % auch (n, γ)-Prozesse bewirken, also keine neuen Neutronen erzeugen. Beim unendlich ausgedehnten Reaktor wäre also der dann k_∞ genannte Multiplikationsfaktor

$$k_\infty = \varepsilon\, p\, f\, \eta \quad \text{(sog. Vierfaktoren-Formel)}. \tag{68}$$

Beim wirklichen Reaktor endlicher Größe muß k_∞ noch mit dem Nichtleckfaktor L multipliziert werden

$$k_\text{eff} = k_\infty L\,, \tag{69}$$

da der durch *Leckverlust* aus der Oberfläche verlorengehende Anteil $(1-L)$ der Neutronen ja für die Fortführung der Kettenreaktion ausfällt.

Man sieht also, *daß man bei dem geringen η-Wert von Natururan (1,32) nur durch optimale geometrische Anordnung von Brennelementen und Moderator sowie durch Verwendung wenig neutronenabsorbierender Materialien im Reaktor so große Werte von p und f erreichen kann, daß k_{eff} größer als eins wird.* In jedem Fall gibt es ferner, da die für den Leckverlust maßgebende Oberfläche des Reaktors mit dessen zunehmender Größe weniger stark wächst als sein Volumen, eine von der Reaktorform abhängende Mindestgröße (kritische Größe), unterhalb der der Reaktor wegen zu großen Leckverlustes überhaupt nicht kritisch wird. Bei Verwendung von angereichertem Uran mit seinem größeren η-Wert liegt die kritische Größe natürlich entsprechend unter der von Natururanreaktoren.

Da die k bestimmenden Größen in (67) in komplizierter Weise temperaturabhängig sind und ferner im Lauf des Betriebes nicht nur Spaltstoff verbraucht wird, sondern auch neutronenabsorbierende Spaltprodukte entstehen und sich im Reaktor ansammeln, hängen k_eff und die als *Reaktivität* bezeichnete Größe $(k_\text{eff} - 1)/k_\text{eff}$ von der Temperatur wie dem Abbrandzustand der Brennelemente ab und sinken im allgemeinen mit zunehmender Temperatur (wichtig bei Kraftwerksreaktoren hoher Betriebstemperatur!) und Betriebsdauer. In einen neuen, kalten Reaktor muß man deshalb eine beträchtliche Überschußreaktivität von oft 20 %, entsprechend einem k_eff bis zu 1,20 „einbauen". Den für den stationären Betrieb nötigen Wert $k_\text{eff} = 1$ kann man dann einstellen, indem man durch mehr oder weniger weites Einschieben von Stäben aus neutronenabsorbierendem Cadmium oder Bor in den Reaktor die überschüssigen Neutronen herausfängt. Durch genügend weites Einschieben der Regelstäbe kann man natürlich auch $k < 1$ machen und den Reaktor damit abstellen. Letzteres geschieht im Gefahrenfall durch automatisches Einschießen von Abschaltstäben in den Reaktor.

Ein Punkt bedarf hier aber noch der Erörterung. Bei der schnellen zeitlichen Aufeinanderfolge der Spaltprozesse würde die besprochene Regelung nicht schnell genug wirksam werden, eine Zunahme der Spaltrate also in Bruchteilen einer Sekunde zur Zerstörung der Anlage führen können, wenn die Natur selbst nicht eine Verzögerung vorgesehen hätte. Etwa 0,75 % der bei der Spaltung von U^{235} emittierten Neutronen werden nämlich nicht „sofort" bei der Spaltung, sondern mit einer mittleren Verzögerung von etwa 10 sec erst von Spaltprodukten emittiert, die ihren Neutronenüberschuß (vgl. VII,14) nicht schnell genug durch β-Umwandlung los werden können. Da der Multiplikationsfaktor jedes Reaktors aber eins oder ganz knapp über eins ist, beruht jede Vergrößerung dieses Faktors und damit der Energieerzeugung auf der Wirkung dieser *verzögerten Neutronen*, und dieser Energiezuwachs erfolgt daher nach anfänglich schnellem Anstieg langsam, kann also durch automatisch geregeltes Einschieben von Absorberstäben in den Reaktor rechtzeitig kompensiert werden.

Aus der je Spaltprozeß sofort frei werdenden Energie von etwa 180 MeV errechnet sich mittels der Energiebeziehung (III-10), daß zur Erzeugung einer Leistung von 1 W die Spaltung von $3 \cdot 10^{10}$ Kernen je Sekunde erforderlich ist. Nun ist die sekundliche Energieerzeugung, d.h. die Leistung eines Kernreaktors, dem Volumen V, der mittleren Dichte N der spaltbaren Kerne je cm³, deren Spaltquerschnitt σ für Neutronen und dem mittleren Neutronenfluß nv je cm² und Sekunde im Reaktor proportional, wobei n und v die mittlere Dichte und Geschwindigkeit der stoßenden Neutronen bezeichnen. Die Leistung eines Kernreaktors ist folglich

$$L\,[\text{Watt}] = \frac{n\,v\,N\,\sigma\,V}{3\cdot 10^{10}}\,, \tag{70}$$

wobei nach Abb. 152 der Spaltquerschnitt von U^{235} für thermische Neutronen 580 barn beträgt, für schnelle Neutronen aber um einen Faktor 10^3 kleiner ist.

Gl. (70) gibt die Leistung eines kritischen Reaktors als Funktion seines Volumens, der Spaltstoffkonzentration und der Neutronenflußdichte an, sagt aber nichts über die kritische Größe selbst aus. Diese hängt von k_∞ und der sog. *Wanderlänge l* ab, die ein Neutron in dem betreffenden Reaktor im Mittel zwischen seiner Erzeugung und seiner Absorption zurücklegt. Für den Radius R_k eines eben kritischen kugelförmigen Reaktors gilt

$$R_k = \frac{\pi\,l}{\sqrt{k_\infty - 1}}\,. \tag{71}$$

Tatsächlich baut man den Reaktor stets etwas größer, um für Regelzwecke sowie zum Ausgleich der Spaltstoffverarmung wie der neutronenabsorbierenden Spaltprodukte während des Betriebes eine gewisse Überschußreaktivität verfügbar zu haben.

Bei der Verwendung von Natururan als Brennstoff liegt der Multiplikationsfaktor k_∞ so wenig über eins, daß man durch entsprechende Größe des Reaktors den Leckverlust und durch Wahl geeigneter Konstruktionsmaterialien die Neutronenabsorption kleinhalten muß, um die für den Abbrand erforderliche Überschußreaktivität zu erhalten. Natururan-Graphit-Reaktoren erfordern wegen der Neutronenabsorption und dem geringeren Bremsvermögen des Graphits ein bedeutend größeres Volumen und eine größere Uranmenge als solche mit D_2O als Moderator, während am kleinsten solche mit fast reinem U^{235} sind. Dabei sucht man stets den Verlust an Neutronen infolge radialer Auswanderung dadurch zu verkleinern, daß man den Reaktorkern mit einem *Neutronenreflektor*, hier aus Graphit, leichtem bzw. schwerem Wasser oder Beryllium bzw. dessen Oxyd, umgibt.

Bezüglich Konstruktionseinzelheiten wie -schwierigkeiten ist zwischen Forschungs-Reaktoren, Plutoniumerzeugungs-Reaktoren und Energieerzeugungs-Reaktoren zu unterscheiden. Während bei den beiden erstgenannten Gruppen die erzeugte Wärme unerwünschtes Abfallprodukt ist und daher bei der niedrigen Temperatur von nur 50 bis 100 °C abgeführt wird, soll im Kraftwerksreaktor hochwertige Wärme, d.h. solche möglichst hoher Temperatur, erzeugt und in Dampfform Turbinen zugeführt werden. Die besonderen Entwicklungsschwierigkeiten liegen hier in der technologischen Beherrschung des Verhaltens der Reaktorbaustoffe gegenüber Korrosion und Strahlung bei Temperaturen von 300 bis 600 °C, und in der Sicherung gegen die große Radioaktivität des Reaktors.

Forschungsreaktoren benötigt man für alle Arbeiten mit Neutronen großer Flußdichte, z.B. für die Neutronenbeugung, zur Untersuchung des Materialverhaltens unter Neutronen- und γ-Strahlung sowie zur Erzeugung der für Wissenschaft und Technik immer wichtiger werdenden radioaktiven Nuklide, die sich als Spaltprodukte im Reaktor ansammeln oder durch Neutronenbestrahlung erzeugen lassen und nach chemischer Abtrennung an Forschungsinstitute und Krankenhäuser der ganzen Welt verschickt werden. Die Leistungen von Forschungsreaktoren liegen zwischen Bruchteilen eines Watt und über 10000 kW, solche von *Materialprüfreaktoren* zwischen 10000 und 200000 kW. Sie bestehen meist aus stabförmigen oder der besseren Wärmeabfuhr wegen plattenförmig unterteilten Spaltstoffelementen (Abb. 157) aus natürlichem oder angereichertem Uran, die, zur Ver-

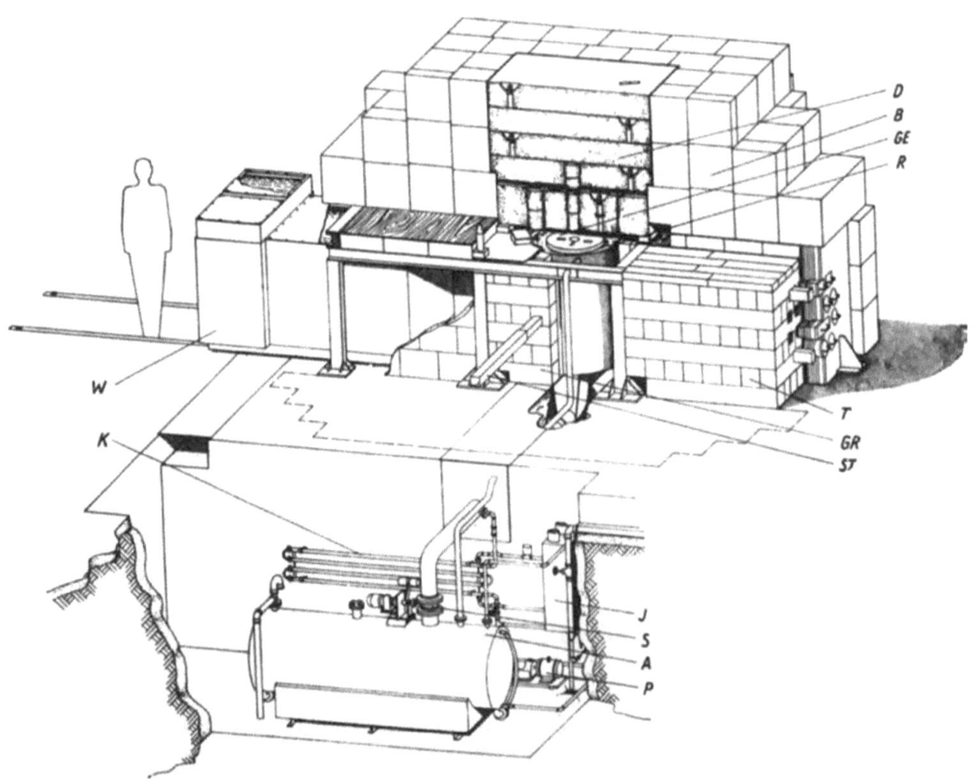

Abb. 155. Der Siemens-Argonaut-Forschungsreaktor. *R* Ringkern mit Plattenelementen aus 20%ig angereichertem Uran, *GE* Graphiteinsatz, *B* Betonblock-Abschirmung, *D* abnehmbarer Deckel, *T* thermische Kolonne aus Graphit, *GR* Graphit-Reflektor, *ST* Stahlrohr für Neutronen-Experimente, *J* Ionentauscher, *S* Schnellablaß-Ventil, *A* Ablaßtank, *P* Kühlwasserpumpe.

hütung von Korrosion sowie zum Zurückhalten der radioaktiven Spaltprodukte in vakuumdichten Metallhülsen steckend, in Graphit oder schweres bzw. leichtes Wasser eingebettet sind. Außerdem sind die schon erwähnten Stäbe aus Cadmium oder Borverbindungen zur Regelung und zum Abstellen vorgesehen, sowie ein Kühlsystem. Abb. 155 zeigt schematisch den Aufbau eines kleinen Forschungs- reaktors, Abb. 156 eine der ersten großen Anlagen. Alle Reaktoren sind mit einem

Abb. 156. Gesamtansicht des kanadischen, mit schwerem Wasser arbeitenden großen Chalk-River-Forschungsreaktors NRX mit Bedienungs- und Meßapparaturen (Aufnahme zur Verfügung gestellt von der Atomic Energy of Canada Limited).

Neutronenreflektor und einem Strahlenschutzschild aus Schwerbeton von etwa 2 m Dicke umgeben. Durch Öffnungen *(Strahlrohre)* können Neutronen aus dem Reaktor austreten und zu Bestrahlungen und Messungen aller Art auch außer- halb des Reaktors verwendet werden (vgl. Abb. 156). Zu bestrahlende Materialien können andererseits auch in den Reaktor eingeschleust und dort dem allseitigen Strahlungsfluß ausgesetzt werden. Während man für einen Graphitreaktor min- destens 30 t Natururan benötigt, genügen für einen Schwerwasserreaktor bereits wenige Tonnen Natururan, während die kritische Masse der kleinsten Forschungs- reaktoren unter 700 g U^{235} liegt. Die für Forschungsreaktoren entscheidende Neu- tronenflußdichte nv liegt zwischen etwa 10^6 und 10^{13} Neutronen je cm^2 und sec und erreicht heute maximal Werte bis 10^{15}. Diese sind namentlich für Material- untersuchungen wichtig, bei denen aus den Wirkungen langsamer und schneller Neutronen wie von γ-Strahlung auf die Struktur von Festkörpern und Flüssig- keiten sich interessante Querverbindungen der Kernphysik zur Festkörperphysik (Kap. VII) ergeben.

Bei den durch hohe Kühlmitteltemperatur gekennzeichneten Kraftwerksreaktoren zur Elektrizitätserzeugung wie zum Antrieb von Schiffen ist die Entwicklung noch voll im Gange. Bewährt haben sich bisher nur heterogene thermische Reaktoren, die entweder mit leichtem Wasser als Moderator und Kühlmittel arbeiten, wegen dessen Neutronenabsorption aber angereichertes Uran als Spaltstoff benötigen, oder mit Graphit bzw. D_2O als Moderator und CO_2 oder D_2O als Kühlmittel mit dem viel billigeren Natururan betrieben werden können. Auch organische Flüssigkeiten und Natrium werden in Versuchskraftwerken als Kühlmittel erprobt. Selbstverständlich wird in *allen* mit Natururan oder leicht angereichertem Uran arbeitenden Reaktoren zwangsläufig U^{238} in Plutonium ver-

Abb. 157. Uran-Brennelemente für Kernreaktoren. Stehend: Plattenelement für Forschungsreaktor (U_3O_8 zwischen Al-Platten gewalzt), liegend: Rohrbündel-Brennelement für Kraftwerksreaktor mit UO_2-Tabletten in Zirkonhülsen.

wandelt, das teilweise direkt im Reaktorbrennelement (Abb. 157) gespalten, teilweise nach chemischer Abtrennung zur Herstellung neuer Brennelemente verwandt wird.

Neben diesen mit thermischen Neutronen arbeitenden Reaktoren dürfte auf lange Sicht auch der ohne Moderator arbeitende „*schnelle Reaktor*" in der Form des sog. Brutreaktors eine große Rolle spielen. Da der Absorptionsquerschnitt der Baumaterialien eines Reaktors für schnelle Neutronen sehr klein ist, kann man es durch entsprechende Anordnung erreichen, daß die Mehrzahl der nicht für Spaltungen verbrauchten Neu-

tronen im Reaktor und in einem diesen umgebenden Mantel aus U^{238} oder Th^{232} spaltbares Pu^{239} bzw. U^{233} erzeugt. Da nun bei einer Uranspaltung im Mittel 2,5 und bei der Pu-Spaltung sogar 3 Neutronen frei werden und nur eines zur Fortführung der Reaktion, d. h. für die folgende Spaltung benötigt wird, besteht grundsätzlich die Möglichkeit, mittels eines schnellen Reaktors *aus schwer spaltbarem* U^{238} *merklich mehr spaltbares Material zu erzeugen, als gleichzeitig unter Energieerzeugung verbraucht wird.* In diesem Fall spricht man vom Brutprozeß und *Brutreaktor*, während man als *Konverter* solche Reaktoren bezeichnet, in denen zwar auch neues spaltbares Material erzeugt wird, aber weniger, als gleichzeitig durch Spaltung verbraucht wird. Mit dem schon 1951 in den USA erbauten ersten schnellen Brutreaktor ist es tatsächlich gelungen, diesen Brutprozeß mit einem Brutfaktor über 1 erfolgreich zu verwirklichen. Auch in gewissen thermischen Reaktoren läßt sich aus Thorium 232 mehr spaltbares Uran 233 erzeugen als gleichzeitig verbraucht wird, doch liegt der Konversionsfaktor wegen der größeren Absorption der langsamen Neutronen beim *thermischen Thoriumbrüter* nur wenig über eins.

Die bisher behandelten langsamen und schnellen Reaktortypen bezeichnet man als „heterogene" Reaktoren, weil Brennstoff, Kühlsubstanz und Bremssubstanz (falls vorhanden) räumlich getrennt im Reaktor angeordnet sind. Im Gegensatz dazu wird beim *homogenen Reaktor* der Brennstoff in homogener Mischung mit dem Moderator, und zwar meist in flüssiger Form, verwendet. Der einfachste solche homogene Reaktor besteht aus einer Stahlblechkugel von nur 30 cm Durchmesser, in der sich eine wäßrige Lösung von spaltbarem Uranylsulfat befindet. Die gelösten Uranatome, deren gesamte Masse bei diesem Reaktor unter 900 g bleiben kann, bilden das spaltbare Material, während die zwischen ihnen liegenden Wasserstoff- und Sauerstoffatome der Lösung als Bremssubstanz wirken. Bei diesen kleinen Forschungsreaktoren (sog. *Wasserkocher*) führt man die erzeugte Wärme durch eine eingelegte Kühlschlange ab, pumpt aber bei größeren Versuchsanlagen die gesamte, natürlich sehr stark radioaktive Lösung bzw. statt ihrer eine wäßrige Aufschwemmung von UO_2-Staub direkt durch einen Wärmeaustauscher, um die abgeführte Wärme zur Dampferzeugung auszunutzen.

Wenn der homogene Reaktor sich als Kraftwerksreaktor trotz unbestreitbarer Vorteile wie hervorragender Selbststabilisierung und der Möglichkeit kontinuierlicher chemischer Aufarbeitung des Spaltstoffs bisher nicht hat durchsetzen können, so liegt das an den technologischen Schwierigkeiten, die bei höchst radioaktiven Lösungen und Aufschwemmungen mit Korrosion und Erosion nun einmal verbunden sind. Ob einem interessanten neuen Reaktortyp, der geschmolzene Uransalze als Spaltstoff verwendet, ein besseres Schicksal beschieden sein wird, bleibt abzuwarten.

Auf die mit der Entwicklung vollständiger Reaktorkraftwerke verbundenen technischen Probleme braucht hier nicht mehr eingegangen zu werden, weil sie durch die schon errichteten und im Bau befindlichen Großanlagen bis zu einer Million Kilowatt elektrischer Leistung allgemein bekannt geworden sind.

Die hier behandelten Kernreaktoren beruhen ausschließlich auf dem Prozeß der Kernspaltung. Wenn wir uns klarmachen, daß dabei weniger als 1/1000 der Masse der spaltbaren Kerne in Energie verwandelt wird, erhebt sich sofort die Frage, ob es nicht noch andere und ertragreichere Prozesse für die Freimachung von Kernenergie gibt, d.h. Möglichkeiten der Umwandlung eines größeren Teils der Kernmasse oder gar der gesamten Kernmasse in Energie. Die letzte Möglichkeit hat Physiker und Ingenieure seit dem Beginn der Kernphysik gefesselt, und man hat eine Weile sehr ernsthaft die Frage erörtert, ob die gewaltige Energie der in V,20 zu besprechenden primären Höhenstrahlteilchen nicht von solchen Zerstrahlungsprozessen herrühren könnte, was sich allerdings als falsch erwiesen hat. *Nachgewiesen* und theoretisch zu erwarten ist die völlige Zerstrahlung, wie wir in V,21 erfahren werden, nur für Paare von Elementarteilchen und ihren Antiteilchen, deren kombinierte Masse sich tatsächlich völlig in Strahlungsenergie verwandeln kann. Eine technische Ausnützung solcher Prozesse ist aber kaum zu erwarten.

Ein Blick auf Abb. 144 aber zeigt, daß es außer der Spaltung der schwersten Atomkerne unter Energieabgabe auch den umgekehrten Prozeß, die Verschmelzung leichter Kerne zu schwereren, fester gebundenen gibt, einen exothermen Prozeß also, der der chemischen „Verschmelzung" von Kohlenstoff und Sauerstoff zu CO_2 in unseren Öfen unter Wärmeabgabe äquivalent ist. Wir werden in V,18 erfahren, daß auf dieser Verschmelzung von Wasserstoff zu Helium die Energieproduktion in unserer Sonne und den meisten Fixsternen beruht. Wir behandeln deshalb die Möglichkeiten der Ausnutzung solcher Kernfusionsreaktionen erst in V,19.

17. Anwendungen stabiler und radioaktiver Isotope

Die Entwicklung der in II,6d erwähnten Isotopentrennanlagen hat die Darstellung nutzbarer Mengen reiner oder weitgehend angereicherter stabiler Isotope möglich gemacht, und als Folge der Entwicklung der Kernreaktoren sind auch Hunderte von radioaktiven Nukliden in fast beliebigen Mengen verfügbar geworden. Diese Radionuklide werden von anderen radioaktiven Spaltprodukten oder von ihrer neutronenbestrahlten „Muttersubstanz" chemisch abgetrennt. Die Anwendung der Isotope in Wissenschaft, Medizin und Technik hat eine so große

Zahl vorher unlösbarer Probleme der Lösung entgegengeführt, daß nur wenige charakteristische Beispiele dieser wichtigen Anwendung der Kernphysik erwähnt werden können. Für alle Einzelheiten sei auf die im Anhang zu diesem Kapitel angeführte Literatur verwiesen.

Das Grundprinzip der Isotopenmethoden ist stets, daß ein bestimmtes Atom durch seine Masse (bei stabilen Isotopen) oder seine β- und in vielen Fällen auch γ-Strahlung (bei Radioisotopen) von den normalen Atomen desselben Elements unterschieden werden kann, also gleichsam markiert ist. Wenn z.B. dem Trinkwasser eines Tieres schweres Wasser D_2O zugesetzt wird und man später im Fett des Tieres Deuterium findet, so ist damit der Nachweis eines Wasserstoffaustauschs zwischen dem getrunkenen Wasser und dem Körperfett erbracht, der auf andere Weise schwerlich erbracht werden könnte. Wenn man, um auch ein Beispiel für die Anwendung von Radioisotopen zu nennen, auf die Oberfläche eines Eisenblocks eine dünne Schicht radioaktiven Eisens aufdampft und nach entsprechender Zeit bei schichtweisem Abtragen der Oberfläche feststellt, daß die Aktivität nun aus tieferen Schichten des Eisenblocks kommt, so ermöglicht diese Anwendung der *Indikatormethode* die Messung der Selbstdiffusion von Eisen in Eisen, die ohne solche Indizierung bestimmter Eisenatome ersichtlich sehr schwierig wäre.

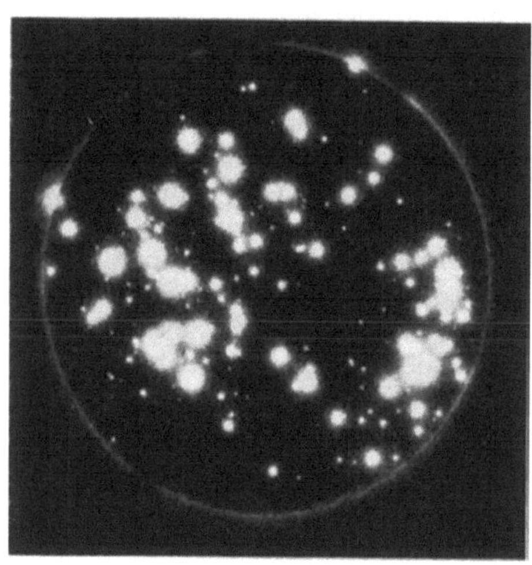

Abb. 158. Autoradiographie einer inhomogenen Verteilung von Gold in einem Silizium-Einkristall: Anhäufung des radioaktiven Au^{198} an Kristallfehlern der Oberflächenschicht.

Der Vorteil der Verwendung stabiler Isotope für solche Untersuchungen ist, daß sie nicht zerfallen, die Versuchsdauer und die Nachweisspanne also unbegrenzt sind; ihr Nachteil ist, daß zum Nachweis im allgemeinen die umständliche Methode der Massenspektrometrie erforderlich ist. Trotzdem spielen, besonders bei biologischen Untersuchungen, die stabilen Isotope D^2, C^{13}, N^{15} und O^{18} eine große Rolle, zumal es keine für Versuche genügend langlebigen Radioisotope der wichtigen Elemente Sauerstoff und Stickstoff gibt. Der Vorteil der Verwendung von Radioisotopen ist ersichtlich ihre leichte Nachweisbarkeit mit den in V,2 behandelten Zählern bzw. der photographischen Platte, die bei der *Autoradiographie* direkt ein Bild der Verteilung der Radionuklide z.B. in einem Blatt oder einem Kristall ergibt (vgl. Abb. 158). Nachteile der Verwendung von Radioisotopen sind demgegenüber ihre beschränkte Lebensdauer, die Schwierigkeit ihrer Handhabung sowie die mögliche Störung des Ergebnisses durch Zerfallsprodukte. Letztere wird allerdings aufgewogen durch die äußerst geringe Menge von Radioisotopen, die man zu den Messungen benötigt.

Nach V,6b ist die Zahl der von N Atomen der Halbwertszeit τ je Sekunde emittierten β-Teilchen

$$\frac{dN}{dt} = \lambda N = \frac{0{,}693\,N}{\tau}. \tag{72}$$

Da man mit einem GEIGER-Zähler eine Aktivität von vier Emissionen je Sekunde leicht nachweisen kann, ist die zum Nachweis erforderliche Zahl radioaktiver Atome

$$N = \frac{4\,\tau}{0{,}693} \approx 6\,\tau. \tag{73}$$

Daraus folgt z. B., daß vom Radiokohlenstoff C^{14} mit einer Halbwertslebensdauer von 5360 Jahren $= 1,7 \cdot 10^{11}$ sec zum Nachweis nur 10^{12} Atome gleich $2 \cdot 10^{-11}$ g erforderlich sind, während von dem für medizinische Untersuchungen wichtigen Radiophosphor P^{32} mit einer Halbwertszeit von 14,1 Tagen sogar 10^{7} Atome $= 4 \cdot 10^{-16}$ g zum Nachweis ausreichen.

Aus der Fülle der in wenigen Jahren mittels der Isotopenmethoden zutage geförderten Ergebnisse können als Beispiele nur wenige besonders wichtige aufgezählt werden. Die Eichung des Meters in Wellenlängen einer scharfen Spektrallinie geschieht heute mit einer roten Kr^{86}-Linie, nachdem man durch Isotopentrennung genügende Mengen Kr^{86} zur Füllung von Kr-Lampen hergestellt hat. Damit ist das Meter jetzt, unabhängig von dem weiteren Schicksal des Pariser Urmeters, als 1650763,73 Wellenlängen dieser Kr^{86}-Linie definiert.

Der Radiokohlenstoff C^{14} kann nach LIBBY wegen seiner günstigen Halbwertszeit von 5360 Jahren in interessanter Weise zur Altersbestimmung organischer Materie benutzt werden. Aus der Höhenstrahlung stammende Neutronen wandeln nämlich laufend eine bestimmte Zahl von N^{14}-Atomen der Atmosphäre durch (n, p)-Reaktionen in radioaktives C^{14} um, das im CO_2 von den Pflanzen aufgenommen wird und, da diese den Tieren als Nahrung dienen, in den tierischen Körper übergeht. Das sich so einstellende Gleichgewicht bewirkt, daß im Mittel 1 g Kohlenstoff lebender Substanz eine Aktivität von 12,5 β-Emissionen je Minute besitzt. Sobald der Kohlenstoffaustausch mit der Luft aufhört, wie in totem Holz oder Knochen, muß diese C^{14}-Aktivität mit dessen Halbwertszeit abklingen, so daß die gemessene Aktivität einen Schluß darauf zuläßt, wann das betreffende organische Material aus dem Lebenskreislauf ausgeschieden ist. Das Alter von Holz aus einem ägyptischen Pharaonengrab z. B. wurde nach dieser Methode in bester Übereinstimmung mit der archäologischen Datierung zu 4500 Jahren bestimmt.

Wichtige Dienste leisten die Isotopenmethoden auch bei der Aufklärung des Mechanismus chemischer Reaktionen. In der Photosynthese z. B. nehmen die grünen Pflanzen CO_2 aus der Luft und H_2O aus dem Boden auf und wandeln diese Moleküle unter der Wirkung des vom Chlorophyll absorbierten Sonnenlichts in Stärke und freien Sauerstoff um. Die instabilen Zwischenprodukte dieser wohl wichtigsten biologischen Reaktion wurden mit Hilfe radioaktiver Indikatoren ermittelt, während es durch Verwendung von O^{18} gelungen ist, nachzuweisen, daß der frei werdende, von den Pflanzen ausgeatmete Sauerstoff aus dem aufgenommenen H_2O und nicht aus dem zersetzten CO_2 stammt, ein Ergebnis, das wohl auf eine andere Weise kaum hätte gefunden werden können.

Die Geschwindigkeit des Stoffaustauschs in lebenden Organismen, z. B. des Wasserstoffaustauschs zwischen Körperwasser und Körperfett oder des Stickstoffaustauschs zwischen den Aminosäuren des in der Nahrung aufgenommenen und des Körpereiweißes ist mit der Indikatormethode gemessen worden. Auch die besondere Rolle des Stickstoffs und des Eisens im und für das Blut konnte durch solche Isotopenuntersuchungen weitgehend aufgeklärt werden.

Sensationelle Anwendungen hat die Isotopenforschung in der Medizin gefunden, für die es von besonderem Interesse ist, daß Radionatrium, Radiophosphor und zahlreiche andere Radionuklide im Gegensatz zum Radium keine körperfremden Elemente sind und daher weniger störende Nebenwirkungen verursachen. Daß die Injektion von radioaktivem Kochsalz in eine Armvene bereits nach 75 sec zum Auftreten von Radionatrium im Schweiß des anderen Armes führt, zeigt die kaum glaubhafte Geschwindigkeit des Stoffaustauschs im Körper. Mit dem GEIGER-Zähler kann man diese Ausbreitung des injizierten Radionatriums von Punkt zu Punkt im Körper verfolgen und damit z. B. auch Kreislaufhemmungen feststellen und lokalisieren. Von großer Bedeutung für die medizinische Diagnostik wie Therapie ist die Tatsache, daß gewisse Radionuklide sich bevorzugt an spezifischen Körperstellen oder Organen ablagern. So erlaubt z. B. die bevorzugte Ablagerung von Jod in der Schilddrüse die Behandlung einer Überaktivität dieses Organs, sowie in gewissen Fällen anscheinend auch von Schilddrüsenkrebs durch die γ-Strahlung von hier abgelagertem Radiojod J^{131}. Da ein Hirntumor nicht nur schwer von außen zu lokalisieren, sondern auch bei der Operation seine Abgrenzung gegen die gesunde Hirnmasse schwer festzustellen ist, benutzt man die bevorzugte Ablagerung von einer Radiojod enthaltenden Fluoreszeinverbindung im Tumor, um mittels der die Schädeldecke durchdringenden γ-Strahlung des Radiojods den Tumor zu lokalisieren. Während der Operation benutzt man dann die kurze Reichweite der β-Strahlung des Radiophosphors, der ebenfalls im Tumor bevorzugt abgelagert wird, um dessen genaue Begrenzung festzustellen. Durch Ablagerung von Radiophosphor im Rückenmark kann man ferner die Überproduktion roter Blutkörperchen bei einer bestimmten Blutkrankheit beeinflussen. In steigendem Maße wird schließlich zur Behandlung von Krebsgeschwüren statt des teuren Radiums radioaktives Kobalt Co^{60} verwendet, das man in Nadelform in die Geschwüre einführen kann.

Bedenken wir, daß auch beim Studium wie zur Kontrolle und Regelung technischer Prozesse aller Art in der chemischen und Hüttenindustrie wie in der Landwirtschaft (Studium des Atomaustauschs zwischen Düngemittel und Pflanzen) die Isotopenmethoden ständig zunehmende Anwendung finden, so erkennen wir, welch mächtiges Hilfsmittel für Wissenschaft, Medizin und Technik hier aus der Atomphysik hervorgewachsen ist.

18. Thermische Kernreaktionen bei höchsten Temperaturen im Innern der Sterne. Die Frage nach der Entstehung der Elemente

Die bisher behandelten Kernreaktionen wurden, wenn wir von dem spontanen Zerfall der natürlich radioaktiven Elemente absehen, durch Beschuß von Atomkernen mit einzelnen energiereichen Kernteilchen ausgelöst. Im Gegensatz dazu verlaufen die meisten chemischen Reaktionen im „thermischen Gleichgewicht". Bei Erhitzung des reaktionsfähigen Knallgases z. B. wächst die mittlere Molekülgeschwindigkeit so lange, bis das eine oder andere Molekül so viel kinetische Energie erhält, daß es in einem Stoß ein anderes Molekül dissoziieren und dadurch die Reaktion (hier die Explosion) einleiten kann. Unser Vergleich zeigt die Berechtigung zu der Frage, ob es nicht auch *thermische Kernreaktionen* gibt, bei denen die die Kernreaktion einleitenden schnellen Stoßteilchen ihre kinetische Energie infolge genügend hoher Temperatur des Gases erhalten.

Solche thermische Kernreaktionen gibt es in der Tat, doch muß wegen der im Vergleich zu den chemischen Reaktionen sehr viel größeren „Aktivierungsenergie", die zum Eindringen des Stoßteilchens in den Kern und damit zur Einleitung der Kernreaktion erforderlich ist, die Temperatur *sehr* viel höher sein, und zwar 10^7 bis 10^8 Grad.

Solche Temperaturen herrschen nun nach den Berechnungen der Astrophysiker im Innern unserer Sonne und der Fixsterne. ATKINSON und HOUTERMANS (1929) und in detaillierterer Form v. WEIZSÄCKER (1936) haben zuerst darauf hingewiesen, daß hier exotherme thermische Kernreaktionen möglich sein müsser., bei denen erhebliche Energiebeträge frei werden, und daß durch diese thermonuklearen Reaktionen die lange ungelöste Frage nach dem Ursprung der von der Sonne laufend ausgestrahlten Energie beantwortet werden könnte. Diese Annahme hat sich bestätigt, und darüber hinaus glauben wir heute sogar zu wissen, daß durch solche Reaktionen im Innern sehr heißer Fixsterne auch der Aufbau der Elemente erfolgt ist und noch erfolgt.

Überraschend ist dabei zunächst, daß die mittlere kinetische Energie $mv^2/2$ eines Teilchens bei der Mittelpunktstemperatur der Sonne von $1{,}4 \cdot 10^7$ Grad nach der Gleichung

$$\frac{m}{2}\,v^2 = \frac{3}{2}\,kT \tag{74}$$

nur etwa 2000 eV beträgt. Daß trotz dieses geringen Wertes der mittleren Teilchenenergie gegenüber den Millionen eV unserer Stoßteilchen im Laboratorium genügend viele Kernreaktionen je Sekunde ausgelöst werden, liegt daran, daß erstens nach der MAXWELLschen Geschwindigkeitsverteilung eine kleine Zahl der Teilchen ja stets eine die mittlere thermische Energie weit übersteigende kinetische Energie besitzt, und daß zweitens wegen der durch das riesige Sternvolumen bedingten großen Stoßzahl auch sehr unwahrscheinliche Reaktionen genügend häufig vorkommen. Da nun die Zahl der Teilchen ausreichend hoher Geschwindigkeit sehr stark mit der Temperatur wächst, erwarten wir ein sehr schnelles Anwachsen der Zahl der je Sekunde und Kubikzentimeter stattfindenden Kernreaktionen mit der Temperatur oder, mit dem Fachausdruck der Chemie, einen hohen Temperaturkoeffizienten der thermischen Kernreaktionen.

Mit den bekannten Ausbeuten der Kernreaktionen und den Halbwertszeiten der radioaktiven Nuklide läßt sich der Ablauf der thermischen Kernreaktionen bei der Sonnentemperatur von $1{,}4 \cdot 10^7$ Grad wie für die höheren Temperaturen vieler Riesensterne recht genau berechnen und führt zu höchst interessanten Ergebnissen. Geht man von der plausiblen Annahme aus, daß die ersten Fixsterne durch Kondensation von Wasserstoff entstanden sind, so folgt, daß bei Temperaturen der Größenordnung von 10^7 Grad in Stößen zwischen Protonen gelegentlich Deuteronen $_1\text{H}^2$ gebildet werden, wobei die überschüssige Energie und Ladung in Form je eines Positrons und Neutrinos emittiert werden. Die Deuteronen reagieren dann mit weiteren Protonen zu He^3. Von hier aus gibt es gemäß (75) zwei Möglichkeiten. Zwei $_2\text{He}^3$-Kerne können entweder im Stoß einen in He^4 und zwei Protonen zerfallenden Zwischenkern bilden, oder die He^3-Kerne können in Stößen mit vorher gebildeten He^4-Kernen instabile Be^7-Kerne aufbauen. Diese würden sich unter Positronenemission in Li^7 verwandeln, das mit Protonen zu instabilen, in zwei He^4-Kerne zerfallenden Be^8-Kernen reagieren würde:

$$
\begin{aligned}
&_1\text{H}^1 + {}_1\text{H}^1 \rightarrow {}_1\text{H}^2 + e^+ + \nu_e \\
&_1\text{H}^2 + {}_1\text{H}^1 \rightarrow {}_2\text{He}^3 \\[2em]
&_2\text{He}^3 + {}_2\text{He}^3 \rightarrow {}_2\text{He}^4 + 2\,{}_1\text{H}^1 \qquad\qquad
\begin{aligned}
&_2\text{He}^3 + {}_2\text{He}^4 \rightarrow {}_4\text{Be}^7 \\
&_4\text{Be}^7 \qquad\quad\; \rightarrow {}_3\text{Li}^7 + e^+ + \nu_e \\
&_3\text{Li}^7 + {}_1\text{H}^1 \;\rightarrow 2\,{}_2\text{He}^4 .
\end{aligned}
\end{aligned}
\tag{75}
$$

Bilanzmäßig werden also bei dem Reaktionszyklus 4 Protonen zu einem $_2\text{He}^4$-Kern vereinigt, wobei noch zwei Positronen und zwei Neutrinos frei werden:

$$4\,{}_1\text{H}^1 \rightarrow {}_2\text{He}^4 + 2\,e^+ + 2\,\nu_e . \tag{76}$$

In der Sonne und den meisten Fixsternen, in denen nach spektroskopischem Ausweis C^{12}-Kerne vorhanden sind, ist aber noch ein anderer, zuerst von BETHE angegebener Reaktionszyklus möglich, durch den wieder aus Protonen He^4-Kerne aufgebaut werden.

$$
\begin{aligned}
{}_6C^{12} + p &\to {}_7^+N^{13} \\
{}_7^+N^{13} &\to {}_6C^{13} + e^- + \nu_e \\
{}_6C^{13} + p &\to {}_7N^{14} \\
{}_7N^{14} + p &\to {}_8^+O^{15} \\
{}_8^+O^{15} &\to {}_7N^{15} + e^+ + \nu_e \\
{}_7N^{15} + p &\to {}_6C^{12} + {}_2He^4 \, .
\end{aligned}
\tag{77}
$$

Durch die Reaktion des normalen Kohlenstoffkerns $_6C^{12}$ mit einem Proton entsteht also der positronenaktive $_7^+N^{13}$-Kern, der unter Positronenemission in $_6C^{13}$ übergeht, das mit einem Proton zum stabilen $_7N^{14}$ und mit einem weiteren Proton zum radioaktiven $_8^+O^{15}$ reagiert, das wiederum unter Positronenemission sich in $_7N^{15}$ verwandelt. Dieser Kern schließlich reagiert mit einem Proton und zerfällt dabei [(p, α)-Reaktion] in den stabilen Ausgangskern $_6C^{12}$ und ein α-Teilchen $_2He^4$. *Das überraschende und wichtige Ergebnis dieses Reaktionszyklus ist also, daß die Ausgangskerne $_6C^{12}$ nicht verbraucht, sondern zum Schluß wieder freigegeben werden.* Es handelt sich also in der Sprache der Chemie um eine durch die Kohlenstoffkerne C^{12} katalysierte Reaktion, da der Kohlenstoff als Katalysator aus der Reaktion unverbraucht wieder herauskommt. Ganz ähnliche Reaktionszyklen wie (77) beginnen übrigens auch mit den Kernen O^{16} und Ne^{20}.

Die Reaktionen (75/77) sind stark exotherm, weil nach Gl. (22) die Masse der vier Protonen gleich $4 \cdot 1{,}00723$ um $0{,}02741$ Masseneinheiten größer ist als die des entstehenden $_2He^4$-Kerns mit $4{,}00151$. Daher wird bei dieser Reaktion die sehr große Energie $25{,}5$ MeV je He-Kern frei. Da die Sonne sekundlich $4 \cdot 10^{33}$ erg abstrahlt, werden je Sekunde 10^{33} He-Kerne gebildet und dafür $7 \cdot 10^{14}$ g Wasserstoff zu Helium verschmolzen. Da die Sonne aber $2 \cdot 10^{33}$ g Wasserstoff enthält, kann sie trotz des sekundlichen Verbrauchs von 700 Millionen Tonnen Wasserstoff ihre für unser Leben schlechthin entscheidende Eigenstrahlung noch rund 10^{11} Jahre decken. Die bei der Reaktion (76) erzeugten Neutrinos machen 10% des Energieflusses der Sonne aus und ergeben auf der Erdoberfläche den hohen Neutrinofluß von 10^{11} ν/cm^2 sec, von dem wir nur wegen des geringen Absorptionsquerschnitts für Neutrinos nichts merken.

Auch in den übrigen normalen Fixsternen, d. h. denen der Hauptreihe des HERTZSPRUNG-RUSSELL-Diagramms, erfolgt die Energieerzeugung im wesentlichen durch eine der beiden Reaktionsfolgen (75) oder (77) bzw. durch beide zusammen. Dabei überwiegt in den kühleren Sternen die Reaktionsfolge (75), in den heißeren die Folge (77), während sich in der Sonne beide etwa das Gleichgewicht zu halten scheinen.

Die Erzeugung der für den Zyklus (77) erforderlichen C^{12}-Kerne scheint im Innern sehr heißer Riesensterne bei etwa 10^8 Grad zu erfolgen. Hier reagieren zwei He^4-Kerne zunächst zu einem instabilen Be^8, dessen Gleichgewichtskonzentration nach experimentell bestätigten Überlegungen hoch genug ist, um im Stoß mit einem dritten α-Teilchen C^{12} zu bilden [(α, γ)-Reaktion]. Auch die weiteren nur aus α-Teilchen aufgebauten Kerne wie O^{16}, Ne^{20} usw. bis Ca^{40} können bei diesen Temperaturen von 10^9 °K aufgebaut werden. Da im Reaktionszyklus (77) und den entsprechenden Zyklen mit O^{16} und Ne^{20} auch die neutronenreichen Kerne C^{13}, O^{17} und Ne^{21} entstehen, sind mit diesen Kernen auch (α, n)-Reaktionen

$$
\begin{aligned}
C^{13}\,(\alpha, n)\,O^{16}, \\
O^{17}\,(\alpha, n)\,Ne^{20}, \\
Ne^{21}\,(\alpha, n)\,Mg^{24}
\end{aligned}
\tag{78}
$$

möglich, durch die freie Neutronen entstehen, die durch (n, γ)-Reaktionen mit darauf folgendem β-Zerfall zum Aufbau der schwereren Elemente führen.

Die geschilderten thermonuklearen Reaktionen sind auch für das kosmologisch bedeutungsvolle Problem der Entstehung der Elemente in ihrer heutigen, auf der Erde, der Sonne und den meisten Fixsternen übereinstimmenden Verteilung von Bedeutung. An letzterer ist nach Abb. 159 auffallend, daß Wasserstoff und Helium zusammen 99% der Materie des Universums ausmachen

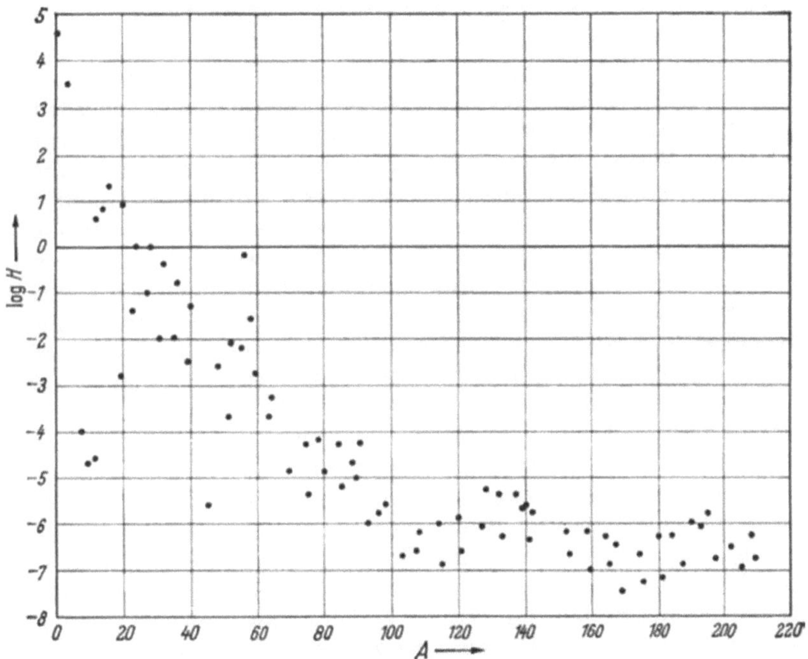

Abb. 159. Logarithmus der auf Si = 1 bezogenen kosmischen Häufigkeit der stabilen Nuklide, über deren Massenzahlen aufgetragen (nach Suess und Urey).

(ersterer allein etwa 80%), während die schweren Elemente oberhalb der Eisenmetalle nur ein Millionstel Prozent zur gesamten Atomzahl beitragen. Das Problem ist also, wie man sich den Aufbau der Elemente in dieser in Abb. 159 dargestellten Verteilung aus Protonen und Neutronen (sowie Hüllenelektronen) vorzustellen hat.

Alle früheren Theorien gingen von der Annahme aus, daß ein Aufbau schwerer Kerne im heutigen Zustand des Universums nicht mehr möglich sei. Entsprechend sollte der Aufbau irgendwie kurz nach einem Zeitpunkt erfolgt sein, den man als die „Geburt" des Universums in seinem heutigen Zustand ansehen könnte, und der nach Altersbestimmungen radioaktiver Elemente wie astrophysikalischen Beobachtungen (Rotverschiebung im Spektrum der Spiralnebel und daraus gefolgerte Ausdehnung des Weltalls sowie Dynamik kugelförmiger Sternhaufen) etwa 10^{10} Jahre zurückliegen sollte. Nach allen diesen „Urknall"-Theorien sollte der Anfangszustand des Universums in einer äußerst dichten Zusammenballung der gesamten Materie aller heutigen Sternsysteme in Form von Neutronen oder von Neutronen, Protonen und Elektronen bestanden haben. Aus diesem Urplasma sollten sich dann in sehr kurzer Zeit die Elemente in ihrer heutigen Verteilung entwickelt haben. Obwohl die verschiedenen Theorien teilweise auch Einzelheiten der empirischen Verteilung der Elemente Abb. 159 bemerkenswert gut wiedergeben, gelang keine einheitliche Darstellung der ganzen Häufigkeitsverteilungskurve.

Einen entscheidenden Stoß erhielten dann alle diese Theorien der einmaligen Entstehung der Elemente vor rund 10 Milliarden Jahren durch die Beobachtung, daß von gewissen jungen Fixsternen Spektrallinien des instabilen Elements *Technetium* emittiert werden, dessen langlebigstes Isotop eine Halbwertszeit von nur knapp über $2 \cdot 10^5$ Jahren besitzt. Damit war der Beweis erbracht, daß *auch heute noch schwere Elemente in gewissen Fixsternen aufgebaut werden*.

Aus den Erkenntnissen über thermonukleare Reaktionen in Riesensternen und neueren astronomischen Beobachtungen haben deshalb HOYLE und FOWLER eine neue Theorie der Entstehung der Elemente entwickelt, deren Grundgedanken die folgenden sind. Als Ausgangszustand des Universums wird ein gleichmäßig verteiltes Gas von Wasserstoffatomen bzw. Protonen und Elektronen angenommen. Aus statistischen Dichteschwankungen entwickeln sich infolge Gravitationsanziehung sternartige Verdichtungen, die sich durch die bei der Zusammenziehung frei werdende Gravitationsenergie zu Fixsternen entwickeln und im Innern bis zum Einsetzen thermonuklearer Reaktionen aufheizen. Durch den Mechanismus (75) entsteht aus Protonen zunächst Helium. Ist eine genügend große wasserstofffreie Innenkugel aus Helium entstanden, so hört in ihr die Energieproduktion auf. Adiabatische Kompression durch den Druck der äußeren Sternschichten führt dann bei genügend großen Sternen zu einer zentralen Temperatur von 10^8 Grad, bei der aus Heliumkernen Kohlenstoffkerne und schließlich bei noch weiterer Kontraktion und Temperaturerhöhung im thermischen Gleichgewicht auch die höheren Elemente bis zur Mitte des Periodensystems (Fe, Co, Ni, d. h. Minimum der Kurve Abb. 144) entstehen. Durch Neutronenproduktion nach (78) und Neutronenanlagerung mit nachfolgendem β-Zerfall können auch die höheren Elemente bis zum Blei entstehen. Nicht aufgebaut werden können nach diesem Schema aber die schwersten Kerne der radioaktiven Zerfallsreihen, weil deren schrittweiser Aufbau durch die kurzen Halbwertszeiten mancher dieser Kerne verhindert werden würde. Ihr Aufbau kann deshalb nur in Gebieten so hoher Neutronendichte erfolgen, daß *die Anlagerung zahlreicher Neutronen in einer auch gegen die kleinsten Halbwertszeiten der Folgeprodukte kurzen Zeit stattfinden* konnte. Einen interessanten Beweis für die Möglichkeit dieses Prozesses bildete die Entdeckung des Californiumisotops $_{98}Cf^{254}$ im Abfall der Atombombe von Bikini. Seine Kerne können nämlich nur durch äußerst schnelle Anlagerung von nicht weniger als 16 Neutronen an einen Urankern der Masse 238 mit nachfolgendem sechsfachen β-Zerfall entstanden sein. Es spricht viel dafür, daß in den als Supernovae bekannten explosiven Sternprozessen ebenso wie bei der Explosion einer Atombombe kurzzeitig so hohe Neutronendichten auftreten, daß bei solchen Sternexplosionen die schwersten Kerne des Periodensystems aufgebaut wurden und noch werden, was ihre geringe kosmische Häufigkeit erklären würde. Ungeklärt ist bei dieser Theorie der Sternentwicklung noch, welche Rolle die bei Temperaturen über $5 \cdot 10^8$ °K einsetzende Kühlung durch die ohne Absorption die Sterne verlassenden Neutrinos spielt, die nach neueren Rechnungen jede Temperaturerhöhung über 10^9 Grad verhindern sollten.

Der Reaktionszyklus (77) ist in der bisher behandelten Theorie des Aufbaues der Elemente nicht erwähnt worden, weil wir nur von der Sternentstehung aus reinem Wasserstoff sprachen. Ein Beispiel für einen solchen „reinen H-Stern" hat übrigens UNSÖLD eingehend untersucht. Es ist aber bekannt, daß bei den relativ häufigen einfachen Novaexplosionen dieser „Sterne der ersten Generation" große

Mengen Sternmaterie, die nunmehr schon die normale Elementenverteilung besitzt, als Gas in den interstellaren Raum geschleudert werden und zur Bildung von „Fixsternen der zweiten Generation" zur Verfügung stehen. Da nun Kohlenstoff-, Sauerstoff- und Neonkerne bereits vorhanden sind, kann in diesen Sternen der zweiten Generation die Wasserstoff-Fusion zu Helium auch auf dem Wege über den Kohlenstoff-Stickstoff-Zyklus und die ähnlichen höheren Zyklen erfolgen, der bei Sternen der ersten Generation noch nicht möglich war.

Auf die Einzelheiten dieser astronuklearen Theorien und die sie stützenden experimentellen Untersuchungen kann hier nicht eingegangen werden. Es ist aber interessant, zu erkennen, wie hier die Welt des Kleinsten und des Größten sich berühren und die Aufklärung einer einzelnen Kernreaktion wie der Bildung von Kohlenstoff aus Helium uns die Entstehung der für unser ganzes Universum entscheidenden Elementenverteilung zu verstehen erlaubt.

19. Die Problematik einer künftigen Energiegewinnung durch Kernfusion

Seit bekannt ist, welch gewaltige Energiemengen in der Sonne und den Fixsternen dauernd durch Fusion von Wasserstoff zu Helium frei werden, lag der Gedanke nahe, in *Fusionsreaktoren* diesen Kernprozeß nachzumachen. Man hoffte damit nicht nur alle Rohstoffsorgen loszuwerden, sondern auch Anlagen zu entwickeln, die statt der radioaktiven Spaltprodukte der normalen Kernreaktoren als „Asche" lediglich harmloses Helium ergeben. Eine genauere Betrachtung aber zeigt sofort, daß die Probleme in einem irdischen Fusionsreaktor sich in zwei sehr wesentlichen Punkten von denen in der Sonne unterscheiden. Da es nämlich keine materiellen Wände gibt, die ein Plasma von vielen hundert Millionen Grad zusammenzuhalten vermöchten, kommen hierfür nur magnetische Felder in Frage, die das heiße Plasma durch Zurücklenkung der ausdiffundierenden Ionen und Elektronen von den relativ kühlen Wänden fernhalten. Man spricht von der *magnetischen Flasche*, die mit supraleitenden Magneten nach VII,17a verlustlos betrieben werden könnte. Dabei müßte der nach innen gerichtete magnetische Druck größer sein als der bei der außerordentlich hohen Plasmatemperatur selbst bei geringer Gasdichte sehr hohe Plasmadruck. Die Rechnung zeigt, daß mit technisch verwirklichbaren Magnetfeldern von 20000 bis 50000 Gauß magnetische Drucke von 15 bis 100 Atmosphären erzeugt werden können, und die bei der Plasmatemperatur diesen Druck ergebende Gasdichte mit 10^{14} bis 10^{15} Teilchen je cm³ liegt um viele Größenordnungen unter der Gasdichte der Sonne. Um trotz dieser geringen Plasmadichte und der entsprechend kleinen zu Fusionsreaktionen führenden sekundlichen Stoßzahl eine Leistung von einigen 100 MW aus einer Anlage vernünftiger Größe herauszuholen, d. h. eine Energiedichte von mindestens der Größenordnung 1 W/cm³ zu erreichen, muß die Plasmatemperatur sehr viel höher sein als in der Sonne.

Für diese gegenüber der Sonne so geringe Plasmadichte zeigen nämlich die Rechnungen, daß eine Verschmelzung von Protonen zu Helium nach der in der Sonne vor sich gehenden Reaktion (76) eine Plasmatemperatur von weit über 10^9 °K erfordern würde, die unerreichbar scheint. Man geht deshalb bei irdischen Kernfusionsversuchen von schwerem Wasserstoff $_1H^2$ aus, der in praktisch beliebiger Menge im Wasser der Ozeane vorhanden ist, und der bei Gewinnung durch Isotopentrennung trotz deren hoher Kosten angesichts der sehr großen bei der Fusion frei werdenden Energie ein billiger Rohstoff sein würde. Die zur Fusion des schweren Wasserstoffs führenden Kernreaktionen wären dann statt (75/77) im wesentlichen die folgenden

$$H^2 + H^2 \nearrow \begin{matrix} He^3 + n + 3,25\,\text{MeV} \\ H^3 + p + 4,0\ \text{MeV} \end{matrix}$$
$$H^2 + He^3 \rightarrow He^4 + p + 18,3\,\text{MeV}$$
$$H^2 + H^3 \ \rightarrow He^4 + n + 17,6\,\text{MeV}$$
$$\tag{79}$$

Im Ergebnis würden also aus drei Deuteronen ein He^4-Kern, ein freies Proton und ein freies Neutron entstehen:

$$3\,H^2 \rightarrow He^4 + p + n + 21,6\,\text{MeV}. \tag{80}$$

Die hierbei entstehenden Neutronen dienen zum Nachweis solcher Reaktionen in schwerem Wasserstoff und könnten bei technischen Großanlagen natürlich weiter verwendet werden.

Es gäbe nun grundsätzlich zwei verschiedene Verfahren zum Betrieb von Fusionsreaktoren. Man könnte, wie das heute im Laboratorium schon versuchsmäßig gelingt, eine in schwerem Wasserstoff geeigneter Dichte betriebene elektrische Entladung kurzzeitig so pulsen, daß eine für Fusionsreaktoren ausreichende Temperatur entsteht und könnte die dabei in Form von Neutronen, Protonen und γ-Strahlung frei werdende Leistung auszunutzen suchen. Auch an die direkte induktive Umwandlung der in solchen Maschinen auftretenden Plasmaströmungen in elektrische Energie ist gedacht worden. Die zweite noch völlig utopische Möglichkeit würde etwa dem Knallgasbrenner entsprechen, bei dem die Verbrennungswärme durch die Zufuhr von Wasserstoff und Sauerstoff zum Brenner geregelt wird. Einem solchen Kernfusionsdauerbrenner müßte also laufend so viel schwerer Wasserstoff zugeführt werden, daß durch Fusion zu Helium die gewünschte Leistung erzeugt und abgeführt wird, ohne daß die Anlage durchgeht und sich dadurch selbst zerstört. Voraussetzung für einen solchen kontinuierlichen Betrieb eines Fusionsreaktors wäre aber natürlich, daß seine Betriebstemperatur oberhalb der *kritischen Temperatur* läge, bei der die Energieproduktion durch Fusion gerade die Strahlungsverluste des Plasmas aufwiegt, daß der Fusionsreaktor also nicht von selbst ausgeht.

Leider zeigt nun aber die Rechnung, daß die Betriebstemperatur eines solchen, mit schwerem Wasserstoff arbeitenden kontinuierlichen Fusionsreaktors $10^9\,^\circ$K betragen müßte. Schon geringe Beimischungen des sehr teuren Tritiums H^3 zum schweren Wasserstoff H^2 würden diese Betriebstemperatur allerdings merklich senken, und bei Verwendung eines $1:1$-Gemisches von D_2 und T_2 würde die kritische Temperatur sogar auf 50 Millionen Grad heruntergehen. Ob sich mit diesem teuren Brennstoff allerdings, von allen technischen Schwierigkeiten ganz abgesehen, ein auch im Vergleich zu dann durchentwickelten Spaltungsreaktoren wirtschaftlicher Betrieb erwarten läßt, scheint noch völlig offen.

Im Augenblick gehört also trotz aller großen und erfolgreichen Anstrengungen die Kernfusion noch klar zum Arbeitsgebiet des forschenden Physikers. Dessen Anstrengungen konzentrieren sich darauf, die Methoden der Aufheizung von Wasserstoffplasmen geringer Gasdichte und die Stationaritätsprobleme solcher Plasmen unter der gleichzeitigen Wirkung magnetischer und elektrischer Felder und der von ihnen bewirkten Gasströmungen (Magnetohydrodynamik) zu studieren. Da es sich nach der Aufheizung um völlig ionisierte Plasmen von Fixsterninnentemperatur handelt (40 Millionen Grad scheinen inzwischen für $1/100$ sec erreicht worden zu sein!), sind diese Arbeiten für die Astrophysik wie für den noch so wenig erforschten Plasmazustand der Materie natürlich von großem Interesse.

Man versucht bisher auf zwei grundsätzlich verschiedenen Wegen die für Fusionsreaktionen erforderliche hohe Temperatur zu erreichen. Beide Methoden gehen aus von magnetisch kontrahierten Entladungen, und zwar von gestreckten Entladungen zwischen Elektroden oder von elektrodenlosen Ringentladungen. Die zunächst vorwiegend verwendeten linearen Entladungen, in denen bei gepulsten Stromstößen durch eigenmagnetische Kompression (PINCH-Effekt), oft mit Stoßwellencharakter, eine Temperaturerhöhung bis auf einige Millionen Grad erfolgen kann, haben wissenschaftlich interessante Ergebnisse erbracht, haben aber den Nachteil der Kühlung durch die Elektroden. Ringförmige Entladungen arbeiten elektrodenlos und erlauben eine Aufheizung durch induktiv erzeugte elektrische Plasmaströme (Abb. 160). Durch die Anregung von Plasmaschwingungen oder durch adiabatische magnetische Kompression versucht man das Plasma weiter aufzuheizen. Grundsätzlich anders ist die zweite Methode. Hier schießt man (vgl. Abb. 161) in das Entladungsplasma kräftige Ionenstrahlen hoher kinetischer Energie ein, die dann in Stößen diese aus einer äußeren Beschleunigungsapparatur stammende Energie an das Plasma abgeben und dieses dabei aufheizen. Für alle Einzelheiten, darunter auch die Aufheizung durch lineare Stoßwellen in „shocktubes", sei auf die Spezialliteratur verwiesen.

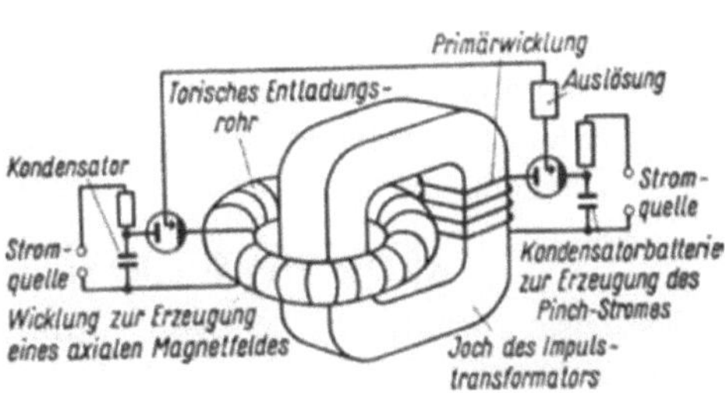

Abb. 160. Schema einer Apparatur zur Erzeugung und Aufheizung torischer Plasmasäulen für Fusionsversuche (nach RIEZLER und WALCHER).

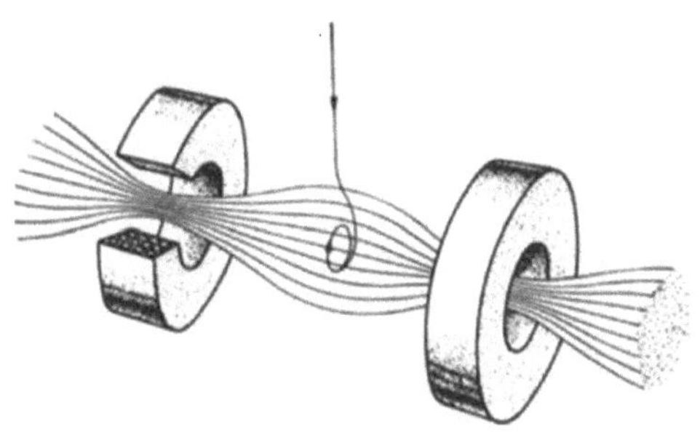

Abb. 161. Schematische Darstellung des Einschießens energiereicher D_2^+-Ionen in ein Lichtbogenplasma zu dessen Aufheizung auf Fusionstemperatur (DCX-Experiment, Oak Ridge).

Des grundsätzlichen Interesses wegen erwähnen wir schließlich noch die sog. kalte Fusion mittels der in V,23 zu behandelnden μ-Mesonen. Diese bilden nämlich besonders gern mit Deuteronen wasserstoffähnliche Atome, die wegen der Masse des μ-Mesons von 206 Elektronenmassen nach Gl. (III-18) einen 206mal kleineren Durchmesser besitzen. Diese sehr kleinen Mesoniumatome des schweren Wasserstoffes bilden dann in einem Gemisch mit leichtem Wasserstoff mit gewöhnlichen H-Atomen HD-Moleküle, und der durch das μ-Meson bewirkte geringe Abstand von Proton und Deuteron in diesen sonderbaren Molekülen führt häufig zur Fusion unter Bildung eines $_2He^3$-Kerns, wobei 5,4 MeV Energie frei werden. Diese Energie kann zur Emission eines neuen μ-Mesons durch den He^3-Kern führen, so daß eine Kettenreaktion möglich wäre. Eine technische Ausnutzung dieser Reaktion aber ist wegen der Schwierigkeit der Erzeugung einer ausreichenden μ-Mesonen-Dichte äußerst unwahrscheinlich.

20. Stoßvorgänge höchster Energie und Elementarteilchenphysik

Die bisher behandelten Vorgänge in und an Atomkernen wurden ausgelöst durch Stoßteilchen von 10^5 bis 10^8 eV. Ganz neuartige und grundsätzlich bedeutungsvolle Aufschlüsse über die Umwandlung und Erzeugung von Materie und

Strahlung haben sich nun bei der Untersuchung der aus dem Weltraum einfallenden *Höhenstrahlung* (auch *kosmische Strahlung* oder *Ultrastrahlung* genannt) ergeben, bei der Teilchenenergien bis 10^{20} eV entsprechend der 10^{11}fachen Ruhemasse des Nukleons mit Sicherheit nachgewiesen sind. Bei diesen Stoßvorgängen höchster Energie ist zum erstenmal deutlich geworden, daß nicht nur das Atom und der Atomkern eine durch die Quantengesetze bestimmte Struktur besitzen, sondern auch das Nukleon, und daß dieses ebenfalls durch Quantenzahlen charakterisierbare Anregungszustände hat. Das noch in vollem Fluß befindliche Studium dieser *Elementarteilchenphysik* nahm seinen Ausgang von der Höhenstrahlung, auf die wir deshalb zunächst eingehen, konnte sich aber erst voll entwickeln, seit man mit den in V,3 behandelten Riesenbeschleunigern Stoßteilchen bis $3 \cdot 10^{10}$ eV für gezielte Versuche erzeugen kann.

a) Die Primärteilchen der Höhenstrahlung

Der Zusammenarbeit von Beobachtung, Experiment und Theorie ist es erst langsam gelungen, Klarheit in die infolge von Sekundärprozessen sehr verwickelte Fülle der von HESS und KOHLHÖRSTER in den Jahren nach 1911 gefundenen Höhenstrahlerscheinungen zu bringen. Wir verzichten hier auf die Darstellung aller Einzelheiten und behandeln lediglich die die primäre Höhenstrahlung betreffenden Ergebnisse sowie die heute gesicherten, bei Teilchenstößen höchster Energie vorkommenden Elementarprozesse. Dabei handelt es sich durchweg um Teilchenenergien erheblich über 10^8 eV, so daß die Stoßenergien selbst für die schweren Primärteilchen meist erheblich über ihrer Ruheenergie $m_0 c^2$ liegen! Es handelt sich also wirklich um die extremsten physikalischen Vorgänge, die wir kennen.

Die in die obersten Schichten unserer Erdatmosphäre einfallenden und dort die verwirrende Fülle der Höhenstrahlerscheinungen hervorrufenden primären Teilchen, deren Energiedichte der der optischen Sternstrahlung gleich ist, bestehen zum weitaus überwiegenden Teil aus sehr energiereichen Protonen, deren

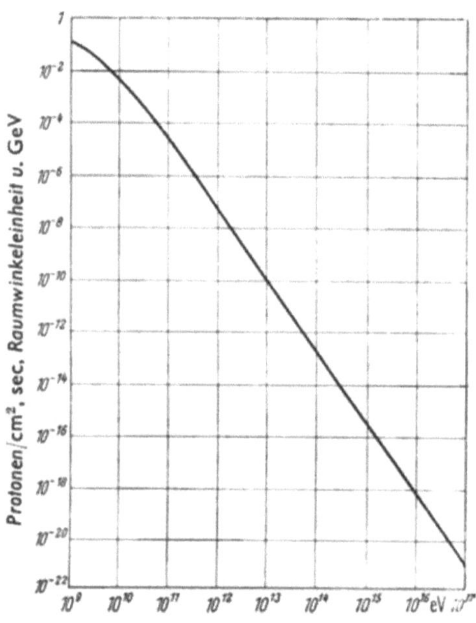

Abb. 162. Energieverteilung der primären Höhenstrahl-Protonen (sog. differentielles Spektrum), extrapoliert auf die Obergrenze unserer Atmosphäre (nach LOHRMANN und SCHOPPER).

Energieverteilung Abb. 162 zeigt. Auch α-Teilchen, und mit viel geringerer Häufigkeit sogar noch schwerere Kerne mit Ordnungszahlen bis über 30, kommen in der primären Komponente der Höhenstrahlung vor, und es ist interessant, daß bis auf eine relativ zu große Häufigkeit der seltenen Elemente Li, Be und B, die auf Sekundärprozessen im interstellaren Raum beruhen dürfte, die Zusammensetzung der primären Komponente der Höhenstrahlung ziemlich weitgehend mit der Häufigkeitsverteilung der Elemente im Universum übereinstimmt.

Dieses Ergebnis hat großes Interesse für die Frage des Ursprungs der Höhenstrahlung, d.h. der Quelle der ungeheuren Energie der primären Teilchen. Während man lange glaubte, daß die ungeheure Beschleunigung der Primärteilchen in der heute bekannten Welt nicht möglich sei, man die primäre Komponente der Höhenstrahlung also als einen Überrest aus einem früheren Weltstadium ansehen müsse, ist diese Hypothese durch den Befund, daß in der primären Komponente zusammengesetzte Kerne vorkommen, unhaltbar geworden, da die hohe Temperatur einer Urexplosion die Existenz zusammengesetzter Kerne ausschließt. Daher gewinnt mehr und mehr der auch früher schon diskutierte Gedanke an Boden, daß die Beschleunigung durch magnetische Wirbelfelder in betatronähnlicher Form (vgl. V,3) auch heute noch laufend erfolge. Zu dieser Hypothese paßt, daß es Fixsterne gibt, die ein nach Stärke und Vorzeichen periodisch wechselndes Magnetfeld besitzen und damit gewaltigen Betatrons ähneln.

Es gibt aber auch auf der Sonne und wohl den meisten Fixsternen *lokal* ausgedehnte magnetische Felder, in denen geladene Teilchen beschleunigt werden können. Sie entstehen z. B. in den als „Fackeln" bekannten riesigen Plasmaausbrüchen aus dem Sonneninnern, weil aus der Verschiedenheit der Beweglichkeit der Elektronen und Ionen bei diesen Plasma-Wirbelbewegungen elektrische Ströme resultieren. Die auf der Sonne durch ZEEMAN-Effektmessungen (III,16c) nachgewiesenen Magnetfelder können nun zwar Protonen nur bis etwa 10^9 eV beschleunigen; doch gibt es in unserem Milchstraßensystem eine genügende Zahl von Fixsternen mit einer um so viele Größenordnungen stärkeren Turbulenz, daß die Beschleunigung der beobachteten Zahl von Primärteilchen bis auf die erwähnten höchsten Energien nicht unmöglich scheint. Nach einer Theorie von FERMI ist ferner eine Beschleunigung primärer Höhenstrahlteilchen auch durch die zwar schwachen, aber ungeheuer ausgedehnten Magnetfelder möglich, die im interstellaren Raum mit ionisierten Gaswolken verknüpft sind, da die diese Wolken durcheilenden Teilchen nach der Theorie im statistischen Mittel mehr Energie gewinnen als verlieren. An Beschleunigungsmöglichkeiten für primäre Höhenstrahlteilchen scheint es also nicht zu fehlen, wenn auch die Entscheidung zwischen ihnen noch nicht gelungen ist.

Zu den überraschenden Beobachtungen über die Primärkomponente der Höhenstrahlung gehört auch, daß in ihnen energiereiche Elektronen nicht vorzukommen scheinen, obwohl sie zur Kompensation der Raumladung überall im Weltraum vorhanden sind und eigentlich ebenfalls auf hohe Energie beschleunigt werden sollten. Man muß daher wohl annehmen, daß sie vor Erreichen unserer Erde bzw. deren Atmosphärenobergrenze quantitativ ausgeschaltet werden. Falls dies nicht durch die gleich zu behandelnde Wirkung des Erdfeldes geschieht, könnten hierfür Stöße mit den relativ energiearmen Photonen des Sonnenlichts in Frage kommen, bei denen im umgekehrten COMPTON-Effekt nach IV,2 die Elektronen Energie und Impuls an die Photonen übertragen können.

Die in größten Höhen *beobachtete* primäre Höhenstrahlung läßt leider wegen der störenden Wirkung des erdmagnetischen Feldes noch keinen Schluß auf deren im Weltraum um die Erde herum wirklich *vorhandene* Verteilung zu. Auf Teilchen mit einer kinetischen Energie oberhalb etwa 10^{10} eV (= 10 GeV) dürfte das Erdfeld keinen großen Einfluß haben. Die an Zahl weit überwiegenden, weniger energiereichen Primärteilchen aber werden vom Magnetfeld der Erde senkrecht zu ihrer Bewegungsrichtung und der Richtung der Feldlinien abgelenkt und dadurch u. U. sogar am Erreichen der Erde überhaupt gehindert. Diese ablenkende und das Energiespektrum der primären Teilchen verfälschende Wirkung ist wegen der Richtung der magnetischen Feldlinien natürlich am geringsten nahe den Polen, am größten nahe dem Erdäquator. Welch unerwartete Wirkung das erdmagnetische Feld dabei haben kann, zeigen die von VAN ALLEN mit Satelliten in 1000 bis 20000 km Höhe entdeckten breiten Gürtel sehr intensiver energiereicher Ionen, die durch die fokussierende Wirkung des Erdfeldes in ähnlicher Weise eingefangen

und festgehalten werden wie die Elektronen bzw. Protonen auf ihren magnetisch
bestimmten Bahnen im Betatron bzw. Synchrotron (vgl. V,3).

b) Die Sekundärprozesse der Höhenstrahlung

Die Schwierigkeit der Analyse der beobachteten Höhenstrahlung ist neben
der sie verändernden Wirkung des magnetischen Erdfeldes bedingt durch die
Vielzahl der in Stößen der Primärteilchen mit Atomkernen in der höchsten Atmosphäre erzeugten sekundären Teilchen und deren Folgeprozesse, die die Zusammensetzung der Höhenstrahlung beim Übergang von höheren zu tieferen Schichten
unserer Atmosphäre grundlegend verändern. Während in den obersten Schichten

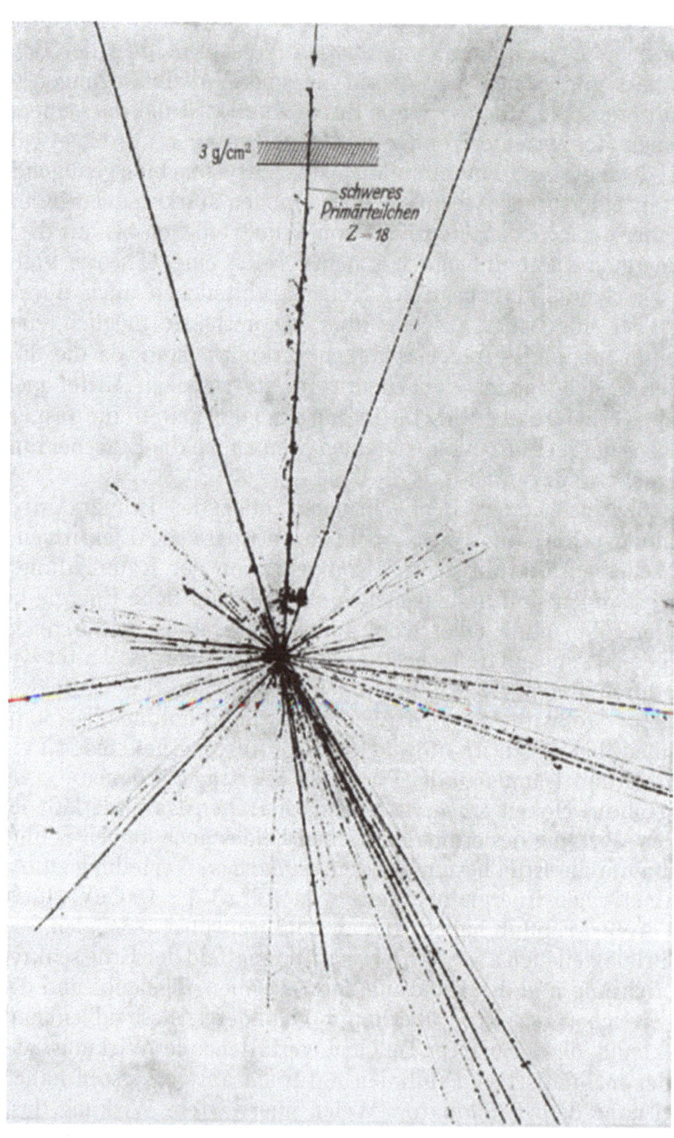

Abb. 163. Kernexplosion, hervorgerufen durch ein äußerst energiereiches primäres Höhenstrahlteilchen der Ordnungszahl 18 (Aufnahme zur Verfügung gestellt von L. LEPRINCE-RINGUET).

Protonen und wenige schwerere Kerne (die ihre Hüllenelektronen durch abstreifende Stöße verloren haben) vorherrschen, findet schon in den höheren Luftschichten durch Stöße mit Luftmolekülkernen eine Aufteilung der kinetischen Energie der energiereichen Primärteilchen auf eine große Zahl sekundärer Höhenstrahlteilchen statt. Wir betrachten diese Vorgänge etwas eingehender.

Gegenüber der sehr großen kinetischen Energie der primären Protonen ist die Bindungsenergie der Nukleonen im Kern mit ihren 8 MeV vernachlässigbar klein, so daß der Kern in erster Näherung als kugelförmige Anhäufung unabhängiger Nukleonen angesehen werden kann und das stoßende Proton nur mit den wenigen direkt in seiner Stoßrichtung liegenden Nukleonen des gestoßenen Kerns in Wechselwirkung tritt. Dabei werden die direkt angestoßenen Nukleonen, und durch diese eine kleine Zahl weiterer Nukleonen des gleichen getroffenen Kerns, unter Übertragung hoher Werte von Energie und Impuls aus dem Kern herausgestoßen. Gleichzeitig entstehen durch die Wechselwirkung des stoßenden Teilchens mit den π-Mesonenwolken (vgl. V,25) der gestoßenen Nukleonen eine größere Zahl freier π-Mesonen, in geringerem Umfang auch die unten noch zu besprechenden schwereren Mesonen, Hyperonen und Antiteilchen. Ist das stoßende Primärteilchen kein Proton, sondern ein größerer Kern, so kann dieser als Anhäufung gleich schneller stoßender Nukleonen angesehen werden, was die Zahl der Stöße und damit der sekundären ausgestoßenen Nukleonen und Mesonen entsprechend vergrößert. Abb.163 und 164 zeigen Aufnahmen solcher Stöße. Man erkennt enge Bündel von

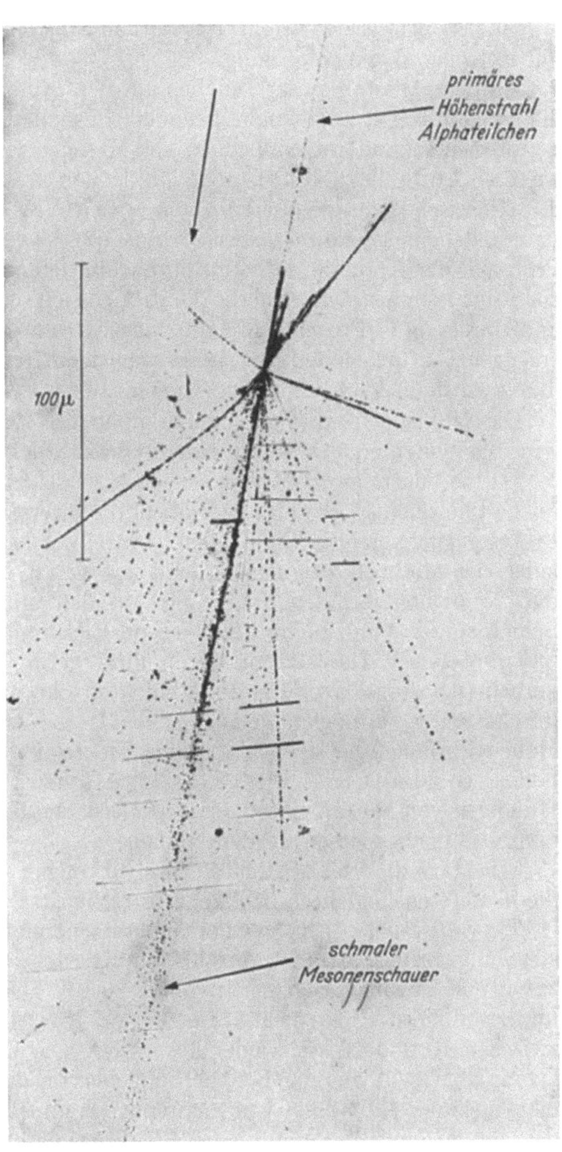

Abb. 164. Mikrophotographie der Explosion eines Ag- oder Br-Kerns einer photographischen Emulsion in großer Höhe der Atmosphäre, bewirkt durch ein primäres Höhenstrahl-α-Teilchen von rund 10^{13} eV Energie. Mindestens 18 schwere und 53 leichte Teilchen (Mesonen und Elektronen) sind in der nächsten Umgebung des Sterns nachweisbar. Unter ihnen befindet sich eine Anzahl äußerst energiereicher Elektronenpaare, deren erzeugende Photonen (vgl. V,22) wahrscheinlich vom Zerfall neutraler π-Mesonen (V,23) herrühren (Aufnahme von Kaplan, Peters und Bradt).

Nukleonen und Mesonen infolge der Impulsübertragung vom stoßenden auf die ausgestoßenen Teilchen. Man erkennt aber ferner eine größere Anzahl stärkerer Spuren mit isotroper Winkelverteilung. Ihre Deutung ist klar: Durch den Ausstoß einer ganzen Anzahl von Nukleonen und Mesonen bleibt der gestoßene Kern in einem höchst ungeordneten, d. h. hoch angeregten Zustand zurück; er ist im Sinn der Zwischenkernvorstellung hoch aufgeheizt. Als Folge dessen verdampfen weitere Protonen und Neutronen, gelegentlich auch größere Bruchstücke aus dem gestoßenen Restkern, und da dieser auch nach dem Stoß relativ zur Meßanordnung in Ruhe ist, erfolgt der Ausstoß dieser nachträglich verdampfenden Kerntrümmer mit isotroper Winkelverteilung.

Mit dem Ausstoß dieser Teilchen aus den primär getroffenen Kernen sind aber die Folgeprozesse noch nicht beendet. Besonders die mit großem Impuls ausgestoßenen sekundären Nukleonen und Mesonen vermögen nämlich in Stößen mit weiteren Luftmolekülkernen neue Nukleonen und Mesonen zu erzeugen, solange ihre kinetische Energie oberhalb von etwa 10^9 eV ist, so daß das primäre Höhenstrahlteilchen eine ganze *Kaskade sekundärer Nukleonen und Mesonen* erzeugt. Die Protonen der Kaskade verlieren durch ionisierende Stöße weiter Energie, bis sie zur Ruhe kommen, während die Neutronen sich schließlich an N^{14}-Kerne anlagern und durch (n, γ)-Prozesse N^{15} und durch (n, p)-Prozesse C^{14} (Radiokohlenstoff) erzeugen. Auf die Bedeutung dieses wichtigen Radioisotops für die Altersbestimmung wurde in V,17 schon eingegangen.

Die Nukleonen- und Mesonenkomponente der sekundären Höhenstrahlung wird schließlich ergänzt durch eine große Zahl leichterer Sekundärteilchen.

Da die neutralen π^0-Mesonen nach V,23 sehr schnell in zwei äußerst energiereiche Photonen (γ-Quanten) zerfallen, die ihrerseits durch unten zu behandelnde Prozesse energiereiche Elektronen beider Vorzeichen erzeugen, und da die geladenen π-Mesonen zu einem erheblichen Teil in die etwas leichteren μ-Mesonen und Neutrinos zerfallen, finden sich in den unterhalb 20 km Höhe gelegenen Schichten der Atmosphäre überwiegend Elektronen beider Vorzeichen, Photonen und μ-Mesonen. Da letztere wegen ihrer geringen Wechselwirkung mit Atomkernen (vgl. V,23) große Materieschichten ohne wesentlichen Energieverlust zu durchdringen vermögen, gelangen sie als sog. *durchdringende Komponente* der Höhenstrahlung im Gegensatz zu den Elektronen fast unabsorbiert bis zum Erdboden, wo sie etwa 80 % aller gemessenen Höhenstrahlteilchen ausmachen, ja noch Hunderte von Metern unter der Erdoberfläche bzw. unter der Wasseroberfläche von Seen nachgewiesen werden können.

Wie stark die Vielzahl der Wechselwirkungen zwischen den Elementarteilchen die in tieferen Schichten beobachtete Höhenstrahlung verändert, zeigen die sog. *großen Luftschauer.* Ein einziger äußerst energiereicher Primärkern der Höhenstrahlung vermag nämlich durch kompliziertes Ineinandergreifen von Folgeprozessen eine Lawine („Schauer") von bis zu 10^{11} Sekundärteilchen geringer Energie, und zwar meist Elektronen, zu erzeugen. Ihr größter Teil wird schon in Höhen zwischen 10 und 20 km wieder absorbiert. Das Ausmaß einer solchen Teilchenlawine aber geht aus der Beobachtung hervor, daß ihre den Erdboden erreichenden Ausläufer ein Gebiet von mehreren Quadratkilometern (!) bedecken können, das zur Messung der räumlichen Struktur dieser großen Luftschauer mit Meßgeräten mit zentraler Registrierung ausgelegt werden muß. Bevor wir den Mechanismus der elektronischen Komponente der Höhenstrahlschauer verstehen können, müssen wir uns aber mit einer zuerst durch Höhenstrahlungsbeobachtungen entdeckten grundlegenden Erscheinung der Materie befassen, der Antimaterie.

21. Paarerzeugung, Paarzerstrahlung und Antimaterie

Bei Teilchenstößen so hoher kinetischer Energie E, daß deren Massenäquivalent $m = E/c^2$ das Doppelte der Masse eines Elementarteilchens übertrifft, bzw. bei Absorption entsprechend energiereicher Photonen hat sich als ganz neuartiger Aspekt der Materie gezeigt, daß Elementarteilchen zusammen mit zu ihnen komplementären *Antiteilchen* aus Strahlungs-
oder kinetischer Energie entstehen und um-
gekehrt sich auch wieder in Strahlung verwandeln können.

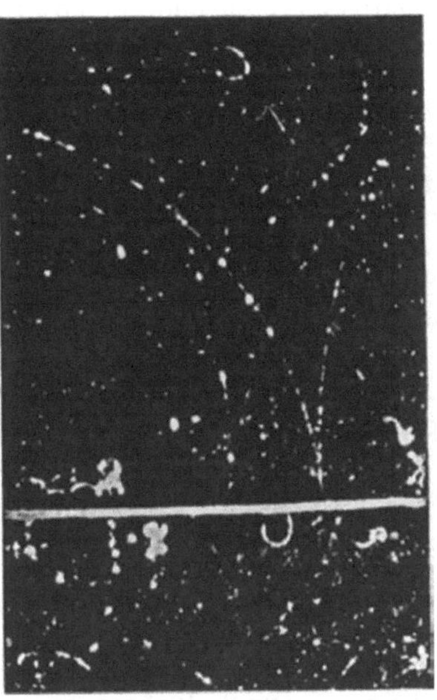

Der erste dieser wohl interessantesten
Elementarprozesse der gesamten neueren
Physik ist die 1934 in der Nebelkammer
beobachtete Erzeugung eines Elektronen-
paares (Abb. 165). Ein energiereiches Photon
($E > 1{,}02$ MeV $= 2m_e c^2$) verwandelt sich im
elektrischen Feld eines Atomkerns oder eines
Elektrons in ein negatives und ein positives
Elektron, wobei der Energieüberschuß nach
der EINSTEINschen Äquivalenzgleichung

$$h\nu = 2 m_e c^2 + E_k \qquad (81)$$

als kinetische Energie der beiden Elektronen
erscheint. Daß das Photon sich nur in ein
Elektronen*paar* verwandeln kann, folgt aus
der Ladungsbilanz: das ungeladene Photon
kann kein einzelnes geladenes Teilchen, wohl
aber ein Teilchen*paar* entgegengesetzt gleicher, sich kompensierender Ladung erzeugen.
Daß diese *Paarerzeugung* nur im Stoß des
Photons mit einem geladenen Teilchen erfolgen kann, bedeutet, daß nur ein starkes

Abb. 165. Nebelkammeraufnahme der Erzeugung zweier Elektronenpaare durch energiereiche Lichtquanten (γ-Strahlung von 17,6 MeV) (Aufnahme im Magnetfeld von 2500 Gauß von FOWLER und LAURITSEN).

Feld·die Umsetzung der Strahlungsenergie in materialisierte Energie, d. h. Masse, ermöglicht, wobei der Stoßpartner den überschüssigen Impuls übernimmt.

Die Entdeckung der Paarerzeugung ist von grundsätzlicher Bedeutung, zumal hier *zum erstenmal die aus der Relativitätstheorie als Möglichkeit folgende Erzeugung eines materiellen Teilchens aus Energie als wirklich in der Natur vorkommend* nachgewiesen wurde, und zwar in quantitativer Übereinstimmung mit der Äquivalenz-
gleichung. Auch der Umkehrvorgang der Paarerzeugung, die Verwandlung eines Elektrons und eines Positrons in Strahlungsenergie [2 oder 3 Photonen der aus (81) folgenden Gesamtenergie] wurde bald darauf entdeckt. Wir müssen uns folglich daran gewöhnen, *die Masse als Energieform neben der mechanischen und elektrischen Energie, eben als materialisierte Energie, anzusehen und den Faktor c^2 der EINSTEINschen Äquivalenzgleichung als das Masse-Energie-Äquivalent aufzufassen, das die Umrechnung von Masse in Energie ebenso ermöglicht wie das mecha-
nische Wärmeäquivalent die von mechanischer in thermische Energie.*

Das bei der Paarerzeugung als Partner des normalen Elektrons kurzzeitig auf-
tretende Positron besitzt bei gleicher Masse die entgegengesetzte Ladung und (bei Bezug auf den Vektor des mechanischen Eigendrehimpulses) das entgegengesetzte magnetische Moment wie das Elektron. Es wird als sein *Antiteilchen* bezeichnet. Entsprechende Antiteilchen sind in den letzten Jahren für alle Elementarteilchen gefunden worden.

Zur Erzeugung von Nukleon-Antinukleon-Paaren ist eine Energie von über 2 GeV erforderlich, und tatsächlich wurden mit dem ersten diese Energie erreichenden Beschleuniger (vgl. V,3) 1955 das negative Proton *(Antiproton)* und 1956 das *Antineutron* entdeckt. Als Antiteilchen des Protons besitzt das negative Proton die entgegengesetzte Ladung und deshalb, bezogen auf gleiche Richtung des mechanischen Spins, das entgegengesetzte magnetische Moment wie das Proton. Das Antineutron ist wie das Neutron ohne Ladung, zerfällt aber in ein negatives Proton und ein Positron und besitzt deshalb, wieder bei Bezug auf gleiche Spinrichtung, das entgegengesetzte magnetische Moment wie das Neutron.

Alle Teilchen-Antiteilchen-Paare vernichten sich gegenseitig unter Erzeugung von Photonen oder Mesonen *(Zerstrahlung)*. Wir betrachten dies am Beispiel der Elektron-Positron-Paare. Wie die meisten Rekombinationsprozesse erfolgt auch die der Zerstrahlung vorangehende Vereinigung eines Elektrons und eines Positrons fast ausschließlich zwischen langsamen Teilchen, da zu schnelle Teilchen ohne genügende Wechselwirkung aneinander vorbeischießen. Ein schnelles Positron wird also beim Durchgang durch Materie zunächst seine kinetische Energie in Stößen abgeben und dann erst in intensive Wechselwirkung mit einem Elektron treten. Wegen der entgegengesetzt gleichen Ladungen der beiden Teilchen werden diese sich dabei meist „gegenseitig einfangen" und, um ihren gemeinsamen Schwerpunkt rotierend, ein dem Wasserstoffatom verwandtes stationäres System bilden, das man als *Positroniumatom* bezeichnet, und dessen Bindungsenergie sich aus der BOHRschen Theorie zu 6,76 eV ergibt. Sogar Verbindungen wie H^-e^+ und Cl^-e^+, bei denen ein Positron um ein negatives Ion kreist, sind beobachtet worden.

Das durch das gegenseitige Einfangen eines Elektronenpaares entstehende Positroniumatom kann in zwei verschiedenen Zuständen existieren, und zwar bei antiparallelen Spinrichtungen im Singulettzustand $^1S_0$ und bei parallelen Spinrichtungen von Elektron und Positron im Triplettzustand $^3S_1$. Nach einer Lebensdauer von nur $8 \cdot 10^{-9}$ sec verwandelt sich das Singulettpositronium in zwei in entgegengesetzte Richtungen emittierte Photonen der Energie $h\nu = m_e c^2$. Das Triplettpositronium dagegen zerstrahlt nach $7 \cdot 10^{-6}$ sec seine Energie von insgesamt $2\,m_e c^2$ in 3 Photonen, und zwar aus Drehimpulserhaltungsgründen. Da das Triplettpositronium den Drehimpuls $h/2\pi$ besitzt und das gleiche für jedes Photon gilt, können nämlich aus seiner Zerstrahlung nur 3 Photonen entstehen, von denen zwei mit entgegengerichteten Spins sich kompensieren, während das dritte den Drehimpuls des Elektronenpaares mitnimmt.

Während also die Zerstrahlung von Elektronenpaaren in 2 bzw. 3 *Photonen* erfolgt, *entstehen bei der Zerstrahlung von Protonen und Neutronen mit ihren Antiteilchen im allgemeinen π-Mesonen*, und zwar im Mittel etwa 5 (Abb. 166), gelegentlich auch das eine oder andere der schweren, noch zu besprechenden *K*-Mesonen. Dies war zu erwarten, da nach V,25 π- und *K*-Mesonen Kernfeld-Quanten sind und daher zu den Nukleonen gehören wie die Photonen zu den Elektronen. Dabei entspricht es der oft erwähnten Verwandtschaft von Proton und Neutron als zwei Zuständen des Nukleons, daß *das Proton mit einem Antiproton oder einem Antineutron und das Neutron mit einem Antineutron oder einem Antiproton zerstrahlen kann.* Im Gegensatz zur Zerstrahlung von Elektronenpaaren, die praktisch stets aus dem Ruhezustand erfolgt, können Antinukleonen mit Wirkungsquerschnitten von fast 100 mb $= 10^{-25}$ cm² auch bei kinetischen Energien von 100 bis 300 MeV im Stoß mit Nukleonen zerstrahlen. Noch nicht klar scheint, wie weit bei der Vernichtung von Nukleon-Antinukleon-Paaren gebundene Zustände nach Art des Positroniums eine Rolle spielen. Hier käme einmal das *Nukleonium* bzw. Protonium in Frage, bei dem ein positives und ein negatives Proton um ihren gemeinsamen Schwerpunkt rotieren, sowie andererseits ein atomähnliches Gebilde, bei dem an Stelle eines Elektrons ein negatives Proton um einen positiven Atomkern kreist, um sich dann mit einem von dessen Nukleonen in π-Mesonen zu verwandeln.

Wir können also feststellen, daß *ganz allgemein der uns bekannten Materie eine Antimaterie entspricht, die ihr bis auf die entgegengesetzten Vorzeichen von Ladung, Spinrichtung und Parität vollkommen äquivalent ist, und daß daher eine ganze Welt*

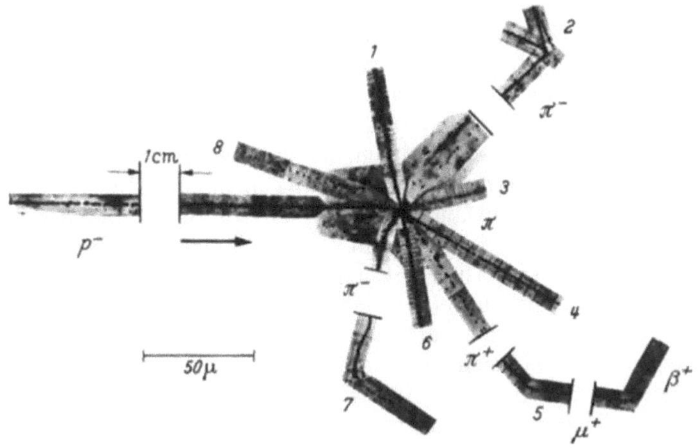

Abb. 166. Kernplatten-Aufnahme der Zerstrahlung eines von links einfallenden Antiprotons (p^-) mit einem Nukleon eines Atomkerns der photographischen Schicht (nach SEGRÈ). Emittiert werden außer Kerntrümmern 5 geladene π-Mesonen.

aus Antimaterie durchaus denkbar wäre. Nur vertragen sich Materie und Antimaterie nicht zusammen, sondern verwandeln sich bei ihrer Begegnung schnellstens durch Zerstrahlung in Photonen und Mesonen.

Die Entdeckung des Positrons und der anderen Antiteilchen mit den Prozessen der Paarerzeugung und Paarzerstrahlung fand bei den theoretischen Physikern ein besonderes Echo, weil schon lange vorher DIRAC bei dem Versuch einer relativistischen Theorie des Elektrons zu Ergebnissen gelangt war, die durch diese Entdeckungen nun plötzlich physikalische Bedeutung bekamen. Die Grundvorstellungen dieser DIRAC*schen Löchertheorie* sind die folgenden:

Trägt man alle möglichen Energiezustände des „gewöhnlichen" negativen Elektrons in einem Termschema unter Berücksichtigung der der Ruhemasse entsprechenden Eigenenergie des Elektrons von

$$E_{e0} = m_{e0}\,c^2 = 0{,}511\ \text{MeV} \qquad (82)$$

gemäß Abb. 167 auf, so liegt die Energie des ruhenden freien Elektrons rund 0,5 MeV über der Energienulllinie. Etwas tiefer liegen die diskreten Zustände der in Atomen gebundenen, darüber das Kontinuum der Energiezustände der freien Elektronen mit kinetischer Energie. Aus DIRACS Theorie folgt nun, daß es außer diesen uns bereits bekannten Energiezuständen des Elektrons auch solche *negativer Massenenergie* geben sollte, die gemäß Abb. 167 um mehr als 0,5 MeV unterhalb der Energienulllinie liegen müßten. Dem Einwand, daß diese negativen Energiezustände sich durch

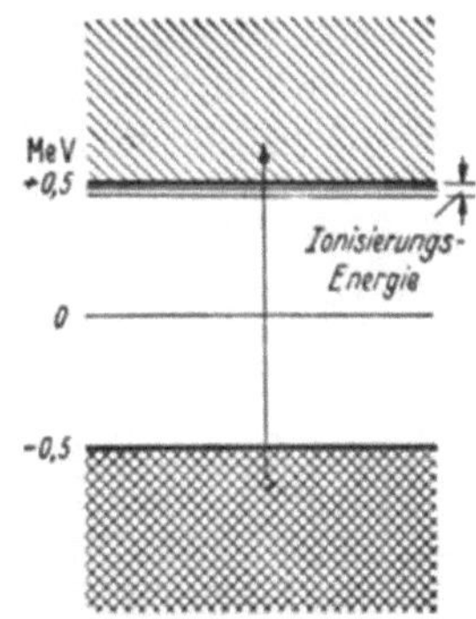

Abb. 167. Vollständiges Energieniveauschema eines Elektrons nach der DIRACschen relativistischen Theorie des Elektrons. Pfeil: „Erzeugung" eines positiven und negativen Elektrons durch Absorption eines Lichtquants mit einer Energie über 1,02 MeV (Prozeß von Abb. 165).

Übergänge der Elektronen aus den bekannten positiven Energiezuständen in diese tieferen Zustände bemerkbar machen müßten, und daß die Atome daher nicht stabil sein dürften, begegnet DIRAC durch die Annahme, daß diese negativen Energiezustände normalerweise mit Elektronen voll besetzt und Übergänge daher nach dem PAULI-Prinzip nicht möglich seien. Nimmt man diese ad hoc gemachte Hypothese trotz ihrer Bedenklichkeit hin, so folgt zwangsläufig eine Reihe bemerkenswerter Schlüsse. Um ein Elektron aus einem dieser nicht bemerkbaren negativen Zustände in die „Oberwelt" zu heben, muß gemäß Abb. 167 ein Energiebetrag von mehr als 1 MeV aufgewandt, z.B. ein entsprechend energiereiches Photon absorbiert werden. Durch diesen Absorptionsprozeß entstehen dann gleichzeitig ein negatives Elektron und ein positiv geladen erscheinendes „Loch" in den Zuständen negativer Energie. Ein solches Loch würde genau die Eigenschaften des Positrons besitzen, der skizzierte Absorptionsprozeß also der „Erzeugung" eines Elektronenpaares bzw. allgemein eines Teilchen-Antiteilchen-Paares entsprechen. Die Umwandlung eines Paares in Strahlungsenergie beim Zerstrahlungsprozeß aber würde in diesem Modell einfach als Übergang eines Teilchens aus einem Zustand positiver Energie in ein Loch im Kontinuum der Zustände negativer Energie zu deuten sein. Daß Antiteilchen so relativ selten beobachtet werden, erklärt sich nach der Löchertheorie ohne weiteres: Da unsere Beobachtungsräume stets mehr oder weniger dicht mit Materie, d.h. mit Teilchen in Zuständen positiver Energie erfüllt sind, wird sich in der Nähe eines einmal erzeugten Antiteilchens (d.h. eines Loches) stets ein Teilchen finden, das in dieses Loch schlüpfen, d.h. mit ihm unter Zerstrahlung rekombinieren kann.

Der Welt der normalen Materie steht also offenbar eine solche der Antimaterie gegenüber, die sich im Sinne der DIRACschen Elektronentheorie zueinander wie Oberwelt zu Unterwelt verhalten.

22. Stoßprozesse energiereicher Elektronen und Photonen

Wir kehren zurück zur Rolle der Elektronen in der Höhenstrahlung, die wir nun erst nach Kenntnis von Paarerzeugung und -zerstrahlung voll verstehen können. Als Folgeprozesse der primären Höhenstrahlung wie des in V,23 zu behandelnden Mesonenzerfalls kommen energiereiche Elektronen ja trotz ihres Fehlens in der Primärstrahlung in großer Zahl in der sekundären Höhenstrahlung vor, und zwar schon in obersten Schichten unserer Atmosphäre.

Beim Durchgang durch Materie können diese Elektronen durch Ionisierung der Elektronenhüllen von Atomen und Molekülen Energie verlieren, doch ist dieser Vorgang um so unwahrscheinlicher, je größer die Energie des Elektrons ist. Schnelle Elektronen können weiter bei Stößen gegen Atomkerne in deren elektrischem Feld abgebremst werden und so äußerst kurzwellige Bremsstrahlung (vgl. III,6e), d.h. energiereiche Photonen, erzeugen. Bei Elektronenenergien oberhalb 10^8 eV beginnt dieser Bremsstrahlungs-Energieverlust beim Durchgang durch Materie gegenüber dem durch Ionisation zu überwiegen. Der direkte Umkehrprozeß, die Absorption eines sehr energiereichen Photons durch ein Atomelektron, das dann die gesamte Energie als kinetische Energie mitbekommt, ist sehr selten, weil nach III,6c die Absorptionswahrscheinlichkeit eines Photons um so kleiner wird, je mehr seine Energie die Bindungsenergie des absorbierenden Atomelektrons überschreitet.

Von entscheidender Bedeutung ist die schnelle Aufeinanderfolge von Bremsstrahlungs- und Paarerzeugungsprozessen bei den *Multiplikations- oder Kaskadenschauern* der Höhenstrahlung. Man versteht darunter Schauer von positiven und negativen Elektronen, die sich in der Atmosphäre über Tausende von

Metern Höhe erstrecken, in der dicht gepackten Materie etwa einer Bleiplatte nach Abb. 168 aber in der Nebelkammer beobachtet werden können. Setzt man in die Nebelkammer statt einer dicken Platte eine Folge von dünnen Bleiblechen ein (Abb. 169), so erkennt man, daß diese Schauer nicht in *einem* Stoßprozeß, sondern in einer Folge von Einzelprozessen entstehen und nennt sie deshalb Multiplikations- oder Kaskadenschauer.

Theoretisch sind sie folgendermaßen zu erklären: Fällt ein sehr energiereiches Elektron in die Bleiplatte ein, so erzeugt es bei einem Kernstoß bald ein entsprechend energiereiches Bremsstrahlungsquant. Dieses γ-Quant erzeugt nach kurzem Flug ein Elektronenpaar, wobei jedes der Teilchen etwa die halbe Energie mitbekommt. Elektron und Positron erzeugen nach kurzer Zeit wieder je ein Strahlungsquant, diese zwei Bremsquanten wieder zwei Elektronenpaare usw. Im Endeffekt wird also die Energie des primären Elektrons durch fortgesetzte Multiplikation auf eine sehr große Zahl von Elektronen und Positronen verteilt. Dabei sorgt das Blei mit seiner hohen Kernladung und großen Dichte natürlich nur für

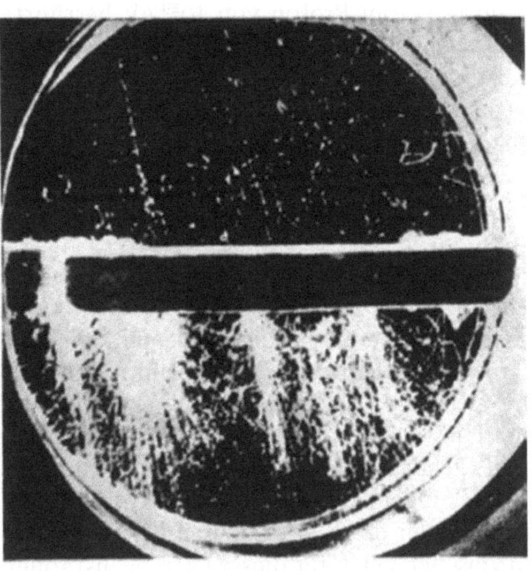

Abb. 168. Nebelkammeraufnahme von fünf durch parallel einfallende Höhenstrahlteilchen in einer Bleiplatte ausgelösten Schauern von Elektronen und Positronen (Kaskadenschauer) (Aufnahme von BRODE und STARR).

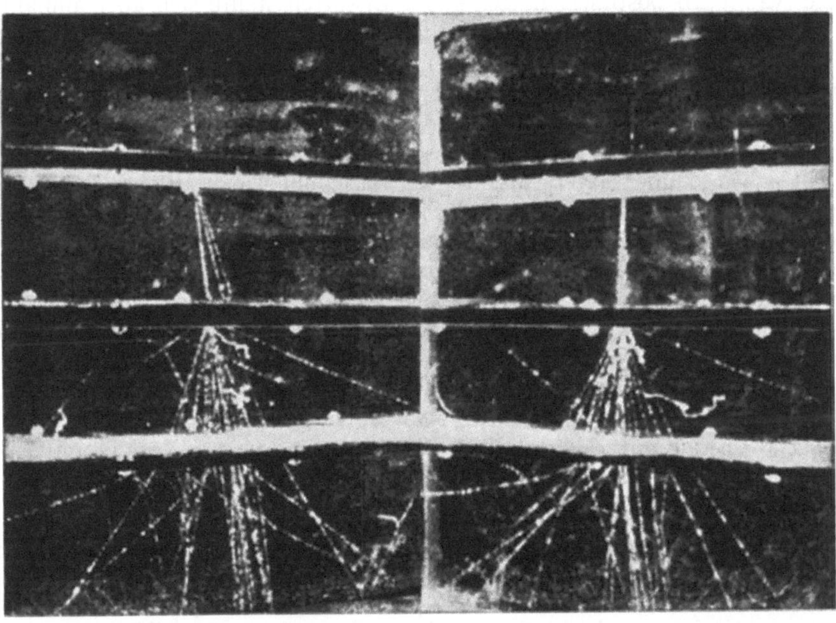

Abb. 169. Nebelkammeraufnahme eines Kaskadenschauers an zahlreichen hintereinandergeschalteten Blechen zum Nachweis der Kaskadenentwicklung (nach FUSSEL).

die räumliche Zusammendrängung des Multiplikationsvorgangs, so daß der ganze Schauer in der kleinen Nebelkammer beobachtet werden kann, während er sich in unserer Atmosphäre über eine entsprechend sehr viel dickere Luftschicht erstreckt. Hier ist z.B. ein Schauer von 10^{11}-Teilchen beobachtet worden, der von einem primären Proton von 10^{20} eV herrührte. Es ist klar, daß solche Multiplikationsschauer ebensogut durch energiereiche Photonen wie durch Elektronen ausgelöst werden können, und energiereiche Photonen entstehen ja nicht nur bei der Bremsstrahlung primärer Protonen, sondern auch beim Zerfall der in V,23 zu behandelnden π°-Mesonen.

23. Mesonen, Hyperonen und angeregte Elementarteilchenzustände

Das völlig neue Erkenntnisse versprechende Kapitel der Atomphysik, das wir heute *Hochenergiephysik* oder *Elementarteilchenphysik* nennen, begann mit der Entdeckung der kurzlebigen Elementarteilchen, die wir nun behandeln. Dabei sei schon vorweg bemerkt, daß die nur historisch verständliche Bezeichnung „elementar" sich hier als ebenso voreilig erwiesen hat wie der im Namen „Atom" enthaltene Hinweis auf dessen zunächst angenommene Unteilbarkeit.

Es gehört zu den in der Forschung immer wieder vorkommenden irreführenden Entdeckungen, daß das erste aus der Reihe der Elementarteilchen mit Massen zwischen der des Elektrons und der des Nukleons entdeckte *μ-Meson* sich als sehr untypischer Vertreter dieser Gruppe instabiler Teilchen herausstellte. Die Existenz dieses μ-Mesons oder Müons wurde 1935 von ANDERSON und NEDDERMEYER sichergestellt, nachdem KUNZE schon mehrere Jahre Teilchen positiver wie negativer Einheitsladung mit Massen zwischen der des Elektrons und des Protons in der sog. durchdringenden Komponente der Höhenstrahlung beobachtet hatte.

Die Entdeckung des ersten Mesons kam nicht völlig unerwartet, da schon etwas früher YUKAWA die Existenz geladener Elementarteilchen mit einer Masse der richtigen Größenordnung bei dem Versuch einer neuartigen Theorie der Kernkräfte (vgl. V,25) postuliert hatte. Wider Erwarten stellte sich aber allmählich heraus, daß dieses Höhenstrahlmeson oder μ-Meson keineswegs die Eigenschaften besaß, die das YUKAWA-Meson besitzen mußte. Vor allem zeigt seine große Durchdringungsfähigkeit von Materie, daß es mit den Atomkernen keinerlei spezifische Wechselwirkung besitzt, diese sich vielmehr auf die Wirkung seiner dem Elektron gleichen elektrischen Ladung und seines magnetischen Moments beschränkt. Es verhält sich gegenüber Materie also in jeder Beziehung wie das Elektron, *als dessen massereicher Bruder es angesehen werden muß*, während YUKAWA für „sein" Meson eine äußerst starke Wechselwirkung mit Kernen erwartete. Das μ-Meson tritt wie das Elektron positiv und negativ geladen, jedoch nicht neutral auf und besitzt ebenfalls den Spin $h/2$, dagegen eine Masse von 206,94 Elektronenmassen und ein um diesen Faktor kleineres magnetisches Moment $eh/4\pi Mc$. Das μ-Meson ist, wie alle schwereren Elementarteilchen außer dem Proton, nicht stabil, sondern zerfällt nach einer Lebensdauer von $2{,}21 \cdot 10^{-6}$ sec nach Abb. 170 in ein Elektron und je ein Neutrino und ein Antineutrino, wobei das Elektron maximal 55 MeV kinetische Energie mitbekommt. Das eine der beiden beim μ-Zerfall emittierten Neutrinos gehört zu dem gleichzeitig emittierten Elektron ($\bar{\nu}_e$ zu e^- und ν_e zu e^+), während das andere ein μ-Neutrino ist, z.B.:

$$\mu^+ \rightarrow e^+ + \bar{\nu}_\mu + \nu_e. \tag{83}$$

Diesen normalen β-Zerfall erleiden alle μ^+-Mesonen, da sie ja von den ebenfalls positiven Atomkernen abgestoßen werden und vor ihrem Zerfall höchstens noch eine kurze Zeit mit einem negativen Elektron ein dem Positronium ähnliches

„Atom" bilden können, bei dem das Elektron um das den positiven Kern vertretende μ^+-Meson kreist, bis letzteres zerfällt.

Die negativen μ^--Mesonen dagegen werden nach ihrer Abbremsung meist von einem positiven Atomkern eingefangen und umkreisen diesen dann in BOHRschen Bahnen, deren Radius bei einem Proton als Kern und dem Meson im Grundzustand nach Gl. (III-18) aber wegen der rund 200mal größeren Masse des μ-Mesons nur $2{,}5 \cdot 10^{-11}$ cm beträgt und daher sehr nahe an dem nun nicht mehr als punktförmig anzusehenden Kern verläuft. Hierin liegt die große theoretische Bedeutung dieser *Mesonenatome*. Da die Mesonen nämlich im allgemeinen nicht in die Grundbahn, sondern in eine angeregte, äußere Bahn eingefangen werden, springen sie unter Emission von Röntgenstrahlung in tiefere Bahnen, und die Analyse dieser Strahlung gestattet wie bei den Atomspektren die Ermittlung der Energiezustände dieser Mesonenatome. Letztere lassen sich aber nach der BOHRschen Theorie aus den bekannten Mesonenmassen berechnen, wenn man nach BOHR den Kern als positive *Punkt*ladung annimmt. Die Abweichungen zwischen berechneten und gemessenen

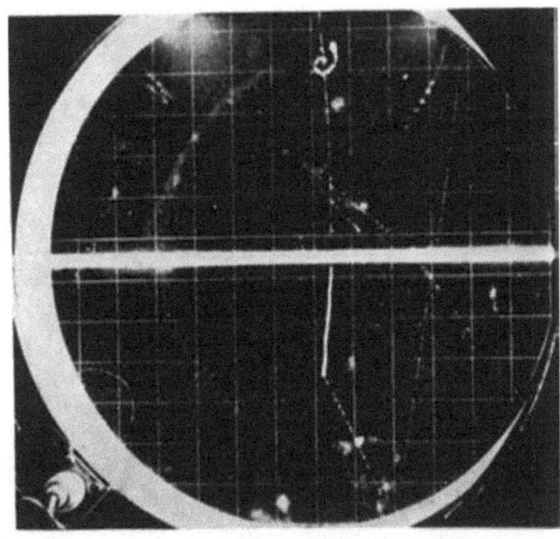

Abb. 170. Nebelkammeraufnahme eines μ-Mesons, das beim Durchsetzen einer Bleiplatte abgebremst wird und daher unter dieser eine sehr große Ionisationsdichte zeigt, bis es in ein Elektron und in zwei nichtionisierende und daher nichtsichtbare Neutrinos zerfällt. Die Spur des Elektrons erstreckt sich vom Endpunkt der Mesonenbahn nach rechts unten (Aufnahme von R. W. THOMPSON).

Frequenzen der bei den Mesonenübergängen emittierten Röntgenlinien gestatten dann Schlüsse auf die Ladungsverteilung in den ja *nicht* punktförmigen Kernen.

Das so an einen positiven Kern gebundene μ^--Meson kann nun entweder wie ein freies μ-Meson in ein Elektron und zwei Neutrinos zerfallen, oder es kann mit einem Kernproton nach dem Schema

$$\mu^- + p \rightarrow n + \bar{\nu}_\mu \tag{84}$$

reagieren (sog. gebundener Zerfall).Bei kleiner Kernladung des mesonischen Atoms wird der freie Zerfall überwiegen, bei großer Kernladung wegen des mit wachsendem Z abnehmenden Abstands des μ-Mesons vom Kern der gebundene Zerfall.

Der erste und wichtigste Vertreter der „wirklichen" Mesonen, die im Gegensatz zum μ-Meson alle den Spin Null besitzen, wurde 1947 von POWELL und OCCHIALINI bei Höhenstrahluntersuchungen gefunden und als *primäres* oder π-Meson bezeichnet, heute auch oft *Pion* genannt. Es tritt positiv und negativ geladen mit der Masse $273{,}23\ m_e$ auf, ferner als neutrales π^0-Meson mit der kleineren Masse $264{,}4\ m_e$. Aus diesen Werten folgt, daß zur Erzeugung von π-Mesonen Stoßteilchen von mindestens 150 MeV erforderlich sind. Die geladenen π-Mesonen zerfallen nach einer mittleren Lebensdauer von $2{,}5 \cdot 10^{-8}$ sec, und zwar überwiegend in ein μ-Meson von 34 MeV Energie und ein μ-Neutrino (Abb. 171), ganz selten direkt in ein Elektron und ein Neutrino. Das neutrale π^0-Meson dagegen zerfällt nach einer Lebensdauer von nur $2{,}3 \cdot 10^{-16}$ sec, und zwar fast stets in zwei Photonen (γ-Quanten), sehr selten auch in ein Elektronenpaar und ein Neutrino. Der Spin der π-Mesonen ist Null, deshalb auch ihr magnetisches Moment. Ersteres folgt z. B. aus einer detaillierten Untersuchung der Reaktion $p + p \rightarrow d + \pi^+$.

Erzeugt werden π-Mesonen entweder als Photomesonen durch den Photo-effekt genügend energiereicher γ-Quanten an Nukleonen, z.B.

$$\left.\begin{aligned} \gamma + p &\to n + \pi^- \\ \gamma + p &\to p + \pi^\circ \end{aligned}\right\} \tag{85}$$

und entsprechende Reaktionen mit Neutronen, oder durch Stöße zwischen je zwei Nukleonen genügender kinetischer Energie, bei denen einzelne π-Mesonen z.B. nach dem Schema

$$\left.\begin{aligned} p + n &\to n + n + \pi^+ \\ p + n &\to p + n + \pi^\circ \\ p + n &\to p + p + \pi^- \end{aligned}\right\} \tag{86}$$

oder π-Mesonen*paare* etwa nach den Reaktionen

$$\left.\begin{aligned} p + n &\to p + n + \pi^+ + \pi^- \\ p + n &\to p + p + \pi^\circ + \pi^- \end{aligned}\right\} \tag{87}$$

entstehen.

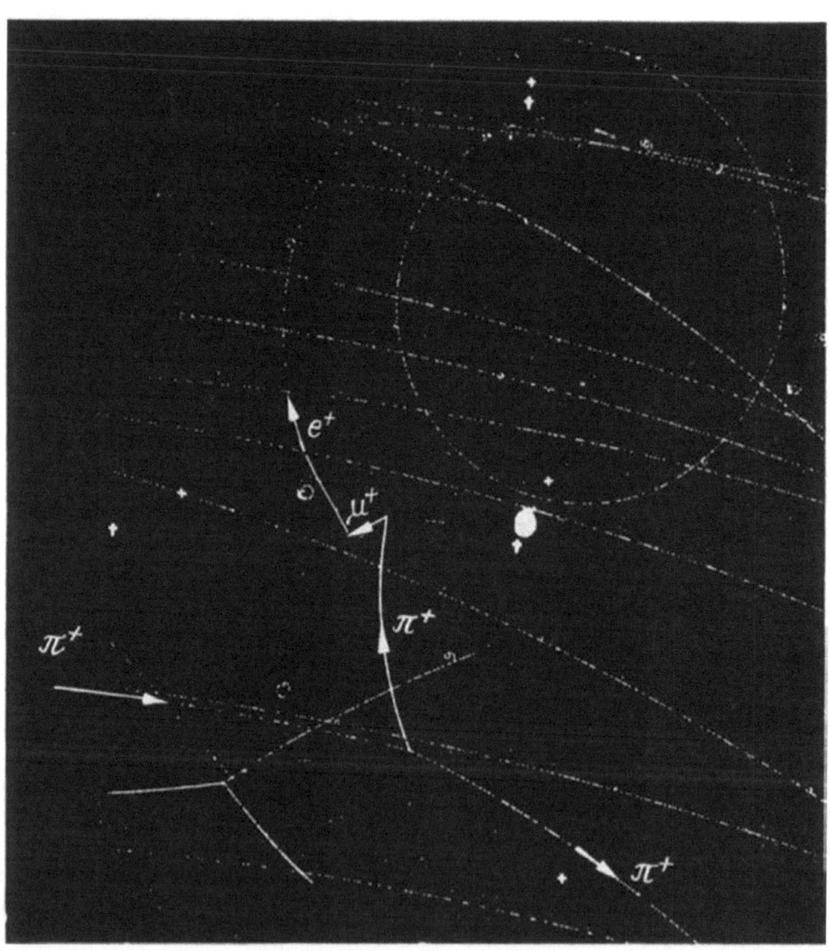

Abb. 171. CERN-Blasenkammer-Aufnahme des Zerfalls eines durch Stoß eines primären schnellen π^+-Mesons mit einem Proton erzeugten sekundären π^+-Mesons in ein μ^+-Meson (und ein Neutrino). Das μ^+ zerfällt seinerseits nach kurzer Bahn in zwei wieder unsichtbare Neutrinos und ein durch seine starke Bahnkrümmung im Magnetfeld und seine geringe Blasendichte gut erkennbares Elektron (Photo CERN).

Die π-Mesonen zeigen die für das YUKAWA-Meson erwartete starke Wechselwirkung mit Atomkernen, von denen sie bei praktisch jedem Stoß absorbiert werden. Wieder werden die negativen π^--Mesonen meist zuerst von den positiven Atomkernen eingefangen und bilden *π-mesonische Atome*, um dann entweder frei zu zerfallen oder mit einem Kernproton zu reagieren und ein Neutron zu bilden. Im Gegensatz zu dem entsprechenden μ-Prozeß wird aber hier die überschüssige Energie (Massenenergie des π-Mesons von 140 MeV) nicht vom Neutrino weggeführt, sondern wegen der starken Wechselwirkung mit den Nukleonen auf diese übertragen und dient so zu einer Aufheizung des Kerns mit darauf folgender

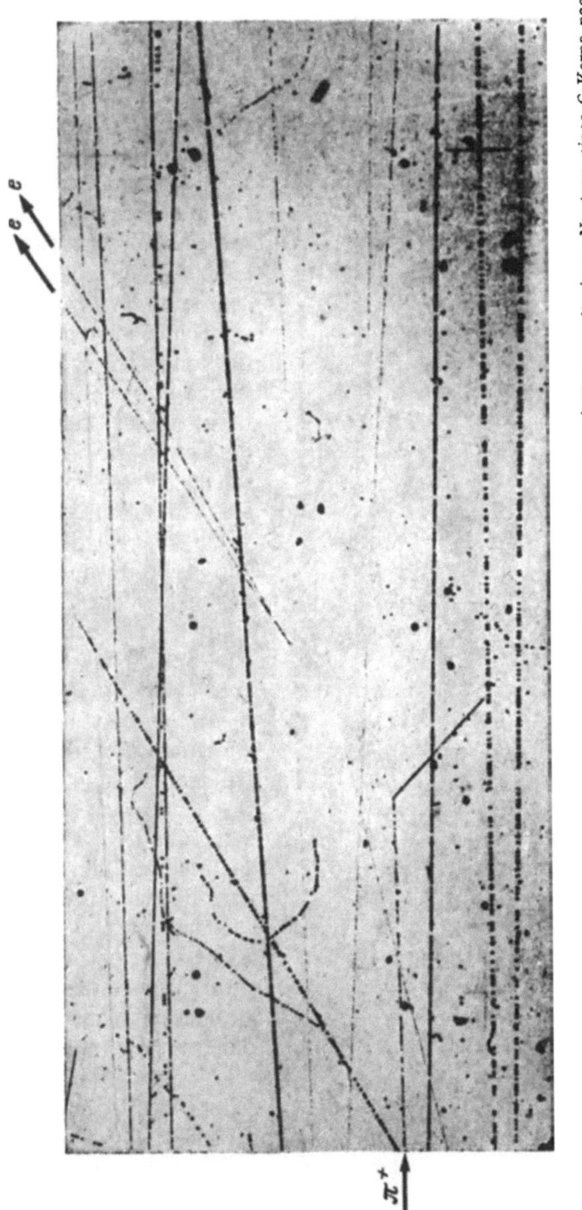

Abb. 172. Blasenkammer-Aufnahme der Reaktion eines von links einfallenden energiereichen π^+-Mesons mit einem Neutron eines C-Kerns nach dem Schema

$$\pi^+ + n \rightarrow \pi^0 + p.$$

Das Proton fliegt nach unten rechts, das unsichtbare π^0 nach oben rechts, wobei es in zwei γ-Quanten zerfällt, deren eines schon in der Kammer ein energiereiches Elektronenpaar erzeugt (nach GLASER).

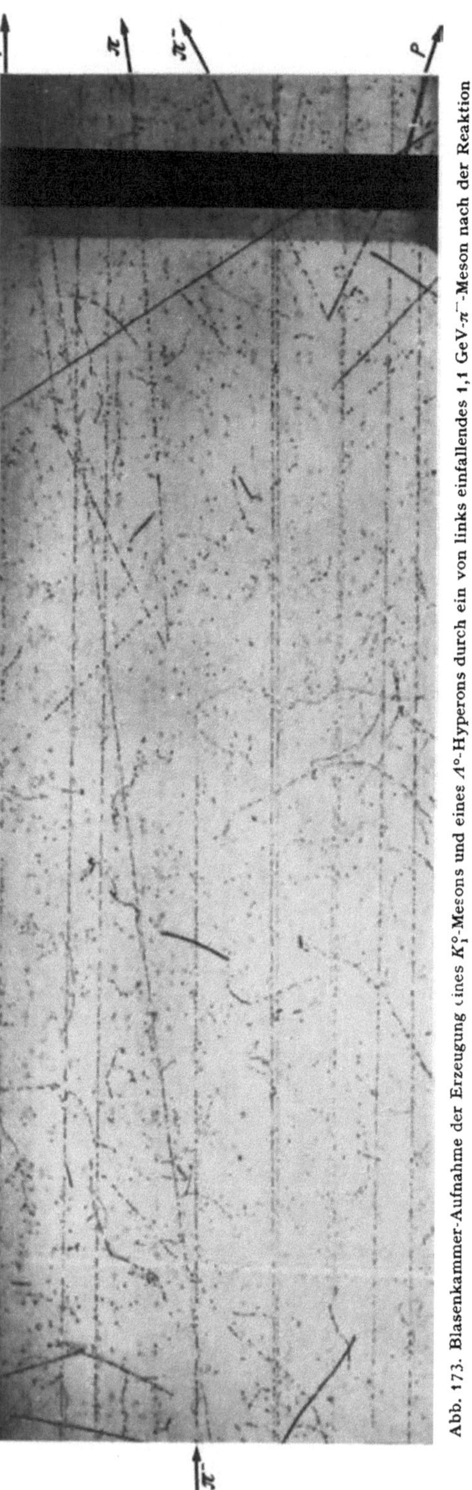

Abb. 173. Blasenkammer-Aufnahme der Erzeugung eines K_1^0-Mesons und eines Λ^0-Hyperons durch ein von links einfallendes 1,1 GeV-π^--Meson nach der Reaktion

$$\pi^- + p \to K_1^0 + \Lambda^0.$$

Rechts unten zerfällt das Λ^0 in ein Proton und ein π^-, rechts oben das K_1^0-Meson in zwei π-Mesonen, deren eines anschließend einen $\pi \to \mu$-Zerfall durchmacht (nach GLASER).

Emission von Nukleonen, Mesonen und anderen Kerntrümmern. Im Gegensatz zum μ-Meson kann im direkten Stoß wegen der großen Wechselwirkung das positive π-Meson genügender Energie auch Kernprozesse auslösen, z. B. Neutronen in Protonen umwandeln. Abb. 172 zeigt diesen Prozeß und das Elektronenpaar, in das das gleichzeitig entstehende π^0-Meson zerfällt. Besonders bedeutungsvoll für die Elementarteilchenphysik sind die Stoßreaktionen, bei denen genügend energiereiche π-Mesonen mit Nukleonen in der sog. *assoziierten Produktion* die gleich zu behandelnden *K-Mesonen* und *Hyperonen* erzeugen.

Schon kurz nach der Entdeckung der π-Mesonen, die wegen ihrer von YUKAWA vorhergesagten Bedeutung für die Kernkräfte besonderes Aufsehen erregten, fanden ROCHESTER und BUTLER die *K-Mesonen*, die geladen die Masse $966\ m_e$ besitzen, während die des neutralen K^0 $973\ m_e$ beträgt. Die K-Mesonen haben den Spin Null und deshalb auch kein magnetisches Moment. Sie entstehen bei Stößen energiereicher π-Mesonen mit Nukleonen, und zwar überraschenderweise niemals einzeln, sondern stets nur zusammen mit den gleich zu besprechenden Hyperonen. Die Lebensdauer der geladenen K-Mesonen ist $1,2 \cdot 10^{-8}$ sec, während es zwei verschiedene K^0-Mesonen mit den Lebensdauern 10^{-10} und 10^{-7} sec gibt, die – ein bisher einmaliger Effekt! – „Mischungen" eines K^0-Mesons mit seinem Antiteilchen K^0 zu sein scheinen. Die geladenen K-Mesonen können nach Tab. 12 in drei

π-Mesonen und 75 MeV Energie, in ein neutrales und ein geladenes π-Meson und
219 MeV sowie schließlich in geladene μ-Mesonen oder gar Elektronen und neutrale
π°-Mesonen und Neutrinos zerfallen, während für jedenfalls *ein* neutrales K°-Meson
der Zerfall in ein positives und ein negatives π-Meson und 215 MeV Energie
sichergestellt ist. Abb. 173 zeigt eine Blasenkammeraufnahme des Zerfalls eines
K^+-Mesons (τ^+-Mesons), das in zwei positive π^+-Mesonen und ein auf der Aufnahme
allerdings nicht sichtbares negatives π^--Meson zerfällt. Während das K^+-Meson
wegen seiner Abstoßung durch den positiven Kern im allgemeinen nach seiner
Abbremsung frei zerfällt, bildet das negative K^--Meson wieder ein K-mesonisches
Atom, das wegen seines geringen Radius bald zur Absorption durch den Kern, mit
dem das K^- offenbar stark wechselwirkt, führt und Anlaß zu explosiven Kernreaktionen gibt.

Fast gleichzeitig mit den schweren K-Mesonen wurden auch die mit ihnen zusammen in Stößen sehr energiereicher π-Mesonen mit Nukleonen erzeugten *Hyperonen* entdeckt, eine Gruppe instabiler Elementarteilchen, deren Name andeutet,

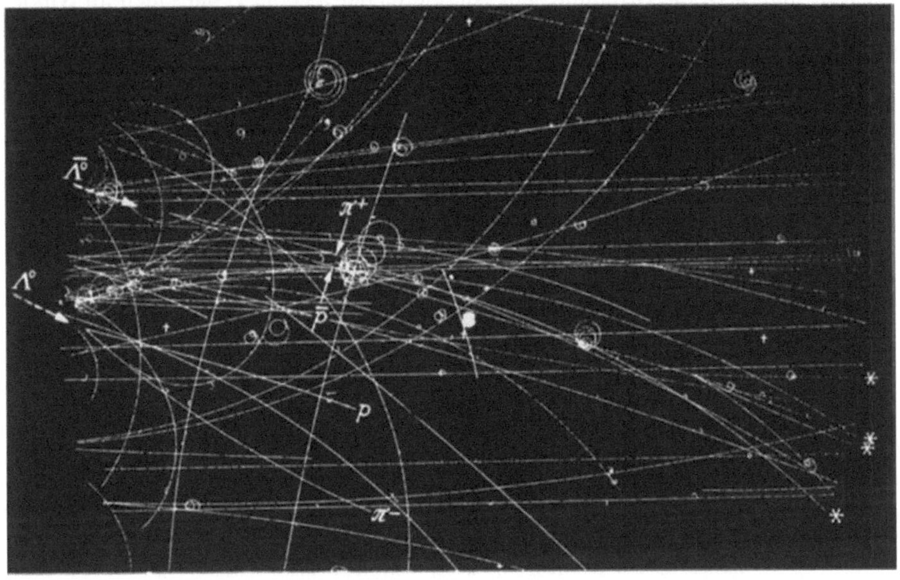

Abb. 174. Blasenkammer-Aufnahme zweier Λ°-Zerfälle. Das von links einfallende, nichtionisierende Λ°-Hyperon zerfällt in ein Proton und ein π^--Meson. Darüber ist der mit dieser Aufnahme zum erstenmal erfaßte Zerfall eines *Anti-
λ-Hyperons* $\bar{\Lambda}^\circ$ in ein π^+ und ein *Antiproton* p^- zu erkennen, das seinerseits nahe der rechten unteren Ecke der Abbildung mit einem Nukleon unter Erzeugung von vier geladenen π-Mesonen zerstrahlt, deren Endpunkte durch
Sternchen kenntlich gemacht sind (Photo CERN).

daß ihre Massen größer als die der Nukleonen sind. Ihr Spin ist halbzahlig ($\hbar/2$),
da sie alle direkt oder indirekt in ein Nukleon und π-Mesonen zerfallen, und zwar
mit Lebensdauern, die im Gegensatz zur theoretischen Erwartung für so masse-
reiche, „energiegeladene" Teilchen mit 10^{-10} sec recht hoch liegen. Eine Ausnahme
hiervon macht nur das neutrale Σ°, das als einziges bisher bekanntes Hyperon
nicht unter Emission eines Mesons zerfällt, sondern nach 10^{-18} sec in ein Λ°-
Hyperon und ein energiereiches γ-Quant zerfällt. Massen, Zerfall und sonstige
Eigenschaften der Hyperonen sind aus Tab. 12 zu entnehmen. Endzustand des
Zerfalls sämtlicher Hyperonen ist ein Nukleon; mit Ausnahme des unter γ-Emis-
sion zerfallenden Σ° emittieren alle Hyperonen π-Mesonen. Zu allen Hyperonen sind Antiteilchen bekannt. Abb. 174 zeigt einen Λ- und einen Anti-Λ-

Zerfall, wobei das bei letzterem entstehende Antiproton schließlich mit einem Proton oder Neutron zusammenstößt und unter Erzeugung einer Anzahl von π-Mesonen (von denen natürlich nur die geladenen sichtbar sind) verschwindet. Alle Hyperonen wechselwirken stark mit Nukleonen, π- und K-Mesonen. Interessant ist, daß das neutrale Hyperon Λ° in einem Atomkern die Stelle eines Neutrons vertreten kann; solche Kerne nennt man *Hyperfragmente.*

Es wurde schon erwähnt, daß Hyperonen und K-Mesonen stets *gemeinsam* durch π-Mesonenstöße erzeugt werden, und zwar ein K-Meson entweder mit einem Anti-K-Meson oder einem Λ° oder einem Σ-Hyperon, während ein Ξ-Hyperon stets nur zusammen mit *zwei* K-Mesonen erzeugt wird. Auf die Bedeutung dieser wichtigen Beobachtung kommen wir in V,24 zurück.

In den letzten Jahren ist nun die schon große Zahl der Elementarteilchen um eine immer noch wachsende Gruppe erweitert worden, bei der man mit Recht die Frage stellen kann, ob man hier wirklich von immer neuen, sehr kurzlebigen „Teilchen" mit Lebensdauern von 10^{-22} bis 10^{-23} sec oder richtiger von Anregungszuständen stabilerer Elementarteilchen sprechen soll.

Mißt man z. B. die Streuung sehr energiereicher π- oder K-Mesonen an Nukleonen, so findet man bei gewissen Werten der Stoßenergie ausgeprägte Maxima des Streuquerschnitts (vgl. Abb. 175). In voller Analogie zu V,10, wo wir aus solchen

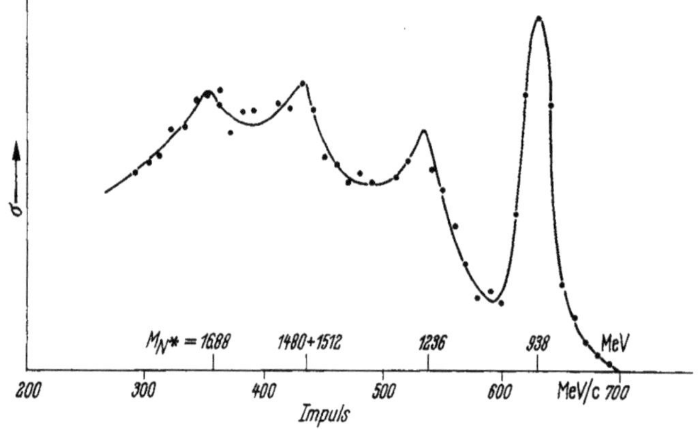

Abb. 175. Bestimmung der Massen des Nukleons und seiner ersten Anregungszustände aus der elastischen bzw. unelastischen Streuung von 2,4 GeV-Elektronen an Protonen unter einem Winkel von 37,2° (nach Messungen von Behrend, Brasse, Engler, Galster, Ganssauge, Hartwig, Hultschig, Schopper).

Maxima der Anregungsfunktionen von Kernreaktionen auf die Existenz angeregter Kernzustände schlossen, deutet man die neu gefundenen Streumaxima als Anregungszustände z.B. des Nukleons und schließt aus der Breite der Maxima mittels der Unbestimmtheitsbeziehung (IV-16) auf die Lebensdauer dieser Anregungszustände.

Bedenkt man nun, daß die Mesonen sich zum Feld der Kernkräfte verhalten wie die Photonen zum elektromagnetischen Feld, so liegt es nahe, die neuen Anregungszustände der Elementarteilchen mit den durch Photonenabsorption entstehenden Anregungszuständen eines Atoms zu vergleichen. Trägt man nämlich den Photonenabsorptionsquerschnitt eines Atoms gegen die Photonenenergie auf, so findet man natürlich scharfe Maxima bei den den Anregungszuständen des Atoms entsprechenden Photonenenergien. Ebenso wie ein so angeregter Atomzustand direkt oder stufenweise unter Emission in den Grundzustand übergehen kann, „zerfallen" die Anregungszustände der Elementarteilchen unter Emission von π- oder K-Mesonen, wobei meist noch beträchtliche Beträge kinetischer

Energie frei werden. Daher gilt bei Elementarteilchen-Übergängen nicht die aus der Elektronenhüllenphysik wie der Kernphysik bekannte Beziehung, daß die Energiedifferenz des Anfangs- und Endzustandes als *ein* Teilchen, z. B. ein Photon

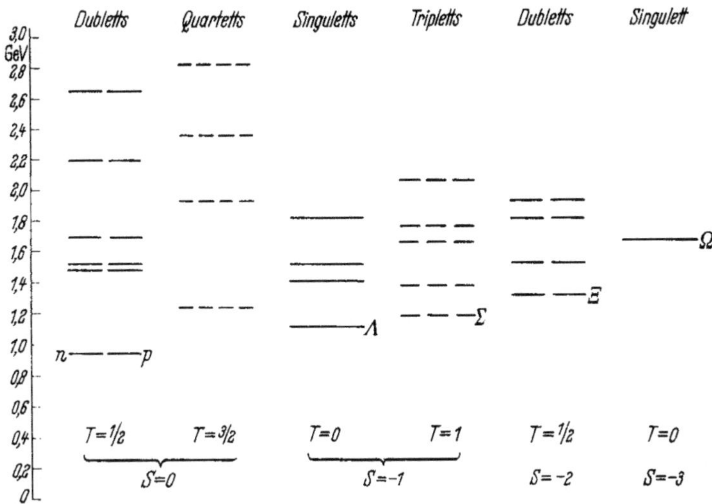

Abb. 176. Energieniveau- bzw. Massenschema der Baryonen nach WEISSKOPF mit neuesten Werten nach dem Stand vom Juli 1965.

der Gesamtenergie $h\nu$, erscheint. Die Energiedifferenz von Anfangs- und Endzustand bei einem Elementarteilchen-Übergang ist vielmehr gleich der mit c^2 multiplizierten Summe der entstehenden Teilchen (meist Mesonen) und der von diesen mitgenommenen kinetischen Energie sowie der der gelegentlich entstehenden Photonen und Neutrinos.

Abb. 176 zeigt das Energieniveauschema der durch halbzahligen Spin ausgezeichneten schweren Teilchen, die wir als Anregungszustände des Nukleons ansehen können, Abb. 177 das der durch ganzzahligen Spin ausgezeichneten echten Mesonen. Auf die Deutung beider Schemata kommen wir in V,24 zurück, bemerken aber schon hier, daß alle bisher bekannten „Elementarteilchen" letztlich in Protonen, Elektronen, Photonen und Neutrinos zerfallen, was die Bedeutung dieser einzigen wirklich stabilen Elementarteilchen unterstreicht.

Die Untersuchungen über die Elementarteilchen und ihre Reaktionen miteinander und mit zusammengesetzten Kernen haben auch weiteres Licht auf die in V,7a schon erwähnte Eigenschaft aller Kerne wie Elementarteilchen geworfen, gerade oder ungerade Parität zu besitzen.

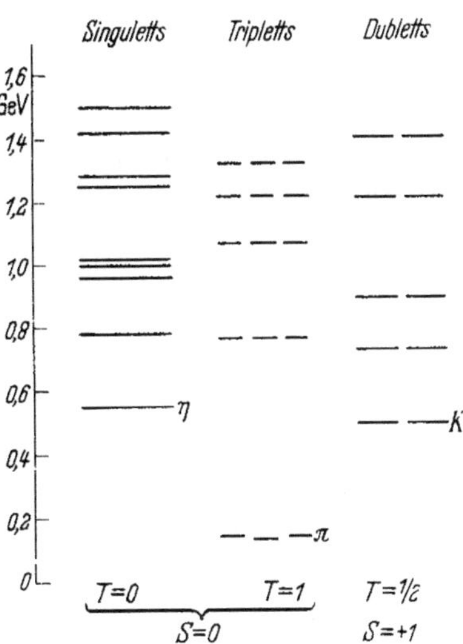

Abb. 177. Energieniveau- bzw. Massenschema der Mesonen nach WEISSKOPF mit neuesten Werten nach dem Stand vom Juli 1965.

Bei allen aus mehreren Teilchen zusammengesetzten atomaren Systemen ist die Parität ja als die Eigenschaft ihrer Wellenfunktion definiert, bei Spiegelung am Koordinatenursprung unverändert zu bleiben (Parität gerade bzw. positiv) oder ihr Vorzeichen zu ändern (Parität ungerade bzw. negativ). So folgt beispielsweise aus dem Verhalten des Deuterons im Grundzustand eindeutig, daß seine Parität gerade ist. Aus der Wechselwirkung eines π-Mesons mit dem Deuteron folgt nun überraschenderweise, daß man auch einem einzelnen Teilchen wie dem π-Meson eine Parität („Eigenparität") zuordnen muß, die in diesem Fall nach den Experimenten ungerade sein muß. Die Eigenparität gehört also ebenso wie der Spin zu den Eigenschaften eines Teilchens und kann wie letzterer durch eine Art Quantenzahl ± 1 gekennzeichnet werden. Die Parität eines Einzelteilchens folgt aus seinem Verhalten in starken Wechselwirkungen oder Reaktionen mit anderen Teilchen bekannter Parität; sie bestimmt umgekehrt zusammen mit den anderen Quantenzahlen die Auswahlregeln für das Verhalten des betreffenden Teilchens in Wechselwirkung mit anderen Teilchen.

Wie für die Energie, den Impuls und den Drehimpuls gibt es nun auch einen Erhaltungssatz für die Parität, der früher für allgemein streng gültig angesehen wurde. Entgegen dieser Erwartung hat sich in glänzender Bestätigung einer Theorie von LEE und YANG herausgestellt, daß die Parität bei der mit Neutrino-Emission verbundenen schwachen Wechselwirkung (vgl. V,7a) *nicht* erhalten bleibt.

Aus dieser Nichterhaltung der Parität folgt z.B., daß beim Zerfall des π^+-Mesons in ein μ^+ und ein μ-Neutrino der Spin des entstehenden μ^+ so ausgerichtet ist, daß er mit der Bewegungsrichtung des μ^+ übereinstimmt. Diese Polarisation der entstehenden μ^+-Teilchen führt ihrerseits nach der Theorie zu einer Asymmetrie der Richtungsverteilung der beim Zerfall der μ^+-Teilchen entstehenden Positronen, alles in voller Übereinstimmung mit der Beobachtung.

Nun wissen wir bereits aus V,7, daß Teilchen entgegengesetzter Spinrichtung bei Bezug auf ihre Bewegungsrichtung sich wie Rechts- bzw. Linksschrauben verhalten. Man hatte dabei früher geglaubt, daß *in der Natur beide Schraubenrichtungen gleichberechtigt wären. Die Paritätsuntersuchungen haben ergeben, daß das im allgemeinen nicht der Fall ist.* Durch Spiegelung eines in unserer Welt vorkommenden Systemzustandes entsteht im allgemeinen *kein* gleichberechtigter Zustand. Aber wie Spin und Bewegungsrichtung des Neutrino nach V,7 eine Linksschraube, die des Antineutrino eine Rechtsschraube bilden, scheinen sich ganz allgemein *Materie und Antimaterie durch ihren Drehsinn zu unterscheiden, d.h. spiegelsymmetrisch zueinander zu sein.* Das bedeutet, daß es einen allgemeingültigen Erhaltungssatz zwar nicht für den Paritätsoperator P (Vorzeichenumkehr aller Koordinaten) gibt, wohl aber für den Operator PC, wo C (von **C**harge) den Operator der Ladungsumkehr bedeutet. Der Satz von der *PC-Invarianz* besagt also, daß alle Naturvorgänge gegen gleichzeitige Umkehr aller Koordinatenvorzeichen *und* der Ladung invariant sind, da ja durch die *PC*-Operation ein Teilchen in sein Antiteilchen, also ein wieder in der Natur vorkommendes Teilchen verwandelt wird. Ob auch dieser Satz, wie neueste, noch unbestätigte Beobachtungen über eine seltene Zerfallsart eines neutralen K-Mesons anzudeuten scheinen, einer Einschränkung bedarf, kann, wie so vieles in der Elementarteilchenphysik, erst die Zukunft lehren.

24. Die theoretische Deutung der Elementarteilchen

Überblicken wir nun die bisher bekannten, in Tab. 12 und 13 zusammengestellten Elementarteilchen und ihre Eigenschaften, so erkennen wir deutlich vier verschiedene Klassen. Da sind zunächst die Nukleonen und ihre „angeregten Zustände", die teils unter π-Emission, teils unter K-Emission zerfallen und alle halbzahligen Spin besitzen. Die Nukleonen und ihre Anregungszustände, unter denen die Hyperonen die langlebigsten sind, bezeichnet man auch als die *schweren* Ele-

Tabelle 12. *Die zur Zeit bekannten Elementarteilchen ohne die neuen Anregungszustände* (vgl. Tab. 13)

	Teilchen	Antiteilchen	Masse in MeV	Ladung	Spin in $h/2\pi$	Lebensdauer in sec	Zerfall
Leptonen	Elektron e^-	e^+	0,510976	$\mp e$	$1/2$	∞	---
	e-Neutrino ν_e	$\bar{\nu}_e$	0	0	$1/2$	∞	---
	Müon μ^-	μ^+	105,66	$\mp e$	$1/2$	$2,212 \cdot 10^{-6}$	$e^- + \nu_\mu + \bar{\nu}_e + 105$ MeV
	μ-Neutrino ν_μ	$\bar{\nu}_\mu$	0	0	$1/2$	∞	---
	Photon γ	γ	0	0	1	∞	---
Hadronen — Mesonen	π^-	π^+	139,58	$\mp e$	0	$2,55 \cdot 10^{-8}$	$\mu^- + \bar{\nu} + 33,9$ MeV
	π°	π°	134,97	0	0	$2,3 \cdot 10^{-16}$	$2\gamma + 135$ MeV
	π^+	π^-	139,58	$\pm e$	0	$2,55 \cdot 10^{-8}$	$\mu^+ + \nu + 33,9$ MeV
	K^+	K^-	493,8	$\pm e$	0	$1,224 \cdot 10^{-8}$	$\mu^+ + \nu$ oder $\pi^+ + \pi^\circ$ $\pi^\circ + e^+ + \nu$ oder $\pi^\circ + \mu^+ + \nu$ oder 3π
	$K^\circ \Big\langle \begin{smallmatrix} K_1^\circ (\Theta^\circ) \\ K_2^\circ (\tau^\circ) \end{smallmatrix}$	$\bar{K}^\circ$	497,7	0	0	$1 \cdot 10^{-10}$	$\pi^+ + \pi^- + 218,6$ MeV $2\pi^\circ + 227,8$ MeV
			497,7	0	0	$6,1 \cdot 10^{-8}$	$\pi^+ + \pi^- + \pi^\circ + 83,6$ MeV $3\pi^\circ + 92,8$ MeV
	η		548,8	0	0	?	$\gamma + \gamma$ 3π oder $\pi + 2\gamma$
Baryonen — Nukleonen	p^+	p^-	938,256	$\pm e$	$1/2$	∞	—
	n	n	939,550	0	$1/2$	1013	$p + e^- + \bar{\nu} + 0,8$ MeV
Baryonen — Hyperonen	Λ°	$\overline{\Lambda}^\circ$	1115,44	0	$1/2$	$2,36 \cdot 10^{-10}$	$p + \pi^- + 37,6$ MeV $n + \pi^\circ + 40,8$ MeV
	Σ^-	$\overline{\Sigma}^-$	1197,2	$\mp e$	$1/2$	$1,61 \cdot 10^{-10}$	$n + \pi^- + 117$ MeV
	Σ°	$\overline{\Sigma}^\circ$	1192,3	0	$1/2$	10^{-18}	$\Lambda^\circ + \gamma + 76$ MeV
	Σ^+	$\overline{\Sigma}^+$	1189,4	$\pm e$	$1/2$	$0,81 \cdot 10^{-10}$	$p + \pi^\circ + 116$ MeV $n + \pi^+ + 110$ MeV
	Ξ^-	$\overline{\Xi}^-$	1320,8	$\mp e$	$1/2?$	$1,3 \cdot 10^{-10}$	$\Lambda^\circ + \pi^- + 63$ MeV
	Ξ°	$\overline{\Xi}^\circ$	1314,3	0	$1/2?$	$1,5 \cdot 10^{-10}?$	$\Lambda^\circ + \pi^\circ + 61$ MeV
	Ω^-	$\overline{\Omega}^-$	1675	$- e$	$3/2$	10^{-10}	$\Xi + \pi + ?$ MeV

Tabelle 13. *Die Anregungszustände der Hadronen*
(Baryonen und Mesonen) nach dem Stand von Mitte 1965

Klasse	Zustand	Symbol	Masse in MeV	Seltsamkeit S	Isospin T	Spin $I(\hbar)$	Parität P
Baryonen	Nukleon-Anregungszustände N^*		1480			$^1/_2$	+
			1518			$^3/_2$	−
			1688		$^1/_2$	$^5/_2$	+
			2190			$^9/_2$?	+?
			2645	0			
			1236			$^3/_2$	+
			1924			$^7/_2$	−
			2360		$^3/_2$	$11/_2$?	+?
			2825				
	Λ-Anregungszustände Y_0^*		1405			$^1/_2$	−
			1519		0	$^3/_2$	−
			1815			$^5/_2$	+
	Σ-Anregungszustände Y_1^*		1383	−1		$^3/_2$	+
			1660		1		
			1762			$^5/_2$	−
			2065			$^5/_2$	?
	Ξ-Anregungszustände Ξ^*		1530			$^3/_2$	+
			1816	−2	$^1/_2$		
			1933				
Mesonen	η-Anregungszustände	ω	783			1	−
		X^0	958,6			0	−
		φ	1019,5			1	−
		f	1253		0	2	?
		D	1286				
		E	1420	0			
		f'	1500				
	π-Anregungszustände	ϱ	765			1	−
		A_1	1072			0	−
		B	1220		1		
		A_2	1324			2	?
	K-Anregungszustände	k	725				
		K^*	891			1	−
		C	1215	+1	$^1/_2$	1?	+?
		K^*	1405				

mentarteilchen oder *Baryonen*. Mit ihnen in engster physikalischer Beziehung stehen als Quanten des Kernfeldes die *Mesonen* mit ganzzahligem Spin, d.h. die π- und K-Mesonen und deren Anregungszustände, während wir das μ-Meson wegen seiner geringen Wechselwirkung mit den Atomkernen, wegen seines Spins $\hbar/2$ und allgemein wegen seiner Verwandtschaft mit dem Elektron, zu den leichten Elementarteilchen oder *Leptonen* rechnen müssen, die sich also aus den Elektronen, den μ-Mesonen (Müonen) und den beiden Arten von Neutrinos (v_e und v_μ) zusammensetzen und sämtlich den Spin $\hbar/2$ besitzen. Eine gewisse Verwandtschaft mit den echten Mesonen besitzt schließlich das Photon mit dem Spin $\hbar$ als Quant des elektromagnetischen Feldes.

Dieser Einteilung der Elementarteilchen in vier Gruppen entspricht eine solche bezüglich der zwischen ihnen und ihren Feldquanten bestehenden Wechselwirkungen. Zwischen den Baryonen wirken die äußerst starken, aber bei Entfernungen über wenige 10^{-13} cm rasch abfallenden Kernkräfte, deren Feldquanten eben die Mesonen sind. Aus der geringen Reichweite der Kernkräfte und ihrer Stärke folgen für diese *starke Wechselwirkung* Reaktionszeiten von nur etwa 10^{-23} sec. Da diese für alle Reaktionen zwischen Baryonen und Mesonen gelten, sollte man erwarten, daß auch der Zerfall der Hyperonen in Nukleonen und Mesonen mit dieser extrem kleinen Lebensdauer erfolgte, daß Hyperonen also ebenso wie die in π-Mesonen zerfallenden K-Mesonen nicht mit meßbarer Lebensdauer in Erscheinung treten sollten. Tatsächlich aber ist die Lebensdauer der Hyperonen wie der K-Mesonen um den Faktor 10^{12} (!) größer als erwartet, weshalb diese Teilchen als *seltsame* (strange particles) bezeichnet werden. Auf ihre Deutung kommen wir gleich zu sprechen.

Die *elektromagnetische Wechselwirkung* zwischen geladenen Kernteilchen, die zur Emission von γ-Quanten (Photonen) führt, ist merklich schwächer als die auf den Kernkräften beruhende, und äußert sich in den etwas größeren, vom γ-Zerfall angeregter Kerne, des Σ°-Hyperons sowie des π°-Mesons her bekannten Lebensdauern von 10^{-18} bis 10^{-16} sec. Um mindestens den Faktor 10^{10} schwächer sind schließlich die Kräfte zwischen den Leptonen einerseits und den Baryonen und Mesonen andererseits (*„schwache Wechselwirkung"*), die sich in den um viele Größenordnungen höheren Lebensdauern der Baryonen und Mesonen gegenüber μ- oder β-Zerfall äußern, d.h. *gegenüber jedem mit der Emission von Neutrinos verbundenen Zerfall* (vgl. V,6g).

Diese Klassifizierung der verschiedenen zwischen den Elementarteilchen existierenden Wechselwirkungen bedeutet, daß man die Elementarteilchenphysik theoretisch in drei schrittweise besseren Näherungen behandeln kann. In einer Welt mit ausschließlich starken Wechselwirkungen gäbe es kein Photon; die Massen von Proton und Neutron wie der geladenen und neutralen Mesonen untereinander wären gleich, da diese Massendifferenzen elektromagnetischer Natur sind, und schließlich wären alle in Leptonen oder γ-Quanten zerfallenden Teilchen, wie das Neutron und alle π-Mesonen, noch stabil. Eine Elementarteilchentheorie zweiter Näherung müßte die elektromagnetischen Wechselwirkungen einschließen und könnte den γ-Zerfall der π°-Mesonen ebenso erklären wie die Massendifferenzen zusammengehöriger Elementarteilchen verschiedener Ladung, während erst die Theorie dritter Näherung unter Einbeziehung der schwachen Wechselwirkungen die volle Vielzahl der Zerfallsmöglichkeiten der Elementarteilchen einschließlich der Leptonen ergeben würde. Es kann nicht verwundern, daß bei diesen auf den vergleichsweise so äußerst schwachen Wechselwirkungen beruhenden Prozessen wie dem β-Zerfall auch sonst stets erfüllte Auswahlregeln und Erhaltungssätze, wie die der Parität, verletzt werden. Diese Prozesse können in gewissem Sinne als „verboten" bezeichnet werden, weil sie um viele Größenordnungen unwahrscheinlicher sind als die auf starken und elektromagnetischen Wechselwirkungen beruhenden.

Wir gehen nun zu den Erhaltungssätzen über, weil jeder von ihnen ja zu einer für das betreffende System (Elementarteilchen) charakteristischen Quantenzahl führt. Hier gelten zunächst die Erhaltungssätze für die Ladung, für die Baryonenzahl und für die Leptonenzahl. Bei allen Stößen und Umwandlungen von Elementarteilchen bleiben nämlich erhalten die Summe der positiven minus der Summe der negativen Ladungen, die Summe der Baryonen abzüglich der Summe der Antibaryonen und schließlich die Summe aller Leptonen abzüglich der aller Antileptonen. Der Leptonenerhaltungssatz bedingt allerdings eine Festlegung, welche Teilchen wir als Leptonen und welche als Antileptonen definieren wollen. Er gilt, wenn wir Elektronen, μ^{-}-Mesonen und Neutrinos (ν) als Leptonen, dagegen Positronen, μ^{+}-Mesonen und Antineutrinos $\bar{\nu}$ als Antileptonen ansehen. Nach dem Leptonenerhaltungssatz muß z.B. beim β-Zerfall stets ein Lepton und ein Antilepton entstehen, also ein Elektron und ein Antineutrino oder ein Positron und ein Neutrino, beim π-Zerfall ein negatives μ-Meson und ein Antineutrino oder ein positives μ-Meson und ein Neutrino, beim μ^{-}-Zerfall schließlich ein Elektron, ein Neutrino und ein Antineutrino.

Aus diesen Erhaltungssätzen folgt, daß wir jedem Elementarteilchen eine Baryonen-Quantenzahl B zuschreiben können, die für Baryonen $+1$, für Antibaryonen -1 und für Mesonen und Leptonen Null ist. Eine weitere Quantenzahl jedes Elementarteilchens ist die Ladungsquantenzahl Q, die (mit e als Einheit) für alle bisher bekannten Elementarteilchen $+1$, -1 oder Null ist. Eine dritte Quantenzahl ist die Parität (vgl. V,23), die nur positiv $(+1)$ oder negativ (-1) sein kann. Den Spin I als weitere Quantenzahl jedes Elementarteilchens haben wir schon erwähnt. Seine Quantenzahl beträgt (stets in Einheiten von $\hbar$) für die Baryonen und Leptonen $1/2$ und für die Mesonen Null, während bei den angeregten Zuständen der Baryonen auch höhere halbzahlige und bei denen der Mesonen höhere ganzzahlige I-Werte vorkommen. Als fünfte und letzte ein Elementarteilchen charakterisierende Quantenzahl benötigen wir die für die „Strangeness" oder Seltsamkeit (S), die sich beim Zerfall der durch ihre überraschend große Lebensdauer auffallenden K-Mesonen und Hyperonen (vgl. V,23) stets um eine Einheit ändert, sonst aber bei allen Stößen und Umwandlungen bei starker oder elektromagnetischer Wechselwirkung erhalten bleibt. Man erhält Übereinstimmung mit der Erfahrung, wenn man den bei ihrem Zerfall sich normal verhaltenden π-Mesonen wie den Nukleonen die Seltsamkeitsquantenzahl $S = 0$ zuordnet, den Mesonen K^+ und K° dagegen $S = +1$, ihren Antiteilchen K^- und $\overline{K^\circ}$ ebenso wie den Hyperonen Λ°, Σ^+, Σ° und Σ^- die Strangeness $S = -1$, dem durch doppelten π-Zerfall sich in ein Nukleon umwandelnden Ξ-Hyperon $S = -2$, und schließlich dem Ω^--Hyperon $S = -3$ (vgl. Abb. 176/177).

Durch diese fünf Quantenzahlen B, Q, P, I und S kann man nun offenbar alle Elementarteilchen eindeutig charakterisieren mit der einen noch völlig unerklärlichen Ausnahme, daß es in dieser Darstellung keine Unterscheidung zwischen Elektron und Müon gibt außer der bei letzterem rund 207mal größeren Masse.

Man gelangt nun zu einer für die Theorie bedeutungsvollen Einsicht in die Zusammenhänge zwischen den Elementarteilchen, wenn man an Stelle der anschaulichen Ladungsquantenzahl Q die in V,4a bereits erwähnte, leider unanschauliche Isospinquantenzahl T bzw. T_z einführt. Ebenso wie nach III,9b zum mechanischen Spin $s = \hbar/2$ des Elektrons die beiden Komponenten $+\hbar/2$ und $-\hbar/2$ bezogen auf irgendeine ausgezeichnete Richtung gehören und zwei durch diese Spineinstellung sich unterscheidende Zustände des Systems bezeichnen, kann man formal die beiden Ladungszustände des Nukleons, das Proton und das Neutron, durch die Isospinkomponenten $T_z = +1/2$ und $T_z = -1/2$ des dem Nukleon eigentümlichen Isogesamtspins $T = 1/2$ kennzeichnen. In dieser Darstellungsweise gehört zu den π-Mesonen der Isospin $T = 1$, und die π-Mesonen π^+, π° und π^- stellen ein Isospintriplett mit den Isospinkomponenten $T_z = +1$, 0 und -1 dar.

Die Ladungsquantenzahl Q läßt sich dann nach GELL-MANN durch die Baryonen-Quantenzahl B, die Isospin-Quantenzahl T_z und die Seltsamkeit S in der Form

$$Q = T_z + B/2 + S/2 \tag{88}$$

darstellen. Der Vorteil dieses Austauschs der Quantenzahlen Q mit T bzw. T_z ist, daß nun die physikalisch zusammengehörenden Isospin-Multipletts wie die beiden Nukleonen, die drei π-Mesonen oder die zwei K-Mesonen durch jeweils *gemeinsame* Quantenzahlen B, T, S, I und P gekennzeichnet sind, während die einzelnen Isomultiplett-Komponenten, also z.B. die drei verschieden geladenen π-Mesonen, sich durch die verschiedenen T_z-Werte von T unterscheiden.

Tatsächlich folgen aus Gl. (88) gemäß Tab. 14 zwanglos alle bekannten Baryonen und Mesonen. Die von GELL-MANN und NISHIJIMA eingeführte Seltsamkeits-Quantenzahl hat also mit Gl. (88) zu einer klaren Darstellung aller *Hadronen* (Baryonen und Mesonen) geführt. Die *angeregten* Zustände der Hadronen unterscheiden sich von den in Tab. 14 aufgeführten durch höhere Werte der Spin-Quantenzahl I.

Auch die Beobachtungen über Reaktionen zwischen Nukleonen, Hyperonen, K- und π-Mesonen folgen zwanglos aus der Strangeness-Theorie. Da in Stößen mit starker Wechselwirkung die Strangeness S erhalten bleiben soll, *können offenbar Elementarteilchen mit $|S| > 0$ nicht einzeln in Stößen erzeugt werden, sondern nur zu zweit oder dritt derart, daß die Summe ihrer S-Werte Null bleibt.* Nach Tab. 14

Tabelle 14. *Die nach der* GELL-MANN-*Theorie zu erwartenden Mesonen und Baryonen (ohne Antiteilchen) mit ihren Quantenzahlen*

S	B	T	T_z	Q	Teilchen	
0	0	0	0	0	η	
0	0	1	$\begin{cases} +1 \\ 0 \\ -1 \end{cases}$	$\begin{matrix} +1 \\ 0 \\ -1 \end{matrix}$	$\left.\begin{matrix} \pi^+ \\ \pi^\circ \\ \pi^- \end{matrix}\right\}$	Isotriplett
0	1	$1/2$	$\begin{cases} +1/2 \\ -1/2 \end{cases}$	$\begin{matrix} +1 \\ 0 \end{matrix}$	$\left.\begin{matrix} \text{Proton} \\ \text{Neutron} \end{matrix}\right\}$	Isodublett
$+1$	0	$1/2$	$\begin{cases} +1/2 \\ -1/2 \end{cases}$	$\begin{matrix} 1 \\ 0 \end{matrix}$	$\left.\begin{matrix} K^+ \\ K^\circ \end{matrix}\right\}$	Isodublett
-1	0	$1/2$	$\begin{cases} +1/2 \\ -1/2 \end{cases}$	$\begin{matrix} 0 \\ -1 \end{matrix}$	$\left.\begin{matrix} K^- \\ \overline{K^\circ} \end{matrix}\right\}$	Isodublett
-1	1	1	$\begin{cases} +1 \\ 0 \\ -1 \end{cases}$	$\begin{matrix} +1 \\ 0 \\ -1 \end{matrix}$	$\left.\begin{matrix} \Sigma^+ \\ \Sigma^\circ \\ \Sigma^- \end{matrix}\right\}$	Isotriplett
-1	1	0	0	0	Λ°	
-2	1	$1/2$	$\begin{cases} +1/2 \\ -1/2 \end{cases}$	$\begin{matrix} 0 \\ -1 \end{matrix}$	$\left.\begin{matrix} \Xi^\circ \\ \Xi^- \end{matrix}\right\}$	Isodublett
-3	1	0	0	-1	Ω^-	

kann also ein K-Meson mit $S = +1$ nur gemeinsam mit einem $(S = -1)$-Teilchen erzeugt werden, d.h. mit einem Anti-K-Meson, einem Λ° oder einem Σ-Hyperon. Ein Ξ-Hyperon aber kann ausschließlich zusammen mit *zwei* K-Mesonen erzeugt werden. Diese Forderungen der GELL-MANN-Theorie nach der zugeordnet-gemeinsamen Erzeugung der Elementarteilchen mit $|S| > 0$ *(„associated production")* haben sich in der Erfahrung voll bestätigt; es ist bisher keine einzige Abweichung bekannt geworden. Das gleiche gilt für die Erhaltung der Quantenzahl S bei Stößen von K-Mesonen oder Hyperonen mit Nukleonen oder π-Mesonen. Hier hat sich besonders auch die Forderung der Theorie bestätigt, daß K^+- und K^--Mesonen sich wegen ihrer verschiedenen Strangeness durchaus verschieden verhalten. So können K^+-Mesonen außer einfacher Streuung nur Umladungsprozesse der Art

$$K^+ + n \to K^\circ + p \tag{89}$$

bewirken, während bei Stößen von K^-- bzw. K°-Mesonen die Strangeness S auch erhalten bleibt, wenn diese Mesonen sich in Stößen in Λ° oder Σ-Hyperonen verwandeln. Die Beobachtung dieses Unterschiedes im Verhalten der zwei Arten von K-Mesonen ist ein weiterer Beweis für die Richtigkeit der Behauptung der GELL-MANN-Theorie, daß die K-Mesonen K^+, K° und K^- nicht etwa ein Triplett wie π^+, π° und π^- darstellen. Ebenfalls bestätigt ist auch die Forderung der Theorie, daß beim Stoß eines Ξ^- mit $S = -2$ mit einem Proton *zwei* Λ°-Hyperonen mit je $S = -1$ entstehen.

Auf den freien Zerfall der Hyperonen, Λ, Σ, Ξ und Ω, müssen wir noch kurz eingehen. Da bei diesem Zerfall, dessen Endprodukt stets das Nukleon ist, die Seltsamkeit S sich in Schritten um je eine Einheit ändern muß, könnte bei *Erhaltung* der Seltsamkeit dieser Zerfall nur unter Emission von K-Mesonen erfolgen. Abb. 176 zeigt aber, daß der energetische Abstand dieser Hyperonen vom Nukleon-Grundzustand kleiner ist als die Masse des K-Mesons, dieser *erlaubte* Zerfall also nicht möglich ist. Das ist der tiefere Grund für die große Lebensdauer der Hyperonen. Diese können folglich *nur langsam unter Verletzung des Satzes von der Erhaltung der Stangeness* unter Emission von π-Mesonen vermittels schwacher Wechselwirkung zerfallen. Daß hier Baryonen, die sonst mit π-Mesonen stark wechselwirken, vermittels der schwachen Wechselwirkung zerfallen, zeigt deutlich, daß die schwache Wechselwirkung *stets* vorhanden ist, auch wenn sie bei den Hadronen (Baryonen und Mesonen) im allgemeinen von der starken überdeckt ist.

GELL-MANN und NE'EMAN sind nun unter Benutzung gruppentheoretischer Methoden, in ihrer sog. *SU(3)-Theorie* zu einer Darstellung der geschilderten Zusammenhänge zwischen den Energiezuständen der Elementarteilchen gelangt, in der sog. *Hypermultipletts* eine wesentliche Rolle spielen. So bilden die drei π-Mesonen, die vier K-Mesonen (K und $\overline{K}$) sowie das η-Meson ebenso ein SU (3)-Oktett wie Proton, Neutron, Λ, die drei Σ-Hyperonen und die beiden Ξ-Hyperonen, während neun angeregte Baryon-Zustände mit dem Ω^- ein Dekuplett bilden. Aus der SU (3)-Theorie folgen für diese Hypermultipletts Beziehungen, die nicht nur die Quantenzahlen, sondern auch die Massen jedes Teilchens bzw. Anregungszustandes festlegen und z.B. zur Entdeckung des Ω^--Hyperons geführt haben. Auf die Einzelheiten der SU (3)-Theorie gehen wir, um uns nicht mit den gruppentheoretischen Grundlagen auseinandersetzen zu müssen, hier nicht ein.

Wir sehen aber deutlich, daß die Atomphysik nach der Aufklärung der durch Quantengesetze und Quantenzahlen bestimmten Struktur der Atome und der Atomkerne nun beim dritten Schritt angekommen ist, nämlich der Untersuchung der durch teilweise neue Quantenzahlen bestimmten „Struktur" der Elementarteilchen. Was wir hier unter der bei den Atomen und ihren Kernen noch recht anschaulichen Struktur zu verstehen haben, kann erst die Zukunft lehren.

Es stellt sich aber nun noch die Frage, ob und wie die hier angedeuteten Versuche einer Theorie der Baryonen und der Mesonen sich mit unseren Kenntnissen von den Leptonen zu einer einheitlichen Theorie der Elementarteilchen zusammenfügen lassen. Der bisher einzige klare Versuch in dieser Richtung stammt von HEISENBERG. Der Grundgedanke dieser Theorie ist im Gegensatz zu früheren Versuchen von Theorien einzelner Teilchen oder Klassen von solchen, daß es eine „*Weltformel*" der Materie geben müsse, die außer den drei elementaren Naturkonstanten h (PLANCKsches Wirkungsquantum), c (Lichtgeschwindigkeit als Repräsentant jeder Feldtheorie) und l_0 (kleinste universale Länge) nur noch die mathematischen Ausdrücke für gewisse allgemeine Symmetrieeigenschaften der Elementarteilchen bzw. jeder grundlegenden physikalischen Theorie enthält. HEISENBERG selbst schreibt dazu: „Durch diese Forderungen scheint alles weitere bestimmt zu sein... Ähnlich wie bei PLATO sieht es daher so aus, als liege dieser scheinbar so komplizierten Welt aus Elementarteilchen und Kraftfeldern eine einfache und durchsichtige mathematische Struktur zugrunde. Alle jene Zusammenhänge, die wir sonst als Naturgesetze in den verschiedenen Bereichen der Physik kennen, sollten sich aus dieser einen Struktur ableiten lassen." Aus der Lösung dieser HEISENBERGschen Weltgleichung sollten dann die Massen aller Elementarteilchen (deren *Massenspektrum* Abb. 176/177) ebenso wie ihre sonstigen Eigenschaften genau so folgen, wie etwa die Fülle der Energiezustände eines Atoms oder Moleküls mit deren Übergangswahrscheinlichkeiten und Quantenzahlen aus der Lösung der *einen* das Atom oder Molekül beschreibenden Schrödinger-Gleichung.

Dabei wäre zu hoffen, daß die zunächst voneinander unabhängig erscheinenden Massenspektren der Baryonen, der Mesonen und der Leptonen aus der Lösung der *einen* von Heisenberg vorgeschlagenen und wohl sicher noch zu verfeinernden Gleichung in ähnlicher Weise herauskämen wie etwa die beiden Energieniveauschemata des Ortho- und Parheliums (vgl. III,11) aus der *einen* das He-Atom beschreibenden Schrödinger-Gleichung.

In der mathematischen Durchführung der Theorie hat Heisenberg bisher zeigen können, daß seine hier ohne Erklärung wiedergegebene Gleichung

$$\gamma_\nu \frac{\partial \psi}{\partial x_\nu} \pm l_0 \gamma_\mu \gamma_5 \psi (\bar{\psi} \gamma_\mu \gamma_5 \psi) = 0 \tag{90}$$

tatsächlich alle von der Relativitätstheorie und der Quantentheorie geforderten, sowie die für die Elementarteilchen empirisch gefundenen Symmetrieeigenschaften besitzt, und folglich auch zu den die verschiedenen Elementarteilchen unterscheidenden Quantenzahlen führt. Auch die aus den bisherigen Näherungslösungen folgenden Massenwerte der Elementarteilchen liegen in der richtigen Größenordnung, so daß sich auch bei vielen früher skeptischen Physikern die Ansicht durchsetzt, daß Heisenbergs Grundgedanke der Darstellung *aller* Elementarteilchen mit ihren Anregungszuständen durch *eine* Formel in die richtige Richtung weist.

25. Nukleonen, Mesonenwolken und Kernkräfte

An unserer Darstellung der Kernphysik war unbefriedigend, daß wir uns mit Andeutungen über die Natur der den Zusammenhalt von Protonen und Neutronen im Atomkern bewirkenden Kernkräfte begnügen mußten. Deshalb wollen wir uns jetzt noch etwas eingehender mit dem gegenwärtigen Stand dieses Zentralproblems der Kernphysik befassen.

Wir machen uns zunächst klar, daß das Fehlen einer befriedigenden Theorie der Kernkräfte charakteristisch ist für den gegenwärtigen Stand der Kernphysik: Während wir in der Quantenmechanik eine die Physik der Elektronenhüllen der Atome, Moleküle und Festkörper quantitativ richtig beschreibende Theorie besitzen, vermögen wir die Haupterscheinungen der Kernphysik zwar qualitativ zu übersehen, aber bisher nicht quantitativ zu beschreiben. Das zeigt sich z.B. darin, daß wir weder die Bindungsenergie des einfachsten zusammengesetzten Kernes, des Deuterons, noch die Lebensdauern β-aktiver Kerne, noch die magnetischen Momente des Protons und des Neutrons zu berechnen vermögen. Daß wir eine quantitative Theorie der Elektronenhüllenvorgänge besitzen, liegt letztlich daran, daß Elektronen und Kern durch das elektrische bzw. allgemeiner elektromagnetische Feld gekoppelt sind, das wir ebenso wie das Quant dieses Feldes, das Photon, recht genau kennen. Daß uns eine Theorie der Kernkräfte und der Kernstruktur noch fehlt, liegt offenbar daran, daß die Wechselwirkung zwischen den Nukleonen durch ein uns in seinen Einzelheiten noch unbekanntes Feld bewirkt wird, dem als Quanten die in ihren Wechselwirkungen mit den anderen Elementarteilchen noch nicht genügend genau bekannten Mesonen entsprechen. *Wir sehen hier die enge Beziehung zwischen den Theorien der Kernkräfte und der Elementarteilchen.*

Was läßt sich nun über die Kräfte zwischen den Nukleonen in Analogie zu denen zwischen Elektronen und Kern z.Z. aussagen? Im Atom vermittelt das elektrische Feld die Bindung zwischen Kern und Elektronenhülle. Im angeregten Atom „sitzt" nach dieser Auffassung ein größerer Betrag elektrostatischer Feldenergie, der bei der Rückkehr des Atoms in den Grundzustand als Lichtquant bzw. elektromagnetische Welle emittiert wird. Da das elektrostatische Feld ein Spezialfall des elektromagnetischen Feldes ist, haben wir somit zwei gleichberechtigte Aussagen über die Bindung zwischen Atomkern und Elektronenhülle: „Die Bindung erfolgt durch das elektromagnetische Feld" oder „Die Bindung beruht auf der Möglichkeit der Emission und Absorption von Lichtquanten". Wir haben in IV,14 bereits erfahren, daß DIRAC diese Vorstellungen in der Quantenelektrodynamik zu einer geschlossenen Theorie der Strahlungsemission und -absorption ausgebaut hat. Daß dem Kernfeld im Gegensatz zum elektromagnetischen Feld ein Teilchen beträchtlicher Ruhemasse entspricht, folgt nach YUKAWA aus der geringen Reichweite der Kernkräfte, die mit der Masse m durch die Beziehung

$$R = \hbar/m\,c \tag{91}$$

verknüpft ist. Das aus dieser Beziehung mit den empirischen Reichweitedaten folgende Teilchen von etwa 270 Elektronenmassen ist das π-Meson. Dies folgt aus der Fülle von Beobachtungen über die starke Wechselwirkung zwischen Nukleonen und π-Mesonen, die deshalb auch bei allen genügend energiereichen Stößen zwischen Nukleonen in großer Zahl erzeugt werden. Man glaubt deshalb heute mit YUKAWA, daß Proton und Neutron einen bei beiden Teilchen gleichartigen Nukleonkern („Core") und eine virtuelle Hülle aus Mesonen und deren angeregten Zuständen besitzen, und daß deren Aufbau aus geladenen und ungeladenen Mesonen den Unterschied zwischen Proton und Neutron bewirkt. Wir sprechen von einer *virtuellen* Mesonenhülle oder -wolke, weil es sich beim Nukleon nicht um einen Aufbau aus Nukleonkern und Mesonenwolke analog dem Aufbau des Atoms aus Atomkern und Elektronenhülle handeln kann. Aus der Unbestimmtheitsbeziehung Gl. (IV-16) für Energie und Zeit folgt aber, daß für Zeiten von einigen 10^{-24} sec ein Proton trotz des Massenunterschiedes sehr wohl in ein Neutron und ein π^+-Meson „dissoziieren" kann. Diese Zeit genügt, um die Reichweite der Kernkräfte von etwa 10^{-13} cm zu überbrücken. Die Annahme liegt folglich nahe, daß die Bindung etwa des Protons und des Neutrons im Deuteron durch eine solche wechselseitige Emission und Absorption geladener π-Mesonen zustande kommt. Durch diese Emission und Absorption würde der Impuls der Mesonen zwischen den beiden Nukleonen ausgetauscht; und einer Änderung des Impulses der wechselwirkenden Teilchen entsprechen ja Kräfte, eben die Kernkräfte. Die Bindung zwischen den Nukleonen im Kern beruht also auf dem Austausch (virtueller) Mesonen. Diese Rückführung der Kernkräfte auf einen Mesonenaustausch zwischen den zu bindenden Nukleonen ist ganz analog der Erklärung der Bindung zweier Wasserstoffatome im H_2-Molekül durch den Austausch der Bindungselektronen (vgl. IV,11 und VI,14).

Es sei aber darauf hingewiesen, daß das Problem der Kernkräfte doch viel komplizierter ist als das der chemischen oder gar elektrostatischen Bindung. So fällt auf, daß die beiden im Deuteron gebundenen Nukleonen parallele Spinrichtungen haben. Dies ist unerwartet, nach dem PAULI-Prinzip aber möglich, da die beiden Nukleonen als Proton und Neutron ja verschiedene Ladung und damit verschiedene Isospin-Quantenzahlen besitzen. Trotz der zwischen zwei Protonen und ebenso zwischen zwei Neutronen wirkenden Kernkräfte gibt es aber keine gebundenen Doppelneutronen und keine Doppelprotonen ($_2$He^2), weil hier die von den Kernkräften offenbar bevorzugte parallele Spinausrichtung nach dem PAULI-Prinzip verboten ist. Die Spinabhängigkeit der Kernkräfte ist also noch nicht erklärt.

Aus der angedeuteten Theorie der Kernkräfte folgt auch die Erklärung der Unganzzahligkeit der magnetischen Momente des Protons und des Neutrons (vgl.

V,4e). Da das Proton sich unter Emission eines positiven Mesons in ein Neutron und dieses unter Emission eines negativen Mesons in ein Proton verwandeln kann, kommt zu dem dem „Proton allein" zuzuordnenden Kernmoment von einem Kernmagneton im Zeitmittel noch der Anteil hinzu, der vom Umlauf des negativen Mesons um das Proton herrührt bzw. dem des positiven Mesons um das Neutron. Das Neutron als ungeladenes Teilchen besitzt überhaupt kein „ihm allein" zuzuordnendes magnetisches Moment; sein empirisch gefundenes Moment rührt daher *ausschließlich* vom Umlauf des negativen Mesons um das Proton her. Es ist dem mechanischen Eigendrehimpuls des Neutrons entgegengerichtet und daher in erster Näherung ebenso groß negativ, wie das Zusatzmoment des Protons positiv ist. Die magnetischen Momente von Proton und Neutron sind also ein indirekter Hinweis auf das „Ballspiel" der Protonen und Neutronen mit π-Mesonen. Einen weiteren direkten Hinweis auf die Realität des Neutron-Proton-Austausches kann man aus der Streuung schneller Neutronen an Kernen entnehmen. Bei dieser findet man nämlich eine viel größere Zahl in Richtung des Stoßes gestreuter Protonen, als aus einfachen Streu-Überlegungen zu erwarten wäre. Zur Erklärung dieses Protonenüberschusses scheint nur die Annahme in Frage zu kommen, daß ein Teil der primären Neutronen sich im Kern durch Mesonenaustausch in Protonen verwandelt.

Betrachten wir nun rückblickend noch einmal den Zusammenhang von Kernkräften und Elementarteilchen, so sieht es so aus, als seien als „wirkliche" Elementarteilchen die Fermionen p, n, e und ν mit ihren Antiteilchen anzusehen, die alle den Spin $\hbar/2$ besitzen, während die Bosonen mit Spin 0, d.h. die π- und K-Mesonen, die Kräfte zwischen ihnen vermitteln. In einer gewissen, leider nicht sehr gut vorstellbaren Weise „bestehen" die Nukleonen dann sogar teilweise aus diesen Bosonen. Wenn sie nämlich bei Stoßprozessen wie „weiche" Kügelchen wirken, so beruht die weiche Hülle sicher auf der Fähigkeit, π-Mesonen (und bis zu einem kleineren Mittelpunktsabstand auch K-Mesonen) zu emittieren, also auf ihrer Mesonenwolke. Einen Hinweis auf die Realität dieser Vorstellung geben die schon erwähnten Untersuchungen über die angeregten Zustände des Nukleons bzw. seiner Mesonenwolke. Und schließlich hat zuerst HOFSTADTER aus der Streuung sehr energiereicher Elektronen an Protonen und Neutronen Schlüsse auf die radiale Verteilung der elektrischen Ladung wie des magnetischen Moments in den Nukleonen ziehen können, die grundsätzlich mit der angedeuteten „Struktur" der Nukleonen übereinzustimmen scheinen.

Die Nukleonen sind also sicher sehr viel kompliziertere Gebilde, als man früher annahm. Mit dieser Feststellung sind wir nun aber wirklich am gegenwärtigen Endpunkt der Kenntnis über Atomkerne und Elementarteilchen angelangt.

26. Das Problem der universellen Naturkonstanten

Zum Schluß gehen wir noch kurz auf eines der merkwürdigsten Probleme der modernen Physik überhaupt ein, die Frage der universellen Naturkonstanten. Wir stellen dazu unter Zusammenfassung aller unserer bisherigen Kenntnisse die Frage, auf welche letzten Grunddaten die gesamte Physik zurückgeführt werden kann und was sich über diese zur Zeit aussagen läßt.

Sehen wir von den kurzlebigen Elementarteilchen ab und beschränken uns auf die Betrachtung der Materie im Normalzustand, so besteht unsere gesamte stoffliche Welt aus nur drei Arten von Elementarbausteinen, den Protonen, Neutronen und Elektronen. Zu deren Massen und der elektrischen Elementarladung e kommen als weitere erforderliche Grunddaten noch die in den physikalischen Grundgesetzen enthaltenen universellen Naturkonstanten hinzu: das PLANCKsche Wirkungsquantum h, die Lichtgeschwindigkeit c und die Gravitationskonstante f. Bedenken wir nun, daß die Masse von Proton und Neutron bis auf etwa 0,1% gleich ist und vernachlässigen wir in erster Näherung diesen Unterschied, so benötigen wir zum Aufbau unserer gesamten Welt nach dem heutigen Stand unserer Kenntnis nur sechs Zahlenwerte, nämlich

$$\left.\begin{aligned}
m_p &= 1{,}672 \cdot 10^{-24}\,\mathrm{g}\,, \\
m_e &= 9{,}108 \cdot 10^{-28}\,\mathrm{g}\,, \\
e &= 4{,}803 \cdot 10^{-10}\,\mathrm{g}^{1/2}\,\mathrm{cm}^{3/2}\,\sec^{-1}\,, \\
h &= 6{,}625 \cdot 10^{-27}\,\mathrm{g}\,\mathrm{cm}^2\,\sec^{-1}\,, \\
c &= 2{,}998 \cdot 10^{10}\,\mathrm{cm}\,\sec^{-1}\,, \\
f &= 6{,}670 \cdot 10^{-8}\,\mathrm{g}^{-1}\,\mathrm{cm}^3\,\sec^{-2}\,.
\end{aligned}\right\} \tag{92}$$

Es besteht ziemlich weitgehende Übereinstimmung unter den Atomphysikern darüber, daß zu diesen Grundkonstanten noch die schon mehrfach erwähnte kleinste Länge l_0 von der Größenordnung 10^{-13} cm als siebente Grundkonstante hinzukommen muß.

Es erhebt sich damit die Frage, ob diese neue Konstante als unabhängige siebente Naturkonstante erscheinen oder in den Konstanten (92) enthalten sein wird. Nun lassen sich aus letzteren sogar zwei Kombinationen von der Dimension einer Länge und der richtigen Größenordnung bilden, der uns aus II,4b bereits bekannte klassische Elektronenradius[1]

$$r_e = \frac{e^2}{2\,m_e\,c^2} = 1{,}41 \cdot 10^{-13}\,\mathrm{cm} \tag{93}$$

und die sog. Compton-Wellenlänge des Protons

$$l_0 = \frac{h}{m_p\,c} = 1{,}32 \cdot 10^{-13}\,\mathrm{cm}\,. \tag{94}$$

Beide Werte stimmen überraschend genau sowohl mit dem Grenzwert der Kernradien für die Massenzahl $A = 1$ nach Gl. (9) überein, wie auch mit der aus der Yukawa-Formel (91) mit der Masse des π-Mesons berechneten Reichweite der Kernkräfte. Nicht nur die zahlenmäßige Übereinstimmung der vier Größen Elektronenradius, Kernradiusgrenzwert, Kernkraftreichweite und Compton-Wellenlänge des Protons ist bemerkenswert, sondern ebensosehr die Tatsache, daß (93) eine Formel der klassischen Physik ist, während allein (94) die Quantenkonstante h enthält. Dies läßt den Gedanken zum mindesten reizvoll erscheinen, daß die die beiden Grundkonstanten der Feldtheorie wie der Quantentheorie (h und c) enthaltende Größe l_0 nach (94) eine besondere Rolle in der Beschreibung der Natur spielen könnte.

Auch die sechs Konstanten (92) aber sollten sich grundsätzlich noch auf drei letzte Grundkonstanten reduzieren lassen, da sich aus ihnen noch drei dimensionslose Konstanten bilden lassen, die es gestatten, drei der sechs Konstanten durch die drei anderen auszudrücken. Es sind dies erstens das Massenverhältnis von Proton zu Elektron

$$\frac{m_p}{m_e} = 1836{,}12 = \beta\,, \tag{95}$$

---

[1] Der Faktor 1/2 ergibt sich, wenn man annimmt, daß die Ladung e in kleinen Beträgen schrittweise der Kugel vom Radius r_e zugeführt wird.

zweitens die ebenfalls dimensionslose Größe e^2/hc, deren 2π-facher Wert

$$\frac{2\pi e^2}{hc} = \frac{1}{137,037} = \alpha \tag{96}$$

uns als SOMMERFELDsche Feinstrukturkonstante aus III,8 her bereits bekannt ist und das Verhältnis der Geschwindigkeit des BOHRschen H-Elektrons auf seiner Grundbahn zur Lichtgeschwindigkeit angibt, und drittens die die Gravitationskonstante f enthaltende dimensionslose Größe

$$\frac{e^2}{m_e m_p f} = 2{,}28 \cdot 10^{39} = \gamma, \tag{97}$$

die das Verhältnis der elektrostatischen zur Gravitationsanziehung von Elektron und Proton angibt und damit wieder eine sehr anschauliche Bedeutung besitzt. Sehen wir schließlich in Ermangelung eines besseren Wertes den Ausdruck (94) als die universelle kleinste Länge an, was größenordnungsmäßig sicher richtig ist, so haben wir als vierte dimensionslose Konstante

$$\frac{h}{m_p l_0 c} = 1. \tag{98}$$

Mittels der vier Beziehungen (95) bis (98) können wir nun zunächst formal von den sieben Größen (92/94) vier durch die drei übrigen ausdrücken und dadurch vom cgs-System mit seinen willkürlich definierten Einheiten zu einem naturgegebenen physikalischen Einheitensystem h, c, l_0 übergehen.

Das entscheidende noch zu bewältigende Problem liegt nun natürlich in der physikalischen Ableitung der dimensionslosen Konstanten (95) bis (97), die in der Natur verankert sein und folglich aus einer vollständigen Atomtheorie (einschließlich der Theorie der Elementarteilchen) *automatisch* folgen müßten. Zu ihrem Verständnis aber fehlt bisher trotz einiger geistvoller Anregungen noch jede befriedigende Theorie. Besondere Schwierigkeiten macht dabei die Konstante (97), deren Größenordnung 10^{39} jede Ableitung aus bekannten atomaren oder sonstigen physikalischen Größen als schwer möglich erscheinen läßt und daher zu der Vermutung Anlaß gegeben hat, daß sie nur mit Hilfe astronomischer Daten abgeleitet werden könnte, da auffallenderweise der Durchmesser des Universums in elementaren Längen l_0 und sein Alter in elementaren Zeiteinheiten l_0/c die praktisch gleiche Größenordnung 10^{40} besitzen. Die diesbezüglichen Überlegungen von EDDINGTON, ERTEL, DIRAC, JORDAN u. a. werden den unbefangenen Leser ohne Zweifel interessieren und seinen Blick für die Möglichkeit derartiger Kombinationen schärfen, sind aber, wie ausdrücklich betont werden muß, bisher *nur als äußerst vage Hypothesen anzusehen*. Sie zeigen andererseits deutlich, daß neben der in IV,15 erwähnten Erweiterung der Quantenmechanik und der Theorie der Elementarteilchen die Ableitung und Erklärung der dimensionslosen Naturkonstanten das dritte ungelöste Grundproblem der modernen Physik darstellt. Es besteht kaum ein Zweifel daran, daß diese drei Probleme engstens miteinander verknüpft sind und wahrscheinlich auch ihre Lösung durch *eine* neue Idee finden werden.

Literatur

Allgemeine Kernphysik:
International Bibliography on Atomic Energy. Vol. II: Scientific aspects. New York: Columbia University Press 1951.
Nuclear Data. National Bureau of Standards. Circular 499ff. Washington: US Govt. Printing Office 1950.
BURCHAM, W.: Nuclear Physics. New York: McGraw-Hill 1963.
BUTTLAR, H. v.: Einführung in die Grundlagen der Kernphysik. Frankfurt: Akademische Verlagsgesellschaft 1964.

ENGE, H.: Introduction to Nuclear Physics. Englewood Cliffs: Addison-Wesley 1966.
EVANS, R. D.: The Atomic Nucleus. New York: McGraw-Hill 1955.
FERMI, E.: Nuclear Physics. Chicago: University Press 1950.
GENTNER, W., H. MAIER-LEIBNITZ u. W. BOTHE: Atlas of Typical Expansion Chamber Photographs. London: Pergamon Press 1954.
HALLIDAY, D.: Introductory Nuclear Physics. 2. Aufl. New York: Wiley 1955.
HANLE, W.: Künstliche Radioaktivität. 2. Aufl. Stuttgart: Piscator 1952.
HARVEY, B. G.: Introduction to Nuclear Physics and Chemistry. New York: Prentice-Hall 1962.
HEISENBERG, W.: Theorie des Atomkernes. Göttingen: Max-Planck-Institut 1951.
HERTZ, G.: Lehrbuch der Kerntechnik. 3 Bde. Leipzig: Teubner 1960ff.
KAPLAN, I.: Nuclear Physics. 2. Aufl. Reading: Addison-Wesley 1963.
LAPP, R. E., u. H. L. ANDREWS: Nuclear Radiation Physics. 2. Aufl. New York: Prentice-Hall 1955.
MATTAUCH, J., u. S. FLÜGGE: Kernphysikalische Tabellen. Berlin: Springer 1942.
POLLARD, E. C., u. W. L. DAVIDSON: Applied Nuclear Physics. 2. Aufl. New York.: Wiley 1951.
PRESTON, M. A.: Physics of the Nucleus. Reading: Addison-Wesley 1962.
RIEZLER, W.: Einführung in die Kernphysik. 6. Aufl. München: Oldenbourg 1959.
RUTHERFORD, E., J. CHADWICK u. D. C. ELLIS: Radiations from Radioactive Substances. Cambridge: University Press 1930.
SEGRÉ, E. (Hrsg.): Experimental Nuclear Physics. 3 Bde. New York: Wiley 1953/1959.
SEGRÉ, E.: Nuclei and Particles. New York: Benjamin 1964.
SIEGBAHN, K.: Alpha-, Beta- and Gamma-Ray Spectroscopy. 2. Aufl. Amsterdam: North Holland Publ. Co. 1965.
SMITH, C. M. H.: A Textbook of Nuclear Physics. London: Pergamon Press 1965.
SULLIVAN, W. H.: Trilinear Chart of Nuclides. 2. Aufl. Washington: US Govt. Printing Office 1957.
WEIZSÄCKER, C. F. v.: Die Atomkerne. Leipzig: Akademische Verlagsgesellschaft 1937.

Spezielle Gebiete der Kernphysik:

ALLEN, J. S.: The Neutrino. Princeton: University Press 1958.
BALDWIN, A. M., W. I. GOLDANSKIJ u. I. L. ROSENTAL: Kinetik der Kernreaktionen. Berlin: Akademie-Verlag 1965.
BARKAS, W. H.: Nuclear Research Emulsions. New York: Academic Press 1963.
BECKURTS, K. H., u. K. WIRTZ: Neutron Physics. Berlin/Göttingen/Heidelberg: Springer 1964.
BIRKS, J. B.: The Theory and Practice of Scintillation Counting. London: Pergamon Press 1964.
BUTLER, S. T., u. D. HITTMAIR: Nuclear Stripping Reactions. New York: Wiley 1957.
CURRAN, S. C.: Luminescence and the Scintillation Counter. London: Butterworth 1953.
CURRAN, S. C., u. J. D. CRAGGS: Counting Tubes. London: Butterworth 1949.
CURTISS, L. F.: Introduction to Neutron Physics. New York: Van Nostrand 1959.
DANIELS, J. M.: Oriented Nuclei. New York: Academic Press 1965.
DEARNALEY, G., u. C. D. NORTHROP: Semiconductor Counters for Nuclear Radiation. New York: Wiley 1963.
DEVONS, S.: Excited States of Nuclei. Cambridge: University Press 1949.
ELTON, L. R. B.: Nuclear Sizes. Oxford: University Press 1961.
FEATHER, N.: Nuclear Stability Rules. Cambridge: University Press 1952.
FRAUENFELDER, H.: The Mössbauer Effect. New York: Benjamin 1962.
FÜNFER, E., u. H. NEUERT: Zählrohre und Szintillationszähler. 2. Aufl. Karlsruhe: Braun 1959.
HARTMANN, W., u. F. BERNHARD: Photovervielfacher und ihre Anwendung in der Kernphysik. Berlin: Akademie-Verlag 1957.
HUGHES, D. J.: Neutron Optics. New York: Interscience 1954.
HYDE, E. K. (Hrsg.): The Nuclear Properties of the Heavy Elements. 3 Bde. Englewood Cliffs: Prentice-Hall 1964.
KEEPIN, G. R.: Physics of Nuclear Kinetics. Reading: Addison-Wesley 1964.
KOLLATH, R.: Teilchenbeschleuniger. 2. Aufl. Braunschweig: Vieweg 1962.
KOPFERMANN, H.: Kernmomente. 2. Aufl. Frankfurt: Akademische Verlagsgesellschaft 1956.
KORSUNSKI, M. I.: Isomerie der Atomkerne. Berlin: Deutscher Verlag der Wiss. 1957.
LIBBY, W. F.: Radioactive Dating. Chicago: University Press 1952.

LIVINGOOD, J. J.: Principles of Cyclic Particle Accelerators. New York: McGraw-Hill 1961.
LIVINGSTON, M. S.: High Energy Accelerators. New York: Interscience 1954.
LIVINGSTON, M. S., u. J. P. BLEWETT: Particle Accelerators. New York: McGraw-Hill 1962.
LÖSCHE, A.: Kerninduktion. Berlin: Deutscher Verlag der Wiss. 1957.
PHILLIPS, G. C., J. B. MARION u. J. R. RISSER: Fast Neutron Physics. Chicago: University Press 1963.
RATNER, B. S.: Accelerators for Charged Particles. New York: McMillan 1964.
ROSE, M. E.: Nuclear Orientation. New York: Gordon and Breach 1964.
SEABORG, G. T.: Man-Made Transuranium Elements. Englewood Cliffs: Prentice-Hall 1963.
TOLANSKY, S.: Hyperfine Structure in Line Spectra und Nuclear Spin. London: Methuen 1948.
WEGENER, H.: Der Mössbauereffekt. Mannheim: Bibliograph. Institut 1965.
WERTHEIM, G. K.: Mössbauer Effect, Principles and Applications. New York: Academic Press 1964.
WILKINSON, D. H.: Ionization Chambers and Counters. Cambridge: University Press 1950.
WILLIAMS, J. G.: Principles of Cloud Chamber Technique. Cambridge: University Press 1951.
WLASSOV, N. A.: Neutronen. Köln: Hoffmann 1959.

Höhenstrahlung und Elementarteilchenphysik:

BROGLIE, L. DE: Introduction to the Vigier Theory of Elementary Particles. New York: Elsevier 1963.
DALITZ, R. H.: Strange Particles and Strong Interactions. London: Oxford University Press 1962.
FRANTSCHI, S. C.: Regge Poles and S Matrix Theory. New York: Benjamin 1963.
FRISCH, D. H., u. A. M. THORNDIKE: Elementary Particles. New York: Van Nostrand 1964.
GELL-MANN, M., u. Y. NE'EMAN: The Eightfold Way. New York: Benjamin 1964.
HEISENBERG, W.: Einführung in die einheitliche Feldtheorie der Elementarteilchen. Stuttgart: Hirzel 1966.
JÄNOSSY, L.: Cosmic Rays and Nuclear Physics. 1953.
KÄLLÉN, G.: Elementary Particle Physics. Reading: Addison-Wesley 1964. Deutsche Übersetzung: Mannheim: Bibliograph. Institut 1965.
LEPRINCE-RINGUET, L.: The Cosmic Rays. New York: Prentice-Hall 1950.
MARSHAK, R. E.: Meson Physics. New York: McGraw-Hill 1952.
MARSHAK, R. E., u. E. C. G. SUDARSHAM: Introduction to Elementary-Particle Physics. New York: Interscience 1961.
MONTGOMERY, D. J. X.: Cosmic Ray Physics. Princeton: University Press 1949.
POWELL, C. F., P. H. FOWLER u. D. H. PERKINS: The Study of Elementary Particles by the Photographic Method. London: Pergamon Press 1959.
ROCHESTER, G. D., u. J. G. WILSON: Cloud Chamber Photographs of the Cosmic Radiation. London: Pergamon Press 1952.
ROMAN, P.: Theory of Elementary Particles. 2. Aufl. Amsterdam: North Holland Publ. Co. 1961.
ROSSI, B.: High-Energy Particles. New York: Prentice-Hall 1952.
ROSSI, B.: Cosmic Rays. New York: McGraw-Hill 1964.
SANDSTRÖM, A. E.: Cosmic Ray Physics. Amsterdam: North Holland Publ. Co. 1965.
SOKOLOV, A. A.: Elementary Particles. London: Pergamon Press 1964.
SWARTZ, C. E.: The Fundamental Particles. Reading: Addison-Wesley 1965.
THORNDIKE, A. M.: Mesons: A Summary of Experimental Facts. New York: McGraw-Hill 1952.
WILLIAMS, W. S. C.: An Introduction to Elementary Particles. New York: Academic Press 1962.

Kerntheorie:

BENEDETTI, S. DE: Nuclear Interactions. New York: Wiley 1964.
BETHE, H. A., u. P. MORRISON: Elementary Nuclear Theory. 2. Aufl. New York: Wiley 1956.
BLATT, J. M., u. V. M. WEISSKOPF: Theoretical Nuclear Physics. New York: Wiley 1952. Deutsche Ausgabe: Leipzig: Teubner 1959.

BROWN, G. E.: Unified Theory of Nuclear Models. Amsterdam: North Holland Publ. Co. 1964.

DÄNZER, H.: Einführung in die theoretische Kernphysik. Karlsruhe: Braun 1948.

DAWYDOW, A. S.: Theorie des Atomkerns. Berlin: Deutscher Verlag der Wiss. 1963.

EDER, G.: Kernkräfte. Karlsruhe: Braun 1965.

FEENBERG, E.: Shell Theory of the Nucleus. Princeton: University Press 1955.

FERMI, E.: Elementary Particles. New Haven: Yale University Press 1951.

FRENKEL, J. I.: Prinzipien der Theorie der Atomkerne, 2. Aufl. Berlin: Akademie-Verlag 1957.

GAMOW, G., u. C. L. CRITCHFIELD: Theory of the Atomic Nucleus and Nuclear Energy Sources. Oxford: Clarendon Press 1949.

GOEPPERT-MAYER, M., u. J. H. D. JENSEN: Elementary Theory of Nuclear Shell-Structure. New York: Wiley 1955.

MORAVESIK, M. J.: The Two-Nucleon Interactions. Oxford: Clarendon Press 1963.

NEMIROVSKII, P. E.: Contemporary Models of the Atomic Nucleus. New York: Pergamon Press 1963.

ROSENFELD, L.: Nuclear Forces. Amsterdam: North Holland Publ. Co. 1948.

ROSENFELD, L.: Theory of Electrons. Amsterdam: North Holland Publ. Co. 1951.

SCHOPPER, H.: Nuclear Beta Decay and Weak Interactions. Amsterdam: North Holland Publ. Co. 1966.

DE SHALIT, A., u. I. TALMI: Nuclear Shell Theory. New York: Academic Press 1963.

ULEHLA, I., L. GOMOLCAK u. Z. PLUHAR: Optical Model of the Atomic Nucleus. New York: Academic Press 1965.

Radioaktive Isotope und ihre Anwendungen:

BRODA, E.: Advances in Radiochemistry. Cambridge: University Press 1950.

FRIEDLÄNDER, G., u. J. W. KENNEDY: Nuclear and Radiochemistry. New York: Wiley 1955.

KAMEN: M. D.: Isotopic Tracers in Biology. 3. Aufl. New York: Academic Press 1957.

LIBBY, W. F.: Radioactive Dating. Chicago: University Press 1952.

SCHWEITZER, G. K., u. J. B. WHITNEY: Radioactive Tracer Techniques. New York: Van Nostrand 1949.

SCHWIEGK, H., u. F. TURBA: Künstliche radioaktive Isotope. 2. Aufl. 2 Bde. Berlin/Göttingen/Heidelberg: Springer 1961.

SIRI, W. E.: Isotopic Tracers and Nuclear Radiations. New York: McGraw-Hill 1949.

WILLIAMS, R. R.: Principles of Nuclear Chemistry. New York: Van Nostrand 1950.

YAGODA, H.: Radioactive Measurements with Nuclear Emulsions. New York: Wiley 1949.

ZIMEN, K.: Angewandte Radioaktivität. Berlin/Göttingen/Heidelberg: Springer 1952.

Atomkernenergie und ihre Anwendung:

Reactor Handbook. 6 Bde. Washington: US Atomic Energy Commission 1955.

ARZIMOWITSCH, L. A.: Gesteuerte thermonukleare Reaktionen. Berlin: Akademie-Verlag 1964.

BONILLA, C. F. (Hrsg.): Nuclear Engineering. New York: McGraw-Hill 1957.

CAP, F.: Physik und Technik der Atomreaktoren. Wien: Springer 1957.

ETHERINGTON, H.: Nuclear Engineering Handbook. New York: McGraw-Hill 1958.

GLASSTONE, S.: Principles of Nuclear Reactor Engineering. New York: Van Nostrand 1955.

GLASSTONE, S., u. M. C. EDLUND: Kernreaktortheorie. Wien: Springer 1961.

GLASSTONE, S. u. R. H. LOVBERG: Kontrollierte thermonukleare Reaktionen. München: Thiemig 1963.

HUGHES, D. J.: Pile Neutron Research. Cambridge, Mass.: Addison-Wesley 1953.

LITTLER, J. J., u. J. F. RAFFLE: An Introduction to Reactor Physics. 2. Aufl. London: Pergamon Press 1957.

MURRAY, R. L.: Introduction to Nuclear Engineering. New York: Prentice-Hall 1954.

MURRAY, R. L.: Nuclear Reactor Physics. Englewood Cliffs: Prentice-Hall 1957.

RIEZLER, W., u. W. WALCHER (Hrsg.): Kerntechnik. Stuttgart: Teubner 1958.

SMYTH, H. D.: Atomic Energy for Military Purposes (Smyth Report). Princeton: University Press 1946.

STEPHENSON, R.: Introduction to Nuclear Engineering. 2. Aufl. New York: McGraw-Hill 1958.

VI. Physik der Moleküle

1. Ziel der Molekülphysik und Zusammenhang mit der Chemie

Nach dem in Kap. III gegebenen Überblick über Aufbau und Eigenschaften der Atome gehen wir nun zur Frage des Aufbaues der zusammenhängenden Materie aus den Atomen über, d. h. zunächst zur Physik der Moleküle, an die sich im nächsten Kapitel die der festen Körper anschließen wird.

Die Molekülphysik ist die Lehre von der Struktur und den Eigenschaften der Moleküle, soweit sie mit *physikalischen* Mitteln erforscht werden; sie ist in diesem Sinne also eine folgerichtige Fortsetzung der eigentlichen Atomphysik. Dabei besteht selbstverständlich ein enger Zusammenhang der Molekülphysik mit der Chemie. Diese befaßt sich mit der Zusammensetzung einer Verbindung und ihrer Strukturformel (z. B. CH_3Cl), die Folgerungen auf das chemische Verhalten des Moleküls, z. B. die Möglichkeit der Umsetzung mit anderen Molekülen oder Atomen, erlaubt, sowie mit der Darstellung des Moleküls aus den Grundstoffen. Auch gewisse charakteristische Größen wie die Bildungswärme des Moleküls, d. h. die etwa bei der Bildung von 1 Mol HCl aus $^1/_2$ Mol H_2 und $^1/_2$ Mol Cl_2 frei werdende Energie, werden mit chemischen Methoden bestimmt. Diese reichen aber nicht aus, um die chemische Wertigkeit der die Moleküle bildenden Atome, die gefundenen Molekülstrukturen oder gar verschiedene Festigkeit verschiedener Bindungen in Molekülen zu *erklären*.

Es ist daher die wichtigste Aufgabe der Molekülphysik, zu untersuchen, wie die Bindung der Atome im Molekül zustande kommt. Wohl jeder Anfänger hat sich beim Studium der Grundlagen der Chemie die Frage gestellt, warum es unter den stabilen Molekülen ein NH_3 gibt, aber kein HN, ein CO und CO_2, aber kein CO_4. Erst die Atomphysik in ihrer quantenmechanischen Fassung hat uns die Möglichkeit zum grundsätzlichen Verständnis dieser Frage, zur Theorie der chemischen Bindung, geliefert, so daß mit Recht gesagt werden darf, daß erst durch die quantentheoretische Atomphysik die Chemie ihren theoretischen Unterbau erhalten hat.

Im Gegensatz zum Chemiker geht der Molekülphysiker mit *physikalischen* Methoden an die Untersuchung der Moleküle heran, ermittelt die räumliche Anordnung der Atome und deren Abstände, die Rotationsmöglichkeiten und die Trägheitsmomente des Moleküls, bezogen auf die verschiedenen Rotationsachsen, die Schwingungsmöglichkeiten und die Dissoziationsenergien, die zur Spaltung eines zweiatomigen Moleküls bzw. zur Abtrennung von Atomen oder Atomgruppen von vielatomigen Molekülen aufzuwenden sind, sowie nicht zuletzt die Anordnung der Elektronenhülle des Moleküls, ihre Anregungsmöglichkeiten und die Wirkung dieser Anregung sowie etwaiger Ionisation auf die Eigenschaften des Moleküls. Man hat scherzhaft, aber mit gutem Recht gesagt, beim Molekülphysiker komme das Molekül in eine Materialprüfungsanstalt.

Die Grundlage der Molekülphysik bilden natürlich die in Kap. III und IV geschilderten Eigenschaften der Atome. Der Molekülphysiker arbeitet daher theoretisch mit den Mitteln der Quantenmechanik, und experimentell mit physikalischen Methoden wie der Spektroskopie, der Röntgenstrahl-, Neutronen- und Elektronenbeugung, der Bestimmung von Dipolmomenten oder der Anisotropiemessung mittels des elektro-optischen KERR-Effekts. Chemische Ergebnisse sucht man bei der physikalischen Molekülforschung im allgemeinen nicht direkt zu verwerten; das chemische Verhalten soll vielmehr als Folgerung aus dem richtigen physikalischen Bild des Moleküls von selbst herauskommen und dient damit zu dessen Prüfung.

Die Ergebnisse dieser Molekülphysikforschung sind so überzeugend, daß der Chemiker in immer wachsendem Maß nicht nur einzelne Methoden des Molekülphysikers übernommen hat, sondern die vom Physiker entwickelte Molekülphysik heute selbst betreibt. Das liegt im Zuge der fließenden Grenze zwischen Physik und Chemie und ist unbedingt erforderlich beim Studium der vielatomigen Moleküle insbesondere der organischen Chemie, zu deren Untersuchung ein so erhebliches Maß chemischer Kenntnisse unerläßlich ist, wie es dem Physiker selten zur Verfügung stehen wird.

Wir legen in unserer Darstellung der Molekülphysik den Hauptwert auf die Behandlung der zweiatomigen Moleküle, weil hier die Verhältnisse am übersichtlichsten liegen und deren Erforschung schon zu einem gewissen Abschluß gekommen ist. Die mehr- und vielatomigen Moleküle müssen demgegenüber etwas zurücktreten, einmal, weil hier die Forschung noch stärker im Fluß ist, und zum andern, weil dieser Zweig viel umfangreichere chemische Kenntnisse erfordert. Diese Behandlungsweise ist um so mehr berechtigt, als die Verhältnisse bei den mehratomigen Molekülen zwar um ein Vielfaches komplizierter, aber nicht grundsätzlich verschieden sind von denen der zweiatomigen Moleküle.

2. Die allgemeinen Eigenschaften von Molekülen und die Methoden zu ihrer Bestimmung

a) Größe und Kernanordnung von Molekülen

Bei der Behandlung der Methoden der Molekülforschung beschränken wir uns auf die physikalischen Methoden, sehen also von den chemischen Methoden der Strukturformelbestimmung ganz ab.

Die Durchmesser der Moleküle werden nach den in II,2c bereits bei den Atomen behandelten Methoden aus den Kovolumina [Konstante b der VAN DER WAALSschen Zustandsgleichung (II-8)], den Dichten im flüssigen bzw. festen Zustand, sowie bei Gasen besonders aus Messungen der inneren Reibung gewonnen. Für die Definition des Moleküldurchmessers bzw. -radius gelten dabei die dort gemachten Bemerkungen über die Schwierigkeit seiner exakten Definition wie bei den Atomen; verschiedene Bestimmungsmethoden ergeben daher stets etwas verschiedene Werte. Die Durchmesser der zweiatomigen Moleküle liegen bei 3 bis 4 Å, wobei wir uns die Moleküle aber nicht als kugelförmig, sondern die zweiatomigen als Ellipsoide, die mehratomigen je nach ihrer zu bestimmenden Struktur als länglich, tetraedrisch usw. vorzustellen haben.

Struktur und Bindungsverhältnisse besonders mehratomiger Moleküle ermittelt man mit den Methoden der Röntgenstrahl-, Neutronen- und Elektronenbeugung. Da die Winkelverteilung der an den Molekülen gestreuten Röntgenquanten, Neutronen oder Elektronen von der Art und räumlichen Verteilung der beugenden Zentren abhängt, kann man umgekehrt aus der gemessenen Winkelverteilung auch auf die Molekülstruktur schließen und dabei nicht nur die absoluten Kernabstände und damit das Molekülgerüst festlegen, sondern auch die Elektronendichteverteilung ermitteln (vgl. Abb. 229) und aus ihr Schlüsse auf Art und Festigkeit der Bindung zwischen den verschiedenen Molekülgruppen oder Atomen eines komplizierten Moleküls ziehen. Dies ist möglich, da nach der ABBEschen Theorie jede optische Abbildung ja als eine Beugungserscheinung der vom Objekt herkommenden Lichtwellen aufzufassen ist. Deshalb stellen die nach der

sog. FOURIER-Methode erhaltenen Darstellungen von Molekülen oder Kristallen
(Abb. 178 und 229) wirklich das dar, was man mit einem (bisher nicht realisier-
baren) Röntgenstrahlmikroskop sehen würde. Ein Röntgenbeugungsdiagramm
kommt ja dadurch zustande, daß monochromatische Röntgenstrahlung infolge
Interferenz der verschiedenen an den Gitterpunkten (Atomen) gestreuten Röntgenstrahlen nur in gewisse Richtungen des Raums, und mit jeweils charakteristischer Intensität, austritt (vgl. VII,4). Da nun eine eindeutige Zuordnung zwischen
diesem Streubild und der Anordnung der streuenden Atome im Molekül besteht,
muß sich diese Anordnung rückwärts aus der Lage und Intensität der Röntgen-
reflexe ermitteln lassen. Dazu kehrt man den Strahlengang gleichsam um, d.h.
berechnet aus dem beobachteten Interferenzbild die räumliche Anordnung der

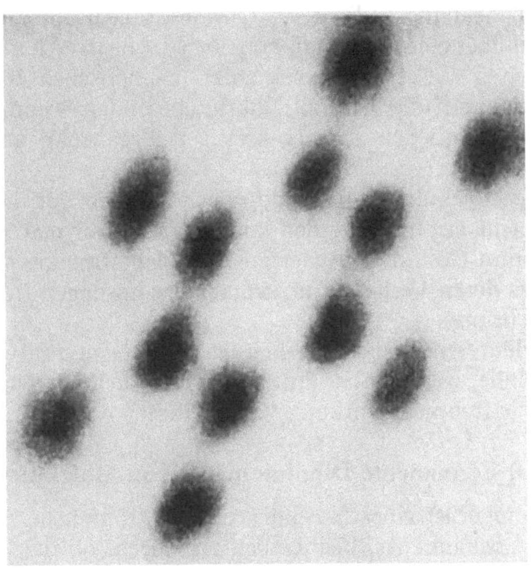

Abb. 178. Photographische Konstruktion des Kohlenstoffatom-Gerüsts des Hexamethylbenzolmoleküls $C_6(CH_3)_6$,
hergestellt und zur Verfügung gestellt von M. L. HUGGINS nach Röntgendaten von BROCKWAY und ROBERTSON.

Atome, die bei der Beugung von Röntgenstrahlen bekannter Wellenlänge an ihnen
gerade das beobachtete Beugungsbild ergibt. Man kann sogar aus beobachteten
Beugungsbildern auf photographischem statt rechnerischem Wege die Atomverteilung in den beugenden Objekten (Molekülen oder Kristallen) direkt ermitteln,
und Abb. 178 zeigt ein auf diese Weise gewonnenes Bild des Hexamethylbenzolmoleküls $C_6(CH_3)_6$. Der Sechserring des Benzolmoleküls sowie die an seinen Ecken
hängenden Kohlenstoffatome der CH_3-Gruppen sind deutlich erkennbar, während
die H-Atome wegen ihrer geringen Streuwirkung, die ja dem Quadrat der Ordnungszahl proportional ist, nicht in Erscheinung treten. Da im Gegensatz zur
Streuung von Röntgenquanten die von Neutronen an Atomen von deren Atomgewicht weitgehend unabhängig ist, setzt man die Neutronenbeugung mit großem
Erfolg zur Strukturuntersuchung solcher Moleküle ein, in denen Wasserstoffatome neben schweren Atomen vorkommen.
    In zunehmendem Umfang werden von den Chemikern zur physikalischen
Strukturbestimmung von Molekülen wie zur Feststellung der in einem bestimmten Fall vorliegenden Moleküle auch rein empirische Gesetzmäßigkeiten heran-

gezogen. So ist z.B. die Wellenlänge der Ultraviolett-Absorption von Kohlenwasserstoffketten direkt proportional der Kettenlänge dieser wichtigen Moleküle und kann deshalb zu deren Bestimmung dienen. Abb. 212 zeigt, daß die aus dem Ultrarotspektrum zu entnehmenden Schwingungs-Grundfrequenzen in vielen wichtigen Fällen eindeutige Schlüsse auf bestimmte Atomgruppen im Molekül zulassen. Auch der massenspektrometrisch erfaßbare Zerfall eines vielatomigen Moleküls in gewisse bevorzugte Bruchstücke z.B. beim Beschuß mit Elektronen (vgl. Abb. 213) gibt Hinweise auf Art und Struktur des betreffenden Moleküls. Zu einem zunehmend verwendeten Hilfsmittel hat sich schließlich die Methode der *magnetischen Kernresonanz* entwickelt. Die mit der PURCELL-Methode (vgl. V,4e) gemessene Umklappfrequenz eines Protons oder eines anderen paramagnetischen Kerns in einem magnetischen Feld hängt ein wenig von der Elektronendichte in der Umgebung des Protons ab, die ihrerseits nach VI,14 durch die Anordnung der Atome in dieser Umgebung bedingt ist. Obwohl es sich dabei um Frequenzverschiebungen (gegenüber einem Normal) von nur 10^{-6} bis 10^{-5} handelt, erlauben die empirisch ermittelten Gesetzmäßigkeiten der magnetischen Kernresonanz sehr zuverlässige Schlüsse auf die Molekülstruktur, besonders wenn man sie mit den anderen erwähnten Methoden zur gegenseitigen Ergänzung und Sicherung des Ergebnisses kombiniert.

Für sehr große Moleküle mit Tausenden von Atomen, für die eine detaillierte Struktur bisher nicht ermittelt werden konnte, bestimmt man nach DEBYE ihre Größe und ungefähre Gestalt entweder aus der Lichtstreuung dieser Moleküle in Lösungen oder aus deren Verhalten in strömenden Lösungen (Änderung des Verhaltens bei Ausrichtung).

Alle hier angedeuteten Methoden geben schon ein recht gutes Bild vom Aufbau auch großer Moleküle, werden aber durch die Untersuchung der elektrischen und optischen Eigenschaften noch wirkungsvoll ergänzt.

b) Permanente Dipolmomente von Molekülen

Wenn das Atomgerüst eines Moleküls, d.h. die räumliche Anordnung der es bildenden Atome, bekannt ist, bleibt noch zu klären, ob das Molekül aus neutralen Atomen besteht oder in erster Näherung als aus Ionen beider Vorzeichen aufgebaut zu denken ist. Bei den *Atommolekülen* wie H_2, O_2 usw. fallen die Schwerpunkte der positiven und negativen Ladungen der das Molekül bildenden Atome zusammen, so daß solche Moleküle kein resultierendes elektrisches Dipolmoment besitzen. Besteht aber ein Molekül, wie das NaCl, aus einem elektropositiven und einem elektronegativen Partner, so wird das elektronegativere Atom (Cl) das Valenzelektron des elektropositiveren (Na) so weitgehend zu sich herüberziehen, daß man in erster Näherung das NaCl auch als Ionenmolekül Na^+Cl^- schreiben kann. Die Schwerpunkte der positiven und negativen Ladungen fallen also hier *nicht* mehr zusammen, und solche Moleküle besitzen ein *permanentes Dipolmoment* $\boldsymbol{p}_p$, das gleich dem Betrag der verschobenen Ladung (hier Elektronenladung e) multipliziert mit dem Abstand l der Ladungsschwerpunkte ist:

$$|\boldsymbol{p}_p| = e\,l. \tag{1}$$

Bei allen Molekülen, die aus *verschiedenen* Partnern bestehen, erwarten wir wegen ihrer verschiedenen Elektronegativität eine gewisse Verschiebung der positiven und negativen Ladungen gegeneinander und damit permanente Dipolmomente. Gelingt es diese zu bestimmen, so kennen wir wegen (1) die Größe der relativen Ladungsverschiebung l. Ist diese Null, so haben wir ein ideales Atommolekül; ist sie gleich dem Abstand r_0 der Atommittelpunkte, so haben wir (bei zweiatomigen

Molekülen) ein ideales *Ionenmolekül*. Die meisten wirklichen Moleküle stellen Übergangsfälle dar, und die Bestimmung ihrer Dipolmomente ist die einfachste Methode zur Ermittlung der tatsächlichen Ladungsverteilung.

Zur Bestimmung von Dipolmomenten geht man von der in Kondensatoren meßbaren Dielektrizitätskonstanten ε des Molekülgases oder -dampfes aus. Bezeichnet man mit P die dielektrische Polarisation des Gases, d. h. das resultierende Dipolmoment je cm³, und mit E die elektrische Feldstärke, so ist

$$\varepsilon = 1 + \frac{4\pi P}{E}. \tag{2}$$

Bezeichnen wir weiter mit $\bar{p}_p$ den mittleren Beitrag jedes Moleküls zum resultierenden Moment P und mit N_0 die Molekülzahl je cm³, so ist

$$P = \bar{p}_p N_0. \tag{3}$$

Nun sucht in einem gasgefüllten Kondensator das elektrische Feld die Moleküldipole p_p in Feldrichtung einzustellen, während die Wärmebewegung diese Ordnung zu zerstören sucht. Das tatsächliche mittlere elektrische Moment je Molekül in Feldrichtung ist daher der Feldstärke direkt und der thermischen Energie kT umgekehrt proportional und ergibt sich zu

$$\bar{p}_p = \frac{E\,p_p^2}{3\,kT}, \tag{4}$$

wobei der Faktor 3 im Nenner von der Mittelbildung über alle Winkelorientierungen der Einzeldipole herrührt und die Formel im übrigen aus Dimensionsüberlegungen folgt. Zusammenfassung von (2), (3) und (4) gibt für die Beziehung zwischen der gemessenen Dielektrizitätskonstante ε und dem gesuchten Dipolmoment der Moleküle p_p den Ausdruck

$$\varepsilon = 1 + \frac{4\pi N_0 p_p^2}{3\,kT}. \tag{5}$$

Gl. (5) ist insofern noch unvollständig, als das zur Messung dienende elektrische Feld infolge Verschiebung der Elektronen im Molekül noch ein dem Feld proportionales Dipolmoment induziert, dessen Betrag nach (6) aber im Gegensatz zu (5) *temperaturunabhängig* ist. Messen wir daher die Dielektrizitätskonstante ε als Funktion der absoluten Temperatur T und tragen ε gegen $1/T$ auf, so erhalten wir eine Gerade, deren Neigung nach (5) das permanente Dipolmoment p_p des Moleküls zu berechnen gestattet.

Tab. 15 gibt für einige zweiatomige Moleküle die so bestimmten p_p-Werte und die nach Gl. (1) berechneten Abstände ihrer Ladungsschwerpunkte l. Da die Kernabstände dieser Moleküle, wie wir in VI,9a erfahren werden, von der Größenordnung

Tabelle 15. *Permanente Dipolmomente* (p_p) *und Abstände der Ladungsschwerpunkte* (l) *einiger zweiatomiger Moleküle*

	CO	NO	HJ	HBr	HCl	NaJ	KCl	CsJ
$p_p \cdot 10^{18}$ e. s. E.	0,1	0,13	0,38	0,78	1,03	4,9	6,3	10,2
$l \cdot 10^8$ cm	0,02	0,03	0,08	0,16	0,21	1,0	1,3	2,1

1 bis $3 \cdot 10^{-8}$ cm sind, ist der Abstand der Ladungsschwerpunkte im allgemeinen klein gegenüber den Kernabständen der die Moleküle bildenden Atome und erreicht selbst bei den Alkalihalogeniden nicht ganz die Werte des Kernabstandes. Tab. 16 gibt einige Dipolmomente mehratomiger Moleküle, die in vielen Fällen

Tabelle 16.

Permanente Dipolmomente einiger mehratomiger Moleküle (in Einheiten von 10^{-18} e. s. E.)

N_2O	PH_3	AsH_3	H_2S	$CHCl_3$	NH_3	SO_2	H_2O	CH_3Cl	NCN
0,14	0,55	0,15	0,93	0,95	1,46	1,61	1,79	1,97	2,8

Schlüsse auf deren Struktur zulassen bzw. eine Entscheidung zwischen zwei nach anderen Untersuchungen für möglich gehaltenen Atomanordnungen ermöglichen. So folgt z. B. aus dem Dipolmoment des N_2O sofort, daß dieses nicht die symmetrische gestreckte Form mit dem Sauerstoffatom in der Mitte besitzen kann, weil dann wegen der Symmetrie das Dipolmoment Null sein müßte; und eine genauere Diskussion zeigt, daß nur die unsymmetrische gestreckte Form $N\equiv N=O$ in Frage kommt. Bei vielatomigen Molekülen gelingt es häufig sogar, elektrische Momente bestimmten Bindungen im Molekül zuzuordnen und so für verschiedene mögliche Molekülmodelle durch vektorielle Addition der Gruppendipolmomente (unter Berücksichtigung der gegenseitigen Störung verschiedener am gleichen Atom angreifender Bindungen) das resultierende elektrische Moment abzuschätzen und durch Vergleich mit dem gemessenen Dipolmoment das richtige Molekülmodell zu ermitteln.

c) Polarisierbarkeit und induzierte Dipolmomente von Molekülen

Neben der Ausrichtung der permanenten Dipole, falls solche existieren, hat ein elektrisches Feld noch eine zweite Wirkung: Es induziert in jedem Atom oder Molekül durch gegenläufige Verschiebung der negativen und positiven Ladungen ein weiteres Dipolmoment p_i, das der elektrischen Feldstärke E proportional ist:

$$p_i = \alpha E. \tag{6}$$

Die für ein bestimmtes Atom, Ion oder Molekül charakteristische Konstante α, die im cgs-System die Dimension cm^3 besitzt, bezeichnet man als die *Polarisierbarkeit*; sie ist ersichtlich ein Maß für die Deformierbarkeit der Elektronenhüllen. Da p_i vom Feld E erzeugt wird und damit bei isotropen Systemen stets in dessen Richtung fällt, unterliegt es im Gegensatz zu den permanenten Dipolen p_p *nicht* der desorientierenden Wirkung der Wärmebewegung, so daß das induzierte Dipolmoment je cm^3 bei N_0 Molekülen je cm^3

$$P_i = N_0 p_i = N_0 \alpha E \tag{7}$$

ist. Für die Dielektrizitätskonstante ε erhalten wir daher mit (2) statt (5) im allgemeinsten Fall

$$\varepsilon = 1 + 4\pi N_0 \left(\frac{p_p^2}{3kT} + \alpha \right), \tag{8}$$

wobei das erste Glied in der Klammer ersichtlich Null wird, wenn die Moleküle keine permanenten Dipole besitzen.

Die Bestimmung der Polarisierbarkeit α kann grundsätzlich nach (8) durch Absolutmessung der Dielektrizitätskonstanten ε geschehen, erfolgt aber praktisch meist auf dem Umweg über die Messung des Brechungsindex n, dessen bei genügend langen Wellen genommenes Quadrat ja gleich der Dielektrizitätskonstanten ε ist. Dabei bestimmt man den Brechungsindex bei langen Wellen, d. h. im Rot oder Ultrarot, damit die Trägheit der Elektronenhüllen bei dem Wechsel der Feldstärke der Lichtwelle noch keine Rolle spielt. Mißt man nicht im Gaszustand, sondern an flüssigen oder festen Körpern, so hat man die Wechselwirkung der

Atome oder Moleküle zu berücksichtigen und muß statt der aus (8) folgenden Formel

$$\alpha = \frac{\varepsilon - 1}{4\,\pi\,N_0} \tag{9}$$

die sog. LORENTZ-LORENZsche Formel

$$\alpha = \frac{3}{4\,\pi\,N_0}\,\frac{\varepsilon - 1}{\varepsilon + 2} \tag{10}$$

zur Bestimmung von $\varkappa$ benutzen.

Tab. 17 gibt α-Werte für einige Atome, Atomionen und Moleküle. Wir haben auch die Atomionen aufgenommen und erwähnten S. 83 bereits, daß der Charakter der Spektren der Alkaliatome durch den polarisierenden Einfluß des Leuchtelektrons auf den Atomrumpf, d. h. das Atomion, bestimmt ist. Auch bei der Bindung der in VII,5 zu behandelnden Ionenkristalle spielt die Polarisierbarkeit der Atomionen eine entscheidende Rolle.

Tabelle 17. *Werte der Polarisierbarkeit einiger Atome, Ionen und Moleküle (in Einheiten von $10^{-24}\ cm^3$)*

H	He	Xe	Na$^+$	K$^+$	Cs$^+$
0,56	0,21	4,0	0,17	0,8	2,4

H$_2$	Cl$_2$	NO	CCl$_4$	CS$_2$	NH$_3$	C$_6$H$_6$
0,61	3,2	1,8	10,5	5,5	2,2	6,7
0,85	6,6	5,3		15,1	2,4	12,8

d) Die Anisotropie der Polarisierbarkeit. Kerr-Effekt, Rayleigh-Streuung und Raman-Effekt

In Tab. 17 haben wir bei den Molekülen mit Ausnahme des näherungsweise kugelsymmetrischen CCl$_4$ je zwei verschiedene Werte der Polarisierbarkeit angegeben. Nur kugelähnliche Systeme wie CCl$_4$ sowie die Atome und Atomionen können nämlich eine isotrope, d. h. für alle Winkelorientierungen zum elektrischen Feld gleich große Polarisierbarkeit besitzen, während nichtkugelsymmetrische Moleküle eine verschiedene Polarisierbarkeit entlang den verschiedenen Molekülachsen zeigen. *Die Kenntnis der Anisotropie der Polarisierbarkeit erlaubt daher direkte Schlüsse auf die Molekülform.* Sie kann im allgemeinen direkt nur gemessen werden, wenn die betreffenden Moleküle orientiert in Molekülkristalle (vgl. VII,3) eingebaut werden können, deren Dielektrizitätskonstante ε in den verschiedenen Kristallrichtungen dann äußerst verschieden sein kann.

Schlüsse auf die Anisotropie der Polarisierbarkeit der Elektronenhülle von Molekülen lassen sich aber auch aus Messungen des *elektrooptischen* KERR-*Effekts* ziehen. Nach diesem bereits 1875 entdeckten Effekt werden gewisse molekulare Gase und Flüssigkeiten in einem starken elektrischen Feld *doppelbrechend*: in ihnen ist also die Fortpflanzungsgeschwindigkeit für Licht der Polarisationsrichtung parallel zum elektrischen Feld (x-Richtung) verschieden von der für parallel zur y-Richtung polarisiertes Licht. Die Messung der Brechungsindizes für die beiden Polarisationsrichtungen erlaubt dann wegen $n^2 = \varepsilon$ und (9) bzw. (10) Schlüsse auf die Anisotropie der Polarisierbarkeit. Wegen des durch die Dispersionstheorie nach Gl. (III-144) gegebenen Zusammenhangs zwischen Brechungsindex und Absorption ist bei doppelbrechenden Substanzen, wie nur der Vollständigkeit wegen nebenbei erwähnt sei, auch das Absorptionsspektrum für die beiden Polarisationsrichtungen verschieden. Man bezeichnet diesen Effekt als *Dichroismus.*

Im Gaszustand kann man die Anisotropie der Polarisierbarkeit ferner grob durch Messung des Polarisationsgrades von gestreutem Licht ermitteln. Läßt man nämlich Licht auf Atome oder Moleküle auffallen, so wird es von ihnen in geringem Umfang nach allen Richtungen gestreut (sog. RAYLEIGH-Streuung), und die Streuintensität hängt von der mittleren Polarisierbarkeit $\bar{\alpha}$ der streuenden Moleküle ab. Bei anisotropen Molekülen liegt nun das durch die auffallende Lichtwelle im Molekül induzierte elektrische Moment nicht in der Richtung des elektrischen Feldvektors. Das hat zur Folge, daß auffallendes polarisiertes Licht bei der Streuung um so stärker depolarisiert wird, je unsymmetrischer die betreffenden Moleküle in ihrer Elektronenhülle gebaut sind. *Ein hoher Depolarisationsgrad (10 bis 25%) deutet also auf relativ sehr lange oder flache Moleküle hin.*

Mit den besprochenen Molekulareffekten verwandt ist schließlich noch die *optische Aktivität*, d. h. eine Verschiedenheit des Brechungsindex für rechts- und linkszirkular polarisiertes Licht, die ebenfalls Schlüsse auf die Elektronenanordnung und -polarisierbarkeit der diese Erscheinung zeigenden Moleküle zuläßt. Wie mit der Doppelbrechung ist auch mit der optischen Aktivität eine Verschiedenheit der Absorptionsspektren der Moleküle für rechts- und linkszirkular polarisiertes Licht verbunden, die man *Zirkulardichroismus* nennt. Die optische Aktivität beruht auf einer solchen unsymmetrischen Anordnung und Kopplung der Atomgruppen im Molekül, daß z.B. ein durch die einfallende Lichtwelle in der x-Richtung induziertes Dipolmoment (11) zur Anregung eines solchen in der y-Richtung in einer anderen Atomgruppe desselben Moleküls führt. Diese Unsymmetrie zusammen mit der Tatsache, daß infolge der endlichen Größe der Lichtwellenlänge die verschiedenen Gruppen des Moleküls mit verschiedener Phase angeregt werden, erklärt die optische Aktivität, die somit Schlüsse auf die Unsymmetrie der polarisierbaren Elektronenanordnung in großen Molekülen ermöglicht.

Wir wenden uns schließlich dem besonders wichtigen mit der Polarisierbarkeit der Elektronenhülle von Molekülen zusammenhängenden RAMAN-Effekt zu. Eine auf ein isotropes Molekül auffallende Lichtwelle der Frequenz ν_0 induziert in diesem ein Dipolmoment

$$\boldsymbol{p}_i = \alpha \, \boldsymbol{E}_0 \sin 2\pi \nu_0 t, \tag{11}$$

dessen Betrag der Polarisierbarkeit α proportional ist. Wir untersuchen nun den Spezialfall, daß die Polarisierbarkeit nicht konstant ist, sondern sich linear mit der Elongation ändert, wenn die Atome im Molekül mit der Frequenz ν_s gegeneinander schwingen, oder wenn optisch anisotrope Moleküle um ihren Schwerpunkt rotieren. Mit dem Ansatz

$$\alpha = \alpha_0 + \alpha_1 \cdot \sin 2\pi \nu_s t \tag{12}$$

erhält man dann durch Eingehen in (11)

$$\boldsymbol{p}_i = \alpha_0 \, \boldsymbol{E}_0 \sin 2\pi \nu_0 t + \frac{1}{2} \alpha_1 \, \boldsymbol{E}_0 \left[\cos 2\pi (\nu_0 - \nu_s) t - \cos 2\pi (\nu_0 + \nu_s) t\right]. \tag{13}$$

Während hier der erste Term ein mit der anregenden Frequenz ν_0 schwingendes induziertes Dipolmoment im Molekül darstellt und somit der klassischen RAYLEIGH-Streuung entspricht, bedeuten die beiden in der eckigen Klammer stehenden Terme offenbar die Streuung zweier Lichtwellen, deren Frequenzen gegen die der anregenden Welle um $\pm \nu_s$ verschoben sind. Dies ist der für die Molekülphysik so wichtige RAMAN-Effekt: Bestrahlt man Moleküle mit monochromatischem Licht der Frequenz ν_0, so findet man im Spektrum des seitlich austretenden Streulichts nach Abb. 179 neben der Spektrallinie der anregenden Frequenz zu beiden Seiten symmetrisch gelegene schwache sog. RAMAN-Linien der Frequenzen $v_0 \pm v_s$, *wobei v_s gleich einer der Schwingungs- oder Rotationsfrequenzen des betreffenden streuenden Moleküls ist, die auf diese Weise durch Messung der Wellenzahldifferenzen der Primärlinie v_0 und der RAMAN-Linien v ermittelt werden können.*

Die Frequenzänderung des gestreuten Lichts um den Betrag $\pm v_s$ bedeutet wegen $E = hv$, daß das am Molekül gestreute Lichtquant entweder einen Teil seiner Energie unter Anregung eines höheren Rotations- oder Schwingungszustands auf das Molekül überträgt und der Rest als RAMAN-Linie geringerer Frequenz gestreut wird, oder daß das streuende Molekül Rotations- bzw. Schwingungsenergie an das Lichtquant abgibt. Aus der Theorie folgt, daß nach (13) *nur solche Schwingungen (und Rotationen) v_s „RAMAN-aktiv" sind, durch deren Anregung die Polarisierbarkeit des Moleküls sich ändert,* – im Gegensatz zu den eigentlichen optischen Spektren, bei denen nach IV,9 in Absorption wie Emission nur solche Systemzustandsänderungen beobachtbar sind, bei denen das *elektrische Moment* des Systems sich ändert.

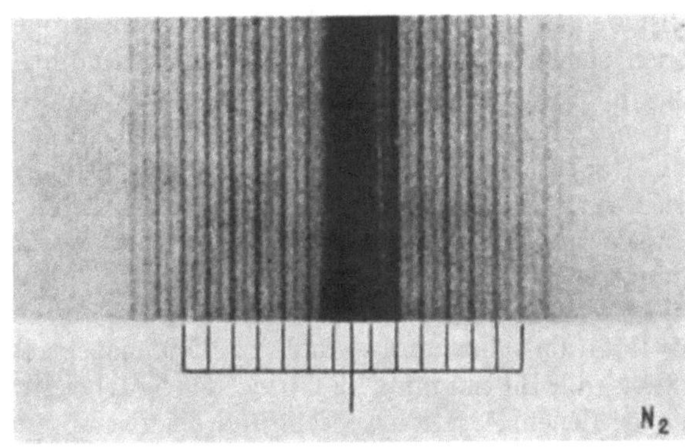

Abb. 179. RAMAN-Spektrum des N_2-Moleküls (Rotations-RAMAN-Effekt) (nach RASETTI).

Wir schließen mit einer Bemerkung über den Zusammenhang von klassischer Streuung (RAYLEIGH-Streuung), Quantenstreuung (RAMAN-Effekt) und Molekülfluoreszenz. Gl. (13), die die beiden erstgenannten Effekte beschreibt, enthält nämlich die nicht ausdrücklich erwähnte Annahme, daß die eingestrahlte Frequenz v_0 verschieden ist von allen Resonanzfrequenzen des Moleküls, daß also ihre Energie hv_0 mit der Anregungsenergie keines der stationären Energiezustände des Moleküls übereinstimmt. Nähern wir uns aber mit v_0 einer solchen Resonanzfrequenz, so wird das von der auffallenden Lichtwelle im Molekül induzierte elektrische Moment (11) und mit ihm die Streuintensität für Licht dieser Wellenlänge immer größer, bis im Resonanzfall die Streuung der eingestrahlten Frequenz identisch wird mit deren Absorption und Reemission: dann *fluoresziert* das Molekül. Erfolgt dabei reine Reemission der eingestrahlten Frequenz, d. h. ein Rücksprung des angeregten Moleküls in den Ausgangszustand, so haben wir die Analogie zu der ebenfalls ohne Frequenzänderung erfolgenden klassischen RAYLEIGH-Streuung. Erfolgt der Emissionsübergang unter Fluoreszenz aber in einen anderen als den ursprünglichen Schwingungs- oder Rotationszustand des Moleküls, stimmt das Fluoreszenzspektrum also nicht mit dem Absorptionsspektrum überein, so haben wir eine Verwandtschaft mit dem auch unter Energieänderung erfolgenden Prozeß der Quantenstreuung, d. h. dem RAMAN-Effekt.

3. Spektroskopische Methoden zur Bestimmung von Molekülkonstanten

Mit dem RAMAN-Effekt sind wir bereits bei den spektroskopischen Methoden der Molekülphysik angelangt, denen wir den entscheidenden Teil unserer Kenntnis über Aufbau, Eigenschaften und Dimensionen der einfacheren Moleküle verdanken. Es sind dies neben der RAMAN-Spektroskopie die Bandenspektroskopie einschließlich der Ultrarotspektroskopie und der sie wirkungsvoll ergänzenden Hochfrequenzspektroskopie. Bei den zweiatomigen Molekülen haben diese spektroskopischen Methoden bereits ohne die in VI,2 geschilderten zu einem Verständnis selbst feinster Einzelheiten im Verhalten der Moleküle (z. B. der Wechselwirkung zwischen Elektronenbewegung, Schwingung und Rotation) geführt und gestatten, alle wichtigen Molekülkonstanten mit großer Präzision zu bestimmen, während sie bei den mehratomigen Molekülen nicht nur über die Schwingungs- und Zerfallsmöglichkeiten und den Einfluß der Elektronenanregung auf sie Aufschluß geben, sondern in zahlreichen Fällen auch Bindungsart und -festigkeit, räumliche Anordnung der anregbaren Elektronen und andere Feinheiten zu ermitteln erlauben. Dabei wird die Untersuchung der sich gegenseitig ergänzenden Emissions- und Absorptionsspektren der Moleküle in glücklicher Weise vervollständigt durch den RAMAN-Effekt, der gerade die aus den anderen Spektren nicht zu entnehmenden sog. *optisch inaktiven* Schwingungs- und Rotationsfrequenzen zu bestimmen erlaubt.

Im einzelnen gestattet die Untersuchung der langwelligen Rotationsspektren, der Rotationsschwingungs- und der Bandenspektren sowie des Rotations-RAMAN-Effekts die Bestimmung des bzw. der Trägheitsmomente der Moleküle um die verschiedenen Rotationsachsen, und bei zweiatomigen Molekülen mit bekannten Atommassen daraus dann die Berechnung des Kernabstandes, und zwar für jeden Elektronen- und Schwingungszustand des Moleküls. Die Untersuchung der ultraroten Schwingungsspektren und der Schwingungsstruktur der Bandenspektren sowie des Schwingungs-RAMAN-Effekts gestattet, aus den Grundschwingungsfrequenzen bei zweiatomigen Molekülen für jede Elektronenkonfiguration die Konstanten der quasielastischen Bindungskraft zu berechnen. Bei mehratomigen Molekülen mit vielen Schwingungsmöglichkeiten müssen allerdings erst die *Schwingungsformen* bekannt sein, damit man aus den verschiedenen Schwingungsquanten auf die Bindungskraftkonstanten schließen kann. Die Untersuchung der Schwingungsstruktur der Bandenspektren und besonders das Studium der kontinuierlichen Molekülspektren liefert uns mit den Dissoziationsenergien des normalen Moleküls wie seiner verschiedenen Elektronenanregungszustände die entscheidenden Daten der „Zerreißfestigkeit" des Moleküls sowie der Feinheiten des Dissoziationsvorgangs unter Strahlungsabsorption, der für die Photochemie von größter Bedeutung ist. Auch über den Vorgang der Molekülbildung aus Atomen lassen sich aus den kontinuierlichen Spektren wichtige Schlüsse ziehen. Dabei stehen dem Molekülspektroskopiker zur Untersuchung nicht nur die dem Chemiker bekannten *stabilen* Moleküle zur Verfügung; es ist vielmehr für die Aufklärung des Molekülbaues wie für die Reaktionskinetik von besonderem Wert, daß in elektrischen Entladungen auch Radikale und instabile Zwischenprodukte wie OH, NH, ClO, CN, C_2, zweiatomige Metallhydride usw. mittels ihrer Spektren studiert werden können.

Die Technik der Molekülspektroskopie gleicht der in III,1 bereits besprochenen; Emissions- und Absorptionsuntersuchungen ergänzen sich in wertvoller Weise mit Fluoreszenzuntersuchungen, d.h. der Anregung von Molekülen zur Emission durch Einstrahlung meist monochromatischen Lichts.

Die Bedingungen für intensive Anregung von Molekülspektren zur Emission sind von denen der Atomspektren deutlich verschieden. Während für letztere kräftige Anregung günstig ist, muß für die Erzeugung von Bandenspektren die Anregung so schwach bleiben, daß Dissoziation vermieden wird, daß also die Moleküle nicht in Atome oder Atomgruppen gespalten werden. So treten beispielsweise im Kern des elektrischen Lichtbogens bei Temperaturen über 7000° fast nur Linienspektren von Atomen auf, während die kühlere Bogenaureole eine der

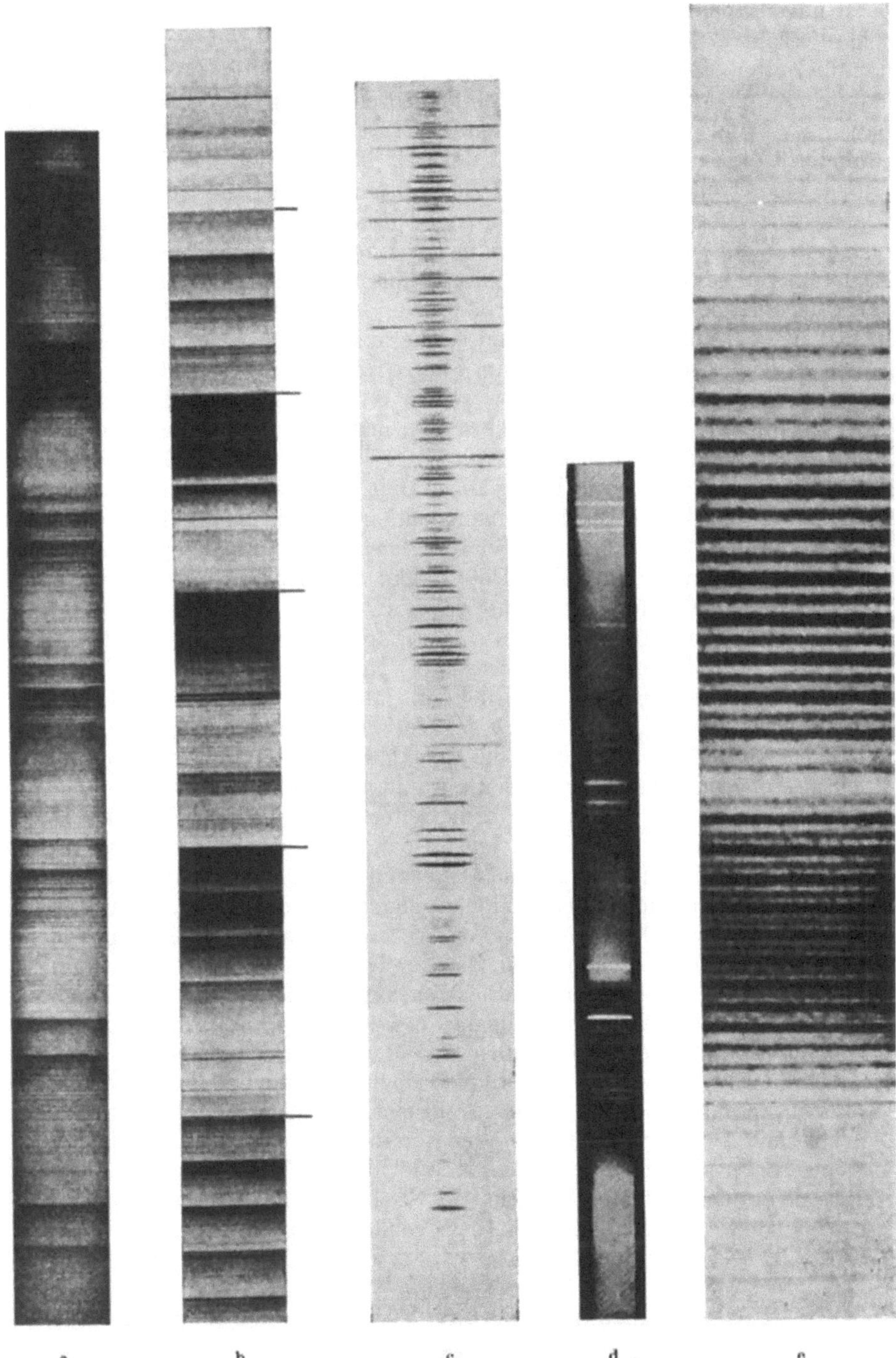

Abb. 180. Beispiele für Bandenspektren (Molekülspektren): a) Absorptionsbandenspektrum des J_2-Moleküls in großer Dispersion (ROWLAND-Gitter) nach MECKE. b) Bandenspektrum des PN nach CURRIE und HERZBERG. c) Weit aufgelöste, als solche kaum mehr erkennbare Banden aus dem sog. Viellinienspektrum des H_2-Moleküls in Emission (großes ROWLAND-Gitter), nach einer Arbeit des Verfassers. d) Emissionsspektren (diffuse Banden und Kontinua) des Hg_2-VAN-DER-WAALS-Moleküls (vgl. VI, 8 bei geringer Dispersion nach MROZOWSKI. e) Absorptionsbande des C_2H_2 bei großer Dispersion (ROWLAND-Gitter) nach MECKE. Bei Abb. d) handelt es sich im Gegensatz zu den übrigen Aufnahmen um ein *Positiv*.

intensivsten Lichtquellen für Bandenspektren darstellt. Beim Brennen in Luft gibt der Bogen hier die Oxyd- und Nitridspektren fast aller Elemente, die man meist nur in Spuren in den Bogen zu bringen braucht; in einer Wasserstoffatmosphäre erhält man die große Zahl der Hydridspektren. Zur Anregung gas- und dampfförmiger Moleküle eignen sich die verschiedenen Formen der Glimmentladung mit und ohne Elektroden (Hochfrequenzentladung), wobei in der positiven Säule bevorzugt die Bandenspektren der neutralen Moleküle, im negativen Glimmlicht die der Molekülionen, wie CO^+, N_2^+, O_2^+ usw., auftreten.

Die Fluoreszenzanregung von Bandenspektren, bei der die Moleküle mit genügend kurzwelligem (meist monochromatischem) Licht bestrahlt und die Fluoreszenzstrahlung senkrecht zur Richtung des anregenden Lichts beobachtet wird, ist darum von besonderem Wert, weil man durch Variation der Wellenlänge und damit der Energie der anregenden Strahlung u. U. verschiedene Teile des Molekülspektrums nacheinander anregen und so die absolute Lage der entsprechenden Terme im Termschema festlegen kann. Unsere Kenntnis der Moleküle J_2, S_2, Hg_2, Cd_2 und Zn_2 z. B. beruht ganz überwiegend auf solchen Fluoreszenzuntersuchungen. Abb. 180 gibt einen Überblick über verschiedene Typen von Bandenspektren.

Die Hochfrequenzspektroskopie (vgl. III,1) wird in der Molekülphysik überall dort mit aufsehenerregendem Erfolg angewandt, wo es auf die Messung kleinster Energieunterschiede mit großer Genauigkeit ankommt. Nach VI,9a sind z. B. die gequantelten Änderungen der Rotationsenergie den Trägheitsmomenten der rotierenden Moleküle umgekehrt proportional. Die Hochfrequenzspektroskopie gestattet hier, die Trägheitsmomente sowie in einfacheren Fällen die Kernabstände und Atomanordnungen auch solcher Moleküle zu bestimmen, deren Rotationsstruktur mit normalen spektroskopischen Mitteln nicht mehr aufgelöst werden kann. STARK- und ZEEMAN-Effektaufspaltungen von Moleküllinien können auch bei schwachen elektrischen bzw. magnetischen Feldern mit großer Genauigkeit gemessen werden und sind für die Molekültheorie von großem Wert; STARK-Effektmessungen gestatten ferner die Bestimmung der elektrischen Dipolmomente normaler wie angeregter Moleküle. Ein weiteres Anwendungsgebiet der Hochfrequenzspektroskopie sind die Energieaufspaltungen von Rotationsniveaus, die auf der Wechselwirkung zwischen dem Molekülfeld und der Elektronenbewegung sowie zwischen dem Molekülfeld und dem Quadrupolmoment des oder der Kerne (vgl. V,4b) beruhen. Die Ergebnisse von Wechselwirkungsuntersuchungen dieser Art scheinen auch Aufschluß über die durch chemische Valenzabsättigungen (VI,14) bewirkten Änderungen der Elektronenanordnung in Molekülen zu geben, womit ein neuer experimenteller Zugang zu diesem so grundlegenden Gebiet der Molekülphysik gefunden wäre. Daß mittels der Hochfrequenzspektroskopie der Moleküle auch genaue Werte von Kernquadrupolmomenten und Kerndrehimpulsen (Kernspins) ermittelt werden können, stellt eine neue Wechselbeziehung zwischen Molekül- und Kernphysik her, während für die Molekülphysik selbst etwa die Messung so geringer Energiedifferenzen (und damit Frequenzen) von Interesse ist, wie sie mit dem „Durchschwingen" des Stickstoffatoms im Ammoniakmolekül NH_3 durch die von den drei H-Atomen gebildete Ebene verknüpft sind (sog. *Inversionsspektrum* des Ammoniaks).

4. Allgemeines über Aufbau, Struktur und Bedeutung von Molekülspektren

In den Emissions- wie Absorptionsspektren einfacher, nicht gerade aus zwei gleichen Atomen bestehender Moleküle erkennt man mehr oder weniger deutlich drei Bereiche, die sich durch ihre Lage in verschiedenen Spektralgebieten wie durch ihre verschiedene Kompliziertheit im Aufbau unterscheiden.

Im fernen Ultrarot findet sich bei zweiatomigen Molekülen eine Folge äquidistanter Linien, bei mehratomigen Molekülen einige relativ einfache Linienfolgen, das sog. *Rotationsspektrum* des Moleküls.

Im nahen Ultrarot bei einigen μ findet man eine Anzahl noch recht übersichtlicher, deutlich gesetzmäßig angeordneter Linienfolgen, deren kurzwelligste bis in das photographische Ultrarot reichen (z. B. Abb. 180e) und die man als das *Rotationsschwingungsspektrum* des Moleküls bezeichnet.

Im photographischen Ultrarot, im sichtbaren und ultravioletten Bereich endlich findet sich eine mehr oder weniger große Anzahl deutlich gesetzmäßig angeordneter, aber meist schon recht komplizierter Liniengruppen, sog. Banden, und oft auch kontinuierlicher Spektren (vgl. Abb. 180a–d), die man als *Bandenspektren* im engeren Sinn bezeichnet. Die hier wie allgemein in Molekülspektren auftretenden Linienfolgen, die meist nach einer Seite „abschattiert" sind, bezeichnet man als *Banden*, weil sie bei geringer Dispersion des Spektralapparats gelegentlich als strukturlose bandartige Gebilde erscheinen (vgl. Abb. 180b). Jedes solche im kurzwelligen Spektralgebiet gelegene Bandenspektrum zeigt im allgemeinen wieder eine dreifache Struktur. Es besteht aus einer Anzahl deutlich getrennter Gruppen von Banden, die oft schon ihrem Aussehen nach als zusammengehörig zu erkennen sind, den sog. *Bandensystemen*. Jedes dieser Bandensysteme besteht aus einer mehr oder weniger großen Anzahl von *Banden*, die sich gelegentlich noch zu Bandenzügen anordnen (Abb. 180a, b), und jede Bande endlich besteht aus einer Reihe gesetzmäßig angeordneter *Bandenlinien*.

Dieser dreifachen Struktur eines Bandenspektrums entspricht eine Dreiteilung der Gesamtenergie des Moleküls in die Elektronenanregungsenergie, die Energie der Schwingung der Atome bzw. Atomkerne des Moleküls gegeneinander (Schwingungsenergie), und die kinetische Energie der Rotation des Moleküls um eine auf der Kernverbindungslinie senkrecht stehende Rotationsachse (bzw. bei mehratomigen Molekülen um die drei Hauptträgheitsachsen), die *Rotationsenergie*. Diese drei Energieanteile können sich nun unter Emission oder Absorption von Strahlung einzeln oder gemeinsam ändern und verursachen damit das Auftreten der verschiedenen Spektren.

Aus der noch zu behandelnden Theorie folgt, daß die relativ kleinen Energiebeträge, deren Emission oder Absorption die im fernen Ultrarot gelegenen Linien entsprechen, von der alleinigen Änderung der Rotationsenergie des Moleküls herstammen, weshalb man das auf ihnen beruhende Spektrum *Rotationsspektrum* nennt. Die im nahen Ultrarot gelegenen Spektren entsprechen Änderungen der Schwingung *und* Rotation des Moleküls; das Zusammenwirken beider Energieformen bedingt die größere Linienzahl und Kompliziertheit dieser *Rotationsschwingungsspektren*. Die im kurzwelligen, d. h. sichtbaren und ultravioletten Spektralgebiet gelegenen Bandenspektren schließlich entsprechen Änderungen der Elektronenanordnung, der Schwingung und der Rotation des Moleküls, wodurch die oft sehr verwickelte Struktur dieser *Elektronenspektren* (Bandenspektren im engeren Sinne) ihre Erklärung findet.

Die größte Änderung der Gesamtenergie des Moleküls erfolgt also bei einer Änderung der Elektronenanordnung, d. h. bei einem Elektronensprung. Durch die Größe des Elektronensprungs ist daher die Lage eines Bandensystems im gesamten Spektrum bestimmt; alle Banden eines Bandensystems gehören mithin zum gleichen Elektronensprung. Die Änderung der Molekülenergie bei einer Änderung des Elektronenzustandes ist um rund eine Größenordnung größer als die eines Schwingungsquantensprungs. Durch diesen, d. h. durch die Differenz der Schwingungsenergien im Anfangs- und Endzustand, ist die Lage einer Bande im Bandensystem gegeben. Die verschiedenen Linien einer Bande endlich gehören

zu verschiedenen Rotationsquantensprüngen; die Änderung der Elektronenanordnung, d.h. der Elektronensprung, sowie die Änderung des Schwingungszustands, d.h. der Schwingungsquantensprung, sind also für die Linien derselben
Bande konstant. Die Änderung der Molekülenergie bei einem Rotationsquantensprung ist dabei im allgemeinen wieder etwa um eine Größenordnung kleiner als
die einem Schwingungsquantensprung entsprechende Energieänderung.

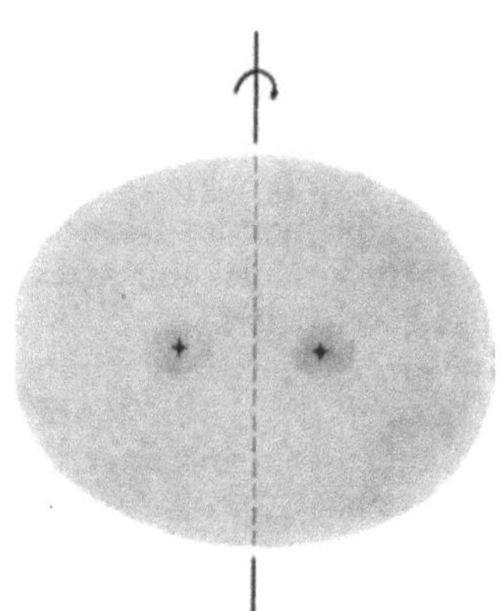

Die Zusammenhänge werden noch klarer, wenn
wir von dem einfachsten Modell eines zweiatomigen
Moleküls ausgehen. Dieses besteht ja aus zwei positiv geladenen Kernen im Abstand r_0 und einer
Elektronenhülle, die in einer noch zu behandelnden Weise für das Zusammenhalten der sich sonst
abstoßenden positiven Kerne verantwortlich sein
muß. In der alten modellmäßigen Vorstellung
umkreisen die äußersten Elektronen beide Kerne
gemeinsam, und mit dieser der Abb. 181 zugrunde
liegenden Vorstellung von der gemeinsamen Elektronenhülle stimmen die gaskinetischen Erfahrungen überein, nach denen ein zweiatomiges Molekül
sich bei Stößen wie ein nur schwach exzentrisches
Rotationsellipsoid verhält. Läßt man in Gedanken
den Kernabstand des zweiatomigen Moleküls

Abb. 181. Schematische Darstellung von Kernen, Elektronenhülle und Rotationsachse eines zweiatomigen Moleküls.

Abb. 181 gegen Null gehen und die beiden Kerne zu einem verschmelzen, so erhält
man ein Atom. Aus dieser Überlegung folgt zunächst, daß *die Elektronenhülle,
und mit ihr auch Termschema und Spektrum, eines zweiatomigen Moleküls eine
deutliche Ähnlichkeit mit Elektronenhülle, Termschema und Spektrum des durch
Zusammenschieben der Kerne entstehenden Atoms besitzen müssen, das* H_2-*Molekül
also mit dem* He-*Atom*[1].

Nehmen wir nun an, daß unser Molekülmodell Abb. 181 seinen Energiezustand wie ein Atom nur durch Änderung der Elektronenanordnung ändern
könnte, dann bestände sein Spektrum wie ein Atomspektrum nur aus einzelnen,
den Elektronensprüngen entsprechenden Linien, den sog. *Grundlinien*, die an den
Stellen der wirklich auftretenden Bandensysteme erscheinen würden. Nehmen wir
jetzt Änderungen der Schwingung der Atomkerne gegeneinander als mögliche
Energiezustandsänderungen hinzu, so überlagert sich jedem Elektronensprung die
Folge der möglichen Schwingungszustandsänderungen. Jede Grundlinie spaltet
dadurch in ein System von sog. *Nullinien* auf, deren jede am Ort einer wirklich
auftretenden Bande in den Bandensystemen erscheinen würde. Als letzte Annäherung an die Wirklichkeit nehmen wir nun noch gequantelte Änderungen der
Rotation des Moleküls um die in Abb. 181 gestrichelt eingezeichnete Rotationsachse
als mögliche Energiezustandsänderungen hinzu. Dadurch spaltet dann jede der
eben erwähnten Nullinien in eine ganze Bande, d.h. eine Folge von *Bandenlinien*
auf, weil nun zu jedem Elektronen- und Schwingungsquantensprung noch die
Mannigfaltigkeit der möglichen Änderungen des Rotationszustands hinzukommt.
Wir erhalten also auf diese Weise die wirklich beobachtete dreifache Struktur

[1] Daß durch das gedachte Verschmelzen der beiden H-Atome des H_2-Moleküls nur
ein zwar bezüglich seiner Elektronenhülle und Kernladung, aber nicht seiner Kernmasse mit dem Heliumatom identisches Gebilde entsteht, ist für unseren Gedankenversuch unerheblich, da die beiden fehlenden Kernneutronen auf die uns hier ausschließlich interessierende Elektronenhülle und ihre Energiezustände und Spektren
praktisch ohne Einfluß sind.

eines Bandenspektrums, die allerdings aus den Bandenspektren Abb. 180 nicht immer ganz leicht zu entnehmen ist.

Wir behandeln im folgenden zunächst die Elektronenbewegung in Molekülen, d.h. die Systematik ihrer Elektronenzustände, dann die Molekülschwingung und die auf den Schwingungen beruhenden Erscheinungen, an dritter Stelle die Rotation der Moleküle und ihren Einfluß auf die Spektren, und schließlich das Zusammenwirken von Elektronenbewegung, Schwingung und Rotation, das zu den vollständigen Bandenspektren führt.

5. Die Systematik der Elektronenterme zweiatomiger Moleküle

Die Behandlung der Elektronenzustände zweiatomiger Moleküle und ihrer Termsymbole lehnt sich eng an die der Atomzustände in III,12 an, wo sich die Begründung mancher der folgenden Angaben findet.

Wir untersuchen zunächst das Verhalten der Elektronen im Molekülmodell des sog. Zweizentrensystems, d.h. im elektrischen Feld zweier in einem gewissen Kernabstand r (der nicht immer der Gleichgewichtskernabstand r_0 zu sein braucht) festgehalten gedachter positiver Kerne. Anschließend müssen wir dann ermitteln, welchen Einfluß die bei der Schwingung und Dissoziation wirklich auftretenden Veränderungen des Kernabstands auf die Elektronenanordnung ausüben. Verkleinern wir nämlich in Gedanken den Kernabstand bis zum Zusammenfallen der Kerne, so erhalten wir ja eine Überführung der Elektronenhülle und damit der Elektronenzustände des Moleküls in die eines Atoms, dessen Kernladung gleich der Summe der Ladungen der Molekülkerne ist, während bei Vergrößerung des Kernabstands auf unendlich die Elektronenterme des Moleküls stetig in die der beiden getrennten, bei der Moleküldissoziation wirklich entstehenden Atome übergehen müssen. Zwischen diese beiden Grenzfälle der durch Kernvereinigung und durch Kerntrennung entstehenden Atome können wir noch einen uns ebenfalls schon bekannten Fall einschalten. Die Elektronenanordnung des Moleküls ist ja durch das axiale elektrische Feld bestimmt, dessen Richtung durch die Verbindungslinie der beiden positiv geladenen Kerne gegeben ist. Die Wirkung dieses Feldes auf die Elektronenanordnung und damit die Elektronenzustände muß ähnlich sein der eines elektrischen Feldes auf die Hülle des durch Kernvereinigung entstehenden Atoms, dessen Elektronenterme im STARK-Effekt also große Ähnlichkeit mit denen des Moleküls besitzen müssen. Es besteht daher die folgende Ähnlichkeitsreihenfolge der Elektronenterme: Vereinigte Kerne-Atom→STARK-Effekt→Molekül→Getrennte Atome. Dabei wird die energetische Reihenfolge und Anordnung der Elektronenterme normaler fest gebundener Moleküle mit relativ geringem Kernabstand der des STARK-Effekts des durch Kernvereinigung entstehenden Atoms ähnlich sein, die schwach gebundener Moleküle mit großem Kernabstand (Moleküle kurz vor der Dissoziation oder VAN DER WAALS-Moleküle, VI,8) dagegen eine größere Annäherung an den Fall getrennter Kerne zeigen. Eine Durchführung dieses Gedankenganges ergibt nach HUND in der Tat einen sehr guten Überblick über das Elektronentermschema eines Moleküls.

Quantitativ wird das Verhalten der Molekülelektronen wie das der Atomelektronen durch Eigenfunktionen beschrieben, an deren Stelle die Kennzeichnung durch vier Quantenzahlen treten kann. Wie bei den Atomelektronen gibt dabei die Hauptquantenzahl n die Nummer der Elektronenschale an, in der das betreffende Molekülelektron sich befindet, und die Bahndrehimpulsquantenzahl l die durch den Einfluß des axialen Kernfeldes jetzt allerdings weniger bedeutungsvolle Schwingungsform des Elektrons, in der alten BOHRschen Theorie die Bahnexzentrizität (vgl. III,8). Die Orientierung des Bahndrehimpulses l, die wir bei

den Atomspektren in III,16c am Fall des ZEEMAN- und STARK-Effekts studiert
hatten, erfolgt beim Molekül ausschließlich im axialen Feld der beiden positiv
geladenen Kerne. Der Elektronenbahndrehimpuls l präzessiert also um die Kernverbindungslinie mit einer in ihre Richtung fallenden gequantelten Komponente λ.
Die dieser Drehimpulskomponente λ nach der Beziehung

$$|\lambda| = \lambda \hbar \qquad (14)$$

entsprechende Quantenzahl λ tritt also bei den Molekülen an die Stelle der in
III,16a eingeführten Orientierungsquantenzahl m der Atome. λ kann folglich die
$2l + 1$ verschiedenen Werte

$$\lambda = l, \quad l - 1, \quad l - 2 \ldots 0, \quad -1 \ldots -l \qquad (15)$$

annehmen, wobei allerdings positive und negative Werte im allgemeinen die
gleiche Energie besitzen, also entartet sind, wenn diese Entartung nicht durch
eine Störung, wie die Rotation des gesamten Moleküls, aufgehoben wird. Die
vierte Elektronenquantenzahl s kennzeichnet wie bei den Atomelektronen den
Elektronenspin und kann nur die Werte $\pm^1/_2$ annehmen, wobei für die Orientierung beim Molekül wieder die elektrisch ausgezeichnete Kernverbindungslinie
maßgebend ist.

Wie bei den Atomelektronen gelten auch hier die Beziehungen

$$l \lesseqgtr n - 1, \qquad (16)$$

$$|\lambda| \leqq l. \qquad (17)$$

Statt der Quantenzahlen $l = 0, 1, 2, 3, \ldots$ benutzt man zur Kennzeichnung der
Elektronen wie bei den Atomen die Symbole $s, p, d, f, \ldots$, ferner statt der Quan-
tenzahl $\lambda = 0, 1, 2, 3, \ldots$ die Symbole $\sigma, \pi, \delta, \varphi, \ldots$ und schreibt wieder die Hauptquantenzahl n vor das Symbol des Elektrons (Tab. 18). Ein $3d\pi$-Elektron be-
zeichnet somit ein Elektron mit den Quantenzahlen $n = 3$, $l = 2$ und $\lambda = 1$. Wie bei den
Atomen benutzt man dabei kleine Buchstaben zur Kennzeichnung der einzelnen Elektronen.

Bei Molekülen mit mehreren äußeren Elektronen bestimmt sich das Verhalten der gesamten Elektronenhülle des Moleküls ähnlich wie nach III,12 aus dem der Einzelelektronen durch vektorielle Zusammensetzung der zu den Quantenzahlen gehörenden Drehimpulse. Wegen der Stärke des axialen Feldes in Richtung der Kernverbindungslinie haben aber die Kopplungsverhältnisse in der Elektronenhülle

Tabelle 18. *Symbole der Molekülelektronen unter Berücksichtigung
von* (17)

l \ λ	0	1	2	3
0	$s\,\sigma$			
1	$p\,\sigma$	$p\,\pi$		
2	$d\,\sigma$	$d\,\pi$	$d\,\delta$	
3	$f\,\sigma$	$f\,\pi$	$f\,\delta$	$f\,\varphi$

des Moleküls eine gewisse Ähnlichkeit mit denen beim PASCHEN-BACK-Effekt
der Atome in einem starken magnetischen Feld (vgl. III,16c). Die Wechselwirkung zwischen den Bahndrehimpulsen l_i der einzelnen Elektronen, die sich im
Atom zu dem den Atomzustand kennzeichnenden resultierenden Bahndrehimpuls L zusammensetzen, ist beim Molekül nämlich kleiner als die Kopplung
jedes einzelnen Elektrons an das axiale Feld der positiven Kerne. Die l_i der
äußersten Elektronen (die der inneren abgeschlossenen Schalen sind wie bei den
Atomen abgesättigt und können in erster Näherung vernachlässigt werden) präzessieren daher jedes für sich um die Kernverbindungsachse mit einer gequantelten

ganzzahligen Komponente λ_i, und diese λ_i der Einzelelektronen setzen sich dann je nach ihrer Richtung additiv oder subtraktiv zu dem für den Elektronenzustand des Moleküls charakteristischen resultierenden gequantelten Drehimpuls Λ

$$|\Lambda| = \Lambda\hbar \tag{18}$$

um die Kernverbindungslinie zusammen. Statt der Λ-Werte 0, 1, 2, ... benutzt man zur Kennzeichnung der entsprechenden Elektronenanordnungen der Moleküle die Symbole Σ, Π, Λ und Φ.

Die Eigendrehimpulse s_i der Elektronen setzen sich wie bei den Atomen zunächst zu dem resultierenden Eigendrehimpuls der Elektronenhülle S zusammen, der dann so um die durch die Kernverbindungslinie bestimmte Richtung von Λ präzessiert, daß seine Komponente in Richtung Λ, die man mit Σ bezeichnet, alle um ganzzahlige Werte sich unterscheidenden Werte zwischen $+S$ und $-S$ annehmen kann. Infolge der magnetischen Kopplung zwischen Λ und dem resultierenden Spin S spaltet also, wie bei den Atomen infolge der Kopplung zwischen L und S, jeder zu einem bestimmten Wert von Λ gehörende Term in ein Termmultiplett von $2S + 1$ Termen auf, die sich durch die Quantenzahl des resultierenden Drehimpulses $\Omega = \Lambda + \Sigma$ der Elektronenhülle um die Kernverbindungslinie unterscheiden.

Ω ist aber im Gegensatz zu dem entsprechenden Drehimpuls J der Elektronenhülle der Atome, auch wenn wir von dem geringen Beitrag des Kernspins (III,20) absehen, nicht der Gesamtdrehimpuls des Moleküls, weil für diesen die Rotation des gesamten Moleküls noch den entscheidenden Beitrag liefert. Näheres über die vektorielle Zusammensetzung von Ω und der Molekülrotation folgt in VI,9d.

Genau wie bei den Atomen schreibt man nun den Wert der Multiplizität des Terms, $(2S + 1)$, oben links, den Wert der Quantenzahl des resultierenden Drehimpulses um die Kernverbindungslinie, Ω, unten rechts an das Λ-Termsymbol an, bezeichnet die vier Komponenten eines Elektronenzustands mit $\Lambda = 2$ eines Dreielektronenmoleküls mit $S = {}^2/_3$ folglich mit ${}^4\Lambda_{1/_2}$, ${}^4\Lambda_{3/_2}$, ${}^4\Lambda_{5/_2}$ und ${}^4\Lambda_{7/_2}$; Abb. 182 zeigt die Vektorzusammensetzung für diesen Fall. Zur vollständigen Charakterisierung eines Molekülterms setzt man die Symbole der Einzelelektronen vor die des gesamten Terms und schreibt den Grundzustand des H_2-Moleküls mit zwei

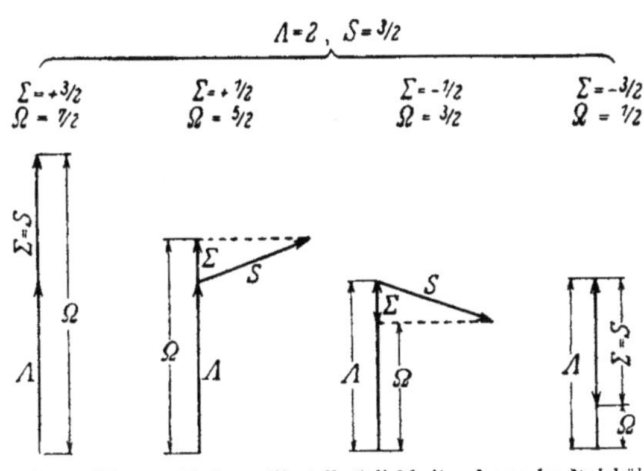

Abb. 182. Die verschiedenen Einstellmöglichkeiten der zu den Molekülquantenzahlen S und Λ gehörenden Drehimpulse bei einem ${}^4\Lambda$-Term.

$1s\sigma$-Elektronen folglich $(1s\sigma)^2\,{}^1\Sigma_0$. Wie bei den Atomen gilt natürlich auch bei den Molekülen der *Multiplizitätenwechselsatz* (III,11), der besagt, daß *zu geraden Elektronenzahlen des Moleküls ungerade Multiplizität gehört und umgekehrt.* Dieser Satz kann gelegentlich zur Unterscheidung sonst schwer trennbarer Spektren eines Moleküls und seines Ions (z. B. N_2 und N_2^+) dienen, da diese beiden Träger sich um ein Elektron in der äußersten Schale unterscheiden und die Spektren daher verschiedene Multiplizität besitzen müssen.

Die Auswahlregeln für Elektronensprünge entsprechen bei Molekülen weitgehend, aber wegen des axialen Feldes nicht ganz, denen für Atome. Während die Hauptquantenzahl sich um beliebige Werte ändern kann, gilt für Λ die Auswahlregel

$$\Delta\Lambda = 0 \quad \text{oder} \quad \pm 1. \tag{19}$$

Für den Spin entsprechen die Verhältnisse denen der Atome. Spinänderungen bei optischen Übergängen, d.h. Interkombinationen zwischen Termsystemen verschiedener Multiplizität, sind bei leichten Molekülen wie dem H_2 (genau wie bei leichten Atomen nach III,13) streng verboten, treten aber bei schweren Molekülen ebenso wie bei schweren Atomen auf, wenn auch mit relativ geringer Intensität. Die sog. atmosphärischen Sauerstoffbanden, ein $^3\Sigma \to {}^1\Sigma$-Übergang des O_2, und die CAMERON-Banden des CO, ein $^3\Pi \to {}^1\Sigma$-Übergang, sind Beispiele solcher *Interkombinationsbanden*.

Empirisch bestimmt man die Quantenzahlen Λ und Ω eines Molekülterms ebenso wie seine Multiplizität aus den Bandenspektren, wobei in Zweifelsfällen der ZEEMAN-Effekt eine entscheidende Rolle spielt.

Wie bei den Atomen finden sich auch bei den zweiatomigen Molekülen mit nicht zu vielen äußeren Elektronen RYDBERG-Serien von Bandensystemen, woraus zu schließen ist, daß ein großer Betrag Anregungsenergie nicht zur Anregung mehrerer, sondern bevorzugt zur höheren Anregung *eines* Leuchtelektrons verwandt wird. Daß nur in gewissen Fällen solche RYDBERG-Serien bei Molekülen auftreten können, erkennt man, wenn man die Abhängigkeit der potentiellen Energie der Elektronenanordnung eines Moleküls vom Kernabstand und den Einfluß des Leuchtelektrons auf die Molekülbindung betrachtet. In Abb. 183–185

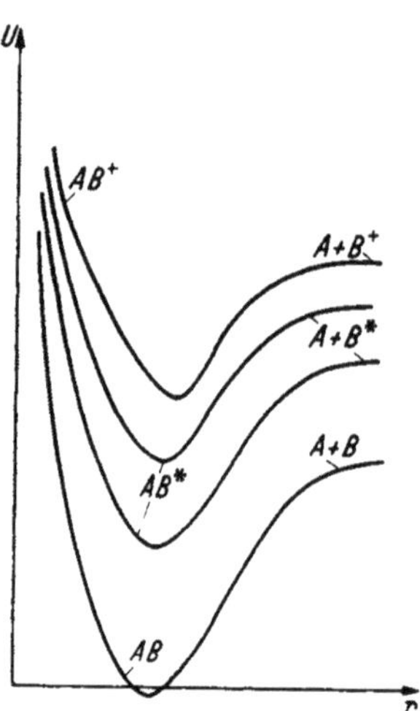

Abb. 183. Potentialkurven von normalem Molekül, angeregtem Molekül (zwei Zustände) und Molekülion bei geringem Einfluß des Leuchtelektrons auf die Molekülbindung. Rechts die Dissoziationsprodukte bei Dissoziation aus dem betreffenden Zustand.

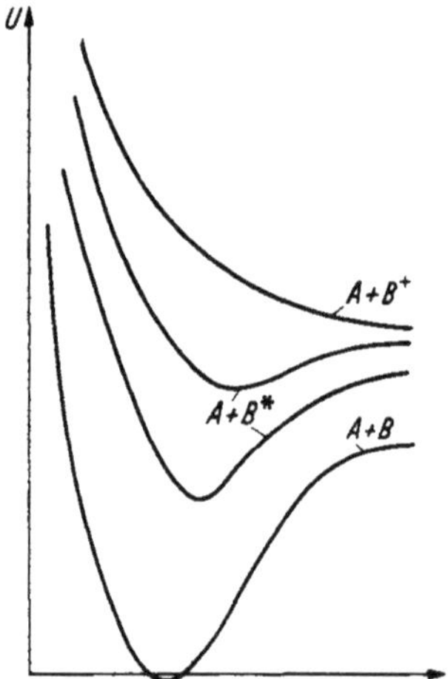

Abb. 184. Potentialkurven von normalem Molekül, angeregtem Molekül (zwei verschiedene Zustände) und instabilem Molekülion bei stark bindender Wirkung des Leuchtelektrons.

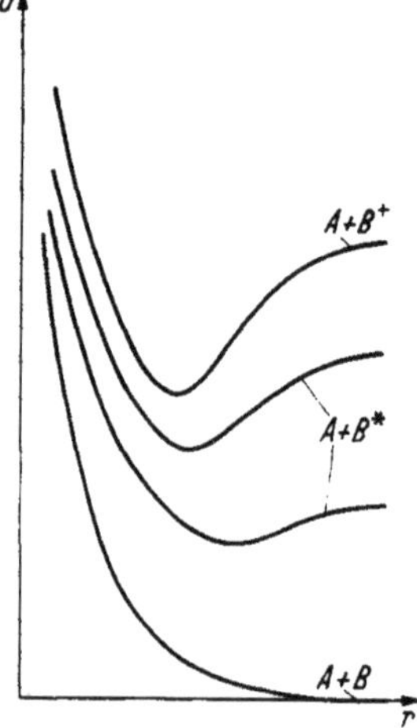

Abb.185. Potentialkurven von instabilem normalem Molekül, angeregtem Molekül (zwei Zustände) und Molekülion in dem relativ seltenen Fall stark bindungslockernder Wirkung des Leuchtelektrons (Beispiel He₂).

sind einige Potentialkurven eines Moleküls gezeichnet, die für gegebene Elektronenanordnung die potentielle Energie U des Moleküls als Funktion des Kernabstands darstellen. Wir werden in VI,6a ausführlicher auf diese Potentialkurven zurückkommen. Sie sind in Abb. 183 für den Grundzustand des Moleküls AB, für zwei angeregte Zustände AB^* und für den Grundzustand des Molekülions AB^+ gezeichnet. *Nur Kurven mit ausgesprochenem Potentialminimum entsprechen einem* *stabilen Molekülzustand.* In dem in Abb. 183 dargestellten Fall sind also Molekül und Molekülion (und damit natürlich auch die Zwischenzustände des angeregten Moleküls) stabil; die Anregung und schließliche Abtrennung des Leuchtelektrons hat keinen wesentlichen Einfluß auf die Bindungsverhältnisse. In diesem Fall können daher RYDBERG-Serien auftreten.

Für das Verständnis des Molekülbaues sind aber auch die beiden anderen Fälle von Interesse, in denen das normale Molekül oder das Molekülion instabil sind. Instabilität, d. h. eine Potentialkurve wie die des Grundzustands in Abb. 185, bedeutet dabei, daß bei jedem Kernabstand zwischen den Atomen die Abstoßungskräfte überwiegen; wir nennen derartige Potentialkurven instabiler Molekülzustände daher auch *Abstoßungskurven.* Nach Abb. 184 ist es möglich, daß ein stabiles Molekül durch Abtrennung seines Leuchtelektrons seine Stabilität verliert, so daß die Potentialkurve des Molekülions *kein* Minimum besitzt. Wir schließen daraus, daß im wesentlichen das Leuchtelektron die Bindung bewirkt. Schließlich gibt es, z. B. bei den Edelgasen, die normale Moleküle im Grundzustand nicht zu bilden vermögen, wohl aber stabile Molekülionen besitzen können, den in Abb. 185 dargestellten Fall. Hier geht durch die Annäherung des Leuchtelektrons an das Molekülion (den Molekülrumpf) dessen Stabilität verloren, so daß ein stabiles Molekül im Grundzustand nicht existiert; wir sprechen von einem *lockernden Elektron.* Da die angeregten Molekülzustände nach den Abb. 183–185 gleichsam Zwischenstufen zwischen dem normalen Molekül und dem Molekülion darstellen, kann man aus der Änderung der spektroskopisch ermittelten Molekülkonstanten mit wachsender Anregung (Hauptquantenzahl n) des Leuchtelektrons Schlüsse auf die Werte der Molekülkonstanten auch instabiler Moleküle oder Molekülionen ziehen.

6. Schwingung und Schwingungsspektren zweiatomiger Moleküle

Ein zweiatomiges Molekül besteht aus zwei Atomen, die durch die sie im klassischen Bild gemeinsam umkreisenden Valenzelektronen zusammengehalten werden. Dabei hat die potentielle Energie des Systems gemäß Abb. 183 bei einem bestimmten Kernabstand r_0 ein Minimum. Wird durch äußere Einwirkung, z. B. durch Stöße mit Nachbarmolekülen der Kernabstand momentan verkleinert, so werden Rücktreibkräfte wirksam, und die Atome des Moleküls beginnen gegeneinander zu schwingen. Eine ganze Anzahl wichtiger Erscheinungen der Molekülphysik hängt mit diesen Schwingungen in Molekülen zusammen.

a) Schwingungsterme und Potentialkurvenschema

Wir beginnen mit der Theorie der Molekülschwingungen, wobei wir vom einfachsten möglichen Modell ausgehen und dieses schrittweise verfeinern. Wir betrachten also zwei Massenpunkte, die Atomkerne, die sich nur auf einer Geraden bewegen können, wobei die aufeinander ausgeübten Kräfte nur von ihrem Abstand r abhängen. Bei $r = r_0$ mögen Anziehungs- und Abstoßungskräfte sich das Gleichgewicht halten, ihr Potential $U(r)$ also ein Minimum besitzen. Im Gegensatz zur Benutzung von r bei der Behandlung des Rotators (IV,7a, b) wird im folgenden also gemäß dem allgemeinen Brauch in der Molekülphysik mit r bzw. r_0 der *Abstand* der Atomkerne im Molekül und nicht deren halber Abstand (Abstand von der Rotationsachse) bezeichnet.

Wir verlegen nun den Ursprung des Koordinatensystems in den linken der beiden Kerne, ersetzen also die Schwingung beider Kerne gegen den in Ruhe bleibenden Schwerpunkt durch die Schwingung des zweiten Kerns gegen den als

Koordinatenursprung gewählten ersten Kern. Wir führen weiter als Variable die relative Kernabstandsänderung

$$\varrho = \frac{r - r_0}{r_0} \tag{20}$$

ein und berechnen die reduzierte Masse μ und das Trägheitsmoment I des Moleküls aus den Massen m_1 und m_2 der beiden Atome zu

$$I = \mu r_0^2 = \frac{m_1 m_2}{m_1 + m_2} r_0^2. \tag{21}$$

Machen wir nun die als erste Näherung vernünftige Annahme, daß die bei Auslenkung aus der Gleichgewichtslage wirksam werdende Rücktreibkraft der Auslenkung $r - r_0$ proportional ist, so können wir nach IV,7c als Modell des schwingenden Moleküls den linearen harmonischen Oszillator benutzen, dessen wellenmechanische Beschreibung wir bereits kennen. Für das Potential U setzen wir, einen eventuellen ϱ-unabhängigen Beitrag der Elektronenhülle in Rechnung setzend,

$$U(\varrho) = E_{\text{el}} + \frac{k r_0^2}{2} \varrho^2 \tag{22}$$

und erhalten damit statt Gl. (IV-79) die unserem speziellen Problem angepaßte SCHRÖDINGER-Gleichung des linearen harmonischen Oszillators

$$\frac{d^2 \psi}{d \varrho^2} + \frac{8 \pi^2 I}{h^2} \left(E_v - \frac{k r_0^2}{2} \varrho^2 \right) \psi = 0. \tag{23}$$

E_v ist hier die aus der Gesamtenergie E durch Abzug der eventuellen Anregungsenergie eines Elektrons entstehende Schwingungsenergie des Moleküls und k die uns bereits von IV,7c her bekannte Bindungskraftkonstante, die mit der Eigenfrequenz ν_0 des schwingenden Moleküls durch die Beziehung

$$\nu_0 = \frac{1}{2 \pi} \sqrt{\frac{k}{\mu}} = \frac{1}{2 \pi} \sqrt{\frac{k r_0^2}{I}} \tag{24}$$

zusammenhängt. In der das Arbeiten mit Wellenzahlen [cm^{-1}] bevorzugenden Bandenspektroskopie wird statt der Eigenfrequenz ν_0 allgemein die Größe $\omega_0 = \nu_0/c$ benutzt. In diesen Einheiten geschrieben, gehören zur SCHRÖDINGER-Gleichung (23) nach Gl. (IV-85) dann die diskreten Energieeigenwerte

$$E_v = h c \omega_0 (v + {}^1/_2); \qquad v = 0, 1, 2, 3, \ldots \tag{25}$$

Das Energieniveauschema des linearen harmonischen Oszillators besteht also aus äquidistanten Stufen der Größe $h\nu_0 = h c \omega_0$, wobei allerdings der niedrigste mögliche Energiewert nicht Null, sondern nach (25) $h c \omega_0/2$ ist. v bezeichnet man als die *Schwingungsquantenzahl*. Diese Quantelung der Schwingungsenergie besitzt eine sehr anschauliche Bedeutung. Wie eine Violinsaite kann auch der harmonische Oszillator, der hier als Modell unser Molekül vertritt, nur mit seiner Eigenfrequenz ν_0 (Grundton) und deren ganzzahligen Vielfachen (Obertöne) schwingen. Unter Berücksichtigung der allgemeinen Quantengleichung $E = h\nu$ folgt aus dieser Quantelung der Frequenz die der Schwingungsenergie.

Zur Veranschaulichung dieser Verhältnisse dient die Potentialkurvendarstellung Abb. 186, die das Potential der von den Atomen aufeinander ausgeübten Kräfte als Funktion des Kernabstands mit den gequantelten Energiezuständen E_v zeigt. Im Fall des linearen harmonischen Oszillators ist die Potentialkurve nach (22) eine Parabel. Die natürlich nur als rohes Bild brauchbare mechanische Ausdeutung der Potentialkurve liegt auf der Hand. Denkt man sich den einen Kern im Nullpunkt festgehalten, so schwingt der andere wie eine in der Potentialmulde hin und her rollende Kugel, wobei die Schnittpunkte der eingezeichneten Energieniveaus mit der Potentialkurve die Umkehrpunkte der Schwingung angeben, in denen also die Gesamtenergie des Moleküls potentielle Energie ist.

In zwei Punkten stimmt nun das Modell des harmonischen Oszillators nicht mit dem wirklichen Molekül überein. Erstens könnte nach (22) der Kernabstand grundsätzlich bis auf Null abnehmen. Das aber ist physikalisch nicht möglich,

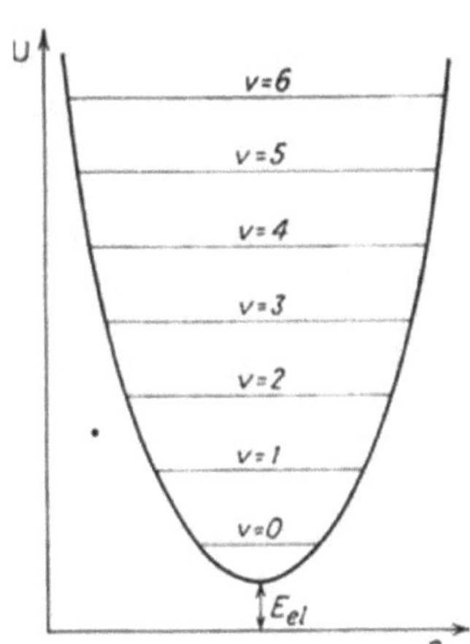

Abb. 186. Potentialkurve des harmonischen Oszillators.

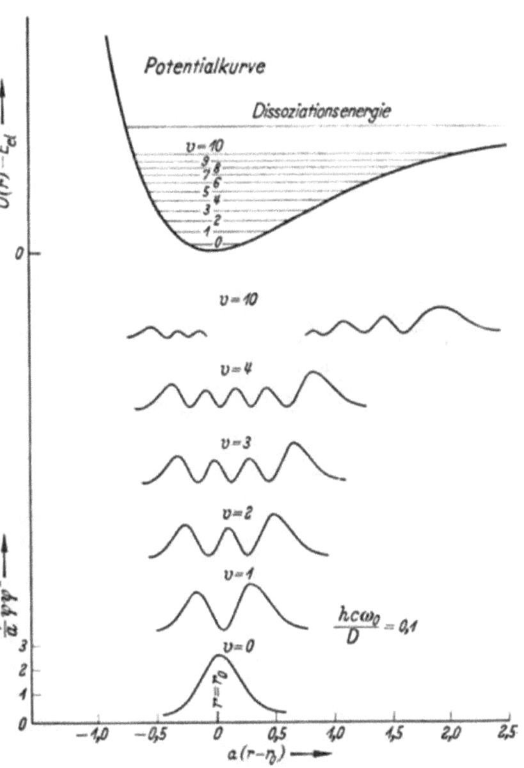

Abb. 187. Potentialkurve des anharmonischen Oszillators (Kraftansatz entsprechend dem bei zweiatomigen Molekülen in Näherung vorliegenden) und $\psi\psi^*$-Funktionen für eine Anzahl von Schwingungszuständen (nach Gregory).

weil die elektrostatische Abstoßung zwischen den positiven Kernen bei Verkleinerung des Kernabstands sehr schnell größer wird und die inneren Elektronenschalen der Atome dem Versuch der „Einbeulung" einen sehr großen Widerstand entgegensetzen. Bei Vergrößerung des Kernabstands umgekehrt (kernferner Ast der Potentialkurve) darf die Kurve nicht gegen unendlich gehen, da die von der Elektronenhülle ausgeübte, die Kerne zusammenhaltende Bindungskraft mit wachsendem Abstand der Kerne abnehmen muß, bis schließlich Zerreißen, d.h. Dissoziation des Moleküls in seine beiden Atome erfolgt. Der Wirklichkeit entspricht also etwa die Potentialkurve Abb. 187. Da wegen der Unsymmetrie der Potentialkurve die entsprechenden Schwingungen nicht mehr harmonisch sind, bezeichnet man den durch die Potentialkurve Abb. 187 dargestellten Oszillator als *anharmonisch*. Sein Potential kann am einfachsten durch den von Morse stammenden Ansatz

$$U(r) = E_{\mathrm{el}} + D(1 - e^{-a(r-r_0)})^2 \qquad (26)$$

dargestellt werden, wobei a eine die Krümmung der Potentialkurve in der Umgebung des Minimums angebende Konstante mit dem Wert

$$a = 2\pi\nu_0 \sqrt{\frac{\mu}{2D}} = \sqrt{\frac{k}{2D}} \qquad (27)$$

ist, μ nach (21) die reduzierte Masse des Moleküls bezeichnet und die Bedeutung von D gleich besprochen werden wird. Geht man mit dem Potential (26) statt (22) in (23) ein, so erhält man für die Eigenwerte der Schrödinger-Gleichung, d. h. für die Schwingungsenergiezustände E_v des anharmonischen Oszillators, statt (25) die Werte

$$E_v = h c \omega_0 (v + {}^1/_2) - \frac{h^2 c^2 \omega_0^2}{4 D} (v + {}^1/_2)^2. \tag{28}$$

Mit diesem Übergang zum anharmonischen Oszillator wird gleichzeitig eine weitere Diskrepanz zwischen der Erfahrung und dem Modell des harmonischen Oszillators berichtigt. Nach Ausweis der Spektren sind die Schwingungstermdifferenzen nämlich in Wirklichkeit nicht konstant gleich $h c \omega_0$, sondern nehmen mit wachsendem v ab und konvergieren in Übereinstimmung mit (28) gegen eine Grenze, der der rechte Ast der Potentialkurve asymptotisch zustrebt, und deren Wert sich aus (26) für $r \to \infty$ zu D ergibt. *D ist also die Dissoziationsenergie des Moleküls.* Abb. 187 zeigt eine mittels des Morseschen Ansatzes (26) mit (27) berechnete Potentialkurve mit eingezeichneten Schwingungsniveaus. Unter der Potentialkurve ist die Norm $\psi\psi^*$ der durch Lösung der Schrödinger-Gleichung berechneten Schwingungseigenfunktionen für die Schwingungszustände $v = 0, 1, 2, 3, 4$ und 10 aufgetragen; sie sind mit den in Abb. 96 eingezeichneten des harmonischen Oszillators zu vergleichen. Man erkennt, daß infolge der Anharmonizität der Schwingung die Anwesenheitswahrscheinlichkeit der Kerne für den kernfernen Ast größer ist als für den kernnahen.

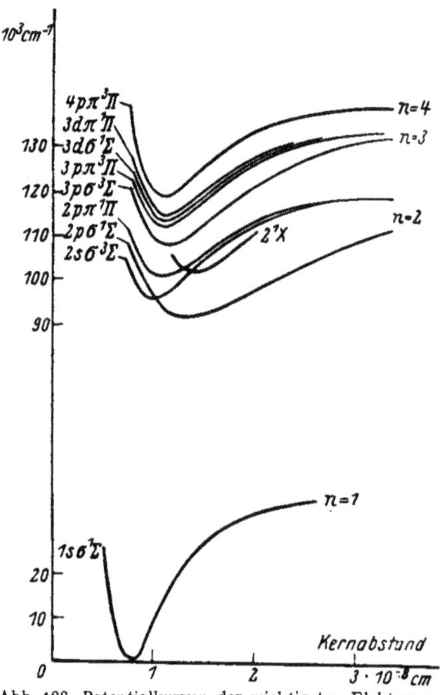

Abb. 188. Potentialkurven der wichtigsten Elektronenzustände des H₂-Moleküls, aus der Bandenanalyse von Mecke und dem Verfasser sowie Richardson berechnet von Hund.

Da für die Form und Lage der Potentialkurve die Bindungsverhältnisse zwischen den Atomkernen maßgebend sind und diese von der Elektronenanordnung abhängen, ist es anschaulich verständlich, daß zu jeder verschiedenen Elektronenanordnung, d. h. zu jedem angeregten Elektronenzustand des Moleküls, eine eigene Potentialkurve gehört. Da nun das Leuchtelektron meistens an der Bindung der Kerne beteiligt ist und seine Anregung im allgemeinen bindungslockernd wirkt, ist der Gleichgewichtskernabstand r_0 der angeregten Zustände meist größer, ihre Dissoziationsenergie D dagegen kleiner als die entsprechenden Werte des Grundzustands. Abb. 188 zeigt als Beispiel das Potentialkurvenschema des H₂-Moleküls. Man berechnet solche Potentialkurven nach Gl. (26) und (27) mit den aus den Spektren entnommenen Werten der Dissoziationsenergie D und des Grundschwingungsquants $h c \omega_0$.

Wir erwähnen schon hier, daß es für die Quantelung der Molekülschwingungen außer dem anschließend behandelten spektroskopischen Befund noch einen sehr direkten Beweis gibt, nämlich die Tatsache, daß die Molekülschwingung im allgemeinen nicht zur spezifischen Wärme der zweiatomigen Gase beiträgt. Wir kommen in VI,10 genauer auf diesen wichtigen Punkt zurück.

b) Schwingungszustandsänderungen und ultrarote Schwingungsbanden

Wir fragen nun nach den zur Emission oder Absorption von Spektren (Banden) führenden Übergängen zwischen den Schwingungszuständen. Hier haben wir zu unterscheiden zwischen Übergängen innerhalb des gleichen Schwingungsniveauschemas, d.h. *ohne Änderung der Elektronenanordnung*, und Übergängen bei gleichzeitigem Elektronensprung. Der erste Fall führt (unter Berücksichtigung der noch zu besprechenden Molekülrotation) zu den ultraroten Rotationsschwingungsbanden. *Für den harmonischen Oszillator lautet die Auswahlregel für die Schwingungsquantenzahl aus den in IV,9 angeführten Gründen $\Delta v = \pm 1$, d.h. es können Übergänge unter Emission oder Absorption von Strahlung nur zwischen benachbarten Schwingungstermen erfolgen. Für den der Wirklichkeit besser entsprechenden anharmonischen Oszillator ist die Auswahlregel dahingehend abzuändern, daß mit abnehmender Wahrscheinlichkeit (Intensität) auch Übergänge $\Delta v = \pm 2$, $\pm 3, \ldots$ möglich sind.*

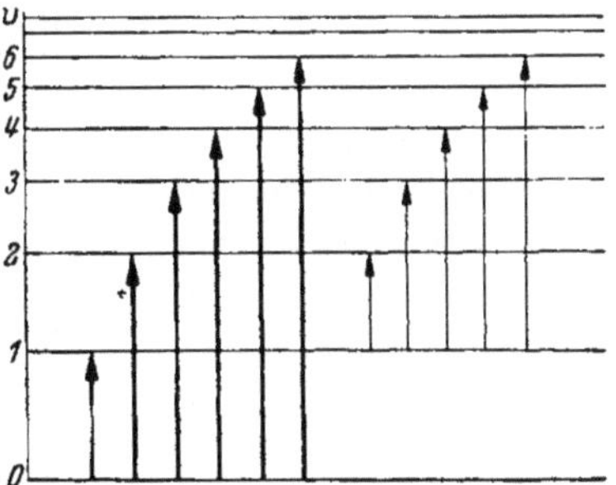

Abb. 189. Absorptionsübergänge innerhalb des zum Elektronengrundzustand eines Moleküls gehörenden Schwingungstermschemas: Rotationsschwingungsbanden ohne Berücksichtigung der Rotation des Moleküls.

Da die Abstände benachbarter Schwingungsniveaus bei zweiatomigen Molekülen mit 0,1 bis 0,3 eV erheblich größer als die mittlere Temperaturenergie kT sind, sind normalerweise höhere Schwingungsniveaus nicht angeregt, so daß Rotationsschwingungsbanden fast ausschließlich in Absorption beobachtet werden, und zwar gemäß Abb. 189 im wesentlichen vom Grundzustand, bei höherer Temperatur auch vom ersten angeregten Schwingungszustand aus. Nur hoch erhitzte glühende Gase und Dämpfe *emittieren* natürlich auch die Rotationsschwingungsbanden. Die Grundbanden liegen bei mehreren µ, während die energiereichsten Übergänge bis ins photographische Ultrarot bei 1 µ reichen.

Die Emission und Absorption von Rotationsschwingungsbanden unterliegen noch einer wichtigen Einschränkung. Eine Strahlungsemission wie -absorption ist ja nach IV,9 nur möglich, wenn bei dem entsprechenden Übergang das elektrische Moment des Systems sich ändert (klassische Dipolschwingung). Bei Elektronenübergängen ist das wegen der Änderung der Entfernung zwischen Elektron und Kern fast stets der Fall. Bei der Schwingung gleichartiger Atome gegeneinander, z.B. im H_2, O_2, N_2 usw., dagegen bleibt das elektrische Moment unverändert. Daraus folgt *das wichtige, empirisch durchgehend bestätigte Gesetz, daß zweiatomige aus gleichen Kernen aufgebaute Moleküle keine Rotationsschwingungsbanden normaler Intensität besitzen.* Man bezeichnet die entsprechenden Schwingungsfrequenzen daher als *ultrarot-inaktiv* oder *optisch inaktiv*. Aus dem nach IV,9 in der klassischen wie der Quantenphysik gültigen Gesetz, daß Emission wie Absorption von Strahlung nur bei Änderung des elektrischen Moments des Systems möglich ist, folgen also einerseits die Auswahlregeln für erlaubte bzw. verbotene Übergänge, andererseits das Ausfallen ganzer Gruppen von Spektren, z.B. der Schwingungs- und Rotationsspektren der symmetrischen Moleküle.

Für die *praktische* Molekülphysik bedeutet das Nichtauftreten dieser Spektren keinen wesentlichen Nachteil. Einerseits nämlich sind diese optisch inaktiven Frequenzen, da die Polarisierbarkeit des Moleküls sich bei diesen Schwingungen fast stets ändert, nach VI,2d RAMAN-aktiv, erscheinen also im RAMAN-Spektrum und können damit bestimmt werden. Andererseits aber beruht die optische Inaktivität der Schwingungen symmetrischer Moleküle ja nur auf deren fehlenden

*Dipol*momenten. Da diese Moleküle aber meist elektrische Momente höherer Ordnung besitzen, können mit einer um mehrere Größenordnungen geringeren Intensität die Schwingungsbanden doch beobachtet werden, wenn man genügend große Schichtdicken des absorbierenden Gases verwendet. So sind z.B. die ersten Linien der Grundschwingungsbande des H_2 von HERZBERG beobachtet worden. Bei hohem Druck können ferner in Stößen zwischen Molekülen infolge Deformation ihrer Elektronenhüllen höhere elektrische Momente erheblicher Größe erzeugt werden. Die entsprechende, in H_2, O_2, N_2 usw. beobachtete Absorption der ultraroten Grundschwingungsbande bezeichnet man dann als *stoßinduzierte* Absorption.

c) Das Franck-Condon-Prinzip als Übergangsregel für gleichzeitigen Elektronen- und Schwingungsquantensprung

Wir gehen nun zu der mit einem Elektronensprung gekoppelten Änderung des Schwingungszustands eines Moleküls über. Für solche Übergänge zwischen verschiedenen Schwingungstermsystemen, d.h. zwischen Potentialkurven zweier *verschiedener* Elektronenzustände des Moleküls (Abb. 190), gilt keine strenge Auswahlregel, sondern nur das wichtige, die bevorzugten (intensivsten) Übergänge angebende und damit die äußere Erscheinung der gesamten Elektronenbandensysteme und kontinuierlichen Spektren der Moleküle regelnde FRANCK-CONDON-Prinzip. FRANCK ging bei der Betrachtung der Übergangsverhältnisse von der anschaulichen Überlegung aus, daß wegen der geringen Masse der Elektronen, verglichen mit der großen der Kerne, *jede Änderung der Elektronenanordnung eines Moleküls so schnell erfolgt, daß Lage und Geschwindigkeit der schweren Kerne sich während des Übergangs nicht merklich ändern.* Der der neuen Elektronenanordnung entsprechende Gleichgewichtskernabstand stellt sich also erst *nach* beendeter Elektronenumordnung ein. In der Potentialkurvendarstellung Abb. 190 bedeutet das, *daß Übergänge ohne Änderung des Kernabstands, d.h. senkrecht (mit nur geringer Streuung), verlaufen, und wegen der Erhaltung der Geschwindigkeit stets zwischen Zuständen gleicher Geschwindigkeit der Kerne.* Da nun die Kerne im klassischen Bild sich am längsten in den Umkehrpunkten aufhalten, erfolgen die Übergänge mit größter Wahrscheinlichkeit von und zu diesen, d.h. von den Schnittpunkten der Schwingungsniveaus mit der einen Potentialkurve zu den senkrecht darüber bzw. darunter liegenden der anderen, wie es in Abb. 190 angedeutet ist. CONDON hat diese anschauliche Überlegung wellenmechanisch umgedeutet und begründet. Die Übergangswahrscheinlichkeit ist wellenmechanisch nach IV,9 ja wesentlich durch das Integral

$$\int \psi_a \, r \, \psi_e \, d\tau \tag{29}$$

bestimmt, in dem ψ_a und ψ_e die Eigenfunktionen des Anfangs- und Endzustands des betreffenden Übergangs sind. Daraus folgt, daß die Übergangswahrscheinlichkeit nur für solche Übergänge groß sein kann, für die die Eigenfunktionen der beiden kombinierenden Zustände beim *gleichen* Kernabstand Maxima besitzen. Nimmt man in erster Näherung den vom Elektronensprung herrührenden Anteil der Übergangswahrscheinlichkeit als unabhängig vom Kernabstand konstant an, so erfolgen nach dem wellenmechanischen FRANCK-CONDON-Prinzip Übergänge bevorzugt von einem Maximum der Schwingungseigenfunktionen der einen Potentialkurve zu einem Maximum der anderen Potentialkurve. Da aber die Maxima der Schwingungseigenfunktionen nach Abb. 96 bzw. 187 für die höheren Schwingungszustände nahezu mit den klassischen Schwingungsumkehrpunkten zusammenfallen, führt die wellenmechanische Rechnung hier zum gleichen Ergebnis wie die klassisch-anschauliche. Lediglich für die untersten Schwingungsniveaus ist die

Regel der senkrechten Übergänge zwischen den Schwingungsumkehrpunkten abzuändern, da hier die Maxima von $\psi\psi^*$ auch nicht angenähert mit den klassischen Umkehrpunkten zusammenfallen, sondern mehr nach der Mitte rücken, ja beim untersten Niveau das Maximum fast genau in der Mitte liegt. *Erwartungsgemäß erweist sich die Intensitätsverteilung der Spektren als in bester Übereinstimmung mit der wellenmechanisch, nicht aber der klassisch zu erwartenden.* Für die Theorie der kontinuierlichen Molekülspektren ist dabei wichtig, daß die Übergänge nicht streng senkrecht erfolgen, sondern in einem schmalen Kernabstandsbereich, dessen Breite durch die endliche Breite der $\psi\psi^*$-Maxima bestimmt ist.

Aus Abb. 190 erkennt man nun sofort, daß je nach der Lage der beiden Potentialkurven zueinander nach dem FRANCK-CONDON-Prinzip *verschiedene* Schwingungsübergänge bevorzugt, d. h. mit großer Intensität, erscheinen. Ist der Gleichgewichtskernabstand für beide Elektronenzustände der gleiche (Abb. 190a) und bezeichnen wir allgemein mit v' die Schwingungsquantenzahlen des oberen, mit v'' die des unteren Elektronenzustands, so treten in diesem Fall besonders intensiv die Banden mit $v' \to v'' = 0 \to 0$, $1 \to 1$, $2 \to 2$, ... auf. Ist dagegen r_0 für den oberen Zustand größer als für den unteren (der übliche Fall der Bindungslockerung durch Anregung; Abb. 190b), so gibt es in Absorption für jedes v'' zwei verschiedene bevorzugte Übergänge zur oberen Kurve, im Fall festerer Bindung im oberen Zustand (Abb. 190c; r_0 im oberen Zustand kleiner als im unteren) zwei andere bevorzugte Übergänge.

Diese aus dem FRANCK-CONDON-Prinzip folgende Intensitätsverteilung in den Bandensystemen wird klarer bei Verwendung eines zweidimensionalen Schemas zum Auftragen der Übergänge zwischen zwei Schwingungstermsystemen. Im sog. *Kantenschema* eines Bandensystems trägt man als Abszisse die Schwingungsquantenzahlen v'' des unteren Zustands, als Ordinate die v' des oberen auf. An die zu den Quantenzahlen v', v'' gehörende Stelle wird je nach dem besonderen Zweck Wellenlänge, Wellenzahl oder Intensität der dem Übergang $v'' \to v'$ entsprechenden Bande eingetragen (vgl. Abb. 191). Aus dem FRANCK-CONDON-Prinzip folgt dann, daß für den Fall von Abb. 190a die intensivsten Banden auf der Diagonale des Schemas liegen, in den beiden anderen Fällen auf

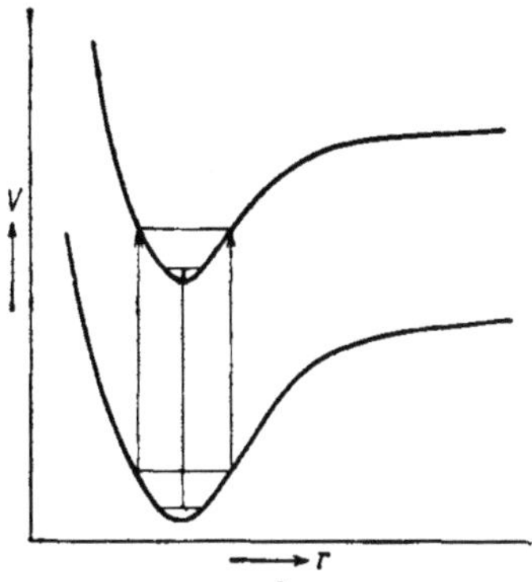

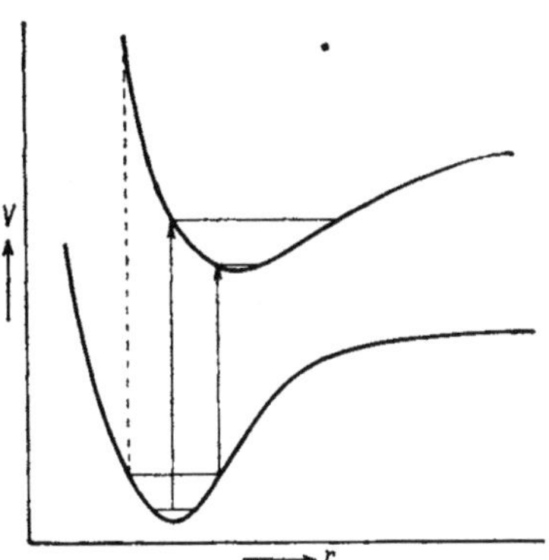

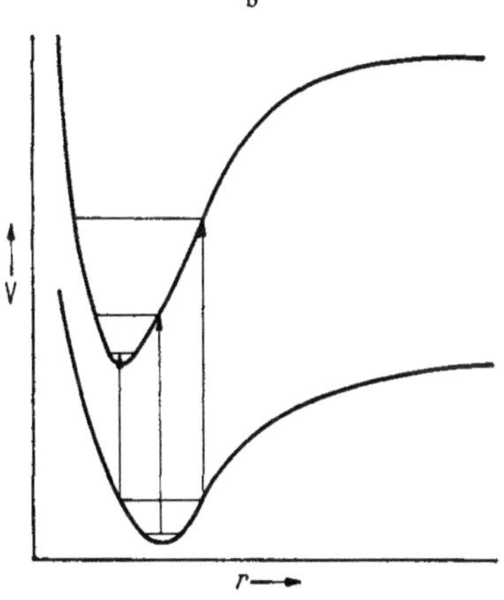

Abb. 190. Schematische Darstellung der nach dem FRANCK-CONDON-Prinzip zu erwartenden Übergänge zwischen Grundzustand und angeregtem Elektronenzustand eines Moleküls a) für gleichen Kernabstand in beiden Elektronenanordnungen, b) für den Normalfall der Bindungslockerung durch Elektronenanregung, c) für den Fall der Bindungsverfestigung durch Elektronenanregung.

einer mehr oder weniger offenen Parabel, wobei ersichtlich in Absorption bevorzugt der vertikale, in Emission der horizontale Ast der Parabel erscheint. Die gute Ergänzung von Absorptions- und Emissionsuntersuchungen von Bandenspektren wird hieraus klar. *Aus der Untersuchung der Intensitätsverteilung in einem Bandensystem läßt sich also mittels des* Franck-Condon-*Prinzips ein eindeutiger Schluß auf die gegenseitige Lage der Potentialkurven und damit auf den Einfluß des Leuchtelektrons auf die Bindungsfestigkeit (vgl. S. 361) ziehen.*

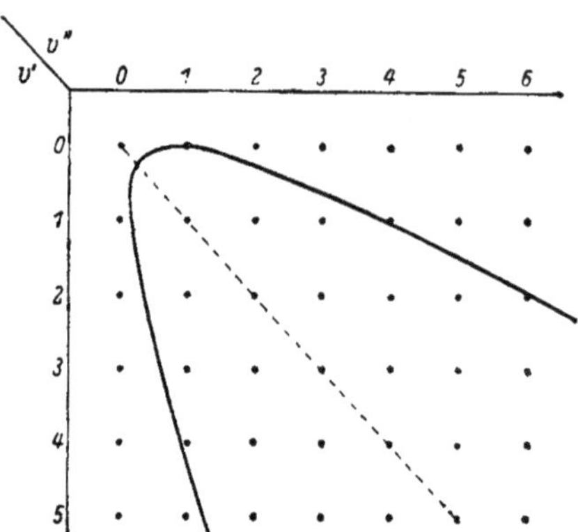

Abb. 191. Darstellung der nach dem Franck-Condon-Prinzip intensivsten Banden im Kantenschema (vgl. Tab. 19). Gestrichelt: intensivste Banden im Fall der Abb. 190a, ausgezogen: intensivste Banden im Fall der Elektronenzustände gemäß Abb. 190b, c.

d) Der Aufbau eines Elektronenbandensystems. Kantenschema und Kantenformel

Das Franck-Condon-Prinzip bewirkt in den beiden Extremfällen (Kernabstandsänderung gleich Null bzw. sehr groß) auch ein ganz verschiedenes Aussehen des Bandensystems, das man mit den Stichworten „Gruppenspektrum" und „Reihenspektrum" zu kennzeichnen pflegt.

Abb. 192 zeigt das bei annähernd gleicher Lage der beiden Potentialkurven (Abb. 190a) auftretende Spektrum, das aus der Hauptdiagonale im Kantenschema $\Delta v = 0$ und den beiden (mit geringerer Intensität auftretenden) Nebendiagonalen $\Delta v = \pm 1$ besteht. Man ersieht aus Abb. 192, daß für jede der drei Gruppen die Längen der Übergangspfeile und damit die Wellenlängen der entsprechenden Banden nur sehr wenig verschieden sind. Das Spektrum besteht also aus wenigen Gruppen eng beieinander liegender Banden und wird daher *Gruppenspektrum* genannt. Typische Gruppenspektren sind die in jedem Kohlelichtbogen auftretenden Bandenspektren des CN und C_2. Anders liegen die Dinge im Fall von Abb. 190b oder c (große Kernabstandsänderung). Hier tritt, wie man aus der Parabel im Kantenschema Abb. 191 ersehen kann, in *Emission* mit überragender Intensität ein Bandenzug mit gleichem *oberem* Zustand (Abb. 193 links), in *Absorption* ein solcher mit gleichem *unterem* Zustand (Abb. 193 rechts) auf. Die Wellenlängendifferenzen nebeneinander liegender Banden sind dabei im Vergleich zum Gruppenspektrum sehr groß; wir haben ein *Reihenspektrum* wie das des J_2-Moleküls (vgl. Abb. 180a).

Wie sich aus einem beobachteten Bandensystem die Folge der Schwingungstermdifferenzen im oberen und unteren Zustand ermitteln läßt, sehen wir an Hand des Kantenschemas, in das die Wellenzahlen der Banden eines Bandensystems eingetragen sind. Tab. 19 zeigt die ersten Banden eines Bandensystems des H_2, bei dem zwischen den Wellenzahlen der Banden in Kursivschrift die Differenzen je zweier aufeinander folgender Banden eingetragen sind. Nach der Konstruktion des Kantenschemas (s. auch Abb. 191 und 193) besitzen alle in einer Horizontalreihe stehenden Banden den gleichen Anfangszustand v', die der darunter stehenden den nächst höheren usf. Die Wellenzahldifferenz der untereinander stehenden Banden der zu $v' = 0$ und $v' = 1$ gehörenden Bandenzüge muß also konstant und gleich der Differenz der Terme $v' = 0$ und $v' = 1$ im oberen Zustand sein. Tab. 19 zeigt, daß die Wellenzahldifferenzen tatsächlich bis auf einige tausendstel Prozent (!) konstant sind. Entsprechend besitzen alle in gleichen Vertikalreihen stehenden Banden denselben *End*zustand; die Differenzen zwischen den aufeinanderfolgenden Vertikalreihen geben also die Schwingungstermdifferenzen des *unteren* Zustands an. Die Abnahme dieser Termdifferenzen (1312→1276→1242 bzw. 2105→1944→1766) ist dabei ein Maß für die Anharmonizität der Schwingung.

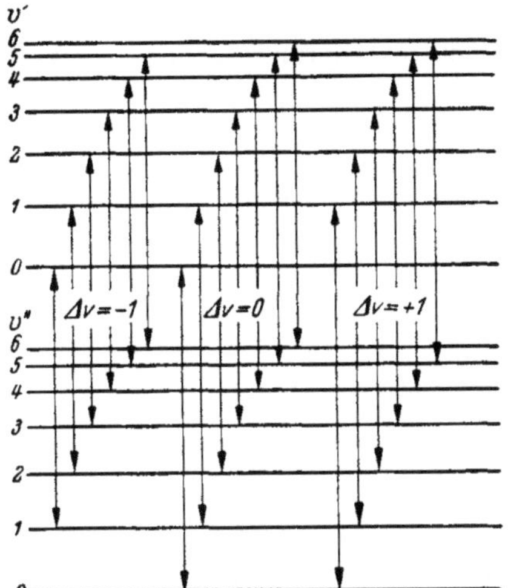

Abb. 192. Intensivste Schwingungsbanden in einem „Gruppenspektrum", Potentialkurven gemäß Abb. 190a.

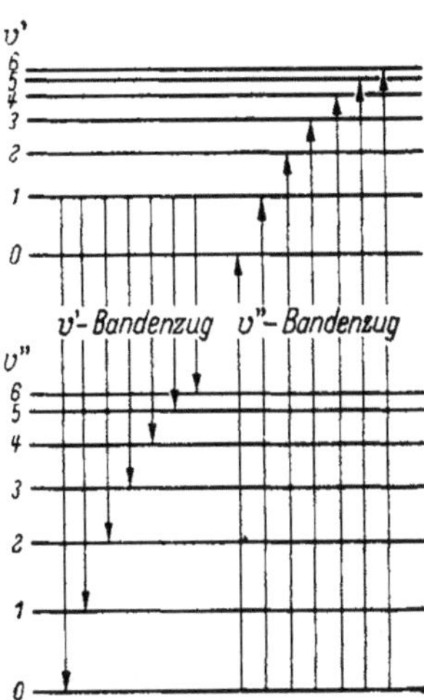

Abb. 193. Intensivste Schwingungsübergänge (verschieden in Emission und Absorption, Pfeilrichtungen beachten!) in einem „Reihenspektrum", Potentialkurven gemäß Abb. 190b oder c.

Tabelle 19. *Wellenzahlen eines Bandensystems des* H_2-*Moleküls (nicht vollständig), in Kantenschema eingeordnet (nach* FINKELNBURG *und* MECKE). *In Kursivdruck Wellenzahldifferenzen = Termdifferenzen*

v' \ v''	0		1		2		3
0	21 827,99 *2 105,23*	*1312,51*	20 515,48 *2 105,22*	*1276,63*	19 238,85 *2 105,26*	*1242,39*	17 996,46 *2 105,28*
1	23 933,22 *1944,75*	*1312,52*	22 620,70 *1944,63*	*1276,59*	21 344,11 *1944,74*	*1242,37*	20 101,74 *1944,64*
2	25 877,97 *1766,52*	*1312,63*	24 565,34 *1766,64*	*1276,49*	23 288,85 *1766,53*	*1242,47*	22 046,38 *1766,58*
3	27 644,50	*1312,52*	26 331,98	*1276,60*	25 055,38	*1242,42*	23 812,96

Man kann nun die so empirisch ermittelte Schwingungsstruktur formelmäßig darstellen und daraus die Konstanten der theoretischen Formeln ermitteln. Nach (28) ist die Wellenzahl einer Bande, die dem Übergang $v' \to v''$ entspricht:

$$\bar{\nu}(v',v'') = \frac{E_{v'} - E_{v''}}{h\,c} = \bar{\nu}_{\text{el}} + \omega'(v' + {}^1/_2) - \frac{h\,c\,\omega'^2}{4\,D'}(v' + {}^1/_2)^2 -$$

$$- \omega''(v'' + {}^1/_2) + \frac{h\,c\,\omega''^2}{4\,D''}(v'' + {}^1/_2)^2. \tag{30}$$

Führt man zur Abkürzung

$$x = \frac{h\,c\,\omega}{4\,D} \tag{31}$$

ein und ergänzt für den Fall, daß die wirkliche Anharmonizität durch die quadratische Formel unseres Modells noch nicht genügend genau dargestellt wird, diese noch durch ein in $(v + {}^1/_2)$ kubisches Glied mit einer dem Ausdruck (31) verwandten Konstanten y, so erhält man

$$\bar{\nu}(v', v'') = \bar{\nu}_{el} + \omega'(v' + {}^1/_2) - \omega' x'(v' + {}^1/_2)^2 + \omega' y'(v' + {}^1/_2)^3 -$$
$$- \omega''(v'' + {}^1/_2) + \omega'' x''(v'' + {}^1/_2)^2 - \omega'' y''(v'' + {}^1/_2)^3 . \tag{32}$$

Hierbei ist $\bar{\nu}_{el}$ die Wellenzahl des reinen Elektronensprungs, d.h. der senkrechte Abstand der Potentialkurvenminima der kombinierenden Zustände. Da aber niemals der reine Elektronenterm, sondern nur der $v = 0$ entsprechende, nach (25) um die Nullpunktsschwingung $hc\omega/2$ höher liegende Schwingungsgrundterm wirklich auftritt, rechnet man in der empirischen Bandenspektroskopie stets mit der dann $\bar{\nu}(0, 0)$ statt $\bar{\nu}_{el}$ genannten Differenz der beiden tiefsten Schwingungsniveaus. Da man ferner aus rein rechnerischen Gründen gern mit *ganzen* Laufzahlen v arbeitet, kommt man zu der empirischen, die Schwingungsstruktur darstellenden Bandenformel

$$\bar{\nu}(v', v'') = \bar{\nu}(0, 0) + (\omega_0' v' - \omega_0' x' v'^2 + \omega_0' y' v'^3) -$$
$$- (\omega_0'' v'' - \omega_0'' x'' v''^2 + \omega_0'' y'' v''^3), \tag{33}$$

deren Werte selbstverständlich leicht in die der obigen theoretischen Bandenformel umgerechnet werden können. Da wir bisher von der Rotation der Moleküle noch gar nicht gesprochen haben, gilt die Bandenformel auch nur für den Fall Rotation $= 0$, d.h. für die sog. *Nullinien* der Banden. Verwendet man sie aber zur Darstellung der bei geringer Dispersion meist allein meßbaren *Bandkanten*, so gibt sie als *Kantenformel* einen guten Überblick über die vorliegende Schwingungsstruktur und gestattet die Ermittlung der Schwingungsquanten und damit nach (27) der Bindungskraftkonstanten für die beiden kombinierenden Molekülzustände.

7. Zerfall und Bildung zweiatomiger Moleküle und ihr Zusammenhang mit den kontinuierlichen Molekülspektren

a) Moleküldissoziation und Bestimmung der Dissoziationsenergie

Bei der Einführung des Begriffs der Potentialkurve haben wir schon die Dissoziationsenergie D und die Möglichkeit einer Moleküldissoziation infolge übersteigerter Kernschwingung erwähnt und befassen uns jetzt genauer mit diesem Vorgang und mit der Bestimmung der Dissoziationsenergie als einer der wichtigsten Molekülkonstanten. D ist bekanntlich die Energie, die man einem zweiatomigen Molekül zuführen muß, um es in seine beiden Atome zu zerlegen, wobei den Physiker neben der Dissoziationsenergie des normalen Moleküls auch die angeregter Moleküle interessiert, deren Dissoziation meist, aber nach VI,7c durchaus nicht immer, in ein normales und ein angeregtes Atom erfolgt.

Zum Verständnis des Dissoziationsvorgangs benötigen wir eine Erweiterung des betrachteten Schwingungstermschemas. Dieses reicht nämlich nicht nur bis zur Dissoziationsgrenze; sondern an diese schließt sich gemäß Abb. 194 nach oben ein kontinuierlicher Energiebereich an, der die Zustände des dissoziierten Moleküls (getrennte Atome mit verschieden viel kinetischer Energie) in gleicher Weise darstellt, wie der an die Konvergenzstelle einer Atomtermserie nach Abb. 42 sich anschließende kontinuierliche Energiebereich die Zustände des ionisierten Atoms (Ion + Elektron mit kinetischer Energie).

Man könnte nun glauben, daß eine optische Dissoziation eines Moleküls unter Absorption der Dissoziationsenergie (d.h. unter Übererregung der Kernschwingung) im Elektronengrundzustand, also ohne Elektronenanregung, nach der Gleichung

$$AB + h\nu_k \rightarrow A + B \tag{34}$$

möglich wäre. Das ist aber *nicht* der Fall, weil nach der in VI,6b behandelten Auswahlregel für Schwingungsquantensprünge so große Änderungen der Schwingungsquantenzahl, wie sie dem Übergang vom Schwingungsgrundzustand in das Dissoziationskontinuum entsprechen, nur mit unendlich kleiner Wahrscheinlichkeit vorkommen. Man kann den gleichen Schluß auch aus dem FRANCK-CONDON-Prinzip ziehen, nach dem die Übergangswahrscheinlichkeit für solche Übergänge

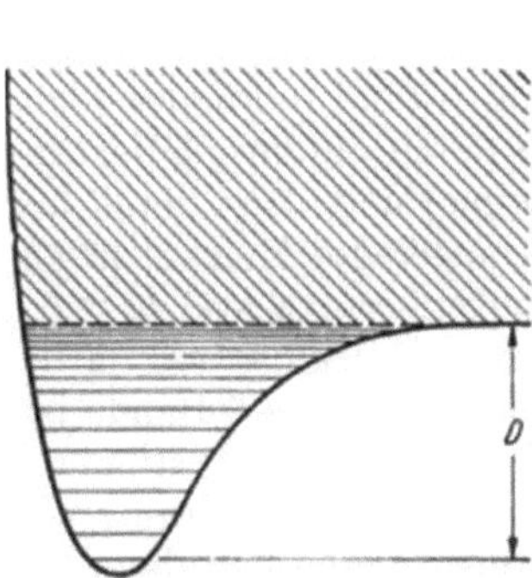

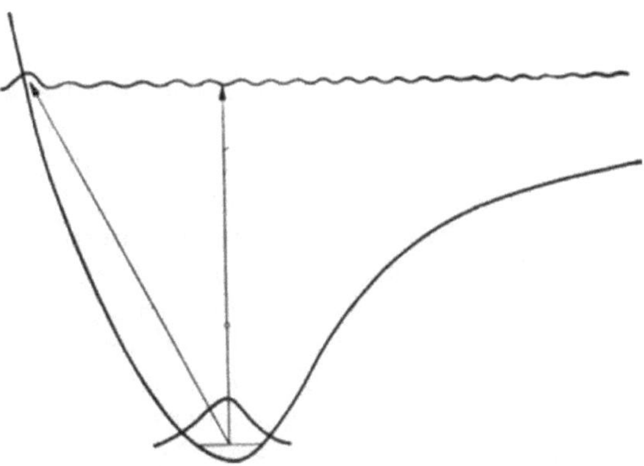

Abb. 194. Potentialkurve eines zweiatomigen Moleküls mit diskreten Schwingungszuständen und kontinuierlichem, der Moleküldissoziation entsprechendem Energiebereich. *D* ist die Dissoziationsenergie des Moleküls.

Abb. 195. Potentialkurve mit Schwingungseigenfunktionen für den Schwingungsgrundzustand und einen dissoziierten Zustand zum Nachweis der Unmöglichkeit der optischen Moleküldissoziation ohne gleichzeitige Elektronenanregung. Übergang links verboten wegen Änderung des Kernabstandes, senkrecht wegen Änderung der Geschwindigkeit.

extrem klein ist, weil nach Abb. 195 über dem Maximum der Eigenfunktion des Schwingungsgrundzustands kein Maximum der Eigenfunktion des betreffenden dissoziierten Zustands liegt. Von den beiden in Abb. 195 eingezeichneten Übergangspfeilen ist also der linke verboten, weil er im klassischen Bild der Erhaltung des Kernabstands widersprechen würde, während der senkrechte Übergang der Erhaltung des Impulses der schwingenden Kerne widersprechen würde, deren Geschwindigkeit ja im oberen Pfeilpunkt (wie bei einem durch die Ruhelage durchschwingenden Pendel!) viel größer ist als im unteren. *Eine optische Dissoziation, d. h. Photodissoziation, durch alleinige Änderung des Schwingungszustands ohne gleichzeitige Elektronenanregung ist also nicht möglich.*

Anders ist es mit der *thermischen* Dissoziation, weil beim Erhitzen durch gaskinetische Stöße schrittweise immer höhere Schwingungsniveaus der Moleküle angeregt und diese so schließlich „thermisch" dissoziiert werden können.

Eine Photodissoziation ist dagegen möglich bei gleichzeitiger Elektronenanregung nach der Gleichung

$$AB + h\nu_k \rightarrow A + B^*. \qquad (35)$$

Wir machen uns diesen Vorgang und die Ermittlung der Dissoziationsenergien aus dem Spektrum an Hand der Abb. 196 klar. Durch Lichtabsorption vom Schwingungs-

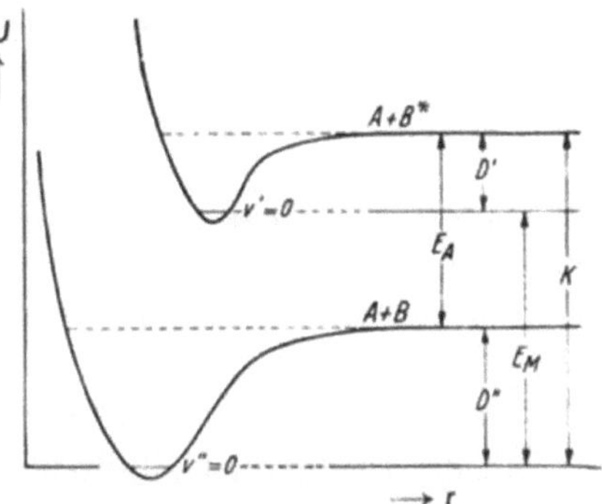

Abb. 196. Potentialkurvenschema zur Ermittlung der Dissoziationsenergien eines zweiatomigen Moleküls im Grundzustand (D'') und in einem angeregten Elektronenzustand (D'). E_A Anregungsenergie des bei der Dissoziation entstehenden angeregten Atoms, E_M Anregungsenergie des Moleküls, K Energie der aus dem Spektrum zu bestimmenden Bandenkonvergenzstelle.

grundzustand $v'' = 0$ des Moleküls aus können in dem gezeichneten Fall Übergänge in den diskreten und den kontinuierlichen Bereich des oberen Elektronenzustands erfolgen. Wir erhalten also einen gegen eine Grenze konvergierenden Bandenzug mit einem nach kurzen Wellen sich anschließenden Dissoziationskontinuum. Der Wellenzahl der langwelligen Grenze des Kontinuums entspricht die Energie K. Es ist nun anschaulich verständlich, daß bei einer Photodissoziation der geschilderten Art das angeregte Molekül nicht in zwei normale Atome, sondern im allgemeinen in ein normales und ein angeregtes (z. B. $A + B^*$) zerfällt, da das angeregte Molekülelektron bei der Trennung der Kerne in seinem äußeren, angeregten Zustand bleiben wird. Nach Abb. 196 können wir nun auf zwei Wegen vom Anfangszustand (normales Molekül $A\,B$) zum Endzustand (normales + angeregtes Atom, $A + B^*$) gelangen. Wir können erstens durch Zuführung der Anregungsenergie E_M das Molekül anregen (Elektronensprung) und dann durch Zuführung von Schwingungsenergie vom Betrag D' das angeregte Molekül in ein normales und ein angeregtes Atom dissoziieren (Gedankenversuch also $K = E_M + D'$). D' ist hier die Dissoziationsenergie des angeregten Moleküls, und da die Molekülanregungsenergie E_M gleich hc mal der Wellenzahl der $0 \to 0$-Bande ist, sich also aus dem Spektrum ergibt, läßt sich $D' = K - E_M$ direkt bestimmen. Theoretisch können wir aber zweitens das Molekül zuerst durch Zuführung von Schwingungsenergie im Betrag D'' in normale Atome dissoziieren und dann das eine Atom durch Zufuhr der Atomanregungsenergie E_A anregen; also $K = D'' + E_A$: Endzustand wieder $A + B^*$.

Aus dieser Überlegung folgt, daß wir die besonders interessierende Dissoziationsenergie des Grundzustands D'' erhalten, wenn wir von dem Energiewert der Bandenkonvergenzstelle K die Atomanregungsenergie E_A des angeregten Dissoziationsprodukts abziehen. Die Größe E_A läßt sich in vielen Fällen bestimmen, sei es, daß das angeregte Atom unter Ausstrahlung einer der Energie E_A entsprechenden Linie in den Grundzustand zurückkehrt und das Aufleuchten dieser Atomlinie uns E_A direkt durch Wellenlängenmessung ermitteln läßt, sei es auf indirektem Wege aus dem Atomtermschema. Beim Sauerstoffmolekül z. B. ist der Wert der Dissoziationsenergie lange umstritten gewesen, weil E_A unbekannt war, und erst die Analyse des O-Atomspektrums gestattete, E_A und damit die Dissoziationsenergie des O_2 endgültig festzulegen.

Nur in wenigen Fällen (z. B. Halogene und Ultraviolettspektren des H_2 und O_2) ist die Bandenkonvergenzstelle K direkt aus dem Spektrum zu entnehmen. Meist beobachtet man nur einen mehr oder weniger langen Bandenzug und muß dessen Konvergenzstelle durch Extrapolation bestimmen. Aus (30/31) ergibt sich für die Dissoziationsenergie

$$D = \frac{h\,c\,\omega_0}{4\,x_0}. \tag{36}$$

Wir brauchen also nur aus der empirischen Bandenformel (33) die Werte für die Energie des Grundschwingungsquants $hc\omega_0$ und die Anharmonizitätskonstante x_0 zu entnehmen, um die Dissoziationsenergie jedenfalls näherungsweise ausrechnen zu können.

b) Die Prädissoziation

Mit der Dissoziation verwandt und z. B. für die Photochemie wichtig ist die Erscheinung der Prädissoziation. In einigen Spektren zweiatomiger Moleküle (z. B. S_2), besonders aber in denen zahlreicher mehratomiger, findet man in einem Bandenzug anschließend an eine Reihe normaler scharfer Banden ein Gebiet diffuser Banden ohne Rotationsstruktur, an die sich meist das Dissoziationskontinuum anschließt. Die Erscheinung wird *Prädissoziation* genannt, weil bei Einstrahlung der

Wellenlängen der diffusen Banden die eingetretene Dissoziation chemisch durch das Auftreten der Dissoziationsprodukte nachgewiesen werden konnte, die Dissoziation somit bereits *vor* der Konvergenzstelle der Banden und durch langwelligeres Licht als das des Dissoziationskontinuums bewirkt wird.

Wie bei der in III,21 behandelten Erscheinung der Präionisation handelt es sich auch bei der Prädissoziation um strahlungslose Übergänge aus gequantelten Energiezuständen in einen kontinuierlichen Energiebereich, der im Fall der Prädissoziation dem dissoziierten Molekül entspricht. Abb. 197 zeigt die Potentialkurven und Schwingungsniveauschemata zweier angeregter Molekülzustände zur Erklärung der Prädissoziation. Nehmen wir an, daß durch Lichtabsorption Übergänge von einem tiefer gelegenen nichtgezeichneten Molekülzustand aus zum Zustand a' möglich sind. Dann würden wir bei Abwesenheit des Zustands b' einen Absorptionsbandenzug beobachten, der den Übergängen vom unteren Zustand zu allen a'-Zuständen entspräche, und an den sich nach Erreichen der Dissoziationsgrenze von a' das Dissoziationskontinuum von a' anschließen würde. Durch

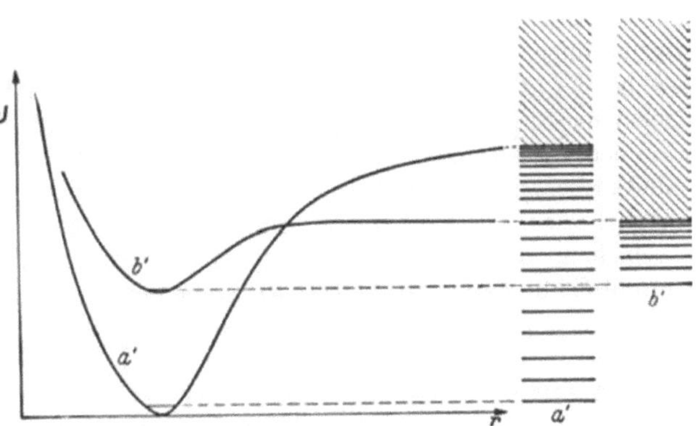

Abb. 197. Potentialkurven und zugehörige Schwingungstermschemata zur Erklärung der Prädissoziation zweiatomiger Moleküle.

die Anwesenheit des störenden Molekülzustands b', dessen Dissoziationsenergie unter der von a' liegt, besteht nun (falls gewisse Auswahlregeln zwischen den Elektronenquantenzahlen von a' und b' erfüllt sind) für die oberhalb der Dissoziationsgrenze von b' gelegenen diskreten a'-Niveaus grundsätzlich die Möglichkeit des strahlungslosen Übergangs in den kontinuierlichen Energiebereich von b', und damit zur Dissoziation *vor* Erreichen der „eigenen" Dissoziationsgrenze. Da auch für strahlungslose Übergänge das FRANCK-CONDON-Prinzip gültig bleibt, findet dieser Übergang von a' in das Kontinuum von b' besonders häufig in der Gegend des Schnittpunkts von a' und b' statt, während für höhere Zustände die Prädissoziationswahrscheinlichkeit wieder abnehmen kann. Am Schnittpunkt der beiden Potentialkurven besteht also eine Zuordnungsunbestimmtheit zwischen den beiden linken und den beiden rechten Ästen der Kurven a' und b', so daß nur die relativen Wahrscheinlichkeiten für eine Überschneidung der Potentialkurven bzw. für ein Einmünden von Kurve a' in den unteren der beiden rechten Kurvenäste angegeben werden können.

Wie bei der Präionisation bewirkt die Möglichkeit des Überganges in das Kontinuum für die diskreten Zustände von a' eine oft beträchtliche Verkleinerung der Lebensdauer, und damit nach der Ungenauigkeitsbeziehung eine Vergrößerung der Breite dieser Energiezustände und der durch Kombination mit ihnen entstehenden Linien. Im Gebiet der Prädissoziation wird diese Linienbreite meist so groß, daß die verschiedenen Rotationslinien einer Bande ineinanderlaufen und dadurch das diffuse Aussehen einer Prädissoziationsbande hervorgerufen wird. Prädissoziation wird nur in Absorption beobachtet, weil infolge der strahlungslosen Übergänge in den kontinuierlichen Energiebereich die Ausstrahlungswahrscheinlichkeit von prädissoziierenden Zuständen sehr klein ist.

Für den Photochemiker folgt aus den letzten Seiten das wichtige Ergebnis: *Lichteinstrahlung solcher Wellenlängen, denen scharfe Absorptionsbanden der bestrahlten Moleküle entsprechen, führt zur Bildung angeregter (und damit u.U. schon reaktionsfähiger) Moleküle; Lichteinstrahlung solcher Wellenlängen, denen kontinuierliche Absorptionsspektren oder diffuse Absorptionsbanden (die nicht nur infolge zu geringer Dispersion des Spektralapparates diffus erscheinen!) entsprechen, ergeben Moleküldissoziation.* Der Zusammenhang zwischen den kontinuierlichen Absorptionsspektren der Moleküle und deren Zerfall in Atome ist damit grundsätzlich geklärt.

c) Die Vorgänge bei der Molekülbildung aus Atomen

Wie steht es nun mit dem Umkehrvorgang der Dissoziation, d.h. der Bildung zweiatomiger Moleküle aus ihren Atomen? Hier liegen die Verhältnisse ähnlich wie bei der in III,6b/d behandelten Vereinigung eines Ions und eines Elektrons zu einem neutralen Atom. Stoßen zwei Atome, die ein Molekül bilden können, zusammen, so ist eine Molekülbildung nur möglich, wenn die dabei frei werdende Bindungsenergie, die natürlich gleich der Dissoziationsenergie ist, irgendwie abgeführt wird. Diese Energieabfuhr kann durch ein drittes Atom (oder Molekül) geschehen, so daß wir diesen Vorgang der Dreierstoßrekombination von Atomen zum Molekül analog zu Gl. (III-41) schreiben können

$$A + B + C \rightarrow AB + C_{\text{schnell}}. \tag{37}$$

Besteht zufällig Resonanz zwischen der bei der Bildung des Moleküls AB frei werdenden Energie und einer Anregungsstufe des Atoms oder Moleküls C, so kann letzteres die Bindungsenergie auch als Anregungsenergie übernehmen, so daß wir statt (37) dann schreiben müssen

$$A + B + C \rightarrow AB + C^*. \tag{38}$$

Die Frage, ob neben dieser Dreierstoßrekombination nicht auch eine solche im Zweierstoß unter Emission der Bindungsenergie vorkommen kann, beantwortet sich verschieden für Atom- und Ionenmoleküle. *Unter Atommolekülen versteht man ja solche homöopolar gebundenen Moleküle, in denen wesentlich ungeladene Atome gegeneinander schwingen, und die daher bei der Dissoziation aus dem Grundzustand auch in normale und neutrale Atome zerfallen; Beispiele sind* H_2, O_2 *oder CO. In den heteropolar gebundenen Ionenmolekülen wie* NaCl *dagegen schwingen Ionen gegeneinander, in unserem Beispiel* Na$^+$ *gegen* Cl$^-$, *wenn auch wegen der erwähnten Zuordnungsunbestimmtheit am Schnittpunkt der Potentialkurven (Abb. 198) eine Dissoziation des Ionenmoleküls in neutrale Atome durchaus möglich und aus Energiegründen sogar wahrscheinlich ist.*

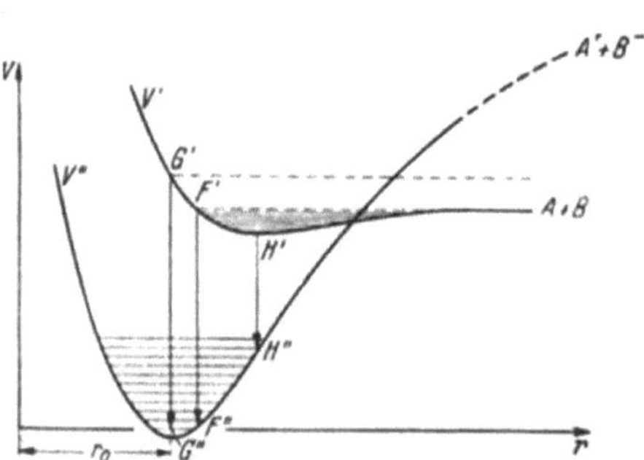

Abb. 198. Potentialkurvenschema zur Erklärung der Bildung eines Ionenmoleküls im Stoß zweier Atome unter Emission des Rekombinationskontinuums.

Im gewöhnlichen Fall des Atommoleküls „durchlaufen" die zusammenstoßenden Atome A und B die Potentialkurve des normalen Moleküls (z.B. Abb. 196). Eine Molekülbildung unter Ausstrahlung der Bindungsenergie einschließlich der relativen kinetischen Energie von A und B ist in diesem Fall ebensowenig möglich wie umgekehrt die optische Dissoziation, weil die Wahrscheinlichkeit von Übergängen aus dem kontinuierlichen Energiebereich zum Schwingungsgrundzustand des *gleichen* Elektronenzustandes praktisch Null ist (Abb. 195). *Zwei solche normale, an sich zur Bildung eines Atommoleküls fähige Atome können also im Zweierstoß nicht rekombinieren, sondern nur im Dreierstoß, wobei der dritte Partner, der auch eine Gefäßwand sein kann, die überschüssige Energie aufnimmt.*

Anders liegt der Fall bei einem Ionenmolekül (z.B. NaCl). Hier befinden sich die zusammenstoßenden Atome ja in einem *anderen* Elektronenzustand (Kurve V' der Abb. 198) als dem Ionenmolekülgrundzustand V''. Hier ist eine Zweierstoßrekombination möglich, indem die zusammenstoßenden Atome unter Änderung ihrer Elektronenanordnung und Emission der Bindungsenergie aus dem Atommolekülzustand AB in den hier stabileren Grundzustand des Ionenmoleküls A^+B^- übergehen. Die Rekombinationswahrscheinlichkeit ist hier also durch die Wahrscheinlichkeit des Elektronensprungs $AB \rightarrow A^+B^-$ und durch das Franck-Condon-Prinzip bestimmt. Bei den Alkalihalogeniden z.B. können von den zwischen F' und G' liegenden Umkehrpunkten der zusammenstoßenden normalen Atome A und B aus nach dem Franck-Condon-Prinzip Übergänge zum Grundzustand des normalen Ionenmoleküls A^+B^- stattfinden, wobei die abzuführende Energie als Emissionskontinuum mit den durch die Übergangspfeile $F'F''$ und $G'G''$ gegebenen Wellenlängengrenzen ausgestrahlt wird, so daß die Rekombination im Zweierstoß

$$A + B \rightarrow A^+B^- + h\nu_k \tag{39}$$

erfolgen kann. *Ebenso wie die Photodissoziation unter kontinuierlicher Absorption also nur bei gleichzeitiger Änderung der Elektronenanordnung möglich ist, kann Molekülbildung im Zweierstoß unter kontinuierlicher Emission der Bindungs- und kinetischen Energie nur bei gleichzeitiger Änderung der Elektronenanordnung stattfinden.* Eine solche liegt auch vor bei der Strahlungsrekombination von normalen und *angeregten* Atomen im Zweierstoß nach der Gleichung

$$A + B^* \rightarrow AB + h\nu_k . \tag{40}$$

In einem hoch dissoziierten und angeregten Gase, z.B. einem Entladungsplasma, sind u.U. Stöße zwischen normalen und angeregten Atomen genügend häufig. Diese erfolgen „entlang" der Kurve des angeregten Molekülzustands $A + B^*$ der Abb. 196. Wie in dem eben besprochenen Fall wird bei Stößen der über der Dissoziationsgrenze liegende Teil des kernnahen Astes der oberen Kurve erreicht, und durch Übergang von diesem aus zum Grundzustand können die zusammenstoßenden Atome A und B^* unter Emission kontinuierlicher Strahlung rekombinieren.

Aus den Emissionskontinua von Molekülen kann man also auf den Vorgang der Strahlungsrekombination schließen und dessen Wahrscheinlichkeit sowie seine Abhängigkeit von der Geschwindigkeit der zusammenstoßenden Atome untersuchen. Solche Kontinua, die als Anzeichen der Rekombination gemäß (39) zu deuten sind, wurden besonders bei der Reaktion von Alkalidämpfen mit Halogenen gefunden, die der Strahlungsrekombination nach (40) entsprechenden Kontinua bei den Halogenen und dem Tellur.

8. Grenzen des Molekülbegriffs.
Van der Waals-Moleküle und Stoßpaare

Wir haben bisher vom Molekül als einem selbstverständlichen Begriff gesprochen, müssen auf dessen Problematik aber doch noch etwas eingehen und dadurch zu einem höheren Standpunkt gelangen. Als Molekül bezeichnet man meist ohne viel Überlegung ein System von zwei oder mehr Atomen oder Atomgruppen, dessen potentielle Energie bei einer bestimmten Kernanordnung (Kernabstand) ein Minimum hat, und das seiner Umgebung gegenüber eine gewisse Selbständigkeit besitzt. Letzteres bedeutet, daß (jedenfalls im Augenblick der Beobachtung) die Wechselwirkung innerhalb des Systems groß ist gegenüber der des Systems mit seiner Umgebung. Physikalisch ist ein solches Molekül gekennzeichnet durch die zwischen seinen Atomen wirkenden Kräfte, d. h. durch die Änderung des Potentials mit dem Kernabstand (Potentialkurve), sowie durch den jeweiligen Wert seiner Gesamtenergie. Diese rechnet man entweder stets positiv vom Grundzustand des normalen Moleküls oder (wie wir es jetzt tun wollen) vom Nullpunkt der freien Atome aus, d. h. negativ als Bindungsenergie für stabile, positiv (kinetische Energie) für freie, dissoziierte Molekülzustände.

Wir können nun nach dem Verlauf ihrer Potentialkurven, d. h. ihrer Bindungskräfte, drei Molekültypen unterscheiden (vgl. Abb. 199, unterer Teil). Die äußeren Merkmale der in den letzten Abschnitten fast ausschließlich behandelten echten, im chemischen Sinn valenzmäßig gebundenen Moleküle sind dabei ein ausgeprägtes Potentialminimum bei kleinem Kernabstand ($r_0 \approx 1\ \text{Å}$) und eine relativ große Dissoziationsenergie von 1 bis 10 eV (Abb. 199, Kurve a''). Der zweite Typ von Molekülen, die wir aus gleich ersichtlichen Gründen VAN DER WAALS-*Moleküle* nennen, ist durch die Potentialkurve b'' mit flachem Minimum bei großem Kernabstand ($r_0 \approx 3{-}5\ \text{Å}$) und eine meist sehr kleine Dissoziationsenergie (Größenordnung 0,01 bis 0,1 eV im Grundzustand) gekennzeichnet. Diese VAN DER WAALS-Moleküle bestehen aus Atomen, die nicht unter Umordnung ihrer Elektronenhüllen ein echtes Molekül zu bilden vermögen, zwischen denen aber durch die in VI,15 zu besprechenden Wechselwirkungskräfte zweiter Ordnung eine gewisse Anziehung und damit die Möglichkeit zur Bildung locker gebundener Moleküle besteht. Da die gleiche Art von interatomaren und intermolekularen Anziehungskräften, durch die diese Bindung zustande kommt, auch die Abweichung im Verhalten der realen von den idealen Gasen bewirkt, die die VAN DER WAALSsche Zustandsgleichung beschreibt, bezeichnen wir sie als VAN DER WAALS-Moleküle. Betrachten wir nun als dritten Typ ein System zweier Atome, das durch die Potentialkurve c'' charakterisiert ist, so sehen wir, daß sich dieses von einem VAN DER WAALS-Molekül nur dadurch unterscheidet, daß es negativer Energiewerte überhaupt nicht fähig ist, daß also die abstoßenden Kräfte stets gegenüber den anziehenden überwiegen, während es sich im übrigen ebenso verhält wie ein beliebiges echtes Molekül in einem Zustand positiver Energie. Es wird dargestellt durch zwei sich stets abstoßende Atome im Augenblick des Zusammenstoßes und wird deshalb auch als *Stoßpaar* bezeichnet. Wir führen es hier (obwohl es wegen des fehlenden Potentialminimums der oben angegebenen üblichen Moleküldefinition widerspricht) als Grenzfall des Moleküls ein, da eine scharfe Grenze zwischen VAN DER WAALS-Molekül und Stoßpaar nicht zu ziehen ist, das Stoßpaar ferner Spektren emittieren und absorbieren kann wie ein anderes Molekül, und da schließlich die ein Stoßpaar kennzeichnende reine Abstoßungspotentialkurve bei angeregten Zuständen echter Moleküle nicht selten vorkommt und uns entsprechend schon mehrfach begegnet ist.

Das bestuntersuchte Beispiel für ein VAN DER WAALS-Molekül, unter dessen angeregten Molekülzuständen alle besprochenen Bindungstypen vorkommen, ist das aus zwei Hg-Atomen bestehende Hg_2-Molekül, dessen aus den meist kontinuierlichen Spektren ermitteltes Potentialkurvenschema Abb. 200 als Beispiel zeigt. Auch das aus zwei Heliumatomen bestehende He_2-Molekül, dessen Existenz spektroskopisch festgestellt wurde, ist im Grundzustand ein VAN DER WAALS-Molekül; ausgesprochene Potentialminima kommen nur bei den angeregten Molekülzuständen vor und geben die Möglichkeit der Emission der zahlreichen He_2-Banden, während durch Übergänge zum instabilen Grundzustand ein im fernen Ultraviolett gelegenes Emissionskontinuum emittiert wird. Eine merkliche VAN DER WAALS-Anziehung besteht auch zwischen zwei O_2-Molekülen und führt zur Existenz eines aus zwei normalen Sauerstoffmolekülen bestehenden Doppelmoleküls $O_2-O_2=(O_2)_2$, das unter anderem die kontinuierlichen Banden absorbiert, die die blaue Farbe des flüssigen Sauerstoffs bewirken.

Nach dieser Erweiterung unserer Kenntnisse über den Molekülbegriff und die Potentialkurven der verschiedenen Molekültypen kehren wir noch einmal zu den

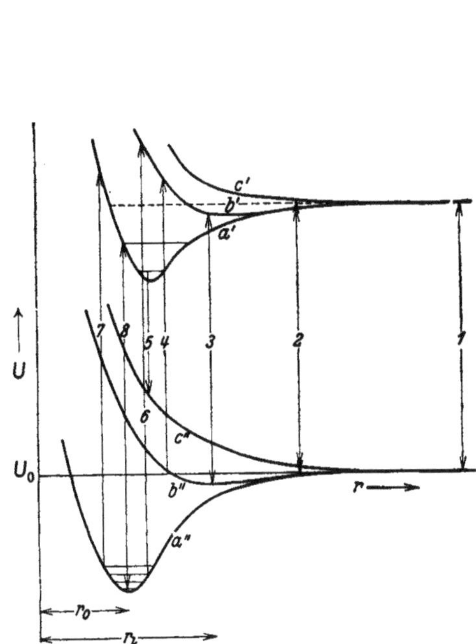

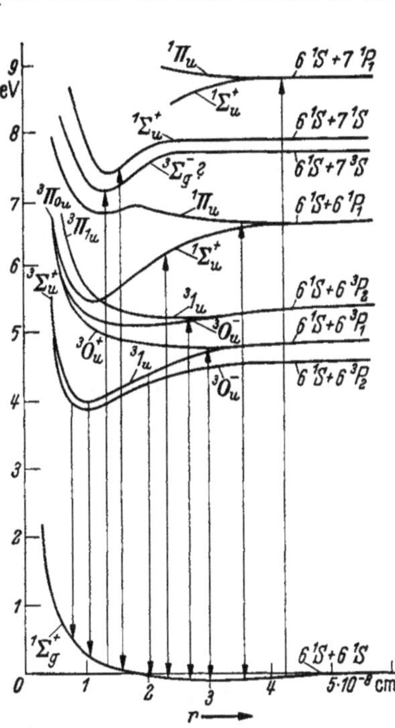

Abb. 199. Potentialkurvenschema für den Elektronengrundzustand und einen angeregten Elektronenzustand eines zweiatomigen Moleküls zur Erklärung des Auftretens aller grundsätzlich möglichen diskreten und kontinuierlichen Molekülspektren.

Abb. 200. Potentialkurvenschema des Hg_2-VAN DER WAALS-Moleküls mit beobachteten Übergängen, ermittelt aus der Untersuchung der diffusen Banden und Kontinua von MROZOWSKI und dem Verfasser.

diskreten wie kontinuierlichen Spektren zurück, die sich aus Verlauf und gegenseitiger Lage der Potentialkurven der kombinierenden Molekülzustände ergeben und umgekehrt zu deren Ermittlung dienen. Hierzu betrachten wir die schematische Abb. 199, in der rechts als Asymptoten der beiden Kurvenscharen der Grundzustand und ein angeregter Zustand eines Atoms gezeichnet sind, und die durch Heranführung eines weiteren normalen Atoms an das erste entstanden zu denken sind. Die verschiedenen möglichen Übergangstypen sind durch Pfeile angedeutet, wobei zu beachten ist, daß die Übergänge natürlich stets auch von allen benachbarten Punkten der Potentialkurve aus erfolgen.

Während der Übergang Nr. 1 zwischen den ungestörten Atomzuständen die unverbreiterte Atomlinie ergibt, entstehen durch Übergänge Nr. 2 verbreiterte Atomlinien, wobei ersichtlich Größe und Charakter der Verbreiterung vom Verlauf der Potentialkurven, dem mittleren Abstand der Atome (und damit der Gasdichte!), sowie der Temperatur abhängen. Wir haben damit die in III,21 behandelte Stoßverbreiterung von einem ganz neuen Standpunkt aus betrachtet, indem wir das emittierende oder absorbierende und das stoßende Atom zusammen als

Molekül (oder Stoßpaar) betrachten und die Stoßverbreiterung damit als Grenzfall eines Molekülspektrums auffassen. Von den einfachen verbreiterten Atomlinien ist es nun offenbar nur ein kleiner Schritt zu den durch die Übergänge 3 und 4 dargestellten Spektren der schwach gebundenen VAN DER WAALS-Moleküle, die, aus schmalen kontinuierlichen oder kontinuierlich erscheinenden Bändern bestehend, sich eng an die betreffenden Atomlinien anlehnen. Die Emission und Absorption von Quecksilberdampf bei nicht zu geringem Druck liefert zahlreiche Beispiele für derartige kontinuierliche Bänder als Begleiter von Atomlinien; auf die Identifizierung dieser Bänder als Spektren eines Hg_2-VAN DER WAALS-Moleküls haben wir bereits hingewiesen. Die Übergänge 5 bis 8 finden in dem Kernabstandsgebiet statt, in dem die Elektronenwolken der beiden Atome sich schon stark durchdringen und dabei durch Umordnung große Energieänderungen gegenüber den ungestörten Atomzuständen erfahren; sie stellen also Molekülspektren im engeren Sinne dar. Während den Übergängen 8 zwischen den diskreten Zuständen beider Potentialkurven das normale Elektronenbandenspektrum entspricht, entsteht durch den Übergang 5 vom Minimum eines angeregten Molekülzustands zur Abstoßungskurve eines tieferen Zustands ein ausgedehntes Emissionskontinuum, für das das Kontinuum des Heliummoleküls im äußersten Ultraviolett und das vom Grünen bis ins fernere Ultraviolett sich erstreckende Wasserstoffmolekülkontinuum, das jede in trockenem Wasserstoff von einigen mm Druck betriebene Glimmentladung liefert, die bekanntesten Beispiele sind. Der Übergang 7 schließlich von diskreten Zuständen der unteren Potentialkurve zum kontinuierlichen Energiebereich einer oberen Kurve gibt ein ausgedehntes Absorptionskontinuum, für das die im Sichtbaren bzw. nahen Ultraviolett gelegenen Absorptionskontinua der Halogenmoleküle J_2, Br_2, Cl_2, JBr usw. als bestbekannte Beispiele genannt seien. Hat man sich also einmal in die Potentialkurvendarstellung hineingedacht, so kann man mit ihrer Hilfe aus den Molekülspektren also sehr weitgehende Schlüsse auf den bei der Emission oder Absorption gerade vorliegenden Einzelfall ziehen.

9. Die Molekülrotation und die Ermittlung von Trägheitsmomenten und Kernabständen aus der Rotationsstruktur der Spektren zweiatomiger Moleküle

Nachdem wir in den letzten Abschnitten die Fülle der Erscheinungen kennengelernt haben, die mit der Molekülschwingung und -dissoziation zusammenhängen, behandeln wir als letztes die Molekülrotation und die aus der Untersuchung der Rotationserscheinungen in den Spektren zu ziehenden Folgerungen.

a) Rotationstermschema und ultrarotes Rotationsspektrum

Das einfachste Modell des um die Achse seines größten Trägheitsmoments rotierenden starr gedachten Moleküls ist das in Abb. 95 angedeutete Hantelmodell des Rotators. Die Quantelung der Rotationsenergie, und damit die diskreten Energiezustände des Rotators, folgen aus dem allgemeinen, in IV,8 quantenmechanisch abgeleiteten Satz, daß atomare Drehimpulse gequantelt sind und in der Form

$$|\boldsymbol{J}| = I\omega = \sqrt{J(J+1)}\,h/2\pi \qquad J = 0, 1, 2, 3, \ldots \qquad \text{(IV-117)}$$

durch das nach (21) berechnete Trägheitsmoment I, die Winkelgeschwindigkeit ω und die Drehimpulsquantenzahl J dargestellt werden können. Für die diskreten Zustände der Rotationsenergie des bezüglich seiner Achsenorientierung im Raum freien Rotators folgt daraus in Übereinstimmung mit der in IV,7b durchgeführten Lösung der SCHRÖDINGER-Gleichung des Problems

$$E_{\mathrm{rot}} = \frac{1}{2} I \omega^2 = \frac{h^2}{8 \pi^2 I} J (J + 1). \tag{41}$$

Hierfür schreibt man in der Molekülspektroskopie gern

$$E_{\mathrm{rot}} = h c B J (J + 1) \qquad J = 0, 1, 2, 3, \ldots, \tag{42}$$

weil die die Dimension einer Wellenzahl [cm^{-1}] besitzende *Rotationskonstante*

$$B = h / 8 \pi^2 c I \tag{43}$$

direkt aus dem Rotationsspektrum entnommen werden kann und damit die Bestimmung des Trägheitsmoments I des Moleküls ermöglicht.

Da nach III,3 die in Wellenzahlen gemessenen Termwerte gleich den durch hc dividierten Energiewerten sind, folgt aus (42) das in Abb. 201 dargestellte Rotationstermschema, in dem rechts die Drehimpuls- oder Rotationsquantenzahlen J und links die Termwerte in Einheiten von B angeschrieben sind. Für die erlaubten optischen Übergänge zwischen diesen Rotationstermen erhalten wir nach dem Korrespondenzprinzip (vgl. III,22) wie aus der Wellenmechanik, da es sich um eine rein harmonische Bewegung handelt, die Auswahlregel

$$\Delta J = \pm 1. \tag{44}$$

Jeder Rotationszustand kann also nur mit seinen beiden benachbarten Zuständen unter Emission oder Absorption von Strahlung kombinieren. Aus dieser Auswahlregel und Abb. 201 folgt, daß das im fernen Ultrarot gelegene, durch alleinige Änderung der Rotationsenergie des Moleküls entstehende Rotationsspektrum eines zweiatomigen Moleküls aus einer Reihe äquidistanter Spektrallinien (Rotationslinien) mit den Wellenzahlen $2B$, $4B$, $6B$, $8B$, ..., d.h. jeweils mit dem Abstand $2B$ voneinander besteht. Es ist zuerst von CZERNY bei den Halogenwasserstoffen in Übereinstimmung mit dieser Erwartung gefunden worden. Wie das Schwingungsspektrum nach VI,6b wird aber auch das Rotationsspektrum nur mit normal großer Intensität absorbiert oder emittiert, *wenn mit der Rotation des Moleküls eine Änderung des elektrischen Moments verbunden ist, wenn also der Schwerpunkt der elektrischen Ladungen nicht mit dem mechanischen Schwerpunkt zusammenfällt. Diese Bedingung ist nur bei den nichtsymmetrischen Molekülen wie* H J *erfüllt, nicht dagegen bei* H$_2$, Cl$_2$, O$_2$ *usw., die somit weder beobachtbare Rotationsbanden noch Rotationsschwingungsbanden besitzen.* Mit einer um den Faktor 10^8 geringeren Intensität können in diesen Fällen wegen der elektrischen Quadrupolmomente der Moleküle allerdings diese Banden doch beobachtet werden, wenn man mit

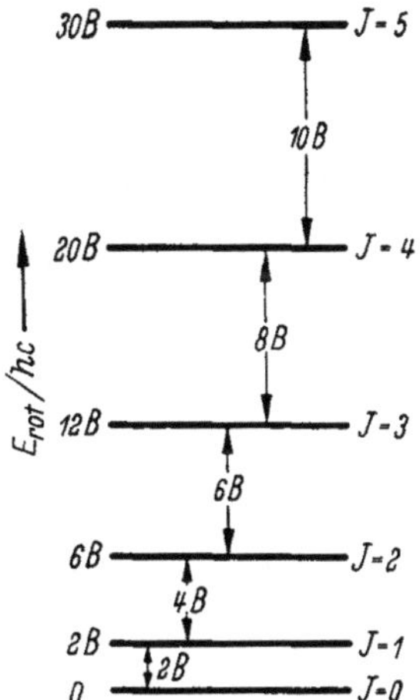

Abb. 201. Übergänge innerhalb des Rotationstermschemas des Elektronen- und Schwingungsgrundzustandes eines zweiatomigen Moleküls (Rotationsbande).

sehr großen Absorptionsschichtdicken arbeitet oder eine extrem empfindliche Meßmethodik verwendet. Eine solche ist die Mikrowellenspektroskopie, mit der man tatsächlich auch das Rotationsspektrum des O$_2$ beobachtet hat.

Kann man nun ein Rotationsspektrum beobachten, so ist ersichtlich aus ihm die Rotationskonstante B sofort zu entnehmen. Aus B berechnet sich nach (43) das Trägheitsmoment des Moleküls und damit eine der wichtigsten Molekülkonstanten. Kennt man zudem, was bei bekannten Molekülen als Träger der Spektren stets der Fall sein wird, die Massen m_1 und m_2 der das Molekül bildenden Atome, so folgt aus dem Trägheitsmoment mittels (21) sofort der Kernabstand des Moleküls. Die so bestimmten Kernabstände liegen sämtlich in der Größenordnung von 1 Å, in Übereinstimmung mit der Erwartung nach unserer allgemeinen Kenntnis von den Atom- und Moleküldimensionen. Tab. 20 gibt für einige wichtige zweiatomige Moleküle die aus den Spektren ermittelten Daten. Sind, wie bei den Molekülen aus gleichen Kernen, die Rotationsbanden und Rotationsschwingungsbanden optisch inaktiv, so kann B und damit I und r_0 entweder mittels der Mikrowellenspektroskopie oder etwas umständlicher, wie wir gleich zeigen werden, aus der Rotationsstruktur der Elektronenbanden entnommen werden, u. U. auch aus dem Rotations-RAMAN-Effekt.

Tabelle 20. *Kernabstände, Trägheitsmomente, Grundschwingungsquanten und Dissoziationsenergien einiger wichtiger Moleküle im Grundzustand*

Molekül	Kernabstand r_0	Trägheitsmoment I	Grundschwingungsquant ω_0	Dissoziationsenergie	
	Å	10^{-40} g cm²	cm⁻¹	eV	kcal/mol
H_2	0,77	0,47	4390	4,46	103
O_2	1,20	19,1	1580	5,11	118
N_2	1,09	13,8	2360	9,76	225
S_2	1,60	67,7	727	4,45	103
Cl_2	1,98	113,5	565	2,47	57
Br_2	2,28	342	324	1,96	45
J_2	2,66	741	214	1,53	35
CO	1,13	15,0	2169	9,6	220
NO	1,15	16,3	1907	5,3	122
HCl	1,27	2,60	2989	4,40	102

b) Das Rotationsschwingungsspektrum

Von dem reinen Rotationsspektrum gehen wir zu dem durch gleichzeitige Änderung des Rotations- *und* Schwingungszustandes des Moleküls (bei unveränderter Elektronenanordnung) entstehenden Rotationsschwingungsspektrum über. In Abb. 202 sind zwei zu den Schwingungsniveaus $v = 0$ und $v = 1$ gehörende Rotationstermfolgen gezeichnet. Entsprechend der Auswahlregel (44) gibt es zwei „Zweige" der entstehenden Rotationsschwingungsbande, die zu den Übergängen $\Delta J = +1$ und $\Delta J = -1$ gehören und die in Abb. 202 links und rechts gezeichnet sind. Die zu $\Delta J = +1$ gehörende Linienfolge, die sich mit zunehmender J-Zahl der

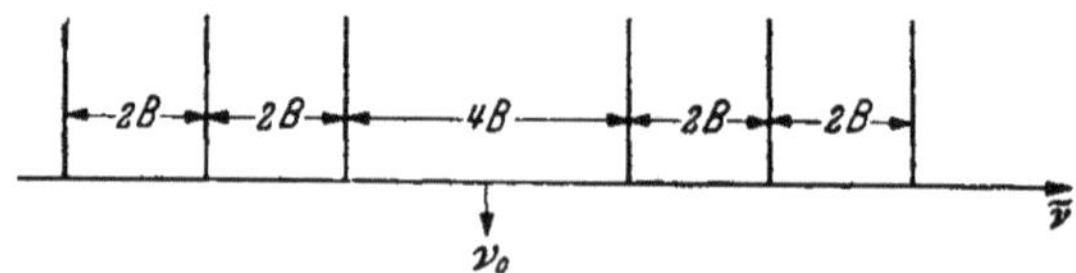

Abb. 203. Schematische Darstellung einer Rotationsschwingungsbande.

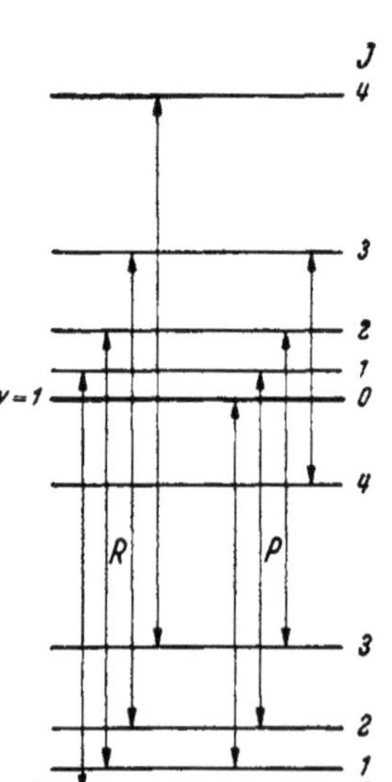

Abb. 202. Termschema mit Übergängen zum Verständnis einer Rotationsschwingungsbande eines zweiatomigen Moleküls.

Linien nach kurzen Wellen erstreckt, nennt man den positiven oder R-Zweig, die zu $\Delta J = -1$ gehörende, die sich nach langen Wellen erstreckt, den negativen oder P-Zweig. Nehmen wir in gröbster Näherung an, daß das Trägheitsmoment des Moleküls trotz der veränderten Schwingung im oberen und unteren Schwingungszustand gleich ist, so sind (wie in Abb. 202 gezeichnet) auch die Abstände der Rotationsniveaus die gleichen, und wir erhalten als Bande gemäß Abb. 203 wieder Linien im Abstand $2B$, wobei die Wellenlänge der nach der Auswahlregel (44) verbotenen $0 \to 0$-Linie durch die Energie des reinen Schwingungssprunges gegeben ist. Ihre Lage ist in Abb. 203 durch ν_0 bezeichnet. Für jeden nach Abb. 192/193 möglichen Schwingungsquantensprung erwarten wir also eine Bande der beschriebenen Art. Der spektroskopische Befund entspricht dieser Erwartung; doch zeigt eine geringe Inkonstanz des Abstands der aufeinanderfolgenden Linien, daß erstens das Trägheitsmoment für verschiedene Schwingungszustände doch nicht gleich ist, und daß zweitens die Rotation und die Schwingung des Moleküls nicht als unabhängig angesehen und ihre Energiewerte einfach addiert werden dürfen, sondern daß die Wechselwirkung von Schwingung und Rotation durch Einführung gemischter, v und J enthaltender Glieder in den Energieausdruck berücksichtigt werden muß. Tut man das, so gelangt man zu vollkommener Übereinstimmung zwischen Theorie und spektroskopischer Erfahrung.

c) Die Rotationsstruktur der normalen Elektronensprungbande

Wir gehen nun zum kompliziertesten Fall, den durch gleichzeitige Änderung von Elektronenanordnung, Schwingung und Rotation entstehenden Bandenspektren im sichtbaren und ultravioletten Spektralgebiet, über. Die Beteiligung des Elektronensprungs an der Emission bzw. Absorption bewirkt zunächst, daß *mit dem Übergang im allgemeinen eine Änderung der Elektronenanordnung und damit des für Emission und Absorption maßgebenden elektrischen Moments verbunden ist.* Das hat zwei Folgen. Erstens können Elektronenbandenspektren auch bei symmetrischen Molekülen wie H_2, O_2 usw. beobachtet werden, während deren reine Rotations- und Schwingungsspektren wegen des fehlenden elektrischen Moments mit normaler Intensität *nicht* auftreten. Zweitens finden nun im allgemeinen auch Übergänge ohne Änderung der Rotationsquantenzahl statt, so daß für Elektronenbandenspektren die Rotationsauswahlregel statt (44)

$$\Delta J = 0 \quad \text{oder} \quad \pm 1 \qquad (45)$$

lautet.

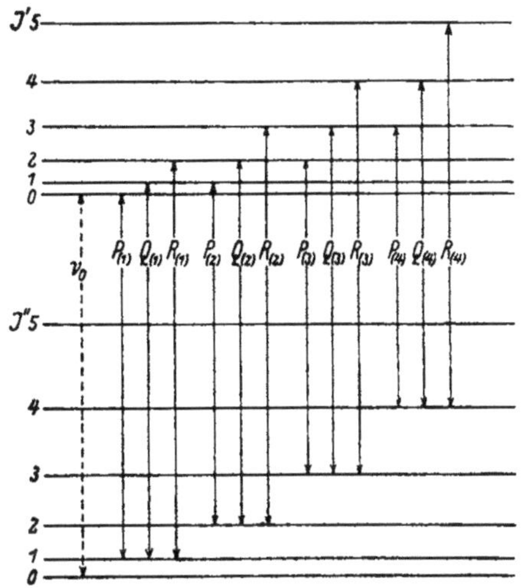

Abb. 204. Übergänge zwischen den Rotationstermfolgen zweier verschiedener Elektronenzustände eines zweiatomigen Moleküls zur Erklärung des P-, Q- und R-Zweiges einer mit einem Elektronensprung verknüpften Bande.

Zu den schon besprochenen, zu $\Delta J = \pm 1$ gehörenden Zweigen einer Bande (positiver oder R-Zweig und negativer oder P-Zweig) kommt daher jetzt der zu $\Delta J = 0$ gehörende Nullzweig oder Q-Zweig hinzu. Dieser fehlt lediglich bei den ohne Änderung der Elektronenquantenzahl erfolgenden $\Sigma \leftrightarrow \Sigma$-Übergängen, weil bei Σ-Zuständen kein resultierendes Elektronenmoment Λ in Richtung der Kernverbindungslinie vorhanden ist und ohne Änderung des Rotationszustands folglich auch keine Änderung des elektrischen Moments möglich ist. Ferner fehlt *allgemein* in allen Elektronenbanden der Übergang zwischen den beiden Zuständen mit dem Gesamtdrehimpuls Null des Moleküls, die sog. 0 ↔ 0-Linie.

Wir erwähnen noch, daß mit sehr viel geringerer Intensität bei Quadrupolstrahlung außer den Übergängen (45) noch die Übergänge

$$\Delta J = \pm 2 \tag{46}$$

beobachtet werden, d.h. zu den *P*-, *Q*- und *R*-Zweigen noch ein *O*-Zweig und ein *S*-Zweig hinzukommen.

Da, wie wir schon von der Behandlung der Potentialkurven her wissen, durch einen Elektronensprung Kernabstand, Trägheitsmomentund Bindungsverhältnisse des Moleküls vielfach *erheblich* verändert werden, ist sowohl die Folge der

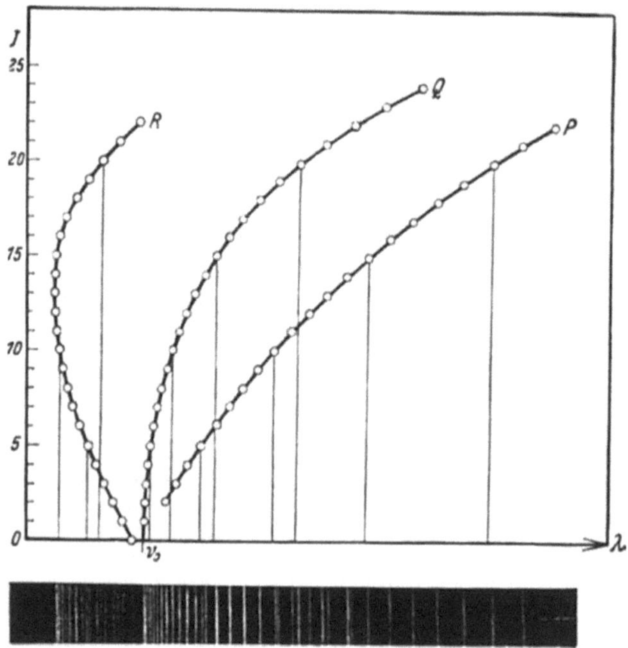

Abb. 205. FORTRAT-Diagramm einer Bande mit drei Zweigen und darunter die durch Überlagerung der Linien der drei Zweige entstehende ganze Bande im Spektrum (nach FERMI).

Schwingungszustände als auch die der Rotationszustände im oberen und unteren Elektronenzustand verschieden. In Abb. 204 sind dementsprechend zwei Rotationstermfolgen gezeichnet, die zu irgendwelchen Schwingungsniveaus irgendwelcher Elektronenzustände gehörend zu denken sind. Der Abstand der beiden Rotationsnullniveaus ist dabei die Wellenzahl der im Spektrum ausfallenden (verbotenen) Nullinie, für die die Schwingungsbandenformel (33) gilt. Ihr Wert ist gleich der Summe von Elektronen- und Schwingungsquantensprung $v'-v''$; wir schreiben sie $\bar{v}_0\,(v',v'')$. Die einzelnen Rotationslinien einer Bande beziffert man gemäß Abb. 204 nach der *J*-Zahl des *unteren* Zustands J''. Für die Wellenzahlen der Rotationslinien einer Bande haben wir dann wegen Gl. (IV-73) die Formel

$$\bar{v} = \bar{v}_0\,(v',v'') + B_{v'}J'(J'+1) - B_{v''}J''(J''+1), \tag{47}$$

wobei wegen der Auswahlregel (45) J'' im allgemeinen nur gleich J' oder $J'\pm 1$ sein kann. Diesen drei Übergangsmöglichkeiten der Rotationsquantenzahl entsprechen die drei Zweige der Bande

$$J' = \begin{cases} J'' - 1 & P\text{-Zweig} \\ J'' & Q\text{-Zweig} \\ J'' + 1 & R\text{-Zweig}, \end{cases} \qquad (48)$$

die in Abb. 204 eingetragen sind.

Den besten Überblick über die durch (47/48) bestimmte Struktur einer Elektronenbande gibt die Darstellung im sog. FORTRAT-Diagramm. Trägt man nämlich gemäß Abb. 205 oben als Abszisse die Wellenzahlen oder Wellenlängen der Bandenlinien, als Ordinate die Rotationsquantenzahlen J'' der Linien auf, so erhält man die angegebenen Parabeldarstellungen der drei Bandenzweige, da die Wellenzahlen der Bandenlinien ja nach (47) quadratisch von J abhängen. Das FORTRAT-Diagramm stellt also eine räumliche Trennung der im beobachteten Spektrum durcheinander liegenden Linien der verschiedenen Zweige und Rotationsquantenzahlen dar. Wir erhalten umge-

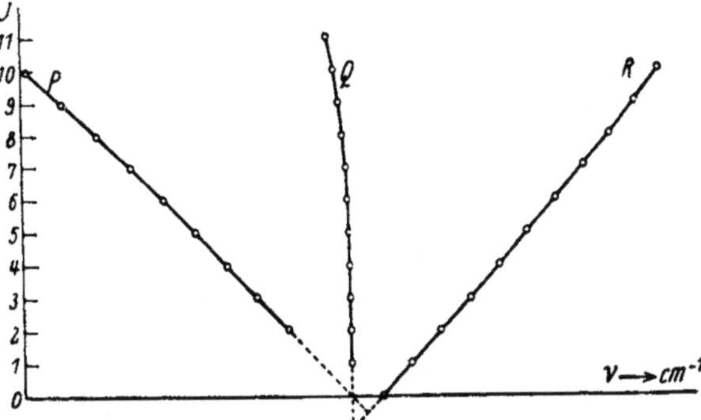

Abb. 206. FORTRAT-Diagramm einer Bande ohne Kante infolge gleichen Kernabstandes im oberen und unteren Elektronenzustand (nach WEIZEL).

kehrt aus dem FORTRAT-Diagramm das Spektralbild der Bande, wenn wir die den Linien entsprechenden Diagrammpunkte auf die ν-Achse oder λ-Achse (Abszisse) projizieren. In Abb. 205 ist das geschehen, wodurch das schon etwas unübersichtliche Bild der ganzen Bande entsteht. Aus dem FORTRAT-Diagramm erkennt man besonders deutlich, daß die Bandkante nicht eine wirkliche Häufungsstelle von Linien ist, wie etwa die Konvergenzstelle einer Atomlinienserie, sondern eine mehr zufällige Erscheinung, die ebenso wie ihr Abstand von der physikalisch bedeutungsvollen Nullinie (dem reinen Elektronen- und Schwingungsquantensprung) von den Abständen der Rotationsniveaus des oberen und unteren Zustands abhängt. Bildet, wie in unserer Abb. 208, der P-Zweig die Kante, so nennen wir die Bande *violettabschattiert*, im Fall der vom R-Zweig gebildeten Kante (Abb. 205) ist sie *rotabschattiert*. Man erkennt aus dem Zusammenhang von FORTRAT-Diagramm und Übergängen im Termschema, daß die Abschattierung davon abhängt, ob der Kernabstand und mit ihm das Trägheitsmoment im oberen Zustand größer oder kleiner ist als im unteren, und zwar gilt

Rotabschattierung (R-Kante): $\quad r_0' > r_0''; \quad I' > I''; \quad B' < B''$,

Violettabschattierung (P-Kante): $\quad r_0' < r_0''; \quad I' < I''; \quad B' > B''$.

Bei gleichen Werten von Kernabstand und Trägheitsmoment in den beiden kombinierenden Zuständen folgt aus (47) wegen $B_{v'} = B_{v''}$, daß die Parabeln des P- und R-Zweiges zu Geraden entarten und die Linien des Q-Zweiges sämtlich zusammenfallen, also keine Kantenbildung auftreten kann. Abb. 206 zeigt diesen Fall in guter Näherung am FORTRAT-Diagramm einer wirklichen Bande.

Schon ein flüchtiger Blick auf ein Bandenspektrum, nämlich die Feststellung der Abschattierung der Banden, gestattet also wichtige Aussagen über die kombinierenden Molekülzustände, während die genaue Analyse die Absolutwerte der Rotationskonstanten, Trägheitsmomente und Kernabstände liefert.

d) Der Einfluß des Elektronensprunges auf die Rotationsstruktur

Wir haben bei der bisherigen Behandlung der Rotationsstruktur der Elektronenbanden die Tatsache noch unberücksichtigt gelassen, daß der für die Rotationstermabstände maßgebende gesamte Drehimpuls J des Moleküls sich aus dem Drehimpuls der Molekülrotation und einem nach VI,5 vom Drehimpuls Λ der Elektronenhülle um die Kernverbindungsachse sowie ihrem Spin S abhängenden Anteil zusammensetzt, und daß auch dieser letzte Anteil sich bei dem Elektronensprung ändert. Diese Verhältnisse werden nun dadurch besonders kompliziert, daß durch die Rotation des gesamten Moleküls ein neues Magnetfeld erzeugt wird, das bezüglich der Einstellung des Spins der Elektronenhülle mit dem Feld in Richtung der Kernverbindungslinie in Konkurrenz tritt, wodurch mit wachsender Rotation und je nach der Stärke des Kernfeldes die Kopplungsverhältnisse zwischen den Drehimpulsen der Molekülrotation K, dem resultierenden Bahndrehimpuls in Richtung der Kernverbindungslinie Λ und dem resultierenden Spin der Elektronenhülle S sich ändern. Die verschiedenen bei dieser Wechselwirkung von Elektronenbewegung und Rotation möglichen Kopplungsfälle sind von HUND aufgeklärt und ihr Einfluß auf die Rotationsstruktur der Elektronenbanden, der sich im Ausfall der Nullinie und u.U. gewisser benachbarter Linien sowie in Abweichungen von der Parabelform im FORTRAT-Diagramm äußert, festgestellt worden. Diese Feinheiten der Bandenstruktur, zu denen infolge der Multiplizität noch mehrfache Bandenzweige treten können, müssen wir hier übergehen. Ihre Untersuchung gestattet aber, und darin liegt ihre Bedeutung, die eindeutige Festlegung der die Bande verursachenden Elektronenzustandsänderung, d.h. die empirische Ermittlung der die Elektronenanordnung im oberen und unteren Zustand nach VI,5 kennzeichnenden Quantenzahlen Λ bzw. Ω. *Die vollständige Bandenanalyse liefert damit alle über ein Molekül überhaupt möglichen Aussagen,* und die hierbei stets gefundene Übereinstimmung aller Feinheiten und Einzelheiten dieser wirklich oft sehr komplizierten Spektren mit der theoretischen Erwartung ist der beste Beweis für die Richtigkeit unserer allgemeinen molekültheoretischen Vorstellungen.

e) Der Einfluß des Kerndrehimpulses auf die Rotationsstruktur symmetrischer Moleküle. Ortho- und Parawasserstoff

Wenigstens kurz sei abschließend noch auf den Einfluß des Kerndrehimpulses auf die Rotationsstruktur von zweiatomigen Molekülen mit *gleichen* Kernen eingegangen, auf dem besonders beim molekularen Wasserstoff ein interessanter Effekt beruht. Bei den Zweielektronensystemen wie dem He-Atom und dem H_2-Molekül findet man ja wegen der Austauschmöglichkeit der beiden identischen Elektronen unter Berücksichtigung von deren Spin zwei nicht miteinander kombinierende Termsysteme, ein Singulettsystem und ein Triplettsystem. Beim H_2 und den anderen aus gleichen Atomen bestehenden Molekülen haben wir nun außer der Austauschmöglichkeit der Elektronen zusätzlich noch die der gleichen Kerne zu berücksichtigen, und diese führt wieder zum Auftreten zweier nicht miteinander kombinierender Termsysteme. Wie die wellenmechanische Durchrechnung zeigt, gehört im Elektronensingulettsystem wie im Elektronentriplettsystem des H_2 immer abwechselnd ein Rotationsterm zum einen und der nächste zum anderen der beiden Termsysteme, die man wegen ihrer verschiedenen Parität in diesem Fall als das gerade und das ungerade bezeichnet. Nun können die beiden Kerndrehimpulse der Größe $h/2$ der beiden Protonen entweder gleichgerichtet sein (Analogie zum Triplettsystem) oder entgegengesetzt gerichtet (Analogie zum Singulettsystem, s. III,13). Wir erwarten also, daß jeder zweite der aufeinander folgenden Rotationsterme wegen der drei Einstellmöglichkeiten des Gesamtspins h aus drei dicht beieinander liegenden Termkomponenten besteht. Tatsächlich fallen wegen der geringen Wechselwirkung zwischen Kernspin und Molekülbewegung diese drei Komponenten zusammen und bewirken nur ein dreifaches statistisches Gewicht jedes zweiten Rotationsterms. Dieser Unterschied der statistischen Gewichte bewirkt den von MECKE entdeckten und gedeuteten *Intensitätswechsel* aufeinanderfolgender Bandenlinien in den Spektren aller aus gleichen Atomen bestehenden Moleküle. Es folgt aus dieser Deutung, daß dieser Intensitätswechsel aber schon bei den in den Kernen nicht ganz symmetrischen Isotopenmolekülen wie $N^{14}N^{15}$ fehlen muß und tatsächlich fehlt. Für das Verhältnis der Intensität einer starken Rotationslinie eines symmetrischen Moleküls zur mittleren Intensität ihrer beiden schwächeren Nachbarn ergibt die Theorie, deren Darstellung hier zu weit führen würde, das

$$\text{Intensitätsverhältnis} = \frac{I+1}{I}, \tag{49}$$

wobei I die Kerndrehimpulsquantenzahl der das Molekül bildenden gleichen Atome ist. Für das H_2-Molekül erwarten und finden wir, da das Proton den Spin $h/2$ besitzt, das Intensitätsverhältnis $3:1$, während für O_2^{16} oder He_2^4, deren Kerne den resultierenden Spin Null besitzen, das Intensitätsverhältnis unendlich ist, jede zweite Rotationslinie also ausfällt. *Die Messung des Intensitätsverhältnisses aufeinanderfolgender Rotationslinien aus gleichen Atomen bestehender Doppelmoleküle gestattet also, in Ergänzung der Hyperfeinstrukturmessungen an Atomlinien (vgl. III,20), den Kerndrehimpuls der die Moleküle bildenden Atome zu bestimmen,* ein besonders schönes Beispiel für die inneren Zusammenhänge der verschiedensten Gebiete der Atomphysik.

Bei den Wasserstoffmolekülen, bei denen wegen ihres geringen Trägheitsmoments nach Gl. (41) die Rotationszustände besonders große Abstände voneinander besitzen, führt die Existenz der beiden nicht miteinander kombinierenden Rotationstermsysteme zu einem merkwürdigen Effekt, der wegen seines Widerspruchs zur klassischen Theorie wieder als Beleg für die Richtigkeit der Quantenmechanik anzusehen ist. Bei stetig abnehmender Temperatur können die H_2-Moleküle sich nämlich nicht allmählich alle in den rotationslosen Zustand $J = 0$ begeben, wie man klassisch erwarten müßte, sondern nur die Moleküle mit antiparallelem Kernspin, während die mit parallelen Kernspinmomenten letztlich wegen des PAULI-Prinzips in dem mit $J = 0$ nicht kombinierenden nächsthöheren Rotationszustand $J = 1$ bleiben müssen, so tief man den Wasserstoff auch abkühlen mag. Diese Tatsache drückt sich in einer bekannten Anomalie der spezifischen Wärme des Wasserstoffs bei tiefen Temperaturen aus. *Der molekulare Wasserstoff verhält sich also, als bestände er aus zwei verschiedenen Modifikationen, denen* BONHOEFFER *und* HARTECK *in Analogie zum Ortho- und Parhelium die Namen Ortho- und Parawasserstoff gegeben haben. Es muß aber betont werden, daß im Gegensatz zu der gleich benannten, beim Helium auf der Wirkung der Elektronenspinmomente beruhenden Erscheinung, der Unterschied von Ortho- und Parawasserstoff auf dem Kernspin der die Moleküle bildenden Atome, d.h. auf der Vertauschbarkeit der gleichen Kerne, beruht.* Eine Umwandlung des Orthowasserstoffs (parallele Kernspinmomente, $J = 1, 3, 5, \ldots$) in Parawasserstoff (antiparallele Kernspinmomente, $J = 0, 2, 4, \ldots$) würde ein „Umklappen" eines der Kernspinmomente erfordern, das offenbar bei den Kernen normalerweise ebenso „verboten" ist wie bei den Elektronen. Mittels besonderer Behandlung des H_2 unter hohem Druck und bei Adsorption an gekühlter Kohle gelingt es aber doch, reinen Parawasserstoff herzustellen, in dessen Banden dann erwartungsgemäß die zu $J = 1, 3, 5, \ldots$ gehörenden Rotationslinien fehlen.

10. Die Quantelung von Schwingung und Rotation und die spezifische Wärme der Gase

Wir haben bisher als empirische Belege für die in VI,6 und VI,9 besprochene Quantelung der Schwingungs- und Rotationsenergie der Moleküle deren diskrete Bandenspektren angeführt. Einen nicht weniger eindeutigen Hinweis auf diese Quantelung und damit gegen die Anwendbarkeit der klassischen Physik auf die Molekülbewegung stellt die spezifische Wärme der Gase dar.

Nach dem Gleichverteilungssatz der klassischen Physik ist die spezifische Wärme je Freiheitsgrad jedes Moleküls $k/2$, wo k wie üblich die BOLTZMANN-Konstante bezeichnet. Für ein zweiatomiges Molekül, dessen Modell in Abb. 181 angedeutet ist, haben wir klassisch drei Freiheitsgrade der Translation (entsprechend der Bewegungsmöglichkeit des Schwerpunkts entlang der drei Koordinatenachsen), zwei Freiheitsgrade der Rotation (entsprechend den zwei Winkeln, die die Lage der Kernverbindungsachse im Raum festlegen) und einen Freiheitsgrad der Schwingung entsprechend der Änderungsmöglichkeit des Kernabstandes, der allerdings thermisch doppelt zu zählen ist, da die kinetische und die potentielle Energie der Schwingung je $k/2$ zur spezifischen Wärme beitragen. Man erwartet also klassisch entsprechend den sieben thermischen Freiheitsgraden eine spezifische Wärme von $7\,k/2$ je Molekül oder $7\,R/2 = 7$ cal je Mol zweiatomiger Moleküle, wenn R die allgemeine Gaskonstante ist.

Tatsächlich findet man erst bei sehr hohen Temperaturen (einige Tausend Grad) diese volle spezifische Wärme von $7\,k/2$ je Molekül, während bei gewöhnlichen Temperaturen die spezifische Wärme zweiatomiger Gase $5\,k/2$ beträgt und bei tiefsten Temperaturen (meßbar allerdings nur beim H_2) auf $3\,k/2$ abnimmt. Der Grund hierfür ist leicht einzusehen. Da die Rotations- und Schwingungsenergie der Moleküle gequantelt ist, d.h. nur stufenweise zunehmen kann, kann auch der Gleichverteilungssatz der Energie für die Freiheitsgrade der Rotation und Schwingung nur gültig sein, wenn die mittlere thermische Energie kT von gleicher Größenordnung ist wie die Energiestufen, d.h. wie das Grundschwingungsquant $hc\omega_0$ bzw. das erste Rotationsenergiequant $2hcB_0$. Ist nämlich kT kleiner als z.B. das erste Schwingungsenergiequant, so kann offenbar bei einer geringen Temperatursteigerung der Betrag der Schwingungsenergie entgegen der klassischen Erwartung *nicht* zunehmen; die Schwingung trägt dann also *nicht* zur spezifischen Wärme bei. Nehmen wir als Beispiel den Stickstoff, so ersehen wir aus den Moleküldaten Tab. 20, daß die *Schwingungs*energie erst oberhalb 3400 °K wesentlich zur spezifischen Wärme beizutragen beginnt, während die *Rotation* bei allen Temperaturen, bei denen Stickstoff als Gas existiert, voll zur spezifischen Wärme beiträgt. Die beobachtete spezifische Wärme des Stickstoffs und der meisten anderen zweiatomigen Gase von $5\,k/2$ erklärt sich also aus der Tatsache, daß die beiden thermischen Freiheitsgrade der Schwingung wegen der Quantelung der Schwingungsenergie bei gewöhnlicher Temperatur nichts zur spezifischen Wärme beitragen. Man drückt das oft durch die Feststellung aus, daß *die Freiheitsgrade der Schwingung bei Zimmertemperatur bereits eingefroren sind.* Beim Wasserstoff, der wegen seines kleinen Trägheitsmoments nach Gl. (41/42) besonders große Quanten der Rotationsenergie besitzt und außerdem bis zu sehr tiefen Temperaturen gasförmig bleibt, hat man auch das Einfrieren der Rotation in Übereinstimmung mit der Theorie beobachtet.

Abb. 207 zeigt dieses „Einfrieren" der Schwingung wie der Rotation mit abnehmender Temperatur am Beispiel des H_2. *Die Temperaturabhängigkeit der spezifischen Wärme ist also ein ebenso eindeutiger Beleg für die Quantelung der Rotations- und Schwingungsenergie der Moleküle, wie es deren diskrete Rotations- und Schwin-*

gungsspektren sind. Bei mehratomigen Molekülen hat man in Einzelfällen sogar Schwingungsquanten gewisser optisch inaktiver Schwingungsformen von Molekülen aus der Messung der Temperaturabhängigkeit der spezifischen Wärme ermitteln können. Wir werden in VII,9 auf das gleiche Problem, den Zusammenhang zwischen den gequantelten Schwingungen und der spezifischen Wärme, noch für den komplizierteren Fall der Festkörper zurückkommen.

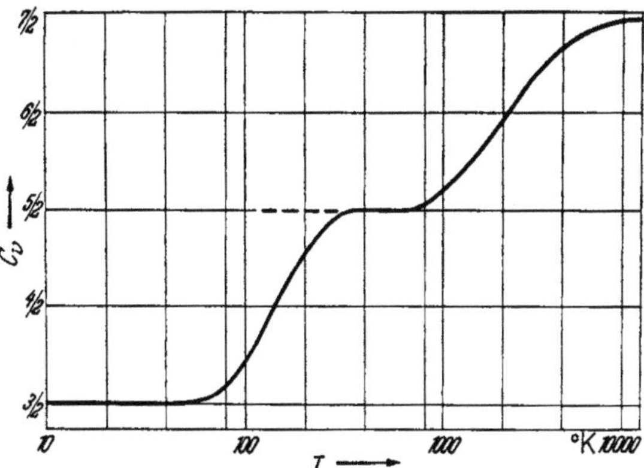

Abb. 207. Schrittweises „Einfrieren" der Freiheitsgrade der Schwingung und Rotation des H_2-Moleküls bei Temperaturerniedrigung (schematisch).

Was wir hier für Moleküle behandelt haben, gilt übrigens auch für Atome. Wären diese nämlich kleine Kugeln, die den Gesetzen der klassischen Physik gehorchten, so besäßen sie außer den drei Freiheitsgraden der Translation noch drei Rotationsfreiheitsgrade entsprechend den Rotationsmöglichkeiten um die drei Koordinatenachsen. Tatsächlich beträgt die spezifische Wärme einatomiger Gase jedoch statt $3\,k$ je Atom nur $3\,k/2$; offenbar tragen nur die drei Freiheitsgrade der Translation zur spezifischen Wärme bei, nicht die der Rotation. Das aber ist gerade, was wir nach der Quantentheorie erwarten. Die Rotation eines Atoms rührt ja nach Kap. III von der Bahnbewegung der leichten Elektronen her, und die Quantelung dieses Bahndrehimpulses führt wegen der geringen Größe des Trägheitsmoments der Atome zu Energiestufen von der Größenordnung mehrerer Elektronenvolt. *Die drei Rotationsfreiheitsgrade der Atome sind daher stets eingefroren, und wir können die spezifische Wärme der einatomigen Gase von 3 k/2 je Atom direkt als Beleg der Quantelung des Bahndrehimpulses der Elektronen Gl. (III-70) ansehen.*

11. Bandenintensitäten und bandenspektroskopische Temperaturbestimmung

Nachdem wir die Struktur der Spektren zweiatomiger Moleküle und·ihren Zusammenhang mit dem Molekülbau kennengelernt haben, gehen wir kurz noch auf die Intensitätsfragen ein, einmal weil erst Linienstruktur *und* Intensitätsverteilung das vollständige Bild eines Spektrums ergeben, und zum anderen, weil sich die Messung der Intensitätsverteilung in Bandenspektren zu einer wichtigen Methode der Bestimmung hoher Temperaturen entwickelt hat.

Nach III,23 ist die Intensität eines Spektrums bestimmt durch die Übergangswahrscheinlichkeit zwischen den beiden kombinierenden Zuständen und die Besetzungszahl des Anfangszustands. Die Übergangswahrscheinlichkeit und damit die Gesamtintensität eines Bandensystems ist durch die gemäß IV,9 berechenbare Wahrscheinlichkeit des Elektronensprungs bestimmt, die Übergangswahrscheinlichkeit für die einzelnen Banden durch das FRANCK-CONDON-Prinzip (VI,6c); innerhalb jedes Bandenzweiges schließlich ist sie konstant, während die relative Intensität der verschiedenen Zweige aus J und den Elektronenquantenzahlen nach Formeln von HÖNL und LONDON berechnet werden kann. Über die Besetzung der Anfangszustände lassen sich bestimmte Aussagen nur für den Fall des thermischen Gleichgewichts aus dem MAXWELLschen Verteilungsgesetz machen, d.h. allgemein für die *Absorption* von Molekülen; im Fall der *Emission* dagegen nur, wenn die Anregung ausschließlich auf thermischem Wege erfolgt. Für die Intensität einer durch Übergang von einem Zustand der Energie E_1 zu einem anderen der Energie E_2 zustande kommenden Spektrallinie haben wir dann

$$I_{E_{12}} = C_{12}\, g_1\, e^{-\frac{E_1}{kT}}, \tag{50}$$

worin C_{12} eine die Übergangswahrscheinlichkeit zwischen den Zuständen 1 und 2 enthaltende Konstante ist, g_1 das statistische Gewicht (vgl. III,23) des Zustands E_1, und T die absolute Temperatur der absorbierenden oder emittierenden Moleküle.

Aus der allgemeinen Formel (50) erhalten wir die Intensitätsverteilung in einer Rotationsbande, wenn wir für E_1 die Rotationsenergie

$$E_1 = hcBJ(J+1) \tag{51}$$

und für das statistische Gewicht

$$g_1 = 2J + 1 \tag{52}$$

setzen, weil wegen der Gleichberechtigung der beiden zur Kernverbindungsachse senkrechten Rotationsachsen bei zweiatomigen Molekülen jeder Rotationszustand $2J$-fach entartet ist. Damit erhalten wir

$$I(J) = C(2J+1)\, e^{-\frac{hcBJ(J+1)}{kT}} \tag{53}$$

und haben damit die Intensitäten der Rotationslinien einer Bande als Funktion des J-Wertes des Anfangszustands dargestellt. Abb. 208 zeigt die sich aus (53) ergebende Intensitätsverteilung der Rotationslinien einer Bande.

Die Intensitätsverteilung in einer Bande ist nach (53) also temperaturabhängig. Man kann deshalb aus dem gemessenen Intensitätsmaximum in den Banden-

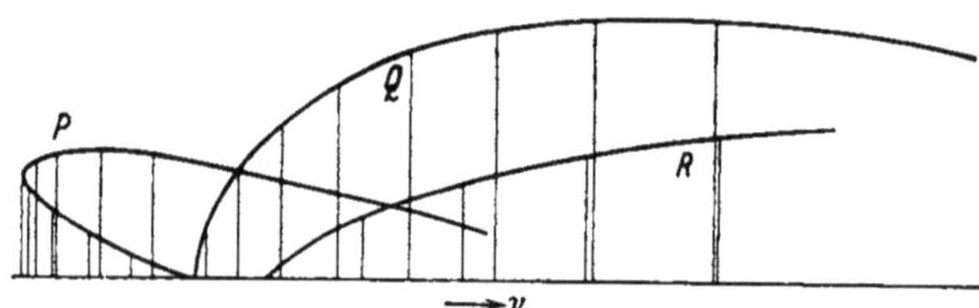

Abb. 208. Intensitätsverteilung in den drei Zweigen einer normalen Bande (nach JEVONS). Die Intensität der Linien ist durch ihre Länge angedeutet.

zweigen, d.h. aus dem J-Wert der Bandenlinien größter Intensität, die Temperatur des emittierenden oder absorbierenden Gases ermitteln. Diese Methode ist zur Bestimmung von Temperaturen im elektrischen Lichtbogen, besonders in dessen äußeren Zonen, mit Erfolg benutzt worden, weil hier der Nachweis der Temperaturanregung erbracht werden konnte. In Entladungen mit nichtthermischer Elektronenstoßanregung dagegen ist Gl. (50) nicht erfüllt, und der Versuch der Temperaturbestimmung führt zu ganz erheblichen Fehlern.

Ist die Voraussetzung des thermischen Gleichgewichts erfüllt, so kann man bei gegebener Temperatur auch die Besetzung der verschiedenen *Schwingungszustände* des Anfangszustands berechnen, und dann unter Berücksichtigung des FRANCK-CONDON-Prinzips die Intensitätsverteilung der Banden innerhalb eines Bandensystems bestimmen. In (50) hat man dazu

$$E_1 = hc\omega(v + {}^1\!/_2) \tag{54}$$

zu setzen, während $g = 1$ ist, da bei zweiatomigen Molekülen die Schwingung nicht entartet, das statistische Gewicht aller Schwingungszustände folglich gleich Eins ist. Man erhält damit

$$I(v) = C\,e^{-\dfrac{hc\,\omega(v+{}^1/_2)}{kT}} \tag{55}$$

Wegen der Schwierigkeit der numerischen Berechnung der Übergangswahrscheinlichkeiten nach dem FRANCK-CONDON-Prinzip, die in C stecken, ist (55) weniger zur Absolutbestimmung von Temperaturen aus der relativen Intensität verschiedener Banden eines Bandensystems geeignet als zur Bestimmung von Temperaturänderungen aus Änderungen der relativen Intensität verschiedener Banden, da hierbei C konstant bleibt. Auch diese Schwingungsmethode ist zu Temperaturmessungen in Lichtbögen und Flammen mit Erfolg benutzt worden.

12. Isotopieeffekte in Molekülspektren

Wir haben bei der Besprechung der Isotopie (vgl. II,6c) bereits erwähnt, daß die Entdeckung von Isotopen ebenso wie die Bestimmung ihrer Massen und relativen Häufigkeiten außer mit den Methoden der Massenspektroskopie auch auf optisch-spektroskopischem Wege möglich ist. Nachdem wir in III,20 den Einfluß der Isotopie auf die Hyperfeinstruktur der Linienspektren behandelt haben, besprechen wir nun kurz die bandenspektroskopischen Isotopieeffekte.

Da die Isotope eines Atoms sich durch ihre Massen unterscheiden, wirkt sich der Einbau verschiedener Isotope in das gleiche Molekül (z.B. Li H bzw. Li^{7}H) durch die entsprechende Veränderung des Trägheitsmoments (21) des Moleküls auf die Bandenspektren aus. Nach (41) ist der Abstand der Rotationsniveaus umgekehrt proportional zum Trägheitsmoment I des Moleküls, während nach (24) und (25) die Abstände der Schwingungsniveaus umgekehrt proportional zur Wurzel aus dem Trägheitsmoment I sind. Die Auswirkungen beider Einflüsse auf die Spektren bezeichnet man als den *Rotations-* und den *Schwingungsisotopieeffekt*.

Betrachtet man zweiatomige Moleküle mit den Atommassen m_1 und m_2 bzw. $m_1 + \Delta m$ und m_2, so führt die Durchrechnung mittels der in VI,9 für die Rotation und in VI,6 für die Kernschwingung gebrachten Formeln für den Abstand Δv_r zweier gleicher, zu den beiden Isotopenmolekülen gehöriger Rotationslinien, und für den Abstand Δv_s zweier gleicher zu den beiden Isotopenmolekülen gehörender Bandkanten, zu den Formeln

$$\Delta v_r = \frac{m_2\,\Delta m}{(m_1 + m_2)\,(m_1 + \Delta m)}\,v_r, \tag{56}$$

$$\Delta v_s = \frac{m_2\,\Delta m}{2\,(m_1 + m_2)\,(m_1 + \Delta m)}\,v_s, \tag{57}$$

wobei v_r der Abstand der betreffenden Rotationslinien von der Nullinie der Bande und v_s der Abstand der Bandkanten von der der 0,0-Bande des Bandensystems ist. Die Isotopieaufspaltungen nehmen also mit wachsendem Abstand von der Nullinie einer Bande (vgl. Abb. 209) und von der 0,0-Bande

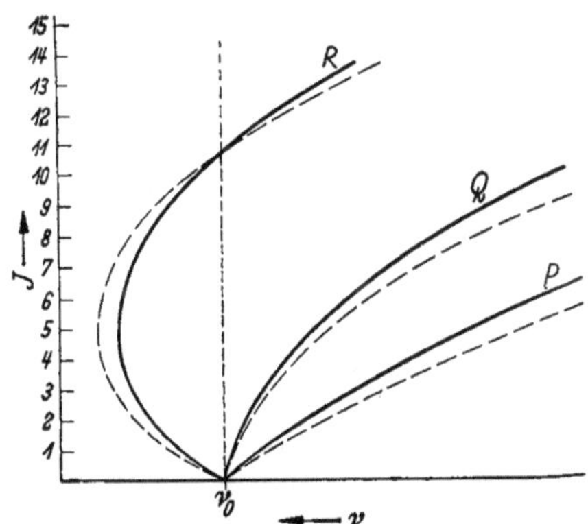

Abb. 209. Rotationsisotopieeffekt in einer Bande (nach MECKE). Ausgezogen bzw. gestrichelt die zu den beiden isotopen Molekülen gehörenden Bandenzweige.

in einem Bandensystem linear zu. Durch Messung der Aufspaltungen Δv_r bzw. Δv_s und der Abstände v_r bzw. v_s läßt sich folglich das Massenverhältnis $m_1/(m_1 + \Delta m)$ der isotopen Atome im Molekül bestimmen, und durch Messung des Intensitätsverhältnisses der zu den isotopen Molekülen gehörenden Linien auch das Mischungsverhältnis der isotopen Atome.

Mittels dieses bandenspektroskopischen Isotopieeffekts wurden neue Isotope der Elemente C, N und O überhaupt erst entdeckt und eine große Anzahl weiterer bestätigt. Der Einsatz der Hochfrequenzspektroskopie für die Untersuchung des Rotationsisotopieeffekts hat die erzielbare Genauigkeit außerordentlich erhöht.

13. Überblick über Spektren und Bau vielatomiger Moleküle

Die bisher dargestellten, sich in erster Linie auf zweiatomige Moleküle beziehenden Ergebnisse der Molekülforschung können grundsätzlich auf die mehr- und vielatomigen Moleküle übertragen werden; nur liegen hier wegen der Vielzahl der Anregungs- und Ionisierungsmöglichkeiten, der großen Zahl der Schwingungs- und Dissoziationsmöglichkeiten, sowie schließlich wegen der Rotationsmöglichkeiten um die im allgemeinen zu verschiedenen Trägheitsmomenten gehörenden Hauptträgheitsachsen die Verhältnisse ganz wesentlich komplizierter. Vollständige Analysen der Elektronen-, Schwingungs- und Rotationsstruktur, und entsprechend vollständige Kenntnisse aller Moleküldaten liegen daher bisher nur für sehr wenige einfach gebaute mehratomige Moleküle (wie H_2O) vor, während man sich in den meisten Fällen mit Teilkenntnissen zufrieden geben muß. Wir verzichten deshalb darauf, die Elektronen-, Schwingungs- und Rotationsstruktur vielatomiger Moleküle ausführlich zu behandeln und beschränken uns auf einen Überblick über die wichtigsten, für mehratomige Moleküle typischen Erscheinungen.

a) Elektronenanregung und Ionisierung mehratomiger Moleküle

Die Systematik der Elektronenzustände mehratomiger Moleküle schließt sich eng an die der zweiatomigen (vgl. VI,5) an. Bei einem vielatomigen Molekül kommt aber im allgemeinen eine ganze Anzahl von Elektronen für Anregung (und Ionisierung) in Frage, und diese Elektronen können für den Zusammenhalt des Moleküls eine sehr verschiedene Bedeutung besitzen. Es lassen sich drei Grenzfälle unterscheiden, die zur Anregung stabiler Molekülzustände führende Absorption durch nichtbindende Molekülelektronen, die Lichtabsorption durch die lokalisierten Elektronen der sog. chromophoren Gruppen, und schließlich die häufig zur Dissoziation führende Lichtabsorption durch bindende Elektronen.

Bei nicht wenigen mehr- und vielatomigen Molekülen, z. B. dem Benzol, findet man auch im flüssigen oder gelösten Zustand noch Absorptionsspektren mit ausgeprägter Schwingungsstruktur und schließt daraus, daß die Lichtabsorption durch Elektronen erfolgt, die an der Bindung so wenig beteiligt sind, daß durch die Absorption stabile Elektronenzustände der Moleküle angeregt werden. In diesem bei zweiatomigen Molekülen durch Abb. 183 dargestellten Fall kann die Photoanregung nach PRICE im Grenzfall sogar in die Ionisierung des Moleküls übergehen. Durch diese Anregung oder Abtrennung nichtbindender Elektronen bleibt das Molekül also stabil; Kernanordnung und Schwingungsmöglichkeiten werden nicht wesentlich verändert. Spektroskopisch beobachtet man im Vakuumultraviolett RYDBERG-Serien von Banden, an die sich in vielen Fällen Ionisationskontinua anschließen, deren langwellige Grenzen die Bestimmung der Ionisierungsenergie gestatten. Es muß aber bedacht werden, daß man bei vielatomigen Molekülen streng nicht mehr von *einer* Ionisierungsenergie sprechen kann, diese vielmehr je nach dem Bindungszustand des abgetrennten Elektrons verschieden groß sein kann. Nur weil im allgemeinen aus noch nicht genau bekannten Gründen fast stets *ein* Elektron bevorzugt angeregt und ionisiert wird, kann dessen Ionisierungsenergie als die des Moleküls bezeichnet werden. Unsere Molekültheorie ist hier also noch recht unvollkommen. Wir können zwar feststellen, welches Elektron in welcher Weise bei Absorption eines bestimmten beobachteten Spektrums angeregt wird, dagegen noch nicht die Frage beantworten, warum bei gegebener Elektronenanordnung in einem größeren Molekül bevorzugt gerade dieses und kein anderes Elektron das einfallende Lichtquant absorbiert und dadurch angeregt wird.

Zur Lösung dieser Frage kann vielleicht die systematische Untersuchung der zweiten Gruppe von Elektronenanregungen beitragen, das Studium der „chromophoren Gruppen". Die Lichtabsorption kann nämlich bei vielatomigen Molekülen auch durch Elektronen erfolgen, die nicht der Hülle des gesamten Moleküls angehören, sondern streng in einer bestimmten, z.B. an einen Benzolring oder allgemein an einen größeren Molekülkomplex angehängten Atomgruppe lokalisiert sind. In diesem Fall ist das entstehende Absorptionsspektrum in erster Näherung unabhängig davon, an welchen größeren Molekülkomplex die betreffende Atomgruppe (z.B. $-N\!=\!N-$, $-HC\!=\!CH-$ oder $>\!CO$) angehängt ist, und erst feinere Unterschiede (Wellenlängenverschiebungen) lassen Schlüsse auf den Bindungszustand der Gruppe an das Gesamtmolekül zu. Da die Absorption derartiger Gruppenelektronen vielfach im sichtbaren Spektralbereich liegt und damit die Farbe des aus den Molekülen bestehenden Stoffes bestimmt, bezeichnet man solche absorbierende Gruppen als Farbträger oder *chromophore Gruppen*.

Im dritten Grenzfall erfolgt die Lichtabsorption durch Elektronen, die entscheidend am inneren Zusammenhalt des Moleküls beteiligt sind und deshalb *bindende Elektronen* genannt werden. Ihre Anregung führt (analog zum Fall des zweiatomigen Moleküls, Abb. 184) zu einer so starken Bindungslockerung, daß als Folge der Lichtabsorption Dissoziation des Moleküls in zwei Atomgruppen erfolgt. Nach VI,7 muß das entsprechende Absorptionsspektrum dann kontinuierlich sein, und diese Photodissoziation bei der Absorption bindender Elektronen ist für die echten Absorptionskontinua zahlreicher mehr- und vielatomiger Moleküle im Ultraviolett verantwortlich. Es muß aber darauf hingewiesen werden, daß keineswegs alle kontinuierlich erscheinenden Absorptionsspektren mehr- und vielatomiger Moleküle echte Dissoziations- oder Prädissoziationskontinua sind. Einerseits nämlich erscheinen manchmal diskrete Bandenspektren bei ungenügender Auflösung kontinuierlich, besonders da nach VI,9a der Abstand benachbarter Bandenlinien umgekehrt proportional zum Trägheitsmoment des Moleküls ist und daher bei vielatomigen Molekülen oft äußerst klein wird. Andererseits gibt es eine ganze Anzahl von scheinbar echt kontinuierlichen Absorptionsspektren von Molekülen, die nicht direkt zur Dissoziation zu führen scheinen, weil geringe strukturelle Veränderungen im Molekül die Schwingungsstruktur wieder erscheinen lassen. Nach KORTÜM soll es sich hierbei um Moleküle handeln, in denen große Gruppen, z.B. die beiden Phenolringe im Diphenyl (⬡—⬡), Torsionsschwingungen gegeneinander ausführen. Bei hinreichend großer Amplitude dieser Torsionsschwingungen wird dann anscheinend die das ebene und starre Gesamtmolekül ergebende Konjugation der beiden Phenolringe aufgehoben, so daß man zwar keine Dissoziation des Diphenylmoleküls, wohl aber den Übergang zu zwei nur lose und drehbar miteinander verkoppelten Phenolringen erhält. Die dieser Deutung entsprechende Verkürzung der Lebensdauer des angeregten Zustands des Gesamtmoleküls um viele Größenordnungen bewirkt nach der Unbestimmtheitsbeziehung Gl. (IV-16), daß das Absorptionsspektrum des Gesamtmoleküls seine Struktur einbüßt. Macht man in solchen Molekülen durch geeignete Substitutionen Torsionsschwingungen unmöglich oder friert diese durch Abkühlung ein, so erscheint die Struktur im Spektrum wieder, wie allgemein starre Moleküle eine klare Schwingungsstruktur zeigen. Es handelt sich also um eine interessante Wechselwirkung zwischen Elektronenanordnung und Torsionsschwingungen.

Eine Ergänzung dieser ausschließlich auf Absorptionsuntersuchungen beruhenden Kenntnis der Elektronenanregungsmöglichkeiten ist in gewissen Fällen durch Fluoreszenzuntersuchungen möglich, während die Untersuchung der Emissionsspektren vielatomiger Moleküle lange daran scheiterte, daß diese komplizierten Gebilde bei der Elektronenstoßanregung in Gasentladungen meist dissoziierten und man dann eine unübersichtliche Überlagerung der meist kontinuierlichen Spektren des Moleküls und seiner Bruchstücke erhielt. Nach SCHÜLER kann man aber in sehr stromschwachen Glimmentladungen unter besonderen Vorsichtsmaßnahmen doch diskrete wie kontinuierliche Emissionsspektren auch sehr komplizierter, leicht dissoziierender vielatomiger Moleküle sauber anregen. Durch Untersuchung ganzer Reihen solcher Moleküle, bei denen entweder an den gleichen Molekülkomplex die verschiedensten Gruppen angehängt oder umgekehrt die gleiche Gruppe an den verschiedensten Molekülkomplexen untersucht wurde, sowie durch Vergleich der Emissionsspektren mit den Absorptions- und Fluoreszenzspektren des gleichen Moleküls konnte eine ganze Anzahl neuer Gesetzmäßigkeiten und Zusammenhänge festgestellt werden, die für das Verständnis der vielatomigen Moleküle von Wichtigkeit sind. Die interessanten Unterschiede, die dabei bezüglich der Molekülanregung durch Licht (Absorption) und durch Elektronenstoß (Anregung in der Entladung) sichergestellt werden konnten, dürften auf die schon erwähnte Frage, warum und wie gerade ein bestimmtes Elektron bevorzugt angeregt wird, einiges Licht werfen können. Beim Formaldehyd, Azeton und Diazetyl z. B. erfolgt Fluoreszenzemission von einem tieferen Energiezustand des Moleküls als dem durch Lichtabsorption angeregten aus. Dieser Ausgangszustand der Fluoreszenz, der normalerweise von dem durch Absorption erreichten Zustand aus durch Stöße zweiter Art (vgl. III,6a) erreicht wird, kann durch Elektronenstoß direkt vom Grundzustand aus angeregt werden. In anderen Fällen, wie beim Benzol und seinen Derivaten, führt Lichtabsorption stets zur Anregung der nichtlokalisierten π-Elektronen des Benzolrings (vgl. VI,14d). Durch Elektronenstoß aber wird diese zwischen 2000 und 3000 Å liegende Emission des C_6-Ringes nur angeregt, wenn die Massenzahl der einzelnen Substituenten bzw. die zweier durch Doppelbindung verknüpfter Substituenten kleiner ist als 27. Dieser Befund deutet darauf hin, daß die π-Elektronen-Anregung durch außenhängende Atomgruppen blockiert werden kann, wenn deren Masse nicht zu klein ist. Ähnlich scheint der Masseneinfluß sich bei der Fluoreszenzanregung der Moleküle bemerkbar zu machen, wo z. B. die Fluoreszenzintensität mit zunehmender Masse des Substituenten in der Reihe Fluor-, Chlor-, Brombenzol abnimmt. Bezüglich des feineren Verhaltens der verschiedenen Außenelektronen größerer Moleküle bleibt also noch viel zu lernen.

b) Rotationsstruktur und Trägheitsmomente mehratomiger Moleküle

Die Rotationsstruktur, deren Untersuchung bei den zweiatomigen Molekülen nach VI,9 auf einfache Weise die Ermittlung von Trägheitsmoment und Kernabstand ermöglichte, ist für das Studium vielatomiger Moleküle (von dem gleich zu besprechenden Sonderfall der linearen Moleküle abgesehen) im allgemeinen von geringerem Wert. Einmal nämlich werden die Trägheitsmomente schon relativ einfacher vielatomiger Moleküle rasch so groß, daß wegen der dem Trägheits moment umgekehrt proportionalen Abstände der Bandenlinien die Rotationsstruktur nur noch mit hochfrequenzspektroskopischen Methoden auflösbar ist. Zum andern besitzt im allgemeinen ein mehratomiges Molekül drei verschiedene Hauptträgheitsmomente entsprechend dem Modell des unsymmetrischen Kreisels, und für dieses Modell ist die Rotationsstruktur schon theoretisch fast unübersichtlich kompliziert. Lediglich beim H_2O-Molekül konnten fast sämtliche Feinheiten der Rotationsstruktur aufgeklärt und entsprechend genaue Moleküldaten ermittelt werden. Auch in den scheinbar einfacheren Fällen, in denen zwei oder gar alle drei Trägheitsmomente gleich sind, ist die Rotationsstruktur wegen der Wechselwirkung der Rotation mit der Schwingung des Moleküls so verwickelt, daß nur wenige Moleküle genau untersucht sind. Wirklich übersichtlich ist eigentlich nur die Rotationsstruktur der gestreckten linearen Moleküle wie CO_2, N_2O, C_2H_2 usw. (Abb. 210), bei denen wie bei den zweiatomigen Molekülen das Trägheitsmoment um die Molekülachse in erster Näherung (wenn man von Knickschwingungen und Elektronendrehimpuls absieht) Null ist, und die beiden anderen Trägheitsmomente gleich groß sind. In diesem Fall gleichen die Rotationsbanden völlig denen der zweiatomigen Moleküle, und die Formeln von VI,9 können angewendet werden. Man entnimmt den Spektren also leicht das Trägheitsmoment des

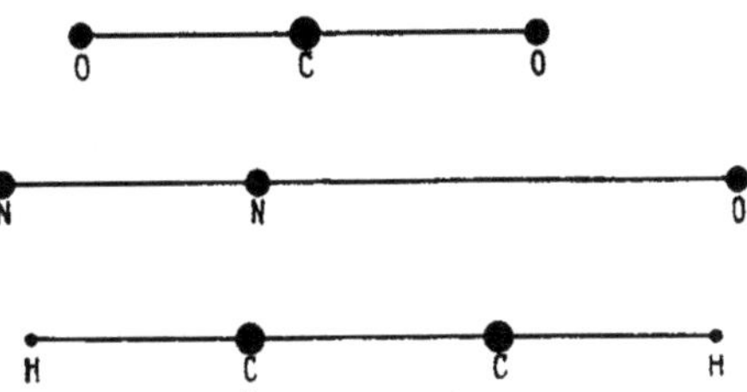

Abb. 210. Schematische Darstellung einiger einfacher gestreckter mehratomiger Moleküle: CO_2, N_2O und C_2H_2.

Moleküls. Aus den Trägheitsmomenten folgen aber auch bei bekannten Massen der das Molekül bildenden Atome nun nicht ohne weiteres die Kernabstände, weil ja verschiedene Kernanordnungen das gleiche Trägheitsmoment ergeben können. Zur Ermittlung der Kernabstände muß also eine der nichtspektroskopischen Methoden, z.B. die Elektronenbeugung, herangezogen werden.

c) Schwingung und Dissoziation mehratomiger Moleküle

Auch das Problem der Schwingungen eines beliebigen, aus N Atomen bestehenden vielatomigen Moleküls ist im allgemeinen schon theoretisch recht kompliziert. Um die Zahl der Schwingungsmöglichkeiten zu ermitteln, haben wir von den $3N$ Freiheitsgraden der N Atome die drei Freiheitsgrade der Translation und die im allgemeinen 3 Freiheitsgrade der Rotation des ganzen Moleküls abzuziehen, so daß $3N-6$ Freiheitsgrade für die Schwingung übrigbleiben. Ebenso groß ist dann die Anzahl der aus dem Ultrarot- bzw. RAMAN-Spektrum zu entnehmenden Grundschwingungsfrequenzen, aus denen sich die wirklichen, den LISSAJOUS-Figuren entsprechenden zusammengesetzten Schwingungen des Moleküls durch Superposition unter Berücksichtigung der zu den einzelnen Frequenzen gehörenden Schwingungsamplituden ergeben. Diese $3N-6$ unabhängigen harmonischen Schwingungen, aus denen sich alle wirklichen Bewegungsmög

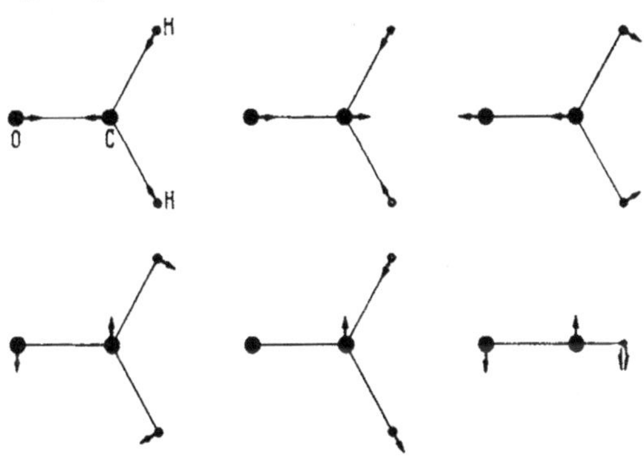

Abb. 211. Die Normalschwingungen des Formaldehydmoleküls H_2CO (nach MECKE).

lichkeiten des Moleküls zusammensetzen lassen, bezeichnet man als seine *Normalschwingungen*. Die sechs Normalschwingungen des vieratomigen ebenen Formaldehydmoleküls H_2CO beispielsweise sind in Abb. 211 gezeichnet; die sechste Normalschwingung erfolgt senkrecht zur Ebene des Moleküls, in der die übrigen fünf Normalschwingungen stattfinden.

Die grundsätzliche Schwierigkeit der Untersuchung der Schwingung mehratomiger Moleküle liegt nun darin, daß hier im Gegensatz zu den zweiatomigen die Kenntnis der spektroskopisch ermittelbaren Grundfrequenzen der Normalschwingungen nicht zur Bestimmung der zwischen den verschiedenen Atomen und Atomgruppen wirkenden Kräfte ausreicht. Man überlegt sich z.B. an Hand der Abb. 211 leicht, daß die Zahl der Spiral- und Blattfedern, die man sich zwischen den vier Atomen angebracht denken muß, damit durch deren Beanspruchung die gezeichneten Normalschwingungen möglich werden, viel größer ist als die Zahl 6 der Normalschwingungen, deren Frequenzen wir aus den Spektren ermitteln können. Die Zahl der Kraftkonstanten ist bei f Normalschwingungen $f\,(f+1)/2$, beträgt beim H_2CO also 21. *Die Ermittlung der Normalschwingungen aus dem Spektrum genügt also nicht zur Aufstellung eines Molekülmodells; man muß vielmehr zusätzlich die geometrischen Schwingungsformen feststellen und den geometrisch ermittelten Normalschwingungsformen dann die richtigen spektroskopisch bestimmten Grundschwingungsfrequenzen zuordnen.* Die Ermittlung der Schwingungsformen des Moleküls ist bei einfachen Molekülen durch geometrische Überlegungen möglich, sobald die Kernanordnung etwa durch Elektronenbeugungsversuche festgestellt ist. Bei komplizierten Molekülen hilft zur Feststellung der Schwingungsformen auch der Schwingungsisotopieeffekt (VI,12). Substituiert man nämlich an Stelle irgendeines Atoms im Molekül ein Isotop anderer Masse, so ist die dadurch bewirkte Veränderung des Schwingungsspektrums um so größer, je stärker das substituierte Atom an der betreffenden Schwingung beteiligt ist. Durch systematisches Arbeiten kann man so die verschiedenen Schwingungsformen und die zugehörigen Frequenzen ermitteln. Hierbei hilft auch die Feststellung von Mecke, daß die in Richtung der Verbindungslinie zweier Kerne erfolgenden „*Valenzschwingungen*" (z.B. die erste Normalschwingung der Abb. 211) stets wesentlich größere Frequenzen besitzen als die mit Winkeländerungen verbundenen „*Deformationsschwingungen*" wie die vierte und sechste Normalschwingung in Abb. 211. Allgemein liegt also die Schwierigkeit der Schwingungsanalyse vielatomiger Moleküle weniger in der Ermittlung der Grundschwingungsfrequenzen, als in der Zuordnung dieser Frequenzen zu den Normalschwingungen der Schwingungsbilder.

Es versteht sich von selbst, daß auch die Schwingungen mehratomiger Moleküle anharmonisch sind und damit insbesondere jede Valenzschwingung durch eine Potentialkurve wie Abb. 187 dargestellt werden kann. Aus der Anharmonizität der Schwingungen folgt wie bei den zweiatomigen Molekülen, daß im Spektrum außer den Übergängen zwischen benachbarten Schwingungszuständen mit geringerer Intensität auch größere Schwingungsquantensprünge vorkommen. Außerdem aber folgt aus der Anharmonizität eine gegenseitige Beeinflussung der verschiedenen Schwingungen, die sich im Auftreten von „*Kombinationsschwingungen*" d.h. Überlagerungen verschiedener Normalschwingungen, äußert und zu einer erheblichen Komplizierung der Schwingungsspektren führt. Die Verhältnisse liegen also ähnlich schwierig wie bei der Analyse eines zusammengesetzten Schwingungsvorgangs einer Orgel. Wie bei den zweiatomigen Molekülen treten auch bei den vielatomigen in den Emissions- und Absorptionsspektren die Frequenzen aller der Schwingungen auf, die eine Änderung des elektrischen Moments der Moleküle verursachen, während im Raman-Spektrum die Frequenzen der Schwingungen beobachtet werden, bei denen sich die Polarisierbarkeit der Moleküle ändert. Wieder ergänzen sich daher Ultrarotspektrum und RAMAN-Spektrum, so daß fast alle Molekülschwingungen experimentell ermittelt werden können. In den seltenen Ausnahmefällen, in denen bei einer Schwingung Dipolmoment *und* Polarisierbarkeit konstant bleiben und die betreffende Schwingung daher optisch inaktiv *und* RAMAN-inaktiv ist, kann man sie nach VI,10 wenigstens näherungsweise aus der Temperaturabhängigkeit der spezifischen Wärme bestimmen.

Wir haben bei der Elektronenbewegung in mehratomigen Molekülen zwischen lokalisierten, einem bestimmten Atom oder einer Atomgruppe zugehörigen Elektronen, und nichtlokalisierbaren, zur Hülle des gesamten Moleküls gehörenden Elektronen unterschie-

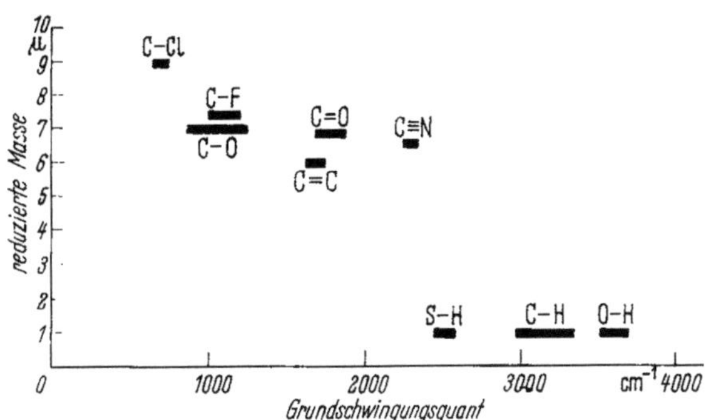

Abb. 212. Grundschwingungsquanten einiger wichtiger Valenzschwingungen, aufgetragen gegen die reduzierten Massen der schwingenden Molekülgruppen.

den. Ebenso können wir nun *lokalisierte und nichtlokalisierte Schwingungen* unterscheiden, je nachdem, ob an der fraglichen Schwingung nur zwei benachbarte Atome bzw. Atomgruppen beteiligt sind, daher nur *eine* Bindung beansprucht wird und die Größe der Schwingungsquanten damit von der Natur und dem Bewegungszustand der Umgebung im Molekül unabhängig ist, oder nicht. An den in Abb. 211 dargestellten Schwingungen des Formaldehydmoleküls beispielsweise sind sämtliche Atome des Moleküls beteiligt, sie sind daher *nicht*lokalisiert. Dagegen zeigt Abb. 212, daß die Grundschwingungsquanten zahlreicher wichtiger Valenzschwingungen unabhängig von ihrer Umgebung stets annähernd den gleichen Wert besitzen, also gut lokalisiert sind. Wegen ihrer Konstanz können sie auch als analytischer Hinweis auf das Vorkommen der entsprechenden Molekülgruppen dienen.

Von viel größerer Bedeutung als bei den zweiatomigen Molekülen ist bei den mehratomigen die Wechselwirkung von Schwingung und Rotation. Man kann sich nämlich an Hand von Schwingungsbildern wie Abb. 211 klarmachen, daß durch die Molekülrotation Molekülschwingungen in ähnlicher Weise gestört werden können wie die Schwingung des FOUCAULTschen Pendels durch die von der Erddrehung herrührenden CORIOLIS-Kräfte. Es gibt schließlich Fälle, wo Molekülschwingungen direkt in Rotationen übergehen können, wenn z.B. Molekülgruppen wie CH$_3$ gegen das übrige Molekül in ihrer stabilen Lage durch so schwache Kräfte gehalten werden, daß sie um diese Lage Drehschwingungen ausführen können, die u.U. aber in richtige Rotation umschlagen können. Der bei den zweiatomigen Molekülen so eindeutige Unterschied zwischen Schwingung und Rotation kann bei mehratomigen Molekülen also völlig verlorengehen. Auf die entsprechend verwickelten spektralen Erscheinungen können wir hier nicht eingehen. Es ist aber klar, daß Schwingungs- und Rotationsstruktur verschwinden müssen, wenn man durch Verbindungen zwischen den einzelnen Molekülen deren freie Schwingung und Rotation verhindert, z.B. durch Bildung der in VI,15 zu behandelnden Wasserstoffbrücken.

Zum Schluß behandeln wir noch kurz die Dissoziation. Wie bei den zweiatomigen Molekülen ist auch bei den mehratomigen eine Dissoziation unter Absorption kontinuierlicher Strahlung durch Übersteigerung der Molekülschwingung möglich, beschränkt sich aber natürlich auf die Übererregung von Valenzschwingungen (Sprengung von Bindungen), deren Bedeutung gegenüber den Deformationsschwingungen hierdurch anschaulich unterstrichen wird. Wegen der besprochenen großen Zahl der Schwingungsmöglichkeiten haben wir im allgemeinen auch eine ganze Anzahl von Dissoziationsmöglichkeiten. Aus dem gleichen Grunde tritt ferner viel häufiger als bei den zweiatomigen Molekülen die Überlagerung diskreter und kontinuierlicher Schwingungstermsysteme auf, die nach VI,7b zur Prädissoziation führen kann. In beiden Fällen bereitet wegen der Vielzahl der Möglichkeiten die Zuordnung eines bestimmten Absorptionskontinuums oder einer Prädissoziationsstelle im Spektrum eines vielatomigen Moleküls zu einem bestimmten Dissoziationsprozeß oft erhebliche Schwierigkeiten. Dabei ist noch zu beachten, daß bei mehratomigen Molekülen die aus den langwelligen Grenzen der Absorptionskontinua (bzw. den Prädissoziationsstellen) ermittelten Werte der Dissoziationsenergien nur deren *obere Grenzen* angeben können, da wegen der Kopplung zwischen den verschiedenen Molekülschwingungen bei der zur Dissoziation führenden Lichtabsorption nicht selten ein gewisser Energiebetrag auch zur Anregung anderer Schwingungen verbraucht wird.

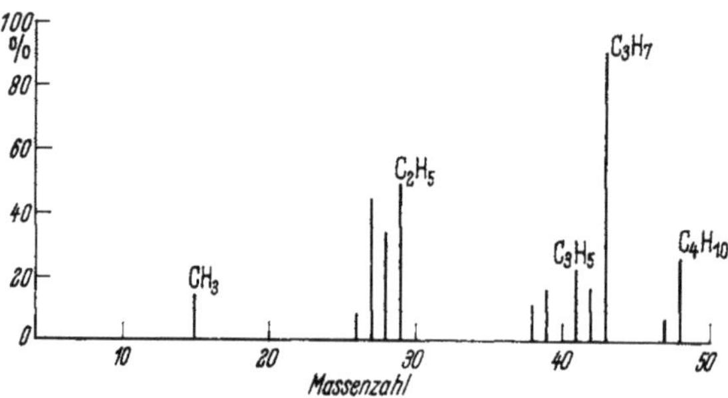

Abb. 213. Häufigkeitsverteilung der durch Elektronenstoß erzeugten Dissoziationsprodukte des C_4H_{10}-Moleküls nach massenspektrometrischer Analyse.

Wegen dieser Mehrdeutigkeit der spektroskopischen Ergebnisse ist jeder mit anderer Methodik gewonnene Hinweis auf Dissoziationsvorgänge besonders mehratomiger Moleküle von größtem Interesse. Solche Hinweise gibt z. B. die Photochemie, die u. U. die Photodissoziation aus deren Folgereaktionen sicherzustellen erlaubt, in gewissen Fällen auch der optische Nachweis von Dissoziationsprodukten, und schließlich die massenspektroskopische Untersuchung der Elektronenstoßdissoziation organischer Gase und Dämpfe (vgl. Abb. 213).

Zusammenfassend können wir also feststellen, daß die Untersuchung der Spektren mehr- und violatomiger Moleküle uns zwar Aufschluß über die Anregungs-, Ionisierungs- und Dissoziationsvorgänge und die zu diesen Prozessen erforderlichen Energiebeträge geben kann, daß sie uns in einfachen Fällen auch die Schwingungsmöglichkeiten und Kraftkonstanten sowie die Trägheitsmomente zu ermitteln gestattet, daß in allen komplizierteren Fällen aber zur exakten Ermittlung der Kernanordnung und Bindungsverhältnisse die spektroskopischen Methoden durch die in VI,2 erwähnten anderen Methoden der Molekülphysik, insbesondere die Elektronenbeugung, ergänzt werden müssen.

14. Die physikalische Erklärung der chemischen Bindung

Wir haben in diesem Kapitel das Wichtigste über den Aufbau und die Eigenschaften der Moleküle kennengelernt, diese dabei aber einfach als gegeben vorausgesetzt und die schwierige Frage offengelassen, durch welche atomaren Kräfte die Bindung einer Anzahl Atome gleicher oder verschiedener Art zu einem Molekül zustande kommt. Dabei haben wir es hier eigentlich mit dem Grundproblem der Chemie zu tun, weil diese es sonst einfach als Wunder hinnehmen muß, daß es ein H_2, aber kein H_3, ein CO und ein CO_2, aber kein CO_3 gibt, ein H_2SO_4, aber kein HSO usf. Für die atomphysikalische Begründung der Chemie bedeutet daher die 1927 mit den Methoden der Quantenmechanik gelungene physikalische Erklärung der chemischen Bindung homöopolarer Moleküle nach der Erklärung des Periodensystems der Elemente (vgl. III,19) den zweiten großen Erfolg.

a) Vorquantenmechanische Erklärungsversuche. Heteropolare Bindung und Oktett-Theorie

Einen ersten Teilerfolg im Ringen um ein Verständnis der chemischen Bindung hatte bereits 1916 Kossel bei dem Versuch erzielt, die Bindung der heteropolaren oder Ionenmoleküle wie NaCl auf elektrostatische Kräfte zurückzuführen. Nach III,19 folgt ja das Verhalten der chemisch inaktiven Edelgase aus der Tatsache ihrer abgeschlossenen Elektronenschalen. Die Atome mit einem oder wenigen äußersten Elektronen über abgeschlossenen Schalen (Alkalien, Erdalkalien usw.) sind elektropositiv, weil sie durch Abgabe dieser äußersten Elektronen in die Edelgaskonfiguration übergehen, die Halogene umgekehrt elektronegativ, weil sie durch Aufnahme eines Elektrons ihre Elektronenhülle zur Edelgasschale vervollständigen können. Die Bindung eines Alkalihalogenidmoleküls wie des NaCl beruht nach dieser einfachsten Vorstellung dann darauf, daß das Na-Atom sein äußerstes Elektron an das Cl-Atom abgibt, wodurch ein Na^+- und ein Cl^--Ion entstehen, die abgeschlossene Elektronenschalen wie die Edelgase besitzen, sich aber wegen ihrer entgegengesetzten Ladungen elektrostatisch anziehen.

Auch mehratomige Moleküle können durch diese Ionenbindung erklärt werden, wobei von zwei an der Bindung beteiligten Atomarten derselben Periode stets die im Periodensystem weiter links stehende positiv geladen erscheint, ein Atom der mittleren Gruppen des Periodensystems also je nach seinen Partnern in zwei verschiedenen Molekülen auch verschiedene Ladung besitzen kann. Ein Beispiel bilden die Moleküle PH_3 und PCl_5. Im ersten wird die Elektronenschale des P-Atoms durch Aufnahme der drei H-Elektronen zur Argonschale *ergänzt*, so daß es als dreifach negativ geladenes P^{3-}-Ion die drei einfach positiv geladenen H -Ionen bindet. Beim PCl_5 umgekehrt entreißt jedes der fünf Cl-Atome dem P-Atom ein Elektron, so daß dessen Elektronenschale zur Neonschale *abgebaut* wird und ein fünffach positiv geladenes P^{5+}-Ion entsteht, das die fünf Cl^--Ionen elektrostatisch bindet. In ähnlicher Weise kann man sich im CH_4 das C-Atom vierfach negativ, im CCl_4 vierfach positiv geladen denken. Die schon seit 1906 bekannte Abeggsche Regel, nach der die Summe der maximalen positiven und negativen Wertigkeit eines Atoms stets 8 beträgt, folgt so zwanglos aus der Möglichkeit des Auf- oder Abbaues der insgesamt 8 Elektronen umfassenden äußersten Edelgasschalen.

Kossel hat weiter gezeigt, daß eine konsequente Anwendung der skizzierten elektrostatischen Überlegungen selbst die verwickelten Erscheinungen aus der Komplexchemie von A. Werner verstehen läßt, bei denen ein meist hoch aufgeladenes Zentralatom eine größere Zahl von Außenatomen bindet, als seiner chemischen Wertigkeit nach möglich sein sollte. Dabei ist aber nicht nur die räumliche Ausdehnung der beteiligten Ionen zu berücksichtigen, sondern auch der „Durchgriff" des Zentralfeldes durch die „Hülle" der nächsten Nachbarn.

Diese Erklärung der Ionenbindung war so unmittelbar einleuchtend, daß man lange die der Theorie innewohnenden Schwierigkeiten zu übersehen geneigt war. Es ist nämlich nur beim CsF die zur Ionisierung des Metallatoms aufzuwendende Energie kleiner als die bei der Anlagerung des Elektrons an das Halogenatom frei werdende, so daß nur hier wirklich primär zwei entgegengesetzt geladene Ionen entstehen können, die sich dann anziehen und ein Ionenmolekül bilden. Daß auch zahlreiche andere Moleküle heteropolar gebunden sind, liegt daran, daß der Überschuß der Ionisierungs- über die Elektronenaffinitätsenergie durch den Energiegewinn bei der Molekülbindung überkompensiert wird. Dementsprechend besitzen die zweiatomigen Ionenmoleküle nach VI,2b zwar beträchtliche Dipolmomente; doch sind letztere erheblich kleiner als man sie erwarten müßte, wenn diese Moleküle wirklich aus Ionen aufgebaut wären. Bei KCl z. B. sollte das Dipolmoment dann gleich einer Elektronenladung multipliziert mit dem aus den Ionengrößen berechenbaren Kernabstand von 3,1 Å sein und somit $15 \cdot 10^{-18}$ betragen, während ein Wert von nur $8 \cdot 10^{-18}$ gemessen ist, und bei den meisten anderen Molekülen ist die Diskrepanz noch viel größer. Die Theorie der heteropolaren Bindung kann also trotz ihrer Bewährung bei der Erklärung eines vielfältigen Tatsachenmaterials nicht so einfach sein, wie sie zunächst erschien, und wir werden gleich sehen, wie sie durch die Quantenmechanik in den Gesamtrahmen der Valenztheorie eingeordnet und dabei modifiziert worden ist.

Aber auch abgesehen davon ist die Theorie der heteropolaren Bindung ersichtlich auf die Bindung solcher Atome beschränkt, die gegeneinander eine elektrische Polarität besitzen, und deren Elektronenschalen sich in der geschilderten Weise zu Edelgasschalen zu ergänzen vermögen. Die Bindung der einfachsten Moleküle H_2, N_2, O_2 und vieler anderer, d. h. die sog. *homöopolare Bindung*, kann durch sie nicht verstanden werden.

Einen Versuch zu ihrer Erklärung hat etwas später G. N. LEWIS mit seiner *Oktett-Theorie* gemacht. Auch sie geht von der Tatsache aus, daß sich die Elektronenschalen soweit wie möglich zu Edelgas-Achterschalen, sog. Oktetts, zu ordnen versuchen, und beschreibt deshalb, jedes Valenzelektron durch einen Punkt andeutend, z. B. das Äthanmolekül C_2H_6 folgendermaßen:

$$\begin{array}{c} \text{H} \quad \text{H} \\ \ddot{} \quad \ddot{} \\ \text{H} : \ddot{\text{C}} : \ddot{\text{C}} : \text{H} \\ \ddot{} \quad \ddot{} \\ \text{H} \quad \text{H} \end{array}$$

Durch Heranziehen der H-Elektronen gelingt es also den C-Atomen, sich mit einer vollen Achterschale zu umgeben, wobei aber jedes Elektronenpaar gleichzeitig zu zwei Atomen gehört und dadurch die Bindung zwischen ihnen bewirken soll. Die Oktetts können nun zwar bei vielen bekannten Molekülen keineswegs vollständig sein, da man das NO_2 z. B.

$$: \ddot{\text{O}} : \underset{\cdot}{\text{N}} : \ddot{\text{O}} :$$

schreiben muß; doch ist es einleuchtend, daß solche Moleküle chemisch um so aktiver sind, je weniger vollständig ihre Achterschalen sich aufbauen können. Das Entscheidende an LEWIS' Vorstellung ist, daß er die homöopolare Bindung auf die Wirkung gemeinsamer Elektronenpaare *zwischen* den zu bindenden Kernen zurückführt, wenn er auch noch keine physikalische *Erklärung* für diese zur Bindung führende Umordnung der Elektronenhüllen anzugeben vermochte.

b) Die Quantentheorie der chemischen Bindung

Auf die Quantentheorie der homöopolaren chemischen Bindung sind wir in IV,11 bei der Behandlung des H_2-Moleküls bereits eingegangen. Trotz der großen Bedeutung der Elektronen*paar*bindung aber wird der physikalische Vorgang der Bindung am Beispiel zweier durch *ein einziges* Elektron im H_2^+-Ion gebundener Protonen am besten deutlich. Ganz entsprechend unserer Argumentation beim H_2-Molekül (IV,11) kann das H_2^+-Elektron wegen der Gleichheit der Kerne 1 und 2 ebensogut beim einen (Wellenfunktion ψ_1) wie beim anderen Kern (Wellenfunktion ψ_2) sein, so daß die wirklichen Verhaltensmöglichkeiten des Elektrons im H_2^+ durch die Wellenfunktionen $\psi_1 \pm \psi_2$ beschrieben werden. Zeichnet man gemäß Abb. 214 den Verlauf der symmetrischen Wellenfunktion mit gerader Parität ψ_s = $\psi_1 + \psi_2$ und der antisymmetrischen Wellenfunktion mit ungerader Parität ψ_a = $\psi_1 - \psi_2$ für einen endlichen Kernabstand auf und bedenkt, daß das Quadrat der Wellenfunktion ja die zeitgemittelte räumliche Elektronendichteverteilung angibt, so erkennt man, daß im Falle ψ_s die Elektronendichte zwischen den beiden Kernen groß, im Fall ψ_a dagegen klein ist. Da die symmetrische Wellenfunktion keinen Knoten auf der Kernverbindungslinie besitzt, ist das durch ψ_s beschriebene Elektron ein $1s\sigma$-Elektron, während das durch die Wellenfunktion ψ_a mit einem Knoten auf der Kernverbindungslinie beschriebene Elektron ein $2p\sigma$-Elektron ist. Da das $1s\sigma$-Elektron sich nach Abb. 214 vorzugsweise zwischen den Protonen des H_2^+ aufhält, bindet es diese, während das $2p\sigma$-Elektron wegen seiner geringen Aufenthaltswahrscheinlichkeit zwischen den Kernen deren elektrostatische Abstoßung nicht zu kompensieren vermag und damit bei jedem Kernabstand Abstoßung ergibt.

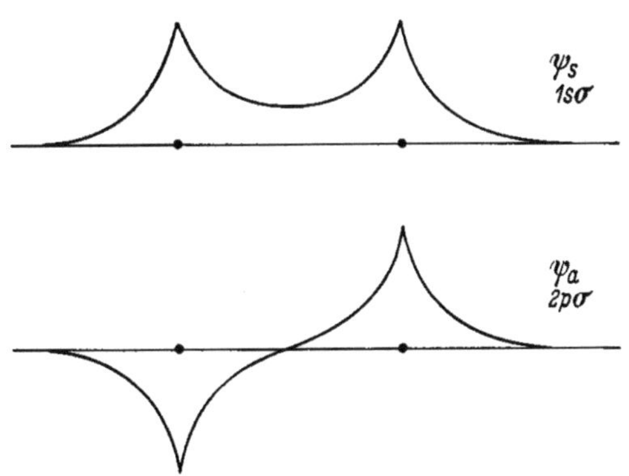

Abb. 214. Verlauf der gegen Spiegelung am Ursprung symmetrischen und der antisymmetrischen Wellenfunktion des H_2^+. Die symmetrische Wellenfunktion entspricht einer beträchtlichen Elektronendichte zwischen den Kernen und ermöglicht daher deren Bindung, während bei antisymmetrischer Wellenfunktion zwischen den Kernen ein Minimum der Elektronendichte liegt und daher eine Bindung nicht möglich ist.

Diese Diskussion zeigt, daß *auch nach der Quantenmechanik die chemische Bindung letztlich auf elektrostatischen Kräften beruht, nämlich auf der Kompensation der gegenseitigen Abstoßung der positiven Kerne durch die im Fall der symmetrischen Wellenfunktion zwischen ihnen vorhandene negative Ladungsdichte.*

Bei zwei an der Bindung beteiligten Elektronen wie im H_2-Molekül liegt der Fall ganz ähnlich; nur kommt hier das PAULI-Prinzip zusätzlich ins Spiel, nach dem alle Elektronen eines Moleküls sich in mindestens einer Quantenzahl unterscheiden müssen. Die beiden beim H_2 die Bindung bewirkenden $1s\sigma$-Elektronen müssen sich deshalb in ihrer Spinrichtung unterscheiden. *Diese nach dem PAULI-Prinzip erforderliche Spinabsättigung der beiden bindenden Elektronen des H_2 bewirkt also nicht die Bindung, wie gelegentlich fälschlich angenommen wird, sondern ermöglicht nur die Anwesenheit zweier $1s\sigma$-Elektronen im Molekül, die mit ihrer großen Aufenthaltswahrscheinlichkeit zwischen den Kernen elektrostatisch deren Bindung bewirken.*

Wie in IV,11 gezeigt, läßt sich auch das Verhalten der beiden H_2-Elektronen durch eine symmetrische Eigenfunktion $\psi_s = \psi(1,2) + \psi(2,1)$ und eine antisymmetrische $\psi_a = \psi(1,2) - \psi(2,1)$ beschreiben, wobei $\psi(1,2)$ und $\psi(2,1)$ sich durch die Zuordnung der Elektronen 1 und 2 zu den beiden Kernen a und b unterscheiden. Führt man nun die zunächst vernachlässigte Wechselwirkung der beiden Atome des Moleküls als Störung ein, so zeigt sich, daß die zunächst entarteten, d.h. die gleiche Energie besitzenden, durch die Eigenfunktionen ψ_s und ψ_a beschriebenen Zustände des Gesamtsystems in zwei verschiedene Energiezustände aufspalten, von denen der eine stets eine geringere Energie besitzt als *jeder* der beiden ursprünglichen, zu den Beschreibungen $\psi\,(1, 2)$ und $\psi\,(2, 1)$ gehörenden Zustände. Der geringeren potentiellen Energie der Kerne gegeneinander aber entspricht ein stabilerer Zustand des Gesamtsystems (Moleküls), und diese Stabilität ist offenbar um so größer, je größer die Wechselwirkung der beiden es bildenden Atome ist. Die Wechselwirkung zweier Atome und mit ihr die Bindungsfestigkeit des von ihnen gebildeten Moleküls aber nimmt mit abnehmendem Abstand in dem Maße zu, wie sich ihre Elektroneneigenfunktionen überlappen. Da nun jedes sich selbst überlassene physikalische System den Zustand geringster potentieller Energie anzunehmen sucht, werden *die Atome in einem Molekül sich, soweit das das* PAULI-*Prinzip zuläßt, so anordnen, daß ihre Elektroneneigenfunktionen sich weitestmöglich überlappen.* Einer beliebigen Verkleinerung der Kernabstände ist aber dadurch eine Grenze gesetzt, daß bei zu starker Durchdringung der Atome die gegenseitige Abstoßung der Kerne und die Undurchdringlichkeit etwa vorhandener abgeschlossener innerer Elektronenschalen (PAULI-Prinzip!) zu einem starken Ansteigen der potentiellen Energie Anlaß gibt. Aus diesem Zusammenwirken der anziehenden und der abstoßenden Kräfte folgt damit die bekannte Potentialkurve der zwischenatomaren Kräfte Abb. 187. Daß bei der Zusammenführung zweier H-Atome nach Abb. 102 ein Energiezustand zunächst abnehmender und ein solcher dauernd zunehmender potentieller Energie entsteht, folgt eben aus dem PAULI-Prinzip, nach dem nur bei antiparallelen Spinrichtungen beide Elektronen in der K-Schale sein können, während bei gleichgerichteten Spinmomenten eines der beiden Elektronen in die höhere L-Schale gehen muß und als $2p\sigma$-Elektron dadurch die Bindung verhindert.

Die quantitative wellenmechanische Theorie der chemischen Bindung ist deshalb so wenig durchsichtig, weil die Lösung der SCHRÖDINGER-Gleichung für ein so kompliziertes System wie das mehrerer miteinander wechselwirkender Atome exakt nicht möglich ist und selbst die Näherungslösungen nicht einmal gut sind. Letzteres liegt daran, daß die Elektronenumordnung bei der Molekülbildung aus Atomen wie umgekehrt bei der Dissoziation eines Moleküls in Atome zu tiefgreifend ist, um als nachträglich eingeführte Störung richtig berücksichtigt werden zu können.

Aus dieser Überlegung folgt, daß es für die Berechnung der das Elektronenverhalten in einem Molekül beschreibenden Wellenfunktionen zwei verschiedene und sich ergänzende Näherungsmethoden gibt, je nachdem, ob man von den getrennten Atomen und ihren Elektronenbahnen ausgeht, oder umgekehrt von dem bereits fertigen Kerngerüst des Moleküls, in dem dessen Elektronen sich bewegen müssen. Die erstgenannte Methode ist offenbar beim Wasserstoffmolekül identisch mit der schon eingehend behandelten HEITLER-LONDONschen Theorie, bei der man von den „Atombahnfunktionen" der Elektronen in den Atomen (engl. „atomic orbitals") ausgeht und die zur Bindung führende Umordnung der Elektronenhülle bei der Zusammenführung der Atome nachträglich als Störung berücksichtigt. Die Methode ist daher gut für *große* Atomabstände, wo die Umordnung wirklich nur eine Störung darstellt. Sie gibt aber zahlenmäßig unbefriedigende Ergebnisse bei den kleinen Kernabständen der wirklichen Moleküle.

Die zweite Näherungsmethode ist die der „Molekülbahnfunktionen" (engl. „molecular orbitals") von HUND und MULLIKEN. Bei ihr geht man von dem als bekannt vorausgesetzten Kerngerüst aus und untersucht das Verhalten, d.h. die Wellenfunktion, jedes Elektrons im sog. self-consistent Feld der positiven Kerne und der in geeigneter Weise über das gesamte Kerngerüst verteilt gedachten übrigen Elektronen. Im Fall des Wasserstoffmoleküls z.B. denkt man sich jedes Elektron im Feld zweier positiver Kerne, deren jeder aber nur die positive Ladung $e/2$ trägt, weil eine halbe Ladung jeweils bereits durch das auf die beiden Kerne verteilt gedachte andere Elektron abgeschirmt ist. Man erhält mit dieser Methode Bindungsenergien, die den beobachteten näher liegen als die der HEITLER-LONDON-Methode; sie ist also für fest gebundene Moleküle geeigneter als jene. Für große Kernabstände, d.h. locker gebundene oder kurz vor der Dissoziation stehende Moleküle dagegen führt sie nicht nur zu ungenügenden, sondern u. U. völlig falschen Ergebnissen. Die der Methode zugrunde liegende Annahme der Bewegung jedes Elektrons im Feld der beiden Kerne *und* des auf diese verteilten anderen Elektrons wird nämlich offenbar um so unrichtiger, je größer der Atomabstand wird, da im Grenzfall ja das eine Elektron beim einen und das andere beim anderen Kern sein muß. Während also die Atomfunktionenmethode automatisch zur Dissoziation in *die* Atome führt, mit deren Eigenfunktionen die des Moleküls angenähert wurde, fehlt bei der Methode der Molekülbahnfunktionen eine klare Zuordnung zwischen Molekül und Dissoziationsprodukten.

Dafür können wir aus der Durchführung des H_2-Problems mit der HUND-MULLIKEN-Methode eine wichtige Folgerung ziehen. Da das Verhalten jedes der beiden Elektronen im Felde der beiden Kerne a und b näherungsweise durch eine Wellenfunktion der Form $\psi_a + \psi_b$ dargestellt werden kann, ergibt sich unter Vernachlässigung des Normierungsfaktors für die Gesamtwellenfunktion des H_2-Molekül-Grundzustandes nach der HUND-MULLIKEN-Methode der Ausdruck

$$\psi = [\psi_a(1) + \psi_b(1)][\psi_a(2) + \psi_b(2)], \tag{58}$$

wobei in den Klammern die Nummer des bei dem betreffenden Kern befindlichen Elektrons angedeutet ist. Hierfür können wir auch schreiben

$$\psi = [\psi_a(1)\,\psi_a(2) + \psi_b(1)\,\psi_b(2)] + [\psi_a(1)\,\psi_b(2) + \psi_a(2)\,\psi_b(1)]. \tag{59}$$

Ein Vergleich von (59) mit Gl. (IV-155) zeigt, daß der in der Klammer rechts stehende Ausdruck identisch ist mit der wellenmechanischen Darstellung des H_2-Grundzustandes in der HEITLER-LONDONschen Theorie. Er beschreibt einen Zustand des Moleküls, in dem stets eines der beiden Elektronen bei einem Kern, das andere beim anderen Kern ist. Der in der linken Klammer stehende Ausdruck dagegen gibt nach Quadrierung die Wahrscheinlichkeit dafür, daß entweder beide Elektronen beim Kern a oder beide beim Kern b sind, er beschreibt damit ein H^+H^--Ionenmolekül. Unser Ergebnis ist also ein sehr überraschendes. *Die den Grundzustand des H_2-Moleküls beschreibende Wellenfunktion ist, als rein mathematische Folgerung aus dem bewährten Formalismus der Wellenmechanik, eine Linearkombination polarer und unpolarer Glieder*, und quantitativ kommt diese Darstellung den empirischen Bindungsverhältnissen näher als die die polaren Glieder vernachlässigende HEITLER-LONDON-Methode.

Die Tatsache, daß die der Erfahrung am besten gerecht werdende Darstellung der Bindung polare und unpolare Glieder enthält, deutet in sehr befriedigender Weise darauf hin, daß *heteropolare und homöopolare Bindung nicht etwas grundsätzlich Verschiedenes, sondern nur zwei Grenzfälle einer kontinuierlichen Mannigfaltigkeit von Übergangsfällen sind*. Wenn nach der zur Bindung führenden Elektronenumordnung im Zeitmittel stets das eine Elektron beim Atom a, das andere beim Atom b ist, so haben wir es mit einem echten Atommolekül und rein homöopolarer Bindung zu tun. Sind dagegen im Zeitmittel überwiegend beide Elektronen, die die Bindung vermitteln, beim Atom a und keines beim Atom b, so erscheint a negativ und b positiv geladen; das Molekül ist ein Ionenmolekül, und wir sprechen von heteropolarer oder Ionenbindung im KOSSELschen Sinne. Wir haben jedoch in VI,2b schon erwähnt, daß es nur wenige reine Ionenmoleküle gibt, da die gemessenen Dipolmomente meist wesentlich kleiner sind, als für ideale

Ionenmoleküle zu erwarten wäre. Die realen Moleküle liegen also zwischen den beiden Grenzfällen, indem selbst bei den symmetrischen Molekülen wie H_2 mit einer geringen Wahrscheinlichkeit einmal beide Elektronen an einem Atom gefunden werden, während bei den nichtsymmetrischen Molekülen wie CO die beiden Elektronen mit etwas größerer Wahrscheinlichkeit bei dem elektronegativen Partner zu finden sind und dadurch ein gewisser polarer Charakter auftritt. Nur bei wenigen Alkalihalogeniden überwiegt der polare Charakter eindeutig und liefert damit den entscheidenden Beitrag zur Bindung dieser Moleküle. Da somit heteropolare und homöopolare Bindung keine grundsätzlich verschiedenen Erscheinungen, sondern nur die beiden Extremfälle der die Bindung bewirkenden Elektronenumordnung darstellen, müssen sie auch in der Quantentheorie der chemischen Bindung eine einheitliche Beschreibung finden. Das ist in der HUND-MULLIKEN-Näherung automatisch der Fall, wie wir soeben durch Betrachtung der Gesamtwellenfunktion (59) gezeigt haben, während in der HEITLER-LONDON-Näherung, die von den neutralen Atomen ausgeht, polare Glieder nicht auftreten können.

c) Allgemeines über die Bindung von Atomen
mit mehreren Valenzelektronen

Wie steht es nun mit der Bindung von Atomen mit mehreren Valenzelektronen, d. h. der Bindung in Molekülen wie N_2, O_2, Cl_2, CO usw.? Wir können auch diese Frage mit HEITLER-LONDON von den das Molekül bildenden Atomen her betrachten und gelangen dann zwangsläufig zur Erklärung der chemischen Wertigkeit der Atome. Das wird unten im einzelnen diskutiert werden. Wir können andererseits wieder nach HUND-MULLIKEN-HERZBERG von dem fertigen Kerngerüst des Moleküls und den noch in ihren Atomzuständen gedachten Elektronen ausgehen und uns nacheinander je ein Elektron jedes der beiden ursprünglichen Atome in das fertige Kerngerüst eingebaut denken. Die für die Bindung entscheidende Frage ist dann, ob bei der Überführung der eine Bindung bildenden beiden spinkompensierten Elektronen aus den getrennten Atomen in das Molekül Energie verbraucht oder frei wird. Im ersteren Fall bezeichnet man das betreffende Elektronenpaar als ein *lockerndes*, im letzteren als ein *bindendes* Elektronenpaar. Bei dieser Untersuchung braucht man natürlich nur die äußersten Elektronen, die Valenzelektronen der das Molekül bildenden Atome, zu berücksichtigen, da die inneren abgeschlossenen Elektronenschalen in sich abgesättigt sind, bei „ihren" Atomen bleiben und an der chemischen Bindung daher unbeteiligt sind. Man kann dann den betreffenden Bindungszustand in erster Näherung einfach durch die Differenz der bindenden und der lockernden Elektronenpaare kennzeichnen. Beim O_2-Molekül z. B. kann man von den je vier Valenzelektronen der beiden O-Atome drei Elektronenpaare in bindenden, energetisch tieferen Zuständen ($2p\pi^4$ und $3p\sigma^2$) unterbringen, während das restliche vierte Elektronenpaar unter Energieverbrauch in einen höheren Zustand ($3p\pi^2$) gelangt, also lockernd wirkt und damit ein bindendes Elektronenpaar kompensiert. Im Endergebnis bleiben also zwei bindende Elektronenpaare übrig, die für die Bindung des O_2-Moleküls verantwortlich sind. In ähnlicher Weise stellt man leicht fest, daß zwei Atome mit je zwei äußeren s-Elektronen (z. B. Atome der zweiten Gruppe des Periodensystems) kein Molekül bilden können, weil beim Einbau dieser Elektronen in das Molekül nur eines der Elektronenpaare unter Energiegewinn in einen tieferen Zustand, das andere dagegen nur unter Energieaufwand in einen höheren Zustand eingebaut werden kann, so daß die Wirkungen des einen bindenden und einen lockernden Elektronenpaares sich aufheben und z. B. ein valenzmäßig gebundenes Hg_2-Molekül (im Gegensatz zu dem in VI,8 besprochenen, durch VAN DER WAALS-Kräfte nur ganz locker gebundenen!) nicht möglich ist. Diese zuletzt geschilderte Methode der Bindungsuntersuchung setzt ersichtlich eine genaue Kenntnis der Elektronzustände der Atome und Moleküle voraus und führt deren Bedeutung damit eindringlich vor Augen.

Gehen wir umgekehrt zur Untersuchung der getrennten Atome und ihrer *chemischen Wertigkeit* über, fragen also z.B., ob und wie viele H-Atome durch ein bestimmtes anderes Atom gebunden werden können, so ist klar, daß ohne weiteres alle die äußeren Elektronen, die ihre Spinmomente nicht bereits mit Partnern im gleichen Atom abgesättigt haben, mit entsprechenden Elektronen des anderen Atoms unter Spinabsättigung einen Valenzstrich bilden können, der dem des H_2 grundsätzlich ähnlich ist. Beim N_2 z.B. ersehen wir aus Tab. 9, daß das Stickstoffatom über der abgeschlossenen K-Schale fünf Elektronen besitzt, und zwar zwei $2s$-Elektronen und drei $2p$-Elektronen. Die ersteren haben bereits entgegengerichtete Spins, kommen also zunächst als Valenzelektronen *nicht* in Frage. Die drei $2p$-Elektronen dagegen haben nach Ausweis des Quartett-Grundzustandes (Spalte 3 von Tab. 9) gleichgerichtete, d.h. unabgesättigte Spinmomente. Sie können also mit den drei entsprechenden $2p$-Elektronen eines anderen N-Atoms unter Spinkompensation drei Elektronenpaare (Valenzstriche) bilden, die eine beträchtliche bindende Elektronendichte zwischen den Stickstoffkernen ergeben und damit die große Bindungs- bzw. Dissoziationsenergie des Stickstoffmoleküls von 9,76 eV verständlich machen. Nach dieser einfachsten Valenztheorie *ist also die chemische Wertigkeit eines Atoms gleich der Zahl seiner ungepaarten äußeren Elektronen und damit gleich der um eins erniedrigten Multiplizität des Atomgrundzustandes.* Diese Regel ist aber nur teilweise richtig. Sie erklärt zwar, daß z.B. die Alkalien wie die Halogene einwertig sind, während der Sauerstoff zweiwertig und der Stickstoff dreiwertig ist. Sie erklärt aber z.B. *nicht*, daß die Elemente der zweiten Gruppe des Periodensystems, wie ihr Singulettgrundzustand anzeigt, im Grundzustand zwei äußere s-Elektronen mit abgesättigten Spins besitzen und trotzdem zweiwertig auftreten (Beispiel: $BeCl_2$), daß der Kohlenstoff trotz seiner nur zwei ungepaarten Außenelektronen im allgemeinen vierwertig ist (bekanntlich die Grundlage der gesamten organischen Chemie!), und daß die Atome der III. Gruppe wie das Bor, obwohl nur eines ihrer Außenelektronen ungepaart ist, dreiwertig sind.

Die Ursache dieser Abweichungen von der einfachen Valenzregel liegt in der schon mehrfach erwähnten Tatsache, daß jede echte chemische Bindung eine tiefgreifende Elektronenumordnung darstellt, und daß die an ihr beteiligten Außenelektronen der reagierenden Atome dabei ihre normalen Eigenschaften u.U. sehr wesentlich ändern können. Das Berylliumatom z.B., das wegen seiner beiden spinabgesättigten äußeren $2s$-Elektronen chemisch inaktiv sein sollte, kann unter Aufwand von 2,7 eV in einen angeregten Zustand übergehen, in dem seine beiden äußeren Elektronen als $2s$ und $2p$ parallele Spinmomente besitzen, und in dem das Be-Atom somit zweiwertig sein muß und ist. Es wird aber nur solche Bindungen eingehen können, bei denen die erwähnte Elektronenanregungsenergie durch den Gewinn an potentieller Bindungsenergie überkompensiert wird. In gleicher Weise geht das die äußeren Elektronen $2s^2\,2p^2$ mit nur zwei ungepaarten p-Elektronen besitzende normale Kohlenstoffatom unter Aufwand von 4,2 eV in einen angeregten Zustand mit der Elektronenanordnung $2s\,2p^3$ über, in dem alle vier Außenelektronen nach Ausweis des Spektrums ungepaarte Spinmomente besitzen: *dies ist der für die Chemie so entscheidend wichtige vierwertige Zustand des C-Atoms.* Die tiefgreifende Elektronenumordnung bei der chemischen Bindung hat in diesem und einer Anzahl ähnlicher Fälle noch die weitere Folge, daß der im isolierten Atom so ausgeprägte Unterschied zwischen den $2s$- und $2p$-Elektronen im Molekül weitgehend verschwindet und wir es praktisch mit vier gleichwertigen Valenzelektronen zu tun haben, die z. B. im Methan (CH_4) vier Wasserstoffatome völlig symmetrisch und mit gleicher Stärke binden.

Eine ähnliche Umordnung der Elektronenschalen führt auch zu den auf den ersten Blick überraschenden Verbindungen der schweren Edelgase Krypton und Xenon wie etwa XeF_6. Die starke Elektronegativität des Fluoratoms führt hier offenbar zum Aufbrechen der $5p^6$-Schale des Xenons und zu einem teilweisen Herüberziehen von je einem dieser $5p$-Elektronen zu je einem Fluoratom.

d) Mehrfachbindungen, gerichtete Valenzen der Stereochemie und Wirkung nichtlokalisierter Valenzelektronen

Alle feineren Einzelheiten der chemischen Bindung auch der mehr- und vielatomigen Moleküle, einschließlich der gegen Verdrehung steifen Doppelbindung und der gewinkelten Valenzen der Stereochemie, folgen aus der in VI,14b schon begründeten, besonders von SLATER und PAULING betonten Tatsache, daß man die größtmögliche Energieerniedrigung bei der Zusammenführung von Atomen, d. h. die *größtmögliche Bindungsfestigkeit des von ihnen gebildeten Moleküls dann erhält, wenn sich die Eigenfunktionen der Elektronenpaare bildenden Valenzelektronen der zusammentretenden Atome weitestmöglich überlappen.* Zur anschaulichen Betrachtung solcher Verhältnisse eignen sich besonders die in Abb. 98 wiedergegebenen, über das Zeitmittel genommenen Bilder der räumlichen Verteilung der Atomelektronen in den verschiedenen Zuständen. Die entscheidende Rolle spielen dabei die p-Elektronen. Da diese im Gegensatz zu den kugelschalensymmetrischen s-Elektronen eine axiale Symmetrie besitzen, orientieren sich die drei mit gleicher Spinrichtung möglichen p-Elektronen (z. B. des N-Atoms) so, daß ihre Symmetrieachsen wie die drei Koordinatenachsen senkrecht aufeinander stehen. Wir unterscheiden sie deshalb als p_x-, p_y- und p_z-Elektronen. Betrachten wir jetzt etwa die beiden das N_2 bildenden Stickstoffatome mit ihren drei p-Valenzen und wählen wir die Kernverbindungslinie als x-Achse, so ist nach Abb. 215 anschaulich klar, daß die p_x-Elektronen der beiden Atome sich stark überlappen und damit eine feste Bindung ergeben

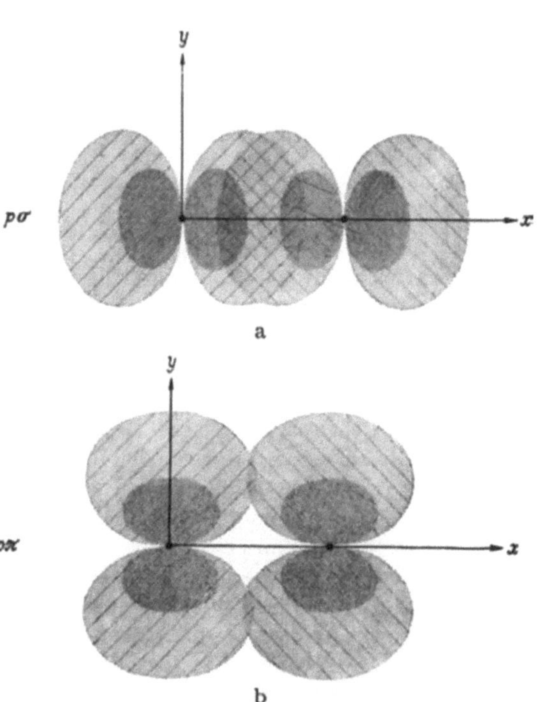

Abb. 215. Schematische Darstellung der Bindungsmöglichkeiten durch zwei p-Elektronen. a) die festere, aber einer Verdrehung um die x-Achse keinen Widerstand entgegensetzende $p\sigma$-Bindung; b) die schwächere, gegen Verdrehung um die x-Achse steife $p\pi$-Bindung.

(Abb. 215a), während *bei gleichem Kernabstand* die Überlappung der beiden p_y- und der beiden p_z-Elektronen (Abb. 215b) wesentlich geringer ist. Die drei Bindungen des N_2-Moleküls sind also keineswegs gleichwertig; wir haben vielmehr eine sehr feste p_x-p_x-Bindung und zwei wesentlich lockerere Bindungen p_y-p_y und p_z-p_z.

Da die p_x-Elektronen sich in Richtung der Molekülachse erstrecken, auf dieser also keine Knoten besitzen, hat ihr Bahnimpulsmoment $l = \hbar$ keine Komponente in Richtung der Molekülachse. Die p_x-Elektronen werden daher im Molekül nach VI,5 σ-Elektronen entsprechend der Quantenzahl $\lambda = 0$. Man bezeichnet deshalb die von zwei σ-Elektronen (die im Atom p_x- oder s-Elektronen sein können) gebildete Bindung auch als σ-Bindung. Im Gegensatz dazu besitzen die p_y- und p_z-Elektronen nach Abb. 215 Knoten auf der Molekülachse und eine Komponente ihres Bahndrehimpulses in Richtung der Molekülachse von $\lambda = \hbar$, so daß diese Elektronen im Molekül π-Elektronen werden. Man bezeichnet deshalb die Bindungen p_y–p_y und p_z–p_z auch als π-Bindungen. Im Stickstoffmolekül haben wir folglich eine (feste) σ-Bindung und zwei (weniger feste) π-Bindungen. Diese Unterscheidung von σ- und π-Bindungen hat eine sehr grundsätzliche Bedeutung für das Verständnis der freien bzw. behinderten Drehbarkeit von Molekülgruppen gegeneinander. *Bei der σ-Bindung ist die Elektronenverteilung zwischen den gebundenen Kernen rotationssymmetrisch um die Kernverbindungsachse.* Die zwei durch eine σ-Bindung verknüpften CH_3-Gruppen des Äthans z. B. können sich wegen der Rotationssymmetrie der σ-Bindung der beiden C-Atome frei gegeneinander drehen und tun das auch. *Bei einer π-Bindung dagegen besitzen nach Abb. 215b die beiden p_y-Elektronen Rotationssymmetrie um die y-Richtung, aber nicht um die mit der Kernverbindungslinie identische x-Achse.* Wir haben also bei der π-Bindung *kein* Elektronendichtemaximum auf der Kernverbindungslinie (x-Achse), wohl aber nach Abb. 215b ein solches in der xy-Ebene. *Diese flächenhafte, die π-Bindung bewirkende Elektronenverteilung setzt aber in anschaulich klarer Weise einer axialen Verdrehung des Moleküls einen Widerstand entgegen; es sind also zwischen zwei durch eine π-Bindung verknüpften Molekülgruppen Torsionsschwingungen möglich.* Praktisch kommt dieser Fall, da stets auch eine σ-Bindung möglich ist, nur bei *$\sigma\pi$-Doppelbindungen* vor und erklärt die aus der organischen Chemie wohlbekannte Steifigkeit der C=C-Doppelbindung, wie wir sie z. B. in dem ebenen, gegen Verdrehung steifen Äthylenmolekül $H_2C=CH_2$ vorfinden.

Die räumliche Struktur der Eigenfunktionen der p-Elektronen ist ferner verantwortlich für die gewinkelten Valenzen der Stereochemie. Betrachten wir als bekanntestes Beispiel etwa das H_2O-Molekül, bei dem die beiden s-Elektronen der H-Atome durch die zwei p-Valenzelektronen des O-Atoms gebunden werden, so erkennt man sofort, daß ein gestrecktes, lineares Molekül nicht möglich ist, weil gemäß Abb. 216 das in Richtung der x-Achse orientierte p_x-Elektron nur *ein* s-Elektron, d. h. H-Atom, binden kann (σ-Bindung), dessen

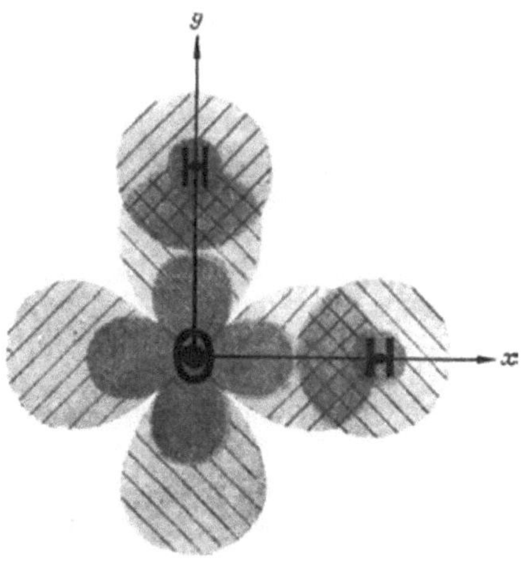

Abb. 216. Schematische Darstellung der Bindung der beiden H-Atome im H_2O durch die p-Elektronen des O-Atoms (gewinkelte p-Valenzen).

Kern auf der x-Achse liegt, während das p_y-Elektron des O-Atoms mit gleicher Stärke nur ein auf der y-Achse liegendes H-Atom zu binden vermag. *Aus der räumlichen ψ^2-Dichte der p-Elektronen* folgen also direkt und anschaulich die gewinkelten Valenzen des H_2O-Moleküls wie der ganzen Stereochemie. Wir erwarten dabei zunächst durchweg rechte Winkel. Die Bandenanalyse des H_2O hat demgegenüber einen Winkel von etwas über 100° ergeben, und auch sonst finden wir in der Stereochemie Abweichungen der Valenzwinkel von 90°. Diese Abweichungen können wir anschaulich durch die Annahme deuten, daß die auf den Schenkeln des Winkels sitzenden Atome entweder wegen ihrer eigenen Ausdehnung und Ladung sich gegenseitig beeinflussen und durch „sterische Behinderung" den Valenzwinkel vergrößern, daß bei der Molekülrotation eine zentrifugale Streckung des Moleküls stattfindet, oder daß sonstige interatomare Kräfte zwischen den Atomen wirksam sind.

Ein Beispiel für σ-Bindungen zwischen drei s-Elektronen und den drei mit ihren Achsen aufeinander senkrecht stehenden p-Elektronen eines anderen Atoms bildet das NH_3-Molekül, dessen Pyramidenform durch die Bindung je eines H-Atoms auf jeder der drei Koordinatenachsen durch die drei unabgesättigten p-Elektronen des die Pyramidenspitze bildenden N-Atoms unter Berücksichtigung einer gewissen Deformation durch interatomare Kräfte uns nun ohne weiteres verständlich ist.

Auf den vierwertigen Kohlenstoff mit seinen vier praktisch gleichwertigen Valenzen sind wir oben bereits eingegangen. Aus Symmetrieüberlegungen folgt,

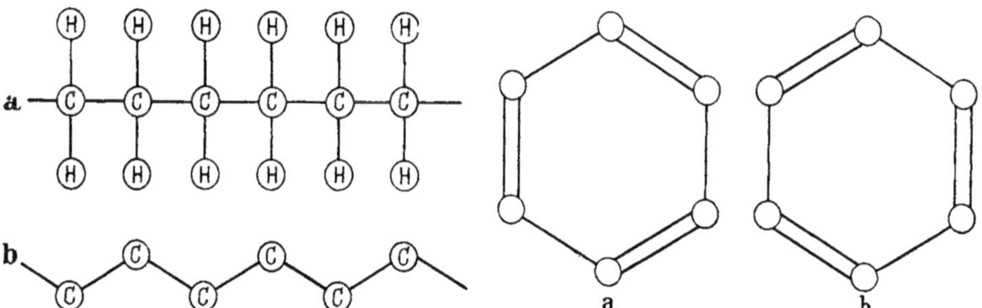

Abb. 217. Lineare (a) und gewinkelte (b) Anordnung der Kohlenstoffatome in einer Kohlenwasserstoff-Molekülkette.

Abb. 218. Die beiden möglichen Anordnungen der Einfach- und Doppelbindungen in einem Benzolring, durch deren Überlagerung der tatsächliche Bindungscharakter zustande kommt.

daß diese vier Valenzen des C-Atoms räumlich so angeordnet sind, daß sie gleiche Winkel miteinander einschließen, so daß in Übereinstimmung mit der Erfahrung das CH_4-Molekül ein regulärer Tetraeder aus H-Atomen ist, in dessen Mitte das C-Atom sitzt. Aus der gleichen Überlegung folgt, daß die aus der organischen Chemie bekannten langen CH_2-Ketten im Gegensatz zu der in Abb. 217a angedeuteten gestreckten und ebenen Form Winkel von etwa 110° zwischen den C-Atomen besitzen (Abb. 217b), wobei die H-Atome oberhalb und unterhalb der durch die C-Atome bestimmten Ebene liegen müssen. Auch die 120°-Winkel zwischen den C-Atomen des bekannten C_6-Benzolrings (Abb. 218) erklären sich in gleicher Weise, so daß alle wesentlichen Erscheinungen der gewinkelten Valenzen aus der räumlichen Struktur der p-Elektronen, bzw. beim Kohlenstoffatom der sp^3-Elektronen, verstanden werden können.

Ein beim Benzolring besonders deutlich werdendes Problem aber bleibt noch zu behandeln. Man bezeichnet alle bisher besprochenen Bindungstypen als *lokalisierte Bindungen*, weil jedes Elektronenpaar eindeutig einer bestimmten Bindung zwischen zwei Atomen zugeordnet werden kann und damit diese Bindung bewirkt. Mit dieser zunächst als einzig möglich erscheinenden Bindungstheorie läßt sich aber das wichtigste organische Molekül, der Benzolring C_6H_6, nicht verstehen. Wenn nämlich je eine der vier C-Valenzen je ein H-Atom bindet, so bleiben je C-Atom drei Valenzen übrig, so daß im Benzolring (wie es sich KEKULÉ vorgestellt hatte) zwischen den C-Atomen Einfach- und Doppelbindungen abwechseln müßten. Dieser Vorstellung widerspricht aber der empirische chemische wie molekülphysikalische Befund, der eindeutig einen völlig symmetrischen Ring fordert. E. HÜCKEL hat dieses Problem zuerst quantenmechanisch untersucht und gezeigt, daß zunächst jedes C-Atom mit seinen beiden Nachbarn und seinem H-Atom durch σ-Bindungen verknüpft ist, während die Wirkung der dann noch übrigbleibenden sechs Valenzelektronen der sechs C-Atome so ist, als ob sie *gleichmäßig* über den ganzen Benzolring verteilt wären, *so daß man gleichsam von einer anderthalbfachen Bindung zwischen je zwei C-Atomen des Benzolrings sprechen könnte. Solche Elektronen und Bindungen bezeichnet man als nichtlokalisiert*, da wir sie uns wirklich als frei über den ganzen Ring beweglich vorzustellen haben. Dieses Verhalten ist eine Folge der in IV,11 bereits behandelten quantenmechanischen Resonanz zwischen zwei Elektronenanordnungen gleicher Energie. Da sich von jedem C-Atom bereits drei σ-Bindungen zu seinen beiden Nachbarn und seinem H-Atom erstrecken, kann das vierte Valenzelektron nur eine π-Bindung mit dem eines benachbarten C-Atoms eingehen. Es besteht aber wegen der vollkommenen Symmetrie des Rings offenbar kein Grund für eine Bevorzugung etwa der Bindung nach rechts gegenüber der nach links. Wir haben also Energieresonanz zwischen den beiden durch Abb. 218 dargestellten Bindungsfällen. Wie stets in Fällen solcher Energieresonanz ist die das Verhalten der Elektronen (hier das der letzten sechs π-Elektronen) beschreibende Eigenfunktion eine Linearkombination der das Verhalten in den beiden Fällen Abb. 218a und b einzeln beschreibenden Wellenfunktionen. Physikalisch bedeutet das, daß die π-Elektronen zwischen den beiden in Abb. 218 angedeuteten Anordnungen hin und her oszillieren, d.h. mit gleicher Wahrscheinlichkeit über sämtliche sechs Bindungen verteilt sind. Der Benzolring ist nur das bekannteste Beispiel für die in der organischen Chemie ebenso häufige wie wichtige Erscheinung der *konjugierten Doppelbindungen*, in denen in der üblichen Darstellung stets aufeinanderfolgende C-Atome eines Ringes oder einer C_nH_n-Molekülkette abwechselnd durch σ-Einfachbindungen und $\sigma\pi$-Doppelbindungen verknüpft sind. In einer solchen Kette haben wir offenbar den gleichen Fall der Resonanz zwischen zwei verschiedenen, gleichberechtigten Anordnungen der π-Bindungen und folglich eine weitgehend freie Beweglichkeit dieser π-Elektronen längs der gesamten C-Kette. Eine Unterbrechung dieser Bindungsfolge durch zwei einander unmittelbar folgende Einfach- oder Doppelbindungen stört ersichtlich die Resonanz und wirkt damit als eine die freie Beweglichkeit der π-Elektronen unterbrechende Schwelle.

Für die mit der metallischen Leitfähigkeit (vgl. VII,13) eng verwandte *freie Beweglichkeit der π-Elektronen längs konjugierter Doppelbindungsketten oder -ringe* gibt es eine Anzahl eindrucksvoller Belege. Sie bedingt z. B. die ungewöhnlich große Polarisierbarkeit solcher Moleküle in einem elektrischen Feld in der Molekülebene oder längs der Molekülkette, wobei die Polarisierbarkeit in den dazu senkrechten Richtungen die normalen Werte nicht überschreitet. Nach III,15 beruht ferner die Erscheinung des Diamagnetismus auf einer induktiven Beeinflussung der Atom- oder Molekülelektronen durch den sich ändernden magnetischen Fluß, mit anderen Worten auf der Erzeugung atomarer oder molekularer Wirbelströme. Die diamagnetische Suszeptibilität muß folglich um so größer sein, je größer die Elektronenbeweglichkeit auf senkrecht zum Magnetfeld sich erstreckenden geschlossenen Bahnen ist. Dieser Effekt ist beobachtet bei Ringmolekülen mit freier Beweglichkeit der π-Elektronen, wo (Beispiel: Naphthalin) die diamagnetische Suszeptibilität für ein Magnetfeld senkrecht zur Ringebene dreimal größer ist als für ein solches in der Ringebene. Verknüpft man schließlich zahlreiche C_6-Ringe (ohne H-Atome) in einer Ebene miteinander und bildet so Gitterebenen des Graphits, so bewirkt die freie Beweglichkeit der π-Elektronen in diesen Ebenen eine senkrecht zu ihnen nicht vorhandene beinahe metallische Elektronenleitfähigkeit.

Diese Beobachtung leitet somit von den Problemen der Molekülbindung bereits über zu den im nächsten Kapitel zu behandelnden Festkörpererscheinungen.

Grundsätzlich kann also die heutige, auf der Quantenmechanik basierende atomphysikalische Valenztheorie alle Einzelheiten der sehr mannigfaltigen Erscheinungen der chemischen Bindung befriedigend erklären und auch Aussagen über den Bindungscharakter unbekannter, d.h. bisher noch nicht untersuchter oder herstellbarer Moleküle machen. Obwohl leider die mathematischen Schwierigkeiten der Störungsrechnung bei komplizierteren Molekülen so gewaltig werden, daß man sich hier meist auf qualitative Aussagen beschränken muß, ist dieses Ergebnis der atomphysikalischen Erklärung der chemischen Bindung doch für die theoretische wie die praktische Chemie von größter Bedeutung. Es ist daher auch besonders geeignet, dem Chemiker die Notwendigkeit der Beherrschung der Atomphysik mit den Elektronenzuständen einschließlich der erforderlichen Grundlagen der Quantenmechanik vor Augen zu führen.

15. Van der Waals-Kräfte

Die bisher behandelte Valenztheorie befaßt sich mit der Bindung von Atomen, deren gegenseitige Abstände, von Mittelpunkt zu Mittelpunkt gemessen, von der Größenordnung eines Atomdurchmessers (bzw. Atomgruppendurchmessers) sind. Für Atom- oder Molekülabstände, die merklich größer sind als ein Atomdurchmesser, findet keine so tiefgreifende Umordnung der Elektronenhüllen mehr statt, wie wir sie als wesentlich für die echte chemische Bindung erkannt hatten. Wir haben aber in VI,8 bei der Behandlung der locker gebundenen VAN DER WAALS-Moleküle mit großen Gleichgewichtskernabständen bereits erwähnt und wissen von der Existenz der Kohäsions- und Adhäsionskräfte her, daß schwächere Wechselwirkungskräfte zwischen Atomen und Molekülen auch noch bei größeren Abständen wirksam sind. Diese Kräfte, über die wir z.B. durch Streuversuche mit gekreuzten Atom- und Molekülstrahlen, aus der Kompressibilität von VAN DER WAALS-Kristallen (vgl. VII,3) sowie dem Verhalten realer Gase (VAN DER WAALS-sche Zustandsgleichung) Aufschluß gewinnen, bezeichnen wir zusammenfassend als VAN DER WAALS-*Kräfte*. Ihre quantenmechanische Behandlung ist zuerst von LONDON unternommen worden; doch können wir die wesentlichen Züge dieser *Kräfte zweiter Ordnung* am einfachsten verstehen, wenn wir rein klassisch die Wechselwirkung permanenter bzw. durch Polarisation entstehender Dipolmomente der fraglichen Atome oder Moleküle betrachten. Wir kommen dabei nicht nur (im Sinne des Korrespondenzprinzips) zur richtigen Abstandsabhängigkeit, sondern auch zur richtigen Größenordnung der Bindungsenergien. Daß diese klassische, von den Eigenschaften der isolierten Atome bzw. Moleküle ausgehende Betrachtung versagt, sobald bei Annäherung der Atome oder Moleküle deren Elektronenhüllen sich wesentlich zu deformieren beginnen, versteht sich von selbst; dann benötigen wir eben die Quantentheorie der chemischen Bindung.

Wir beginnen mit der Behandlung der Wechselwirkungsenergie zweier antiparallel nebeneinander liegender permanenter Dipole, vernachlässigen also für unsere Abschätzung die Winkelabhängigkeit der Kräfte. Die Energie eines Dipols mit dem Moment $e \cdot l = p$ in einem elektrischen Feld der Stärke E ist pE. Nun erzeugt ein Dipol mit dem Moment p_1 in seiner Umgebung ein elektrisches Feld der Stärke

$$E_1 = p_1/r^3 . \tag{60}$$

Die Wechselwirkungsenergie zweier ruhender antiparalleler Dipole der Stärken p_1 und p_2 ist folglich

$$U(r) = p_1 p_2/r^3 . \tag{61}$$

Wir zeigen an einem Beispiel, daß (61) zu vernünftigen Werten der Bindungsenergie zwischen zwei ruhenden Dipolmolekülen führt. Nach Tab. 15 in VI,2b ist
das Dipolmoment des HCl-Moleküls $1{,}03 \cdot 10^{-18}$ elektrostatische Einheiten. In
einem Abstand von 3 Å, wie er erfahrungsgemäß für van der Waals-Bindung
häufig vorkommt, würde nach (61) die Bindungsenergie der beiden Moleküle folglich $3{,}9 \cdot 10^{-14}$ erg $= 0{,}024$ eV sein. Dieser kleine Wert der Bindungsenergie ist
vernünftig, da wir wissen, daß HCl bei Zimmertemperatur ein nichtassoziiertes
Gas ist.

Da im allgemeinen die Temperaturbewegung eine dauernde Parallelstellung
der Dipolmomente der wechselwirkenden Moleküle verhindert, betrachten wir
jetzt die Bindungsenergie zweier Dipole für den Fall, daß die Einstellung von $\boldsymbol{p}_2$
in dem durch (60) beschriebenen Feld des Dipols $\boldsymbol{p}_1$ statistisch alle Orientierungsmöglichkeiten durchläuft. Die Rechnung ergibt für $pE \ll kT$, daß das mittlere
Moment des Dipols $\boldsymbol{p}_2$, das mit dem E-Wert von (60) multipliziert die Bindungsenergie $U\,(r)$ ergibt, den Wert

$$\overline{\boldsymbol{p}}_2 = \boldsymbol{p}_1\,\boldsymbol{p}_2^2/3\,kT\,r^3 \tag{62}$$

besitzt. Es ist anschaulich klar, daß $\overline{\boldsymbol{p}}_2$ um so größer sein muß, je größer die eine
Parallelstellung anstrebenden Dipolmomente $\boldsymbol{p}_1$ und $\boldsymbol{p}_2$ sind und je kleiner die die
Einstellung störende mittlere thermische Energie kT ist. Multiplikation von (60)
mit (62) ergibt für die Wechselwirkung zweier Dipolmoleküle bei genügend hoher
Temperatur

$$U\,(r) = \frac{\boldsymbol{p}_1\overline{\boldsymbol{p}}_2}{r^3} = \frac{\boldsymbol{p}_1^2\,\boldsymbol{p}_2^2}{3\,k\,T\,r^6}\,. \tag{63}$$

Das ist das berühmte r^{-6}-Gesetz für das Wechselwirkungspotential zweier Dipolmoleküle bei nicht zu niedriger Temperatur. Rechnen wir das obige Beispiel
zweier HCl-Moleküle mit dem angenommenen Abstand von 3 Å für Zimmertemperatur aus, so erhalten wir die gleiche Bindungsenergie wie mit (61); der
Temperatureinfluß würde sich also hier erst bei höherer Temperatur bemerkbar
machen.

Wir gehen nun zur Anziehung zwischen einem polaren Molekül und einem
Atom oder Molekül *ohne* permanenten Dipol über. Nach VI,2c wird in dem durch
(60) gegebenen Feld des Dipolmoleküls das unpolare Atom oder Molekül um so
stärker polarisiert, je größer seine Polarisierbarkeit α ist. Wir haben also

$$\boldsymbol{p}_2 = \alpha\,\boldsymbol{E}_1 = \alpha\,\boldsymbol{p}_1/r^3 \tag{64}$$

und damit

$$U\,(r) = \frac{\boldsymbol{p}_1\boldsymbol{p}_2}{r^3} = \frac{\alpha\,\boldsymbol{p}_1^2}{r^6}\,. \tag{65}$$

In gleicher Weise folgt für die Wechselwirkungsenergie (wobei hier stets nur von
der Anziehungsenergie die Rede ist) *zweier* polarisierbarer Moleküle mit permanenten Dipolmomenten, die dann also feldstärkeabhängig sind,

$$U\,(r) = \frac{\alpha_1\boldsymbol{p}_2^2 + \alpha_2\boldsymbol{p}_1^2}{r^6} \tag{66}$$

In allen diesen Fällen finden wir also das r^{-6}-Gesetz des Anziehungspotentials der
van der Waals-Kräfte.

Auch für zwei Atome oder Moleküle, die *beide keine* permanenten Dipole besitzen, erwarten und finden wir eine geringe gegenseitige Polarisation und damit
Anziehung, die mit r^{-6} geht. Wir können nämlich zwei wechselwirkende H-Atome,
als Beispiel genommen, als sehr schnell rotierende Dipole ansehen, die von Proton

und Elektron gebildet werden und deren Moment daher gleich der Elementarladung e multipliziert mit dem Atomradius R (hier 0,5 Å) ist. Die Neigung dieser beiden Dipole, sich antiparallel einzustellen, ist von der Größe der Dipole abhängig und umgekehrt proportional der mit der Ionisierungsenergie E_i zusammenhängenden Rotationsenergie. Wir kommen damit zur richtigen Größenordnung der resultierenden Anziehungskraft, wenn wir für das Dipolmoment des Atoms

$$|\boldsymbol{p}| = eR \tag{67}$$

und statt $3kT$ die Ionisierungsenergie E_i des Atoms nehmen. Einsetzen dieser Werte in (63) ergibt

$$U(r) = \frac{e^4 R^4}{E_i\, r^6}. \tag{68}$$

Für die Bindung zweier H-Atome im Abstand von 3 Å folgt aus (68) der nicht unvernünftige Wert von $2,6 \cdot 10^{-15}$ erg $= 1,6 \cdot 10^{-3}$ eV.

Definieren wir nun die Polarisierbarkeit α als das mittlere durch Polarisation im Feld erzeugte Dipolmoment p je Feldstärkeeinheit, so erhalten wir aus (4) und (67) mit E_i statt $3kT$

$$\alpha = \frac{e^2 R^2}{E_i} \tag{69}$$

und können statt (68) auch schreiben

$$U(r) = \frac{\alpha^2 E_i}{r^6}. \tag{70}$$

Dieses Ergebnis stimmt bis auf einen Faktor von der Größenordnung eins mit dem Ergebnis der strengen quantenmechanischen Rechnung überein. Für die Anziehung zweier Heliumatome ($\alpha = 2 \cdot 10^{-25}$ cm^3; $E_i = 24,6$ eV) im Abstand 3 Å erhalten wir aus (70) den Wert $6 \cdot 10^{-4}$ eV in guter Übereinstimmung mit dem äußerst niedrigen Siedepunkt des Heliums.

Wir erwähnen, obwohl nur lose mit den eigentlichen VAN DER WAALS-Kräften zusammenhängend, noch die unter der Bezeichnung „Wasserstoffbrücke" besonders dem Chemiker geläufige Bindung zwischen Außengruppen größerer Moleküle, da es sich auch bei ihr um eine Polarisationswirkung handelt. In Molekülen mit außen hängenden OH- oder NH-Gruppen wird nämlich das Elektron des H-Atoms von dem elektronegativeren Partner oft so weitgehend angezogen, daß man in erster Näherung von einem außen hängenden Proton statt eines H-Atoms sprechen kann. Dieses kann nun seinerseits Endgruppen benachbarter Moleküle (in gewissen Fällen auch des eigenen, dann ringartig geschlossenen Moleküls) polarisieren und diese damit binden, indem es gleichsam eine Brücke zwischen den beiden Gruppen bildet. Es ist dann oft nicht zu unterscheiden, welchem der beiden Moleküle bzw. Molekülgruppen das Proton angehört. Mittels der FOURIER-Analyse (vgl. VI,2a) von Elektronen- oder Neutronenbeugungsdiagrammen können solche Wasserstoffbrücken direkt nachgewiesen werden.

16. Molekularbiologie

Man kann heute eine Darstellung der Molekülphysik nicht abschließen, ohne wenigstens kurz auf die Bedeutung hinzuweisen, die die Erforschung der Molekülstruktur für die Biologie und insbesondere die Genetik gewonnen hat. Es war zwar schon länger angenommen worden, daß die Gene als Erbträger der biologischen Zelle einzelne, wenn auch sehr große Eiweißmoleküle seien und daß die ungeheure Zahl der verschiedenen Gene sich trotz ihrer Verschiedenheit in ihrem

Molekülbau nicht grundsätzlich unterscheiden. Erst in den letzten Jahren aber ist es gelungen, den Bau wenigstens einiger dieser für die Biologie schlechthin entscheidenden Riesenmoleküle, deren jedes zwar Hunderttausende von Atomen, aber nur solche der fünf Elemente H, N, O, C und P umfaßt, grundsätzlich aufzuklären und dadurch auch den Mechanismus der Reproduktion gleicher Genmoleküle bei der Zellteilung sowie den Aufbau der für den gesamten Zellstoffwechsel nötigen Enzymmoleküle wenigstens in seinen Grundzügen zu verstehen. Die Gene sind nach diesen auf WATSON und CRICK zurückgehenden Untersuchungen riesige,

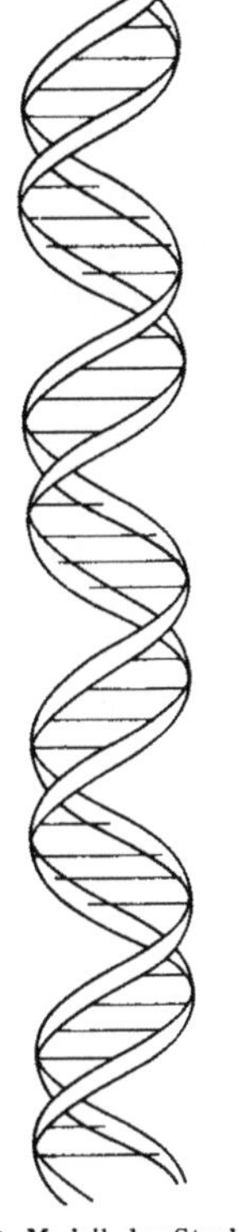

Phosphat			Phosphat
Zucker	Guanin	Cytosin	Zucker
Phosphat			Phosphat
Zucker	Thymin	Adenin	Zucker
Phosphat			Phosphat
Zucker	Adenin	Thymin	Zucker
Phosphat			Phosphat
Zucker	Cytosin	Guanin	Zucker

Abb. 219. Modell der Struktur des Desoxyribonukleinsäure - Moleküls (DNS-Molekül).

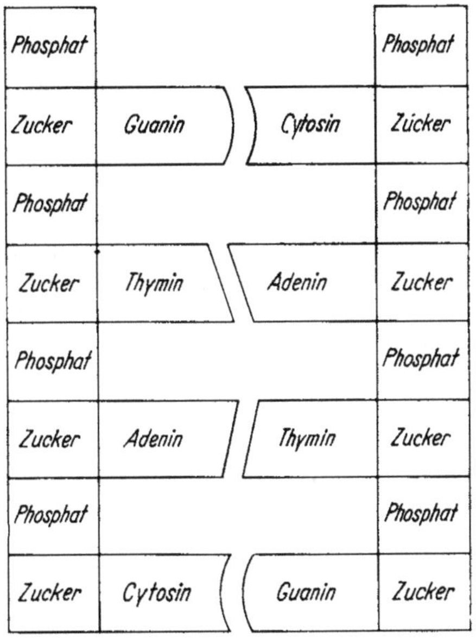

Abb. 220. Einige Glieder des Desoxyribonukleinsäure-Moleküls, in einer Ebene ausgebreitet dargestellt. Durch die verschiedenen Begrenzungsformen in der Mitte ist angedeutet, daß Guanin sich nur mit Cytosin verbinden kann, Adenin nur mit Thymin.

mehrere μ lange Desoxyribonukleinsäure-Moleküle (abgekürzt DNS), die aus nur vier verschiedenen kettenartigen Gliedern, Nukleotide genannt, aufgebaut sind. Und wir wissen heute, daß die Reihenfolge der Anordnung dieser nur vier verschiedenen Nukleotide in der DNS-Molekülkette in gleicher Weise die gesamte zur Erfüllung der Aufgabe des Gens, z.B. zum Aufbau eines bestimmten Enzyms erforderliche Information darstellt, wie sie der Magnetband-Speicher einer elektronischen Rechenmaschine in der bestimmten Aufeinanderfolge magnetischer Nord- und Südpole enthält. Jedes dieser Kettenglieder, der Nukleotide, besteht aus nur drei Molekülgruppen, und zwar einer Phosphorsäure, einem Zuckermolekül (Desoxyribose) und einer von vier stickstoffhaltigen Basen: Adenin, Thymin, Guanin oder Cytosin. Das gesamte DNS-Molekül gleicht nun einer wendelartig verdrillten Leiter (Abb. 219), deren beide Holme abwechselnd aus Zucker- und Phosphorsäure-Gliedern bestehen, während die die Holme verbindenden, stets an den Zuckermolekülen angreifenden Sprossen der Leiter aus je zwei durch Wasserstoffbrücken (vgl. VI,15) verbundenen Basen bestehen. Dabei kann sich aber von den vier Basen das Adenin stets nur mit Thymin und das Guanin nur mit Cytosin verbinden. Ein in einer Ebene ausgebreiteter Ausschnitt aus einer DNS-Leiter ist in Abb. 220 dargestellt. Daß die beiden durch die Basen verknüpften DNS-Ketten (die „Holme" der Leiter) in der Mitte der Sprossen durch die nur relativ schwachen Wasserstoffbrücken verknüpft sind, erweist sich als entscheidend wichtig. Bei der Zellteilung lösen sich nämlich diese H-Brücken, und die durch diese Längsteilung entstehenden beiden Halbmoleküle des DNS ergänzen sich aus den sie umgebenden freien Nukleotiden (den „Kettengliedern") wieder zu vollständigen DNS-Molekülen. Hierbei sorgt aber die Tatsache, daß Adenin sich nur mit Thymin und Cytosin sich nur mit Guanin verbinden kann, dafür, daß stets *genau die richtige Aufeinanderfolge der Nukleotide erreicht wird, die DNS-Moleküle sich also mit ihrer gesamten Informationsstruktur exakt reproduzieren.*

Die Gene müssen aber mehr können als nur sich durch Verdopplung vermehren. Sie bestimmen ja die makroskopischen Erbeigenschaften der aus der Zelle sich entwickelnden Lebewesen. Diese Wirkung der Gene erfolgt über die von ihnen erzeugten Eiweißenzyme, und jedes dieser Enzyme besteht aus Polypeptidketten, die ihrerseits aus 20 verschiedenen Aminosäuren in einer vom Gen bestimmten Ordnung aufgebaut werden. Viele Einzelheiten sind noch unbekannt. Aber schon zeichnet sich als faszinierendes Bild ab, wie ein längsgespaltenes DNS-Molekül (d.h. Gen), statt sich zu reproduzieren, unter Verwendung einer neuen Base, des Urazils, Ribonukleinsäure-Moleküle erzeugt, die die Gen-Information in Form geordneter Molekülgruppen in das Zellplasma (Zytoplasma) tragen und dort aus sog. Ribosomen in der vom Gen diktierten Ordnung, d.h. Molekülstruktur, die richtigen Aminosäuren zu den den Zellchemismus steuernden Enzymen aufbaut.

Auf Einzelheiten einzugehen, ist hier nicht der Platz; auch ist die Forschung noch zu sehr im Fluß. Es sollte aber gezeigt werden, wie die in diesem Kapitel behandelte Molekülstruktur einschließlich der letzten Feinheiten der verschiedenartigen Bindungen zwischen verschiedenen Atomen und Molekülgruppen weit über die Chemie im engeren Sinne hinaus auch den Mechanismus der Zellvermehrung, ja des Aufbaues der biologischen Individuen aus der ersten Zelle bestimmt.

Literatur

Allgemeine Molekülphysik:

ARKEL, A. E. VAN: Molecules and Crystals. Den Haag: Van Stockun 1949.

DAUDEL, R., R. LEFEBRE u. C. MOSER: Quantum Chemistry. New York: Interscience 1959.

DEBYE, P.: Polare Molekeln. Leipzig: Hirzel 1929.

FRÖHLICH, H.: Theory of Dielectrics. Oxford: University Press 1949.

GLASSTONE, S.: Theoretical Chemistry. New York: Van Nostrand 1944.

HÜCKEL, W.: Anorganische Strukturchemie. Stuttgart: Enke 1948.

NACHOD, F. C., u. W. D. PHILLIPS: Determination of Organic Structures by Physical Methods. New York: Academic Press 1962.

POLANYI, M.: Atomic Reactions. London: Williams and Norgate 1932.

PREUSS, H.: Grundriß der Quantenchemie. Mannheim: Bibliograph. Institut 1962.

RICE, F. O., u. E. TELLER: The Structure of Matter. New York: Wiley 1949.

SCHWARZ, J. C. P. (Hrsg.): Physical Methods in Organic Chemistry. London: Oliver and Boyd 1964.

SETLOW, R. B., u. E. C. POLLARD: Molecular Biophysics. Reading: Addison-Wesley 1962.

SIMPSON, W. T.: Theory of Electrons in Molecules. Englewood Cliffs: Prentice-Hall 1962.

SLATER, J. C.: Electron Structure of Molecules. New York: McGraw-Hill 1963.

STUART, H. A.: Die Struktur des freien Moleküls. Berlin/Göttingen/Heidelberg: Springer 1952.

SUHR, H.: Anwendungen der kernmagnetischen Resonanz in der organischen Chemie. Berlin/Heidelberg/New York: Springer 1965.

WAGNER, K. W.: Das Molekül und der Aufbau der Materie. Braunschweig: Vieweg 1949.

WOLF, K. L.: Theoretische Chemie. 3. Aufl. Leipzig: Barth 1954.

Molekülspektren:

BARROW, G. M.: Introduction to Molecular Spectroscopy. New York: McGraw-Hill 1962.

BELAMY, L. J.: The Infrared Spectra of Complex Molecules. 2. Aufl. New York: Wiley 1958.

BRANDMÜLLER, J., u. H. MOSER: Einführung in die Raman-Spektroskopie. Darmstadt: Steinkopff 1962.

FINKELNBURG, W.: Kontinuierliche Spektren. Berlin: Springer 1938.

FINKELNBURG, W., u. R. MECKE: Bandenspektren. Bd. 9/II des Hand- und Jahrbuches der chemischen Physik. Leipzig: Akademische Verlagsgesellschaft 1934.

GAYDON, A. G.: Dissociation Energies and Spectra of Diatomic Molecules. New York: Wiley 1947.

HERZBERG, G.: Molekülspektren und Molekülstruktur I. Dresden/Leipzig: Steinkopff 1939. Verbesserte 2. englische Auflage: New York: Van Nostrand 1950.

HERZBERG, G.: Infrared and Raman Spectra of Polyatomic Molecules. New York: Van Nostrand 1945.

JOHNSON, R. C.: Introduction to Molecular Spectra. New York: Pitman 1949.

KOHLRAUSCH, K. W. F.: Der Smekal-Raman-Effekt (mit Erg.-Bd.). Berlin: Springer 1931/38.

KOHLRAUSCH, K. W. F.: Raman-Spektren. Leipzig: Akademische Verlagsgesellschaft 1943.

PEARSE, R. W. B., u. A. G. GAYDON: The Identification of Molecular Spectra. 2. Aufl. New York: Wiley 1950.

PRINGSHEIM, P.: Fluoreszenz und Phosphoreszenz. 3. Aufl. Berlin: Springer 1928. Verbesserte englische Auflage: New York: Interscience 1949.

SCHAEFER, CL., u. F. MATOSSI: Das ultrarote Spektrum. Berlin: Springer 1930.

SPONER, H.: Molekülspektren und ihre Anwendung auf chemische Probleme. 2 Bde. Berlin: Springer 1935/36.

WEIZEL, W.: Bandenspektren. Erg.-Bd. I des Handbuches der Experimentalphysik. Leipzig: Akademische Verlagsgesellschaft 1931.

WILSON, E. B., J. C. DECIUS u. P. C. CROSS: Molecular Vibrations. New York: McGraw-Hill 1955.

WU, TA YOU: Vibrational Spectra and Structure of Polyatomic Molecules. Peking: National University Press 1939.

Chemische Bindung:

BRIEGLEB, G.: Elektronen-Donator-Acceptor-Komplexe. Berlin/Göttingen/Heidelberg: Springer 1961.

COULSON, C. A.: Valence. Oxford: University Press 1952.

DEWAR, M. J. S.: The Electronic Theory of Organic Chemistry. Oxford: University Press 1949.

HARTMANN, H.: Theorie der chemischen Bindung auf quantenmechanischer Grundlage. Berlin/Göttingen/Heidelberg: Springer 1953.

JAWSON, M. A.: The Theory of Cohesion. London: Pergamon Press 1954.

KOSSEL, W.: Valenzkräfte und Röntgenspektren. 2. Aufl. Berlin: Springer 1928.

KRONIG, R. DE L.: The Optical Basis of the Theory of Valency. New York: McMillan 1935.

PALMER, W. C.: Valency Classical and Modern. Cambridge: University Press 1944.

PAULING, L.: The Nature of the Chemical Bond. 3. Aufl. Ithaca: Cornell University Press 1959. Deutsche Übersetzung: Weinheim: Verlag Chemie 1962.

RICE, O. K.: Electronic Structure and Chemical Binding. New York: McGraw-Hill 1940.

SEBERA, D. K.: Electronic Structure and Chemical Bonding. New York: Blaisdell 1964.

SIRKIN, Y. K., u. M. E. DYATKINA: The Structure of Molecules and the Chemical Bond. London: Butterworth 1949.

VII. Festkörper-Atomphysik

1. Allgemeines über die Struktur des festen, des flüssigen und des Plasma-Zustands der Materie

Von der Behandlung der isolierten Moleküle, Atome, Atomkerne und Elementarteilchen gehen wir nun zu der der zusammenhängenden Materie über, deren Eigenschaften durch die Art der Bindung zwischen den Bausteinen (Atomen, Molekülen, Ionen, Elektronen) bestimmt sind.

Im *festen Zustand* bedingen die zwischen den atomaren Bausteinen wirkenden Bindungskräfte bei nicht zu hoher, d.h. genügend unter dem Schmelzpunkt liegender Temperatur, daß dem Zustand des Gleichgewichts, d.h. des Minimums der potentiellen Energie, eine regelmäßige geometrische Anordnung der Atome entspricht, und einen derart geordneten Atomverband nennen wir einen *Kristall*. Bei zu schwacher Bindung oder zu hoher Temperatur verhindert die Wärmebewegung der Atome die Einstellung dieses Zustands. Die Bausteine besitzen dann eine mit zunehmender Temperatur wachsende Beweglichkeit, durch die die geometrische Regelmäßigkeit der Anordnung gestört wird; wir haben den Übergang zum *flüssigen Zustand*.

Als *Plasma-Zustand* bezeichnet man den heute immer wichtiger werdenden Zustand von Materie, deren Bausteine geladene Teilchen, meist Ionen und Elektronen, hoher Beweglichkeit sind, in denen aber trotz der ungeordnet-statistischen Bewegung der Bausteine die zwischen diesen wirksamen elektrostatischen Anziehungs- und Abstoßungskräfte für eine Kopplung und damit einen gewissen Ordnungszustand sorgen. Aus diesem Grunde rechnen wir den Plasma-Zustand zu den Zuständen der *zusammenhängenden Materie*. Die die geladenen Plasma-Bausteine koppelnden Kräfte sorgen beispielsweise dafür, daß in jedem nicht zu kleinen Volumenelement stets die gleiche Zahl positiver und negativer Ladungsträger zu finden ist, das Plasma also wie ein Festkörper oder eine Flüssigkeit *quasineutral* ist.

Es gibt verschiedenartige Verwirklichungen des Plasma-Zustands. Am bekanntesten ist das *Hochtemperatur-Plasma*, in dem bei Temperaturen über 10^4 °K die dann gasförmige Materie so hoch ionisiert ist, daß sie im wesentlichen aus freien Ionen und Elektronen besteht. Diesen Hochtemperatur-Plasmazustand finden wir im Innern der Sonne und der Fixsterne, ferner in Lichtbögen, Funken und ähnlichen elektrischen Entladungen genügend hoher Stromdichte.

In letzter Zeit finden, besonders als bequeme Mittel zum Studium gewisser Plasma-Eigenschaften wie dynamischer Instabilitäten, auch die Festkörper-Plasmen immer größere Beachtung. Nach VII,7 besteht ein Metall wie etwa Silber aus einem festen Gitter von Ag^+-Ionen mit in ihm weitgehend frei beweglichen Leitungselektronen. Im Gegensatz zum Hochtemperatur-Plasma, in dem *beide* Ladungsträgerarten frei beweglich sind, besitzen diese Eigenschaft im festen Metall also nur die Elektronen. In weiterem Gegensatz zum thermischen Plasma, dessen gesamte Eigenschaften temperaturabhängig sind, ist die kinetische Energie der Metallelektronen nach IV,13 nicht durch die Temperatur, sondern durch die der ʻFERMI-Statistik zugrunde liegenden Quantengesetze bestimmt, so daß die Metallelektronen ein sehr unthermisches Plasma darstellen. Nach VII,7 aber sind die *elektronischen Halbleiter* Festkörper, in denen die Leitungselektronen wie ihre positiven Partner, die Defektelektronen oder positiven Löcher, in ausreichend weiten Temperaturbereichen eine durch die Temperatur bestimmte Energie- und

Geschwindigkeitsverteilung besitzen, also thermische Plasmen darstellen. Da es zudem Halbleiter mit nur freien Elektronen, solche mit nur freien Defektelektronen und schließlich solche mit beweglichen Ladungsträgern *beider* Vorzeichen gibt, werden die Ladungsträger der festen Halbleiter in zunehmendem Maße zu plasmaphysikalischen Untersuchungen benutzt. Ganz allgemein werden heute auch plasmaphysikalische Betrachtungen und Begriffe zur Erklärung typischer Festkörper-Eigenschaften herangezogen.

Der *feste* Aggregatzustand ist also identisch mit dem festkristallinen Zustand der Materie; bei den scheinbar nichtkristallinen oder amorphen Körpern handelt es sich entweder um Strukturen, die aus zahllosen ineinander verwachsenen Mikrokristallen bestehen, oder aber wir haben es gar nicht mit echten festen Körpern, sondern mit unterkühlten Flüssigkeiten (z.B. den Gläsern) zu tun. Auch bei den wenigen heute als wirklich amorph angesehenen Festkörpern wie der explosiven Modifikation des Antimons und dem grauen Selen handelt es sich wahrscheinlich nicht um thermodynamisch stabile Modifikationen des festen Zustands, wie die Tatsache der Explosivität des amorphen Antimons zeigt. Mit dem echten festkristallinen Zustand der Materie werden wir uns eingehend in den gesamten übrigen Abschnitten dieses Kapitels befassen und wollen hier nur noch kurz auf das in vielen Einzelheiten noch der Klärung harrende Problem der Flüssigkeitsstrukturen eingehen.

Nach den obigen Andeutungen scheint es naheliegend, auch in Flüssigkeiten noch eine einigermaßen regelmäßige Atomanordnung zu vermuten, deren Ausbildung nur durch die Wärmebewegung der Ionen, Atome oder Moleküle mehr oder weniger gestört sein sollte. Tatsächlich hat man mit der Methode der Röntgenstrahlbeugung nach DEBYE (vgl. VII,4) breite Maxima der gegen den Beugungswinkel aufgetragenen Streuintensität erhalten, aus denen man auf eine quasikristalline Struktur der Flüssigkeiten, d.h. ein verschmiertes oder verwackeltes Kristallgitter schließen zu können glaubte. Auch andere experimentelle Hinweise schienen für diese Deutung zu sprechen. Genaue Röntgen-Beugungsmessungen aus jüngster Zeit aber haben zu dem sicheren Ergebnis geführt, daß die Atome zum mindesten im flüssigen Zustand unlegierter Metalle wie in einer Schüttung starrer Kugeln statistisch angeordnet sind und ihre Lage durch thermische Bewegung häufig verändern. Die zunächst quasikristallin erscheinende Ordnung aber kommt dadurch zustande, daß die Atome der Schmelze im Gegensatz zu denen eines Gases sich berühren und daher um jedes beliebige Atom sich im Mittel die gleiche Atomverteilung einstellt.

Dabei weicht aber die Koordinationszahl (Zahl der nächsten Nachbarn) in der Schmelze zum Teil beträchtlich von der des festen Zustandes ab. Bei solchen Metallen, die im festen Zustand die Koordinationszahl 12 der dichtesten Kugelpackung besitzen, wird diese beim Schmelzen infolge Fehlstellenbildung (vgl. VII,18) erniedrigt. Bei im festen Zustand lose gepackten Gittern dagegen erhöht sich beim Schmelzen infolge der größeren Unordnung die Packungsdichte und damit die Koordinationszahl.

Beim Schmelzen von Legierungen (vgl. VII,7) liegen die Verhältnisse komplizierter; doch hat auch hier die Anordnung der nächsten Nachbarn eines Atoms mit der Gitteranordnung im festen Zustand nichts mehr gemein. Charakteristisch für den flüssigen Zustand der Materie ist also die anschaulich erwartete, zu einer beträchtlichen Unordnung führende Beweglichkeit der Atome. Diese Beweglichkeit einzelner Kristallbausteine (und mit ihr der allgemeine Fehlordnungszustand des Kristalls) nimmt mit wachsender Temperatur immer mehr zu, bis bei einer bestimmten Temperatur plötzlich der Schmelzpunkt erreicht wird, oberhalb dessen die Beweglichkeit dann *sämtlichen* Teilchen zukommt. Jedenfalls ist die in den meisten Fällen beobachtete Volumenzunahme beim Schmelzen eine Folge der größeren Zahl von Gitterfehlstellen (Löchern) in der Schmelze, und die Schmelzwärme nichts anderes als die zur Bildung dieser Löcher aufzuwendende Energie. Mit wachsender Temperatur wird die Beweglichkeit der Gitterbausteine immer größer, bis das kristalline Gitter infolge der zunehmenden Schwingungen der Bausteine schließlich bei der Schmelztemperatur zusammenbricht und sich eine statistische „Kugelhaufen-Anordnung" ausbildet, deren freie Energie im zeitlichen wie räumlichen Mittel ein Minimum wird (sog. BERNAL-Modell).

Anders als die in jüngster Zeit besonders eingehend untersuchten Metallschmelzen, deren Struktur also *keine* quasikristallinen Ordnungsmerkmale zeigt, verhalten sich die anorganischen und organischen Lösungen bzw. Flüssigkeiten. Bei ihnen kann sich wirklich eine quasikristalline Nahordnung der Moleküle ausbilden. STUART und KAST haben durch instruktive Modellschüttelversuche, bei denen die Moleküle mit ihren zwischenmolekularen Kräften durch kleine Magnetstäbchen ersetzt wurden, Flüssigkeitsstrukturen in Abhängigkeit von Molekülart, Temperatur und Dichte untersucht und mit den empirisch ermittelten Strukturen wirklicher Flüssigkeiten verglichen. Die verschiedenen Strukturen von Dipol- und Quadrupolmolekülflüssigkeiten z.B. konnten auf diese Weise sehr schön gezeigt werden.

Allgemein führen Dipol- oder Quadrupolmomente zur Ausbildung von Molekülketten (z.B. bei den Alkoholen) bzw. Molekülschwärmen (wie bei den sog. assoziierten Flüssigkeiten) und sind damit für das anomale Verhalten der entsprechenden Flüssigkeiten verantwortlich. Die weitaus wichtigste assoziierte Flüssigkeit ist das Wasser, dessen anomales Verhalten schon lange auf Assoziationen zurückgeführt wurde. Während man aber früher an polymere Moleküle vom Typ $(H_2O)_n$ gedacht hat, deren Grad n als konstant gedacht und vergeblich zu bestimmen versucht wurde, weiß man heute, daß es sich um zeitlich veränderliche Molekülschwärme handelt. Flüssiges Wasser besteht z.B. bei 0 °C aus relativ

Abb. 221. Zur quasikristallinen Struktur des Wassers. Tridymitstruktur der aus H_2O-Molekülen sich bildenden „Schwärme" im flüssigen Wasser. Schwarze Kugeln: O-Atome, weiße Kugeln: H-Atome. Jedes O-Atom ist tetraedrisch von vier H-Atomen umgeben (nach KORTÜM).

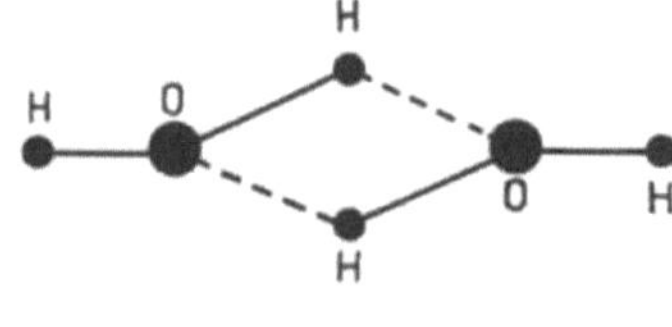

Abb. 222. $(H_2O)_2$-Doppelmolekül in flüssigem Wasser bei hoher Temperatur.

gut geordneten Schwärmen von jeweils vielen Hunderten von H_2O-Molekülen und besitzt eine tridymitähnliche Struktur, bei der gemäß Abb. 221 jedes O-Atom tetraedrisch von vier H-Atomen umgeben ist. Mit zunehmender Temperatur aber nimmt die Molekülzahl bis auf zwei ab, so daß das Wasser dann aus Doppelmolekülen besteht, in denen die H-Atome Wasserstoffbrücken gemäß Abb. 222 bilden. Auch die Veränderung der Struktur und damit der Eigenschaften des Wassers durch die Einlagerung verhältnismäßig weniger Ionen (oder Hinzufügung von wenig Alkohol) wird jetzt verständlich: die auf typischen Nebenvalenzkräften beruhende Tridymitstruktur des Wassers wird durch die elektrostatischen Kräfte der Ionen bzw. Einlagerung bereits weniger großer Fremdmoleküle stark gestört, zum mindesten aber die Größe der Molekülschwärme beeinflußt. Umgekehrt kann die Einlagerung einiger H_2O-Moleküle in reinen Alkohol dessen Kettenstruktur nicht merklich beeinflussen, und tatsächlich ändern sich die Eigenschaften von Alkoholen durch geringe Wasserbeimischungen im Gegensatz zum umgekehrten Fall kaum merkbar. Auch feinere empirisch ermittelte Eigenschaften der Flüssigkeiten lassen sich also aus ihrer Kristallstruktur atomtheoretisch verstehen.

Bei den zu einem wesentlichen Prozentsatz in Ionen dissoziierten starken Elektrolyten schließlich kann man die vorher unverständlichen, von der DEBYE-HÜCKELschen Theorie beschriebenen Erscheinungen (unerwartet geringe Ionenbeweglichkeit usw.) direkt als Beweis für eine quasikristalline Nahordnung ansehen. Wie bei den gleich zu besprechenden Ionenkristallen nämlich befinden sich in den starken Elektrolyten in der nächsten Umgebung eines positiven Ions viel mehr negative Ionen, als bei rein statistischer Verteilung zu erwarten wäre, so daß die elektrostatischen Kräfte zwischen den schon näherungsweise gitterartig sich ordnenden Ionen das charakteristische Verhalten der starken Elektrolyte bestimmen.

Allgemein ist, soweit man aus den noch recht unvollständigen Untersuchungen schließen kann, die quasikristalline Nahordnung und damit Struktur der Flüssigkeiten und Lösungen um so ausgeprägter, je stärker die elektrischen Ladungen oder Momente (Dipol- oder Quadrupolmomente) und je größer und komplizierter gebaut die einzelnen Flüssigkeitsmoleküle sind. Daran liegt es wohl, daß LEHMANN gerade beim Arbeiten mit sehr großen und komplizierten organischen Molekülen die in seinen Büchern über die flüssigen Kristalle beschriebenen auffallenden Erscheinungen gefunden hat, insbesondere eine Doppelbrechung der Flüssigkeitströpfchen und in vielen Fällen auch einen sehr ausgeprägten Dichroismus (vgl. VI,2d), beides eindeutige Anzeichen einer Anisotropie, wie sie für die Kristalle allgemein charakteristisch ist. Da andererseits die innere Verschiebbarkeit, d.h. der eindeutig flüssige Charakter der untersuchten Teilchen, ebenso sicher nachgewiesen ist, scheint die Bezeichnung „flüssige Kristalle" berechtigt, und man muß eben die Sondererscheinung der flüssigen Kristalle von der allgemeinen Form der festen Kristalle unterscheiden. Soweit im folgenden von Kristallen die Rede ist, sind natürlich stets die festen Kristalle gemeint.

2. Ideale und reale Kristalle.
Strukturempfindliche und strukturunempfindliche Kristalleigenschaften

Sich mit der Physik des festen Körpers beschäftigen heißt also Kristallphysik treiben. Dabei ist aber der wichtige Unterschied zwischen dem *idealen* und dem *realen* Kristall zu beachten. Der ideale Steinsalzkristall beispielsweise besteht ausschließlich aus geometrisch regelmäßig angeordneten Chlor- und Natriumionen, wobei jedes Natriumion von sechs Chlorionen umgeben ist und umgekehrt. Dieser ideale Kristall ist aber nur ein *Modell* und kommt in Wirklichkeit nicht vor, erstens weil das Kristallwachstum nie so regelmäßig erfolgt, sondern gelegentlich Fehlbaustellen vorkommen, und zweitens weil die Reinheit der Kristallsubstanz nie so groß ist, daß nicht hier und da ein gitterfremdes Atom oder Ion mit eingebaut wäre. Auch die allerbesten realen Kristalle besitzen mindestens einen Fehler auf 10^9 Bausteine, d.h. immerhin noch 10^{13} Gitterfehler je cm^3!

Mit dieser Unterscheidung des idealen und des realen Kristalls hängt eine wichtige Unterscheidung der Kristalleigenschaften zusammen, auf die SMEKAL zuerst hingewiesen hat. Er bezeichnet als *strukturunempfindlich* diejenigen Eigenschaften, die nicht oder jedenfalls nicht wesentlich durch Gitterfehler und gitterfremde Bausteine beeinflußt werden, sondern praktisch ausschließlich durch das *Grundgitter* des Kristalls bestimmt sind. Zu diesen strukturunempfindlichen Kristalleigenschaften gehören die Gitterstruktur, die spezifische Wärme, die Elastizität, die Wärmeausdehnung und die Kompressibilität, die Bildungsenergie, die Hauptzüge der optischen Absorption (Farbe) und Dispersion sowie bei Metallkristallen auch die normale Elektronenleitung, schließlich der Dia- und Paramagnetismus. Als *strukturempfindlich* bezeichnet man demgegenüber die Kristalleigenschaften, die wesentlich durch Zahl, Anordnung und Art der Gitterfehler und gitterfremden Bausteine bestimmt sind. Zu ihnen gehören besonders die Diffusionsvorgänge, die Ionen- und Elektronenleitung und sämtliche Eigenschaften der Halbleiter einschließlich deren optischer Absorption und der Phosphoreszenz, sowie schließlich die Festigkeitseigenschaften der Kristalle.

Bei den Kristallfehlern unterscheiden wir lokalisierte Gitterfehler und Gitterversetzungen. Lokalisierte oder Punktfehler sind erstens Fremdatome, die das Gitter um so mehr stören, je mehr sie sich in Größe und chemischer Wertigkeit von den normalen Gitterbausteinen unterscheiden, zweitens Gitterleerstellen und drittens Zwischengitteratome, die außerhalb regulärer Gitterplätze sich in das Gitter gezwängt haben und dieses daher verzerren. Gitterversetzungen schließlich kommen als Stufen- oder Schraubenversetzungen vor und sind (vgl. Abb. 223) strukturelle Wachstumsfehler, durch die die ideale geometrische Struktur sowie die normale Bindung in gewissen Flächen gestört wird. Solche Versetzungen sind deshalb von entscheidender Bedeutung für das gesamte Festigkeitsverhalten der Festkörper, d. h. für deren elastische und plastische Eigenschaften, für ihre Streckgrenze und ihr Bruch-

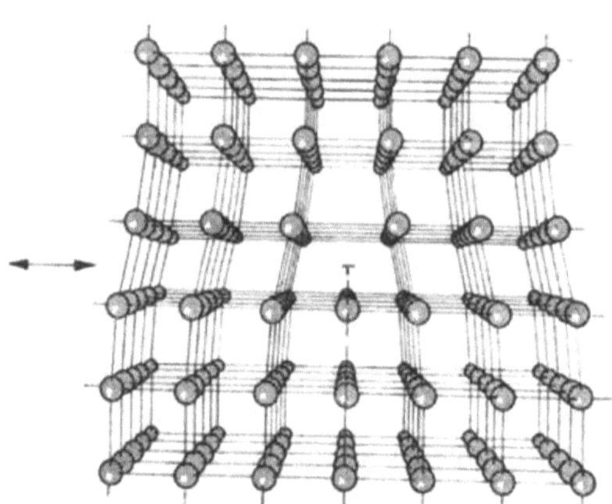

Abb. 223. Schematische Darstellung einer Stufenversetzung mit horizontaler Gleitebene (nach WERT und THOMSON).

verhalten. In Ergänzung der eigentlichen Kristallfehler sei erwähnt, daß reale Kristalle vielfach aus kleinen, relativ idealen Mikrokristallen von einigen μ Durchmesser bestehen mit einer Häufung von Fehlstellen und Fremdatomen an und in den Begrenzungen der einzelnen Blöcke (Schicht- oder Mosaikstruktur der Kristalle).

Wir behandeln im folgenden zunächst die idealen Kristalle und die strukturunempfindlichen Eigenschaften der festen Materie, im zweiten Teil dieses Kapitels die realen Kristalle und die typisch strukturbedingten Erscheinungen der Festkörper.

3. Der Kristall als Makromolekül.
Ionengitter, Atomgitter und Molekülgitter

Wir haben oben den Kristall als Grenzfall eines sehr großen, regelmäßig gebauten Moleküls aufgefaßt. Diese Betrachtungsweise gibt nur *eine* Seite des Bildes und hat ihre Grenzen. Sie läßt aber ohne weiteres verständlich erscheinen, daß es im Kristall ebenso wie z. B. in einem Benzolringmolekül (VI,14d) Elektronen gibt, die nur dem Kristall als Ganzem zugeordnet werden können, und daß es umgekehrt andere Elektronen gibt, die wie die Leuchtelektronen der chromophoren Gruppen eines vielatomigen Moleküls (VI,13a) eindeutig einer bestimmten Atomgruppe oder sogar einem bestimmten Atom oder Ion zugeordnet werden können. Bei der Behandlung der optischen Eigenschaften der Kristalle wird dieser Unterschied sich als wichtig erweisen.

Die Parallele zwischen Molekül und Kristall läßt sich auf die Bindungsverhältnisse übertragen, und so finden wir bei den Kristallen eine Einteilung nach Bindungstypen, die in jeder Weise der der Moleküle in polar gebundene, homöopolar, oder durch VAN DER WAALS-Kräfte gebundene, einschließlich aller Übergangsfälle, entspricht: Den weitgehend polar gebundenen Molekülen wie Na^+Cl^- entspricht der aus positiven und negativen Atomionen aufgebaute *Ionengitterkristall* mit vorwiegend elektrostatischer Bindung zwischen den Ionen. Die Alkalihalogenidkristalle sind die typischsten Vertreter dieses Gittertyps. Den homöopolar durch lokalisierte Elektronenpaare zwischen den Atomen gebundenen Molekülen wie H_2, N_2 usw. entspricht der Atomgitter- oder *Valenzkristall*, dessen bekanntester Vertreter der Diamant ist, in dem die vier Valenzelektronen jedes Kohlenstoffatoms mit je einem Valenzelektron von vier benachbarten C-Atomen streng lokalisierte Bindungspaare bilden. Als Atomgitterkristalle mit nichtlokalisierten Bindungen (vgl. VI,14d) schließlich haben wir die Metalle und meisten Legierungen anzusehen und werden in VII,7 deren wichtigste Eigenschaften als Folge dieses Bindungstyps erkennen.

Wir müssen hier aber, wie wir es schon in VI,14b bei den Molekülen getan haben, deutlich darauf hinweisen, daß Ionengitter und Atomgitter nur zwei theoretische Grenzfälle darstellen, zwischen denen es alle Übergangsfälle gibt. Betrachten wir z. B. das in Abb. 221 dargestellte Modell der quasikristallinen Struktur des Wassers. Hier ist es zweifelhaft, ob wir sagen sollen, daß jedes Sauerstoffatom tetraedrisch von vier Wasserstoffatomen umgeben ist, oder daß jeweils ein doppelt negativ geladenes O^{--}-Ion von vier Protonen (H^+) umgeben ist, wobei die elektrische Neutralität natürlich dadurch bedingt ist, daß im Mittel auf jedes O-Atom nur zwei H-Atome kommen. Die Wahrheit liegt in der Mitte: Das entsprechend seiner Stellung im Periodensystem elektronegative O-Atom wird die Elektronen wenigstens zweier seiner Nachbarn an sich heranzuziehen suchen, wodurch das in VI,2b erwähnte elektrische Dipolmoment des H_2O seine Erklärung findet. Dieses Heranziehen geht aber, wie die Größe des Dipolmoments zeigt, nicht so weit, daß man direkt von einem Aufbau aus Ionen sprechen kann, während umgekehrt die Behauptung des Aufbaues aus Atomen die tatsächliche Elektronenverschiebung und damit das beobachtete Dipolmoment nicht zu erklären vermag. Wir sehen also, daß im allgemeinen Moleküle wie Kristalle, die aus *verschiedenen* Bausteinen bestehen, weder aus neutralen Atomen noch aus Ionen bestehend gedacht werden sollten. Der elektronegativere, d. h. im Periodensystem meist weiter rechts stehende Baustein wird vielmehr im Mittel eine mehr oder weniger große negative Ladung, der elektropositivere Baustein umgekehrt eine entsprechende positive Ladung tragen, doch wird diese durch Elektronenverschiebung zustande kommende mittlere Ladung im allgemeinen wesentlich kleiner sein als eine volle Elektronenladung.

Wir haben in VI,8 schließlich von den nur locker gebundenen VAN DER WAALS-Molekülen gesprochen. Ihnen entspricht bei den Kristallen der Molekülgittertyp oder VAN DER WAALS-Kristall, bei dem ganze Moleküle (aber auch Edelgas-Atome) als Gitterbausteine auftreten. Sind die Gitterbausteine Moleküle (z. B. H_2, Cl_2, SO_2, CH_4, SiF_4 usw.), so können deren Atome unter sich heteropolar oder homöopolar gebunden sein, werden aber im Kristallgitter nur durch die schwachen VAN DER WAALS-Kräfte (VI,15) festgehalten. Dementsprechend zerfallen, d. h. schmelzen diese Molekülgitterkristalle schon bei geringer thermischer Beanspruchung. Sämtliche organischen Verbindungen z. B. kristallisieren in Molekülgitterkristallen. Da die systematische Forschung über diesen Kristalltyp noch recht jungen Datums ist, kommt er gegenüber den anderen Festkörpertypen in unserer Darstellung notwendigerweise etwas zu kurz.

Wir haben schließlich noch die Festkörper zu erwähnen, an denen verschiedene der erwähnten Bindungstypen beteiligt sind. Da ist einmal der Schichtgitterkristall, in dem (wahllos herausgegriffen) die Stoffe LiOH, CdJ_2 und $CrCl_3$ kristallisieren. Hier haben wir innerhalb einer Kristallschicht echte Atom- oder Ionenbindung (homöopolare oder polare Bindung), während die einzelnen Schichten untereinander nur durch VAN DER WAALS-Kräfte zusammengehalten werden. Auch der in VI,14d bereits erwähnte Graphit gehört zu diesen Kristallen, da die Bindung in jeder Ebene wie beim Benzolring durch teils lokalisierte, teils nichtlokalisierte Valenzelektronen bewirkt wird, während die Schichten untereinander nur durch die schwachen VAN DER WAALS-Kräfte verknüpft sind. Wie schon erwähnt, haben wir wegen der Beteiligung der nichtlokalisierten Elektronen an der Bindung *in* den Gitterebenen fast metallische Elektronenleitfähigkeit, dagegen keine solche senkrecht zu den Schichtebenen. Der Asbest schließlich ist ein Beispiel für einen Festkörper, in dem echte chemische Bindungen nur langgestreckte Nadeln oder Fasern zusammenhalten, während VAN DER WAALS-Kräfte für den Zusammenhalt zwischen den Molekülketten verantwortlich sind.

Eine von SEITZ stammende Übersicht (Abb. 224) möge die Zusammenhänge zwischen den verschiedenen Festkörpertypen unter Anführung einiger Beispiele veranschaulichen. In der oberen Horizontalreihe stehen die Kristalle mit vorwiegend homöopolarer, in der unteren Reihe die mit überwiegend heteropolarer

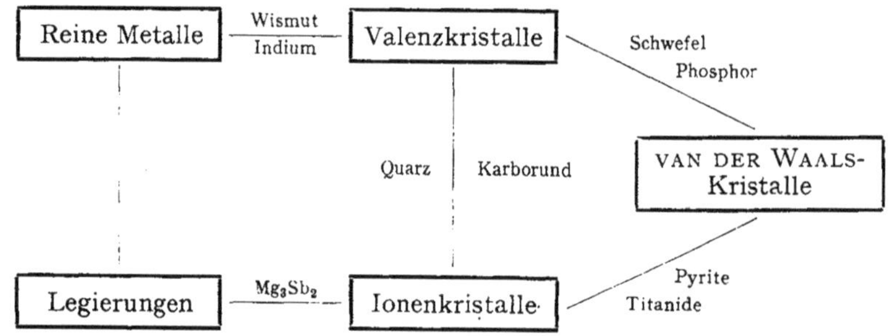

Abb. 224. Schematische Darstellung der Beziehungen zwischen den verschiedenen Festkörpern (nach SEITZ).

Bindung. In der ersten Vertikalspalte sind die Kristalle mit wenig lokalisierter Bindung, in der zweiten Vertikalspalte die mit stark lokalisierter Bindung aufgeführt. Die VAN DER WAALS-Kristalle stehen natürlich außerhalb dieses Doppelschemas, entsprechend ihrem ganz anderen Bindungstyp. In diesem Sinn haben die einatomigen Metalle eine Verwandtschaft mit den Valenzkristallen, während die Legierungen eine größere Verwandtschaft mit den heteropolaren Ionenkristallen zeigen. Zwischen den reinen Metallen und den nichtleitenden Valenzkristallen haben wir als Übergangsfälle die Kristalle des Wismuts und Indiums. Den Übergangsfall zwischen den Legierungen und den Ionenkristallen stellen gewisse intermetallische Verbindungen mit weitgehend lokalisierter ionenartiger Bindung, wie Mg_3Sb_2, dar. Zwischen den Valenz- und Ionenkristallen gibt es ebenfalls Übergänge, wie in dem entsprechenden Fall bei den Molekülen. So kann man die

Kristalle Quarz (SiO₂) und Karborundum (SiC) als Valenzkristalle mit einem gewissen Beitrag Ionenbindung auffassen. Auch die VAN DER WAALS-Kristalle schließlich stehen nicht isoliert, da die Festkörper Schwefel und Phosphor Übergangsfälle zu den Valenzkristallen, die Pyrite und Titandioxyd (TiO₂) sowie das Eis aber Übergangsfälle zu den Ionenkristallen darstellen.

Bevor wir uns mit der Frage der Gitterbindung für die wichtigsten Fälle der Ionenkristalle und der Metalle etwas eingehender befassen, müssen wir nun wenigstens einen kurzen Überblick über die geometrische Anordnung der Gitterbausteine im Kristall und ihre Bestimmung geben.

4. Kristallgitter und Strukturanalyse

Wir haben uns bereits klargemacht, daß auf Grund der zwischen den Atomen oder Ionen eines festen Körpers (Kristalle) wirkenden Kräfte stabiles Gleichgewicht nur bei regelmäßiger geometrischer Anordnung der Gitterbausteine möglich ist. Nun lehrt die mathematische Gruppentheorie, daß es eine zwar endliche, aber immerhin recht große Zahl (230) sog. *Raumgruppen* gibt, die mögliche geometrische Anordnungen der Gitterbausteine im Kristall darstellen, und es hängt von der Größe der Gitterbausteine und der Größe und Richtung der zwischen ihnen wirkenden Bindungskräfte ab, in welcher dieser Anordnungen ein bestimmter Stoff kristallisiert. Der gleiche Stoff kann sogar je nach der Art der gerade wirkenden Bindungen in verschiedenen Gittern kristallisieren, z.B. der Kohlenstoff im Graphit- oder Diamantgitter. Die Ermittlung der Struktur eines gegebenen Kristalls, die sog. *Strukturanalyse*, gehört zu den Aufgaben der Kristallographie und geschieht fast ausschließlich mit Hilfe der Beugung von Rönt-

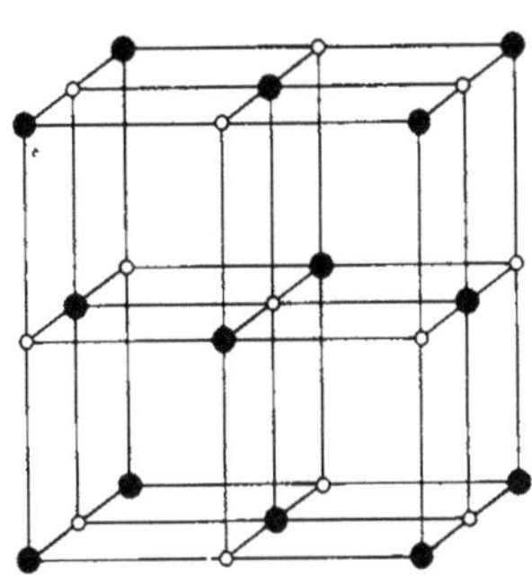

Abb. 225. Elementarzelle des NaCl-Kristalls (Steinsalz). Dieser entsteht durch die Verschachtelung der beiden kubisch-flächenzentrierten Gitter der Na⁺- und Cl⁻-Ionen.

gen- und neuerdings auch Neutronenstrahlen nach den Verfahren von v. LAUE oder DEBYE-SCHERRER sowie Variationen dieser Verfahren (Drehkristall- und Goniometermethoden).

Aus der Periodizität des Gitteraufbaues folgt, daß es für jeden Kristall einen kleinsten Baustein, die *Elementarzelle*, gibt, aus der man sich den ganzen Kristall durch wiederholten Anbau in allen Richtungen entstanden denken kann. Beim kubischen NaCl-Kristall z.B. ist auch die Elementarzelle (Abb. 225) ein Kubus; im allgemeinen Fall besitzt sie kompliziertere Gestalt. Beim kubischen Gitter bezeichnet man die Kantenlänge der Elementarzelle als die *Gitterkonstante a*, den Abstand zweier benachbarter Gitterebenen als den *Netzebenenabstand d*. Führt man nun ein Koordinatensystem ein und legt dessen Achsenrichtungen parallel zu den Kristallkanten, dann kann man jede Kristallfläche (und damit den durch seine Flächen bestimmten gesamten Kristall) kennzeichnen durch die Angabe der von der betreffenden Fläche auf den Koordinatenachsen abgeschnittenen Stücke, wobei diese Stücke aber in Einheiten der entsprechenden Kantenlänge der Elementarzelle gezählt werden. Zu dem heute allgemein eingeführten Kennzeichnungssystem gelangt man nun, wenn man nicht die Achsenabschnitte selbst, sondern ihre Kehrwerte benutzt, die in kleinsten ganzen Zahlen ausgedrückt die MILLERschen *Indizes* genannt werden. So entsprechen beispielsweise der (1 2 3)-Fläche die Achsenabschnitte 1, ¹/₂, ¹/₃ oder die kleinsten ganzen Zahlen 6, 3, 2. Die (100)-Fläche ist, um noch ein paar Beispiele zu geben, eine zur

yz-Ebene parallele, in der x-Richtung um eine Gitterkonstante verschobene Kristallfläche (rechte Begrenzungsfläche des Würfels, Abb. 225), während die (110)-Fläche eine zur z-Achse parallele Fläche ist, die durch die vordere rechte und die hintere linke Würfelecke der Abb. 225 geht.

Zur Ermittlung der geometrischen Struktur eines Kristalls benutzt man die Tatsache, daß ein den Kristall durchsetzender Röntgenstrahl der Wellenlänge λ dann an den von Gitteratomen besetzten inneren Netzebenen des Kristalls unter dem gegen die Netzebenen gemessenen Glanzwinkel α reflektiert (bzw. am Raumgitter der Atome unter dem Winkel α gebeugt) wird, wenn zwischen der Wellenlänge λ, dem Glanzwinkel α und dem Abstand d der für den betreffenden Reflex verantwortlichen Gitterebenen die BRAGGsche Beziehung

$$2\,d \sin\alpha = n\,\lambda, \qquad n = 1, 2, 3, \ldots \tag{1}$$

erfüllt ist. Die verschiedenen, stets auf Gl. (1) basierenden Verfahren unterscheiden sich im wesentlichen dadurch, daß einige von ihnen mit monochromatischem Licht (λ = const) arbeiten, während bei anderen kontinuierliche Röntgenstrahlung verwandt wird.

Bei der LAUE-Methode durchstrahlt man einen Einkristall mit einem feinen Bündel kontinuierlicher Röntgenstrahlung. Die verschiedenen Reflexe einer LAUE-Aufnahme (Abb. 226) gehören daher zu verschiedenen Netzebenen *und* verschie-

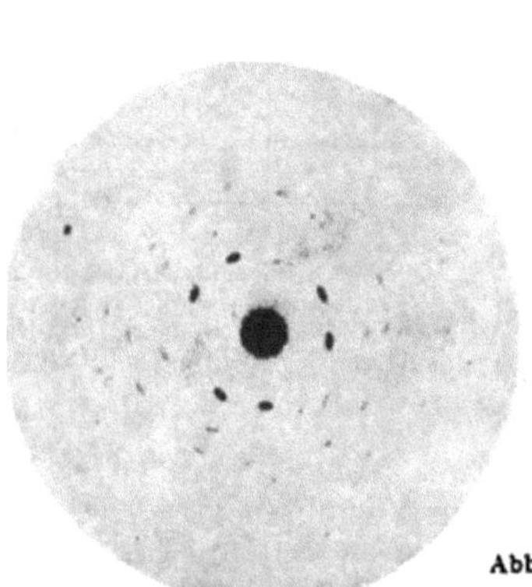

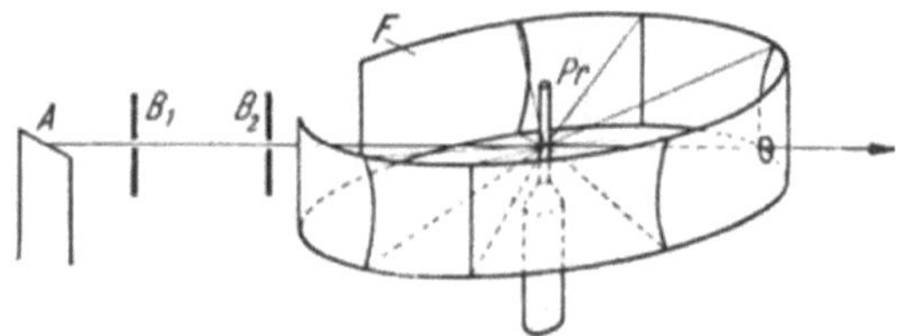

Abb. 227. Schema der DEBYE-SCHERRERschen Anordnung zur Aufnahme der Röntgenstrahlbeugung an Kristallpulvern. *A* Antikathode der Röntgenröhre; B_1, B_2 Blenden; *Pr* Kristallpulverpräparat; *F* photographischer Film.

Abb. 226. LAUE-Diagramm eines Kristalls mit dreizähliger Symmetrie.

denen Wellenlängen, was ihre Auswertung erschwert. Dafür entnimmt man aus einer LAUE-Aufnahme sofort die Symmetrie des Kristalls bezogen auf die Richtung des einfallenden Röntgenstrahls, in Abb. 226 z.B. dreizählige Symmetrie,

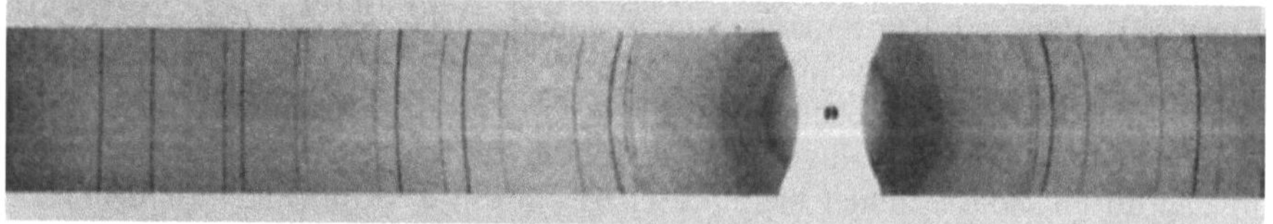

Abb. 228. Beispiel für eine DEBYE-SCHERRER-Aufnahme (Cerdioxyd).

d.h. Periodizität des Kristalls gegen Drehung um je 120°. Durch Aufnahme von LAUE-Diagrammen mit Einfallsrichtungen parallel zu den verschiedenen Kristallachsen und den Diagonalen gewinnt man einen klaren Überblick über die Symmetrieverhältnisse und relative Netzebenenabstände, gelangt so zur „Indizierung" der Kristallebenen und gewinnt damit die volle Kenntnis über den geometrischen Aufbau des Kristalls, wenn man noch durch eine Röntgenaufnahme mit bekannter Wellenlänge λ *einen* Netzebenenabstand absolut bestimmt hat.

Die Bestimmung von Netzebenenabständen d geschieht meist mittels der DEBYE-SCHERRER-Methode, die den großen Vorteil hat, daß sie keine Einkristalle erfordert (die es für viele Festkörper gar nicht gibt!), sondern mit Kristallpulver durchgeführt werden kann. Gemäß Abb. 227 wird ein *monochromatischer* Röntgenstrahl von den Mikrokristallen der Pulverprobe *Pr* gestreut. Da erstere in der Probe in allen möglichen Orientierungen vorliegen, findet man auf dem die Pulverprobe kreisförmig umgebenden Film bzw. bei Registrierung mit einem umlaufenden Zählrohr nach Abb. 228 scharfe, linienhafte Reflexe, aus denen man die entsprechenden Streuwinkel α und damit bei bekannter Wellenlänge λ (etwa der Kupferlinie $K_\alpha = 1{,}54\,\text{Å}$) aus Gl. (1) die für die Streuung verantwortlichen Netzebenenabstände errechnen kann.

Durch eine theoretisch etwas schwierige Auswertung der Röntgenbeugungsaufnahmen von Kristallen bezüglich der Intensität der in die verschiedenen Richtungen gebeugten Strahlung, die sog. FOURIER-Analyse, kann man schließlich wie bei den in der Molekülphysik (vgl. VI,2a) behandelten Röntgen- und Elektronenbeugungsversuchen ein äußerst genaues Bild nicht nur der Anordnung der Gitterbausteine im Kristall, sondern auch der die Bindung bewirkenden Elektronenverteilung ermitteln. Abb. 229 zeigt als Beispiel die Elektronendichte im NaCl-Kristall, wobei die Linien die Orte gleicher Elektronendichte und die Zahlen die Anzahl der Elektronen je Å^2 der projizierten Elementarzelle an-

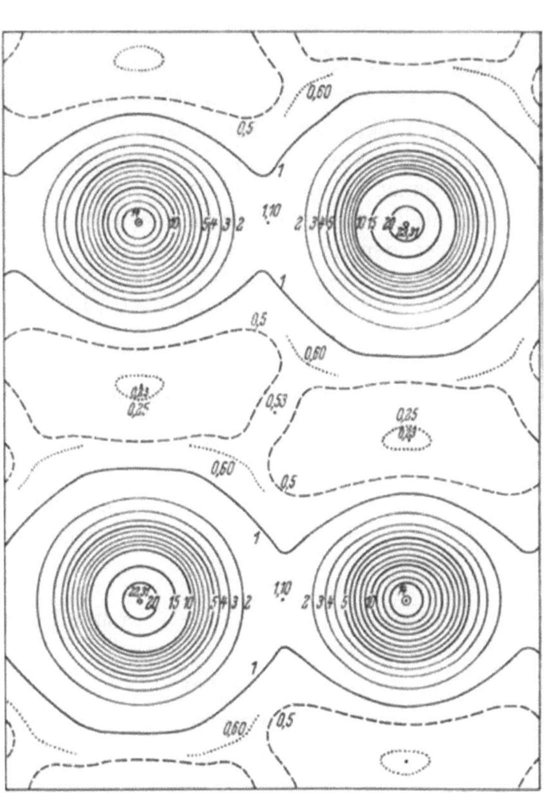

Abb. 229. Verteilung der Elektronendichte in einem NaCl-Kristall nach der Röntgen-FOURIER-Analyse von BRILL, GRIMM, HERMANN und PETERS. Die Zahlen bedeuten die Anzahl der Elektronen je Å^2 eines Ausschnittes der auf die (110)-Ebene von Abb. 225 projizierten Elementarzelle.

geben. Zur Untersuchung des Kristallbindungscharakters in Übergangsfällen von einer Bindungsart zur anderen hat diese Methode besondere Bedeutung gewonnen.

5. Gitterenergie, Kristallwachstum und Deutung der Eigenschaften von Ionenkristallen

Nach diesem Überblick über die Kristallstrukturen betrachten wir am Fall der Ionenkristalle die Bindung der Kristallbausteine etwas eingehender, weil hier die Verhältnisse besonders übersichtlich sind. Beim idealen Steinsalzkristall z.B. beruht die Bindung auf der COULOMBschen Anziehungskraft der beiden entgegengesetzt einfach geladenen Ionen Na$^+$ und Cl$^-$. Das Potential dieser Anziehungskraft zwischen den beiden herausgegriffenen Ionen ist folglich

$$u(r) = - e^2/r. \tag{2}$$

Nun sind die beiden Ionen nicht isoliert für sich im Raum, sondern sind zwei Kristallbausteine in einer Umgebung gleichartiger positiver Natrium- und negativer Chlorionen. Man überlegt leicht, daß die beiden nächsten Nachbarn des betrachteten Ionenpaars wegen ihrer entgegengesetzten Ladungen die Bindung verkleinern und insgesamt alle Ionen der Umgebung einen mit wachsendem Abstand abnehmenden positiven oder negativen Beitrag zu der jeweils betrachteten Bindung leisten. Nach der von E. MADELUNG durchgeführten Rechnung ist deshalb das Anziehungspotential (2) des Na$^+$Cl$^-$-Paars mit dem Faktor 0,29 zu multiplizieren.

Da sich nun die Atome bzw. Ionen nicht durchdringen können, muß außer der Anziehungskraft auch eine Abstoßungskraft wirken. Da die bei der Deformation der Elektronenhüllen zu leistende Arbeit mit abnehmendem Abstand der Atom-Mittelpunkte sehr stark zunimmt, wächst das Potential der Abstoßungskraft mit einer hohen Potenz von $1/r$, und zwar genügt die neunte Potenz den experimentellen Befunden am besten. Für das Potential der zwischen den beiden Ionen wirkenden Kräfte erhalten wir damit

$$u(r) = - 0,29 \frac{e^2}{r} + \frac{c}{r^9}, \tag{3}$$

wo c eine Konstante ist, deren Wert sich daraus ergibt, daß für den Gleichgewichtskernabstand r_0 ja die potentielle Energie ein Minimum besitzt, also

$$\left(\frac{\partial u}{\partial r}\right)_{r=r_0} = 0 \tag{4}$$

sein muß. Die Ausführung der Differentiation ergibt

$$c = \frac{0,29}{9} \cdot e^2 r_0^8 \tag{5}$$

und damit

$$u(r) = - 0,29 \, e^2 \left(\frac{1}{r} - \frac{1}{9} \frac{r_0^8}{r^9}\right). \tag{6}$$

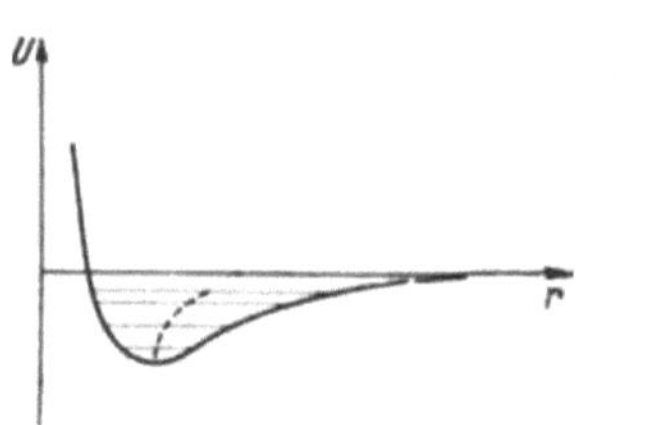

Abb. 230. Wechselwirkungspotential $u(r)$ zwischen zwei Kristallbausteinen mit eingezeichnetem mittlerem Kernabstand als Funktion der Schwingungsenergie.

Dieses Potential $u(r)$ ist, wie bei den Molekülen in Abb. 187, zur Veranschaulichung in Abb. 230 aufgetragen.

Bisher haben wir nur die Bindung zwischen einem Na$^+$ und seinem einen Nachbarn Cl$^-$ betrachtet. Unter dem *Gitterpotential* oder der *Gitterenergie U* verstehen wir nun die auf ein Mol des Kristalls bezogene gesamte Bindungsenergie, d.h. die Energie, die je Mol beim Aufbau des Kristalls aus weit entfernten Na$^+$- und Cl$^-$-Ionen frei würde. Zu ihrer Berechnung bedenken wir, daß jedes Na$^+$-Ion im Gitter sechs Nachbarn Cl$^-$ besitzt, zu denen gleichartige Bindungen wie die oben berechneten $u(r)$ bestehen. Ferner enthält ein Mol des NaCl-Kristalls N_A Na$^+$-Ionen, von denen jedes die besprochenen sechs Bindungen zu seinen Nachbarn erstreckt. Für die Gitterenergie (bezogen auf den normalen Kristall mit dem Gleichgewichtsabstand r_0 zwischen je zwei Bausteinen) ist also

$$U = 6 N_A u(r_0) = - 1,74 N_A e^2 \frac{8}{9} \cdot \frac{1}{r_0}, \tag{7}$$

wo N_A die AVOGADRO-Konstante ist.

Diese Gitterenergie (7) ist negativ, da sie beim Aufbau des Kristalls aus seinen Ionen frei wird. Fassen wir noch alle Zahlenwerte zu einer Konstante C zusammen und beachten, daß r_0 gleich der halben Gitterkonstanten a ist, so erhält die Gitterenergie die für alle Ionenkristalle gültige allgemeine Form

$$U = C \frac{e^2}{a}. \tag{8}$$

Die nach dieser einfachsten Theorie berechneten Gitterenergien können nun nicht direkt mit experimentellen Daten verglichen werden, weil die experimentell meßbare Bildungswärme E_B des NaCl-Kristalls sich nicht auf den Aufbau aus Ionen, sondern aus metallischem Natrium und Cl_2-Molekülen bezieht. Nach BORN kann man aber durch einen Gedankenkreisprozeß aus der Bildungswärme E_B die Gitterenergie U berechnen, wenn man einige atomare Daten kennt. Bezeichnen wir die gemessene Bildungswärme des Kristalls mit E_B, die Verdampfungswärme des Natriummetalls (stets bezogen auf 1 Mol) mit V, die Dissoziationsenergie der Chlormoleküle mit D, die Ionisierungsenergie eines Mols Natriumatome mit E_i und die bei der Anlagerung von Elektronen

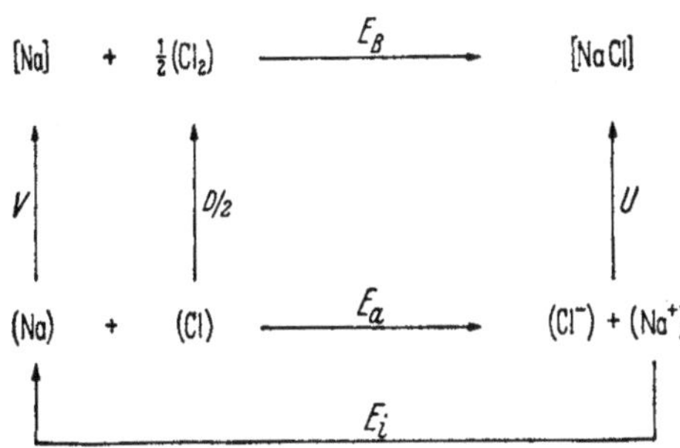

Abb. 231. Zum BORNschen Kreisprozeß. Symbole in runden Klammern bedeuten gasförmige, solche in eckigen Klammern feste Substanzen. Die Pfeile geben die Richtung der zur Freigabe der angeschriebenen Energien führenden Prozesse an. Bezeichnungen im Text.

an ein Mol Chloratome frei werdende Elektronenaffinitätsenergie mit E_a, so können wir den BORNschen Kreisprozeß durch Abb. 231 darstellen, wobei die Pfeile stets die Richtung der unter Freigabe der entsprechenden Energiebeträge freiwillig erfolgenden Teilvorgänge angeben. Man kann also einerseits aus je einem Mol Cl^-- und Na^+-Ionen ein Mol des Kristalls bilden, wobei die Gitterenergie U frei wird. Man kann andererseits in Gedanken unter Aufwendung der Elektronenaffinität E_a und Freigabe der Ionisierungsenergie E_i von den freien Na^+- und Cl^--Ionen zu je einem Mol freier neutraler Atome übergehen, kann das Mol Na-Atome unter Freigabe der Verdampfungswärme V in ein Mol Na-Metall und das Mol Cl-Atome unter Freigabe der halben Dissoziationsenergie $D/2$ in ein halbes Mol Cl_2-Moleküle überführen, und kann schließlich aus dem festen Metall und dem Cl_2-Gas unter Freigabe der Bildungswärme E_B ein Mol festes NaCl bilden. Die Gitterenergie U ist demnach

$$U = E_B + V + D/2 + E_i - E_a. \tag{9}$$

Tabelle 21. *Gitterenergien einiger Alkalihalogenidkristalle in cal/mol. Vergleich der gemessenen und berechneten Werte, nach* BORN

	exp. Wert	theor. Wert
NaCl	183	182
NaBr	170	171
Na J	159	158
KCl	165	162
KBr	154	155
K J	144	144
RbCl	161	155
RbBr	151	148
Rb J	141	138

Vergleicht man die so erhaltenen „experimentellen" Werte mit den aus (7) folgenden theoretischen, so erweist sich die Übereinstimmung beider Gruppen von Werten für alle Alkalihalogenide nach Tab. 21 als so gut, wie man es nach unserer Kenntnis der verwendeten Konstanten nur erwarten kann.

Nun bezieht sich die Gitterenergie (7) auf allseitig gebundene Gitterbausteine und gibt damit den Energiebetrag an, der beim Einbau eines Mols Gitterbausteine in das Innere eines Kristalls frei würde. Tatsächlich erfolgt aber das Wachsen eines Kristalls aus der Schmelze wie aus der Dampfphase durch Anlagerung von Gitterbausteinen an geeigneten Stellen der Kristall*oberfläche*. Hier ist wegen der nicht allseitigen Bindung natürlich die frei werdende Anlagerungsenergie stets kleiner, und zwar ist sie vom Anlagerungsort des Bausteins abhängig. Die maximale Bindungsenergie wird beim regulären Weiterbau frei, d. h. wenn der Baustein sich an eine begonnene Atomreihe einer noch unvollständigen Gitternetzebene anlagert. Lagert sich der neue Baustein irgendwo neben eine mehr oder weniger vollendete Reihe einer unvollständigen Gitterebene, so ist die Bindung sehr viel einseitiger, und die Bindungsenergie beträgt nur etwa 20 % der maximalen Bindungsenergie, während bei Anlagerung irgendwo auf einer fertigen Netzebene eines Kristalls die Bindung z. B. nur von einer der sechs Würfelflächen her erfolgt und daher bei dieser Anlagerung nur 7,6 % der maximalen Bindungsenergie frei werden. Im thermischen Gleichgewicht werden natürlich die energetisch günstigsten Anlagerungsmöglichkeiten stark bevorzugt, und so läßt sich das bekannte regelmäßige Kristallwachstum anschaulich verstehen. KOSSEL und STRANSKI haben durch verfeinerte Überlegungen dieser Art einen sehr großen Teil der empirisch bekannten Gesetzmäßigkeiten des *Kristallwachstums* sehr schön verständlich machen können. Für das Wachstum vieler realer Kristalle aber sind Gitterfehlbaustellen atomarer wie makroskopischer Art von Bedeutung. Insbesondere ist verständlich, daß ein Kristallwachstum über die oft beobachteten Spiralversetzungen (s. VII, 2) energetisch gegenüber dem Wachsen idealer aufeinander folgender Flächen bevorzugt ist (vgl. Abb. 232).

Abb. 232. Spiralwachstum eines Kristalls als Folge einer Schraubenversetzung (nach GAHM).

Aus der das gegenseitige Potential zweier Gitterbausteine eines Ionenkristalls darstellenden Potentialkurve Abb. 230 läßt sich eine Anzahl wichtiger makroskopischer Kristalleigenschaften sehr anschaulich verstehen.

Als *Kompressibilität* bezeichnet man bekanntlich die durch die Druckeinheit bewirkte relative Volumenverminderung. Daß zu der entsprechenden Verkleinerung des Gleichgewichtsabstandes r_0 Energie aufgewendet werden muß, folgt aus dem Verlauf der Potentialkurve, und qualitativ sieht man sofort, daß die Kompressibilität eines Kristalls um so kleiner sein muß, je steiler die Potentialkurve vom Minimum aus nach kleineren Kernabständen zu ansteigt. Die Durchrechnung ergibt für die Kompressibilität den Ausdruck

$$K = c \frac{a^4}{e^2} . \tag{10}$$

Sie wächst also mit der 4. Potenz der Gitterkonstanten a, ein anschaulich plausibles Ergebnis, da die Kompressibilität um so größer sein muß, je weniger dicht gepackt die Gitterbausteine im Gleichgewicht sind.

Hört die komprimierende Kraft zu wirken auf, so nehmen alle Abstände der Gitterbausteine nach der Potentialkurve $u(r)$ wieder die Gleichgewichtsgröße r_0 an, da ohne äußere Kräfte Gleichgewicht nur bestehen kann, wenn alle Abstände die dem Minimum der Potentialkurve entsprechenden sind. *Der Kristall ist also elastisch* und kann infolgedessen auch schwingen, wobei die Abstände der Gitterpunkte sich periodisch vergrößern und verkleinern. Auf diese wichtige Kristalleigenschaft gehen wir in VII,8 genauer ein.

Noch eine letzte wichtige Folgerung aus der Potentialkurve $u(r)$ wollen wir erwähnen, die Wärmeausdehnung der Kristalle und damit allgemein der festen Körper. Mit wachsender Temperatur nimmt ja die Schwingungsenergie des Kristalls und damit auch die Amplitude der Gitterschwingungen zu. Wegen der aus Abb. 230 folgenden Unsymmetrie der Potentialkurve (Anharmonizität der Gitterschwingungen) wächst aber mit wachsender Schwingungsamplitude auch der in Abb. 230 eingezeichnete mittlere Abstand je zweier Gitterpunkte; d.h. der Kristall vergrößert sein Volumen. *Die als thermische Grundeigenschaft aller festen Körper uns bekannte Ausdehnung mit steigender Temperatur findet so also ihre einfache atomtheoretische Deutung; sie beruht letzten Endes auf der Unsymmetrie der Potentialkurve* $u(r)$.

Wir haben uns in diesem Abschnitt auf die Behandlung der Ionenkristalle beschränkt, weil hier die Verhältnisse leicht quantitativ erfaßbar sind. Qualitativ aber liegen die Verhältnisse bei den Potentialkurven und den aus ihnen zu ziehenden Folgerungen bezüglich Kompressibilität, thermischer Ausdehnung usw. bei den anderen Kristallen ganz ähnlich. Die Valenzkristalle wie der Diamant zeichnen sich durch große Härte und ausgezeichnetes elektrisches Isoliervermögen aus. Letzteres beruht darauf, daß eine elektrolytische Leitung, wie sie für die Ionenkristalle charakteristisch ist und in VII,18 noch im einzelnen besprochen werden wird, nicht möglich ist, weil die Bausteine der Valenzkristalle neutrale Atome sind. Die streng lokalisierte Valenzbindung aber sorgt dafür, daß alle Elektronen fest gebunden und eine Elektronenleitung daher nicht möglich ist. Auch die Härte der Valenzkristalle hängt mit dieser lokalisierten Valenzbindung zusammen. Auf die Metalle und Legierungen gehen wir in VII,7 noch näher ein.

6. Piezoelektrizität, Pyroelektrizität und verwandte Erscheinungen

Mit der elastischen Bindung der Ionen im Kristallgitter, die wir im letzten Abschnitt behandelt haben, hängt eine Anzahl auffallender und teilweise auch praktisch wichtiger Erscheinungen bei gewissen unsymmetrisch gebauten Kristallen zusammen. Es sind dies die Piezoelektrizität und ihr Umkehrvorgang, die Elektrostriktion, sowie die besonders vom Turmalin her bekannte seltenere Erscheinung der Pyroelektrizität und ihre Umkehrung, der elektrokalorische Effekt.

Unter *Piezoelektrizität* versteht man die Erscheinung, daß bei Quarz und zahlreichen anderen Kristallen, bei denen nicht jeder Gitterbaustein ein Symmetriezentrum des Gesamtgitters ist, bei elastischer Kompression in gewissen Richtungen scheinbare elektrische Oberflächenladungen auftreten. Den Umkehrvorgang, nämlich die mechanische Deformation eines Kristalls bei Anlegen eines elektrischen Feldes bezeichnet man als *Elektrostriktion*. Sehr viel seltener ist die Erscheinung der *Pyroelektrizität*, das Auftreten von Oberflächenladungen an Kri-

stallen beim Erhitzen oder allgemeiner bei Temperaturänderungen. Die Umkehrerscheinung, der *elektrokalorische Effekt*, ist eine (sehr geringe) Temperaturänderung
des Kristalls beim Anlegen eines elektrischen Feldes.

Während in *jedem* Dielektrikum beim Anlegen eines elektrischen Feldes Dipolmomente induziert werden, treten Piezoelektrizität und Pyroelektrizität nur bei
*Ionen*kristallen auf, d.h. bei Kristallen, deren Gitterbausteine wenigstens einen
gewissen Prozentsatz Ionencharakter besitzen. Sind diese Ionen nun, wie nach
Abb. 225 z.B. beim NaCl, so symmetrisch angeordnet, daß jedes Ion in gleichen
Abständen von einer konstanten Anzahl umgekehrt geladener Ionen umgeben ist,
so wird im allgemeinen weder eine Kompression noch eine Veränderung der
Schwingungsenergie diese symmetrische Anordnung und damit die gegenseitige
Kompensation der elektrischen Ladungen verändern können. Als Gegenbeispiel
betrachten wir die Zinkblendemodifikation des ZnS (Abb. 233), bei dem in das
kubisch-flächenzentrierte Gitter der Zn-Atome ein Tetraeder von vier S-Atomen
eingebaut ist. Legen wir nun (Abb. 234) einen (110)-Schnitt von der hinteren

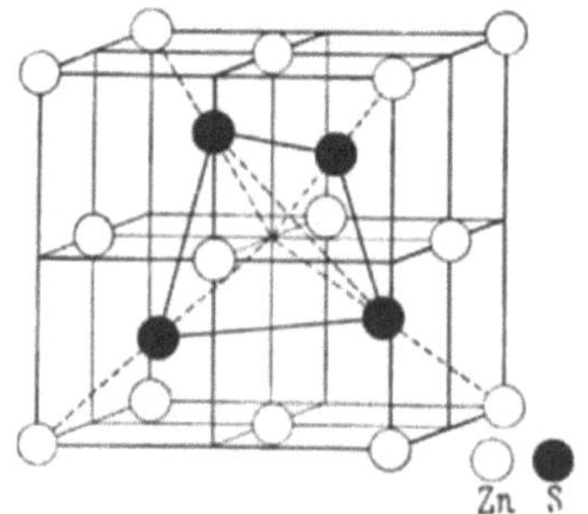
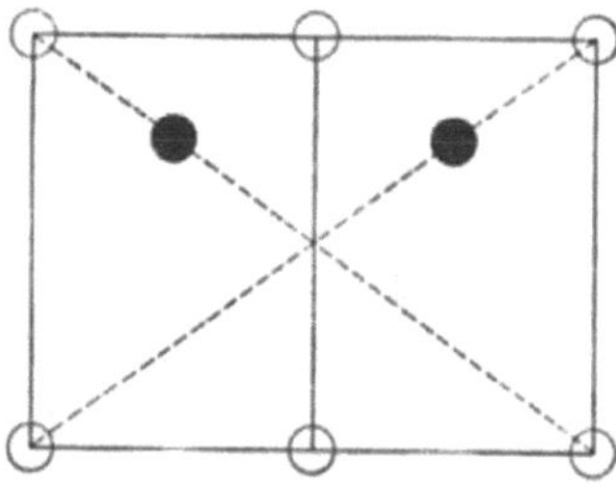

Abb. 233. Anordnung der Bausteine im Zinkblendegitter zur Erklärung der Piezoelektrizität.

Abb. 234. (110)-Schnitt durch das Zinkblendegitter zur Sichtbarmachung der unsymmetrischen Stellung der Schwefelatome.

linken zur vorderen rechten Würfelkante durch diesen Würfel, so enthält dieser
Schnitt zwei Raumdiagonalen, und auf jeder von ihnen liegt unsymmetrisch ein
Schwefelatom, das die Raumdiagonale im Verhältnis 1 : 3 teilt. Es leuchtet ein,
daß in diesem Fall die Anwendung eines Druckes in Richtung einer Raumdiagonalen eine unsymmetrische Verschiebung der geringe Überschußladungen verschiedenen Vorzeichens tragenden Atome gegeneinander bewirkt. Diese Verschiebung äußert sich dann in einem Auftreten scheinbarer Ladungen an den betreffenden Enden des Kristalls. Dies ist die Erklärung der Piezoelektrizität. Beim Anlegen eines äußeren elektrischen Feldes zeigen natürlich piezoelektrische Kristalle
auch Elektrostriktion. Beim Quarz hat diese eine außerordentliche praktische
Bedeutung erlangt. Durch Anlegen richtig abgestimmter hochfrequenter elektrischer Wechselfelder an geeignet geschnittene Quarzplatten kann man diese
nämlich infolge der periodischen Elektrostriktion zur Ausführung ihrer charakteristischen mechanischen Eigenschwingungen anregen und die bei konstanter
Temperatur sehr hohe Frequenzkonstanz dieser Eigenschwingungen zur Steuerung von Hochfrequenzsendern und Quarzuhren ausnutzen.

Während bei der Piezoelektrizität also ein Dipolmoment des Kristalls erst
durch Einwirkung äußerer Kräfte entsteht, besitzen gewisse Kristalle mit sog.
polarer Achse (wie z.B. Turmalin) schon ohne äußere Kräfte ein permanentes
Dipolmoment. Dieses ist normalerweise durch angesammelte Oberflächenladungen
kompensiert und tritt daher nicht in Erscheinung. Bei Temperaturänderungen
dagegen ändert sich infolge Vergrößerung oder Verkleinerung des Abstandes der

Gitterionen dieses Kristalldipolmoment und bewirkt dann entgegengesetzte Ladungen an entsprechenden Kristallgrenzflächen. Dies ist die Erklärung der *Pyroelektrizität*.

Aus ihr folgt, daß nur piezoelektrische Kristalle pyroelektrisch sein können, daß aber nicht alle piezoelektrischen Kristalle auch pyroelektrisch sind, weil für die Piezoelektrizität nur das Fehlen eines Symmetriezentrums der Ionen erforderlich ist, die Pyroelektrizität aber zusätzlich die Existenz eines permanenten elektrischen Dipols längs der Kristallachse größter thermischer Ausdehnung erfordert.

Mit den behandelten Erscheinungen der Verzerrungselektrisierung ist die wissenschaftlich wie technisch wichtige *Ferroelektrizität* verwandt, die auf einer spontanen Parallelstellung elektrischer Dipole in makroskopischen Kristallbereichen beruht. Wir kommen auf sie in VII,16 zurück.

Die Zusammenhänge zwischen elastischen, elektrischen und thermischen Erscheinungen und Wirkungen bei piezo- und pyroelektrischen Kristallen machen wir uns an Hand des Schemas Abb. 235 klar. Von der oberen linken Ecke ausgehend erzeugt ein mechanischer Druck X eine Gitterdeformation x und diese eine piezoelektrische Polarisation P, die als äußeres elektrisches Feld E bemerkbar wird. Anlegen eines äußeren Feldes umgekehrt erzeugt (Elektrostriktion) eine mechanische Spannung und diese eine Gitterdeformation. Führen wir dem Kristall andererseits die Wärmemenge δQ zu, so erhöhen wir damit seine Temperatur um den von der spezifischen Wärme abhängigen Betrag δT, und diese Temperaturerhöhung bewirkt eine mechanische Deformation (Ausdehnung) x des Kristalls, die ihrerseits wieder eine piezoelektrische Polarisation P erzeugen kann. Abb. 235 zeigt ferner, daß durch elastische Verzerrung des Kristalls auf dem Wege $X \to \delta Q$ der Wärmeinhalt des Kristalls verändert wird, so daß das Anlegen eines äußeren elektrischen Feldes E an einen

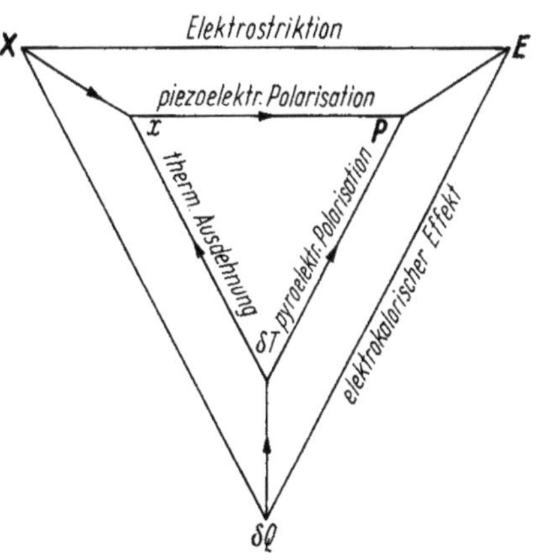

Abb. 235. Schematische Darstellung der Zusammenhänge zwischen den verschiedenen mechanischen, thermischen und elektrischen Effekten eines pyroelektrischen Kristalls (nach HECKMANN). E elektrische Feldstärke, P dielektrische Erregung (Polarisation), X mechanische Spannung, x mechanische Deformation, δT Temperaturänderung, δQ Änderung der Wärmeenergie.

pyroelektrischen Kristall dessen Wärmeinhalt entweder direkt (elektrokalorischer Effekt $E \to \delta Q$) oder indirekt auf dem Wege $E \to X \to \delta Q$ durch Elektrostriktion und Deformationswärme verändert. Abb. 235 läßt als besonders wichtiges Resultat erkennen, daß das Ergebnis der willkürlichen Veränderung *einer* Zustandsgröße des Kristalls (wobei wir hier auch den äußeren Druck und ein elektrisches Feld zu den den Zustand eines piezoelektrischen Kristalls bestimmenden Größen rechnen müssen) wesentlich davon abhängen wird, welche der nichtvariierten Parameter der Abb. 235 wir konstant halten.

7. Überblick über Bindung und Eigenschaften des metallischen Zustandes

Nachdem wir in VII,5 wesentliche Eigenschaften der Ionen- und Valenzkristalle aus deren Bindungsverhältnissen verständlich gemacht haben, geben wir nun einen Überblick über Bindung und Eigenschaften des anderen Extremfalls der festen Körper, des durch das Fehlen lokalisierter Bindungen ausgezeichneten metallischen Zustands. Dabei werden wir erkennen, wie schön die atomistische Betrachtung die charakteristischen Eigenschaften der Metalle, ihrer Modifikationen (verschiedene Gitterformen in verschiedenen Temperaturbereichen) und ihrer Legierungen verständlich zu machen und grundsätzlich auch die Wirkungen der Metallbehandlung (z. B. Härtung) zu erklären vermag.

Die wichtigsten Eigenschaften, in denen sich die Metalle und Legierungen von den anderen Festkörpern unterscheiden, ihr großes elektrisches und thermisches Leitvermögen sowie ihre für die Bearbeitbarkeit entscheidende Plastizität, sind direkte Folgen der in den Metallen vorliegenden Bindungsart. Diese muß, wie wir in VII,3 bereits andeuteten, bei den einwertigen Metallen wegen der fehlenden Polarität (Gegensatz zu den Legierungen!) eine rein homöopolare Bindung sein. Im Gegensatz zu den Valenzkristallen haben wir im Metall aber keine spinabgesättigten, lokalisierten Elektronenpaarbindungen, sondern einen Bindungstyp, der den nichtlokalisierten π-Bindungen im Benzolring und den Molekülketten mit konjugierten Doppelbindungen (vgl. VI,14d) nahe verwandt ist. Wie dort haben wir bei den Alkalimetallen, dem Silber und Kupfer *ein* Valenzelektron je Atom, das für die Bindung mit *sämtlichen* Nachbarn im Gitter verantwortlich ist und diese als nichtlokalisiertes und damit frei bewegliches Elektron bewirkt. Es ist also *gleichzeitig Valenz- und Leitfähigkeitselektron.* Ein Vergleich des Valenzkristalls Diamant mit dem Metall Silber ist aufschlußreich. Im Diamant ist jedes Kohlenstoffatom von vier anderen als nächsten Nachbarn symmetrisch umgeben und steuert zu jeder der vier Bindungen eines seiner vier Valenzelektronen bei. Jedes von diesen bildet mit dem von dem benachbarten C-Atom beigesteuerten Valenzelektron unter Spinabsättigung eine der in VI,14b behandelten streng lokalisierten Elektronenpaarbindungen. Im metallischen Silber umgekehrt ist jedes Ag-Atom symmetrisch von zwölf nächsten Nachbarn umgeben, besitzt aber nur *ein* Valenzelektron, so daß unter Berücksichtigung der Valenzelektronen der Nachbarn im Zeitmittel zwischen je zwei Ag-Atomen nur ein Sechstel einer Elektronenladung zu finden ist und die Bindung bewirken muß, im Gegensatz zu den zwei vollen Elektronenladungen zwischen je zwei C-Atomen des Diamanten.

Aus diesem Unterschied der Bindungsarten und Bindungsstärken folgen bereits zwangsläufig die entscheidenden Unterschiede in den Eigenschaften des Diamanten und eines einwertigen Metalls. Daß beim Silber zur Bindung nur ein Zwölftel der Ladungsmenge zwischen zwei Atomen zur Verfügung steht wie beim Diamant, erklärt die viel geringere Siedetemperatur und Verdampfungswärme der Metalle gegenüber den Valenzkristallen. Daß die Atome in letzteren durch lokalisierte, in Metallen durch nichtlokalisierte Bindungen zusammengehalten werden, bedingt die große Härte der Valenzkristalle und die Plastizität der Metalle: Zur Verschiebung zweier C-Atome im Diamant gegeneinander müssen lokalisierte Elektronenpaarbindungen gesprengt werden, während bei der gegenseitigen Verschiebung von Metallatomen die Bindung kaum geändert wird und daher die für die Plastizität so entscheidenden Gitterversetzungen sich leicht ausbilden können. Die vollständige Absättigung der vier Valenzelektronen jedes C-Atoms im Diamant in vier die Nachbarn bindenden lokalisierten Elektronenpaaren bewirkt, daß nach dem PAULI-Prinzip keine Möglichkeit zur Bindung eines fünften C-Atoms an ein zentrales C-Atom besteht. *Die Koordinationszahl (Zahl der nächsten Gitternachbarn) der Valenzkristalle* (4 beim Diamant) *ist also durch die chemische Wertigkeit der sie bildenden Atome bestimmt. Im Gegensatz dazu gibt es bei der nichtlokalisierten metallischen Bindung keine Valenzabsättigung, und die im allgemeinen viel größere Koordinationszahl der Metalle,* 8 bei den Alkalien und 12 beim Silber und Kupfer, *ist durch Raumerfüllung und Spinkompensation, dagegen weniger durch die spezifischeren Eigenschaften der Atome bestimmt.*

Die metallische Bindung ist also durch fehlende Valenzabsättigung gekennzeichnet. Daß für das *eine* Valenzelektron des Ag-Atoms *zwölf* gleichwertige Partner zur Bindung zur Verfügung stehen, bedeutet quantenmechanisch, daß die das Verhalten der Valenzelektronen beschreibende Wellenfunktion eine Linearkombination der die zwölf gleichberechtigten Bindungsmöglichkeiten der einzelnen Partner beschreibenden Wellenfunktionen ist. Es kommt dann auf das gleiche heraus, ob man von zwölf Bindungen entsprechend geringer Stärke spricht oder von einer Rotation *einer* „richtigen" Elektronenpaarbindung, bei der das Valenzelektron nacheinander mit den Valenzelektronen jedes seiner Nachbarn ein bindendes, spinabgesättigtes Elektronenpaar bildet. Entscheidend ist eben letzten Endes nur die mittlere Elektronendichte zwischen den zu bindenden Atomen. Da sich dabei im anschaulichen Bilde gelegentlich auch einmal beide Valenzelektronen der beiden zu bindenden Atome beim gleichen Atom befinden können, sind besonders bei den Legierungen an der Bindung auch polare Beiträge beteiligt.

Allgemein kann man also sagen, daß bei den Metallen die nichtselektive metallische Bindung vorherrscht und den Metallcharakter bestimmt, daß dagegen individuelle Einflüsse der Atome, wie ihr Spin, ihr Bahnimpuls und damit ihre Wertigkeit, sich doch bemerkbar machen. Es überlagert sich also der allgemeinen metallischen Bindung ein Beitrag homöopolarer (oder auch heteropolarer) Art. *Infolgedessen kristallisiert ein Metall stets in dem Gitter der höchsten Symmetrie, die mit den speziellen Eigenschaften der atomaren Gitterbausteine verträglich ist.* Für die Alkalimetalle beispielsweise zeigt sich, daß das kubisch-innenzentrierte Gitter, bei dem jedes Atom in gleichem Abstand von acht Atomen entgegengesetzter Spinrichtung umgeben ist, stabiler ist als das bei *rein* metallischer Bindung zu erwartende Gitter, bei dem jedes Atom von 12 anderen umgeben ist, die je zur Hälfte die eine und die andere Spinrichtung besitzen. Die energetisch bevorzugte abwechselnd antiparallele Spinrichtung der Alkalielektronen bewirkt also, daß nicht das der *rein* metallischen Bindung entsprechende Gitter der Koordinationszahl 12, sondern das kubisch-innenzentrierte der Koordinationszahl 8 den tiefsten Zustand der potentiellen Energie darstellt und auch röntgenographisch gefunden wird.

Erfahrungsgemäß zeigen nun die Elemente auf der linken Seite des Periodensystems Metallcharakter, während bei den Elementen der rechten Seite des Periodensystems bei der Kristallbindung die lokalisierte Bindung vorherrscht, wir also Isolatorkristalle finden. Das prägt sich nach HUME-ROTHERY darin aus, daß die Metalle durchweg im innenzentriert-kubischen Gitter oder in der kubischen bzw. hexagonal-dichtesten Kugelpackung kristallisieren, während bei den Elementen der rechten Seite des Periodensystems die verschiedensten Gittertypen auftreten, in denen die Koordinationszahlen stets gleich der Wertigkeit der betreffenden Atome sind. Nach FRÖHLICH beruht dieser Unterschied auf der abstoßenden COULOMB-Kraft der Außenelektronen: Natrium und Chlor z. B. haben beide die Wertigkeit Eins, Natrium auch nur *ein* Außenelektron, Chlor dagegen auf der rechten Seite des Periodensystems deren sieben. Der bindenden Wirkung des *einen* Elektronenpaares in den Paaren Na–Na und Cl–Cl steht daher bei Cl–Cl die abstoßende Wirkung von je sechs überschüssigen Elektronen gegenüber, die beim Na–Na fehlt. Bei dem zweiatomigen Cl_2-Molekül kommt trotzdem eine sehr feste homöopolare Bindung zustande, weil die Austauschkräfte (IV,11) eine die abstoßende Wirkung der übrigen Elektronen kompensierende einseitige Ladungsverschiebung (und damit Anziehung der Atome) durch Bildung eines spinabgesättigten Elektronenpaares bewirken. Eine solche Unsymmetrie der Elektronenanordnung ist natürlich mit der Symmetrie eines Kristallgitters unvereinbar.

Wegen der fehlenden COULOMB-Abstoßung überschüssiger Elektronen der äußersten Schale genügt also bei den Metallen die geringe mittlere Elektronendichte zwischen den Atomen zu deren metallischer Bindung, während beim Chlor abgesättigte Cl_2-Moleküle entstehen, die dann ihrerseits im Kristallgitter nur relativ locker durch VAN DER WAALS-Kräfte (vgl. VI,15) gebunden sind. Es ist also verständlich, daß wir *auf der linken Seite des Periodensystems metallische Bindung hoher Symmetrie und Koordinationszahl finden, rechts dagegen kompliziertere Gitter ohne elektrische Leitfähigkeit mit stark ausgeprägtem Einfluß der Wertigkeit.* Dabei ist durchaus zu erwarten, daß bei genügend hohem äußerem Druck nichtmetallische Gitter sich in metallische Gitter höherer Koordinationszahl umwandeln können. So sollte der bei tiefsten Temperaturen einen festen Molekülkristall bildende molekulare Wasserstoff bei einigen Millionen Atmosphären in eine metallische Phase übergehen, deren Möglichkeit schon nach der Verwandtschaft des H-Atoms mit den Alkali-Atomen der ersten Gruppe des Periodensystems erwartet werden konnte.

Bei den Atomen in der Mitte des Periodensystems besteht eine Art Konkurrenz zwischen der metallischen Bindung und Bildung valenzmäßig abgesättigter Elektronenpaarbindungen, wobei nicht ohne weiteres zu entscheiden ist, welche der möglichen Kristallformen in einem bestimmten Einzelfall die stabilere ist. Allgemein wird die metallische Bindung wegen ihres geringeren Ordnungsgrades bei höheren Temperaturen stabiler sein, die streng lokalisierte geordnete Valenzbindung dagegen bei tieferen. Tatsächlich ist bekannt, daß u. U. dasselbe Element bei verschiedenen Temperaturen in verschiedenen Gittern kristallisieren kann. Ein Beispiel ist das Zinn, das bei Temperaturen oberhalb 18 °C ein echtes Metall mit nahezu dichtester Kugelpackung der Atome ist, unterhalb dieser Temperatur aber als sog. *graues Zinn* in einer nichtmetallischen, dem Diamant verwandten Valenzkristallmodifikation existiert.

Die technisch so wichtigen *Legierungen* sind atomare Mischungen, manchmal auch feste Lösungen, einer Metallart in einer anderen, gelegentlich auch eines anderen Elements in einem Metall. Dabei ist das Mischungsverhältnis häufig in ziemlich weiten Grenzen variabel, im Gegensatz zu den valenzmäßig abgesättigten chemischen Verbindungen. Man unterscheidet im wesentlichen *Substitutionsgitterlegierungen* und *Zwischengitterlegierungen.* Erstere sind echte Legierungen zweier Metalle, in denen alle Atome (von den unvermeidlichen Gitterfehlern abgesehen) reguläre Gitterplätze besetzen. Die Atome der einen Metallart werden also bei der Legierungsbildung durch solche der anderen substituiert. Die Zwischengitterlegierungen andererseits sind feste Lösungen nichtmetallischer Elemente in einem Metall, wobei die meist räumlich kleinen Atome des Zwischengitterelements (H, B, C oder N) auf Zwischengitterplätzen (vgl. VII,18, Abb. 262) sitzen. Palladium–Wasserstoff und Eisen–Kohlenstoff sind Beispiele dieser Art von Legierungssystemen.

Während für Zwischengitterlegierungen ein geringer Atomdurchmesser des Zusatzelements günstig ist, ist ebenso anschaulich klar, daß die Bildung von Substitutionslegierungen um so leichter erfolgt, je weniger verschieden Durchmesser und chemische Wertigkeiten der zu legierenden Metalle sind. Daß in Legierungen im Gegensatz zu normalen chemischen Verbindungen ein oft sehr breiter Spielraum im Mischungsverhältnis besteht, ist wieder aus der Bindung durch nichtlokalisierte Valenzelektronen verständlich. Jedes Atom, das ein oder mehr leicht abtrennbare Valenzelektronen besitzt, kann offenbar an der allgemeinen metallischen Bindung teilnehmen. Dabei ist aber weiter klar, daß bei der Legierung von Metallen verschiedener Ionisierungsenergie und insbesondere solchen aus verschiedenen Gruppen des Periodensystems die polaren Beiträge zur Bindung eine zunehmende Bedeutung gewinnen. Wir haben darum in Abb. 224 die Verwandtschaft der Legierungen mit den Ionenkristallen angedeutet.

Obwohl also viele Metalle sich in fast beliebigen Verhältnissen miteinander legieren lassen, zeigen Sprungstellen des elektrischen Widerstands wie der magnetischen Eigenschaften, daß bei gewissen ganzzahligen Mischungsverhältnissen besonders stabile sog. *Überstrukturen* (entsprechend z.B. den Verbindungen AuCu, $AuCu_3$, FeCo oder Ni_3Fe) auftreten, ein Hinweis darauf, daß der allgemeinen metallischen Bindung homöopolare Anteile mit Absättigungscharakter überlagert sind. Daß diese für eine geordnete Legierungsfeinstruktur (z.B. Cu-Atome im Würfelmittelpunkt, Zn-Atome an den Würfelecken bei β-Messing!) sorgenden Kräfte aber relativ schwach sind, geht aus der Beobachtung hervor, daß diese Ordnungserscheinungen ganz allgemein bei Temperaturen oberhalb weniger hundert °C zu verschwinden pflegen.

Wir schließen unsere Diskussion über das Verhalten der Metalle mit ein paar Bemerkungen über ihre Verformbarkeit und deren Abhängigkeit von der technischen Behandlung der Metalle. Bei den praktisch die Ausnahme bildenden Metalleinkristallen durchziehen zwar die Gitterebenen im allgemeinen wohl ausgerichtet den ganzen Kristall; es kommen aber doch sehr häufig Gitterstörungen und insbesondere *Gitterversetzungen* vor (vgl. Abb. 232). Es ist anschaulich klar, daß solche Versetzungen die gegenseitige Verschiebung von Gitterebenen bei der plastischen Verformung erleichtern. Daß Metalleinkristalle so leicht deformierbar sind, sich aber durch einmalige Deformation ganz überraschend verfestigen, liegt daran, daß durch die erste Verformung Winkelversetzungen der Gitterebenen gegeneinander entstehen, die durch innere Eckenbildung ein weiteres Gleiten der Gitterebenen gegeneinander unmöglich machen. Bei technischen Metallen aber haben wir stets ein Gefüge gegeneinander versetzter und miteinander verzahnter Mikrokristalle. Durch Hämmern oder sonstige Kaltbearbeitung kann man diese innere Verzahnung infolge Gefügeverdichtung und Erzeugung innerer Spannungen noch vergrößern. In der gleichen Richtung wirkt das plötzliche Abschrecken eines erhitzten Metalls, durch das die thermisch erzeugte Unordnung im Gitter „eingefroren" und die Ausbildung durchgehender Gleitebenen verhindert wird. Langsames Erhitzen und Abkühlen, d.h. Tempern, auf der anderen Seite ergibt einen Ausgleich innerer Spannungen und allgemein eine Annäherung an einen höheren Ordnungszustand im Metall, vergrößert also in Übereinstimmung mit der Erfahrung die Verformbarkeit.

8. Kristallschwingungen und die Ermittlung ihrer Frequenzen aus Ultrarotspektrum und Raman-Effekt

Wegen der zwischen den Gitterbausteinen eines Kristalls wirkenden quasielastischen Bindungskräfte können erstere im Kristall wie nach VI,6 im Molekül Schwingungen ausführen, die nach Abb. 230 wieder anharmonisch sind und nach VII,5 zur Wärmeausdehnung der Festkörper führen.

Wir unterscheiden zwischen *inneren Schwingungen* und den eigentlichen *Gitterschwingungen* eines Kristalls. Erstere kommen z.B. bei den Molekülkristallen vor, bei denen innerhalb der die Gitterbausteine bildenden Moleküle richtige Molekülschwingungen angeregt sein können, die durch das Kristallgitter wohl mehr oder weniger gestört werden, sonst aber nichts mit ihm zu tun haben. An den eigentlichen Gitterschwingungen dagegen ist der gesamte Kristall beteiligt. Beim Kalkspatkristall $CaCO_3$ z.B. sind als Gitterbausteine die Ionen Ca^{++} und $(CO_3)^{--}$ anzusehen, und die Schwingungen aller dieser Ionen einer Art im Kristall gegen alle Ionen der anderen Art bezeichnet man als Gitterschwingungen, weil an ihnen das ganze aus diesen Ionen aufgebaute Kristallgitter beteiligt ist. Außerdem aber sind innerhalb der CO_3-Gruppe innere Schwingungen (z.B. der O-Atome gegen das C-Atom) möglich, die mit dem Kalkspatkristall als Ganzem gar nichts zu tun haben und deshalb mit gleicher oder sehr ähnlicher Frequenz auch in anderen die CO_3-Gruppe enthaltenden Kristallen wie $FeCO_3$ und $MgCO_3$ auftreten.

Bei den eigentlichen Gitterschwingungen gibt es eine sehr große Zahl verschiedener Schwingungsmöglichkeiten, wie man sich anschaulich an einer drei-dimensionalen Anordnung untereinander elastisch verbundener Massenpunkte klarmacht. Im *stationären* Fall, auf den wir uns zunächst beschränken, handelt es sich um *stehende* Wellen mit einem weiten Bereich von Wellenlängen. Betrachten wir speziell ein Ionengitter wie NaCl mit der den kleinsten Abstand zweier gleichnamiger Ionen bezeichnenden Gitterkonstanten a, so ersieht man aus dem eindimensionalen Beispiel, Abb. 236, daß die kleinste physikalisch sinnvolle Wellenlänge $\lambda = 2a$ ist. Jede kleinere Wellenlänge würde nur das gleiche Schwingungsbild der Ionen in komplizierter Weise

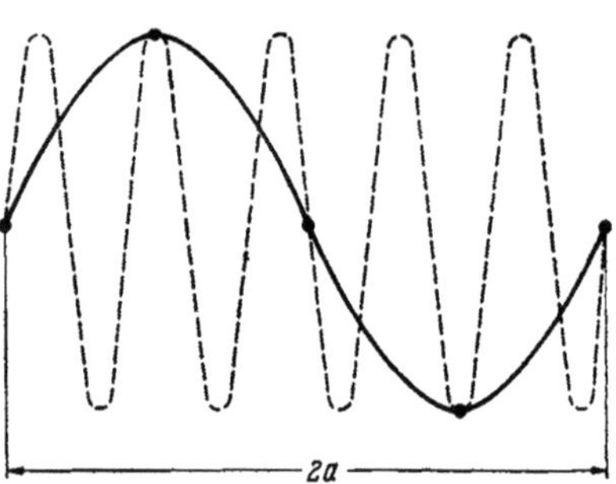

Abb. 236. Darstellung einer gegebenen Schwingung durch die größtmögliche Wellenlänge (ausgezogen) und eine kleinere Wellenlänge (gestrichelt).

beschreiben, wie Abb. 236 durch die gestrichelt eingezeichnete Wellenlänge $\lambda = 2a/5$ zeigt. Dagegen sind offenbar *alle* Wellenlängen zwischen $2a$ und der im Vergleich zu a als unendlich anzusehenden Länge des Kristalls in der betreffenden Richtung physikalisch sinnvoll und möglich.

Wie bei der schwingenden Saite oder Membran können aber auch beim Kristallgitter nur solche Wellen als stehende Wellen einen *stationären Eigenschwingungszustand* ergeben, bei denen die Kristallänge ein ganzzahliges Vielfaches der entsprechenden halben Wellenlänge ist. Betrachten wir als eindimensionales Beispiel eine aus N Ionen bestehende NaCl-Kette mit der Gitterkonstanten a, so ist deren Länge $Na/2$. Damit erhalten wir für die möglichen Wellenlängen der stehenden Wellen oder *Eigenschwingungen* dieses Kristalls die Bedingung

$$\frac{Na}{2} = n\,\frac{\lambda}{2} \tag{11}$$

oder

$$\lambda = \frac{Na}{n} \quad \text{mit} \quad n = 1, 2, 3, \ldots N/2. \tag{12}$$

Daß wir hier nur $N/2$ mögliche diskrete Wellenlängenwerte haben, liegt daran, daß die kleinste physikalisch sinnvolle Wellenlänge $\lambda = 2a$ ist; ihr entspricht nach (12) der Wert $n = N/2$. Da es aber für jede dieser $N/2$ diskreten Wellenlängen, wie wir gleich zeigen werden, zwei verschiedene Schwingungsformen gibt, ist *die Gesamtzahl der diskreten Eigenschwingungen unseres eindimensionalen Gitters gleich N, d.h. gleich der Zahl der Gitterbausteine.*

Die zu jeder Wellenlänge der betrachteten stehenden Wellen möglichen zwei verschiedenen Schwingungsformen verschiedener Frequenz werden aus gleich zu erklärenden Gründen als *optische* und *akustische* (bzw. *elastische*) Schwingung bezeichnet. Ein Kristallgitter kann nämlich einerseits Eigenschwingungen ausführen, die vollständig denen eines Kontinuums gleichen, indem wie bei der Saite oder Membran Gebiete, die groß sind gegenüber der Gitterkonstanten, eine *einheitliche* Bewegung ausführen. Da hierbei in erster Näherung die relativen Abstände zwischen den positiven und negativen Ladungen eines Ionenkristalls gleich bleiben, sind diese

Schwingungen *nicht* mit einer Änderung des elektrischen Dipolmoments verknüpft, und ihre Frequenzen erscheinen folglich *nicht* im Absorptionsspektrum des Kristalls. Da diese Schwingungen andererseits normale elastische Schwingungen sind, bezeichnet man sie auch als *akustische* Schwingungen. In jedem Ionenkristall – und nach VII,3 haben ja *fast* alle wirklichen Kristalle einen gewissen ionalen Charakter – sind andererseits auch Eigenschwingungen gleicher Wellenlänge möglich und werden bei Temperaturerhöhung angeregt, bei denen benachbarte Gitterionen in *entgegengesetzte* Richtungen ausgelenkt werden. Da bei derartigen Schwingungen in Ionenkristallen ersichtlich ein mit der Schwingungsfrequenz variierendes elektrisches Dipolmoment entsteht und die entsprechenden Frequenzen daher Strahlung zu absorbieren und emittieren vermögen, wird diese Schwingungsform eine *optische* genannt.

Ein Vergleich von Abb. 237a und b zeigt, daß bei der akustischen Schwingung die quasielastischen Bindungskräfte zwischen benachbarten Gitterionen nur wenig, bei der entgegengesetzten Auslenkung benachbarter Ionen in der optischen

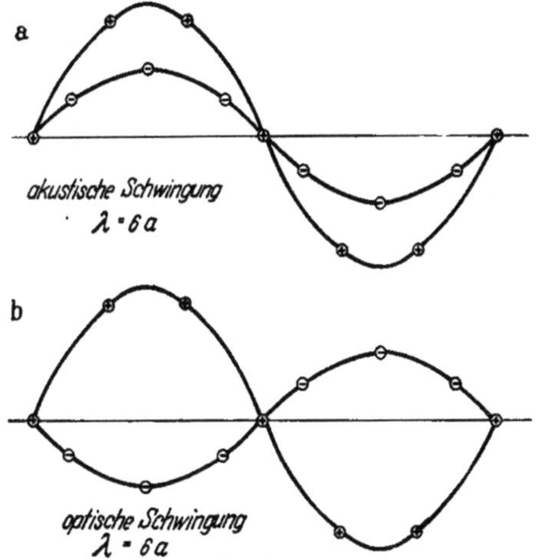

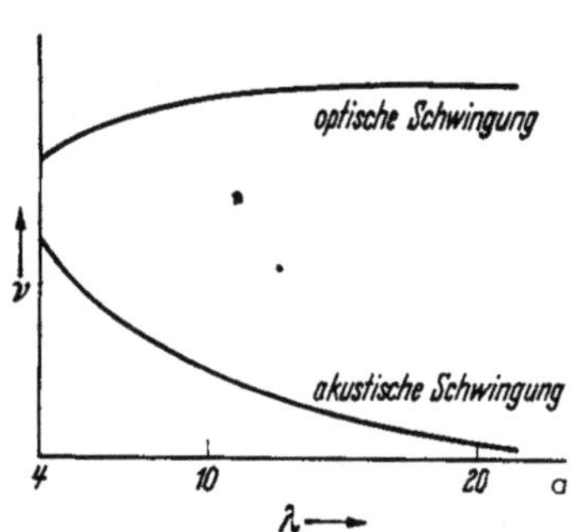

Abb. 237. Darstellung einer akustischen (a) und einer optischen Schwingung (b) eines Ionenkristalls mit verschiedenen Massen der Gitterbausteine.

Abb. 238. Abhängigkeit der Schwingungsfrequenz von der Wellenlänge für optische und akustische Schwingungen (sog. optischer und akustischer Zweig).

Schwingung dagegen außerordentlich stark beansprucht werden. Infolgedessen ist *bei gleicher Wellenlänge λ die Frequenz der optischen Schwingung stets größer als die der akustischen* (Abb. 238). Unter der Annahme gleicher Massen der Ionen ist bei unendlich großer Wellenlänge nur die optische Schwingung mit einer periodischen Änderung des elektrischen Dipolmoments verbunden, während eine solche bei der akustischen Schwingung fehlt. Für den allgemeinen Fall verschiedener Massen der Ionen verschiedenen Vorzeichens und kleinere Wellenlängen ersehen wir aus Abb. 237, daß auch die akustische Schwingung mit einer Änderung des Dipolmoments verbunden ist, doch ist diese stets *kleiner* als die der entsprechenden optischen Schwingung gleicher Wellenlänge. Nur für die Grenzwellenlänge $\lambda = 2a$ fallen optische und akustische Schwingung zusammen und haben bei gleichen Massen der Ionen auch die gleiche Frequenz. Der Frequenzunterschied beider Schwingungsarten muß umgekehrt für $\lambda \to \infty$ einem Höchstwert zustreben, weil hier die Bindungen zwischen den Atomen bei der akustischen Schwingung praktisch unbeansprucht bleiben, bei der optischen Schwingung aber maximal beansprucht werden. Trägt man folglich die Frequenzen beider Schwingungsformen als Funktion der Wellenlänge auf, so erhält man für den allgemeinen Fall verschiedener Ionenmassen eine Darstellung gemäß Abb. 238.

Wir haben bisher nur von *stationären* Schwingungen gesprochen. Nun können aber Gitterschwingungen auch lokal durch einmaligen Anstoß des Gitters an einer bestimmten Stelle angeregt werden. Das ist z.B. der Fall, wie wir in VII,10d zeigen werden, wenn ein Valenzelektron eines Gitterbausteins durch Lichtabsorption angeregt oder von seinem Ion abgetrennt wird, weil dadurch infolge des FRANCK-CONDON-Prinzips nach Abb. 190b bzw. 241 die Bindungen der Ionen in der Umgebung des Elektrons verändert werden und erstere daher zu schwingen beginnen. Solche lokal erregten Schwingungen weniger Ionen können sich dann wellenförmig durch den Kristall fortpflanzen; in der Teilchensprache kann man diesen Vorgang *als Erzeugung (und Wanderung) von Gitterschwingungsquanten bzw. Phononen bezeichnen. Phononen entsprechen also den im Kristall sich fortpflanzenden Gitterschwingungen in gleicher Weise wie Photonen den sich fortpflanzenden Lichtwellen.* Ein angeregtes Elektron z.B. kann nach VII,10d seine Energie entweder durch Emission eines Photons loswerden, oder aber durch die Emission eines oder mehrerer Phononen, d.h. in der Wellensprache durch Anregung von Gitterschwingungen.

Wie steht es nun mit unserer experimentellen Kenntnis von den Gittereigenschwingungen? Wir kennen im wesentlichen drei verschiedene Auswirkungen von Gitterschwingungen, aus denen deren Bestimmung möglich ist: erstens Veränderungen der Röntgenbeugung, zweitens solche des optischen Verhaltens, insbesondere der Absorption und Reflexion von Festkörpern, und drittens die Temperaturabhängigkeit der spezifischen Wärme von Festkörpern. Bei den Metallen kommt als vierte Wirkung die nach VII,13 auf den Gitterschwingungen beruhende Temperaturabhängigkeit der elektrischen Leitfähigkeit hinzu.

Da die Beugung von Röntgenstrahlen von der räumlichen Anordnung der beugenden Atome im Kristallgitter abhängt, wirken periodische Veränderungen dieser Anordnung bei Gitterschwingungen sich in Veränderungen des Beugungsdiagramms aus. Für den *optischen* Nachweis kommen nur die optischen Eigenschwingungen in Frage, die fast stets mit einer periodischen Änderung des resultierenden elektrischen Dipolmoments, sei es auch nur des durch Polarisation der schwingenden Atome entstehenden, verbunden sind. Diese periodische Änderung des resultierenden Dipolmomentes muß um so größer sein, je größer die Wellenlänge ist, und muß ihr Maximum bei der optischen Schwingung mit $\lambda = \infty$ erreichen, die man auch als die optische *Fundamentalschwingung* des Gitters bezeichnet. In ihr schwingt beim Steinsalz das gesamte Gitter der Na^+-Ionen in Phase, d.h. synchron, gegen das gesamte Gitter der Cl^--Ionen. Diese Fundamentalschwingung, die beim NaCl bei 61 μ liegt, besitzt wegen der Mitwirkung *aller* Gitterbausteine an der Schwingung einen sehr hohen Absorptionskoeffizienten. Man mißt sie im Absorptionsspektrum sehr dünner Kristallplättchen oder eleganter und einfacher, wenn auch nicht so genau, mit der von RUBENS stammenden Reststrahlmethode. Wegen des Zusammenhangs von Absorption und Reflexion reflektiert nämlich ein Kristall die der Fundamentalschwingung entsprechende Wellenlänge auch besonders stark, während die übrigen Wellenlängen beim Auftreffen auf den Kristall weitgehend durchgelassen werden. Läßt man daher einen Lichtstrahl mehrfach zwischen zwei Platten des zu untersuchenden Kristalls hin und her reflektieren, so werden alle Wellenlängen außer der der Fundamentalschwingung allmählich von den Kristallplatten durchgelassen, und der nach mehrfacher Reflexion übrigbleibende „Reststrahl" enthält im wesentlichen nur die dann leicht zu messende Wellenlänge der Fundamentalschwingung.

Gelegentlich kommt es vor, daß infolge besonderer Symmetrieverhältnisse, wie sie z.B. beim Flußspat CaF_2 vorliegen, die Fundamentalschwingung nicht mit einer Änderung des Dipolmoments verbunden ist und daher optisch inaktiv ist, d.h. im Absorptionsspektrum nicht auftritt. Wird durch eine solche optisch inaktive Schwingung aber, wie das fast stets der Fall ist, die Polarisierbarkeit der Gitterbausteine verändert, so kann die betreffende Schwingung, wie im entsprechenden Fall der Molekülphysik (VI,2d), durch RAMAN-Effekt-Messungen ermittelt werden. Ultrarot- und RAMAN-Untersuchungen ergänzen sich also auch hier ausgezeichnet, so daß die Ermittlung der Frequenzen der Grundgitterschwingungen meist keine grundsätzlichen Schwierigkeiten bereitet.

9. Die atomistische Theorie der spezifischen Wärme fester Körper

Als eine der auffallendsten Auswirkungen der Gittereigenschwingungen behandeln wir die Theorie der spezifischen Wärme fester Stoffe, zumal diese historisch in der Entwicklung der Quantenphysik eine ebenso wichtige Rolle gespielt hat wie die in VI,10 bereits behandelte spezifische Wärme der Moleküle.

Nach dem sog. Gleichverteilungssatz der klassischen Physik sollte sich die einem Festkörper zugeführte Wärmeenergie gleichmäßig über alle Freiheitsgrade des Systems verteilen; und zwar sollte die thermische Energie je Freiheitsgrad $kT/2$ sein. Da jeder schwingungsfähige Kristallbaustein drei Freiheitsgrade der kinetischen und der potentiellen Energie besitzt, erwartet man eine Wärmeenergie je Atom von $3\,kT$ und daher eine solche je Mol von N_A Atomen von $3\,N_A\,kT = 3\,RT$, wo R die allgemeine Gaskonstante bedeutet, die den Wert 1,987 cal/Grad · mol besitzt. Für die spezifische Wärme bei konstantem Volumen erwartet man daher nach der klassischen Theorie den konstanten Wert

$$c_v = 3R = 5{,}96 \text{ cal/Grad} \cdot \text{mol} . \tag{13}$$

Dies ist das aus der klassischen Theorie folgende DULONG-PETITsche Gesetz, nach dem die Atomwärme, definiert als die spezifische Wärme je Mol Atome, für alle Festkörper knapp 6 cal je Grad und Mol betragen sollte.

Tatsächlich ist aber schon lange bekannt, daß das DULONG-PETITsche Gesetz nur eine äußerst grobe Näherung darstellt und selbst als solche nur bei um so höheren Temperaturen gilt, je kleiner das Atomgewicht des betreffenden Elements ist. Beim Diamant z.B. beträgt die Atomwärme bei Zimmertemperatur statt 6 cal/Grad nur knapp 1,5 cal/Grad. Bei Annäherung an den absoluten Nullpunkt geht die Atomwärme *aller* Kristalle sogar gegen Null, in schärfstem Widerspruch zur klassischen Erwartung der Temperaturunabhängigkeit.

EINSTEIN erkannte bereits 1907, daß das Verschwinden der Atomwärme bei Annäherung an den absoluten Nullpunkt ein typischer Quanteneffekt ist und darauf beruht, daß im Gegensatz zur Grundannahme des klassischen Gleichverteilungssatzes die schwingenden Gitterbausteine nicht beliebig kleine Beträge thermischer Energie aufnehmen können, sondern nach der Quantentheorie wie *jeder* Oszillator der Eigenfrequenz v_0 nur ganze Energiequanten hv_0. Wenn nun bei Temperaturerniedrigung die mittlere thermische Energie kT kleiner wird als ein Schwingungsquant hv_0, werden offenbar dem Kristall weniger und weniger Energiequanten angeboten, die er aufzunehmen vermag. Wir haben in VI,10 den entsprechenden Effekt bei den Molekülen schon behandelt und dort von einem schrittweisen „Einfrieren" von Freiheitsgraden gesprochen. Mit abnehmender Zahl der Energie aufnehmenden Freiheitsgrade *muß* also die spezifische Wärme langsam auf Null abnehmen. Daß dieses „Aushungern" von Freiheitsgraden bei um so höherer Temperatur erfolgt, je leichter die Atome des betreffenden Kristalls sind, liegt daran, daß nach IV,7c die Energiequanten der Schwingung um so größere Werte besitzen, je kleiner die schwingende Masse ist.

Die Durchführung der Rechnung gleicht der zur PLANCKschen Strahlungsformel (II-43) führenden Statistik über die Hohlraumschwingungen, und so spiegelt auch das Ergebnis diese Ähnlichkeit wider. Unter der Annahme einer einzigen
Eigenfrequenz v_0 der Kristallatome fand EINSTEIN für die Atomwärme statt (13)
den Ausdruck

$$c_v = 3R \left(\frac{h v_0}{kT}\right)^2 \frac{e^{h v_0/kT}}{(e^{h v_0/kT} - 1)^2} . \tag{14}$$

Bei genügend hoher Temperatur nähert sich dieser Ausdruck in Übereinstimmung
mit der Erfahrung dem Wert $3R$, während er für $T \to 0$ richtig Null wird. Die
charakteristische Eigenfrequenz v_0 von Gl. (14) bestimmte EINSTEIN durch Vergleich mit der empirischen Temperaturabhängigkeit der spezifischen Wärmen
und gelangte dabei zu v_0-Werten, die z.B. für die Alkalihalogenidkristalle bis auf
etwa 20% mit den nach der Reststrahlmethode (vgl. VII,8) bestimmten Frequenzen der optischen Fundamentalschwingungen übereinstimmten.

Trotz dieses Erfolges war es klar, daß die Annahme einer einzigen Eigenfrequenz des Kristalls eine unzulässige Vereinfachung darstellte, und so waren
Abweichungen der empirischen Werte von den theoretisch erwarteten besonders
bei tiefen Temperaturen nicht verwunderlich, da die höheren Frequenzen früher
einfrieren sollten als die niedrigeren. DEBYE hat deshalb 1912 die in VII,8 behandelte Quantelung der Eigenfrequenzen des ganzen Gitters durchgeführt und die
statistische Verteilung der Energie über die schwingungsfähigen Atome durch
eine solche über alle möglichen Eigenschwingungen des Kristalls ersetzt, der dabei
als *ein* atomares System behandelt wird, dessen Zustände durch die verschiedenen
nach VII,8 möglichen Eigenfrequenzen charakterisiert sind. Dabei entfällt dann

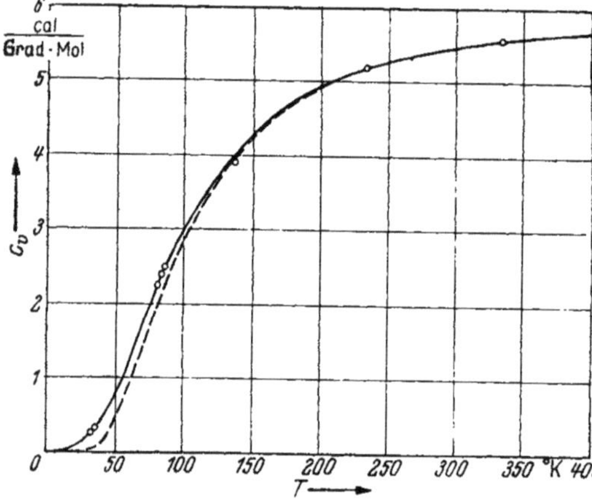

auf die n-te Eigenschwingung v_n
der temperaturabhängige Energieanteil

$$E(v_n) = \frac{h v_n}{e^{h v_n/kT} - 1} . \tag{15}$$

DEBYES Endformel für die spezifische Wärme ist wesentlich komplizierter als (14), gibt aber dafür, besonders bei tiefen Temperaturen,
den Verlauf der spezifischen Wärme
wesentlich besser wieder. In dieser
DEBYEschen Theorie spielen also
alle oben behandelten Eigenschaften der Gitterschwingungen eine
Rolle, z.B. auch die Tatsache, daß
die optischen Schwingungen wegen
ihrer höheren Frequenz bei höherer
Temperatur einfrieren als die akustischen. Abb. 239 zeigt den Verlauf

Abb. 239. Abhängigkeit der spezifischen Wärme von Aluminium
von der Temperatur (,,Aushungern'' der Schwingungsfreiheits-
grade mit abnehmender Temperatur) nach der EINSTEINschen
Theorie (gestrichelte Kurve) und der verbesserten Theorie von
DEBYE (ausgezogene Kurve) mit Meßpunkten (nach RICHTMYER
und KENNARD).

der spezifischen Wärme mit der Temperatur für Aluminium nach der EINSTEINschen
und der DEBYEschen Theorie mit einigen experimentellen Werten. Gewisse in Sonder-
fällen immer noch beobachtete Abweichungen der Atomwärme bei tiefen wie sehr
hohen Temperaturen von dem nach der DEBYEschen Theorie zu erwartenden Verhalten beruhen auf noch nicht ausreichender Berücksichtigung von Feinheiten des
Schwingungsfrequenzspektrums einschließlich der Anharmonizität der Schwingungen, die eine Abnahme der Schwingungsenergie bedingt, bei den Metallen ferner auf
einem geringen Beitrag der freien Elektronen (vgl. IV,13) zur spezifischen Wärme.

10. Allgemeines über Elektronenprozesse in Festkörpern und ihren Zusammenhang mit deren optischen und elektrischen Eigenschaften

Ein wesentlicher Teil der optischen und elektrischen Eigenschaften aller Festkörper ist durch das Verhalten der Elektronen in ihnen, und durch die Wechselwirkung zwischen Elektronenbewegung, Gitterschwingungen und äußeren Einwirkungen wie Teilchenstößen oder Lichtabsorption bedingt. Vor dem Eingehen auf die theoretischen Vorstellungen über die Elektronenanordnung und die Elektronenzustände in Festkörpern sowie die äußerst mannigfaltigen Erscheinungen, die mit ihrer Hilfe verstanden werden können, sei deshalb ein kurzer, anschaulicher Überblick über den gesamten, mit den Elektronen in Festkörpern zusammenhängenden Fragenkomplex gegeben. Dabei werden auch einige viel verwendete Begriffe eingeführt, die das Verständnis der späteren Abschnitte erleichtern dürften.

a) Die Bedeutung von Anregung sowie innerer und äußerer Ablösung von Elektronen beim Festkörper

Wir beginnen mit den Unterschieden, die zwischen den Elektronenprozessen der Anregung und Ionisierung im Atom oder einfachen Molekül einerseits und im Festkörper andererseits bestehen. Grundsätzlich kann natürlich auch in einem Kristall ein Valenzelektron eines Gitterbausteins (Atoms, Ions oder Moleküls) durch Teilchenstoß oder Strahlungsabsorption angeregt oder von „seinem" Ion völlig abgetrennt werden, und man kann diese Prozesse mit der Anregung und Ionisierung von Atomen (III,6) in Parallele setzen. Außerdem aber gibt es bei den Festkörpern noch den Vorgang, daß ein Elektron durch die Oberfläche hindurch in den Außenraum austritt, d.h. den Festkörper völlig verläßt. Wir können diesen Prozeß, auf den wir in VII,14 und VII,21 a im einzelnen zurückkommen, auch als *Ionisierung des Kristalls als Ganzen* ansehen. Wir haben folglich bei einem Festkörper im Gegensatz zum Atom oder einfachen Molekül *drei* verschiedene Elektronenvorgänge zu unterscheiden: Die Anregung von Elektronen, die Abtrennung von Elektronen von „ihren" Ionen, bei der im Kristall mehr oder weniger frei bewegliche Elektronen entstehen, und schließlich die Emission von Elektronen aus dem Festkörper.

In weiterem grundsätzlichem Gegensatz zum Atom oder einfachen Molekül *gibt es im Festkörper weder absolut fest gebundene noch völlig freie Elektronen.* Ersteres liegt daran, daß wegen der Kopplung der Atome oder Moleküle im Gitter grundsätzlich jedes nicht zu fest gebundene Elektron durch Tunneleffekt (vgl. IV,12) zu einem anderen Gitterbaustein hinüberwechseln kann. Umgekehrt ist auch ein unter Aufwand von Energie aus seiner ursprünglichen Bindung im Gitter losgelöstes Elektron im Festkörper keineswegs völlig frei. Es bewegt sich nämlich weiter in den Potentialfeldern von Atomen bzw. Ionen, d.h. unterliegt Anziehungs- und Abstoßungskräften und wird bei gewissen Werten seiner Richtung und kinetischen Energie von den Gitterbausteinen in solcher Weise reflektiert, daß es sich überhaupt nicht weiterbewegen kann.

b) Der Zusammenhang zwischen Spektrum (Farbe) und Leitfähigkeit beim Festkörper

Dieser Tatsache, daß es im Festkörper weder völlig fest gebundene Außenelektronen noch völlig freie Elektronen gibt, entspricht optisch der Befund, daß wir in den Absorptions- und Emissionsspektren der Festkörper weder Serien scharfer Spektrallinien noch deutliche Grenzkontinua (vgl. III,6c) finden, sondern im allgemeinen nur eine beschränkte Anzahl mehr oder weniger breiter Bänder, deren Deutung und Zuordnung zu bestimmten Elektronensprüngen noch keineswegs vollständig gelungen ist.

Möglichkeiten, auf experimentellem Wege zwischen Elektronenanregung und -abtrennung zu unterscheiden und beobachtete Absorptionsbänder diesen beiden Prozessen zuzuordnen, bietet die *Photoleitfähigkeit.* Dazu versieht man den Kristall mit Elektroden, fügt ihn gemäß Abb. 240 mit einer Batterie und einem Strommeßgerät zu einem Stromkreis zusammen und bestrahlt ihn mit Licht der seinen verschiedenen Absorptionsbändern entsprechenden Wellenlängen. Man findet dann z. B. bei den Alkalihalogeniden, daß Bestrahlung mit den Wellenlängen des langwelligsten (im Ultraviolett gelegenen) Absorptionsbandes keine elektrisch feststellbare Änderung im Kristall hervorruft; dieser bleibt ein Isolator, so daß diese Absorption offenbar nur zur Elektronen*anregung* führt. Bei Bestrahlung mit Licht der kurzwelligeren Absorptionsbänder dagegen bekommt der Kristall eine mit der Belichtungsstärke zunehmende elektrische Leitfähigkeit; Absorption dieser Banden führt also offenbar zur Erzeugung beweglicher Elektronen im Kristall, d. h. zu deren Abtrennung aus ihren Bindungen.

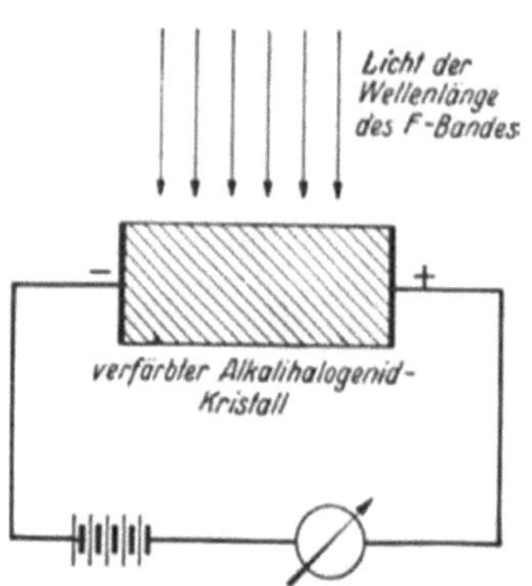

Abb. 240. Anordnung zum Nachweis der Photoleitfähigkeit eines mit Strahlung der Wellenlänge seines *F*-Bandes bestrahlten verfärbten Alkalihalogenidkristalls (vgl. VII,19).

Schon ohne Eingehen auf die Theorie können wir ferner den wichtigen empirischen Zusammenhang zwischen den Spektren und der elektrischen Leitfähigkeit von Festkörpern verstehen, der in seiner einfachsten Form besagt, daß *Isolatoren in weiten Spektralbereichen und insbesondere im Sichtbaren nicht absorbieren, d. h. durchsichtig sind, während Metalle und Halbleiter (vgl. VII,20) im allgemeinen im gesamten Spektralbereich vom Ultrarot bis weit ins Ultraviolett stark absorbieren, d. h. undurchsichtig sind.* Wir wissen ja aus VII,8, daß die auf Gitterschwingungen beruhende Absorption von Festkörpern sich auf das ultrarote Spektralgebiet beschränkt. Die zu einer Elektronenanregung und -abtrennung führende Absorption dagegen liegt um so weiter im Ultraviolett, je fester die absorbierenden Valenzelektronen an ihre Gitterbausteine gebunden sind, je besser also der fragliche Kristall (ohne äußere Anregung) wegen des Fehlens beweglicher Elektronen elektrisch isoliert. Die *Durchsichtigkeit der anorganischen Isolatoren ist also ursächlich mit ihrem Isoliervermögen verknüpft*[1]. Bei den Metallen dagegen erfolgt die Absorption durch die quasifreien, gleichzeitig die elektrische Leitfähigkeit bedingenden Elektronen, und bei den Elektronenhalbleitern sind die absorbierenden Elektronen so schwach gebunden, daß sie durch leichte Temperaturerhöhung frei werden und dann den Strom leiten können. In beiden Fällen erwarten und finden wir Absorptionsspektren, die aus breiten, sich überlappenden Kontinua bestehen. *Gute Elektronenleiter sind also wegen der schwachen oder überhaupt fehlenden Bindung der Elektronen in ihnen undurchsichtig.* Sie sind in dieser Beziehung einem hochionisierten Plasma verwandt, in dem die Elektronen auch nicht mehr an ihre Ionen gebunden sind und das, wie von Entladungen hoher Stromdichte her bekannt, im Idealfall auch ein rein kontinuierliches Spektrum besitzt.

---

[1] Daß viele isolierende Kunststoffe *nicht* durchsichtig sind, widerspricht nicht unserer Darstellung. Bei diesen Isolatormaterialien handelt es sich nicht um richtige Festkörper, sondern um Molekül-Preßmassen, in denen die Lichtabsorption nur zur Anregung ohne Elektronenbefreiung führt.

c) Energie- und Ladungstransport in Festkörpern. Elektronen, positive Löcher (Defektelektronen), Excitonen, Phononen und ihre Bedeutung

Wir betrachten nun eine wichtige Eigenschaft der Elektronenanregung in Isolatorkristallen, die darauf beruht, daß letztere ja aus einer sehr großen Anzahl identischer Bausteine bestehen. Ist nämlich ein Elektron eines dieser Bausteine angeregt, so haben wir den in IV,11 behandelten Fall der Austauschentartung, da der Energiezustand des Kristalls ersichtlich unabhängig davon ist, *welcher* der zahlreichen identischen Gitterbausteine angeregt ist. Energetisch ist also eine Wanderung der Elektronenanregung von dem ursprünglich angeregten Baustein zu einem benachbarten usw. durch den gesamten Kristall durchaus möglich und um so wahrscheinlicher, je stärker die Kopplung zwischen den gleichartigen Atomen ist, je mehr sich ihre Elektroneneigenfunktionen also überlappen. Tatsächlich ist diese Wanderung von Anregungsenergie über weite Strecken eines Festkörpers eine empirisch gesicherte Erscheinung. Sie ist vergleichbar der in III,6a behandelten Weitergabe von Anregungsenergie im Stoß zweiter Art von einem Atom zum anderen, wobei der Stoß nur dazu dient, die bei den dichtgepackten Festkörpern schon vorhandene Kopplung zwischen den ihre Energie austauschenden Atomelektronen herzustellen.

Bevor wir diese Wanderung von Anregungsenergie durch einen Kristall von einem etwas anderen Standpunkt aus betrachten, führen wir einen für die Festkörperelektronik sehr wichtigen, aber gedanklich gewisse Schwierigkeiten bereitenden Begriff ein, das *positive Elektronenloch* oder *Defektelektron*. Denken wir uns ein großes Volumen mit Elektronen derart gefüllt, daß diese ein raumfestes Gitter bilden, jedes Elektron vom nächsten also den gleichen Abstand hat. Nehmen wir ferner an, daß an einer bestimmten Stelle in diesem Elektronengitter ein Elektron fehlt, d.h. ein „Elektronenloch" ist. Bringen wir nun diesen Elektronenkristall in ein elektrisches Feld, so wird das auf der negativen Seite des Loches sitzende Elektron dem Felde folgend in dieses nachrücken, der nächste Nachbar wird folgen usf. Dieses schrittweise Nachrücken der Elektronen bewirkt nun offenbar eine schrittweise Verschiebung des Loches selbst zur negativen Elektrode hin. *Das Elektronenloch bewegt sich also in einem elektrischen Feld, als ob es eine positive Ladung hätte.* Der Begriff der Bewegung des *positiven* Loches ist also eine vereinfachte Art, die tatsächliche Bewegung der schrittweise vermittels des Loches nachrückenden *negativen* Elektronen zu beschreiben. Ein positives Loch besitzt natürlich auch eine (scheinbare) effektive Masse, die von der Gesamtheit der Kräfte abhängt, die das Gitter mit seinen Ionen und Elektronen auf das Elektronenloch ausübt. *Da die Elektronen im Normalzustand stets die niedrigsten ihnen zur Verfügung stehenden Energiezustände besetzen, drängen sie die auch als Defektelektronen bezeichneten positiven Löcher in die höchsten verfügbaren Energiezustände.*

Denken wir uns nun ein Elektronenloch in unserem idealisierten Elektronengitter dadurch entstanden, daß das früher in ihm sitzende Elektron durch äußere Einwirkung von seinem Gitterplatz entfernt wurde und sich nun in seiner Umgebung auf Zwischengitterplätzen herumbewegt. Da es von allen mit Elektronen besetzten Gitterstellen abgestoßen wird, nicht aber von dem ja keine negative Ladung tragenden Elektronen*loch*, wirkt dieses auch in dieser Beziehung auf das Elektron, als ob es eine positive Ladung trüge. Gelingt es nun etwa dem Elektron, in das Elektronenloch zu schlüpfen, so verschwinden offenbar gleichzeitig das Zwischengitterelektron *und* das positive Loch, vergleichbar dem in V,21 behandelten gleichzeitigen Verschwinden eines Elektrons und eines Positrons bei der Paarzerstrahlung. Man spricht deshalb auch hier von der *Rekombination eines Elektrons und eines positiven Loches (Defektelektrons).*

Die Rekombination von Elektron und positivem Loch setzt nun, wie der entsprechende Vorgang zwischen Elektron und Positron oder positivem Ion, voraus, daß die frei werdende Energie wie der überschüssige Impuls irgendwie abgeführt werden. Da das nicht immer möglich ist, umkreist nicht selten im Festkörper ein Elektron ein positives Loch unter dem Einfluß von dessen scheinbarer positiver Ladung, ohne aus Impuls- und Energiegründen mit ihm rekombinieren zu können. Ein solches gebundenes Elektron-Loch-Gebilde ähnelt ersichtlich dem in V,21 behandelten Positronium. Es wird im Englischen als exciton = Anregungsteilchen bezeichnet; wir verwenden im folgenden das Fremdwort Exciton.

Gehen wir nun von unserem Modellelektronengitter zum realen Isolatorkristall über, so ändert sich grundsätzlich nichts, da das in unserer bisherigen Näherung unberücksichtigt gebliebene Gitter der positiven Ionen lediglich die negative Ladung der Elektronen kompensiert, die selbst auch im realen ungestörten Kristall eine bestimmte symmetrische Anordnung besitzen. Wird nun, etwa durch Lichtabsorption, ein Valenzelektron aus seiner Bindung losgelöst, so daß es quasifrei im Gitter wandern kann, so entsteht dadurch an seiner ursprünglichen Stelle ein positives Loch (Defektelektron), das, wie oben beschrieben, in einem elektrischen Feld durch Nachrücken benachbarter Valenzelektronen in die Bindungslücke wandern und damit zum Ladungstransport beitragen kann. Wird aber das Valenzelektron durch die Lichtabsorption nicht vollständig von seinem Ion abgelöst, sondern nur angeregt, so bedeutet dieser Vorgang in unserer neuen Darstellungsweise offenbar die *Erzeugung eines Excitons*. Die oben behandelte Wanderung der Anregung durch einen Kristall von einem Atom zu einem identischen Nachbarn usf. kann dann einfach als *Wanderung bzw. Diffusion von Excitonen* beschrieben werden. Da diese aus gekoppelten negativen und (scheinbaren) positiven Ladungen bestehen, ist ihre Bewegung unabhängig von jedem elektrischen Feld; sie trägt auch zum Ladungstransport nichts bei.

Ein Exciton kann aber dissoziieren, d.h. sich in ein Elektron und ein positives Loch (die beide dann wieder dem Feld folgen und zum Ladungstransport beitragen) spalten, wenn die zur Lösung der Bindung erforderliche Energie zur Verfügung steht. Diese wird häufig als thermische Energie von den Gitterschwingungen geliefert, in der Teilchensprache also nach VII,8 durch Absorption von Phononen. Bei der Rekombination von Elektronen und positiven Löchern umgekehrt können Energie- und Impulserhaltung durch *Emission* von Phononen, in der konventionellen Ausdrucksweise also wieder durch Wechselwirkung mit den Gitterschwingungen, erfolgen. Im thermischen Gleichgewicht wird also in einem angeregten Kristall stets ein von der Temperatur abhängiger Bruchteil der vorhandenen Excitonen dissoziiert sein.

Die oben erwähnte Beweglichkeit von Excitonen und Defektelektronen im Kristallgitter ist nun an eine wesentliche Bedingung geknüpft. Nur wenn das bei der Erzeugung des Excitons angeregte bzw. bei der Erzeugung des positiven Loches abgetrennte Elektron zu einem normalen Gitterbaustein mit zahlreichen identischen Nachbarn gehörte, kann wegen der Energieresonanz und der auf ihr beruhenden Austauschentartung (vgl. IV,11) diese Wanderung erfolgen. Sitzt aber etwa in einem Diamantgitter ein vereinzeltes Fremdatom, so wird dessen Anregung bzw. Ionisierung zu einem Exciton bzw. positiven Loch solcher Energie führen, daß *keine* Energieresonanz mit den benachbarten Kohlenstoffatomen besteht. In diesem Fall ist also eine Wanderung des Excitons bzw. positiven Loches *nicht* möglich. Diese Teilchen sind dann ortsfest, lokalisiert. Diese Überlegung über die Bedingungen für das Auftreten beweglicher bzw. ortsfester Excitonen und positiver Löcher wird sich für das Verständnis der Elektronenhalbleitung (vgl. VII,21 a) als wichtig erweisen.

d) Die Wechselwirkung zwischen Elektronenprozessen und Kristallgitter. Elektronenfallen

In unserer bisherigen Diskussion haben wir die Rückwirkung des Kristallgitters auf lokalisierte Elektronenprozesse nur bei der Rekombination von Elektronen und positiven Löchern unter Emission von Phononen berücksichtigt, betrachten das Problem aber nun noch etwas allgemeiner. Ein Kristallgitter ist ja, wie ein Molekül, im dynamischen Gleichgewicht insofern, als die positiven Ionen in den durch die Anordnung der negativen Valenzelektronen gegebenen Potentialminima sitzen und umgekehrt. Ebenso wie nach VI,5 die Anregung bzw. Abtrennung eines Molekülelektrons im allgemeinen die Bindung und damit den Gleichgewichtskernabstand im Molekül verändert, muß auch die Anregung bzw. Ablösung eines Gittervalenzelektrons im Kristall die Gleichgewichtsanordnung der Gitterbausteine in seiner Umgebung und damit die Gittersymmetrie stören. Die Verhältnisse werden durch das in VI,6c eingeführte FRANCK-CONDON-Prinzip beschrieben. Nach diesem *erfolgt die von einer Elektronenanregung oder -abtrennung verursachte Gitterumordnung zwecks Erreichung eines neuen Gleichgewichtszustandes erst nach Beendigung des Elektronenprozesses*. Dieser selbst geht also ohne Änderung des Kernabstandes oder der Geschwindigkeit der schweren Gitterbausteine vor sich. Wie beim Molekül wird die Anregung oder Abtrennung eines Valenzelektrons im allgemeinen eine *Lockerung* der Bindung zwischen den beiden entsprechenden Gitterbausteinen bewirken, so daß in Analogie zu Abb. 190b deren potentielle Energie für den Normalzustand und den Zustand mit angeregtem bzw. abgetrenntem Valenzelektron schematisch durch Abb. 241 dargestellt werden kann. Die optische Anregungs- oder Abtrennungsenergie ist dann durch den senkrechten Pfeil gegeben; sie ist ersichtlich größer als die Energiedifferenz der beiden Potentialminima, die den Gleichgewichtszuständen entsprechen. Diese letztere Energiedifferenz bezeichnen wir als die *thermische* Anregungs- oder Abtrennenergie, weil sie den im thermischen Gleichgewicht für einen Anregungs- bzw. Abtrennungsprozeß aufzuwendenden Energiebetrag darstellt. Das FRANCK-CONDON-Prinzip lehrt uns also, daß die *optischen Anregungs- bzw. Abtrennenergien, wie wir sie aus den Absorptionsspektren entnehmen können, wesentlich größer sind als die thermischen oder Gleichgewichtsanregungsenergien*, die für statistische Berechnungen die entscheidende Rolle spielen. Bei optischer Anregung wird der Energieüberschuß natürlich als Schwingungsenergie (in der Teilchensprache Erzeugung von Phononen) an das Gitter abgegeben.

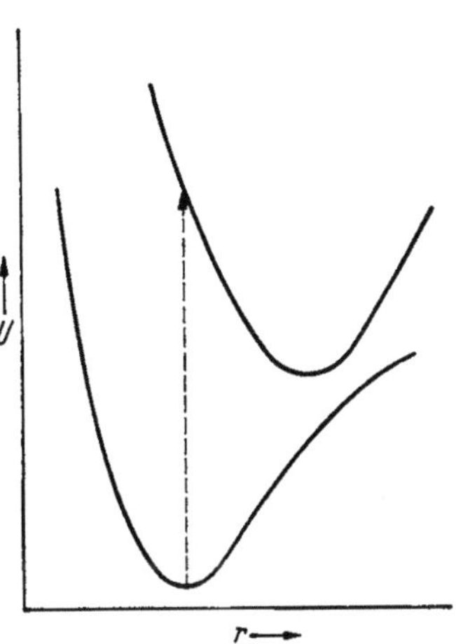

Abb. 241. Potentialkurvendarstellung zur Erklärung des Unterschieds zwischen optischer und thermischer Anregung eines Gitterelektrons.

In ähnlicher Weise, wie lokalisierte Elektronenprozesse Rückwirkungen auf das Kristallgitter haben, üben auch frei wandernde Elektronen, positive Löcher und selbst Excitonen polarisierende Kräfte auf ihre jeweilige Gitterumgebung aus, und die resultierende Polarisation hemmt dann ihrerseits wieder die Bewegung der polarisierenden Ladungsträger. Diese hemmende Wirkung ist offenbar um so größer, je langsamer die Teilchen sich bewegen, und sie verschwindet, wenn der Abstand zweier Gitterbausteine in einer Zeitspanne durcheilt wird, die klein ist gegen deren Schwingungsperiode. Ein sich unter Polarisation seiner Umgebung,

d. h. gleichsam unter Mitführung seiner Polarisation im Gitter bewegendes Elektron oder Loch wird als *Polaron* bezeichnet; über seine Bedeutung für die optischen und elektrischen Eigenschaften von Ionenkristallen besteht noch keine rechte Klarheit. Das gleiche gilt für den als *Selbsteinfang* bezeichneten Prozeß, bei dem ein nicht zu schnelles Elektron bzw. positives Loch sich durch Polarisation seiner Umgebung eine Potentialmulde schafft, aus der es ohne Zufuhr äußerer Energie nicht mehr entkommen kann.

Im Gegensatz zu diesem möglichen Einfangprozeß gibt es in allen realen Kristallen und besonders an deren Oberflächen in großer Zahl Potentialmulden, die als Fallen für nicht zu schnelle Elektronen bzw. Defektelektronen wirken können. Gitterleerstellen und Fremdatome im Gitter bilden je nach ihrer Polarität *Fallen* bzw. *Haftstellen* für Elektronen oder positive Löcher, und auch Gitterversetzungen, Grenzflächen zwischen Mikrokristallen sowie äußere Oberflächen und Fehlbaustellen sind stets Stellen unsymmetrischer Potential- und Feldverteilung, die Elektronen und Löcher abzufangen vermögen. Die Lebensdauer freier Elektronen und Löcher in einem Isolatorkristall ist daher weniger durch ihre oben besprochene freie Rekombination begrenzt als durch ihre Einfangung in Fallen mit nachfolgender Rekombination, die mit einem *gebundenen* Partner wegen der leichteren Energie- und Impulsabfuhr weniger Schwierigkeiten bereitet. Auf die entscheidende Rolle dieser Haftstellen für die Halbleiterphysik und alle mit ihr zusammenhängenden Erscheinungen kommen wir noch zurück.

11. Energetische Anordnung der Elektronen im Kristall. Energiebändermodell und Elektronensprungspektren von Kristallen

Nach diesem anschaulichen Überblick über das Verhalten von Elektronen in Festkörpern untersuchen wir nun ihre energetische Anordnung und machen uns dabei mit dem immer weiterreichende Anwendung findenden Energiebändermodell bekannt, zu dem man von den verschiedensten Seiten her mit praktisch gleichem Ergebnis gelangt.

Machen wir zunächst in Gedanken den Übergang vom ungestörten zu dem durch seine Umgebung stark gestörten Atom und schließlich zu dem durch den Einbau in einen Kristall extrem gestörten Gitteratom, so kommen wir schon ganz anschaulich zu einem im wesentlichen richtigen Bild. Beim ungestörten Atom haben wir nach III,6c die scharfen Energieniveaus des gebundenen und den kontinuierlichen Energiebereich des freien (ionisierten) Elektrons. Bei dem durch die Mikrofelder seiner Umgebung gestörten Atom verbreitern die höheren Energiezustände des Elektrons infolge der Störung bereits merklich (vgl. III,21), und bei den höchsten, dicht unterhalb der Ionisierungsgrenze liegenden Energiezuständen ist nicht mehr zu entscheiden, ob diese noch zu den diskreten Energiezuständen des an sein Ion gebundenen Elektrons, oder zu dem kontinuierlichen Energiebereich des freien Elektrons zu rechnen sind. Gehen wir schließlich zum Gitterbaustein des Kristalls über, so erwarten wir ein abweichendes Verhalten, abgesehen von der zunehmenden Größe der Störung und damit der Verbreiterung der Energiezustände, nur in der Beziehung, daß die Störzentren nunmehr in Form eines regelmäßigen Gitters angeordnet sind. *Ein von seinem ursprünglichen Ion abgetrenntes Elektron muß sich jetzt „quasifrei" in dem periodischen Potentialfeld sämtlicher Gitterionen durch den Kristall bewegen.* Wir sind damit bereits auf anschaulichem Wege zu einem im wesentlichen richtigen Bild vom Verhalten des Elektrons im Kristall gelangt. Auf die innersten, nur bei der Röntgenstrahlung zur Wirkung gelangenden Elektronen bleibt der Einbau des Atoms in das Gitter, wie anschaulich klar ist, ohne Einfluß. *Die innersten Elektronen bleiben weiterhin fest bei ihren zugehörigen Atomkernen; ihre Energiezustände sind praktisch ungestört und daher scharf.* Den Beweis sehen wir in der Schärfe der von einer festen metallischen Antikathode emittierten Röntgenlinien (Abb. 56). *Mit wachsender Hauptquantenzahl n nimmt die Störung und damit die Breite der Energieniveaus der Elektronen nach Abb. 242 gewaltig zu; sie erreicht bei den optischen, im allgemeinen nicht mit Elektronen besetzten Niveaus mehrere eV, so daß man hier von Energiebändern der nun bereits quasifreien Elektronen spricht.* Wir wissen, daß diese

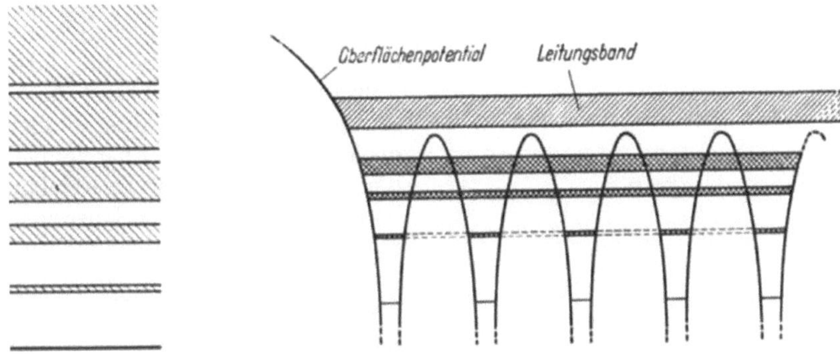

Abb. 242. Energiebandschema der Elektronen in einem Kristall.   Abb. 243. Periodisches Potentialfeld eines Kristalls mit Elektronenzuständen, Anregungsbändern und Ionisations- bzw. Leitfähigkeitsband (schematisch).

quasifreien Elektronen für die elektrische Leitfähigkeit der Metalle verantwortlich sind (vgl. VII,13). Bei den höchsten Energieniveaus wird die Bandbreite im allgemeinen so groß, daß eine Überlagerung der verschiedenen Bänder eintritt, auf die wir bei der Besprechung der Theorie der metallischen Leitung noch zurückkommen werden.

Es ist interessant zu zeigen, wie man zum gleichen Ergebnis auch auf zwei anderen Wegen gelangen kann, die zwar weniger anschaulich sind, aber den Vorteil besitzen, daß sie eine Berechnung des Verhaltens der Kristallelektronen ermöglichen.

Die eine Ableitung geht von dem in IV,11 ausführlich behandelten Begriff der Resonanz- oder Austauschaufspaltung aus. Nach der Quantenmechanik spaltet ja der Energiezustand eines aus zwei gekoppelten atomaren Systemen gleicher Energie bestehenden Gesamtsystems in zwei Zustände auf, deren energetischer Abstand um so größer ist, je stärker die Kopplung der beiden Systeme ist. Dieser Fall aber liegt im Kristall vor, wo der Austausch der Elektronen aller gleichen Gitterbausteine grundsätzlich möglich ist. Besteht der Kristall also aus N Atomen, so wird infolge der Austauschmöglichkeit jedes Elektrons mit jedem der $N-1$ anderen jeder einzelne Energiezustand der das Gitter bildenden Atome in N Niveaus aufspalten, die wir durch ihre Quantenzahlen k unterscheiden und deren jeder mit zwei Elektronen entgegengesetzter Spinrichtung besetzt sein kann. *Die Größe der Aufspaltung, d.h. die Breite des aus den N Niveaus entstehenden Energiebandes, hängt vom Grad der Kopplung, d.h. von der Austauschwahrscheinlichkeit der Elektronen ab.* Aus IV,11 wissen wir, daß die Energieaufspaltung der ursprünglich entarteten Energiezustände gleich der mit h multiplizierten Austauschfrequenz der Elektronen ist, die sich aus der Theorie des Tunneleffekts (IV,12) berechnen läßt. Dabei tritt im Festkörper an die Stelle der Aufspaltung zweier Energiezustände die Breite des aus den N Zuständen entstehenden Energiebandes.

Wir betrachten nun die Wahrscheinlichkeit des Austausches von Elektronen zwischen den Atomen eines Kristallgitters etwas genauer an Hand des Potentialkurvenschemas Abb. 243. In Abb. 85 hatten wir bereits den Potentialverlauf in der Nähe des H-Atomkerns mit den zugehörigen Energiezuständen des sich in diesem Potentialfeld bewegenden Elektrons dargestellt. In einem Festkörper haben wir nun wegen der geometrisch regelmäßigen Anordnung der Atome bzw. Ionen eine dreidimensional periodische Wiederholung von Potentialmulden und -bergen, wie sie in Abb. 243 angedeutet ist. Hier liegen die innersten Elektronen der Kristallatome praktisch völlig fest in den Potentialmulden ihrer zugehörigen Ionen. Ihr Austausch mit entsprechenden Elektronen anderer Atome ist klassisch unmöglich und quantenmechanisch infolge des Tunneleffekts zwar möglich, aber wegen der Höhe der zu durchdringenden Potentialwälle sehr unwahrscheinlich. Wegen der geringen Austauschwahrscheinlichkeit ist die Aufspaltung der Energieniveaus und damit die Breite der Energiebänder der innersten Elektronen in Übereinstimmung mit unserem ersten anschaulichen Bild und mit der Erfahrung also sehr klein. Für die quasifreien äußersten Elektronen umgekehrt ist die Austauschwahrscheinlichkeit und damit die Breite des aus den Energieniveaus sich ergebenden Energiebandes sehr groß. Aus dieser Überlegung ist weiter verständlich, daß die Bandbreite um so größer ist, je größer die Wechselwirkung der den Kristall bildenden Atome ist. Diese Wechselwirkung aber hängt vom mittleren Abstand der Gitterbausteine (bezogen auf den Durchmesser ihrer Elektronenhüllen) ab und muß daher temperatur- und druckabhängig sein. Abb. 244 zeigt schematisch für einige verschieden hoch liegende Bänder diese Abhängigkeit der Bandbreite vom mittleren Abstand der Gitterbausteine, die für das Verständnis zahlreicher Festkörpererscheinungen von großer Bedeutung ist.

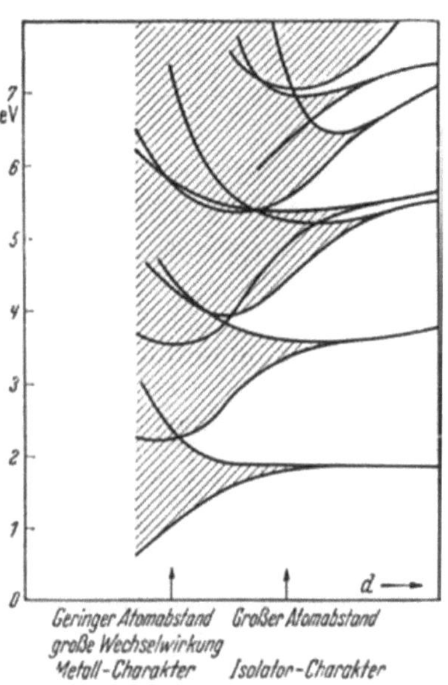

Abb. 244. Übergang der scharfen Energiezustände der Atome in zunehmend verbreiternde Energiebänder und schließlich in ein einheitliches Energiekontinuum infolge zunehmender Wechselwirkung der Atome mit abnehmendem gegenseitigem Abstand. Die beiden senkrechten Pfeile deuten die relativ geringe Wechselwirkung und daher geringe Bandbreite der unteren Bänder bei Isolatorkristallen sowie die große Wechselwirkung und Bandüberlappung bei den Metallen an. Kurvenverlauf nach Modellrechnungen von SLATER.

Das aus dieser feineren Überlegung folgende Bild unseres Energiebändermodells stimmt also im Ergebnis mit unserer anschaulichen ersten Ableitung weitgehend überein, lehrt darüber hinaus jedoch, daß die Energiebänder aus diskreten Energieniveaus bestehen und nur wegen der ungeheuren Zahl dieser Niveaus, die gleich der Zahl der Gitterbausteine ist und damit je Mol des Kristalls $6 \cdot 10^{23}$ beträgt, kontinuierlich erscheinen.

Wir gelangen zu einer weiteren Vertiefung des Verständnisses der so wichtigen Energiebandvorstellung, wenn wir nun bei unserem dritten Darstellungsweg von der Bewegung *freier* Elektronen im Kristall ausgehen (womit diese Näherung gut nur für Metallelektronen sein kann!) und aus ihr zu zeigen versuchen, was die Quantisierung der Elektronenzustände innerhalb eines Energiebandes und ihre Kennzeichnung durch eine Zahl k bedeutet, ferner warum es für die tatsächlich nicht völlig freien Kristallelektronen gewisse zwischen den Energiebändern liegende „verbotene" Energiebereiche geben muß. Faßt man nämlich den gesamten Kristall nicht als eine riesige Zahl gekoppelter Systeme (Atome), sondern im Sinne von VII,3 wellenmechanisch als *ein* System auf, so sind die Eigenfunktionen dieses

Systems, wie BLOCH gezeigt hat, im allgemeinen fortschreitende ebene Elektronenwellen, die wir als Sinuswellen durch die mit Gl. (IV-41) identische Formel

$$\psi_k = e^{2\pi i k r} \tag{16}$$

darstellen können, wobei wir den Einfluß des Ionengitterpotentialfeldes zunächst vernachlässigen. Durch Eingehen mit (16) in die SCHRÖDINGER-Gleichung (IV-40) einer ebenen Welle *freier* Elektronen erhalten wir für den Zusammenhang von k mit der Elektronenenergie E den Ausdruck

$$k^2 = \frac{2m}{h^2} E . \tag{17}$$

Ziehen wir nun in Betracht, daß der Elektronenimpuls p mit der Energie E durch die Beziehung

$$E = \frac{p^2}{2m} \tag{18}$$

und der Elektronenimpuls mit der Elektronenwellenlänge durch die DE BROGLIE-Beziehung (IV-26) verknüpft ist, so finden wir, daß

$$k = p/h = 1/\lambda \tag{19}$$

dem Impuls und damit der Geschwindigkeit der Elektronen proportional und gleich der Wellenzahl der entsprechenden DE BROGLIEschen Elektronenwelle ist. Da die Elektronenwellenlänge von der Gittersymmetrie und damit im allgemeinen von der Fortschreitungs*richtung* im Kristall abhängt, ist k ebenso wie p genaugenommen ein Vektor und wird als *Wellenzahlvektor* bezeichnet.

Zum Verständnis der Quantisierung der k-Zustände eines Energiebandes betrachten wir einen Kristallwürfel mit der Kantenlänge $N^{1/3}d$, wo N die Atomzahl des Kristalls und d der Netzebenenabstand ist. Nun ist ein stationärer Elektronenzustand des Kristalls nur möglich, wenn jede Elektronenwelle an den beiden Kristallbegrenzungen die gleiche Phase besitzt, so als ob, eindimensional gesehen, Anfang und Ende des Kristalls zu einem Kreis geschlossen wären. Dann muß aber die Kantenlänge des Kristallwürfels gleich einem ganzen Vielfachen der Wellenlänge sein:

$$N^{1/3}d = n\lambda = n/k; \qquad n = 1, 2, 3, 4, \ldots \tag{20}$$

Die Wellenzahl

$$k = \frac{n}{N^{1/3}d} \tag{21}$$

besitzt folglich diskrete Werte und kann daher als Ersatzquantenzahl zur Charakterisierung der N Zustände jedes Energiebandes eines aus N Atomen bestehenden Kristalls dienen.

Da nun tatsächlich die Elektronen im Kristall nicht frei sind, sondern sich im periodischen Potentialfeld der Ionen (Abb. 243) bewegen, kann die Beziehung (17) zwischen k und E und die aus der potential*freien* SCHRÖDINGER-Gleichung folgende Darstellung der Elektronenwellen durch (16) nicht streng gelten. Statt (16) gilt vielmehr

$$\psi_k = \psi_k^0(r) e^{2\pi i k r}, \tag{22}$$

wo $\psi_k^0(r)$ die Gitterperiodizität enthält, d.h. der Bedingung

$$\psi_k^0(r) = \psi_k^0(r + na); \qquad n = 1, 2, 3, \ldots \tag{23}$$

mit a als Gitterkonstante gehorcht. Welchen Einfluß hat nun ein solches periodisches Potentialfeld auf die fortschreitenden Elektronenwellen? Solange die Geschwindigkeit v bzw. der Impuls p der Elektronen so klein ist, daß die nach (19) berechnete DE BROGLIE-Wellenlänge der Elektronenwellen groß gegenüber der Gitterkonstanten a bleibt, ist der spezifische Einfluß der Gitterperiodizität auf die Elektronenwelle (22) vernachlässigbar. Das periodische Potentialfeld bewirkt in diesem Fall nur, daß die den Wellen (22) zugeordneten Elektronen bei gegebener Gesamtenergie E mit einer *anderen* Geschwindigkeit wandern als nach (18) zu erwarten. Wir können dann die Gleichungen (16) bis (18) der freien Elektronenbewegung benutzen, müssen aber den Elektronen eine *effektive Masse* zuschreiben, die verschieden ist von der Masse freier Elektronen. Bei den Metallen, für die die betrachtete Näherung ja nur gut ist, ist m_{eff} um so größer, je kleiner die Wahrscheinlichkeit der Überwindung der Potentialwälle zwischen den Minima ist, je kleiner also die Breite ΔE des Energiebandes der Elektronen und je kleiner die Gitterkonstante a ist, in je kürzerem Abstand also die Potentialmaxima einander folgen. Dann folgt, immer für Elektronen geringer kinetischer Energie, nach BLOCH aus Dimensionsgründen

$$m_{\text{eff}} = \frac{h^2}{8\,a^2\,\Delta E}\,. \tag{24}$$

Diese effektive Elektronenmasse, die also nur eine Ersatzgröße zur Berücksichtigung des periodischen Kristallfeldes ist, kann für Elektronen wie für Defektelektronen in Isolatoren und Halbleitern aber auch kleiner als m_0 und sogar negativ werden. Nähert sich nämlich mit zunehmender Elektronengeschwindigkeit die Wellenlänge der fortschreitenden Wellen der doppelten Gitterkonstanten $(2\,a)$, so treten erhebliche Abweichungen von dem durch (18) gegebenen einfachen Zusammenhang zwischen Impuls und Energie der Elektronen auf. Das wird klar, wenn wir direkt den kritischen Fall $\lambda = 2a$ betrachten. Wird nämlich die Wellenlänge gleich der doppelten Gitterkonstanten, so werden die Wellen von sämtlichen Gitterpunkten in Phase reflektiert, und zwar jeweils mit 180° Phasenverschiebung gegenüber der einfallenden Welle, so daß aus der fortschreitenden Welle eine stehende wird. Bei den kritischen λ-Werten

$$\lambda_{\text{krit}} = \frac{2\,a}{n} \quad \text{mit} \quad n = 1, 2, 3, 4, \ldots \tag{25}$$

gibt es also nur stehende Wellen, und für die Elektronenimpulse

$$p_{\text{krit}} = h/\lambda_{\text{krit}} = h\,n/2\,a \tag{26}$$

bzw. die Wellenzahlen

$$k_{\text{krit}} = 1/\lambda_{\text{krit}} = n/2\,a \tag{27}$$

ist eine Elektronenwanderung im Kristall *nicht* möglich. Dieses Ergebnis ist überraschend: *Die Elektroneneigenfunktionen aller nichtkritischen k-Quantenzahlen sind fortschreitende Wellen, aber die der diskreten kritischen k-Zahlen* (27) *bzw. Elektronenimpulse* (26) *sind stehende Wellen.*

Die Situation wird noch merkwürdiger, wenn wir den Zusammenhang zwischen Elektronenimpuls und Elektronenenergie für die kritischen Werte (26) des Impulses betrachten. Es ist nämlich anschaulich klar, daß es hier zum gleichen Elektronenimpuls p_{krit} gehörende stehende Wellen gleicher Wellenlänge geben muß, die *verschiedene* Energie E besitzen. Bezeichnen wir z.B. mit cos x eine Welle, deren Knoten mit den Potentialmaxima zusammenfallen, so fallen die Knoten der zum gleichen λ_{krit}-Wert gehörenden Welle sin x in die Potentialminima. Da nach IV,6 die Quadrate der ψ-Amplitude der Aufenthaltswahrscheinlichkeit der Elektronen entsprechen, halten sich im ersten Fall die Elektronen vorwiegend in Gebieten geringer potentieller Energie auf, im zweiten Fall dagegen in solchen großer potentieller Energie. Die Energie E der cos-Welle wird, verglichen mit der der sin-Welle, daher um so kleiner sein, je größer die potentielle Energie im Vergleich zur Gesamtenergie ist.

Man übersieht diese Verhältnisse besser, wenn man die Energie E der Gitterelektronen gegen den Elektronenimpuls bzw. die Wellenzahl k aufträgt. Dem Fall der ungestörten fortschreitenden Elektronenwellen ohne Potentialfeld entspricht nach (18) die gestrichelte Parabel Abb. 245. Als Folge des periodischen Potentialfeldes der Gitterionen treten aber tatsächlich bei den kritischen Impulswerten (26) der Elektronen Unstetigkeiten, d. h. verbotene Energiebereiche auf, die um so breiter sind, je ausgeprägter die Potentialmaxima sind, je mehr sich also die zur gleichen Elektronenwellenlänge gehörenden Sinus- und Cosinuswellen energetisch unter-

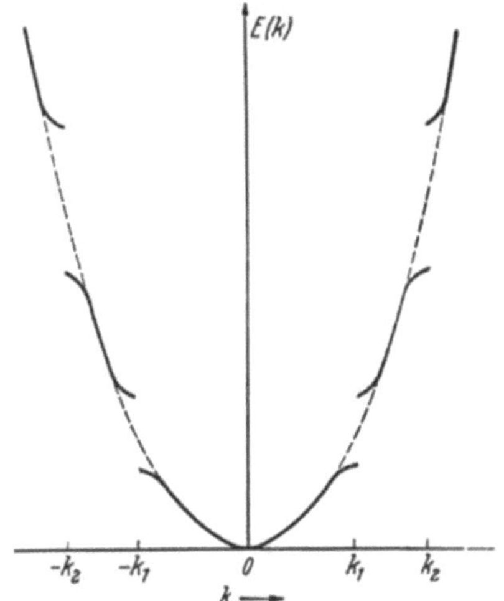

Abb. 245. Zusammenhang der Elektronenenergie E mit dem Wellenzahlvektor $k = p/h$ für den Fall ungestörter Elektronenwellen (gestrichelt) und (ausgezogen) für Elektronenwellen in einem Kristallgitter, mit Unstetigkeiten der Kurve bei den Wellenzahlen, bei denen BRAGGsche Reflexion im Gitter erfolgt.

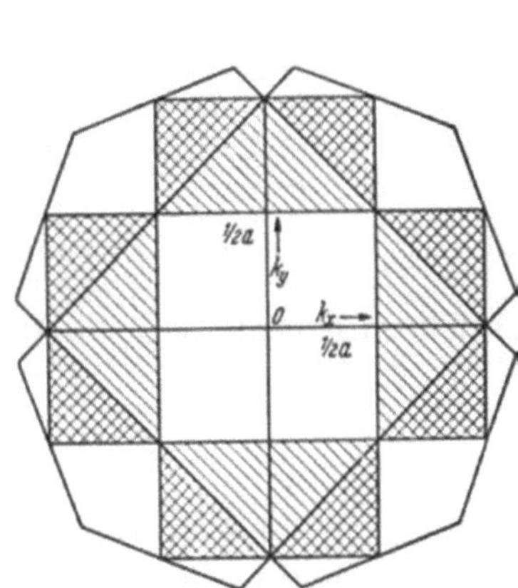

Abb. 246. Die vier ersten BRILLOUIN-Zonen eines quadratischen zweidimensionalen Gitters (nach SEITZ).

scheiden. Wegen dieser Unstetigkeitsstellen zerfällt die für völlig freie Elektronen kontinuierliche Folge der möglichen Energiezustände für Elektronen in einem periodischen Potentialfeld also in einzelne „erlaubte" Energiebänder, die durch Lücken, d. h. unzugängliche oder verbotene Energiebereiche, voneinander getrennt sind. Die den erlaubten Energiebändern entsprechenden k-Bereiche werden aus gleich verständlich werdenden Gründen auch BRILLOUIN*sche Zonen* genannt. Von einem Energieband zum anderen bzw. von einer BRILLOUINschen Zone zur anderen kann man, da deren Elektronenwellenfunktionen verschieden sind, nur durch Elektronensprünge gelangen, die den Übergängen von einem Elektronenzustand zu einem anderen in einem Atom völlig analog sind.

Da die kritischen Elektronenimpulse, bei denen Unstetigkeiten auftreten, nach (26) von der Gitterkonstanten a abhängen und der Abstand aufeinander folgender gleichartiger Atome in einem Kristall von der Fortschreitungsrichtung der Elektronenwellen im Kristall abhängt, zeigt unsere Überlegung, daß je nach dem speziellen Gitterbau des Kristalls das Energiebänderschema für verschiedene Bewegungsrichtungen der Elektronen im Kristall verschieden sein muß. Dies wird durch die sog. BRILLOUINschen Zonenbilder dargestellt, wie Abb. 246 eines für den einfachsten möglichen Fall eines zweidimensionalen quadratischen Gitters wiedergibt. Diese Zonenbilder sind Darstellungen im k-Raum, in unserem zweidimensionalen Beispiel in der k-Fläche. Da nach (19) k gleich dem Reziproken der Elektronenwellenlänge bzw. dem durch h dividierten Elektronenimpuls p ist, ist jedem Punkt des k-Raums also ein nach Größe und Richtung (vom Ursprung zu dem betreffenden Punkt) bestimmter Elektronenimpuls zugeordnet. Durch Linien sind in dieser k-Fläche der Abb. 246 diejenigen k-Werte markiert, für die die zugehörige Elektronenwellenlänge $\lambda = 1/k$ einen der kritischen Werte $1/2a$, $2/2a$, $3/2a$ usw. besitzt, für die die Elektronenwellen im Gitter reflektiert werden. Beschleunigt man Elektronen in einem Kristall, von Null beginnend, etwa durch ein elektrisches Feld, so können also keine höheren Impulswerte erreicht werden, als den das innere weiße Quadrat von Abb. 246 begrenzenden Linien entsprechen, da beim Erreichen dieser Impulswerte die Elektronen an den Gitterebenen reflektiert werden. Dieses innere weiße Quadrat wird die *erste* BRILLOUINsche Zone genannt; es entspricht ersichtlich dem ersten Energieband der quasifreien Elektronen, die dieses ja, wie oben erwähnt, auch nur durch Elektronensprünge, nicht aber durch stetige Beschleunigung verlassen können.* Die Begrenzung dieser BRILLOUINschen Zone gibt also die k- bzw. p-Werte der das erste Energieband nach oben begrenzenden Lücke an. Das Zonenbild zeigt, wie auch anschaulich klar, daß bei Beschleunigung in Richtung der x- oder y-Achse die Elektronen den maximalen Impuls

$$p_{\max}(x) = h\,k_{\max}(x) = \frac{h}{2a} \tag{28}$$

erreichen können, bei Bewegung z. B. unter 45° gegen die x-Achse aber den größeren Wert

$$p_{\max}(45°) = h\,k_{\max}(45°) = \frac{h\sqrt{2}}{2a}. \tag{29}$$

Auch für kompliziertere Gitter entnimmt man also einem Zonenbild leicht die kritischen Impulswerte; die Zonenbilder sind daher für die Berechnung von Elektronenbeugungsbildern ebenso wichtig wie zum Verständnis der Energiebandschemata der Elektronen in komplizierteren Kristallen. Die einfach schraffierten Gebiete der k-Fläche in Abb. 246 umfassen die k- bzw. p-Werte der Elektronen im zweiten Energieband. Das wird klar, wenn wir uns auf die x- bzw. y-Achse beschränken, da hier die einfach schraffierten Zonenteile die k-Werte von $1/2a$ bis $1/a$, positiv wie negativ genommen, umfassen. Entsprechendes gilt für die in Abb. 246 doppelt schraffierte dritte BRILLOUINsche Zone. Für wirkliche dreidimensionale Kristalle sind die BRILLOUINschen Zonenbilder dreidimensional zu erweitern, verlieren damit aber natürlich an Anschaulichkeit.

Nach dieser Übersicht über die Energiebänder fragen wir nun, wie die $2N$ k-Zustände, aus denen jedes Energieband eines aus N Atomen aufgebauten Kristalles besteht, und deren jedes mit einem Elektron besetzt sein kann, über die Bandbreite verteilt sind. Nach unserer ersten Auffassung der Energiebänder als Folge einer Verbreiterung der im isolierten Zustand scharfen Energiezustände der Kristallbausteine erwarten wir eine glockenförmige Verteilung der k-Zustände mit einer von einem Maximum in der Bandmitte nach den beiden Rändern zu abnehmenden Energiezustandsdichte. Die Energieverteilung eines durch Übergang von einem solchen Energieband zu einem scharfen inneren Niveau entstehenden Spektrums sollte danach eine gewisse Ähnlichkeit mit der einer verbreiterten Spektrallinie (Abb. 83) zeigen und tut das auch. Da die Aufspaltungen der k-Zustände aber ganz analog den zu den Linienverbreiterungen führenden Termaufspaltungen nicht immer symmetrisch vom Ausgangsterm aus erfolgen, braucht auch die Verteilung der k-Zustände über die Bandbreite nicht immer symmetrisch zur Bandmitte zu sein. Nahe dem unteren wie dem oberen Bandrand hängt die Energiezustandsdichte $N(E)$, wie die Elektronenverteilung in einem Festkörper gemäß der FERMI-Statistik Abb. 105 zeigt, parabolisch vom Abstand vom Bandrand ab. Insgesamt erhalten wir die etwa in Abb. 247 angedeutete Energiezustandsverteilung.

Als Auswahlregel für optische Übergänge zwischen Energiebändern folgt aus der Theorie, daß Übergänge zwischen *allen* verschiedenen Bändern (verschiedenen n) erlaubt sind, allerdings mit der wichtigen Zusatzbedingung, daß der Wellenzahlvektor k und damit der Elektronenimpuls p bei einem optischen Übergang nach Richtung und Betrag erhalten bleiben muß. Nun ist die Numerierung von k in den Energiebändern nicht gleichartig. Läuft die k-Numerierung stets vom unteren zum oberen Rand eines Energiebandes (wie bei den von s-Elektronen gebildeten Energiebändern), so sind der kurzwelligste und der langwelligste optische Übergang durch die beiden Pfeile der Abb. 248a gegeben, und die Breite des

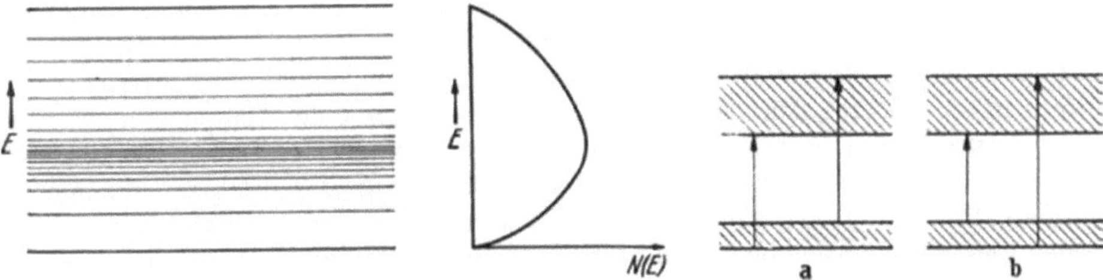

Abb. 247. Schematische Darstellung der Verteilung der k-Energiezustände über ein Energieband und rechts ihre Verteilungsfunktion N(E).
Abb. 248. Die verschiedenen Übergangsmöglichkeiten zwischen zwei Energiebändern.

entstehenden Spektralbandes ist gleich der *Differenz* der Breiten der beiden kombinierenden Energiebänder. Läuft die k-Numerierung aber beim einen Band vom unteren zum oberen Rand und beim anderen vom oberen zum unteren (wie es in gewissen Kristallrichtungen etwa für p-Energiebänder der Fall ist), so sind der kurzwelligste und der langwelligste mögliche Übergang durch die Pfeile der Abb. 248b gegeben, und die Spektralbandbreite ist gleich der *Summe* der Energiebandbreiten. Beide Fälle kommen vor.

Einen sehr schönen experimentellen Beleg für Breite und Anordnung der nichtbesetzten optischen Energiebänder der Metalle kann man den Röntgenabsorptionsspektren entnehmen, da nach III,10d die langwellige Grenze der Röntgenabsorptionskontinua durch die Hebung eines Elektrons in die unbesetzten Energieniveaus nahe der Ionisierungsgrenze des Atoms zustande kommt. Ihre Struktur spiegelt also direkt die Energiebänderstruktur im Kristall wider.

Optische Absorptionsspektren von Kristallen entstehen durch Übergang von Elektronen aus dem obersten besetzten Energieband in eines der höheren unbesetzten Bänder. Je nach der Größe der Wechselwirkung der Elektronen, d. h. der Austauschwahrscheinlichkeit, erhalten wir im ultravioletten und teilweise auch im sichtbaren Spektralgebiet breite kontinuierliche Absorptionsbänder wie bei den Metallen, u. U. aber auch sehr schmale, fast linienartige Bänder wie bei den Kristallen der seltenen Erden. Dieser Befund stimmt wieder schön mit unseren anschaulichen Vorstellungen überein: Die Spektren der seltenen Erden entstehen durch Sprünge von Elektronen in der inneren, nach außen durch die 5-quantigen Elektronen abgeschirmten 4f-Schale (vgl. Abb. 79), deren Energiebänder folglich noch wenig verbreitert sind. Die große Zahl der Linien kommt dadurch zustande, daß die im isolierten Atom gültigen Auswahlverbote durch die interatomaren elektrischen Felder im Kristall außer Kraft gesetzt sind.

*Emissions*spektren *reiner Kristalle* könnten durch Übergänge angeregter Elektronen aus einem normalerweise unbesetzten Energieband in Lücken eines tieferen Bandes entstehen, werden aber selten beobachtet, da die Voraussetzung gleicher k-Quantenzahl für das angeregte Elektron und die Lücke im nahezu besetzten unteren Band selten erfüllt ist. Näheres hierzu werden wir in VII,23 kennenlernen.

12. Vollbesetzte und teilbesetzte Energiebänder im Kristall. Isolator und metallischer Leiter nach dem Energiebändermodell

Aus dem Energiebändermodell läßt sich nun sofort ersehen, ob ein Festkörper den elektrischen Strom gut leitet oder, soweit wir nur ideale Kristalle bei tiefer Temperatur betrachten, ein Isolator ist.

Ein Ladungstransport durch die Elektronen eines Festkörpers ist ja nur möglich, wenn im elektrischen Feld durch Elektronenbewegung zum positiven Pol hin ein Überschuß von Elektronen an der positiven Seite und ein Defizit an der negativen entstehen kann. Ist nun das oberste mit Elektronen besetzte Energieband des Kristalls *voll*besetzt, und sehen wir von der Möglichkeit des Elektronensprungs in ein höheres Energieband ab (weil dieser *sehr* hohe Temperatur oder optische Anregung erfordern würde), so ist diese Bildung eines Elektronenüberschusses an einer Seite des Kristalls nicht möglich, weil für diese Elektronen keine Energiezustände zur Verfügung stehen. Man kann diese Unmöglichkeit der einseitigen Elektronenbewegung im vollbesetzten Energieband auch daraus einsehen, daß die Elektronen aus dem elektrischen Feld ja Energie aufnehmen müßten, um in Richtung der positiven Elektrode beschleunigt zu werden, daß aber im vollbesetzten Energieband für diese Elektronen mit etwas höherer Energie kein Platz (Energiezustand) frei ist. *In einem Kristall mit vollbesetztem oberstem Energieband ist also eine Elektronenleitung nicht möglich: einen solchen Kristall bezeichnen wir als Isolator. Ist dagegen das oberste, Elektronen enthaltende Energieband eines Kristalls nicht vollbesetzt, so ist nach dem oben Gesagten eine einseitige Elektronenbewegung im elektrischen Feld möglich. Der metallisch leitende Kristall ist also durch ein nicht vollbesetztes oberstes Energieband gekennzeichnet.*

Wie verhält es sich nun tatsächlich mit den obersten Energiebändern der Metalle? Nach VII,11 hat jedes Energieband eines aus N Atomen bestehenden Kristalls Platz für $2N$ Elektronen, also für zwei Elektronen je Atom, da jeder

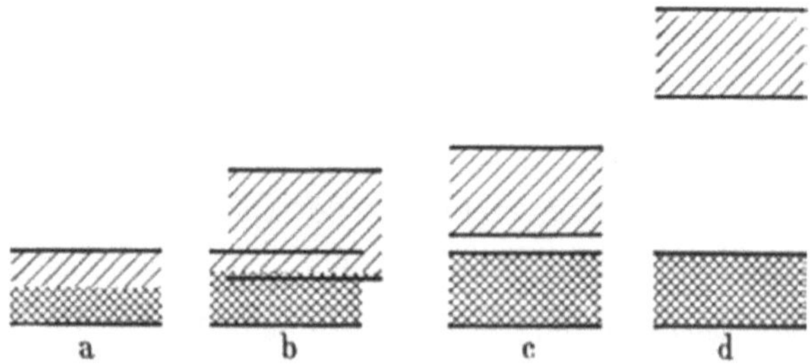

Abb. 249. Energiebänderanordnung für die Fälle a) eines Einelektronenmetalls wie Natrium, b) eines Zweielektronenmetalls wie Beryllium, c) eines Eigenhalbleiters und d) eines Isolators. Kreuzschraffierte Energiebänder bzw. Bandteile mit Elektronen voll besetzt.

k-Zustand nach dem PAULI-Prinzip mit zwei Elektronen entgegengesetzter Spinrichtung besetzt werden kann. Wir wissen ferner, daß im obersten besetzten Energieband des Kristalls die Valenzelektronen der Atome ihren Platz haben. Daß die einwertigen Metalle elektrische Leiter sind, ist demnach klar, da sich nur ein

Elektron je Atom im obersten Energieband befindet, dieses also nur halb besetzt
ist (Abb. 249a). Zweiwertige Metalle sollten nach dieser einfachsten Überlegung
aber im Gegensatz zur Erfahrung Isolatoren sein. Nun ist aber bei den Metallen
die die Breite der Energiebänder bestimmende Wechselwirkung der Elektronen
(die nach VII,7 auch die metallische Bindung der Atome im Kristall bewirkt) besonders groß, so daß die obersten Energiebänder der Metalle sich bereits teilweise überlappen. Da aber der stabile, sich von selbst einstellende Zustand stets
der geringster potentieller Energie ist, werden die $2N$ Elektronen z.B. des Mg
sich in der in Abb. 249b angedeuteten Weise auf die hier der Übersichtlichkeit
halber etwas versetzt gezeichneten Energiebänder verteilen, statt das eine voll zu
besetzen und das andere unbesetzt zu lassen. *Infolge dieser Überlappung der obersten Energiebänder bei den Metallen, die auf der großen Wechselwirkung der Elektronen beruht, sind also die obersten Energiebänder auch der zweiwertigen Metalle
nicht vollbesetzt, und diese sind elektrische Leiter.*

Daß der hier dargestellte Sachverhalt nicht nur eine Hypothese ist, sondern
genau der Wirklichkeit entspricht, läßt sich durch Untersuchung der langwelligen
Röntgenemissionsspektren der Metalle zeigen. Diese werden bei Übergängen von
dem sehr breiten obersten besetzten Energieband zu dem nächsttieferen Elek-
tronenniveau emittiert, das nach VII,11 wegen der geringen Störung der inneren
Elektronen durch den Einbau der Atome in das Gitter kaum verbreitert ist.
Breite und Intensitätsverteilung dieser Röntgenlinien geben also direkt ein Bild
von der Breite des obersten Energiebandes und seiner Besetzung mit Elektronen.

Abb. 250 zeigt Photometerkurven dieser Röntgenemmis-
sionsbänder für das einwertige Lithiummetall und das
zweiwertige Magnesium-
metall. *Im ersten Fall erkennt man deutlich die halbe
Glockenkurve und hat damit
den sehr anschaulichen Beleg dafür, daß beim einwertigen Lithium das oberste
Energieband nur halb besetzt
ist.*

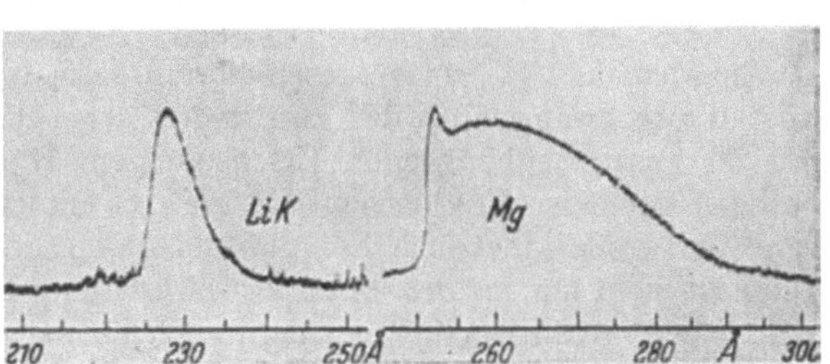

Abb. 250. Photometerkurven von Röntgenemissionsbändern eines einwertigen (a) und eines zweiwertigen Metalls (b) als Beleg für die Richtigkeit
der Bandanordnung im Fall b) gemäß Abb. 249b (nach SKINNER).

*Beim zweiwertigen Magnesium dagegen erkennt man ebenso deutlich, daß das
Röntgenemissionsband durch den Übergang von zwei nur teilweise besetzten und sich
z. T. überlappenden Energiebändern aus zu einem tieferen Zustand entstanden ist, in
voller Übereinstimmung mit unserer obigen Darstellung.*

Die Erklärung des Metallcharakters der Alkalikristalle aus der Tatsache ihres
nur halbbesetzten obersten Energiebandes wirft die interessante Frage auf, weshalb Wasserstoffatome keine Metallgitter bilden. Die Antwort liegt in der im
Vergleich zu den Alkalien sehr großen Tendenz zur Bildung zweiatomiger Moleküle,
die sich in der großen Dissoziationsenergie des H_2-Moleküls von über 4,4 eV dokumentiert. Diese Moleküle werden bei genügend tiefer Temperatur durch VAN DER
WAALS-Kräfte (vgl. VI,15) in einem Molekülgitter gebunden. Die Gitterbausteine
sind also H_2-Moleküle, deren beide Valenzelektronen das einzige existierende
Energieband des Kristalls ganz füllen, womit die fehlende metallische Leitfähigkeit (die auch aus der Durchsichtigkeit des festen Wasserstoffs folgt) erklärt ist.
Es ist aber nach VII,7 im Sinne von Abb. 244 durchaus zu erwarten, daß *bei genügend hohem Druck (einigen 10^6 Atm) das H_2-Molekülgitter in ein kubisch-dichtestes
Atomgitter übergeht, das dann metallische Leitfähigkeit zeigen müßte und im Gegensatz zum H_2-Molekülgitter nicht durchsichtig sein würde.*

Wir kommen noch einmal auf den Zusammenhang von Elektronenleitung und Energiebänderschema zurück. Metallische Elektronenleitung finden wir stets, wenn das oberste besetzte Energieband des Kristalls nicht vollständig mit Elektronen besetzt ist (Abb. 249a). Ist es aber wegen entsprechender Zahl der Valenzelektronen der Kristallbausteine vollständig besetzt, so haben wir drei Fälle zu unterscheiden. Wenn das oberste besetzte und das unterste unbesetzte, einer Elektronenanregung entsprechende Energieband sich, wie in Abb. 249b, überlappen, haben wir metallische Leitung. Wenn umgekehrt das voll besetzte und das erste unbesetzte Energieband durch eine Lücke von mehreren eV getrennt sind (Abb. 249d), wie beim Diamant, haben wir bei reinen Kristallen gute Isolationsfähigkeit. Ein wichtiger Sonderfall liegt vor, wenn diese beiden Energiebänder sich zwar nicht überlappen, aber nur durch eine sehr schmale Lücke voneinander getrennt sind (Abb. 249c). Dann können nämlich bei nicht zu niedriger Temperatur Elektronen durch thermische Anregung aus dem vollbesetzten in das höhere leere Energieband gelangen und im Kristall eine mit der Temperatur *zunehmende* elektronische Leitfähigkeit bewirken. Solche Kristalle bezeichnet man als *elektronische Halbleiter*, speziell als *Eigenhalbleiter*, und wir werden uns in VII,20 eingehend mit ihnen beschäftigen. Im folgenden Abschnitt aber gehen wir zunächst etwas genauer auf die metallische Leitung von Elektronen in halbbesetzten oder sich überlappenden Energiebändern ein.

13. Die Elektronentheorie der metallischen Leitfähigkeit

Aus dem in VII,7,11,12 geschilderten Verhalten der Elektronen im Metallkristall folgt zwangsläufig das Verständnis der metallischen Leitfähigkeit und der mit ihr zusammenhängenden Erscheinungen. Die quasifreien Metallelektronen besitzen nach der FERMIschen Theorie des entarteten Elektronengases (IV,13) eine sehr große kinetische Energie und damit große mittlere Geschwindigkeit. Diese ist nicht nur für den Transport elektrischer Ladung durch diese „Leitungselektronen" verantwortlich, sondern auch für den Transport kinetischer Energie von Orten höherer zu solchen niedrigerer Temperatur in einem Metallkristall, d. h. für die große Wärmeleitfähigkeit der Metalle. Aus dem Zusammenhang der elektrischen wie der thermischen Leitfähigkeit mit der Elektronengeschwindigkeit erklärt sich das bekannte WIEDEMANN-FRANZsche Gesetz, nach dem das Verhältnis von thermischem zu elektrischem Leitvermögen für alle Metalle das gleiche ist und nur von der absoluten Temperatur abhängt. Es wurde auch bereits als Ergebnis der FERMI-Statistik erwähnt, daß die Metallelektronen im Gegensatz zur Erwartung der klassischen Physik nur wenig zur spezifischen Wärme der Metalle beitragen, wieder in bester Übereinstimmung mit der Erfahrung.

Wir behandeln nun die elektrische Leitfähigkeit etwas eingehender. Erzeugen wir in einem Stück Metall durch Anlegen einer Spannung ein elektrisches Feld E, so werden die nach der FERMIschen Theorie bereits eine erhebliche ungeordnete thermische Geschwindigkeit besitzenden quasifreien Metallelektronen durch das Feld einseitig beschleunigt. Gleichzeitig aber wirkt auf sie, da sie sich durch das Gitter der Metallionen hindurchbewegen müssen, eine noch zu behandelnde, mit der Elektronengeschwindigkeit zunehmende Reibungskraft. Die Leitungselektronen des Metalls werden also durch die auf sie wirkende elektrische Kraft eE nur beschleunigt, bis sie eine so große Wanderungsgeschwindigkeit v_F in Feldrichtung erreicht haben, daß die elektrische und die Reibungskraft sich das Gleichgewicht halten. Die elektrische Stromdichte j im Metall ist dann gleich der räumlichen Dichte n der als völlig frei angenommenen Leitungselektronen, multipliziert mit deren Wanderungsgeschwindigkeit in Feldrichtung, v_E, und der Elementarladung e:

$$j = n\,e\,v_E. \tag{30}$$

Da die elektrische Leitfähigkeit σ als die durch die Feldstärkeeinheit erzeugte Stromdichte definiert ist

$$\sigma = j/E, \tag{31}$$

und da man die durch die Feldstärkeeinheit erzeugte Feldgeschwindigkeit v_E der Elektronen als die *Elektronenbeweglichkeit* μ bezeichnet

$$\mu = v_E/E, \tag{32}$$

ist die elektrische Leitfähigkeit

$$\sigma = e\,n\,\mu. \tag{33}$$

Die Bestimmung der beiden für ein Metall charakteristischen Größen, der Leitungselektronendichte n je cm³ des Metalls und der Elektronenbeweglichkeit μ, erfordert also neben der Messung der Leitfähigkeit σ noch die einer zweiten Größe. Diese liefert der HALL-*Effekt*.

Legt man nämlich gemäß Abb. 251 an eine in der xy-Ebene liegende Metallplatte ein elektrisches Feld in der y-Richtung an, während ein magnetisches Feld in der z-Richtung wirkt, so werden die in der y-Richtung sich bewegenden Elektronen durch das Magnetfeld in der x-Richtung abgelenkt. Es entsteht also in der stromdurchflossenen Platte am linken Rand ein Überschuß, am rechten ein Defizit an Elektronen und damit zwischen den Rändern der Platte eine Spannungsdifferenz, die sog. HALL-Spannung, die man in der aus Abb. 251 ersichtlichen Weise messen kann. Die dieser elektrischen Querspannung (in der x-Richtung) entsprechende elektrische HALL-Feldstärke E_H wirkt natürlich der magnetischen Auslenkung weiterer Elektronen entgegen und führt so zu einem Gleichgewichtszustand, in dem die auf die Elektronen wirkende magnetische und die ihr entgegengesetzte elektrische Querkraft gleich groß sind. Die HALL-Spannung ist nur bei einem Ladungstransport durch *Elektronen* meßbar, da sie bei der Leitung durch Ionen wegen deren so viel größerer Masse und damit geringerer Beweglichkeit unter der Grenze der Meßgenauigkeit

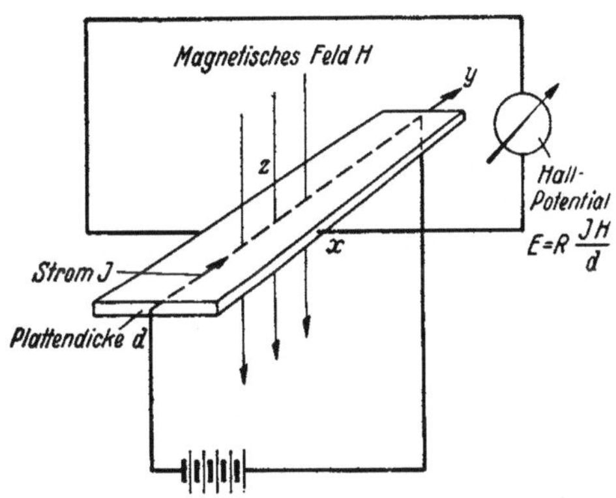

Abb. 251. Anordnung zur Messung der HALL-Spannung von elektronischen Leitern (schematisch).

bleibt. Sie dient daher einmal zum Nachweis der Art der Leitung (durch Elektronen oder Ionen, vgl. VII,18), zum anderen zur Bestimmung der Ladungsträgerdichte n. Es ist nämlich der Betrag der auf ein Elektron der Ladung e und Geschwindigkeit v in einem Magnetfeld der Stärke H wirkenden Querkraft

$$K_m = e\,v\,H, \tag{34}$$

wofür wir mit (31) und (32) auch schreiben können

$$K_m = \frac{e\,\mu\,j\,H}{\sigma}. \tag{35}$$

Im stationären Gleichgewicht wird dieser magnetischen Querkraft (35) durch die der elektrischen HALL-Feldstärke E_H entsprechende elektrische Kraft

$$K_e = e E_H \qquad (36)$$

das Gleichgewicht gehalten. Gleichsetzung von (35) und (36) ergibt

$$E_H = \frac{\mu}{\sigma} j H = R j H. \qquad (37)$$

In (37) sind alle Größen außer der sog. HALL-Konstanten R bekannt oder meßbar. Für die HALL-Konstante aber können wir unter Benutzung von (30), (31) und (32) schreiben

$$R = \mu/\sigma = v/j = v/n e v = 1/n e. \qquad (38)$$

Die HALL-Konstante gibt uns also direkt die Zahl n der Leitungselektronen je cm³, und bei bekannter Leitfähigkeit σ auch deren Beweglichkeit μ. Für die meisten Metalle ergeben sich so Zahlen von Leitungselektronen, die 10 bis 100% derjenigen der Metallionen im Gitter betragen. Das bedeutet, daß bei den bestleitenden Metallen im Durchschnitt *jedes* Atom ein Valenzelektron als Leitungselektron an das Gitter abgibt, bei schlechtleitenden Metallen dagegen nur jedes fünfte oder gar zehnte. Bei Übergangsfällen zwischen Metallen und Nichtleitern, z.B. dem in Abb. 224 aufgeführten Wismut, kann die Leitungselektronendichte noch um zwei bis drei Zehnerpotenzen kleiner sein.

Wie haben wir diese Ergebnisse nun im Sinn der in den letzten Abschnitten entwickelten theoretischen Vorstellungen zu deuten? Nach VII,11 sind die Valenzelektronen im Metall ja tatsächlich nicht völlig frei; sie vermögen lediglich zwischen den Potentialmulden benachbarter Gitterionen hin und her zu oszillieren und können auf diese Weise von einer Mulde zur nächsten usf. wandern. Die Frequenz dieses Elektronenaustausches zwischen den Ionen ist der Breite des Energiebandes, in dem sie sich befinden, proportional. Anders ausgedrückt heißt dies, daß der Bruchteil der gerade an der Elektronenwanderung teilnehmenden Valenzelektronen um so größer ist, je größer die Breite des Valenzelektronenenergiebandes des betreffenden Metalls ist. Die aus dem HALL-Effekt bestimmbare Leitungselektronendichte ist daher die Dichte dieser im Zeitmittel an der Wanderung beteiligten Elektronen.

Das eigentliche Problem der Theorie der metallischen Leitung ist nun die Erklärung der oben erwähnten, auf die Leitungselektronen wirkenden Reibungskraft und ihrer starken Temperatur- und Strukturabhängigkeit. Gäbe es diese Reibungskraft nicht, so würden die Elektronen im Feld ja ohne Grenze beschleunigt, und es gäbe kein OHMsches Gesetz, nach dem in atomistischer Ausdrucksweise die Wanderungsgeschwindigkeit der Elektronen im Feld der Feldstärke proportional ist [Gl. (32)]. Im Teilchenbild können wir die Reibung der Elektronen im Metallionengitter als Folge der ihre Geschwindigkeit vermindernden Stöße mit den Gitterionen auffassen, im gleichberechtigten Wellenbild als eine Streuung der Elektronenwellen am Gitter. Beide Bilder führen erwartungsgemäß zum gleichen Ergebnis: In einem idealen Kristallgitter ohne Bewegung der Gitterbausteine (am absoluten Nullpunkt der Temperatur) sollte es keine Reibung geben. Denn dann gibt es im Teilchenbild für die Elektronen Bahnen, in denen sie nicht mit Gitterionen zusammenzustoßen brauchen. Im Wellenbild bedeutet das den Fall verschwindender Streuung, der uns von der Fortpflanzung eines Lichtstrahls in einem idealen optischen Medium her geläufig ist. Es findet zwar theoretisch eine Streuung an den Gitterpunkten statt, doch löschen die Sekundärwellen sich wegen der Gitterordnung durch Interferenz gegenseitig aus. Tatsächlich ist bekannt, daß die

Leitfähigkeit von Metallen mit abnehmender Temperatur etwa wie T^{-5} zunimmt, ihr Widerstand also bei Annäherung an den absoluten Nullpunkt wie T^5 abnimmt. Der trotzdem normalerweise auch bei tiefsten Temperaturen stets vorhandene *Restwiderstand* (von der in VII,17 a zu behandelnden Sondererscheinung der Supraleitung gewisser Metalle sehen wir hier zunächst ab) stammt daher von den stets vorhandenen Gitterfehlern, von Kristallverzerrungen infolge innerer Spannungen, und von eingebauten Fremdatomen, die alle Störungen des in Abb. 243 angedeuteten periodischen Potentialfeldes bedingen, durch das die Elektronen sich bewegen. Diese Störung der idealen Gitterperiodizität ist auch die Ursache für den gegenüber den reinen Metallen so viel größeren Restwiderstand der Legierungen, der von der Gitterstörung durch die verschiedene Größe der beiden Atomarten herrührt und zudem mit wachsendem Unordnungsgrad im Gitter gewaltig zunimmt. Im Wellenbild entspricht dieser Restwiderstand der Streuung der Elektronenwellen an den Gitterinhomogenitäten, wie sie uns optisch von der Lichtstreuung in einem kleinste Luftbläschen, Einschlüsse oder andere Inhomogenitäten enthaltenden Glas her bekannt ist. Daß bei höheren Temperaturen auch ideale Metallkristalle einen mit T stark zunehmenden elektrischen Widerstand besitzen, ist eine Folge der Temperaturanregung der akustischen Gitterschwingungen (VII,8). Diese stellen periodische, örtlich wie zeitlich wechselnde Dichteschwankungen im Metall dar, an denen die es durchlaufenden Elektronenwellen gestreut werden. Die optische Analogie hierzu ist der DEBYE-SEARS-Effekt, die Streuung von Licht an periodischen Dichteschwankungen, die durch Ultraschallwellen in einem homogenen optischen Medium erzeugt werden. Wie stark die Störung der Elektronenwanderung durch die Gitterschwingungen ist, ersieht man aus den freien Weglängen der Elektronen. Während diese in einem nichtsupraleitenden Metall bei den tiefsten erreichbaren Temperaturen von der Größenordnung 1000 Å ist, ist sie bei Zimmertemperatur bereits bis auf wenige Å, d.h. auf die Größenordnung von 1 bis 2 Gitterabständen, abgesunken.

14. Das Potentialtopfmodell des Metalls. Austrittsarbeit, Photoemission, Glühemission, Feldemission, Berührungsspannung

Bei der bisherigen Betrachtung der Festkörper haben wir deren äußere Begrenzung unberücksichtigt gelassen. Auf die durch sie bedingten Erscheinungen, insbesondere den Übertritt von Elektronen aus einem Kristall in den freien Raum oder in andere Festkörper, gehen wir jetzt ein.

Dabei ist zu beachten, daß *die Leitungselektronen etwa eines Metallkristalles zwar nicht an die einzelnen Gitterionen, wohl aber an den Kristall als Ganzen gebunden sind, daß also beim Austritt eines Elektrons aus dem Metall gegen diese Bindungskräfte Arbeit geleistet werden muß, die wir die Austrittsarbeit Φ nennen.* Die potentielle Energie der Elektronen ist also im Außenraum um den Betrag Φ größer als im Innern des Kristalls. Wir können diese Verhältnisse in der uns aus der Molekülphysik gewohnten Weise durch eine Potentialkurve darstellen

Abb. 252. Potentialtopfmodell eines Metalls. Φ effektive Austrittsarbeit der Elektronen, Φ_0 Austrittsarbeit der Elektronen geringster Energie, E_F Nullpunktsenergie der Elektronen im obersten besetzten Elektronenzustand (FERMI-Energie).

und gelangen so zu dem Potentialtopfmodell des Metalls Abb. 252. Dabei haben wir die in Abb. 243 dargestellten periodischen Potentialschwankungen im Innern ebenso vernachlässigt wie die Energiezustände der gebundenen inneren Elektronen, haben also im Potentialtopf nur die Energiezustände der Leitungselektronen angedeutet. Damit ein Elektron den Metallverband verlassen kann, muß es also mindestens die kinetische Energie Φ_0 besitzen. Nach der FERMI-Theorie der Metallelektronen (IV,13) ist das oberste besetzte Energieband eines Metalls aber bereits bis zur Höhe E_F, der FERMI-*Oberfläche*, mit Elektronen besetzt. Um eines der energiereichsten, bereits am absoluten Nullpunkt die kinetische Energie E_F besitzenden Leitungselektronen aus dem Metall zu befreien, müssen wir also die *effektive Austrittsarbeit*

$$\Phi = \Phi_0 - E_F \tag{39}$$

aufwenden. Für ihre Messung gibt es drei verschiedene Methoden, die auf drei theoretisch wie praktisch wichtigen Effekten beruhen, der photoelektrischen und der thermischen Elektronenemission von Metallen, sowie der Berührungsspannung zwischen verschiedenen Metallen.

Fallen Photonen einer die effektive Austrittsarbeit Φ übersteigenden Energie $h\nu$ auf eine saubere Metalloberfläche auf, so vermögen sie von dieser Elektronen abzulösen, die die Oberfläche mit einer durch Gl. (IV-1)

$$h\nu = \Phi - \frac{m}{2}\,v^2 \tag{40}$$

gegebenen Geschwindigkeit v verlassen. Der lichtelektrische Effekt zeigt also eine langwellige Grenze

$$h\nu_G = \Phi, \tag{41}$$

bei der die Elektronen die Metalloberfläche eben noch verlassen können, und die zur Bestimmung der *photoelektrischen Austrittsarbeit* benutzt werden kann. Werte für einige wichtige Metalle sind in Tab. 22 angegeben.

Tabelle 22. *Die nach verschiedenen Methoden bestimmten Austrittsarbeiten einiger wichtiger Metalle in eV*

	Cs	Ba	Th	W	Pt
thermisch	1,8	2,1	3,35	4,52	5,32
photoelektrisch	1,9	2,5	3,5	4,57	6,35
Kontaktmethode	–	2,4	3,46	4,38	5,36

Es ist ferner anschaulich klar, daß Elektronen, die bei genügend hoher Temperatur des Metalls im statistischen Spiel eine die Austrittsarbeit Φ übersteigende kinetische Energie erhalten, unter günstigen Bedingungen (Nähe zur Oberfläche und Bewegungsrichtung auf diese zu) den Metallverband in ähnlicher Weise zu verlassen vermögen wie H_2O-Moleküle die Oberfläche von erhitztem Wasser. Auf dieser *Verdampfung von Elektronen aus glühenden Metallen* (bzw. nach VII,21 Halbleitern) beruht die Elektronenemission der Glühkathoden aller Hochvakuum-Elektronenröhren.

Für den Sättigungsstrom, den man bei Anlegen einer alle austretenden Elektronen absaugenden Spannung erhält, gilt die RICHARDSON-Gleichung:

$$j = A T^2 e^{-\Phi/kT}, \tag{42}$$

wobei die Theorie für den Faktor

$$A = \frac{4\pi e m k^2}{h^3} \tag{43}$$

den Wert 120 liefert, wenn wir die Elektronenstromdichte in A/cm^2 messen. Daß die Elektronenemission mit $e^{-\Phi/kT}$ gehen muß, leuchtet ein, weil diese Größe ja den Bruchteil der Elektronen angibt, die bei der Temperatur T gerade die Energie Φ

besitzen. Dabei ist die Austrittsarbeit Φ selbst für verschiedene Metalle in verschiedener Weise temperaturabhängig. Mißt man nun den Glühelektronen-Sättigungsstrom j als Funktion von T und trägt den Logarithmus von j gegen $1/T$ auf, so erhält man nach Gl. (42) eine (in Wirklichkeit nur angenäherte) Gerade, deren Neigung die *thermische Elektronenaustrittsarbeit Φ* zu bestimmen gestattet. Werte finden sich wieder in Tab. 22. Über die Abweichungen zwischen den nach den verschiedenen Methoden bestimmten Werten läßt sich nicht allzuviel sagen. Während die langwellige Grenze der Photoemission und die aus ihr bestimmten Φ-Werte ebenso wie die aus Kontaktmessungen (s. unten) ermittelten durch Oberflächenschichten oder Elektronen in Oberflächenzuständen verfälscht sein könnten, ist bei der Ermittlung von Φ aus der RICHARDSON-Gleichung die erwähnte Temperaturabhängigkeit von Φ zu berücksichtigen.

Tab. 22 zeigt, daß die effektiven Austrittsarbeiten Φ den gleichen Gang zeigen wie die Ionisierungsspannungen der die Metalle bildenden Atome. Caesium z.B. hat die geringste Austrittsarbeit aller reinen Metalle und ebenfalls die geringste Ionisierungsspannung aller Atome. Dieser Zusammenhang ist atomtheoretisch zu erwarten, *da wir die Austrittsarbeit ja als die Ionisierungsspannung der durch den Einbau in das Kristallgitter gestörten Metallatome ansehen können.* Da diese Störung wegen des verschiedenen Atomabstandes in verschiedenen Gitterebenen eines Metalleinkristalls verschieden ist, *ist auch die Austrittsarbeit Φ keine Konstante, sondern ist für die verschiedenen Kristallflächen verschieden groß.* Dieser Effekt ist an Wolfram-Einkristallen untersucht worden, wo die effektive Austrittsarbeit für verschiedene Gitterebenen zwischen 4,2 und 5,6 eV variiert.

Die aus der RICHARDSON-Gleichung folgende exponentielle Abhängigkeit der Glühemission von der Austrittsarbeit Φ ist technisch bedeutungsvoll. Da man Glühkathoden nicht direkt aus Caesium, Barium oder Thorium herstellen kann, benutzt man das hohe Temperaturen aushaltende Wolfram, erniedrigt aber dessen Austrittsarbeit durch Überziehen seiner Oberfläche mit einer möglichst nur einatomaren Schicht von Caesium oder Thorium und erzielt auf diese Weise eine gewaltige Steigerung der Elektronenemission. Läßt man z.B. die Wolframglühkathode in einer äußerst verdünnten Atmosphäre von etwa 10^{-6} Torr Caesiumdampf brennen, so entsteht im statistischen Wechselspiel von Verdampfung und Kondensation gerade die erwünschte dünne Caesiumschicht auf der Wolframoberfläche. Zur Erzeugung des Thoriumüberzuges mischt man dem Wolfram vor dessen Verarbeitung etwas Thoriumoxyd zu, reduziert dieses durch starkes Erhitzen und erreicht so, daß das Thorium während des Betriebes zur Oberfläche diffundiert und dort die einatomare Schicht ergibt. Diese *thorierten Wolframkathoden* haben den großen Vorteil, daß sie im Hochvakuum verwandt werden können. Überraschenderweise kann man bei günstigem Bedeckungsgrad der Wolframoberfläche mit Cs- oder Th-Atomen Austrittsarbeiten erzielen, die mit knapp über 1,3 bzw. 2,6 eV noch wesentlich unter denen der reinen Metalle Caesium und Thorium liegen. Dies beruht darauf, daß die Cs- oder Th-Atome sich an der Wolframoberfläche *polarisiert* anlagern, und zwar mit dem positiven Pol vom Metall weggerichtet. Durch die so entstehende elektrische Doppelschicht wird der Rand des Potentialtopfes so verbogen, daß die effektive Austrittsarbeit sich in dem angegebenen Maße erniedrigt. Daß man durch Aufdampfen von Caesium auf Wolframoxyd eine Schicht mit einer Austrittsarbeit von nur 0,71 eV erhält, beruht auf einem Halbleitereffekt, den wir in VII,21 a behandeln werden.

Als weitere Anwendungen des Potentialtopfmodells betrachten wir die Zunahme der thermischen Elektronenemission von Metallen unter dem Einfluß elektrischer Felder (SCHOTTKY-Effekt), sowie die Feldemission von Elektronen aus nichterhitzten Metallen in sehr hohen elektrischen Feldern. Wir haben in III,21 an Abb. 85 gesehen, daß ein starkes elektrisches Feld eine Erniedrigung der Ionisierungsenergie eines Atoms bewirkt, indem das Potential des äußeren elektrischen Feldes sich dem COULOMB-Potential der zwischen Elektron und Kern wirkenden elektrostatischen Kraft überlagert und dieses in der in Abb. 85 angedeuteten Weise „verbiegt". Der gleiche Effekt tritt auf, wenn wir durch ein genügend starkes elektrisches Feld zwischen einer Metalloberfläche und einer im Außenraum angebrachten Elektrode Elektronen aus dem Metall elektrostatisch „herausreißen". Nach SCHOTTKY erniedrigt sich durch eine äußere Feldstärke E die Austrittsarbeit Φ auf

$$\Phi_{\text{eff}} = \Phi - \sqrt{e^3 E} . \tag{44}$$

Bei einer heute leicht erreichbaren Feldstärke von 10^7 V/cm macht diese Feldkorrektur den ansehnlichen Betrag von 1,2 eV aus, der wegen des exponentiellen Eingehens in die RICHARDSON-Gleichung eine sehr beträchtliche Erhöhung der Elektronenemission bewirkt.

Eine Feldemission von Elektronen aus *nicht*erhitzten Metallen ist besonders an feinen Metallspitzen zu beobachten, da hier die erforderliche hohe elektrische Feldstärke wegen der Zusammendrängung von Äquipotentialflächen leicht auftreten kann. Diese Feldelektronenemission beruht nach Abb. 253 offenbar darauf, daß die Elektronen des Leitfähigkeitsbandes jetzt den Potentialwall vielleicht

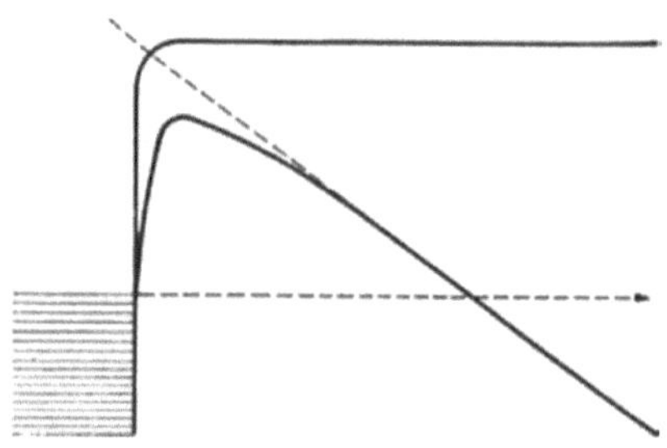

Abb. 253. „Verbiegung" eines Potentialtopfrandes in einem starken elektrischen Feld. Zum Verständnis der Feldemission von Elektronen aus einer Metalloberfläche durch Tunneleffekt in der Pfeilrichtung.

noch nicht überschreiten, wohl aber durch Tunneleffekt an der punktierten Stelle durchdringen und so in den Außenraum austreten können. Diese Erklärung der Feldemission entspricht also weitgehend der Erklärung der Präionisation der Atome (III,21) durch Potentialkurvenverbiegung und Tunneleffekt. Nach IV,12 nimmt die Durchdringungswahrscheinlichkeit mit abnehmender Höhe und Dicke des Potentialwalles exponentiell zu. Daher muß auch der Feldemissionsstrom mit wachsender Feldstärke exponentiell zunehmen, weil infolge zunehmender Verbiegung des Potentialrandes nach Abb. 253 die Dicke wie die Höhe des zu durchdringenden Potentialwalles mit zunehmender Feldstärke abnehmen. Da die Höhe unter sonst gleichen Umständen aber von der ursprünglichen Austrittsarbeit Φ (für Feld Null) abhängt, muß die Feldemission auch von Φ exponentiell abhängen. Tatsächlich führt die etwas umständliche Tunneleffekttheorie für die Feldemissionsdichte j auf die Formel

$$j = 1{,}55 \cdot 10^{-6} \frac{E^2}{\Phi} e^{-\frac{6{,}9 \cdot 10^7\, \Phi^{3/2}}{E}} \quad [\text{A/cm}^2], \tag{45}$$

worin E die in V/cm gemessene Feldstärke und Φ die normale, in eV gemessene effektive Austrittsarbeit des Metalls sind. Die Übereinstimmung dieser Formel mit der Erfahrung ist befriedigend, wenn mit sorgfältig gereinigten und entgasten Metalloberflächen gearbeitet und die gegenüber der gemessenen Feldstärke an mikroskopischen Spitzen vergrößerte effektive Feldstärke berücksichtigt wird. Der Nachweis dieses letzten Einflusses ist durch elektronenmikroskopische Ausmessung der Spitzen emittierender Oberflächen erbracht worden.

Mit der Feldemissionsmethode ist auch das oben schon erwähnte Ergebnis gewonnen worden, daß die Austrittsarbeit für verschiedene Flächen von Wolframmikrokristallen wegen der verschiedenen Bindungsfestigkeit der Elektronen sich um 1,4 eV unterscheiden kann. Daß adsorbierte Oberflächenschichten jeder Art die Feldemission beeinflussen, weil sie die effektive Austrittsarbeit der Elektronen verändern, ist ebenfalls anschaulich klar. E. W. MÜLLER hat mit seinem *Feldemissions-Elektronenmikroskop* diesen Effekt der Veränderung der Feldelektronenemission durch an einer reinen Metalloberfläche adsorbierte einzelne Moleküle zur Erzeugung eines um den Faktor 10^6 linear vergrößerten Bildes dieser Moleküle auf einem die emittierende Metallspitze umgebenden Leuchtschirm benutzt.

Als letztes Beispiel für die Anwendung des Potentialtopfmodells behandeln wir die Berührungsspannung zwischen zwei verschiedenen Metallen, deren jedes durch seine Werte Φ_0, Φ und E_F gekennzeichnet ist. Sind beide Metalle ohne überschüssige Ladungen und ohne Verbindung miteinander, so ist gemäß Abb. 254 ihre relative energetische Lage durch das als Nullniveau zu wählende Potential des Außenraumes gegeben. Bringen wir sie nun zur Berührung, so fließen wegen des höheren FERMI-Niveaus im Metall I so lange Elektronen zum Metall II hinüber, bis die FERMI-Oberflächen auf gleicher Höhe liegen. Dieser Ausgleich erfolgt aber

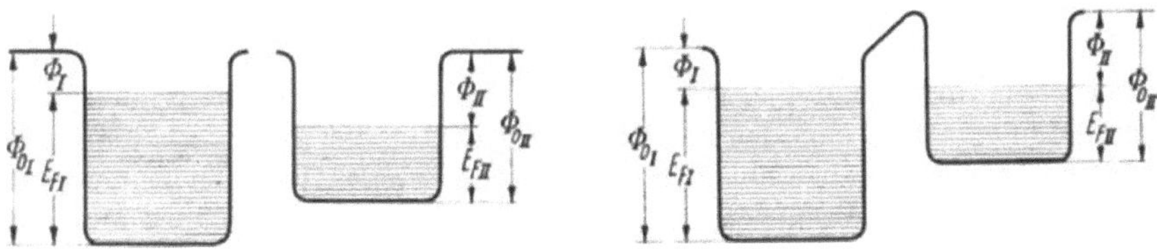

<table>
<tr><td>Abb. 254. Potentialtöpfe zweier verschiedener Metalle
vor ihrer Berührung.</td><td>Abb. 255. Zur Erklärung der Berührungsspannung zwischen zwei verschiedenen Metallen I und II.</td></tr>
</table>

nicht dadurch, daß ein merklicher Bruchteil der Leitungselektronen aus I nach II abfließt, sondern dadurch, daß die wenigen nach II fließenden Elektronen das Metall II relativ zu I negativ aufladen. Diese Aufladung führt zu einer Hebung des Potentialtopfes II gegenüber I, bis bei Gleichheit beider FERMI-Oberflächen kein Grund für einen weiteren Elektronenfluß mehr besteht. Durch die Berührung werden also die Tiefen der mit Elektronen gefüllten FERMI-Seen der beiden Metalle (und mit ihnen die effektiven Austrittsarbeiten Φ_I und Φ_{II}) nicht merklich geändert; es werden nur die beiden Potentialtöpfe gegeneinander verschoben, bis die beiden FERMI-Oberflächen auf gleicher Höhe liegen. Entfernt man nun die beiden Metalle ein wenig voneinander, so hat man die durch Abb. 255 dargestellten Verhältnisse, und es besteht zwischen den Metallen bzw. zwei Punkten an ihren Oberflächen eine meßbare Potentialdifferenz, die *Berührungsspannung*. Da nun das Potential eines Punktes dicht vor der Oberfläche des Metalls I gleich Φ_I, das eines Punktes dicht bei II gleich Φ_{II} ist, ist diese Berührungsspannung nach Abb. 255 offenbar gleich der durch die Elektronenladung e dividierten Differenz der beiden effektiven Austrittsarbeiten

$$\Delta U = \frac{1}{e}\left(\Phi_{II} - \Phi_I\right). \tag{46}$$

Dieses theoretische Ergebnis steht in guter Übereinstimmung mit den an sauberen und gut entgasten Oberflächen ausgeführten Messungen. Kennt man nun die effektive Austrittsarbeit *eines* Metalls aus photoelektrischen oder thermischen Messungen, so erlaubt die Messung der Berührungsspannung die Bestimmung der effektiven Austrittsarbeit jedes mit dem bekannten in Kontakt gebrachten Metalls. Einige so bestimmte Φ-Werte sind in Tab. 22 verzeichnet. Der Vollständigkeit halber sei noch bemerkt, daß die als GALVANI-*Spannung* bezeichnete Potentialdifferenz

$$\Delta U_G = \frac{1}{e}(E_{F_{\mathrm{I}}} - E_{F_{\mathrm{II}}}) \tag{47}$$

nicht direkt meßbar ist.

15. Die magnetischen Eigenschaften der Festkörper und ihre Erklärung

Wir haben in III,15 bei der Behandlung der magnetischen Eigenschaften der Atome gezeigt, wie deren resultierende magnetische Momente durch vektorielle Zusammensetzung zweier verschiedener magnetischer Einzelmomente zustande kommen, die vom Bahndrehimpuls und vom Eigendrehimpuls (Spin) der Valenzelektronen des Atoms herrühren. Bei einem Gas sind die atomaren magnetischen Momente infolge der ungeordneten thermischen Bewegung der Atome ohne Feld ihrer Richtung nach ebenfalls ungeordnet, während in einem ordnenden magnetischen Feld eine im allgemeinen allerdings nur kleine Komponente aller Momente sich in Feldrichtung einstellt, die nach Gl. (III-98) dem ausrichtenden Feld $\boldsymbol{H}$ direkt und der absoluten Temperatur T umgekehrt proportional ist. Die durch die Beziehung

$$\boldsymbol{M} = \chi\,\boldsymbol{H} \tag{48}$$

zwischen dem ordnenden magnetischen Feld $\boldsymbol{H}$ und dem resultierenden magnetischen Moment $\boldsymbol{M}$ je cm^3 definierte Suszeptibilität χ ist also stark temperaturabhängig. Atome mit abgeschlossenen Elektronenschalen besitzen keine resultierenden magnetischen Momente; sie verhalten sich in einem äußeren Magnetfeld wegen dessen Induktionswirkung auf die Elektronen nach III,15 diamagnetisch; ihre Suszeptibilität ist also negativ.

a) Bindungszustand und Magnetismus von Festkörpern

Wie werden nun die magnetischen Eigenschaften der Atome durch deren Zusammenbau zu Molekülen und Kristallen verändert? Da der Magnetismus von den *un*abgesättigten Spin- und Bahnimpulsmomenten der Elektronen herrührt und die Bildung von Molekülen wie Kristallen aus Atomen nach VI,14 im allgemeinen mit einer Absättigung der Spin- oder Bahnimpulsmomente der Valenzelektronen verbunden ist, verschwinden im allgemeinen auch die magnetischen Momente der Atome beim Zusammenschluß zu Molekülen und Festkörpern. Wir betrachten als Beispiele den Wasserstoff und den Schwefel. Das H-Atom mit seinem einen Elektron (Grundzustand $^2S_{1/2}$) besitzt ein magnetisches Moment von einem BOHRschen Magneton. Beim Zusammenschluß zweier H-Atome zum H$_2$-Molekül aber sättigen sich die Spinmomente der beiden Elektronen unter Bildung einer Elektronenpaarbindung ab, und das H$_2$-Molekül hat *kein* resultierendes magnetisches Moment; Wasserstoffgas ist *dia*magnetisch. Beim Schwefel liegt der Fall komplizierter. Das S-Atom hat nach Ausweis seines $^3P_2$-Grundzustands (Tab. 9) ein magnetisches Moment von 3 BOHRschen Magnetonen. Beim Zusammenschluß zum S$_2$-Molekül sättigen sich in diesem Fall nur die Bahnmomente ab; das S$_2$-Molekül hat nach Ausweis seines $^3\Sigma$-Grundzustandes zwei unabgesättigte Spinmomente und damit noch ein magnetisches Moment von zwei Magnetonen. Im festen Zustand aber verhält sich Schwefel nach Messungen diamagnetisch; beim Zusammenbau zum Kristall sättigen sich also offenbar auch die im Molekül noch unabgesättigten Spinmomente ab, so daß kein magnetisches Moment übrig bleibt.

Wir erwarten also Paramagnetismus bei Festkörpern nicht als Regel, sondern umgekehrt nur in den Ausnahmefällen, in denen die Kristallbausteine unabgeschlos-

sene Elektronenschalen auch im Festkörper besitzen oder die Valenzelektronen sich nicht paarweise absättigen. Die bekanntesten Beispiele der ersten Gruppe sind die Salze der seltenen Erden (mit ihren unabgeschlossenen f-Schalen) und der Übergangsmetalle (mit ihren unabgeschlossenen d-Schalen, vgl. Tab. 9), während Magnetismus der letzteren Art bei fast allen Metallen vorkommt. Die Salze der seltenen Erden sind vom Festkörperstandpunkt aus von geringem Interesse, weil die für den Magnetismus wesentlichen f-Schalen tief im Innern der Elektronenhülle liegen und daher durch den Zusammenbau zum Festkörper nicht beeinflußt werden; der Magnetismus dieser Festkörpergruppe ist also dem reinen Atommagnetismus verwandt. Bei den Salzen der Übergangselemente mit unabgeschlossenen d-Schalen ist die Störung durch die Gitterumgebung schon beträchtlich, und es tritt daher als typischer Festkörpereffekt das Verschwinden des Bahnmagnetismus auf, auf das wir gleich bei der Behandlung des Metallmagnetismus eingehen werden. Von den Metallen haben wir ja bereits bei der Diskussion der Bindungsverhältnisse in VII,7 festgestellt, daß im allgemeinen *keine* Spinabsättigung der Valenzelektronen eintritt, so daß wir einen von den Spinmomenten der Valenzelektronen herrührenden Paramagnetismus erwarten, der allerdings mindestens teilweise durch diamagnetische Beiträge der Valenzelektronen und der in abgeschlossenen Schalen sitzenden Elektronen kompensiert werden kann. Nach Ausweis der Messungen sind die Alkalimetalle, einige zweiwertige Metalle und auch einige schwere Metalle wie Molybdän, Wolfram oder Uran paramagnetisch, während Kupfer, Silber, Gold und die Mehrzahl der Metalle der zweiten und dritten Spalte des Periodensystems ein leicht diamagnetisches Verhalten zeigen. Eisen, Kobalt und Nickel schließlich sind ferromagnetisch. Was hat die Atomtheorie hierüber auszusagen?

b) Para- und Diamagnetismus der Metalle

Beschränken wir uns auf den einfachsten Fall der einwertigen Metalle, so haben wir einerseits das Gitter der positiven Ionen zu berücksichtigen, deren Elektronen sämtlich in abgeschlossenen Schalen sitzen und sich daher diamagnetisch verhalten, sowie andererseits je *ein* quasifreies Leitungselektron je Ion. Diese Leitungselektronen beschreiben, im Gegensatz zu ihrem Verhalten als Valenzelektronen in isolierten Atomen, nun keine stationären Bahnumläufe um „ihre" Ionen mehr. Damit verschwindet im Metall nicht nur der nach III,15 bei den Atomen wesentliche Bahnmagnetismus; sondern durch die Wirkung des Feldes auf die ungeordnet-freie Bewegung der Leitungselektronen entsteht sogar ein diamagnetischer Beitrag zur Suszeptibilität, der mit dem paramagnetischen (positiven) Beitrag der magnetischen Spinmomente der freien Elektronen konkurriert. *Das beobachtete magnetische Verhalten der Metalle ist also durch drei verschiedene Effekte bedingt: den Diamagnetismus der abgeschlossenen Elektronenschalen der positiven Metallionen, einen von der magnetischen Beeinflussung der Bewegung der freien Elektronen herrührenden Diamagnetismus, und drittens den von den Spinmomenten der freien Elektronen herrührenden Paramagnetismus.*

Mit PAULI können wir die Theorie dieses Paramagnetismus der Leitungselektronen folgendermaßen skizzieren: Ohne äußeres magnetisches Feld besetzen die N Leitungselektronen eines einwertigen Metalls nach VII,12 die untere Hälfte ihres insgesamt $2N$ Elektronen fassenden Energiebandes, wobei jeder Quantenzustand von zwei Elektronen mit entgegengesetzt gerichteten Spinmomenten besetzt ist, das resultierende magnetische Moment also Null sein muß. Beim Einschalten eines magnetischen Feldes H stellt sich primär die Hälfte aller Spinmomente *in* Feldrichtung, die andere Hälfte *gegen* die Feldrichtung ein (Richtungsquantelung der Spins). Nach Gl. (III-105) aber ist im Feld H die Differenz der

Energien eines Elektrons mit magnetischem Moment μ in Richtung des Feldes $\boldsymbol{H}$ und eines solchen mit entgegengesetzter Spinrichtung

$$\Delta E = 2\mu H. \tag{49}$$

Im Energiebandschema können wir das nach Abb. 256 darstellen, indem wir das Energieband als aus zwei Halbbändern A und B bestehend auffassen, deren jedes nur Elektronen *einer* Spinrichtung enthält, und die nun nach Abb. 256b um den Betrag ΔE gegeneinander verschoben sind. Da dann aber die FERMIsche Grenzenergie E_F (vgl. IV,13) der obersten besetzten Zustände der beiden Halbbänder A und B nicht mehr gleich ist, werden aus dem höheren Halbband A Elektronen in das tiefere B abfließen, bis die FERMI-Oberfläche beider Halbbänder gleich hoch liegt. Nach diesem Ausgleich aber enthält das

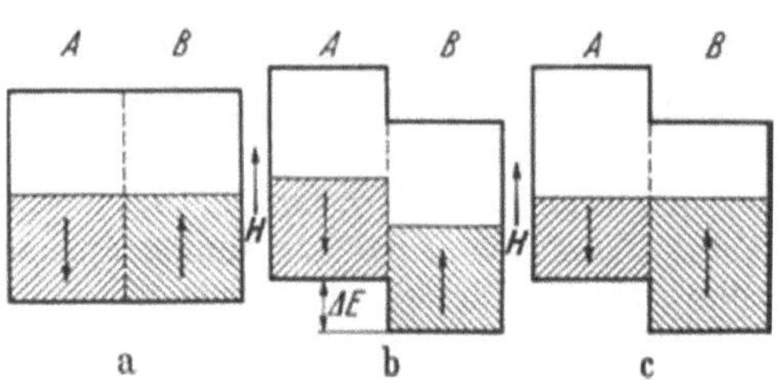

Abb. 256. Veränderung der Besetzung eines halbgefüllten Metall-elektronen-Energiebandes mit Elektronen verschiedener Spinrichtung, theoretisch in drei Schritte zerlegt: a) Einstellung der Spinmomente in bzw. gegen die Feldrichtung, b) energetische Verschiebung der beiden Halbbänder um den durch Gl. (49) gegebenen Energiebetrag, c) Ausgleich der FERMI-Oberflächen. Erklärung im Text.

gesamte Band nach Abb. 256c ersichtlich mehr Elektronen der zum Feld parallelen Spinmomentrichtung als solche umgekehrter Orientierung, und die Differenz beider Elektronenzahlen multipliziert mit μ ergibt das paramagnetische Gesamtmoment $\boldsymbol{M}$ des Metallkristalls.

Im Gegensatz zur Temperaturabhängigkeit des Paramagnetismus der Gase [Gl. (III-98)] *ist dieser Paramagnetismus der Metalle ersichtlich temperaturunabhängig*, da die Ausrichtung der Spinmomente der nach IV,13 entarteten Elektronen auf deren Richtungsquantelung im Feld beruht und die Temperatur folglich auf sie ohne Einfluß ist.

Die Größe dieses paramagnetischen Moments $\boldsymbol{M}$ je cm³, und damit nach (48) die magnetische Suszeptibilität, hängt von der Zahl der Überschußelektronen einer Spinrichtung im Energieband B ab, d.h. von der Zahl der k-Zustände im Energiebereich ΔE von Abb. 256. Hieraus lassen sich zwei wichtige Folgerungen ziehen. Erstens bemerken wir vorgreifend, daß ein maximales magnetisches Gesamtmoment $\boldsymbol{M}$ offenbar zu erwarten ist, wenn die Verschiebung ΔE der beiden Halbbänder gleich deren Breite wird, da dann *alle* Elektronen dieses Bandes parallel gerichtete Spinmomente besitzen. Dies ist der unten zu diskutierende Fall des *Ferromagnetismus*. Zweitens aber erkennen wir, daß ganz allgemein *die Zahl der k-Zustände im Bereich ΔE und damit die Zahl der Überschußelektronen einer Spinrichtung offenbar um so größer ist, je geringer die Bandbreite des Leitungselektronenbandes ist.*

Die auf LANDAU und PEIERLS zurückgehende Theorie des Diamagnetismus der Leitungselektronen infolge der induktiven Wirkung des Magnetfeldes auf deren ungeordnete Bahnbewegung ergibt, daß der negative diamagnetische Beitrag der freien Elektronen etwa ein Drittel ihres positiven paramagnetischen Spinbeitrags ausmacht, daß aber dieser *diamagnetische Beitrag um so größer ist, je freier die Elektronen im Metall sich bewegen können, d.h. je größer die Breite ihres Energiebandes ist.*

Unsere theoretische Erwartung bezüglich der drei Beiträge zum resultierenden Metallmagnetismus ist also die folgende: Der diamagnetische Beitrag der Gitterionen hängt von der Zahl der Elektronen in abgeschlossenen Schalen ab, nimmt also im Periodensystem von oben nach unten zu. Der Beitrag der freien Leitungselektronen zum resultierenden Metallmagnetismus ist in erster Näherung stets positiv und gleich etwa $^2/_3$ des rein paramagnetischen Spinanteils, hängt aber im einzelnen von der effektiven Masse [vgl. Gl. (VII-24)] der Elektronen ab, was besonders beim Überlappen verschiedener Energiebänder zu Abweichungen von dem theoretisch erwarteten Wert erster Näherung führen kann.

Die Tatsache, daß das magnetische Verhalten der Atome im Metall sich additiv aus einem solchen der diamagnetischen Ionen und der im allgemeinen paramagnetischen Leitungselektronen zusammensetzt, erklärt, daß nicht selten paramagnetische Atome (wie Bi) diamagnetische Metalle bilden und diamagnetische Metalle sogar paramagnetische Legierungen bilden können. Diese algebraische Addition vergleichbar großer positiver und negativer Teilbeträge der Suszeptibilität erklärt auch, warum mit wenigen Ausnahmen die para- wie diamagnetische Suszeptibilität der Metalle sehr klein (10^{-6} bis 10^{-7}) ist. Die Übereinstimmung von Theorie und Messung ist qualitativ in Ordnung, quantitativ aber keineswegs befriedigend.

c) Ferromagnetismus als Kristalleigenschaft

Wir wenden uns nun der Behandlung des Ferromagnetismus zu. Daß es sich bei diesem wirklich um eine *Kristalleigenschaft* handelt, folgt aus der Tatsache, daß z. B. Eisendampf oder Eisensalze keinen Ferromagnetismus zeigen, daß dagegen die aus Kupfer, Mangan und Aluminium aufgebauten HEUSLERschen Legierungen (wie Cu_2MnAl) ferromagnetisch sind, ja daß gewisse unmagnetische Kristalle durch leichte Änderungen ihrer Gitterstruktur ferromagnetisch werden. Die auffallendste Eigenschaft der ferromagnetischen Stoffe ist die, daß bereits eine sehr geringe äußere Feldstärke in ihnen eine sehr starke Magnetisierung hervorruft. Diese wächst dabei nicht etwa stetig mit der Zunahme des äußeren Feldes, sondern, wie eine Aufnahme der Hysteresiskurve in großem Maßstab zeigt, in einzelnen Sprüngen (BARKHAUSEN-Sprünge, Abb. 257). Dies beruht darauf, daß *bereits ohne äußeres Feld ganze Kristallbereiche magnetisiert sind (spontane Magnetisierung), und daß das äußere Feld nur zur Überwindung einer Hemmung dient, die das Umklappen der magnetisierten Bereiche in die Feldrichtung zunächst verhindert.* Da an den Grenzen dieser Bereiche spontaner Magnetisierung lokal sehr hohe

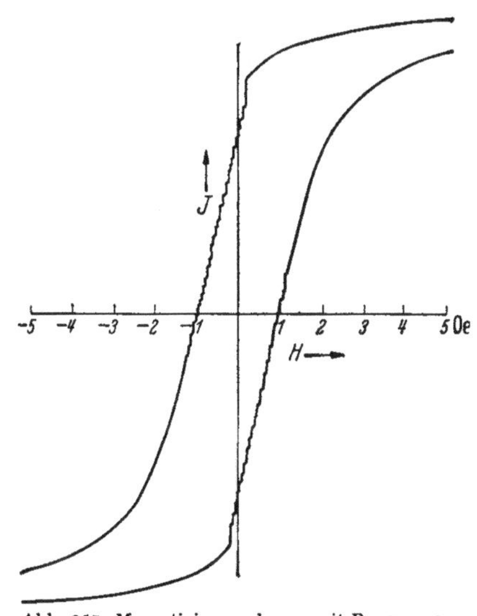

Abb. 257. Magnetisierungskurve mit BARKHAUSEN-Sprüngen (nach BECKER und DÖRING).

Feldstärken existieren müssen, kann man die Bereichsstruktur durch Anlagerung von feinkörnigem Eisenpulver und Mikrophotographie direkt sichtbar machen. Dabei hat sich u. a. ergeben, daß bei Ausrichtung durch ein äußeres Feld die magnetisierten Bereiche häufig nicht einfach umklappen, sondern daß Bereiche, deren spontane Magnetisierung in Richtung des äußeren Feldes liegt, zuungunsten benachbarter, „falsch" orientierter Bereiche wachsen. Energetisch ist das Auftreten von Bereichen leicht verständlich. Bei spontaner Magnetisierung eines ganzen Einkristalls nämlich ist die magnetische Feldenergie je Volumeneinheit beträchtlich größer, als wenn der Kristall aus zahlreichen kleinen Bereichen verschiedener, sich im Mittel kompensierender Magnetisierungsrichtung besteht. Thermodynamisch ist daher der Zustand mit vielen Bereichen verschiedener

Magnetisierung stabiler als der einer einheitlichen Magnetisierung eines gesamten Einkristalls. Da andererseits der Aufbau jedes Bereichs wegen der zwischen den benachbarten Bereichen bestehenden Felder eine Art von Oberflächenenergie erfordert, ist die mittlere Größe der ferromagnetischen Bereiche energetisch durch die Bedingung bestimmt, daß die Summe der magnetischen Volumenfeldenergie und der Oberflächenenergie der Bereiche je Volumeneinheit ein Minimum wird.

Die Aufgabe der Atomphysik ist es nun, *diese spontane Magnetisierung ganzer Bereiche der ferromagnetischen Stoffe* schon ohne äußeres Feld zu erklären. Sie kann *nur durch gleichsinnige Ausrichtung der magnetischen Eigenmomente aller oder fast aller Elektronen des oder der obersten teilweise besetzten Energiebänder in den einzelnen Bereichen des betreffenden Metalls zustande kommen.*

Daß eine Parallelstellung der Spinmomente der Valenzelektronen u. U. energetisch günstiger sein kann als eine Spinabsättigung, zeigt sich bereits bei den Atomen, wo nach HUND der Grundzustand die höchstmögliche Multiplizität besitzt. So stehen nach Tab. 9 die Spinmomente der drei $2p$-Valenzelektronen des N-Atoms parallel; beim Cr und Mo haben wir sechs und beim Gd-Atom sogar acht Elektronen mit unabgesättigten Spinmomenten. Solange also verschiedene Bahnimpulse bzw. Orientierungsmöglichkeiten des Bahnimpulses für die Valenzelektronen zur Verfügung stehen, wie das bei halbgefüllten p-, d- und f-Schalen der Fall ist, ist die Parallelstellung der Spinmomente energetisch günstiger als eine Absättigung. Für die beiden Elektronen des H_2-Moleküls dagegen ist die Spinabsättigung, d. h. der unmagnetische Zustand, energetisch günstiger, weil in ihm die Elektronenanhäufung zwischen den Kernen deren gegenseitige Abstoßung kompensiert, und weil nach dem PAULI-Prinzip bei Spinparallelstellung das eine der beiden Elektronen in einen angeregten energetisch sehr viel höheren Zustand gehen müßte. *Wenn also nicht das* PAULI-*Prinzip eine Spinabsättigung erfordert, ist die Parallelstellung der Spinmomente energetisch günstiger als deren gegenseitige Absättigung.* Wie steht es nun mit der Einstellung der Elektronenspinmomente bei den ferromagnetischen Metallen? Die Leitungselektronen scheinen wegen weitgehend antiparalleler Einstellung nicht wesentlich zum Ferromagnetismus beizutragen. Dieser beruht vielmehr auf einer Parallelstellung der Spinmomente des größeren Teils der in einer nichtabgeschlossenen Schale sitzenden d-Elektronen. Eine solche gleichsinnige Ausrichtung bedeutet aber, daß jeder normal mit zwei Elektronen entgegengesetzter Spinrichtung besetzte k-Zustand mit nur *einem* Elektron besetzt werden kann, so daß zur Unterbringung *aller* Elektronen gerade die doppelte Anzahl k-Zustände erforderlich ist. Nun sind ja freie k-Zustände in der unabgeschlossenen d-Schale verfügbar, und die Größe der Magnetisierung je Atom stimmt bei den verschiedenen Ferromagnetika mit dem bei mindestens einfacher Besetzung *aller* k-Zustände zu erwartenden Wert überein. Durch die Unterbringung der d-Elektronen in *höheren* k-Niveaus im ferromagnetischen Zustand wird aber ihre Nullpunktsenergie vergrößert. Eine solche Spinausrichtung kann deshalb spontan nur erfolgen, wenn durch diese Ausrichtung mehr Energie gewonnen als durch Unterbringung der Elektronen in höheren k-Niveaus verbraucht wird. Im allgemeinen wird angenommen, daß der zur Parallelstellung der d-Elektronen-Spinmomente führende Energiegewinn von der in IV,11 behandelten Austauschenergie $e^2 A$ herrührt, wo in dem Austauschintegral

$$A = \int \psi_a(1)\,\psi_b(2)\,\psi_a(2)\,\psi_b(1) \left[\frac{1}{r_{ab}} - \frac{1}{r_{a2}} - \frac{1}{r_{b1}} + \frac{1}{r_{12}} \right] d\tau \qquad (50)$$

a und b die beiden Kerne, 1 und 2 die beiden Elektronen zweier benachbarter Gitterbausteine bezeichnen. Ist dieses Austauschintegral für Eigenfunktionen von Elektronen mit gleichgerichtetem Spin *positiv*, und ist die entsprechende Abnahme

der Austauschenergie größer als die Zunahme der FERMI-Energie bei der Magnetisierung, so ist der Zustand des Kristalls mit *gleichgerichteten Spins der Elektronen
energetisch günstiger als der mit abgesättigten magnetischen Elektronenmomenten.*
Aus (50) sieht man, daß A positiv wird, wenn der mittlere Abstand der beiden aus-
zutauschenden Elektronen r_{12} klein, die Abstände Kern-Elektron r_{a2} und r_{b1} dagegen groß sind. Es ist aber bisher nicht gelungen, sicher nachzuweisen, daß wirklich das Austauschintegral (50) für die bekannten Ferromagnetika positiv ist.
Immerhin sollte man nach SLATER eine spontane Ausrichtung der Spinmomente
der quasifreien Elektronen in einem Kristall erwarten, wenn die den Kristall
bildenden Atome eine unabgeschlossene d- oder f-Schale besitzen, in der die Spinmomente sich nicht bereits gegenseitig abgesättigt haben, und wenn der Radius
der fraglichen d- oder f-Elektronenschale klein ist gegen den Gitterabstand, da
nur dann das durch r_{12} dividierte Produkt der Elektroneneigenfunktionen, und
mit ihm das Austauschintegral (50), einen großen Wert ergibt. Gleichzeitig bewirkt dann die geringe gegenseitige Störung der sich nur wenig überlappenden
Elektronen nach IV,11 eine geringe Energiebandbreite und damit eine relativ geringe Erhöhung der FERMI-Energie bei der Magnetisierung. Tatsächlich findet man
Ferromagnetismus auch nur, wenn der Abstand benachbarter Gitteratome mindestens dreimal so groß ist wie der Radius der betreffenden Elektronenschale.

Die Bedingung 1 ist erfüllt für alle Übergangsmetalle mit nur teilweise gefüllter
d- bzw. f-Schale, die Bedingung 2 gut nur für die seltenen Erden und die Metalle
Eisen, Kobalt und Nickel. Für die seltenen Erden ist das Austauschintegral zwar
positiv, aber so klein, daß schon eine geringe Wärmebewegung die mit nur geringer
Richtkraft erfolgende spontane Ausrichtung der Spinmagnete im Kristall wieder
aufhebt. Die Elementkristalle der seltenen Erden sind deshalb nur nahe am absoluten Nullpunkt ferromagnetisch; ihr CURIE-Punkt, oberhalb dessen der Ferromagnetismus verschwindet, liegt sehr weit unter der Zimmertemperatur. Nur bei
den Metallen Eisen, Kobalt und Nickel scheint der Überschuß der Austauschenergie über den Zuwachs der FERMI-Energie so groß zu sein, daß die spontane
Ausrichtung der Spinmomente mit erheblicher Kraft erfolgt. Nur diese Metalle
sind daher bis zu ihren zwischen 360 und 1000 °C liegenden CURIE-Punkten ferromagnetisch. Abb. 258 zeigt den hier-
für maßgebenden Wert des Austauschintegrals A [Gl. (50)] in Abhängigkeit vom Verhältnis Atomabstand zu Radius der unabgeschlossenen Elektronenschale. Diese Deutung des Ferromagnetismus findet
eine Stütze in dem schon angedeuteten Befund, daß man allein durch
Vergrößerung des Gitterabstandes
einen nichtmagnetischen Kristall
ferromagnetisch machen kann, z. B.
das Mangan durch Einbau von
Stickstoffatomen.

Leider zeigen neue Rechnungen,
daß die Theorie zwar wohl in die
richtige Richtung weist, aber viel

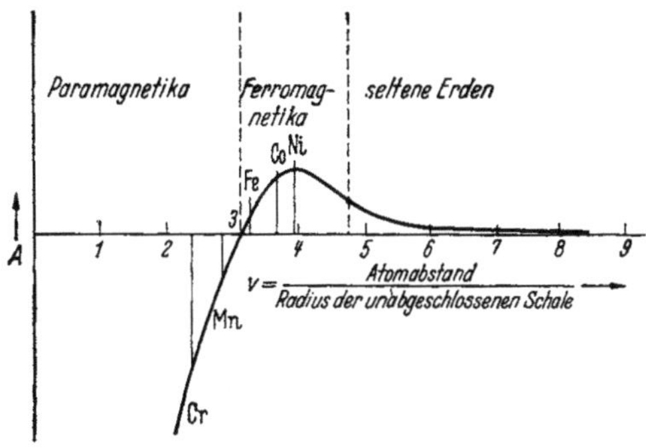

Abb. 258. Wert des für den Ferromagnetismus und den CURIE-
Punkt entscheidenden Austauschintegrals für eine Reihe ganz
oder nahezu ferromagnetischer Stoffe in Abhängigkeit vom
Verhältnis Atomabstand zu Schalenradius (nach BECKER und
DÖRING).

zu kleine Werte des Austauschintegrals ergibt, um die beobachteten hohen
CURIE-Punkte erklären zu können. Möglicherweise ergibt die Berücksichtigung
der Austausch-Wechselwirkung solcher Elektronen einen größeren Effekt, die als
Leitungselektronen nicht lokalisiert sind und gelegentlich sich zu zweit am gleichen

Gitterion treffen. Es würden dann die Elektronen zeitweise bestehender Fe⁻-Ionen
bedeutungsvoller sein als die benachbarter neutraler Fe-Atome.

Die spontane Magnetisierung gewisser Kristalle ohne äußeres Feld scheint also
grundsätzlich verständlich. Daß trotzdem ein Stück Eisen ohne äußeres Feld im
allgemeinen unmagnetisch wirkt, be-
ruht darauf, daß die spontane Magnetisierung nur in kleinen Kristallbereichen von 100 bis 10000 Atomen Durchmesser gleichsinnig erfolgt, während
die einzelnen Elementarbereiche völlig
ungeordnet im Metall liegen und erst
in einem äußeren Feld sich nach Überwindung einer inneren Hemmung ausrichten können. Diese Ausrichtung der
Bereiche hat man an Einkristallen
durch Aufnahme der Hysteresiskurven
genauer untersucht, wobei man das
magnetische Feld der Reihe nach in
Richtung der Kanten, der Flächendiagonalen und der Raumdiagonalen
des kubischen Eisenkristalls wirken
ließ. Das Ergebnis zeigt Abb. 259. Bei
Magnetisierung längs einer der Würfel-

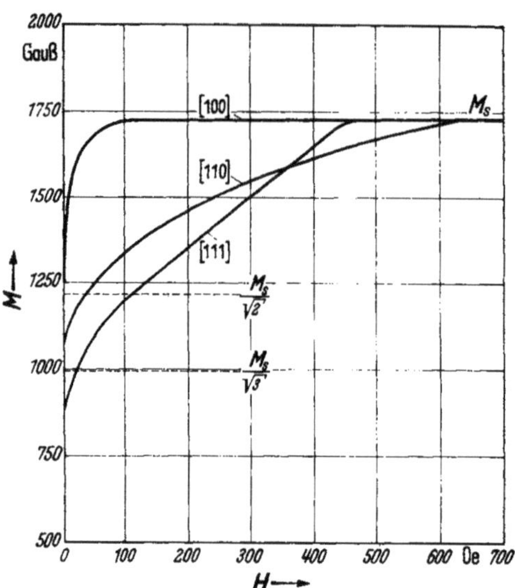

Abb. 259. Magnetisierungskurven eines Eiseneinkristalls
bei Orientierung des Feldes in verschiedenen Kristallrichtungen (nach Honda und Kaya).

kanten (100) steigt die Magnetisierung
beim Eisen mit der ausrichtenden
Feldstärke sehr steil bis zur Sätti-
gung M_s an; die Hemmung bezüglich der Drehung der spontan magnetisierten
Elementarbereiche in die Richtung der Würfelkanten ist also sehr gering.
Stimmt die Feldrichtung mit der Richtung einer Flächendiagonalen (110) überein, so steigt die Magnetisierung steil bis zum Wert $M_s/\sqrt{2}$, bei Feld in Richtung
der Raumdiagonalen (111) bis zum Wert $M_s/\sqrt{3}$, um dann viel langsamer dem
Sättigungswert M_s zuzustreben. Dieser Befund bedeutet, daß alle spontan magnetisierten Elementarbereiche sich zunächst ohne große Hemmung in die Richtung
der der Feldrichtung nächsten Würfelkanten einstellen, während das Heraus-
drehen aus diesen Vorzugsrichtungen in die jeweilige Feldrichtung eine wesentlich
größere Kraft erfordert. Nach Ausschalten des äußeren Feldes drehen die Elementarbereiche sich bis in die Richtung der nächsten Würfelkanten zurück und ver-
harren dort bei nicht zu großer Wärmebewegung. Wir erkennen die Erscheinung
der *Remanenz*, die so ihre zwanglose Erklärung findet. Die Richtungen leichtester
Magnetisierung stimmen in den Kristallen Fe, Co und Ni nicht überein; beim Ni ist
es die Raumdiagonale (111), beim hexagonalen Co die (0001)-Längsachse. Bei gewöhnlichem polykristallinem und besonders bei technisch bearbeitetem Eisen liegen
die Verhältnisse viel komplizierter als im Einkristall. Insbesondere stellen die durch
die Bearbeitung entstandenen inneren Spannungen Vorzugsrichtungen für die Einstellung der Elementarbereiche dar.

Von grundsätzlichem Interesse scheint noch der Befund, daß ein Fe-Mikro-
kristall mindestens 64 Elementarzellen groß sein muß, um Ferromagnetismus zu
zeigen. Zieht man hiervon die elektronisch gestörten Oberflächenatome ab, so
erniedrigt sich diese Zahl auf 8 Elementarzellen, d. h. auf einen Körper, wie er auch
als Kristallisationskeim Bedeutung zu besitzen scheint. Hier sind wir also an der
Grenze zwischen Atomkomplex und geordnetem Kristall angelangt.

Auf einer spontanen Spinausrichtung in ganzen Kristallbereichen beruht auch der *Antiferromagnetismus.* Betrachten wir etwa ein kubisch-innenzentriertes Kristallgitter, in dem das Austauschintegral (50) zwischen jedem Atom und seinen direkten Gitternachbarn im Gegensatz zum ferromagnetischen Fall *negativ* sei, so haben je zwei Nachbarn im Gitter bei genügend tiefer Temperatur *entgegengesetzte* Elektronenspinrichtungen (genau wie die bindenden Elektronenpaare im Molekül!), und der Kristall als Ganzes erscheint daher diamagnetisch, obwohl er aus paramagnetischen Atomen aufgebaut ist. Nun kann man ein solches kubisch-innenzentriertes Gitter auffassen als bestehend aus zwei etwas gegeneinander verschobenen einfachen kubischen Gittern, in deren jedem alle Spinmomente parallel ausgerichtet sind, so daß wir zwei sich kompensierende entgegengesetzt ferromagnetische Gitter haben. Aus diesem Grunde bezeichnet man die Erscheinung als Antiferromagnetismus. Oberhalb einer für jede Substanz charakteristischen Temperatur verhindert nun, wie beim Ferromagnetismus, die Temperaturbewegung die streng antiparallele Einstellung benachbarter Spinmomente, so daß *oberhalb dieses* CURIE-*Punktes Antiferromagnetika normalen Paramagnetismus zeigen.* Die bekanntesten Antiferromagnetika sind MnO und α-Fe_2O_3 mit CURIE-Punkten bei 122 und 950 °K.

Einen besonders interessanten Übergangsfall zwischen Ferromagnetismus und Antiferromagnetismus stellt der Ferrimagnetismus dar. Die ihn zeigenden Ferrite sind Oxyde des Eisens und der Eisenmetalle, die im sog. Spinellgitter kristallisieren, und deren Charakter wesentlich dadurch bestimmt ist, daß sie verschiedenwertige Ionen des gleichen oder ähnlicher Eisenmetalle besitzen. Das wird z. B. für den Magnetit klar, wenn wir statt der chemischen Formel Fe_3O_4 die physikalisch klarere Formel $Fe^{2+}O^{2-}Fe_2^{3+}O_3^{2-}$ benutzen. Bei den anderen Ferriten tritt an die Stelle des zweiwertigen Eisenions ein Ion des Mangans, des Nickels oder eines zweiwertigen Metalls. Diese Ferrite zeigen nun, wie für den Magnetit schon seit dem Beginn aller Physik bekannt ist, ein ferromagnetisches Verhalten. Es ist aber bekannt, daß ihre Sättigungsmagnetisierung im allgemeinen ziemlich klein, in Einzelfällen sogar Null ist. Die Ursache liegt nach NÉEL darin, daß in den Ferriten ein Teil der Elektronen sich ferromagnetisch, ein anderer Teil aber antiferromagnetisch verhält. Beim Magnetit z. B. kann man das magnetische Verhalten unter der Annahme verstehen, daß nur die zu den zweiwertigen Fe-Ionen gehörenden Elektronen sich zueinander parallel ausrichten, während die der dreiwertigen Fe-Ionen sich antiparallel zueinander einstellen und damit zum Ferromagnetismus des Magnetits nichts beitragen. Im einzelnen kommt es also auf die räumliche Anordnung der Ionen und ihre äußere Elektronenanordnung an, welcher Prozentsatz der Elektronen in einem bestimmten Ferrit sich ferromagnetisch und welcher sich antiferromagnetisch benimmt. Man nennt solche Stoffe heute *ferri*magnetisch. Da die Ferrite keine metallische Leitfähigkeit und daher sehr geringe Wirbelstromverluste besitzen, spielen sie als Kerne für Hochfrequenzspulen in der Elektrotechnik eine immer größere Rolle.

16. Die Ferroelektrizität

Wir haben schon in VII,6 bei der Besprechung der Piezo- und Pyroelektrizität darauf hingewiesen, daß bei einigen wenigen Ionenkristallen auch eine spontane Parallelstellung der elektrischen Dipolmomente ganzer Kristallbereiche vorkommt, und daß man dieses elektrische Analogon zum Ferromagnetismus deshalb als *Ferroelektrizität* bezeichnet. Wegen der Ausrichtbarkeit aller ferroelektrischen Bereiche in einem äußeren elektrischen Feld handelt es sich bei den Ferroelektrika also um Stoffe, die *unterhalb einer charakteristischen* CURIE-*Temperatur außerordentlich hohe Werte der Dielektrizitätskonstanten* ε *besitzen.*

Die Ferroelektrizität wurde 1921 von VALASEK am Rochelle-Salz ($KNaC_4H_4O_6$ · $4H_2O$) im Temperaturbereich von -20 bis $+22\,°C$ entdeckt, fand aber erst größeres Interesse seit der Entdeckung, daß Bariumtitanat ($BaTiO_3$) im gesamten Temperaturbereich unter $118\,°C$ ferroelektrisch ist, und daß sich dieser CURIE-Punkt durch Einbau von Sr und Pb in Ba-Plätze bis $250\,°C$ verschieben läßt. Außer diesem breiten und besonders günstig liegenden Temperaturbereich hat das $BaTiO_3$ noch zwei weitere Vorzüge: Es besitzt nämlich die relativ einfache Gitterstruktur des Perovskits und kann außerdem als Einkristall wie als keramisches Material hergestellt, untersucht und benutzt werden. Bei optisch guten $BaTiO_3$-Kristallen erscheint übrigens bei Beobachtung zwischen gekreuzten Polarisatoren die erwähnte Bereichsstruktur mit ihrer zeitlichen Veränderung bei Änderung des ausrichtenden elektrischen Feldes in eindrucksvoll lebhaften Farben.

Die Dielektrizitätskonstante ε des $BaTiO_3$ ist im Temperaturbereich von $-100°$ bis $-70\,°C$ etwa 500, zwischen -60 und $-5\,°C$ etwa 800, ist in dem praktisch wichtigsten Temperaturbereich von 20 bis $80\,°C$ annähernd konstant gleich 1200 und wächst dann bei Annäherung an den bei $118\,°C$ liegenden CURIE-Punkt bis auf 6500 an. Diese Werte gelten für Frequenzen unterhalb 10^8 Hz. Mit zunehmender Frequenz sinkt die Dielektrizitätskonstante stetig und erreicht bei den Frequenzen des sichtbaren Lichts den Wert 5,76, dem nach der bekannten Formel $\varepsilon = n^2$ der Brechungsindex $n = 2,40$ entspricht. Aus diesem Absinken der Dielektrizitätskonstanten bei sehr hohen Frequenzen folgt, daß die Ferroelektrizität nicht durch eine Polarisation der Elektronen (die auch hohen Frequenzen folgen könnte) bedingt sein kann, sondern auf einer Verschiebung der schweren Ionen beruhen muß.

Den verschiedenen Werten der Dielektrizitätskonstanten in den verschiedenen Temperaturbereichen entspricht eine jeweils etwas verschiedene, von der kubischen leicht abweichende Gitterstruktur und eine verschiedene Orientierung der Dipole im Kristall. Das oberhalb des CURIE-Punktes kubische Gitter geht bei Abkühlung unter diesen in eine leicht verschobene tetragonale Form über. Die spontane Ausrichtung der Dipolmomente erfolgt hier in Richtung der sog. c-Achse, d.h. der längsten der früheren Würfelkanten. Bei etwa $5\,°C$ wandelt das tetragonale Gitter sich in ein leicht orthorhombisches um, in dem die Orientierung der Dipole längs einer Flächendiagonale erfolgt. Bei $-70\,°C$ endlich findet eine Umwandlung des orthorhombischen in ein trigonales Gitter statt, in dem nun die Ausrichtung der elektrischen Dipole längs einer Raumdiagonalen erfolgt. Bariumtitanat kann übrigens bei gewöhnlicher Temperatur auch in einer nichtferroelektrischen hexagonalen Gitterstruktur existieren. Der Vergleich beider Strukturen gibt daher Hinweise auf die Strukturabhängigkeit der Ferroelektrizität.

Mißt man die dielektrische Polarisation als Funktion des orientierenden elektrischen Feldes, so findet man Hysteresiskurven, die denen ferromagnetischer Stoffe gleichen, einschließlich der mit der ruckartigen Umorientierung ganzer Bereiche zusammenhängenden BARKHAUSEN-Sprünge (vgl. Abb. 257). Die Parallele zwischen ferroelektrischen und ferromagnetischen Erscheinungen scheint also vollkommen, und wir haben zu erklären, wie die spontane Ausrichtung der Dipolmomente ganzer Kristallbereiche zustande kommt, und warum die Ferroelektrizität eine so seltene Kristalleigenschaft ist.

Beide Fragen hängen engstens zusammen. Nach der röntgenographisch ermittelten Gitterstruktur des $BaTiO_3$ ist jedes Titanion von einem Oktaeder doppelt negativ geladener Sauerstoffionen umgeben. Dabei folgt aus der bekannten Größe der Ionen, daß der freie Raum in dem von den O^{--}-Ionen gebildeten Oktaeder merklich größer ist als das in ihm sitzende Ti-Ion. Letzteres besitzt also in seinem Oktaeder eine gewisse Beweglichkeit, wobei aber aus Bindungsgründen die Position in der Mitte des Oktaeders energetisch ungünstiger ist als eine der Stellen nahe den umgebenden O^{--}-Ionen. Weil also in der Mitte des Oktaeders ein schwaches Potentialmaximum liegt, sitzen die Titanionen exzentrisch, und jedes von ihnen bildet mit dem ihm benachbarten Sauerstoffion einen elektrischen Dipol. Das Entscheidende ist nun, daß wegen der elektrostatischen Kopplung aller Ionen im Gitter *alle* Titanionen eines ganzen Kristallbereichs sich in der gleichen Richtung vom Symmetriezentrum fort an ein O^{--}-Ion ihres Oktaeders anschmiegen. Da andererseits alle acht Positionen nahe den O^{--}-Ionen jedes Oktaeders gleichberechtigt sind, suchen bei Anlegen eines äußeren elektrischen Feldes alle Titanionen zu den der Feldrichtung nächstgelegenen Sauerstoffionen zu springen. Bei genügend hoher Temperatur aber wird die Schwingungsenergie des Ti-Ions die Höhe des zentralen Potentialhügels übertreffen, und daher muß oberhalb einer für jedes Ferroelektrikum charakteristischen Temperatur die thermische Bewegung die bevorzugte Lage der Ti-Ionen zerstören: Dies ist die Erklärung für den CURIE-Punkt, oberhalb dessen die Ferroelektrizität verschwindet.

Aus dieser Deutung ersieht man, daß zwar *äußerlich* die Erscheinungen der Ferroelektrizität denen des Ferromagnetismus sehr ähnlich sind, und daß für beide Erscheinungen bestimmte selten vorkommende Strukturvoraussetzungen erfüllt sein müssen. Während aber der Ferromagnetismus ein typischer Quanteneffekt ist, haben wir es bei der Ferroelektrizität mit einer rein klassisch verständlichen elektrostatischen Erscheinung zu tun.

17. Quanteneffekte von Vielteilchensystemen bei tiefsten Temperaturen. Supraleitung und Supraflüssigkeit

Wir haben in VII,15 ·erfahren, wie durch Gleichrichtung der magnetischen Spinmomente der nichtabgesättigten Elektronen der Ferromagnetismus zustande kommt. In diesem Abschnitt behandeln wir zwei nur bei tiefsten Temperaturen auftretende Gruppen von Erscheinungen, die ebenfalls mit einer quantenmechanisch bedingten besonderen Ordnung, im einen Fall der Leitungselektronen, im anderen der Atome von Vielteilchensystemen zusammenhängen: die *Supraleitung* und die *Supraflüssigkeit*.

a) Die Supraleitung

Schon im Jahre 1911 beobachtete KAMERLINGH ONNES, daß der elektrische Widerstand von reinem Quecksilber beim Unterschreiten einer *Sprungtemperatur* von 4,2 °K plötzlich auf einen unmeßbaren kleinen Wert abfällt. Inzwischen ist diese Erscheinung der Supraleitung bei tiefsten Temperaturen für eine große Zahl von Metallen, Legierungen und Metallverbindungen sichergestellt worden. Tab. 23 bringt einige Beispiele von Substanzen mit hoch liegender Sprungtemperatur T_s. Der Restwiderstand der Supraleiter ist auch für die modernen Meßmethoden noch unmeßbar klein, d.h. um mindestens den Faktor 10^{16} kleiner als der Widerstand bei Zimmertemperatur. Der Normalwiderstand verhält sich demgemäß zum Widerstand im supraleitenden Zustand wie der Widerstand der besten Isolatoren zum metallischen Normalwiderstand. Der Abfall des Widerstandes von der Normalleitung zur Supraleitung erfolgt nur bei reinsten Einkristallen und verschwindendem äußerem Magnetfeld praktisch unstetig, bei gestörten Kristallen dagegen kontinuierlich. Nach HILSCH und BUCKEL liegt ferner die Sprungtemperatur ungeordnet-amorpher, bei tiefsten Temperaturen aufgedampfter Metallschichten ganz wesentlich höher als die der gleichen Schicht nach Erhöhung der Temperatur und Gitterordnung.

Außer durch die praktisch unendlich große elektrische Leitfähigkeit ist der supraleitende Zustand auch durch ein ungewöhnliches magnetisches Verhalten ausgezeichnet. Man erwartet ja schon klassisch, daß das Einschalten eines äußeren Magnetfeldes im Supraleiter zum Auftreten ungedämpfter Wirbelströme führt,

Tabelle 23.
Einige supraleitende Metalle, Legierungen und Verbindungen mit hoch liegenden Sprungtemperaturen

Metall	T_s	Legierung	T_s	Verbindung	T_s
Tc	11,2	Nb–25 Zr	10,8	Nb_3Sn	18,05
Nb	9,13	Nb–33 Zr	10,6	Nb_2Sb	18
Pb	7,26	Nb–50 Ti	9,5	V_3Si	17
La	4,71	BiPb	8,8	V_3Ga	16,8
Ta	4,38	AsPb	8,4	NbN	16
V	4,3	PPb	7,8	NbH	13–14
Hg	4,17	AgPb	7,2	MoN	12,0
Sn	3,69	LiPb	7,2	NbC	10,1
In	3,37	AuPb	7,0	Nb_2N	9,5
		CaPb	7,0	TaN	9,5
		SbPb	6,6	·TaC	9,2

deren Magnetfeld das erzeugende Feld vom Innern des Supraleiters abschirmt, so daß das Magnetfeld auf eine sehr dünne Oberflächenschicht beschränkt wäre, während *das Innere des Supraleiters strom- und feldfrei bleibt*. Über die Bestätigung dieser Erwartung hinaus aber entdeckten MEISSNER und OCHSENFELD den unerwarteten Effekt, daß *ein Magnetfeld in einem Supraleiter überhaupt nicht existieren kann*, d.h. beim Eintritt der Supraleitung aus ihm verdrängt wird, wenn es vor der Abkühlung unter die Sprungtemperatur schon vorhanden war.

Von grundsätzlicher Bedeutung ist weiter der folgende Versuch. Kühlt man einen kleinen Hohlzylinder aus supraleitendem Material in einem längs der Zylinderachse ausgerichteten Magnetfeld unter den Sprungpunkt ab und schaltet das Magnetfeld dann aus, so wird in dem Hohlzylinder ein Suprastrom induziert und damit im Innern des Hohlzylinders ein entsprechender magnetischer Fluß „eingefroren". In Bestätigung theoretischer Vorhersagen ergaben nun Messungen an extrem kleinen Hohlzylindern, daß der auf diese Weise eingefrorene magnetische Fluß gequantelt ist, wobei die Größe des eingefrorenen Flußquantums $hc/2e$ $= 2 \cdot 10^{-7}$ Gauß cm^2 beträgt. Der zunächst überraschende Faktor 2 im Nenner des Flußquantums deutet darauf hin, daß für die Supraleitung das Zusammenwirken je zweier gekoppelter Elektronen erforderlich ist, und gerade dies ist die Grundlage der unten zu besprechenden Theorie der Supraleitung.

Verschwindender elektrischer Widerstand und verschwindende magnetische Permeabilität charakterisieren also den supraleitenden Zustand. Dieser wird zerstört, wenn im Supraleiter eine gewisse kritische Stromdichte oder magnetische Feldstärke überschritten wird, und zwar sind beide bei der Sprungtemperatur T_s Null, wachsen aber mit unter T_s abnehmender Temperatur etwa quadratisch an. Während ferner bei der Sprungtemperatur T_s der Übergang in den supraleitenden Zustand *ohne* Umwandlungswärme erfolgt, erhält man eine Umwandlungswärme, wenn man bei tieferer Temperatur, etwa durch Ausschalten eines überkritischen Magnetfeldes, den supraleitenden Zustand herstellt.

Bezüglich der Deutung der Supraleitung ist sicher, daß es sich um ein *Elektronen*phänomen handelt, und schon im Entdeckungsjahr hat HABER den Übergang zur Supraleitung als Ausbildung einer geordneten Elektronenphase durch „Einfrieren" der Leitungselektronen gedeutet. Zu dieser Deutung paßt nicht nur, daß alle Supraleiter Metalle oder elektronische Halbleiter sind, und daß die nicht-elektronenbedingten Eigenschaften beim Überschreiten der Sprungtemperatur ungeändert bleiben. Zu dieser Deutung paßt auch, daß die elektronische Wärmeleitung im supraleitenden Zustand *kleiner* ist als in dem (etwa magnetisch erzwungenen) normalleitenden Zustand, und im Gegensatz zum Gitterbeitrag mit $T \to 0$ gegen Null geht. Es werden offenbar mit abnehmender Temperatur immer mehr Leitungselektronen eingefroren und können sich dann nicht mehr an der Wärmeleitung beteiligen. Dabei ist nach verschiedenartigsten Beobachtungen der Energiezustand der eingefrorenen Supraleitungselektronen von dem der Ohmschen Elektronen durch eine Energielücke getrennt, deren Breite bei $T = 0$ etwa $3{,}5\,kT_s$ beträgt und bei $T = T_s$ gegen Null geht. Im Gegensatz zu der Energielücke (verbotenen Zone) der Halbleiter (vgl. Abb. 249c) liegt aber die des Supraleiters unmittelbar über der FERMI-Grenze, ist also *nicht* im k-Raum fixiert. Für den' *Ordnungszustand der supraleitenden Elektronen* spricht dabei der Befund, daß die Entropie des Supraleiters niedriger ist als die des (magnetisch erzwungenen) Normalleiters gleicher Temperatur. Interessant ist schließlich, daß die Sprungtemperatur supraleitender Metalle um so höher liegt, je größer die räumliche Dichte der Leitungselektronen im Metall ist, und daß nach MATHIAS Supraleitung vorwiegend in Festkörpern auftritt, deren Atome 3, 5 oder 7 Valenzelektronen besitzen, wobei für Legierungen und Verbindungen das arithmetische Mittel der Valenzelektronen der Bausteine einzusetzen ist.

Mit Sicherheit sind neben den Elektronen aber auch die Gitterschwingungen an der Supraleitung beteiligt. Dies zeigt der *Isotopieeffekt*, nach dem bei verschiedenen Isotopen des gleichen Materials die Sprungtemperatur T_s, unterhalb der die Supraleitung einsetzt, von der *Masse* der betreffenden Gitterbausteine abhängt, und zwar in der Form, daß (z. B. für alle Isotope eines Elements)

$$T_s \sqrt{M} = \text{const} \tag{51}$$

ist.

Nach zahlreichen Versuchen zur atomtheoretischen Deutung der Supraleitung konnten BARDEEN, COOPER und SHRIEFFER zeigen, daß für die Wechselwirkung der Leitungselektronen bei sehr tiefen Temperaturen zwei bei der normalen Theorie der Leitfähigkeit vernachlässigbare energetisch sehr geringfügige Effekte Bedeutung gewinnen, und zwar die elektrostatische Abstoßung benachbarter Elektronen und *eine anziehende Wechselwirkung je zweier Elektronen von entgegengerichtetem Spin, die das Gitter vermittelt.* Anschaulich kann man diese Wechselwirkung dadurch erklären, daß ein sich durch das Gitter bewegendes Elektron dieses so polarisiert, daß auf ein zweites Elektron von entgegengerichtetem Spin eine anziehende Kraft ausgeübt wird. *Überwiegt die anziehende Kraft gegenüber der elektrostatischen Abstoßung, so ist Supraleitung möglich.* So wird verständlich, daß die guten Metalle mit hoher normaler Leitfähigkeit wie die Alkalien, Cu, Ag und Au wegen zu geringer Wechselwirkung zwischen Elektronen und Gitter keine Supraleitung zeigen. Die Durchführung der Theorie führt zu dem Ergebnis, daß der Grundzustand eines Supraleiters aus Paaren von Elektronen von entgegengesetztem Spin besteht, die alle den gleichen Impuls, und zwar im Grundzustand den Impuls Null, besitzen und damit ein Gesamtsystem von hoher Stabilität gegenüber äußeren Störungen bilden, obwohl der Abstand der Partner eines Paares mit 10^3 bis 10^4 Å überraschend groß ist. Aus diesem Gesamtgrundzustand entstehen, etwa durch Energieaufnahme aus einem angelegten elektrischen Feld, angeregte Gesamtzustände von nur sehr wenig höherer Energie, die dann ebenfalls aus Elektronenpaaren von gleichem, nun aber von Null verschiedenem Impuls aufgebaut sind. Einem solchen Zustand der Metallelektronen-Gesamtheit entspricht ein Suprastrom. Regt man aber in der normalen Weise einzelne Elektronen auf Zustände oberhalb des FERMI-Niveaus an, so muß die Paarbindung aufgehoben und dazu ein Energiebetrag der Größenordnung 10^{-4} eV aufgewandt werden, der der empirisch gefundenen Energielücke zwischen dem supraleitenden und dem normalleitenden Zustand der Metallelektronen entspricht. Bei solcher teilweisen Einzelanregung erhalten wir dann also einzelne normalleitende Elektronen und daneben das Kollektiv der Elektronenpaare hoher Korrelation und gleichen Impulses, in voller Übereinstimmung mit der Beobachtung.

Eine ganz neue Epoche der Supraleitungsforschung wie der technischen Anwendung der Supraleitung wurde durch die Entdeckung eingeleitet, daß es eine Gruppe mechanisch meist spröder, harter Supraleiter gibt, wie z. B. das in Tab. 23 aufgeführte Nb_3Sn, die sich in vieler Beziehung anders verhalten, als die BARDEEN-COOPER-SHRIEFFER-Theorie es erwarten läßt. Sie zeigen geringere, stark strukturabhängige Werte der Energielücke wie des Isotopieeffektes; gelegentlich fehlen beide sogar völlig. Von größter Bedeutung aber ist, daß diese *harten Supraleiter* ihre Supraleitung bis zu magnetischen Feldstärken behalten, die um Größenordnungen über den für normale Supraleiter gültigen Grenzfeldstärken liegen. Die harten Supraleiter werden deshalb auch *Hochfeld-Supraleiter* genannt. Drähte aus solchen harten Supraleitern gestatten daher auch sehr viel höhere elektrische Stromdichten als die aus weichen supraleitenden Materialien. Obwohl die technologische Behandlung der harten Supraleiter noch Probleme stellt, ist es mit Spulen aus solchen Materialien bereits gelungen, Magnetfelder von 130000 Gauß zu erzeugen, und es besteht gute Aussicht, Grenzwerte von über 200000 Gauß zu erreichen. Die Entdeckung der Hochfeld-Supraleiter hat damit der großtechnischen Anwendung wirklich erst den Weg geöffnet. Über die Erklärung des Phänomens ist man sich noch nicht völlig klar. Nach ABRIKOSOV soll der *ideale* Hochfeld-Supraleiter aus einem wohlgeordneten Gitter sehr dünner, normalleitender Fäden bestehen, die von supraleitenden Bereichen umgeben sind. Für den *realen* Hochfeld-Supraleiter dagegen sind offenbar Versetzungen und andere Gitterfehler von entscheidender Bedeutung, da sich an diesen solche Fäden bündelweise festsetzen können und sich so die schwammartige Struktur der technischen Hochfeld-Supraleiter aus normal- und supraleitenden Bereichen ergibt.

b) Die Supraflüssigkeit des Helium II

Der zweite bei tiefsten Temperaturen beobachtete Quanteneffekt eines Vielteilchensystems ist die äußerlich von der Supraleitfähigkeit völlig verschiedene *Supraflüssigkeit des sog. Helium II*. Kühlt man das unter Atmosphärendruck bei 4,211 °K siedende flüssige Helium nämlich unter 2,186 °K, den sog. λ-Punkt ab, so nimmt das dann als He II bezeichnete flüssige Helium eine Anzahl höchst absonderlicher, sonst nie beobachteter Eigenschaften an, die man unter der Bezeichnung *Supraflüssigkeit* zusammenfaßt. Es besitzt eine mit T^6 abnehmende und am absoluten Nullpunkt anscheinend völlig verschwindende Zähigkeit und eine ganz abnorme, im allgemeinen nicht mehr einfach dem Temperaturgradienten proportionale Wärmeleitfähigkeit, die die des Helium I um das 10^8-fache (!) übertrifft. Es hat die Fähigkeit, als Film von nur wenigen 10^{-6} cm Dicke nach Abb. 260 reibungslos über den Rand von Gefäßen hinweg oder durch dünnste Kapillaren und Schlitze hindurch zu kriechen, wobei durch letztere je Zeiteinheit eine Flüssigkeitsmenge zu entweichen vermag, die um mehrere Größenordnungen die He-Gasmenge übersteigt, die unter Normalbedingungen durch die gleiche Öffnung zu diffundieren vermag. Bei diesem Entweichen des Helium II aus Gefäßen bleibt ferner der *gesamte* Wärmeinhalt der Flüssigkeit in dem Gefäß zurück, ein wirklich einzigartiger Effekt. Sind zwei mit superflüssigem Helium gefüllte Gefäße durch eine äußerst dünne Kapillare miteinander verbunden, so bewirkt bereits eine Temperaturerhöhung von der Größenordnung 10^{-3} Grad in dem wärmeren der beiden Gefäße eine beträchtliche Druckerhöhung, die sich durch augenfällige Phänomene wie den sog. Springbrunneneffekt bemerkbar machen kann, bei Ersatz der dünnen Kapillare durch eine weitere aber sofort verschwindet.

Scheinbar weniger sensationell, aber theoretisch nicht weniger bedeutsam ist schließlich der Befund, daß sich im Gegensatz zu allen anderen Flüssigkeiten periodische Temperaturschwankungen in superflüssigem Helium praktisch ungedämpft als *Temperaturwellen* fortpflanzen, und zwar selbst bei Schwankungsfrequenzen von 10^4 Hz. Da es sich hierbei um eine von der normalen Schallfortpflanzung verschiedene Wellenart handelt, auf deren Mechanismus wir gleich zurückkommen, ist der in der englischen Literatur gebräuchliche Ausdruck „second sound" nicht allzu glücklich.

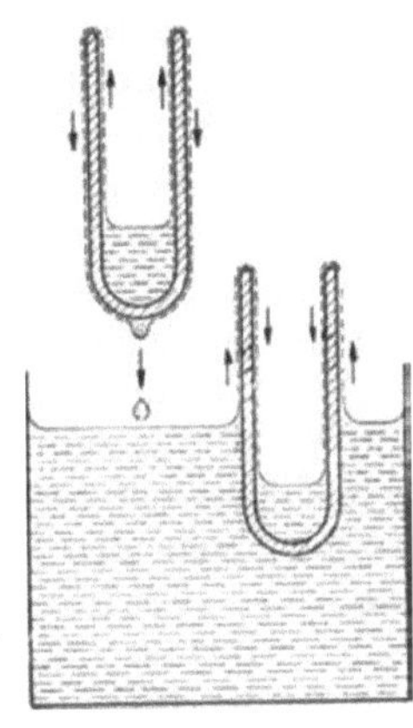

Abb. 260. Schematische Darstellung eines Versuchs zur Supraflüssigkeit des Helium II.

Tisza hat zuerst darauf hingewiesen, daß sich die große Mehrzahl dieser im wahrsten Sinne des Wortes einmaligen Eigenschaften des Helium II unter der Annahme verstehen lassen, daß dieses ein wechselwirkungsfreies Gemisch, d. h. *eine Lösung zweier Arten von flüssigem Helium* ist, dessen eine mit dem gewöhnlichen flüssigen Helium I identisch ist, während die zweite Komponente, die ideale *Supraflüssigkeit*, durch verschwindenden Energieinhalt und verschwindende Zähigkeit ausgezeichnet ist. In der Erklärung dieser letzteren Eigenschaften liegt das eigentliche atomphysikalische Problem. Tiszas Zweiflüssigkeitsmodell ist heute völlig gesichert, und wir wissen aus Experimenten, daß oberhalb des λ-Punktes von 2,186 °K die gesamte Flüssigkeit aus dem normalen Helium I besteht, während unterhalb des λ-Punktes der Anteil des superflüssigen Helium II exponentiell zunimmt und bei 1,0 °K 99% erreicht. Bei Temperaturerniedrigung unter den λ-Punkt wandelt sich also das normalflüssige Helium fortschreitend in superflüssiges Helium um. Daß für den Übergang vom energielosen superflüssigen zum normalflüssigen Helium eine Energiezufuhr erforderlich ist, erklärt den Befund, daß die spezifische Wärme des flüssigen Heliums, die bei 1,0 °K unter 0,1 cal/g Grad liegt, bei Annäherung an den λ-Punkt steil bis auf fast 6 cal/g ansteigt, um dann wieder ebenso plötzlich auf einen zunächst konstanten Wert von etwa 0,5 cal/g abzufallen.

Die Zweiflüssigkeitstheorie erklärt zwanglos die Mehrzahl der oben geschilderten Eigenschaften des Helium II. Nur das echt superflüssige Helium vermag wegen seiner verschwindenden Zähigkeit über den Rand von Gefäßen oder durch dünnste Kapillaren zu entweichen, und da sein Energieinhalt Null ist, bleibt natürlich der gesamte Wärmeinhalt der anfänglichen Mischung im Gefäß zurück. Die enorm hohe und anomale Wärmeleitfähigkeit des Helium II ist kein einfacher Diffusionsprozeß, sondern eine der Osmose verwandte gegenläufige Bewegung des superflüssigen und des normalflüssigen Heliums der Mischung gegeneinander, wobei das normalflüssige Helium Energie zur kälteren Seite transportiert, sich dort in superflüssiges Helium verwandelt und reibungslos zurückströmt. Diese gegenläufige Bewegung der beiden Komponenten ist also bedingt dadurch, daß im kälteren Teil der Mischung die Konzentration des superflüssigen, im wärmeren die des normalflüssigen Heliums überwiegt. Diese Bewegung und mit ihr der Wärmestrom durch das Helium II ist dann *dem Konzentrationsunterschied der Komponenten und nicht den Temperaturgradienten proportional*, in Übereinstimmung mit der Erfahrung. Die reibungslose Fortpflanzung von Wärmewellen *(second sound)* schließlich ist nicht nur in Übereinstimmung mit der Zweiflüssigkeitstheorie, sondern aus letzterer sogar vorausgesagt worden, bevor sie 1944 von PESHKOV gefunden wurde. Periodische Temperaturveränderungen eines „Senders" nämlich erzeugen im Helium II periodische Änderungen des Konzentrationsverhältnisses von superflüssigem und normalflüssigem Helium, und da diese beiden Komponenten sich reibungslos durcheinander bewegen, können diese Konzentrationsänderungen und die ihnen entsprechenden Temperaturschwankungen sich auch ungedämpft als Wärmewellen durch das Helium II fortpflanzen. Da nach der Theorie die Fortpflanzungsgeschwindigkeit dieser Wärmewellen vom Konzentrationsverhältnis der beiden Komponenten des Helium II abhängt, gestattet ihre Messung als Funktion der Temperatur, direkt den Anteil der superflüssigen Komponente im Helium II zu bestimmen.

Was hat nun die Atomtheorie über die Natur des superflüssigen Heliums und sein Verhältnis zum normalflüssigen Helium auszusagen? F. LONDON hat zuerst 1936 darauf hingewiesen, daß es sich hier um einen mit der BOSE-Statistik zusammenhängenden Effekt handeln könnte. Nach IV,10 wird ja das normale He^4 mit seinen zwei Protonen, zwei Neutronen und zwei Elektronen durch eine gegen Teilchenvertauschung symmetrische Wellenfunktion beschrieben und gehorcht folglich der BOSE-Statistik, wie übrigens auch die Elektronenpaare, die für die Supraleitung verantwortlich sind. Da für derartige Teilchen das PAULI-Prinzip *nicht* gilt, können bei Annäherung an den absoluten Nullpunkt der Temperatur sämtliche He^4-Atome in den tiefsten Zustand des von ihnen allen gebildeten Gesamtsystems übergehen. In diesem würden sie also keine *thermische* Bewegung mehr ausführen, würden aber trotzdem (im Gegensatz zu allen anderen Stoffen) kein Kristallgitter bilden, weil nach der Unbestimmtheitsbeziehung die Nullpunktsenergie der leichten Heliumatome größer sein sollte als die sehr geringe VAN DER WAALS-Bindungsenergie im Kristallgitter. Die verschwindende Zähigkeit des superflüssigen Heliums, d. h. die verschwindende Wechselwirkung der es bildenden Heliumatome, würde dann dadurch verursacht sein, daß wegen der Quantelung der Energie des Vielteilchensystems („Kristalls") der superflüssigen Heliumatome keine Energie von einem Atom zum anderen übertragen werden kann, sobald die thermische Energie kleiner ist als die erste Energiestufe des Gesamtsystems. *Die Atome des superflüssigen Heliums würden sich also im Grundzustand, die des normalflüssigen in angeregten Zuständen des Gesamtsystems befinden.* Im superflüssigen Zustand würden wir also einen Ordnungszustand aller Atome anzunehmen haben, der dem der Elektronen eines Supraleiters vergleichbar wäre.

Für den Zusammenhang der Supraflüssigkeit mit der BOSE-Statistik spricht besonders der Befund, daß eine aus den seltenen Heliumatomen der Masse 3 bestehende He-Flüssigkeit *nicht* supraflüssig wird. Da He^3 mit seinen 5 Elementarteilchen (2 Elektronen, 2 Protonen und 1 Neutron) durch eine gegen Vertauschung sämtlicher Teilchen *anti*symmetrische Wellenfunktion beschrieben wird und folglich der FERMI-Statistik unterliegt, ist eine „Kondensation" aller He^3-Atome im Grundzustand des Gesamtsystems im Gegensatz zum He^4 *nicht* möglich. Der Unterschied zwischen BOSE- und FERMI-Statistik bedingt hier also einen höchst interessanten, sonst nie vorkommenden Unterschied im Verhalten zweier Isotope des gleichen Elements.

18. Gitterfehlstellen. Diffusion und Ionenwanderung in Kristallen

Wir wenden uns nun mit der Besprechung der Diffusion von Atomen bzw. Ionen und der elektrolytischen Leitung in Kristallen den ausgesprochen strukturbestimmten Festkörpereigenschaften zu, die uns für den Rest dieses Kapitels beschäftigen werden. Im Idealkristall sitzt jeder Baustein gleichsam in seiner eigenen Potentialmulde, und jede Wanderung eines Teilchens, z.B. schon der Platzaustausch zweier Bausteine bei der Selbstdiffusion, bedingt die Überwindung eines hohen Potentialwalles und erfordert daher eine beträchtliche Aktivierungsenergie. Es ist sogar zweifelhaft, ob ein solcher Platzaustausch im Festkörper überhaupt wirklich vorkommt und die Selbstdiffusion nicht vorwiegend durch Weiterrücken ganzer Ionenketten oder Rotation geschlossener Ionenringe erfolgt. Jedenfalls ist wegen der Aktivierungsenergie diese Selbstdiffusion exponentiell temperaturabhängig und spielt erst bei relativ hohen Temperaturen eine Rolle.

Drei unabhängige Gruppen von Beobachtungen lassen aber keinen Zweifel zu, daß auch bei Temperaturen weit unter der für Idealgitterwanderung erforderlichen eine beträchtliche Ionenwanderung in Festkörpern stattfindet. Zunächst ist die Selbstdiffusion durch die Beobachtung der in V,17 erwähnten Diffusion radioaktiver, infolge ihrer Strahlung verfolgbarer Gitterbausteine auch bei tiefen Temperaturen eindeutig sichergestellt. Auch die Diffusion zweier verschiedener in Kontakt gebrachter fester Stoffe ineinander, z.B. die von Silber in Gold und umgekehrt, ist wohl bekannt, wobei es einleuchtet, daß die Diffusionsgeschwindigkeit um so größer ist, je weniger die beiden Atomarten sich in ihren Durchmessern unterscheiden.

Die zweite Gruppe von Beobachtungen der Tieftemperaturdiffusion in Festkörpern betrifft die Grundvorgänge der Korrosion, z.B. des Rostens von Eisen, und ist somit auch von größtem technischem Interesse. Sobald nämlich das metallische Eisen von einer porenfreien Eisenoxydschicht (dem Rost) bedeckt ist, fehlt ja jede weitere Möglichkeit für einen *direkten* Angriff des Sauerstoffs am Metall, da dieses von dem Gas durch eine Festkörperschicht getrennt ist. Das Weiterrosten ist also nur auf dem Wege über eine Diffusion der Gas- oder Metallionen durch die kristalline Oxydschicht möglich, und zwar scheint es, daß *Metall*ionen (sowie zur elektrischen Kompensation freie Elektronen) vom Metall her durch die feste Oxydschicht wandern und an deren Oberfläche mit dem gasförmigen Sauerstoff reagieren.

Die dritte Gruppe von Beobachtungen über die Diffusion von Ionen in Kristallen weit unterhalb des Schmelzpunktes betrifft die elektrolytische Leitung. Jeder Ionenkristall besitzt ja eine elektrische Leitfähigkeit, die aber im Gegensatz zu der der Metalle nicht von Elektronen ge-

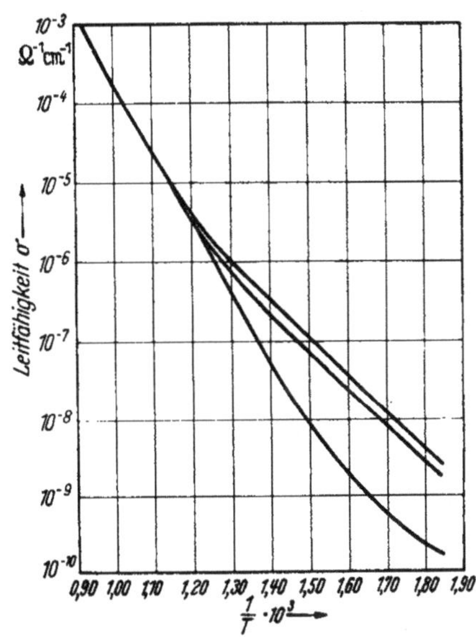

Abb. 261. Temperaturabhängigkeit der Ionenleitfähigkeit σ_i verschiedener Steinsalzproben. Unterhalb 800° K Störstellenleitung und daher verschiedenes Verhalten verschiedener Proben, oberhalb 800 °K Eigenleitung der Gitterionen (nach SMEKAL).

tragen wird. Sie beruht hier vielmehr auf einer *Ionen*wanderung im festen Körper, mit allen für elektrolytische Leitung typischen Eigenschaften. Mit dem Stromtransport ist ein Materialtransport zu den Elektroden hin verknüpft, und wir finden den hier aus dem Leitungsmechanismus leicht verständlichen *negativen Temperaturkoeffizienten des elektrischen Widerstandes*: Der Widerstand nimmt mit zunehmender Temperatur wegen der Erleichterung der Ionendiffusion durch Gitterauflockerung ab. Abb. 261 zeigt als Beispiel den Logarithmus der Ionenleitfähigkeit einer Anzahl von Kochsalzkristallen gegen die reziproke Temperatur aufgetragen. Oberhalb 800 °K stimmt die Leitfähigkeit aller drei NaCl-Proben überein, während unterhalb dieser Temperatur jede Probe einen für sie charakteristischen Verlauf der Leitfähigkeit zeigt.

Nach Schottky, Wagner, Frenkel u. a. sind die Diffusion von Gitterbausteinen wie die Tieftemperatur-Ionenleitfähigkeit *Fehlstellenerscheinungen* und gehören damit nach VII,3 zu den strukturbedingten Kristalleigenschaften. Jeder reale Kristall besitzt ja stets eine beträchtliche Anzahl von Fehlbaustellen, unter ihnen besonders *Gitterleerstellen* und *Zwischengitterionen*. Solche atomaren Fehlstellen in der Gitterordnung sind in jedem realen Kristall unabhängig von der Temperatur *stets* vorhanden, weil es ein ideal regelmäßiges Kristallwachstum nicht gibt. Mit steigender Temperatur nimmt wegen der Gitterauflockerung die Fehlstellendichte zu, und wir werden unten zeigen, daß im thermischen Gleichgewicht jeder Kristall eine durch seine Temperatur eindeutig bestimmte Gitterfehlstellendichte besitzt. Das ist eine Folge des Entropiesatzes, nach dem in *jedem*

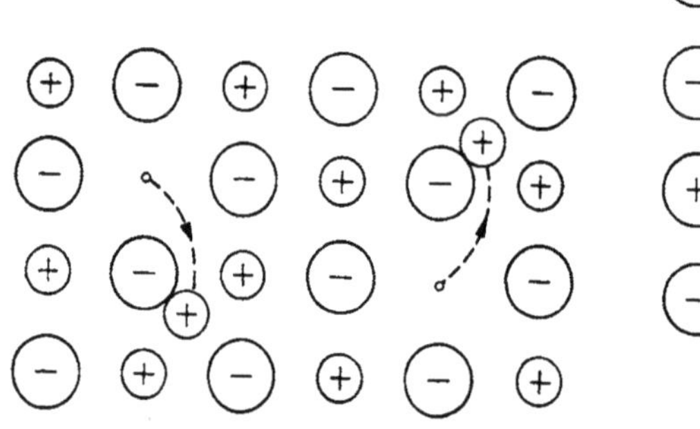

Abb. 262. Positive Zwischengitterionen und Gitterleerstellen in einem Ionenkristall: Frenkel-Defekte.

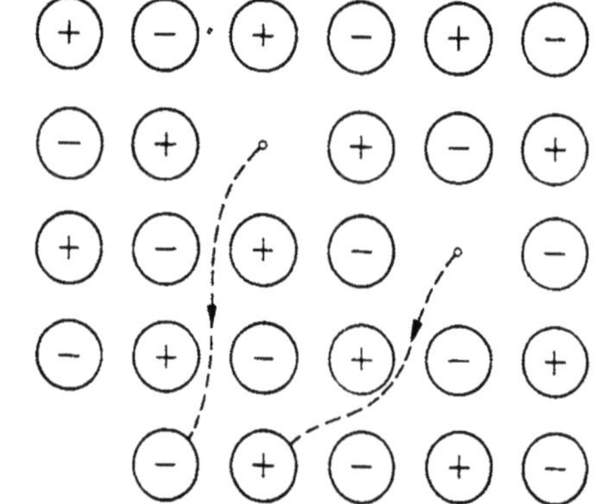

Abb. 263. Positive und negative Gitterleerstellen: Schottky-Defekte.

thermodynamischen System mit zunehmender Temperatur der Ordnungsgrad abnimmt. Erzeugt man nun in einem Kristall durch Temperaturerhöhung eine bestimmte Fehlstellendichte und kühlt den Kristall dann plötzlich ab, so kann sich das der tieferen Temperatur entsprechende Gleichgewicht nicht schnell genug einstellen, und wir beobachten die der höheren Temperatur entsprechende *„eingefrorene" Fehlstellendichte*. Die bei Normaltemperatur beobachtete Fehlstellendichte eines Kristalls hängt daher stark von dessen thermischer Vorbehandlung ab.

Es gibt nun zwei verschiedene Typen von Fehlordnung. Es können erstens nach Abb. 262 normale Gitterionen „irrtümlich" auf Zwischengitterplätze gelangen, d.h. nicht in ihrer richtigen Potentialmulde sitzen, sondern sich durch Deformation des Gitters in ihrer Umgebung Platz schaffen. Durch diesen Vorgang entstehen im Gitter gleichzeitig Leerstellen *und* Zwischengitterionen, und man nennt diesen Typ von Gitterfehlern Frenkel-*Defekte*. Zweitens können durch Auswandern von Gitterionen beider Vorzeichen (wegen der elektrischen Neutralität in jedem kleinen Volumen des Kristalls) in Oberflächenplätze Gitterleerstellen allein entstehen (Abb. 263), die man Schottky-*Defekte* nennt. Beide Arten von Gitterfehlstellen ermöglichen eine viel größere Beweglichkeit der Gitterbausteine, als sie im Idealkristall möglich ist. Bei Gitterfehlstellen nämlich kann die Diffusion nun durch schrittweises Nachrücken in die Leerstellen erfolgen. Man spricht in diesem Fall von einer „Diffusion der Gitterleerstellen". Im Fall der Frenkel-Defekte kommt hinzu, daß zur Bewegung eines Zwischengitterions eine viel geringere Aktivierungsenergie erforderlich ist als zum Platzwechsel eines normalen Gitterions. Wegen der erwähnten Abhängigkeit der Fehlstellendichte von der Vorbehandlung des Kristalls ist bei tiefer Temperatur die Fehlstellendiffusion für *verschiedene Exemplare der gleichen Kristallart oft sehr verschieden groß*, im Gegensatz zu der bei höherer Temperatur vorherrschenden, von den Fehlstellen weitgehend unabhängigen *Eigendiffusion der Gitterbausteine*. Damit ist Abb. 261 verständlich, da die Ionenleitfähigkeit im Kristall ja auf einer Ionendiffusion mit Drift im elektrischen Feld beruht. Bei Temperaturen über 800 °K haben wir nach Abb. 261 eine strukturunabhängige Wanderung der Gitterionen, während bei tieferen Temperaturen die von Kristall zu Kristall verschiedene Konzentration der Gitterfehlstellen auch eine entsprechend verschiedene Leitfähigkeit bedingt. Man erkennt das noch deutlicher, wenn man nach SMEKAL die Ionenleitfähigkeit für einen der drei Kristalle von Abb. 261 analytisch durch die Formel

$$\sigma(T) = 0{,}42\, e^{-\frac{10\,300}{T}} + 3{,}5 \cdot 10^6\, e^{-\frac{23\,600}{T}} \tag{52}$$

darstellt. Der Größenordnungsunterschied der Konstanten zeigt, daß an der durch den ersten Term dargestellten Leitfähigkeit nur der 10^7-te Teil der Gitterbausteine beteiligt war, dieser Term also offenbar die in dieser Größenordnung zu erwartende Fehlstellenleitung beschreibt, der zweite dagegen die Leitfähigkeit infolge Wanderung der normalen Gitterionen. Mit dieser Deutung stimmt überein, daß der beim Platzwechsel zu überwindende Potentialwall bei der Fehlstellenleitung um den Faktor 2,3 kleiner war als bei der Normalionenleitung [vgl. die Exponenten in Gl. (52)]. Wegen der in den Exponenten eingehenden geringeren Höhe des Potentialwalls (Aktivierungsenergie) überwiegt bei niedrigen Temperaturen trotz des kleinen Koeffizienten das erste Glied der Leitfähigkeitsformel (Fehlstellenleitung), bei höherer Temperatur dagegen wegen des großen Koeffizienten das zweite Glied (Normalionenleitung).

In gewissen Ionenkristallen ist auch eine Ionenleitfähigkeit infolge Wanderung der kleineren Ionenart durch reguläre Lücken im Gitter der größeren Ionenart möglich. Ein Beispiel ist das Silberjodid, in dem die J^--Ionen ein kubisch-raumzentriertes Gitter bilden, in dessen Lücken es für die Ag^+-Ionen eine große Zahl gleichwertiger Plätze gibt, über die sie unter Überwindung geringer Potentialschwellen zu wandern vermögen.

Im thermischen Gleichgewicht ist die räumliche Dichte der Gitterfehlstellen durch die zu ihrer Erzeugung erforderliche Aktivierungsenergie E_a und die absolute Temperatur T gegeben. Dabei ist allerdings zu beachten, daß die Einstellung des Gleichgewichts u.U. eine im Vergleich zur Versuchsdauer sehr lange Zeit erfordern kann, und daß auch irreversible Gitterveränderungen möglich sind, wie wir gleich zeigen werden. Bezeichnet man mit n die Zahl der Gitterfehlstellen je cm³, mit N die der Gitterbausteine und mit N' die der möglichen Zwischengitterplätze je cm³, so ist im Gleichgewicht die Dichte der SCHOTTKY-Defekte

$$n_S = N\, e^{-E_a/kT} \tag{53}$$

und die der FRENKEL-Defekte

$$n_F = \sqrt{N N'}\; e^{-E_a/2kT}\,. \tag{54}$$

Der Faktor 1/2 im Exponenten von (54) rührt davon her, daß durch Auswandern *eines* Ions in einen Zwischergitterplatz nach Abb. 262 *zwei* Gitterfehlstellen entstehen, dagegen nach Abb. 263 nur *ein* SCHOTTKY-Defekt. Die beiden Arten von Fehlstellen verhalten sich auch bei Abkühlung nach vorheriger Erhitzung des Kristalls verschieden. Während nämlich die FRENKEL-Defekte durch „Rekombination" der Zwischengitterionen mit Gitterleerstellen bei Abkühlung wieder verschwinden können, ist ein Ausheilen der durch Ionenauswanderung an die Kristalloberfläche entstandenen SCHOTTKY-Defekte fast unmöglich. Zur Unterscheidung beider Arten von Defekten kann dieses verschiedene Verhalten bezüglich des Ausheilens dienen wie auch die Tatsache, daß die Erzeugung von SCHOTTKY-Defekten im Gegensatz zu der von FRENKEL-Defekten mit einer Volumenvergrößerung des Kristalls verbunden ist. Auf den Zusammenhang der Leerstellenbildung mit dem Schmelzvorgang von Festkörpern und mit der Deutung der Schmelzwärme haben wir in VII,1 schon hingewiesen.

Wir erwähnten eben, daß die SCHOTTKY-Defekte, d.h. Gitterleerstellen entgegengesetzter Polarität, sich also kaum zurückbilden können, wohl aber u.U. zu Doppelleerstellen oder sogar zu Ketten oder Flächen von Leerstellen assoziieren. Solche Doppelleerstellen sind, ähnlich Na^+Cl^--Molekülen, elektrisch neutral und könnten daher im Gitter wandern, ohne aber zur Stromleitung beizutragen. Sie können andererseits bei Temperaturerhöhung (wie die in VII,10c behandelten Excitonen) dissoziieren und sich dann wieder an der Ionenleitung beteiligen. Die Dissoziationsenergie einer solchen Doppelleerstelle in einem NaCl-Kristall beträgt etwa 1 eV. Die Bedeutung solcher ketten- oder flächenförmigen Assoziationen von Gitterleerstellen für Gitterversetzungen, Gleitvorgänge u.a. ist Gegenstand lebhafter Diskussion.

Wir erwähnen abschließend noch, daß man einzelne Gitterleerstellen in bekannter Zahl dadurch erzeugen kann, daß man etwa im Steinsalzgitter eine bekannte Zahl einwertiger Na^+-Ionen durch zweiwertige Cd^{++}-Ionen ersetzt. Wegen der elektrischen Neutralität des ganzen Kristalls ersetzt dann *ein* Cd^{++}-Ion *zwei* Na^+-Ionen, d.h. „erzeugt" neben sich eine Gitterleerstelle. In größtem Umfange werden Gitterleerstellen und andere Gitterstörungen bei allen Materialien beobachtet, die im Inneren von Kernreaktoren intensiver Neutronen- und γ-Strahlung ausgesetzt sind und dadurch Änderungen ihrer mechanischen Festigkeit wie ihrer sonstigen makroskopischen Eigenschaften erleiden. Für den Bau von Atomkraftwerken ist die Kenntnis und Beherrschung dieser Erscheinungen (des sog. „radiation damage") natürlich von entscheidender Bedeutung.

19. Fehlstellenelektronen und ihre Wirkungen in Ionenkristallen. Die Physik der Farbzentren und die Grundprozesse der Photographie

Die eben behandelten Gitterleerstellen sind auch für die Lichtabsorption und die Bewegung von Elektronen in Ionenkristallen von Bedeutung, die zuerst von POHL, HILSCH und Mitarbeitern untersucht wurden. Diese Arbeiten haben einerseits entscheidende Aufschlüsse über das Verhalten von Elektronen in Isolatorkristallen erbracht und andererseits eine besondere Bedeutung für das Verständnis der Grundprozesse der Photographie erlangt.

Bestrahlt man die im Normalzustand vom Ultraviolett bis zum Ultrarot durchsichtigen Alkalihalogenidkristalle mit genügend kurzwelligem Ultraviolett, mit Röntgen- oder Kathodenstrahlen, oder erhitzt man sie in ihrem eigenen Metalldampf (z. B. einen NaCl-Kristall in Na-Dampf), so erhalten sie eine für jeden Kristall charakteristische Färbung, z. B. gelb für LiCl, blau für CsCl. Das dieser Farbe entsprechende Absorptionsband, das im unvorbehandelten Kristall also fehlt, nennt man *F-Band* (von Farbband), die entsprechenden absorbierenden Zentren im Kristall *Farbzentren* oder *F-Zentren*.

Ein solches Farbzentrum besteht aus einem Elektron, das gemäß Abb. 264 im Gitter den Platz eines fehlenden negativen Halogenions einnimmt und als nichtlokalisiertes Elektron sich über einen Raum von mehr als einer Gitterkonstante

Durchmesser erstreckt, d.h. als nichtlokalisiertes Elektron mit jeweils einem der es umgebenden Na^+-Ionen zeitweise ein Na-Atom bildet. Der zu 2,6 eV berechnete Übergang zum ersten Anregungszustand des F-Zentrums stimmt gut mit der Wellenlänge des Absorptions-F-Bandes überein. In diesem Anregungszustand bleibt das Elektron an seinen Platz im Gitter gebunden und der Kristall ein Isolator. Es sind aber auch Übergänge zu höheren Anregungsstufen bekannt, die zum Teil im Leitungsband liegen, so daß der Übergang in diese Zustände frei bewegliche Leitungselektronen liefert. Der Kristall zeigte dann auch bei tiefsten Temperaturen lichtelektrische Leitfähigkeit. Aus dem ersten Anregungszustand kann das F-Elektron entweder unter Emission in den Grundzustand zurückkehren oder bei höherer Temperatur durch Aufnahme von 0,1 eV aus thermisch angeregten Gitterschwingungen in das Leitungsband des Kristalls gelangen. Die Vernichtung von F-Zentren durch photoelektrische Ablösung ihrer Elektronen führt nun nicht nur zu der

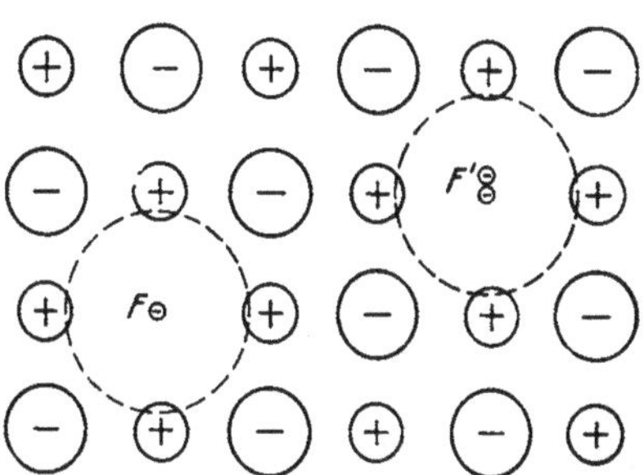

Abb. 264. Schematische Darstellung der F- und F'-Zentren in gefärbten Alkalihalogenidkristallen: ein bzw. zwei Elektronen am Gitterplatz *eines* fehlenden negativen Gitterions.

erwarteten Verminderung der Absorption des F-Bandes, sondern gleichzeitig zum Auftreten eines langwelligeren Absorptionsbandes, das F'-Band genannt wird. Bei den für es verantwortlichen F'-Zentren handelt es sich (vgl. Abb. 264) um F-Zentren, die ein weiteres Elektron eingefangen haben, d.h. um *zwei den Platz eines fehlenden* Cl^--*Ions einnehmende Elektronen*. Die Absorption des F'-Bandes liegt im Ultrarot, weil schon eine geringe Energie zur Abtrennung des locker gebundenen zweiten Elektrons ausreicht. Daß hier bei Absorption direkt Abtrennung und nicht nur Anregung stattfindet, zeigt der Befund, daß auch bei sehr niedriger Temperatur mit der F'-Absorption Photoleitfähigkeit verknüpft ist. Daß tatsächlich die Bildung von F'-Zentren auf photoelektrisch befreiten F-Elektronen beruht, die von anderen F-Zentren eingefangen werden, erklärt den Befund, daß im Normalfall für jedes im F-Band absorbierte Lichtquant *zwei* F-Zentren zerstört werden (Quantenausbeute 2), das durch Absorption direkt vernichtete und das in ein F'-Zentrum verwandelte. Daß dabei die freie Weglänge der von F-Zentren losgelösten Photoelektronen umgekehrt proportional zur Dichte der F-Zentren ist, ist ebenso in Übereinstimmung mit der dargestellten Deutung wie der Befund, daß es in einem Einkristall schwer möglich ist, mehr als etwa 10^{18} F-Zentren je cm^3 zu erzeugen, da eben nicht mehr F-Zentren erzeugt werden können, als Cl^--Leerstellen vorhanden sind. Erhöht man dagegen die Gitterleerstellendichte durch mechanisches oder thermisches Behandeln, bzw. intensive Röntgenbestrahlung, oder verwendet man eine an sich viele Löcher enthaltende, bei tiefer Temperatur aufgedampfte Kristallschicht, so lassen sich F-Zentrendichten von über 10^{20} cm^{-3} erreichen. *F-Zentren entstehen danach durch Einwandern freier Elektronen in Halogenleerstellen im Gitter.* Die freien Elektronen können durch Absorption von ultraviolettem Licht oder Röntgenstrahlen bzw. durch Stoßionisation von Kathodenstrahlen erzeugt werden, während sich bei „*additiver Verfärbung*" *durch Erhitzen in Metalldampf die Metallionen außen am Kristall anlagern (zusammen mit von innen her auswandernden und dabei Leerstellen erzeugenden Halogenionen) und nur ihre Elektronen in den Kristall einwandern.* Daß wirklich die Elektroneneinwanderung in den Kristall das Entscheidende ist, zeigen zwei Versuche. Erstens ist es gleichgültig, ob man einen NaCl-Kristall in Na-Dampf oder K-Dampf erhitzt; die erzeugten Farbzentren sind in beiden Fällen identisch.

Zweitens zeigte POHL in einem berühmten Versuch, daß man auch Elektronen allein einwandern lassen kann. Legt man nämlich an einen unverfärbten, d.h. durchsichtigen, KBr-Kristall eine Spannung von einigen hundert Volt an und lockert durch Temperaturerhöhung auf 500 bis 600 °C den Kristall etwas auf, so wandern vom negativen Pol her Elektronen in den KBr-Kristall ein, fallen in Br^--Leerstellen, die durch Auswanderung negativer Ionen entstehen, und erzeugen so absorbierende F-Zentren. Man sieht hierbei direkt eine blaue Wolke in den Kristall einwandern, bei Umpolung sich zurückziehen usf. (vgl. Abb. 265).

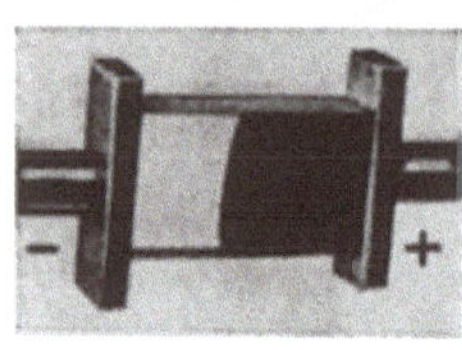

Abb. 265. Versuch von POHL zur Sichtbarmachung der Elektronenwanderung im KBr-Kristall bei 600 °C. Bei Abwanderung der Elektronen im elektrischen Feld nach rechts entstehen aus absorbierenden („sichtbaren") K-Atomen unsichtbare K^+-Ionen: die „blaue Wolke" wandert nach rechts ab.

Die durch Erhitzen im Metalldampf oder Elektroneneinwanderung erzeugte additive Verfärbung ist etwas Bleibendes, im Gegensatz zu der Verfärbung durch Röntgenbestrahlung, bei der die F-Elektronen bei Temperaturerhöhung wieder an ihre Ursprungsplätze zurückkehren und der Kristall daher bleichen kann.

Die genauere spektroskopische Untersuchung verfärbter Alkalihalogenidkristalle hat ergeben, daß es neben den F- und F'-Zentren noch eine ganze Anzahl weiterer absorbierender Zentren gibt. Zu ihnen gehört das V_1-Zentrum, ein zum F-Zentrum inverses Gebilde, das dadurch entsteht, daß ein positives Elektronenloch (Defektelektron) den Ort eines fehlenden *positiven* Gitterions besetzt, wobei es in gleicher Weise mit je einem der sechs es umgebenden Cl^--Ionen ein Cl-Atom bildet wie das F-Elektron mit einem der es umgebenden Na^+-Ionen ein Na-Atom. Über weitere, zum Teil sicher F- und V-Assoziationen darstellende Zentren ist noch nichts so Sicheres bekannt. Erwartungsgemäß sind Farbbanden mit grundsätzlich gleichartigen Trägern inzwischen auch bei anderen Ionenkristallen, besonders nach intensiver Röntgenbestrahlung, gefunden worden.

Die an den Alkalihalogeniden gewonnenen Erkenntnisse haben auch *den Weg zum Verständnis der der Photographie zugrunde liegenden atomaren Prozesse* geöffnet. Dabei ist es das Grundproblem, zu verstehen, wie es möglich ist, daß nach Absorption einiger weniger Lichtquanten ein ganzes photographisches „Korn" von oft 10^{10} AgBr-Molekülen im chemischen Entwickler zu metallischem Silber reduziert werden kann.

Primär werden auch in den AgBr-Mikrokristallen der photographischen Schicht durch Lichtabsorption freie Elektronen erzeugt. Nach der von MOTT und GURNEY stammenden Theorie sollen diese freien Photoelektronen dann vorwiegend von Ag^+-Ionen an Oberflächen eingefangen werden, die infolge ihrer weniger festen Bindung eine größere Elektronenaffinität besitzen als innere Ionen. Die so entstandenen, relativ zu ihrer Umgebung negativ geladenen Ag-Atome ziehen dann bewegliche Zwischengitter-Ag^+-Ionen und diese wieder Photoelektronen an, bis ein stabiler Silber*keim* entsteht. Das Wachstum von Silberkeimen an der Oberfläche von Silberbromidkriställchen kann so befriedigend erklärt werden, nicht aber das Keimwachstum *im Inneren* von Mikrokristallen, das bei intensiver Belichtung (Auskopierverfahren) zweifelsfrei nachgewiesen ist. Zur Erklärung dieses Befundes und verwandter Erscheinungen nimmt man nach MITCHELL an, daß die Haftstellen, von denen die Photoelektronen eingefangen werden, Assoziationen von Leerstellen sind. Aus ihnen würde dann ein F-Zentren-Aggregat entstehen, das abwechselnd Elektronen und Ag^+-Ionen anzieht und sich so schrittweise in ein kolloidales Silberteilchen, d.h. einen Keim, verwandelt.

Ein solcher Silberkeim kann bei anhaltender Belichtung weiterwachsen, bis das gesamte AgBr-Korn zu metallischem Silber geworden und alles Halogen ausgeschieden ist. Bricht man jedoch, wie üblich, die Belichtung nach Bildung weniger Keime ab, so können diese, soweit sie an oder nahe der Oberfläche eines Kornes sitzen, *chemisch* entwickelt werden, wobei wieder das ganze betreffende Korn in metallisches Silber verwandelt wird, während das Brom in den Entwickler übergeht. Diese chemische Entwicklung ist nach MOTT eine richtige Elektrolyse, die erst nach Bildung des metallischen Silberkeimes möglich ist, und bei der infolge der elektrischen Doppelschicht zwischen Silber und Entwickler schrittweise das gesamte Silber des ursprünglichen AgBr-Kornes sich an den Silberkeim anlagert. Die Grundvorgänge der Entstehung des photographischen Bildes scheinen damit atomistisch verständlich.

Der zur Abtrennung eines Elektrons von einem Halogenion erforderlichen Mindestenergie entspricht eine langwellige Grenze, oberhalb der die photographische Schicht keine Lichtempfindlichkeit mehr besitzt; sie ist also primär nur für kurzwelliges Licht empfindlich, für langwelliges gelbes und rotes Licht dagegen nicht. Es ist aber klar, daß ein Einbau leicht ionisierbarer Teilchen wie der doppelt negativ geladenen Schwefelionen des Ag_2S nicht nur die Empfindlichkeit der Schicht erhöht, sondern auch ihre Empfindlichkeitsgrenze nach längeren Wellen verschiebt. Eine erhebliche Verschiebung dieser Grenze, die sog. Sensibilisierung der Schicht für langwelliges und u. U. sogar ultrarotes Licht, ist durch Adsorption gewisser Farbstoffe wie z. B. der Cyanine an die AgBr-Körner möglich, die entsprechend langwelliges Licht zu absorbieren vermögen. Die dabei angeregten Elektronen treten dann strahlungslos (vgl. Abb. 84) in das Leitungsband des AgBr über, wo sie wie „normale" Photoelektronen die Keimbildung einleiten.

20. Elektronenhalbleitung

Wir haben in VII,12 bei der Behandlung der Isolatoren und der metallischen Leiter bereits kurz erwähnt, daß es zwischen diesen Grenzfällen auch Übergänge gibt, z. B. Festkörper, deren elektronische Leitfähigkeit beim Nullpunkt der absoluten Temperatur zwar Null ist, bei höheren Temperaturen aber den gesamten Bereich vom idealen Isolator bis zum metallischen Leiter überbrückt. Man bezeichnet diese Festkörper als *elektronische Halbleiter*. Ihre Untersuchung hat nicht nur zu einer Revolutionierung fast der gesamten Elektrotechnik geführt, sondern auch unsere Kenntnis der Festkörperphysik grundlegend erweitert.

a) Halbleitertypen und ihre Ladungsträger

Ein elektronischer Halbleiter ist definitionsgemäß ein Kristall, der am absoluten Nullpunkt der Temperatur isoliert, bei höherer Temperatur dagegen eine zunächst schnell mit dieser zunehmende elektronische Leitfähigkeit besitzt. Zur Entscheidung der Frage, ob ein Festkörper ein Elektronenhalbleiter ist, dient der in VII,13 bereits behandelte HALL-Effekt, da Elektronen wegen ihrer großen Beweglichkeit eine leicht meßbare HALL-Spannung ergeben, nicht aber die schweren Ionen. Die Messung der HALL-Spannung und ihrer Polarität erlaubt auch, zwischen der Leitung durch negative Elektronen und durch die in VII,10c schon behandelten positiven Löcher (Defektelektronen) zu unterscheiden, sowie die räumliche Dichte, und bei bekannter Leitfähigkeit auch die Beweglichkeit, der Ladungsträger zu bestimmen.

Elektronenleitung in einem nichtmetallischen Festkörper (Halbleiter) wird also bewirkt von Elektronen, die durch thermisch angeregte Gitterschwingungen (vergleichbar thermischen Stößen in einem Gas) in das bei $T = 0$ unbesetzte Leitungsenergieband gelangen, d. h. von ihren zugehörigen Ionen abgetrennt worden sind. Das ist bei einem reinen Kristall nur möglich, wenn der Energieabstand zwischen dem nor-

malerweise unbesetzten Leitungsband und dem normalerweise vollbesetzten Band
der Valenzelektronen, d.h. die innere Elektronenabtrennarbeit, höchstens die
Größenordnung von 1 eV besitzt, verglichen mit Abtrennenergien von 2 bis 10 eV
bei den Isolatorkristallen. Kann so der Abstand der beiden Bänder thermisch
überwunden werden, so spricht man von *Eigenhalbleitern.*

Ein Kristall kann aber auch dadurch zum Halbleiter werden (und das ist der
weitaus häufigere Fall!), daß in ihm Fremdatome oder Überschußatome der einen
ihn bildenden Atomart vorhanden sind, die ein nur sehr locker gebundenes Elektron und damit eine Ionisierungsenergie (im Gitter der Dielektrizitätskonstanten
ε!) besitzen, die erheblich kleiner ist als die der normalen Gitterbausteine. Baut
man z.B. in das Diamantgitter des Siliziums oder Germaniums einen geringen
Prozentsatz fünfwertiger Phosphor- oder Arsenatome ein, so werden nur je vier
von deren fünf Valenzelektronen durch Bindungen mit den vier benachbarten
Gitteratomen gebunden, während das fünfte Valenzelektron des P- bzw. As-Atoms
an der Gitterbindung nicht beteiligt ist und als überschüssiges Elektron nur
schwach gebunden wird. In gleicher Weise besitzen z.B. im Zinkoxyd ZnO überschüssige Zn-Atome sehr locker gebundene äußerste Elektronen, weil diese nicht
mit den Valenzelektronen entsprechender Sauerstoffatome abgeschlossene Schalen
bilden, d.h. lokalisierte Bindungen eingehen können. Im Energiebändermodell
müssen folglich die Energiezustände solcher Überschußatome oder Atome mit
Überschußelektronen als ortsfeste Energiezustände D um ihre geringe Abtrennenergie ΔE_s unter dem normalerweise unbesetzten Leitungsband L liegen (Abb.
266). Da ΔE_s in praktischen Fällen von der Größenordnung einiger Hundertstel
bis einiger Zehntel eV ist, können bei nicht zu niedriger Temperatur Elektronen
aus den D-Zuständen infolge thermischer Ionisierung in das Leitungsband L ge-
angen. Man bezeichnet die in den D-Zuständen befindlichen Atome deshalb auch

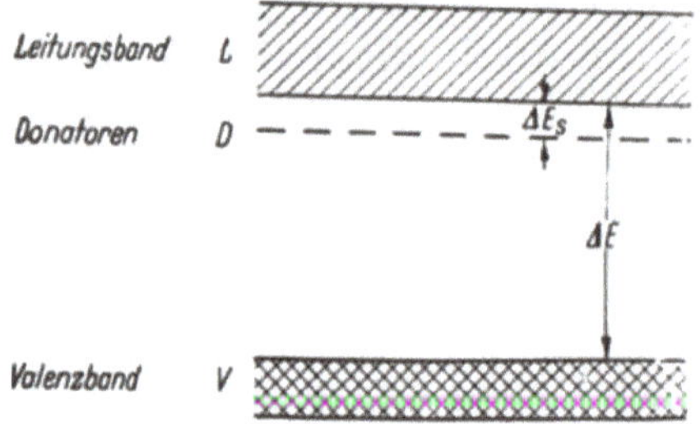

Abb. 266. Energiebänderschema eines Überschuß-(n-
Typ)-Halbleiters. V normalerweise mit Elektronen voll-
besetztes Energieband, L normalerweise leeres Leitungs-
band, D ortsfeste Energiezustände von Fremdatomen
(Donatoren), von denen aus Elektronen leicht in das
Leitungsband L gelangen können.

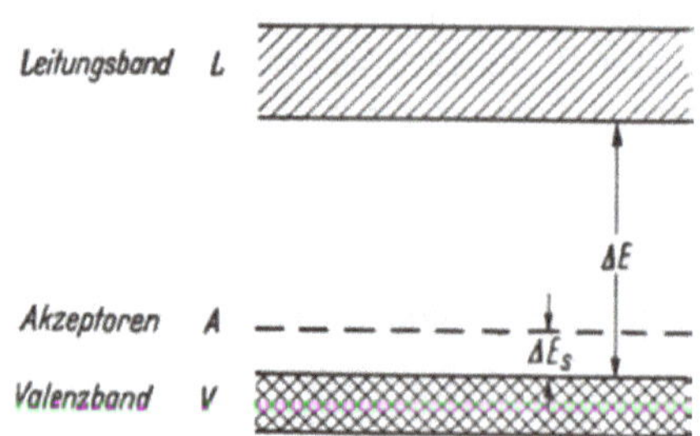

Abb. 267. Energiebänderschema eines Mangel-(p-Typ)-
Halbleiters. V und L normalerweise gefülltes bzw. leeres
Energieband, A ortsfeste Energiezustände elektronega-
tiver Fremdatome (Akzeptoren), die von V aus leicht
gefüllt werden können, wobei in V bewegliche Elektronenlöcher entstehen.

als *Donatoren* und diesen Halbleitertyp als *Überschußhalbleiter*, weil er einen Überschuß von an der Gitterbindung nicht beteiligten Elektronen erfordert. Er wird
auch als *n-Halbleiter* bezeichnet, weil der Strom in ihm ausschließlich durch die
von den Donatoren abgegebenen *negativen* Elektronen getragen wird.

Der dritte Halbleitertyp, der p- oder *Mangelhalbleiter* ist umgekehrt durch
einen Mangel an Bindungselektronen gekennzeichnet. Ein solcher entsteht z.B.,
wenn wir in das oben erwähnte Silizium- oder Germaniumgitter einen geringen
Prozentsatz *drei*wertiger Atome, z.B. Bor oder Gallium, einbauen. Dann fehlt an
der betreffenden Stelle ein Elektron zur Absättigung der Bindungen mit den vier
Gitternachbarn, und man kann diese Situation durch die Feststellung ausdrücken,

daß an dieser Stelle ein *Elektronenloch* (Defektelektron) sitzt. Entsprechend bewirkt ein Mangel an Metallatomen bzw. ein Überschuß an elektronegativen Sauerstoffatomen in Metalloxydhalbleitern, daß hier Elektronen zur Absättigung der Valenzen der O-Atome bzw. zur Bildung negativer Ionen mit abgeschlossenen Elektronenschalen fehlen, d.h. daß ebenfalls Elektronenlöcher vorhanden sind. Diese können nun bei nicht zu geringer Temperatur, d.h. Bewegungsenergie im Gitter, durch Einrücken benachbarter Elektronen gefüllt werden, wodurch die Elektronenlöcher zu wandern beginnen. Der Vorgang ist, auf Elektronen übertragen, weitgehend (aber wegen der in VII,11 behandelten Effekte keineswegs vollständig) analog dem der Gitterleerstellenwanderung bei der Ionenleitung. Im Energiebandschema müssen folglich die Energiezustände solcher *Akzeptoren*, wie der Boratome im Siliziumgitter oder überschüssiger O-Atome im ZnO-Gitter, nach Abb. 267 als lokalisierte *A*-Zustände ziemlich dicht über dem bei niedriger Temperatur voll besetzten Valenzelektronenenergieband *V* liegen. Durch Aufwendung von thermischer Energie können dann Elektronen aus dem Band *V*, d.h. reguläre Gitterelektronen, in die ortsfesten Akzeptoren *A* gelangen, wodurch in *V* eine entsprechende Zahl beweglicher Elektronenlöcher entsteht. Da nun ein Elektronenloch in einem elektrischen Feld ersichtlich in der umgekehrten Richtung wandert wie ein negatives Elektron, *verhält sich ein Elektronenloch (Defektelektron) wie ein positives Elektron*. Das ist der Grund für die Bezeichnung des Mangelhalbleiters als *p*-Typ, weil die Leitung hier scheinbar durch *positive* Ladungsträger, eben die Elektronenlöcher, erfolgt. Bei den Metalloxydhalbleitern nennt man die Überschuß- bzw. Mangelhalbleiter auch *Reduktions-* bzw. *Oxydationshalbleiter*, weil man den Überschuß an Metall- bzw. Sauerstoffatomen durch Reduktion bzw. Oxydation (Glühen in Wasserstoff bzw. Sauerstoff) erzeugt. *Je nach der Vorbehandlung kann folglich der selbe Kristall ein Überschuß- bzw. Mangelhalbleiter sein, ja beide Arten von Leitung gleichzeitig im gesamten Kristall oder getrennt in verschiedenen Teilen oder Schichten des Kristalls besitzen*, ein typisches Beispiel für die „Strukturabhängigkeit" der Halbleitereigenschaften. Germanium und Silizium kann man heute in solcher Reinheit herstellen, daß die Eigenhalbleitung nachweisbar ist, während Ge und St mit eingebauten As- bzw. Ga-Atomen Beispiele für *n*- bzw. *p*-Halbleiter sind. Besonderes Interesse verdienen auch die von WELKER entdeckten Verbindungen von Elementen der dritten und fünften Gruppe des Periodensystems, die sämtlich Halbleiter sind und außer teilweise sehr hoher Elektronenbeweglichkeit noch eine Anzahl ebenso interessanter wie wichtiger Eigenschaften in Magnetfeldern sowie bei Bestrahlung mit Photonen oder Neutronen besitzen.

Wir fassen unsere Kenntnis von Art und Ursprung der Ladungsträger in den verschiedenen Halbleitern noch einmal zusammen. Beim *Eigenhalbleiter* stammen die durch thermische Schwingungen bzw. Stöße aus ihren Bindungen befreiten Elektronen aus dem die gebundenen Gitterelektronen enthaltenden Valenzband *V*, so daß durch einen Ionisierungsakt stets gleichzeitig ein bewegliches Elektron (im Leitungsband *L*) *und* ein bewegliches positives Loch (im Valenzband *V*) entstehen. *Beide* tragen zur Leitfähigkeit bei; doch ist die Beweglichkeit der positiven Löcher und damit ihr Beitrag zur Leitfähigkeit meist um einen Faktor kleiner als der der Elektronen. Im *n-Halbleiter* leiten nur die im Energieband *L* befindlichen, von den Donatoren stammenden Elektronen, weil die zugehörigen Elektronenlöcher an die ortsfesten Donatoratome gebunden sind und daher nicht wandern können. Bei den *p-Halbleitern* umgekehrt beruht die Leitfähigkeit auf der Bewegung der positiven Löcher (Defektelektronen) im Valenzband *V*, während die zugehörigen Elektronen an die ortsfesten elektronegativen Akzeptoratome in den *A*-Zuständen gebunden und damit unbeweglich sind.

b) Die elektrische Leitfähigkeit von Elektronenhalbleitern und ihre Temperaturabhängigkeit

Die elektrische Leitfähigkeit der Halbleiter ist wie die der Metalle durch die Beziehung

$$\sigma = j/E = n\mu e \tag{55}$$

gegeben, wobei n die Zahl der Ladungsträger je cm^3, μ deren Beweglichkeit und e die Elektronenladung bezeichnen. Die Schwierigkeit der Berechnung der elektrischen Leitfähigkeit und ihrer Temperaturabhängigkeit besonders bei den Störstellenhalbleitern beruht darauf, daß sowohl n wie μ in wenig übersichtlicher Weise von der Temperatur abhängen. Die Beweglichkeit μ nimmt im allgemeinen, wie bei den Metallen, mit zunehmender Temperatur wegen der zunehmenden Behinderung durch die Gitterschwingungen ab. Andererseits nimmt mit zunehmender Temperatur die Wahrscheinlichkeit des Einfangens von Ladungsträgern durch Gitterstörstellen wie die mittlere Dauer des Festgehaltenwerdens, wieder ab, so daß der Einfluß dieser beiden gegenläufigen Wirkungen auf die effektive mittlere Beweglichkeit schwer zu übersehen ist.

Die Ladungsträgerdichte n, d.h. die Zahl der freien Elektronen bzw. beweglichen positiven Löcher je cm^3, läßt sich mit den Mitteln der statistischen Mechanik als Funktion der Temperatur berechnen. Für Eigenhalbleiter ergibt sich, wenn nach Abb. 266 ΔE die Breite der Energielücke („verbotene Zone") zwischen den Energiebändern V und L ist,

$$n = \frac{2\,(2\pi m k T)^{3/2}}{h^3}\, e^{-\frac{\Delta E}{2kT}}, \tag{56}$$

während für Störstellenhalbleiter mit n_0 Störstellen je cm^3 und einem Abstand ΔE_s ihrer Zustände von der entsprechenden Bandkante die Ladungsträgerdichte

$$n = \frac{(2\pi m k T)^{3/4}}{h^{3/2}}\, n_0^{1/2}\, e^{-\frac{\Delta E_s}{2kT}} \tag{57}$$

beträgt. Gl. (57) gilt jedoch nur, solange n klein gegen n_0 ist, solange also nur ein kleiner Prozentsatz der Störstellen ionisiert ist. Die Anwendung der Formeln und der mit ihrer Hilfe aus (55) berechenbaren Leitfähigkeiten wird weiter kompliziert durch die Tatsache, daß die Energiedifferenzen ΔE und ΔE_s temperaturabhängig sind. Bei Eigenhalbleitern nimmt die Breite ΔE der Energielücke mit zunehmender Temperatur wegen der zunehmenden Kopplung zwischen Elektronen und Gitter ab, und zwar bei Silizium und Germanium um etwa $4 \cdot 10^{-4}$ eV je Grad. Bei Störstellenhalbleitern hängt die Breite ΔE_s der Energielücke ferner stark von der Störstellendichte n_0 ab; bei ZnO z.B. hat man eine Abnahme von ΔE_s mit wachsendem n_0 von 0,6 auf 0,01 eV beobachtet. Über die verschiedenen Erklärungsmöglichkeiten scheint noch keine Klarheit zu bestehen.

Allgemein strebt die Ladungsträgerdichte n mit zunehmender Temperatur einem Sättigungszustand zu, in dem alle Störstellen (Donatoren bzw. Akzeptoren) ionisiert sind. Ist dann die Energielücke ΔE zwischen den Bändern V und L nicht zu groß (z.B. beim Germanium-Störstellenhalbleiter), so kann bei steigender Temperatur ein Übergang von der Störstellenleitung zur Eigenhalbleitung eintreten, indem dann thermisch Elektronen aus V in das Leitband L zu gelangen beginnen, zusätzlich zu den von den Donatoren stammenden Elektronen. Es ist folglich nicht überraschend, daß die Temperaturabhängigkeit der elektrischen Leitfähigkeit recht kompliziert und für verschiedene Halbleiter oft sehr verschieden ist. Solange (56) oder (57) gelten, erhalten wir bei Auftragen von $\log \sigma$ gegen $1/T$ eine Gerade, deren Neigung gleich $\Delta E/2k$ bzw. $\Delta E_s/2k$ ist. In Abb. 268 zeigt Kurve 1 bei niedriger Temperatur die erwartete Neigung $\Delta E_s/2k$ der Leitfähigkeitsgeraden eines Überschußhalbleiters, die bei hoher Temperatur in die größere Neigung $\Delta E/2k$ der des Eigenhalbleiters übergeht, und zwar bevor vollständige Ionisation der Donatoren D erreicht ist. Im Fall von Kurve 2 ist ΔE_s soviel kleiner als ΔE, daß Sättigung ($n = n_0$) erreicht wird, bevor Eigenhalbleitung einsetzt. Man sieht dies in Abb. 268 daran, daß die Leitfähigkeit in dem fraglichen Temperaturbereich nicht mehr mit der Temperatur zunimmt; sie kann wegen der mit zunehmendem T abnehmenden Trägerbeweglichkeit μ sogar etwas abfallen.

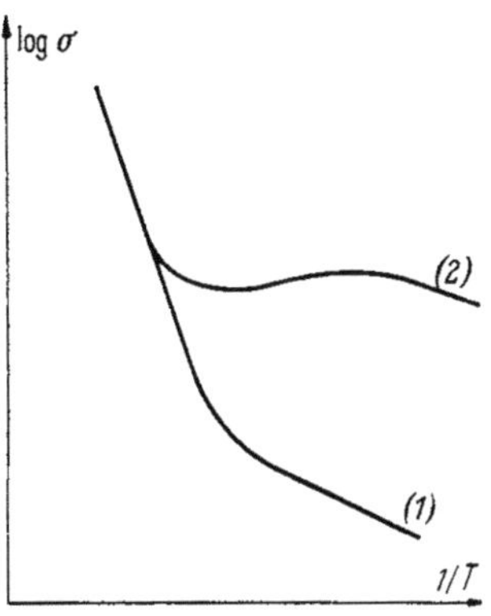

Abb. 268. Schematische Temperaturabhängigkeit der Leitfähigkeit zweier Proben des gleichen Elektronenhalbleiters, aber mit Donatoren (bzw. Akzeptoren) von (1) größerer und (2) kleinerer Ionisierungsenergie ΔE_s. Der linke Ast entspricht der Eigenhalbleitung.

Die Ladungsträgerdichte in Halbleitern liegt im allgemeinen zwischen 10^{13} und $10^{18}\,\mathrm{cm}^{-3}$, wobei die elektrische Leitfähigkeit etwa des reinen Germaniums um den Faktor 10^7 kleiner ist als die des Kupfers. Nach Gl. (IV-183) ist das Elektronengas im Energieband L dann *nicht* entartet; für alle Berechnungen genügt also die Boltzmann-Statistik. Bei sehr großer Störstellendichte n_0 und entsprechend geringem Energieabstand ΔE_s zwischen den D-Termen und dem unteren Rand von L kann bei Überschußhalbleitern die Elektronendichte aber bis über $10^{19}\,\mathrm{cm}^{-3}$ steigen. Dann ist das Elektronengas bei normaler Temperatur bereits entartet, und wir haben quasimetallische Leitfähigkeit. *Die Elektronenhalbleiter überbrücken also tatsächlich den gesamten Bereich vom reinen Isolator bis zum metallischen Leiter.*

c) Anwendungen der Temperaturabhängigkeit der elektrischen Leitfähigkeit von Halbleitern

Die für Elektronenhalbleiter charakteristische starke Temperaturabhängigkeit der elektrischen Leitfähigkeit hat eine riesige Zahl wichtiger Anwendungen gefunden, von denen nur wenige erwähnt werden können.

So dienen z.B. Halbleiter als sehr empfindliche Widerstandsthermometer und Bolometer, wobei die Empfindlichkeit von *Halbleiterthermometern* um etwa eine Größenordnung über der von Metallwiderstandsthermometern liegt.

Da der Temperaturkoeffizient des Widerstandes der Halbleiter das umgekehrte Vorzeichen wie der der Metalle besitzt, kann man durch Serienschaltung von Metallen und Halbleitern Leiter bzw. Widerstände herstellen, deren Leitfähigkeit von der Temperatur jedenfalls in einem gewissen Temperaturbereich unabhängig ist. Solche *Ausgleichswiderstände* sind für die Meßtechnik von großer Bedeutung.

Da die Temperatur und damit die Leitfähigkeit eines Halbleiters in einem Stromkreis außer von der umgebenden Temperatur auch von der ihn durchfließenden Stromstärke und der Größe der für die Wärmeabfuhr wesentlichen Oberfläche abhängt, kann man durch Wahl geeigneter Halbleiter und durch geeignete Oberflächengestaltung Halbleiter herstellen, deren Stromspannungscharakteristik jedem gewünschten Verwendungszweck angepaßt ist. Ein Beispiel hierfür sind die sog. *Stromregelwiderstände*, bei denen die Stromstärke weitgehend unabhängig von der angelegten Spannung ist. Ein zweites Beispiel sind die *Kondensatorschutzwiderstände*, deren Leitfähigkeit oberhalb einer gewissen Grenzspannung plötzlich so groß wird, daß sie, parallel zu einem zu schützenden Kondensator geschaltet, das Auftreten gefährlich hoher Spannungen in diesem verhindern.

Die Temperaturabhängigkeit von Halbleitern dient auch zur Unterdrückung zu hoher Einschaltstromspitzen bei elektrischen Geräten. Da es nach Anlegen einer Spannung an einen Halbleiter eine gewisse Zeit dauert, bis dieser durch den Stromfluß aufgeheizt wird und sein anfänglich hoher Widerstand auf den dem stationären Zustand entsprechenden Wert sinkt, verhindert das Vorschalten eines passend dimensionierten Halbleiterwiderstandes etwa vor einen Elektromotor das Auftreten unerwünschter Stromspitzen. Auch in der Hochfrequenztechnik werden solche *Heißleiter* (auch *Thermistoren* genannt) in zunehmendem Umfang verwendet.

Da unter sonst gleichen Bedingungen die Halbleitertemperatur und damit der Halbleiterwiderstand vom Wärmeleitvermögen des ihn umgebenden Mediums abhängt, kann man Halbleiter auch zur Messung des Wärmeleitvermögens von Flüssigkeiten und Gasen sowie indirekt für Manometer, Flüssigkeitsstands-Anzeigegeräte, Geräte zur Messung von Strömungsgeschwindigkeiten und für ähnliche Zwecke der physikalischen wie chemischen Meßtechnik verwenden.

d) Magnetische Halbleitereffekte und ihre Anwendungen

In zunehmendem Umfang werden heute auch *magnetische* Halbleiter-Effekte technisch angewendet. Der wichtigste von ihnen ist der in VII,13 schon behandelte HALL-Effekt, der in Indiumantimonid wegen dessen besonders großer Elektronenbeweglichkeit auch besonders große Werte ergibt. So stellt ein kleiner stromdurchflossener InSb-Kristall in einem Magnetfeld nach Abb. 251 einen HALL-*Generator* dar, dessen durch die magnetische Ablenkung der Leitungselektronen entstehende Klemmspannung bei konstanter Stromstärke direkt der ablenkenden magnetischen Feldstärke B proportional ist und somit zu deren Messung (auf etwa 10^{-6} Gauß genau) bzw. bei Eingabe in einen Regler zur Einstellung und Konstanthaltung einer vorgegebenen Feldstärke B dienen kann. Da die Klemmspannung des HALL-Generators nach VII,13 der Feldstärke B wie der Stärke des ihn durchfließenden Stromes proportional ist, kann man ihn auch als Multiplikator zweier Größen benutzen, deren eine durch die Feldstärke und deren andere durch die Stromstärke repräsentiert wird. Auch zur kontaktlosen Positionierung von Eisenteilen auf Förder- und Fließbändern, zur Abnahme von Digitalsignalen von magnetisierten Bändern, zur kontaktlosen Auslösung einer Eisenbahnbremse von der überfahrenen Schiene aus und für zahlreiche ähnliche Zwecke wird der HALL-Generator mit Erfolg eingesetzt.

Der zweite technisch zunehmend verwendete galvanomagnetische Effekt ist die Änderung des elektrischen Widerstandes mit der Magnetfeldstärke. Durch geeignete Gestaltung der Halbleiter-Bauelemente kann man die den Strom transportierenden Elektronen zwingen, in einem Magnetfeld so große Umwege zu machen, daß der elektrische Widerstand einer solchen *Feldplatte* im Magnetfeld um ein Vielfaches über dem ohne Feld liegt und daher ebenfalls zum kontaktlosen Schalten wie für Meßsonden benutzt werden kann.

21. Der Elektronenaustritt aus Halbleiteroberflächen

a) Die thermische Elektronenemission von Halbleitern und der Emissionsmechanismus thermischer Oxydkathoden

Von der Elektronenbewegung im Innern von Halbleitern gehen wir nun zur Behandlung des Elektronenaustritts durch die Halbleiteroberfläche in den Außenraum über, wobei wir mit der *thermischen Elektronenemission* beginnen, um dann zur Photoelektronenemission ebenso wie zur Sekundärelektronenemission der Halbleiter zu kommen.

Für einen n-Halbleiter erwartet und findet man bei niedriger Temperatur zwei verschiedene Austrittsarbeiten, nämlich nach Abb. 269 den Wert $\Phi + \Delta E_s$ für Elektronenbefreiung aus Donatoren, und $\Phi + \Delta E$ für Elektronenablösung aus dem Valenzband. Für die *thermische* Elektronenemission von Halbleitern aber müssen wir berücksichtigen, daß bei der hohen Emissionstemperatur ein beachtlicher Teil der Elektronen sich im Leitungsband befindet und das FERMI-Niveau, von dem aus die effektive Austrittsarbeit zu rechnen ist, irgendwo zwischen dem Valenz- und dem Leitungsband bzw. zwischen den Donatorzuständen und dem Leitungsband liegt. Die Emissionsstromdichte hängt dann von der Zahl n der Elektronen im Leitband ab, die durch Gl. (56) bzw. (57) mit den dort angegebenen Einschränkungen bestimmt ist. Für die Tempe-

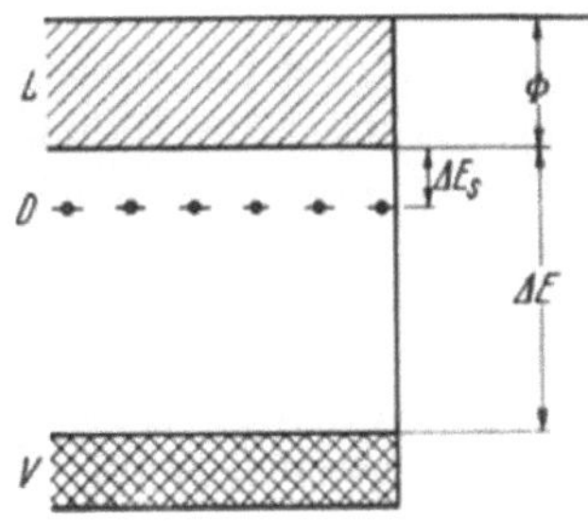

Abb. 269. Zum Verständnis der Elektronenaustrittsarbeit aus einer Halbleiteroberfläche (schematisch).

raturabhängigkeit der Emissionsstromdichte eines *Eigenhalbleiters* ergibt die Rechnung die in der Konstanten mit der RICHARDSON-Gleichung (42/43) übereinstimmende Formel

$$j = \frac{4\,\pi\,e\,m\,k^2}{h^3}\,T^2 e^{-\frac{(\Phi + \Delta E/2)}{kT}}\ [\text{A/cm}^2].\tag{58}$$

Die Emissionsstromdichte eines Eigenhalbleiters ist also wie die eines Metalls durch eine RICHARDSON-Gleichung darstellbar, nur ist die effektive Austrittsarbeit $\Phi + \Delta E/2$, so als ob alle Elektronen die Energie der Mitte der Energielücke zwischen den Bändern V und L hätten.

Für *Überschußhalbleiter* dagegen, deren Leitungselektronen aus den Donatorzuständen stammen, ergibt die Rechnung wegen der anderen Temperaturabhängigkeit der Leitungselektronendichte (57) die Formel

$$j = \frac{3{,}2\,e\,m^{1/4}\,k^{5/4}}{h^{2/3}}\,T^{5/4}\,n_0^{1/2}\,e^{-\frac{(\Phi + \Delta E_s/2)}{kT}},\tag{59}$$

die mit $T^{5/4}$ statt T^2 geht und außerdem natürlich von der Donatorendichte n_0 abhängt. Diese Gl. (59) aber gilt wie (57) nur für $n \ll n_0$, d.h. solange nur ein kleiner Bruchteil der Donatoren ionisiert ist. Es gibt aber eine allgemeingültige Formel für die Emissionsstromdichte aller Überschußhalbleiter, die zudem wie (58) die Form der RICHARDSON-Gleichung besitzt:

$$j = \frac{4\,\pi\,e\,m\,k^2}{h^3}\,T^2 e^{-\frac{(\Phi + U)}{kT}}.\tag{60}$$

Hier ist U der energetische Abstand der unteren Kante des Bandes L von der FERMI-Oberfläche (s. IV,13) der mit dem Halbleiter in Kontakt befindlichen Metallelektrode. Für Überschußhalbleiter mit geringer Ionisation ($n \ll n_0$) gilt

$$U = \frac{\Delta E_s}{2} + \frac{kT}{2}\ln\frac{(2\pi m k T)^{3/2}}{h^3 n_0},\tag{61}$$

so daß U im Grenzfall kleiner Temperatur gleich $\Delta E_s/2$ wird. Für den Grenzfall völliger Ionisierung der Donatoren, d.h. für $n \cong n_0$, gilt

$$U = kT\ln\frac{(2\pi m k T)^{3/2}}{h^3 n_0},\tag{62}$$

für einen Eigenhalbleiter nach (58) stets

$$U = \Delta E/2. \tag{63}$$

Die thermische Elektronenemissionsstromdichte von Halbleitern läßt sich also allgemein durch die RICHARDSON-Gleichung (60) darstellen, wobei U für Eigenhalbleiter durch (63), für ungesättigte Überschußhalbleiter durch (61), und für Überschußhalbleiter nahe der Sättigung durch (62) gegeben ist.

Die vorstehenden Überlegungen sind wichtig für das Verständnis des Mechanismus der auf WEHNELT zurückgehenden, seit Jahrzehnten in Elektronengeräten aller Art verwendeten *Oxydkathode*. Diese besteht aus einem direkt oder indirekt geheizten Draht oder Blech mit einem Überzug aus Metalloxyden und ergibt eine Elektronenemission, die bei gleicher Temperatur um Größenordnungen über der reiner Metalle liegt. Bei einer besonders bewährten Form verwendet man auf einer Nickelunterlage ein gesintertes Gemisch von BaO und SrO mit einem geringen Zusatz von CaO; Spuren von Mg oder Al im Nickelgrundmetall sollen ebenfalls von Vorteil sein. Eine gute derartige Barium-Strontium-Oxydkathode besitzt bei ihrer Betriebstemperatur von etwa 1100 °K eine Emissionsstromdichte bis zu 1 A/cm², die bei stoßweiser Belastung bis zu 100 A/cm². Die Darstellung der Temperaturabhängigkeit von j mittels (60) ergibt eine effektive Austrittsarbeit $\Phi + U$ von nur 1 eV. Die entsprechende hohe Emission wird aber von einem frisch hergestellten Oxydüberzug keineswegs sofort erreicht, sondern erfordert eine „Formierung" durch sorgfältig erprobte Wärmebehandlung bei gleichzeitiger Strombelastung. Diese Formierung verwandelt das Oxydgemisch in einen Halbleiter mit der richtigen Donatorendichte. Für diese Deutung spricht, daß während der Formierung die effektive Austrittsarbeit $\Phi + U$ von etwa 3 eV auf 1 eV absinkt, während gleichzeitig ein bis auf $n_0 = 10^{18}$ cm⁻³ zunehmender Überschuß an freien Bariumatomen nachgewiesen werden kann, sowie daß der fertig formierte Überzug eine Elektronenleitfähigkeit zeigt, die einer Elektronendichte zwischen 10^{12} und 10^{14} cm⁻³ entspricht. Daß die Elektronenleitung sich unterhalb 1100 °K langsam in eine Defektelektronenleitung verwandelt, zeigt, daß neben den für die Elektronenemission wesentlichen Donatoren auch Akzeptoren vorhanden sind.

Zahlreiche empirisch bekannte Einzelheiten der Oxydkathodenemission passen gut zu dieser Erklärung als Halbleitungsphänomen. Daß Oxydkathoden durch Betrieb in gewissen Gasen oder Dämpfen „vergiftet" werden und daß bei Dauerbelastung mit sehr hoher Saugspannung die anfänglich hohe Emission rasch sinkt, scheint grundsätzlich verständlich. Bei der hohen Betriebstemperatur einer Oxydkathode werden durch Ionenwanderung und durch chemische Umsetzungen im Oxydgemisch sowie mit dem Grundmetall Art und Zahl der Störstellen verändert. Das Bombardement der auch im besten Hochvakuum noch sehr zahlreichen positiven Gasionen ist eine weitere Ursache für Veränderungen der formierten Oxydkathode während des Betriebes. Gegenüber solchen Einflüssen weniger empfindlich ist die Thoriumoxydkathode (vgl. VII,14), die bei richtiger Formierung ebenfalls eine Störstellendichte n_0 der Größenordnung 10^{17} bis 10^{18} besitzt. Da ihre effektive Austrittsarbeit etwa 2,6 eV ist, muß sie aber bei höherer Temperatur als die Ba-Sr-Oxydkathode verwendet werden.

b) Die lichtelektrische Elektronenbefreiung aus Halbleiteroberflächen

Die im letzten Abschnitt behandelte effektive Elektronenaustrittsarbeit aus Halbleitern bezog sich auf die *thermische* Elektronenemission. Die für die verschiedenen Halbleiterfälle angegebenen Formeln sind das Ergebnis statistischer

Rechnungen und berücksichtigen die Tatsache, daß die Besetzung der Störstellenterme wie des Leitfähigkeitsbandes in jedem Halbleiter sehr stark temperaturabhängig ist. Für die *lichtelektrische* Elektronenbefreiung aus Halbleiter*oberflächen*, den sog. *äußeren Halbleiterphotoeffekt*, liegen die Verhältnisse ganz anders, weil hier die Temperatur konstant, meist auf Zimmertemperatur, gehalten wird und man nach der Zahl und kinetischen Energie der emittierten Photoelektronen als Funktion der Wellenlänge der sie auslösenden Strahlung fragt. Bei den Metallen war nach VII,14 die thermische und die lichtelektrische Elektronenaustrittsarbeit die gleiche, weil bei ihnen die Änderungen der Elektronenenergie mit der Temperatur (Besetzung höherer Zustände) klein sind, verglichen mit dem Wert von Φ selbst.

Bei einem Überschußhalbleiter, auf den wir unsere Diskussion beschränken wollen, haben wir Elektronen in drei verschiedenen Energiezustandsbereichen zu berücksichtigen. Die weitaus überwiegende Mehrzahl sind die Gitterelektronen im Valenzband V; ihre Austrittsarbeit ist nach Abb. 269 gleich $\Phi + \Delta E$. Eine je nach der Störstellendichte um den Faktor 10^4 bis 10^7 kleinere Zahl von Elektronen verteilt sich auf die Donatorenterme D und das Leitfähigkeitsband L. Ist der energetische Abstand ΔE_s von D und L *nicht* groß gegen die mittlere thermische Energie kT bei Zimmertemperatur, wie bei den meisten überschußleitenden Halbleitern, so befindet sich die überwiegende Mehrzahl dieser energiereichen Elektronen im Leitungsband L; ihre lichtelektrische Austrittsarbeit ist dann nach Abb. 269 ersichtlich Φ. Ist dagegen ΔE_s groß gegen kT bei Zimmertemperatur, so befinden sich nur wenige Elektronen im Energieband L, und die Mehrzahl der Elektronen sitzt an den Donatoren in den D-Zuständen; ihre lichtelektrische Austrittsarbeit ist ersichtlich $\Phi + \Delta E_s$.

Für die Photoelektronenemission von Halbleitern haben wir also drei Bereiche zu unterscheiden. Die langwellige Empfindlichkeitsgrenze der auslösenden Strahlung liegt bei $h\nu = \Phi$. Wir erwarten bei dieser Wellenlänge eine merkliche Photoelektronenemission aber nur, falls ΔE_s von der gleichen Größenordnung oder kleiner als kT bei Zimmertemperatur ist und der Kristall bzw. die Schicht eine merkliche Dunkelleitfähigkeit zeigt; die Photoelektronen entstammen in diesem Fall dem Leitfähigkeitsband L. Mit zunehmender Quantenenergie, d.h. abnehmender Wellenlänge, wird die Photoelektronenausbeute im allgemeinen bei $h\nu = \Phi + \Delta E_s$ zunehmen; die Photoelektronen entstammen dann den Donatorzuständen D. Mit weiter abnehmender Wellenlänge schließlich wird eine nochmalige starke Zunahme der Photoemission zu beobachten sein, sobald $h\nu = \Phi + \Delta E$ wird, da dann Elektronen direkt aus dem Valenzelektronenband V emittiert werden. *Lichtelektrische Untersuchungen an Halbleitern gestatten also deren wichtigste energetische Daten* Φ, ΔE_s *und* ΔE *grundsätzlich direkt zu bestimmen*, wenn auch praktisch die Emission von Photoelektronen aus Oberflächenzuständen einen nicht leicht zu berücksichtigenden Störeffekt darstellt.

Technisch besteht für Bildwandler, Fernsehaufnahmeröhren und ähnliche Elektronengeräte ein erhebliches Interesse an sog. *Photokathoden*, d.h. an Halbleiterschichten, die bei Belichtung mit sichtbarem und u. U. sogar ultrarotem Licht eine der Beleuchtungsstärke proportionale Elektronemission zeigen, die zur elektronenoptischen Erzeugung eines Elektronenbildes dienen kann. Die meisten bisher verwendeten Schichten sind das Ergebnis langwieriger empirischer Versuche und sind wegen ihrer Kompliziertheit theoretisch nur sehr teilweise aufgeklärt. Es besteht aber kein Zweifel, daß es sich bei allen um typische Störstellenhalbleiter handelt. Als Photokathode für sichtbare Strahlung wird namentlich eine Caesium-Antimon-Schicht der ungefähren Zusammensetzung Cs_3Sb benutzt, die im gesamten sichtbaren Gebiet empfindlich ist und ein Maximum der Photoemission bei 4000 Å besitzt, während als Photokathode für ultrarote Strahlung eine komplizierte, Cs, Ag und Sauerstoff enthaltende Schicht verwendet wird, deren Empfindlichkeit ein Maximum bei 8500 Å besitzt und bis etwa 1,3 μ reicht.

c) Die Sekundärelektronenemission und verwandte Erscheinungen

Fassen wir die thermische und die photoelektrische Elektronenbefreiung aus Halbleitern in Analogie zu den entsprechenden Prozessen an einzelnen Atomen (s. III,6) als Ionisierung des gesamten Festkörpers auf, so erhebt sich sofort die Frage, ob ein Festkörper auch durch *Elektronenstoß* ionisiert, d. h. zur Emission freier Elektronen angeregt werden kann. Das ist in der Tat der Fall, und man bezeichnet diese Erscheinung als *Sekundärelektronenemission*. Obwohl es sich hierbei nicht um eine ausschließliche Halbleitereigenschaft handelt, sondern auch Metalle und Isolatoren Sekundärelektronen emittieren können, behandeln wir sie an dieser Stelle, weil die praktisch wichtigsten Sekundärelektronenemitter Halbleiter sind.

Beschießt man eine Festkörperfläche mit Elektronen, so wird im allgemeinen ein gewisser Bruchteil von ihnen reflektiert, während der Rest in den Festkörper eindringt und u. U. die Emission von Sekundärelektronen bewirken kann. Das Verhältnis der Zahl der die Oberfläche verlassenden (d. h. reflektierten und emittierten) Elektronen zu der der einfallenden bezeichnet man als den *Sekundäremissionskoeffizienten* δ. Er kann größer oder kleiner als eins sein und hängt vom Festkörpermaterial, der Energie der Primärelektronen und deren Auftreffwinkel ab; die bekannten δ-Werte liegen zwischen 0,5 und etwa 20. In allen Fällen werden die maximalen δ-Werte mit Primärelektronen von 500 bis 1500 eV Energie erzielt.

Theoretisch liegen die Verhältnisse insofern nicht ganz einfach, als eine große Zahl gegenläufiger Einflüsse zu berücksichtigen ist. Zunächst ist klar, daß beim Stoß von Elektronen auf *freie* Elektronen (etwa in einem Metall) aus Impulserhaltungsgründen eine Rückwärtsstreuung sehr viel unwahrscheinlicher ist als beim Stoß auf gebundene Atom- oder Gitterelektronen in einem Halbleiter oder Isolator. Diese Tatsache ist mit dafür verantwortlich, daß Metalle einen kleineren Sekundäremissionskoeffizienten δ besitzen (zwischen 0,55 und 1,47) als Isolatoren (meist zwischen 3 und 6), und daß δ größer wird, wenn man die Primärelektronen nicht senkrecht, sondern unter einem ziemlich flachen Winkel auf die Oberfläche auftreffen läßt. Es gibt aber noch eine ganze Anzahl weiterer Gründe für diese beiden Befunde. Da zur Erzeugung eines freien Elektrons mit einer zum Austritt aus dem Festkörper ausreichenden Energie ein Energiebetrag zwischen 15 und 30 eV erforderlich ist, kann jedes in den Festkörper eintretende Primärelektron der Energie E größenordnungsmäßig $E/20$ Sekundärelektronen im Innern des Festkörpers durch Stoßionisation erzeugen. Nur die in den *äußeren* Schichten befreiten Sekundärelektronen aber können mit merklicher Wahrscheinlichkeit den Festkörper verlassen, bevor sie ihre überschüssige Energie durch Wechselwirkung mit dem Gitter und den anderen Elektronen verloren haben. Aus diesem Grunde ist wieder ein ziemlich flacher Auftreffwinkel der Primärelektronen vorteilhaft, weil die Sekundärelektronen dann näher an der Oberfläche erzeugt werden. Aus dem gleichen Grunde ist die Sekundäremission der Metalle geringer als die der Isolatoren und Halbleiter, weil die Sekundärelektronen im Metall in Stößen mit dessen freien Elektronen viel schneller Energie verlieren als im Isolator oder Halbleiter ·in Stößen mit den fest gebundenen Valenzelektronen. Aus dem gleichen Grunde schließlich gibt es eine Optimalenergie der Primärelektronen (meist 500 bis 1500 eV), da bei geringerer Energie zu wenig Sekundärelektronen im Festkörper ausgelöst werden, bei zu großer Energie die Auslösung aber in so tiefen Schichten erfolgt, daß die Austrittswahrscheinlichkeit zu klein wird. In einem feindispersen Material wie Ruß schließlich ist die Einfang- bzw. Anlagerungswahrscheinlichkeit für Elektronen in Oberflächenzuständen so groß, daß hier mehr Primärelektronen abgefangen als Sekundärelektronen emittiert werden, so daß δ unter eins (tatsächlich bei 0,5) liegt. Ein Überzug aus solchem Material kann daher die Sekundäremission recht wirksam herabsetzen, was bei gewissen Elektronenröhren ausgenutzt wird.

Die Sekundärelektronenemission von Halbleitern entspricht, soweit es sich um *Eigen*halbleiter handelt, grundsätzlich der der Isolatorschichten. Bei Überschußhalbleitern aber ist δ besonders groß, weil hier einmal durch Stoßionisierung von Donatoratomen zusätzliche Elektronen erzeugt werden, und weil außerdem die freie Beweglichkeit der schon vorhandenen Elektronen im Leitfähigkeitsband eine die weitere Elektronenemission störende Ansammlung unkompensierter positiver Raumladungen durch Nachlieferung von Elektronen verhindert. In Übereinstimmung mit dieser Überlegung steigt die Sekundärelektronenemission der meisten Isolatorkristalle merklich an, wenn man sie durch Einbau von Donatoratomen in Halbleiter verwandelt. Insbesondere zeigen viele mit Caesium (Metall geringster Ionisierungsspannung!) versetzte Schichten wie NaCl oder Ag_2S δ-Werte zwischen 10 und 20. Noch nicht hinreichend geklärt ist die Erscheinung, daß bei Dauerbeschuß mit Elektronen der Sekundäremissionskoeffizient der meisten Halbleiter absinkt, und daß dies zum mindesten bei den Alkalihalogeniden mit dem Auftreten der in VII,19 behandelten Farbzentren parallel geht. Auf die Anwendung der Sekundärelektronenemission in Sekundärelektronenvervielfachern in Verbindung mit einer Photozelle haben wir S. 27 bereits hingewiesen.

Zum Abschluß behandeln wir noch zwei mit der Sekundärelektronenemission lose zusammenhängende Probleme, den MALTER-*Effekt* und den Mechanismus des Kristallzählers. Ist eine Sekundärelektronen emittierende Halbleiterschicht durch eine dünne Isolatorschicht von der an negativer Spannung liegenden Metallunterlage getrennt, so lädt sich infolge der Sekundärelektronenemission die Halbleiterschicht bis zu 10 oder gar 100 V positiv gegen die Metallunterlage auf. Wenn letztere nur etwa 10^{-5} cm (die Dicke der Isolatorschicht) von der positiven Halbleiterschicht entfernt ist, liegt an der Metalloberfläche eine Feldstärke der Größenordnung 10^6 bis 10^7 V/cm. Diese bewirkt nach VII,14 eine beträchtliche Feldelektronenemission des Metalls, die in der Halbleiterschicht zur Ausbildung einer richtigen Elektronenlawine führen kann. Der scheinbare Sekundäremissionskoeffizient solcher MALTER-*Schichten* kann infolge dieser Nachlieferung großer Mengen zusätzlicher Elektronen durch Feldemission der Metallunterlage die Größenordnung 10^3 haben.

Dem in V,2 bereits erwähnten *Kristallzähler* für schnelle Elektronen und Kernteilchen liegt eine der Sekundärelektronenemission verwandte Erscheinung zugrunde insofern, als energiereiche Elektronen, Protonen usw. in einen Kristall eintreten und hier primär wie bei der Sekundäremission durch Stoßionisierung freie Elektronen im Leitfähigkeitsband erzeugen. Da diese Erzeugung aber meist in großer Tiefe erfolgt, ist die Austrittswahrscheinlichkeit dieser Elektronen äußerst klein, und man benutzt die von ihnen im Isolatorkristall bewirkte elektrische Leitfähigkeit als Maß für ihre Zahl und damit für die Energie der Primärteilchen. Während also die *Erzeugung* der Elektronen im Kristallzähler wie bei der Sekundäremission durch Stoßionisation im Festkörper erfolgt, geschieht ihre *Messung*, wie die der in VII,22 noch zu behandelnden inneren Photoelektronen, über ihre elektrische Leitfähigkeit.

22. Elektrische und optische Erscheinungen an inneren Grenzflächen in Halbleitern und an Metall-Halbleiter-Kontakten

a) Gleichrichter- und Detektorwirkungen

Für das Verständnis der wichtigsten Halbleitererscheinungen und ihrer Anwendungen sind die Vorgänge an den Grenzflächen von Halbleiter und Metall wie von n- und p-leitenden Bereichen eines Halbleiters von entscheidender Bedeutung, weil jeder Halbleiter ja durch Metallkontakte mit seinem Stromkreis verbunden ist und somit beim Stromfluß *stets* ein Ladungsträgerfluß durch die Grenzflächen erfolgen muß. Wegen der verschiedenartigen Elektronenanordnung im Metall und dem Halbleiter gibt nun die Berührung zwischen beiden zu Ladungsträgerverschiebungen beiderseits der Grenzschicht Anlaß, die je nach der relativen Lage der Energiebänder bzw. der Größe der Austrittsarbeiten zum Auftreten von Sperrschichten mit Gleichrichterwirkung oder zu sperrfreien sog. Ohmschen Kontakten führen.

Betrachten wir einen Halbleiter und ein Metall, beide ohne freie Ladungen und ohne Verbindung miteinander, so ist gemäß Abb. 270 ihre relative energetische Lage durch das als Nullpunkt zu wählende Potential des Außenraums gegeben.

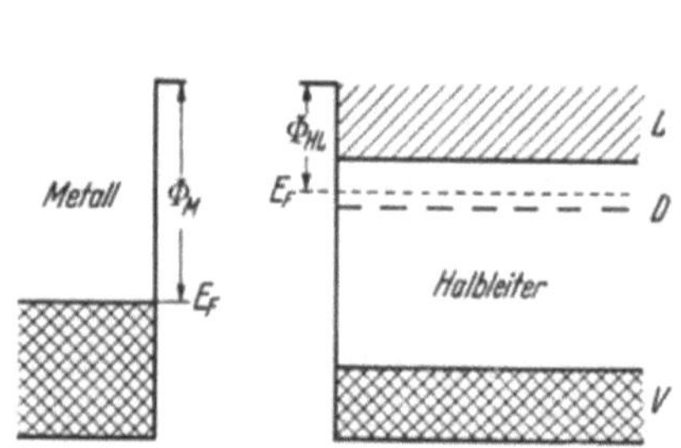

Abb. 270. Potentialverhältnisse eines Metalls und eines Halbleiters vor der Berührung.

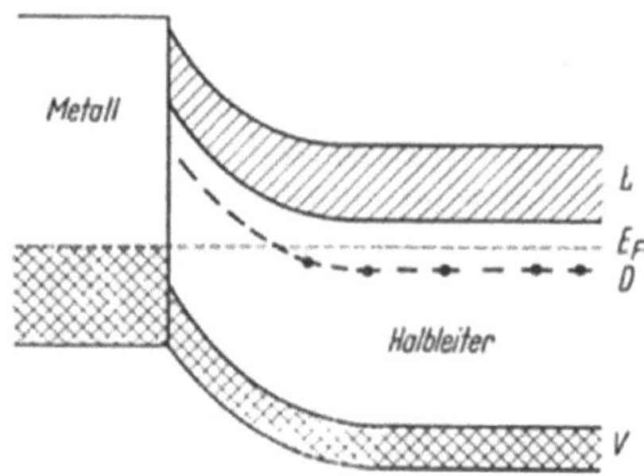

Abb. 271. Energiebandschema eines Überschußhalbleiters in Kontakt mit einem Metall: Ausbildung einer Sperrschicht mit Gleichrichtereigenschaft.

Die Elektronen des Metalls wie die in den verschiedenen Zuständen des Halbleiters liegen dann um ihre entsprechenden Austrittsarbeiten Φ_i unter diesem Nullniveau. Bringen wir nun den Halbleiter und den (isolierten) Metallblock zur Berührung, so findet wie bei der Berührung zweier Metalle (vgl. VII,14) ein Ladungsträgerfluß zwischen den beiden Festkörpern statt, bis ein Gleichgewichtszustand erreicht wird, sobald die FERMI-Oberflächen im Metall und dem Halbleiter auf der gleichen energetischen Höhe liegen. Für einen Überschußhalbleiter liegt das FERMI-Niveau um den in VII,21 a angegebenen Energiebetrag U unter dem Leitungsband, d.h. zwischen diesem und den Donatortermen D. Bei der Berührung zwischen Überschußhalbleiter und Metall fließen bei $\Phi_M > \Phi_{HL}$ wegen der in Abb. 270 angegebenen Lage der Energieniveaus Elektronen aus dem über dem Metallelektronenband gelegenen Leitungsband des Halbleiters und dessen dem Metall benachbarten Donatoren D in das Metall ab. Die dadurch entstehende positive Ladung des Halbleiters und die entsprechende negative des Metalls stellen dann eine elektrische Doppelschicht dar und ergeben ein elektrisches Feld in der Grenzschicht, das einen weiteren Elektronenfluß zum Metall unmöglich macht, sobald die FERMI-Niveaus von Metall und Halbleiter auf gleicher Höhe liegen. Die relative Lage der Energiebänder für diesen Fall ist in Abb. 271 gezeichnet; die „Verbiegung" der Energiebänder in der Kontaktschicht entspricht dem elektrischen Feld der erwähnten Doppelschicht. Da in dieser dem Metall benachbarten Halbleiterschicht die normalerweise Elektronen liefernden Donatorterme D ihre Elektronen an das Metall abgegeben haben und von rechts aus dem L-Band keine Elektronen gegen den Potentialberg anlaufen können, besitzt diese an das Metall angrenzende Halbleiterschicht *keine* elektronische Leitfähigkeit mehr und wird daher *Verarmungsrandschicht* oder auch *Sperrschicht* genannt. Mit Bezug auf die erwähnte Verbiegung der Energiebänder, die natürlich der wiederholt benutzten Potentialkurvendarstellung entspricht, bemerken wir noch, daß sie auf *Elektronen* bezogen, d. h. stets so gezeichnet wird, daß Elektronen „freiwillig" bergab laufen, während umgekehrt positive Ladungsträger freiwillig bergauf laufen. Das ist bei der Betrachtung solcher Darstellungen zu beachten.

Legt man nun an diesen Metall-Halbleiter-Kontakt ein elektrisches Wechselfeld an, so werden die Energiebänder des Halbleiters relativ zur FERMI-Oberfläche des Metalls abwechselnd gehoben und gesenkt, weil die Dicke und damit der Widerstand der Randschicht sowie der Spannungsabfall an ihr ab- bzw. zunehmen. Bei genügend positiver Metallelektrode geht diese Hebung der Bänder rechts so weit, daß der den Elektronenfluß aus dem Halbleiter in das Metall verhindernde Potentialwall der Sperrschicht verschwindet. Dann verteilen sich die von rechts her aus der Stromquelle in den Halbleiter einfließenden Elektronen, wie stets in einem Überschußhalbleiter, je nach der Temperatur auf das Leitfähigkeitsband L und die Donatorterme D und fließen aus ersterem ungehindert in das Metall ab. In diesem Fall verschwindet also die Sperrschicht, weil auch die dem Metall benachbarten Donatorterme D im statistischen Elektronenaustausch zwischen L und D mit Elektronen besetzt sind. Bei umgekehrter Polarität dagegen (Metall negativ, Halbleiter positiv) werden, relativ zur Energie der Metallelektronen, die Energiebänder des Halbleiters noch über den in Abb. 271 angedeuteten Stand hinaus gesenkt, so daß der Potentialwall zwischen dem Metallelektronenband und dem Leitungsband L des Halbleiters jetzt jeden Elektronenfluß aus dem Metall in den Halbleiter verhindert. Ein Strom positiver Löcher (Defektelektronen) wäre in diesem Fall zwar in umgekehrter Richtung möglich, doch sind *bewegliche* positive Löcher nach VII,20a in einem n-Halbleiter nicht vorhanden. *Ein Überschuß-halbleiter-Metall-Kontakt ermöglicht also bei positivem Metall leichten Elektronenfluß vom Halbleiter zum Metall, während er bei umgekehrter Polarität (Metall negativ) den Stromfluß sperrt.* Lediglich bei sehr hoher Sperrspannung beobachtet man einen mit dieser stark zunehmenden Sperrstrom. Er kommt vorwiegend durch Stoßionisierung in der Sperrschicht zustande, teilweise vielleicht auch dadurch, daß durch die dann sehr dünne Sperrschicht infolge Tunneleffekts Elektronen aus dem Metall in den Halbleiter übertreten können. Da folglich Halbleitergleichrichter oberhalb einer gewissen Grenzspannung ihre Gleichrichtereigenschaft verlieren, schaltet man in der Praxis eine aus der gleichzurichtenden Spannung sich ergebende Zahl gleichrichtender Elemente hintereinander.

Auf der besprochenen Gleichrichterwirkung von Halbleiter-Metall-Kontakten beruht auch die Wirkungsweise der in den ersten Jahrzehnten der drahtlosen Telegraphie weitgehend als Empfänger benutzten und in der Radartechnik wieder zu Ehren gekommenen *Kristalldetektoren*. Sie bestehen aus einem kleinen Halbleiterkristall mit einer ihn berührenden Metallspitze. Wegen der Gleichrichterwirkung dieser Kontaktstelle wandeln diese Detektoren den in der Empfangsantenne induzierten modulierten Hochfrequenzstrom in einen modulierten Gleichstrom um, der dann im Telefon hörbar ist.

Unsere bisherige Diskussion beschränkte sich auf den Kontakt zwischen einem Metall und einem n-Halbleiter. Beim Kontakt zwischen Metall und p-Halbleiter liegen die Verhältnisse ganz ähnlich. *Vor* der Berührung liegen die Akzeptorzustände A des Halbleiters unter der Fermi-Oberfläche der Metallelektronen. Einige der letzteren fließen daher bei der Berührung in die dem Metall benachbarten Elektronenakzeptoren A ein, wodurch einerseits diese Halbleitergrenzschicht ihre Leitfähigkeit verliert und zu einer Sperrschicht wird, andererseits wieder eine elektrische Doppelschicht entsteht, deren Feld das Einströmen von Elektronen aus dem Metall in den Halbleiter verhindert, sobald das Fermi-Niveau der Metallelektronen die gleiche Höhe wie das zwischen V und A liegende Fermi-Niveau des Mangelhalbleiters erreicht. Die im thermischen Gleichgewicht in V vorhandenen beweglichen positiven Löcher aber können nicht „bergab" fließen, also nicht in das Metall eintreten.

Legt man nun eine Wechselspannung an diesen Kontakt, so hebt und senkt diese wieder abwechselnd die Energiebänder rechts gegenüber dem Metallelektronenband. Bei genügend positivem Halbleiter drückt die angelegte Spannung dessen Energiebänder so weit herab, daß die Energieschwelle und mit ihr die Sperrschicht verschwindet und nun ein ungehinderter Fluß der beweglichen positiven Löcher von V in das Metall erfolgen kann, während bei umgekehrter Polarität (Halbleiter negativ, Metall positiv) der Kontakt wieder sperrt.

Halten wir an der Darstellung fest, daß die Elektrizitätsleitung im Überschußhalbleiter durch freie Elektronen, im Mangelhalbleiter durch positive Löcher erfolgt, so haben wir folglich die stets richtige, einfach zu behaltende Regel, daß *jeder Halbleiter-Metall-Kontakt einen Ladungsträgerfluß vom Halbleiter zum Metall erlaubt, in der umgekehrten Richtung aber sperrt.*

Von entscheidender Bedeutung für die Halbleiterphysik und -technik haben sich nun innere Grenzflächen zwischen n- und p-leitenden Kristallbereichen erwiesen. An einer solchen Grenzfläche berührt sich ja ein Gebiet hoher Elektronendichte mit einem solchen hoher Defektelektronendichte. Das starke Konzentrationsgefälle innerhalb der Grenzschicht bewirkt, daß die Elektronen in den p-Bereich zu diffundieren suchen und umgekehrt. Die zum p-Bereich diffundierenden Elektronen lassen hinter sich eine unkompensierte positive Raumladung zurück, die, zusammen mit der negativen Raumladung, die die in den n-Bereich diffundierenden positiven Löcher hinter sich lassen, eine elektrische Doppelschicht bildet. Die Feldstärke innerhalb dieser Doppelschicht behindert die vom Konzentrationsgefälle bewirkte Trägerdiffusion so, daß sich ein Gleichgewicht zwischen Diffusions- und Feldstrom ausbildet. Wird nun an den pn-Kontakt eine der elektrischen Doppelschicht entgegenwirkende Spannung gelegt, so ist durch die vorher trägerfreie Grenzschicht ein gegenläufiger Strom von Elektronen und positiven Löchern möglich. Bei umgekehrter, die vorhandene elektrische Doppelschicht noch verstärkender Polarität der angelegten Spannung aber wird die trägerfreie Grenzschicht verbreitert und ihr Widerstand damit vergrößert: *Auch jede pn-Grenzschicht wirkt also als Gleichrichter.*

Wir haben bisher ausschließlich von *Verarmungsrandschichten* gesprochen. Ist aber die von der Fermi-Oberfläche gerechnete Austrittsarbeit des Metalls kleiner als die des mit ihm in Berührung stehenden Halbleiters, so strömen Elektronen vom Metall in den Halbleiter ein und bilden eine *Anreicherungsrandschicht,* in der die Elektronendichte (und damit auch die elektrische Leitfähigkeit) höher ist als im übrigen Halbleiter. Elektronen können eine solche Anreicherungsrandschicht also in beiden Richtungen ungehindert passieren; derartige Schichten bieten daher grundsätzlich auch die Möglichkeit, einen Halbleiter sperrfrei mit dem Stromkreis zu verbinden. Praktisch verwendet man allerdings zur Herstellung sperrfreier Metall-Halbleiter-Kontakte eine andere Methode. Durch Eindiffusion geeigneter Metallionen erzeugt man in der den Metallkontakt berührenden Halbleiterschicht eine so hohe Donatorendichte (z. B. 10^{21} je cm^{33}), daß die Halbleiter-Elektronen im

Leitungsband entartet sind, das FERMI-Niveau also *im* Leitungsband liegt und diese Halbleiterschicht sich folglich wie ein Metall verhält. Auf diese Weise erhält man einen nichtsperrenden, im Halbleiter liegenden kontinuierlichen Übergang von den Metallelektroden zum halbleitenden Material.

b) Stromtor, Tunneldiode und Halbleiter-Laser

Zu einem als Halbleiter-*Stromtor* oder *Thyristor* bezeichneten wichtigen elektronischen Gerät gelangt man, wenn man den pn-Gleichrichter steuerbar macht. Dazu schaltet man zwischen die z.B. 10^{17} Akzeptoren bzw. Donatoren je cm³ enthaltenden p- und n-Bereiche noch zwei schwach dotierte, d.h. nur etwa 10^{13} Akzeptoren bzw. Donatoren je cm³ enthaltende Halbleiterschichten p_s und n_s. Dadurch erhält man eine Vierschichtenanordnung $p\,n_s p_s n$. Legt man links den

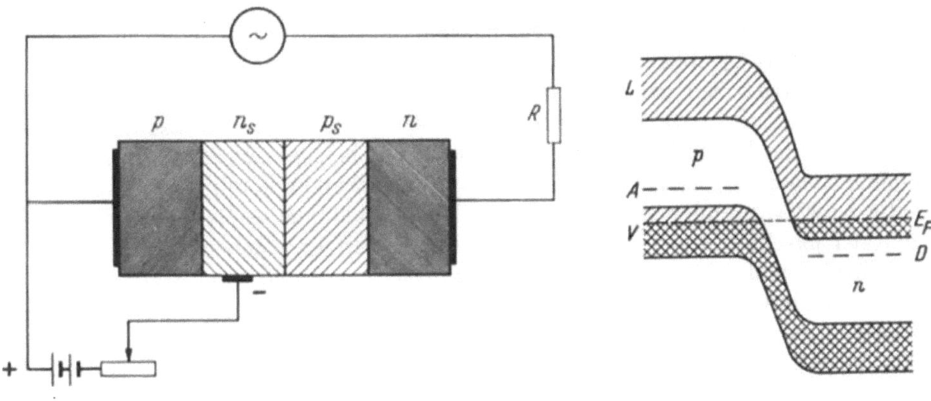

Abb. 272
Schematische Darstellung des Stromtores und seiner Schaltung.

Abb. 273. Schematische Darstellung der Lage der Energiebänder einer Tunnel-Diode.

negativen, rechts den positiven Pol einer Stromquelle an diese Anordnung, so sperren die beiden Grenzschichten $p\,n_s$ und $p_s n$, so daß das Stromtor keinen Strom durchläßt. Kehrt man die Polung um, so sperrt bei geringer angelegter Spannung die mittlere Grenzschicht $n_s p_s$. Legt man aber nun gemäß Abb. 272 an das n_s-Gebiet eine negative Steuerspannung sperrfrei an, so strömen Elektronen in so großer Zahl in den Halbleiter ein, daß das wegen der schwachen Dotierung vorher sperrende $n_s p_s$-Gebiet von ihnen überschwemmt wird und das Stromtor zündet. Das Halbleiter-Stromtor stellt damit einen kontaktlosen Schalter dar, der bei positiver Steuerspannung den Strom unterbricht, bei negativer aber durchläßt.

Besonderes Interesse verdient ferner der Grenzfall einer sehr dünnen pn-Grenzschicht zwischen sehr hoch dotierten p- und n-Gebieten, die *Tunneldiode*. Bei sehr großer Donatoren- und Akzeptorendichte befinden sich nämlich schon bei Zimmertemperatur so viele Donatorelektronen im Leitungsband des n-Gebiets und so viele Defektelektronen aus den Akzeptoren im Valenzband des p-Gebiets, daß die FERMI-Oberfläche des p-Gebiets im Valenzband, die des angrenzenden n-Gebiets aber im Leitungsband liegt (vgl. Abb. 273). Dabei ist dann die Leitungselektronendichte so hoch, daß die Elektronen nach IV,13 bereits entartet sind. Über die pn-Grenzschicht diffundieren dann so viele Elektronen in das p-Gebiet und umgekehrt Löcher in das n-Gebiet, daß eine doppelte Verarmungsrandschicht entsteht. Der dieser Raumladungsschicht entsprechende Potentialsprung bewirkt nach Abb. 273 eine solche gegenseitige Verschiebung der Energiebänder des p- und n-Gebiets, daß das Valenzband des p-Gebiets sich mit dem Leitungsband des

n-Gebiets überlappt und infolgedessen Elektronen horizontal durch Tunneleffekt über die Energielücke hinweg vom Valenzband des p-Gebiets in das Leitungsband des n-Gebiets gelangen können und umgekehrt. Legt man an eine derartige *Tunneldiode* eine solche Spannung an, daß das n-Leitungsband gegenüber dem p-Valenzband gehoben wird, bis die Überlappung verschwindet, so geht der Elektronen-Tunnelstrom nach Überschreiten eines Maximums gegen Null und bewirkt in diesem Spannungsgebiet eine *negative Charakteristik* der Tunneldiode.

pn-Grenzschichten zwischen hochdotierten p- und n-Bereichen, z.B. von GaAs, werden auch beim *Halbleiter-Laser* oder *Injektions-Laser* verwendet. Hebt man nämlich kurzzeitig durch Anlegen einer Spannung von wenigen Volt das n-Gebiet in Abb. 273 so hoch, daß die das Leitungsband besetzenden Elektronen des n-Gebietes in das Leitungsband des p-Gebietes hinüberfließen können, so gelingt es, die Elektronenbesetzung des p-Leitungsbandes größer zu machen als die des p-Valenzbandes. Diesen Vorgang bezeichnet man im Gegensatz zu dem beim Rubin-Laser nach III,24 üblichen „optischen Pumpen" als *elektrisches Pumpen*. Oberhalb einer kritischen Stromstärke des Elektronenflusses vom n- zum p-Gebiet sind deshalb induzierte Übergänge vom Leitungsband zum Valenzband des p-Gebietes unter Rekombinationsstrahlung möglich, da ja die aus dem Leitungsband kommenden Elektronen mit den Löchern im Valenzband rekombinieren. Als Halbleiter-Laser verwendet man z.B. einen kleinen Galliumarsenid-Würfel mit horizontaler pn-Grenzschicht, dessen beide horizontalen Endflächen mit Elektroden zum Anlegen der Pumpspannung versehen sind, während zwei vertikale Endflächen poliert sind, so daß sie halbdurchlässig spiegeln. Die Photonen der Rekombinationsstrahlung werden dann von diesen Endflächen teilweise wieder in den Kristall zurückreflektiert und induzieren weitere Übergänge, so daß ein scharf gebündelter Lichtstrahl (beim GaAs von ultrarotem Licht) hoher Intensität den Laser verläßt. Dabei ist der Wirkungsgrad der Umwandlung der elektrischen Pumpenergie in Lichtenergie außerordentlich hoch, ja könnte theoretisch bei Vermeidung unnötiger Verluste nahe an 100 % herankommen. Während der in III,24 behandelte Maser als amplitudenmodulierter Verstärker für Höchstfrequenzsignale dient, ist der Halbleiter-Laser in erster Linie eine äußerst intensive, auf dem Prinzip der Selbstverstärkung beruhende extrem monochromatische Lichtquelle. Die Intensität dieses Strahles kann aber durch Variation der Pump-Stromstärke elektrisch moduliert, gegebenenfalls durch Variation der Impulsfolge auch frequenzmoduliert werden.

c) Transistorphysik

Ihren entscheidenden Impuls hat die gesamte Halbleiterphysik 1948 mit der Entdeckung des *Transistors* durch BARDEEN, BRATTAIN und SHOCKLEY erhalten. Die immer wachsende Bedeutung des Transistors für die Elektrotechnik beruht darauf, daß er kleiner, unempfindlicher und betriebssicherer ist als die Elektronenröhre, aber weitgehend deren Aufgaben erfüllen kann, ohne eine Heizung und eine Anheizzeit zu benötigen.

Die entscheidende neue Erkenntnis, die den Ausgangspunkt der Transistorphysik bildet, betrifft die Injektion positiver Löcher durch die Kontaktfläche eines Metalls (oder eines Mangelhalbleiters) in einen Überschußhalbleiter. In VII,22b haben wir erfahren, daß bei positivem Potential der Metallelektrode ein Strom der aus den Donatoren stammenden Überschußelektronen durch die Kontaktfläche in das Metall übertreten kann. Es ist aber früher (und bewußt in unserer obigen Darstellung) übersehen worden, daß bei geeigneter Halbleiteroberfläche durch die unter einer feinen Metallspitze herrschende große Feldstärke außer den

*Überschuß*elektronen auch *Valenzelektronen* aus dem Valenzelektronenband V in das Metall herübergezogen werden können. Durch diesen Vorgang entstehen im Überschußhalbleiter bewegliche positive Löcher (Defektelektronen), die im Felde vom Metall weg in den Halbleiter wandern. Man bezeichnet deshalb dieses Herausziehen von Valenzelektronen aus dem Halbleitergitter als *Injektion positiver Löcher aus der Metallspitze in den Halbleiter.* Wandern diese Defektelektronen im Feld, so tragen sie natürlich zum Ladungstransport (Stromfluß) bei, bis sie nach einer mittleren Lebensdauer, die in Germanium von der Größenordnung 10^{-4} sec ist, mit freien Elektronen rekombinieren. Durch Verwendung fadenförmiger Germaniumhalbleiter mit mehreren Metallelektroden konnte das Fortschreiten solcher injizierter positiver Löcher oszillographisch im einzelnen verfolgt werden und damit die Beweglichkeit, Diffusionskonstante und mittlere Lebensdauer dieser Defektelektronen so direkt gemessen werden, daß man diese Versuche als anschauliche Belege für die Brauchbarkeit der Vorstellung von den Defektelektronen und ihren Eigenschaften ansehen kann.

Welche Wirkung die Injektion von Defektelektronen auf den Elektronenfluß in einem Überschußhalbleiter hat, betrachten wir am Beispiel des sog. Fadentransistors Abb. 274. Ein fadenförmiger Germaniumüberschußhalbleiter trägt an

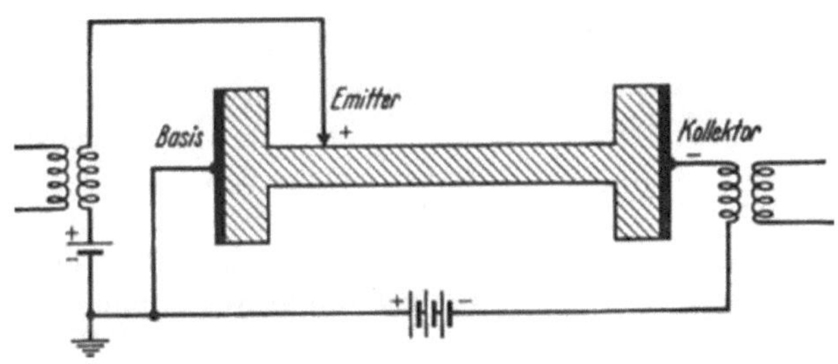

Abb. 274. Der Fadentransistor und seine Schaltung (nach SHOCKLEY).

seinen verbreiterten Enden großflächige nichtsperrende Metallelektroden. Injiziert nun die als *Emitter* bezeichnete Metallspitze positive Löcher in den Halbleiter, so wandern diese in dem elektrischen Feld zwischen Emitter und Kollektor nach rechts und vergrößern damit den Gesamtstrom. Das Entscheidende aber ist, daß diese positiven Defektelektronen eine positive Raumladung darstellen, deren Kompensation im stationären Fall dadurch erfolgt, daß eine entsprechend *größere* Elektronenzahl aus der rechten Kollektorelektrode in den Halbleiter einströmt. Man erhält damit beim Fadentransistor *eine durch die Löcherinjektion gesteuerte Verstärkung des zwischen Basis und Kollektor fließenden Stromes.* Ersetzt man nun den großflächigen Kollektor des Fadentransistors gemäß Abb. 275 durch eine Kontaktspitze, so durchfließt bei den in Abb. 275 angegebenen Spannungen der Kollektorstrom diesen Kontakt in Sperrichtung (vgl. VII, 22 a), während der Emitterkontakt in Flußrichtung durchflossen wird. Der Wider-

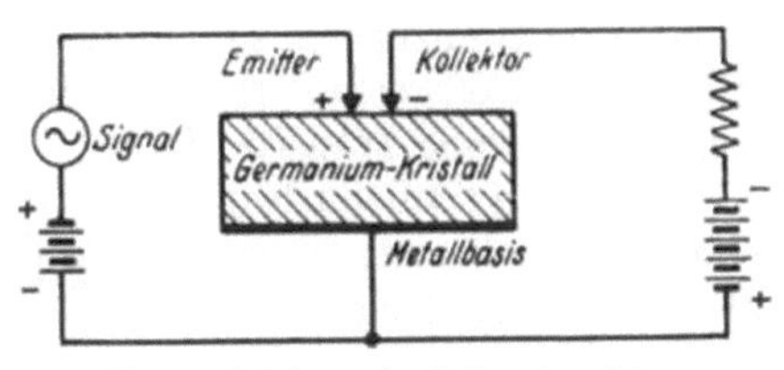

Abb. 275. Schaltung des Spitzentransistors (nach BARDEEN und BRATTAIN).

stand des Kollektorkontaktes ist daher bis zu zwei Größenordnungen höher als der des Emitterkontaktes, und so wirkt dieser Transistor als *Spannungsverstärker.* Wie beim Fadentransistor bewirkt nämlich jede Änderung des vom Emitter kommenden Defektelektronenstromes eine entsprechende Änderung des vom Kollektor zur Basis fließenden Elektronenstromes. Während aber wegen des geringen Widerstandes unter der Emitterspitze zur Erzeugung einer bestimmten Änderung des Emitterstromes eine sehr geringe Spannungsänderung ausreicht, bewirkt die der Emitterstromänderung größenordnungsmäßig gleiche Änderung des Kollektorstromes wegen des großen Widerstandes der Sperrschicht unter der Kollektorspitze dort eine sehr große Spannungsänderung. Das Verhältnis der Ausgangs- zur Steuerspannung ist dabei gleich dem Verhältnis der Widerstände des Kollektor- und des Emitterkontaktes.

Ein weiterer grundsätzlicher Fortschritt war die Entdeckung von SHOCKLEY, daß man die für die Fabrikation schwierigen Spitzenkontakte durch innere Kontakte zwischen p- und n-leitenden Bereichen desselben Halbleiterkristalls ersetzen

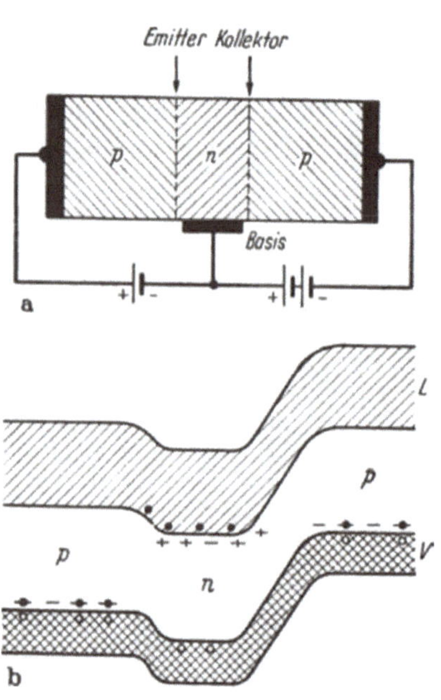

Abb. 276a u. b. Schematische Darstellung des pnp-Transistors (Grenzflächentransistors) nach SHOCKLEY (a) und verbogenes Energiebandschema für diesen Transistor (b).

kann. Abb. 276a zeigt schematisch einen Grenzflächentransistor, dessen Germaniumkristall infolge geeigneter Behandlung nur noch in seinem Mittelgebiet infolge überwiegender Donatoren n-leitend ist, während die beiden Randgebiete infolge vorherrschender Akzeptoren p-leitend sind. Die Metallkontakte zu den drei Halbleiterbereichen sind großflächig und sperrfrei ausgeführt. Aus dem linken p-Bereich fließt dann in das Mittelgebiet ein Strom positiver Löcher, dessen Stärke von der Spannung am linken pn-Kontakt abhängt. Nur ein Teil dieser Defektelektronen geht in dem schmalen n-Bereich durch Rekombination mit Elektronen verloren. Der Rest fließt über die für Defektelektronen in der Richtung $n \rightarrow p$ ja *nicht* sperrende rechte Grenzschicht und erzeugt im Kollektorkreis eine Spannungsänderung, deren Verhältnis zur Steuerspannung wieder gleich dem Verhältnis der Widerstände des rechten und linken np-Kontaktes ist (Abb. 276b). Schaltet man nun zwischen das rechte löcherleitende p-Gebiet und die Kollektorelektrode noch ein weiteres elektronenleitendes n-Gebiet ein, geht also zum *pnpn-Transistor* über, so stauen sich die von links kommenden Defektelektronen vor der letzten, ihren Fluß hemmenden pn-Grenzfläche, so daß zu ihrer Kompensation ein entsprechend höherer Elektronenstrom erforderlich ist. Man erhält damit eine als *Stromverstärker* besonders wertvolle Transistorform.

Man kann schließlich die die Stromsteuerung bewirkenden positiven Löcher, statt sie durch einen Emitter zu injizieren, auch im Halbleiterinnern durch den gleich zu behandelnden inneren Photoeffekt erzeugen, bei dem Lichtquanten geeigneter Frequenz von Valenzelektronen absorbiert werden, die dadurch in das Leitungsband L gelangen, während im Valenzband V bewegliche Defektelektronen entstehen. In einem solchen *Phototransistor* wird also der Emitter mit seiner variablen Signalspannung durch einen amplitudenmodulierten Lichtstrahl ersetzt, durch den der Strom im rechten Stromkreis von Abb. 276 entsprechend moduliert wird.

d) Innerer Photoeffekt, Photoleitfähigkeit und Theorie
der Halbleiterphotoelemente

Bei den elektronischen Halbleitern werden nach VII,20 die Leitungselektronen und -löcher durch thermische Energie, d.h. Wechselwirkung mit den thermischen Gitterschwingungen aus ihren Bindungen bzw. aus Störstellen befreit. Außer durch die Temperaturbewegung kann die Erzeugung freier Elektronen und positiver Löcher aber auch durch Lichtabsorption erfolgen, und ein Beispiel hierfür haben wir in VII,19 schon bei den verfärbten Alkalihalogenidkristallen kennengelernt, bei denen eine Absorption im Bereich ihrer Absorptionsbande zum Auftreten freier Leitungselektronen in den vorher keine *elektronische* Leitfähigkeit besitzenden Kristallen führt. Diese Freisetzung von Elektronen durch Lichtabsorption bezeichnet man als *inneren Photoeffekt*, im Gegensatz zu dem in VII,14 besprochenen *äußeren Photoeffekt an Metalloberflächen*. Da die befreiten Photoelektronen im elektrischen Feld wandern können, besitzt der Kristall bei Belichtung eine *Photoleitfähigkeit*. Die sie bewirkende Erzeugung von freien Elektronen oder positiven Löchern durch Strahlungsabsorption ist grundsätzlich in *allen* Isolatorkristallen und Halbleitern möglich, doch gehört die Mehrzahl der guten und besonders der technisch wichtigen Photoleiter zur Klasse der Halbleiter.

Die Wellenlänge der photoelektrisch wirksamen Strahlung hängt natürlich vom energetischen Abstand der obersten mit Elektronen besetzten Zustände vom Leitungsband L ab. Beim idealen Isolator ist das die Energielücke ΔE zwischen den Energiebändern V und L; und da ΔE für die meisten Isolatorkristalle mehrere eV beträgt, erwarten wir für solche eine Photoleitfähigkeit erst bei Bestrahlung mit ziemlich kurzwelligem Ultraviolett. Nach VII,2 besitzen aber sämtliche *realen* Kristalle eine beträchtliche Zahl von Fehlstellen und Fremdatomen, deren Zustände über einen weiten Bereich der Energielücke verteilt sind. Liegen die Zustände dieser Elektronenspender so dicht unter dem Leitungsband L, daß sie durch thermische Ionisierung Elektronen an dieses abgeben können, so haben wir einen Elektronenhalbleiter. Ist der Abstand der Donatorzustände vom Leitungsband L zwar groß gegen kT, aber klein gegen den Abstand ΔE der Bänder V und L, so sind diese Kristalle zwar keine Halbleiter, zeigen aber eine schwache Absorption auf der langwelligen Seite der Grundgitterabsorption, und durch diese Absorption gelangen Elektronen in das Leitungsband L und bewirken Photoleitfähigkeit. Es können ferner nach VII,10b durch Absorption im langwelligen Schwanz der Grundgitterabsorption Elektronen aus dem Energieband V in die relativ dicht unter dem Band L liegenden Excitonzustände und aus diesen durch thermische Ionisation in das Leitfähigkeitsband L selbst gelangen.

Alle diese Prozesse bewirken, daß Photoleitfähigkeit im allgemeinen *durch Absorption im langwelligen Ausläufer der Grundgitterabsorption hervorgerufen wird*. Im Bereich der Grundgitterabsorption selbst ist die Absorption meist so stark, daß einfallende Strahlung in einer äußerst dünnen Oberflächenschicht vollständig absorbiert wird und die hohe Elektronen- und Löcherdichte dann zu besonders starker Rekombination führt. Das erklärt, weshalb Strahlung auf der kurzwelligen Seite der Grundgitterabsorptionsgrenze für die Erzeugung von Photoleitfähigkeit viel weniger wirksam ist als Strahlung der Grenze selbst und ihrer anschließenden langwelligeren Bereiche. Daß die Photoleitfähigkeit und ihre Wellenlängenabhängigkeit im allgemeinen auch deutlich temperaturabhängig sind, folgt nicht nur aus der in VII,20b erwähnten Temperaturabhängigkeit der Energielücke ΔE zwischen den Energiebändern V und L, sondern auch und vor allem aus der recht komplizierten Temperaturabhängigkeit der Elektronenbesetzung der Donatorzustände und des Leitungsbandes bei *allen* Halbleitern, zu denen die stark temperaturabhängigen Photoleiter sicher zu zählen sind.

Mit der Photoleitfähigkeit verwandt ist auch die kurzdauernde elektrische Leitfähigkeit, die in Isolatorkristallen durch ionisierende Röntgen- und γ-Strahlung sowie durch schnelle Elektronen (β-Strahlen) und α-Strahlen bewirkt wird und den in V,2 kurz behandelten Kristallzählern zugrunde liegt. Während der Primärvorgang der Elektronenbefreiung bei der Stoßionisation ein anderer ist, ist die für den Photostrom verantwortliche Elektronenwanderung im Kristall in beiden Fällen die gleiche.

Werden nämlich sekundlich N Elektronen erzeugt, deren jedes in Richtung des elektrischen Feldes eine Strecke s wandert, so beträgt bei einem Elektrodenabstand d der gemessene Photostrom

$$J = N e s/d. \tag{64}$$

Die Photoleitfähigkeit ist folglich um so größer, je größer der mittlere Schubweg s jedes Elektrons in Feldrichtung ist. Dieser aber hängt (neben der Feldstärke) von der räumlichen Dichte der Elektronenfallen im Kristall ab, in denen die Elektronen nach Beendigung des Schubweges eingefangen werden. Die bisher allein betrachtete *primäre* Photoleitfähigkeit ist demgemäß bei gleicher Belichtung und Quantenausbeute um so größer, je reiner und idealer der Kristall ist. Dieses Charakteristikum hatten wir in V,2 bereits als Erfordernis guter Kristallzähler erwähnt. Die tatsächlichen Schubwege variieren bei Photoleitern zwischen einigen 10^{-8} mm und maximal etwa 1 mm.

Durch das Abwandern der Photoelektronen zur Anode entsteht im Kristall natürlich eine positive Raumladung, die mit der Zeit einen weiteren Stromfluß unmöglich macht, wenn sie nicht durch Elektronen-Nachschub kompensiert wird. Das ist am einfachsten möglich, wenn auch ohne Belichtung bereits eine gewisse Elektronenkonzentration im Kristall vorhanden ist, wir es also mit einem Halbleiter zu tun haben. In diesem Fall zieht die positive Raumladung aus der Kathode neue Elektronen nach, die den primären Photostrom verstärken können (sekundäre Photoleitfähigkeit nach POHL, HILSCH und SCHOTTKY). Verstärkungsgrade bis zu 10000 sind beobachtet worden.

Die Photoleitfähigkeit ist zuerst 1873 am Selen beobachtet, aber erst dem physikalischen Verständnis erschlossen worden, seit GUDDEN und POHL von 1920 an die Photoleitfähigkeit an Einkristallen wie Diamant und Zinkblende (ZnS) sowie den verfärbten Alkalihalogeniden systematisch zu untersuchen begannen. Außer diesen sind die Elementkristalle des Schwefels, Tellurs, Jods, Phosphors, Siliziums und Germaniums sowie die Oxyde, Sulfide, Selenide und Telluride fast aller Metalle als gute Photoleiter bekannt. Es fällt auf, daß alle diese Kristalle auch gute Elektronenhalbleiter sind. Das gleiche gilt von den meisten der in VII,23 noch zu behandelnden Phosphore. *Elektronenhalbleitung, Photoleitung und Phosphoreszenz sind also drei eng zusammenhängende Kristallerscheinungen.* Dabei ist interessant, daß reine Eigenhalbleiter keine guten Photoleiter sind, während ein mikroskopisches Nebeneinander von n- und p-leitenden Bereichen eine besonders gute Photoleitfähigkeit ergibt.

Für die Praxis ist von Bedeutung, daß in Halbleiterkristallen mit geringem Abstand des Leitungsbandes vom Valenzband Photoleitung schon durch Absorption ultraroter Strahlung erzeugt werden kann. So liegt z. B. das Maximum der spektralen Empfindlichkeit des PbS bei 2,3 μ, während die Empfindlichkeit des Bleitellurids sogar bis 6 μ zu reichen scheint, wobei allerdings zur Unterdrückung des großen *thermischen* Elektronenstromes mit flüssiger Luft gekühlt werden muß. Diese Photoleiter besitzen als Strahlungsempfänger für das Ultrarot Bedeutung, und zwar in der Form der *Photowiderstandszellen*, deren Widerstandsänderung bei Belichtung ein Maß für die auffallende Strahlung darstellt.

Der Halbleiterphotoeffekt kann aber beim *Halbleiter- oder Sperrschichtphoto-element* auch direkt zur Erzeugung eines der absorbierten Strahlungsintensität proportionalen Photostroms ausgenutzt werden. Belichtet man nämlich gemäß Abb. 277 einen großflächigen Halbleiterkristall, der dicht unter seiner der Strahlung ausgesetzten Oberfläche eine *pn*-Grenzschicht besitzt, und verbindet die Elektroden der *p*- und der *n*-Schicht über ein Strommeßgerät, so zeigt dieses einen der Belichtungsstärke proportionalen Photostrom an. Diese Halbleiter-Photoelemente, in denen besonders früher auch Halbleiter-Metall-Grenzschichten verwendet wurden, haben für Belichtungsmesser wie als Solarzellen große Bedeutung erlangt. Bei *geöffnetem* Stromkreis entwickelt sich bei Belichtung eine Potentialdifferenz zwischen den beiden Elektroden, die *Photospannung*, die mit zunehmender Belichtungsstärke sich einem Grenzwert nähert, der beim Si- und Se-Photoelement 0,6 V und beim GaAs-Element sogar 0,9 V beträgt.

Wir betrachten die Entstehung der Photospannung an Abb. 278. Nach VII,22a bildet sich ja in jedem *pn*-Übergangsgebiet eine elektrische Doppelschicht aus,

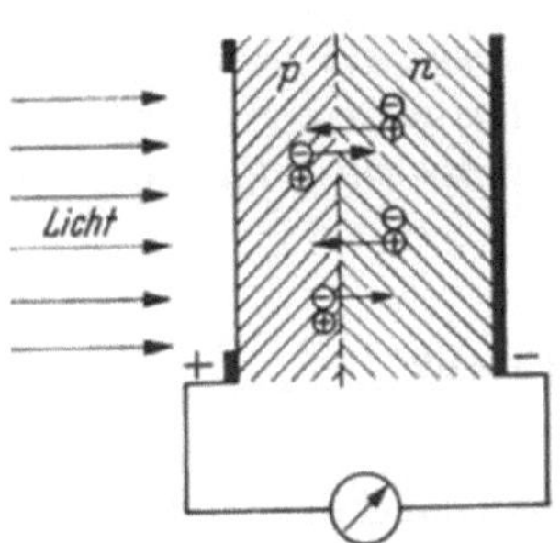

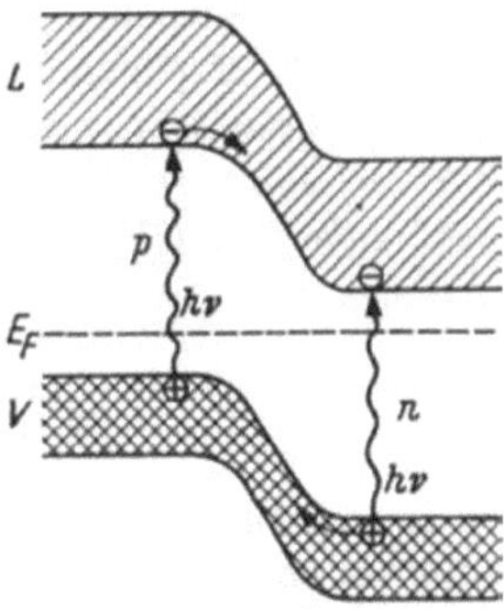

Abb. 277. Schema eines Halbleiter-Photoelements mit angedeuteter Bewegungsrichtung der durch Photoeffekt gebildeten Elektronen und positiven Löcher.

Abb. 278. Energiebänder-Schema zum Verständnis des Mechanismus des Sperrschicht-Photoelements Abb. 277.

die im Energiebänderschema Abb. 278 als Potentialdifferenz zwischen den *p*- und *n*-Energiebändern erscheint. Im gesamten Stromkreis Abb. 277 ist sie im unbelichteten Zustand durch die in den Kontaktflächen der Halbleitergebiete mit den Elektroden sich ausbildenden Kontaktspannungen kompensiert, so daß kein Strom fließen kann. Bestrahlt man nun die Zelle mit Photonen, deren Energie größer ist als der Energiebänderabstand ΔE des Halbleitermaterials, so werden photoelektrisch freie Elektronen *und* freie Löcher erzeugt. Durch das Feld der elektrischen Doppelschicht in der *pn*-Grenzschicht werden dann die erzeugten Photoelektronen und Photolöcher getrennt, indem erstere in Richtung zum *n*-Bereich, letztere in Richtung zum *p*-Bereich beschleunigt werden. Es werden aber – und das ist wichtig – nicht nur die in der Grenzschicht erzeugten Elektron-Loch-Paare getrennt. Auch die im *p*-Gebiet erzeugten Photoelektronen und die im *n*-Gebiet erzeugten Photolöcher werden, soweit sie durch Diffusion in das Gebiet der elektrischen Doppelschicht gelangen, über diese hinweg beschleunigt und tragen so zu der gegenüber dem unbelichteten Zustand positiven Aufladung des *p*-Gebiets und der entsprechenden negativen Aufladung des *n*-Gebiets bei. Die so entstehende Photospannung *hebt* folglich die Energiebänder des *n*-Gebiets (rechts in Abb. 278) gegenüber denen des *p*-Gebiets, aber natürlich maximal nur bis zum Ausgleich der Doppelschicht. Daraus folgt, daß die Photospannung stets kleiner bleiben muß als die Potentialdifferenz *p* − *n* im unbelichteten Zustand.

Bei kurzgeschlossenem Photoelement ist der Photostrom durch die Zahl der die pn-Grenzschicht überquerenden Photoelektronen und -löcher bestimmt; er hängt damit von den Diffusionslängen der Elektronen und Löcher im p- bzw. n-Gebiet ab. Bei Belastung des Photoelements mit einem äußeren Widerstand (Fall der Solarzelle) liegen die Verhältnisse wegen des Spannungsabfalls am Arbeitswiderstand komplizierter. Der Wirkungsgrad für die Umsetzung von Sonnenlicht in elektrische Energie liegt für eine gute Silizium-Solarzelle bei 12%. Eine mit 140 mW je cm² bestrahlte Zelle von 1,8 cm² Oberfläche ergibt bei 0,6 V Leerlaufspannung eine optimale Leistung von 30 mW.

Die hier dargestellte, auf SCHOTTKY und MOTT zurückgehende Theorie der Halbleiterphotoelemente ist ersichtlich an die Bedingung der photoelektrischen Erzeugung freier Elektronen *und* beweglicher positiver Löcher im Halbleiter geknüpft. Nach VII,20a ist eine solche Erzeugung beweglicher Ladungsträger *beider* Vorzeichen aber nur bei Absorptionsübergängen $V \rightarrow L$, d.h. bei Lichtabsorption durch die *Valenzelektronen* möglich. Dieser Schluß steht in bester Übereinstimmung mit dem empirischen Befund, daß die langwellige Empfindlichkeitsgrenze der Photoelemente wesentlich kurzwelliger liegt als die langwellige Grenze der noch Photoleitfähigkeit erzeugenden Strahlung. *Die Entstehung einer Photospannung ist also an die Grundgitterabsorption gebunden, während die oben erwähnte langwelligere Absorption durch Störstellen nur bewegliche Ladungsträger eines Vorzeichens erzeugt und daher Photoleitfähigkeit, aber kein Auftreten einer Photospannung bewirken kann.*

23. Kristallphosphoreszenz

Unser letztes Beispiel für störstellenbedingte Festkörpererscheinungen ist die Kristallumineszenz. Unter *Lumineszenz* versteht man dabei die Erscheinungen der Fluoreszenz und Phosphoreszenz zusammen, d.h. jede Lichtemission von Festkörpern als Folge vorheriger Bestrahlung mit Licht oder Teilchen. Den Unterschied zwischen Fluoreszenz und Phosphoreszenz hat man früher in der *Dauer* der Lichtemission gesehen und mit Fluoreszenz die Lichtemission unmittelbar nach Absorption der anregenden Strahlung bezeichnet, mit Phosphoreszenz dagegen das über längere Zeiten als etwa eine Millisekunde und oft über viele Stunden sich erstreckende Nachleuchten gleicher oder verschiedener Wellenlänge. Demgegenüber unterscheidet man die beiden Erscheinungen heute nach ihrem *Mechanismus*. Erfolgt der die Lichtemission bewirkende Elektronensprung direkt von dem durch die Strahlungsabsorption erreichten angeregten Energiezustand aus, so spricht man von *Fluoreszenz*. Geht das durch die Absorption angeregte bzw. abgetrennte Elektron aber zwischen dem Absorptions- und Emissionsakt in einen *anderen* Zustand (metastabiler Zustand oder Elektronenfalle) über, aus dem es dann nach mehr oder weniger langer Zeit in den Ausgangszustand für den Emissionssprung gelangt, so spricht man von *Phosphoreszenz. Physikalisch liegt also der Phosphoreszenz eine Speicherung der absorbierten Energie zugrunde, deren Wesen wir erörtern müssen.*

Ideale reine Kristalle zeigen keine Phosphoreszenz. Alle einwandfrei phosphoreszierenden Kristalle bestehen vielmehr aus einem Grundstoff mit eingelagerten Fremdatomen als „Aktivatoratomen" oder Leuchtzentren. Man kann sie als Einkristalle herstellen, verwendet sie jedoch meist als Pulver. Die bekanntesten Kristallphosphore sind ZnS und CdS, die einzeln oder als Mischkristalle verwendet und mit Kupfer, Silber, Mangan oder anderen Metallen aktiviert werden. Auch überschüssige Zinkatome im ZnS-Gitter können als Aktivatoren wirken, was die engen Beziehungen zwischen Phosphoreszenz und Überschuß-Halbleitung (vgl.

VII,20a) besonders deutlich macht. Die ältesten, von LENARD schon vor über 60 Jahren studierten Phosphore sind die mit Cu, Mn, Pb oder seltenen Erden aktivierten Erdalkalisulfide und -oxyde. Auch Flußspat (CaF_2) mit Schwermetallen oder seltenen Erden, sowie zahlreiche mit Cr und Mn aktivierte Wolframate sind gute Phosphore. Von besonderem wissenschaftlichem Interesse sind die Alkalihalogenide mit Schwermetallen und seltenen Erden, weil sie in großen Einkristallen gezüchtet werden können.

Die Aktivatoratome können auf Zwischengitterplätzen sitzen, wie z.B. Cu oder Ag in ZnS, sie können aber auch reguläre Gitterbausteine ersetzen, wie z.B. Mn in ZnS. Im letzteren Fall spricht man von *Substitutionsphosphoren.* Während im ersteren Fall Aktivatorkonzentrationen zwischen 10^{-6} und 10^{-4} die größte Phosphoreszenzausbeute ergeben, liegt das Optimum bei Substitutionsphosphoren bei etwa 10^{-2}. Zu hohe Konzentration von Aktivatoratomen vermindert die Phosphoreszenzausbeute, wie es überhaupt außer den Phosphoreszenz erzeugenden auch sie auslöschende Fremdatome gibt. Dabei kann das gleiche Metall in verschiedenen Grundgittern Phosphoreszenz erzeugen oder auch auslöschen.

Zur Anregung von Phosphoreszenz ist, wie zur Erzeugung von Photoleitfähigkeit, Strahlung im langwelligen Ausläufer der Grundgitterabsorption besonders wirksam. Strahlung solcher Wellenlängen dagegen, die von den Aktivatoratomen selbst absorbiert werden kann, erzeugt erwartungsgemäß Fluoreszenz und *nicht* Phosphoreszenz. Nur bei Substitutionsphosphoren zeigt das Anregungsspektrum eine deutliche Verwandtschaft zum Absorptionsspektrum der Aktivatoratome. Bei doppelaktivierten Phosphoren erfolgt nicht selten die Absorption durch die *eine* Atomart, die Emission durch die *andere.* Von entscheidender Bedeutung aber ist, daß *die Phosphoreszenzstrahlung weitgehend von der Elektronenstruktur der Aktivatoratome bestimmt wird und nur wenig vom Grundgitter abhängt.* Das konnte durch Verwendung von Mn und seltenen Erden als Aktivatoren wegen der charakteristischen Struktur von deren Emissionsspektren einwandfrei gezeigt werden.

Bezüglich des *Mechanismus* der Festkörperphosphoreszenz haben wir zwei Gruppen von Phosphoren zu unterscheiden, je nachdem, ob durch die absorbierte Strahlung Elektronen nur angeregt oder von ihren Ionen völlig abgetrennt werden. Die Phosphore der ersten Gruppe, zu denen die festen Lösungen sämtlicher ungesättigter und aromatischer organischer Verbindungen gehören, bleiben also auch während der Bestrahlung und Phosphoreszenzemission Isolatoren; wir bezeichnen sie aus einem gleich ersichtlich werdenden Grunde als *Molekülphosphore.* Die Phosphore der zweiten Gruppe dagegen werden durch die Strahlungsabsorption Photoleiter; zu ihnen gehören alle oben genannten *eigentlichen Kristallphosphore.*

Bei den Molekülphosphoren ist also keine Elektronenwanderung mit den Phosphoreszenzvorgängen verknüpft, und die Speicherung der Anregungsenergie, die wir als den entscheidenden Vorgang bei der Phosphoreszenz erkannt hatten, muß im oder in nächster Nähe des absorbierenden Zentrums stattfinden. Wir haben es hier anscheinend nicht mehr mit eigentlichen Festkörpererscheinungen zu tun in dem Sinne, daß das Gitter als solches an dem Vorgang beteiligt wäre, sondern nur in dem eingeschränkteren Sinne, daß durch den Einbau der Moleküle im Gitter die Wahrscheinlichkeit strahlungsloser Energieabfuhr verringert wird, während der Vorgang selbst am einzelnen Molekül abzulaufen scheint. Anscheinend wird dabei nach Abb. 279 durch Lichtabsorption vom Grundzustand A aus der angeregte Zustand B des Moleküls erreicht. Von ihm aus kann nun entweder direkt der Rücksprung nach A unter Fluoreszenzemission erfolgen, oder das Elektron in den metastabilen Zustand C übergehen. Von C aus aber kann entweder nach *größenordnungsmäßig* einer Sekunde (der mittleren Leuchtdauer dieser organischen Phosphore) ein Strahlungsübergang nach A erfolgen oder bei genügend hoher Temperatur ein Rücksprung nach B mit nachfolgendem Emissionsübergang nach A. Bei dem metastabilen Zustand C, der eine charakteristische Eigenschaft dieser ganzen Klasse von organischen Verbindungen sein muß, könnte es sich um den untersten Triplettzustand des Moleküls handeln, der, wie im Fall des Heliumatoms (Abb. 63), mit dem Singulettgrundzustand nicht kombinieren

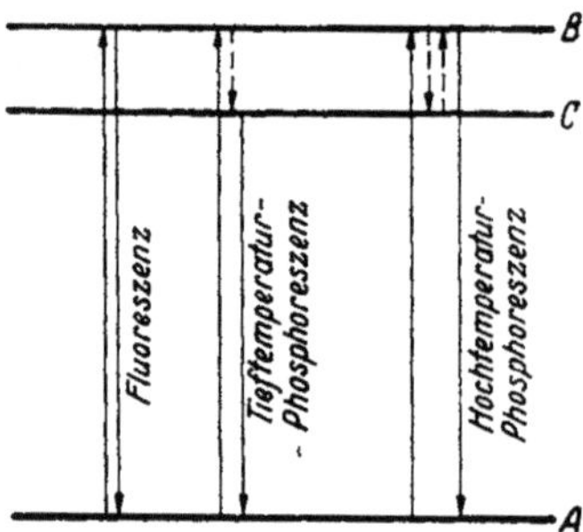

Abb. 279. Energieniveauschema phosphoreszierender organischer Moleküle mit metastabilem Zustand C und den Übergangsschemata für Fluoreszenz, Tieftemperatur-Phosphoreszenz und Hochtemperatur-Phosphoreszenz (nach JABLONSKI).

bzw. eine um den Faktor 10^8 größere Lebensdauer haben sollte.

Der Mechanismus der eigentlichen, stets mit Photoleitfähigkeit verbundenen Kristallphosphoreszenz metallaktivierter Kristalle läßt sich in seinen Grundzügen folgendermaßen beschreiben. *Durch Lichtabsorption gelangt ein Elektron, im allgemeinen ein Valenzelektron des Grundgitters, in das normalerweise unbesetzte Leitungsband L und bewegt sich im Gitter umher, bis es, u. U. nach mehr oder weniger langer Einfangung an einer der vielfach erwähnten Haftstellen, schließlich zu einem Aktivatoratom bzw. -ion gelangt und hier seine bei der Strahlungsabsorption gewonnene Energie, oder wenigstens deren größten Teil, unter Lichtemission wieder abgibt.*

Eine ganze Anzahl empirisch bekannter Eigenschaften der Kristallphosphore kann durch dieses Bild ohne weitere Annahmen verstanden werden. Die Strukturabhängigkeit der Phosphoreszenz ist aus diesem Bild ebenso verständlich wie ihre Temperaturabhängigkeit. Bei mäßiger Temperatur kann das freie Photoelektron sich nur langsam durch Diffusion von Elektronenfalle zu Elektronenfalle fortbewegen, ja kann in Fallen, deren Tiefe groß ist gegen kT, geradezu „eingefroren" werden, so daß wir bei tiefer Temperatur ein lange andauerndes, aber wenig intensives Nachleuchten finden, bei hoher Temperatur wegen der größeren Elektronenbeweglichkeit im Kristall dagegen eine schnelle Diffusion zu den Leuchtzentren und demgemäß eine intensive, aber schnell abklingende Phosphoreszenz. Man kann sogar die energetische Verteilung der Elektronenfallen, d. h. die Zahl der Fallen verschiedener Tiefe je Volumeneinheit, dadurch ermitteln, daß man die Elektronenfallen eines Phosphors durch Bestrahlung bei tiefer Temperatur füllt und dann seine Leuchtdichte als Funktion der stetig gesteigerten Temperatur mißt. Die dabei gefundenen Maxima deuten dann auf bevorzugte Fallentiefen hin.

Für den Mechanismus der zur Emission führenden Energieübertragung auf die Aktivatoratome liegen *zwei* Hypothesen vor, zwischen denen eine klare Entscheidung noch nicht möglich zu sein scheint. RIEHL und SCHÖN beschreiben den Phosphoreszenzmechanismus an Hand des Energiebänderschemas Abb. 280. Dieses zeigt außer den Energiebändern V und L des Grundgitters und den schon erwähnten Elektronenfallen D noch Energiezustände der Aktivatoratome A, die dicht *über* dem oberen Rand des Grundgitter-Valenzelektronenbandes V liegen sollen. Ein großer Teil der empirischen Befunde über die Fluoreszenz und Phosphoreszenz der aktivierten Kristallphosphore läßt sich mit diesem Schema widerspruchsfrei deuten. Wenn nämlich das im Valenzelektronenband V durch Lichtabsorption entstehende Elektronenloch durch Übergang eines Elektrons aus einem besetzten Aktivatorzustand A gefüllt wird, entsteht ein positives Aktivatorion, mit dem das freie Elektron unter Lichtemission rekombinieren kann, falls es in die Nähe von A^+ gerät. Es kann andererseits, bevor es ein ionisiertes Aktivatoratom trifft, an einer Haftstelle D angelagert werden. Hier sitzt es zunächst fest; denn ein Übergang von D nach V ist nicht möglich, weil die Lücke in V von A aus gefüllt wurde und der Übergang $D \rightarrow A$ wegen räumlicher Trennung beider Stellen nicht möglich ist. *Das Elektron wird also mit seiner Anregungsenergie in D gespeichert, bis es durch Übertragung thermischer Energie oder Absorption langwelliger Strahlung wieder in den Zustand L gelangt und zu einem Aktivatorion diffundiert.* Hier kann es dann mit dessen Elektronenloch rekombinieren, mit anderen Worten in den Grundzustand des Aktivatoratoms übergehen, womit verständlich wäre, daß die Phosphoreszenzemission wesentlich von den Aktivatoratomen bestimmt wird.

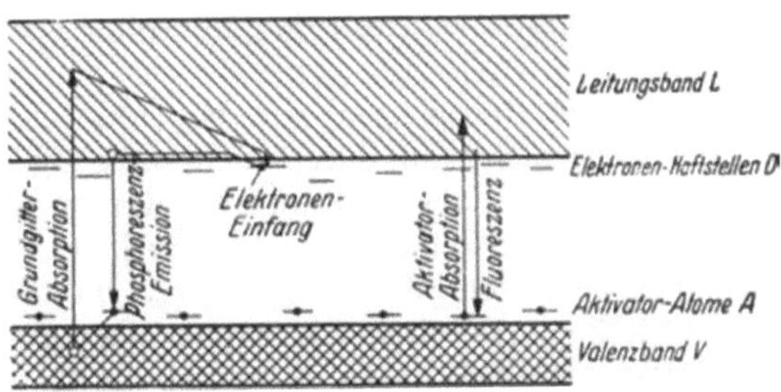

Abb. 280. Energiebänderschema eines Kristallphosphors mit ortsfesten Energiezuständen von Aktivatoratomen (A) und Elektronenfallen (D). Links ist das Übergangsschema für die Phosphoreszenz, rechts das für einfache Fluoreszenz angedeutet.

Ist aber das Schema Abb. 280 theoretisch plausibel? Die in Abb. 280 angenommene Lage der Aktivatorterme würde bedeuten, daß die Abtrennenergie des äußersten Elektrons *aller* Aktivatoratome im Gitter etwas kleiner wäre als die der Valenzelektronen. Ein·Grund hierfür ist nicht bekannt. FRANCK hat deshalb vorgeschlagen, die Energieübertragung an die Aktivatoratome als einen der sensibilisierten Fluoreszenz (III,6a) verwandten Vorgang anzusehen. Nach diesem Mechanismus soll das durch die Absorption entstandene, im Gitter wandernde positive Loch in der gestörten, d.h. polarisierten Gitterumgebung eines Aktivatoratoms festgehalten werden. Das freie Elektron würde dann am Ende seiner Laufbahn im Leitungsband mit einem solchen dicht bei einem Aktivatoratom lokalisierten Loch rekombinieren, was wegen der Impulsübernahme durch das Gitter mit viel größerer Wahrscheinlichkeit möglich wäre als die Rekombination mit einem *freien* Loch. Die dabei frei werdende Energie soll dann infolge der engen Kopplung im Gitter (Analogie zum Stoß zweiter Art von III,6a) auf das Aktivatoratom übertragen werden, das dadurch zur Emission des ihm eigenen, durch den Einbau im Gitter verbreiterten Spektralbandes angeregt wird. Der Unterschied der Mechanismen von RIEHL-SCHÖN und FRANCK würde dann darin liegen, daß erstere die A-Terme direkt als die Zustände der Aktivatoratome ansehen, letzterer dagegen sie für den Aktivatoratomen benachbarte gestörte Grundgitterelektronenterme, die wegen der Störung *über* den ungestörten Termen des Valenzelektronenbandes liegen sollten.

Wir erwähnten bereits, daß ein großer Teil der auf den ersten Blick verwirrenden Fülle von experimentellen Befunden über die Phosphoreszenz mittels des Energiebänderschemas Abb. 280 grundsätzlich verstanden werden kann. Unter anderem ist klar, daß besetzte Elektronenfallen (D-Terme) absorbierende Zentren analog den in VII,19 behandelten Farbzentren darstellen. Wegen des im allgemeinen geringen Abstandes D–L liegen die Absorptionsbänder dieser besetzten Fallen oft im Ultrarot; Einstrahlung in diesen Bändern befreit ersichtlich Elektronen und erzeugt, besonders bei tiefer Temperatur, gleichzeitig Photoleitfähigkeit und bei vielen Phosphoren auch verstärkte Phosphoreszenz, ein von LENARD als *Ausleuchtung* bezeichneter Prozeß. Unerwartet ist dagegen, daß entsprechende Bestrahlung ganz ähnlicher Phosphore (gleiches Grundgitter mit verwandten Aktivatoren) zur Schwächung der Phosphoreszenz führt, ein von LENARD als *Tilgung* bezeichneter Prozeß. Hier muß es sich wieder um eine strahlungslose

Energieübertragung der freien Elektronen an das Gitter handeln, deren Mechanismus im einzelnen noch unbekannt ist. Daß ganz allgemein mit zunehmender Temperatur wegen der wachsenden Amplitude der Gitterschwingungen deren Wechselwirkung mit den quasifreien Elektronen im Leitungsband zunimmt, ist verständlich und erklärt, daß die Phosphoreszenzausbeute aller bekannten Phosphore oberhalb einer für jeden Phosphor charakteristischen Temperatur stark abnimmt.

In einigen Phosphoren, wie besonders in stark Cu-aktiviertem ZnS, kann Lumineszenz nicht nur durch Lichtanregung *(Photolumineszenz)*, sondern auch durch ein elektrisches Feld angeregt werden *(Elektrolumineszenz)*. Dabei werden offenbar in einem Gebiet hoher Feldstärke (z. B. in Randschichten oder an Strukturinhomogenitäten) Elektronen durch das Feld so weit beschleunigt, daß sie durch Stoßionisation freie Elektronen erzeugen können. Diese können dann unter Strahlung in leere Aktivatorniveaus springen, wobei diese Übergänge oft erst nach Abschalten oder Umpolen des Feldes stattfinden. Woher die primären, stoßionisierenden Elektronen stammen, ist noch nicht ganz klar. Sie können aber wie beim Transistor in den Halbleiter injiziert werden und dann elektrolumineszenzähnliche Erscheinungen bewirken, wie sie insbesondere bei SiC beobachtet werden. Schon vorhandene Photolumineszenz kann durch elektrische Felder oder Ströme in mannigfacher Weise modifiziert werden, im wesentlichen wohl infolge Änderung der Besetzung von Haftstellen im Innern wie an der Oberfläche; man spricht dann von *Elektrophotolumineszenz*.

Zahlreiche schwer verständliche Beobachtungen aber deuten darauf hin, daß unsere theoretischen Bilder noch zu einfach sind. Für die Diskussion solcher Phänomene dürfte die gleichzeitige Berücksichtigung von Energiebandschemata *und* Potentialkurvenschemata sich als entscheidend erweisen, weil erstere die das gesamte Gitter betreffenden Wanderungserscheinungen zu übersehen gestatten, letztere aber die lokale Abhängigkeit der potentiellen Elektronen-Energie von der Bewegung der schwingenden Gitterbausteine.

24. Atomare Vorgänge an festen Oberflächen

Im Zusammenhang mit der Befreiung von Elektronen aus Metallen und Halbleitern haben wir bereits Oberflächeneffekte behandelt und dabei auch die kritische Rolle erwähnt, die adsorbierte Gashäute und andere Verunreinigungen bei allen Oberflächenphänomenen spielen. Wir behandeln nun noch eine Anzahl weiterer atomarer Austauschvorgänge an Festkörperflächen, um abschließend auf die im einzelnen noch keineswegs geklärte Struktur aller Festkörperoberflächen hinzuweisen.

Bei der als LANGMUIR-TAYLOR-Effekt bekannten Ionisierung von Atomen an glühenden Metalloberflächen verlassen Alkaliatome, die auf ein glühendes *Wolfram*blech aufprallen, dieses als Ionen, soweit es sich um Atome der schweren Alkalien Kalium, Rubidium und Caesium handelt, die leichten Alkalien Lithium und Natrium dagegen als Atome. An einem glühenden *Platin*blech dagegen werden *sämtliche* Alkaliatome ionisiert. Wir müssen annehmen, daß die die Metalloberfläche treffenden Alkaliatome dort zunächst adsorbiert werden, infolge der hohen Temperatur der Wand aber bald wieder abdampfen, wobei wir die Frage, ob sie ihr äußerstes Elektron wieder mitnehmen oder im Metall zurücklassen, beantworten können, indem wir das Abdampfen des Atoms in Analogie zum BORNschen Kreisprozeß Abb. 231 in verschiedene Schritte zerlegen. Statt nämlich das neutrale Atom abdampfen zu lassen, können wir auch in Gedanken erst das Ion ablösen, dann unter Leistung der Austrittsarbeit Φ ein Elektron aus dem Metall herausholen und dieses außen mit dem Ion zum Atom vereinigen, wobei die Ionisierungsenergie E_i frei wird. Tatsächlich wird der Vorgang so ablaufen, daß möglichst wenig Energie verbraucht wird. Ist also $\Phi > E_i$, so wird das Elektron im Metall bleiben (das Atom die Metalloberfläche also als *Ion* verlassen), weil beim Herausholen und der Vereinigung mit dem Ion die Energie $\Phi - E_i$ geleistet werden müßte, während im (üblichen) Fall $\Phi < E_i$ durch das Austreten des Elektrons aus dem Metallverband und seine Vereinigung mit dem Ion die Energie $E_i - \Phi$ gewonnen wird, die Atome also an der Metalloberfläche nicht ionisiert werden.

Dieses Ergebnis stimmt mit dem experimentellen Befund gut überein. Die schweren Alkalien K, Rb und Cs haben Ionisierungsenergien, die kleiner sind als die 4,5 eV betragende Austrittsarbeit des Wolframs, die leichten Alkalien Li und Na eine größere Ionisierungsenergie. Die Ionisierungsenergien sämtlicher Alkalien aber sind kleiner als die Austrittsarbeit des Platins: an glühendem Platin werden also *alle* Alkaliatome ionisiert.

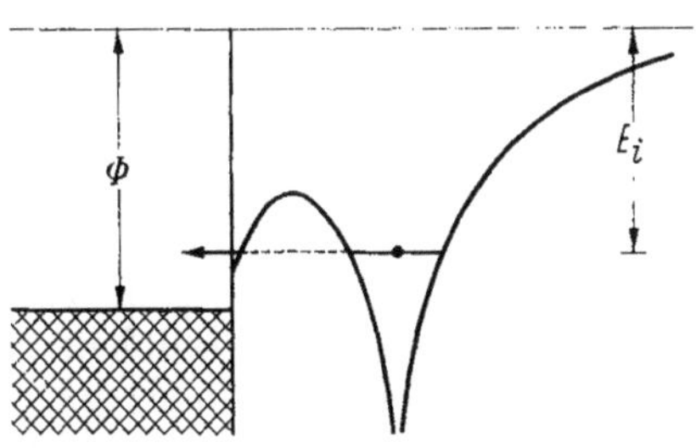

Abb. 281. Schematische Darstellung der Potentialverhältnisse eines an einer Metalloberfläche adsorbierten Alkaliatoms zur Erklärung der Ionisierung an einer glühenden Metalloberfläche (LANGMUIR-TAYLOR-Effekt).

Der Mechanismus des Prozesses ist aus Abb. 281 zu entnehmen: Für $\Phi > E_i$ liegt die FERMI-Grenze des Metalls unter dem Niveau des im Atom gebundenen Elektrons. Dieses kann deshalb, ähnlich wie gemäß Abb. 85, durch den infolge der elektrischen Oberflächenkräfte verbogenen Potentialwall hindurch in das Leitungsband des Metalls gelangen.

Der umgekehrte Vorgang passiert an der Kathode von Glimm- und Bogenentladungen. Hier kommen aus der Entladung, dem elektrischen Feld folgend, positive Gasionen an und neutralisieren sich, *entziehen* also dem Kathodenmetall ein Elektron und fliegen als Atome wieder davon. Diese Neutralisation ist nach der obigen Überlegung aber nur möglich für $E_i > \Phi$. Sieht man von den Alkalidämpfen als Entladungsgasen und wenigen Metallen besonders hoher Austrittsarbeit als Kathoden ab, so ist diese Bedingung stets erfüllt. Aber auch neutrale Atome sollten in der Lage sein, Elektronen aus Metalloberflächen abzulösen, wenn sie nämlich elektronegativ sind und ihre Elektronenaffinität größer ist als die Austrittsarbeit des betreffenden Metalls. Natürlich wird in beiden Fällen, der Rekombination des positiven Ions wie des elektronegativen Atoms mit dem Metallelektron, die überschüssige Energie $E_i - \Phi$ an das Metallgitter abgegeben. Den Mechanismus der Neutralisation des positiven Ions können wir uns dabei ganz anschaulich vorstellen: das positive Ion zieht durch sein elektrisches Feld ein quasifreies Metallelektron an sich heran und vereinigt sich mit ihm. Schwieriger liegt der Fall für $E_i > 2\Phi$, wenn also durch die bei der Neutralisation des Ions frei werdende Energie die Austrittsarbeit für *zwei* Elektronen geleistet werden kann. Namentlich bei Entladungen in den Edelgasen Helium und Neon mit ihren hohen Ionisierungsspannungen beobachtet man diese *Sekundärelektronenemission durch Ionenaufprall*. Aber auch ein metastabiles Heliumatom (vgl. III,14) kann seine Anregungsenergie im Stoß zweiter Art auf die Metallwand übertragen und hier ein oder zwei Sekundärelektronen auslösen. Zur Erklärung dieser Vorgänge verwendet man Darstellungen ähnlich Abb. 281. Bei Anlagerung eines positiven Ions an die Metalloberfläche würde ein Leitungselektron des Metalls das angelagerte Ion zum Atom ergänzen, während die dabei frei werdende Bindungsenergie $E_i - \Phi$ dieses Elektrons strahlungslos auf ein zweites Metallelektron übertragen würde, das dadurch den Metallverband verlassen könnte. Bei Anlagerung eines metastabilen

Atoms an die Metalloberfläche würde entsprechend das angeregte Elektron selbst strahlungslos in den Grundzustand übergehen und seine Anregungsenergie auf ein abzulösendes Metallelektron übertragen.

Schwieriger zu erklären ist die Ablösung ganzer Atome aus dem Metallgitterverband durch die auf die Kathode auftreffenden energiereichen positiven Ionen bei der Kathodenzerstäubung in einer Glimmentladung. Man hat lange geglaubt, daß es sich hier um thermische Vorgänge (lokale Überhitzung über die kritische Temperatur) handele, doch haben Untersuchungen an Einkristallen eine von der Gitterstruktur des zerstäubenden Kristalls abhängige Anisotropie der Winkelverteilung der zerstäubenden Atome gezeigt, so daß doch ein direkter Stoßvorgang für die Zerstäubung verantwortlich sein muß.

Zum Schluß dieses Abschnittes sei aber noch einmal betont, daß die Struktur und Eigenschaften von Festkörperoberflächen zu den kompliziertesten Problemen der Festkörperphysik gehören, und daß unsere Kenntnis hier noch sehr in den Anfängen steckt. Zum Beispiel spielen bei der katalytischen Wirkung der Oberflächen von Metallen und Halbleitern Elektronenaustauschvorgänge zwischen der Oberfläche und den sich an sie anlagernden Molekülen eine entscheidende Rolle. Die Einzelheiten dieses Vorgangs müssen ebenso von der Elektronenstruktur der Kristalloberfläche abhängen und durch sie bedingt sein wie der in VII,14 schon erwähnte Befund, daß die Austrittsarbeit des Wolframs für verschiedene Kristallflächen so sehr verschieden ist. Auch die sog. *Exoelektronenemission*, d.h. die exponentiell mit der Zeit abklingende Elektronenemission frisch bearbeiteter Metalloberflächen, ist hier zu erwähnen, bei der es sich jedenfalls teilweise um die schon bei Zimmertemperatur erfolgende Emission von Elektronen aus Oberflächenhaftstellen geringer Bindungsenergie handelt.

Daß die in Oberflächenschichten von Kristallen sitzenden Gitterbausteine einseitig, je nach ihrer Orientierung verschieden, und stets anders gebunden sind als innere Kristallbausteine, ist anschaulich klar. Da aber die Valenzelektronen der Gitterbausteine für deren Bindung an den Festkörper verantwortlich sind, folgt ebenso anschaulich, daß auch die *Elektronen* der Oberflächenbausteine andere Austrittsarbeiten besitzen als die im Inneren des Kristalls. Neuere theoretische Arbeiten befassen sich dementsprechend mit den Energiezuständen der Oberflächenelektronen in ihrer relativen Lage zu den Energiebändern des Festkörpers sowie mit den Bindungsverhältnissen der Oberflächenionen, und es ist anschaulich verständlich, daß die Zustände der Oberflächenelektronen wegen der geringeren Bindungsfestigkeit dieser Elektronen in der verbotenen Zone, d.h. *oberhalb* des Valenzbandes liegen müssen. Hier wie vielfach in der Festkörperphysik ist aber eine geschlossene Darstellung nach dem Stande der Forschung noch nicht möglich. Wie wichtig aber Festkörperoberflächenphänomene für die Physik und Technik sind, geht daraus hervor, daß alle Eigenschaften der Kolloide, Sole und Gele auf ihrer im Vergleich zum Volumen so riesigen Oberfläche beruhen.

Literatur

Allgemeine Festkörperphysik:
Handbuch der Physik, Bd. VII/1: Kristallphysik I. Berlin/Göttingen/Heidelberg: Springer 1955.
DEKKER, A. J.: Solid State Physics. New York: Prentice-Hall 1958.
HAUFFE, K.: Reaktionen in und an festen Stoffen. Berlin/Göttingen/Heidelberg: Springer 1955.
HAUG, A.: Theoretische Festkörperphysik. Wien: Deuticke 1964.
HEDVALL, J. A.: Einführung in die Festkörperchemie. Braunschweig: Vieweg 1952.
HUND, F.: Theorie des Aufbaues der Materie. Stuttgart: Teubner 1961.

JAWSON, M. A.: The Theory of Cohesion. London: Pergamon Press 1954.
JONES, H.: The Theory of Brillouin Zones and Electronic States in Crystals. Amsterdam: North Holland Publ. Co. 1960.
KITTEL, C.: Introduction to Solid-State Physics. New York: Wiley 1953.
KITTEL, C.: Quantum Theory of Solids. New York: Wiley 1964.
KRÖGER, F. A.: The Chemistry of Imperfect Crystals. Amsterdam: North Holland Publ. Co. 1964.
LARK-HOROVITZ, K., u. V. A. JOHNSON: Solid State Physics. New York: Academic Press 1959.
PEIERLS, R. E.: Quantum Theory of Solids. Oxford: Clarendon Press 1955.
SACHS, M.: Solid State Theory. New York: McGraw-Hill 1963.
SEITZ, F.: The Modern Theory of Solids. New York: McGraw-Hill 1940.
SLATER, J. C.: Quantum Theory of Matter. New York: McGraw-Hill 1951.
WERT, C. A., u. R. M. THOMSON: Physics of Solids. New York: McGraw-Hill 1964.
ZIMAN, J. M.: Principles of the Theory of Solids. New York: Cambridge University Press 1964.
ZWIKKER, C.: Physical Properties of Solid Materials. London: Pergamon Press 1954.

Physik des flüssigen Zustandes:

BORN, M., u. H. S. GREEN: A General Kinetic Theory of Liquids. Cambridge: University Press 1949.
DARMOIS, E.: L'état Liquide. Paris: 1943.
DELCROIX, J. L.: Plasma Physics. New York: Wiley 1965.
FRENKEL, J.: Kinetic Theory of Liquids. Oxford: Clarendon Press 1946.
GREEN, H. S.: The Molecular Theory of Fluids. Amsterdam: North Holland Publ. Co. 1952.
HIRSCHFELDER, J. O., C. F. CURTISS u. R. B. BIRD: Molecular Theory of Gases and Liquids. New York: Wiley 1964.
HUGHEL, T. J. (Hrsg.): Liquids: Structure, Properties, Solid Interactions. New York: Elsevier 1965.
LEHMANN, O.: Die Lehre von den flüssigen Kristallen. Wiesbaden: J. F. Lehmann 1918.
THOMPSON, W. B.: An Introduction to Plasma Physics. New York: Addison-Wesley 1962.

Kristallstrukturen:

Handbuch der Physik, Bd. XXXII: Strukturforschung. Berlin/Göttingen/Heidelberg: Springer 1957.
BIJVOET, J. M., N. H. KOLKMEYER u. C. H. McGILLAVRY: X-ray Analysis of Crystals. London: Butterworth 1951.
BRAGG, W. H., u. W. L. BRAGG: The Crystalline State. London: Bell 1933.
GLOCKER, R.: Materialprüfung mit Röntgenstrahlen. Berlin/Göttingen/Heidelberg: Springer 1949.
HALLA, F.: Kristallchemie und Kristallphysik metallischer Werkstoffe. Leipzig: Barth 1957.
SMAKULA, A.: Einkristalle. Berlin/Göttingen/Heidelberg: Springer 1962.

Piezo- und Ferroelektrizität:

Handbuch der Physik, Bd. XVII: Dielektrika. Berlin/Göttingen/Heidelberg: Springer 1956.
BÖTTCHER, C. J. F.: Electric Polarization. Amsterdam: Elsevier 1952.
CADY, W.: Piezoelectricity. New York: Dover Publ. 1962.
FRÖHLICH, H.: Theory of Dielectrics. Oxford: University Press 1949.
JAYNES, E. T.: Ferroelectricity. Princeton: University Press 1953.
MARTIN, H. J.: Die Ferroelektrika. Leipzig: Akademische Verlagsgesellschaft 1964.
SACHSE, H.: Ferroelektrika. Berlin/Göttingen/Heidelberg: Springer 1956.

Metallphysik:

Relation of Properties to Microstructure. Cleveland: Amer. Soc. Metals 1954.
Theory of Alloy Phases. Cleveland: Amer. Soc. Metals 1956.
BARRETT, C. S.: Structure of Metals. New York: McGraw-Hill 1952.
BOAS, W.: An Introduction to the Physics of Metals and Alloys. New York: Wiley 1948.
BRANDENBURGER, E.: Grundriß der Allgemeinen Metallkunde. Basel: Reinhardt 1952.

COTTRELL, A. H.: Theoretical Structural Metallurgy. New York: Longman, Green & Co. 1955.
DEHLINGER, U.: Chemische Physik der Metalle und Legierungen. Leipzig: Akademische Verlagsgesellschaft 1939.
DEHLINGER, U.: Theoretische Metallkunde. Berlin/Göttingen/Heidelberg: Springer 1955.
HUME-ROTHERY, W., u. G. V. RAYNOR: The Structure of Metals and Alloys. London: Institute of Metals 1954.
MASING, G.: Lehrbuch der Allgemeinen Metallkunde. 4. Aufl. Berlin/Göttingen/Heidelberg: Springer 1955.
MOTT, N. F., u. H. JONES: The Theory of the Properties of Metals and Alloys. Oxford: University Press 1936.
ROTHERHAM, L. A.: Creep of Metals. London: Institute of Physics 1951.
WILSON, A. H.: The Theory of Metals. 2. Aufl. Cambridge: University Press 1953.
ZENER, CL.: Elasticity and Anelasticity of Metals. Chicago: University Press 1948.

Kristallbaufehler:

AMELINCKX, S.: The Direct Observation of Dislocations. New York: Academic Press 1964.
BUEREN, H. G. VAN: Imperfections in Crystals. 2. Aufl. Amsterdam: North Holland Publ. Co. 1959.
COTTRELL, A. H.: Dislocations and Plastic Flow in Crystals. Oxford: University Press 1953.
FRIEDEL, J.: Dislocations. New York: Addison-Wesley 1964.
LEIBFRIED, G.: Bestrahlungseffekte in Festkörpern. Eine Einführung in die Theorie. Stuttgart: Teubner 1965.
READ, W. T.: Dislocations in Crystals. New York: McGraw-Hill 1953.
SEEGER, A.: Theorie der Gitterfehlstellen, in Handbuch der Physik, Bd. VII/1: Kristallphysik I. Berlin/Göttingen/Heidelberg: Springer 1955.
SHOCKLEY, W. u. a.: Imperfections in Nearly Perfect Crystals. New York: Wiley 1952.
SMAKULA, A.: Einkristalle. Berlin/Göttingen/Heidelberg: Springer 1962.

Energiebänderstruktur und metallische Bindung:

Handbuch der Physik, Bd. XIX: Elektrische Leitungsphänomene I. Berlin/Göttingen/Heidelberg: Springer 1956.
BRILLOÜIN, L.: Wave Propagation in Periodic Structures. New York: McGraw-Hill 1946.
CALLAWAY, J.: Energy Band Theory. New York: Academic Press 1964.
DEXTER, D. L., u. R. S. KNOX: Excitons. New York: Wiley 1965.
FRÖHLICH, H.: Elektronentheorie der Metalle. Berlin: Springer 1935.
JUSTI, E.: Leitfähigkeit und Leitungsmechanismus fester Stoffe. Göttingen: Vandenhoeck und Ruprecht 1948.
KNOX, R. S.: Theory of Excitons. New York: Academic Press 1963.
KNOX, R. S., u. A. GOLD: Symmetry in the Solid State. New York: Benjamin 1964.
RAIMES, S.: The Wave Mechanics of Electrons in Metals. Amsterdam: North Holland Publ. Co. 1961.
RAYNOR, G. V.: Introduction to the Electron Theory of Metals. London: Institute of Metals 1947.
SLATER, J. C.: Quantum Theory of Molecules and Solids. Bd. 2: Symmetry and Energy Bands in Crystals. New York: McGraw-Hill 1965.

Festkörpermagnetismus:

BECKER, R., u. W. DÖRING: Ferromagnetismus. Berlin: Springer 1939.
BOZORTH, R. M.: Ferromagnetism. New York: Van Nostrand 1951.
CRAIG, D. J., u. R. S. TEBBLE: Ferromagnetism and Ferromagnetic Domains. New York: North Holland Publ. Co. 1965.
KNELLER, E.: Ferromagnetismus. Berlin/Göttingen/Heidelberg: Springer 1962.
NÉEL, L.: Magnétisme. Straßburg: 1939.
SNOEK, J. L.: New Developments in Ferromagnetic Materials. Amsterdam: Elsevier 1947.

Supraleitung und Supraflüssigkeit:

ATKINS, K. R.: Liquid Helium. New York: Cambridge University Press 1959.
BLATT, J. M.: Theory of Superconductivity. New York: Academic Press 1964.

KEESOM, W. H.: Helium. Amsterdam: Elsevier 1949.
LANE, C. T.: Superfluid Physics. New York: McGraw-Hill 1962.
LONDON, F.: Superfluids Bd. I. New York: Wiley 1950.
RICKAYZEN, G.: Theory of Superconductivity. New York: Wiley 1965.
SCHRIEFFER, J. R.: Theory of Superconductivity. New York: Benjamin 1964.
SHOENBERG, D.: Superconductivity. Cambridge: University Press 1952.
ZIMAN, J. M.: Electrons and Phonons. New York: Oxford University Press 1960.

Festkörperdiffusion:

BARRER, R. M.: Diffusion in and through Solids. Cambridge: University Press 1951.
JOST, W.: Diffusion und chemische Reaktion in festen Stoffen. Dresden/Leipzig: Steinkopff 1937. Verbesserte neue englische Auflage: New York: Academic Press 1952.
SEITH, W.: Diffusion in Metallen. Berlin/Göttingen/Heidelberg: Springer 1955.
SHEWMON, P. G.: Diffusion in Solids. New York: McGraw-Hill 1963.

Elektronenprozesse in Ionenkristallen:

v. ANGERER, E., u. G. JOOS: Wissenschaftliche Photographie. 6. Aufl. Leipzig: Akademische Verlagsgesellschaft 1956.
JAMES, T. H., u. G. C. HIGGINS: Fundamentals of Photographic Theory. New York: Wiley 1950.
LIDIARD, A. B.: Ionic Conductivity, in Handbuch der Physik, Bd. XX: Elektrische Leitungsphänomene II. Berlin/Göttingen/Heidelberg: Springer 1956.
MOTT, N. F., u. R. W. GURNEY: Electronic Processes in Ionic Crystals. 2. Aufl. Cambridge: Oxford Press 1949.
SCHULMANN, J. H., u. W. D. COMPTON: Color Centers in Solids. London: Pergamon Press 1962.
STASIW, O.: Elektronen- und Ionenprozesse in Ionenkristallen. Berlin/Göttingen/Heidelberg: Springer 1959.
STUMPF, H.: Quantentheorie der Ionen-Realkristalle. Berlin/Göttingen/Heidelberg: Springer 1961.

Elektronenhalbleitung und verwandte Erscheinungen:

ANSELM, A. I.: Einführung in die Halbleitertheorie. Berlin: Akademie-Verlag 1964.
BIGUENET, C.: Les Cathodes Chaudes. Paris: 1947.
BRUINING, H.: Die Sekundärelektronenemission fester Körper. Berlin: Springer 1942.
DOSSE, J.: Der Transistor. 4. Aufl. München: Oldenbourg 1962.
GÄRTNER, W. W.: Einführung in die Theorie des Transistors. Berlin/Göttingen/Heidelberg: Springer 1963.
GARLICK, G. F. I.: Photoconductivity, in Handbuch der Physik, Bd. XIX: Elektrische Leitungsphänomene I. Berlin/Göttingen/Heidelberg: Springer 1956.
HENISCH, H. K.: Rectifying Semiconductor Contacts. Oxford: Clarendon Press 1957.
HENISCH, H. K., u. a.: Semiconducting Materials. London: Butterworth 1951.
HERMANN, G., u. S. WAGENER: Die Oxydkathode. 2 Bde. 2. Aufl. Leipzig: Barth 1948/50.
JOFFÉ, A. F.: Physik der Halbleiter. Berlin: Akademie-Verlag 1958.
McKELVEY, J. P.: Solid State and Semiconductor Physics. New York: Harper and Row 1966.
MADELUNG, O.: Halbleiter, in Handbuch der Physik, Bd. XX: Elektrische Leitungsphänomene II. Berlin/Göttingen/Heidelberg: Springer 1957.
MADELUNG, O.: Physics of III–V Compounds. New York: Wiley 1964.
MANY, A., Y. GOLDSTEIN u. N. B. GROVER: Semiconductor Surfaces. Amsterdam: North Holland Publ. Co. 1965.
MOLL, J. L.: Physics of Semiconductors. New York: McGraw-Hill 1964.
MOSS, T. S.: Photoconductivity in the Elements. London: Butterworth 1952.
MOSS, T. S.: Optical Properties of Semiconductors. New York: Academic Press 1959.
MÜSER, H. A.: Einführung in die Halbleiterphysik. Darmstadt: Steinkopff 1960.
SALOW, H., u. a.: Der Transistor. Berlin/Göttingen/Heidelberg: Springer 1963.
SHOCKLEY, W.: Electrons and Holes in Semiconductors. New York: Van Nostrand 1950.
SPENKE, E.: Elektronische Halbleiter. Berlin/Göttingen/Heidelberg: Springer 1955.
STRUTT, M.: Transistoren. Stuttgart: Hirzel 1953.
WEISS, H.: Grundlagen und Anwendung galvanomagnetischer Bauelemente. Braunschweig: Vieweg 1967.

WRIGHT, D. A.: Semiconductors. London: Methuen 1950.
ZWORYKIN, V. K., u. E. G. RAMBERG: Photoelectricity and its Applications. New York: Wiley 1949.

Lumineszenz von Festkörpern:

BANDOW, F.: Lumineszenz. Stuttgart: Wissenschaftliche Verlagsgesellschaft 1950.
FÖRSTER, TH.: Fluoreszenz organischer Verbindungen. Göttingen: Vandenhoeck und Ruprecht 1951.
GARLICK, G. F. I.: Luminescence, in Handbuch der Physik, Bd. XXVI. Berlin/ Göttingen/Heidelberg: Springer 1957.
LEVERENZ, H. W.: Introduction to the Luminescence of Solids. New York: Wiley 1950.
MATOSSI, F.: Elektrolumineszenz und Elektrophotolumineszenz. Braunschweig: Vieweg 1957.
PRINGSHEIM, P., u. M. VOGEL: Luminescence of Liquids and Solids. New York: Interscience 1946.
PRZIBAM, K : Verfärbung und Lumineszenz. Wien: Springer 1953.
RIEHL, N.: Physikalische und Technische Anwendungen der Lumineszenz. Berlin: Springer 1941.

Oberflächen-Physik:

KAMINSKY, M.: Atomic and Ionic Impact Phenomena on Metal Surfaces. Berlin/ Heidelberg/New York: Springer 1965.
MANY, A., Y. GOLDSTEIN u. N. B. GROVER: Semiconductor Surfaces. Amsterdam: North Holland Publ. Co. 1965.

Zusammenstellung der für die Atomphysik wichtigsten Konstanten und Beziehungen

PLANCKsches Wirkungsquantum	h	$= (6{,}6256 \pm 0{,}0005) \cdot 10^{-27}$ erg sec
Lichtgeschwindigkeit	c	$= (2{,}997925 \pm 0{,}000003) \cdot 10^{10}$ cm/sec
Elektrische Elementarladung	e	$= (4{,}8030 \pm 0{,}0002) \cdot 10^{-10}$ cgs
		$= (1{,}60210 \pm 0{,}00007) \cdot 10^{-19}$ A sec
Ruhemasse des Elektrons	m_e	$= (9{,}1091 \pm 0{,}004) \cdot 10^{-28}$ g
Ruhemasse des Protons	m_p	$= (1{,}67252 \pm 0{,}00008) \cdot 10^{-24}$ g
Atomgewicht des Protons	A_p	$= 1{,}0072766 \pm 0{,}0000002$
Ruhemasse des Neutrons	m_n	$= (1{,}67482 \pm 0{,}00008) \cdot 10^{-24}$ g
Atomgewicht des Neutrons	A_n	$= 1{,}0086654 \pm 0{,}0000013$
Atomgewicht des Elektrons	A_e	$= (5{,}48597 \pm 0{,}00009) \cdot 10^{-4}$
AVOGADRO-Konstante	N_A	$= (6{,}0225 \pm 0{,}0003) \cdot 10^{23}$/mol
FARADAYSsche Konstante	F	$= N_A e = (96487{,}0 \pm 1{,}6)$ A sec/mol
BOLTZMANNsche Konstante	k	$= (1{,}3805 \pm 0{,}0002) \cdot 10^{-16}$ erg/Grad
		$= (8{,}617 \pm 0{,}001) \cdot 10^{-5}$ eV/Grad
BOHRsches Magneton	μ_B	$= (9{,}2732 \pm 0{,}0006) \cdot 10^{-21}$ Oersted $\cdot$ cm^3
Kernmagneton	μ_N	$= (5{,}0505 \pm 0{,}0004) \cdot 10^{-24}$ Oersted $\cdot$ cm^3
Magnetisches Moment des Protons	μ_p	$= (2{,}79276 \pm 0{,}00007)\, \mu_N$
Magnetisches Moment des Neutrons	μ_n	$= -\,(1{,}91315 \pm 0{,}00007)\, \mu_N$
Molvolumen idealer Gase (1 Atm, 0 °C)	V_m	$= (22144 \pm 3)$ cm^3/mol

Umrechnung atomarer Energiemaße ineinander:

$$1\ \text{eV} \,\hat{=}\, 8065{,}7\ \text{cm}^{-1} \,\hat{=}\, 1{,}602 \cdot 10^{-12}\ \text{erg} \,\hat{=}\, 23{,}04\ \text{kcal/mol}.$$

Umrechnung atomarer Masseneinheiten in MeV:

$$1\ \text{ME} \equiv 1\,m_u \,\hat{=}\, 931{,}48\ \text{MeV}.$$

Beziehung zwischen Anregungsspannung in Volt und Wellenlänge λ in Å der entsprechenden Strahlung:

$$\lambda(\text{Å}) \cdot V\,(\text{Volt}) = 12400.$$

Einheiten für Radioaktivität und Kernstrahlung:

1 Curie (Ci): die Menge einer radioaktiven Substanz, von der je Sekunde $3{,}700 \cdot 10^{10}$ Kerne zerfallen, bei Radium fast genau 1 g.

1 Röntgen (R): der Betrag an Röntgen- oder γ-Strahlung, der durch Ionisation in einem Kubikzentimeter trockener Luft von 0 °C und Atmosphärendruck $2{,}08 \cdot 10^9$ Ionenpaare, d.h. eine elektrostatische Ladungseinheit erzeugt. Dem entspricht die Absorption von 83 erg/g trockener Luft.

Sachverzeichnis

Gerthsen/Kneser/Vogel
Physik
Ein Lehrbuch zum Gebrauch neben Vorlesungen
Berichtigter Neudruck. 12., völlig neubearbeitete und erweiterte Auflage von H. Vogel
711 Abbildungen. XXIV, 914 Seiten. 1974. DM 42,–; US $17.30.
ISBN 3-540-06336-6

Inhaltsübersicht: Mechanik der Massenpunkte. – Mechanik des starren Körpers. – Mechanik deformierbarer Körper. – Schwingungen und Wellen. – Wärme. – Elektrizität. – Elektrodynamik. – Freie Elektronen und Ionen. – Geometrische Optik. – Wellenoptik. – Strahlungsmessung und Strahlungsgesetze. – Das Atom. – Kerne und Elementarteilchen. – Physik der festen Körper. – Relativitätstheorie. – Quantenmechanik. – Statistische Physik. – Anhang: Wichtige physikalische Konstanten.

Die 12. Auflage ist in 17 Kapitel neu gegliedert; die meisten Kapitel sind neu gefaßt und im Hinblick auf neue Entwicklungen erweitert; 2 Kapitel mit Einführungen in die Quantenmechanik und statistische Physik sind dazugekommen, ferner über 600 Aufgaben als Beispiele für interessante Fragestellungen und Anwendungen auf Nachbargebiete wie Technik, Geo-, Astro-, Biophysik etc.

H. Vogel
Probleme aus der Physik
Aufgaben mit Lösungen aus Gerthsen/Kneser/Vogel, Physik,
12. Auflage, 86 Abbildungen und über 600 Aufgaben
XI, 222 Seiten. 1975. DM 19,80; US $8.20. ISBN 3-540-07119-9

Inhaltsübersicht: Mechanik der Massenpunkte. – Mechanik des starren Körpers. – Mechanik deformierbarer Körper. – Schwingungen und Wellen. – Wärme. – Elektrizität. – Elektrodynamik. – Freie Elektronen und Ionen. – Geometrische Optik. – Wellenoptik. – Strahlungsenergie. – Das Atom. – Kerne und Elementarteilchen. – Physik der festen Körper. – Relativitätstheorie. – Anhang.

Wer ein Lehrbuch studiert, ist nicht immer sicher, die Aussage exakt begriffen zu haben und hat gelegentlich Zweifel, ob er das Gelesene auch richtig anwenden kann. Deshalb wurde das weit verbreitete Lehrbuch PHYSIK von Gerthsen/Kneser/Vogel bei der 12. Auflage nicht nur erweitert, sondern auch um 600 Aufgaben bereichert. Die vorliegende Sammlung umfaßt diese Aufgaben (mit ausführlichen Lösungen), deren Studium dem Studenten die Sicherheit geben sollte, beruhigt in das Examen gehen zu können. Sie zeigt ihm darüber hinaus, wie er selbst Wege finden kann, um Probleme aus der Physik und ihrer technischen Anwendung, aus der Astrophysik, den Geowissenschaften wie auch den Biowissenschaften zu lösen. 600 Aufgaben, die sogar noch für die Berufspraxis (und die Arbeit an Schulen) Leitlinie sein können!

Preisänderungen vorbehalten

Springer-Verlag Berlin Heidelberg New York

R. W. Pohl

Einführung in die Physik

3. Band: Optik und Atomphysik

13., neubearbeitete Auflage. 541 Abbildungen. VII, 323 Seiten. 1976.
DM 52,–; US $21.40. ISBN 3-540-07450-3

Inhaltsübersicht: Klassische Optik: Einführung. Messung der Strahlungsleistung. Die einfachsten optischen Beobachtungen. Abbildung und Lichtbündelbegrenzung. Einzelheiten, auch technische, über Abbildung und Bündelbegrenzung. Energie der Strahlung und Bündelbegrenzung. Interferenz. Beugung. Optische Spektralapparate. Geschwindigkeit des Lichtes. Licht in beschleunigten Bezugssystemen. Die Doppler-Effekte. Polarisiertes Licht. Zusammenhang von Absorption, Reflexion und Brechung des Lichtes. Streuung. Dispersion und Absorption. – Optik und Atomphysik: Quantenhafte Absorption und Emission der Atome in ihrem Zusammenhang mit dem Bau der Atome. Quantenhafte Absorption und Emission von Molekülen. Temperaturstrahlung. Der Dualismus von Welle und Korpuskel. Quantenoptik fester Körper. Lichtsinn und Photometrie. – Anhang. – Sachverzeichnis. – Farbtafel am Schluß des Bandes.

Aus den Besprechungen: "Der Band ‚Optik und Atomphysik' ist als dritter Teil der „jüngste" in der dreibändigen Reihe der Einführung in die Physik von R. W. Pohl. Er erschien zum ersten Male im Jahr 1940 und steht jetzt mit der neuen 12. Auflage den anderen Bänden, die in ihren ersten Auflagen beide etwa 10 Jahre früher herauskamen, kaum nach. Es ist das Werk eines Meisters der Experimentierkunst, der vor allem bestrebt ist, sein Wissen auch weiterzugeben. Es dürfte kaum ein anderes Lehrbuch zu finden sein, nach dem ein Experimentator so direkt arbeiten kann wie nach dem vorliegenden Band. Das gilt nicht nur für den Bereich der Demonstration, obwohl hier natürlich der Schwerpunkt liegt, sondern auch für eine ganze Reihe technisch einsetzbarer Meßaufbauten, wie sie z. B. auf optischen Bänken zusammengestellt werden können.

… Der größte Teil der zahlreichen Abbildungen besteht auch in diesem Band aus Strichzeichnungen und Schattenrissen, die für ein Lehrbuch dieser Art instruktiver sind als Photographien. Die aus den vorhergehenden Auflagen bekannte Anhangtafel mit Grauleiter, Farbenkreis und Verhüllungsdreieck wurde beibehalten. Die für das Verständnis des Stoffes notwendigen mathematischen Voraussetzungen gehen über den Rahmen einer Grundvorlesung nicht hinaus."   *„Glas- und Instrumententechnik"*

Preisänderungen vorbehalten

Springer-Verlag Berlin Heidelberg New York

If you have any concerns about our products,
you can contact us on
ProductSafety@springernature.com

In case Publisher is established outside the EU,
the EU authorized representative is:
Springer Nature Customer Service Center GmbH
Europaplatz 3, 69115 Heidelberg, Germany

Printed by Libri Plureos GmbH
in Hamburg, Germany